普通高等教育土木工程系列教材

高层建筑结构设计

何淅淅　编

机　械　工　业　出　版　社

本书主要介绍高层建筑结构的简化计算及混凝土高层建筑结构的设计方法,主要内容包括：高层建筑概述和结构体系、荷载与地震作用、高层建筑结构设计基本规定与布置原则、框架结构设计、剪力墙结构设计、框架-剪力墙结构设计、筒体结构。

本书涉及的设计基本规定、荷载取值以及结构构件的构造要求主要参照现行规范编写，在内容安排上，将抗震设计规定与非抗震设计规定相结合，将高层与多层建筑结构设计相结合。本书全面系统地介绍了框架结构、剪力墙结构、框架-剪力墙结构以及筒体结构的内力及位移的简化计算方法，并附有计算例题。

本书力求全面系统地给出各种高层建筑结构的手算计算方法，强化混凝土建筑结构设计的基本概念，内容全面，适用范围广，能够满足普通高等院校土木工程专业及相关专业“高层建筑结构设计”课程的教学需求，可作为高等院校土木工程专业的教材，也可作为相关专业工程设计、施工和研究人员的参考书，还可作为参加注册结构工程师考试人员的复习资料。

图书在版编目（CIP）数据

高层建筑结构设计/何淅淅编 .—北京：机械工业出版社，2023. 9
普通高等教育土木工程系列教材
ISBN 978-7-111-73377-5

Ⅰ.①高… Ⅱ.①何… Ⅲ.①高层建筑-结构设计-高等学校-教材
Ⅳ.①TU973

中国国家版本馆 CIP 数据核字（2023）第 109323 号

机械工业出版社（北京市百万庄大街 22 号 邮政编码 100037）
策划编辑：林 辉 责任编辑：林 辉 高凤春
责任校对：郑 婕 刘雅娜 陈立辉 封面设计：严娅萍
责任印制：刘 媛
北京中科印刷有限公司印刷
2023 年 10 月第 1 版第 1 次印刷
184mm×260mm · 28. 5 印张 · 818 千字
标准书号：ISBN 978-7-111-73377-5
定价：89. 00 元

电话服务
客服电话：010-88361066
010-88379833
010-68326294

网络服务
机 工 官 网：www. cmpbook. com
机 工 官 博：weibo. com/cmp1952
金 书 网：www. golden-book. com
机工教育服务网：www. cmpedu. com

前 言

“高层建筑结构设计”课程是高等院校土木工程专业建筑工程方向的必修课程，是继“混凝土结构设计原理”课程后的第二主干专业课程。进入21世纪以来，我国的高层建筑无论是高度还是规模均已位居世界前列，故“高层建筑结构设计”课程在土木工程专业教学中对专业人才培养具有越来越重要的作用，对专业建设而言具有举足轻重的地位。“高层建筑结构设计”课程通过介绍结构计算以及设计方法，直接为多、高层建筑结构设计等专业领域提供专业技术支持；通过课程学习有助于学生夯实结构力学基础，建立清晰的结构设计概念，深入了解钢筋混凝土结构构件的设计及构造规定，为学生进入结构设计、施工建造、工程质量管理、房地产策划与营销等领域提供扎实的专业基础。

由于我国的高层建筑和超高层建筑已从特大、大型城市向三、四线城市发展，高层建筑设计知识在土木工程专业中的教学地位也日趋重要。因地域不同，各教学单位在高层建筑结构设计的教学内容和要求上略有不同，通常开设学时为32~48学时，教学中可根据侧重点选取本书相关章节。高层建筑结构设计的教学要求包括：了解多、高层建筑结构设计的发展现状及趋势；掌握多、高层建筑结构的结构体系、特点及应用范围，了解结构设计基本要求；掌握建筑结构选型方法，掌握结构平面与立面设计的基本要求；熟练掌握竖向荷载、水平风荷载及地震作用的传递及简化计算方法；熟练掌握框架结构、剪力墙结构、框架-剪力墙结构的内力及位移的简化计算方法；理解高层建筑结构的受力及侧移的分布特点及规律；掌握钢筋混凝土框架梁、柱及剪力墙的配筋计算方法及抗震设计构造要求，理解构造要求的基本原理；进一步掌握与理解多、高层建筑结构的抗震设计原理及方法；初步掌握筒体结构的内力分布、计算特点以及结构设计方法。由于剪力墙的内力计算与通常建立在杆件力学之上的框架结构内力计算有较大不同，故不同类型剪力墙的内力计算是学生掌握的难点，也体现了高层建筑结构的力学特点。

“高层建筑结构设计”课程在北京建筑大学已开设有半个世纪的历史。作为超级大都市的北京是新中国成立后第一批高层建筑的发源地之一，故高层建筑结构设计一直是北京建筑大学工业与民用建筑、建筑工程以及土木工程专业的主干专业课程。何淅淅教授在北京建筑大学讲授该课程近30年，在教学方面积累了丰富的经验，作为我国第一批注册结构工程师，多年来本着为学生进入实际工程做好服务的理念设计教学内容和制订教学计划。通过学习高层建筑结构设计课程，学生能够将土木工程专业所必需的基本力学概念、抗震设计概念以及混凝土构件截面设计基本技能融会贯通，能够理解和熟练掌握计算方法，并从整体上加深对结构设计概念和设计全过程的理解，进而使计算、设计、分析能力得到全面提高。

本书全面介绍了多、高层建筑结构的各种体系及结构布置基本规定，各种体系结构内力及位移的手算简化计算方法，以及钢筋混凝土梁、柱、墙的截面设计方法与构造规定；详细介绍了常规三大结构体系（即框架结构、框架-剪力墙结构、剪力墙结构）的内力与位移的简化计算方法，有助于读者建立结构受力的基本概念和掌握计算方法；对筒体以及伸臂结构计算方法的介绍有助于读者初步理解超高层建筑结构的受力及变形特点，进而能够对其加以利用来指导设计及优化设计。本书系统介绍了框架结构以及剪力墙结构的变形特点及计算方法，可以使读者深入理解结构变形的来源和特点。本书旨在使读者熟练掌握多、高层建筑结构的手算计算方法，提高计算基本能力，理解结构受力和变形的基本概念，了解结构抗震性能设计的基本原理，加强对结构概念设计的理解，掌握提高结构抗震性能的途径，具备解决繁杂高层结构设计问题的能力。本书通过对结构布置以及构造规定内涵的介绍，希望能够对读者理解构造设计的重要性以及构造设计对结构抗震性能设计的重要意义有所帮助，并更好地应用设计规范指导工程实践。

本书的主要特点体现在以下几个方面：

1）全面、详细地介绍了各种高层建筑以及超高层建筑的结构体系，由于国内相关规范在结构体系方面尚没有全面覆盖，故本书部分资料来源于各种书籍以及对网络资源的收集整理，可供读者参考。

2）为方便读者全面了解高层建筑，本书在详细介绍混凝土高层建筑结构设计计算的基础上也对其他高层建筑结构的类型，包括钢结构、混合结构以及组合结构进行了介绍。

3）相关设计规定、构造要求均参照国内现行标准和规程。

4）详尽给出了框架结构在竖向荷载以及水平力作用下内力的计算方法，详细介绍了剪力墙结构、框架-剪力墙结构在水平力作用下的计算方法，其中的参数以及符号规定尽量参照相关规范给出。

5）详细介绍了框架结构以及剪力墙结构在水平力作用下结构侧移的计算方法。

6）详细介绍了广泛用于超高层建筑结构的筒体结构在水平力作用下内力的近似计算方法，并介绍了伸臂的工作原理以及简单计算方法。

7）系统给出了各种结构体系手算简化计算的例题，以方便读者自学掌握。

由于编者水平有限，书中难免存在不足之处，敬请广大读者批评指正。

编　者

目 录

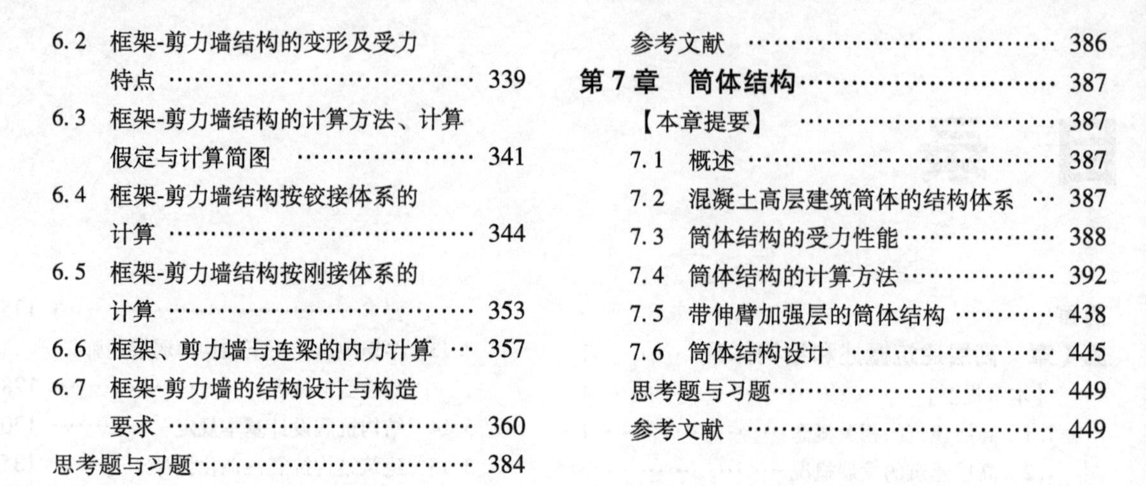

第1章　高层建筑概述和结构体系

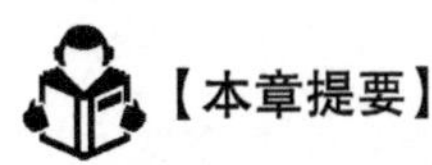

本章介绍了高层建筑的概念及其发展概况，系统介绍了高层建筑结构的常用结构体系与当代高层建筑的各种新型结构体系，并系统阐述了各种高层建筑的结构类型。

1.1　高层建筑的相关概念

1.1.1　建筑的高度

1）《高层建筑混凝土结构技术规程》(JGJ 3—2010，简称《高规》）定义的房屋高度（Building Height）是自室外地面至房屋主要屋面的高度，不包括突出屋面的电梯机房、水箱、构架等高度，通常用 H 表示。

2）世界高层建筑和城市环境委员会（Council on Tall Buildings and Urban Habitat，CTBUH）给出了测量高层建筑高度的方法，建筑高度的下部测量起始于建筑底部开放且主要的步行入口㊀处的水平楼面㊁（简称首层建筑入口楼面），建筑高度的上部测量则有三种测量方法从而形成以下三种高度：

① 至建筑顶端的距离（Height to Architectural Top）：

该高度即建筑高度（Architectural Height），是从首层建筑入口楼面至建筑顶端的距离。建筑顶端包括塔尖，但是天线、标志、旗杆或其他功能或技术性设备㊂不包括在内。此种测量方法的使用最为广泛，是 CTBUH 用来判定“世界最高建筑”排名的依据。

② 至最高使用楼层的距离（Highest Occupied Floor）：该高度是从首层建筑入口楼面至建筑最高使用楼层㊃的楼面层的距离。

③ 至顶尖的距离（Height to Tip）：该高度是从首层建筑入口楼面至建筑最高点的距离，无关最高构件的材料或功能（如天线、旗杆、标志和其他功能性或技术性设备）。

3）德国全球房地产调查机构安波利斯标准委员会（Emporis Standards Committee，简称 Emporis）标准：

① 建筑高度（Architectural Height）是建筑室外地坪到建筑构件最高标高之间的距离。建筑构件包括雕塑、尖顶、屏幕、护栏、装饰与功能等。

② 屋顶高度（Roof Height）是从室外地坪到建筑封闭的室内空间最外平面之间的垂直距离。

㊀ 步行入口：供建筑主要使用者或居住者所使用的入口。

开放入口：入口须直接与室外空间相连，所在楼层可直接与室外接触。

主要入口：明显位于现有或之前存在的地面层之上的入口，且允许搭乘电梯进入建筑内的一个或多个主功能区，而非仅仅是到达那些毗邻于室外环境的地面层商业空间或其他的功能空间。

㊁ 水平楼面：与入口大门的最低点相接的竣工楼面层。

㊂ 功能或技术性设备：例如天线、标志、风力涡轮机等需要定期添加、缩短、延长、移除或替换的设备。

㊃ 最高使用楼层：这是为了供居住者、工人以及其他建筑使用者安全并合法使用的配备空调系统的空间，并不包括服务区或者设备区这类只需偶尔有人进入做维护工作的空间。

它不包括无使用空间的尖顶、护栏或突出的装饰物。

③ 塔尖高度（Tip Height）是从室外地坪到建筑顶部最高固定附着物之间的垂直高度。

从上述描述可以看出，CTBUH 关于建筑高度的量测是与我国不同的，前者从首层入口处的楼面起测量，后者从室外地坪起测量。因此，在公开报道中的建筑高度往往是有所不同的，而在建筑排名中使用的高度基本上都是建筑高度。鉴于资料有限，以下对于具体建筑高度的参数取值于公开报道，以 CTBUH 的网站为主。

1.1.2 高层建筑

高层建筑的定义是相对时间和地域而言的。国际上至今对多少层的建筑或多高的建筑为高层建筑尚无统一的划分标准，不同国家、不同地区以及不同时期，均有不同规定。1885 年，美国芝加哥建造了第一座 10 层的建筑，这个建筑被公认为是现代高层建筑的开端。此后，高层建筑发展到今天已超过 1 个世纪，对高层建筑的定义也在不断变化中。

我国 2002 年以后的有关规范对高层建筑的定义均做了调整，相关规定基本保持协调。例如，2002 年版《高层建筑混凝土结构技术规程》（JGJ 3—2002）定义高层建筑为 10 层及 10 层以上或房屋高度大于 28m 的建筑物，之后在 2010 年版的《高层建筑混凝土结构技术规程》（JGJ 3—2010）中规定：10 层及 10 层以上或房屋高度大于 28m 的住宅建筑以及房屋高度大于 24m 的其他高层民用建筑为高层建筑（Tall Building，High-rise Building）。《高层民用建筑设计防火规范》（GB 50045—1995）（2005 年版）中将 10 层及 10 层以上的住宅和建筑高度超过 24m 的公共建筑定义为高层建筑。2018 年版的《建筑设计防火规范》（GB 50016—2014）将高度大于 27m 的住宅建筑以及高度大于 24m 的多层公共建筑定义为高层建筑。《民用建筑设计通则》（GB 50352—2005）和《住宅设计规范》（GB 50096—2011）规定 1~3 层为低层住宅，4~6 层为多层住宅，7~9 层为中高层住宅，10 层及 10 层以上为高层住宅；《民用建筑设计通则》还规定，住宅以外的高度超过 24m 的非单层民用建筑也为高层建筑。《民用建筑设计统一标准》（GB 50352—2019）规定建筑高度大于 27. 0m 的住宅建筑和建筑高度大于 24. 0m 的非单层公共建筑，且高度不大于 100. 0m 的，为高层民用建筑。

CTBUH 提出，什么是“高层建筑”并没有一个绝对的定义，它是在一个或多个范畴中体现一定“高度”要素的建筑，与环境、建筑比例、建筑技术有关：

1）与环境有关：建筑的高度不是简单绝对的，应当考虑到其所处的环境。因此，在芝加哥或香港这样的摩天城市中，一座 14 层高的建筑也许不会被认作为高层建筑，但在欧洲的省市或在城郊区域或许会显得比在市区高很多。

2）与建筑比例有关：高层建筑不仅与高度相关，也与比例有关。有很多建筑尽管在高度上并不非常突出，但因外形细长也呈现出高层建筑的形象，尤其是处在低矮的城市环境中。相反，很多建筑尽管实际很高但占地面积非常大，所以因其尺寸或楼层面积的原因使其被排除在高层建筑范畴之外。

3）与建筑技术有关：如果一座建筑所运用的技术可以被归为“高层”产品（如采用独特的垂直交通技术或结构性抗风支撑作为“高度”的产物等），那么这座建筑可被认作为高层建筑。

由于建筑类型和功能的不同会导致楼层高度的变化（如办公建筑与住宅因使用功能不同层高也不同），所以楼层总数很难作为衡量是否是高层建筑的一个标准，然而一座楼层等于或者超过 14 层，或在高度上超过 50m 的建筑，也许能够被看作衡量是否是“高层建筑”的临界值。也就是说，CTBUH 给出的高层建筑（Tall Building）定义指的是 14 层以上或高度超过 50m 的建筑。如果设备夹层的楼层面积相比其下面的主要楼层的面积小很多，不计算在内，屋顶设备房也不计算在内。

Emporis 将高层建筑（High-rise Building）定义为“35~100m 高的建筑，或 12~39 层的建筑”。而低层建筑指的是高度低于 35m 的多层封闭建筑。

《大英百科全书》对高层建筑的定义是“高到需要使用比如电梯等机械垂直运输系统的建筑”。美国国家防火协会将高层建筑定义为高于23m，或不小于7层的建筑。据印度海得拉巴的建筑规范，高层建筑是4层楼以上或高度在15m以上的建筑。新简明牛津英语词典定义高层建筑为“有许多层楼高的建筑物”。消防安全高层建筑国际会议定义的高层为“任何结构，其中高度可以对疏散造成严重影响”。

1.1.3　超高层建筑

层数更多或高度更大的建筑称为超高层建筑（Super Tall Building）。目前世界上有许多国家将超过100m的高层建筑物定义为超高层建筑，如我国《民用建筑设计统一标准》（GB 50352—2019）。在日本，1981年制定的建筑基本法定义超过60m就属于超高层建筑，超过这一高度的建筑，其结构设计必须由日本建筑中心高层建筑技术委员会进行专门审查。

CTBUH将高度超过300m的建筑定义为“超高层建筑”，将高度超过600m的建筑定义为“巨型高层建筑”（Megatall Buildings）（图1-1）。

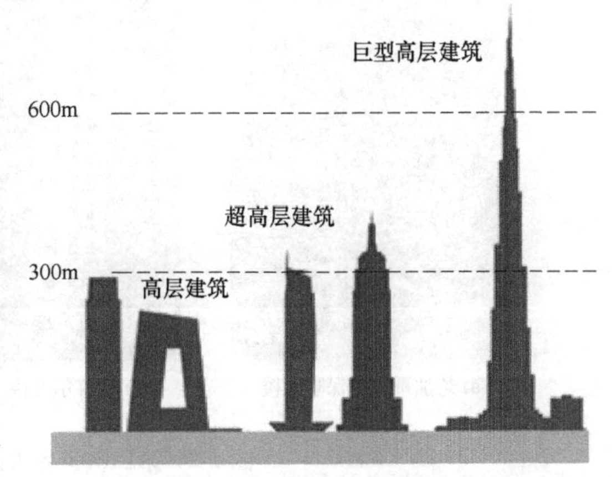

图1-1　CTBUH的高层建筑定义

1.2　高层建筑的发展概况

高层建筑是近代社会经济发展和科学技术进步的产物，是工业化、城市化和商业化的必然结果。城市化提出了对建筑的需求，随着城市建设的发展，对建筑高度和规模的要求不断提高。建造技术是高层建筑发展的必要条件，发明于1852年的电梯技术、1847年的建筑钢筋、1849年的钢筋混凝土以及20世纪的各种水泥基复合材料和不断创新的结构体系都是高层建筑发展的关键技术。高层建筑是城市经济繁荣与社会进步的重要标志，是城市与国家实力的象征。进入20世纪以来，全球城市对修建最高建筑的竞争从来就没有停止过，从美洲到亚洲，世界第一高楼的竞争一浪高过一浪，从20世纪高度上几米的超越到现在的百米级超越。

高层建筑在全世界范围内的蓬勃发展，得益于社会进步与经济繁荣；得益于力学分析方法的发展、结构设计理论的突破、新材料的开发应用与施工技术的进步；得益于现代机械的发展与电子科学技术的贡献。在未来城市建设中，高层建筑仍将是大部分国家的主要建筑形式。

国外高层建筑的发展一般划分为三个阶段：

第一阶段，在19世纪中期之前（1780—1850年），欧洲和美国一般只能建造层数6层左右的建筑，其主要原因是建筑材料匮乏和受垂直运输系统的高度限制。

第二阶段，从19世纪中叶开始到20世纪40年代（1850—1940年）。这一时期的高层建筑集中产生于美国。1871年10月8日美国芝加哥发生大火，灾后重建时为了节约市中心用地，高层建筑应运而生。到19世纪末，建筑的高度已突破100m。在19世纪末到20世纪初，美国的高层建筑以钢结构为主，其中，威廉·勒巴隆·詹尼设计的诞生于1885年的芝加哥家庭保险大楼（图1-2a，Home Insurance Building），高55m、12层（其中肋层为1890年加盖），被公认为世界第一幢高层建筑，这座大楼为铸铁与钢框架结构。1903年，诞生了世界第一座钢筋混凝土高层建筑，即建造于美国俄亥俄州的英吉尔大楼（图1-2b，Ingalls Building），该建筑高64m，16层，框架结构。第二次世界大战前，美国超过200m的高层建筑已有10幢。其中，纽约大都会人寿保险公司大楼（图1-2c，Metropolitan Life Tower）是世界上第一幢超过200m的高层建筑，50层，建筑高度

213m，钢框架结构，1909 年建成。而 1931 年建成位于纽约市的帝国大厦（图 1-2d，Empire State Building），102 层，它 381m 的高度保持世界最高建筑的纪录长达 41 年之久。

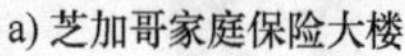
a) 芝加哥家庭保险大楼

b) 英吉尔大楼

c) 纽约大都会人寿保险公司大楼

d) 纽约帝国大厦

图 1-2 第二次世界大战前的著名高层建筑

第三阶段，从 20 世纪 40 年代开始（1940 年至今），高层建筑进入现代发展时期，建筑高度不断增加、结构体系也呈现多样化趋势。1972 年，纽约世界贸易中心 110 层北塔（WTC 1，417m）建成；1973 年世界贸易中心南塔（WTC 2，高 415m）竣工。1974 年芝加哥西尔斯大厦（图 1-3a，Sears Tower，108 层，高 442.1m）竣工，它取代了纽约世界贸易中心双塔的地位，其高度居世界最高水平长达 20 年。到了 20 世纪 80 年代，高层建筑虽然在高度上未有新的突破，但风格有了新的变化，并酝酿着更高的建筑。

a) 西尔斯大厦

b) 吉隆坡石油双塔

c) 哈利法塔

d) 台北101大厦

e) 上海中心大厦

图 1-3 当代著名高层建筑

在 1990 年以前，世界上最高的 100 幢建筑中有 80%在北美洲，其中 90%为办公建筑，半数以上为钢结构；到 2013 年，世界最高 100 幢建筑有 43%在亚洲，其中 50%为办公建筑，25%为多功能建筑，14%为住宅，半数以上为混凝土结构，只有 14%为钢结构。1998 年完工的吉隆坡石油双塔（图 1-3b，88 层，452m）将原来竞逐世界第一高的美洲大陆，转移到亚洲。在已建成的高层建

筑中，阿拉伯联合酋长国2010年建成的迪拜哈利法塔（原名迪拜塔，图1-3c）以其828m高和163层的超级数据雄踞世界高层建筑榜首；我国2004年建成的台北101大厦（图1-3d，地上101层，地下5层，508m），是亚洲最先超过500m的建筑。

虽然我国高层建筑起步较晚（大致经历了新中国成立前的阶段、改革开放初期的起步阶段、20世纪末的飞速发展阶段），但进入21世纪后高层建筑体量已位居世界前列。从20世纪初至1949年，我国的高层建筑主要集中在上海外滩，且大都由外商投资建设。随着我国经济发展，特别是改革开放后，高层建筑在我国城市建设中开始广泛应用。20世纪70年代最具代表性的是广州白云宾馆，它地上33层，高115m，是我国首个超过100m高度的建筑（见表1-1）。20世纪80年代是我国高层建筑发展的兴盛时期，在北京、上海、广州、重庆等30多个大中城市建造了一批高层建筑。

表1-1　世界部分国家建筑高度首次超过100m的建筑

国家	建成年份	高度/层数	所在城市	建筑名称
美国	1895	106.07m/18	纽约	Manhattan Life Insurance Building（曼哈顿人寿保险大楼）
德国	1966	110m/27	法兰克福	Büro Center Nibelungenplatz（尼伯龙根广场办公中心）
英国	1962	107m/26	伦敦	Shell Centre（壳牌中心）
加拿大	1962	131m/34	蒙特利尔	Tour Telus（泰勒斯大厦）
法国	1969	104m/37	巴黎	Résidences Antoine et Cléopatre（安托万和克利奥帕特拉住宅）
意大利	1954	117m/30	米兰	Torre Breda（布雷大厦）
澳大利亚	1962	106m/26	悉尼	AMP Building（AMP大厦）
日本	1968	156m/36	东京	Kasumigaseki Building（霞关大厦）
中国	1977	115m/33	广州	白云宾馆

注：表中高度为建筑高度，数据以Emporis为准。

进入20世纪90年代，随着我国经济实力的增强和城市建设的快速发展，高层建筑在全国大中城市得到了前所未有的发展，各种新型结构体系在高层建筑中得到广泛的应用，高层建筑的规模和高度不断地突破。1990年竣工的北京京广中心（57层，208m）首次突破200m高度（见表1-2）；1997年建成的广州国际信托大厦（80层，391m）为2011年以前世界最高混凝土建筑；1999年上海的金茂大厦，88层，高420.5m。从1990年到1999年，我国高层建筑的高度完成了从200m到超过400m的飞跃。

表1-2　世界部分国家建筑高度首次超过200m的建筑

国家	建成年份	高度/层数	所在城市	建筑名称
美国	1909	213m/50	纽约	Metropolitan Life Tower（大都会人寿保险大楼）
德国	1990	256.5m/55	法兰克福	Messeturm（法兰克福商品交易会大厦）
英国	1991	235m/50	伦敦	One Canada Square（加拿大广场一号）
加拿大	1967	223m/56	多伦多	Toronto Dominion Bank Tower（多伦多道明银行大厦）
法国	1973	210m/60	巴黎	Tour Montparnasse（蒙帕纳斯大厦）
意大利	2012	218m/33	米兰	Unicredit Tower（意大利联合信贷银行大厦）
澳大利亚	1977	228m/60	悉尼	MLC Centre（MLC中心）
日本	1974	210m/52	东京	Shinjuku Sumitomo（新宿住友大厦）
中国	1990	208m/57	北京	京广中心

进入21世纪以来，我国高层建筑已经从北京、上海、广州、深圳等几个城市的集中发展蔓延到全国。建筑层数继台北101大厦后，在2008年第一次突破100层（上海环球金融中心，高492m，101层）。2015年建成的上海中心大厦，高632m，地上121层（图1-3e），是我国目前的最高建筑，也是目前世界第二高楼。

表1-3为自1885年以来不同时期世界最高建筑。表1-4为截至2021年年底已建成的建筑高度前50名排行榜，表中结构类型：S/C表示上钢下混凝土结构的建筑，C表示组合结构，RC表示钢筋混凝土结构，S表示钢结构。可以看出，在当前世界最高的50幢建筑中亚洲占40幢。建成于20世纪30年代的有1幢、70年代的1幢、90年代的4幢、2001—2010年的8幢，2011年以后建成为36幢。也就是说，在世界高楼向高度发展的历史进程中，最近10年建成的高层建筑从超高层建筑的数量上超过了以往的数十年。2000年以后特别是2010年以后，我国的高层建筑发展迅猛，从表1-4可见，在世界最高建筑前50名中，我国大陆占23幢，我国香港2幢，我国台湾1幢，占到最高建筑50名中的52%。从表1-4结构类型上看，组合结构（C）占35幢；钢筋混凝土结构（RC）占8幢，大部分为2009年以后建造，个别在2000年左右建成；上钢下混凝土结构（S/C）占4幢，均为2010年以后建造；钢结构（S）占3幢，建造年代分别为1931年、1974年和2019年。

表1-3　不同时期世界最高建筑

年份	建筑名称	所在城市	建筑高度/地上层数	结构特征/状态
1885~1890	Home Insurance Building（家庭保险大楼）	美国，芝加哥	55m/12	钢框架
1890~1895	World Building（世界大厦）	美国，纽约	94.18m/20	内钢框架外墙砌体/已毁
1895~1899	Manhattan Life Insurance Building（曼哈顿人寿保险大楼）	美国，纽约	106.07m/18	混凝土/已毁
1899~1901	Park Row Building（公园街大厦）	美国，纽约	119.18m/30	内钢框架外墙砌体
1901~1908	Philadelphia City Hall（费城市政厅）	美国，费城	167m/9	世界最高砌体
1908~1909	Singer Building（胜家大楼）	美国，纽约	186.57m/47	钢框架/已拆除
1909~1913	Metropolitan Life Tower（大都会人寿保险大楼）	美国，纽约	213m/50	钢框架
1913~1930	Woolworth Building（伍尔沃斯大厦）	美国，纽约	241.4m/57	钢框架
1930~1930	The Trump Building（特朗普大厦）	美国，纽约	282.55m/70	钢框架
1930~1931	Chrysler Building（克莱斯勒大厦）	美国，纽约	319m/77	钢框架
1931~1972	Empire State Building（帝国大厦）	美国，纽约	381m/102	钢框架
1972~1974	World Trade Center（世贸中心）	美国，纽约	417m/110	钢框筒（已毁）
1974~1998	Sears（Willis）Tower（西尔斯大厦）	美国，芝加哥	442.1m /108	钢束筒
1998~2004	Petronas Tower（石油双塔）	马来西亚，吉隆坡	452m/88	组合结构
2004~2007	台北101大厦	中国，台北	508m/101	钢+混凝土，伸臂核心筒
2007年至今	Burj Dubai（迪拜塔）	阿拉伯联合酋长国，迪拜	828m/163	钢+混凝土，支撑核心筒

表 1-4　截至 2021 年年底已建成的建筑高度前 50 名排行榜

序号	建筑名称	结构类型	建筑高度/m	地上层数	竣工年份	所在城市
1	哈利法塔（Burj Khalifa）	S/C	828	163	2010	迪拜
2	上海中心大厦	C	632	128	2015	上海
3	麦加皇家钟楼（Makkah Clock Royal Tower）	S/C	601	120	2012	麦加
4	平安国际金融中心	C	599.1	118	2016	深圳
5	乐天世界大厦（Lotte World Tower）	C	555	123	2016	首尔
6	新世界贸易中心（One World Trade Center）	C	541.3	94	2014	纽约
7	周大福天津中心	C	530.4	97	2019	天津
8	广州周大福金融中心（广州东塔）	C	530	111	2016	广州
9	北京中信大厦（中国尊）	C	527.7	109	2018	北京
10	台北 101 大厦	C	508	101	2004	台北
11	上海环球金融中心	C	492	101	2008	上海
12	香港环球贸易广场	C	484	118	2010	香港
13	武汉绿地中心	C	475.6	97	2021	武汉
14	中央公园大厦（Central Park Tower）	RC	472.4	98	2020	纽约
15	拉赫塔中心（Lakhta Center）	C	462	87	2019	圣彼得堡
16	文森特地标 81（Vincom Landmark 81）	C	461.2	81	2018	胡志明市
17	长沙国际单项体育联合会 T1 塔	C	452.1	94	2018	长沙
18/19	石油双塔（Petronas Tower）	C	452	88	1998	吉隆坡
20	苏州国际单项体育联合会	C	450	95	2019	苏州
21	南京紫峰大厦	C	450	89	2010	南京
22	交易所 106（The Exchange 106）	C	445.5	95	2019	吉隆坡
23	武汉中心大厦	C	443	88	2019	武汉
24	西尔斯大厦	S	442.1	108	1974	芝加哥
25	京基 100	C	441.8	100	2011	深圳
26	广州国际金融中心（广州西塔）	C	438.6	103	2010	广州
27	西 57 街 111 号（111 West 57th Street）	S/C	435.3	84	2021	纽约
28	范德比尔特 1 号楼（One Vanderbilt）	C	427	59	2020	纽约
29	东莞国贸中心	C	426.9	88	2021	东莞
30	公园大道 432 号（432 Park Avenue）	RC	425.7	85	2015	纽约
31	玛丽娜 101 大厦（Marina 101 Tower）	RC	425	101	2016	迪拜
32	特朗普国际酒店大厦（Trump International Hotel & Tower）	RC	423.2	98	2009	芝加哥
33	金茂大厦	C	420.5	88	1999	上海
34	公主塔（Princess Tower）	S/C	413.4	101	2012	迪拜
35	阿尔哈姆拉塔（Al Hamra Tower）	RC	412.6	80	2011	科威特城
36	国际金融中心第二期	C	412	88	2003	香港
37	LCT 锐利地标塔（LCT the Sharp Landmark Tower）	RC	411.6	101	2019	釜山

（续）

序号	建筑名称	结构类型	建筑高度/m	地上层数	竣工年份	所在城市
38	广西华润大厦	C	402.7	86	2020	南宁
39	贵阳国际金融中心	C	401	79	2020	贵阳
40	玛丽娜23号（23 Marina）	RC	392.4	89	2012	迪拜
41	华润春笋大厦	C	392.5	68	2018	深圳
42	中信广场大厦	C	390.2	80	1996	广州
43	深业上城产业研发大厦T1	C	388.1	80	2020	深圳
44	哈德逊广场30号（30 Hudson Yards）	S	387.1	73	2019	纽约
45	资本市场管理局大楼（PIF Tower）	C	385	72	2021	利雅得
46	地王大厦	C	384	69	1996	深圳
47	伊顿广场大连1号楼	C	383.2	80	2015	大连
48	南宁洛根世纪1号	C	381.3	82	2018	南宁
49	穆罕默德·本·拉希德（Burj Mohammed Bin Rashid）	RC	381.2	88	2014	阿布扎比
50	帝国大厦（Empire State Building）	S	381	102	1931	纽约

图1-4为2021年已建成的世界最高建筑前10名，可以看出，随着建筑高度突破800m，世界建筑向上发展的空间已经打开。人工智能进一步提高了结构构件对静荷载、风荷载、地震作用及其他各种内外力的感知和应变能力，使建造1000m以上的大厦成为可能。例如，2014年4月破土动工的沙特阿拉伯“王国塔”（Kingdom Tower），建成后高度达1007m，地上275层。超高层摩天大楼是经济、科技和文化发展到鼎盛时代的产物，促使其实现高效、多功能、节能和绿色化，将是未来世界建筑发展的趋势。

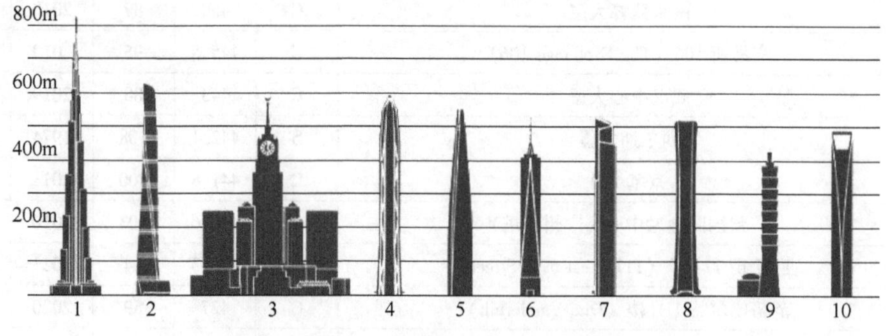

图1-4　2021年已建成的世界最高建筑前10名

1.3　高层建筑结构的设计特点

1.3.1　抗侧移是高层建筑结构设计的关键问题

任何建筑都要设计成可以抵抗竖向荷载和水平荷载的结构体系，因此，一个空间建筑结构要由竖向承重体系和水平抗侧力体系组成。建筑的重力荷载由每层的水平楼板传递给竖向结构，并通过竖向承重体系一层层地向下传递，作用效应由上到下线性积累。同时，建筑的水平风荷载或地震作用要通过水平抗侧力体系传递给基础。侧向荷载对建筑物的作用效应随建筑高度的增加而迅速加大。

从结构的角度看，每一个高层建筑都如同一个竖向悬臂杆件，荷载作用产生的结构效应可用悬臂构件理论计算，其中，竖向荷载作用下产生的轴力 N 与建筑高度 H 呈线性变化关系，侧向荷载作用下结构所受倾覆力矩 M 与高度 H 则呈 2 次方的关系，而水平荷载作用下的结构侧移 U 与高度 H 呈 4 次方的关系，各种荷载效应与建筑层数的关系如图 1-5 所示。图 1-5a 所示为某结构层数 n 在 14 层以下变化时，荷载效应相对于 $n=10$ 的相对值，可以看出，在 n 小于 10 层时，轴力 N 随层数增加的增长速率最大，也就是说，在低层和多层建筑结构中，往往是以重力为代表的竖向荷载对设计起控制作用。图 1-5b 是结构层数 n 在 80 层以下变化时，荷载效应相对于 $n=30$ 的相对值，可以看出，侧移增长的速率最快，其次是弯矩；也就是说，高层建筑结构对结构设计起控制作用的是水平荷载产生的侧移。

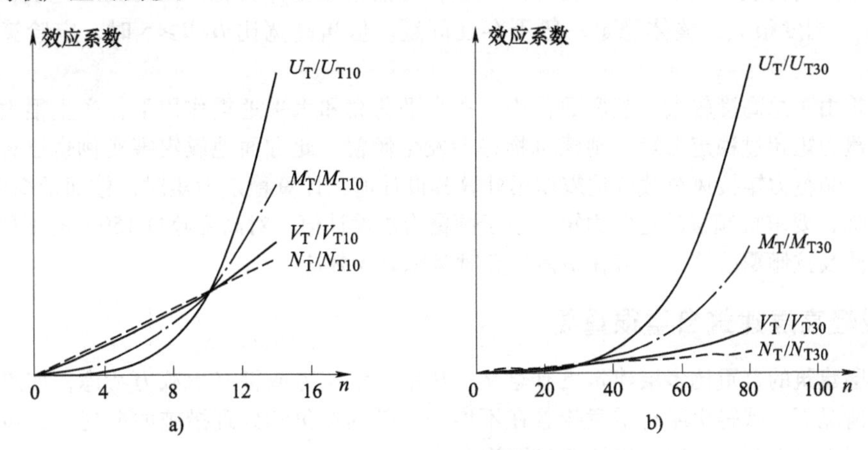

图 1-5　荷载效应与建筑层数的关系

高层建筑结构设计的主要问题是抵抗水平作用产生的结构侧移和倾覆力矩。对于高层建筑结构，不仅要求结构具有足够的承载力，还要求结构具有足够的抗侧刚度，以使结构在水平荷载作用下的侧移被限制在一定范围内。侧移是高层建筑结构设计的主要问题之一，主要原因有：

1）侧移过大，使建筑物内的人在心理上产生不适应感，控制结构侧移是保证建筑物正常使用的需要。

2）侧移过大，使建筑物内的填充墙、建筑装饰和电梯轨道等服务设施产生裂缝、变形，甚至损坏。

3）侧移过大，将导致结构开裂或损坏，进而危及结构正常使用和耐久性，甚至安全性。控制结构构件侧移可以有效限制结构裂缝。

4）地震对建筑物的破坏程度主要取决于结构侧移大小，如果结构变形能力不足以抵御地震输入能量对结构变形的要求，结构则会发生倒塌。

1.3.2　轴向变形不容忽视

建筑结构构件在荷载作用下的变形包括弯曲变形、轴向变形和剪切变形三部分。在低层建筑结构的设计计算中，因为一般结构构件的轴力和剪力产生影响较小，通常可只考虑弯曲变形，忽略轴向变形和剪切变形的影响。而高层建筑由于层数多、轴力大，竖向构件沿高度积累的轴向变形显著，轴向变形会对高层结构的计算产生较大影响。对 50m 以上或高宽比大于 4 的结构，宜考虑柱和墙肢的轴向变形。此外，高层结构中剪力墙的截面往往较大，宜考虑剪切变形的影响。

在采用框架体系和框架-剪力墙体系的高层建筑中，框架中柱的轴向压力往往大于边柱的轴向压力，中柱的轴向压缩变形大于边柱的轴向压缩变形。当房屋很高时，此种差异轴向变形将会达到较大的数值，其后果相当于连续梁的中间支座产生沉陷，从而使连续梁中间支座处的负弯矩值减小，跨中正弯矩值和端支座负弯矩值增大。故在高层建筑设计中，一般需考虑轴向变形。

在高层建筑结构的力学计算中，根据所选计算手段，所计及构件变形因素是有区别的。当采用简化的手算方法时，一般只计及最基本的变形；当采用计算机方法计算时，计及的变形因素要多一些。当采用空间协同工作方法时，考虑梁的弯曲、剪切变形，柱、剪力墙的弯曲、剪切和轴向变形；当采用完全的三维空间分析方法时，除考虑前面全部变形外，还考虑梁、柱、剪力墙的扭转变形，以及剪力墙墙肢截面的翘曲变形。

1.3.3 结构整体稳定和倾覆问题

建筑物在竖向荷载作用下，由于构件的压屈，可能造成整体失稳。国内高层建筑，层数大多在40层以下，刚度很大，整体稳定一般不存在问题。但当高宽比 $H/B \geqslant 5$ 时，应验算其整体稳定性。

高层建筑由于总高度较大，基底面积小，在水平荷载和水平地震作用下，产生很大的倾覆力矩，如果倾覆力矩超过稳定力矩，则建筑物将会发生倾覆。此方面地震灾害实例也已证实。在抗倾覆验算中，倾覆力矩按风荷载或地震作用计算其设计值，计算稳定力矩时，楼面活荷载取50%，恒荷载取90%，要求抗倾覆的稳定力矩不小于倾覆力矩设计值。对高度超过150m的高层建筑应进行整体稳定性及抗倾覆验算，并应在整体计算时考虑 $P\text{-}\Delta$ 效应。

1.3.4 减轻高层建筑自重很重要

减轻高层建筑的自重比多层建筑更有意义：从地基承载力或桩基承载力考虑，如果在同样的地基或桩基情况下，减轻房屋自重意味着在不增加基础的造价和处理措施的前提下，可以多建层数，这在软弱土层上可能具有突出的经济效益。

地震效应与建筑的重力荷载成正比，减轻房屋自重是提高结构抗震安全性的有效办法。高层建筑的重力大，不仅会增加作用于结构上的地震剪力和地震作用倾覆力矩，也会使竖向构件产生很大的附加轴力，加大 $P\text{-}\Delta$ 效应的附加弯矩，对建筑不利。

1.3.5 抗震设计与结构性能

高层建筑结构设计要考虑竖向荷载和风荷载；通常还要进行抗震设防设计，并做到小震不坏、中震可修、大震不倒的抗震性能要求。对于一定高度的建筑物，其水平风荷载和地震作用将随结构动力特性的不同而有显著的变化。

结构的抗震性能与结构的延性有关。计算结构的延性是困难的，结构延性一般通过一系列提高构件延性的构造措施来实现。例如，为使高层建筑结构具有良好的延性，构件要有足够大的截面尺寸以满足适宜配筋，柱、剪力墙的轴压比，柱、梁和剪力墙剪压比的需要；此外，一定的情况下还要限制梁、柱的截面尺寸不能太大，以防止不良破坏形态，防止脆性破坏。建筑结构设计时应注意遵守相关规范、规程的规定。

1.3.6 加强概念设计

概念设计是设计人员运用力学知识和经验，从宏观上把握结构性能和解决结构设计基本问题的方法，对一些难以做出精确力学分析或在规范中难以具体规定的问题，需要由工程师运用“概念”进行分析，做出判断，以便采取相应措施。

抗震概念设计是指根据地震灾害和工程经验等所形成的基本设计原则和设计思想，进行建筑和结构总体布置并确定细部构造的过程。高层建筑结构设计特别是抗震设计计算是在一定假定条件下进行的。尽管分析的手段不断提高，分析的原理不断完善，但是由于地震动的复杂性和不确

定性，地基土影响的复杂性和结构体系本身的复杂性，以及人们对地震时结构响应认识的局限性以及模糊性，可能导致理论分析计算和实际情况相差数倍之多。尤其是当结构进入弹塑性阶段之后，会出现构件的局部开裂甚至破坏，这时结构已很难采用常规的计算原理进行内力分析。因此，在设计中虽然分析计算是必要的也是设计的重要依据，但还要把握好建筑的概念设计，从整体上提高建筑的抗震能力，消除结构中的抗震薄弱环节，再辅以必要的计算和结构措施，才能设计出具有良好的抗震性能的高层建筑。

《高规》将“注重概念设计”在总则中提出，其主要内容为：

1）应特别重视建筑结构的选型以及规则性（包括平面规则性和竖向规则性）。

2）选择抗震和抗风性能好且经济合理的建筑结构体系，包括：明确的计算简图和合理的地震作用传递途径；避免因部分结构构件的破坏而导致整个结构丧失承受重力、风荷载和地震作用的能力；结构体系应具备必要的承载能力和良好的变形能力，从而形成良好的耗能能力。

3）采取必要的抗震措施提高结构构件的延性，使结构具有必要的承载能力、刚度和延性。

1.4　高层建筑的结构体系

建筑结构体系是指结构中的所有承重构件及其共同工作的方式。

房屋建筑结构可以看成是由水平分体系和竖向分体系组成的三维空间结构。水平分体系由楼板和梁式构件组成，竖向分体系由柱子、墙、连系梁、支撑、筒体等构件或结构单元组成。结构构件或结构基本单元的组合方式不同则其传递荷载的路径也不同，也就形成了不同的受力体系。水平分体系起到直接承受使用荷载、联系竖向分体系、传递水平作用、约束竖向构件变形的作用。竖向分体系的主要作用是将竖向荷载传递至基础以及承受水平作用、抵抗侧向变形并保证结构稳定。

高层建筑设计的主要内容是抗侧力结构（Lateral Force-resisting Structure）设计。结构基本抗侧力单元有框架、剪力墙、桁架、支撑框架，由剪力墙或支撑框架围合成筒组成的筒体已经成为高层建筑重要的结构基本单元。筒体可根据形式划分为实腹筒、框筒、壳筒、桁架筒等，也可以根据布置的位置划分为核心筒、外筒、角筒等。在现代超高层建筑中，伸臂和腰帽桁架组成加强层与筒体以及周边柱的配合使用日趋广泛，已成为超高层建筑的基本要素。由这些结构单元或单独或相互组合可以组成多种结构体系，也就是说，高层建筑的结构体系（Tall Building Structural System）是以抗侧力结构单元的形式、组合与连接方式来划分的。

多、高层建筑的结构体系有：框架结构、剪力墙结构、框架-剪力墙结构（支撑框架结构、框架-筒体）、筒体结构、框架-核心筒结构、剪力墙-筒体结构。

超高层建筑的结构体系有：筒中筒结构、束筒结构、多筒结构、巨型框架结构、空间桁架结构、对角支撑桁架筒结构、斜交网格筒结构、支撑核心筒结构（扶壁支撑筒）、核心筒与伸臂体系等。

目前，高层建筑结构体系的发展趋势呈现结构巨型化、抗侧力体系周边化、抗侧力结构支撑化、构件立体化、体型锥形化等特点。高层建筑结构的承载能力、抗侧刚度、抗震性能、材料用量和造价高低与其采用的结构体系有着密切关系。选择结构体系时还需要考虑建筑外形、建筑功能、平面长宽比、建筑层数和高度以及高宽比等因素。

1.4.1　框架结构（Frame Structure）

框架结构是较古老的结构体系。早期的框架结构主要采用铸铁和钢建造。完工于1885年的世界首座高层建筑芝加哥家庭保险大楼（图1-2a）即为铸铁与钢框架结构，1903年的世界第一座钢筋混凝土高层建筑英吉尔大楼（图1-2b）也是框架结构。由于框架结构侧向刚度不大，故其建筑层数一般在25层以下。早期框架结构建筑也有层数较多的例子，如纽约通用电气大楼(图1-6)，1933年竣工，259m，地上70层，钢框架结构。

框架结构是由梁和柱以刚接或铰接相连接成的承重体系，抗震设计的框架房屋建筑通常采用梁和柱刚性节点（图1-7a)。当取消框架梁而采用平板（Flat Slab）直接支承于柱子时则形成板柱结构体系（图1-7b)。板柱结构（Slab Column Structure）是由水平构件板和竖向构件柱所组成的房屋建筑结构，如升板结构、无梁楼盖框架体系、整体预应力板柱结构等都属于板柱结构。板柱结构体系可以看成是框架结构体系的特例。由于板柱结构抵抗水平力的能力差，且板柱节点薄弱，所以《高规》不建议高层建筑采用没有剪力墙的板柱结构，板柱结构目前仅适用于多层非抗震设计的建筑。

图1-6　纽约通用电气大楼

当代建筑结构中，还有一种由框架柱和横向平面桁架或墙梁和楼板组成的多层大跨框架结构。例如，采用框架柱和隔层布置的空腹桁架（Vierendeel Truss）组成空腹桁架-框架结构（图1-7c)，这种结构的特点是框架柱布置在房屋的外围，无中柱，内部可以形成充足的大空间。当在相临跨跳层布置桁架或空腹桁架时，可形成交错桁架-框架结构（Staggered Truss Framing System）或交错空腹桁架-框架结构（图1-7d)，其特点是沿高度方向，桁架在相邻框架柱上为上、下层交错布置，楼板一端支承在桁架的上弦，另一端支承在相邻桁架的下弦。目前，我国已有交错桁架钢框架结构的行业标准。

当考虑结构下部稀柱和上部框架梁、柱整体工作时，还可以形成整体框架墙梁（Frame Wall Beam）(图1-7e)，从而实现下部大跨度空间。

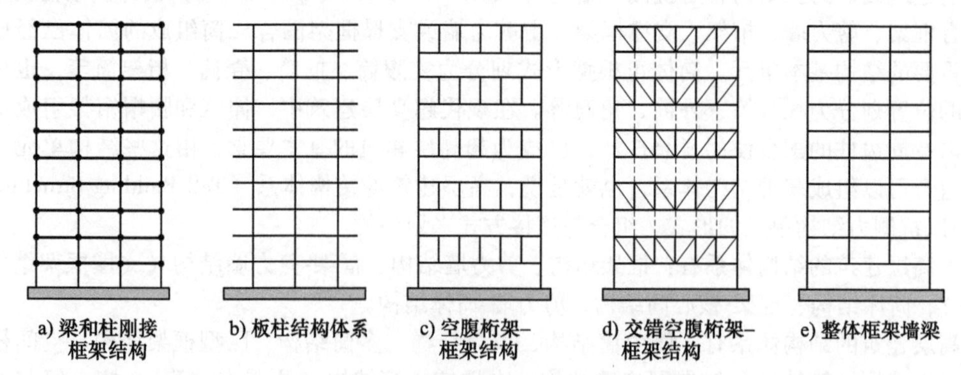

图1-7　框架及其相关结构

框架结构是由梁和柱为主要构件组成的承受竖向和水平作用的结构。《高规》规定框架结构应设计成双向梁柱抗侧力体系，主体结构除个别部位外，不应采用铰接。

框架结构的主要构件是梁和柱。由于梁、柱构件形式简单，在混凝土结构中可以在工厂做成定型化预制构件并在工地组装施工成型，也可以采用在现场现浇混凝土的施工方式。因此，钢筋混凝土框架按其施工方法的不同又可以分为：梁、板、柱混凝土全部现浇的框架；楼板预制，梁、柱现浇的半装配框架；梁、板预制，柱现浇的半装配框架；楼板预制但配有现浇混凝土层的装配整体式框架，以及梁、板、柱全部预制的全装配框架。

框架结构的优点是建筑平面布置灵活，适宜用于多层办公楼、医院、学校、旅馆等建筑，图1-8所示为框架结构的常用平面布置形式。

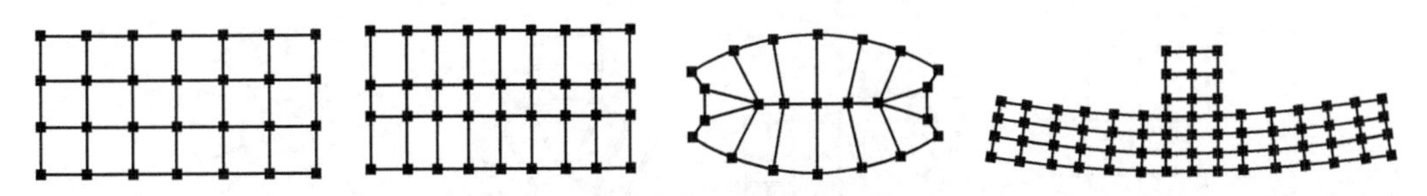

图 1-8　框架结构的常用平面布置形式

框架结构的缺点是梁、柱构件截面尺寸较小，抗侧刚度小，在地震作用下结构整体位移和层间位移均较大，易产生震害。因此，框架结构抗震设计时，不应采用单跨框架，且框架填充墙宜选用轻质墙体，要避免填充墙布置不当给结构带来的不利影响。框架结构不应采用部分砌体墙承重的混合形式，以避免由于结构刚度与变形差异造成的破坏，框架结构中的楼梯、电梯间及局部突出屋顶的电梯机房、楼梯间、水箱间等，应采用框架承重，不应采用砌体墙承重。

1.4.2　剪力墙结构（Shear Wall Structure）

由剪力墙组成的承受竖向和水平作用的结构称为剪力墙结构。

钢筋混凝土结构中的剪力墙可以是实腹墙（图 1-9a）或带洞口墙（图 1-9b）。当剪力墙用于外墙时常带有大洞口，也可以称为空腹桁架（图 1-9c）。可利用开洞墙的洞口布置形成斜杆，从而形成带斜支撑的剪力墙（图 1-9d）。

在钢结构中，通过柱间支撑加强可形成钢“剪力墙”，即在钢柱间采用“X”形交叉支撑、人字支撑或单斜撑、V 形支撑等加强而形成类似剪力墙作用的支撑框架（Braced Frame，图 1-9e），在超高层建筑中也可采用钢板剪力墙（Steel Plate Shear Wall）等形成等效支撑框架。

剪力墙用于外墙时，为满足人流通行要求下部需要开口，可以采用框架支撑的形式，这就形成了框支剪力墙（图 1-9f）。

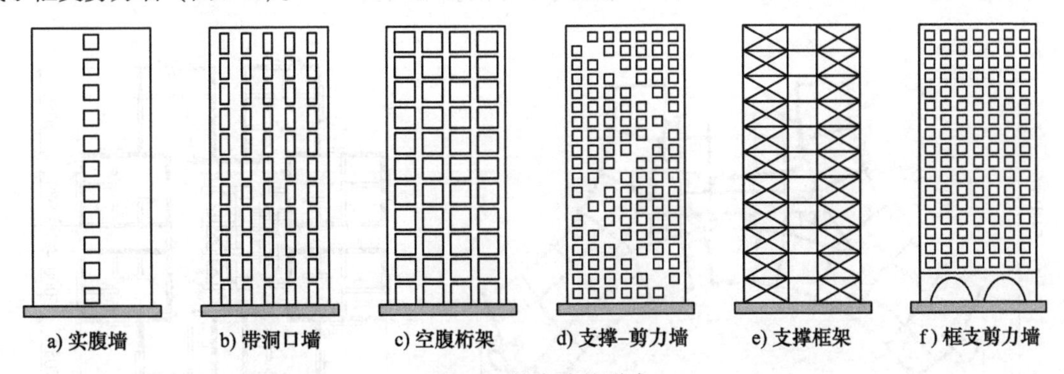

图 1-9　剪力墙的形式

剪力墙平面内（沿墙长方向）的抗侧刚度大，可以承受很大的侧向力，而平面外刚度很小。因此，剪力墙宜沿建筑主轴方向或其他方向双向布置，特别是抗震设计时应避免出现仅单向有墙的布置形式。剪力墙墙肢截面宜简单、规则，自上而下宜连续布置，避免刚度突变。墙的门窗洞口宜上下对齐、成列布置，形成明确的墙肢和连梁，应注意避免采用墙肢刚度相差悬殊的洞口设置方式。

在房屋建筑中，可利用维护墙和房间隔断墙作为剪力墙。受楼板跨度的限制，剪力墙的间距一般为 3~8m，早期多为小开间的布置方式。因此，剪力墙结构一般适用于建造住宅、旅馆等隔墙较多的建筑，而不适用于有大空间要求的公共建筑。图 1-10 所示是国内部分剪力墙结构的平面布置。

钢筋混凝土剪力墙结构根据施工方法的不同可分为：全现浇剪力墙，全部用预制墙板的装配

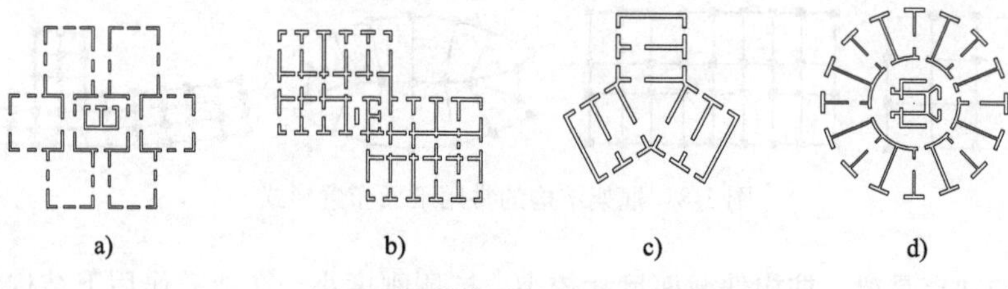

图 1-10 剪力墙结构平面布置

剪力墙，内墙现浇、外墙为预制的部分装配剪力墙。

与框架结构相比，剪力墙结构的抗侧刚度大，空间整体性能好，用钢量较少，结构的顶点位移和层间位移通常较小，能满足抗震设计变形的要求，具有良好的抗震性能，一般可以用于 40 层以下的建筑。由于墙体材料用量较大，因此钢筋混凝土剪力墙结构自重较大。图 1-11 和图 1-12 所示为国内一些剪力墙建筑实例。

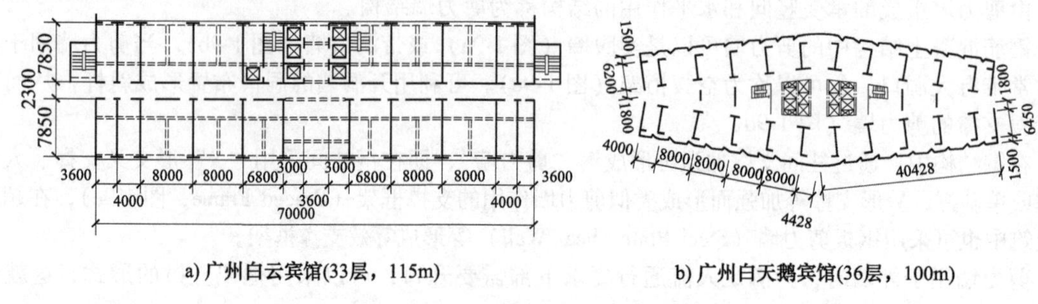

a) 广州白云宾馆(33层，115m)　　b) 广州白天鹅宾馆(36层，100m)

图 1-11 板式剪力墙结构平面实例

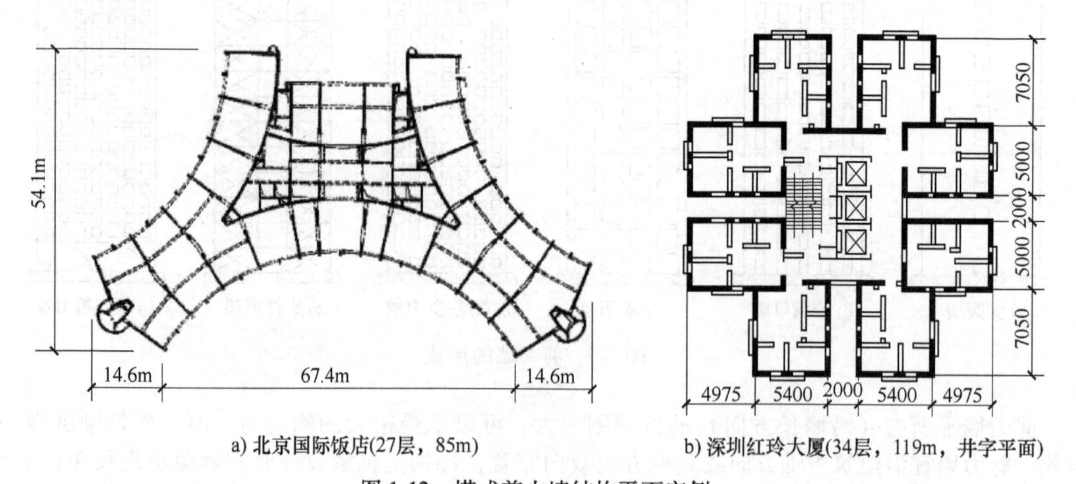

a) 北京国际饭店(27层，85m)　　b) 深圳红玲大厦(34层，119m，井字平面)

图 1-12 塔式剪力墙结构平面实例

1.4.3 框架-剪力墙结构

框架-剪力墙结构是由框架和剪力墙共同承受竖向和水平作用的结构。图 1-13a 所示为钢筋混凝土框架-剪力墙结构的简图。在钢结构中，可采用布置在框架柱间的支撑来抵抗水平作用，相应的体系称为框架-支撑结构（Braced Frame）体系，如图 1-13b 所示。框架-剪力墙结构的抗侧力体系由剪力墙（支撑框架）和框架组成，剪力墙为主要抗侧力结构，框架按照可承担部分水平荷载（20%~25%）进行设计。

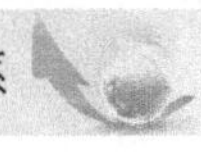

剪力墙与框架是变形形态及受力性质不同的两种抗侧力单元，二者通过刚性水平楼盖体系连接，相互制约并协同工作，按照协同工作原则分配水平力并共同抵抗外力（图 1-13c）。在地震作用时，当其中一部分结构有所损伤时，另一部分也必须具有足够的能力抵抗后期地震作用，实现多道设防。因此，框架-剪力墙结构属于双重抗侧力结构体系。

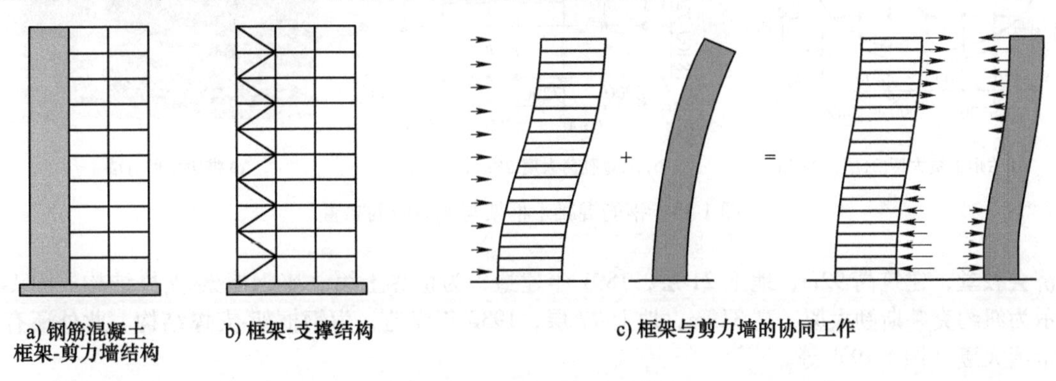

a) 钢筋混凝土框架-剪力墙结构　b) 框架-支撑结构　c) 框架与剪力墙的协同工作

图 1-13　框架-剪力墙结构

1. 框架-剪力墙结构（Shear Walled Frame Structure，Frame-Shear Wall Structure）

框架-剪力墙结构由剪力墙承担大部分水平力，而框架主要承受竖向荷载。它既保留了框架结构空间大、建筑布置灵活和立面易于变化等优点，又有较大的抗侧刚度和较好的抗震性能，弥补了框架结构柔性大和侧移大的缺点。这种结构可广泛应用于办公楼、酒店、公寓、教学楼、医院等公共建筑。例如，北京饭店新楼、深圳北方大厦、上海虹桥宾馆等（图 1-14）。

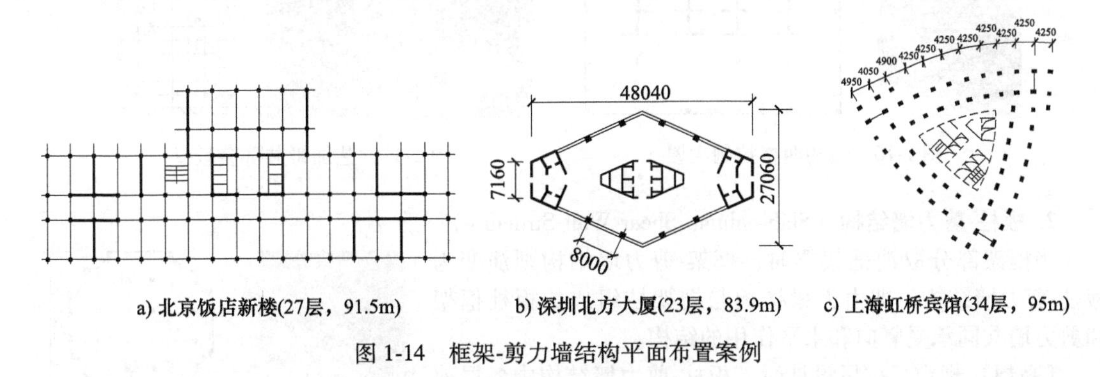

a) 北京饭店新楼(27层，91.5m)　b) 深圳北方大厦(23层，83.9m)　c) 上海虹桥宾馆(34层，95m)

图 1-14　框架-剪力墙结构平面布置案例

框架-剪力墙结构的布置方式有：框架与剪力墙（单片墙、联肢墙或较小井筒）分开布置，当剪力墙围成筒并集中在楼电梯间布置时，则类似于框架-筒体结构（图 1-15a）；单片抗侧力结构连续分别布置框架和剪力墙（图 1-15b）；在框架结构的若干跨内嵌入剪力墙形成带边框剪力墙（图 1-15c）；也可采用以上两种或三种形式的混合。

由于剪力墙平面外刚度小，因此框架-剪力墙结构在抗震设计时，结构两个主轴方向均应布置剪力墙形成双向抗侧力体系。剪力墙宜均匀布置在建筑物四周附近以及楼梯间和电梯间等平面形状变化较大及恒荷载较大的部位。剪力墙间距不宜过大，宜沿竖向贯通建筑物全高，避免刚度突变，剪力墙开洞时洞口宜布置在墙肢中部并上下对齐。

框架-剪力墙结构也常用于组合结构中。图 1-16 所示为 1958 年建造的纽约西格拉姆大厦，它地上 38 层、高 158m，为框架-剪力墙组合结构。外柱为钢柱，剪力墙在 16 层以下为钢筋混凝土墙，17 层以上为钢支撑框架。

框架-剪力墙结构也适用于钢结构，即框架-支撑结构（Braced Frame）。图 1-17 所示为芝加哥

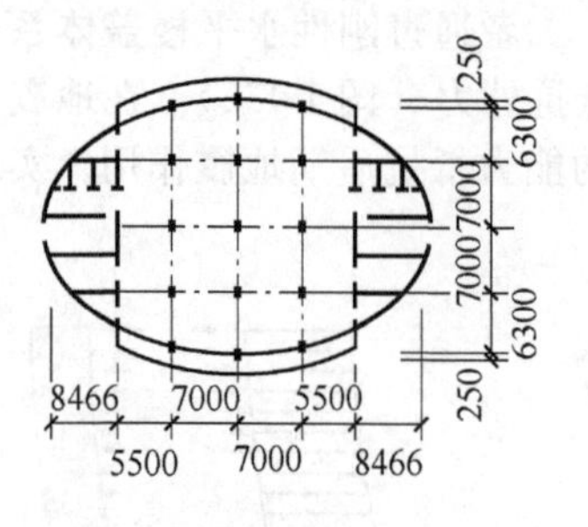

a) 兰州工贸大厦(21层，90.5m)

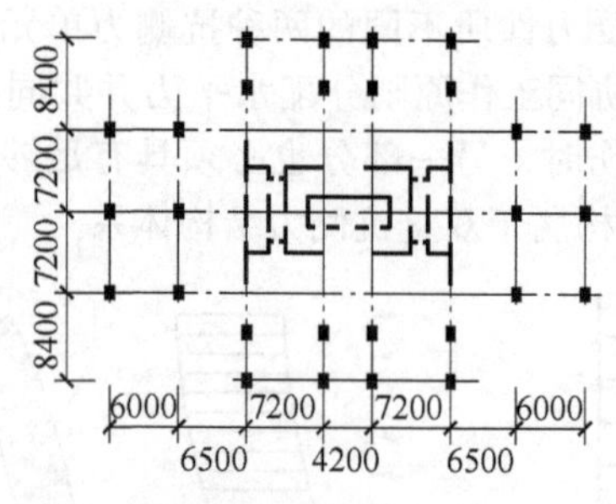

b) 上海雁荡大厦(28层，81.2m)

c) 带边框剪力墙

图 1-15　钢筋混凝土框架与剪力墙的布置

共济会教堂，建筑高 92m，地上 21 层，1891 年建造，为世界上第一座钢框架-支撑结构。图 1-18 所示为纽约克莱斯勒大厦，高 319m，地上 77 层，1930 年建造，为钢框架-支撑结构。此外还有纽约帝国大厦（图 1-19）等。

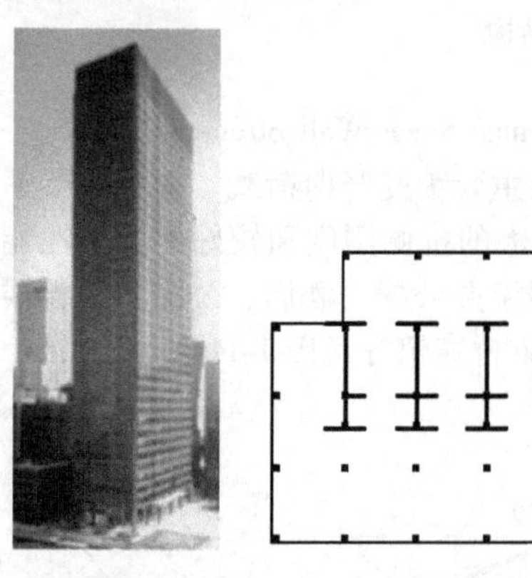

图 1-16　纽约西格拉姆大厦

图 1-17　芝加哥共济会教堂

2. 板柱-剪力墙结构（Slab-column Shear Wall Structure）

当框架部分取消框架梁时，框架-剪力墙结构则演变为板柱-剪力墙结构，即由无梁楼板与框架柱组成的板柱框架和剪力墙共同承受竖向和水平作用的结构。

《高规》规定，抗风设计时，板柱-剪力墙结构中各层剪力墙应能承担不小于 80%相应方向该层承担的风荷载作用下的剪力；抗震设计时，应能承担各层全部相应方向该层承担的地震剪力，而各层板柱部分尚应能承担不小于 20%相应方向该层承担的地震剪力。抗震设计时，板柱-剪力墙结构要求保留周边框架梁，房屋的顶层及地下室顶板宜采用梁板结构。无梁板可根据承载力和变形要求采用无柱帽（柱托）板或有柱帽（柱托）板形式。

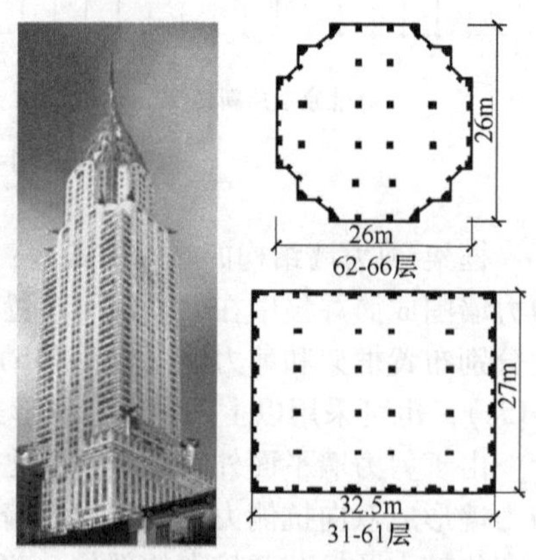

图 1-18　纽约克莱斯勒大厦

3. 特殊框架-剪力墙结构

此外，还有一些特殊框架-剪力墙结构。例如，在大跨框架结构基础上形成的大跨框架-剪力墙结构。图 1-20 所示为美国明尼苏达州明尼阿波利斯的 COBALT 公寓，2006 年建造，地上 6 层，屋顶高度 30.3m，预制钢筋混凝土大跨框架-剪力墙结构，采用了端部有斜杆的空腹桁架梁，钢筋混凝土桁架跨度 16.2m，间距 12.5m，隔层布置，由楼梯间、

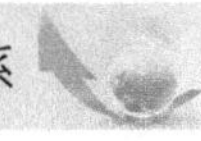

电梯间剪力墙承受大部分水平力。

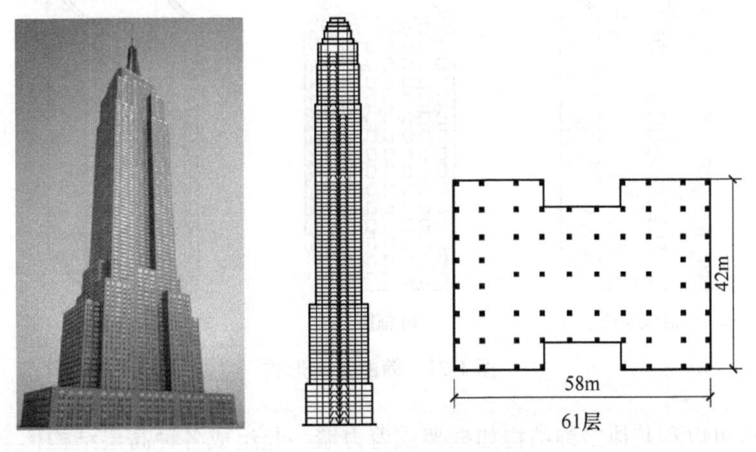

图 1-19　纽约帝国大厦

图 1-20　COBALT 公寓

1.4.4　筒体结构（Tube Structure）

筒体结构是由以竖向悬臂筒体为主组成的承受竖向和水平作用的建筑结构。筒体结构是由美国著名设计师法兹勒·坎恩（Fazlur Khan）在20世纪60年代发明的，法兹勒·坎恩提出的框筒结构、桁架筒结构、筒中筒结构、束筒结构、巨型结构一直指导着今天的超高层结构设计。法兹勒·坎恩在超高层结构体系方面的开创性工作，标志着现代超高层结构体系新时代的开始。

实际上，将几片剪力墙围合起来就形成了筒（Tube）。筒的平面可以是矩形、多边形、圆形、三角形等。楼梯间、电梯间由剪力墙围成的开有很少洞口的筒，称为实腹筒，如图 1-21a 所示。由于楼梯间、电梯间筒常常放置在高层建筑平面的中心部位，也称为核心筒（Core Tube）。将开有较多窗户的外墙围合成筒，控制窗间墙间距，并用较大的窗裙梁连接窗间墙，就形成了框筒（Framed Tube），如图 1-21b 所示。控制钢筋混凝土墙的洞口排列则可形成桁架支撑-剪力墙（图 1-9d）。在钢框架的柱间加斜撑可以形成桁架支撑框架（Braced Frame，图 1-9e），将桁架支撑框架或桁架支撑式剪力墙围合起来就形成了桁架筒（Truss Tube），如图 1-21c 所示。

筒体犹如固定于基础上的封闭箱形悬臂构件，它的空间受力性能好，具有良好的抗风、抗侧移和抗震性能，比框架-剪力墙结构或剪力墙结构具有更大的强度和刚度，适用于更高的建筑。为发挥筒体的空间受力效应，筒体的开洞不宜过大，筒体的平面宜为双向对称的规则平面，如正方形、正多边形、圆形；当采用矩形平面时，筒的平面长宽比不宜大于 1.5。

实腹筒、框筒、桁架筒为筒的基本形式，它们可以单独作为主要承重结构，形成核心筒结构（图 1-22a）、框筒结构（图 1-22b）、多孔壳筒（Perforated Shell Tube，图 1-22c）、桁架筒

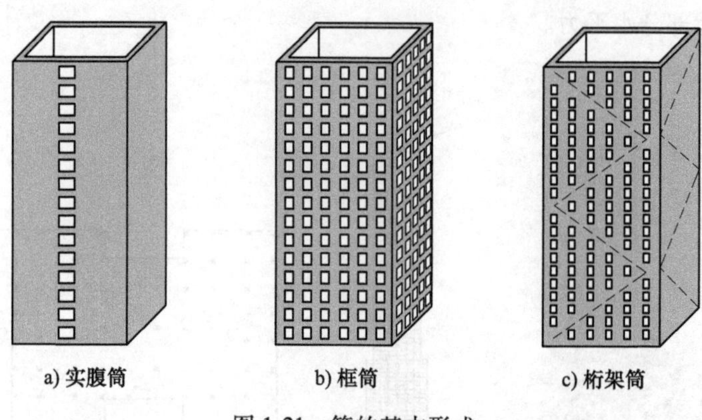

图 1-21　筒的基本形式

(图 1-22d)。筒也可以和其他二维结构如框架或剪力墙一起组成各种高层结构体系，如框架-核心筒结构。筒和筒组合，则可形成束筒结构（Bundled Tube，图 1-22e）、框筒筒中筒（Tube in Tube，图 1-22f、g）、桁架筒中筒（图 1-22h）等。筒体还可以和伸臂（Outriggers）及腰、帽环带桁架（Belt and Head Trusses）组成带加强层的超高层结构体系（图 1-22i）等。

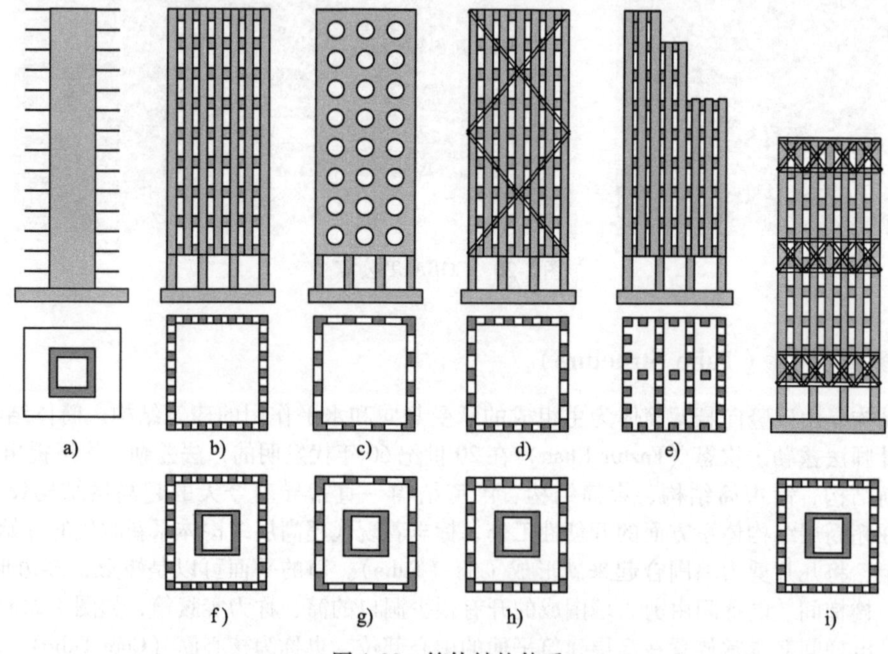

图 1-22　筒体结构体系

1. 芯筒结构

芯筒结构（Core Structure）也称为核心筒结构，是采用单芯筒承受全部竖向重力荷载与水平荷载的建筑结构。通常利用建筑的竖向交通通道布置芯筒。混凝土结构的芯筒一般为少开洞的实腹筒，在钢结构中则为支撑框架筒。为保证抗侧力效果，混凝土芯筒如需开洞，则开洞面积不宜大于墙面面积的 30%。

芯筒结构的承载力体系集中于中央筒体，属于单筒结构（Single Core Structure）。这种结构的建筑优势是可以形成无柱大空间，缺点是芯筒有效结构空间小、抵抗水平力的能力有限。楼板承受的竖向荷载可以通过多种方式传递给核心筒，从而形成各种单筒结构，如楼板荷载通过悬挑，悬挂，或者通过周边铰接柱受压传递等。无论哪种荷载传递方式，均可使结构下部随意形成大开

敞空间。核心单筒结构体系主要有核心筒-悬挑、核心筒-悬挂、核心筒-铰接柱等。

（1）核心筒-悬挑结构（Core Plus Cantilever Slabs） 楼板从核心筒壁悬挑，从而将房屋竖向荷载传递给核心筒的结构称为核心筒-悬挑结构。楼板可以单层挑出（图 1-23a），这种方式使板跨受到限制，结构体量往往不大；也可以将两层楼板或多层楼板与横墙结合为箱体挑出（图 1-23b），这样可以有效加大楼板的悬挑长度。

（2）核心筒-悬挂结构（Core Supported Suspended Structure） 悬挂结构（Suspended Structure）是将楼（屋）盖荷载通过吊杆传递到竖向承重体系的建筑结构。核心筒-悬挂结构是以中央薄壁筒（芯筒）作为竖向承重体系的悬挂结构，它从核心筒挑出水平伸臂悬挂钢缆、钢吊杆等竖向吊杆构件，楼板被悬挂于吊挂件上。图 1-23c 所示为顶部带有伸臂的悬挂结构示意图，在建筑顶部设置大型伸臂桁架（Outrigger Truss）或者悬挑大梁承受拉索的拉力。其优点是，悬挂结构利用高性能钢材受拉传递荷载，相比受压钢结构而言使截面最小，更省钢材；建筑灵活，首层大部分竖向构件可以取消，首层场地开阔。缺点是建筑高度受限制，吊挂件必须做防火处理；重力荷载传递效率低，必须先向上传递到顶层水平悬臂构件，然后才能通过芯筒向下传递。

（3）核心筒-铰接柱（Core-Hinged Column Structure） 在核心筒底部或者中部挑出刚性大梁，数层楼板一侧支承在由伸臂支撑的铰接柱上，另一侧支承在核心筒上，如图 1-23d 所示。

（4）核心筒-铰接柱、悬挂结构 铰接柱与悬挂结构组合，如图 1-23e 所示结构，从核心筒任意高度挑出刚性伸臂，上部楼层通过受压铰接柱和芯筒向下传递荷载，伸臂下部楼层则通过悬挂在刚性悬臂上的拉索受拉悬挂楼板并传递荷载到芯筒。

（5）核心筒-伸臂桁架、铰接柱（Core Plus Outrigger Truss And Hinged Column） 核心单筒结构的特点是可以获得无柱大空间，但由于核心筒尺寸较小，抗弯刚度受到限制，可以用放置在核心筒顶部或中部的帽桁架或腰桁架将外围铰接柱与核心筒联系在一起工作，使外柱参与抵抗倾覆力矩，如图 1-23f 所示。在水平力作用下，外柱可以通过拉压变形制约腰、帽桁架转动从而减小核心筒侧移，增加核心筒结构的抗侧移能力。

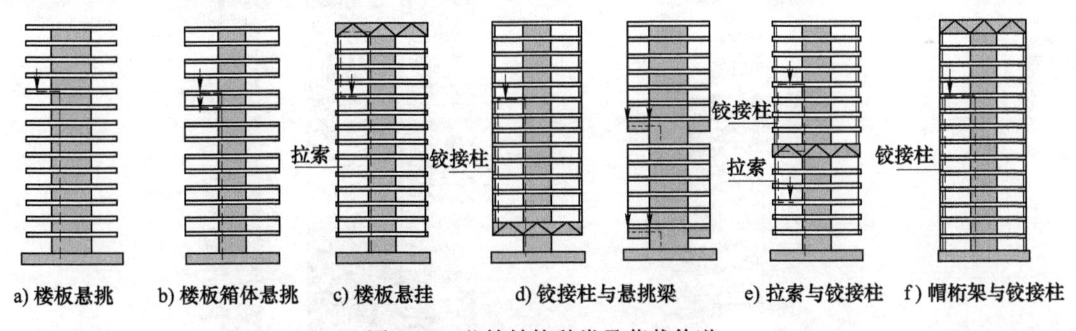

图 1-23 芯筒结构种类及荷载传递

建筑实例

1. S. C. 约翰逊研究塔（核心筒-悬挑结构）

S. C. 约翰逊研究塔（图 1-24a）位于美国华盛顿州，建筑高 50.6m，地上 14 层，1950 年竣工。建筑的抗侧力结构为核心筒，楼板从核心筒悬挑，该塔是第一个钢筋混凝土核心筒高层结构。建筑设计师是弗兰克·劳埃德·赖特（Frank Lloyd Wright），建筑独特的“树状结构”（图 1-24b、c）以及柱帽和柱子的完美结合（图 1-24d）为建筑师赢得了巨大声誉，被认为是赖特最伟大的设计。1974 年，这座建筑获得美国建筑师学会著名的二十五年奖，1976 年被作为国家历史地标。

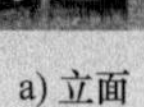

a) 立面

b) 楼板悬挑

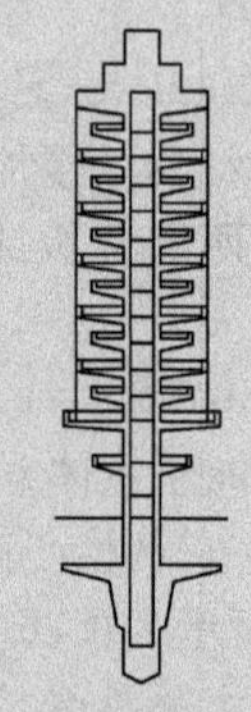

c) 竖向剖面

d) 柱子及柱帽

图 1-24　S. C. 约翰逊研究塔

2. 普赖斯塔艺术中心（核心筒-悬挑结构）

普赖斯塔艺术中心（图 1-25），位于美国俄克拉马州，1956 年竣工，建筑高 58.22m，层数 19 层，为钢筋混凝土芯筒结构。建筑周边直径 13.70m，楼板从中央钢筋混凝土核心筒悬挑。建筑设计师为弗兰克·劳埃德·赖特，该建筑 1983 年获得美国建筑师学会著名的二十五年奖。

3. 新加坡淡马锡大厦（核心筒-悬挑结构）

淡马锡大厦（图 1-26）1986 年建造，建筑高 234.7m，地上 52 层，地下 5 层，层高 4.24m，层净高 2.8m。钢筋混凝土芯筒圆形截面的边缘直径为 25m。钢梁与埋在核心筒壁的钢柱焊接并沿井筒径向挑出支承楼板。钢挑梁长度为 11.6m，挑梁外端采用周边环带桁架连接以保证挑梁端部变形协调。基础为钢筋混凝土筏板。

图 1-25　普赖斯塔艺术中心

图 1-26　淡马锡大厦

4. 渴望塔（核心筒-挑梁-铰接柱）

渴望塔也称为多哈火炬，位于卡塔尔首都多哈，是 2006 年亚运会的标志性建筑，建筑高 300m，地上 36 层，为钢筋混凝土结构，如图 1-27 所示。

5. 宝马总部办公大楼（核心筒-悬挂结构）

该楼位于德国慕尼黑的宝马总部办公大楼（图 1-28），建造于 1972 年，高 101m，地上 21 层。建筑轮廓直径为 52.3m，混凝土核心筒直径为 24.4m，由 4 个开口圆形混凝土小筒用连梁及楼板连成整体，用作竖向的交通通道。办公大楼外观模仿四缸车引擎的形状，四叶草形式的后张

预应力混凝土楼板楼面吊挂在顶部核心筒挑出的 4 个巨大的转换桁架上，将竖向荷载传递给混凝土筒体，最终传递到基础。第 12 层为桁架转换层，分担部分顶部悬挑桁架承受的荷载，下面 11 层悬挂于转换层。施工时，楼板在地面组装后整体提升。

6. 标准银行中心（核心筒-悬挂结构）

南非约翰内斯堡标准银行中心（图 1-29）建于 1970 年，建筑高 139m，地上 34 层。建筑沿高度分为 3 个组团，每组 9 层。芯筒由 4 个方形小筒组成，筒壁厚度从底部 0.69m 变化到上部的 0.19m；芯筒在 3 个水平面外伸 8 根 9.5m 长的后张预应力混凝土悬挂转换大梁支承各 10 层楼板，楼板的内侧支撑在核心筒上；吊杆为 3.5m 长的预制混凝土柱，柱截面宽 0.53m，厚度不等，中心预留孔道，张拉预应力筋；预应力筋随悬挂荷载的增加而分批张拉，上端锚固在转换大梁上，下端锚固在楼面的边梁上。

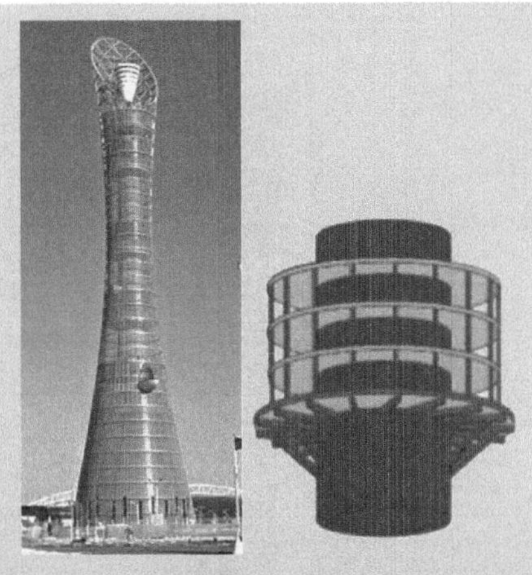

图 1-27　渴望塔

a) 外观

b) 核心筒

c) 中部转换桁架

d) 顶部转换桁架

图 1-28　宝马总部办公大楼

7. 深圳大疆总部

深圳大疆总部（图 1-30）也称为天空之城，由东、西两幢分别高 212m 和 190m 的超高层塔楼组成，采用了带悬挂层的支撑框架结构体系。每幢楼都盘旋外挂了 6 个悬挂体；每个悬挂体顶部为高 4 层的钢结构桁架箱体，可作为专用的无人机试飞空间，并配合独特的观影效果。箱体下方则为主要办公空间，采用大跨度无柱空间设计，配合 270°玻璃墙面景观环绕。全底层架空搭配花园绿植的设计，使得裙楼景观设计与城市景观浑然一体，营造出通透良好的城市公共空间。在距地面 100m 高度处，一座造型简洁美观的拉索桥连接东西塔楼，可以提升建筑内部人员的流动性、消防疏散和沟通效率。

大楼竖向荷载部分通过大跨梁板直接传递至落地的核心筒，部分通过吊柱往上传递给悬挂层的箱体，再通过悬挂箱体的桁架传递给落地的核心筒；地震和风的水平作用由核心筒抵抗。由于设计的特殊性仅有核心筒区域为落地结构，因此核心筒的安全性非常重要，设计团队采用了多道防线的支撑-框架结构体系。在确保框架结构延性能力良好的同时，设置了可以提供整体共同作用的多榀支撑布置，从而实现了框架和支撑系统共同工作的抗震多道防线设计。

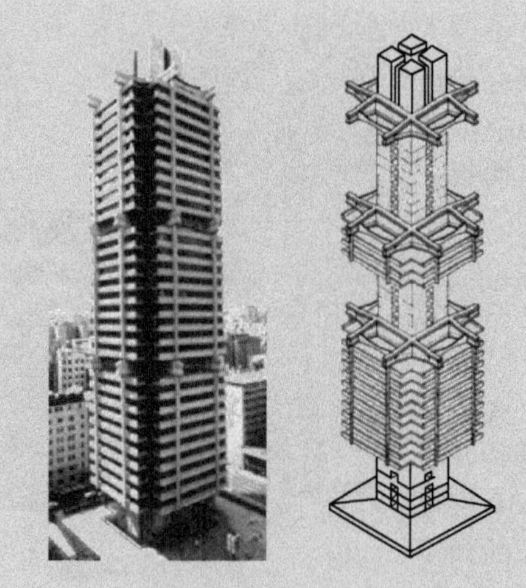

图 1-29　标准银行中心

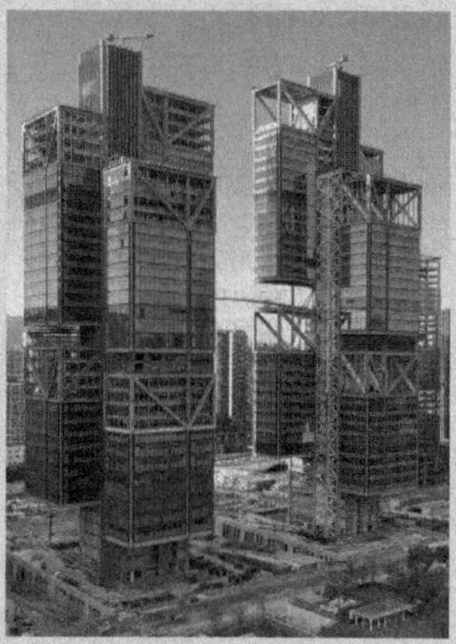

图 1-30　深圳大疆总部

2. 框架-核心筒与框架-筒体

（1）框架-核心筒（Frame-Corewall Structure）　框架-核心筒是由核心筒与外围的稀柱框架组成的筒体结构，是高层建筑的常用结构体系，图 1-31a、b 所示为框架-核心筒结构立面与平面，图 1-31c 所示为金陵饭店的框架-核心筒结构平面。框架-核心筒也可以看成是框架-筒体结构（Frame-Tube Structure）的一种特例，当内筒偏置时即为框架-筒体结构。由于筒体的抗侧刚度很大，筒体偏置时会导致建筑质心与结构抗侧刚度中心的偏心距较大，使结构在地震作用下的扭转反应增大，易产生较大的平面扭转。因此在工程中多数情况都是框架与中央核心筒组成抗侧力体系。抗震设计时，一旦筒体偏置应特别关注结构的扭转特性，要控制结构的扭转反应或设置双筒，如图 1-31d 所示为兰州工贸大厦结构平面，它是由两个侧置的筒体和中间框架组成的框架-筒体。

a) 立面　b) 平面　c) 金陵饭店的框架-核心筒结构平面　d) 兰州工贸大厦结构平面

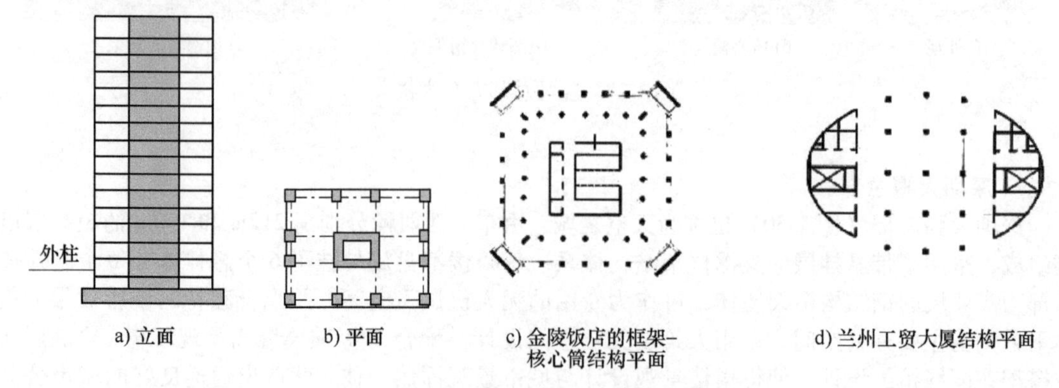

图 1-31　框架-核心筒与框架-筒体

与框架-剪力墙结构类似，框架-核心筒也属于双重抗侧力体系。在结构设计中，筒体与框架共同抵抗水平力，其中由筒体承担大部分水平力。框架柱则主要承受竖向荷载，但框架作为抗侧的二次保障也必须设计为承担一定比例的水平作用。为保证必要的抗侧刚度，《高规》规定，核心筒的宽度不宜小于筒体总高的 1/12。框架与核心筒的距离取决于楼板构造，采用混凝土楼板时跨度可达 8～9m，如果采用钢梁-压型钢板-现浇混凝土组合楼板，楼板跨度则可达到 10m 以上。

框架-核心筒适用于混凝土结构、钢结构、钢与混凝土混合结构或钢与混凝土组合结构。内筒常采用钢筋混凝土结构，内筒采用钢结构时常采用支撑框架筒。

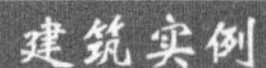

建筑实例

1. 科威特城阿尔哈姆拉塔

阿尔哈姆拉塔（图 1-32）为科威特第一高楼，2011 年竣工，高 412.6m，地上 80 层，钢筋混凝土框架-核心筒结构。核心筒周边墙厚 1.2m，内墙厚 0.3m，混凝土强度最高为 80MPa。边框架柱截面尺寸为 0.8m×0.6m，周边柱组成开口矩形平面并沿高度螺旋式变化，使得建筑外形独特，如同每层楼板逆时针围绕核心旋转。

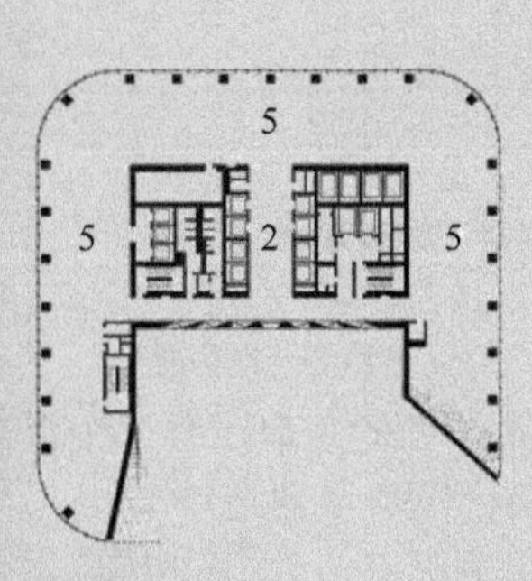

图 1-32　阿尔哈姆拉塔

2. 芝加哥马里纳城

马里纳城（图 1-33）也称“玉米楼”，位于美国芝加哥，共有两幢。建筑高 179.22m，地上 61 层，1964 年建造，为清水混凝土框架-核心筒结构。圆形平面的核心筒直径为 10.7m，花瓣形楼板轮廓直径为 32m。

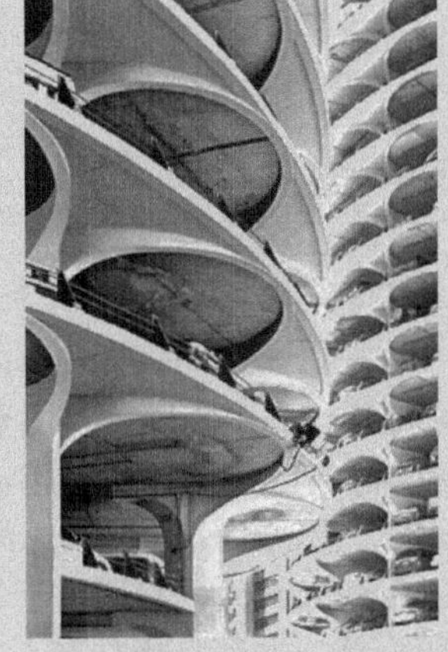

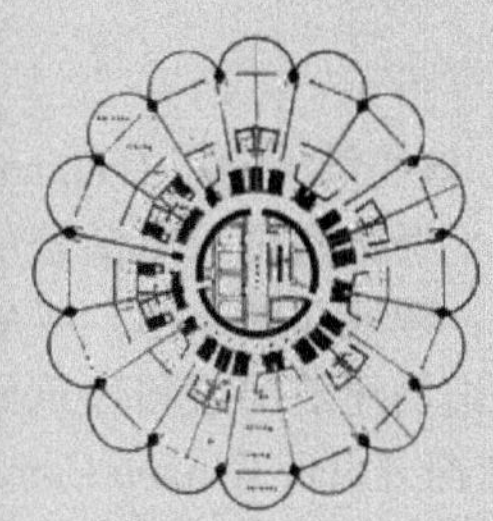

图 1-33　马里纳城

3. 国内框架-核心筒建筑实例

图 1-34 所示为朗豪坊办公大楼，位于香港九龙，建筑高 255.05m，地上 59 层，地下 5 层，2004 年建成，为钢筋混凝土框架-核心筒结构。

图 1-35 所示为上海联谊大厦，为钢筋混凝土框架-核心筒结构。周边柱与核心筒的距离为 8m，高 106.5m，30 层，1984 年建造。

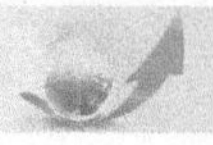

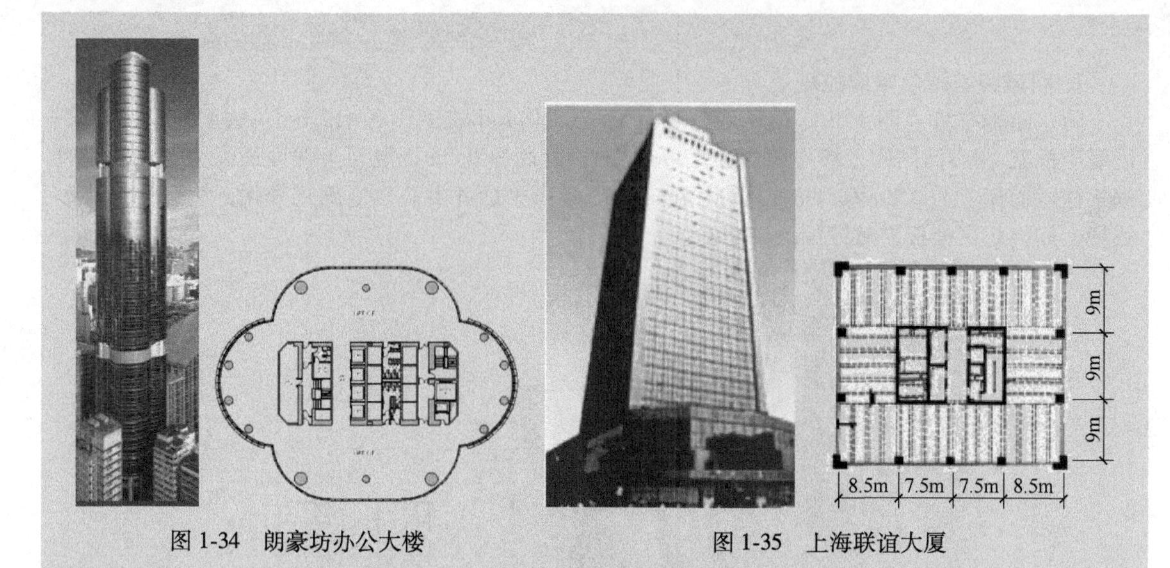

图 1-34　朗豪坊办公大楼　　　　图 1-35　上海联谊大厦

图 1-36 所示为北京新世纪饭店，为钢骨混凝土柱框架-混凝土核心筒结构。除了中央的核心筒外，在三角形平面的角部还有三个混凝土剪力墙围成的小筒，周边柱与核心筒的距离为 8m，高 110m，32 层，1991 年建造。

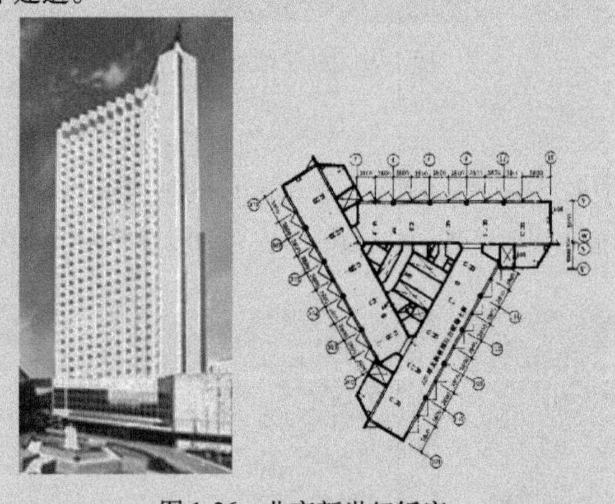

图 1-36　北京新世纪饭店

（2）板柱-核心筒（Slab-Column Corewall Structure/Core with the Columns and Flat Slab Floors）楼盖采用无梁平板结构可以降低楼层高度。由于高层建筑层数很多，所以限制楼盖高度对降低结构总高很有效，建筑高度越小，所受风荷载以及地震作用越小。在建筑总高确定的情况下，压缩楼盖高度可以增加建筑层数和建筑面积，提高经济效益。无梁楼板与框架柱和核心筒结合就组成板柱-核心筒结构（Slab-Column Corewall Structure），它适用于 30 层以下的住宅建筑。完全采用无梁楼盖的板柱-核心筒结构整体抗侧移能力差，尤其是板柱节点的抗震性能较差。因此，《高规》建议在采用无梁楼盖时，应在各层楼盖沿周边框架柱设置框架梁，板柱-剪力墙体系在非抗震设计时不宜超过 110m，抗震设计不宜超过 80m。

3. 框架-核心筒-伸臂结构体系（Frame-Core Plus Outrigger）

框架-核心筒结构是以内部核心筒作为主要抗侧力结构的体系，受较窄内筒的限制其抗侧刚度不大，且未能发挥外框架柱的抗侧作用。利用建筑避难层和设备层设置适宜刚度的水平悬挑伸臂构件连接内筒与外围框架柱，使得外框架柱参与整体抗弯，从而增加结构抗倾覆能力和减少层间位移，这就是框架-核心筒-伸臂结构。

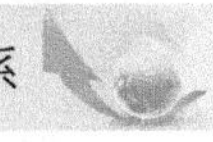

伸臂可以是桁架或深梁，必要时，也可同时设置与伸臂同层的周边水平环向构件，从而形成框架-核心筒-伸臂-腰、帽桁架结构（图1-37）。水平伸臂构件、周边环向构件可采用斜腹杆桁架（图1-38）、实体梁、箱形梁、空腹桁架等形式。伸臂在钢结构以及组合结构中常为钢桁架，在混凝土结构中常采用墙梁。

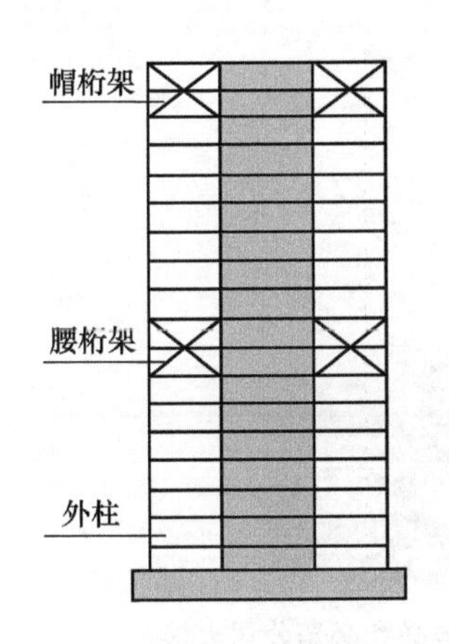

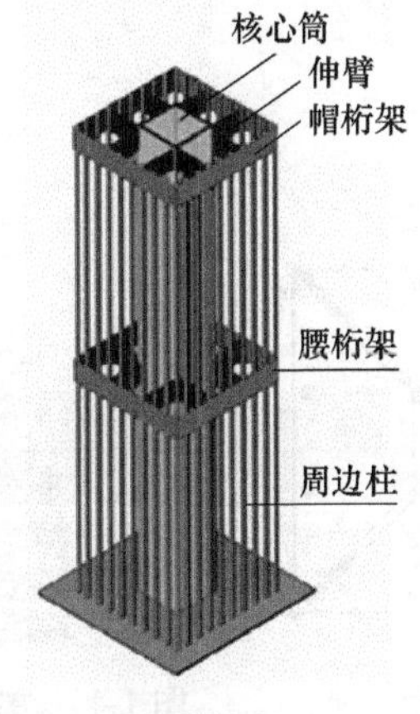

图1-37　框架-核心筒-伸臂-腰、帽桁架结构

图1-38　伸臂-环向腰桁架

（1）框架-核心筒-伸臂结构　在高层建筑中设置伸臂可以使芯筒与周边框架之间形成相互作用，在水平力作用下周边柱的拉、压力结合伸臂的作用使芯筒转动受到约束，从而将核心筒所受弯矩部分转移到外侧框架结构上，在基本不改变结构布置的情况下，通过伸臂作用可较大提高结构抗侧刚度，减小核心筒的倾覆弯矩和结构侧移，可以使建筑高度大大提高。通常情况下，核心筒两侧的伸臂宜对称布置，但也有仅在核心筒的一侧布置伸臂的情况。伸臂可以和设在伸臂端部的环带桁架结合使用，这样使未与伸臂相连的周边柱也可以参与抵抗水平力，从而提高结构抗侧刚度。水平伸臂以及周边带状水平桁架或大梁所在的楼层称为加强层。

伸臂已成为现代高层建筑特别是超高层建筑的必要元素。框架-核心筒-伸臂结构已经在我国的许多超高层建筑中得到应用。

建筑实例

1. 加拿大蒙特利尔交易所

1964年建造的加拿大蒙特利尔交易所，首次将伸臂桁架应用到高层建筑的设计中，这座190m高的建筑是第一座伸臂混凝土结构，如图1-39所示。该建筑主要的结构组成包括混凝土核心筒，大截面角柱，4道连接角柱与核心筒的X形伸臂。

2. 墨尔本必和必拓公司大楼

墨尔本必和必拓公司大楼（图1-40）共41层，建筑高152.5m，于1972年竣工。必和必拓公司大楼共设置了两道伸臂桁架与环带桁架，分别位于1/2高度及建筑顶部，环带桁架与伸臂桁架同层设置，是世界建筑史上首次使用环带桁架的结构。顶部的伸臂对限制核心筒的转动作用很大，而中间位置的伸臂对减少整个结构的侧移作用明显，设置环带桁架的主要目的是减少外框的剪力滞后效应，不设置环带桁架时只有与伸臂桁架相连的框架柱可以充分参与结构的整体抗侧，而其余的框架柱贡献较小。伸臂桁架与环带桁架的应用，使得这座152.5m的高层钢结构建筑的用钢量约107.4kg/m^2。

3. 南京紫峰大厦

南京紫峰大厦采用的是带有加强层的框架-核心筒组合结构体系，建筑高450m，地上66层，建筑周边为钢管混凝土组合柱，中央为钢筋混凝土核心筒，在10层、35层、60层设有三个加强

层，如图 1-41 所示。核心筒的剪力墙厚 0.6~1.5m，钢管混凝土柱直径为 0.9~1.75m。加强层由 8.4m 高的钢伸臂桁架和周边带状桁架组成。伸臂连接钢管混凝土柱与核心筒，带状桁架的钢梁与周边柱刚性连接。

图 1-39　加拿大蒙特利尔交易所

图 1-40　墨尔本必和必拓公司大楼

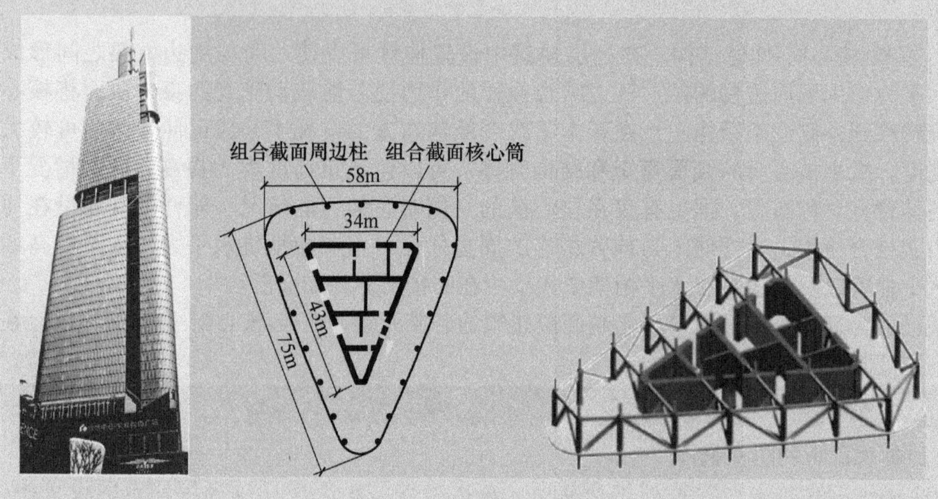

图 1-41　南京紫峰大厦

4. 深圳地王大厦

深圳地王大厦（图 1-42）1996 年竣工，建筑高 384m，地上 69 层，为型钢混凝土柱框架-型钢混凝土核心筒-伸臂结构。7 度抗震设防，建筑高宽比为 8.75。核心筒为长方形，分为 5 开间，采用 H 形焊接钢梁混凝土墙。周边矩形截面柱采用 C45 混凝土型钢组合柱。在 2 层、22 层、41 层、66 层设 4 道两层高的钢伸臂桁架（6.7~7.5m），在每个与内墙对应的轴线都设置了伸臂。

5. 公园大道 432 号

美国纽约的公园大道 432 号（图 1-43）高 425.5m，地上 85 层，2015 年竣工，是世界最高的公寓住宅建筑，结构体系为带加强层的钢筋混凝土框架-核心筒。混凝土内筒为 9m×9m 的方形截面，墙厚 0.76m，混凝土圆柱抗压强度为 111MPa。建筑最突出的特点是结构高宽比达到 15∶1。为控制建筑侧移，沿高度每 12 层设置一个高达到两层的加强层，加强层由伸臂和周边环带桁架组成，可保证混凝土内筒和周边框架的有效结合，增强结构抗侧移能力。建筑外墙为

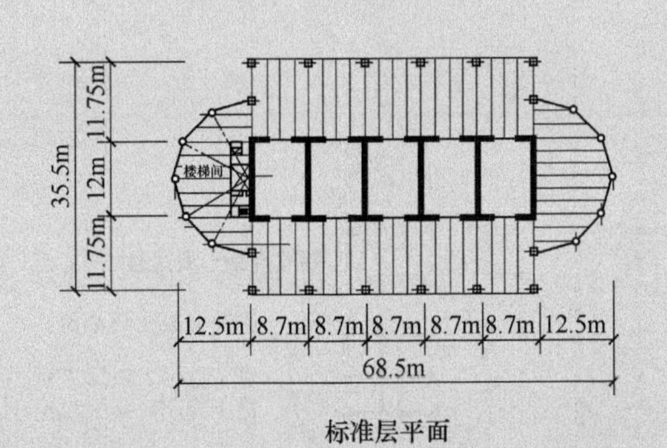

图 1-42 深圳地王大厦

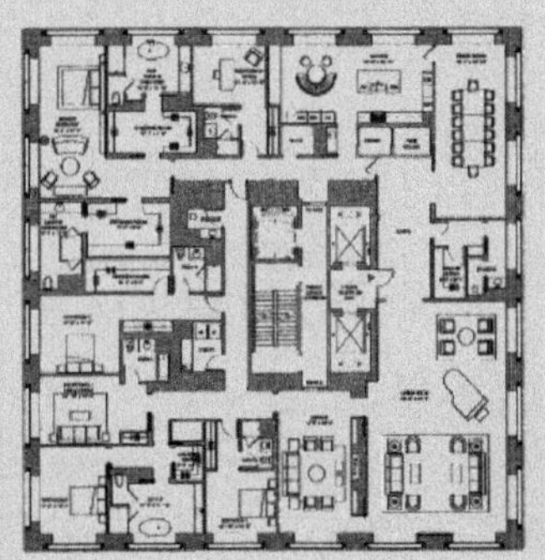

图 1-43 公园大道 432 号

清水混凝土（Fair-faced Concrete）。混凝土楼板厚 0.25m，跨度为 9.1m。为限制结构地震反应加速度，在建筑顶部采用了两个调谐质量阻尼器。

6. 马来西亚吉隆坡石油双塔

马来西亚吉隆坡石油双塔（图 1-44）于 1998 年建成，高 452m，地上 88 层。两个独立的塔楼由裙房相连，在两座主楼的 41~42 层为长 58.4m、距地面 170m 高的空中天桥。塔楼主体为圆形平面，外围直径为 46.36m，中央钢筋混凝土核心筒边长在下部为 22.9m。塔楼周边框架有 16 根混凝土柱，柱距为 9.07m，直径为 1.2~2.4m，梁高 0.77~11.5m。在第 38~40 层有 4 个 2 层高的钢筋混凝土空腹伸臂桁架连接内筒四角与周边柱，并由环梁将周边柱联系在一起，组成钢筋混凝土框架-核心筒-伸臂结构体系。楼板为钢梁支承的压型钢板组合结构。

7. 美国纽约新世界贸易中心

新世界贸易中心（图 1-45）也称自由塔，地上 104 层，建筑高 541.3m，屋盖高 417m，为框架-核心筒组合结构。中部为钢筋混凝土核心筒，核心筒内部有正交方向布置的剪力墙，周边为钢框架。核心筒混凝土墙最厚处达到 1.37m，核心筒剪力墙连梁采用宽翼缘 H 型钢，高性能混

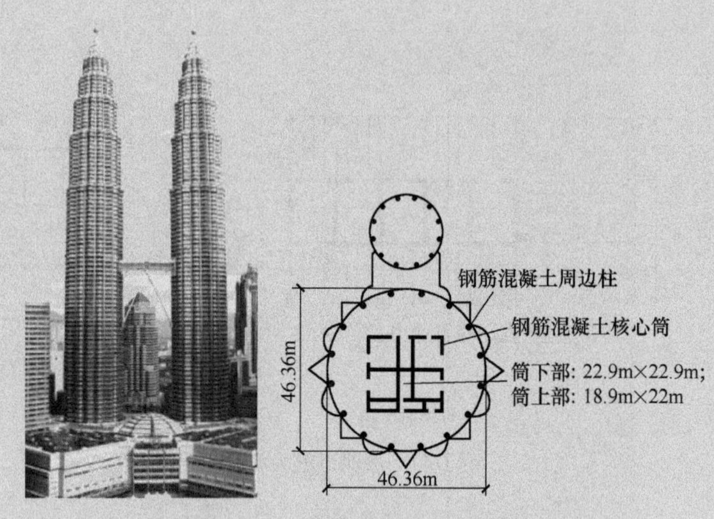

图 1-44　马来西亚吉隆坡石油双塔

图 1-45　纽约新世界贸易中心

凝土强度最高达到 96MPa。楼板为钢梁支承的压型钢板混凝土组合楼板。为了进一步提高体系对水平力的抗力，上部设备层在正交方向设置了组合箱形截面的伸臂桁架。

（2）板柱-核心筒-伸臂/腰帽桁架（Slab-columns Corewall Plus Outrigger）　板柱-核心筒结构的抗侧移能力仅来源于核心筒，抗侧移能力有限。利用伸臂与板柱-核心筒结合可以将外柱与核心筒结合起来，使外柱参与抗侧力体系，有效提高建筑抗侧移能力。这种体系可以应用于 30~60 层的建筑。

建筑实例

1. 第一林康大厦

第一林康大厦（图 1-46）位于美国加利福尼亚旧金山（San Francisco），有南塔（South Tower）和北塔（North Tower）两座建筑。南塔屋顶高 168m，地上 54 层，地下 7 层，2008 年建造。北塔高 137m，地上 45 层，地下 4 层。两座建筑均为板柱-混凝土核心筒加伸臂结构。楼板为 200mm

厚的预应力平板，支承在混凝土核心筒和周边柱上。在建筑短向沿高度设置了两道四层高的钢支撑伸臂，伸臂支撑柱截面尺寸为 2.29m×0.81m。由核心筒和伸臂以及伸臂支撑柱组成了抗侧力体系（图 1-46）。屋顶水箱也被设计为液体调谐质量阻尼器以减少大风的影响。

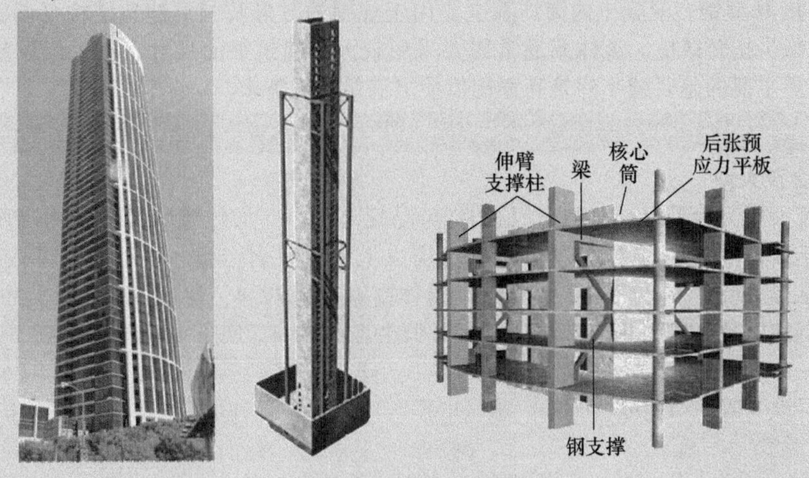

图 1-46　第一林康大厦

2. 川普大厦

川普大厦高 423m，98 层，建于 2009 年，为钢筋混凝土板柱-核心筒-伸臂结构（图 1-47）。大楼横向高宽比为 14∶1，所以在短向设置了钢伸臂桁架。核心筒为钢筋混凝土结构，由四个工形墙和一个 U 形剪力墙组成，墙厚 1.2m。伸臂为钢筋混凝土墙，设置在体型变化楼层（16 层、29 层和 51 层）以及顶层，连接核心筒与周边柱。楼板为压型钢板与混凝土组合无梁平板，板厚 0.23m，跨度 9.1m。

a) 川普大厦实景图

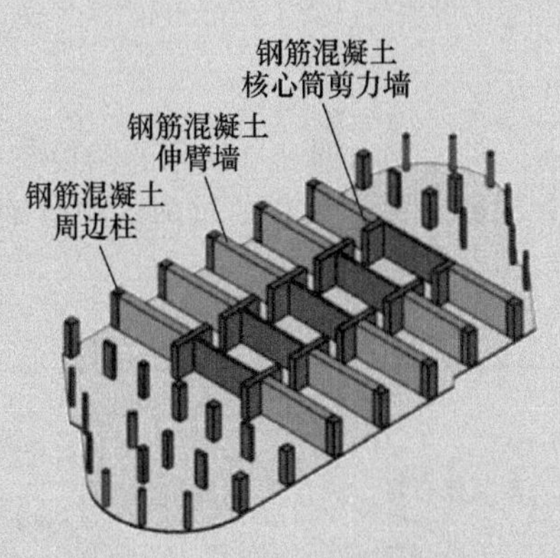

b) 核心筒、边柱与伸臂

c) 无梁楼板

图 1-47　川普大厦

（3）巨柱（框架）-核心筒-伸臂结构（Mega Columus-Core Plus Outrigger）　巨型柱-核心筒-伸臂结构体系是在框架-核心筒结构的基础上发展而来的。承载力由大型钢与混凝土组合柱和钢筋混凝土芯筒提供，使得楼面布置及立面更加灵活。

巨柱框架-混凝土内筒体系通过设置巨型柱，使带伸臂桁架的钢框架-混凝土内筒体系的抗侧刚度得以进一步提高。巨柱框架-混凝土内筒体系的特点是通常在外框架中共设置 8 根巨型柱，周边四榀框架中每榀框架设置 2 根，巨型柱通常为抗侧刚度和承载力很高的钢骨混凝土柱，柱截面两端一般设置焊接 H 型钢。混凝土内筒体系主要用于规则的方形及圆形建筑结构平面，以使能对称布置巨型柱，减少扭转效应。该体系通常需要采用较大的建筑平面尺寸，在采用巨型柱时可不影响建筑使用，更主要的是要减小建筑高宽比值使之满足刚度需求。

建筑实例

1. 上海金茂大厦

上海金茂大厦为钢骨混凝土组合巨柱框架-混凝土核心筒加伸臂的组合结构（图 1-48），高 420. 5m。87 层以下为钢筋混凝土核心筒，87 层以上为空间钢桁架。核心筒为正八角形，在 53 层下内设井字形隔墙。核心筒壁最厚 84cm，筒体高宽比为 12. 4。建筑外侧四周共布置有 8 根组合截面巨型钢柱以及 8 根钢柱，组合柱钢骨面积比为 0. 48%，底部截面尺寸达到 1. 5m×5m，上部为 1. 0m×3. 5m，混凝土强度等级为 C60～C40，楼板为钢梁组合楼板。在 24～26 层、51～53 层、85～87 层设 3 道钢结构伸臂桁架，将核心筒与组合巨型柱连成整体以提高塔楼抗侧刚度。

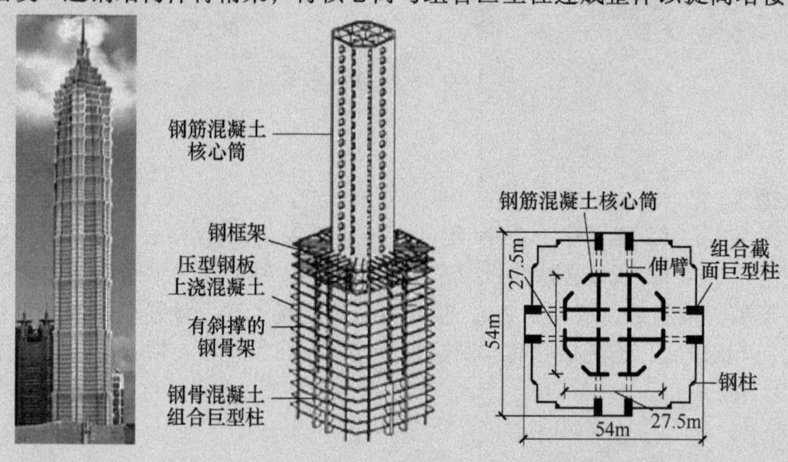

图 1-48　上海金茂大厦

2. 上海中心大厦

2015 年建成的上海中心大厦（图 1-49），高 632m，地上 121 层，为巨柱框架-核心筒加伸臂桁架的组合结构。钢骨混凝土巨型柱与钢骨混凝土核心筒和通过两层高的钢伸臂桁架相连，与伸臂共同设置的还有两层高的钢环带桁架。

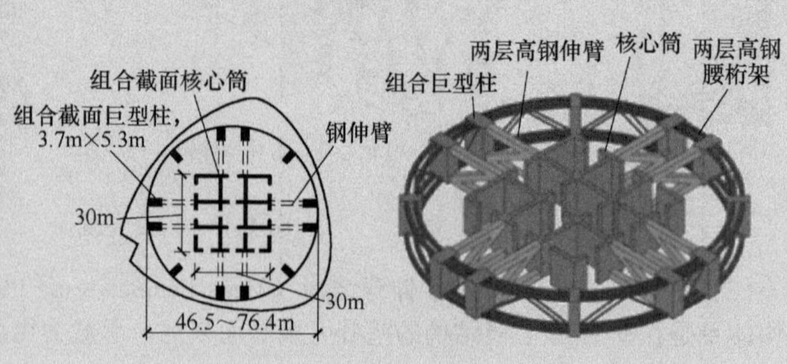

图 1-49　上海中心大厦

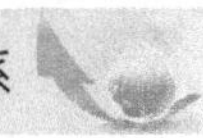

3. 香港国际金融中心第二期

香港国际金融中心第二期的结构由钢筋混凝土核心筒和8个巨型型钢混凝土柱及伸臂组成，如图1-50所示。建筑高412m，地上88层，地下6层，建筑埋深38m。平面尺寸为48m×48m，沿平面四边每边布置2根巨型柱，柱距24m。沿高度有3个三层楼高的钢伸臂桁架。

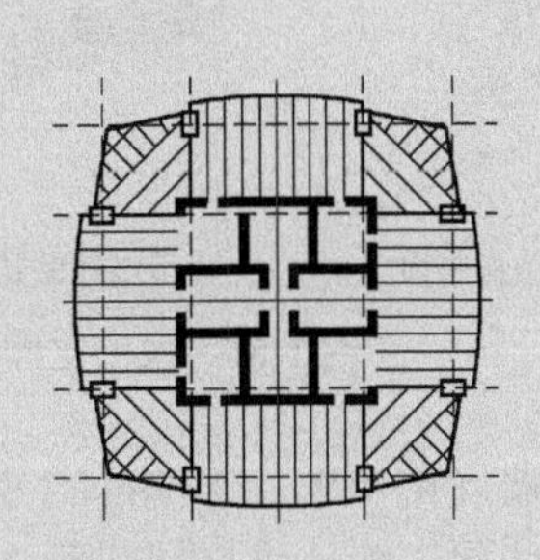

图1-50　香港国际金融中心第二期

(4) 扶壁支撑核心筒结构 (Buttressed Core)　在近期的超高层建筑结构设计中，一种新型剪力墙布置方式越来越引起重视，这就是脊墙体系（Spine Wall System）。脊墙体系是指剪力墙沿着建筑纵向（长向）的走廊墙布置，并同时布置横向（短向）剪力墙，形成有正交墙体支撑的脊墙，这样可以极大提高建筑抵抗水平作用的能力。为抵抗扭转作用，通常在建筑中央沿楼电梯间布置核心筒，把核心筒周边脊墙布置成剪力墙就形成了扶壁支撑核心筒（Buttressed Core）。扶壁支撑核心筒是一个由附加翼墙对中央核心筒进一步支撑的抗侧力体系，由工程师威廉·贝克（William F. Baker）在其设计的世界第一高楼迪拜哈利法塔（Burj Khalifa，图1-51a）中首次使用。

哈利法塔建筑高度为828m，建筑平面为独特的Y形，为带伸臂的扶壁支撑钢筋混凝土核心筒结构。建筑在高度601m以下为钢筋混凝土结构，以上为钢结构。601m以下的钢筋混凝土结构体系是由六角形核心筒和三组翼缘剪力墙组成的Y形结构（图1-51b、c），六边形核心筒居中布置，承担着抵抗扭矩的作用，Y形平面每个翼的两道纵墙作为脊墙成为核心筒的扶壁墙，每个翼的横向分户墙作为纵向脊墙的加劲肋，形成大厦抗侧力的核心部分（扶壁支撑核心筒）。此外，在每个翼的端部还有4根独立的端柱。建筑沿高度方向有7个设备层，每个设备层占2~3个标准层，其中5个设备层被用作结构加强层，加强层设置全高的外伸剪力墙作为刚性大梁。由于加强层的协调，带动每个翼端部的4根柱也参与抵抗侧力，形成空间整体受力体系，利用端柱的轴力提高抵抗侧向力体系的抗倾覆力矩，有效提高抗侧刚度和抗扭刚度。据介绍该建筑在601m高度处的风荷载最大侧移仅为0.45m，而钢结构的纽约世贸大厦在412m处的侧移就达到1m。大厦在601m以上采用带交叉斜撑的钢框架，钢框架逐步退台，从六边形核心筒到转变成小三角形核心筒，在768~828m则为直径1.2m的钢桅杆。

哈利法塔的混凝土结构设计遵照美国规范ACI 318-02进行，其混凝土强度等级：127层以下为C80，127层以上为C60，混凝土采用硅酸盐水泥加粉煤灰配制。基础埋深为30m，桩尖深度为70m，筏板厚度为3.75m，采用加粉煤灰、硅灰的C50自密实混凝土。为方便沿高度退台，端柱厚度与内墙相同，均为0.6m。标准层层高为3.2m，采用板厚为0.3m的无梁楼板以降低层高。

扶壁支撑核心筒结构还出现在正在建设的沙特阿拉伯王国塔（图1-51d）以及武汉绿地（图1-51e）等超高层建筑中。

4. 周边单筒结构 (Single Perimeter Tube Structure)

当建筑层数较多时，仅靠边长较小的核心筒以及平面框架已经无法提供建筑足够的抗侧移能

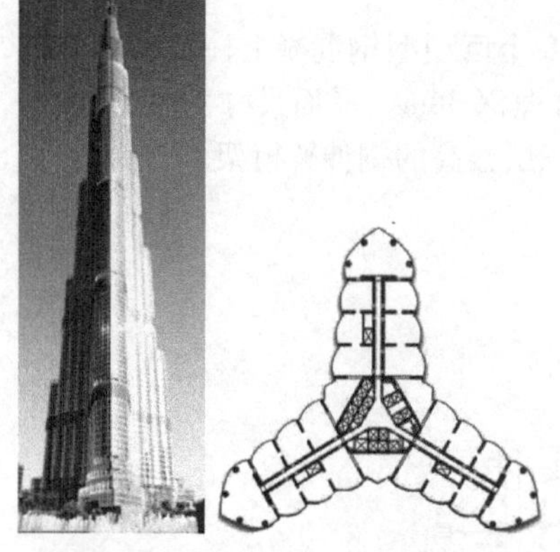

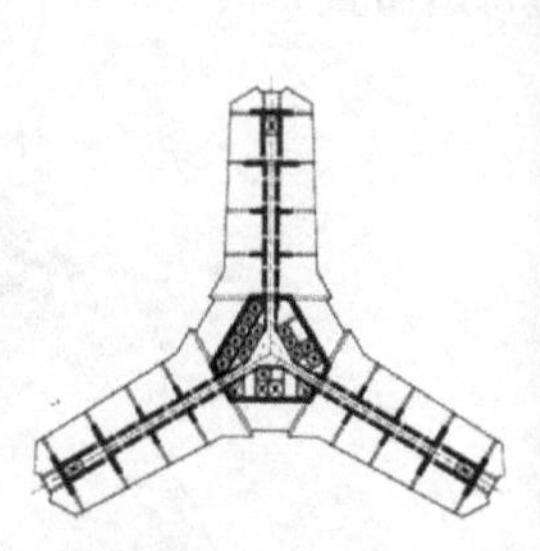

a) 哈利法塔　b) 下部结构平面　c) 带边柱的扶壁支撑核心筒　d) 王国塔的扶壁支撑核心筒　e) 武汉绿地

图 1-51　扶壁支撑核心筒结构示例

力。利用建筑外墙作剪力墙（图 1-9b~f）并围合起来就形成了多孔的刚性筒体，内部通常有仅承受竖向荷载的框架柱。这些周边筒体可以提供很大的抗弯刚度和抗扭能力，当外墙形式不同时就形成不同的外筒，如图 1-22b、d 所示的框筒和桁架筒。

（1）框筒结构（Framed Tube Structure）　（单）框筒结构是由外围密柱、深梁形成的框筒与内部一般框架组成的高层建筑结构（图 1-52）。

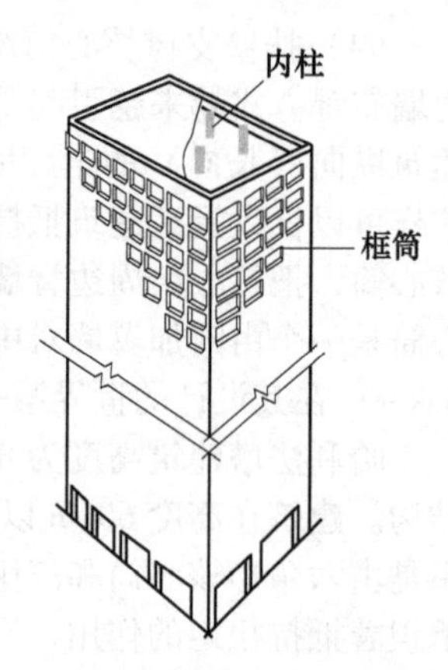

图 1-52　外框筒结构

框筒结构由杰出的结构工程师法兹勒·坎恩（Fazlur Khan）发明。自 1963 年问世以来，框筒结构对世界摩天大楼的设计和建设产生了深远的影响。框筒结构在设计上需要将建筑周边带洞口剪力墙按照深梁密柱的规则布置，柱子间距一般为 2~4m，墙面开孔面积不宜大于墙立面面积的 60%，这样的组合使高层建筑的整个结构抵抗风荷载的能力和刚度达到最大的效率。由于柱距较小，在建筑的下部出入口位置需要扩大柱距，可采用转换梁以及合并柱的办法实现，如图 1-52 和图 1-9f 所示。外筒梁柱的标准模式使得这种体系可以采用标准化装配式施工方法建造，如纽约世贸中心。框筒结构常用于矩形、方形平面，也有环形、三角形平面。由于外框架窗裙梁的刚度不是无穷大，在水平荷载作用下，框筒腹板框架的剪应力在筒体角部不能有效传递，导致筒体的内力分布与理想的平截面假定不符，这种现象被称为“剪力滞后”（Shear Lag）。剪力滞后使得迎风面的中柱无法充分参与抵抗倾覆力矩的工作中，故周边框筒结构适用的建筑层数最多为 40~50 层。

建筑实例

1. 德威特广场/德威特·切斯纳特公寓

德威特广场位于美国芝加哥，高 120.4m，地上 43 层，1965 年建造，由 Khan 设计，如图 1-53 所示。框筒平面尺寸为 38.1m×24.7m，外筒柱距为 1.68m，窗裙梁高 0.61m，内柱间距为 6.1m，楼板为钢筋混凝土平板。43 层的德威特·切斯纳特公寓是框筒结构体系在超高层建筑领域的首次尝试，是世界上第一座钢筋混凝土板柱外框筒结构，其抗侧的高效性对超高层结构的设计产生了深远的影响。不久之后，密柱深梁的框筒结构便成了高层建筑领域中常用的结构形式。

2. 纽约世贸中心（1973—2001 年）

纽约世贸中心建筑高 417m，地上 110 层，外部为钢框筒结构体系，内部为承受重力荷载的钢柱结构，如图 1-54 所示。建筑平面边长为 64m，每边布置有 60 根柱抵抗水平荷载，其柱距为

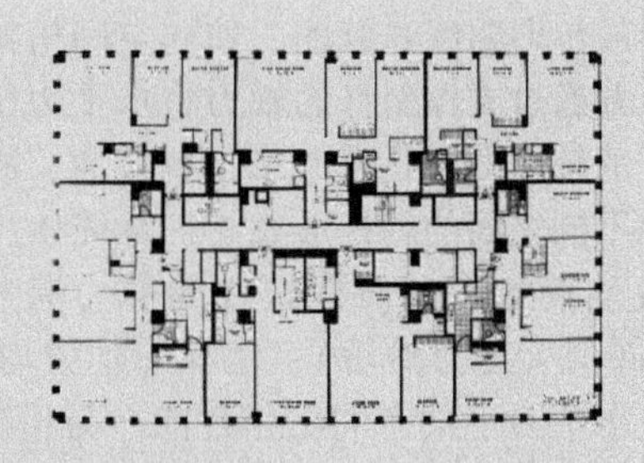

图 1-53　德威特广场/德威特 · 切斯纳特公寓

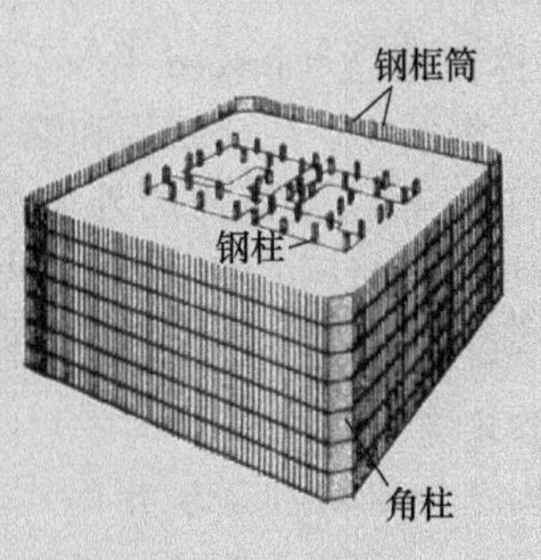

图 1-54　纽约世贸中心筒中筒结构体系

1.02m，裙梁高 1.32m，跨高比为 0.77，采用高强钢制作周边柱和裙梁，内部由 47 个钢柱承受竖向荷载。在顶部 107~110 层为帽桁架（Hat Trusses）和伸臂桁架（Outrigger Truss）加强层，也用于支撑建筑顶部的通信等固定设施。

3. 芝加哥怡安中心

芝加哥怡安中心（图 1-55）也称芝加哥标准石油公司大楼，地上 83 层，高 346.3m。建筑采用周边外框筒结构体系，内部框架仅用于承受竖向荷载。外框筒的梁、柱均采用钢板制作，柱子间距为 3.05m，下部钢板厚 63mm，柱子截面高度为 1.52m，窗裙梁截面高度为 1.68m。与纽约世界贸易中心大楼一样，周边柱在下侧收成 V 形。怡安中心是世界上最高的大理石外立面建筑，外墙共采用 43000 块的意大利卡拉拉大理石板。

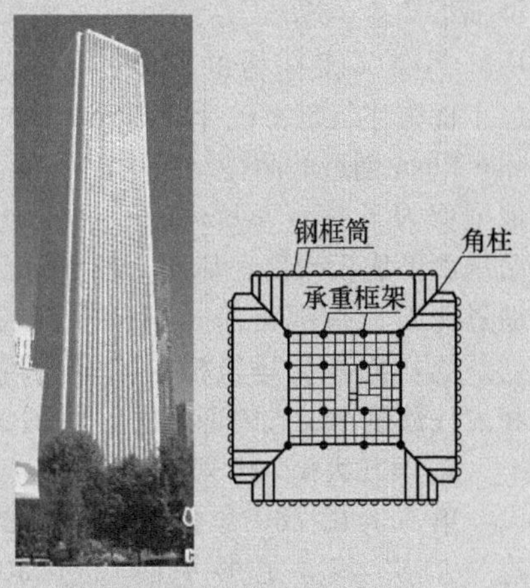

图 1-55　芝加哥怡安中心

（2）桁架筒结构/支撑筒（Trussed Tube Structure/Braced Tube）　框筒的主要问题是深梁密柱框架使开窗受到限制，入口使用不便，且存在剪力滞后，使部分柱子不能充分发挥作用。在外筒布置横跨整个外立面宽的巨型斜支撑并与稀柱浅梁框架结合使用，既满足了建筑大开窗的要求，避免了框筒的大裙梁和小柱距的局限，也可以弥补稀柱框架抗侧刚度差的特点，使体系适应高层建筑的要求。

巨型斜支撑的宽度为建筑平面的宽度（或长度），跨越楼层的高度可达到10~20层。主裙梁位于支撑斜杆的上下端，支撑斜杆与主裙梁相交于角柱，也与另一侧面的支撑斜杆及主裙梁相交于同一点，以形成传力路线连续的、如同空间桁架的抗侧力结构。水平力作用下，桁架外筒承担全部水平荷载，并通过支撑斜杆的轴力将水平力传至柱和基础。由于桁架可以整体抵抗倾覆，而且是以桁架斜杆的轴力而不是弯曲来抵抗剪力，故抗侧移能力十分有效。由于支撑在结构的四个角部相连，使得不同立面的斜杆形成了三维筒体，支撑承受较大的轴力从而减小了外框架构件的弯曲变形，有效地消除了外筒框架柱的剪力滞后效应（甚至可以全部消灭剪力滞后），使柱子轴力均匀化，提高了外筒在水平力下的空间工作性能。与相同体量的框筒相比，桁架筒的刚度更大，适用于更高的建筑。

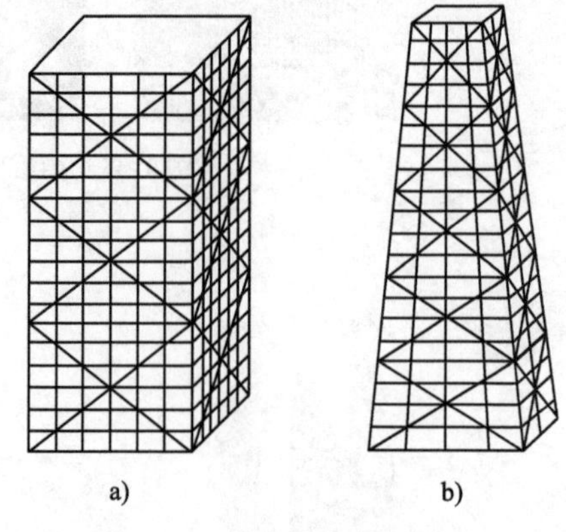

图 1-56　桁架支撑筒体结构

在框筒结构中，竖向荷载是沿着框架柱从顶部传到底部的。而对桁架筒来说，竖向荷载主要通过支撑的轴力传递到下部，从而使外框柱中分配的竖向荷载减小且更加均匀。

桁架筒或称支撑筒（Braced Tube），可以用于钢筋混凝土结构、钢结构、组合结构和混合结构，一般适应于矩形平面。桁架支撑筒的外墙可以是垂直的（图 1-56a）也可以是斜坡形的（图 1-56b）。

建筑实例

1. 约翰汉考克大厦

位于美国芝加哥伊利诺伊州的约翰汉考克大厦，1969 年竣工，地上 100 层，建筑高 343.7m，天线桅杆顶端高度 459m，是世界上首次采用外部交叉支撑筒的钢结构建筑。这个优秀建筑是由设计师 Fazlur Rahman Khan 创造的筒体结构中的一种，他把剪刀支撑（X-bracing）用于外筒从而形成桁架筒，如图 1-57 所示。通过剪刀支撑把负荷转移到外部柱列系统从而减少建筑横向水平荷载和内柱数量，加大内部空间。

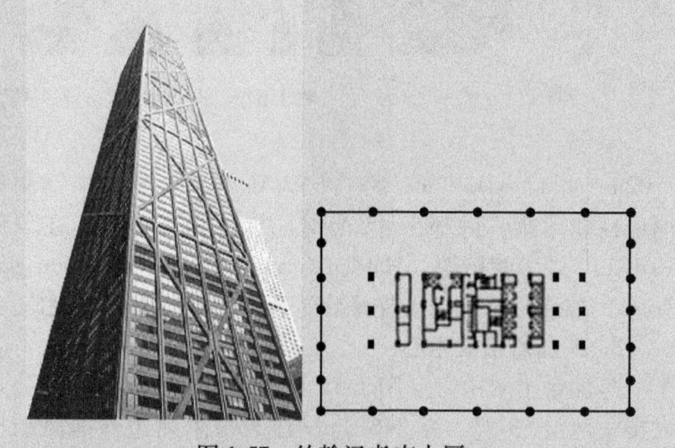
图 1-57　约翰汉考克大厦

2. 第三大街 780 号

第三大街 780 号位于美国纽约曼哈顿，建筑高 173.74m，层高 3.51m，地上 49 层，建于 1983 年。矩形平面尺寸 20.92m×37.99m，外墙柱距 2.84m，建筑高宽比达到 8 : 1。外墙采用抛光红色花岗岩墙面，通过沿建筑外墙将混凝土按对角线模式填充窗洞口形成斜向巨型支撑，而成为钢筋混凝土桁架筒结构，如图 1-58 所示。建筑长边采用 X 形对角斜撑，短边采用的是连续单根对角斜撑。分析表明，混凝土桁架筒的刚度比普通框筒刚度高出一倍左右，极大提高了结构的抗侧移能力，并且可以有效地将竖向荷载分布在各个框架柱中。

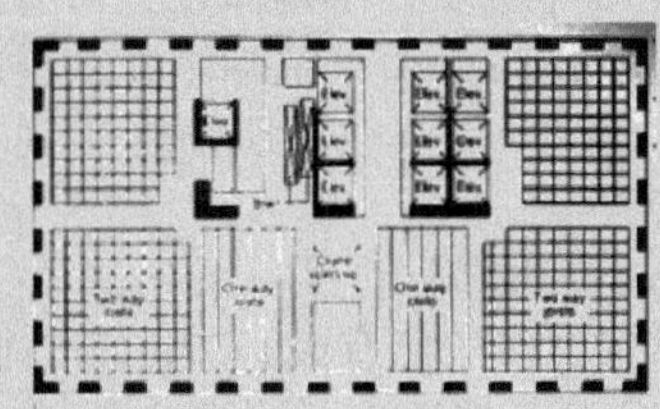

图 1-58　第三大街 780 号

5. 修正筒体（Modified Tube）

修正筒体是非标准的一些筒体结构，有以下几种：

（1）局部筒体（Partial Tube）　局部筒体结构属于修正筒体结构的一种。这种体系常用于矩形平面，由于建筑纵向的腹板墙在中和轴附近的部分对抗力贡献不大，故可以取消筒体腹板的中柱，设计为端部局部筒体，从而降低成本提高功效。如图 1-59 所示，从平面上看在端部有两个槽形（C 形）半筒。此外还有四角 L 形局部筒体。

建筑实例

1. 昂特里中心

芝加哥昂特里中心如图 1-60 所示，建筑高 173.74m，层高为 2.62m，地上 58 层，建造于 1986 年。建筑外墙为钢筋混凝土深梁、密柱和局部斜支撑组成的钢筋混凝土局部桁架筒体（Partial Trussed Tube），其局部筒体是通过用混凝土沿斜向对角线填充窗洞而在矩形平面端部形成的两个槽形（C 形）半桁架筒（C-bracings Truss），在建筑内部有仅承受竖向荷载的钢筋混凝土柱和墙。与钢结构桁架筒受力类似，混凝土斜撑的最佳角度接近 45°，最大不超过 60°，理想筒体的平面尺寸应接近一个正方形，而由于该建筑平面是长方形，如果在长边满布对角斜撑将不可能满足最佳角度，而角度合适时又无法满足角部相交的基本要求，即无法构成有效的桁架筒。由于剪力滞后效应，长边中部的框架柱的空间作用较弱，其有效截面其实仅是端部两个槽形截面。故设计师 Fazlur 将混凝土桁架筒拆成两个槽形，每一半布置在建筑端部，中间则通过厚隔板和刚性裙梁相连，满足了混凝土斜撑的合理角度和必须相交于角柱的要求。

2. 3000 城镇中心

该建筑高 122m，地上 32 层，位于美国密歇根州南菲尔德，建造于 1975 年。建筑平面为长方形，抗侧力结构为端部 C 形桁架支撑筒，钢结构，如图 1-61 所示。

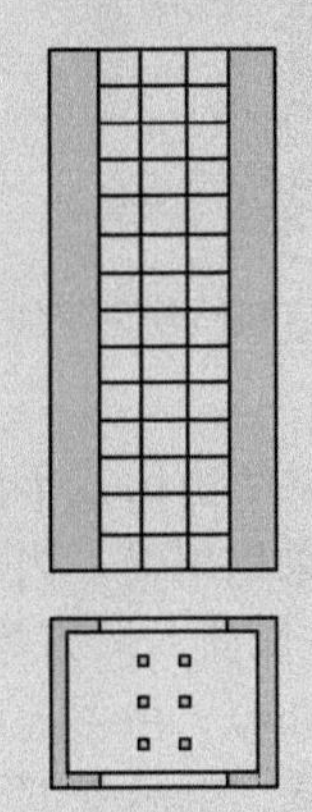

图 1-59　局部筒体体系

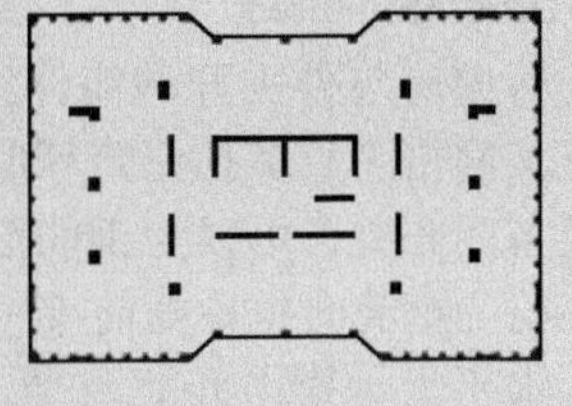

图 1-60　昂特里中心

图 1-61　3000 城镇中心

（2）内部支撑筒（Interior Braced Tube） 内部支撑筒结构属于修正筒体结构的一种。当把框筒用于矩形平面时，平面短向的刚度偏弱，两方向刚度悬殊，故而需要修正，一般做法是在短向增加横向剪力墙。

水塔广场（图1-62）位于美国芝加哥市区，建筑高261.88m，地上74层，平面尺寸为67m×29m，1976年竣工。结构体系为带有加强层的钢筋混凝土外框筒结构，外框筒柱子间距为4.7m，由于抗侧刚度在横向很弱，故采用一道居中的横向剪力墙修正。混凝土柱子的圆柱抗压强度达到62.1MPa；内部为钢柱和钢与混凝土组合楼板系统。

图1-62 水塔广场

（3）混合筒体（Hybrid Tube） 前述一系列的单一筒体结构通常适用于规则的柱状体型“现代”建筑，对于伴有大开口、凹凸面等更为复杂体型的非规则建筑，单一结构体系往往已不能适应。这类非简单棱柱体形状的建筑往往需要将两个以至更多的基本结构体系组合在一起，随着计算手段的提高，建筑师对复杂形式的设计需求在结构上已逐渐得到满足。

建筑实例

1. 佐治亚-太平洋中心

亚特兰大的佐治亚-太平洋中心（图1-63）建于1981年，52层，高212.5m。建筑在不同高度有四次退台，平面接近平行四边形，通过五个锯齿面组成一个斜边。在其三个直边为柱距3.05m的钢框筒，在斜边则为空间钢桁架墙。

2. 休斯敦共和银行中心

休斯敦共和银行中心（图1-64），又名TC能源中心（TC Energy Center），建于1983年，57层，为钢结构。从外形看如同紧挨排列的三个不同高度建筑组成，每个部分有自己独立的抗侧力体系。建筑最高为237.7m，由一个内支撑筒与周边框筒组成，一个空腹帽桁架沿着山墙屋顶线将内核心的支撑框架与外筒连接起来；与高楼的周边筒类似，中楼的横向抗侧是核心筒与部分槽形筒通过梯形空腹帽桁架相连实现的；而低层楼的抗侧只需要一个沿端面的平面焊接框架。周边筒为焊接钢框筒，柱距为3.05m、梁高为1.05m。

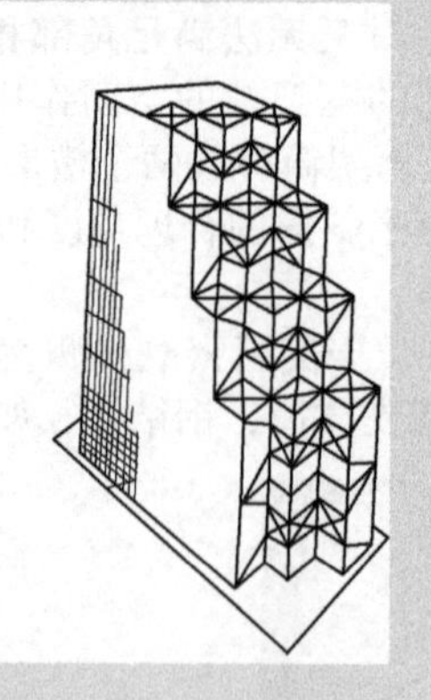
图1-63 佐治亚-太平洋中心

图1-64 休斯敦共和银行中心

6. 筒中筒结构（Tube in Tube Structure）

筒中筒结构是由中央核心薄壁筒与外围开洞筒体组成的筒体结构。筒中筒结构体系中的外筒可采用框筒、桁架支撑筒或交叉网格筒、多孔壳筒等形式（图1-22），早期常采用框筒。内部核心筒常利用电梯间、楼梯间和设备间布置，可以为钢筋混凝土薄壁筒、钢框架支撑筒、框筒等形式，也常采用型钢混凝土筒体。外筒为框筒时也称框筒-筒中筒（Framed Tube in Tube），由楼盖结构将外框筒和内框筒连接在一起。水平力主要由外筒承受，内筒主要承受竖向荷载，也承受部分水平荷载。筒中筒结构体系在水平荷载作用下的受力性能接近于框架-剪力墙结构，但刚度要比一般框

架-剪力墙结构高得多。

（1）框筒-筒中筒（Framed Tube in Tube）　框筒-筒中筒是由周边框筒与内部钢筋混凝土核心筒、型钢混凝土筒体或框架支撑筒组成的结构体系。

建筑实例

1. 芝加哥库克郡行政大楼

库克郡行政大楼（布伦兹维克大厦）（图1-65）地上35层，高144.78m，1964年竣工，为钢筋混凝土框筒-筒中筒结构，是当时世界最高的钢筋混凝土建筑，结构设计师为法兹勒·坎恩（Fazlur Khan）。外筒尺寸为51.8m×34.8m，内筒尺寸为28.3m×11.3m，外柱间距为2.84m，柱宽为0.53m。底部的转换大梁高×宽为2.438m×7.315m，转换大梁下转换柱为2.133m的方形混凝土柱。

2. 一号壳牌广场大厦

一号壳牌广场大厦位于美国休斯敦，建筑高217.63m，地上50层，1971年建造，外筒尺寸为58.5m×40.2m，内筒尺寸为29.9m×17.1m，外柱间距为1.83m，柱宽为0.46m，为混凝土框筒-筒中筒结构，是1971—1975年世界最高混凝土建筑。建筑采用了轻混凝土，被誉为世界最高轻混凝土建筑，如图1-66所示。

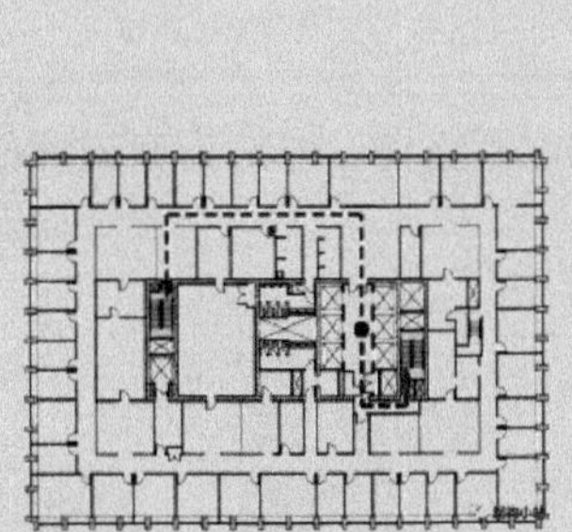

图1-65　芝加哥库克郡行政大楼

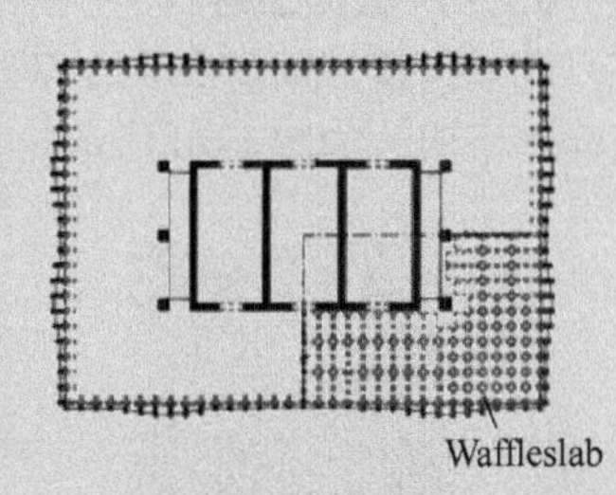

图1-66　一号壳牌广场大厦

3. 深圳华润春笋大厦

深圳华润春笋大厦（图1-67）地上68层，建筑高392.5m，结构高度为331.5m，为密柱钢

a) 立面

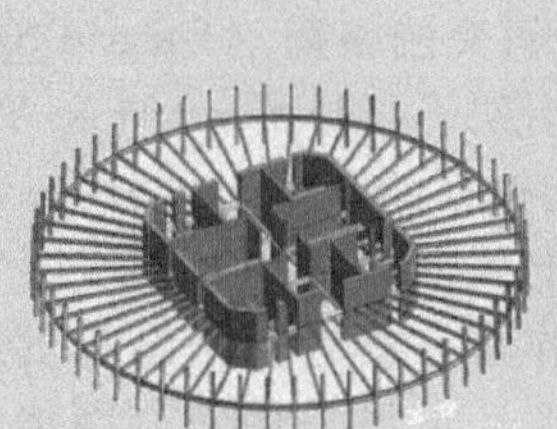

b) 中高区结构布置

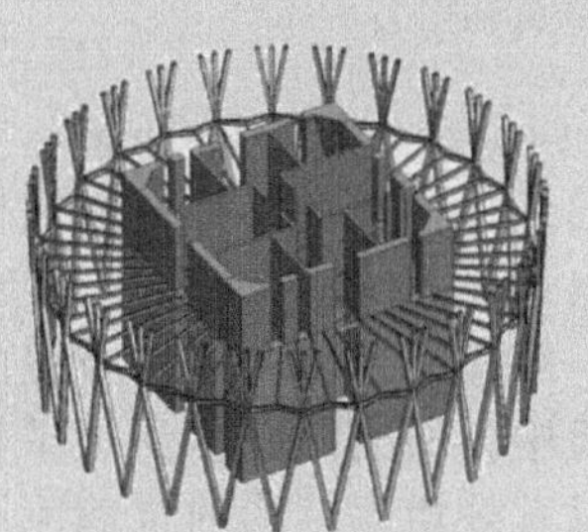

c) 底部结构布置

d) 阻尼装置

图1-67　深圳华润春笋大厦

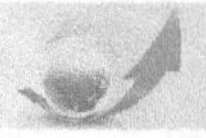

框筒-混凝土核心筒结构，2018 年竣工。建筑外立面呈 8°倾斜，核心筒剪力墙在上部整体内收达到 3.2m。外筒有 56 根钢柱，梁、柱全偏心节点设计，在底部通过斜交网格支撑扩大柱距（图 1-67c），在上部区域采用斜交网格钢框架将柱子缩减为 28 根。由于外形纤细，大厦在 47~48 层处采用支撑在内筒壁及外柱间的黏滞阻尼装置减轻风振动。地下室共有 28 根 1.4m 见方的型钢混凝土柱，钢柱截面在第 5 层为 (0.35~0.4) m×0.635m；核心筒筒壁在下部外墙厚 1.5m、内墙厚 0.4m，C60 混凝土，到上部过渡到 0.4m 和 0.3m，C50 混凝土；楼板为钢梁和压型钢板组合楼板。

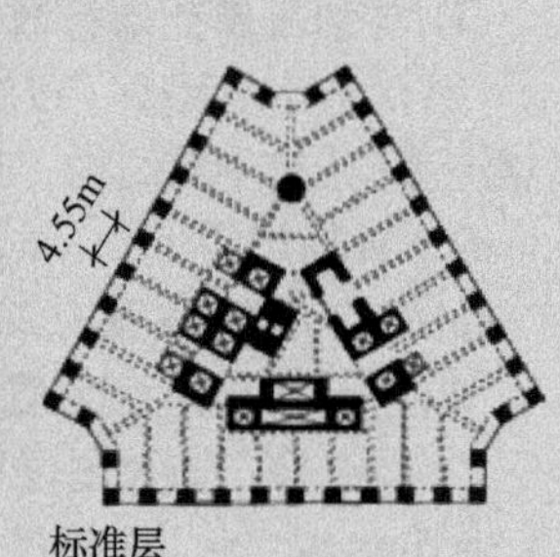

图 1-68　香港中环广场

4. 香港中环广场

香港中环广场坐落在海边，建筑高 374m，地上 78 层，平面呈三角形，是香港天际线的主角之一，为钢筋混凝土框筒-筒中筒结构（图 1-68）。

5. 香港合和中心

香港合和中心如图 1-69 所示，檐口高 216 m，最高楼层 66 层，为钢筋混凝土框筒-核心筒加伸臂结构。

6. 北京国贸三期

北京国贸三期高 330m，74 层，内部为型钢混凝土筒，外部为型钢混凝土框筒，有两道两层高伸臂桁架，如图 1-70 所示。

图 1-69　香港合和中心

图 1-70　北京国贸三期

（2）斜交网格筒-筒中筒（Diagrid Tube in Tube）　斜交网格筒（Diagrid System）是由双向倾斜连续环绕在结构外表面的斜柱构成的一种格构式桁架筒（Latticed Truss Tube），多见于当代高层建筑。斜交网格结构（图 1-71a）与通常的斜支撑框架（Braced Frame）（图 1-71b）相比最大的特点是取消了立柱。斜交网格筒由均匀布置的斜向构件同时承受竖向荷载和侧向荷载的作用，而传统的支撑框架中，斜支撑只承受水平作用。斜交网格结构的斜向构件在提高结构抗弯刚度的同时，也可以有效增大结构的抗剪刚度。最早采用斜交网格结构的建筑是建于 1965 年的 IBM 大楼（IBM Building，钢结构，图 1-72），这种结构最终在 21 世纪得到很大发展。

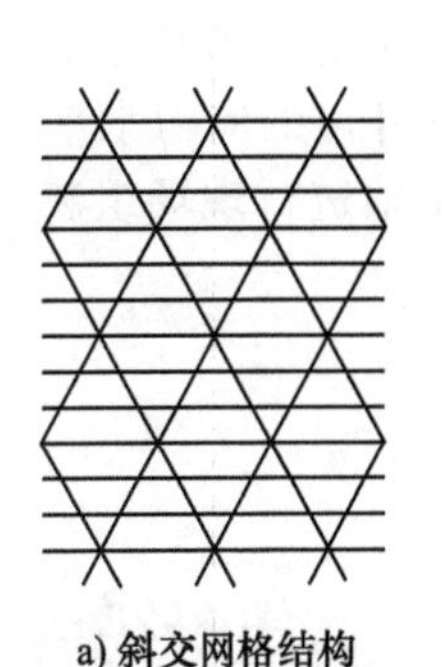

a) 斜交网格结构　　b) 斜支撑框架

图 1-71　体系对比

图 1-72　IBM 大楼

斜交网格筒-筒中筒结构是近年出现的一种非常有效的空间抗侧力体系。斜交网格筒多采用钢结构，内部核心筒多为钢筋混凝土剪力墙筒或钢支撑框架筒。该体系中的斜交网格外筒具有较大的抗侧刚度，能够提供 60%以上的抗侧刚度。

建筑实例

1. 伦敦的瑞士再保险塔

这座建筑高 180m，共 50 层，于 2003 年年底竣工。建筑通过自然通风、使用节能照明设备、采用被动式太阳能供暖设备等方式来节能。同时，它也是由可再利用的建筑材料建造而成。外围结构为双曲面钢管斜交网格筒，中心为钢筋混凝土剪力墙核心筒，如图 1-73 所示。

2. 纽约希尔斯杂志社大楼

希尔斯杂志社大楼于 2003 年建成，高 182m，地上 46 层。10 层以下的受力体系为组合巨型柱以及组合截面核心筒剪力墙（钢支撑框架填充钢筋混凝土），10 层以上采用斜交网格钢结构，楼板为钢与混凝土组合结构。这幢建筑使用的钢材中的 80%是可回收材料，投入使用后也可节省 25%的能源。与钢框架相比，采用斜交网格体系要节约 20%的钢材，如图 1-74 所示。

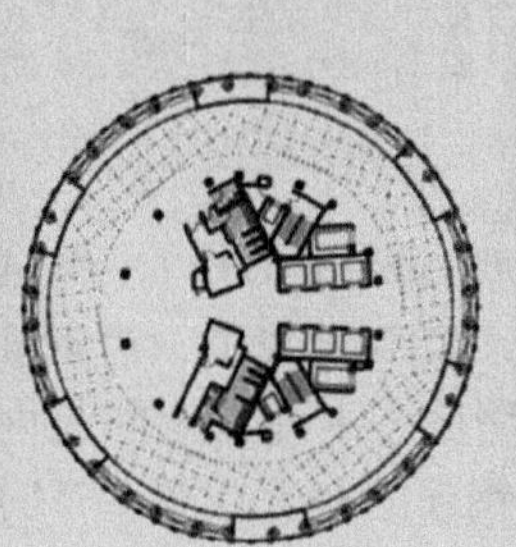

图 1-73　伦敦的瑞士再保险塔

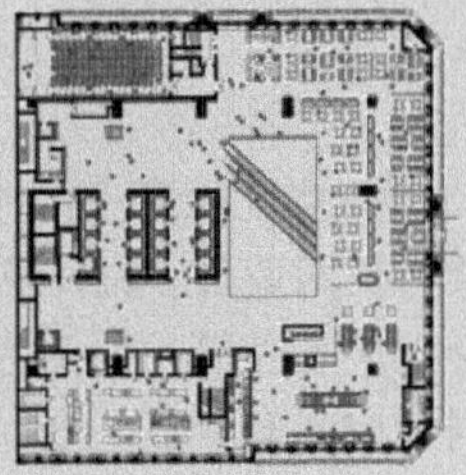

图 1-74　纽约希尔斯杂志社大楼

3. 广州西塔（珠江新城）

广州西塔建筑为集办公、酒店、休闲娱乐为一体的综合性商务中心。主塔楼地面以上 103 层，高 438.6m。结构形式采用钢管混凝土斜交网格外筒与钢筋混凝土内筒构成的筒中筒结构，如图 1-75 所示。

4. 深圳创业投资大厦

深圳创业投资大厦地下3层，地上45层，总建筑高度为186.3m，2016年投入使用，为方钢管混凝土交叉网格外筒-钢筋混凝土核心内筒的组合结构建筑，如图1-76所示。外筒桁架斜杆以受轴向力为主，采用钢管混凝土作为桁架筒的杆件，结构底部杆件的应力水平不高且结构延性有保障。外立面的钢网结构由一系列的X形单元，预制后在工地进行现场组装，核心筒与外网格筒之间无结构构件。

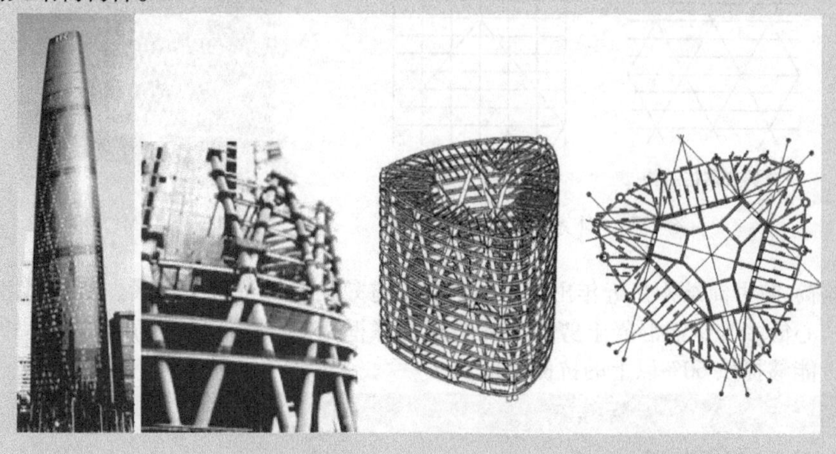

图1-75　广州西塔

图1-76　深圳创业投资大厦

(3) 多孔壳筒-筒中筒 (Perforated Shell Tube in Tube)　O-14商业大厦（图1-77）位于阿拉伯联合酋长国迪拜，高105.7m，地上24层，2010年竣工，为钢筋混凝土筒中筒结构，外筒为钢筋混凝土多孔壳筒，内筒为钢筋混凝土剪力墙筒，内外筒之间无内柱（图1-77c）。外墙由斜向排列窗洞的窗间墙形成斜肋（图1-77a），从其钢筋的布置（图1-77b）可以看出这个外墙壳筒实际上是按照斜交网格原理进行设计的。大厦的混凝土外壳在作为建筑物受力结构的同时，还创造出对光线、空气和视线等均通透的多孔艺术立面。

香港怡和大厦（图1-78）也称为康乐大厦，52层，高178.5m，1973年落成，是香港首幢摩天大楼，因其独特的圆形窗设计为世人瞩目。结构是钢筋混凝土筒中筒结构。

(4) 支撑框架筒-筒中筒 (Braced Frame Tube in Tube/Trussed Tube in Tube)　支撑框架筒-筒中筒结构是由带斜支撑的外围桁架支撑筒与内部钢筋混凝土核心筒或钢框架支撑筒组成的结构体系。

外筒支撑一般与水平构件相交45°~50°，结合设备层可以布置带状桁架并作为支撑筒的水平构件。

a) 建筑立面

b) 外墙钢筋

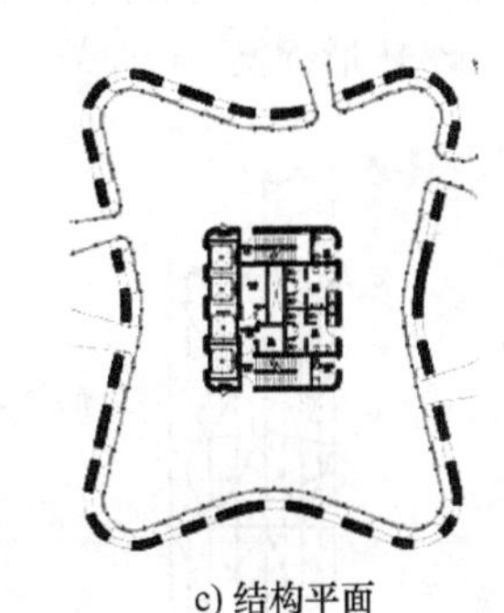

c) 结构平面

图1-77　O-14商业大厦

图1-78　香港怡和大厦

建筑实例

1. 墨西哥商业银行大厦

2015年建成墨西哥第一高楼墨西哥商业银行大厦（图1-79），高253m，是墨西哥的最高建筑，为钢桁架支撑外筒与钢筋混凝土核心筒的筒中筒结构体系。

图1-79　墨西哥商业银行大厦

2. 花旗集团中心

位于纽约的花旗集团中心（图1-80）建于1977年，地上59层，高278.6m，为混凝土核心筒和周边钢支撑框架筒-筒中筒结构。位于外筒四个立面中间的柱子（主支柱）和芯筒沿建筑全高布置。外筒在下部收在四个九层高的巨柱上，每个巨柱支承着一个两层高的转换桁架。上部楼层的外柱系统沿高度设有6个V形斜支撑，每8层一道并由主支柱支承，次立柱位于塔楼的4个角及每个外表面的4分点处。大楼的独到之处在于满足建筑下方一个教堂的空间要求。

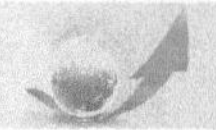

3. 广州利通广场

利通广场（图 1-81）位于广州珠江新城，建筑高 302.67m，地上 65 层，2012 年竣工。利通广场主体结构采用钢斜撑框架筒+混凝土核心筒结构，组合结构。方形钢结构外框筒边长约 50m，核心筒为边长 25~30m 的方形，内外筒通过楼层梁连接成整体，外框筒钢柱为圆钢管柱，楼层梁为一般 H 形钢梁。

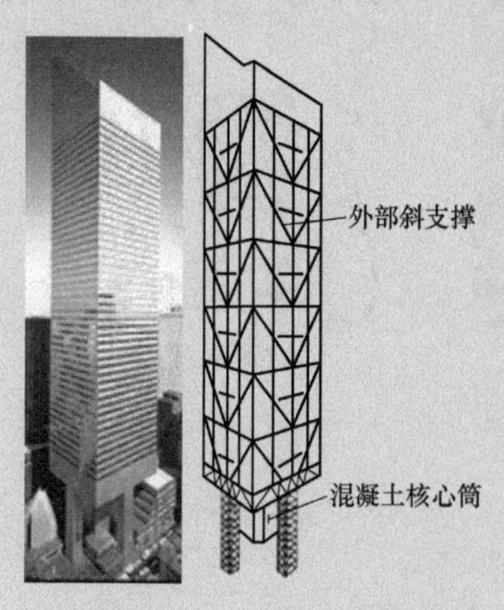

图 1-80　花旗集团中心

图 1-81　广州利通广场

7. 束筒结构（Bundled Tube Structure）

束筒（框筒束体系）是在框筒结构的基础上发展出来的，是由两个以上的框筒连成一体的框筒束及内部承重框架所组成的结构体系，或在一个大框筒平面内布置一道或多道纵横腹板密柱框架，形成多个框筒成束布置共同承担水平剪力的结构体系，如图 1-82 所示。当多个框筒组合在一起时，相邻两个筒毗连处的公共筒壁成为框架横隔，横隔柱距与外筒柱距相近，建筑物的抗倾覆和抗剪能力大大增强。束筒建筑结构内部空间较大，平面可以灵活划分，适用于多功能、多用途的超高层建筑。

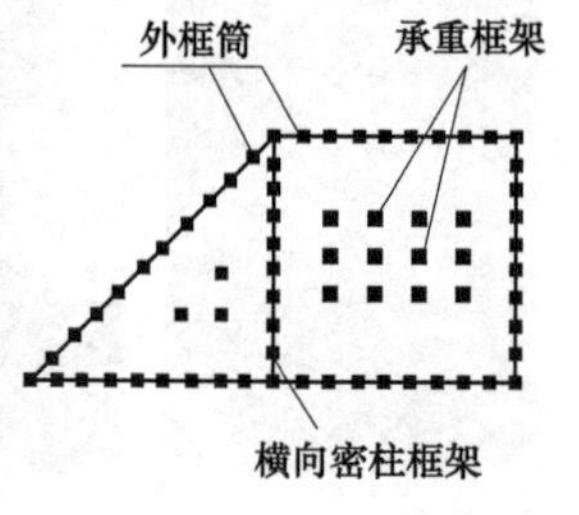

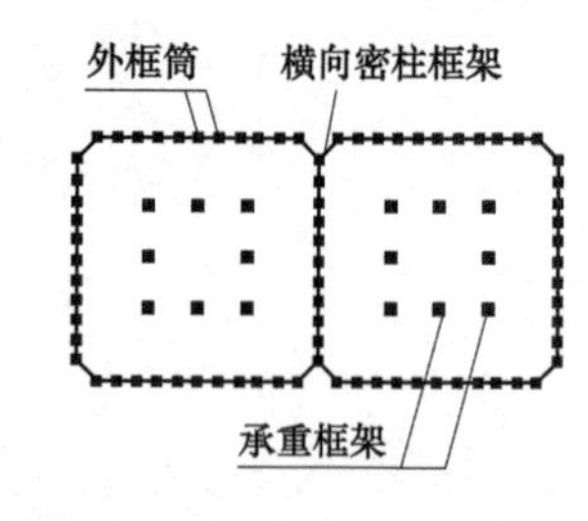

图 1-82　束筒结构

建筑实例

1. 西尔斯大厦

西尔斯大厦（图 1-83）位于美国芝加哥伊利诺伊州，1974 年建造，建筑高 442.1m，地上 108 层，全钢建筑，是 1974—1998 年世界最高的建筑。西尔斯大厦是由 9 个方形框筒组成的框束筒结构（Framed Bundled Tube）。每个框筒单元 25m 宽，无内柱。建筑逐步向上收缩，在每一个收进高度处都有一层高的腰桁架以及伸臂桁架，形成束筒加腰桁架（Belt Trusse）结构，以消除剪力滞后效应。

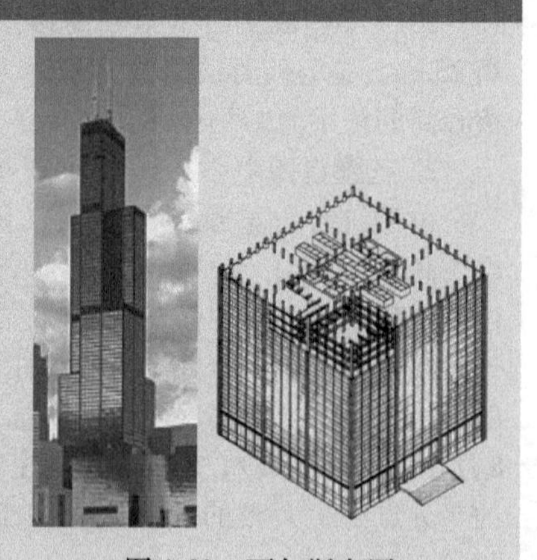

图 1-83　西尔斯大厦

2. 宏伟里程大厦

宏伟里程大厦（图 1-84）位于美国芝加哥，建筑高 205.13 m，地上 57 层，1983 年竣工，为钢筋混凝土束筒结构。束筒在底部由三个六边形钢筋混凝土框筒组成，三个筒

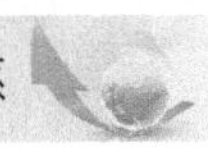

高分别为21层、49层和57层。楼盖体系是无梁平板。

3. 迈阿密东南金融中心

美国迈阿密东南金融中心（图1-85）55层，高232.8m，1983年建成，是由一个矩形筒和一个坡状的三角形筒组成的束筒组合结构。外筒及内部承受竖向荷载的柱子均为钢构件，楼板为钢与混凝土组合楼板。

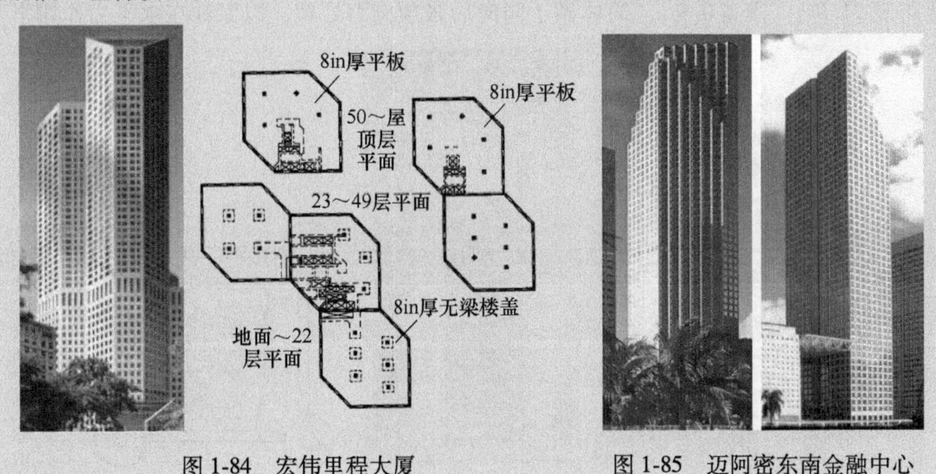

图1-84 宏伟里程大厦 图1-85 迈阿密东南金融中心

8. 多筒结构（Multiple Core Structure）

多筒结构的特点是利用建筑的设备井和楼电梯间形成筒，将筒作为支撑建筑的巨柱，通过巨型空腹桁架、巨型桁架、巨型拱、巨型墙梁或拉索把建筑重力和荷载传递给巨柱，从而形成不同的体系。

（1）多筒悬挂结构（Multi-tubes Supported Suspended Structure） 单筒悬挂结构体系可以进一步发展为双芯筒、四芯筒等多芯筒悬挂结构，竖向吊挂件悬挂在跨越芯筒之间的大梁上，芯筒之间的吊挂件也可以采用悬索。多筒悬挂结构是由多个薄壁筒组成竖向承重体系的悬挂结构，由多个筒体共同承担竖向及水平荷载。多筒悬挂结构的优点是可以使楼层成为大空间，同时地面上首层柱尽可能被取消。

1972年建造的美国明尼阿波利斯联邦储备银行（图1-86）共16层，采用了“双筒体+悬索”的结构体系。其两端设置刚劲竖向芯筒，两芯筒顶端之间为两个高为8.5m、跨度长为84m的K形桁架（图1-86c），两榀巨型桁架之间通过水平支撑相连形成巨型框架，并平衡悬索端部的水平压力。主钢索拉设于两芯筒顶部之间，呈悬链状。悬索上部支撑着受压钢立柱传递的上部楼层荷载，其下部以同样的间距吊挂着受拉吊柱传递的下部楼层荷载，立柱和吊柱均与悬索外面的构件相连。

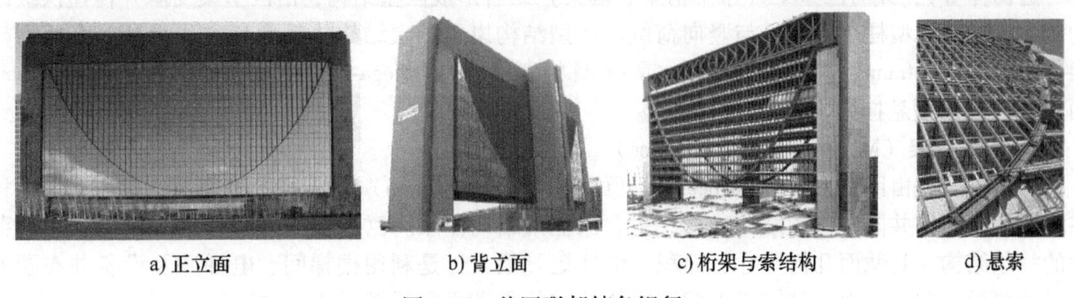

a) 正立面 b) 背立面 c) 桁架与索结构 d) 悬索

图1-86 美国联邦储备银行

（2）多筒支撑结构（Multi-tubes Support Structure） 多筒支撑结构是采用大跨梁或厢式水平结

构（数层）支撑在多道平行排列的电梯井筒（巨柱）上而形成的一种结构形态。井筒形似桥墩，大跨楼盖形似多层桥面板，也被一些学者称为桥式结构（Bridge Type Structure/Pier Structure）。

哥伦布骑士会塔（图 1-87）位于美国康涅狄格州纽黑文市（New Haven，Connecticut），是哥伦布骑士会的总部，完成于 1969 年，建筑高 98m，地上 23 层，由四角的混凝土空心圆筒（巨型柱）和中央楼电梯核心筒组成受力体系，竖向荷载通过支承于多筒的楼面大梁承受并传递给支撑筒体，楼面钢梁跨度 21.9m，梁高 0.9m。筒体做了竖向后张预应力处理，以保证在水平力作用下受压。

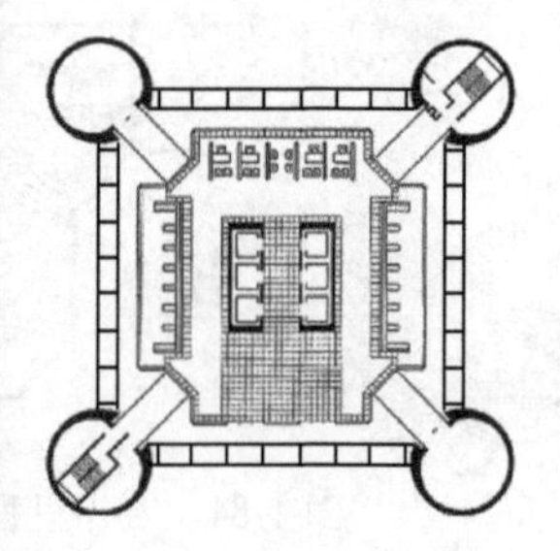

图 1-87　哥伦布骑士会塔

（3）桥式结构（Bridge Type Structure）　维也纳国际中心（图 1-88）位于奥地利维也纳，建于 1978 年，由 6 个 Y 字形建筑组成，建筑最高 127m，28 层。Y 字形建筑平面的 3 个角部为钢筋混凝土井筒，角筒和中央核心筒组成竖向与水平承重体系。在 3 个高度处，有支承在 4 个筒上跨度为 71.6m 长、高度为一层高的曲线预应力混凝土箱形大跨“桥面”，其上最多支承着 13 层的次级建筑。

图 1-88　维也纳国际中心

1.4.5　巨型结构（Mega Structure）

随着对高层建筑功能和造型要求的提高，建筑师对建筑大空间、使用功能多样化以及高度的需求越来越迫切。为满足建筑空间要求、提高建筑高度并限制竖向构件的截面尺寸，结构工程师提出了巨型结构体系。巨型结构的主要特点是布置有若干个巨大的竖向支承结构（组合柱、角筒体、边筒体等），并与巨型梁（水平桁架、墙梁）结合形成巨型结构，由巨型梁支承并传递次级结构的荷载，由巨型柱承受水平与竖向荷载。巨型结构以主、次结构体系为其主要特征，有巨型框架结构（Mega-frame，图 1-89a、b）或巨型桁架结构（Mega-truss/Mega-braced Frame System，图 1-89c）、巨型悬挂结构、桥式结构等。

1. 巨型框架（Mega-frame/Super-frame）

巨型框架是由巨型梁（Mega-beam）、巨型柱（Mega-column）组成的主结构与由常规梁、柱构件组成的次结构共同工作的结构，属于主、次框架结构体系。巨型框架是承受水平荷载和竖向荷载的一级结构，其截面几何尺寸、面积、惯性矩等很大，是利用楼梯间、电梯井及设备井布置的大尺寸箱形、圆形截面巨型柱或大截面实体柱和每隔若干层设置的 1~2 层高的巨型梁（或桁架）组成的结构。在钢筋混凝土结构中，巨型柱通常为开洞较少的实腹筒或框筒；在钢结构中，巨型柱和巨型梁常由立体桁架组成。次框架是支撑在主结构上的次级常规尺寸框架，只承受局部层数

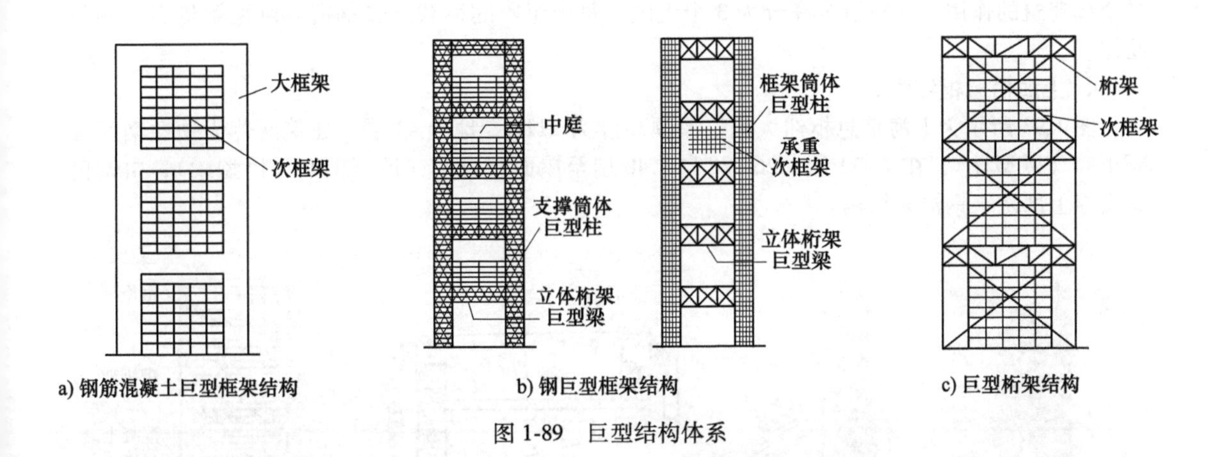

图 1-89　巨型结构体系

的竖向荷载，所受荷载通过巨型梁传递到巨型柱上，构件承受荷载较小，故构件截面的几何尺寸、面积、惯性矩等相对很小，增加了建筑布置的灵活性和有效使用面积。

建筑实例

1. 芝加哥第一国家银行大楼

图 1-90 所示为芝加哥第一国家银行大楼，建筑高 264.6m，61 层，建于 1969 年，为巨型钢框架结构体系。大楼宽 61m，长 91.4m。建筑平面纵向两侧是由楼电梯竖井形成的巨型柱，两层高的钢桁架大梁分别布置在第 6 层、24 层和 42 层，巨型梁与巨型柱刚性连接。建筑在 6 层以上每 18 层为一个次级框架结构，底部 5000 多平方米 6 层高的大空间无一根内柱。

2. 新加坡华侨银行中心

新加坡华侨银行中心建于 1976 年，地上 52 层，高 201m，为钢筋混凝土巨型框架结构，如图 1-91 所示。建筑由端部两个用于垂直运输的竖向井筒形成巨型钢筋混凝土空心柱，由跨度 35m 的预应力混凝土梁和组合钢桁架形成巨型梁，次结构为 14 层混凝土框架，从立面明显可见三个次级框架结构。

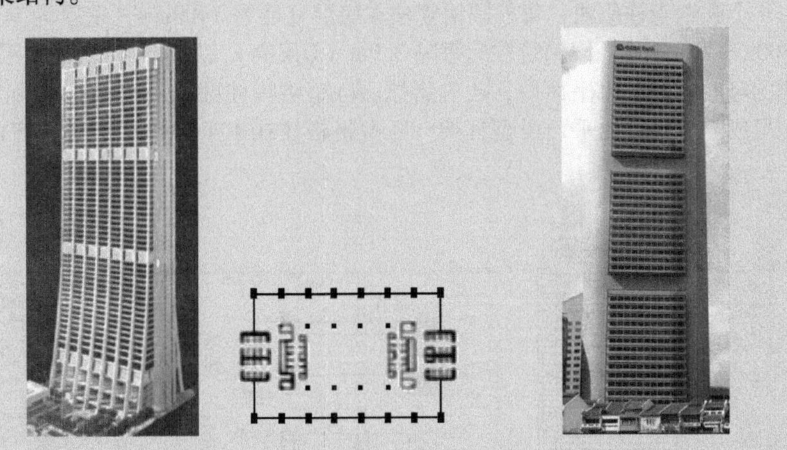

图 1-90　芝加哥第一国家银行大楼　　图 1-91　新加坡华侨银行中心

3. 托雷马德里储蓄银行

图 1-92 所示为托雷马德里储蓄银行，位于西班牙马德里自治区（Spain，Comunidad de Madrid），建筑高 215m，45 层，建于 2008 年，是西班牙最高建筑。建筑端部两个钢筋混凝土筒承

受全部建筑的作用。建筑沿全高分为 3 个组团，每个组团的荷载通过钢桁架巨型梁传递给端部筒体。

4. 上海信息枢纽大厦

图 1-93 所示为上海信息枢纽大厦，屋顶高度为 211m，地上 41 层。建筑两侧为劲性钢筋混凝土筒（巨型柱），在 7~11 层、26~28 层、40 层至屋面布置了三道钢桁架（巨型梁），由钢桁架支撑上部次级钢框架结构。

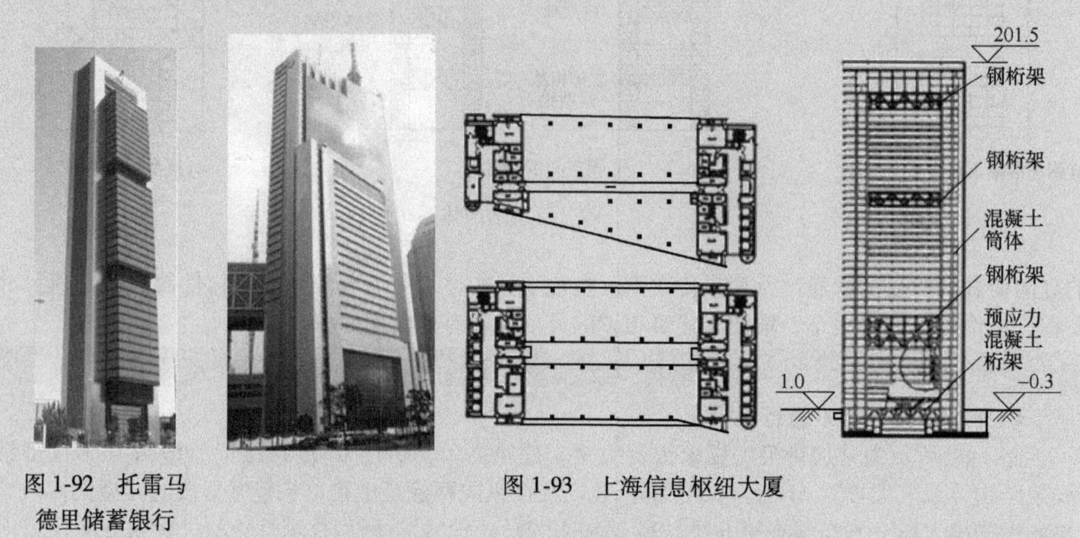

图 1-92　托雷马德里储蓄银行

图 1-93　上海信息枢纽大厦

2. 巨型框架-悬挂结构（Mega-frame-suspended Structure）

当主结构为巨型框架，而次结构悬挂于巨型梁上时，则组成巨型框架-悬挂结构。最著名的巨型框架-悬挂结构是 1985 年竣工的香港汇丰银行总行大厦（图 1-94a）。该建筑高 178.8m，层高 3.9m，地上 43 层，为钢悬挂结构。香港汇丰银行总行大厦结构的主要承重构件为建筑两端的 8 个巨型格构柱（图 1-94c、d），承受全楼的重力荷载和水平荷载。每个巨型格构柱平面轮廓尺寸为 4.8m×5.1m，由 4 个圆钢管柱组成，每根圆钢管柱在底层直径为 1400mm，壁厚为 90~100mm，顶层分别减小到 800mm 和 40mm。圆钢管柱间每隔 3.9m（1 层高）以矩形截面加腋钢梁相连，形成空腹巨型格构式的竖向构件，水平面内，还有斜撑。巨型格构柱两个一组沿高度由 5 个两层高的外伸桁架相连，形成 4 个平行的平面巨型框架，巨型格构柱在水平力作用下产生弯曲变形时，巨

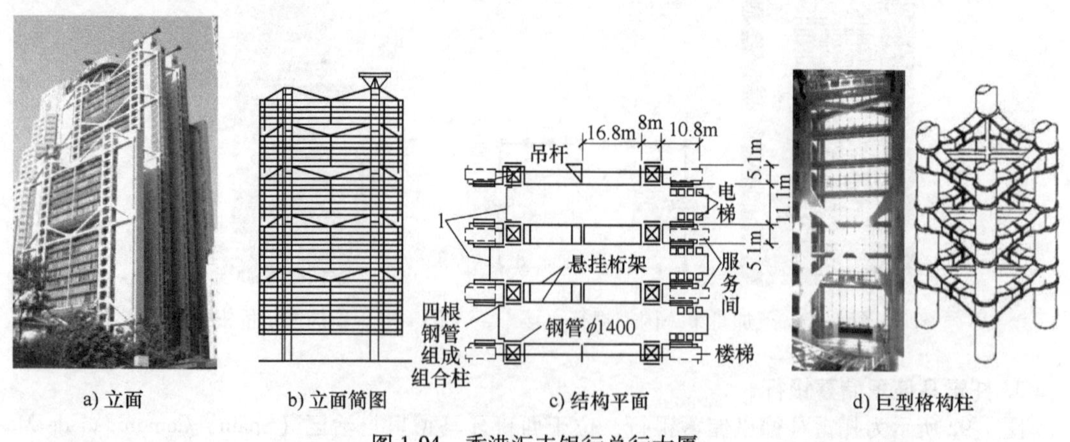

a) 立面　b) 立面简图　c) 结构平面　d) 巨型格构柱

图 1-94　香港汇丰银行总行大厦

型桁架的转动会受到两侧巨型格构柱的约束，一侧受拉，一侧受压，形成与倾覆力矩反向的抵抗力矩。平面框架间由与巨型桁架同高的 5 排 X 形支撑连接组成空间体。每个桥式外伸桁架上悬挂有 3 组垂直的钢管吊杆，用以支承二次结构的各层楼板重力荷载。建筑各层楼板在不同高度处被两层高的桁架分隔为 5 个独立的垂直分区，各组团的重力荷载分组由在不同高度上设置的外伸桁架大梁承受，大梁从上至下分别悬挂着 4 层、5 层、6 层、7 层和 8 层楼盖，如图 1-94b 所示。

3. 巨型框架-核心筒-伸臂体系（Mega-frame-cores Plus Outrigger）

用巨型伸臂或腰帽桁架将内筒与外筒或外框架巨型柱联系起来，是高层建筑抵抗水平作用的有效形式，当形成主、次结构时，则体系可称为巨型框架-核心筒-伸臂体系。由于巨型柱要同时抵抗重力和水平力，巨大的轴力使得柱截面尺寸很大，通常需要采用钢与混凝土组合截面的形式以控制截面尺寸并提高延性。

建筑实例

1. 台北 101 大厦

台北 101 大厦（图 1-95）为巨型框架-支撑核心筒-伸臂结构，是钢、钢骨混凝土与钢筋混凝土组合结构，建筑高 508m，地上 101 层，2004 年竣工。核心筒是由 16 根箱形钢柱、钢骨大梁和斜撑组成的钢支撑桁架筒，筒边长 22. 5m。大厦主楼周边共有 8 根巨型柱延伸至 90 层，26 层以下并设有 12 根小箱形钢柱。箱形截面巨型柱由外包钢板、加劲肋钢板和底板组成（图 1-95c），巨型柱下部截面尺寸为 2. 4m×3m，外包钢板 0. 08m 厚，在 62 层以下灌入自密实混凝土（强度 68. 9MPa）。次级结构为每 8 个楼层为一组的框架结构，次级荷载传递给每组下部利用设备层上下大梁组成的周边桁架（巨型梁）。在设备层上下梁间的斜撑形成伸臂桁架连接内筒与周边巨型柱，沿建筑全高共 11 道伸臂（图 1-95a、b）。

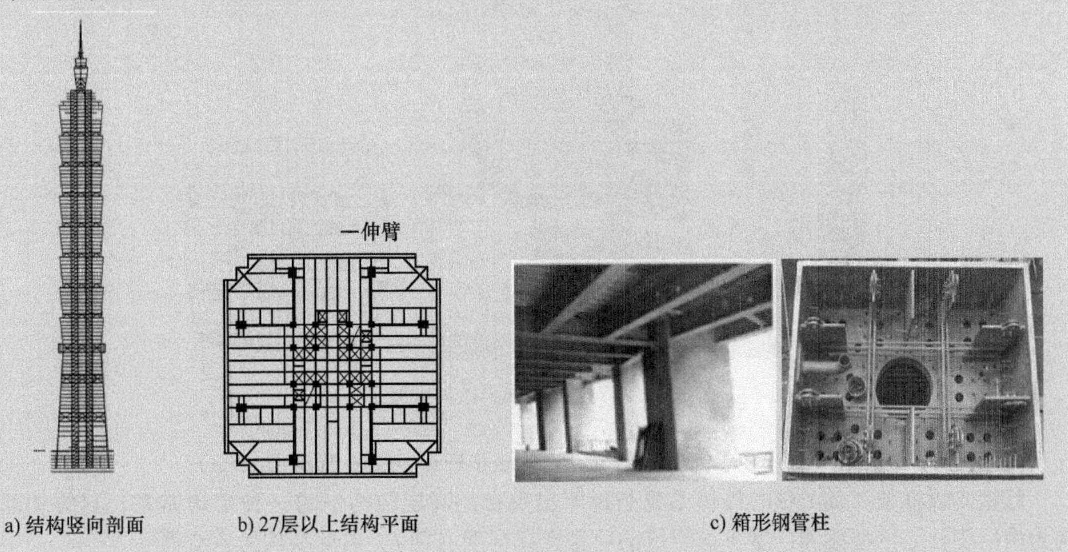

a) 结构竖向剖面　b) 27层以上结构平面　c) 箱形钢管柱

图 1-95　台北 101 大厦

2. 香港环球贸易广场

香港环球贸易广场（图 1-96）建筑高 484m，118 层，是由混凝土核心筒与型钢组合巨型柱、三层高的钢结构伸臂桁架组成的结构体系。建筑周边共有 8 个钢筋混凝土巨型柱，沿高度分布有 4 组钢与混凝土伸臂，伸臂连接巨型柱与核心筒，巨型柱与内筒筒壁之间的距离为 12~14. 5m。

3. 釜山乐天世界大厦

釜山乐天世界大厦（图 1-97）建筑高 555m，地上 123 层，2016 年竣工，为组合结构。釜山乐天世界大厦结构体系由钢筋混凝土核心筒、巨型钢框架与伸臂加强层组成，矩形框架含 8 个型钢混凝土巨型柱。

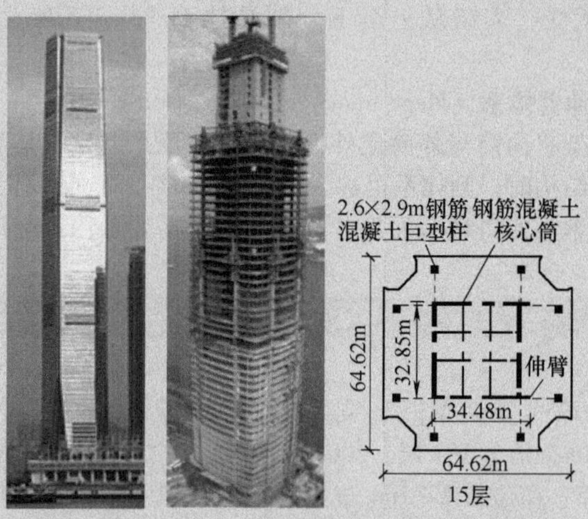

图 1-96　香港环球贸易广场

图 1-97　釜山乐天世界大厦

4. 巨型支撑框架（筒）-核心筒体系（Mega Braced Frame-Core Tube System）

巨型支撑框架（筒）-核心筒体系也是近年出现在超高层结构中的一种结构体系，它的外部结构为由巨型柱、巨型梁和巨型支撑组成的巨型支撑框架（筒），内部结构为核心筒。

建筑实例

1. 天津高银金融 117 大厦

天津高银金融 117 大厦（图 1-98）地上 117 层，建筑总高度为 596. 5m，2015 年已封顶。结构高宽比约 9. 5，为满足结构抗震与抗风的技术要求，结构采用了由 4 根巨型组合柱、周边巨型支撑及转换桁架组成的外部巨型支撑框架（筒）以及含有组合钢板剪力墙的混凝土核心筒的巨型结构体系，属于钢-混凝土组合结构。外筒四角的巨型钢板柱，单根平面面积最大达到 $45m^2$，柱截面类似六边菱形，巨型柱从地下室一直贯穿至建筑顶部。沿高度分布的 9 道转换桁架（巨

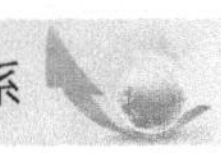

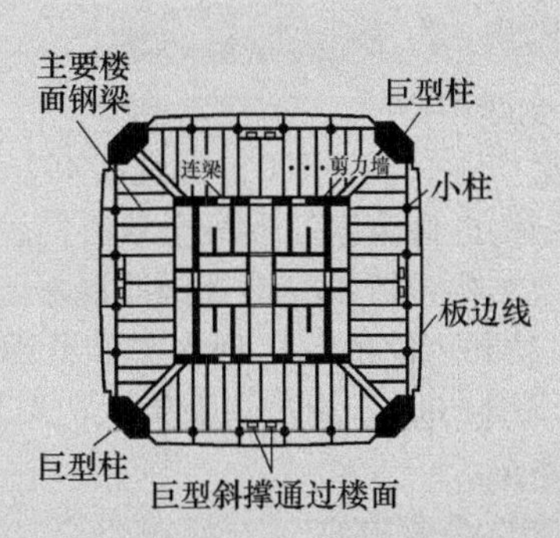

图 1-98　天津高银金融 117 大厦

型梁）由单层桁架和双层桁架交替布置，转换桁架承担其间的次框架荷载并传递至巨型柱，且联系巨型柱传递水平荷载。大厦外筒的 X 形屈曲约束支撑单根长 47m，为焊接箱形钢构件巨型支撑。核心筒采用型钢混凝土剪力墙结构，下部为内嵌钢板的组合剪力墙结构。核心筒周边剪力墙最厚为 1.4m，筒内剪力墙最厚为 0.6m。次框架由 16 根型钢混凝土柱和钢梁组成，各节间约为 15 层。外部支撑与次级钢柱脱开，与巨型柱铰接。楼板为组合楼板，跨度为 6~13m，钢梁间距为 3m。

2. 中国尊（中信大厦）

位于北京的中国尊（图 1-99）高 527.7m，地上 109 层，地下 7 层，采用周边巨型支撑框架（筒）-核心筒体系。中国尊外轮廓尺寸从底部的 78m×78m 向上渐收紧至 54m×54m，建筑高宽比约 7.2，是世界上按照抗震设防烈度 8 度的唯一一座超过 500m 的超高层建筑。中国尊的核心筒采用内含钢骨的型钢混凝土组合剪力墙，在下部采用内嵌钢板的组合钢板剪力墙。中国尊是世界首次在高地震区 400m 以上超高层建筑中采用混凝土核心筒的建筑。中国尊的外筒是由巨型钢管混凝土柱、巨型钢斜撑以及水平钢转换桁架组成的巨型支撑框架（筒）。巨型柱位于建筑角部，贯通至结构顶部，并在各区段分别与转换桁架、巨型斜撑连接。巨型柱采用多腔钢管混凝土柱，7 层以下为 4 根八边形截面，截面面积约为 63.9m²；7~19 层为 8 根六边形截面，截面面积为 19.5~21.3m²；19~106 层为 8 根矩形截面，截面面积为 19.2~25.6m²。地下采用多边多腔钢管外包混凝土叠合柱，内部被分隔成多个腔室，每个腔室内又根据不同的设计需求布置各种型钢、钢板、钢筋等作为巨型柱内部的骨架，内填混凝土，最大截面面积可达 60m² 之多。巨型斜撑为焊接箱形截面。由下至上，通过避难层、机电层形成 8 个转换桁架，将大楼分隔为 9 个功能分区的次结构，次框架由柱和外环梁组成，次构件均为焊接 H 形截面，仅承受本区重力荷载。

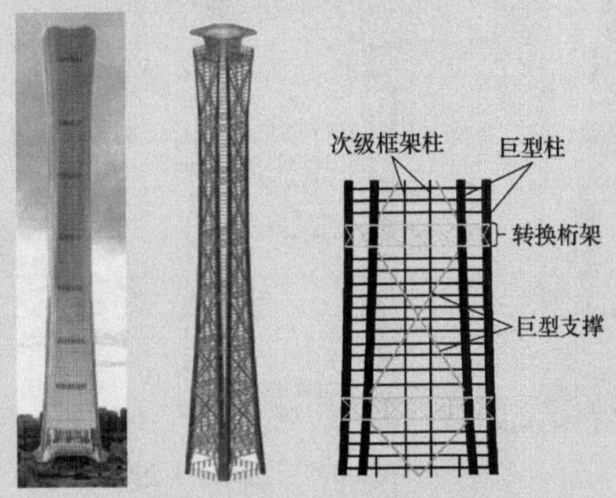

图 1-99　中国尊

5. 巨型支撑框架（筒）-核心筒-伸臂体系（Mega Braced Frame-Core Tube Building Plus Outrigger）

近年，我国超高层建筑的外部结构普遍采用周边巨型柱加斜支撑（即斜撑），通过腰帽桁架将外部结构与核心筒结合是近年超高层建筑结构体系中常采用的形式。

建筑实例

1. 上海环球金融中心

上海环球金融中心（图 1-100）建筑高 492m，地上 101 层，为巨型支撑框架（筒）-核心筒-伸臂结构。建筑结构内筒为钢筋混凝土核心筒，在 79 层以上为带混凝土端墙的钢支撑核心筒。外围巨型支撑框架结构包括 4 根钢骨钢筋混凝土巨型柱、钢巨型斜撑和周边带状钢桁架（环带桁架），连接巨型柱和内筒的是巨型水平伸臂钢桁架。巨型结构上部则转换为型钢混凝土核心筒-加密柱框架（图 1-100）。周边水平带状桁架每 12 层设一道，带状桁架之间为次级框架的周边小柱和水平联系梁。

2. 深圳平安国际金融中心

深圳平安国际金融中心（图 1-101）的建筑高度为 599.1m，地上 118 层，2015 年封顶。建筑周边每侧由两根型钢混凝土巨型柱、巨型斜撑、环带桁架和 V 形支撑组成巨型柱斜撑框架。每侧沿高度有 7 道带状桁架，为双层和单层交替布置。核心筒在底部为钢板混凝土剪力墙，上部为型钢混凝土剪力墙。核心筒与巨型柱之间共有 4 道两层高的伸臂桁架相连形成加强层，带状桁架作为巨型梁承受次级框架荷载。

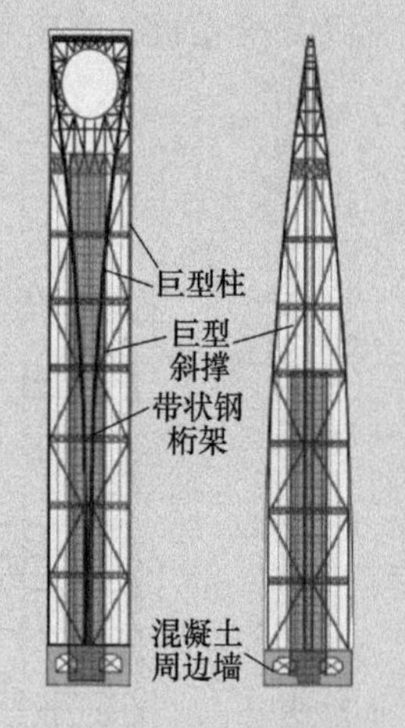

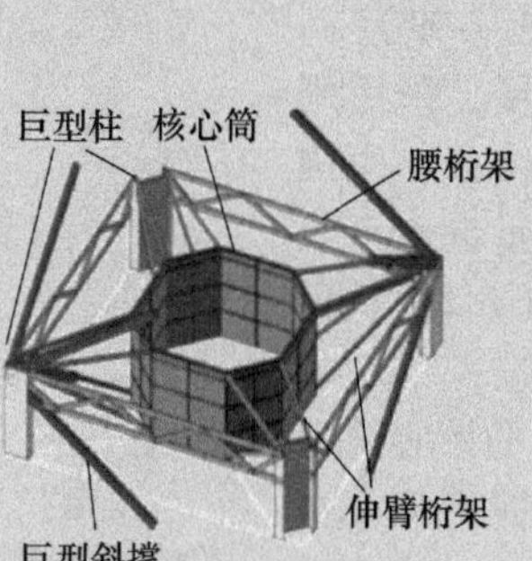

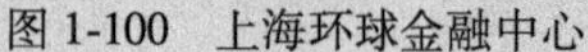

图 1-100　上海环球金融中心

图 1-101　深圳平安国际金融中心

6. 巨型筒体

这是一个由德国法兰克福商业银行总部大楼带来的创新体系。

德国法兰克福商业银行总部大楼（图 1-102a）是基于绿色理念建造的世界著名绿色办公建筑，建于 1997 年，建筑塔尖高度为 300m，建筑高度为 259m，地上 58 层，是钢与混凝土组合结构。结构平面为 60m 长的等边三角形（图 1-102b），3 个角部为巨型柱，沿三角形平面周边每 8 个楼层为一个组团形成 8 层高的钢空腹桁架墙梁，3 面错层支承于巨型柱，形成巨型柱与错层空腹桁架体系。由于空腹桁架（巨型梁）通过连接角部巨型柱参与抗侧力体系，故结构实际上也可以看成是由 3 个角部巨型柱和 3 面空腹桁架组成的巨型筒体结构，或称空间多孔筒体（Perforated Tube Structure，图 1-102c）。角部巨型柱由楼梯间、电梯间剪力墙和两片巨型剪力墙组成，其中的巨型剪力墙（图 1-102d）为型钢平面支撑框架和混凝土组合截面构件，墙厚 1.2m、长 7.5m，支撑框架由两个 H 形钢柱和钢横梁以及斜撑组成。建筑内部没有核心筒和柱子，结构利用 8 层空腹桁架的整体性作为巨型墙梁实现大跨度无内柱空间，空腹桁架本身即是承受 8 层竖向荷载的次级结构，也是三维空间结构的巨型大梁。8 层空腹桁架组团沿三面螺旋式上升，每个组团之间是净高 3 层的空中花园，建筑中央为采光井，自然采光和通风条件优越，故德国法兰克福商业银行总部大楼也被誉为世界最高生态建筑。

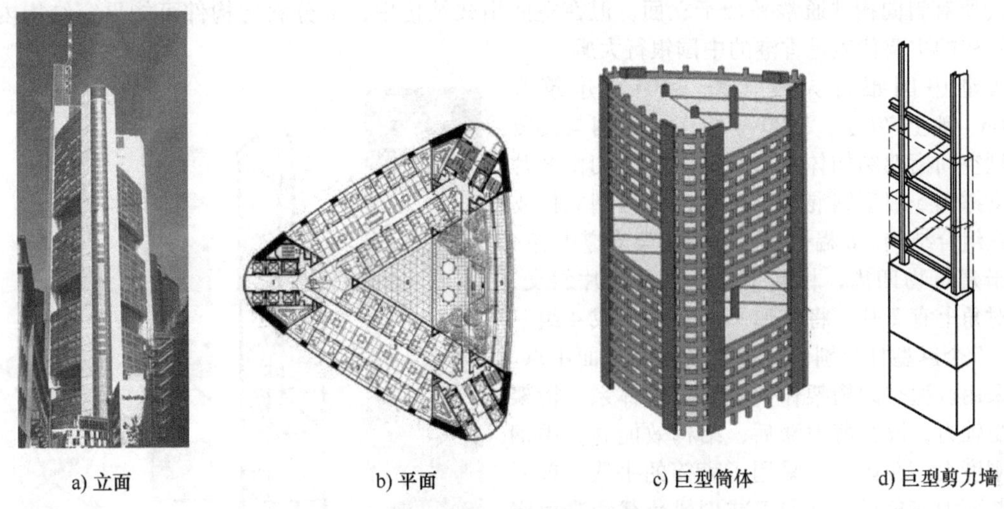

a) 立面　b) 平面　c) 巨型筒体　d) 巨型剪力墙

图 1-102　德国法兰克福商业银行总部大楼

7. 巨型桁架体系（Mega Truss System）

巨型桁架体系或巨型支撑框架体系（Mega Braced Frame System），是以大截面的竖杆（巨型柱）和斜杆（巨型支撑）组成巨型悬臂桁架承受水平和竖向荷载的体系。巨型支撑可延伸几个楼层，楼层竖向荷载通过楼盖和次级梁、柱传递到巨型桁架梁再传递至巨型柱。

图 1-103 所示为澳大利亚悉尼 8 奇夫利广场，高 146m，地上 34 层。建筑的结构外露，由 4 根巨型钢筋混凝土柱和两组巨型钢桁架承担 60%~95%的侧向作用。建筑侧面电梯筒则主要承担竖向荷载和其余侧向作用。巨型柱为预制混凝土外壳并现场灌芯，每侧两根巨型柱中间为钢交叉（Cross-bracing）桁架，支撑在地下则转为钢筋混凝土剪力墙。建筑下部用巨型支撑抬高 6 层，以供公共开敞空间。巨型支撑分别为 6 层和 4 层高，将竖向荷载分两部分在不同层传递给巨型柱。次结构为 4 根钢柱和后张预应力梁组成的框架，楼板为钢筋混凝土楼板。

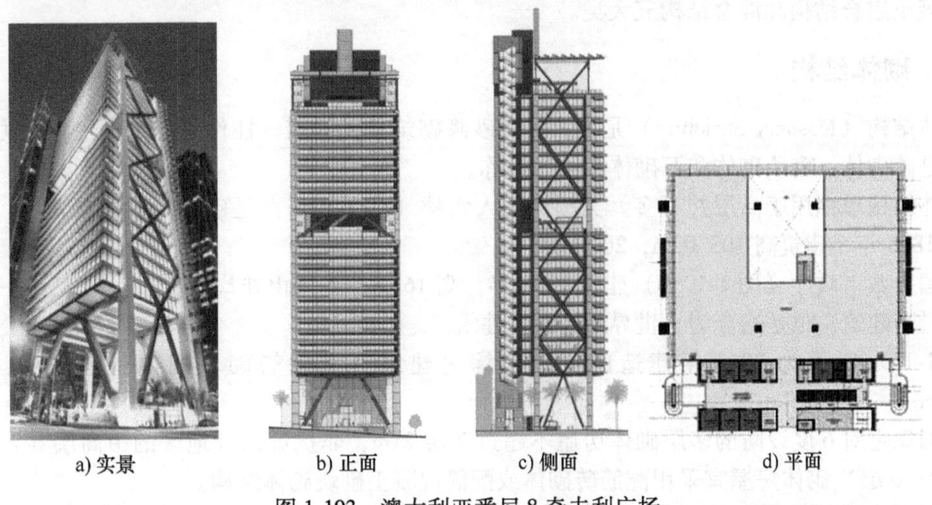

a) 实景　b) 正面　c) 侧面　d) 平面

图 1-103　澳大利亚悉尼 8 奇夫利广场

1.4.6 空间桁架（Space Truss）

空间桁架结构（Space Truss /Space Frame Braced Tube Structure）是由巨型支撑筒结构发展而来的，它利用斜向构件将内、外结构连接起来。在典型的支撑外筒结构中，连接桁架弦杆（常为角柱）的所有斜向构件通常平行于立面，但在空间桁架结构中，部分斜向构件可能贯穿结构内部。这类结构的主要代表是香港的中国银行大厦。

香港中国银行大厦（图 1-104）建筑高 367.4m，地上 70 层，1990 年竣工，为钢与混凝土巨型空间桁架结构体系。整座大楼采用由 8 片平面支撑和 5 根型钢混凝土柱组成的巨型立体支撑体系组合结构。8 榀平面巨型钢桁架支撑中有 4 片位于建筑物四周，相互正交，另外 4 片斜交，每一对角上有 2 片，将方形平面对角划成 4 组三角形。5 个巨型柱分别位于建筑 4 角和平面中点。由于采用巨型空间桁架作为主要承重体系，桁架杆件受轴力，没有剪力滞后，结构效能高，用钢省且刚度大。在体型上采用了束筒的手法，单元筒体断面为三角形，有利于减少风荷载和避免横向风振；将抵抗倾覆力矩用的抗压和抗拉竖杆件，布置在建筑方形平面的 4 个角，从而在抵抗任何方向的水平力时，均具有最大的抗力矩的力偶臂。结构方案利用多片平面支撑的组合，形成一个立体支撑体系，各巨型钢桁架交汇于巨型钢骨混凝土立柱，利用立体支撑及各支撑平面内的钢柱和斜杆，将各楼层重力荷载传递至角柱，加大了楼层重力荷载作为抵抗倾覆力矩平衡重的力偶臂，从而提高了作为平衡重的有效性。支撑结构的竖杆采用钢管混凝土组合截面柱，充分利用混凝土抗压强度，大量节约了钢材。

图 1-104 香港中国银行大厦

1.5 高层建筑的结构类型

高层建筑结构按照结构使用的材料来分类，通常可以分为砌体结构、混凝土结构、钢结构、钢与混凝土组合结构和混合结构五大类。

1.5.1 砌体结构

砌体结构（Masonry Structure）是由块体和砂浆砌筑而成的墙、柱作为建筑物主要受力构件的结构，是砖砌体、砌块砌体和石砌体结构的统称。

砌体结构单独用于高层并不多。美国保证人大楼（图 1-105a）是砌体高层建筑之一，该建筑竣工于 1896 年，建筑高 103.02m，26 层。

美国费城市政厅（图 1-105b）建于 1901 年，高 167m，主体由花岗岩构成，是 1901—1908 年间世界最高建筑，也是迄今为止世界最高砌体建筑。

图 1-105c 所示为 2013 年建造的哈尔滨绿色建筑百米配筋砌块砌体示范工程，28 层，高 98.8m。

我国规定对 6 度设防的多层砌体房屋不超过 7 层 21m，非抗震设计地区的中高层（7~9 层）、高层（≥10 层）砌体房屋宜采用配筋砖砌体或配筋混凝土砌块砌体结构。

我国《砌体结构设计规范》（GB 50003—2011）给出的可用于高层建筑的砌体结构种类有：

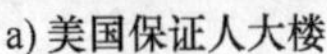

a) 美国保证人大楼

b) 美国费城市政厅

c) 哈尔滨绿色建筑百米配筋砌块砌体示范工程

图 1-105　砌体结构

（1）配筋砌体结构　配筋砌体结构（Reinforced Masonry Structure）是由配置钢筋的砌体作为建筑物主要受力构件的结构，是网状配筋砌体柱、水平配筋砌体墙、砖砌体和钢筋混凝土面层或钢筋砂浆面层组合砌体柱（墙）、砖砌体和钢筋混凝土构造柱组合墙和配筋砌块砌体剪力墙结构的统称。

（2）配筋砌块砌体剪力墙结构　配筋砌块砌体剪力墙结构（Reinforced Concrete Masonry Shear Wall Structure）由承受竖向和水平作用的配筋砌块砌体剪力墙和混凝土楼、屋盖所组成的房屋建筑结构。非抗震设计时，配筋砌块砌体剪力墙结构的最大适用范围为 60m、20 层。

1.5.2　混凝土结构

混凝土结构（Concrete Structure）是以混凝土为主制成的结构，包括素混凝土结构、钢筋混凝土结构和预应力混凝土结构等。素混凝土结构（Plain Concrete Structure）是指无筋或不配置受力钢筋的混凝土结构。钢筋混凝土结构（Reinforced Concrete Structure）是指配置受力普通钢筋的混凝土结构。

对于混凝土高层建筑，当在混凝土柱中设置构造型钢但框架梁仍为钢筋混凝土梁时，该体系仍视为钢筋混凝土结构；对于在钢筋混凝土结构中局部构件（如框支梁柱）采用型钢梁柱（或型钢混凝土梁柱时）的仍视为混凝土结构。

CTBUH 的定义：如果一座建筑主要的横向和竖向结构单元以及楼层体系都是采用混凝土建造，其可被定义为混凝土结构高层建筑。

钢筋混凝土高层建筑结构体系主要有框架结构、剪力墙结构、框架-剪力墙结构、框架-核心筒结构以及各类筒体结构。混凝土结构的主要优点是耐火、耐久性相对钢、木结构优越，抗侧刚度大，主要缺点为在一定的受力状态下呈现脆性形态，故建设高度受到一定限制。我国《高规》给出的混凝土高层建筑设计最大适用高度规定见表 3-1；以非抗震设计为例，框架最大高度为 70m，全部落地剪力墙以及框架-剪力墙为 150m，筒中筒为 200m；6 度设防时，框架最大高度为 60m，全部落地剪力墙为 140m，框架-剪力墙为 130m，筒中筒为 180m。

最早的钢筋混凝土高层建筑是建于 1903 年的美国俄亥俄州的英吉尔大楼（图 1-2b）。当今世界最高钢筋混凝土建筑可以属哈利法塔，该塔在 601m 以下均为混凝土结构，只是在 601m 以上变为全钢结构。从表 1-4 可以看出，近十年钢筋混凝土超高层建筑的热度有重新升温的趋势，世界最高建筑前 50 名中有 8 个纯钢筋混凝土结构，且均为近 10 年建造。以下列举世界钢筋混凝土建筑几例。

1）中央公园大厦位于美国纽约，大厦高 472.4m，地上 98 层，建于 2020 年，是当今世界最高钢筋混凝土结构建筑，如图 1-106a 所示。

2）玛丽娜 101 大厦（图 1-106b）建筑位于迪拜，建筑高 425m，地上 101 层，地下 6 层，2016 年完工。

3）公园大道 432 号是目前世界最高混凝土住宅建筑，85 层，建筑高度 425.7m，框架-核心筒结构，如图 1-43 所示。

a) 中央公园大厦

b) 玛丽娜101大厦

c) 迪拜公主塔

d) 迪拜塔穆罕默德·本·拉希德

图 1-106　混凝土高层建筑

4）迪拜公主塔（图 1-106c）建筑高 413.40m，屋顶高度为 392.0m，地上 101 层，地下 6 层，2015 年竣工，位于迪拜繁华的滨海区，是迪拜地标性建筑之一，在 2012 年被高层建筑和城市住宅委员会确认为世界最高住宅楼。建筑周边为混凝土局部筒体，内部为普通剪力墙-核心筒结构，沿高度可见 3~4 个加强层，为混凝土筒中筒结构。

5）迪拜塔穆罕默德·本·拉希德（图 1-106d）位于阿拉伯联合酋长国的首都阿布扎比，建筑高 381.2m，地上 88 层，地下 5 层，2014 年竣工，为钢筋混凝土结构。

6）阿尔哈姆拉塔位于科威特，建于 2011 年，高 412.6m，80 层，为钢筋混凝土框架-核心筒结构，如图 1-32 所示。

1.5.3　钢结构

钢结构（Steel Structure）的主要承重构件全部采用钢材制作。

CTBUH 的定义：如果一座建筑主要的横向和竖向结构单元以及楼层体系都是采用钢材建造，其可被定义为钢结构高层建筑。如果具有钢结构的高层建筑的楼板体系由覆盖混凝土板的钢梁组成，也被归为钢结构高层建筑。

我国《高层民用建筑钢结构技术规程》（JGJ 99—2015）（简称《高钢规》）给出的高层建筑钢结构的主要结构体系有：

1. 框架体系

框架包括半刚接和刚接框架，全部梁柱节点均为刚接时则为刚接框架，部分节点为铰接时则为半刚接框架。框架结构无柱间竖向支撑，故平面布局灵活并可以获得加大空间。在钢结构中，框架是基本体系，可以演变成多种体系。钢框架柱通常采用四片钢板焊接而成的箱形截面柱，也可采用热轧 H 型钢。钢框架梁常采用热轧窄翼缘 H 型钢或焊接 H 型钢。

2. 双重抗侧力体系

双重抗侧力体系（Dual Lateral Resisting System）也称共同作用结构体系，是由两种受力、变形性能不同的抗侧力结构单元组成并共同承受水平地震作用的结构体系。例如，框架-剪力墙，框架-核心筒，筒中筒等体系。钢结构双重抗侧力体系主要有以下几种：

（1）钢框架-支撑体系　在钢框架的部分柱间设置竖向钢支撑即组成钢框架-支撑体系，其工作

机理类似于框架-剪力墙结构，即支撑框架是承担水平力的主要抗侧力结构。此外还有带伸臂的钢框架-支撑体系。支撑可选用中心支撑和偏心支撑。支撑常采用单向支撑、X形支撑、K形支撑。

支撑框架的特点是框架梁和框架柱仍然为刚接，而支撑杆的两端常假定与梁柱节点铰接，即杆中只产生轴向力，支撑框架既保留了刚接框架的受力特征，又有铰接桁架的受力特性，抗侧刚度得到较大提高。当梁柱节点以及支撑采用铰接时，受力特性如同铰接桁架，可称为支撑排架，通常承受竖向荷载。

高层建筑钢结构的中心支撑宜采用十字交叉斜杆（图1-107a）、单斜杆（图1-107b）、人字形斜杆（图1-107c）或V形斜杆体系。抗震设防的结构不得采用K形斜杆体系。当采用只能受拉的单斜杆体系时，应同时设不同倾斜方向的两组单斜杆（图1-107d）。

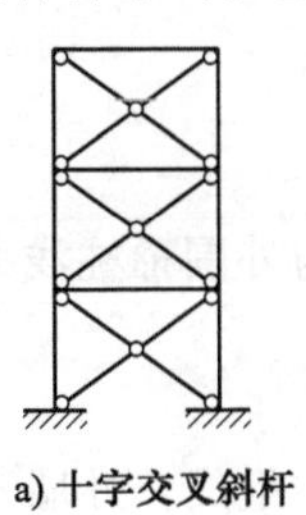
a) 十字交叉斜杆　b) 单斜杆
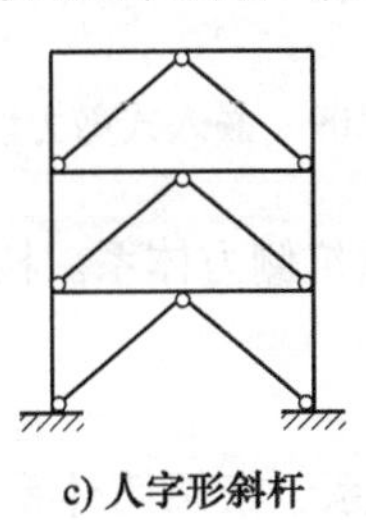
c) 人字形斜杆
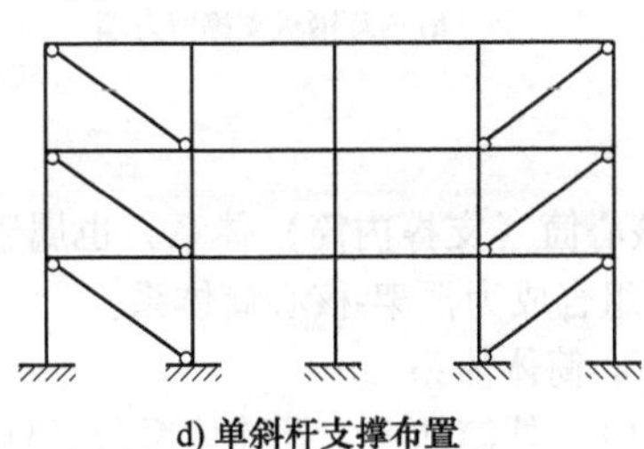
d) 单斜杆支撑布置

图1-107　中心支撑框架

偏心支撑框架（图1-108）中的支撑斜杆，应至少在一端与梁连接（不在梁柱节点处），另一端可连接在梁柱节点，或在偏离另一支撑的连接点与梁连接。这样，在支撑与柱之间或支撑与支撑之间，有一段梁，称为耗能梁段，每根支撑至少一端必须与耗能梁段连接。耗能梁段是偏心支撑框架的“保险丝”，在大震作用下通过耗能梁段的非弹性变形耗能，保证支撑不屈曲。

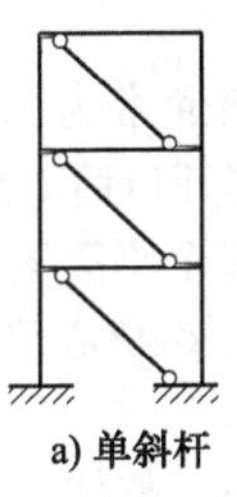
a) 单斜杆
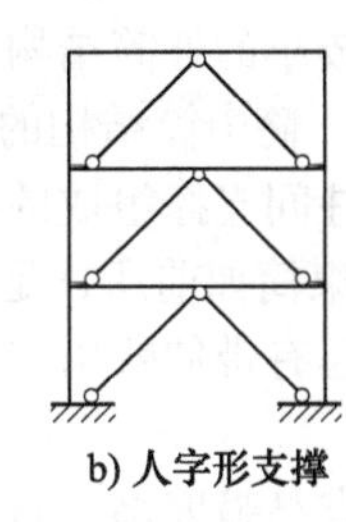
b) 人字形支撑
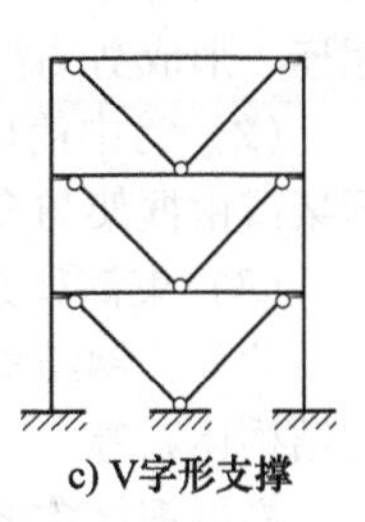
c) V字形支撑

图1-108　偏心支撑框架

（2）钢框架-剪力墙板体系　支撑受长细比影响容易产生受压屈曲，可采用嵌入式剪力墙板作为等效支撑。钢框架与剪力墙板结合则为钢框架-剪力墙板体系。剪力墙板包括内藏钢板支撑混凝土墙、带竖缝混凝土剪力墙板或钢板剪力墙。剪力墙通常采用嵌入式，填在框架梁、柱中间使用，仅承受水平荷载产生的剪力，不承受重力荷载。

内藏钢板支撑剪力墙是以钢板为基本支撑并外包钢筋混凝土墙板的预制构件，如图1-109a所示。它只在支撑节点处与钢框架相连，在混凝土墙板与框架梁柱间留有间隙，因此实际上仍是一种支撑。内藏钢板的支撑与普通钢支撑一样，可以是人字形支撑、交叉支撑或单斜杆支撑。内藏钢板支撑可做成中心支撑，也可做成偏心支撑，在高烈度地震区，宜采用偏心支撑。支撑的净截面面积根据受剪承载力的要求选择。

钢板剪力墙（图1-109b）用厚钢板或带加劲肋的钢板制成。非抗震设防及6度抗震设防的建筑，钢板剪力墙可不设置加劲肋。按7度及7度以上抗震设防的建筑，宜采用带纵向和横向加劲肋的钢板剪力墙，且加劲肋宜两面设置。钢板剪力墙的上下左右边缘可采用高强度螺栓与梁柱相连接。

带竖缝的剪力墙板是预制板，竖缝宽约为10mm，缝长约为墙高的一半，缝的间距约为缝长的一半。墙板与钢框架之间留有缝隙，上边缘以连接件与钢框架梁用高强度螺栓相连接，下边缘带齿槽，嵌入钢梁的螺栓间，并全长埋入现浇混凝土楼板。

（3）框架-核心筒　当在内部楼电梯间周边布置钢支撑形成带开口的支撑框架时，则形成钢框

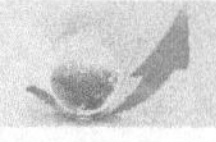

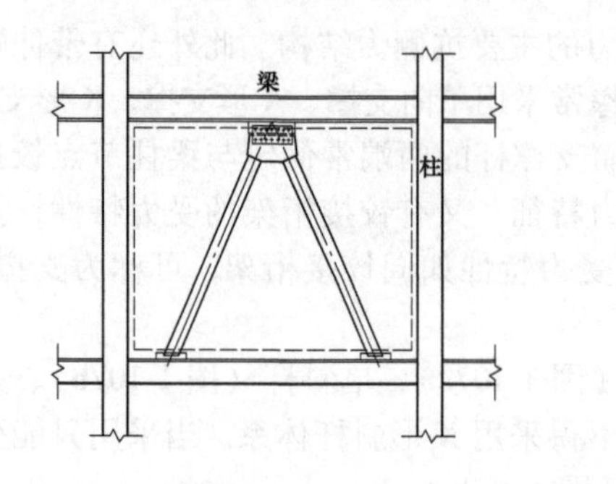

a) 内藏钢板支撑剪力墙

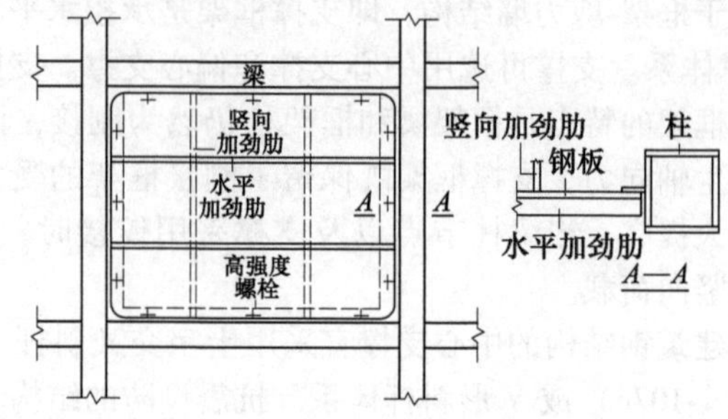

b) 钢板剪力墙

图 1-109 嵌入式剪力墙板

架-核心筒（支撑内筒）体系，也属于双重抗侧力体系。核心筒也可以为框筒，与外围稀柱浅梁钢框架组合成为框架-核心筒体系。

3. 筒体体系

（1）外筒体系　外筒体系包括框筒体系、桁架筒体系。框筒体系由深梁密柱组成，外墙开洞率可控制在 50%以下，以减小剪力滞后效应。桁架筒体系是在周边框架平面内设置巨型支撑（即斜撑）的体系，斜撑可布置在 5 层高以上，通常还设置与斜撑相连的横杆，巨型支撑与外框架柱相连，形成剪力滞后较小的外筒结构。

（2）筒中筒体系　筒中筒结构的外筒通常为深梁密柱框筒或巨型支撑筒，内筒为密柱浅梁的框架或由框架与多列柱间支撑组成的局部开口筒。外筒的抗侧刚度大，是主要抗侧力结构。

（3）束筒体系　束筒如前所述是由多个小筒紧挨并行组成的，抗侧刚度大于外筒体系。

此外，钢结构中还有带伸臂桁架的框架-核心筒体系、部分筒体结构和内部支撑筒结构以及巨型结构体系等。

高层钢结构的特点是强度高、自重小、整体抗震性好、变形能力强，故用于建造大跨度和超高建筑特别适宜；它的缺点是耐火性能和耐腐蚀性能差，且价格受市场影响波动较大。我国《高钢规》给出的钢结构高层建筑设计高度的规定见表 1-5。

表 1-5　钢结构高层建筑的适用高度　　（单位：m）

结构体系	非抗震设防	抗震设防烈度		
		6 度、7 度	8 度（0.2g/0.3g）	9 度
框架结构	110	110/90	90/70	50
框架-支撑（剪力墙板）	260	240/220	200/180	160
筒体	360	300/280	260/240	180

早期的高层建筑较多采用铁框架和砖石外墙自承重体系建造。第一幢全部由铸铁与钢框架结构承重的高层建筑为建于 1885 年的 55m 高、12 层的美国芝加哥的家庭保险大楼，如图 1-2a 所示。由表 1-3 可知，截至 1998 年之前，各个时期的世界最高建筑大部分为钢结构，但由于纯钢结构的抗侧刚度难以满足建筑高度的迅速增长，故目前世界已建高层建筑中高度超过 500m 的没有一座纯钢结构，世界第一高的纯钢结构是建于 1974 年的高 442.1m、108 层的美国芝加哥西尔斯大厦（图 1-3a），而表 1-4 的高层建筑前 50 名中高层钢结构仅有 3 幢，1974 年以后仅有 1 幢，且高度仅为 387.1m。这说明，钢结构自身在防火性能、抗侧移能力上的短板限制了它在超高层建筑领域的发展。

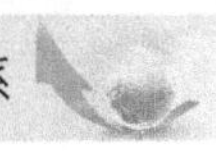

建筑实例

国际上有代表性的高层钢结构建筑实例还有：

1）美国芝加哥的约翰汉考克大厦（图1-57），1969年建造，地上100层，高约344m，为带斜撑的外框筒体系。

2）帝国大厦（图1-19），建造于1931年，塔尖高度为443.23m，建筑与结构高度为381.0m，长129.24m，宽57.0m，地上102层，地下1层，为钢框架-支撑结构。

3）位于美国纽约的哈德逊广场30号，建于2019年，高387.1m，地上73层，目前为世界第二高的钢结构建筑，如图1-110a所示。

国内有代表性的高层钢结构建筑实例：

1）上海新锦江大酒店（图1-110b），建于1989年，高153m，地上43层，为钢框架-钢支撑-剪力墙体系，电梯筒钢框架间设K形支撑和钢板剪力墙。

2）北京京广中心（图1-110c），建于1990年，高208m，地上57层，是我国第一幢超过200m的钢结构工程，为钢框架-带钢边框和竖缝钢筋混凝土墙板的框架-剪力墙结构。按照《组合结构通用规范》（GB 55004—2021），宜定义为组合结构。

3）北京京城大厦（图1-110d），于1991年落成，高182m，地上52层，为钢框架-混凝土板内藏的偏心钢支撑体系。该建筑按照《组合结构通用规范》，宜定义为组合结构。

4）香港中心（图1-110e），1998年建造，高346m，地上73层，为全钢结构，也是我国最高的钢结构。

5）武汉民生银行大厦（图1-110f），高331m，地上68层，2008年竣工，为纯钢结构。

a) 哈德逊广场30号

b) 上海新锦江大酒店

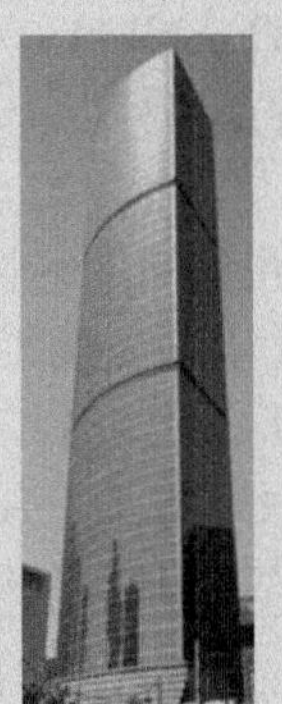
c) 北京京广中心

d) 北京京城大厦

e) 香港中心

f) 武汉民生银行大厦

图1-110　高层钢结构建筑

1.5.4　钢与混凝土组合结构

钢与混凝土是高层建筑结构的主要材料，但混凝土结构自重大，而钢结构耐火性差、刚度受限制，将钢与混凝土组合在一起可以取长补短，兼有混凝土结构刚度大、材料及施工成本较低、抗火性能好的特点及钢结构自重小、构件截面尺寸小、抗震性能好、施工进度快的特点，在当代超高层建筑中得到广泛应用。

1. 组合结构定义

长久以来，钢与混凝土共同工作的结构称为组合结构（Composite Structure）还是混合结构（Mixed Structure）一直是一个众说不一的问题。一种观点认为组合结构其实是构件层次的组合，即组合结构实际指的是组合构件；一种认为由各种组合构件组成的结构才称为组合结构，其中包括型钢混凝土结构和钢管混凝土结构；也有的将组合结构定义为钢与混凝土组合构件组成的结构；而钢结构单元（如钢框架）与混凝土结构单元（如混凝土核心筒）组成的结构国内一般定义为混合结构。随着钢与混凝土组合形式的增多，对这类结构的定义也在出现变化。

（1）世界高层建筑和城市环境委员会（CTBUH）给出的定义　组合结构是由两种或多种材料组合在一起共同用于主要结构构件的结构。例如，钢柱与钢筋混凝土梁楼板组合，钢框架与混凝土核心筒组合，型钢柱和钢管混凝土组合，以及木框架与混凝土核心筒组合等。

（2）《组合结构设计规范》（JGJ 138—2016）给出的定义　《组合结构设计规范》给出的定义是：组合结构是由组合结构构件组成的结构，以及由组合结构构件与钢构件、钢筋混凝土构件组成的结构。《组合结构设计规范》的前身是《型钢混凝土组合结构技术规程》（JGJ 138—2001），为行业标准。从这本规范的更迭可以看出，组合结构已经从初期的型钢混凝土组合结构扩展到更多方面。

（3）《组合结构通用规范》　2020 年 4 月 1 日，住房和城乡建设部关于发布国家标准《组合结构通用规范》的公告，批准《组合结构通用规范》为国家标准，编号为 GB 55004—2021，自 2022 年 1 月 1 日起实施。该规范为强制性工程建设规范。

规范 GB 55004—2021 虽然没有直接给出组合结构定义，但在材料规定中分别给出对钢、钢筋、混凝土、木材、纤维增强复合材料的规定；在组合构件设计中除了钢-混凝土组合梁、组合板、组合剪力墙以及钢管混凝土构件、型钢混凝土构件，还包括木-钢、木与混凝土组合构件以及复合材料组合构件。显然，该规范对组合结构的定义涵盖了各种土木结构工程材料的组合且与 CTBUH 一致，在内容上与 JGJ 138—2016 不矛盾，但更为宽泛地涵盖了木与复合纤维材料。鉴于 GB 55004—2021 为最新国家标准且为强制条文，JGJ 138—2016 为组合结构的行业标准，故本节主要依据这两本规范对组合结构做出叙述。

（4）《工程结构设计基本术语标准》（GB/T 50083—2014）《工程结构设计基本术语标准》中 2.1.31 条定义的组合结构为同一截面或各杆件由两种或两种以上材料制成的结构。

2. 组合结构构件

组合结构构件（Composite Structure Members）是由型钢、钢管或钢板与钢筋混凝土组合能整体受力的结构构件。试验研究表明，组合结构构件相比于钢筋混凝土结构构件具有承载力大、延性性能好、刚度大的特点。目前，国内高层建筑中大量采用组合结构构件。组合结构构件可用于框架结构、框架-剪力墙结构、部分框支剪力墙结构、框架-核心筒结构、筒中筒结构等结构体系。在各类结构体系中，可以是整个结构体系均采用组合结构构件，也可以是组合结构构件与钢结构构件、钢筋混凝土结构构件同时使用。

钢与混凝土组合结构构件主要由（钢筋）混凝土与型钢、钢板、钢管组合而成。混凝土与型钢组合则为型钢结构构件（Steel Reinforced Concrete Members），简称 SRC 构件，型钢混凝土构件也称钢骨混凝土构件或劲性配筋混凝土构件，包括型钢混凝土框架梁、柱、墙和钢骨混凝土筒体，相关结构设计规范有《组合结构设计规范》（JGJ 138—2016）、《钢骨混凝土结构技术规程》（YB 9082—2006）。混凝土与钢管组合则为钢管混凝土构件（Concrete Filled Steel Tubular Members），简称 CFST 构件，它是在钢管内填充混凝土的构件，包括实心和空心钢管混凝土构件，相关规范有《钢管混凝土结构技术规范》（GB 50936—2014）。

（1）钢与混凝土组合柱　钢与混凝土组合柱（Composite Column）是由钢和混凝土组合而成并共同受力的柱，包括型钢混凝土（巨型）柱和钢管混凝土柱。

1）型钢混凝土柱（Steel Reinforced Concrete Columns）。型钢混凝土柱是在钢筋混凝土截面内配置型钢的柱子。

型钢混凝土柱的型钢宜采用实腹式宽翼缘的 H 形轧制型钢和各种截面形式的焊接型钢；非地震区或抗震设防烈度为 6 度地区的多、高层建筑，可采用带斜腹杆的格构式焊接型钢，如图 1-111 所示。

2）型钢混凝土巨型柱。对于型钢混凝土巨型柱（图 1-112），为保证其整体承载力和延性性

能，防止由于薄弱面引起竖向裂缝产生，宜采用由多个焊接型钢通过钢板连接成整体的实腹式焊接型钢。

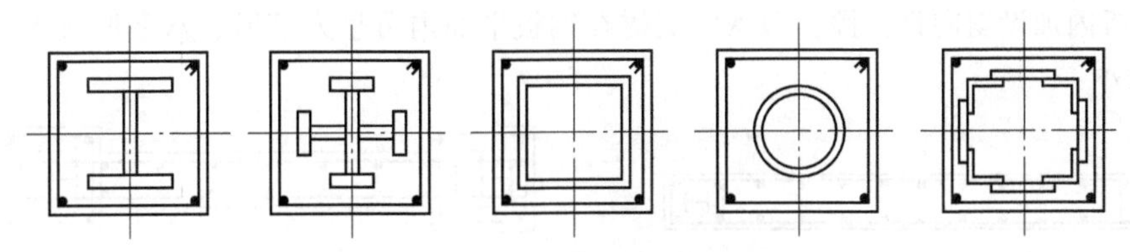

图 1-111　型钢混凝土柱的截面形式

3）钢管混凝土柱（Concrete Filled Steel Tube Columns）。钢管混凝土柱是在钢管内浇筑混凝土形成的钢管与混凝土共同受力的柱，钢管有圆形和矩形等平面，一般在钢管内不再配置钢筋，混凝土多为实心，也称为S-CFST柱，如图1-113a、b所示。矩形钢管混凝土柱的矩形钢管，可采用热轧钢板焊接成型的钢管，也可采用热轧成型钢管或冷成型的直缝焊接钢管。圆形钢管混凝土柱的圆形钢管，宜采用直焊缝钢管或无缝钢管，也可采用螺旋焊缝钢管。

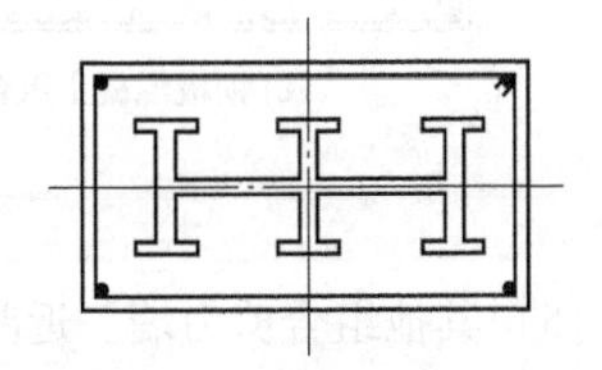

图 1-112　型钢混凝土巨型柱

a) 圆形S-CFST柱

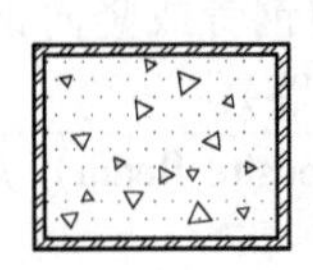

b) 矩形S-CFST柱

c) 钢骨-钢管混凝土柱

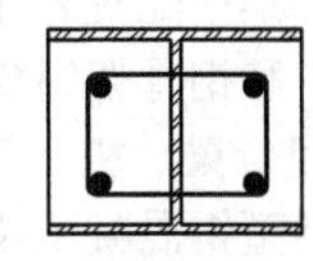

d) PEC柱

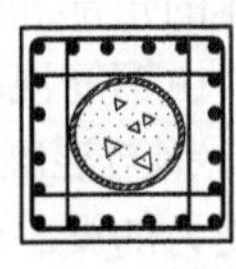

e) 钢管混凝土叠合柱

图 1-113　实心钢管混凝土柱

4）其他组合柱。近年来对组合柱的研究成果较多，如钢骨-钢管混凝土柱（图1-113c）、H型钢部分外包混凝土柱（PEC柱，图1-113d）、钢管混凝土叠合柱（图1-113e）等。

（2）钢与混凝土组合剪力墙　钢与混凝土组合剪力墙是在钢筋混凝土截面内配置型钢的剪力墙。为提高剪力墙的承载力和延性，可以在剪力墙两端的边缘构件中配置型钢组成型钢混凝土组合剪力墙以及有端柱或带边框的型钢混凝土组合剪力墙。为满足高层建筑设计要求，在剪力墙中除边缘构件设置型钢外，在墙体中还增设了钢板或型钢斜撑。此类剪力墙可有效地提高剪力墙的抗侧移能力和延性，减小墙体厚度，增加使用空间。

1）型钢混凝土组合剪力墙（Steel Concrete Composite Shear Walls）。型钢混凝土组合剪力墙也称钢骨混凝土剪力墙，是在钢筋混凝土剪力墙的边缘构件中配置实腹型钢的剪力墙，分为无边框型钢混凝土剪力墙（图1-114a）及有边框型钢混凝土剪力墙（图1-114b）两种形式。无边框型钢混凝土剪力墙由钢骨混凝土暗柱、钢骨混凝土暗梁或钢筋混凝土暗梁以及钢筋混凝土腹板组成。有边框型钢混凝土剪力墙由钢骨混凝土柱、钢骨混凝土梁或钢筋混凝土梁组成，腹板为钢筋混凝土墙板。型钢混凝土组合剪力墙可有效地提高剪力墙的抗侧移能力和延性，减小墙体厚度。

2）钢板混凝土组合剪力墙（Steel Plate Concrete Composite Shear Walls）。钢板混凝土组合剪力墙是在钢筋混凝土截面内配置钢板和端部型钢的剪力墙，如图1-114c所示。

3）外包钢板混凝土组合剪力墙。在两片钢板之间填充混凝土则形成外包钢板混凝土组合剪力墙，通过一定的连接构造措施将外侧钢板与内部混凝土组合成整体共同工作，在混凝土中仅设置必要的构造钢筋或不设钢筋。相对于钢板内置的组合剪力墙，外包钢板对内部混凝土具有一定约束作用，便于采用更高强度的混凝土；利用外包钢板作为模板，施工更加方便快速；避免混凝土

裂缝外露，有利于发挥结构的承载潜力。

4）带钢斜撑混凝土组合剪力墙。对型钢混凝土组合剪力墙，当需要增强剪力墙抗侧力时，可在剪力墙腹板内加设斜向钢支撑，型钢斜支撑在钢板平面内可呈人字形、八字形或X形布置，如图1-114d所示。

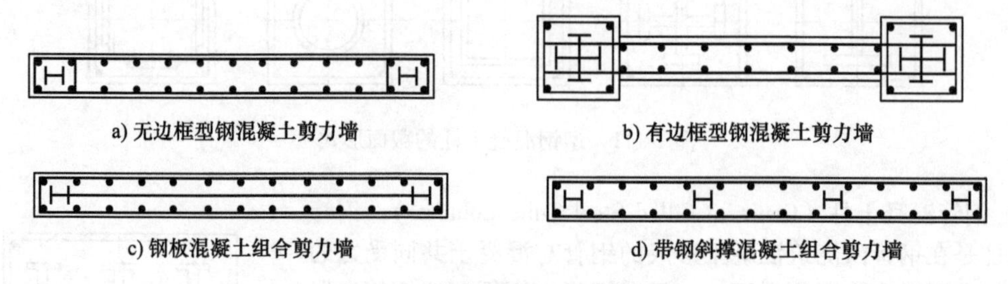

图1-114　钢与混凝土组合剪力墙

5）其他组合剪力墙。近些年对各类钢板墙的研究比较多，产生了一些专利，如钢桁架-钢板-混凝土组合剪力墙、外包多腔钢板混凝土组合剪力墙、钢管混凝土-钢撑-钢板外包混凝土剪力墙以及钢管混凝土剪力墙等。

（3）钢与混凝土组合筒　钢骨混凝土核心筒（Steel-reinforced Concrete Core）是在钢筋混凝土核心筒体的角部和中部集中配置若干钢骨，包括竖向和横向钢骨或竖向钢骨和横向暗梁，形成的核心筒，由钢筋混凝土和钢骨架组成并共同受力的筒（剪力墙）。

（4）钢与混凝土组合梁、板　钢与混凝土组合梁（Composite Beam）是由钢和混凝土组合而成并共同受力的梁，包括型钢混凝土梁和钢-混凝土组合梁。

1）型钢混凝土梁（Steel Reinforced Concrete Beams）。型钢混凝土梁是钢筋混凝土截面内配置型钢的梁。型钢宜采用充满型实腹型钢，其型钢的一侧翼缘宜位于梁截面的受压区，另一侧翼缘应位于受拉区，如图1-115a所示。当梁截面高度较高时，可采用内配桁架式型钢的型钢混凝土梁。型钢梁与型钢柱的节点如图1-115b所示，钢管混凝土柱与型钢梁的节点如图1-115c所示。

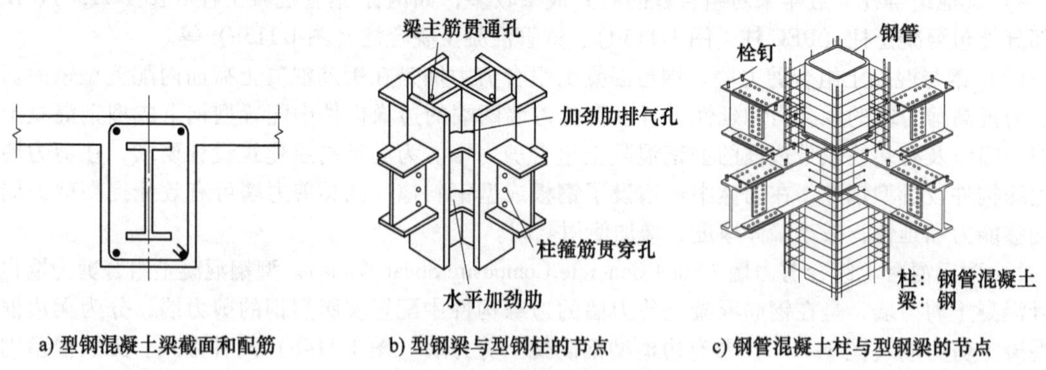

图1-115　型钢混凝土梁

2）钢-混凝土组合梁（Steel-Concrete Composite Beams）。钢-混凝土组合梁为混凝土翼板与钢梁通过抗剪连接件组合而成的能整体受力的梁。由混凝土翼板与钢梁组合成的组合梁可有效提高梁的承载力和刚度。组合梁的翼板可采用现浇混凝土板、混凝土叠合板或压型钢板混凝土组合板，如图1-116所示。

3）组合楼板（Composite Slabs）。压型钢板-混凝土组合楼板是在压型钢板上现浇混凝土组成的压型钢板与混凝土共同承受载荷的楼板。压型钢板-混凝土组合楼板中的压型钢板可采用开口型压型钢板、缩口型压型钢板和闭口型压型钢板，如图1-117所示。

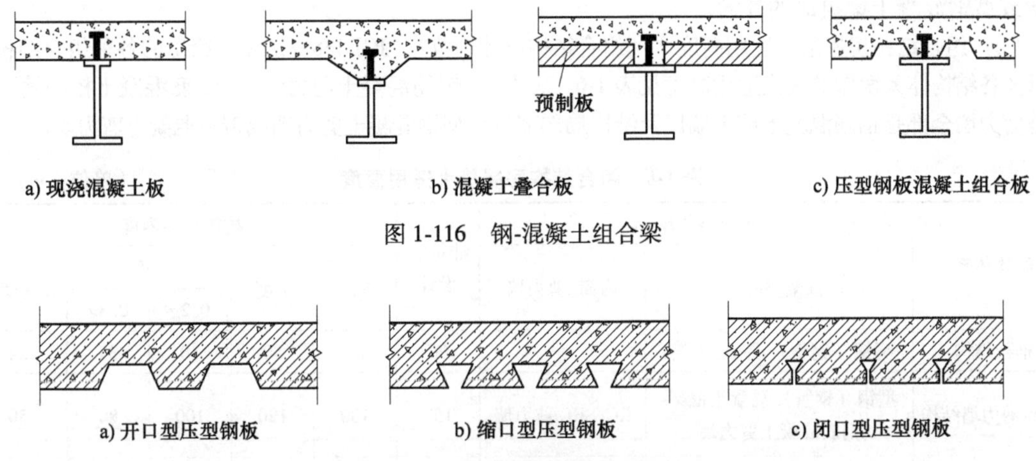

a) 现浇混凝土板　b) 混凝土叠合板　c) 压型钢板混凝土组合板

图 1-116　钢-混凝土组合梁

a) 开口型压型钢板　b) 缩口型压型钢板　c) 闭口型压型钢板

图 1-117　压型钢板-混凝土组合楼板

3. 钢与混凝土组合结构体系

在组合结构中，可以整个结构体系采用组合结构构件，如型钢混凝土梁与型钢混凝土柱组成的型钢混凝土框架和钢管混凝土柱与型钢混凝土梁组成的框架，也可是组合结构构件与钢结构构件、钢筋混凝土结构构件同时使用。高层建筑结构体系是由各抗侧力结构单元组成的空间体系，这些结构单元主要包括框架结构、剪力墙（或支撑框架）、核心筒和外筒，它们相互组合形成各种结构。

（1） 组合结构的主要结构体系

1） 框架。组合结构中除了可以采用钢梁和钢柱组成的钢框架与混凝土核心筒组合外，框架还有以下几种：

① 钢骨混凝土框架（SRC Frame），即梁、柱均采用钢骨混凝土构件的框架结构，也称型钢混凝土框架。

② 钢骨混凝土组合框架（Mixed Frame with SRC Columns），即采用钢骨混凝土柱与钢梁或钢筋混凝土梁形成的框架。

③ 部分组合框架（Partial Mixed Frame），即部分高度内为钢骨混凝土柱的钢框架，或部分高度内为钢骨混凝土柱的钢筋混凝土框架。

④ 钢管混凝土框架，指钢管混凝土柱与钢梁、型钢混凝土梁或钢筋混凝土梁组成的框架。

2） 钢骨混凝土剪力墙（SRC Shear Wall）。钢骨混凝土剪力墙是在钢筋混凝土剪力墙的端部和中部集中配置若干钢骨（包括竖向和横向钢骨，或仅配置竖向钢骨和钢筋混凝土暗梁）的钢筋混凝土组合剪力墙（包括含边框柱的剪力墙）。

3） 钢骨混凝土核心筒（SRC Core）。组合结构中的核心筒除了采用钢筋混凝土核心筒外，还有钢骨混凝土核心筒（Steel-Reinforced Concrete Core）。核心筒（剪力墙）的连梁可选用：钢筋混凝土连梁、钢板混凝土连梁、钢骨混凝土连梁、钢连梁、钢筋混凝土交叉暗撑连梁。

4） 钢骨混凝土组合框筒（Mixed Frame Tube with SRC Columns）。钢骨混凝土组合框筒即钢骨混凝土柱与钢梁或钢筋混凝土梁形成的框筒。型钢（钢管）混凝土外筒是指结构全高由型钢（钢管）混凝土柱与钢梁或型钢混凝土梁组成的框架、外筒。

5） 框架-核心筒。框架-核心筒组合结构中的框架通常为型钢或钢管混凝土框架，即结构全高由型钢或钢管混凝土柱与钢梁或型钢混凝土梁组成的框架；核心筒常采用钢筋混凝土结构，也可以采用钢骨混凝土结构。

6） 筒中筒。筒中筒结构的外筒通常是钢骨混凝土组合框筒或钢框筒，核心内筒常采用钢骨混凝土或钢筋混凝土结构。钢骨（钢管）混凝土组合框筒是指结构全高由型钢（钢管）混凝土柱与钢梁或型钢混凝土梁组成的外筒。

（2）组合结构房屋最大适用高度 《组合结构设计规范》（JGJ 138—2016）给出的各种组合结构体系以及各结构体系房屋的最大适用高度见表 1-6。表中，“钢筋混凝土剪力墙”“钢筋混凝土核心筒”指的是剪力墙全部是钢筋混凝土剪力墙以及结构局部部位是型钢混凝土剪力墙或钢板混凝土剪力墙。

表 1-6 组合结构房屋最大适用高度 （单位：m）

结构体系	组合结构单元		非抗震设计	抗震设防烈度				
	框架/外筒	内筒/剪力墙		6 度	7 度	8 度		9 度
						0. 2g	0. 3g	
框架结构	型钢（钢管）混凝土框架	—	70	60	50	40	35	24
框架-剪力墙结构	型钢（钢管）混凝土框架-钢筋混凝土剪力墙	RC/SRC 剪力墙	150	130	120	100	80	50
剪力墙结构	钢筋混凝土剪力墙	RC/SRC 剪力墙	150	140	120	100	80	60
部分框支剪力墙结构	型钢(钢管)混凝土转换柱-钢筋混凝土剪力墙	—	130	120	100	80	50	不应采用
框架-核心筒结构	钢框架-钢筋混凝土核心筒	RC/SRC 核心筒	210	200	160	120	100	70
	型钢（钢管）混凝土框架-钢筋混凝土核心筒	RC/SRC 核心筒	240	220	190	150	130	70
筒中筒结构	钢外筒-钢筋混凝土核心筒	RC/SRC 核心筒	280	260	210	160	140	80
	型钢（钢管）混凝土外筒-钢筋混凝土核心筒	RC/SRC 核心筒	300	280	230	170	150	90

表 1-7 为由《组合结构设计规范》《高规》《高钢规》给出的框架-核心筒结构和筒中筒结构在非抗震设计和 6 度抗震设防情况下最大适用高度建议的比较。可以看出，《组合结构设计规范》的型钢（钢管）混凝土框架（框筒）与钢筋混凝土核心筒组成的框架-核心筒结构、筒中筒结构的最大适用高度与现行行业标准《高规》中的混合结构最大适用高度一致。

表 1-7 不同规范给出的(非抗震设计及 6 度抗震设防）房屋最大适用高度比较

（单位：m）

结构体系	组合结构单元		非抗震设计			6 度		
	框架/外筒	内筒/剪力墙	《组合结构设计规范》	《高规》	《高钢规》	《组合结构设计规范》	《高规》	《高钢规》
框架-核心筒结构	钢框架	RC 核心筒	210	210	240~260	200	200	220~240
	型钢(钢管)混凝土框架	RC 核心筒	240	240		220	220	
筒中筒结构	钢外筒	RC 核心筒	280	280	360	260	260	300
	型钢(钢管)混凝土外筒	RC 核心筒	300	300		280	280	

表 1-8 为由《组合结构设计规范》《高规》《高钢规》给出的各结构体系的组合结构、混凝土结构和钢结构最大适用高度比较，可以看出：

1）对于框架结构、框架-剪力墙结构、剪力墙结构体系，组合结构的最大适用高度与现行行业标准《高规》中 A 级高度[⊖]钢筋混凝土高层建筑的最大适用高度一致，二者均远低于相同情况下的钢结构。

⊖ 《高规》中，钢筋混凝土高层建筑结构的最大适用高度应区分为 A 级和 B 级。

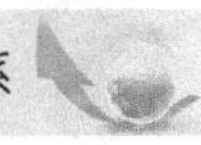

2）由于钢筋混凝土核心筒具有较强的抗侧移能力，且组合结构的框架（框筒）自身也具有良好延性，故对于型钢（钢管）混凝土框架（框筒）-钢筋混凝土核心筒体系的房屋最大适用高度可比同样体系的 A 级高度钢筋混凝土高层建筑提高较多，但必须指出此体系中的框架梁应采用钢梁或型钢混凝土梁，框架柱、框筒柱应全高采用型钢（钢管）混凝土柱。

表 1-8　（非抗震设计及 6 度抗震设防）**房屋最大适用高度比较**　　　（单位：m）

结构体系	结构单元	《组合》：组合结构		《高规》：混凝土结构		《高钢规》：钢结构	
		非抗震	6 度	非抗震	6 度	非抗震	6 度
框架	型钢（钢管）混凝土框架	70	60	70	60	110	110
框架剪力墙	型钢（钢管）混凝土框架-RC 剪力墙结构	150	130	150	130	240~260	220~240
剪力墙	型钢剪力墙结构体系	150	140	150	140		
框架-筒体	钢框架-RC 核心筒结构	210	200	160	150	240~260	220~240
	型钢（钢管）混凝土框架-RC 核心筒结构	240	220				
	钢外筒-RC 核心筒结构	280	260				
筒中筒	型钢（钢管）混凝土外筒-RC 核心筒结构	300	280	200	180	360	300

（3）层间位移角限值　《组合结构通用规范》（GB 55004—2021）给出钢-混凝土组合结构在多遇地震下的弹性变形验算和罕遇地震下的弹塑性变形验算，见表 1-9。由表 1-9 可以看出，当主要抗侧力构件为钢支撑和钢板剪力墙时，组合结构的有关参数控制偏于钢结构的取值，接近程度取决于外框架柱的属性，如果为钢内置混凝土外露的型钢混凝土柱，要考虑混凝土的实际转动能力，则控制在钢结构的 50%；对于以混凝土核心筒和型钢核心筒作为主要抗侧力构件的组合结构，则按照混凝土结构控制位移角。

表 1-9　钢-混凝土组合结构层间位移角限值

结构类型			弹性层间位移角限值	弹塑性层间位移角限值
柱	梁	主要抗侧力构件		
钢柱、钢管混凝土柱	组合梁、钢梁	钢支撑、钢板剪力墙、外包钢板组合剪力墙（筒体）或无	按照钢结构的规定取值	按照钢结构的规定取值
型钢混凝土柱	钢梁、组合梁、型钢混凝土梁	钢支撑、钢板剪力墙、外包钢板组合剪力墙（筒体）或无	按照钢结构限值的 50%取值	按照钢结构的规定取值
钢柱、钢管混凝土柱、型钢混凝土柱	钢梁、组合梁、型钢混凝土梁	钢筋混凝土、型钢混凝土剪力墙（筒体）	按照混凝土结构的规定取值	按照混凝土结构的规定取值

建筑实例

表 1-4 中列举的当今世界最高建筑 50 强中由组合结构 35 个。其中排名第 2 的上海中心大厦（图 1-49）采用了钢梁型钢框架-混凝土核心筒加伸臂体系；排名第 4 的深圳平安国际金融中心（图 1-101）采用了钢梁型钢框架-混凝土核心筒体系；排名第 7 的周大福天津中心（图 1-118）采用了带斜撑钢梁、型钢柱框架-钢筋混凝土核心筒组合结构体系。

1.5.5　钢与混凝土混合结构

长久以来我国将不同材料的构件或部件混合组合（Mixed Structure/Hybrid Structure）的结构称为混合结构。《高规》《高层建筑钢-混凝土混合结构设计规程》（CECS 230—2008）、《全国民用建筑工程技术措施结构》等规范规程均将钢框架（框筒）、型钢混凝土框架（框筒）、钢管混凝土框架（框筒）与钢筋混凝土核心筒所组成的共同承受水平和竖向作用的建筑结构定义为钢-混凝土混合结构。如前所述，随着高层建筑向超高层、多功能、体型复杂化发展，钢与混凝土构件的组合已经越来越多地成为高层建筑的主要结构类型，关于“组合”“混合”的定义也发生了变化。由于在钢结构与混凝土结构的组合上出现了一种新的趋势，即以世界第一高层哈利法塔的上钢结构下混凝土结构模式的出现，有必要对上、下结合的模式和平行结合的模式加以区分。

CTBUH 对混合结构的定义：

混合结构高层建筑（Mixed-structure Tall Building）是指采用钢结构与混凝土结构两种不同体系（前者位置可在后者之上或之下）的建筑。混合结构体系主要有两种类型：钢/混凝土结构（Steel/Concrete tall building，简记 S/C），是指钢结构体系位于混凝土结构体系之上；与之相反的是混凝土/钢结构（Concrete/Steel building，简记 C/S）。

混凝土构件刚度大，钢结构构件强度高、质量轻，因此二者在抗侧力体系层级混合在一起，如混凝土核心筒加钢结构外框架等建筑类型已经成为当代高层发展趋势。而在结构上下的混合能更好地发挥混凝土结构和钢结构的优势，且设计更简单。从表 1-4 可以看出，在当前世界 50 强超高层建筑中，S/C 占了 4 幢，分别是排名世界第 1 的高 828m 的阿联酋联合酋长国哈利法塔（图 1-3c），排名世界第 3 的高 601m 的沙特阿拉伯麦加皇家钟楼（图 1-119），排名世界第 27 的高 435.3m 的纽约西 57 街 111 号（图 1-120），以及排名世界第 34 的高 413.4m 的迪拜公主塔。

麦加皇家钟楼主体高 601m，在钟楼 400m 处安装有四面钟，每个表盘的直径达 43m，最高处是用黄金制作的一弯新月，如图 1-119 所示。

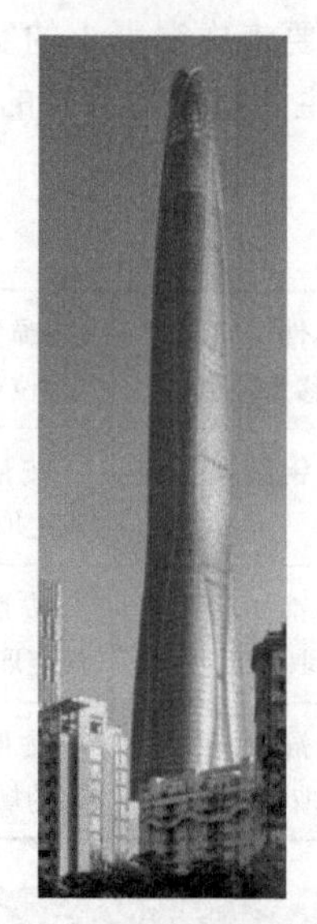

图 1-118　周大福天津中心

图 1-119　麦加皇家钟楼

图 1-120　纽约西 57 街 111 号

思考题与习题

1. 什么是高层建筑？
2. 高层建筑发展的各阶段有哪些特点？其代表性建筑有哪些？
3. 高层建筑结构有哪些结构体系？其适用高度范围是什么？
4. 建筑结构有哪些类型？划分依据是什么？
5. 水平荷载（作用）为什么是高层建筑结构设计的主要影响因素？

参考文献

[1] 中华人民共和国住房和城乡建设部. 高层建筑混凝土结构技术规程：JGJ 3—2010 [S]. 北京：中国建筑工业出版社，2010.

[2] 青川博之. 现代高层钢筋混凝土结构设计 [M]. 张川，译. 重庆：重庆大学出版社，2006.

[3] 中华人民共和国建设部. 钢筋混凝土高层建筑结构设计与施工规程：JGJ 3—1991 [S]. 北京：中国建筑工业出版社，1991.

[4] 中华人民共和国住房和城乡建设部. 建筑抗震设计规范（2016年版）：GB 50011—2010 [S]. 北京：中国建筑工业出版社，2016.

[5] 中华人民共和国住房和城乡建设部. 工程结构设计基本术语标准：GB/T 50083—2014 [S]. 北京：中国建筑工业出版社，2015.

[6] 中国工程建设标准化协会. 交错桁架钢框架结构技术规程：CECS 323—2012 [S]. 北京：中国计划出版社，2012.

[7] 住房和城乡建设部工程质量安全监管司. 全国民用建筑工程技术措施　结构：结构体系 [M]. 北京：中国计划出版社，2009.

[8] ALSAMSAM L M，KAMARA M E. Simplified design，reinforced concrete building moderate size and height [M]. 3rd ed. Illinois：PCA，2004.

[9] 史密斯，库尔. 高层建筑结构分析与设计 [M]. 陈瑜，龚炳年，等译. 北京：地震出版社，1993.

[10] 林同炎，斯多台斯伯利. 结构概念和体系 [M]. 高立人，方鄂华，钱稼茹，译. 2版. 北京：中国建筑工业出版社，1999.

[11] BAKER W F，KORISTA D S，NOVAK L C. Engineering the world's tallest-Burj Dubai：CTBUH 8th world congress [C]. Dubai：[s. n.]，2008.

[12] 赵西安. 世界最高建筑迪拜哈利法塔结构设计和施工 [J]. 建筑技术，2010，41（7）：625-629.

[13] SCHUELLER W. The design of building structures [M]. New Jersey：Prentice-Hall，1995.

[14] ALI M M. Evolution of concrete skyscrapers：from Ingalls to Jin mao [J]. Electronic Journal of Structural Engineering，2001，1（1）：2-14.

[15] 陈福生，邱国桦，范重. 高层建筑钢结构设计 [M]. 北京：中国建筑工业出版社，2000.

[16] SCHUELLER W. The vertical building structure [M]. New York：Van Nostrand Reinhold，1990.

[17] 彭肇才，黄用军，何志才，等. 华润总部大厦“春笋”结构设计研究综述 [J]. 建筑结构，2016，46（16）：1-6.

[18] MOON K S，CONNOR J J，FERNANDEZ. Diagrid structural systems for tall buildings：characteristics and methodology for preliminary design [J]. The Structural Design of Tall Special Buildings，2007，16（2），205-230.

[19] 栗勇涛. 创业投资大厦主体结构体系的方案确定及优化 [J]. 中国建筑金属结构，2013（2）：47-48.

[20] 刘鹏，殷超，李旭宇，等. 天津高银117大厦结构体系设计研究 [J]. 建筑结构，2012，42（3）：1-9.

[21] 中华人民共和国住房和城乡建设部. 砌体结构设计规范：GB 50003—2011 [S]. 北京：中国建筑工业出版社，2012.

[22] 住房和城乡建设部工程质量安全监管司. 全国民用建筑工程设计技术措施　结构：砌体结构 [M]. 北京：中国计划出版社，2012.

[23] 中华人民共和国住房和城乡建设部. 高层民用建筑钢结构技术规程：JGJ 99—2015 [S]. 北京：中国建筑工业出版社，2015.

[24] 赵西安. 超高层建筑的结构体系 [C]. 北京：第二十三届全国高层建筑结构会议论文，2014.

[25] 李国胜. 简明高层钢筋混凝土结构设计手册 [M]. 2版. 北京：中国建筑工业出版社，2003.

[26] 中华人民共和国住房和城乡建设部. 组合结构通用规范：GB 55004—2021 [S]. 北京：中国建筑工业出版社，2021.

[27] 徐培福，傅学怡，王翠坤，等．复杂高层建筑结构设计［M］．北京：中国建筑工业出版社，2005.
[28] 赵鸿铁．组合结构设计原理［M］．北京：高等教育出版社，2005.
[29] 中华人民共和国住房和城乡建设部．钢-混凝土组合结构施工规范：GB 50901—2013［S］．北京：中国建筑工业出版社，2014.
[30] 中国工程建设标准化协会．高层建筑钢-混凝土混合结构设计规程：CECS 230—2008［S］．北京：中国计划出版社，2008.
[31] 上海市住房和城乡建设管理委员会．高层建筑钢-混凝土混合结构设计规程：DG/TJ08—015—2018［S］．上海：同济大学出版社，2018.
[32] CTBUH. Tall Building Criteria［Z/OL］．(2022)［2022-2-8］．https：//www.ctbuh.org/resource/height#tab-structural-materials.
[33] 中华人民共和国住房和城乡建设部．组合结构设计规范：JGJ 138—2016［S］．北京：中国建筑工业出版社，2016.
[34] 冶金工业信息标准研究院．钢骨混凝土结构技术规程：YB 9082—2006［S］．北京：冶金工业出版社，2007.
[35] 中华人民共和国住房和城乡建设部．钢管混凝土结构技术规范：GB 50936—2014［S］．北京：中国建筑工业出版社，2014.
[36] 赵国藩．高等钢筋混凝土结构学［M］．北京：机械工业出版社，2005.
[37] 中国工程建设标准化协会．钢管混凝土叠合柱结构技术规程：T/CECS 188—2019［S］．北京：中国计划出版社，2019.
[38] 中华人民共和国住房和城乡建设部．工程结构设计通用符号标准：GB/T 50132—2014［S］．北京：中国建筑工业出版社，2014.

第 2 章 荷载与地震作用

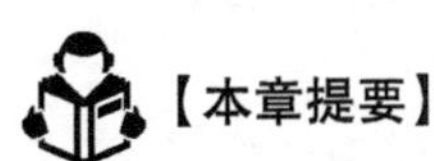
【本章提要】

本章系统讲述了高层建筑的竖向荷载、水平荷载以及地震作用的计算及取值方法。高层建筑的水平风荷载和水平地震作用取值与计算是本章主要内容。

荷载与作用的取值是建筑结构设计必需的、基础性的重要工作，它关系到使用者的生命财产安全。具体来说，荷载取值与结构设计的功能要求有关，也与时间参数有关。建筑结构的设计、施工和维护应使结构在规定的设计使用年限内以适当的可靠度且经济的方式满足规定的各项功能要求。

1. 建筑结构的功能要求

建筑结构应满足以下五大功能要求：

1）能承受在施工和使用期间可能出现的各种作用。

2）保持良好的使用性能。

3）具有足够的耐久性能。

4）当发生火灾时，在规定的时间内可保持足够的承载力。

5）当发生爆炸、撞击、人为错误等偶然事件时，结构能保持必要的整体稳固性，不出现与起因不相称的破坏后果，防止出现结构的连续倒塌。

上述 1)、4)、5）项属于安全性要求，2）和 3）分别为适用性和耐久性要求。

2. 时间参数

（1）设计使用年限（Design Working Life） 设计使用年限是设计规定的一个时段，即结构或结构构件不需进行大修即可按预定目的使用的年限。在这一规定时段内，结构只需进行正常的维护而不需进行大修就能按预期目的使用，并完成预定的功能，即设计使用年限是工程结构在正常使用和维护下所应达到的使用年限，如达不到这个年限则意味着在设计、施工、使用与维护的某一或某些环节上出现了非正常情况，应查找原因。所谓正常维护包括必要的检测、防护及维修。需要强调的是，建筑结构在超过设计使用年限后，并不是就“不安全”“不可靠”了，只是失效的概率会随着使用时间的增加而有所增大，或者说为维持合理工作状态而需要的维护费用会相应增加。可进行可靠性评估，根据评估结果采取相应措施，并重新界定其使用年限。

（2）设计基准期（Design Reference Period） 设计基准期是为确定可变作用等的取值而选用的时间参数。这是进行可变荷载统计而需采用的时间参数。施加在结构上的荷载，不但具有随机性，而且一般还与时间参数有关。确定可变荷载的标准值时应采用 50 年的设计基准期。

3. 结构设计的基本要求

为实现建筑结构的功能要求，建筑结构设计应考虑结构上可能出现的各种作用（包括直接作用、间接作用）和环境影响。建筑结构在使用期间要能够承受各种荷载和作用产生的效应及其最不利的组合。

2.1 荷载与作用

作用是广义的概念，是指一切引起结构响应的因素，地震动是高层建筑结构设计主要考虑的作用。荷载是狭义的概念，即通常所说的力。建筑上的荷载和作用按照作用方向可分为竖向荷载（作用）和水平荷载（作用）两类。竖向荷载中包括结构自重和楼面活荷载；水平荷载则有风荷载，水平作用主要是指水平地震作用。

结构上的荷载应根据《建筑结构荷载规范》（GB 50009—2012）（简称《荷载规范》）及相关标准确定；结构上的作用见《建筑结构可靠性设计统一标准》（GB 50068—2018）的有关规定；地震作用应根据《建筑抗震设计规范（2016 年版）》（GB 50011—2010）（简称《抗规》）确定。

2.1.1 作用及代表值

1. 作用

作用（Action）是指施加在结构上的集中力或分布力（即直接作用，也称为荷载）和引起结构外加变形或约束变形的原因（即间接作用）。

2. 作用分类

（1）按作用形式分类

1）直接作用。直接作用是指以力的形式施加的作用，如作用在结构上的集中力或分布力，习惯上常称为荷载。

2）间接作用。间接作用是指以变形的形式施加的作用，也就是不以力的形式出现在结构上的作用，如地面运动、基础沉降、材料收缩、温度变化等。

（2）按作用随时间的变化分类　作用按随时间的变化分类，是对作用的基本分类，包括：

1）永久作用（Permanent Action）。永久作用是指在设计使用年限内始终存在，且其量值变化与平均值相比可以忽略不计的作用，或其变化是单调的并趋于某个限值的作用。永久作用的特点是其统计规律与时间参数无关。

2）可变作用（Variable Action）。可变作用是指在设计使用年限内其量值随时间变化，且其量值变化与平均值相比不可忽略不计的作用。可变作用的特点是其统计规律与时间参数有关。

3）偶然作用（Accidental Action）。偶然作用是指在设计使用年限内不一定出现，而一旦出现其量值很大，且持续期很短的作用，如爆炸、撞击、龙卷风、偶然出现的雪荷载、风荷载等。当采用偶然作用为结构的主导作用时，设计应保证结构不会由于作用的偶然出现而导致灾难性的后果。

（3）按作用随空间的变化分类

1）固定作用（Fixed Action）。固定作用是指在结构上具有固定空间分布的作用。当固定作用在结构某一点上的大小和方向确定后，该作用在整个结构上的作用即得以确定。固定作用的特点是在结构上出现的空间位置固定不变，但其量值可能具有随机性，如房屋建筑楼面上位置固定的设备荷载、屋盖上的水箱等。

2）自由作用（Free Action）。自由作用是指在结构上给定的范围内具有任意空间分布的作用。自由作用的特点是可以在结构的一定空间上任意分布，出现的位置及量值都可能是随机的，如楼面的人员荷载等。

（4）按结构的反应特点分类

1）静态作用（Static Action）。静态作用是指使结构产生的加速度可以忽略不计的作用。

2）动态作用（Dynamic Action）。动态作用是指使结构产生的加速度不可忽略不计的作用。

对于动态作用，在结构分析时一般均应考虑其动力效应。有一部分动态作用，如吊车荷载，设计时可采用增大其量值（即乘以动力系数）的方法按静态作用处理。还有一部分动态作用，如地震作用、大型动力设备的作用等，则须采用结构动力学方法进行结构分析。

作用划分为静态或动态作用的原则，不在于作用本身是否具有动力特性，而主要在于它是否使结构产生不可忽略的加速度。有很多作用本身可能具有一定的动力特性，如民用建筑楼面上的

活荷载，但使结构产生的动力效应可以忽略不计，这类作用仍应划为静态作用。

(5) 其他作用　建筑上的作用还包括：

1) 地震作用 (Seismic Action)。地震作用是指地震动对结构所产生的作用，它包括水平地震作用和竖向地震作用。

2) 土工作用 (Geotechnical Action)。土工作用是指由岩土、填方或地下水传递到结构上的作用。

3. 作用的代表值

作用的代表值 (Representative Value of an Action) 是极限状态设计所采用的作用值。在设计时，除了采用能便于设计者使用的设计表达式外，对作用仍应赋予一个规定的量值，也就是作用的代表值。它可以是作用的标准值或可变作用的伴随值。

作用的标准值 (Characteristic Value of an Action) 是指在结构设计基准期内可能出现的最大作用值，可根据对观测数据的统计、作用的自然界限或工程经验确定。标准值是作用的主要代表值，其他代表值都可在标准值的基础上乘以相应的系数后来表示。

可变作用的伴随值 (Accompanying Value of a Variable Action) 是指在作用组合中，伴随主导作用的可变作用值。可变作用的伴随值可以是组合值、频遇值或准永久值。当有两种或两种以上的可变作用在结构上要求同时考虑时，由于所有可变作用同时达到其单独出现时可能达到的最大值的概率极小，因此在结构按承载能力极限状态设计时，除主导作用应采用标准值为代表值外，其他伴随作用均应采用主导作用出现时段内的最大量值，即以小于其标准值的组合值为代表值。

作用的设计值 (Design Value of an Action) 是指作用的代表值与作用分项系数的乘积。

2.1.2　荷载及代表值

1. 荷载

在建筑结构设计中，常采用时间参数对荷载进行分类，这包括：

(1) 永久荷载　永久荷载 (Permanent Load) 是指在结构使用期间，其值不随时间变化，或其变化与平均值相比可以忽略不计，或其变化是单调的并能趋于限值的荷载，包括结构自重、土压力、预应力等。

(2) 可变荷载　可变荷载 (Variable Load) 是指在结构使用期间，其值随时间变化，且其变化与平均值相比不可以忽略不计的荷载，包括楼面活荷载、屋面活荷载和积灰荷载、吊车荷载、风荷载、雪荷载、温度作用等。

(3) 偶然荷载　偶然荷载 (Accidental Load) 是指在结构设计使用年限内不一定出现，而一旦出现其量值很大，且持续时间很短的荷载，包括爆炸力、撞击力等。

2. 荷载代表值

荷载代表值 (Representative Values of a Load) 是指设计中用以验算极限状态所采用的荷载量值，如标准值、组合值、频遇值和准永久值。

(1) 标准值 (Characteristic Value/Nominal Value)　荷载标准值是荷载的基本代表值，为设计基准期内最大荷载统计分布的特征值（如均值、众值、中值或某个分位值）。荷载的标准值应按《荷载规范》采用。

(2) 组合值 (Combination Value)　可变荷载的组合值是指使组合后的荷载效应在设计基准期内的超越概率，能与该荷载单独出现时的相应概率趋于一致的荷载值；或使组合后的结构具有统一规定的可靠指标的荷载值。可变荷载的组合值应为可变荷载的标准值乘以荷载组合值系数。建筑结构设计应根据使用过程中在结构上可能同时出现的荷载，按承载能力极限状态和正常使用极限状态分别进行荷载组合，并应取各自的最不利的组合进行设计。

（3）频遇值（Frequent Value） 可变荷载的频遇值是指在设计基准期内，其超越的总时间为规定的较小比率或超越频率为规定频率的荷载值。可变荷载的频遇值应为可变荷载标准值乘以频遇值系数。

（4）准永久值（Quasi-permanent Value） 可变作用的准永久值是指在设计基准期内，其被超越的总时间约为设计基准期一半的荷载值。可变荷载准永久值应为可变荷载标准值乘以准永久值系数。

3. 荷载代表值的选用

建筑结构设计时，应按下列规定对不同荷载采用不同的代表值：

1）对永久荷载应采用标准值作为代表值。

2）对可变荷载应根据设计要求采用标准值、组合值、频遇值或准永久值作为代表值。

3）对偶然荷载应按建筑结构使用的特点确定其代表值。

承载能力极限状态按基本组合设计或正常使用极限状态按标准组合设计时，对可变荷载应按规定的荷载组合采用荷载的组合值或标准值作为其荷载代表值。

正常使用极限状态按频遇组合设计时，应采用可变荷载的频遇值或准永久值作为其荷载代表值；按准永久组合设计时，应采用可变荷载的准永久值作为其荷载代表值。

4. 荷载设计值

荷载设计值（Design Value of a Load）是荷载代表值与荷载分项系数的乘积。

2.1.3 作用效应与荷载效应

无论是直接作用还是间接作用，都会使结构产生作用效应（如应力、内力、变形、裂缝等）。

作用效应（Effect of Action）是指由作用引起的结构或结构构件的反应。

荷载效应（Load Effect）是指由荷载引起结构或结构构件的反应，如内力、变形和裂缝等。

2.1.4 作用及荷载组合

作用组合（Combination of Actions）是指在不同作用的同时影响下，为验证某一极限状态的结构可靠度而采用的一组作用设计值。

荷载组合（Load Combination）是指按极限状态设计时，为保证结构的可靠性而对同时出现的各种荷载设计值的规定。

工程结构设计时，对不同的设计状况，应采用相应的作用组合。

1. 设计状况

工程结构设计时有下列设计状况：

1）持久设计状况，适用于结构使用时的正常情况。

2）短暂设计状况，适用于结构出现的临时情况，包括结构施工和维修时的情况等。

3）偶然设计状况，适用于结构出现的异常情况，包括结构遭受火灾、爆炸、撞击时的情况等。

4）地震设计状况，适用于结构遭受地震时的情况，在抗震设防地区必须考虑地震设计状况。

2. 承载能力极限状态的作用组合

1）基本组合（Fundamental Combination）。基本组合适用于持久设计状况或短暂设计状况，是永久荷载和可变荷载的组合。

2）偶然组合（Accidental Combination）。偶然组合适用于偶然设计状况；是永久荷载、可变荷载和一个偶然荷载的组合，以及偶然事件发生后受损结构整体稳固性验算时采用永久荷载与可变荷载的组合。

3）地震组合（Seismic Combination）。地震组合适用于地震设计状况。

3. 正常使用极限状态的作用组合

1）标准组合（Characteristic/Nominal Combination）。标准组合宜用于不可逆正常使用极限状态设计，是采用标准值或组合值为荷载代表值的组合。

2）频遇组合（Frequent Combination）。频遇组合宜用于可逆正常使用极限状态设计，是对可变荷载采用频遇值或准永久值为荷载代表值的组合。

3）准永久组合（Quasi-permanent Combination）。准永久组合宜用于长期效应是决定性因素的正常使用极限状态设计，是对可变荷载采用准永久值为荷载代表值的组合。

2.2　竖向荷载

2.2.1　永久荷载与结构自重

永久荷载应包括结构构件、围护构件、面层及装饰、固定设备、长期储物的自重，土压力、水压力，以及其他需要按永久荷载考虑的荷载。

结构自重是结构自身的重力，自重标准值可按构件的设计尺寸与材料单位体积的自重计算确定。

附加于结构上的各种永久荷载包括自承重墙的自重、围护构件、玻璃幕墙及其附件重、各种面层及外饰面的材料重、楼面的找平层重、吊在楼面下的各种设备管道重等。

固定隔墙的自重可按永久荷载考虑，位置可灵活布置的隔墙自重应按可变荷载考虑。

常用材料和构件单位体积的自重可按《荷载规范》附录 A 取值。

2.2.2　楼面和屋面活荷载

1. 楼面活荷载

高层建筑结构的楼面活荷载应按《荷载规范》的规定取值。民用建筑楼面均布活荷载标准值及其组合值系数、频遇值系数和准永久值系数见表 2-1。

表 2-1　民用建筑楼面均布活荷载标准值及其组合值系数、频遇值系数和准永久值系数

项次	类别	标准值 /(kN/m²)	频遇值系数 ψ_c	组合值系数 ψ_f	准永久值系数 ψ_q
1	（1）住宅、宿舍、旅馆、办公楼、医院病房、托儿所、幼儿园	2.0	0.7	0.5	0.4
	（2）试验室、阅览室、会议室、医院门诊室	2.0	0.7	0.6	0.5
2	教室、食堂、餐厅、一般资料档案室	2.5	0.7	0.6	0.5
3	（1）礼堂、剧场、影院、有固定座位的看台	3.0	0.7	0.5	0.3
	（2）公共洗衣房	3.0	0.7	0.6	0.5
4	（1）商店、展览厅、车站、港口、机场大厅及其旅客等候室	3.5	0.7	0.6	0.5
	（2）无固定座位的看台	3.5	0.7	0.5	0.3
5	（1）健身房、演出舞台	4.0	0.7	0.6	0.5
	（2）运动场、舞厅	4.0	0.7	0.6	0.3
6	（1）书库、档案库、贮藏室	5.0	0.9	0.9	0.8
	（2）密集柜书库	12.0	0.9	0.9	0.8

（续）

项次	类别			标准值 /(kN/m²)	频遇值系数 ψ_c	组合值系数 ψ_f	准永久值系数 ψ_q
7	通风机房、电梯机房			7.0	0.9	0.9	0.8
8	汽车通道及客车停车库	（1）单向板楼盖（板跨不小于2m）和双向板楼盖（板跨不小于3m×3m）	客车	4.0	0.7	0.7	0.6
			消防车	35.0	0.7	0.5	0.0
		（2）双向板楼盖（板跨不小于6m×6m）和无梁楼盖（柱网不小于6m×6m）	客车	2.5	0.7	0.7	0.6
			消防车	20.0	0.7	0.5	0.0
9	厨房	（1）餐厅		4.0	0.7	0.7	0.7
		（2）其他		2.0	0.7	0.6	0.5
10	浴室、卫生间、盥洗室			2.5	0.7	0.6	0.5
11	走廊、门厅	（1）宿舍、旅馆、医院病房、托儿所、幼儿园、住宅		2.0	0.7	0.5	0.4
		（2）办公楼、餐厅、医院门诊部		2.5	0.7	0.6	0.5
		（3）教学楼及其他可能出现人员密集的情况		3.5	0.7	0.5	0.3
12	楼梯	（1）多层住宅		2.0	0.7	0.5	0.4
		（2）其他		3.5	0.7	0.5	0.3
13	阳台	（1）可能出现人员密集的情况		3.5	0.7	0.6	0.5
		（2）其他		2.5	0.7	0.6	0.5

2. 活荷载的折减系数

由于活荷载在较大面积上达到峰值的概率很小，因此对从属负荷面积较大的楼面梁以及计算层以上层数较多的墙、柱、基础，对活荷载应乘以相应的折减系数。设计楼面梁、墙、柱及基础时，表 2-1 中楼面活荷载标准值的折减系数取值不应小于下列规定：

（1）设计楼面梁时

1）第 1（1）项当楼面梁从属面积超过 25m² 时，应取 0.9。

2）第 1（2）~7 项当楼面梁从属面积超过 50m²时，应取 0.9。

3）第 8 项对单向板楼盖的次梁和槽形板的纵肋应取 0.8，对单向板楼盖的主梁应取 0.6，对双向板楼盖的梁应取 0.8。

4）第 9~13 项应采用与所属房屋类别相同的折减系数。

（2）设计墙、柱和基础时

1）第 1（1）项应按表 2-2 规定采用。

2）第 1（2）~7 项应采用与其楼面梁相同的折减系数。

3）第 8 项的客车，对单向板楼盖应取 0.5，对双向板楼盖和无梁楼应取 0.8。

4）第 9~13 项应采用与所属房屋类别相同的折减系数。

表 2-2　活荷载按楼层的折减系数

墙、柱、基础计算截面以上的层数	1	2~3	4~5	6~8	9~20	>20
计算截面以上各楼层活荷载总和的折减系数	1.00（0.90）	0.85	0.7	0.65	0.6	0.55

注：当楼面梁从属面积超过 25m² 时，采用括号中的系数。

(3) 高层建筑设计时的活荷载折减　在高层钢筋混凝土建筑中，由于自重占了重力荷载的绝大部分，如我国一般高层建筑重力荷载为12~16kN/m²，其中活荷载通常为2.0 ~3.0kN/m²，只占13%~25%，即使将活荷载折减50%也不过将重力荷载代表值降至88%~92%。因此在实际工程设计中，活荷载不折减的实际影响不大。

3. 屋面活荷载

高层建筑结构水平投影面上的屋面均布活荷载的标准值及其组合值系数、频遇值系数和准永久值系数见表2-3。

表2-3　屋面均布活荷载标准值及其组合值系数、频遇值系数和准永久值系数

项次	类别	标准值/(kN/m²)	频遇值系数 ψ_c	组合值系数 ψ_f	准永久值系数 ψ_q
1	不上人屋面	0.5	0.7	0.5	0.0
2	上人屋面	2.0	0.7	0.5	0.4
3	屋顶花园	3.0	0.7	0.6	0.5
4	屋顶运动场	3.0	0.7	0.6	0.4

注：1. 不上人的屋面，当施工或维修荷载较大时，应按实际情况采用；对不同类型的结构应按有关设计规范的规定采用，但不得低于0.3kN/m²。
2. 当上人的屋面兼作其他用途时，应按相应楼面活荷载采用。
3. 对于因屋面排水不畅、堵塞等引起的积水荷载，应采取构造措施加以防止；必要时，应按积水的可能深度确定屋面活荷载。
4. 屋顶花园活荷载不应包括花圃土石等材料自量。

2.3　风荷载

风是大范围内的空气流动所形成的，风遇到建筑物时，建筑物的迎风面会受到压力，在建筑物的背风面、屋面和侧面角等部位，空气会形成一定涡流而产生吸力。这种在建筑物上的压力或吸力即风荷载。风荷载在建筑物表面的分布往往是不均匀的，它受建筑物所在地区（地点）的风向、风速，建筑物的体型、高度，建筑物所在地的地貌以及周围既有建筑的影响。

2.3.1　垂直于建筑表面的风荷载标准

计算高层建筑主体结构时，风荷载作用面积应取垂直于风向的最大投影面积，垂直于建筑物表面的单位面积风荷载标准值应按下式计算：

$$w_k = \beta_z \mu_z \mu_s w_0 \tag{2-1a}$$

式中　w_k——风荷载标准值（kN/m²）；
w_0——基本风压（kN/m²）；
μ_z——风压高度变化系数；
μ_s——风荷载体型系数；
β_z——高度 z 处的风振系数。

计算围护结构时，风荷载标准值应按下式计算：

$$w_k = \beta_{gz} \mu_z \mu_{s1} w_0 \tag{2-1b}$$

式中　μ_{s1}——局部风荷载体型系数；
β_{gz}——高度 z 处的阵风系数。

2.3.2　基本风压 w_0

当风以一定的速度向前运动受到阻碍时，对阻塞物平面所产生的垂直压力就是风压，可按照

贝努利公式计算：

$$w_0=\frac{1}{2}\rho v_0^2=\frac{v_0^2}{1600} \tag{2-2}$$

式中 ρ——空气密度（kg/m³），$\rho=1.25\text{kg/m}^3$；

v_0——基本风速（m/s）。

基本风压 w_0 理论上是按照当地的基本风速 v_0 由式（2-2）计算确定的。基本风速是根据规定的地貌、时距、高度和规定的方法等因素确定的，我国取当地空旷平坦地面（B 类粗糙度）上 10m 高度处、重现期为 50 年的 10min 平均最大风速。设计计算时，一般建筑的基本风压 w_0 按照《荷载规范》中附录 E 给出的 50 年重现期的风压值采用，但不得小于 0.3kN/m²。

对风荷载比较敏感的高层建筑，由于计算风荷载的各种因素和方法还不十分确定，承载力设计时应按照 50 年重现期基本风压的 1.1 倍采用。对于此类结构物中的围护结构，其重要性与主体结构相比要低些，可仍取 50 年重现期的基本风压。

对风荷载是否敏感，主要与高层建筑的自振特性有关，目前尚无实用的划分标准。一般情况下，房屋高度大于 60m 的高层建筑可以看作是对风荷载比较敏感的高层建筑；对于房屋高度不超过 60m 的高层建筑，其基本风压是否提高，可由设计人员根据实际情况确定。

2.3.3 风压高度变化系数 μ_z

风压与高度有关，也与地貌及周围环境有关。我国《荷载规范》把地面粗糙度分为 A、B、C 和 D 四类。A 类是指近海海面和海岛、海岸、湖岸及沙漠地区，B 类是指田野、乡村、丛林、丘陵以及房屋比较稀疏的乡镇，C 类是指有密集建筑群的城市市区，D 类是指有密集建筑群且房屋较高的城市市区。图 2-1 所示是国外学者根据观测绘出的以 100 为标称的不同地貌平均风速沿高度的变化规律，也称为风剖面，是风的重要特性。

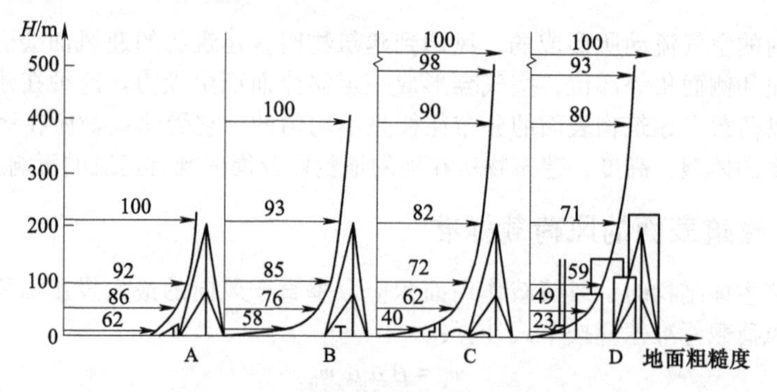

图 2-1　不同粗糙度影响下的风剖面

当气压场随高度不变时，风速随高度增大的变化规律，主要取决于地面粗糙度和温度垂直梯度。由图 2-1 可以看出，由于地表摩擦的结果，接近地表的风速沿着距离地表高度的减小而降低。通常认为在离地面高度为 300~550m 时，风速不再受地面粗糙度的影响，而是在气压梯度的作用下自由振动，即达到所谓“梯度风速”，出现这种速度的高度称为梯度风高度 H_G。

各种地貌的梯度风高度以上，地貌对风速已无影响，各处风速均相同，均为梯度风速。梯度风高度以下近地面层称为摩擦层，风速受地貌影响。地面粗糙度等级低的地区，其梯度风高度比等级高的地区越低。地面粗糙度 A、B、C、D 对应的梯度风高度分别取 300m、350m、450m 和 550m。

实测表明，在地表摩擦层内，风速沿高度呈指数变化，任意高度 z 处的风速为

$$v_z = v_s\left(\frac{z}{z_s}\right)^{\alpha} \tag{2-3}$$

式中　α——地面粗糙度指数，对 A、B、C、D 四类地貌分别取 0.12、0.15、0.22 和 0.30；

z_s——风压高度变化系数的截断高度，针对 A、B、C、D 四类地貌，风压高度变化系数的截断高度分别取 5m、10m、15m 和 30m；

v_s——各类地貌截断高度处的风速。

将式（2-3）代入式（2-2），可得到第 i 类地貌任意高度 z 处的风压值：

$$w_{zi} = \frac{v_z^2}{1600} = \frac{v_{si}^2}{1600}\left(\frac{z}{z_{si}}\right)^{2\alpha_i} = w_{si}\left(\frac{z}{z_{si}}\right)^{2\alpha_i} \tag{2-4}$$

式中　α_i——第 i 类地貌的地面粗糙度指数；

z_{si}——第 i 类地貌的截断高度；

v_{si}——第 i 类地貌截断高度处的风速；

w_{si}——第 i 类地貌截断高度处的风压。

由于梯度风高度以上风速处处相等，因此由式（2-3）可以得到

$$v_{zi} = v_{si}\left(\frac{H_{Gi}}{z_{si}}\right)^{\alpha_i} = v_0\left(\frac{H_{G0}}{z_{s0}}\right)^{\alpha_0} \tag{2-5}$$

式中　v_{zi}、H_{Gi}、z_{si}、α_i——第 i 类地貌的基本风速、梯度风高度、截断高度及地面粗糙度指数；

v_0、H_{G0}、z_{s0}、α_0——当地 B 类地貌的基本风速、梯度风高度、截断高度及地面粗糙度系数。

由式（2-5）得到

$$v_{si} = v_0\left(\frac{H_{G0}}{z_{s0}}\right)^{\alpha_0}\left(\frac{z_{si}}{H_{Gi}}\right)^{\alpha_i} \tag{2-6}$$

式（2-6）的 v_{si} 代入式（2-4）得到任意地貌、任意高度处的风压为

$$w_{zi} = \frac{v_0^2}{1600}\left(\frac{z}{z_{si}}\right)^{2\alpha_i}\left(\frac{H_{G0}}{z_{s0}}\right)^{2\alpha_0}\left(\frac{z_{si}}{H_{Gi}}\right)^{2\alpha_i} = w_0\left(\frac{z}{z_{si}}\right)^{2\alpha_i}\left(\frac{H_{G0}}{z_{s0}}\right)^{2\alpha_0}\left(\frac{z_{si}}{H_{Gi}}\right)^{2\alpha_i} = \mu_z w_0 \tag{2-7}$$

式中　μ_z——风压高度变化系数，由式（2-7）整理得到

$$\mu_z = \left(\frac{z}{z_{si}}\right)^{2\alpha_i}\left(\frac{z_{si}}{H_{Gi}}\right)^{2\alpha_i}\left(\frac{H_{G0}}{z_{s0}}\right)^{2\alpha_0} = c\left(\frac{z}{z_{s0}}\right)^{2\alpha_i} \tag{2-8}$$

式中　c——各种地貌的基本风压与 B 类地貌基本风压 w_0 的换算系数，$c=\left(\frac{z_{si}}{H_{Gi}}\right)^{2\alpha_i}\left(\frac{H_{G0}}{z_{s0}}\right)^{2\alpha_0}$，对 A、B、C、D 四类地貌可以算出为 1.284、1、0.544、0.262。

根据式（2-8），即可得出各类地貌时的风压高度变化系数如下：

$$\begin{cases} \mu_z^{A} = 1.284\left(\dfrac{z}{10}\right)^{0.24} \\ \mu_z^{B} = 1.000\left(\dfrac{z}{10}\right)^{0.30} \\ \mu_z^{C} = 0.544\left(\dfrac{z}{10}\right)^{0.44} \\ \mu_z^{D} = 0.262\left(\dfrac{z}{10}\right)^{0.60} \end{cases} \tag{2-9}$$

针对 A、B、C、D 四类地貌，风压高度变化系数不得低于截断高度处的值，故风压高度变化系数取值不小于截断高度分别取 5m、10m、15m 和 30m 时的数值 0.109、1.00、0.65、0.51。

风压高度变化系数可以按式（2-9）计算，也可根据地面粗糙度类别按表 2-4 确定，其分布特点如图 2-2 所示。可以从表 2-4、图 2-2 看到，梯度风速以上时，风压高度变化系数均为 2.91。

表 2-4 风压高度变化系数 μ_z

离地面或海平面高度/m	地面粗糙度类别			
	A	B	C	D
5	1.09	1.00	0.65	0.51
10	1.28	1.00	0.65	0.51
15	1.42	1.13	0.65	0.51
20	1.52	1.23	0.74	0.51
30	1.67	1.39	0.88	0.51
40	1.79	1.52	1.00	0.60
50	1.89	1.62	1.10	0.69
60	1.97	1.71	1.20	0.77
70	2.05	1.79	1.28	0.84
80	2.12	1.87	1.36	0.91
90	2.18	1.93	1.43	0.98
100	2.23	2.00	1.50	1.04
150	2.46	2.25	1.79	1.33
200	2.64	2.46	2.03	1.58
250	2.78	2.63	2.24	1.81
300	2.91	2.77	2.43	2.02
350	2.91	2.91	2.60	2.22
400	2.91	2.91	2.76	2.40
450	2.91	2.91	2.91	2.58
500	2.91	2.91	2.91	2.74
≥550	2.91	2.91	2.91	2.91

注：对于山区的建筑物，风压高度变化系数按该表查出后还应乘以《荷载规范》规定的修正系数。

2.3.4 风荷载体型系数 μ_s

风荷载体型系数是指风作用在建筑物表面上所引起的实际压力（或吸力）与来流风的速度压的比值，“+”表示压力，“-”表示吸力。它描述的是建筑物表面在稳定风压作用下静态压力的分布规律，主要与建筑物的体型和尺度有关，也与周围环境和地面粗糙度有关，一般由试验确定。鉴于真型实测的方法对结构设计的不现实性，目前是采用相似原理，在边界层风洞内对拟建的建筑物模型进行测试。

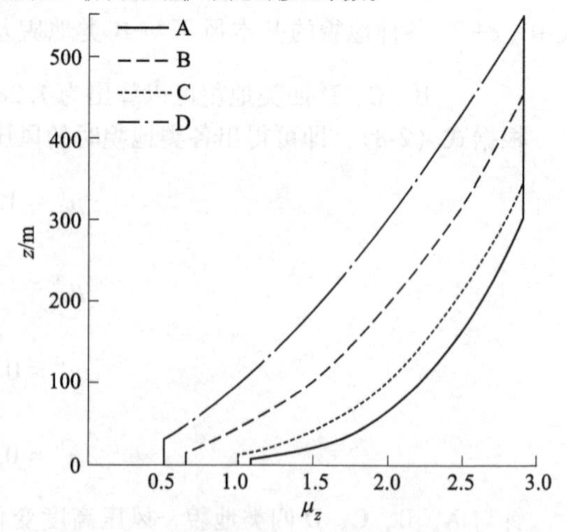

图 2-2 现行规范的风压高度变化系数

1. 主体结构的风荷载体型系数

图 2-3 所示是风流经建筑物时对建筑物作用的实测结果，从中可以大致得出如下规律：整个迎风面上均受压力，其值中部最大，向两侧逐渐减小。整个背风面上均受吸力，两侧大，中部略小，

其平均值约为迎风面风压平均值的75%。沿高度方向风压受体型影响的变化很小，在整个建筑物高度的1/2~2/3处稍大，风压分布近似于矩形。整个侧面，在正面风力作用下，全部受吸力，约为迎风面风压的80%。

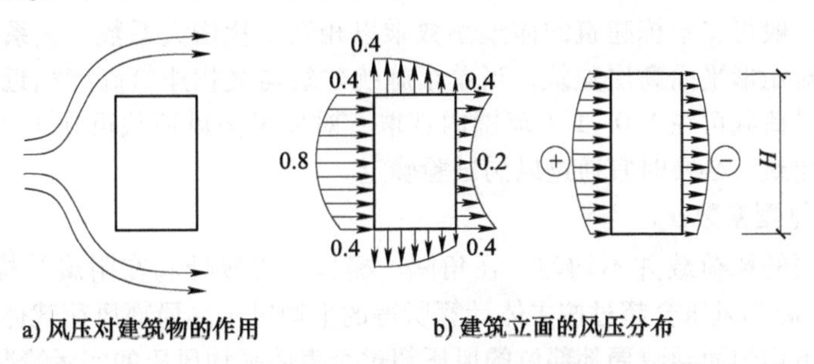

图2-3　风压分布特点

根据国内外的试验资料和国外规范中的建议性规定，《荷载规范》给出了不同类型的建筑物和各类结构的风荷载体型系数，以供设计时查用。高层建筑有关的风荷载体型系数如图2-4a所示，对高度超过45m的矩形截面高层建筑，考虑深宽比 D/B 对背风面风荷载体型系数的影响，可参考图2-4b。

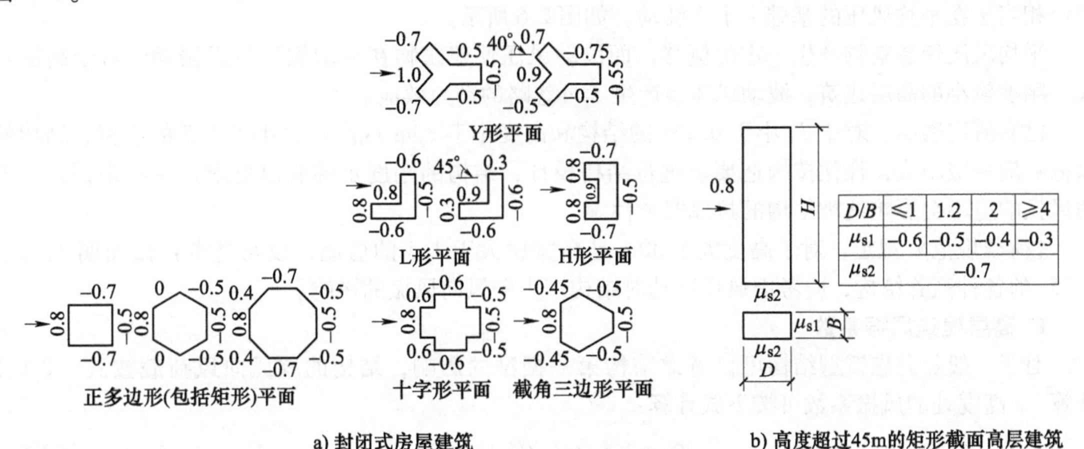

D/B	≤1	1.2	2	≥4
μ_{s1}	−0.6	−0.5	−0.4	−0.3
μ_{s2}	−0.7			

图2-4　风荷载体型系数的有关规定

为了便于高层建筑结构设计应用，《高规》对《荷载规范》的“风荷载体型系数”进行了简化和整理，并规定高层建筑在计算主体结构的风荷载效应时，风荷载体型系数 μ_s 可按下列规定采用：

1）圆形平面建筑取0.8。

2）正多边形及截角三角形平面建筑，由下式计算：

$$\mu_s = 0.8 + \frac{1.2}{\sqrt{n}} \tag{2-10}$$

式中　n——多边形的边数。

3）高宽比 H/B 不大于4的矩形、方形、十字形平面建筑取1.3。

4）下列建筑取1.4：V形、Y形、弧形、双十字形、井字形平面建筑；L形、槽形和高宽比 H/B 大于4的十字形平面建筑；高宽比 H/B 大于4，长宽比 L/B 不大于1.5的矩形、鼓形平面建筑。

5）在需要更细致进行风荷载计算的场合，风荷载体型系数可按《高规》附录B采用

（图 2-5）或由风洞试验确定。图 2-5 与图 2-4 可相互补充、参照并从严查用。

对建筑群，尤其是高层建筑群，当房屋相互间距较近时，由于旋涡的相互干扰，房屋某些部位的局部风压会显著增大。设计时，当多栋或群集的高层建筑相互间距较近时，宜考虑风力相互干扰的群体效应。一般可将单栋建筑的体型系数乘以相互干扰增大系数，该系数可参考类似条件的试验资料确定；对矩形平面高层建筑，当单个施扰建筑与受扰建筑高度相近时，根据施扰建筑的位置，对顺风向风荷载可在 1.0~1.1 范围内选取，对横风向风荷载可在 1.0~1.2 范围内选取；对比较重要的高层建筑，必要时宜通过风洞试验确定。

2. 局部风荷载体型系数 μ_{sl}

作用在建筑表面的风荷载并不均匀。在角隅、檐口、边棱处和在附属结构的部位（如阳台、雨篷等外挑构件），局部风压会超过按主体计算所得的平均风压。局部风荷载体型系数就是考虑建筑物表面风压分布不均匀而导致局部部位的风压超过全表面平均风压的实际情况做出的调整。

计算围护构件及其连接的风荷载时，对檐口、雨篷、遮阳板、边棱处的装饰条等突出构件，计算局部上浮风荷载时，局部风荷载体型系数不小于−2。

2.3.5 顺风向的风振系数 β_z

风对建筑结构的作用是不规则的，通常把风压的平均值看成稳定风压，即平均风压，而实际风压相当于在平均风压的基础上上下波动，如图 2-6 所示。

平均风压使建筑物产生一定的侧移，而波动风压使建筑物在平均侧移附近振动。对于高度较大、刚度较小的高层建筑，波动风压会产生不可忽略的动力效应。

已有研究表明，对于 T_1 小于 0.25s 的结构和高度小于 30m 或高宽比小于 1.5 的房屋，结构的风振响应一般不大，往往按构造要求进行结构设计，结构的刚度足够满足要求，一般来说，不考虑风振响应不会影响这类结构的抗风安全性。

《荷载规范》规定，对于高度大于 30m 且高宽比大于 1.5 的房屋，以及基本自振周期 T_1 大于 0.25s 的各种高耸结构，应考虑风压脉动对结构产生顺风向风振的影响。

1. 高层建筑风振系数

对于一般竖向悬臂型结构可仅考虑结构第一振型的影响，结构的顺风向风荷载按式（2-1a）计算。z 高度处的风振系数可按下式计算：

$$\beta_z = 1 + 2gI_{10}B_z\sqrt{1 + R^2} \tag{2-11}$$

式中 g——峰值因子，可取 2.5；

I_{10}——10m 高度名义湍流强度，对应 A、B、C 和 D 类地面粗糙度，可分别取 0.12、0.14、0.23 和 0.39；

R——脉动风荷载的共振分量因子；

B_z——脉动风荷载的背景分量因子。

（1）脉动风荷载的共振分量因子 R　脉动风荷载的共振分量因子可按下列公式计算：

$$R = \sqrt{\frac{\pi}{6\zeta_1}\frac{x_1^2}{(1 + x_1^2)^{4/3}}} \tag{2-12}$$

$$x_1 = \frac{30f_1}{\sqrt{k_w w_0}}, x_1 > 5 \tag{2-13}$$

式中 f_1——结构第 1 阶自振频率（Hz）；

k_w——地面粗糙度修正系数，对 A、B、C 和 D 类地面粗糙度分别取 1.28、1.0、0.54 和 0.26；

ζ_1——结构阻尼比，对钢筋混凝土结构可取 0.05。

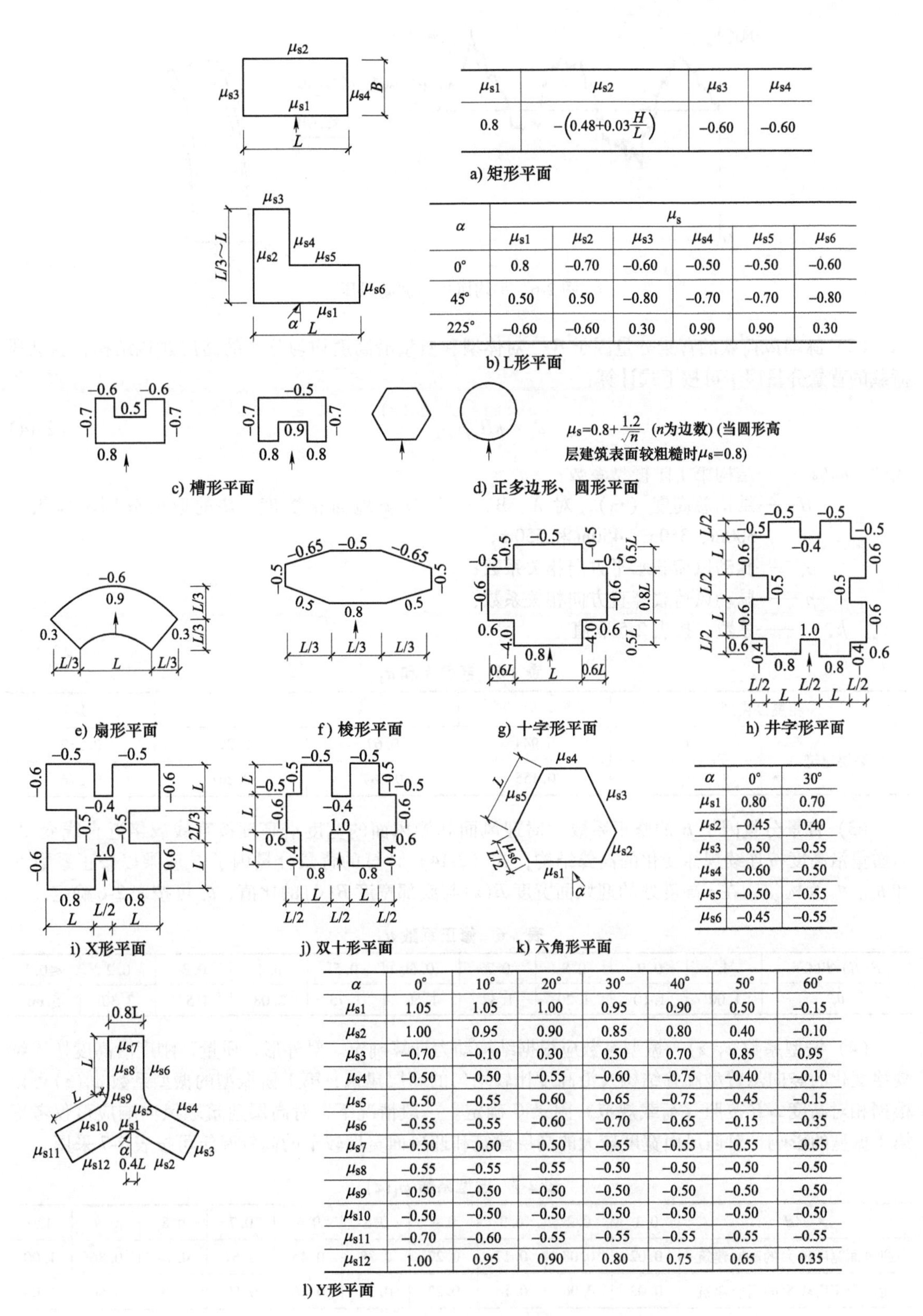

a) 矩形平面

μ_{s1}	μ_{s2}	μ_{s3}	μ_{s4}
0.8	$-\left(0.48+0.03\frac{H}{L}\right)$	−0.60	−0.60

b) L形平面

α	μ_s					
	μ_{s1}	μ_{s2}	μ_{s3}	μ_{s4}	μ_{s5}	μ_{s6}
0°	0.8	−0.70	−0.60	−0.50	−0.50	−0.60
45°	0.50	0.50	−0.80	−0.70	−0.70	−0.80
225°	−0.60	−0.60	0.30	0.90	0.90	0.30

k) 六角形平面

α	0°	30°
μ_{s1}	0.80	0.70
μ_{s2}	−0.45	0.40
μ_{s3}	−0.50	−0.55
μ_{s4}	−0.60	−0.50
μ_{s5}	−0.50	−0.55
μ_{s6}	−0.45	−0.55

l) Y形平面

α	0°	10°	20°	30°	40°	50°	60°
μ_{s1}	1.05	1.05	1.00	0.95	0.90	0.50	−0.15
μ_{s2}	1.00	0.95	0.90	0.85	0.80	0.40	−0.10
μ_{s3}	−0.70	−0.10	0.30	0.50	0.70	0.85	0.95
μ_{s4}	−0.50	−0.50	−0.55	−0.60	−0.75	−0.40	−0.10
μ_{s5}	−0.50	−0.55	−0.60	−0.65	−0.75	−0.45	−0.15
μ_{s6}	−0.55	−0.55	−0.60	−0.70	−0.65	−0.15	−0.35
μ_{s7}	−0.50	−0.50	−0.50	−0.55	−0.55	−0.55	−0.55
μ_{s8}	−0.55	−0.55	−0.55	−0.50	−0.50	−0.50	−0.50
μ_{s9}	−0.50	−0.50	−0.50	−0.50	−0.50	−0.50	−0.50
μ_{s10}	−0.50	−0.50	−0.50	−0.50	−0.50	−0.50	−0.50
μ_{s11}	−0.70	−0.60	−0.55	−0.55	−0.55	−0.55	−0.55
μ_{s12}	1.00	0.95	0.90	0.80	0.75	0.65	0.35

图 2-5　《高规》附录 B 中高层建筑风荷载体型系数μ_s

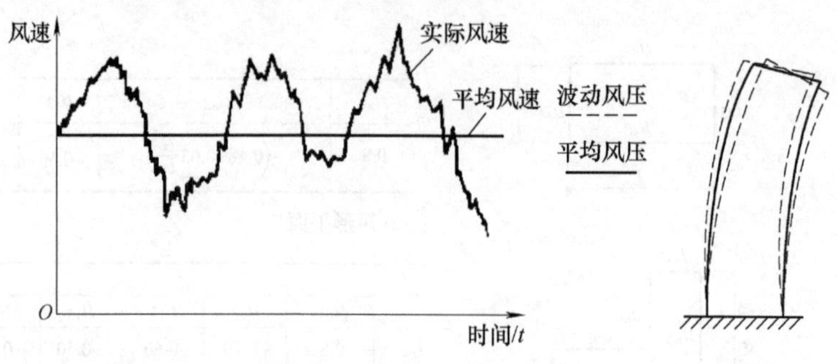

图 2-6　平均风压与波动风压

（2）脉动风荷载的背景分量因子 B_z　对体型和质量沿高度均匀分布的高层建筑结构，脉动风荷载的背景分量因子可按下式计算：

$$B_z = kH^{a_1}\rho_x\rho_z\frac{\varphi_1(z)}{\mu_z} \tag{2-14}$$

式中　$\varphi_1(z)$——结构第 1 阶振型系数；

H——结构总高度（m），对 A、B、C 和 D 类地面粗糙度，H 的取值分别不应大于 300m、350m、450m 和 550m；

ρ_x——脉动风荷载水平方向相关系数；

ρ_z——脉动风荷载竖直方向相关系数；

k、a_1——系数，按表 2-5 取值。

表 2-5　系数 k 和 a_1

粗糙度类别		A	B	C	D
高层建筑	k	0.944	0.67	0.295	0.112
	a_1	0.155	0.187	0.261	0.346

（3）背景分量因子 B_z的修正系数　对迎风面和侧风面的宽度沿高度按直线或接近直线变化，而质量沿高度按连续规律变化的高耸结构，式（2-14）计算的背景分量因子 B_z应乘以修正系数 θ_B 和 θ_v。θ_B 为构筑物在 z 高度处的迎风面宽度 $B(z)$与底部宽度 $B(0)$的比值；θ_v 可按表 2-6 确定。

表 2-6　修正系数 θ_v

$B(H)/B(0)$	1	0.9	0.8	0.7	0.6	0.5	0.4	0.3	0.2	≤0.1
θ_v	1.00	1.10	1.20	1.32	1.50	1.75	2.08	2.53	3.30	5.60

（4）振型系数 $\varphi_1(z)$　振型系数应根据结构动力计算确定。对外形、质量、刚度沿高度按连续规律变化的竖向悬臂型高耸结构及沿高度比较均匀的高层建筑，第 1 阶振型的振型系数 $\varphi_1(z)$可以根据相对高度 z/H 按照《荷载规范》附录 G 确定。一般情况下，对高层建筑顺风向响应可仅考虑第 1 振型的影响，对迎风面宽度较大的高层建筑和迎风面宽度较窄的高耸建筑可按表 2-7 采用。

表 2-7　振型系数 $\varphi_1(z)$

z/H	0.1	0.2	0.3	0.4	0.5	0.6	0.7	0.8	0.9	1.0
迎风面宽度较大的高层建筑	0.02	0.08	0.17	0.27	0.38	0.45	0.67	0.74	0.86	1.00
迎风面宽度较窄的高层建筑	0.02	0.06	0.14	0.23	0.34	0.46	0.59	0.79	0.86	1.00

为了简化计算，计算风荷载时，也可按照近似公式计算 $\varphi_1(z)$。对高耸建筑可按照弯曲型变形特点计算，见式（2-15）；对弯剪型高层建筑即当剪力墙和框架均起主要作用时，可按式（2-16）

近似计算采用。

$$\varphi_1(z)=\frac{6z^2H^2-4z^3H+z^4}{3H^4} \tag{2-15}$$

$$\varphi_1(z)=\tan\left[\frac{\pi}{4}\left(\frac{z}{H}\right)^{0.7}\right] \tag{2-16}$$

（5）脉动风荷载的空间相关系数

1）竖直方向相关系数可按照下式确定：

$$\rho_z=\frac{10\sqrt{H+60e^{-H/60}-60}}{H} \tag{2-17}$$

式中　H——结构总高度（m），对 A、B、C 和 D 类地面粗糙度，H 的取值分别不应大于 300m、350m、450m 和 550m。

2）水平方向相关系数可按下式计算：

$$\rho_x=\frac{10\sqrt{B+50e^{-B/50}-50}}{B} \tag{2-18}$$

式中　B——结构迎风面宽度（m），$B\leqslant 2H$。

3）对迎风面宽度较小的高耸结构，水平方向相关系数可取 $\rho_x=1$。

2. JGJ 3—2002 版的高层建筑的风振系数 β_z

对于一般悬臂型结构，如框架，以及高度大于 30m 且高宽比大于 1.5 并可以忽略扭转的高柔房屋，可以仅考虑第 1 振型的影响。当外形和质量沿高度无变化的等截面建筑结构，只考虑第 1 振型时，可以得到高度 z 处的风振系数 β_z：

$$\beta_z=1+\frac{\varphi_z\xi\nu}{\mu_z} \tag{2-19}$$

式中　φ_z——振型系数；取值同前 $\varphi_1(z)$；

ξ——脉动增大系数或风振动力系数，见表 2-8；

ν——脉动影响系数，对外形、质量沿高度均匀的情况可按表 2-9 采用；

μ_z——风压高度变化系数，按表 2-4 或式（2-9）采用。

表 2-8　脉动增大系数 ξ

$w_0T_1^2$(kN·s²/m²)	地面粗糙度类别			
	A 类	B 类	C 类	D 类
0.06	1.21	1.19	1.17	1.14
0.08	1.23	1.21	1.18	1.15
0.10	1.25	1.23	1.19	1.16
0.20	1.30	1.28	1.24	1.19
0.40	1.37	1.34	1.29	1.24
0.60	1.42	1.38	1.33	1.28
0.80	1.45	1.42	1.36	1.30
1.00	1.48	1.44	1.38	1.32
2.00	1.58	1.54	1.46	1.39
4.00	1.70	1.65	1.57	1.47
6.00	1.78	1.72	1.63	1.53

（续）

$w_0T_1^2$(kN·s²/m²)	地面粗糙度类别			
	A类	B类	C类	D类
8.00	1.83	1.77	1.68	1.57
10.00	1.87	1.82	1.73	1.61
20.00	2.04	1.96	1.85	1.73
30.00	—	2.06	1.94	1.81

注：w_0为基本风压，T_1为结构基本自振周期。

表 2-9　高层建筑的脉动影响系数 ν

H/B	粗糙度类别	房屋总高度 H/m							
		≤30	50	100	150	200	250	300	350
≤0.5	A	0.44	0.42	0.33	0.27	0.24	0.21	0.19	0.17
	B	0.42	0.41	0.33	0.28	0.25	0.22	0.20	0.18
	C	0.40	0.40	0.34	0.29	0.27	0.23	0.22	0.20
	D	0.36	0.37	0.34	0.30	0.27	0.25	0.27	0.22
1.0	A	0.48	0.47	0.41	0.35	0.31	0.27	0.26	0.24
	B	0.46	0.46	0.42	0.36	0.36	0.29	0.27	0.26
	C	0.43	0.44	0.42	0.37	0.34	0.31	0.9	0.28
	D	0.39	0.42	0.42	0.38	0.36	0.33	0.32	0.31
2.0	A	0.50	0.51	0.46	0.42	0.38	0.35	0.33	0.31
	B	0.48	0.50	0.47	0.42	0.40	0.36	0.35	0.33
	C	0.45	0.49	0.48	0.44	0.42	0.38	0.38	0.36
	D	0.41	0.46	0.48	0.46	0.44	0.42	0.42	0.39
3.0	A	0.53	0.51	0.49	0.45	0.42	0.38	0.38	0.36
	B	0.51	0.50	0.49	0.45	0.43	0.40	0.40	0.38
	C	0.48	0.49	0.49	0.48	0.46	0.43	0.43	0.41
	D	0.43	0.46	0.49	0.49	0.48	0.46	0.46	0.45
5.0	A	0.52	0.53	0.51	0.49	0.46	0.44	0.42	0.39
	B	0.50	0.53	0.52	0.50	0.48	0.45	0.44	0.42
	C	0.47	0.50	0.52	0.52	0.50	0.48	0.47	0.45
	D	0.43	0.48	0.52	0.53	0.53	0.52	0.51	0.50
8.0	A	0.53	0.54	0.53	0.51	0.48	0.46	0.43	0.42
	B	0.51	0.53	0.54	0.52	0.50	0.49	0.46	0.44
	C	0.48	0.51	0.54	0.53	0.52	0.52	0.50	0.48
	D	0.43	0.48	0.54	0.53	0.55	0.55	0.54	0.53

对于B类地面，ξ可根据$w_0T_1^2$按照下式近似计算：

$$\xi = \sqrt{1 + \frac{\pi}{6\zeta}\frac{x^2}{(1+x^2)^{4/3}}} \tag{2-20}$$

式中　ξ——结构阻尼比，对混凝土结构取0.05，对钢结构取0.01，对有墙体材料填充的钢结构取0.02。

$$x \approx \frac{30}{\sqrt{T_1^2 w_0}} \tag{2-21}$$

对于A、C、D类地面粗糙度，与式（2-21）对应的是$c_i w_0 T_1^2$。其中c_i是各类地面基本风压与B类地面基本风压转换系数，对于A、C、D类地面粗糙度，c_i分别取1.284、0.544、0.262。

3. 阵风系数β_{gz}

计算围护结构（包括门窗）风荷载时的阵风系数应按表2-10选取。

表2-10　高层建筑的阵风系数β_{gz}

离地面高度/m	地面粗糙度类别				离地面高度/m	地面粗糙度类别			
	A	B	C	D		A	B	C	D
5	1.65	1.70	2.05	2.40	100	1.46	1.50	1.69	1.98
10	1.60	1.70	2.05	2.40	150	1.43	1.47	1.63	1.87
15	1.57	1.66	2.05	2.40	200	1.42	1.45	1.59	1.79
20	1.55	1.63	1.99	2.40	250	1.41	1.43	1.57	1.74
30	1.53	1.59	1.90	2.40	300	1.40	1.42	1.54	1.70
40	1.51	1.57	1.85	2.29	350	1.40	1.41	1.53	1.67
50	1.49	1.55	1.81	2.20	400	1.40	1.41	1.51	1.64
60	1.48	1.54	1.78	2.14	450	1.40	1.41	1.50	1.62
70	1.48	1.52	1.75	2.09	500	1.40	1.41	1.50	1.60
80	1.47	1.51	1.73	2.04	550	1.40	1.41	1.50	1.59

2.3.6　总风荷载

在建筑结构设计时，应分别计算风荷载对建筑物主体结构的总体效应及局部效应。总体效应是指作用在建筑物上的全部风荷载使建筑结构产生的内力及位移。局部效应是指风荷载使建筑物某个局部产生的内力及位移。

计算总体效应时要用建筑物承受的总风荷载，它是建筑物各个表面承受风力的合力，是沿建筑物高度变化的线荷载。通常要按两个互相垂直的水平方向分别计算总风荷载。z高度处的水平总风荷载标准值q_z可按下式计算：

$$q_z = \beta_z \mu_z \sum_{i=1}^{n} \mu_{si} B_i \cos\alpha_i w_0 \tag{2-22}$$

式中　n——建筑物外围表面总数（每一个平面作为一个表面积）；

B_i——建筑第i个表面的宽度；

μ_{si}——第i个表面的风荷载体型系数；

α_i——第i个表面法线与风作用方向的夹角。

由式（2-22）可知，当建筑物某个表面与风作用方向垂直时，有$\alpha_i = 0°$，即$\cos\alpha_i = 1$，这个表面的风压全部计入总风荷载；当建筑物某个表面与风作用方向平行时，有$\alpha_i = 90°$，即$\cos\alpha_i = 0$，这个表面的风压不计入该方向的总风荷载；其他情况都应计入该表面上风压在风作用方向的分力。要注意区别风压力和风吸力，以便做矢量相加。各表面风荷载的合力作用点即为总风荷载的作用点。其作用位置按静力矩平衡条件确定。

2.4　地震作用

地震作用（Earthquake Action）是由地震动引起的结构动态作用。这种由于地震地面运动引起的建筑的动态作用，包括地震加速度、速度和动位移的作用属于间接作用，不可称为荷载，应称地震作用。

地震释放的能量以地震波的形式从震源向四周扩散，地震波到达地面后引起地面运动，使原来静止的建筑物受到动力作用，这种动力作用通过房屋基础影响上部结构，使整个结构产生振动，而振动产生的惯性力即地震作用。振动可分为水平振动和竖向振动，其相应的惯性力即为水平地震作用和竖向地震作用。

2.4.1 地震作用的特点

地震作用与地面运动的特性、地震持续时间、场地土的性质及震中距、房屋本身的动力特性有很大关系。

1. 地面运动的特性

地面运动最重要的特性是振幅、频谱和持续时间。当地面运动的振幅较大时，如果持续时间很短，对建筑结构的影响可能不大。有时地面运动的振幅并不太大，但其特征周期与结构的自振周期一致或接近时，由于共振作用会使震害更加严重。在1976年唐山地震中，塘沽地区（烈度8度强）的7~10层框架结构破坏非常严重，许多建筑甚至一塌到底；相反，3~5层的混合结构住宅却损坏轻微。这是由于塘沽是海滨，场地土的自振周期为0.8~1.0s，7~10层框架的自振周期为0.6~1.0s，二者周期基本一致；而低层砖混住宅的自振周期在0.3s以下，远离了场地土的自振周期，因而破坏较为轻微。同样，1985年9月墨西哥城地震中，由于墨西哥城表土冲积层很厚，地震波的主要周期为2s，与10~15层的建筑物的自振周期相比，比较接近，因而这一类建筑物破坏非常严重。

地面运动的频谱特性可用地震影响系数曲线表征，依据场地类别和设计地震分组确定。

2. 地震持续时间

与风荷载作用的时间（常为几十分钟至几个小时）相比，地震作用的时间是非常短促的，一次地震往往只经历几十秒，其中最强烈的振动可能只有几秒。地震持续时间越长，破坏越严重。1985年9月墨西哥城地震最大加速度达0.2g（g为重力加速度），持续时间长达3min之久，因而造成了严重的损失；发生于2008年5月12日的汶川8级地震持续时间约为2min，造成巨大人员伤亡。

3. 场地土的性质及震中距

观测表明，不同性质的场地土对地震波中各种频率成分的吸收和过滤效果不同。地震波在传播过程中，高频成分易被吸收，在软土中更是如此。因此在震中附近或在岩石等坚硬土壤中，地震波中短周期成分丰富，特征周期可能在0.1~0.3s；而在距震中很远的地方，或者冲积土层很厚、土壤又较软时，由于短周期成分被吸收而导致长周期成分为主，特征周期可能在1.5~2s。后一情况对具有较长周期的高层建筑结构十分不利。

4. 房屋本身的动力特性

房屋本身的动力特性是指建筑的自振周期、振型与阻尼，它们与建筑的质量和刚度有关。通常质量大、刚度大、周期短的房屋在地震作用下的惯性力较大；刚度小、周期长的房屋位移较大。特别是当地震波的特征周期与结构自振周期相近时，会使结构的地震反应（位移、速度与加速度）加剧。

2.4.2 地震影响

建筑所在地区遭受的地震影响，应采用相应于抗震设防烈度的设计基本地震加速度和特征周期表征。

1. 设计基本地震加速度

设计基本地震加速度值是50年设计基准期超越概率为10%的地震加速度的设计取值。抗震设

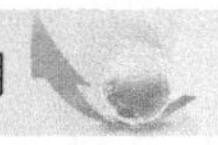

防烈度和设计基本地震加速度值的对应关系见表2-11。设计基本地震加速度为0.15g和0.30g地区内的建筑，应分别按抗震设防烈度7度和8度的要求进行抗震设计。

表2-11　抗震设防烈度和设计基本地震加速度值的对应关系

抗震设防烈度	6度	7度	8度	9度
设计基本地震加速度	0.05g	0.10g(0.15g)	0.20g(0.30g)	0.40g

注：g为重力加速度。

2. 特征周期

特征周期即设计所用的地震影响系数的特征周期（T_g），它是地震影响系数曲线下降段起点对应的周期，简称特征周期。特征周期（T_g）应根据场地类别和设计地震分组按表2-12采用。计算罕遇地震作用时，特征周期应增加0.05s。

表2-12　特征周期T_g值　（单位：s）

设计地震分组	场地类别				
	Ⅰ$_0$	Ⅰ$_1$	Ⅱ	Ⅲ	Ⅳ
第一组	0.20	0.25	0.35	0.45	0.65
第二组	0.25	0.30	0.40	0.55	0.75
第三组	0.30	0.35	0.45	0.65	0.90

3. 设计地震分组

地震经验表明，在宏观烈度相似的情况下，处在大震级、远震中距下的柔性建筑，其震害要比中、小震级近震中距的情况重得多；理论分析也发现，震中距不同时反应谱频谱特性并不相同。抗震设计时，对同样场地条件、同样烈度的地震，按震源机制、震级大小和震中距远近区别对待是必要的。

为更好体现震级和震中距的影响，建筑工程的设计地震分为三组。设计地震分组与《中国地震动参数区划图》（GB 18306—2015）附录B区划图B.1一致。区划图B.1中0.35s的区域作为设计地震第一组；区划图B.1中0.40s的区域作为设计地震第二组；区划图B.1中0.45s的区域作为设计地震第三组。设计地震分组中的第一组、第二组、第三组分别反映了近、中、远震的不同影响。

4. 场地类别

场地是指建筑群建设所在地，范围一般不小于1km^2。不同场地上的建筑震害有很大差异。场地的坚硬程度和覆盖层厚度是震害大小的主要影响因素，土质越软、覆盖层越厚，震害越大。

场地的软硬一般用剪切波速确定，剪切波是传播方向与介质质点的振动方向垂直的波，又称横波。建筑场地覆盖层厚度在一般情况下，应按地面至剪切波速大于500m/s且其下卧各层岩土的剪切波速均不小于500m/s的土层顶面的距离确定。当地面5m以下存在剪切波速大于其上部各土层剪切波速2.5倍的土层，且该层及其下卧各层岩土的剪切波速均不小于400m/s时，可按地面至该土层顶面的距离确定。《抗规》根据土层等效剪切波速和场地覆盖层厚度将场地类别划分为四类，见表2-13。

表2-13　各类建筑场地的覆盖层厚度（m）与场地类别

岩石的剪切波速或土的等效剪切波速/(m/s)	土的类型	场地类别				
		Ⅰ$_0$	Ⅰ$_1$	Ⅱ	Ⅲ	Ⅳ
v_s>800	岩石	0				
800≥v_s>500	坚硬土或软质岩石		0			

（续）

岩石的剪切波速或土的等效剪切波速/(m/s)	土的类型	场地类别				
		Ⅰ$_0$	Ⅰ$_1$	Ⅱ	Ⅲ	Ⅳ
$500 \geqslant v_{se} > 250$	中硬土		<5	≥5		
$250 \geqslant v_{se} > 150$	中软土		<3	3~50	>50	
$v_{se} \leqslant 150$	软弱土		<3	3~15	15~80	>80

注：v_s 为岩石的剪切波速，v_{se}为土的等效剪切波速。

2.4.3 地震影响系数

1. 地震影响系数的实质

按照牛顿定理，建筑所受地震作用等于建筑质量与地震加速度的乘积，进而可以换算为重力荷载与地震影响系数的乘积：

$$F_E = ma = \frac{a}{g}G = \alpha G \tag{2-23}$$

式中 m、G——建筑的质量与重力荷载；

a、g——地震动峰值加速度与重力加速度；

α——地震影响系数；

F_E——地震作用。

因此，地震影响系数可以看作是地震加速度与重力加速度之比，也就是以重力加速度为单位的地震动峰值加速度。

2. 地震影响系数最大值

建筑结构的地震影响系数应根据烈度、场地类别、设计地震分组和结构自振周期及阻尼比确定。其水平地震影响系数最大值 α_{max} 按表 2-14 采用。

表 2-14 水平地震影响系数最大值 α_{max}

地震影响	6 度	7 度	8 度	9 度
多遇地震	0.04	0.08（0.12）	0.16（0.24）	0.32
设防地震	0.12	0.23（0.34）	0.45（0.68）	0.90
罕遇地震	0.28	0.50（0.72）	0.90（1.20）	1.40

注：括号中数值分别用于设计基本地震加速度为 0.15g 和 0.30g 的地区。

3. 地震影响系数曲线

弹性反应谱理论仍是现阶段抗震设计的最基本理论。地震反应谱是给定的地震加速度作用时间内，单质点体系弹性位移最大反应随质点自振周期变化的曲线。设计反应谱用来预估建筑结构在其设计基准期内可能经受的地震作用，通常根据大量实际地震记录的反应谱进行统计并结合工程经验判断加以确定。我国规范所采用的设计反应谱以地震影响系数曲线的形式给出，它反映了场地类别、建筑自振周期和阻尼比等诸多因素与地震影响系数的关系，如图 2-7 所示。同样烈度、同样场地条件的反应谱形状，随着震源机制、震级大小、震中距远近等的变化，有较大的差别，影响因素很多。地震影响系数曲线主要通过设计烈度和设计地震分组的特征周期 T_g来反映这些影响因素。

（1）建筑结构阻尼比 $\zeta = 0.05$　除有专门规定外，高层钢筋混凝土建筑结构的阻尼比 ζ 应取 0.05，地震影响系数曲线的阻尼调整系数 η_2 应按 1.0 采用；此时地震影响系数曲线有如下特点：

1）在结构自振周期 $T \leqslant 0.1$s 的区段，α 为直线上升，$T = 0.1$s 时 $\alpha = \alpha_{max}$。

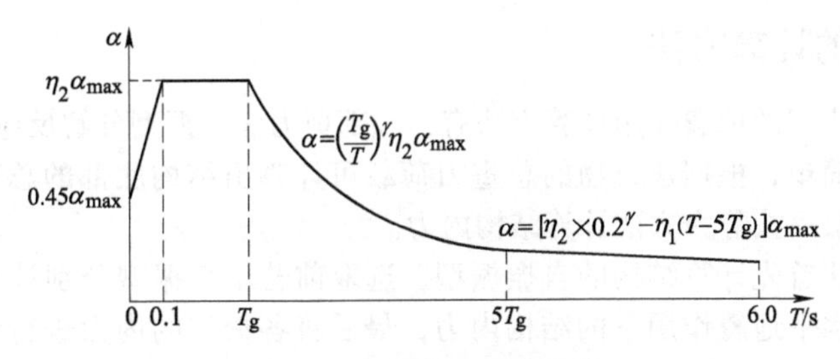

图 2-7　地震影响系数曲线

α—地震影响系数　α_{max}—地震影响系数最大值　η_1—直线下降段的下降斜率调整系数

γ—衰减指数　η_2—阻尼调整系数　T_g—特征周期　T—结构自振周期

2）0.1s ≤T≤T_g 的区段，α 为水平段，地震影响系数为 $\alpha=\alpha_{max}$。

3）$T_g<T\leqslant5T_g$ 的区段，α 为设计反应谱的曲线下降段，衰减指数 γ 应取 0.9，地震影响系数 α 为

$$\alpha=\left(\frac{T_g}{T}\right)^{0.9}\alpha_{max} \tag{2-24a}$$

4）$5T_g<T\leqslant6.0$s 的区段，α 为直线下降段，下降斜率调整系数 η_1 应取 0.02，地震影响系数 α 为

$$\alpha=[0.2^{0.9}-0.02(T-5T_g)]\alpha_{max} \tag{2-24b}$$

5）$T>6.0$s 的结构，地震影响系数仍专门研究。

（2）建筑结构阻尼比 $\zeta\neq0.05$　当建筑结构的阻尼比按有关规定不等于 0.05 时，地震影响系数曲线的阻尼调整系数 η_2 和形状参数应符合下列规定：

1）曲线下降段的衰减指数应按下式确定：

$$\gamma=0.9+\frac{0.05-\zeta}{0.3+6\zeta} \tag{2-25}$$

式中　γ——曲线下降段的衰减指数；

　　　ζ——阻尼比。

2）直线下降段的下降斜率调整系数应按下式确定：

$$\eta_1=0.02+\frac{0.05-\zeta}{4+32\zeta} \tag{2-26}$$

式中　η_1——直线下降段的下降斜率调整系数，小于 0 时取 0。

3）阻尼调整系数 η_2 应按下式确定：

$$\eta_2=1+\frac{0.05-\zeta}{0.08+1.6\zeta} \tag{2-27}$$

式中　η_2——阻尼调整系数，当小于 0.55 时，应取 0.55。

此时地震影响系数曲线有如下特点：

1）$T\leqslant0.1$s 的区段，α 为直线上升，$T=0.1$s 时 $\alpha=\eta_2\alpha_{max}$。

2）0.1s ≤T≤T_g 的区段，α 为水平段，地震影响系数取 $\alpha=\eta_2\alpha_{max}$。

3）$T_g<T\leqslant5T_g$ 的区段，地震影响系数 α 为

$$\alpha=\left(\frac{T_g}{T}\right)^{\gamma}\eta_2\alpha_{max} \tag{2-28a}$$

4）$5T_g<T\leqslant6$s 的区段，地震影响系数 α 为

$$\alpha=[\eta_2\times0.2^{\gamma}-\eta_1(T-5T_g)]\alpha_{max} \tag{2-28b}$$

2.4.4 地震作用的计算方法

目前，在设计中应用的地震作用计算方法有：底部剪力法、振型分解反应谱法和时程分析法。

底部剪力法最为简单，根据建筑物的总重力荷载可计算出结构底部的总剪力，然后按一定的规律分配到各楼层，最后按静力方法计算结构内力。

振型分解反应谱法首先计算结构的自振振型，选取前若干个振型分别计算各振型的水平地震作用，再计算各振型水平地震作用下的结构内力，最后将各振型的内力进行组合，得到地震作用下的结构内力。

时程分析法又称直接动力法，将高层建筑结构作为一个多质点的振动体系，输入已知的地震波，用结构动力学的方法分析地震全过程中每一时刻结构的振动状况，从而了解地震过程中结构的反应（加速度、速度、位移和内力）。

高层建筑结构应根据不同情况，分别采用下列地震作用计算方法：

1）高层建筑结构宜采用振型分解反应谱法；对质量和刚度不对称、不均匀的结构以及高度超过 100m 的高层建筑结构应采用考虑扭转耦联振动影响的振型分解反应谱法。

2）高度不超过 40m、以剪切变形为主且质量和刚度沿高度分布比较均匀的高层建筑结构，可采用底部剪力法。

3）7~9 度抗震设防的高层建筑，下列情况应采用弹性时程分析法进行多遇地震下的补充计算：

① 甲类高层建筑结构。

② 表 2-15 所列的乙、丙类高层建筑结构。

③ 不满足竖向规则性规定（详见《高规》第 3.5.2~3.5.6 条）的高层建筑结构。

④ 复杂高层建筑结构。

表 2-15 采用弹性时程分析法的高层建筑结构

抗震设防烈度、场地类别	建筑高度范围
8 度Ⅰ、Ⅱ类场地和 7 度	>100m
8 度Ⅲ、Ⅳ类场地	>80m
9 度	>60m

不同的结构采用不同的分析方法在各国抗震规范中均有体现，底部剪力法和振型分解反应谱法仍是基本方法；时程分析法作为补充计算方法，对特别不规则（参照第 3 章的有关规定）、特别重要和较高的高层建筑才要求采用。所谓“补充”，主要指对计算的底部剪力、楼层剪力和层间位移进行比较，当时程分析法大于振型分解反应谱法时，相关部位的构件内力和配筋做相应的调整。

进行结构时程分析时，应符合下列要求：

1）应按建筑场地类别和设计地震分组选取实际地震记录和人工模拟的加速度时程曲线，其中实际地震记录的数量不应少于总数量的 2/3，多组时程曲线的平均地震影响系数曲线应与振型分解反应谱法所采用的地震影响系数曲线在统计意义上相符；弹性时程分析时，每条时程曲线计算所得结构底部剪力不应小于振型分解反应谱法计算结果的 65%，多条时程曲线计算所得结构底部剪力的平均值不应小于振型分解反应谱法计算结果的 80%。

2）地震波的持续时间不宜小于建筑结构基本自振周期的 5 倍和 15s，地震波的时间间距可取 0.01s 或 0.02s。

3）输入地震加速度的最大值可按表 2-16 采用。

4）当取三组时程曲线进行计算时，结构地震作用效应宜取时程分析法计算结果的包络值与振型分解反应谱法计算结果的较大值；当取七组及七组以上时程曲线进行计算时，结构地震作用效

应可取时程分析法计算结果的平均值与振型分解反应谱法计算结果的较大值。

表 2-16　时程分析时输入地震加速度的最大值　　（单位：cm/s^2）

抗震设防烈度	6 度	7 度	8 度	9 度
多遇地震	18	35(55)	70(110)	140
设防地震	50	100(150)	200(300)	400
罕遇地震	125	220(310)	400(510)	620

注：7 度、8 度时括号数值分别用于设计基本地震加速度为 0.15g 和 0.3g 的地区。

2.4.5　水平地震作用计算

我国《抗规》规定，抗震设防烈度为 6 度及以上地区的建筑，必须进行抗震设计。一般房屋的破坏是由水平地震作用引起的，只需考虑水平地震的作用。

1. 地震作用方向

高层建筑的地震作用方向及有关规定：

1）一般情况下，应至少在结构两个主轴方向分别计算水平地震作用。

2）有斜交抗侧力构件的结构，当相交角度大于 15°时，应分别计算各抗侧力构件方向的水平地震作用，即应考虑斜向地震作用。由于地震可能来自任意方向，对于有斜交抗侧力构件的结构应考虑各构件最不利方向的水平地震作用，一般与该构件平行的方向为最不利。

3）质量与刚度分布明显不对称的结构，应计算双向水平地震作用下的扭转影响；其他情况，应计算单向水平地震作用下的扭转影响。

不对称不均匀的结构是“不规则结构”的一种，是同一建筑单元同一平面内质量、刚度分布不对称，或虽在本层平面内对称，但沿高度分布不对称的结构。它具有明显的不规则性，需考虑扭转影响。扭转计算应同时考虑双向水平地震作用下的扭转影响。

2. 重力荷载代表值

按《建筑结构可靠度设计统一标准》（GB 50068—2018）的原则规定，地震发生时恒荷载与其他重力荷载可能的遇合结果总称为抗震设计的重力荷载代表值 G_E，即永久荷载标准值与有关可变荷载组合值之和。计算地震作用时，建筑的重力荷载代表值应取结构和构配件自重标准值和可变荷载组合值之和，可变荷载组合值系数应按表 2-17 规定采用。

表 2-17　可变荷载的组合值系数

可变荷载种类		组合值系数
雪荷载		0.5
屋面积灰荷载		0.5
屋面活荷载		不计入
按实际情况计算的楼面活荷载		1.0
按等效均布荷载计算的楼面活荷载	藏书库、档案库、库房	0.8
	其他民用建筑	0.5

3. 振型分解反应谱法

把建筑各层质量集中在楼盖处，n 层建筑就有 n 个质点。把结构简化为平面结构分析，在建筑的两个正交方向 x、y 分别计算，则每个方向均有 n 个振型，如图 2-8 所示。在计算规则结构时振型数可取 3，对较高以及竖向刚度分布不均匀的建筑可取 5~6 个振型。

1）采用振型分解反应谱法时，对于不进行扭转耦联计算的结构，应按下列规定计算其地震作

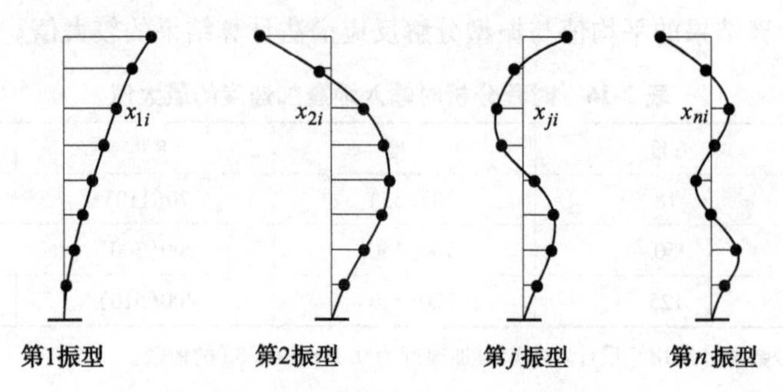

图 2-8　多自由度体系振型分解

用和作用效应：

① 结构第 j 振型 i 质点的水平地震作用标准值，应按下式确定：

$$F_{ji}=\alpha_j\gamma_j x_{ji}G_i \quad (i=1,2,\cdots,n;j=1,2,\cdots,m) \tag{2-29}$$

式中　F_{ji}——j 振型 i 质点的水平地震作用标准值；

α_j——相应于 j 振型自振周期的地震影响系数，按照图 2-7 取值；

x_{ji}——j 振型 i 质点的水平相对位移；

γ_j——j 振型的参与系数，按下式计算：

$$\gamma_j=\frac{\sum_{i=1}^{n}x_{ji}G_i}{\sum_{i=1}^{n}x_{ji}^2G_i} \tag{2-30}$$

G_i——i 质点的重力荷载代表值；

n——结构计算总层数；

m——结构计算振型数。

② 水平地震作用效应（弯矩、剪力、轴向力和变形），当相邻振型的周期比小于 0.85 时，可按下式确定：

$$S_{\text{Ek}}=\sqrt{\sum_{j=1}^{m}S_j^2} \tag{2-31}$$

式中　S_{Ek}——水平地震作用标准值的效应；

S_j——j 振型水平地震作用标准值的效应，可只取前 2~3 个振型；当基本自振周期大于 1.5s 或房屋高宽比大于 5 时，振型个数应适当增加。

2）规则结构不进行扭转耦联计算时，平行于地震作用方向的两个边榀各构件，其地震作用效应应乘以增大系数。一般情况下，短边可按 1.15 采用，长边可按 1.05 采用；当扭转刚度较小时，周边各构件宜按不小于 1.3 采用，角部构件宜同时乘以两个方向各自的增大系数。

3）建筑结构估计水平地震作用扭转影响时，应按下列规定计算其地震作用和作用效应：

按扭转耦联振型分解法计算时，各楼层可取两个正交的水平位移和一个转角共三个自由度，并应按下列公式计算结构的地震作用和作用效应。

① j 振型 i 层的水平地震作用标准值，应按下式确定：

$$\begin{cases}F_{xji}=\alpha_j\gamma_{tj}x_{ji}G_i\\F_{yji}=\alpha_j\gamma_{tj}y_{ji}G_i\quad(i=1,2,\cdots,n;j=1,2,\cdots,m)\\F_{tji}=\alpha_j\gamma_{tj}r_i^2\varphi_{ji}G_i\end{cases} \tag{2-32}$$

式中　F_{xji}、F_{yji}、F_{tji}——j 振型 i 层的 x 方向、y 方向和转角方向的地震作用标准值；

x_{ji}、y_{ji}——j 振型 i 层质心在 x、y 方向的水平相对位移；

φ_{ji}——j 振型 i 层的相对扭转角；

r_i——i 层转动半径，可取 i 层绕质心的转动惯量除以该层质量的商的正二次方根，可按下式计算：

$$r_i = \sqrt{\frac{I_i g}{G_i}} \tag{2-33}$$

I_i——i 层质量绕质心转动的转动惯量；

g——重力加速度；

γ_{tj}——计入扭转的 j 振型的参与系数，可按下列公式计算：

当仅取 x 方向地震作用时：

$$\gamma_{tj} = \sum_{i=1}^{n} x_{ji} G_i / \sum_{i=1}^{n} (x_{ji}^2 + y_{ji}^2 + \varphi_{ji}^2 r_i^2) G_i \tag{2-34a}$$

当仅取 y 方向地震作用时：

$$\gamma_{tj} = \sum_{i=1}^{n} y_{ji} G_i / \sum_{i=1}^{n} (x_{ji}^2 + y_{ji}^2 + \varphi_{ji}^2 r_i^2) G_i \tag{2-34b}$$

当取与 x 方向斜交的地震作用时：

$$\gamma_{tj} = \gamma_{xj}\cos\theta + \gamma_{yj}\sin\theta \tag{2-34c}$$

式中　γ_{xj}、γ_{yj}——由式（2-34a）、式（2-34b）求得的参与系数；

θ——地震作用方向与 x 方向的夹角。

② 单向水平地震作用的扭转耦联效应，可按下列公式确定：

$$S_{\mathrm{Ek}} = \sqrt{\sum_{j=1}^{m}\sum_{k=1}^{m} \rho_{jk} S_j S_k} \tag{2-35}$$

$$\rho_{jk} = \frac{8\sqrt{\zeta_j \zeta_k}(\zeta_j + \lambda_{\mathrm{T}}\zeta_k)\lambda_{\mathrm{T}}^{1.5}}{(1-\lambda_{\mathrm{T}}^2)^2 + 4\zeta_j\zeta_k(1+\lambda_{\mathrm{T}}^2)\lambda_{\mathrm{T}} + 4(\zeta_j^2+\zeta_k^2)\lambda_{\mathrm{T}}^2} \tag{2-36}$$

式中　S_{Ek}——地震作用标准值的扭转效应；

S_j、S_k——j、k 振型地震作用标准值的效应，可取前 9~15 个振型；

ζ_j、ζ_k——j、k 振型的阻尼比；

ρ_{jk}——j 振型与 k 振型的耦联系数；

λ_{T}——k 振型与 j 振型的自振周期比。

③ 双向水平地震作用的扭转耦联效应，可按下列公式中的较大值确定：

$$S_{\mathrm{Ek}} = \sqrt{S_x^2 + (0.85S_y)^2} \tag{2-37}$$

或

$$S_{\mathrm{Ek}} = \sqrt{S_y^2 + (0.85S_x)^2} \tag{2-38}$$

式中　S_x、S_y——x 方向、y 方向的单向水平地震作用时的扭转效应，按式（2-35）计算。

4. 底部剪力法

底部剪力方法是一种近似计算方法，因为计算简单，特别适合手算，是方案和初步设计阶段进行估算和近似计算的方法，在设计中广泛应用。适合用底部剪力法的结构的振动具有以下特点：

1）位移反应以基本振型为主。

2）基本振型的侧移曲线近似于直线（图 2-9a）。

因此，采用底部剪力法计算时，可仅考虑基本振型，且各个质点相对于原位置的侧移（即振幅）与质点的计算高度 H_i 成正比。底部剪力法的底部剪力相当于结构的总水平地震作用，而地震作用沿高度的分布可以由结构侧移的直线假定得到。

设质点 i 的振幅与计算高度 H_i 成正比，则质点 i 第 1 振型的振幅可写为 $x_{1i}=\eta H_i$。由振型分解反应谱法的式（2-29），针对第 1 振型有质点 i 的地震作用标准值为

$$F_{1ik} = \alpha_1\gamma_1 x_{1i} G_i = \alpha_1\gamma_1\eta H_i G_i \tag{2-39a}$$

其中，振型的参与系数 γ_1 为

$$\gamma_1 = \frac{\sum_{i=1}^{n} x_{1i} G_i}{\sum_{i=1}^{n} x_{1i}^2 G_i} = \frac{\sum_{i=1}^{n} \eta H_i G_i}{\sum_{i=1}^{n} (\eta H_i)^2 G_i} = \frac{\sum_{i=1}^{n} H_i G_i}{\eta \sum_{i=1}^{n} H_i^2 G_i} \quad (2\text{-}39\text{b})$$

将式（2-39b）代入式（2-39a）得

$$F_{1ik} = \alpha_1 \gamma_1 x_{1i} G_i = \alpha_1 H_i G_i \frac{\sum_{i=1}^{n} H_i G_i}{\sum_{i=1}^{n} H_i^2 G_i} \quad (2\text{-}39\text{c})$$

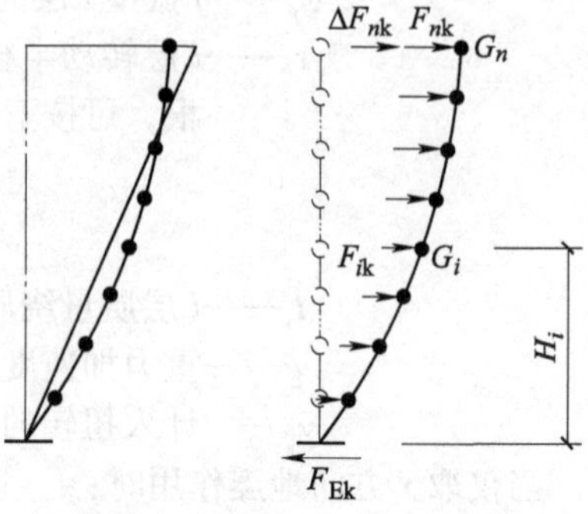

由平衡关系和式（2-39a）有

$$F_{Ek} = \sum_{i=1}^{n} F_{1ik} = \alpha_1 \gamma_1 \eta \sum_{i=1}^{n} H_i G_i \quad (2\text{-}39\text{d})$$

将式（2-39b）代入式（2-39d）得

a) 侧移　b) 计算模型

图 2-9　底部剪力法计算附图

$$F_{Ek} = \alpha_1 \frac{\left(\sum_{i=1}^{n} H_i G_i\right)^2}{\sum_{i=1}^{n} H_i^2 G_i} \quad (2\text{-}39\text{e})$$

由式（2-39c）和式（2-39e）得到质点 i 的地震作用与基底总地震作用的关系：

$$F_{1ik} = \frac{H_i G_i}{\sum_{i=1}^{n} H_i G_i} F_{Ek} \quad (2\text{-}39\text{f})$$

对于自振周期较大的多、高层钢筋混凝土房屋，仅考虑第 1 振型时在上部计算出的楼层地震作用比振型分解反应谱法偏小，故应予以修正。

《抗规》给出的楼层水平地震作用标准值应按下列公式确定：

$$F_{ik} = \frac{H_i G_i}{\sum_{i=1}^{n} H_i G_i} F_{Ek}(1 - \delta_n) \quad (i = 1, 2, \cdots, n) \quad (2\text{-}40)$$

式中　F_{ik}——质点 i 的水平地震作用标准值；

G_i——集中于质点 i 的重力荷载代表值；

H_i——质点 i 的计算高度；

F_{Ek}——结构总水平地震作用标准值，取

$$F_{Ek} = \alpha_1 G_{eq} \quad (2\text{-}41)$$

G_{eq}——结构等效总重力荷载，单质点应取总重力荷载代表值，多质点可取总重力荷载代表值的 85%，$G_{eq} = 0.85 \sum_{i=1}^{n} G_i$，即取等效质量系数为 0.85，它反映了多质点系底部剪力值与对应单质点系（质量等于多质点系总质量，周期等于多质点系基本周期）剪力值的差异；

α_1——相应于结构基本自振周期 T_1 的水平地震影响系数，多层砌体房屋、底部框架砌体房屋，宜取水平地震影响系数最大值；

δ_n——顶部附加地震作用系数，可按表 2-18 采用。表中 T_1 为结构基本自振周期。

主体结构顶部附加水平地震作用标准值 ΔF_{nk}，取

$$\Delta F_{nk} = \delta_n F_{Ek} \quad (2\text{-}42)$$

表 2-18　顶部附加地震作用系数

T_g/s	$T_1>1.4T_g$	$T_1\leqslant1.4T_g$
$T_g\leqslant0.35$	$0.08T_1+0.07$	0.0
$0.35<T_g\leqslant0.55$	$0.08T_1+0.01$	
$T_g>0.55$	$0.08T_1-0.02$	

5. 突出屋面小房间计算

屋顶上的小房间、小塔楼等由于刚度小且和主体结构刚度有较大的突变，故所受地震作用比计算的大得多。《抗规》规定，当采用底部剪力法计算地震作用时，突出屋面的屋顶间、女儿墙、烟囱等的地震作用效应，宜乘以增大系数3。《高规》规定小房间增大系数取β_n，查表2-19。采用底部剪力法计算时，屋顶小房间可以单独作为一个质点按照式（2-40）计算地震作用F_{n+1}，然后乘以增大系数。增大部分不应往下传递，仅用于小房间计算以及与该突出部分相连的构件计算。

表 2-19　突出屋面房屋的地震作用增大系数β_n

结构基本自振周期 T_1/s	G_n/G	K_n/K			
		0.001	0.010	0.050	0.100
0.25	0.01	2.0	1.6	1.5	1.5
	0.05	1.9	1.8	1.6	1.6
	0.10	1.9	1.8	1.6	1.5
0.50	0.01	2.6	1.9	1.7	1.7
	0.05	2.1	2.4	1.8	1.8
	0.10	2.2	2.4	2.0	1.8
0.75	0.01	3.6	2.3	2.2	2.2
	0.05	2.7	3.4	2.5	2.3
	0.10	2.2	3.3	2.5	2.3
1.00	0.01	4.8	2.9	2.7	2.7
	0.05	3.6	4.3	2.9	2.7
	0.10	2.4	4.1	3.2	3.0
1.50	0.01	6.6	3.9	3.5	3.5
	0.05	3.7	5.8	3.8	3.6
	0.10	2.4	5.6	4.2	3.7

表2-19中，K_n、G_n分别为突出屋面房屋的抗侧刚度和重力荷载代表值，K、G分别为主体结构层抗侧刚度和重力荷载代表值，可以取各层平均值。楼层抗侧刚度可用楼层剪力和楼层层间位移计算。

对于突出屋面小建筑的界定，一般可按其重力荷载小于标准层1/3控制。

6. 剪重比要求

由于地震影响系数在长周期段下降较快，由此计算所得的水平地震作用下的结构效应可能过小。而对于长周期结构，地震地面运动速度和位移可能对结构的破坏具有更大影响。出于结构安全的考虑，《高规》和《抗规》提出了对各楼层水平地震剪力最小值的要求，规定了不同抗震设防烈度下的楼层最小地震剪力系数，即剪重比。当不满足时，结构水平地震总剪力和各楼层的水平地震剪力均需要进行相应的调整或改变结构刚度使之达到规定的要求。具体要求如下：

$$V_{Eki}\geqslant\lambda\sum_{j=i}^{n}G_j \tag{2-43}$$

式中　V_{Eki}——第i层对应于水平地震作用标准值的剪力；

λ——水平地震剪力系数，不应小于表 2-20 规定的值，对于竖向不规则结构的薄弱层，尚应乘以 1.15 的增大系数；

G_j——第 j 层的重力荷载代表值；

n——结构计算总层数。

表 2-20　楼层最小地震剪力系数

类　别	6 度	7 度	8 度	9 度
扭转效应明显或基本周期小于 3.5s 的结构	0.008	0.016(0.024)	0.032(0.048)	0.064
基本周期大于 5s 的结构	0.006	0.012(0.018)	0.024(0.036)	0.048

注：1. 基本周期介于 3.5s 和 5s 之间的结构，按线性插入取值。
2. 7 度、8 度时括号内数值分别用于设计基本地震加速度为 0.15g 和 0.30g 的地区。

7. 水平地震作用分配

结构的楼层水平地震剪力，应按下列原则分配至各抗侧单元：

1）现浇和装配整体式混凝土楼、屋盖等刚性楼、屋盖建筑，宜按抗侧力构件等效刚度的比例分配。

2）木楼盖、木屋盖等柔性楼、屋盖建筑，宜按抗侧力构件从属面积上重力荷载代表值的比例分配。

3）普通的预制装配式混凝土楼、屋盖等半刚性楼、屋盖的建筑，可取上述两种分配结果的平均值。

4）计入空间作用、楼盖变形、墙体弹塑性变形和扭转的影响时，可按《抗规》各有关规定对上述分配结果做适当调整。

2.4.6　竖向地震作用

研究表明，对于较高的高层建筑，其竖向地震作用产生的轴力在结构上部是不可忽略的。根据地震的经验，9 度和 9 度以上时，跨度大于 18m 的屋架、1.5m 以上的悬挑阳台和走廊等震害严重甚至倒塌；8 度时，跨度大于 24m 的屋架、2m 以上的悬挑阳台和走廊等震害严重。

《高规》规定：

1）高层建筑中的大跨度、长悬臂结构，7 度（0.15g）、8 度抗震设计时应计入竖向地震作用。

2）9 度抗震设计的高层建筑应计算竖向地震作用。

为简化计算，将竖向地震作用取为重力荷载代表值的百分比，直接加在结构上进行内力分析。

9 度时的高层建筑结构总竖向地震作用标准值可按下列公式计算（图 2-10）：

$$F_{Evk} = \alpha_{vmax} G_{eq} \tag{2-44}$$

$$G_{eq} = 0.75 G_E \tag{2-45}$$

$$\alpha_{vmax} = 0.65 \alpha_{max} \tag{2-46}$$

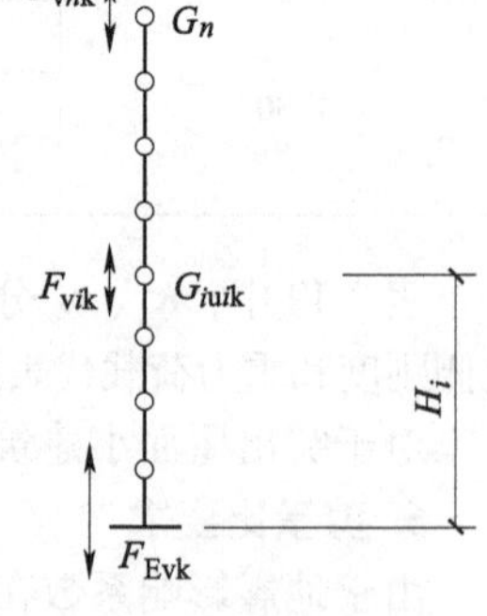

图 2-10　竖向地震作用标准值计算示意图

式中　F_{Evk}——结构总竖向地震作用标准值；

α_{vmax}——结构竖向地震影响系数最大值；

G_{eq}——结构等效总重力荷载代表值；

G_E——计算竖向地震作用时，结构总重力荷载代表值，应取各质点重力荷载代表值之和。

结构质点 i 的竖向地震作用标准值可按下式计算：

$$F_{vik}=\frac{G_iH_i}{\sum_{j=1}^{n}G_jH_j}F_{Evk} \tag{2-47}$$

式中　F_{vik}——质点 i 的竖向地震作用标准值；

G_i、G_j——集中于质点 i、j 的重力荷载代表值；

H_i、H_j——质点 i、j 的计算高度。

楼层各构件的竖向地震作用效应可按各构件承受的重力荷载代表值比例分配，并宜乘以增大系数1.5。

高层建筑中大跨度结构、悬挑结构、转换结构、连体结构的连接体的竖向地震作用标准值，不宜小于结构或构件承受的重力荷载代表值与表2-21所规定的竖向地震作用系数的乘积。

表2-21　竖向地震作用系数

抗震设防烈度	7度	8度		9度
设计基本地震加速度	0.15g	0.20g	0.30g	0.40g
竖向地震作用系数	0.08	0.10	0.15	0.20

2.5　结构自振周期

当采用底部剪力法计算多层或高层钢筋混凝土结构的水平地震作用时，首先要确定结构的基本自振周期。用振型分解反应谱法时，要知道前几阶的自振周期及振型。计算自振周期及振型的方法很多，但不外乎借助于理论计算和根据实测结果建立经验公式两种手段。所谓理论计算就是建立振动微分方程，解方程将其转化为频率方程（即特征方程），求出频率方程的 n 个根即可得到体系的 n 个自振频率 ω_1，ω_2，…，ω_n，对应的周期 $T_1=2\pi/\omega_1$，$T_2=2\pi/\omega_2$，…，$T_n=2\pi/\omega_n$就确定了。这种方法虽精度高，但计算工作量大，较为复杂，通常编程用计算机计算。理论计算自振周期在此不再赘述。下面介绍几种最常用的半经验半理论公式和经验公式。

2.5.1　顶点位移法计算自振周期

对于质量和刚度沿高度分布比较均匀的框架结构、框架-剪力墙结构和剪力墙结构，其基本自振周期可按下式计算：

$$T_1=1.7\psi_T\sqrt{u_T} \tag{2-48}$$

式中　T_1——结构基本自振周期（s）；

u_T——假想的结构顶点水平位移（m），即假想把集中在各楼层处的重力荷载代表值 G_i 作为该楼层水平荷载，按弹性刚度计算得到的结构顶点弹性水平位移；

ψ_T——考虑非承重墙刚度对结构自振周期影响的折减系数。

当非承重墙体为填充砖墙时，高层建筑结构的计算自振周期折减系数可按下列规定取值：框架结构可取0.6~0.7；框架-剪力墙结构可取0.7~0.8；剪力墙结构可取0.9~1.0；框架-核心筒结构可取0.8~0.9。对于其他结构体系或采用其他非承重墙体时，可根据工程情况确定周期折减系数。计算各振型地震影响系数所采用的结构自振周期应考虑非承重墙体的刚度影响予以折减。

2.5.2　计算自振周期的经验公式

钢筋混凝土高层建筑的基本自振周期可以按照以下经验公式计算：

1.《荷载规范》经验公式

钢筋混凝土结构的自振周期可以取

$$T_1=(0.05\sim0.1)n\quad(n\text{ 为层数}) \tag{2-49}$$

钢筋混凝土框架、框架-剪力墙结构：

$$T_1 = 0.25 + 0.53 \times 10^{-3} \frac{H^2}{\sqrt[3]{B}} \tag{2-50}$$

钢筋混凝土剪力墙结构：

$$T_1 = 0.03 + 0.03 \frac{H}{\sqrt[3]{B}} \tag{2-51}$$

2. 方鄂华、包世华提出的公式

1）高层钢筋混凝土剪力墙结构，高度为20~50m，剪力墙间距为3~6m的住宅、旅馆类建筑物：

横墙间距较密时：

$$T_{1横} = 0.054n \quad T_{1纵} = 0.04n \tag{2-52}$$

横墙间距较疏时：

$$T_{1横} = 0.06n \quad T_{1纵} = 0.05n \tag{2-53}$$

$$或\ T_1 = 0.04 + 0.038 \frac{H}{\sqrt[3]{B}} \tag{2-54}$$

式中 n——建筑物层数；
H——建筑物总高度；
B——建筑物总宽度。

2）钢筋混凝土框架、框架-剪力墙结构（高度低于50m）：

$$T_1 = 0.33 + 0.00069 \frac{H^2}{\sqrt[3]{B}} \tag{2-55}$$

$$或\ T_1 = (0.07 \sim 0.09)n$$

3. 赵西安提出的公式

框架：

$$T_1 = (0.08 \sim 0.10)n \tag{2-56}$$

框架-剪力墙和框架-筒体结构：

$$T_1 = (0.06 \sim 0.08)n \tag{2-57}$$

剪力墙和筒中筒结构：

$$T_1 = (0.04 \sim 0.05)n \tag{2-58}$$

高振型：

$$T_2 = \left(\frac{1}{5} \sim \frac{1}{3}\right) T_1 \tag{2-59}$$

$$T_3 = \left(\frac{1}{7} \sim \frac{1}{5}\right) T_2 \tag{2-60}$$

4. 分析比较

根据文献［7］提供的26组高层建筑周期实测值，对上述经验公式做一比较。图2-11所示为框架（F）、框架-剪力墙（F-S）、剪力墙（S）三种结构的实测周期 T_1 随层数 n 的变化。其中：

框架结构：$T_1=0.058n$ 与实测值拟合度较好。

框架-剪力墙：$T_1=0.055n$，但 $R^2=0.489$，拟合度不高。

剪力墙：$T_1=0.0475n$。

图2-12所示为基本自振周期实测值 T_1 与 $H^2/B^{1/3}$ 的关系以及和经验公式式（2-50）、式（2-55）的比较。可以看出式（2-55）较实测值偏高较多，不太适用；式（2-50）的 T_1 在建筑高度 H 大于50m后计算结果偏高，但低于式（2-55）的 T_1，对剪力墙不适用。T_1 实测值与 $H^2/B^{1/3}$ 的线性回归

关系式对框架和剪力墙分别如下，但从图 2-12 可以看出框架-剪力墙结构的 T_1 与 $H^2/B^{1/3}$ 的线性回归拟合程度很低。

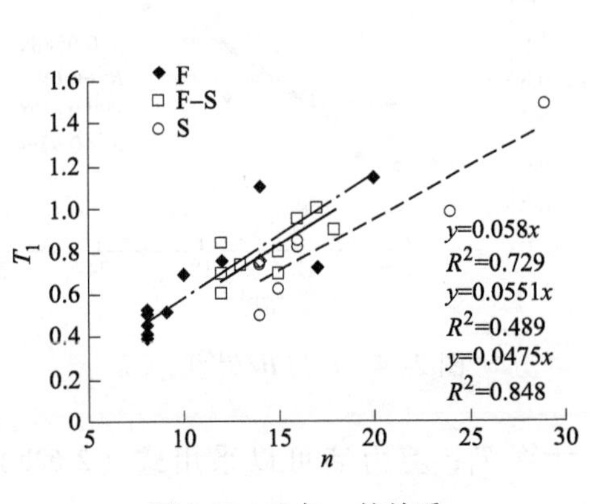

图 2-11　T_1 与 n 的关系

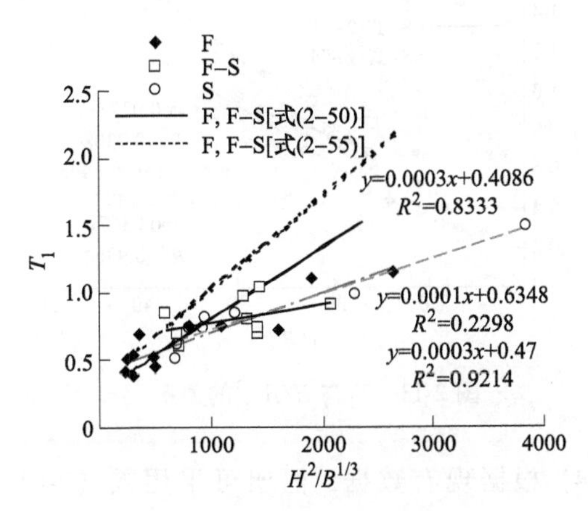

图 2-12　T_1 与 $H^2/B^{1/3}$ 的关系

框架：

$$T_1 = 0.409 + 0.0003\frac{H^2}{\sqrt[3]{B}} \tag{2-61a}$$

剪力墙：

$$T_1 = 0.47 + 0.0003\frac{H^2}{\sqrt[3]{B}} \tag{2-61b}$$

图 2-13 所示为 T_1 实测值与 $H/B^{1/3}$ 的关系以及和经验公式式（2-51）、式（2-54）的比较。可以看出，式（2-51）计算值低于（剪力墙的）实测值，式（2-54）计算结果则略高于（剪力墙的）实测值。对框架以及剪力墙可以提出如下拟合公式：

框架：

$$T_1 = 0.0373\frac{H}{\sqrt[3]{B}} \tag{2-62a}$$

剪力墙：

$$T_1 = 0.0367\frac{H}{\sqrt[3]{B}} \tag{2-62b}$$

图 2-14 所示为 T_1 实测值与 $H/B^{1/2}$ 的关系。对框架以及剪力墙可以提出如下拟合公式：

框架：

$$T_1 = 0.0588\frac{H}{\sqrt[2]{B}} \tag{2-63a}$$

剪力墙：

$$T_1 = 0.0575\frac{H}{\sqrt[2]{B}} \tag{2-63b}$$

从上述试验值比较可以看出：

1）框架与框架-剪力墙的实测周期比较接近。这是因为框架中填充墙的作用还是比较大的；现有的对框架周期的近似计算可能偏高。

2）剪力墙结构的周期明显低于框架和框架-剪力墙结构。

3）近似计算时用层数近似估算周期是可行的。

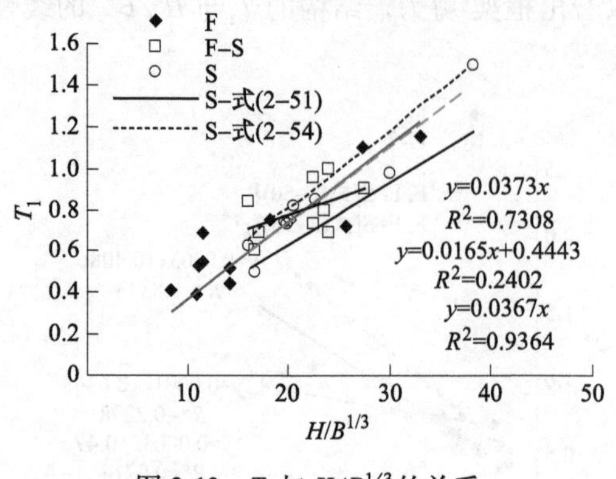

图 2-13　T_1与$H/B^{1/3}$的关系

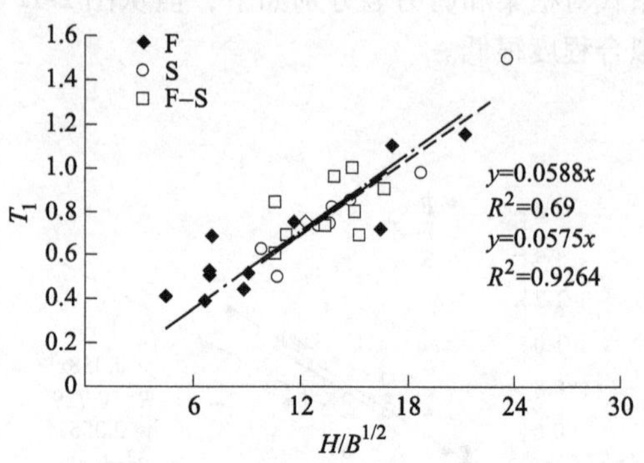

图 2-14　T_1与$H/B^{1/2}$的关系

4）根据现有数据，框架可采用式（2-61a）计算 T_1；剪力墙可以采用式（2-62b）、式（2-63b）计算。

思考题与习题

1. 建筑所受荷载分哪几类？什么是永久荷载、可变荷载、偶然荷载？
2. 高层建筑计算时，活荷载折减的意义是什么？
3. 基本风压是如何确定的？
4. 风荷载体型系数的意义是什么？
5. 什么是风振？什么情况下应考虑风振？
6. 如何计算高层建筑总风荷载？
7. 地震引起的地面运动最重要的特征是什么？
8. 如何表征地震影响？
9. 地震作用的计算有哪些方法？各地震作用计算方法适合的范围是什么？
10. 如何计算结构自振周期？
11. 顶点位移法计算结构自振周期时，该顶点位移的概念是什么？
12. 计算图 2-15 所示平面框架-剪力墙结构的总风荷载沿高度的分布值。该结构高度为 61m，共 20 层（底层 4m，其他各层均为 3m）。基本风压值根据所在地区按《荷载规范》查用。
13. 计算图 2-16 所示平面框架-剪力墙结构的总风荷载沿高度的分布及总风荷载在平面上的合力作用线。该结构高度为 46m 共 15 层（底层 4m，其他各层 3m）。基本风压值根据所在地区按《荷载规范》查用。

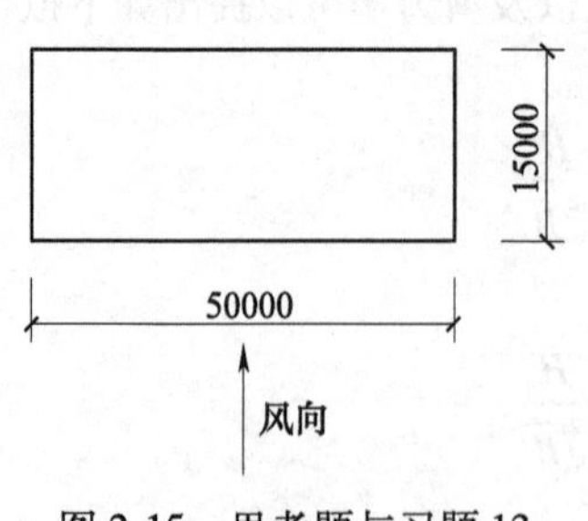

图 2-15　思考题与习题 13

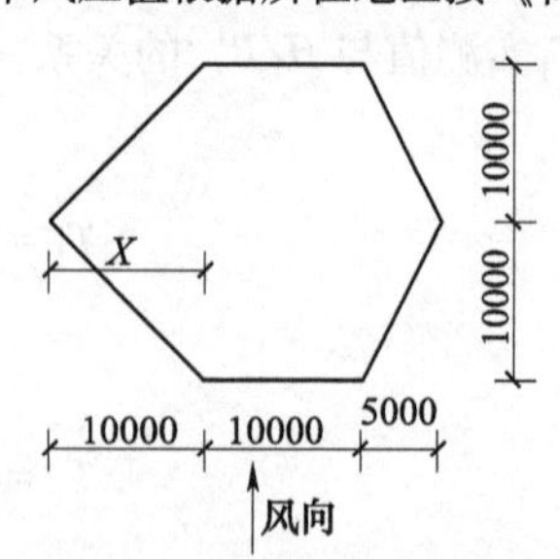

图 2-16　思考题与习题 14

参考文献

[1] 中华人民共和国住房和城乡建设部．建筑结构可靠性设计统一标准：GB 50068—2018［S］．北京：中国建筑工业出版社，2018.
[2] 中华人民共和国住房和城乡建设部．建筑结构荷载规范：GB 50009—2012［S］．北京：中国建筑工业出版社，2012.
[3] 中华人民共和国住房和城乡建设部．建筑抗震设计规范（2016年版）：GB 50011—2010［S］．北京：中国建筑工业出版社，2016.
[4] 方鄂华．多层及高层建筑结构设计［M］．北京：地震出版社，1992.
[5] 包世华．新编高层建筑结构［M］．北京：中国水利水电出版社，2001.
[6] 赵西安．钢筋混凝土高层建筑结构设计［M］．北京：中国建筑工业出版社，1992.
[7] 唐维新．高层建筑结构简化分析与实用设计［M］．北京：中国建筑工业出版社，1991.

第3章 高层建筑结构设计基本规定与布置原则

本章提要

本章主要结合《高规》和《抗规》的有关规定，对高层建筑结构设计的一般规定、结构计算分析的有关规定进行了介绍，主要内容包括，高层建筑结构的平面与竖向布置原则、结构选型方法、结构设计的总体规定、抗风与抗震设计的变形限制、抗震设防基本概念、抗震性能化设计方法重力二阶效应、结构的稳定及扭转的近似计算、高层建筑结构设计基本假定与设计计算方法。本章内容涉及抗震设计的基本概念，是高层建筑结构概念设计的基础性内容。

在高层建筑结构设计中，要选择合理的结构体系，恰当地进行建筑物的平面和竖向布置以及选择总体体型，使建筑结构具有合理的刚度、质量和承载力分布，避免因局部突变和扭转效应而形成薄弱部位；还要使结构具有多道防线，避免因部分结构或构件的破坏而导致整个结构丧失承受水平风荷载、地震作用和重力荷载的能力。这些工作往往需要在初步设计阶段确定。应当注意的是，建筑的初步设计必须综合考虑使用要求、建筑美观、结构合理及便于施工等各种因素。由于高层建筑设计中保证结构安全、经济合理等问题比一般低层建筑更为突出，应用结构概念设计进行结构布置及合理选择材料、进行构件初步设计等就更应受到重视。

3.1 高层建筑结构体系的选用及基本要求

3.1.1 高层建筑混凝土结构选型

高层建筑结构设计应根据房屋高度和高宽比、抗震设防类别、抗震设防烈度、场地类别、结构材料和施工技术条件等因素考虑其适宜的结构体系。

目前，国内大量的高层建筑结构常采用的结构体系为：框架、剪力墙、框架-剪力墙和筒体。

无剪力墙或筒体的板柱结构的抗侧刚度和抗震性能较差，板柱节点抗冲切能力弱，应用受到限制。板柱-剪力墙结构主要由剪力墙构件承受侧向力，抗侧刚度较板柱体系有很大的提高，目前在国内外高层建筑中有较多的应用。但由于楼板无内部纵梁和横梁，其适用高度宜低于框架-剪力墙结构。

单跨框架结构没有足够的强度储备和设防，故《高规》规定：抗震设计的框架不应采用单跨框架结构。

筒体结构在20世纪80年代后在我国已广泛应用于高层办公建筑和高层旅馆建筑。由于其刚度较大、有较高的承载能力，应用在层数较多的高层建筑时有较大优势。

初步设计阶段的结构选型对建筑的抗震性能尤为重要。结构的地震反应同结构自身的动力特性有关，也与场地的频谱特性有密切关系，场地的地面运动特性又与地震震源机制、震级大小、震中的远近有关，因此结构选型和选址与结构抗震安全密切相关。建筑的重要性以及装修水准的要求对结构的侧向变形大小有所限制，在结构选型时需要考虑。结构选型还与建筑结构材料和施工条件的制约以及经济条件的许可等有关，这是一个综合的技术经济问题，应加以周密分析，选用合理且经济的结构类型。

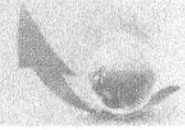

3.1.2　高层建筑结构体系的有关规定

1. 高层建筑的结构体系应符合下列规定

1）高层建筑不应采用严重不规则的结构体系。规则结构一般是指：体型（平面和立面）规则，结构平面布置均匀、对称并具有较好的抗扭刚度；结构竖向布置均匀，结构的刚度、承载力和质量分布均匀、无突变。

2）结构应具有必要的承载能力、刚度和延性，应具备必要的抗震能力，良好的变形能力和消耗地震能量的能力。

3）对可能出现的薄弱部位，应采取有效的加强措施提高其抗震能力。

4）应避免因部分结构或构件破坏而导致整个结构丧失承受重力荷载、风荷载和地震作用的能力。

5）应具有明确的计算简图和合理的地震作用传递途径。抗震结构体系要求受力明确、传力途径合理且传力路线不间断，使结构的抗震分析更符合结构在地震时的实际表现，这对提高结构的抗震性能十分有利，是结构选型与布置结构抗侧力体系时首先考虑的因素之一。

2. 高层建筑的结构体系尚宜符合下列规定

（1）抗震设计的建筑结构宜具有多道防线　多道防线对于结构在强震下的安全是很重要的，它有助于避免因部分结构或构件的破坏而导致整个结构丧失承受水平风荷载、地震作用和重力荷载的能力。多道防线通常是指：

1）整个抗震结构体系由若干个延性较好的分体系组成，并由延性较好的结构构件连接起来协同工作。例如，框架-剪力墙体系是由延性框架和剪力墙两个系统组成；双肢或多肢剪力墙体系由若干个单肢墙分系统组成；框架-支撑框架体系由延性框架和支撑框架两个系统组成；框架-筒体体系由延性框架和筒体两个系统组成。

2）抗震结构体系具有最大可能数量的内部、外部赘余度，有意识地建立起一系列分布的塑性屈服区，以使结构能吸收和耗散大量的地震能量，一旦破坏也易于修复。设计计算时，需考虑部分构件出现塑性变形后的内力重分布，使各个分体系所承担的地震作用的总和大于不考虑塑性内力重分布时的数值。

（2）结构的竖向和水平布置宜具有合理的刚度和承载力分布　要避免因刚度和承载力局部削弱或突变形成薄弱部位或结构扭转效应而形成薄弱部位，产生过大的应力集中或塑性变形集中。结构的薄弱部位通常在强烈地震下不存在强度安全储备，在抗震设计中要有意识地结合耗能设计控制薄弱层（部位），使之具有必要的变形能力而不发生转移，这是提高总体抗震性能的有效手段。

（3）结构在两个主轴方向的动力特性宜相近　横向为建筑短向，结构设计时需注意加强其刚度，但也不能忽视纵向刚度。对横向抗侧力构件（如墙体）很多而纵向很少的建筑结构，在强烈地震中往往会造成纵向的破坏而导致整体倒塌。故结构在两个主轴方向的动力特性（周期和振型）应相近，以防止类似震害，这也是抗震设计的基本概念。

3.2　房屋适用高度与高宽比

3.2.1　房屋适用高度

不同的高层建筑结构体系刚度和承载力均不同，因此它们的适用高度也不一样。

对采用钢筋混凝土材料的高层建筑，从安全和经济诸方面综合考虑，其最大适用高度应有限制。当钢筋混凝土结构的房屋高度超过最大适用高度时，应通过专门研究，采取有效加强措施，如采用型钢混凝土构件、钢管混凝土构件等，并按有关规定进行专项审查。

《高规》将钢筋混凝土高层建筑结构适用的高度分为A级和B级。A级高度钢筋混凝土高层建筑是指符合表3-1高度限值的建筑，也是目前数量最多，应用最广的建筑。B级高度高层建筑结构的最大适用高度可比A级适当放宽，但其结构抗震等级、有关的计算和构造措施相应加严。B级高度钢筋混凝土高层建筑最大适用高度不宜超过表3-2的规定。为保证B级高度高层建筑的设计质量，抗震设计的B级高度的高层建筑，应按有关规定进行超限高层建筑的抗震设防专项审查复核。

表3-1　A级高度钢筋混凝土高层建筑的最大适用高度　（单位：m）

<table>
<tr><th colspan="2" rowspan="3">结构体系</th><th rowspan="3">非抗震设计</th><th colspan="5">抗震设防烈度</th></tr>
<tr><th rowspan="2">6度</th><th rowspan="2">7度</th><th colspan="2">8度</th><th rowspan="2">9度</th></tr>
<tr><th>0.20g</th><th>0.30g</th></tr>
<tr><td colspan="2">框架</td><td>70</td><td>60</td><td>50</td><td>40</td><td>35</td><td>—</td></tr>
<tr><td colspan="2">框架-剪力墙</td><td>150</td><td>130</td><td>120</td><td>100</td><td>80</td><td>50</td></tr>
<tr><td rowspan="2">剪力墙</td><td>全部落地剪力墙</td><td>150</td><td>140</td><td>120</td><td>100</td><td>80</td><td>60</td></tr>
<tr><td>部分框架剪力墙</td><td>130</td><td>120</td><td>100</td><td>80</td><td>50</td><td>不应采用</td></tr>
<tr><td rowspan="2">筒体</td><td>框架-核心筒</td><td>160</td><td>150</td><td>130</td><td>100</td><td>90</td><td>70</td></tr>
<tr><td>筒中筒</td><td>200</td><td>180</td><td>150</td><td>120</td><td>100</td><td>80</td></tr>
<tr><td colspan="2">板柱-剪力墙</td><td>110</td><td>80</td><td>70</td><td>55</td><td>40</td><td>不应采用</td></tr>
</table>

注：1. 表中框架不含异形柱框架。
2. 甲类建筑，6度、7度、8度时宜按本地区抗震设防烈度提高1度后符合本表的要求，9度时应专门研究。
3. 框架结构、板柱-剪力墙结构以及9度抗震设防烈度的表列其他结构，当房屋高度超过表3-1数值时，结构设计应有可靠依据，并采取有效的加强措施。

表3-2　B级高度钢筋混凝土高层建筑的最大适用高度　（单位：m）

<table>
<tr><th colspan="2" rowspan="3">结构体系</th><th rowspan="3">非抗震设计</th><th colspan="4">抗震设防烈度</th></tr>
<tr><th rowspan="2">6度</th><th rowspan="2">7度</th><th colspan="2">8度</th></tr>
<tr><th>0.20g</th><th>0.30g</th></tr>
<tr><td colspan="2">框架-剪力墙</td><td>170</td><td>160</td><td>140</td><td>120</td><td>100</td></tr>
<tr><td rowspan="2">剪力墙</td><td>全部落地剪力墙</td><td>180</td><td>170</td><td>150</td><td>130</td><td>110</td></tr>
<tr><td>部分框架剪力墙</td><td>150</td><td>140</td><td>120</td><td>100</td><td>80</td></tr>
<tr><td rowspan="2">筒体</td><td>框架-核心筒</td><td>220</td><td>210</td><td>180</td><td>140</td><td>120</td></tr>
<tr><td>筒中筒</td><td>300</td><td>280</td><td>230</td><td>170</td><td>150</td></tr>
</table>

注：1. 甲类建筑，6度、7度时宜按本地区设防烈度提高1度后符合本表的要求，8度时应专门研究。
2. 当房屋高度超过表3-2中数值时，结构设计应有可靠的依据，并采取有效的加强措施。

3.2.2　高层建筑结构的高宽比

在高层建筑结构中，控制位移成为结构设计的关键问题。随着建筑高度的增加，倾覆力矩将迅速增大，宽度不大的建筑物抗侧移能力有限是不适宜用在高层建筑的。限制高层建筑的高宽比（H/B）是对结构刚度、整体稳定、承载能力和经济合理性的宏观控制手段。仅从结构安全的角度讲，在结构设计满足《高规》规定的承载力、稳定、抗倾覆、变形和舒适度等基本要求后高宽比限值不是必须满足的，该指标主要影响结构设计的经济性。因此，在实际工程中常有些建筑的高宽比超过这一限制，例如上海金茂大厦H/B为7.6，深圳地王大厦H/B为8.8。H/B具体要求见表3-3。

表 3-3　钢筋混凝土高层建筑结构适用的最大高宽比

结构体系	非抗震设计	抗震设防烈度		
		6 度、7 度	8 度	9 度
框架	5	4	3	—
板柱-剪力墙	6	5	4	—
框架-剪力墙、剪力墙	7	6	5	4
框架-核心筒	8	7	6	4
筒中筒	8	8	7	5

在复杂体型的高层建筑中，一般情况，可按所考虑方向的最小投影宽度计算高宽比，但对突出建筑物平面很小的局部结构（如电梯井、楼梯间等），一般不应包括在计算的宽度之内；对于不宜采用最小投影宽度计算高宽比的情况，应由设计人员根据实际情况确定合理的计算方法；对带有裙房的高层建筑，当裙房的面积和刚度相对于其上部塔楼的面积和刚度较大时，计算高宽比的房屋高度和宽度可按裙房以上部分考虑。

3.3　高层建筑结构的规则性

规则性是高层建筑结构抗震概念设计的一个重要概念和原则。“规则”包含了对建筑的平面、立面外形尺寸和抗侧力构件布置、质量分布、承载力分布等诸多因素的综合要求，在建筑设计的方案阶段就要加以注意。

规则的建筑方案和结构体现在体型（平面和立面形状）简单规矩，质量分布均匀，结构平面布置均匀、对称并具有较好的抗扭刚度，抗侧力体系的刚度和承载力上下连续、变化均匀，即在平立面、竖向剖面或抗侧力体系上，没有明显的、实质的不连续（突变）。

历次震害表明，简单、对称的建筑在地震时较不容易破坏，而复杂体型的建筑往往破坏严重。简单、对称的结构容易估计其地震时的反应，容易采取抗震构造措施和进行细部处理，故而设计安全性更有保障。

为提高建筑设计和结构设计的协调性，从建筑设计的源头加以规划，《抗规》对建筑师设计方案的规则性提出了强制性要求。明确规定：

1）建筑设计应根据抗震概念设计的要求明确建筑形体的规则性。不规则的建筑应按规定采取加强措施；特别不规则的建筑应进行专门研究和论证，采取特别的加强措施；严重不规则的建筑不应采用。

2）建筑设计应重视其平面、立面和竖向剖面的规则性对抗震性能及经济合理性的影响，宜择优选用规则的形体，其抗侧力构件的平面布置宜规则对称、抗侧刚度（也称为侧向刚度）沿竖向宜均匀变化、竖向抗侧力构件的截面尺寸和材料强度宜自下而上逐渐减小、避免抗侧刚度和承载力突变。

不规则建筑一般表现为体型复杂，平面、立面有过大的内收与外挑，以及结构构件不连续、刚度与质量沿高度分布不均匀、承载力突变等。图 3-1 所示为一些不规则建筑体型。

实际工程设计中，要使结构方案规则往往比较困难，有时会出现平面或竖向布置不规则的情况。表 3-4 是《抗规》给出的平面与竖向不规则的类型和具体指标。对混凝土房屋、钢结构房屋和钢-混凝土混合结构房屋的不规则性，依据表 3-4 的不规则项和程度可划分为不规则、特别不规则和严重不规则三种：

1）不规则建筑是指存在表 3-4 所列举的不规则类型一项及以上的不规则指标。

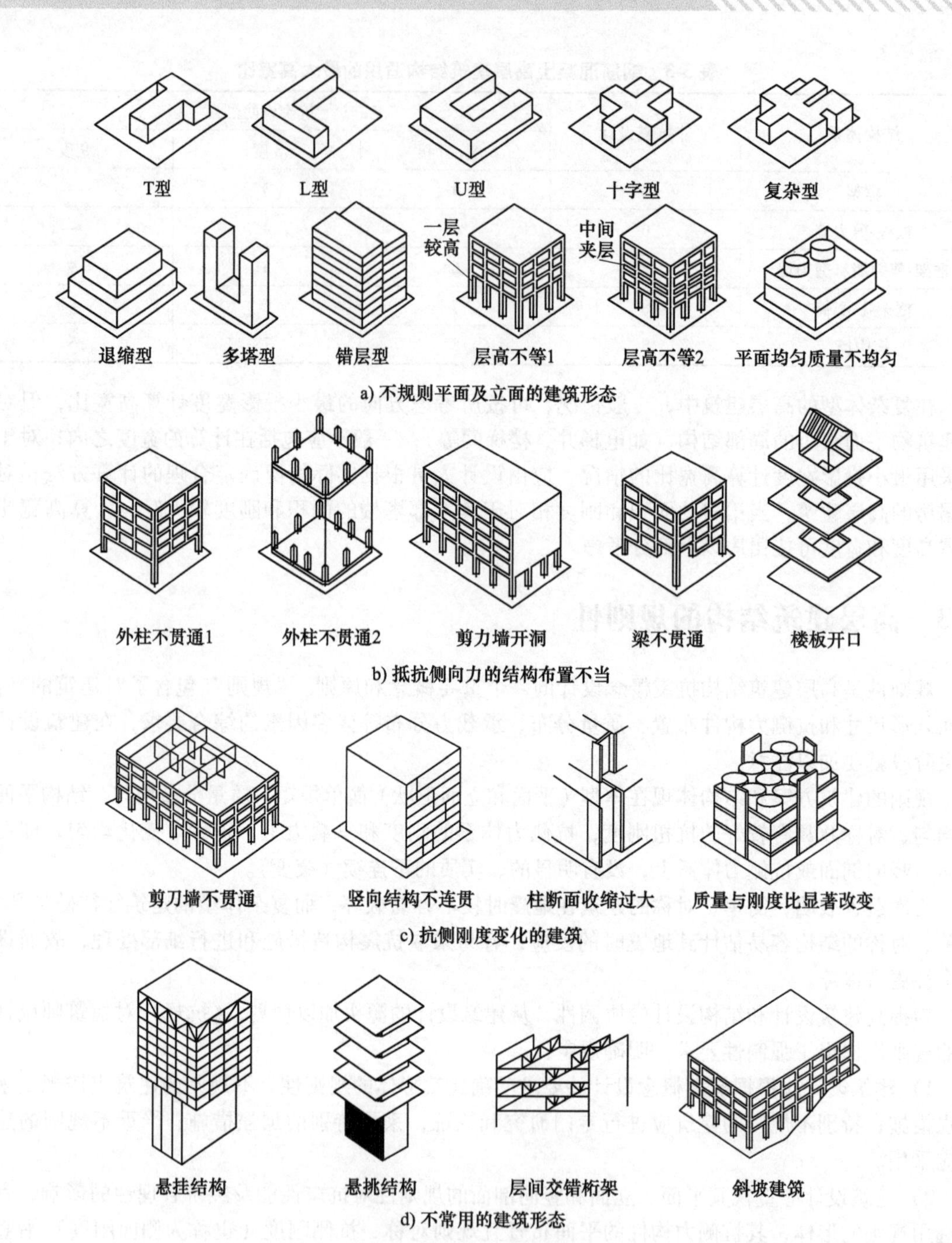

图 3-1　对抗震不利的不规则建筑结构布置

表 3-4　建筑平面与竖向不规则的类型

不规则类型		参考指标
平面不规则	扭转不规则	在具有偶然偏心规定水平力作用下，楼层两端抗侧力构件弹性水平位移（或层间位移）的最大值与平均值的比值大于 1.2
	凹凸不规则	平面凹进的尺寸，大于相应投影方向总尺寸的 30%
	楼板局部不连续	楼板的尺寸和平面刚度急剧变化，例如，有效楼板宽度小于该层楼板典型宽度的 50%，或开洞面积大于该层楼面面积的 30%，或较大的楼层错层

（续）

不规则类型		参考指标
竖向不规则	抗侧刚度不规则	该层的抗侧刚度小于相邻上一层的70%，或小于其上相邻三个楼层抗侧刚度平均值的80%；除顶层或出屋面小建筑外，局部收进的水平向尺寸大于相邻下一层的25%
	竖向抗侧力构件不连续	竖向抗侧力构件（柱、抗震墙、抗震支撑）的内力由水平转换构件（梁、桁架等）向下传递
	楼层承载力突变	抗侧力结构的层间受剪承载力小于相邻上一楼层的80%

2）特别不规则建筑是指具有较明显的抗震薄弱部位；一般存在表3-4中的六项中三项或三项以上不规则类型，或具有表3-5中一项不规则，或存在表3-4中两个方面的基本不规则，且其中有一项接近表3-5的不规则指标。

表3-5　特别不规则建筑的类型举例

序	不规则类型	简要含义
1	扭转偏大	裙房以上有较多楼层考虑偶然偏心的扭转位移比大于1.4
2	抗扭刚度弱	扭转周期比大于0.9，混合结构扭转周期比大于0.85
3	层刚度偏小	本层抗侧刚度小于相邻上层的50%
4	高位转换	框支墙体的转换构件位置：7度超过5层，8度超过3层
5	厚板转换	7~9度设防的厚板转换结构
6	塔楼偏置	单塔或多塔的合质心与大底盘的质心偏心距大于底盘相应边长20%
7	复杂连接	各部分层数、刚度、布置不同的错层或连体两端塔楼显著不规则的结构
8	多重复杂	同时具有转换层、加强层、错层、连体和多塔类型中的两种以上

3）严重不规则是指形体复杂，多项不规则指标超过表3-4的上限值或某一项大大超过规定值，具有现有技术和经济条件不能克服的严重的抗震薄弱环节，可能导致地震破坏的严重后果者。

《高规》对结构平面布置及竖向布置不规则性的阐述如下：

1）不规则结构：结构方案中仅有个别项目超过了条款中规定“不宜”的限制条件；应采取相应措施。

2）特别不规则结构：结构方案中有多项超过了条款中规定的“不宜”的限制条件或某一项超过“不宜”的限制条件较多。应尽量避免特别不规则结构。

3）严重不规则结构：结构方案中有多项超过了条款中规定的“不宜”的限制条件，而且超过较多，或者有一项超过了条款中规定的“不应”的限制条件。这种结构方案不应采用，必须对结构方案进行调整。

3.4　高层建筑结构的平面布置

结构平面布置必须有利于抵抗水平作用和竖向荷载，要受力明确、传力直接，力争均匀对称以减少扭转的影响，对于明显不对称的高层建筑结构应考虑扭转对其受力产生的不利影响。仅考虑风荷载作用时，对结构的布置可适当放宽要求。有关规定参照《高规》和《抗规》。

1. 高层建筑宜选用风作用效应较小的平面形状

对抗风有利的平面形状是简单规则的凸平面，如圆形、正多边形、椭圆形、鼓形等平面。对抗风不利的平面是有较多凹凸的复杂形状平面，如V形、Y形、H形、弧形等平面。

2. 抗震设计的混凝土高层建筑，平面布置的有关规定

抗震设计时，为减小偏心防止较大震害，在高层建筑的一个独立结构单元内，结构平面形状宜简单、规则，质量、刚度和承载力分布宜均匀，不应采用严重不规则的平面布置。建筑平面尺寸宜满足表3-6和图3-2的要求。

表3-6 L/B、l/B_{max}和l/b的限值

抗震设防烈度	L/B	l/B_{max}	l/b
6度、7度	≤6.0	≤0.35	≤2.0
8度、9度	≤5.0	≤0.30	≤1.5

（1）平面长度不宜过长　平面过于狭长的建筑物在地震时由于两端地震波输入有位相差而容易产生不规则振动，产生较大的震害。表3-6给出了L/B的最大限值。在实际工程中，L/B在6度、7度抗震设计时最好不超过4；在8度、9度抗震设计时最好不超过3。

（2）平面凹凸的规则性要求　平面突出部分的长度l不宜过大、宽度b不宜过小。平面有较长的外伸或过大的凹入时，外伸段容易产生局部振动而引发凹角处应力集中和破坏。为了保证楼板在平面内有很大的刚度，也为了防止建筑物各部分之间振动不同步，建筑平面的外伸段长度l应尽可能小。l/B_{max}、l/b宜符合表3-6的要求，但在实际工程设计中最好控制l/b不大于1。《抗规》规定，当平面凹进的尺寸大于相应投影方向总尺寸的30%时则属于凹凸不规则平面。

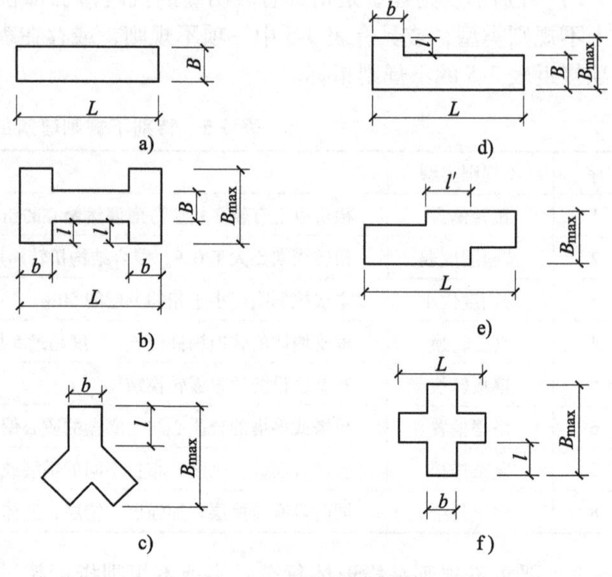

图3-2　建筑平面尺寸

（3）楼板连续性要求　结构平面布置要防止由楼板的尺寸和平面刚度急剧变化导致的楼板局部不连续，如有效楼板宽度小于该层楼板典型宽度的50%，或开洞面积大于该层楼面面积的30%，或较大的楼层错层等。

1）楼板凹入和开洞后的净尺寸要求。楼板有较大凹入或开有大面积洞口时，被凹口或洞口划分开的各部分之间的连接较为薄弱，在地震中容易相对振动而使削弱部位产生震害，因此应对凹入或洞口的大小加以限制。

平面凹入后，楼板的宽度应予保证。有效楼板宽度不宜小于该层楼面宽度的50%。楼板开洞总面积不宜超过楼面面积的30%；在扣除凹入或开洞后，楼板在任意一个方向的最小净宽度不宜小于5m，且开洞后每一边的楼板净宽度不应小于2m。以图3-3所示平面为例，L_2不宜小于$0.5L_1$，a_1与a_2之和不宜小于$0.5L_2$且不宜小于5m，a_1和a_2均不应小于2m，开洞面积不宜大于楼面面积的30%。在平面凹角附近，必要时可在外伸部分形成的凹槽处设置加宽扁拉梁或拉板并加强配筋，拉梁和拉板宜每层均匀设置。

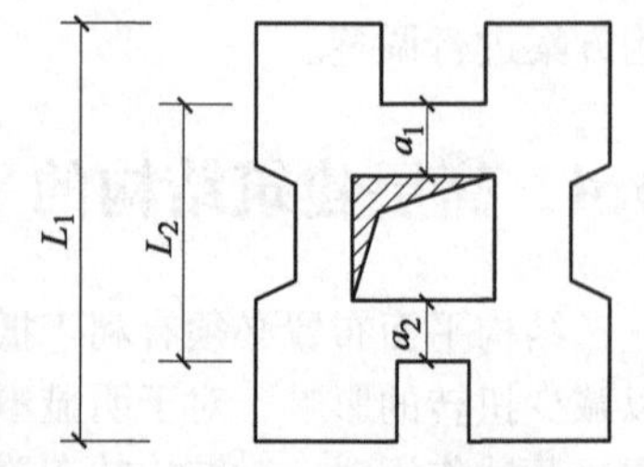

图3-3　楼板开洞净宽度示意

目前工程设计中应用的多数计算分析方法和计算机软件，大多假定楼板在平面内不变形，平面内刚度为无限大，这对于大多数工程来说是可以接受的。但当楼板平面比较狭长、有较大的凹

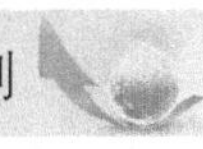

入和开洞而使楼板有较大削弱时，楼板可能产生显著的平面内变形，这时宜采用考虑楼板变形影响的计算方法，并应在设计中考虑其对结构产生的不利影响。

被大洞削弱后的楼板容易产生应力集中，宜采取措施予以加强，包括：加厚洞口附近楼板，提高楼板的配筋率，采用双层双向配筋；洞口边缘设置边梁、暗梁；在楼板洞口角部集中配置斜向钢筋。例如，高层住宅建筑常采用“井”字形、井字形平面以利于通风采光，而将楼电梯间集中配置于中央部位，楼电梯间无楼板而使楼面产生较大削弱。此时宜加强楼板，将楼电梯间周边的剩余楼板加厚并加强配筋以及加强连接部位墙体的构造措施。

2）建筑平面不宜采用角部重叠或细腰形平面布置。采用角部重叠的Z形平面（图3-4a）或细腰的哑铃形平面（图3-4b）时，Z形平面的重叠部分应有足够长度。哑铃形平面在中央部位形成狭窄部分，地震中容易产生震害，尤其在凹角部位，因为应力集中容易使楼板开裂、破坏，不宜采用；如确需采用，则这些部位应采取加大楼板厚度、增加板内配筋、设置集中配筋的边梁、配置45°斜向钢筋等方法予以加强。

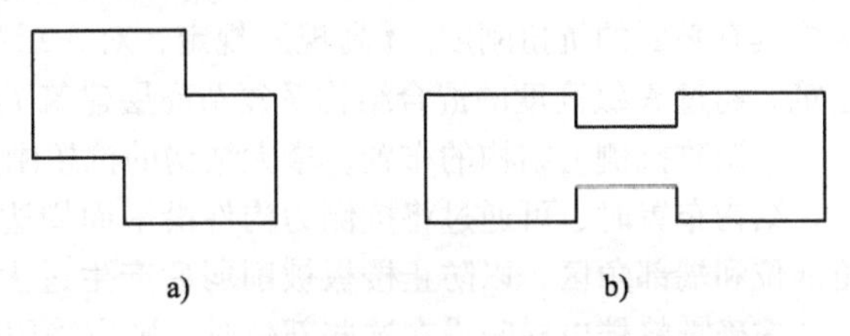

图3-4　角部重叠的Z形平面与哑铃形平面

（4）扭转规则性要求　扭转效应会导致结构的严重破坏。国内外历次大地震震害表明：平面不规则、质量与刚度偏心和抗扭刚度太弱的结构，在地震中均受到严重的破坏。因此对结构的扭转效应主要从避免偏心和加强抗扭刚度两个方面加以限制。

1）限制结构平面布置的不规则性，避免结构平面的刚心与建筑平面的质心之间有过大偏心。结构平面应尽量设计成规则、对称而简单的平面形状，尽量减小因形状不规则而产生的结构扭转效应。在规则的建筑平面中，如果结构平面刚度不对称，仍然会产生扭转。因此，在布置抗侧力结构单元时，宜使结构平面布置尽量对称，使抗侧力构件均匀分布，尽量使水平地震作用中心线通过结构平面的刚度中心，以减少扭转的影响。尤其是布置刚度较大的楼梯间、电梯间时，更需要注意保证结构的对称性。

竖向构件的楼层水平位移与楼层竖向构件平均水平位移之比称为扭转位移比。如图3-5所示，当楼层竖向构件的最大弹性水平位移或层间位移大于该楼层两端弹性水平位移或层间位移平均值的1.2倍时，则属于扭转不规则平面。当扭转不规则时，应计入扭转影响。

《高规》对A级高度高层建筑、B级高度高层建筑、混合结构及复杂高层建筑，分别规定了扭转变形的下限和上限，并规定扭转变形的计算应考虑偶然偏心的影响。在考虑偶然偏心影响的规定水平地震力作用下，楼层竖向构件最大的水平位移和层间位移，A级高度高层建筑不宜大于该楼层平均值的1.2倍，不应大于该楼层平均值的1.5倍；B级高度高层建筑不宜大于该楼层平均值的1.2倍，不应大于该楼层平均值的1.4倍。计算扭转位移比时，“规定水平地震力”一般可采用振型组合后的楼层地震剪力换算的水平作用力，并考虑偶然偏心。水平作用力的换算原则：每一楼面处的水平作用力取该楼面上、下两个楼层的地震剪力差的绝对值。当计算的楼层最大层间位移角（层间位移与层高之比）不大于本楼层层间位移角限值的40%时，该楼层的扭转位移比的上限可适当放松，但不应大于1.6。

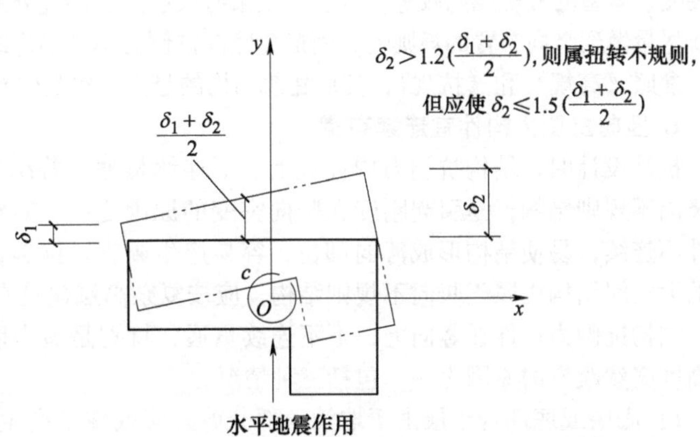

图3-5　A级高度高层建筑结构平面扭转

2）结构的抗扭刚度不能太弱。控制抗扭刚度的关键是限制结构扭转为主的第一自振周期 T_t 与平动为主的第一自振周期 T_1 之比，简称为周期比 T_t/T_1。扭转耦联振动的主振型可通过计算振型方向因子来判断。在两个平动和一个扭转方向因子中，当扭转方向因子大于 0.5 时，则可认为该振型是扭转为主的振型。

当周期比 T_t/T_1 大于 0.85 时，即使结构平面的刚度偏心很小，相对扭转效应即由扭转产生的离质心距离为回转半径处的位移与质心位移之比也会急剧增加。当两者接近即周期比接近 1 时，由于振动耦联的影响，结构的扭转效应明显增大。因此，抗震设计中应采取措施减小周期比，使结构具有必要的抗扭刚度。《高规》规定，对 A 级高度高层建筑 T_t/T_1 不应大于 0.9，B 级高度高层建筑、超过 A 级高度的混合结构及复杂高层建筑 T_t/T_1 不应大于 0.85。周期比不满足规定的上限值时，应调整抗侧力结构的布置，增大结构的抗扭刚度。

结构布置时，可通过将抗侧力构件沿平面周边布置加大抗扭刚度。楼电梯间不宜设在平面凹角部位和端部角区，以防止楼板被削弱后产生过大应力集中削弱结构整体抗扭刚度；当从建筑功能考虑确需将楼电梯间设在这些部位时，则应采用剪力墙或筒体结构等加强措施。

高层建筑结构当偏心率较小时，结构扭转位移比一般能满足规定的限值，但其周期比有的会超过限值，必须使位移比和周期比都满足限值，使结构具有必要的抗扭刚度，保证结构的扭转效应较小。当结构的偏心率较大时，如果结构扭转位移比能满足规定的上限值，则周期比一般都能满足限值。

3.5 高层建筑结构的竖向布置

高层建筑的竖向体型宜规则、均匀，避免有过大的外挑和收进。结构的抗侧刚度宜下大上小，逐渐均匀变化。在实际工程抗震设计时，建筑在竖向布置上要使结构的刚度和承载力自下而上逐渐减小，一般情况可沿竖向分段改变构件截面尺寸和混凝土强度等级。历次地震震害表明，结构刚度沿竖向突变、体型的外挑或内收等，都会产生某些楼层的变形过分集中，出现严重震害甚至倒塌。抗震设计要尽量做到竖向布置的规则性，而避免竖向抗侧力构件不连续、抗侧刚度不规则以及楼层承载力突变。参照《高规》和《抗规》，高层建筑结构的竖向布置具体有以下几方面的要求。

1. 竖向抗侧力构件宜连续布置

抗震设计时，结构抗侧力构件宜上、下连续贯通。若结构竖向抗侧力构件上、下不连续，属于竖向不规则结构，是引起刚度在竖向突变的原因之一，对结构抗震十分不利。部分竖向抗侧力构件不连续，易使结构形成薄弱部位，容易产生震害，抗震设计时应采取有效措施。底部带转换层的大空间结构也属于竖向不规则结构，应按复杂高层建筑有关规定进行设计。

结构抗侧力构件在竖向上、下不连续贯通，特别是剪力墙等刚度大的构件不连续是造成刚度沿高度突然改变的原因之一，包括三种情况：

1）底层或底部若干层由于取消一部分剪力墙或柱子产生刚度突变（图 3-6a）。剪力墙结构或框筒结构由于底部大空间的需要，底层或底部若干层剪力墙不落地，可能产生刚度突变，这时应尽量增加其他落地剪力墙、柱或筒体的截面尺寸，并适当提高相应楼层混凝土等级，尽量使刚度的变化减少。在南斯拉夫斯可比耶地震（1964 年）、罗马尼亚布加勒斯特地震（1977 年）中，底层全部为柱子、上层为剪力墙的结构大都严重破坏，柔弱底层建筑物的严重破坏在国内外的大地震中普遍存在。因此在地震区不应采用这种结构。

2）中部楼层部分剪力墙中断（图 3-6b）。如果建筑功能要求必须取消中间楼层的部分墙体，则取消的墙不宜多于1/3，不得超过半数，其余墙体应加强配筋。1995 年阪神地震中，大阪和神户市不少建筑产生中部楼层严重破坏的现象，其中一个原因就是结构抗侧刚度在中部楼层产生突变。有些是柱截面尺寸和混凝土强度在中部楼层突然减小，有些是由于使用要求使剪力墙在中部楼层

突然取消，这些都引发了楼层刚度的突变而产生严重震害。

3）顶层设置空旷的大空间，取消部分剪力墙或内柱时（图 3-6c），宜进行弹性或弹塑性时程分析补充计算并采取有效的构造措施。顶层由于刚度削弱，受高振型影响会使地震力加大。顶层取消的剪力墙也不宜多于 1/3，不得超过半数。框架取消内柱后，全部剪力应由外柱箍筋承受，顶层柱子应全长加密配箍。

当上下层结构轴线布置或者结构形式发生变化时，要设置结构转换层（图 3-7）。目前常见的转换形式有梁式转换、桁架式转换、厚板转换和箱形梁转换等，厚板转换层厚度可达 2m 以上。

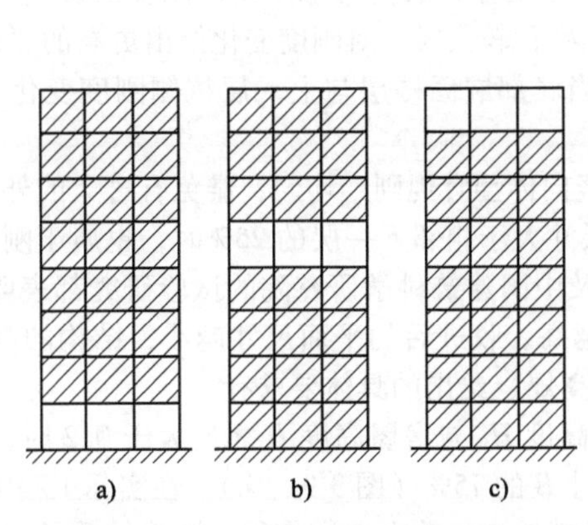

图 3-6 抗侧力结构改变形成薄弱层

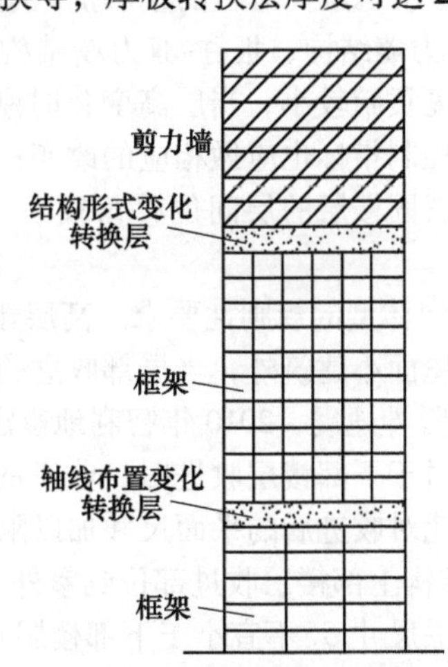

图 3-7 高层建筑结构转换层

2. 竖向刚度宜规则

引起刚度不规则的原因包括：抗侧力构件布置变化、抗侧力构件刚度改变以及质量变化。

（1）楼层抗侧刚度比的要求　当楼层的抗侧刚度小于相邻上一层的 70%，或小于其上相邻三个楼层抗侧刚度平均值的 80%则属于刚度不规则。正常设计的高层建筑下部楼层抗侧刚度宜大于上部楼层的抗侧刚度，否则变形会集中于刚度小的下部楼层而形成结构软弱层（薄弱层），所以应对下层与相邻上层的抗侧刚度比值进行限制。

1）对框架结构，楼层与其相邻上层的抗侧刚度比 γ_1 按式（3-1）计算，且本层与相邻上层的比值不宜小于 0.7，与相邻上部三层刚度平均值的比值不宜小于 0.8。

$$\gamma_1=\frac{D_i}{D_{i+1}}=\frac{V_i u_{i+1}}{V_{i+1} u_i} \tag{3-1}$$

式中　γ_1——楼层抗侧刚度比；

D_i、D_{i+1}——第 i 层、第 $i+1$ 层的抗侧刚度；

V_i、V_{i+1}——第 i 层、第 $i+1$ 层的地震剪力标准值（kN）；

u_i、u_{i+1}——第 i 层、第 $i+1$ 层在地震作用标准值作用下的层间位移（m）。

不满足此项规定，一般可看作是竖向不规则，如图 3-8 所示。

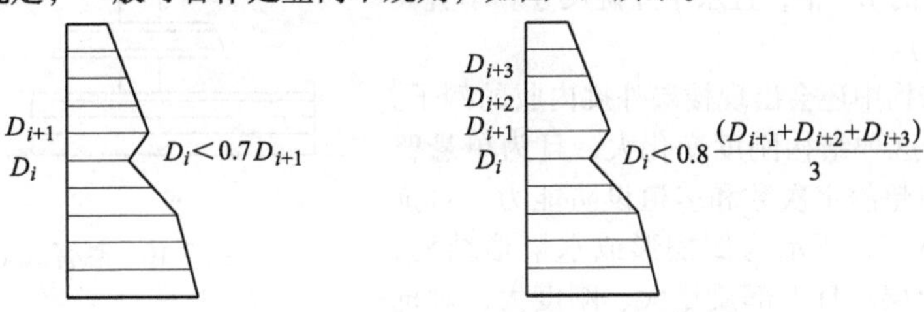

图 3-8 沿竖向的抗侧刚度不规则

2）对框架-剪力墙结构、板柱-剪力墙结构、剪力墙结构、框架-核心筒结构、筒中筒结构，楼层与其相邻上层的抗侧刚度比 γ_2 按式（3-2）计算，且本层与相邻上层的比值不宜小于 0.9；当本层层高大于相邻上层层高的 1.5 倍时，该比值不宜小于 1.1；对于底部嵌固层，该比值不宜小于 1.5。

$$\gamma_2 = \frac{V_i u_{i+1}}{V_{i+1} u_i}\frac{h_i}{h_{i+1}} \tag{3-2}$$

式中　γ_2——考虑层高修正的楼层抗侧刚度比。

框架-剪力墙结构、板柱-剪力墙结构、剪力墙结构、框架-核心筒结构、筒中筒结构，楼板体系对抗侧刚度贡献较小，当层高变化时刚度变化不明显，故需考虑层高对刚度的影响计算楼层抗侧刚度比，控制指标也应做相应的改变；当层高变化较大时，对刚度变化提出更高的要求，按 1.1 控制；底部嵌固楼层的层间位移角较小，因此当底部嵌固楼层与上一层抗侧刚度变化时，按 1.5 控制。

（2）竖向体型的规则性要求　高层建筑的竖向体型宜规则、均匀，避免有过大的外挑和收进。除顶层或出屋面小建筑外，当局部收进的水平尺寸大于相邻下一层的 25%时，也属于刚度不规则。1995 年日本阪神地震、2010 年智利地震震害以及中国建筑科学研究院的试验研究都表明：当结构上部楼层相对于下部楼层收进时，收进的部位越高、收进后的平面尺寸越小，结构的高振型反应越明显，因此对收进后的平面尺寸加以限制。《高规》给出的具体要求有：

1）当结构上部楼层收进部位到室外地面的高度 H_1 与房屋高度 H 之比大于 0.2 时，上部楼层收进后的水平尺寸 B_1 不宜小于下部楼层水平尺寸 B 的 75%（图 3-9a、b）。在实际工程中常会出现建筑顶部内收形成塔楼的情况，顶部小塔楼因鞭梢效应而放大地震作用，塔楼的质量和刚度越小，则地震作用放大越明显，在可能的情况下，宜采用台阶形逐级内收的立面。

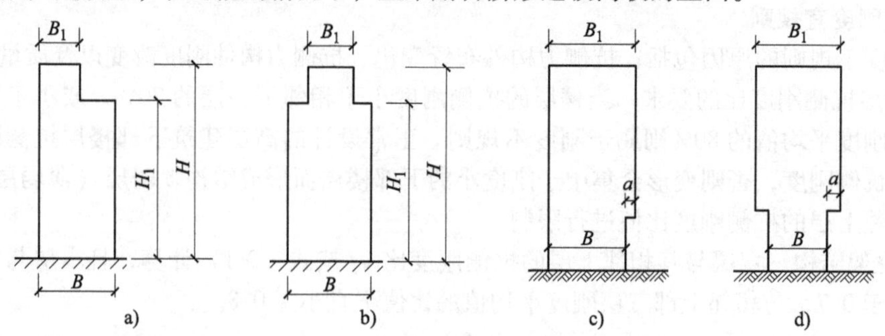

图 3-9　高层建筑结构竖向收进与外挑

2）当上部结构楼层相对于下部楼层外挑时，结构的扭转效应和竖向地震作用效应明显，对抗震不利，因此对其外挑尺寸需加以限制，且设计上应考虑竖向地震作用影响。一般要求上部楼层水平尺寸 B_1 不宜大于下部楼层的水平尺寸 B 的 1.1 倍，且水平外挑尺寸 a 不宜大于 4m（图 3-9c、d）。

在核心筒体结构中还会出现楼层外挑内收的例子。如图 3-10a 所示，这种结构刚度变化大，且为单悬臂体系，没有多余的超静定次数和多道设防能力，对抗震是不利的。图 3-10b 所示为倒摆形或水塔形结构，下层刚度远小于上层，且上部质量大、刚度大，对抗震也是不利的。这类结构在抗震设计的高层建筑中，由于其结构刚度和质量变化大，地震作用下

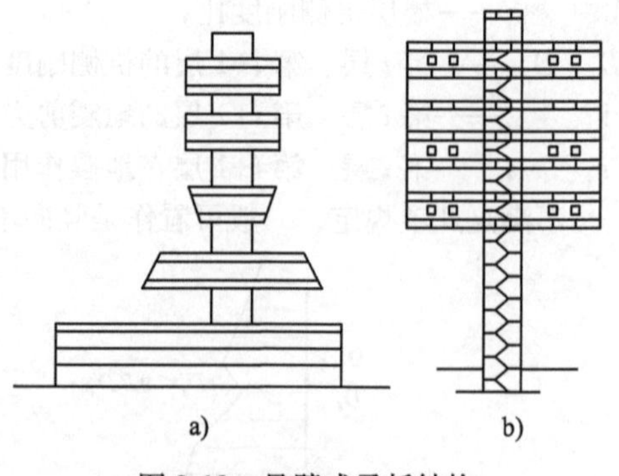

图 3-10　悬臂式承托结构

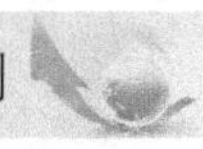

易形成较薄弱环节，应尽量避免使用。

（3）楼层质量沿高度宜均匀分布，防止突变　楼层质量不宜大于相邻下部楼层质量的1.5倍。参考美国UBC(1997)的规定，当楼层质量大于相邻下部楼层质量的1.5倍时属于竖向不规则的建筑结构，对结构抗震不利。造成的原因之一是填充墙数量突变，即非结构构件的布置造成的不利影响。因此《抗规》作为强制条文提出，框架结构的围护墙和隔墙，应估计其设置对结构抗震的不利影响，避免因不合理设置而导致主体结构的破坏。由于填充墙属于非结构构件，布置的随意性大，通过限制上下楼层质量差也是防止结构竖向刚度突变的一个重要手段。

3. 防止楼层承载力突变

当抗侧力结构的层间受剪承载力小于相邻上一楼层的80%时属于楼层承载力突变，是竖向不规则的一种表现。《高规》规定，A级高度高层建筑的楼层抗侧力结构的层间受剪承载力，即在所考虑的水平地震作用方向上该层全部柱、剪力墙、斜撑的受剪承载力之和，不宜小于其相邻上一层受剪承载力的80%，不应小于其相邻上一层受剪承载力的65%；B级高度高层建筑的楼层抗侧力结构的层间受剪承载力不应小于其相邻上一层受剪承载力的75%。楼层抗侧力结构的承载能力突变将导致薄弱层破坏，故《高规》针对高层建筑结构提出了上述限制条件，不满足该项规定，表明抗侧力结构在竖向不均匀，存在薄弱层（图3-11）。

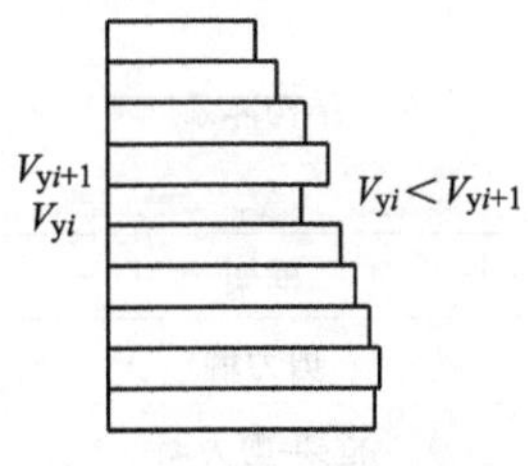

图3-11　抗侧力结构竖向受剪承载力非均匀化图示

3.6　高层建筑的楼盖结构

楼盖是由梁板组成的水平刚性体，它一方面直接承受建筑的使用荷载，同时也是高层建筑竖向三维空间受力体的水平隔板，起到维系结构刚性、限制结构侧移、联系构件和传递水平荷载的重要作用。

3.6.1　高层建筑对楼盖的要求

1）高层建筑的楼盖要具有较大的刚性。楼板刚性的作用是保证建筑结构的空间整体性能和水平力在抗侧力构件之间的有效传递。此外，由于在高层建筑结构计算中，一般都假定楼板在自身平面内的刚度无限大，在水平荷载作用下楼盖只有平移而不产生自身变形。所以无论是在楼板选型上还是在构造设计上，要尽量使楼盖具有较大的平面内刚度，以使得计算假定更为接近实际受力，防止由于计算假定与实际情况差距大而造成较大计算误差。

2）高层建筑楼盖应有较大跨度，以满足内筒外框架或外筒之间的无柱使用要求。

3）高层建筑楼盖应该尽量薄，因为高层建筑的层数多，降低楼盖厚度对增加建筑有效的使用面积有较大影响。

4）楼盖应该质量轻。在高层建筑中，楼盖系统的质量会大大影响到建筑自身的重力荷载大小，而这与结构吸收的地震作用大小直接相关。

3.6.2　楼盖结构选型

1. 楼盖的施工方法

多、高层钢筋混凝土建筑的楼、屋盖宜优先采用现浇钢筋混凝土楼板。当采用预制装配式钢筋混凝土楼、屋盖时，应从楼盖体系和构造上采取措施确保各预制板之间连接的整体性。

《高规》规定，房屋高度超过50m的高层框架-剪力墙结构、筒体结构及复杂高层结构应采用现浇楼盖。因为，在框架-剪力墙结构以及框架-筒体结构等结构中，框架和墙体的抗侧刚度相差较大且在水平力作用下具有不同的变形特点，楼板既要传递水平作用还要保证不同类型抗侧力单元的变形协调（即协同工作），这就需要有楼板刚度给予保障。因此这类结构中的楼板应有更好的刚度和整体性。筒体结构中楼板一般跨度较大，内外筒之间存在较大刚度差，需要楼板体系提供可靠的荷载传递。现浇楼盖刚度大、变形小，房屋高度超过50m的高层建筑采用现浇楼盖比较可靠。

当建筑物高度不超过50m，抗震设防烈度为8度、9度时，宜采用现浇楼板以保证地震力的可靠传递。当房屋高度不超过50m且为非抗震设计和6度、7度抗震设计时，允许采用有现浇钢筋混凝土面层的装配整体式楼板，且现浇面层应满足较严格的构造要求，以保证其整体工作。高层建筑楼盖结构的施工方法可参照表3-7。

表3-7 钢筋混凝土高层建筑楼盖结构的施工方法

结构体系	建筑高度		
	不超过50m		超过50m
	非抗震，6度、7度	8度、9度	—
框架	可采用装配整体式	宜采用现浇	宜采用现浇
剪力墙	可采用装配整体式	宜采用现浇	宜采用现浇
框架-剪力墙	可采用装配整体式	宜采用现浇	应采用现浇
板柱-剪力墙	可采用装配整体式	宜采用现浇	—
筒体（框架-核心筒、筒中筒）	可采用装配整体式	宜采用现浇	应采用现浇

建筑顶层的楼板应加厚并采用现浇混凝土，以抵抗温度应力的不利影响，对建筑物的顶部应加强约束，以提高结构抗风、抗震能力。转换层应采用现浇楼板并采取加强措施，因为转换层楼盖上面是剪力墙或较密的框架柱，下部转换为部分框架、部分落地剪力墙，转换层上部抗侧力构件的剪力要通过转换层楼板进行重分配，传递到落地墙和框支柱上去，因而楼板承受较大的内力。大底盘多塔楼结构的底盘顶层、平面复杂或开洞过大的楼层应采用现浇楼板，作为上部结构嵌固部位的地下室楼层应采用现浇楼盖结构以增强其整体性；楼梯间宜采用现浇钢筋混凝土楼梯。

2. 结构体系对楼盖的要求

（1）框架-核心筒结构

1）核心筒与框架之间的楼盖宜采用梁板体系；部分楼层采用平板体系时应有加强措施；各层梁对核心筒和外柱有一定的约束，故采用梁板结构有利于满足变形要求，而采用平板时，可设置加强层以提供约束。

2）框架-核心筒结构的周边柱间必须设置框架梁。由于框架-核心筒结构外周框架的柱距较大，为了保证其整体性，需在外周框架柱间设置框架梁形成周边框架。

（2）板柱-剪力墙结构

由于楼盖基本没有梁，故板柱结构可以减小楼层高度，对使用和管道安装都比较方便。但板柱结构抵抗水平力的能力差，对抗侧力构件的约束能力低，特别是板与柱的连接点是非常薄弱的部位，对抗震尤为不利。故《高规》和《抗规》都给出了相应的措施：

1）楼板宜在对应剪力墙的各楼层处设置暗梁。

2）抗震设计时，房屋的周边应设置边梁以形成周边有梁框架；房屋的顶层及地下室一层顶板宜采用梁板结构；楼板宜在楼、电梯洞口周边设置边框梁。

3）无梁板可采用无柱帽（柱托）板或有柱帽（柱托）板形式，双向无梁板的厚度不小于板长跨的1/30（无柱帽）、1/35（有柱帽）。有柱帽时，柱托板的长度和厚度应按计算确定，且每个方向的长度不宜小于板跨度的1/6，其厚度不宜小于板厚度的1/4。7度时宜采用有柱托板；8度时应采用有柱托板，托板每方向长度尚不宜小于同方向柱截面宽度和4倍板厚之和，托板总厚度尚不应小于柱纵向钢筋直径的16倍。当无柱托板且无梁板受冲切承载力不足时，可采用型钢剪力

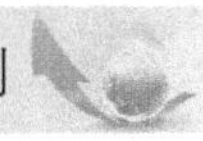

架（键），此时板的厚度不应小于 200mm。

3.6.3　楼板的构造要求

1. 楼板厚度

确定钢筋混凝土板的厚度，必须考虑挠度、抗冲切承载力、防火、钢筋防腐蚀、构造需求以及照顾敷设管线的需要等。在初步设计阶段，从控制挠度满足刚度要求的角度通常可按跨高比得出板的最小厚度，但仅满足挠度限值的后张预应力板可能相当薄，不利于预应力筋发挥作用。对柱支承的双向板若不设柱帽或托板，板在柱端的冲切承载力可能不够，因此在设计中尚应验算所选板厚是否有足够的抗冲切能力。

一般情况下，现浇楼板厚度为 100～140mm。楼板太薄不仅容易因上部钢筋位置变动而开裂，同时也不便于敷设各类管线。现浇楼板不宜小于以下规定的最小板厚：

1）一般楼层现浇楼板厚度不应小于 80mm，当板内预埋暗管时不宜小于 100mm。

2）顶层现浇楼板厚度不宜小于 120mm，宜双层双向配筋。

3）普通地下室顶板厚度不宜小于 160mm。

4）作为上部结构的嵌固层时应采用现浇混凝土梁板，板厚不宜小于 180mm，应双层双向配筋。

5）现浇预应力混凝土楼板厚度可按跨度的 1/50～1/45 采用，且不宜小于 150mm。

6）隔震支座的相关部位应采用现浇混凝土梁板结构，现浇板厚度不应小于 160mm。

7）框支结构转换层现浇楼板的厚度不宜小于 180mm；且混凝土强度等级不应低于 C30，应采用双层双向配筋，每层每个方向的配筋率不应小于 0.25%。

板厚还影响楼板的抗火能力，耐火等级高的混凝土构件钢筋所需混凝土保护层厚度也大，楼板相应要厚。根据《建筑设计防火规范（2018 年版）》（GB 50016—2014），高层建筑可分为两类，以住宅建筑为例，高度超过 54m 的为一类，高度在 27～54m 的为二类；建筑耐火等级分为四级（即一级、二级、三级、四级），一类高层建筑的耐火等级为一级，二类高层建筑的耐火等级为二级。一级耐火要求的楼板需有 1.5h 的耐火时间，二类高层建筑楼板的耐火时间最低为 1h。楼板的耐火极限可以通过标准耐火试验来确定，从而决定抗火要求的钢筋保护层厚度以及最小板厚。图 3-12a 所示为常规混凝土强度等级钢筋混凝土构件内钢筋温度与保护层厚度的关系曲线，图 3-12b 所示为根据美国商务部技术管理局国家标准和技术研究所有关研究给出的高强混凝土（f'_c = 87.6MPa）柱的钢筋升温试验结果，由图可以看出混凝土强度等级高有利于延缓升温速度。通常保护主筋在火灾状态下不超过 500℃ 的时间对防止重大火灾灾难具有重要意义，因为 500℃ 以上的高温会使钢筋的强度损失达到或超过 50%。对中低等级混凝土，由图 3-12a 中的数据可知，如果受力主筋的保护层厚度为 15mm，在 1h 左右钢筋温度可升至 550℃；而要保证 1.5h 的安全时间，则

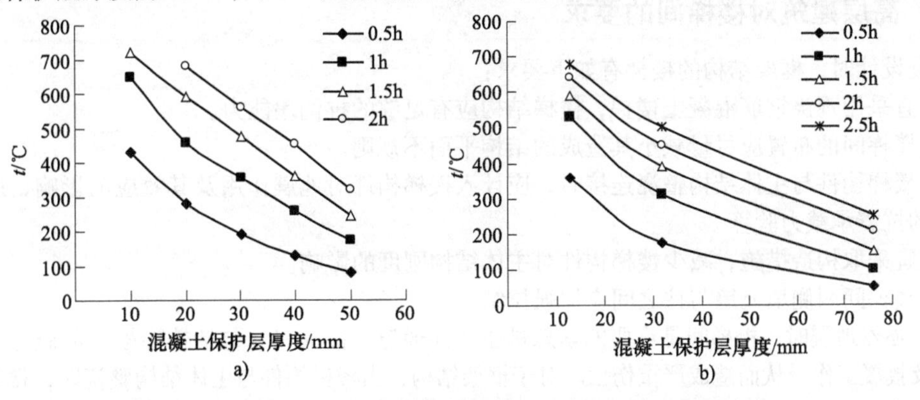

图 3-12　火灾下主筋温度与混凝土保护层厚度的关系

保护层厚度则宜达到28mm。由此可以看出按照《混凝土结构设计规范（2015年版）》（GB 50010—2010）（简称《混规》）室内一级环境15mm的最小保护层厚度，对于一级耐火等级要求的高层建筑而言明显偏低。而对于建筑高度大于100m的民用建筑，规范规定其楼板的耐火极限不应低于2.0h，其保护层厚度还需加大，故规范规定其板厚不小于100mm。

2. 装配整体式楼盖的要求

采用装配整体式楼、屋盖时，应采取措施保证楼、屋盖的整体性及其与抗震墙（即剪力墙）的可靠连接。

震害调查表明：提高装配式楼盖的整体性，可以减少在地震中预制楼板坠落伤人的震害。加强填缝是增强装配式楼板整体性的有效措施。为保证板缝混凝土的浇筑质量，板缝宽度不应过小。在较宽的板缝中放入钢筋，形成板缝梁，能有效地形成现浇与装配结合的整体楼面，效果显著。楼面板缝应浇筑质量良好，采用强度等级不低于C20的混凝土［参照《混凝土结构通用规范》（GB 55008—2021），应不低于C25］，并填充密实。严禁用混凝土下脚料或建筑垃圾填充。具体要做到：

1）无现浇叠合层的预制板，板端搁置在梁上的长度不宜小于50mm。

2）预制板板端宜预留胡子筋，其长度不宜小于100mm。

3）预制空心板孔端应有堵头，堵头深度不宜小于60mm，并应采用强度等级不低于C20的混凝土浇灌密实。

4）楼盖的预制板板缝上缘宽度不宜小于40mm，板缝大于40mm时应在板缝内配置钢筋，并宜贯通整个结构单元。现浇板缝、板缝梁的混凝土强度等级宜高于预制板的混凝土强度等级。

5）对于装配整体式楼盖，楼盖每层宜设置钢筋混凝土现浇层。现浇层厚度不应小于50mm，并应双向配置直径不小于6mm、间距不大于200mm的钢筋网，钢筋应锚固在梁或剪力墙内。

3. 抗震墙之间无大洞口的楼、屋盖的长宽比

框架-抗震墙、板柱-抗震墙结构以及框支层中，为保证楼板平面的刚度，抗震墙之间无大洞口的楼、屋盖的长宽比，不宜超过表3-8的规定；超过时，应计入楼盖平面内变形的影响。

表3-8 抗震墙之间楼、屋盖的长宽比

楼、屋盖类型		抗震设防烈度			
		6度	7度	8度	9度
框架-抗震墙结构	现浇或叠合楼、屋盖	4	4	3	2
	装配整体式楼、屋盖	3	3	2	不宜采用
板柱-抗震墙结构的现浇楼、屋盖		3	3	2	—
框支层的现浇楼、屋盖		2.5	2.5	2	—

3.6.4 高层建筑对楼梯间的要求

抗震设计时，框架结构的楼梯有如下要求：

1）宜采用现浇钢筋混凝土楼梯，楼梯结构应有足够的抗倒塌能力。

2）楼梯间的布置应尽量减小其造成的结构平面不规则。

3）楼梯构件与主体结构整浇连接时，应计入楼梯构件对地震作用及其效应的影响，应进行楼梯构件的抗震承载力验算。

4）宜采取构造措施，减少楼梯构件对主体结构刚度的影响。

5）楼梯间两侧填充墙与柱之间应加强拉结。

发生强烈地震时，楼梯间是重要的紧急逃生竖向通道，楼梯间（包括楼梯板）的破坏会延误人员撤离及救援工作，从而造成严重伤亡。对于框架结构，当楼梯构件与主体结构整浇时，楼梯板起到斜支撑的作用，对结构刚度、承载力、规则性的影响比较大，应参与抗震计算；当采取措施，如梯板

滑动支承于平台板，楼梯构件对结构刚度等的影响较小，对整体抗震计算影响不大。对于楼梯间设置刚度足够大抗震墙的结构，楼梯构件对结构刚度的影响较小，可不参与整体抗震计算。

3.7　高层建筑的地下室与基础

对于高层建筑的地下室和基础的有关规定如下：

1. 高层建筑结构宜设置地下室

高层建筑的地下室有如下的结构功能：

1）利用土体的侧压力防止水平力作用下结构的滑移、倾覆。

2）减小土的重力，降低地基的附加压应力。

3）提高地基土的承载能力。

4）减少地震作用对上部结构的影响。

震害表明，有地下室的高层建筑物震害明显减轻，设置地下室对高层建筑结构抗倾覆的能力有利。同一结构单元应全部设置地下室，不宜采用部分地下室，且地下室应当有相同的埋深。

2. 高层建筑对基础的要求

1）基础选型。高层建筑应采用整体性好、能满足地基承载力和建筑物允许变形要求并能调节不均匀沉降的基础形式；宜采用筏形基础或带桩基的筏形基础，必要时可采用箱形基础。当地质条件好且能满足地基承载力和变形要求时，也可采用交叉梁式基础或其他形式基础；当地基承载力或变形不满足设计要求时，可采用桩基或复合地基。

2）基础埋深。基础应有一定的埋置深度。在确定埋置深度时，应综合考虑建筑物的高度、体型、地基土质、抗震设防烈度等因素。基础埋置深度可从室外地坪算至基础底面，并宜符合下列规定：

① 天然地基或复合地基，可取房屋高度的1/15。

② 桩基础，不计桩长，可取房屋高度的1/18。

当建筑物采用岩石地基或采取有效措施时，在满足地基承载力、稳定性要求及控制零应力区不大的前提下，基础埋深可适当放松。

3）形成地基土对主楼的有效约束。高层建筑的基础和与其相连的裙房的基础，设置沉降缝时，应考虑高层主楼基础有可靠的侧向约束及有效埋深；不设沉降缝时，应采取有效措施减少差异沉降及其影响。

4）基础形心宜与永久荷载作用位置重合。高层建筑主体结构基础底面形心宜与永久荷载作用位置重合；当采用桩基础时，桩基的竖向刚度中心宜与高层建筑主体结构永久重力荷载重心重合。

5）水平力作用下减少基础底面的零应力区。在重力荷载与水平荷载标准值或重力荷载代表值与多遇水平地震标准值共同作用下，高宽比大于4的高层建筑，基础底面不宜出现零应力区；高宽比不大于4的高层建筑，基础底面与地基之间零应力区面积不应超过基础底面面积的15%。质量偏心较大的裙楼与主楼可分别计算基底应力。

6）基础设计宜考虑基础与上部结构相互作用的影响。

7）当地基可能产生滑移时，应采取有效的抗滑移措施。

8）高层建筑基础的混凝土强度等级不宜低于C25。

3. 地下室顶板作为上部结构嵌固部位的要求

地下室顶板作为上部结构的嵌固部位时必须具有足够的平面内刚度，以有效传递地震基底剪力，应满足以下要求：

1）地下室顶板应避免开设大洞口。

2）地下室在地上结构相关范围的顶板应采用现浇梁板结构，相关范围以外的地下室顶板宜采用现浇梁板结构；其楼板厚度不宜小于180mm，混凝土强度等级不宜小于C30，应采用双层双向配筋，且每层每个方向的配筋率不宜小于0.25%。

3）结构地上一层的抗侧刚度，不宜大于相关范围地下一层抗侧刚度的0.5倍；地下室周边宜有与其顶板相连的抗震墙。

4）地下一层抗震墙墙肢端部边缘构件纵向钢筋的截面面积，不应少于地上一层对应墙肢端部边缘构件纵向钢筋的截面面积。因为，框架柱嵌固端屈服或抗震墙墙肢的嵌固端屈服时，地下一层对应的框架柱或抗震墙墙肢不应屈服。

5）地下室顶板对应于地上框架柱的梁柱节点除应满足抗震计算要求外，尚应符合下列规定之一：

① 地下一层柱截面每侧纵向钢筋面积不应小于地上一层柱对应纵向钢筋面积的1.1倍，且地下一层柱上端和节点左右梁端实配的抗震受弯承载力之和应大于地上一层柱下端实配的抗震受弯承载力的1.3倍。

② 地下一层梁刚度较大时，柱截面每侧的纵向钢筋面积应大于地上一层对应柱每侧纵向钢筋面积的1.1倍；同时梁端顶面和底面的纵向钢筋面积均应比计算增大10%以上。

3.8 高层建筑的变形缝

在较高的钢筋混凝土高层建筑结构设计中应考虑非荷载效应的不利影响，非荷载效应包括混凝土收缩、徐变、温度变化、基础差异沉降等。避免不利影响最简单的办法是设置变形缝，避免各部分变形差异产生的相互作用力对建筑产生的不利影响。例如，高度较高的高层建筑的温度应力比较明显，为防止建筑因温度变化而产生裂缝，可隔一定距离设置温度收缩缝；在建筑平面狭长且立面有较大变化时，或者地基基础有显著变化，或者高层塔楼与低层裙房之间等位置，可能产生不均匀沉降，此时可设置沉降缝解决不均匀沉降问题；对于有抗震设防要求的建筑物，当建筑的层数、质量、刚度差异较大或有错层时，可用防震缝分开。

温度缝、沉降缝和防震缝统称为变形缝，它将高层建筑划分为若干个结构相对独立的部分，如图3-13所示。

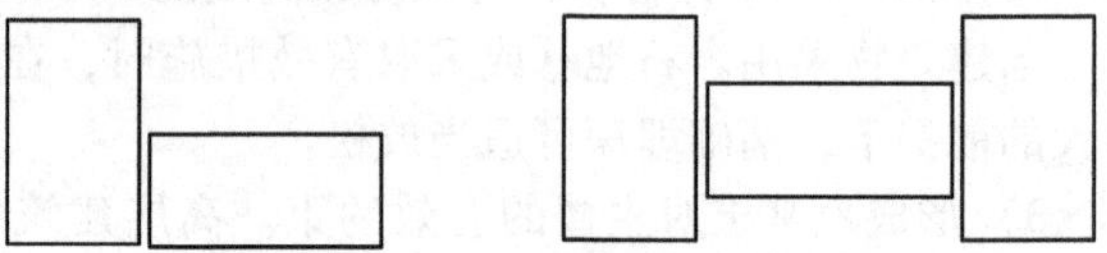

图3-13 高层建筑结构的变形缝

建筑设置温度缝、沉降缝和防震缝主要是结构安全的需要，但对建筑却又产生许多新的问题。由于变形缝两侧均需布置剪力墙或框架而使建筑使用不便、建筑立面处理困难；地下部分容易渗漏，防水困难等。多年的高层建筑结构设计和施工经验表明，高层建筑结构宜调整平面形状、尺寸和结构布置，采取构造和施工措施，尽量避免设变形缝；当确需设缝时，应将高层建筑结构划分为独立的结构单元。在地震作用时，由于结构开裂、局部损坏和进入弹塑性变形，其水平位移比弹性状态下增大很多，因此在伸缩缝和沉降缝的两侧很容易发生碰撞。1976年唐山地震中，有关方面调查了35幢高层建筑的震害，除新北京饭店（缝净宽0.6m）外，许多高层建筑都是有缝必碰，轻的装修、女儿墙碰碎，面砖剥落，重的顶层结构损坏，天津友谊宾馆（8层框架，缝净宽达0.15m）也发生严重碰撞而致顶层结构破坏；2008年汶川地震中也有许多类似震害实例。另外，设缝后，常带来建筑、结构及设备设计上的许多困难，基础防水也不容易处理。近年来，国内较多的高层建筑结构，从设计和施工等方面采取了有效措施后，不设或少设缝，从实践上看来是可行的。抗震设计时，体型复杂、平立面不规则的建筑，应根据不规则程度、地基基础条件和技术经济等因素的比较分析，确定是否设置防震缝。

3.8.1 伸缩缝

混凝土结构的伸缩缝是伸（膨胀）缝和缩（收缩）缝的合称，属于结构缝，目的是减小由于

温差（早期水化热或使用期季节温差）和体积变化（施工期或使用早期的混凝土收缩）等间接作用效应积累的影响，释放房屋因温度变化和混凝土收缩产生的结构内力。高层建筑结构不仅平面尺寸大，而且竖直高度也很大，温度变化和混凝土收缩不仅会产生水平方向的变形和内力，而且也会产生竖直方向的变形和内力，结构设计时一般不计算高层钢筋混凝土结构由于温度、收缩等变形产生的内力，这是因为一方面高层建筑的温度场分布和材料收缩参数等很难确定，另一方面混凝土既有塑性变形，又有徐变和应力松弛，实际内力远小于按弹性结构的计算值。此外，由于施工是逐层顺序建造，许多变形和内力在施工过程中已经逐步重新分布乃至消失。因此，钢筋混凝土高层建筑结构的约束变形问题，常根据施工经验和实践效果由构造措施来解决，在水平方向的常规做法是每隔一定的距离设置一道伸缩缝，使房屋分成相互独立的单元，避免引起较大的约束应力和开裂。

在未采取措施的情况下，高层建筑结构伸缩缝的最大间距可按照表3-9确定，对于框架-剪力墙的伸缩缝间距可根据结构具体布置取表中框架结构与剪力墙结构之间的数值；对于装配整体式结构可取装配式和现浇的中间数值；当屋面无保温或隔热层措施、混凝土的收缩较大或室内结构因施工外露时间较长时，伸缩缝间距应适当减少；位于气候干燥地区、夏季炎热且暴雨频繁地区的结构，伸缩缝的间距宜适当减少。

表3-9　高层建筑结构伸缩缝的最大间距

结构体系	施工方法	最大间距/m
框架结构	现浇	55
	装配	75
剪力墙结构	现浇	45
	装配	65

近年来已建成的许多高层建筑结构，由于采取了充分有效的措施并进行合理的施工，伸缩缝的间距已超出了表3-9的限制，如北京昆仑饭店为剪力墙结构，总长114m，北京京伦饭店为剪力墙结构，总长138m，所以《高规》建议在有充分依据或有可靠措施时，可以适当加大伸缩缝间距。一般情况下，无专门措施时则不宜超过表中规定的数值。

如屋面无保温、隔热措施，或室内结构在露天中长期放置，在温度变化和混凝土收缩的共同影响下，结构容易开裂；工程中采用收缩性较大的混凝土（如矿渣水泥混凝土等），则收缩应力较大，结构也容易产生开裂。因此这些情况下伸缩缝的间距均应比表中数值适当减小。

当采用有效的构造措施和施工措施减小温度和混凝土收缩对结构的影响时，可适当放宽伸缩缝的间距。这些措施包括下列方面：

1）顶层、底层、山墙和纵墙端开间等受温度变化影响较大的部位提高配筋率。

2）顶层加强保温隔热措施，或设置架空通风屋面，外墙设置外保温层。

3）采用低收缩混凝土、减少水泥用量、采用矿物掺合料、在混凝土中加入适宜的外加剂等。

4）提高楼板配筋率、减小约束裂缝宽度。

5）将温度变化大的顶层局部改变为刚度较小的形式（如剪力墙结构顶层局部改为框架），或设顶层温度缝，将结构划分为长度较短的区段，也有助于缓解约束应力。

6）每30~40m间距留出施工后浇带，带宽0.8~1m，钢筋采用搭接接头，后浇带混凝土宜在45d后浇筑；施工后浇带使施工过程中混凝土可以自由收缩，从而大大减小收缩应力。混凝土的抗拉强度可以大部分用来抵抗使用阶段的温度应力，提高结构抵抗温度变化的能力。

后浇带的混凝土可在主体混凝土施工后60d浇筑，至少也不应少于30d。后浇混凝土浇筑时的温度宜低于主体混凝土浇筑时的温度。后浇带可以选择对结构影响较小的部位曲线通过，不宜在一个平面内，以免全部钢筋在同一个平面内搭接。一般情况下，后浇带可设在框架梁和楼板的跨中 1/3 处或剪力墙连梁跨中和内外墙连接处。后浇带应贯通建筑物的整个横截面，将全部结构墙、梁和板分开，使得缝两边结构都可自由伸缩。后浇带两侧结构长期处于悬臂状态，所以支撑模板暂时不能全部拆除。当框架主梁跨度较大时，梁的钢筋可以直通而不切断，以免搭接长度过长产生施工困难，也防止悬臂状态下产生不利的内力和变形。

3.8.2 沉降缝

当同一建筑物中各部分的基础发生不均匀沉降时，有可能导致结构构件较大的内力和变形。此时可采用设置沉降缝的方法将各部分分开，沉降缝不但应贯通上部结构，而且应贯通基础本身。高层建筑在下述平面位置处，应考虑设置沉降缝：

1）高度差异或荷载差异较大处。

2）上部不同结构体系或结构类型的相邻交界处。

3）地基土的压缩性有显著的差异处。

4）基础底面标高相差较大，或基础类型不一致处。

5）分期建造的房屋的交界处。

对高层建筑而言，主要应考虑主楼与裙房之间的沉降问题。设置沉降缝后，上部结构应在缝的两侧分别布置抗侧力结构，形成双梁、双柱和双墙，但这种做法将导致其他问题，如建筑立面处理困难、地下室渗漏不容易解决等。建筑物各部分不均匀沉降差一般通过“放、抗、调”等三种方法来处理：

1）放：设沉降缝，让各部分自由沉降，互不影响，避免出现由于不均匀沉降时产生的内力。在结构设计时采用“放”的方法比较方便，但将导致建筑、设备、施工各方面的困难。

2）抗：采用端承桩或利用刚度很大的基础。前者由坚硬的基岩或砂卵石层来尽可能避免显著的沉降差；后者则用基础本身的刚度来抵抗沉降差。采用“抗”的方法不设缝，基础材料用量多，不经济。

3）调：在设计与施工中采取措施，调整各部分沉降，减少其差异，降低由沉降差产生的内力。采用“调”的方法，不设永久性沉降缝，是介于“放”与“抗”之间的办法。调整各部分沉降差，在施工过程中留出后浇带作为临时沉降缝，等到各部分结构沉降基本稳定后再连为整体。通常有以下“调”的方法，可不设永久性沉降缝：

① 调整地基土压力。主楼和裙房采用不同的基础形式：调整地基土压力，使各部分沉降基本均匀一致，减少沉降差。

② 调整施工顺序。施工先主楼，后裙房；主楼工期较长、沉降大，待主楼基本建成，沉降基本稳定后，再施工裙房，使后期沉降基本相近。

③ 预留沉降差。地基承载力较高、有较多的沉降观测资料、沉降值计算较为可靠时，主楼标高定得稍高，裙房标高定得稍低，预留两者沉降差，使最后两者实际标高一致。

3.8.3 防震缝

抗震设计时，高层建筑宜通过调整平面形状和结构布置，避免设置防震缝。对于体型复杂、平立面不规则的建筑，应根据不规则程度、地基基础条件和技术经济等因素的比较分析，确定是否设置防震缝。

抗震设防的高层建筑在下列情况下宜设防震缝：

1）平面长度和突出部分尺寸超过了限值，而又没有采取加强措施时。

2）各部分结构刚度相差悬殊，而又没有采取有效措施时。

3）各部分结构质量相差很大。

4）房屋有较大错层时。

当在适当部位设置防震缝时，宜形成多个较规则的抗侧力结构单元，缝两侧的上部结构应完全分开，即防震缝应在地面以上沿全高设置。当防震缝不作为沉降缝时，基础可以不设防震缝，但在防震缝处基础应加强构造和连接。高层建筑各部分之间凡是设缝的，建筑物各部分之间的关系应明确，要分得彻底；凡是不设缝的，就要连接牢固。绝不要将各部分之间设计的似分不分，似连不连，否则连接处在地震中很容易破坏。

防震缝宽度应符合下列规定：

1）框架结构房屋，高度不超过15m时不应小于100mm；超过15m时，6度、7度、8度和9度分别每增加高度5m、4m、3m和2m，宜加宽20mm。

2）框架-剪力墙结构房屋不应小于1）项规定数值的70%，剪力墙结构房屋不应小于1）项规定数值的50%，且二者均不宜小于100mm。

3）防震缝两侧结构体系不同时，防震缝宽度应按不利的结构类型确定。

4）防震缝两侧的房屋高度不同时，防震缝宽度可按较低的房屋高度确定。

5）当相邻结构的基础存在较大沉降差时，宜增大防震缝的宽度。

《高规》对防震缝宽度的规定是最小值，在强烈地震作用下，防震缝两侧的相邻结构仍可能因局部碰撞而损坏。为防止建筑物在地震中相碰，防震缝应根据抗震设防烈度、结构材料种类、结构类型、结构单元的高度和高差以及可能的地震扭转效应的情况，留有足够的宽度。防震缝净宽度原则上应大于两侧结构允许的地震水平位移之和。

设置防震缝时，尚应符合下列规定：

1）8度、9度抗震设计的框架结构房屋，防震缝两侧结构层高相差较大时，防震缝两侧框架柱的箍筋应沿房屋全高加密，并可根据需要沿房屋全高在缝两侧各设置不少于两道垂直于防震缝的抗撞墙；抗撞墙的布置宜避免加大扭转效应，其长度可不大于1/2层高，抗震等级可同框架结构；框架构件的内力应按设置和不设置抗撞墙两种计算模型的不利情况取值。

2）防震缝宜沿房屋全高设置，地下室、基础可不设防震缝，但在与上部防震缝对应处应加强构造和连接。

3）结构单元之间或主楼与裙房之间不宜采用牛腿托梁的做法设置防震缝，否则应采取可靠措施。

天津友谊宾馆主楼的8层框架与单层餐厅采用了餐厅层屋面梁支承在主框架牛腿上加以钢筋焊接，在唐山地震中由于振动不同步，牛腿拉断、压碎，产生严重震害，证明这种连接方式对抗震是不利的；必须采用时，应针对具体情况，采取有效措施避免地震时破坏。

在抗震设计时，伸缩缝、沉降缝的宽度均应符合《高规》《抗规》对防震缝的要求。

3.9　高层建筑结构对材料性能的要求

结构性能及其持久性与选用材料有很大关系。抗震设计强调结构的抗震性能，通过减小材料脆性促进结构延性，对结构材料选用及施工过程中的材料代用均有特殊要求，有关规定见《高规》《混规》《抗规》及《混凝土结构通用规范》（GB 55008—2021）相关内容。

3.9.1　对混凝土的要求

1. 混凝土强度等级的下限

1）为保证高层建筑结构的安全度以及抗震性能和设计延性指标的实现，混凝土材料强度等级不宜过低，各类结构用混凝土等级均不应低于C25。

2）采用强度等级500MPa及以上的钢筋时，钢筋混凝土结构构件的混凝土强度等级不应低于C30。

3）抗震等级不低于二级的混凝土结构构件，混凝土强度等级不应低于C30。

4）框支梁、框支柱及抗震等级为一级的框架梁、柱、节点核心区混凝土的强度等级不应低于C30。

5）筒体结构的混凝土强度等级不宜低于C30。

6）作为上部结构嵌固部位的地下室楼盖的混凝土强度等级不宜低于C30。

7）转换层楼板、转换梁、转换柱、箱形转换结构以及转换厚板的混凝土强度等级均不应低于C30。

8）钢-混凝土组合结构构件的混凝土强度等级不应低于C30。

9）应遵守有关耐久性要求的混凝土最低强度等级的规定，如建筑外墙和外部结构应按照室外露天环境确定混凝土最低强度等级，《混规》规定对严寒和寒冷地区的露天环境（环境类别等级为二b）混凝土最低强度等级为C30。这里严寒地区是指最冷月平均温度低于或等于-10℃，日平均温度低于或等于5℃的天数不少于145d的地区；寒冷地区是指最冷月平均温度高于-10℃、低于或等于0℃，日平均温度低于或等于5℃的天数不少于90d且少于145d的地区。

高层建筑有其特殊性，在使用中修缮费用高且不方便，建议尽量延长其耐久性期限，混凝土强度等级不宜低于C30。

2. 高层建筑混凝土结构宜采用高强高性能混凝土，但强度等级不宜太高

当房屋高度大、层数多、柱距大时，由于单柱轴向力很大，受轴压比限制而使柱截面过大，不仅加大自重和材料消耗，而且妨碍建筑功能、浪费有效面积。减小柱截面尺寸通常有采用型钢混凝土柱、钢管混凝土柱、高强混凝土三条途径。采用高强混凝土可以减小柱截面面积，目前我国高层建筑C60混凝土已广泛采用，并取得了良好的效益。

对混凝土结构中的混凝土强度等级上限有所限制，是因为一般情况下混凝土的脆性随强度等级提高而增加，目前阶段高强混凝土意味着一定的脆性性质，在抗震设计中应考虑此因素。此外，我国对高强混凝土的研究尚显薄弱，故《混规》目前混凝土强度的上限依然是C80，而在高层混凝土建筑中对混凝土的强度等级也不建议采用C70及以上的混凝土。抗震设计时，框架柱的混凝土强度等级，9度时不宜高于C60，8度时不宜高于C70；剪力墙的混凝土强度等级不宜高于C60。

当构件内力较大或抗震性能有较高要求时，高强混凝土已无法满足要求，此时宜采用型钢混凝土、钢管混凝土构件。型钢混凝土柱截面含型钢一般为5%~8%，可使柱截面面积减小30%左右，但由于型钢骨架对钢结构的制作、安装能力有较高的要求，因此目前较多用在高层建筑的下层部位柱、转换层以下的框支柱等；在较高的高层建筑中也有全部采用型钢混凝土梁、柱的实例。钢管混凝土可使柱混凝土处于有效侧向约束下，形成三向应力状态，因而延性和承载力提高较多。钢管混凝土柱如用高强混凝土浇筑，可以使柱截面减小至原截面面积的50%左右。

3.9.2 对钢筋的要求

钢筋性能的优劣对能否实现抗震设防目标至关重要，钢筋的屈服性质是抗震耗能设计的关键。故高层建筑设计中对钢筋的要求如下：

1. 钢筋混凝土结构普通钢筋的选用

钢筋混凝土结构的普通钢筋宜优先采用延性、韧性和焊接性较好的钢筋。普通钢筋的强度等级，纵向受力钢筋宜选用符合抗震性能指标的不低于HRB400级的热轧钢筋。

2. 对纵向受力钢筋性能指标的要求

抗震设计时，要求框架梁、框架柱、框支梁、框支柱、板柱-抗震墙的柱，以及伸臂桁架的斜撑、楼梯的梯段等，其纵向受力钢筋均应有足够的延性，具体要求有：

1）为了保证当构件某个部位出现塑性铰以后，塑性铰处有足够的转动能力与耗能能力，抗震等级为一、二、三级的框架结构和斜撑构件（含梯段），其纵向受力钢筋采用普通钢筋时，钢筋的

抗拉强度实测值与屈服强度实测值的比值不应小于1.25。

2）为实现强柱弱梁、强剪弱弯所规定的内力调整，纵向受力钢筋均应有足够的延性。钢筋的屈服强度实测值与屈服强度标准值的比值不应大于1.3。

3）钢筋伸长率是控制钢筋延性的重要性能指标。钢筋在最大拉力下的总伸长率不应小于9%。

3. 对钢筋强度代换的要求

在钢筋混凝土结构施工中，当需要以强度等级较高的钢筋替代原设计中的纵向受力钢筋时，应注意替代后的纵向受力钢筋的总受拉承载力设计值不应高于原设计的纵向受力钢筋总受拉承载力设计值，即应按照钢筋受拉承载力设计值相等的原则换算，以免造成薄弱部位的转移，以及构件在有影响的部位发生混凝土的脆性破坏（混凝土压碎、剪切破坏等）。

3.10　高层建筑抗震设计对非结构构件的要求

建筑非结构构件是指建筑中除承重骨架体系以外的固定构件和部件，主要包括非承重墙体，附着于楼面和屋面结构的构件、装饰构件和部件，固定于楼面的大型储物架等。

1. 非结构构件要与主体有可靠连接

高层建筑的填充墙、隔墙等非结构构件宜采用各类轻质材料，构造上应与主体结构可靠连接，并应满足承载力、稳定和变形要求。

高层建筑层数较多，减轻填充墙的自重是减轻结构总重力的有效措施；而且轻质隔墙容易实现与主体结构的连接构造，减轻或防止随主体结构发生破坏。除传统的加气混凝土制品、空心砌块外，室内隔墙还可以采用玻璃、铝板、不锈钢板等轻质复合墙板材料。非承重墙体无论与主体结构采用刚性连接还是柔性连接，都应按非结构构件进行抗震设计，自身应具有相应的承载力、稳定及变形要求。

为避免主体结构变形时室内填充墙、门窗等非结构构件损坏，较高建筑或侧向变形较大的建筑中的非结构构件应采取有效的连接措施来适应主体结构的变形。例如，外墙门窗采用柔性密封胶条或耐候密封胶嵌缝；室内隔墙选用金属板或玻璃隔墙、柔性密封胶填缝等，可以很好地适应主体结构的变形。

2. 抗震设计对非结构构件的要求

非结构构件应根据所属建筑的抗震设防类别和非结构地震破坏的后果及其对整个建筑结构影响的范围，采取不同的抗震措施，达到相应的性能化设计目标。非结构构件包括建筑非结构构件和建筑附属机电设备，自身及其与结构主体的连接，应进行抗震设计。

框架结构的围护墙和隔墙，应估计其设置对结构抗震的不利影响，避免不合理设置而导致主体结构的破坏。幕墙、装饰贴面与主体结构应有可靠连接，避免地震时脱落伤人。安装在建筑上的附属机械、电气设备系统的支座和连接，应符合地震时使用功能的要求，且不应导致相关部件的损坏。屋面围护系统、吊顶及悬吊物等非结构构件应与结构可靠连接，其抗震措施应符合《抗规》第13章的有关规定。

3. 建筑非结构构件的基本抗震措施

建筑结构中，设置连接幕墙、围护墙、隔墙、女儿墙、雨篷、商标、广告牌、顶篷支架、大型储物架等建筑非结构构件的预埋件、锚固件的部位，应采取加强措施，以承受建筑非结构构件传给主体结构的地震作用。

非承重墙体的材料、选型和布置，应根据烈度、房屋高度、建筑体型、结构层间变形、墙体自身抗侧力性能的利用等因素，经综合分析后确定，并应符合下列要求：

1）非承重墙体宜优先采用轻质墙体材料；采用砌体墙时，应采取措施减少对主体结构的不利影响，并应设置拉结筋、水平系梁、圈梁、构造柱等与主体结构可靠拉结。

2）刚性非承重墙体的布置，应避免使结构形成刚度和强度分布上的突变；当围护墙非对称均匀布置时，应考虑质量和刚度的差异对主体结构抗震不利的影响。

3）墙体与主体结构应有可靠的拉结，应能适应主体结构不同方向的层间位移；8度、9度时应具有满足层间变位的变形能力，与悬挑构件相连接时，尚应具有满足节点转动引起的竖向变形的能力。

4）外墙板的连接件应具有足够的延性和适当的转动能力，宜满足在设防地震下主体结构层间变形的要求。

5）砌体女儿墙在人流出入口和通道处应与主体结构锚固；非出入口无锚固的女儿墙高度，6~8度时不宜超过0.5m，9度时应有锚固。防震缝处女儿墙应留有足够的宽度，缝两侧的自由端应予以加强。

4. 对钢筋混凝土结构中的砌体填充墙的要求

钢筋混凝土结构中的砌体填充墙，尚应符合下列要求：

1）填充墙在平面和竖向的布置，宜均匀对称，宜避免形成薄弱层或短柱。

2）砌体的砂浆强度等级不应低于M5；实心块体的强度等级不宜低于MU2.5，空心块体的强度等级不宜低于MU3.5；墙顶应与框架梁密切结合。

3）填充墙应沿框架柱全高每隔500~600mm设2ϕ6mm拉结筋，拉结筋伸入墙内的长度，6度、7度时宜沿墙全长贯通，8度、9度时应全长贯通。

4）墙长大于5m时，墙顶与梁宜有拉结；墙长超过8m或层高2倍时，宜设置钢筋混凝土构造柱；墙高超过4m时，墙体半高宜设置与柱连接且沿墙全长贯通的钢筋混凝土水平系梁。

5）楼梯间和人流通道的填充墙，尚应采用钢丝网砂浆面层加强。

悬挑雨篷或一端由柱支承的雨篷，应与主体结构可靠连接。

玻璃幕墙、预制墙板、附属于楼屋面的悬臂构件和大型储物架的抗震构造，应符合相关专门标准的规定。

5. 基本计算要求

建筑结构抗震计算时，应按下列规定计入非结构构件的影响：

1）地震作用计算时，应计入支承于结构构件的建筑构件和建筑附属机电设备的重力。

2）对柔性连接的建筑构件，可不计入刚度；对嵌入抗侧力构件平面内的刚性建筑非结构构件，应计入其刚度影响，可采用周期调整等简化方法；一般情况下不应计入其抗震承载力，当有专门的构造措施时，尚可按有关规定计入其抗震承载力。

3）支承非结构构件的结构构件，应将非结构构件地震作用效应作为附加作用对待，并满足连接件的锚固要求。

3.11 构件承载力设计

高层混凝土结构构件应控制截面尺寸，合理配置受力钢筋、箍筋，防止剪切破坏先于弯曲破坏、混凝土的压溃先于钢筋的屈服、钢筋的锚固黏结破坏先于钢筋破坏。构件节点的破坏不应先于其连接的构件。

3.11.1 高层建筑结构构件的截面承载力验算

1. 四种设计状况

承载能力极限状态设计与设计状况有关。设计状况（Design Situations）代表一定时段内实际情况的一组设计条件，设计应做到在该组条件下结构不超越有关的极限状态。四种设计状况为：

1）持久设计状况（Persistent Design Situation）：在结构使用过程中一定出现，且持续期很长的

设计状况，其持续期一般与设计使用年限为同一数量级。

2）短暂设计状况（Transient Design Situation）：在结构施工和使用过程中出现概率较大，而与设计使用年限相比，其持续期很短的设计状况。

3）偶然设计状况（Accidental Design Situation）：在结构使用过程中出现概率很小，且持续期很短的设计状况。

4）地震设计状况（Seismic Design Situation）：结构遭受地震时的设计状况。

2. 截面抗震验算规定

结构的截面抗震验算，应符合下列规定：

1）6度时的规则建筑（建造于Ⅳ类场地上较高的高层建筑除外），可以不进行截面抗震验算，但应符合有关的抗震措施要求。

2）6度时的不规则建筑和建造于Ⅳ类场地上较高的高层建筑，7度和7度以上的建筑结构，应进行多遇地震作用下的截面抗震验算。

3. 结构构件的承载力验算

当用内力的形式表达时，结构构件的承载能力极限状态设计表达式：

1）持久设计状况、短暂设计状况：

$$\gamma_0 S_d \leqslant R_d \tag{3-3}$$

2）地震设计状况：

$$S_d \leqslant \frac{R_d}{\gamma_{RE}} \tag{3-4}$$

式中　γ_0——结构重要性系数，对安全等级为一级的结构构件不应小于1.1；对安全等级为二级的构件，不应小于1.0；

S_d——作用组合的效应设计值（可简写为S）；

R_d——构件承载力设计值（可简写为R）；

γ_{RE}——构件承载力抗震调整系数。

抗震设计时，钢筋混凝土构件的承载力抗震调整系数应按表3-10采用；当仅考虑竖向地震作用组合时，承载力抗震调整系数均应取为1.0。

表3-10　承载力抗震调整系数

构件类别	梁	轴压比小于0.15的柱	轴压比不小于0.15的柱	剪力墙		各类构件	节点
受力状态	受弯	偏压	偏压	偏压	局部承压	受剪、偏拉	受剪
γ_{RE}	0.75	0.75	0.80	0.85	1.0	0.85	0.85

3.11.2　承载力验算的效应组合

建筑结构承受的荷载有竖向荷载，如自重（永久荷载）、楼面使用荷载（可变荷载）和雪荷载（可变荷载）等；还有水平荷载，如风荷载和地震作用。荷载（作用）引起结构或结构构件的反应，例如内力、变形和裂缝等，称为荷载（作用）效应。各种作用（荷载）可能同时出现在结构上，但是出现的概率不同，按照概率统计和可靠度理论把各种效应按一定规律加以组合，就是作用（荷载）效应组合。

由各种荷载的标准值单独作用产生的效应（内力、变形等）称为荷载效应标准值。在组合时，效应的设计值为效应标准值乘以分项系数和组合系数。荷载分项系数是考虑各种荷载可能出现超越标准值的情况而确定的荷载（效应）增大系数，而组合系数则是考虑到某些荷载同时作用的概率较小，在叠加其效应时通常乘以小于1的系数。例如，在考虑有地震作用效应组合时，风荷载和地震作用同时达到最大值的概率较小，因此在风荷载效应与地震作用效应组合时，对风荷载起控制作用的建筑风荷载组合值系数取 0.2，一般结构取 0。

1. 持久设计状况和短暂设计状况的效应组合

当荷载与荷载效应按线性关系考虑时，荷载基本组合的效应设计值应按下式确定：

$$S_d = \gamma_G S_{Gk} + \gamma_L \psi_Q \gamma_Q S_{Qk} + \psi_W \gamma_W S_{Wk} \tag{3-5}$$

式中 S_d——荷载组合的效应设计值；

γ_G——永久荷载分项系数；当其效应对结构承载力不利时取 1.3；当其效应对结构承载力有利时应取 1.0；

γ_Q——楼面活荷载分项系数；当其效应对结构承载力不利时应取 1.5；当其效应对结构承载力有利时取 0；

γ_W——风荷载分项系数，应取 1.4；

γ_L——考虑结构设计使用年限的荷载调整系数；设计使用年限为 50 年时取 1，设计使用年限为 100 年时取 1.1；

S_{Gk}——永久荷载效应标准值；

S_{Qk}——楼面活荷载效应标准值；

S_{Wk}——风荷载效应标准值；

ψ_Q、ψ_W——楼面活荷载组合值系数和风荷载组合值系数，当永久荷载效应起控制作用时应分别取 0.7 和 0.0；当可变荷载效应起控制作用时应分别取 1.0 和 0.6 或 0.7 和 1.0。对书库、档案库、储藏室、通风机房和电梯机房，对楼面活荷载组合值系数取 0.7 的场合应取为 0.9。

位移计算时，式（3-5）中各分项系数均应取 1.0。

2. 地震设计状况效应组合表达式

当作用与作用效应按线性关系考虑时，荷载和地震作用基本组合的效应设计值应按下式确定：

$$S_d = \gamma_G S_{GE} + \gamma_{Eh} S_{Ehk} + \gamma_{Ev} S_{Evk} + \psi_W \gamma_W S_{Wk} \tag{3-6}$$

式中 S_d——荷载和地震作用组合的效应设计值；

S_{GE}——重力荷载代表值的效应；

S_{Ehk}——水平地震作用标准值的效应，尚应乘以相应的增大系数、调整系数；

S_{Evk}——竖向地震作用标准值的效应，尚应乘以相应的增大系数、调整系数；

S_{Wk}——风荷载效应标准值；

γ_G——重力荷载分项系数；

γ_W——风荷载分项系数；

γ_{Eh}——水平地震作用分项系数；

γ_{Ev}——竖向地震作用分项系数；

ψ_W——风荷载的组合值系数。

承载力计算时，地震设计状况下，荷载和地震作用基本组合的分项系数应按表 3-11 采用。当重力荷载效应对结构承载力有利时，表 3-11 中 γ_G 不应大于 1.0。位移计算时，式（3-6）中各分项系数均应取 1.0。

表 3-11 有地震作用效应组合时荷载和地震作用的分项系数

参与组合的荷载和作用	γ_G	γ_{Eh}	γ_{Ev}	γ_W	说明
重力荷载及水平地震作用	1.2	1.3	—	—	抗震设计的高层建筑结构均应考虑
重力荷载及竖向地震作用	1.2	—	1.3	—	9 度抗震设计时考虑；水平长悬臂和大跨度结构 7 度（0.15g）、8 度、9 度抗震设计时考虑
重力荷载、水平地震及竖向地震作用	1.2	1.3	0.5	—	9 度抗震设计时考虑；水平长悬臂和大跨度结构 7 度（0.15g）、8 度、9 度抗震设计时考虑

（续）

参与组合的荷载和作用	γ_G	γ_{Eh}	γ_{Ev}	γ_W	说 明
重力荷载、水平地震作用及风荷载	1.2	1.3	—	1.4	60m以上的高层建筑考虑
重力荷载、水平地震作用、竖向地震作用及风荷载	1.2	1.3	0.5	1.4	60m以上的高层建筑，9度抗震设计时考虑；水平长悬臂结构和大跨结构7度（0.15g）、8度、9度抗震设计时考虑
	1.2	0.5	1.3	1.4	水平长悬臂结构和大跨结构7度（0.15g）、8度、9度抗震设计时考虑

表3-11中g为重力加速度，“—”号表示组合中不考虑该项荷载或作用效应。非抗震设计时，应按式（3-5）进行荷载效应组合。抗震设计时，应同时按式（3-5）和式（3-6）进行荷载效应和地震作用效应的组合；除四级抗震等级的结构构件外，按式（3-6）计算的组合内力设计值，尚应按《高规》的有关规定进行调整。

3.11.3 非结构构件的抗震验算

1. 非结构构件的功能级别

非结构构件应根据所属建筑的抗震设防类别和非结构构件地震破坏的后果及其对整个建筑结构影响的范围，划分为三级：

1）一级，地震破坏后可能导致甲类建筑使用功能的丧失或危及乙类、丙类建筑中的人员生命安全。

2）二级，地震破坏后可能导致乙类、丙类建筑的使用功能丧失或危及丙类建筑中的人员安全。

3）三级，除一、二级及丁类建筑以外的非结构构件。

2. 非结构构件的地震作用

非结构构件的地震作用，应根据其连接构造、所处部位的建筑高度和特征分别采用等效侧力法、楼面反应谱法或时程分析法计算。等效侧力法见《非结构构件抗震设计规范》（JGJ 339—2015）3.2.1条，楼面反应谱法见《非结构构件抗震设计规范》3.2.2条。

非结构构件地震作用效应组合方法见《非结构构件抗震设计规范》3.3.1条。

3. 非结构构件的抗震承载力验算

计算公式同式（3-4）。

3.12 结构水平位移验算和舒适度要求

3.12.1 高层建筑的水平位移限值

侧向位移控制实际上是对构件截面大小、刚度大小的一个宏观控制指标。高层建筑层数多、高度大，在正常使用条件下，高层建筑结构应具有足够的刚度，避免产生过大的位移而影响结构的承载力、稳定性和使用要求。所以，高层建筑结构应进行正常使用条件下结构的水平位移验算，抗震设计时则需按照多遇地震作用进行抗震变形验算。

1. 正常使用条件下的水平位移计算

正常使用条件下，高层建筑结构的变形按弹性方法计算，地震作用按小震考虑，结构构件的刚度采用弹性阶段的刚度，当计算的变形较大时，可适当考虑构件开裂时的刚度退化，如取抗弯刚度为弹性刚度的0.85倍。计算位移时，式（3-5）、式（3-6）的各种作用分项系数均应采用1.0。

2. 弹性层间位移角限值

考虑到层间位移控制实际是一个宏观的抗侧刚度指标，为便于设计人员在工程设计中应用，《高规》采用了层间最大位移与层高之比 $\Delta u/h$ 即层间位移角 θ 作为层间变形的控制指标：

$$\theta_i = \frac{\Delta u_i}{h_i} = \frac{u_i - u_{i-1}}{h_i} \tag{3-7}$$

式中 θ_i——第 i 层层间位移角；

Δu_i——第 i 层与下一层的层间相对位移；

h_i——第 i 层层高。

正常使用条件下，结构在风荷载或多遇地震作用标准值下的水平位移按照弹性方法计算，其层间位移角并不超过相应的限值，即

$$\theta_e = \frac{\Delta u_e}{h_i} \leqslant [\theta_e] \tag{3-8}$$

式中 θ_e、Δu_e——风荷载或多遇地震作用标准值产生的楼层弹性层间位移角和最大弹性层间位移；

$[\theta_e]$——弹性层间位移角限值，见表3-12。

对高度不大于150m的高层建筑，整体弯曲变形影响相对较小，钢筋混凝土高层建筑的层间位移角限值 $[\theta_e]$ 按不同的结构体系取1/1000～1/550；对建筑高度 H 不小于250m的高层建筑，$[\theta_e]$ 不宜大于1/500，见表3-12。H 在150～250m之间的高层建筑，$[\theta_e]$ 可按 $H\geqslant 250$m 的1/500和 $H\leqslant 150$m 的限值按线性插入取用。

表3-12 楼层弹性层间位移角限值

结构体系		$[\theta_e]=\Delta u/h$ 限值	
		$H\leqslant 150$m	$H\geqslant 250$
钢筋混凝土结构	框架	1/550	1/500
	框架-剪力墙、框架-核心筒、板柱-剪力墙	1/800	
	筒中筒、剪力墙	1/1000	
	除框架结构外的钢筋混凝土框支层	1/1000	
多高层钢结构		1/250	

3. 限制层间位移的目的

在正常使用条件下，限制高层建筑结构层间位移的目的主要有两点：

1）保证主结构基本处于弹性受力状态。对钢筋混凝土结构来讲，要避免混凝土墙或柱出现裂缝；同时将混凝土梁等楼面构件的裂缝数量、宽度和高度限制在规范允许范围之内。

2）保证填充墙、隔墙和幕墙等非结构构件的完好，避免产生明显损伤，避免装修破坏。

3.12.2 风振舒适度要求

高度大的建筑物在风荷载作用下将产生振动，过大的振动加速度将使在高楼内居住或办公的人们感觉不舒适，甚至不能忍受，舒适度与风振加速度的关系见表3-13。

表3-13 舒适度与风振加速度的关系

不舒适的程度	建筑物的加速度
无感觉	$<0.005g$
有感	$0.005g\sim0.015g$

（续）

不舒适的程度	建筑物的加速度
扰人	$0.015g \sim 0.05g$
十分扰人	$0.05g \sim 0.15g$
不能忍受	$>0.15g$

故参照国外有关研究成果和标准，要求高层建筑混凝土结构应具有良好的使用条件。《高规》规定，房屋高度 H 不小于 150m 的高层混凝土建筑结构应满足风振舒适度的要求。

1. 结构顶点最大加速度

在 10 年一遇的风荷载标准值作用下，结构顶点的顺风向和横风向振动最大加速度计算值不应超过表 3-14 的限值。

表 3-14　结构顶点风振加速度限值 a_{lim}

使用功能	$a_{\mathrm{lim}}/(\mathrm{m/s^2})$
住宅、公寓	0.15
办公、旅馆	0.25

结构顶点的顺风向和横风向振动最大加速度可参照《荷载规范》附录 J 计算，如下：

（1）顺风向风振加速度　体型、质量沿高度分布均匀的建筑，顺风向风振加速度可按下式计算：

$$\alpha_{\mathrm{D},z} = \frac{2gI_{10}w_R\mu_z\mu_s B_z\eta_a B}{m} \tag{3-9}$$

式中　g——峰值因子，可取 2.5；

I_{10}——10m 高度名义湍流强度，对应 A、B、C 和 D 类地面粗糙度，可分别取 0.12、0.14、0.23 和 0.39；

w_R——重现期为 R 的风压（$\mathrm{kN/m^2}$），可参照《荷载规范》附录 E 式（E.3.3）计算；

μ_s——风荷载体型系数；

μ_z——风压高度变化系数；

B_z——脉动风荷载的背景分量因子，见式（2-14）；

B——迎风面宽度（m）；

m——结构单位高度的质量（t/m）；

η_a——顺风向风振加速度的脉动系数，见《荷载规范》附录 J 表 J.1.2。

（2）横风向风振加速度　见《荷载规范》附录 J.2，此不赘述。

2. 楼盖结构的舒适度要求

楼盖结构应具有适宜的舒适度。楼盖结构的竖向振动频率不宜小于 3Hz，竖向振动加速度峰值不应超过表 3-15 的限值。楼盖结构竖向振动加速度可按《高规》附录 A 中 A.0.2 条计算。

表 3-15　楼盖竖向振动加速度限值

人员活动环境	峰值加速度限值/($\mathrm{m/s^2}$)	
	竖向自振频率不大于 2Hz	竖向自振频率不小于 4Hz
住宅、办公	0.07	0.05
商场及室内连廊	0.22	0.15

3.13 罕遇地震作用下结构薄弱层的弹塑性变形验算

钢筋混凝土框架结构在大地震中往往易受到严重破坏甚至倒塌。实际震害分析及试验研究表明，除了其结构刚度相对较小而变形较大外，更主要的是存在承载力验算所没有发现的薄弱部位，其特点是承载力本身虽满足设计地震作用下抗震承载力的要求，但比相邻部位要弱得多。框架填充墙较少的框架结构或底部框架-剪力墙结构的底部和过渡层是明显的薄弱部位，在地震中其首层破坏非常普遍。震害表明，结构如果存在薄弱层，在强烈地震作用下，结构薄弱部位将产生较大的弹塑性变形，会引起结构严重破坏甚至倒塌。为避免出现薄弱层，在抗震设计中要尽量做到：

1）要使楼层（部位）的实际承载力和设计计算的弹性受力之比在总体上保持一个相对均匀的变化，因为一旦楼层（或部位）的这个比例有突变，则会由于塑性内力重分布导致塑性变形的集中。

2）要防止在局部上加强而忽视整个结构各部位刚度、强度的协调。

3）在抗震设计中有意识、有目的地控制薄弱层（部位），使之有足够的变形能力又不使薄弱层发生转移，这是提高结构总体抗震性能的有效手段。

抗震设计时，对重要的建筑结构、超高层建筑结构、复杂高层建筑结构需进行弹塑性计算分析，通过分析结构的薄弱部位、验证结构的抗震性能，是目前应用越来越多的一种方法。

3.13.1 高层建筑在罕遇地震作用下弹塑性变形验算的要求

1. 应进行罕遇地震作用下的弹塑性变形验算的高层建筑结构

1）7~9度时楼层屈服强度系数小于0.5的钢筋混凝土框架结构和框排架结构。

2）甲类建筑和9度时乙类建筑中的钢筋混凝土结构和钢结构。

3）采用隔震和消能减震设计的结构。

4）房屋高度大于150m的结构。

2. 宜进行罕遇地震作用下的弹塑性变形验算的高层建筑

1）表3-16所列范围且竖向不规则的高层建筑结构。

表3-16 需验算层间弹塑性位移角的建筑高度

抗震设防烈度，场地类别	建筑高度/m
8度Ⅰ、Ⅱ类场地和7度场地	>100
8度Ⅲ、Ⅳ类场地	>80
9度场地	>60

2）7度Ⅲ、Ⅳ类场地和8度时乙类建筑中的钢筋混凝土结构和钢结构。

3）板柱-剪力墙结构。

4）高度不大于150m的其他高层钢结构。

3.13.2 结构薄弱层的层间弹塑性位移验算

在罕遇地震作用下，结构要进入弹塑性变形状态。根据震害经验、试验研究和计算分析结果，《抗规》提出以构件（梁、柱、墙）和节点达到极限变形时的层间极限位移角作为罕遇地震作用下结构层间弹塑性位移角限值的依据。结构薄弱层（部位）层间弹塑性位移应符合下式要求：

$$\Delta u_p \leqslant [\theta_p] h \tag{3-10}$$

式中 $[\theta_p]$——层间弹塑性位移角限值，按表3-17采用，对钢筋混凝土框架结构，当轴压比小于0.40时，可提高10%，当柱子全高的箍筋构造比规定的最小配箍特征值大30%时，

可提高20%，但累计不超过25%，见表3-17；

Δu_p——层间弹塑性位移；

h——薄弱层楼层层高。

表3-17　层间弹塑性位移角限值

结构体系		$[\theta_p]$ 限值
钢筋混凝土	框架	1/50
	框架-剪力墙、框架-核心筒、板柱-剪力墙	1/100
	筒中筒、剪力墙	1/120
	除框架以外的转换层	1/120
多、高层钢结构		1/50

3.13.3　结构弹塑性计算分析方法及有关规定

1. 弹塑性计算分析有关规定

高层建筑混凝土结构进行弹塑性计算分析时，可根据实际工程情况采用静力分析或动力时程分析方法，并应符合下列规定：

1）当采用结构抗震性能设计时，应根据有关规定预定结构的抗震性能目标。

2）梁、柱、斜撑、剪力墙、楼板等结构构件，应根据实际情况和分析精度要求采用合适的简化模型。

3）构件的几何尺寸、混凝土构件所配的钢筋和型钢、混合结构的钢构件应按实际情况参与计算。

4）应根据预定的结构抗震性能目标，合理取用钢筋、钢材、混凝土材料的力学性能指标以及本构关系。钢筋和混凝土材料的本构关系可按《混规》的有关规定采用。

5）应考虑几何非线性影响。

6）进行动力弹塑性计算时，地面运动加速度时程的选取、预估罕遇地震作用时的峰值加速度取值以及计算结果的选用应符合《高规》第4.3.5条的规定。

7）应对计算结果的合理性进行分析和判断。

2. 罕遇地震作用下结构薄弱层的弹塑性变形计算分析方法

在预估的罕遇地震作用下，高层建筑结构薄弱层（部位）弹塑性变形计算可采用下列计算方法：

1）规则结构可采用弯剪层模型或平面杆系模型，不规则结构应采用空间结构模型。

2）不超过12层且层抗侧刚度无突变的钢筋混凝土框架结构可采用简化计算法。

3）除2）外的建筑结构，可采用静力弹塑性分析方法或弹塑性时程分析法等。

高度不超过150m的高层建筑可采用静力弹塑性分析方法；高度超过200m时，应采用弹塑性时程分析法；高度在150~200m之间，可视结构自振特性和不规则程度选择静力弹塑性分析方法或弹塑性时程分析方法。高度超过300m的结构，应有两个独立的计算进行校核；弹塑性时程分析宜采用双向或三向地震输入。

3.13.4　薄弱层的确定及结构弹塑性位移简化计算

1. 结构薄弱层的位置

多层结构存在“塑性变形集中”的薄弱层是一种普遍现象，采用弹塑性位移的简化计算方法时，可按照楼层屈服强度系数 ξ_y 确定薄弱层位置。对屈服强度系数 ξ_y 分布均匀的结构薄弱层的位置可取底层；对分布不均匀的结构薄弱层的位置则可取该系数最小的楼层（部位）及相对较小的楼层，一般不超过2~3处。

由于薄弱层结构在强烈地震下不存在强度安全储备，故应按照构件的实际承载力分析判断薄弱层。在此，楼层屈服强度系数ξ_y为按钢筋混凝土构件实际配筋和材料强度标准值计算的楼层受剪承载力和按罕遇地震作用标准值计算的楼层弹性地震剪力的比值。

2. 薄弱层弹塑性层间位移的简化计算

1）结构弹塑性层间位移可按下式计算：

$$\Delta u_p = \eta_p \Delta u_e \tag{3-11}$$

式中　Δu_p——层间弹塑性位移；

Δu_e——罕遇地震作用下按弹性分析的层间位移；

η_p——弹塑性位移增大系数。

多层剪切型结构薄弱层的弹塑性变形与弹性变形之间有相对稳定的关系：对于屈服强度系数ξ_y均匀的多层结构，当薄弱层（部位）的屈服强度系数ξ_y不小于相邻层（部位）ξ_y平均值的0.8时，η_p可按表3-18采用。对于ξ_y不均匀的结构，当屈服强度系数ξ_y不大于该平均值的0.5时，在弹性刚度沿高度变化较平缓时，η_p可近似用均匀结构的η_p适当放大取值，即按表3-18相应数值的1.5倍采用；其他情况可采用内插法取值。对其他情况，一般需要用静力弹塑性分析方法、弹塑性时程分析方法或内力重分布法等予以估计。

表3-18　结构的弹塑性位移增大系数η_p

结构类型	总层数或位置	ξ_y		
		0.5	0.4	0.3
多层均匀框架结构	2~4	1.30	1.40	1.60
	5~7	1.50	1.65	1.80
	8~12	1.80	2.00	2.20

2）结构弹塑性层间位移也可按下式计算：

$$\Delta u_p = \mu \Delta u_y = \frac{\eta_p}{\xi_y} \Delta u_y \tag{3-12}$$

式中　Δu_y——层间屈服位移，由式（3-11）和式（3-12）可知，$\Delta u_y = \xi_y \Delta u_e$；

μ——楼层延性系数，采用延性系数来表示多层结构的层间变形时，可用$\mu = \eta_p / \xi_y$计算。

3.14　结构抗震设计基本规定

地震作用（Earthquake Action）是由地震动引起的结构动态作用，包括水平地震作用和竖向地震作用。经抗震设防后，应能够减轻建筑地震破坏、避免人员伤亡、减少经济损失。

3.14.1　抗震设防烈度

抗震设防烈度是由国家规定权限批准的作为一个地区抗震设防依据的地震烈度，不得随意提高或降低。一般情况下，应采用根据地震动参数区划图确定的地震基本烈度，即当地50年设计基准期内超越概率10%的地震烈度。地震动参数区划图（Seismic Ground Motion Parameter Zonation Map）是以地震动参数（以加速度表示地震作用强弱程度）为指标，将全国划分为不同抗震设防要求区域的图件。设计地震动参数（Design Parameters of Ground Motion）是抗震设计用的地震加速度（速度、位移）时程曲线、加速度反应谱和峰值加速度。

在我国，抗震设防烈度为6度及以上地区的建筑，必须进行抗震设计，即6度是抗震设计的设

防烈度起点。鉴于6度设防的房屋建筑的地震作用往往不对结构设计起控制作用，为减少设计计算的工作量，《抗规》规定，抗震设防烈度为6度时，除有具体规定外，对乙、丙、丁类的建筑可不进行地震作用计算，而可仅进行抗震措施的设计。

3.14.2　抗震设防

1. 抗震设防分类

抗震设防分类（Seismic Fortification Category for Structures）是指根据建筑遭遇地震破坏后，可能造成人员伤亡、直接和间接经济损失、社会影响的程度及其在抗震救灾中的作用等因素，对各类建筑所做的设防类别划分。

将建筑工程划分为不同抗震设防类别的目的是区别对待和采取不同的设计要求。这是根据我国现有技术和经济条件的实际情况，达到减轻地震灾害又合理控制建设投资的重要对策之一。建筑工程抗震设防类别划分的基本原则是从抗震设防的角度进行分类，主要是指建筑遭受地震损坏对各方面影响后果的严重性。从性质看有人员伤亡、经济损失、社会影响等；从范围看有国际、国内、地区、行业、小区和单位；从程度看有对生产、生活和救灾影响的大小，导致次生灾害的可能，恢复重建的快慢等。建筑抗震设防类别的划分，应根据下列因素的综合分析确定：

1）建筑破坏造成的人员伤亡、直接和间接经济损失及社会影响的大小。其中，直接经济损失是指建筑物、设备及设施遭到破坏而产生的经济损失和因停产、停业所减少的净产值。间接经济损失是指建筑物、设备及设施遭到破坏，导致停产所减少的社会产值、修复所需费用，伤员医疗费用以及保险补偿费用等。社会影响是指建筑物、设备及设施破坏导致人员伤亡造成的影响、社会稳定、生活条件的降低、对生态环境的影响以及对国际的影响等。

2）城镇的大小、行业的特点、工矿企业的规模。

3）建筑使用功能失效后，对全局的影响范围大小、抗震救灾影响及恢复的难易程度。

4）由防震缝分开的建筑各区段的重要性有显著不同时，可按区段划分抗震设防类别。下部区段的类别不应低于上部区段。

5）不同行业的相同建筑，当所处地位及地震破坏所产生的后果和影响不同时，其抗震设防类别可不相同。

2. 抗震设防类别

抗震设防区的所有建筑应按《建筑工程抗震设防分类标准》（GB 50223—2008）确定其抗震设防类别及其抗震设防标准。

建筑工程应分为以下四个抗震设防类别：

1）特殊设防类：使用上有特殊设施，涉及国家公共安全的重大建筑工程和地震时可能发生严重次生灾害等特别重大灾害后果，需要进行特殊设防的建筑，简称甲类。

2）重点设防类：地震时使用功能不能中断或需尽快恢复的生命线相关建筑，以及地震时可能导致大量人员伤亡等重大灾害后果，需要提高设防标准的建筑，简称乙类。

3）标准设防类：大量的除1）、2）、4）以外按标准要求进行设防的建筑，简称丙类。

4）适度设防类：使用上人员稀少且地震损失不致产生次生灾害，允许在一定条件下适度降低要求的建筑，简称丁类。

高层建筑中，当结构单元内经常使用人数超过8000人时，抗震设防类别宜划为重点设防类。居住建筑的抗震设防类别不应低于标准设防类。公共建筑，应根据其人员密集程度、使用功能、规模、地震破坏所造成的社会影响和直接经济损失的大小划分抗震设防类别。商业建筑中，人流密集的大型的多层商场抗震设防类别应划为重点设防类。当商业建筑与其他建筑合建时应分别判断，并按区段确定其抗震设防类别。

3. 抗震设防标准

抗震设防标准（Seismic Precautionary Criterion）是衡量抗震设防要求高低的尺度，由建设场地的抗震设防烈度或设计地震动参数及建筑抗震设防类别确定。

各抗震设防类别建筑的抗震设防标准有以下四类：

1）标准设防类：应按本地区抗震设防烈度确定其抗震措施和地震作用，达到在遭遇高于当地抗震设防烈度的预估罕遇地震影响时不致倒塌或发生危及生命安全的严重破坏的抗震设防目标。

2）重点设防类：应按高于本地区抗震设防烈度一度的要求加强其抗震措施；但抗震设防烈度为9度时应按比9度更高的要求采取抗震措施；地基基础的抗震措施应符合有关规定。同时，应按本地区抗震设防烈度确定其地震作用。

3）特殊设防类：应按高于本地区抗震设防烈度提高一度的要求加强其抗震措施；但抗震设防烈度为9度时应按比9度更高的要求采取抗震措施。同时，应按批准的地震安全性评价的结果且高于本地区抗震设防烈度的要求确定其地震作用。

4）适度设防类：允许比本地区抗震设防烈度的要求适当降低其抗震措施，但抗震设防烈度为6度时不应降低。一般情况下，仍应按本地区抗震设防烈度确定其地震作用。

3.14.3 抗震措施

抗震措施（Seismic Measures）是指除地震作用计算和抗力计算以外的抗震设计内容。抗震措施包括一般规定、计算要点、抗震构造措施、设计要求、抗震计算时的地震作用效应（内力和变形）调整措施等。

抗震构造措施（Details of Seismic Design）是指根据抗震概念设计原则，一般不需计算而对结构和非结构各部分必须采取的各种细部要求。

各抗震设防类别的高层建筑结构，其抗震措施应符合下列要求：

1）甲类、乙类建筑：应按本地区抗震设防烈度提高一度的要求加强其抗震措施，但抗震设防烈度为9度时应按比9度更高的要求采取抗震措施；当建筑场地为Ⅰ类时，应允许仍按本地区抗震设防烈度的要求采取抗震构造措施。甲类和乙类建筑需要提高设防标准。其中乙类需要提高抗震措施而不要求提高地震作用；甲类在提高一度的要求加强其抗震措施的基础上，地震作用还应按高于本地区抗震设防烈度计算。提高抗震措施是着眼于把财力、物力用在增加结构薄弱部位的抗震能力上，是经济且有效的方法，适合于我国经济有较大发展而人均经济水平仍属于发展中国家的情况。提高地震作用则结构的各构件均全面增加材料，投资增加的效果不如提高抗震措施。

2）丙类建筑：应按本地区抗震设防烈度确定其抗震措施：当建筑场地为Ⅰ类时，除6度外，应允许按本地区抗震设防烈度降低一度的要求采取抗震构造措施。

3）建筑场地为Ⅲ、Ⅳ类时，对设计基本地震加速度为0.15g和0.30g的地区，宜分别按抗震设防烈度8度（0.20g）和9度（0.40g）时各类建筑的要求采取抗震构造措施。

4）与主楼连为整体的裙楼的抗震等级不应低于主楼的抗震等级。

5）主楼结构在裙房顶部上、下各一层应适当加强抗震构造措施。

3.14.4 抗震等级

抗震等级是钢筋混凝土房屋的重要设计参数，我国《抗规》建立了这一参数的划分方法。抗震等级的划分体现了对不同抗震设防类别、不同结构类型、不同烈度、同一烈度但不同高度的钢筋混凝土房屋结构延性要求的不同，以及同一种构件在不同结构类型中延性要求的不同。影响结构延性的因素很多，以构件延性为例主要有截面应力性质、所用材料及截面配筋量、配筋构造等。

在抗震设计时需对结构和构件采用一系列抗震措施确保结构延性，延性越好，结构抗震性能越强。

抗震设计时，高层建筑钢筋混凝土结构构件应根据抗震设防分类、烈度、结构类型和房屋高度采用不同的抗震等级，并应符合相应的计算和构造措施要求。

由于《高规》规定10层及10层以上或房屋高度大于28m的住宅建筑和房屋高度大于24m的其他高层民用建筑为高层建筑，故《抗规》在划分抗震等级时将框架结构的高度分界定为24m，对于7度、8度、9度时的框架-抗震墙结构，抗震墙结构以及部分框支抗震墙结构，也将24m作为一个高度分界，但该规定不高于《高规》。根据《高规》的规定，A级高度丙类建筑钢筋混凝土结构的抗震等级见表3-19。当抗震设防烈度为9度时，A级高度乙类建筑的抗震等级应按特一级采用，甲类建筑应采取比9度设防更有效的抗震措施。

表3-19　A级高度丙类建筑钢筋混凝土结构的抗震等级

<table>
<tr><th colspan="3" rowspan="2">结构类型</th><th colspan="7">抗震设防烈度</th></tr>
<tr><th colspan="2">6度</th><th colspan="2">7度</th><th colspan="2">8度</th><th>9度</th></tr>
<tr><td colspan="3">框架结构</td><td colspan="2">三</td><td colspan="2">二</td><td colspan="2">一</td><td>一</td></tr>
<tr><td rowspan="3">框架-剪力墙结构</td><td colspan="2">高度/m</td><td>≤60</td><td>>60</td><td>≤60</td><td>>60</td><td>≤60</td><td>>60</td><td>≤50</td></tr>
<tr><td colspan="2">框架</td><td>四</td><td>三</td><td>三</td><td>二</td><td>二</td><td>一</td><td>一</td></tr>
<tr><td colspan="2">剪力墙</td><td colspan="2">三</td><td colspan="2">二</td><td colspan="2">一</td><td>一</td></tr>
<tr><td rowspan="2">剪力墙结构</td><td colspan="2">高度/m</td><td>≤80</td><td>>80</td><td>≤80</td><td>>80</td><td>≤80</td><td>>80</td><td>≤60</td></tr>
<tr><td colspan="2">剪力墙</td><td>四</td><td>三</td><td>三</td><td>二</td><td>二</td><td>一</td><td>一</td></tr>
<tr><td rowspan="3">部分框支剪力墙结构</td><td colspan="2">非底部加强部位剪力墙</td><td>四</td><td>三</td><td>三</td><td>二</td><td>二</td><td rowspan="3">—</td><td rowspan="3">—</td></tr>
<tr><td colspan="2">底部加强部位剪力墙</td><td>三</td><td>二</td><td>二</td><td>一</td><td>一</td></tr>
<tr><td colspan="2">框支框架</td><td colspan="2">二</td><td>二</td><td>一</td><td>一</td></tr>
<tr><td rowspan="4">筒体结构</td><td rowspan="2">框架-核心筒</td><td>框架</td><td colspan="2">三</td><td colspan="2">二</td><td colspan="2">一</td><td>一</td></tr>
<tr><td>核心筒</td><td colspan="2">二</td><td colspan="2">二</td><td colspan="2">一</td><td>一</td></tr>
<tr><td rowspan="2">筒中筒</td><td>外筒</td><td colspan="2" rowspan="2">三</td><td colspan="2" rowspan="2">二</td><td colspan="2" rowspan="2">一</td><td rowspan="2">一</td></tr>
<tr><td>内筒</td></tr>
<tr><td rowspan="3">板柱-剪力墙结构</td><td colspan="2">高度/m</td><td>≤35</td><td>>35</td><td>≤35</td><td>>35</td><td>≤35</td><td>>35</td><td rowspan="3">—</td></tr>
<tr><td colspan="2">框架、板柱及柱上板带</td><td>三</td><td>二</td><td>二</td><td>二</td><td>一</td><td>一</td></tr>
<tr><td colspan="2">剪力墙</td><td>二</td><td>二</td><td>二</td><td>一</td><td>二</td><td>一</td></tr>
</table>

注：1. 接近或等于高度分界时，应结合房屋不规则程度及场地、地基条件适当确定抗震等级。
2. 底部带转换层的筒体结构，其转换框架的抗震等级应按表中部分框支剪力墙结构的规定采用。
3. 当框架-核心筒结构的高度不超过60m时，其抗震等级可按框架-剪力墙结构采用。

表3-19中的抗震等级是根据国内外高层建筑震害、有关科研成果、工程设计经验而划分的。框架-剪力墙结构中，由于剪力墙部分的刚度远大于框架部分的刚度，因此对框架部分的抗震能力要求比纯框架结构可以适当降低。在结构受力性质与变形方面，框架-核心筒结构与框架-剪力墙结构基本上是一致的，尽管框架-核心筒结构由于剪力墙组成筒体而大大提高了其抗侧移能力，但其周边的稀柱框架相对较弱，设计上与框架-剪力墙结构基本相同。由于框架-核心筒结构的房屋高度一般较高（大于60m），其抗震等级不再划分高度，而统一取用了较高的规定。对于房屋高度不超过60m的框架-核心筒结构，其作为筒体结构的空间作用已不明显，总体上更接近于框架-剪力墙结构，因此其抗震等级允许按框架-剪力墙结构采用。

B级高度丙类建筑钢筋混凝土结构的抗震等级有更严格的要求，应按表3-20采用。

表 3-20　B 级高度丙类建筑钢筋混凝土结构的抗震等级

结构类型		抗震设防烈度		
		6 度	7 度	8 度
框架-剪力墙	框架	二	一	一
	剪力墙	二	一	特一
剪力墙	剪力墙	二	一	一
部分框支剪力墙	非底部加强部位剪力墙	二	一	一
	底部加强部位剪力墙	一	一	特一
	框支框架	一	特一	特一
框架-核心筒	框架	二	一	一
	筒体	二	一	特一
筒中筒	外筒	二	一	特一
	内筒	二	一	特一

注：底部带转换层的筒体结构，其框支框架和底部加强部位筒体抗震等级应按表中框支剪力墙结构的规定采用。

确定钢筋混凝土房屋的抗震等级，尚应符合下列要求：

1）关于框架和抗震墙组成结构（框架-剪力墙结构）的抗震等级，设计中有三种情况：

① 个别或少量框架，此时结构属于抗震墙体系的范畴，其抗震墙的抗震等级仍按抗震墙结构确定；框架的抗震等级可参照框架-抗震墙结构的框架确定。对于这种情况，《高规》明确指的是在规定的水平力作用下，底层框架承担的倾覆力矩不超过总倾覆力矩的 10%。

② 当框架-抗震墙结构有足够的抗震墙时，其框架部分是次要抗侧力构件，按框架-抗震墙结构确定抗震等级。所谓有足够的抗震墙，在 1989 年版《抗规》中是指其抗震墙底部承受的地震倾覆力矩不小于结构底部总地震倾覆力矩的 50%，现行《高规》指的是在规定的水平力作用下，底层框架承担的倾覆力矩大于结构总倾覆力矩的 10%但不大于 50%。

③ 墙体很少，在规定的水平力作用下底层框架部分所承担的地震倾覆力矩大于结构总地震倾覆力矩的 50%时仍属于框架结构范畴，其框架的抗震等级按照框架结构确定。在框架结构中设置少量抗震墙，往往是为了增大框架结构的刚度、满足层间位移角限值的要求，但层间位移角限值需按底层框架部分承担倾覆力矩的大小，在框架结构和框架-抗震墙结构两者的层间位移角限值之间偏于安全内插。

2）裙房与主楼相连，除应按裙房本身确定抗震等级外，相关范围不应低于主楼的抗震等级；相关范围，一般可从主楼周边外延 3 跨且不大于 20m，相关范围以外的区域可按裙房自身的结构类型确定其抗震等级。裙房偏置时，其端部有较大扭转效应，也需要加强。主楼结构在裙房顶板对应的相邻上下各一层受刚度与承载力突变影响较大，应适当加强抗震构造措施。裙房与主楼分离时，应按裙房本身确定抗震等级。裙房与主楼之间设防震缝，在大震作用下可能发生碰撞，该部位也需要采取加强措施。

3）当地下室顶板作为上部结构的嵌固部位时，由于在地震作用下的屈服部位将发生在地上楼层，同时将影响到地下一层，而地面以下地震响应逐渐减小，故地下一层的抗震等级应与上部结构相同，地下一层以下抗震构造措施的抗震等级可逐层降低一级，但不应低于四级。地下室中无上部结构的部分，抗震构造措施的抗震等级可根据具体情况采用三级或四级。

4）当甲、乙类建筑按规定提高一度确定其抗震等级而房屋的高度超过表 3-19 相应规定的上界时，应采取比一级更有效的抗震构造措施。

3.14.5　小震、中震和大震

1）根据我国对建筑工程有影响的地震发生概率的统计分析，50 年内超越概率约为63%的地震烈度为对应于统计“众值”的烈度，比基本烈度约低一度半，取为第一水准烈度，称为“多遇地震”，其重现期为 50 年。

2）50 年超越概率约 10%的地震烈度，即 1990 年版中国地震区划图规定的“地震基本烈度”或中国地震动参数区划图规定的峰值加速度所对应的烈度，取为第二水准烈度，称为“设防地震”，其重现期为 475 年。

3）50 年超越概率 2%~3%的地震烈度，取为第三水准烈度，称为“罕遇地震”，当基本烈度 6 度时罕遇地震烈度为 7 度强，7 度时为 8 度强，8 度时为 9 度弱，9 度时为 9 度强，其重现期为 1600~2400 年。

多遇地震、设防地震和罕遇地震也称为小震、中震和大震。

3.14.6　基本抗震设防目标

建筑抗震设防目标是对建筑结构应具有的抗震安全性的要求。

地震作用与一般的荷载不同，除了具有随机性以外，还具有复杂性、间接性等特点。鉴于现有的技术和经济水平，房屋经过抗震设防，一般能减轻地震的损坏和破坏，但尚不能完全避免损坏和破坏。故我国《抗规》明确给出“三水准”的抗震设防目标，即“小震不坏，中震可修，大震不倒”，这也是我国抗震设计的基本抗震设防目标。具体是：

1）第一水准：当建筑遭受低于本地区抗震设防烈度的多遇地震影响时，主体结构不受损坏或不需进行修理可继续使用。此时建筑结构应处于弹性状态，用弹性反应谱进行地震作用计算，按承载力要求进行截面设计，并控制结构弹性变形符合要求。

2）第二水准：当遭受相当于本地区抗震设防烈度的设防地震影响时，结构可能发生损坏，经一般修理仍可继续使用。该水准允许结构达到或超过屈服极限（钢筋混凝土结构会产生裂缝），产生弹塑性变形，依靠结构的塑性耗能能力，使结构得以保持稳定保存下来。此时，结构抗震设计应按变形要求进行。

3）第三水准：当遭受高于本地区抗震设防烈度的罕遇地震影响时，结构进入弹塑性大变形状态，但不致倒塌或发生危及生命的严重破坏。这个阶段应考虑防倒塌设计，进行薄弱层弹塑性变形验算。

对于使用功能或其他方面有专门要求的建筑，当采用抗震性能化设计时，使之具有更具体或更高的抗震设防目标。

3.15　建筑结构抗震性能化设计

结构抗震性能设计（Performance-based Seismic Design of Structure）是以结构抗震性能目标为基准的结构抗震设计。性能化设计是以现有的抗震科学水平和经济条件为前提的，需要综合考虑多种因素，不同的抗震设防类别，其性能设计要求也有所不同。

3.15.1　抗震性能化设计目标与水准

1. 地震破坏分级

建筑结构遭遇各种水准的地震影响时，根据其可能的损坏状态和继续使用的可能，《建筑地震破坏等级划分标准》已经明确将各类房屋的地震破坏分为基本完好（含完好）、轻微损坏、中等破坏、严重破坏、倒塌五个等级，其单个建筑各破坏等级的地震直接经济损失按现造价的百分比估算。《抗规》沿用了相关标准，建筑的地震破坏等级及划分标准见表3-21。表中，个别指5%以下，部分指30%以下，多数指50%以上。中等破坏的变形参考值，大致取规范弹性和弹塑性位移角限值的平均值，轻微损坏取1/2平均值。

表3-21　建筑地震破坏等级及划分标准

级别	名称	破坏描述	继续使用的可能性	直接经济损失占比	变形参考值
1	基本完好（含完好）	承重构件完好；个别非承重构件轻微损坏；附属构件有不同程度破坏	一般不需修理即可继续使用	0~2%	$<[\Delta u_e]$
2	轻微损坏	个别承重构件轻微裂缝，个别非承重构件明显破坏；附属构件有不同程度破坏	不需修理或需稍加修理，仍可继续使用	2%~10%	$(1.5\sim2)[\Delta u_e]$
3	中等破坏	多数承重构件轻微裂缝（或残余变形），部分明显裂缝（或残余变形）；个别非承重构件严重破坏	需一般修理，采取安全措施后可适当使用	10%~30%	$(3\sim4)[\Delta u_e]$
4	严重破坏	多数承重构件严重破坏或部分倒塌	应排险大修，局部拆除	30%~70%	$<0.9[\Delta u_p]$
5	倒塌	多数承重构件倒塌	需拆除	70%~100%	$>[\Delta u_p]$

2. 结构抗震性能水准

结构抗震性能水准（Seismic Performance Levels of Structure）是对结构震后损坏状况及继续使用可能性等抗震性能的界定。《高规》将结构抗震性能水准分为1、2、3、4、5五个水准，可用表3-22进行宏观判别。表中，“关键构件”是指该构件的失效可能引起结构的连续破坏或危及生命安全的严重破坏，“普通竖向构件”是指“关键构件”之外的竖向构件，“耗能构件”包括框架梁、剪力墙连梁及耗能支撑。

表3-22　各性能水准结构预期的震后性能状况

性能水准	宏观损坏程度	损坏部位			继续使用的可能性
		关键构件	普通竖向构件	耗能构件	
1	完好、无损坏	无损坏	无损坏	无损坏	不需要修理即可继续使用
2	基本完好、轻微损坏	无损坏	无损坏	轻微损坏	稍加修理即可继续使用
3	轻度损坏	轻微损坏	轻微损坏	轻度损坏，部分中度损坏	一般修理后可继续使用
4	中度损坏	轻度损坏	部分构件中度损坏	中度损坏，部分比较严重损坏	修复或加固后可继续使用
5	比较严重损坏	中度损坏	部分构件比较严重损坏	比较严重损坏	需排检大修

3. 结构抗震性能目标

结构抗震性能目标（Seismic Performance Objectives of Structure）是针对不同的地震地面运动水准设定的结构抗震性能水准。

我国提出的“小震不坏、中震可修和大震不倒”的基本抗震性能目标，明确要求大震下不发生危及生命的严重破坏，即达到“生命安全”，这属于一般情况的性能设计目标。《抗规》所提出的性能化设计，将结构抗震性能目标分为A、B、C、D四个等级，要比一般情况性能设计目标更为明确具体，具有一定的可操作性。性能化目标对不同的抗震设防类别，其性能设计要求也有所不同，参照表3-21的地震破坏等级划分，地震下可供选定的高于一般情况的预期性能目标可大致归纳于表3-23。

表 3-23　预期抗震性能目标

地震水准	A 级-性能 1	B 级-性能 2	C 级-性能 3	D 级-性能 4
多遇地震	完好	完好	完好	完好
设防地震	完好，正常使用	基本完好，检修后继续使用	轻微损坏，简单修理后继续使用	轻微至接近中等损坏，变形<3[Δu_e]
罕遇地震	基本完好，检修后继续使用	轻微至中等破坏，修复后继续使用	其破坏需加固后继续使用	接近严重破坏，大修后继续使用

每个性能目标与一组在指定地震地面运动下的结构抗震性能目标的相对应关系，见表 3-24。

表 3-24　结构抗震性能目标

地震水准	性能目标			
	A	B	C	D
多遇地震	1	1	1	1
设防地震	1	2	3	4
罕遇地震	2	3	4	5

鉴于目前强烈地震下结构非线性分析方法的计算模型及参数的选用尚存在不少经验因素，缺少从强震记录、设计施工资料到实际震害的验证，对结构性能的判断难以十分准确，因此在性能目标选用中宜偏于安全一些。

3.15.2　抗震性能设计的要求与主要内容

结构抗震性能设计应分析结构方案的特殊性、选用适宜的结构抗震性能目标，并采取满足预期的抗震性能目标的措施。结构抗震性能设计包括以下内容：

1. 分析结构方案的特殊性

分析结构方案在房屋高度、规则性、结构类型、场地条件或抗震设防标准等方面的特殊要求，确定结构设计是否需要采用抗震性能设计方法，并作为选用抗震性能目标的主要依据。

对结构方案特殊性的分析主要是分析结构方案不符合抗震概念设计的情况和程度。国内外历次大地震的震害经验已经充分说明，抗震概念设计是决定结构抗震性能的重要因素。需要采用抗震性能设计的工程一般表现为不能完全符合抗震概念设计的要求。结构工程师应根据《高规》有关抗震概念设计的规定，改进结构方案，尽量减少结构不符合概念设计的情况，且不应采用严重不规则的结构方案。对于特别不规则结构，可按规定进行抗震性能设计，但需通过深入的分析论证慎重选用抗震性能目标。

2. 确定抗震性能化设计对象

建筑结构的抗震性能化设计，应根据实际需要和可能，具有针对性，可分别选定针对整个结构、结构的局部部位或关键部位、结构的关键构件、重要构件、次要构件以及建筑构件和机电设备支座的性能目标。

3. 选定地震动水准

由于地震具有很大的不确定性，性能化设计需要估计各种水准的地震影响，规范的地震水准是按 50 年设计基准期确定的，对于设计使用年限为 50 年的建筑则可按照规范的地震影响系数取值，对多遇地震、设防地震和罕遇地震见表 2-14。对于设计使用年限超过 50 年的建筑结构，可根据专门需要对地震作用给予适当调整。

4. 选定抗震性能目标

结构抗震性能目标应综合考虑抗震设防类别、设防烈度、场地条件、结构类型和不规则性、结构的特殊性、建筑使用功能和附属设施功能的要求、建造费用、震后损失和修复难易程度等各项因素选定，并对选定的抗震性能目标提出技术和经济可行性综合分析和论证。

对应于不同地震水准的预期损坏状态或使用功能，采取的抗震设防目标应不低于基本抗震设防目标。

5. 选定性能设计指标

设计应选定分别提高结构或其关键部位的抗震承载力、变形能力或同时提高抗震承载力和变形能力的具体指标。设计宜确定在不同地震动水准下结构不同部位的水平和竖向构件承载力的要求（含不发生脆性剪切破坏、形成塑性铰、达到屈服值或保持弹性等）；宜选择在不同地震动水准下结构不同部位的预期弹性或弹塑性变形状态，以及相应的构件延性构造的高、中或低要求。当构件的承载力明显提高时，相应的延性构造可适当降低。

6. 抗震性能分析论证，采取满足预期抗震性能目标的措施

结构抗震性能分析论证的重点是深入的计算分析和工程判断，找出结构有可能出现的薄弱部位，提出有针对性的抗震加强措施，进行必要的试验验证，分析论证结构可达到预期的抗震性能目标。一般需要进行如下工作：

1）分析确定结构超过《高规》适用范围及不规则性的情况和程度。

2）认定场地条件、抗震设防类别和地震动参数。

3）深入的弹性和弹塑性计算分析（静力分析及时程分析）并判断计算结果的合理性。

4）找出结构有可能出现的薄弱部位以及需要加强的关键部位，提出有针对性的抗震加强措施。

5）必要时还需进行构件、节点或整体模型的抗震试验，补充提供论证依据，如针对新型结构方案且无震害和试验依据或对计算分析难以判断、抗震概念难以接受的复杂结构方案。

6）论证结构能满足所选用的抗震性能目标的要求。

3.15.3 抗震性能设计的计算要求

建筑结构的抗震性能化设计的计算应符合下列要求：

1）分析模型应正确、合理地反映地震作用的传递途径和楼盖在不同地震动水准下是否整体或分块处于弹性工作状态。

2）弹性分析可采用线性方法，弹塑性分析可根据性能目标所预期的结构弹塑性状态，分别采用增加阻尼的等效线性化方法以及静力或动力非线性分析方法。

3）结构非线性分析模型相对于弹性分析模型可有所简化，但二者在多遇地震下的线性分析结果应基本一致；应计入重力二阶效应、合理确定弹塑性参数，应依据构件的实际截面、配筋等计算承载力，可通过与理想弹性假定计算结果的对比分析，着重发现构件可能破坏的部位及其弹塑性变形程度。

3.15.4 实现抗震性能设计目标的参考方法

1. 结构构件的抗震性能设计方法

根据《抗规》附录 M，结构构件可按下列规定选择实现抗震性能要求的抗震承载力、变形能力和构造的抗震等级；整个结构不同部位的构件、竖向构件和水平构件，可选用相同或不同的抗震性能要求：

1）当以提高抗震安全性为主时，结构构件对应于不同性能要求的承载力参考指标，可按表 3-25 选用。

2）当需要按地震残余变形确定使用性能时，结构构件除满足提高抗震安全性的性能要求外，不同性能要求的层间位移参考指标，可按表 3-26 选用。

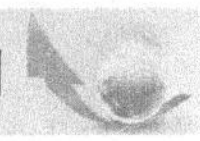

表 3-25　结构构件实现抗震性能要求的承载力参考指标

性能要求	多遇地震	设防地震	罕遇地震
A 级-性能 1	完好，按常规设计	完好，承载力按抗震等级调整地震效应的设计值复核	基本完好，承载力按不计抗震等级调整地震效应的设计值复核
B 级-性能 2	完好，按常规设计	基本完好，承载力按不计抗震等级调整地震效应的设计值复核	轻至中等破坏，承载力按极限值复核
C 级-性能 3	完好，按常规设计	轻微损坏，承载力按标准值复核	中等破坏，承载力达到极限值后能维持稳定，降低少于 5%
D 级-性能 4	完好，按常规设计	轻至中等破坏，承载力按极限值复核	不严重破坏，承载力达到极限值后基本维持稳定，降低少于 10%

表 3-26　结构构件实现抗震性能要求的层间位移参考指标

性能要求	多遇地震	设防地震	罕遇地震
A 级-性能 1	完好，变形远小于弹性位移限值	完好，变形小于弹性位移限值	基本完好，变形略大于弹性位移限值
B 级-性能 2	完好，变形远小于弹性位移限值	基本完好，变形略大于弹性位移限值	有轻微塑性变形，变形小于 2 倍弹性位移限值
C 级-性能 3	完好，变形明显小于弹性位移限值	轻微损坏，变形小于 2 倍弹性位移限值	有明显塑性变形，变形约 4 倍弹性位移限值
D 级-性能 4	完好，变形小于弹性位移限值	轻至中等破坏，变形小于 3 倍弹性位移限值	不严重破坏，变形不大于 0.9 倍塑性变形限值

注：设防烈度和罕遇地震下的变形计算，应考虑重力二阶效应，可扣除整体弯曲变形。

3）结构构件细部构造对应于不同性能要求的抗震等级，可按表 3-27 选用；结构中同一部位的不同构件，可区分竖向构件和水平构件，按各自最低的性能要求所对应的抗震构造等级选用。

表 3-27　结构构件构造对应于不同性能要求的抗震等级

性能要求	构造的抗震等级
A 级-性能 1	基本抗震构造。可按常规设计的有关规定降低二度采用，但不得低于 6 度，且不发生脆性破坏
B 级-性能 2	低延性构造。可按常规设计的有关规定降低一度采用，当构件的承载力高于多遇地震提高二度的要求时，可按降低二度采用；均不得低于 6 度，且不发生脆性破坏
C 级-性能 3	中等延性构造。当构件的承载力高于多遇地震提高一度的要求时，可按常规设计的有关规定降低一度且不低于 6 度采用，否则仍按常规设计的规定采用
D 级-性能 4	高延性构造。仍按常规设计的有关规定采用

2. 不同抗震性能水准结构构件的承载力验算

不同抗震性能水准的结构可按下列规定进行设计：

1）第 1 性能水准的结构，应满足弹性设计要求。在多遇地震作用下，其承载力和变形应符合《高规》的有关规定；在设防烈度地震作用下，结构构件的抗震承载力应符合下式规定：

$$\gamma_G S_{GE} + \gamma_{Eh} S_{Ehk}^* + \gamma_{Ev} S_{Evk}^* \leqslant R_d / \gamma_{RE} \tag{3-13}$$

式中　R_d、γ_{RE}——构件承载力设计值、承载力抗震调整系数；

S_{GE}——重力荷载代表值的效应；

S_{Ehk}^*——水平地震作用标准值的构件内力，不需考虑与抗震等级有关的增大系数；

S_{Evk}^*——竖向地震作用标准值的构件内力，不需考虑与抗震等级有关的增大系数；

γ_G——重力荷载分项系数；

γ_{Eh}——水平地震作用分项系数；

γ_{Ev}——竖向地震作用分项系数。

2）第2性能水准的结构，在设防烈度地震或预估的罕遇地震作用下，关键构件及普通竖向构件的抗震承载力宜符合式（3-13）的规定；耗能构件的受剪承载力宜符合式（3-13）的规定，其正截面承载力应符合下式规定：

$$S_{GE} + S_{Ehk}^{*} + 0.4S_{Evk}^{*} \leq R_{k} \tag{3-14}$$

式中 R_k——截面承载力标准，按照材料强度标准值计算。

3）第3性能水准的结构应进行弹塑性计算分析。在设防烈度地震或预估的罕遇地震作用下，关键构件及普通竖向构件的正截面承载力应符合式（3-14）的规定，水平长悬臂结构和大跨度结构中的关键构件正截面承载力尚应符合式（3-15）的规定，其受剪承载力宜符合式（3-13）的规定；部分耗能构件进入屈服阶段，但其受剪承载力应符合式（3-14）的规定。在预估的罕遇地震作用下，结构薄弱部位的层间位移角应符合式（3-10）的规定。

$$S_{GE} + 0.4S_{Ehk}^{*} + S_{Evk}^{*} \leq R_{k} \tag{3-15}$$

4）第4性能水准的结构应进行弹塑性计算分析。在设防烈度或预估的罕遇地震作用下，关键构件的抗震承载力应符合式（3-14）的规定，水平长悬臂结构和大跨度结构中的关键构件正截面承载力尚应符合式（3-15）的规定；部分竖向构件以及大部分耗能构件进入屈服阶段，但钢筋混凝土竖向构件的受剪截面应符合式（3-16）的规定，钢-混凝土组合剪力墙的受剪截面应符合式（3-17）的规定。在预估的罕遇地震作用下，结构薄弱部位的层间位移角应符合式（3-10）的规定。

$$V_{GE} + V_{Ek}^{*} \leq 0.15f_{ck}bh_{0} \tag{3-16}$$

$$(V_{GE} + V_{Ek}^{*}) - (0.25f_{ak}A_{a} + 0.5f_{spk}A_{sp}) \leq 0.15f_{ck}bh_{0} \tag{3-17}$$

式中 V_{GE}——重力荷载代表值作用下的构件剪力（N）；

V_{Ek}^{*}——地震作用标准值下的构件剪力（N），不需考虑与抗震等级有关的增大系数；

f_{ck}——混凝土轴心抗压强度标准值（N/mm^2）；

f_{ak}——剪力墙端部暗柱中型钢的强度标准值（N/mm^2）；

A_a——剪力墙端部暗柱中型钢的截面面积（mm^2）；

f_{spk}——剪力墙墙内钢板的强度标准值（N/mm^2）；

A_{sp}——剪力墙墙内钢板的横截面面积（mm^2）。

5）第5性能水准的结构应进行弹塑性计算分析。在预估的罕遇地震作用下，关键构件的抗震承载力宜符合式（3-14）的规定；较多的竖向构件进入屈服阶段，但同一楼层的竖向构件不宜全部屈服；竖向构件的受剪截面应符合式（3-16）或式（3-17）的规定；允许部分耗能构件发生比较严重的破坏；结构薄弱部位的层间位移角应符合式（3-10）的规定。

3.16 抗风与抗震设计基本原则

3.16.1 抗风设计的基本原则

1. 风的作用特点

1）风作用与建筑物的外形直接有关。

2）风荷载受建筑物周围环境影响较大。

3）风作用具有静力作用与动力作用两重性质。

4）风荷载在建筑物表面的分布很不均匀。

5）与地震作用相比，风荷载作用持续时间较长，更接近于静力荷载。

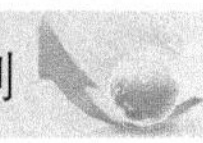

6）风作用与建筑周期（刚度）的关系和地震作用相反。

2. 抗风设计原则

1）结构须有足够的承载力，能可靠承受风荷载产生的内力。

2）结构须有足够的刚度，控制高层建筑在风作用下的位移，保证良好的居住和工作条件。

3）选择合理的结构体系和建筑体型。

4）外墙（玻璃幕墙）、窗玻璃、女儿墙及其他围护和装饰构件必须有足够的强度；与主体结构可靠地连接；防止建筑物产生局部损坏。

5）应按两个主轴方向来风计算顺风、横风向风荷载，并取正反最大值。

3.16.2　抗震设计的基本原则

为了使高层建筑有足够的抗震能力，达到“小震不坏、中震可修、大震不倒”的要求，应考虑下述的抗震设计基本原则：

1）选择有利的场地，避开不利的场地，采取措施保证地基的稳定性。基岩有活动性断层和破碎带、不稳定的滑坡地带，属于危险场地，不宜兴建高层建筑；冲积层过厚，砂土有液化的危险、湿陷性黄土等，属于不利场地，要采取相应的措施减轻震害的影响。

2）合理选择结构体系。对于钢筋混凝土结构，一般来说纯框架结构抗震能力较差；框架-剪力墙结构性能较好；剪力墙结构和筒体结构具有良好的空间整体性，刚度也较大，历次地震中震害都较小。

3）平面布置力求简单、规则、对称，避免出现应力集中的凹角和狭长的缩颈部位；避免在凹角和端部设置楼电梯间；避免楼电梯间偏置，以免产生扭转的影响。

4）竖向体型尽量避免外挑，内收也不宜过多、过急，力求刚度均匀渐变，避免产生变形集中。

5）结构的承载力、变形能力和刚度要均匀连续分布，适应结构的地震反应要求。某一部分过强、过刚也会使其他楼层形成相对薄弱环节而导致破坏。顶层、中间楼层取消部分墙柱形成大空间层后，要调整刚度并采取构造加强措施。底层部分剪力墙变为框支柱或取消部分柱子后，比上层刚度削弱更为不利，应专门考虑抗震措施。不仅主体结构，而且非结构墙体（特别是砖砌体填充墙）的不规则、不连续布置也可能引起刚度的突变。

6）高层建筑突出屋面的塔楼必须具有足够的承载力和延性，以承受高振型产生的鞭梢效应影响，必要时可以采用钢结构或型钢混凝土结构。

7）在设计上和构造上实现多道设防。如框架结构采用强柱弱梁设计，梁屈服后柱仍能保持稳定；框架-剪力墙结构设计成连梁，连梁首先屈服，然后是墙肢，框架作为第三道防线；剪力墙结构通过构造措施保证连梁先屈服，并通过空间整体性形成高次超静定等。

8）合理设置防震缝。一般情况下宜采取调整平面形状与尺寸，加强构造措施，设置后浇带等方法尽量不设缝、少设缝，必须设缝时必须保证有足够的宽度。

9）节点的承载力和刚度要与构件的承载力与刚度相适应。节点的承载力应大于构件的承载力。要从构造上采取措施防止反复荷载作用下节点承载力和刚度过早退化。装配式框架和大板结构必须加强节点的连续结构。

10）保证结构有足够的刚度，限制顶点和层间位移。在小震时，应防止过大位移使结构开裂，影响正常使用；中震时，应保证结构不至于严重破坏，可以修复；在大震下，结构不应发生倒塌，也不能因为位移过大而使主体结构失去稳定或基础转动过大而倾覆。

11）构件设计应采取有效措施防止脆性破坏，保证构件有足够的延性。脆性破坏是指剪切、锚固和压碎等突然而无事先警告的破坏形式。设计时应保证受剪承载力大于受弯承载力，按“强剪弱弯”的方针进行配筋。为提高构件的抗剪和抗压能力，应加强箍筋约束。

12）保证地基基础的承载力、刚度和有足够的抗滑移、抗转动能力，使整个高层建筑成为一个稳定的体系，防止产生过大的差异沉降和倾覆。

13）减小结构自重，最大限度地降低地震作用。

14）合理选择结构刚度。

采用刚性结构还是柔性结构的问题，历来争论较多。历次地震震害表明：采用何种结构形式，应取决于所用的结构体系和材料特性，还取决于场地土的类型，避免场地土和建筑物发生共振。

对钢筋混凝土结构，历次震害表明：刚度较大的结构一般震害较轻，这是由于钢筋混凝土构件截面大、刚性大、变形能力较差，比较适宜用提高承载力、控制塑性变形的方法来提高抗震性能；相反，钢结构的特性是截面小、延性好，适合采用柔性结构方案。两种结构特性的比较见表 3-28。

表 3-28　刚性结构与柔性结构的比较

结构	优　点	缺　点
刚性结构	1. 当地面运动周期长时，震害较小 2. 结构变形小，非结构构件容易处理 3. 安全储备较大，空间整体性好 4. 适合钢筋混凝土结构的特点	1. 当地面运动周期短时，有产生共振的危险 2. 地震力较大 3. 结构变形能力小，延性小 4. 材料用量常常较多
柔性结构	1. 当地面运动周期短时，震害较小 2. 地震力较小 3. 一般结构自重较小，地基易处理 4. 适合钢结构的特点	1. 当地面运动周期长时，易发生共振的危险 2. 非结构构件要特殊处理，否则易产生破坏 3. 容易产生 P-Δ 效应和倾覆 4. 不容易适应钢筋混凝土结构

3.17　高层建筑结构计算分析

3.17.1　抗震设计方法

在进行建筑结构抗震设计时，原则上应满足前述三水准的基本抗震设防的目标要求。在具体做法上，我国《建筑抗震设计规范》采用了简化的两阶段设计方法来实现三个水准的设防目标。

1. 第一阶段设计

建筑结构应进行多遇地震作用下的内力和变形分析。此时，可假定结构与构件处于弹性工作状态，内力和变形分析可采用线性静力方法或线性动力方法。

第一阶段的抗震设计是与设防基本目标“小震不坏”相对应的，即保证当建筑物遭受低于本地区抗震设防烈度的多遇地震影响时，一般不受损坏或不需修理可继续使用。因此，结构在多遇地震作用下反应的分析方法、内力计算以及层间弹性位移的验算都是以线弹性理论为基础的。第一阶段设计的承载力验算，取第一水准的地震动参数计算结构的弹性地震作用标准值和相应的地震作用效应，采用分项系数设计表达式进行结构构件的截面承载力抗震验算，并采取相应的构造措施，这样既满足了在第一水准下具有必要的承载力可靠度，又满足第二水准的损坏可修的目标。对大多数的结构，一般可只进行第一阶段设计，而通过概念设计和抗震构造措施来满足第三水准的设计要求。

2. 第二阶段设计

第二阶段的抗震设计是与设防基本目标“大震不倒”相对应的，即要求当建筑物遭受高于本地区抗震设防烈度的罕遇地震影响时，不致倒塌或发生危及生命的严重破坏，这也是抗震设计的最基本要求。第二阶段设计内容是弹塑性变形验算，对地震时易倒塌的结构、有明显薄弱层的不

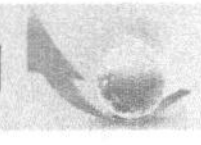

规则结构以及有专门要求的建筑，除进行第一阶段设计外，还要进行罕遇地震作用下的结构薄弱部位的弹塑性层间变形验算并采取相应的抗震构造措施，实现第三水准的设防要求。

3.17.2　结构计算基本假定

高层建筑是一个复杂的空间结构。它不仅平面形状和立面体型变化多样，而且结构也各不相同。高层建筑结构中，框架、剪力墙等竖向抗侧力结构分体系由梁板水平结构分体系将它们连成整体共同工作。这种高次超静定、多种形式结构单元组成的三维空间结构，要进行内力和位移计算，就需要进行计算模型的简化并引入不同程度的计算假定。简化的程度视所采用的计算工具而有所不同，按必要和合理的原则决定。使用计算机计算时可以按照三维受力状态较精确地进行结构内力与位移计算，当使用手算计算时，则需要对结构进行简化并给出相应的假定。

1. 弹性工作状态假定

《高规》规定，对所有高层建筑结构均需按弹性方法计算多遇地震作用下的内力和变形。因为小震作用时，建筑处于正常使用状态，可以视为弹性体。

罕遇地震作用下的弹塑性变形验算仅针对少数不规则且具有明显薄弱层的建筑结构。强震下的结构已进入弹塑性阶段，多处开裂、破坏，构件刚度已难以确切计算，内力计算已没有实际意义。

非抗震设计时，在竖向荷载和水平风荷载作用下，结构同样应保持正常使用状态，且处于弹性工作阶段。只是在正常使用极限状态考虑了混凝土开裂与材料非线性影响，如挠度计算采用结构力学公式，但构件的弯曲刚度并非弹性刚度。

对于某些局部构件，按弹性计算的内力过大，可能造成截面设计困难和配筋不合理、施工困难的情况。因此，在某些情况下可以考虑局部构件的塑性变形和内力重分布，对内力予以适当调整。例如，竖向荷载作用下框架梁的梁端负弯矩较大，配筋困难，通常对弹性计算的梁端弯矩进行调幅而将内力转移至梁跨内。再如，高层建筑设计时采用弹性刚度进行分析，而抗震设计时的框架-剪力墙或剪力墙结构中的连梁承受很大弯矩和剪力，造成配筋困难，通常采用对连梁刚度进行折减的办法使内力转移到墙体上。

2. 楼板刚性假定

高层建筑的楼板绝大多数为现浇钢筋混凝土楼板或有现浇层的装配整体式楼板，楼板的整体性能好且进深大，而剪力墙、框架等抗侧力结构的间距远小于进深，楼板如同水平放置的深梁，在平面内的刚度是非常大的。所以，《高规》规定，进行高层建筑内力与位移计算时，可假定楼板在其自身平面内为无限刚性。作为高层空间结构的水平刚性隔板，楼板在水平力作用下只有刚体位移，即产生平移和转动但不改变形状。

由于楼板只做刚性移动，所有的抗侧力结构在每层的楼板处都只有水平位移（x 方向、y 方向）和扭转角，结构分析的自由度数目大大减少，这不仅可以减小由于庞大自由度系统而带来的计算误差，也使计算过程和计算结果的分析大为简化。计算分析和工程实践证明，刚性楼板假定对绝大多数高层建筑的分析具有足够的工程精度。

当不考虑扭转且只有一个主轴方向的水平荷载时，结构就只有一个方向的水平位移，即自由度为1，结构计算就更为简化。在刚性楼板假设下，楼层的水平力按楼面位移相等的位移条件按照抗侧力构件的等效抗侧刚度进行分配。例如，剪力墙结构中各片墙可按其等效刚度分配水平力，框架结构中的各片框架按其抗侧刚度分配水平力；框架-剪力墙和筒体结构受力较为复杂，在简化计算时，需根据位移协调条件进行协同工作计算将水平力在框架与剪力墙之间进行分配，再按照抗侧刚度进行构件所受水平力的二次分配。

楼板无限刚性假定对结构计算结果影响很大。采用刚性楼板假定进行结构计算时，设计上应采取必要措施保证楼面的整体刚度。高层建筑宜采用现浇钢筋混凝土楼板或装配整体式楼板，特别是对于有较高协同工作要求的框架-剪力墙结构、筒中筒结构和框架-筒体应采用现浇钢筋混凝土楼板。对于局部削弱的楼板，可采取局部加厚楼板、设置边梁、加大楼板配筋等措施。

楼板有效宽度较窄的环形楼面或其他有大开洞楼面、有狭长外伸段楼面、局部变窄产生薄弱连接的楼面、连体结构的狭长连接体楼面、底层大空间剪力墙结构的转换层楼面等场合，楼板面内刚度有较大削弱且不均匀，楼板的面内变形会使楼层内抗侧刚度较小的构件的位移和受力加大（相对刚性楼板假定而言）。当需要考虑楼板面内变形而计算中采用楼板面内无限刚性假定时，计算时应考虑楼板的面内变形影响或对采用楼板面内无限刚性假定计算方法的计算结果进行适当调整。具体的调整方法和调整幅度与结构体系、构件平面布置、楼板削弱情况等密切相关，应做具体分析。一般可对楼板削弱部位的抗侧刚度相对较小的结构构件，适当增大计算内力，加强配筋和构造措施。根据楼面结构的实际情况，楼板面内变形可全楼考虑、仅部分楼层考虑或仅部分楼层的部分区域考虑。考虑楼板的实际刚度可以采用将楼板等效为剪弯水平梁的简化方法，也可采用有限单元法进行计算。

相对于抗侧力结构的刚度，楼板的出平面刚度较小，一般情况下可以不考虑其作用。但在无梁楼盖中，由于没有框架梁，楼板起等效框架梁的作用，这时楼板的平面外刚度即作为等效框架梁的刚度。

3. 平面结构假定

按平面结构计算时，假定平面框架和单片剪力墙在自身平面内刚度很大，可抵抗在其平面内的侧向力，而在平面外的刚度很小，可以忽略。因此，在简化计算时，可将高层空间结构划分为沿两个正交主轴方向的若干平面抗侧力结构，且每个方向的水平荷载和地震作用仅由该方向的平面抗侧力结构承受，垂直于水平荷载和地震作用方向的抗侧力结构不参加工作。

4. 荷载作用方向假定

高层建筑结构进行水平风荷载作用效应计算时，除对称结构外，结构构件在正反两个方向的风作用效应一般是不相同的，宜按两个方向风作用效应的较大值采用。体型复杂的高层建筑，应考虑多方向风荷载作用，进行风效应对比分析，增加结构抗风安全性。

抗震设计时，结构应考虑的地震作用方向应符合下列规定：

1）一般情况下，应至少在建筑结构的两个（正交）主轴方向分别计算水平地震作用，各方向的水平地震作用应由该方向抗侧力构件承担。

2）对有斜交抗侧力构件的结构，当相交角度大于15°时，应分别计算各抗侧力构件方向的水平地震作用。由于地震作用可能来自任何方向，因此，应考虑各构件的最不利方向的水平地震作用，必要时应考虑斜向地震作用。

3.17.3 分析方法与分析模型

建筑结构的分析方法与结构的整体工作性能有关，而整体工作性能主要与楼板刚性有关。

在结构抗震分析时，应按照楼、屋盖的平面形状和平面内变形情况确定为刚性、分块刚性、半刚性、局部弹性和柔性等的横隔板，再按抗侧力系统的布置确定抗侧力构件间的共同工作并进行各构件间的地震内力分析。

1. 分析方法

水平力作用下结构的分析方法有简化方法和计算机程序分析方法两种。

（1）简化方法　将空间结构划分为若干平面结构，假定楼盖刚度无穷大，采用抗侧刚度分配水平力。这种内力和位移计算的方法简单且可手算，20世纪70年代开始出现了计算程序采用小型计算机计算，且也使用了简化方法。

（2）计算机程序分析方法　用计算机进行计算时，有采用平面结构整体协同工作分析模型和将整个结构作为三维空间体系两种分析方法。其中，三维空间体系分析方法主要有四类：

第一类：基于薄壁柱理论的三维杆系结构有限元分析法。

第二类：基于薄板理论的杆系-墙板单元结构有限元分析法。

第三类：基于壳元理论的杆系-壳三维空间组合结构有限元分析法。

第四类：杆系-墙组元空间组合结构有限元分析法。

利用计算机进行结构抗震分析，应符合下列要求：

1）计算模型的建立、必要的简化计算与处理，应符合结构的实际工作状况，计算中应考虑楼梯构件的影响。

2）计算软件的技术条件应符合《抗规》和《高规》及有关标准的规定，并应阐明其特殊处理的内容和依据。

3）复杂结构在多遇地震作用下的内力和变形分析时，应采用不少于两个合适的不同力学模型，并对其计算结果进行分析比较。

4）所有计算机计算结果，应经分析判断确认其合理、有效后方可用于工程设计。

在计算机和计算机软件广泛应用的条件下，除了要选择使用可靠的计算软件外，还应对软件产生的计算结果从力学概念和工程经验等方面加以分析判断，确认其合理性和可靠性。

2. 分析模型

（1）平面结构模型

1）平面结构平面协同分析模型。假定楼板平面内刚度无穷大，将结构划分为若干榀正交平面抗侧力结构，在水平力作用下，只考虑水平位移，忽略扭转变形；每个方向的水平力仅由该方向的平面抗侧力结构承受；并按照抗侧刚度分配水平力。属于手算简化计算方法。

2）平面结构空间协同工作分析模型。该模型始于20世纪80年代，它将空间结构划分为若干榀正交或斜交的平面抗侧力结构；假定楼板平面内刚度无穷大；在水平力作用下，既考虑水平位移也考虑扭转变形，每个方向的水平力由所有正交或斜交的平面抗侧力结构承受。在各抗侧力结构之间按照空间位移协调条件分配水平力。平面结构空间协同工作分析模型的优点是基本未知量少，计算简单，适合小型计算机采用。各平面结构的协同工作抵抗水平力反映了规则结构整体工作性能的主要特征。问题是人为划分平面结构进行分析，适用范围受限制；同一柱或墙分属纵横平面，轴力计算值不一致。故广泛用于分析框架、框剪、剪力墙结构等布置较为规则的结构。

（2）三维空间结构分析模型　目前国内商品化的结构分析软件所采用的力学模型主要有：

1）空间杆系模型。用杆件模拟梁、柱，采用有限单元法空间杆件理论形成单元刚度矩阵（考虑剪切变形）并求解。常用于框架结构。

2）空间杆-薄壁杆系模型。该方法广泛用于框架、框架-剪力墙、剪力墙及筒体，特别是平面不规则、体型复杂的结构。其优点是薄壁柱理论自由度少，计算简化；缺点是模拟剪力墙出入较大，精度难以保证，如中国建筑科学研究院高层所编制的TBSA软件就使用该模型。该方法用杆件模拟梁、柱，用薄壁杆件模拟墙。梁柱空间杆件每端6个自由度，薄壁杆件有7个自由度（含翘曲，不考虑剪切变形），根据薄壁理论导出薄壁柱的单刚矩阵；梁柱采用有限单元法空间杆件理论形成单元刚度矩阵（考虑剪切变形），按照矩阵位移法直接由单元刚度矩阵形成总刚度矩阵并求解。基本假定有楼板平面内刚度无穷大且平面外刚度为零，每个楼层3个公共自由度。

3）空间杆-墙板单元模型。用杆件模拟梁、柱，用板单元模拟无洞口或小洞口剪力墙，有大洞口的剪力墙模型化为柱-梁板连接体，把大洞口两侧作为两个板单元，上下层洞口之间的部分作为连系梁，板单元由核心板、边梁和边柱组成，墙平面内抗弯刚度无穷大，平面外为零。墙板单元在楼层边界全截面变形协调。用于框架、框架-剪力墙、剪力墙及筒体。缺点是不考虑平面外刚度，对带洞口剪力墙的模型化误差较大。如清华大学建筑设计研究院编制的3TUS/ADBW软件。

4）空间杆系-墙组元模型。该方法假定楼板平面内刚度无穷大。梁、柱为空间杆件，剪力墙为墙组元，墙组元指层高范围内连接在一起的一组墙，可以是开口截面、闭口截面、半开半闭截面，在竖向具有拉压刚度、平面内抗弯刚度和抗剪刚度，考虑剪切变形影响，用截面任意参考点 P 的两个平移和截面转角以及各节点竖向位移描述变形状态。以竖向位移作为未知量，多点直接传力变形协调。该方法是介于薄壁杆理论和薄板理论之间的一种有限元分析方法。例如，中国建筑科学研究院高层所编制的 TBWE 就是用该模型，是 SATS 的微机改进版。

5）空间杆系-壳单元模型。用于框架、框架-剪力墙、剪力墙及筒体。采用杆件模拟梁、柱，用每个节点具有 6 个自由度的壳单元模拟剪力墙和楼板，剪力墙具有墙平面内和平面外刚度，楼板既可以按照刚性计算或者局部刚性考虑（开较多），也可以按弹性考虑洞（洞口较多时模拟为板壳）。该方法可以较好反映实际受力状态，分析精度高。但这类软件均为通用有限元软件，前后处理功能较弱，应用不方便。

6）其他组合有限元。虽然目前工程上已普遍采用计算机分析方法，但对高层建筑这样的高次超静定结构，要精确地按三维空间结构进行内力与位移分析是十分困难的。因而在实用上，都对结构进行不同程度的简化计算，但计算的结果必须满足工程上对精度的要求。

3. 计算模型的选用

高层建筑结构是复杂的三维空间受力体系，计算分析时应根据结构实际情况，选取能较准确地反映结构中各构件的实际受力状况的力学模型。

1）质量和抗侧刚度分布接近对称且楼、屋盖可视为刚性横隔板的结构，以及有具体规定的结构，可采用平面结构模型进行抗震分析。

2）对平面规则而竖向不规则、平面不规则而竖向规则的建筑以及平面与竖向均不规则的建筑，应采取空间结构计算模型分析，并按照有关规定进行细部处理，后者应采取更严格的抗震措施。

3）对于平面和竖向布置简单规则的框架结构、框架-剪力墙结构宜采用空间分析模型，可采用平面框架空间协同模型。

4）对剪力墙结构、筒体结构和复杂布置的框架结构、框架-剪力墙结构应采用空间分析模型。

5）多、高层建筑钢结构的计算模型，可采用平面抗侧力结构的空间协同计算模型。

4. 计算要求

1）体型复杂、结构布置复杂的高层建筑结构的受力情况复杂，B 级高度高层建筑属于超限高层建筑，采用至少两个不同力学模型的结构分析软件进行整体计算分析，可以相互比较和分析，以保证力学分析结构的可靠性。带加强层的高层建筑结构、带转换层的高层建筑结构、错层结构、连体和立面开洞结构、多塔楼结构、立面较大收进结构等，属于体型复杂的高层建筑结构，其竖向刚度和承载力变化大、受力复杂，易形成薄弱部位；混合结构以及 B 级高度高层建筑结构的房屋高度大、工程经验不多，因此整体计算分析时应从严要求。

2）抗震设计时，B 级高度的高层建筑结构、混合结构和《高规》第 10 章规定的复杂高层建筑结构，尚应符合下列规定：

① 宜考虑平扭耦联计算结构的扭转效应，振型数不应小于 15，对多塔楼结构的振型数不应小于塔楼数的 9 倍，且计算振型数应使各振型参与质量之和不小于总质量的 90%。

② 应采用弹性时程分析法进行补充计算。

③ 宜采用弹塑性静力或弹塑性动力分析方法补充计算。

3）对多塔楼结构，宜按整体模型和各塔楼分开的模型分别计算，并采用较不利的结果进行结构设计。当塔楼周边的裙楼超过两跨时，分塔楼模型宜至少附带两跨的裙楼结构。多塔楼结构振动形态复杂，整体模型计算有时不容易判断结果的合理性；辅以分塔楼模型计算分析，取二者的不利结果进行设计较为妥当。

4）对受力复杂的结构构件，宜按应力分析的结果校核配筋设计。对受力复杂的结构构件，如竖向布置复杂的剪力墙、加强层构件、转换层构件、错层构件、连接体及其相关构件等，除结构

整体分析外，尚应按有限元等方法进行更加仔细的局部应力分析，并可根据需要，按应力分析结果进行截面配筋设计校核。按应力进行截面配筋计算的方法，可按照《混规》的有关规定。

5）高层建筑结构按空间整体工作计算分析时，应考虑下列变形：

①梁的弯曲、剪切、扭转变形，需要考虑楼板面内变形时还考虑轴向变形。

②柱的弯曲、剪切、轴向、扭转变形。

③墙的弯曲、剪切、轴向、扭转变形。

当采用空间杆-薄壁杆系模型时，剪力墙自由度考虑弯曲、剪切、轴向、扭转变形和翘曲变形；当采用其他有限元模型分析剪力墙时，剪力墙自由度考虑弯曲、剪切、轴向、扭转变形。

高层建筑层数多、自重大，墙、柱的轴向变形影响显著，计算时应考虑。

6）对结构分析软件的计算结果，应进行分析判断，确认其合理、有效后方可作为工程设计的依据。

5. 施工过程模拟

高层建筑结构是逐层施工完成的，其竖向刚度和竖向荷载（如自重和施工荷载）也是逐层形成的。这种情况与结构刚度一次形成、竖向荷载一次施加的计算方法存在较大差异。因此对于层数较多的高层建筑，其重力荷载作用效应分析时，柱、墙轴向变形宜考虑施工过程的影响。施工过程的模拟可根据需要采用适当的方法考虑，如结构竖向刚度和竖向荷载逐层形成、逐层计算的方法等。

复杂结构及150m以上高层建筑应考虑施工过程的影响，因为这类结构是否考虑施工过程的模拟计算，对设计有较大影响。

3.17.4　参数及其调整

1. 单位建筑面积的重力荷载

目前我国钢筋混凝土高层建筑由恒荷载和活荷载引起的单位面积重力荷载为：框架与框架-剪力墙结构为12~14kN/m^2，剪力墙和筒体结构为14~16kN/m^2。

这个参数非常重要，常用于初步设计时构件尺寸估算以及计算校核。

2. 高层建筑的楼面活荷载不利布置

在高层建筑的单位面积重力荷载中，活荷载部分为2~3kN/m^2，只占全部重力的15%~20%，故活荷载不利分布的影响较小。而且，高层建筑结构层数多，每层的房间多，不利布置方式很多，难以一一计算。故在一般情况下，高层建筑的内力计算可以不考虑活荷载的不利布置。

如果楼面活荷载较大，其不利分布对梁弯矩的影响会比较明显，计算时应予考虑。规范规定，当楼面活荷载大于4kN/m^{2}时，应考虑楼面活荷载不利布置引起的结构内力的增大。

当整体计算中未考虑楼面活荷载不利布置时，应适当增大楼面梁的计算弯矩。可将未考虑活荷载不利分布计算的框架梁弯矩乘以放大系数予以近似考虑，该放大系数通常可取为1.1~1.3，活荷载大时可选用较大数值。近似考虑活荷载不利分布影响时，梁正、负弯矩应同时予以放大。

3. 剪力墙连梁刚度折减

高层建筑结构地震作用效应计算时，可对剪力墙连梁刚度予以折减，折减系数不宜小于0.5。

4. 框架结构楼面梁刚度增大系数

在结构内力与位移计算中，现浇楼盖和装配整体式楼盖中，梁的刚度可考虑楼板翼缘的作用予以增大。近似考虑时，楼面梁刚度增大系数可根据翼缘情况取1.3~2.0。

对于无现浇面层的装配式楼盖，不宜考虑楼面梁刚度的增大。

5. 框架梁端弯矩调幅系数

在竖向荷载作用下，框架梁端负弯矩往往较大，配筋困难，不便于施工和保证施工质量。因此，在竖向荷载作用下，可考虑框架梁端塑性变形内力重分布对梁端负弯矩乘以调幅系数进行调幅，并应符合下列规定：

1）装配整体式框架梁端负弯矩调幅系数可取为0.7~0.8，现浇框架梁端负弯矩调幅系数可取为0.8~0.9。

2）框架梁端负弯矩调幅后，梁跨中弯矩应按平衡条件相应增大。

3）应先对竖向荷载作用下框架梁的弯矩进行调幅，再与水平作用产生的框架梁弯矩进行组合。

4）截面设计时，框架梁跨中截面正弯矩设计值不应小于竖向荷载作用下按简支梁计算的跨中弯矩设计值的50%。

6. 现浇楼盖对梁扭转的约束

高层建筑结构楼面梁受扭计算时应考虑现浇楼盖对梁的约束作用。当计算中未考虑现浇楼盖对梁扭转的约束作用时，可对梁的计算扭矩予以折减。梁扭矩折减系数应根据梁周围楼盖的约束情况确定。

3.17.5 重力二阶效应与结构稳定

1. 重力二阶效应

重力二阶效应是指重力荷载在水平作用位移效应上引起的二阶效应，简称重力 P-Δ 效应。对混凝土结构，随着结构刚度的降低，重力二阶效应的不利影响呈非线性增长。因此，对结构的弹性刚度和重力荷载作用的关系应加以限制。

重力二阶效应一般包括两部分：一是由于构件自身（局部）挠曲变形引起的重力附加效应，挠曲二阶内力的大小与构件挠曲线形态有关，一般中段大、端部为零；二是结构在水平风荷载或水平地震作用下产生侧移变位后，重力荷载由于该侧移而引起的附加效应，即重力 P-Δ 效应。分析表明，对一般高层建筑结构而言，由于构件的长细比不大，其挠曲二阶效应的影响相对很小，一般可以忽略不计；而结构侧移和重力荷载引起的重力 P-Δ 效应则相对较为明显，会使结构的位移和内力增加，当位移较大时甚至导致结构失稳。

2. 结构的稳定系数

重力二阶效应对结构稳定的影响可以用稳定系数 θ_i 表示，稳定系数取重力附加弯矩 M_a 与初始弯矩 M_0 的比值，即 $\theta_i=\dfrac{M_a}{M_0}$。

（1）框架结构　图3-14所示为框架结构近似计算重力二阶弯矩的示意图。设第 i 楼层地震作用产生的层间位移为 Δu_i，由于框架结构的变形呈现剪切变形的形态，层层有反弯点，近似分析时取每层的反弯点在层中，故地震作用产生的初始弯矩（柱端弯矩）$M_0=V_ih_i/2$。近似将上部楼层重力集中在 i 层柱顶，则第 i 层处上部重力荷载相对于层间位移 Δu_i 的附加弯矩为 $\sum\limits_{i=i}^{n}G_i\Delta u_i$，将 $\sum\limits_{i=i}^{n}G_i\Delta u_i$ 等效为楼层剪力，则与重力二阶效应对应的附加剪力为 $V_{ai}=\sum\limits_{i=i}^{n}G_i\Delta u_i/h_i$。故重力二阶效应在第 i 层产生的柱端重力附加弯矩为 $M_{ai}=V_{ai}h_i/2=\sum\limits_{i=1}^{n}G_i\Delta u_i/2$。故框架结构任意层处的稳定系数为

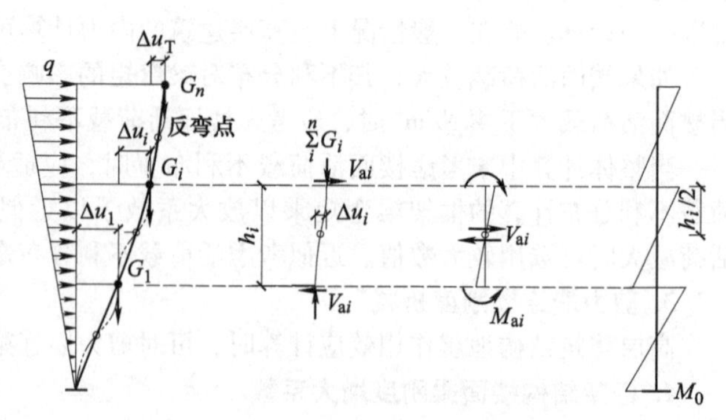

图3-14　框架结构的重力二阶效应

$$\theta_i = \frac{M_{ai}}{M_{0i}} = \frac{V_{ai}h_i/2}{V_ih_i/2} = \frac{\Delta u_i \sum_{i=1}^{n} G_i}{V_ih_i} \tag{3-18}$$

式中 θ_i——稳定系数；

M_{0i}——地震作用在任意楼层产生的初始弯矩；

M_{ai}——任意楼层的重力附加弯矩；

V_{ai}——任意楼层的重力附加剪力；

V_i——第 i 层楼层地震剪力设计值；

G_i——第 i 层重力荷载设计值，取 1.2 倍的永久荷载标准值与 1.4 倍楼面可变荷载标准值的组合值；

h_i——第 i 层楼层层高；

Δu_i——第 i 层楼层质心处的弹性或弹塑性层间位移。

近似取 Δu_i 等于层剪力与层抗侧刚度 D_i 之比，即 $\Delta u_i = V_i/D_i$，将 Δu_i 代入式（3-18），得到框架结构的稳定系数为

$$\theta_i = \frac{M_{ai}}{M_{0i}} = \frac{\sum_{i=1}^{n} G_i}{D_ih_i} \tag{3-19}$$

（2）剪力墙结构 图 3-15 所示为剪力墙结构近似计算重力二阶弯矩的示意图，剪力墙在水平力作用下的结构变形主要呈现整体弯曲的变形形态。将地震作用近似看作倒三角形分布荷载，则结构顶点质心的弹性水平位移 u_{T} 为

$$u_{\mathrm{T}} = \frac{11qH^4}{120EI_{\mathrm{d}}} = \frac{11}{60} \times \frac{V_0H^3}{EI_{\mathrm{d}}} \tag{3-20}$$

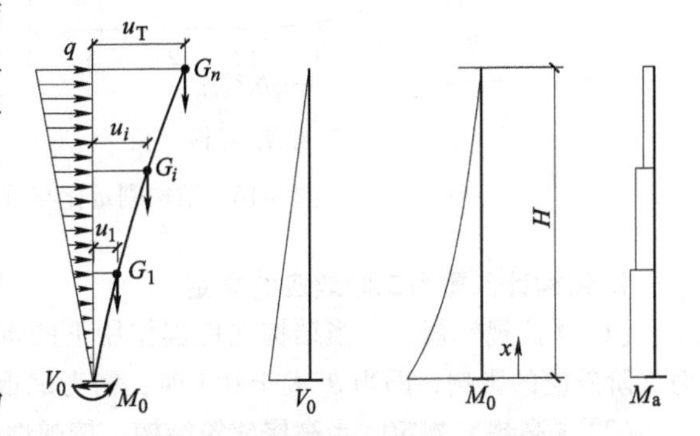

图 3-15 剪力墙结构的重力二阶效应

式中 H——房屋高度；

V_0——结构嵌固端的剪力值，在最大值为 q 的倒三角形荷载作用下 $V_0 = qH/2$；

EI_{d}——结构的弹性等效抗侧刚度；是近似按倒三角形分布荷载作用下结构顶点位移相等的原则，折算得到的竖向悬臂受弯构件的等效抗弯刚度。

取控制位置为墙底嵌固端，该处地震作用初始弯矩为 $M_0 = 2V_0H/3$，重力附加弯矩为 $M_{\mathrm{a}} = \sum_{i=1}^{n} G_iu_i$。设各楼层质量均匀，并假设任意一点水平位移与该处到基底的距离成正比，可以得到：

$$M_{\mathrm{a}} = \sum_{i=1}^{n} G_iu_i \approx \int_0^H \frac{G_i}{h_i}\frac{x}{H}u_{\mathrm{T}}\mathrm{d}x = \frac{HG_iu_{\mathrm{T}}}{2h_i} = \frac{u_{\mathrm{T}}}{2}\sum_{i=1}^{n} G_i \tag{3-21}$$

用式（3-21）的 M_{a} 和 $M_0 = 2V_0H/3$ 求稳定系数，并将 u_{T} 代入式（3-21），可得剪力墙结构、框架-剪力墙结构、板柱-剪力墙结构、筒体结构相对于基底的稳定系数为

$$\theta_0 = \frac{M_{\mathrm{a}}}{M_0} = \frac{3}{4}\frac{G_iu_{\mathrm{T}}}{V_0h_i} = \frac{11G_iH^3}{80h_iEI_{\mathrm{d}}} = 0.14\frac{H^2\sum_{i=1}^{n} G_i}{EI_{\mathrm{d}}} \tag{3-22}$$

3. 刚重比与重力二阶效应

由式（3-19）和式（3-22）可知，结构抗侧刚度越大、重力荷载越小，重力附加弯矩相对于初始弯矩的增加值越小，即重力二阶效应越小。故结构的弹性刚度和重力荷载之比（简称刚重比）

是影响重力 P-Δ 效应的主要参数。由式（3-19）和式（3-22）可知，刚重比与稳定系数成反比，刚重比越大，稳定系数越小，结构的重力二阶效应越小。

框架结构（剪切型结构）的刚重比为 $D_i h_i / \sum_{i=1}^{n} G_i$。

剪力墙结构、框架-剪力墙结构、筒体结构（弯剪型结构）的刚重比为 $EI_d / H^2 \sum_{i=1}^{n} G_i$。

图 3-16 所示为结构刚重比与重力二阶效应的关系曲线，可以看出，刚重比越大，$(\Delta^* - \Delta)/\Delta$ 越小，即重力 P-Δ 效应越小，则结构稳定具有适宜的安全储备；而随着结构刚重比的进一步减小，重力 P-Δ 效应将会呈非线性关系急剧增长，直至引起结构的整体失稳。因此，对结构的弹性刚度和重力荷载作用的关系应加以限制，且刚重比较小时，计算时应计入重力二阶效应。

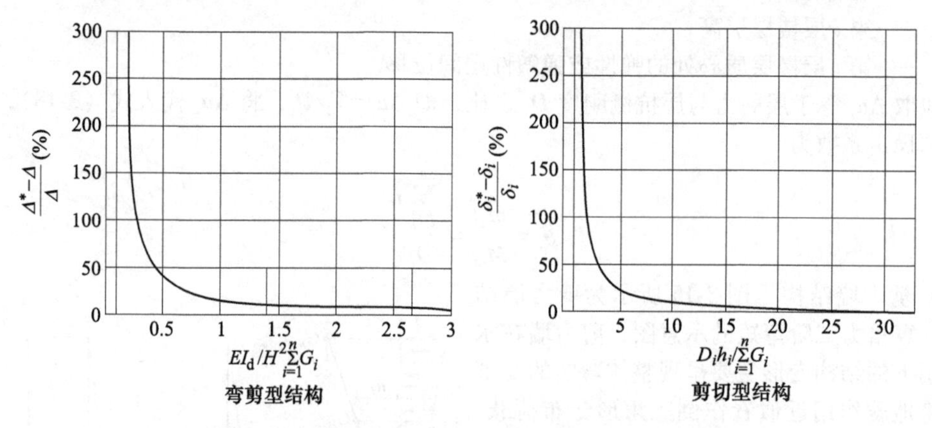

图 3-16　结构刚重比与重力二阶效应的关系曲线

4. 结构计入重力二阶效应的规定

（1）《抗规》规定　当结构在地震作用下的重力附加弯矩大于初始弯矩的 10%时，应计入重力二阶效应的影响，即当 θ_i 大于 0.1 时，需考虑重力二阶效应。

（2）《高规》规定　当高层建筑结构，按弹性分析的二阶效应对结构内力、位移的增量控制在 5%左右时，即 $\theta_i \leqslant 0.05$ 时，弹性计算分析可不考虑重力二阶效应的不利影响。

（3）不计重力二阶效应的条件　对上述两规范取严格的作为依据，则不计重力二阶效应不利影响时，刚重比应满足以下条件：

1）对框架结构：

$$\theta_i = \frac{\sum_{i=1}^{n} G_i}{D_i h_i} \leqslant 0.05 \Leftrightarrow \frac{D_i}{\sum_{i=1}^{n} G_i / h_i} \geqslant 20 \tag{3-23}$$

2）对剪力墙结构、框架-剪力墙结构、筒体结构：

$$\theta_0 = \frac{11}{80} \times \frac{H^2 \sum_{i=1}^{n} G_i}{EI_d} \leqslant 0.05 \Leftrightarrow \frac{EI_d}{H^2 \sum_{i=1}^{n} G_i} \geqslant 2.7 \tag{3-24}$$

5. 重力二阶效应的近似计算

高层建筑结构重力二阶效应可采用有限元方法进行计算，也可采用对未考虑重力二阶效应的计算结果乘以增大系数的方法近似计算。

增大系数法是一种简单近似考虑重力 $P\text{-}\Delta$ 效应的方法。考虑重力 $P\text{-}\Delta$ 效应的结构位移可采用未考虑重力二阶效应的位移乘以位移增大系数 F_1、F_{1i}，但弹性层间位移的限制条件不变。由于位移是按弹性方法计算的，因此计算结构位移增大系数时，不考虑结构刚度的折减。考虑重力 $P\text{-}\Delta$ 效应的结构构件（梁、柱、剪力墙）内力可采用未考虑重力二阶效应的内力乘以内力增大系数 F_2、F_{2i}；计算内力增大系数时，考虑结构刚度的折减，为简化计算，刚度折减系数近似取0.5，以适当提高结构构件承载力的安全储备。

（1）位移增大系数　作为近似计算方法，在弹性分析时，重力二阶效应的位移增大系数可取 $1/(1-\theta_i)$。

对框架结构：

$$F_{1i} = \frac{1}{1 - \sum_{i=1}^{n} G_i/(D_i h_i)} \quad (i = 1,2,\cdots,n) \tag{3-25}$$

对剪力墙结构、框架-剪力墙结构、筒体结构：

$$F_1 = \frac{1}{1 - 0.14H^2 \sum_{i=1}^{n} G_i/(EI_\mathrm{d})} \tag{3-26}$$

（2）内力增大系数　在弹性分析时，重力二阶效应的内力增大系数可取 $1/(1-\theta_i)$，但抗侧刚度考虑0.5的折减系数。

对框架结构：

$$F_{2i} = \frac{1}{1 - 2\sum_{i=1}^{n} G_i/(D_i h_i)} \quad (i = 1,2,\cdots,n) \tag{3-27}$$

对剪力墙结构、框架-剪力墙结构、筒体结构：

$$F_2 = \frac{1}{1 - 0.28H^2 \sum_{i=1}^{n} G_i/(EI_\mathrm{d})} \tag{3-28}$$

重力二阶效应产生的内力、位移增量宜控制在一定范围，不宜过大。考虑重力二阶效应后计算的位移仍应满足式（3-8）的层间位移要求。

6. 高层建筑的整体稳定性要求

结构整体稳定性是高层建筑结构设计的基本要求。研究表明，高层建筑混凝土结构仅在竖向重力荷载作用下产生整体失稳的可能性很小。高层建筑混凝土结构的稳定设计主要是控制在风荷载或水平地震作用下，重力荷载产生的二阶效应（重力 $P\text{-}\Delta$ 效应）不致过大，以致引起结构的失稳倒塌。设计人员可通过控制结构的刚重比来减少重力二阶效应，保证结构整体稳定。

总体的考虑是，如果结构的刚重比满足式（3-23）或式（3-24）的规定，当结构弹性刚度折减50%时，重力 $P\text{-}\Delta$ 效应仍可控制在20%之内，则结构的稳定具有适宜的安全储备。对稳定系数的要求为

1）对框架结构：

$$\theta_i = \frac{\sum_{i=1}^{n} G_i}{0.5D_i h_i} \leqslant 0.2 \tag{3-29a}$$

2）对剪力墙结构、框架-剪力墙结构、筒体结构：

$$\theta_0 = 0.14\frac{H^2 \sum_{i=1}^{n} G_i}{0.5EI_\mathrm{d}} \leqslant 0.2 \tag{3-29b}$$

由式（3-29a）、式（3-29b）得到高层建筑结构满足整体稳定的要求时对刚重比的要求为

1）对框架结构：

$$\frac{D_i}{\sum_{i=1}^{n} G_i/h_i} \geqslant 10\ (i=1,2,\cdots,n) \tag{3-30a}$$

2）对剪力墙结构、框架-剪力墙结构、筒体结构：

$$\frac{EI_{\mathrm{d}}}{H^2\sum_{i=1}^{n} G_i} \geqslant 1.4 \tag{3-30b}$$

如不满足式（3-30）的规定，则应调整并增大结构的抗侧刚度。

3.17.6　扭转的近似计算

在框架、剪力墙及框架-剪力墙结构内力与位移的手算简化计算中，往往都采用了这样一个基本假定：在水平荷载作用下结构不产生扭转，这种情况只有当水平荷载的合力通过结构的刚度中心时才能保证。否则，水平荷载将使结构产生扭转，并引起附加内力。在此将简要介绍考虑结构扭转效应的近似计算方法。

1. 抗侧刚度中心

使抗侧力结构的层间产生单位相对侧移所需施加的水平力，称为该层的抗侧刚度。对于框架或壁式框架，结构抗侧刚度为 D。对于剪力墙，其抗侧刚度 D_{w} 可按下式确定：

$$D_{\mathrm{w}}=\frac{V_{\mathrm{w}}}{\Delta u} \tag{3-31}$$

式中　V_{w}——墙肢所承受的剪力；

Δu——层间相对侧移。

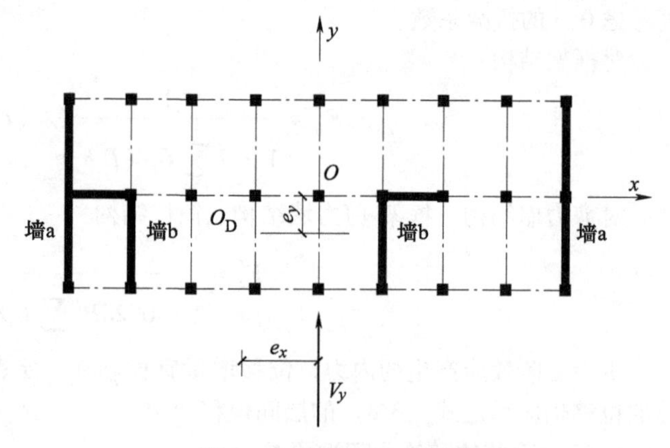

图 3-17　结构质心与刚心

图 3-17 所示表示抗侧力结构的某层沿 x 方向和 y 方向布置的情况及任选的 xOy 坐标系。如层间在 x 方向或 y 方向有相对侧移 Δu_x 或 Δu_y 时，则在 x 方向的第 j 榀抗侧力结构中产生的抗力为 V_{xj}，在 y 方向的第 k 榀抗侧力结构中产生的抗力为 V_{yk}。通常把结构平移时 $\sum V_{xj}$、$\sum V_{yk}$ 的合力作用线的交点称为结构刚度中心，其坐标为

$$\begin{cases} x_0=\dfrac{\sum V_{yk}x_k}{\sum V_{yk}} \\ y_0=\dfrac{\sum V_{xj}y_j}{\sum V_{xj}} \end{cases} \tag{3-32}$$

式中　x_k、y_j——y 方向第 k 榀抗侧力结构和 x 方向第 j 榀抗侧力结构的坐标，如图 3-18 所示。

设某层 y 方向第 k 榀抗侧力结构和 x 方向第 j 榀抗侧力结构的抗侧刚度分别为 D_{yk} 和 D_{xj}，则有

$$\begin{cases} V_{xj}=D_{xj}\Delta u_x \\ V_{yk}=D_{yk}\Delta u_y \end{cases} \tag{3-33}$$

式中　Δu_x、Δu_y——x 方向和 y 方向的层间相对侧移。

将式（3-33）代入式（3-32），则得

$$\begin{cases} x_0 = \dfrac{\sum D_{yk}x_k}{\sum D_{yk}} \\ y_0 = \dfrac{\sum D_{xj}y_j}{\sum D_{xj}} \end{cases} \tag{3-34}$$

由式（3-34）可见，如果把各榀抗侧力结构的抗侧刚度 D_{xj}和 D_{yk}视为假想面积，则结构刚度中心的坐标就是假想面积的形心位置，而且刚度中心坐标仅与各榀抗侧力结构的抗侧刚度和布置有关。

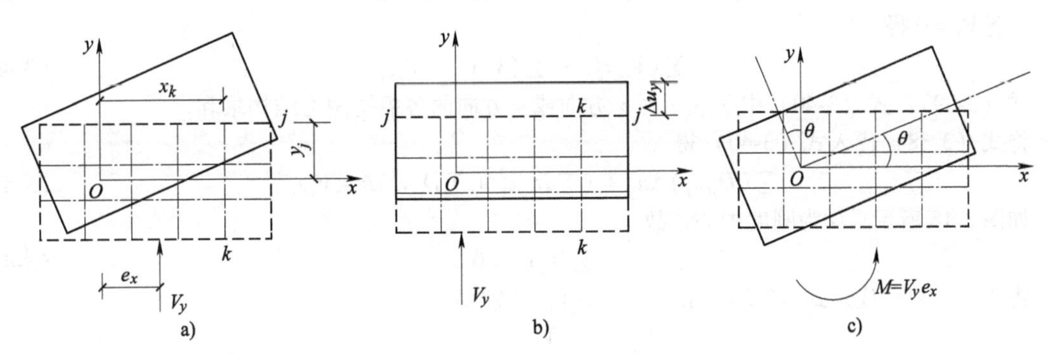

图 3-18　结构平移与扭转变形

2. 偏心距

如图 3-17 所示结构平面布置，由于建筑对称，质量均匀分布，水平荷载的合力通过结构质量中心 O。从剪力墙布置看，墙 a 对 y 轴对称，墙 b 对 y 轴不对称；对 x 轴来说，墙 a 对称，墙 b 不对称。所以，结构的刚度中心 O_D 较质中心 O 偏左、偏下，分别以 e_x、e_y 表示 x 方向和 y 方向的偏心距。对无抗震设防要求或抗震设防烈度为 6 度、7 度、8 度时，计算偏心距 e 按实际计算的偏心距取值；设计烈度为 9 度时，计算偏心距按下式：

$$e = e_0 + 0.05L \tag{3-35}$$

式中　e_0——实际偏心距；

L——垂直于合力方向上建筑物的长度。

这里加大计算偏心距是为了提高结构的安全度。

3. 考虑扭转的修正

当水平荷载的合力不通过刚度中心时，荷载分配的计算采用如下假定：

1）忽略层间与层间的相互影响，即各层平面中单独考虑。

2）楼板在自身平面内的刚度无穷大，可视为一个整体刚性盘。

3）各榀抗侧力结构只在自身平面内产生抗力。

4）楼板因扭转而产生的相对转角比较小故而可近似取 $\sin\theta \approx \theta$，$\cos\theta = 1$。

根据假定 1)，可把各层平面逐层加以分析。图 3-18a 所示为任一层的平面示意图，设该层总外剪力 V_y 距刚度中心的距离为 e_x。根据假定 2)，同一楼面只产生平移和刚体转动。为简明起见，可把图 3-18a 所示的受力和位移状态分解为图 3-18b 和图 3-18c。图 3-18b 表示通过刚度中心作用层间剪力 V_y，此时楼盖沿 y 方向产生层间相对侧移 Δu_y。图 3-18c 表示通过刚度中心作用有力矩 $M = V_ye_x$，此时楼盖绕通过刚度中心的竖轴产生层间相对转角 θ。因此，楼层任意点的层间侧移均可用刚度中心处的层间相对侧移 Δu_y 和绕刚度中心的转角 θ 表示。

根据假定 3）和假定 4)，如 y 方向第 k 榀抗侧力结构距刚度中心的距离为 x_k，则沿 y 方向的层间相对侧移 Δu_{yk}为

$$\Delta u_{yk} = \Delta u_y + \theta x_k \tag{3-36}$$

如 x 方向第 j 榀抗侧力结构距刚度中心距离为 y_j，则沿 x 方向的层间相对侧移为 Δu_{xj} 为

$$\Delta u_{xj} = -\theta y_j \tag{3-37}$$

根据抗侧刚度的定义，x 方向第 j 榀抗侧力结构和 y 方向第 k 榀抗侧力结构的抗力分别为

$$\begin{cases} V_{xj} = D_{xj}\Delta u_{xj} = -D_{xj}\theta y_j \\ V_{yk} = D_{yk}\Delta u_{yk} = D_{yk}\Delta u_y + D_{yk}\theta x_k \end{cases} \tag{3-38}$$

由 $\sum Y=0$ 得

$$\sum V_{yk} = (\sum D_{yk})\Delta u_y + \sum (D_{yk}x_k)\theta = V_y \tag{3-39}$$

由 $\sum M_0=0$ 得

$$\sum (V_{yk}x_k) - \sum (V_{xj}y_j) = V_y e_x \tag{3-40}$$

式（3-39）、式（3-40）中 $\sum$ 表示对 x 方向或 y 方向的各榀抗侧力结构求和。

将式（3-38）代入式（3-40）得

$$\sum (D_{yk}x_k)\Delta u_y + (\sum D_{yk}x_k^2 + \sum D_{xj}y_j^2)\theta = V_y e_x \tag{3-41}$$

如图 3-18 所示，O 为刚度中心，故

$$\sum D_{yk}x_k = 0 \tag{3-42}$$

将式（3-42）代入式（3-39）和式（3-41），分别得

$$\begin{cases} \Delta u_y = \dfrac{V_y}{\sum D_{yk}} \\ \theta = \dfrac{V_y e_x}{\sum D_{yk}x_k^2 + \sum D_{xj}y_j^2} \end{cases} \tag{3-43}$$

将式（3-43）代入式（3-38）得

$$V_{xj} = -\frac{D_{xj}y_j}{\sum D_{yk}x_k^2 + \sum D_{xj}y_j^2}V_y e_x \tag{3-44}$$

$$V_{yk} = \frac{D_{yk}}{\sum D_{yk}}V_y + \frac{D_{yk}x_k}{\sum D_{yk}x_k^2 + \sum D_{xj}y_j^2}V_y e_x \tag{3-45}$$

式（3-44）和式（3-45）表示在 y 方向作用有偏心距为 e_x 的层间剪力为 V_y 时，在 x 和 y 方向各榀抗侧力结构所分配到的剪力。由于 y 方向作用荷载时，x 方向的受力一般不大，所以式（3-44）常可忽略不计。式（3-45）等号右边第一项表示平移产生的剪力，第二项表示扭转产生的附加剪力。由此可见，扭转使结构的内力增大，属不利因素，设计中应通过合理的结构布置予以避免。

将式（3-45）改写为

$$V_{yk} = \left[1 + \frac{e_x x_k(\sum D_{yk})}{\sum D_{yk}x_k^2 + \sum D_{xj}y_j^2}\right]\frac{D_{yk}}{\sum D_{yk}}V_y \tag{3-46}$$

或简写为

$$V_{yk} = a_{yk}\frac{D_{yk}}{\sum D_{yk}}V_y \tag{3-47}$$

式中

$$a_{yk} = 1 + \frac{e_x x_k(\sum D_{yk})}{\sum D_{yk}x_k^2 + \sum D_{xj}y_j^2} \tag{3-48}$$

同理，当 x 方向作用有偏心距为 e_x 的层间剪力 V_x 时，x 方向第 j 榀抗侧力结构分配到的剪力

V_{xj}为

$$V_{xj} = a_{xj}\frac{D_{xj}}{\sum D_{xj}}V_x \tag{3-49}$$

式中

$$a_{xj} = 1 + \frac{e_y y_j(\sum D_{xj})}{\sum D_{yk}x_k^2 + \sum D_{xj}y_j^2} \tag{3-50}$$

式（3-48）和式（3-50）中的a_{yk}和a_{xj}表示考虑扭转后对抗侧力结构所受剪力的修正系数，简称扭转修正系数。由于各榀抗侧力结构的坐标位置不同，式（3-48）和式（3-50）中的第二项可能为正或为负，因而可能出现$a>1$和$a<1$两种情况。这表明结构受扭后，部分抗侧力结构的剪力增大，另一部分的剪力则减小，结构设计中只考虑$a>1$的情况。

思考题与习题

1. 选取高层建筑结构体系时应该考虑哪些因素？
2. 我国常用的建筑结构体系有哪些？
3. 为何不应采用单跨框架？
4. 高层建筑结构体系应具备哪些特性？
5. 提高结构构件延性的措施有哪些？
6. 什么是延性？为什么抗震结构要具有延性？
7. 抗震设计时，结构在两个主轴方向的动力特性为何要接近？
8. 高层建筑结构设计时如何选择楼盖的类型？
9. 高层建筑对楼盖的要求有哪些？
10. 高度较大时（超过50m），框架-剪力墙结构为何应采用现浇楼盖？
11. 框架、剪力墙结构在什么情况下可采用装配式楼盖？
12. 为什么高层建筑要限制高宽比H/B？
13. 限制高层建筑的最大适用高度是出于哪些考虑？
14. 高层建筑平面布置应考虑哪些原则？
15. 结构平面总长度为何加以限制？
16. 结构平面有凸出及凹入时，平面尺寸有何规定？
17. 在结构平面布置时，如何减小扭转效应？
18. 在抗震设计时，为什么要求平面布置简单、规则、对称，竖向刚度布置均匀？
19. 高层建筑竖向布置应考虑哪些原则？
20. 沿竖向布置可能出现哪些刚度不均匀情况？
21. 何谓规则的建筑方案和结构体型？
22. 高层建筑的埋置深度是如何规定的？
23. 高层建筑为何宜设置地下室？
24. 地下室顶板作为上部结构嵌固部位时应满足哪些要求？
25. 变形缝的特点和要求是什么？
26. 在高层建筑设计中，应如何设置变形缝？
27. 高层建筑结构如何选取混凝土强度等级？
28. 高层建筑结构对钢筋的性能有哪些要求？
29. 高层建筑抗震设计对非结构构件的要求有哪些？

30. 在高层建筑设计时，水平地震作用效应与风荷载效应如何组合？
31. 有地震作用效应组合时，如何确定荷载效应和地震作用效应的分项系数？
32. 什么是荷载效应组合？在荷载效应组合时，如何确定永久荷载分项系数？
33. 为何要限制高层建筑结构的弹性层间位移角？
34. 什么样的建筑结构要考虑风振舒适度的要求？
35. 何谓抗震设防烈度？如何取值？
36. 何谓抗震设防分类？我国抗震设防类别有几类？
37. 何谓抗震措施？何谓抗震构造措施？
38. 如何确定高层建筑的抗震等级？
39. 我国的基本抗震设防目标是什么？
40. 为了实现抗震设防目标，两阶段设计包括哪些内容？
41. 小震、中震和大震是如何定义的？
42. 结构为何要进行薄弱层弹塑性验算？
43. 高层建筑结构计算基本假定有哪些？
44. 高层建筑结构单位面积的重力荷载大约为多少？
45. 高层建筑结构如何考虑活荷载不利布置？
46. 何谓重力 P-Δ 效应？
47. 高层结构满足什么条件时可以不考虑重力二阶效应？
48. 何谓刚重比？结构整体稳定性对刚重比有何要求？

参 考 文 献

[1] 中华人民共和国住房和城乡建设部. 高层建筑混凝土结构技术规程：JGJ 3—2010 [S]. 北京：中国建筑工业出版社，2010.

[2] 中华人民共和国住房和城乡建设部. 建筑抗震设计规范（2016 年版）：GB 50011—2010 [S]. 北京：中国建筑工业出版社，2016.

[3] 中华人民共和国住房和城乡建设部. 建筑设计防火规范（2018 年版）：GB 50016—2014 [S]. 北京：中国计划出版社，2018.

[4] 中华人民共和国住房和城乡建设部. 混凝土结构设计规范（2015 年版）：GB 50010—2010 [S]. 北京：中国建筑工业出版社，2015.

[5] 中华人民共和国住房和城乡建设部. 混凝土结构设计规范：局部修订条文征求意见稿 [S/OL]. 2020. https：//www. mohurd. gov. cn/gongkai/fdzdgknr/zqyj/202011/20201124_248129. html.

[6] 中华人民共和国住房和城乡建设部. 民用建筑热工设计规范：GB 50176—2016 [S]. 北京：中国建筑工业出版社，2016.

[7] 中华人民共和国住房和城乡建设部. 建筑结构可靠性设计统一标准：GB 50068—2018 [S]. 北京：中国建筑工业出版社，2018.

[8] 中华人民共和国住房和城乡建设部. 非结构构件抗震设计规范：JGJ 339—2015 [S]. 北京：中国建筑工业出版社，2015.

[9] 中华人民共和国住房和城乡建设部. 建筑结构荷载规范：GB 50009—2012 [S]. 北京：中国建筑工业出版社，2012.

[10] 中华人民共和国建设部. 高层民用建筑钢结构技术规程：JGJ 99—1998 [S]. 北京：中国建筑工业出版社，1998.

[11] 中华人民共和国住房和城乡建设部. 高层民用建筑钢结构技术规程：JGJ 99—2015 [S]. 北京：中国建筑工业出版社，2016.

[12] 中华人民共和国住房和城乡建设部．建筑工程抗震设防分类标准：GB 50223—2008 [S]．北京：中国建筑工业出版社，2008.
[13] 全国地震标准化技术委员会．建（构）筑物地震破坏等级划分：GB/T 24335—2009 [S]．北京：凤凰出版社，2009.
[14] 中华人民共和国住房和城乡建设部．混凝土结构通用规范：GB 55008—2021 [S]．北京：中国建筑工业出版社，2022.

第 4 章 框架结构设计

【本章提要】

本章前半部分主要介绍钢筋混凝土框架结构在竖向荷载以及水平荷载作用下的内力及位移的简化计算方法，并附有内容翔实覆盖面宽的例题。本章后半部分主要以《高规》为基础介绍框架结构设计基本规定、设计方法、构造措施及其内涵，其中重点介绍了框架结构梁柱截面设计的基本方法及原理。

高层框架结构是由梁和柱组成的空间结构。框架结构建筑具有内部空间大和布局灵活的特点，广泛应用于各类工业与民用建筑。由于框架结构的抗侧性能依赖于节点在弯曲平面的抗弯刚度，而现浇钢筋混凝土框架的节点具有天然刚度，因此框架最理想的应用类型就是钢筋混凝土结构。框架的抗侧刚度相对剪力墙而言很弱，地震发生时的侧移常较大，因此框架结构的适用高度受到一定限制，且更适用于体型较规整、刚度较均匀的建筑物。

4.1 框架结构布置的一般规定

1. 框架结构应设计成双向梁、柱抗侧力体系

框架按楼板的支承方式可分为横向框架承重、纵向框架承重和混合承重框架。从抗风和抗震角度而言，无论何种承重方案，框架均为抗侧力结构，因此均应设计为刚接框架结构并尽可能保持多次超静定。特别是在抗震设计中，由于建筑纵向地震作用与横向地震作用大致相当，因此双向框架梁必须按抗震设计，主体结构除个别部位外，与框架柱不应采用铰接。对有抗震设防要求的框架结构，纵向和横向均应设计为刚接框架，使之成为双向抗侧力体系。

2. 不宜采用单跨框架

《高规》第 6.1.2 条规定：抗震设计的框架结构不宜采用单跨框架。这是由于单跨框架的耗能能力较弱，超静定次数较少，一旦柱子在强震时不可避免地出现塑性铰，则结构出现连续倒塌的可能性很大。1999 年 9 月 21 日发生的台湾集集地震中有不少单跨框架结构倒塌的震害实例。

带剪力墙的单跨框架结构，因为有剪力墙作为第一道防线，可不受此限制，但其高度也不宜太高。

3. 柱网布置

（1）框架结构柱网布置的原则　在框架柱网布置时，要从满足生产工艺要求、建筑平面要求、结构受力合理和方便施工四个方面来考虑。一般将柱子设在建筑纵横轴线的交叉点上，以减少柱网对建筑使用功能的影响。柱网还与梁跨度有关，柱网尺寸大可以获得较大空间，但会加大梁、柱截面尺寸，应结合建筑需要和结构造价综合考虑。柱网布置时，应考虑到使结构在竖向荷载作用下内力分布均匀合理，各构件材料强度均能充分利用。同时还应尽量做到方便和加快施工进度，降低工程造价。

（2）框架结构的典型平面　框架结构平面一般多采用四排柱方案，有等跨式和内廊式，如图 4-1 所示。等跨式常用于公共建筑或轻型厂房；内廊式一般适用于教学楼、办公楼、医院和宾馆等需要有公共走廊的建筑。内廊式的边跨跨度 l_1 通常取 6~7m，内廊跨度 l_2 取 2.4~3m。从受力角度看，l_2 大些受力好，有利于降低中间支座负弯矩和构造处理。相同情况下，等跨式框架梁跨中最大弯矩、梁支座最大负弯矩及柱端弯矩均比内廊式低。

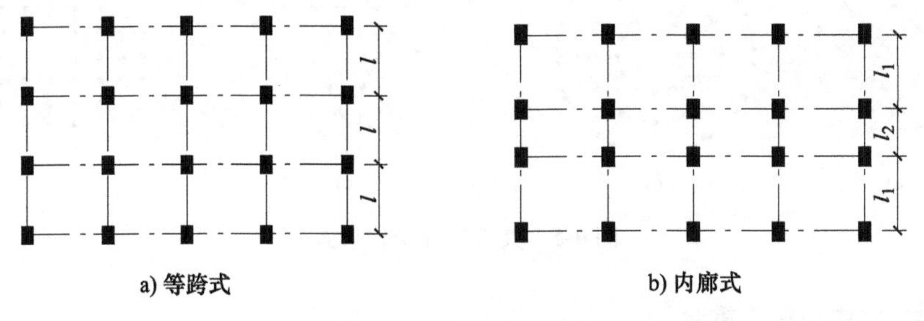

图 4-1　框架平面布置

图 4-2 所示为某酒店的结构平面布置方案，图 4-3 所示为中间设置有走道的某办公楼结构平面，其中图 4-2a 和图 4-3a 所示为内廊式，图 4-2b 和图 4-3b 所示为等跨式。以图 4-2 为例，设 a 与 b 结构方案的梁高相同，在给定相同荷载作用下的弯矩如图 4-4 所示。可以看出，内廊式布置（图 4-4a）的框架梁无论是跨中弯矩还是支座弯矩均大于等跨式布置（图 4-4b）时的对应弯矩。

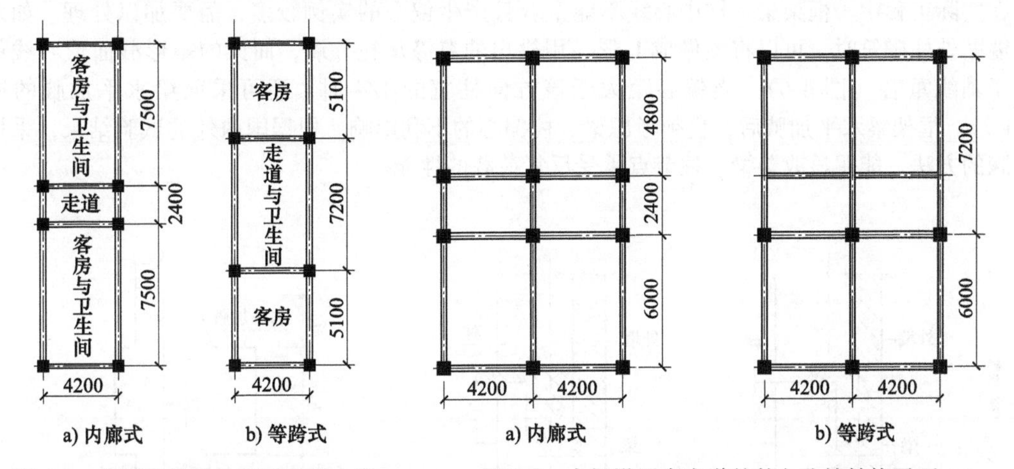

图 4-2　某酒店的结构平面布置方案　　图 4-3　中间设置有走道的某办公楼结构平面

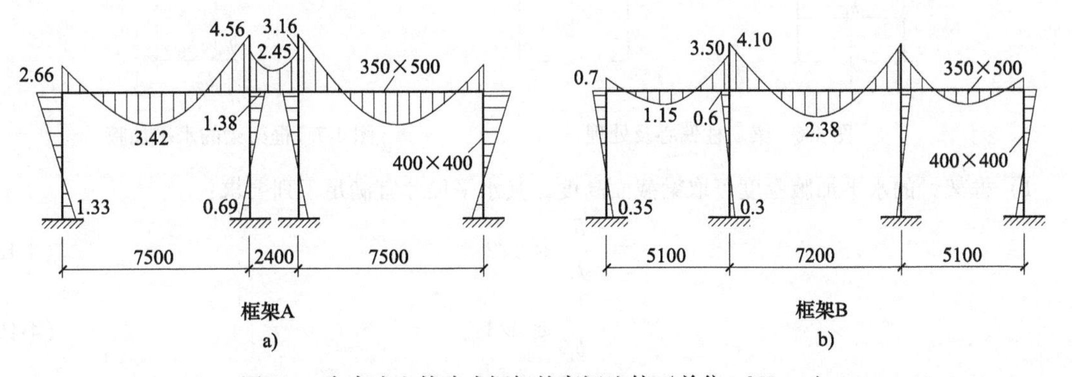

图 4-4　内廊式和等跨式框架的弯矩比较（单位：kN · m）

（3）其他平面　框架结构的支撑主体为柱子，其布置极为灵活，可以适应丰富的建筑平面，如图 4-5 所示。

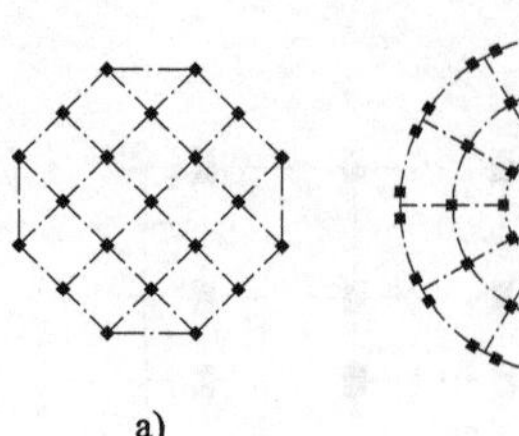

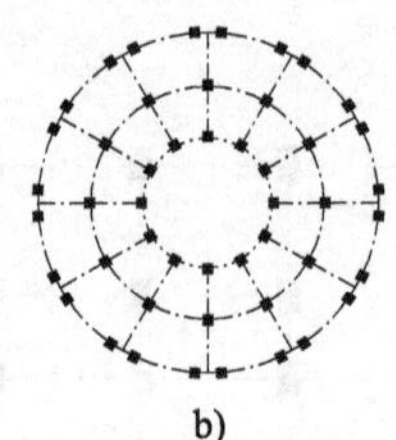

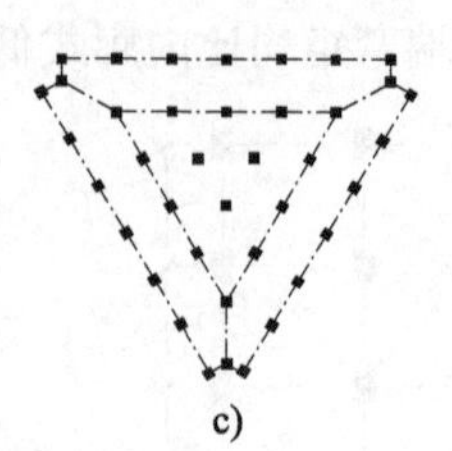

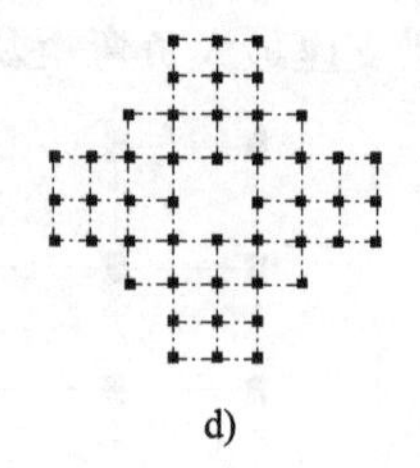

图 4-5　其他平面结构形式

4. 框架梁、柱中心线宜重合

为保证形成可靠的抗侧力结构，防止产生过大的偏心弯矩和柱子的扭转，框架梁、柱中心线（即轴线）宜重合。当梁、柱中心线不能重合时，在计算中应考虑偏心对梁、柱节点核心区受力和构造的不利影响，以及梁荷载对柱子的偏心影响。梁、柱中心线之间的偏心距，9 度抗震设计时不应大于柱截面在该方向宽度的 1/4，非抗震设计和 6~8 度抗震设计时不宜大于柱截面在该方向宽度的 1/4(图 4-6)。

在实际工程中，框架梁、柱中心线不能重合且产生偏心的实例较多，需要加以处理。如果建筑外墙贴外柱砌筑时，可以将梁做成 L 形，用挑出的翼缘承托外墙，而梁的矩形截面形心线保持和柱子轴线重合（图 4-6）。当偏心距大于该方向柱宽的 1/4 时，还可采取梁水平加腋的措施(图 4-7)。框架梁水平加腋后，仍须考虑梁、柱偏心的不利影响。根据国内外的试验结果，采用水平加腋的方法，能明显改善梁、柱节点承受反复荷载的性能。

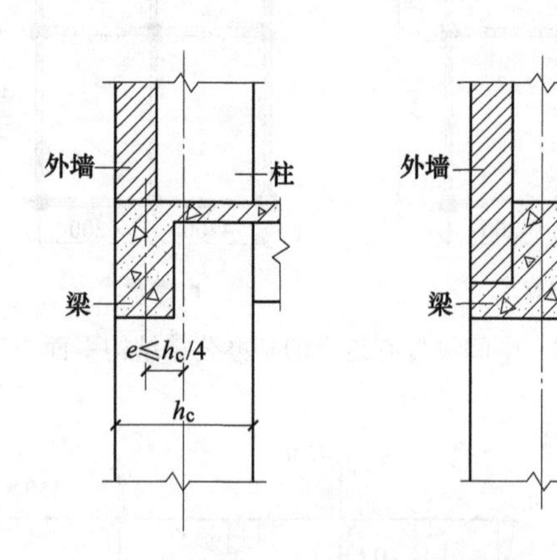

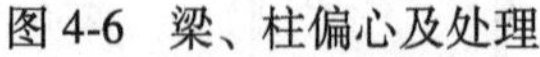

图 4-6　梁、柱偏心及处理

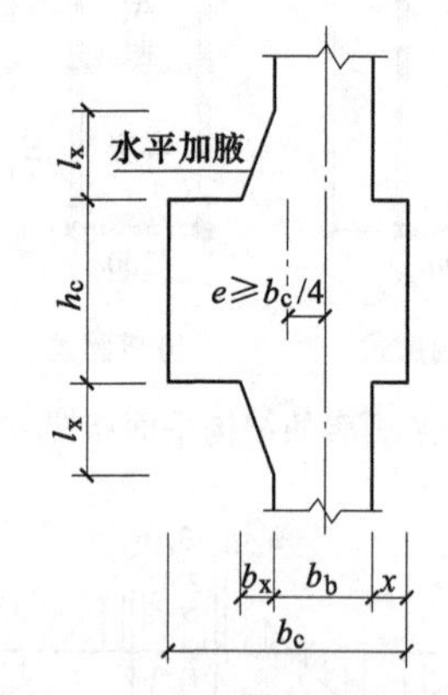

图 4-7　框架梁的水平加腋

1）框架梁的水平加腋厚度可取梁截面高度，其水平尺寸宜满足下列要求：

$$\frac{b_x}{l_x} \leqslant 1/2 \tag{4-1a}$$

$$\frac{b_x}{b_b} \leqslant 2/3 \tag{4-1b}$$

$$b_b + b_x + x \geqslant b_c/2 \tag{4-1c}$$

式中　b_x——框架梁水平加腋宽度；

l_x——框架梁水平加腋长度；

b_b——框架梁截面宽度；

b_c——框架柱沿偏心方向的截面宽度；

x——非加腋侧框架梁边到柱边的距离。

2）框架梁采用水平加腋时，框架节点的有效宽度 b_j 宜符合下式要求：

① 当 $x=0$ 时，b_j 按下式计算：

$$b_j \leqslant b_b + b_x \tag{4-2a}$$

②当 $x\neq0$ 时，b_j 取式（4-2b）、式（4-2c）中的较大值，且应满足式（4-2d）的要求：

$$b_j \leqslant b_b + b_x + x \tag{4-2b}$$

$$b_j \leqslant b_b + 2x \tag{4-2c}$$

$$b_j \leqslant b_b + 0.5h_c \tag{4-2d}$$

式中　h_c——框架柱的截面高度。

5. 框架填充墙

框架结构中的砌体填充墙或围护墙如果布置不当也会造成严重震害。这是由于填充墙是根据建筑使用要求布置的，仅表示在建筑施工图上，容易被结构设计人员忽略且可能随建筑使用变化而变化。国内外均有多例由于填充墙布置不当而造成震害的例子。

当框架结构在上部若干层布置较多填充墙，而底部墙体较少时，会形成上、下层刚度突变，地震时使底部破坏，上部各层塌落下来压在底层上，加重下部各层的损失。因此，应避免出现上、下层刚度变化很大的情况。

当外墙有通长的并嵌砌在柱子之间的整开间窗台墙时，会使框架柱的净高减少很多，实际形成了短柱，地震时，柱子在窗台以上的部位易出现交叉剪切裂缝，引起破坏。这种震害的出现极为普遍，应引起充分重视。

当填充墙的布置偏于建筑平面的一侧时，会形成结构平面的刚度偏心，使地震时由于扭转而产生构件的附加内力。如果在设计中没有考虑这种刚度偏心，则可能造成柱子破坏。

两根柱子之间嵌砌刚度较大的砌体填充墙会吸收较多的地震作用，使墙两端的柱子受力增大，在设计时也应考虑此种情况，对该填充墙端柱适当加强。

综上所述，抗震设计时，采用砌体填充墙的框架结构布置应符合下列要求：

1）避免形成上、下层刚度变化过大。

2）避免形成短柱。

3）减少因抗侧刚度偏心所造成的扭转。

4）框架结构的填充墙及隔墙宜选用轻质材料墙体。

抗震设计时，砌体填充墙及隔墙应具有自身稳定性，并应符合下列要求：

1）砌体的砂浆强度等级不应低于 M5，当采用砖及混凝土砌块时，砌块的强度等级不应低于 MU5；当采用轻质砌块时，砌块的强度等级不应低于 MU2.5。

2）墙顶应与框架梁或楼板密切结合。

3）砌体填充墙应沿框架柱全高每隔 500mm 左右设置 2 根直径 6mm 的拉结筋，6 度时拉结筋宜沿墙全长贯通，7 度、8 度、9 度时拉结筋应沿墙全长贯通。

4）墙长大于 5m 时，墙顶与梁（板）宜有钢筋拉结；墙长大于 8m 或层高的 2 倍时，宜设置钢筋混凝土构造柱，间距不宜大于 4m；墙高超过 4m 时，墙体半高处（或门洞上皮）宜设置与柱连接且沿墙全长贯通的钢筋混凝土水平系梁。

5）楼梯间采用砌体填充墙时，应设置间距不大于层高且不大于 4m 的钢筋混凝土构造柱，并采用钢丝网砂浆面层加强。

6. 不应采用混合承重

框架结构按抗震设计时，不应采用部分由砌体墙承重的混合形式。框架结构中的楼梯间、电梯间及局部出屋顶的电梯机房、楼梯间、水箱间等，应采用框架承重，不应采用砌体墙承重。这是《高规》的强制性条文，应特别注意。因为框架结构与砌体结构是两种截然不同的结构类型，

二者所用的承重材料完全不同，抗侧刚度、变形能力等相差很大，如果在同一建筑物中混合使用而不以防震缝将其分开，对建筑物的抗震能力将产生很不利的影响。

7. 框架中剪力墙的布置要求

抗震设计的框架结构中，当仅布置少量钢筋混凝土剪力墙时，结构分析计算应考虑该剪力墙与框架的协同工作。例如当楼梯间、电梯间的位置较偏，在此布置钢筋混凝土墙而产生较大的刚度偏心时，宜采取将剪力墙减薄、开竖缝、开结构洞、配置少量单排钢筋等措施，以减小剪力墙对框架的不利作用，并宜增加与剪力墙相连柱子的配筋。

8. 现浇框架的混凝土强度等级

抗震设计时框架柱的混凝土强度等级，抗震设防烈度为 9 度时不宜大于 C60，8 度时不宜大于 C70。

现浇框架梁、柱、节点的混凝土强度等级，按一级抗震等级设计时，不应低于 C30；按二~四级抗震等级和非抗震设计时，不应低于 C20。

现浇钢筋混凝土楼盖的混凝土强度等级不宜大于 C40，作为上部结构嵌固端的地下室楼盖混凝土强度等级不宜低于 C30。

9. 楼电梯间的布置

电梯是高层建筑的主要交通工具，从建筑设计的角度出发，宜将楼电梯设在主要出入口处；从结构设计的角度而言，电梯应尽量对称或居中布置，以免造成平面的刚度偏差。

在高层框架建筑中设置混凝土电梯井时，井壁应注意贴框架梁布置，不宜离开框架独立布置，以免在地震时因变形过大而破坏。

楼梯间不宜布置在建筑平面的阳角和凹角部位。还要注意的是，楼梯半层休息平台的梁不宜支承在框架柱上，以免形成短柱。一般可在平台靠踏步处设平台梁，梁两端设置支承在框架梁上的小柱，而平台靠外框架柱一侧不再设梁，平台板可以从梯段板外伸做成悬挑板。

4.2 框架结构计算简图

4.2.1 计算单元的确定

框架结构是一个空间受力体系。简化计算时可忽略结构纵向和横向之间的空间联系，将空间体系按照纵向和横向平面框架单元进行分析计算。

中间一榀纵向以及横向平面框架承受的荷载范围如图 4-8 中阴影所示。以横向计算为例，当各榀平面框架间距相同时，作用于中间各榀横向框架上的荷载相同且各框架的抗侧刚度相同，由于假定楼盖刚性忽略扭转，则各平面框架都将产生相同的内力与变形，故可取一榀平面框架计算；而端部的两榀边框架也是如此。因此，在平面简化计算方法中，空间框架结构可在每个方向分别取有代表性的平面框架进行分析。

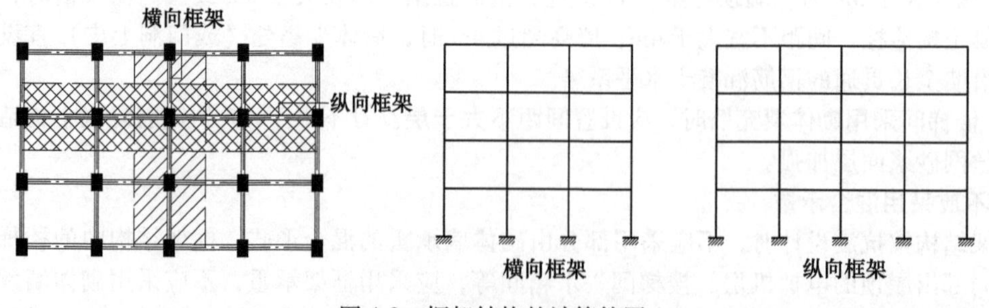

图 4-8　框架结构的计算简图

4.2.2　梁、柱节点的简化

混凝土框架结构的节点可简化为刚接节点、铰接节点和半铰节点，这要根据施工方案和采取的构造措施确定。在现浇钢筋混凝土框架结构中，梁和柱内的纵向受力钢筋都将穿过节点或按照受力钢筋的锚固长度锚入节点区，应简化为刚接节点，如图4-9a所示。

装配式钢筋混凝土框架结构则是在梁和柱子的特定部位预埋钢板，构件安装就位后再焊接起来，由于钢板在其自身平面外的刚度很小，同时焊接质量随机性很大，难以保证结构受力后梁、柱间没有相对转动，因此常把这类节点简化成铰接节点，如图4-9b所示。

装配整体式钢筋混凝土框架结构在梁、柱节点处，梁底钢筋可以焊接、搭接或预埋钢板焊接，梁顶钢筋则必须焊接（机械连接）或通长布置，并在现场浇筑部分混凝土。节点左右梁端均可有效地传递弯矩，因此可认为是刚接节点。

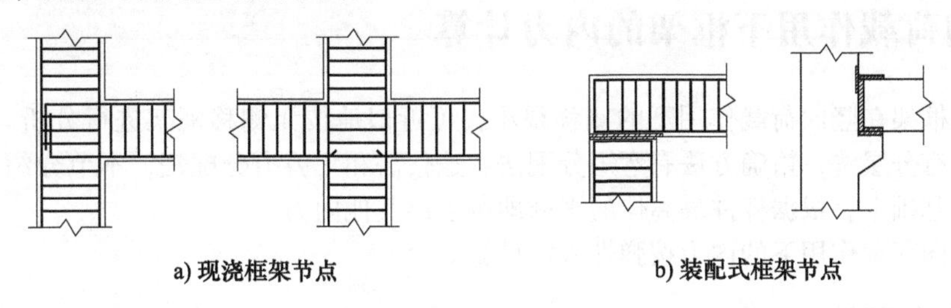

图4-9　框架结构的节点

4.2.3　梁的跨度与层高的确定

在框架结构计算简图中，杆件用其轴线来表示。在进行内力以及位移计算时，框架梁的跨度取柱子轴线之间的距离，当上、下层柱的截面尺寸变化时，一般以最小截面的形心线来确定。

框架柱的长度取框架的结构层高。建筑没有地下室时，首层层高取基础顶面至一层楼盖结构顶面的高度；当基础埋置深度较大时，首层层高可从室外地坪下500mm算起；当有基础梁时，可从基础梁顶面算起。其余各层结构层高均为本层楼面到上一层楼（屋）面的距离，如图4-10所示。通常，从力学分析的角度，也把结构层高近似看成等于上、下层梁的形心距。

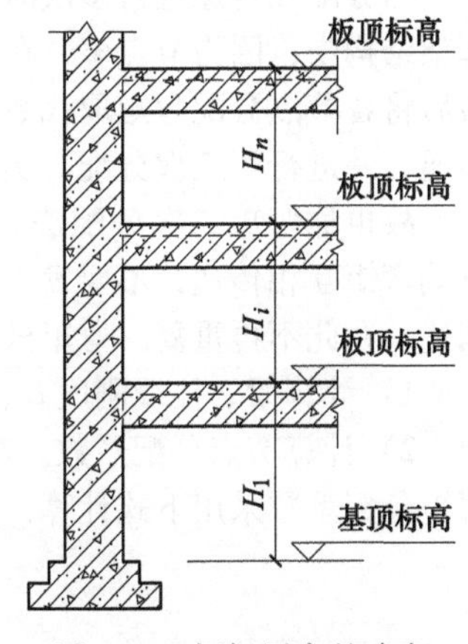

图4-10　框架层高的确定

对于倾斜的或折线形横梁，当其坡度小于1/8时，可简化为水平直杆。

对于不等跨框架，当各跨跨度相差不大于10%时，在手算时可简化为等跨框架，跨度取原框架各跨跨度的平均值，以减少计算工作量。

4.2.4　构件截面抗弯刚度的计算

在结构位移和内力计算时，框架柱截面的惯性矩按实际截面计算。在钢筋混凝土现浇楼盖和装配整体式楼盖中，框架梁的刚度可考虑楼盖的翼缘作用而予以增大。近似计算时，可取楼面刚度增大系数1.3~2.0。计算框架梁时，设矩形截面梁的惯性矩为I_0，对考虑楼板翼缘作用框架梁的实际惯性矩I可按照下列原则确定：

1）现浇楼盖：中框架梁取$I=2I_0$，边框架梁取$I=1.5I_0$。

2）装配整体式楼盖：中框架梁取$I=1.5I_0$，边框架梁取$I=1.3I_0$。

3）装配式楼盖：取$I=I_0$。

当装配整体式楼盖的现浇混凝土面层较厚而框架梁截面相对较小时，或楼盖现浇混凝土面层较薄而框架梁截面相对较大时，上述系数可适当增加或减小。

4.2.5 荷载简化计算

作用在框架梁上的次要荷载可以简化成主要荷载的形式，但应对结构的主要受力部位维持内力等效，通常取框架梁端部弯矩不变作为等效原则。例如，当有次梁传递的集中力时，主梁自重可以等效为集中荷载，主梁上的三角形荷载和梯形荷载可按支座弯矩等效的原则转化为等效均布荷载。

框架承受的水平荷载主要为风荷载和地震作用，它们都可以简化为作用在框架楼层节点的水平集中力。

4.3 竖向荷载作用下框架的内力计算

多层多跨框架在竖向荷载作用下的侧移很小，可近似地按无侧移框架进行分析。求解框架弯矩的近似方法有分层法，精确方法有弯矩分配法、迭代法和无剪力分配法，本节介绍前两种方法。在求出弯矩的基础上，根据杆件隔离体的平衡即可求出其他内力。

框架在竖向荷载作用下的内力按弹性方法计算。

4.3.1 弯矩分配法

当分配和传递进行多次时，弯矩分配法会得到很高的精度，是一种精确计算法。在高层建筑框架结构中，因为节点多，在计算中可以各节点同时分配，然后同时传递，再同时进行一次分配，最后将各节点分配弯矩取代数和即可得到弯矩的计算结果。如需要提高精度，也可以进行第二次传递，并进行第三次分配。实际工程中一般只要做到两次分配和一次传递，计算精度就可满足要求，故也称弯矩二次分配法。传递弯矩时，注意同层梁的左、右端弯矩互相传递，同层柱的上、下端弯矩互相传递，不要发生杆件传递错误。在结构力学教程中对基本计算假定及原理已有较多阐述，在此不再重复。弯矩分配法计算步骤如下：

1）计算梁、柱线刚度 i_b、i_c。

2）计算节点分配系数。对于各节点处的框架杆，由于抗弯刚度系数均为 $4i$，故杆端 j 的节点弯矩分配系数采用下式计算：

$$\mu_j = \frac{i_j}{\sum_{j=1}^{m} i_j} \quad (j = 1,2,\cdots,m) \tag{4-3}$$

当利用对称性计算奇数跨框架时，对半跨梁将原线刚度乘以 1/2 的修正系数代入式（4-3）即可。

3）计算梁左（l）、右（r）端的固端弯矩（以杆端顺时针方向为正）。梯形分布荷载与三角形分布荷载可按照支座弯矩等效的原则转化为等效均布荷载计算固端弯矩，等效公式和框架梁在各主要荷载作用下的固端弯矩见表 4-1。

表 4-1 等截面梁的固端弯矩

梁支承状态	简图	固端弯矩（以杆端顺时针方向弯矩为正）
两端固定	q A B l	$M_{AB} = -M_{BA} = -\frac{ql^2}{12}$

（续）

梁支承状态	简图	固端弯矩（以杆端顺时针方向弯矩为正）
两端固定	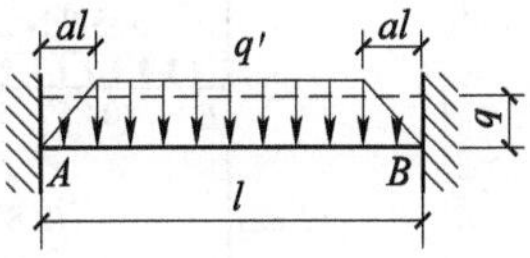 (梯形分布荷载 q'，两端 al，跨度 l)	$q=(1-2a^2+a^3)q'$ $M_{AB}=-M_{BA}=-\frac{ql^2}{12}$
	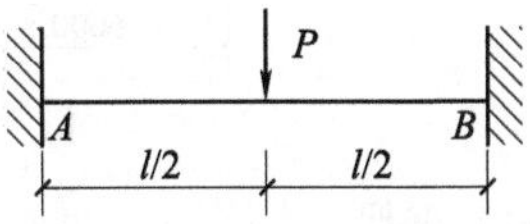 (跨中集中荷载 P，$l/2$，$l/2$)	$M_{AB}=-M_{BA}=-\frac{Pl}{8}$
	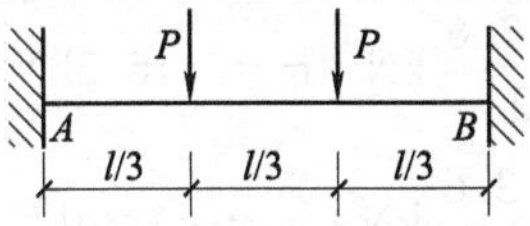 (三分点集中荷载 P，$l/3$，$l/3$，$l/3$)	$M_{AB}=-M_{BA}=-\frac{2Pl}{9}$
	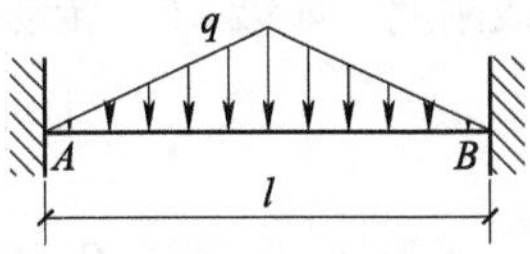 (三角形分布荷载 q，跨度 l)	$M_{AB}=-M_{BA}=-\frac{5ql^2}{96}$
一端固定一端滑动	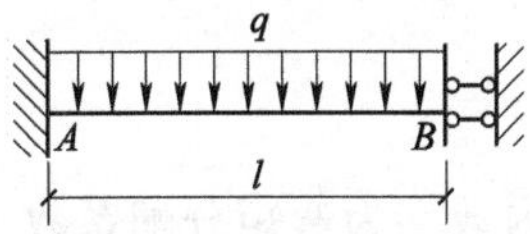 (均布荷载 q，跨度 l)	$M_{AB}=-\frac{ql^2}{3}$；$M_{BA}=-\frac{ql^2}{6}$

4）第一次弯矩分配：所有节点同时分配，分配弯矩的正负与固端弯矩符号相反。

5）弯矩传递：同层柱的上、下端弯矩互相传递，同根梁的左、右端弯矩互相传递，传递系数为0.5。

6）第二次弯矩分配：把第一次传递的弯矩值在各节点分配，正负与传递值相反。

7）将各节点的固端弯矩、分配弯矩和传递弯矩取代数和，即可得到各杆端截面的弯矩值。

8）根据已求得的梁支座弯矩以及在实际荷载作用下按照简支梁计算的跨中弯矩，由叠加原理即可得到跨中弯矩。当实际设计中需要将梁端弯矩调幅时，则需按照调幅后的支座弯矩计算相应的跨中弯矩。

【例4-1】 用弯矩分配法求图4-11a所示框架的弯矩并绘弯矩图，图中括号内为杆件相对线刚度。

【解】 利用结构对称性，取一跨半计算，如图4-11b所示。

1）求梁固端弯矩：

对边跨：

$$M_{IJ}=-M_{JI}=-\frac{15\times6.0^2}{12}\text{kN}\cdot\text{m}=-45.0\text{kN}\cdot\text{m}$$

$$M_{EF}=-M_{FE}=-\frac{30\times6.0^2}{12}\text{kN}\cdot\text{m}=-90.0\text{kN}\cdot\text{m}$$

对中间跨：

q=15kN/m
I (0.85) J (1) K (0.85) L
(3.53) (3.53) (3.53) (3.53)
q=30kN/m
E (0.85) F (1) G (0.85) H
(2.82) (2.82) (2.82) (2.82)
A B C D
3600
4500
6000 3600 6000
a)
q=15kN/m
I (0.85) J (2) N
(3.53) (3.53)
q=30kN/m
E (0.85) F (2) O
(2.82) (2.82)
A B
6000 1800
b)

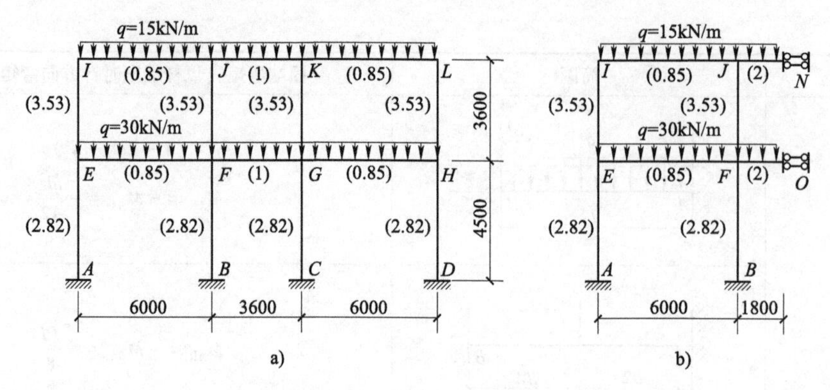

图 4-11 ［例 4-1］框架

$$M_{JN}=-\frac{15\times1.8^2}{3}\text{kN}\cdot\text{m}=-\frac{15\times3.6^2}{12}\text{kN}\cdot\text{m}=-16.2\text{kN}\cdot\text{m}$$

$$M_{FO}=-\frac{30\times1.8^2}{3}\text{kN}\cdot\text{m}=-\frac{30\times3.6^2}{12}\text{kN}\cdot\text{m}=-32.4\text{kN}\cdot\text{m}$$

2）转动刚度。两端固接的杆转动刚度均为 4 倍线刚度。如梁 EF，转动刚度 $S_{EF}=S_{FE}=4i_{EF}$；对半跨梁 FO，转动刚度 $S_{FO}=i_{FO}$。

3）求节点分配系数，以 F 节点左右梁为例：

$$\mu_{FE}=\frac{4i_{FE}}{4i_{FE}+4i_{FJ}+4i_{FB}+i_{FO}}=\frac{i_{FE}}{i_{FE}+i_{FJ}+i_{FB}+(i_{FG}/2)}=\frac{0.85}{0.85+3.53+2.82+(1/2)}=0.11$$

$$\mu_{FO}=\frac{1/2}{0.85+3.53+2.82+(1/2)}=0.065$$

4）弯矩分配过程如图 4-12 所示。图 4-12 中框内数字为弯矩分配系数，画线数字为节点弯矩分配结果。本例做了二次传递三次分配，梁中数字为跨中弯矩。如二层边跨梁的跨中弯矩：

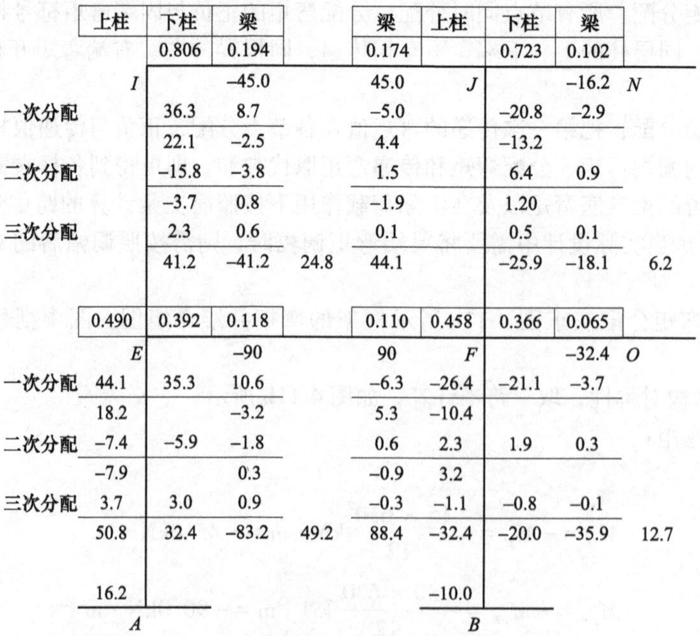

上柱 下柱 梁
0.806 0.194
I
-45.0
一次分配 36.3 8.7
22.1 -2.5
二次分配 -15.8 -3.8
-3.7 0.8
三次分配 2.3 0.6
41.2 -41.2 24.8
梁 上柱 下柱 梁
0.174 0.723 0.102
45.0 J -16.2 N
-5.0 -20.8 -2.9
4.4 -13.2
1.5 6.4 0.9
-1.9 1.20
0.1 0.5 0.1
44.1 -25.9 -18.1 6.2
0.490 0.392 0.118
E -90
一次分配 44.1 35.3 10.6
18.2 -3.2
二次分配 -7.4 -5.9 -1.8
-7.9 0.3
三次分配 3.7 3.0 0.9
50.8 32.4 -83.2 49.2
16.2
A
0.110 0.458 0.366 0.065
90 F -32.4 O
-6.3 -26.4 -21.1 -3.7
5.3 -10.4
0.6 2.3 1.9 0.3
-0.9 3.2
-0.3 -1.1 -0.8 -0.1
88.4 -32.4 -20.0 -35.9 12.7
-10.0
B

图 4-12 ［例 4-1］弯矩分配过程及结果（单位：kN · m）

$$M_{IJ中} = \frac{ql_{IJ}^2}{8} - \frac{1}{2}(|M_{IJ}| + |M_{JI}|) = \frac{15 \times 6.0^2}{8}\text{kN} \cdot \text{m} - \frac{1}{2}(41.2 + 44.2)\text{kN} \cdot \text{m} = 24.8\text{kN} \cdot \text{m}$$

5）弯矩计算结果如图 4-13 所示，可以看出二次弯矩分配结果与三次弯矩分配结果相差很小，精度满足要求。

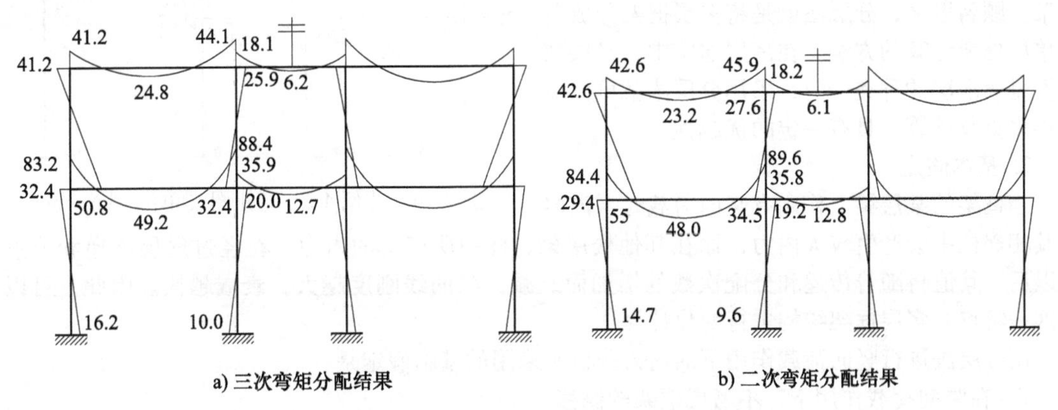

图 4-13 ［例 4-1］弯矩计算结果（单位：kN · m）

【例 4-2】 框架如图 4-14 所示，基本参数与［例 4-1］相同，但本例由于 D 柱高两层，其线刚度变小，相对刚度为 1.57，其他各杆件相对线刚度见图中括号内数字。用弯矩分配法计算该框架弯矩并绘弯矩图。

【解】 各节点如图 4-14 所示，由于结构不对称，故不能用半跨计算。框架梁的固端弯矩同［例 4-1］，节点各杆的弯矩分配过程如图 4-15 所示。图 4-16 中弯矩是按照两次传递三次分配进行计算的。

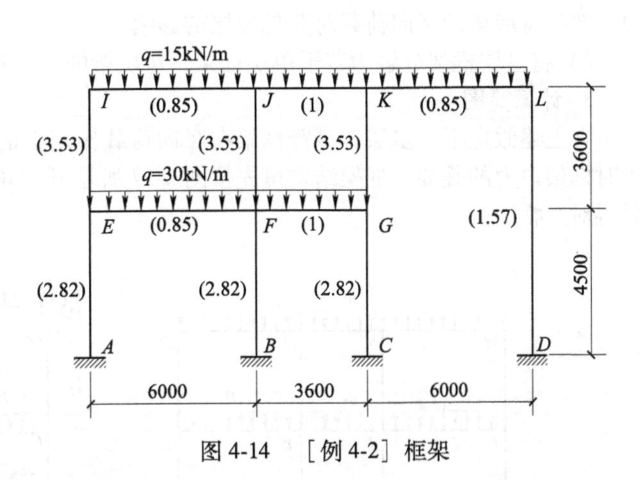

图 4-14 ［例 4-2］框架

顶层（节点 I、J、K、L）：

	I 上柱	I 下柱	I 右梁	跨中	J 左梁	J 上柱	J 下柱	J 右梁	跨中	K 左梁	K 上柱	K 下柱	K 右梁	跨中	L 左梁	L 下柱
分配系数		0.806	0.194		0.158		0.656	0.186		0.186		0.656	0.351		0.351	0.649
固端弯矩			−45		45			−16.2		16.2			−45		45	
一次分配		36.3	8.7		−4.6		−18.9	−5.4		5.4		18.9	4.6		−15.8	−29.2
一次传递		22.1	−2.3		4.4		−12.4	2.7		−2.7		−7.8	7.9		2.3	
二次分配		−16.0	−3.8		0.8		3.5	1		3.4		12.1	2.9		−0.8	−1.5
二次传递		−3.7	0.4		−1.9		1.4	1.7		0.5		−1.5	−0.4		1.5	
三次分配		2.7	0.6		−0.2		−0.8	−0.2		0.3		0.9	0.2		−0.5	−1.0
计算结果		41.4	−41.4	25.1	43.5		−27.2	−16.4	4.6	23.1		22.6	−45.6	28.9	31.7	−31.7

底层（节点 E、F、G）：

	E 上柱	E 下柱	E 右梁	跨中	F 左梁	F 上柱	F 下柱	F 右梁	跨中	G 左梁	G 上柱	G 下柱
分配系数	0.490	0.392	0.118		0.104	0.430	0.344	0.122		0.136	0.48	0.384
固端弯矩			−90		90			−32.4		32.4		
一次分配	44.1	35.3	10.6		−6.0	−24.8	−19.8	−7.0		−4.4	−15.6	−12.4
一次传递	18.2		−3.0		−5.3			−2.2		−3.5	9.5	
二次分配	−7.4	−6.0	−1.8		0.7	2.8	2.2	0.8		−0.8	−2.9	−2.3
二次传递	−8		0.4		−0.9	1.8		−0.4		0.4	6.1	
三次分配	3.7	3.0	0.9		−0.1	−0.2	−0.2	−0.1		−0.9	−3.1	−2.5
计算结果	50.6	32.3	−82.9	49.1	89	−29.9	−17.8	−41.3	16.4	23.2	−6	−17.2

柱底弯矩：A 16.2；B −8.5；C −8.6；D −15.9

图 4-15 弯矩分配过程（弯矩单位：kN · m）

4.3.2 分层法

1. 适用范围

该方法适用于多层、多跨且柱子全部贯通的框架。顾名思义，分层法就是将多层框架分成若干单层框架计算的方法。在高层建筑中，当层数多但是标准层的种类少时，采用分层法就可以避免很多重复计算，具有一定的优越性。

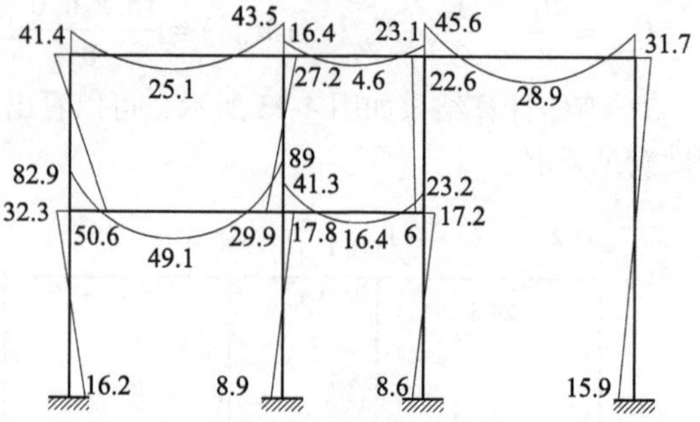

图 4-16 ［例 4-2］弯矩图（单位：kN · m）

2. 基本假定

当框架的某层梁上作用有竖向荷载时，该层梁及相邻柱中会产生较大内力，而在其他楼层梁、柱中所产生的内力，在经过逐层传递和节点分配以后，其值将随着传递和分配次数的增加而衰减，梁的线刚度越大，衰减越快。因此，可以利用这一特点对多层框架结构进行简化计算。

用分层法进行竖向荷载作用下的内力分析所采用的基本假定是：

1）在竖向荷载作用下，不考虑框架的侧移。

2）作用在某一楼层框架梁上的竖向荷载只对本层梁以及与本层梁相连的框架柱产生弯矩和剪力，忽略每层梁的竖向荷载对其他楼层的影响。

3）将多层框架分解为若干单层框架，每层梁的上柱和下柱远端均为固定端。

3. 计算简图

在上述假定下，多层、多跨框架在竖向荷载作用下的内力，可以看成是各层竖向荷载单独作用时框架内力的叠加。框架结构可先按图 4-17 所示开口单层框架进行竖向荷载下的内力计算，然后再对应叠加。

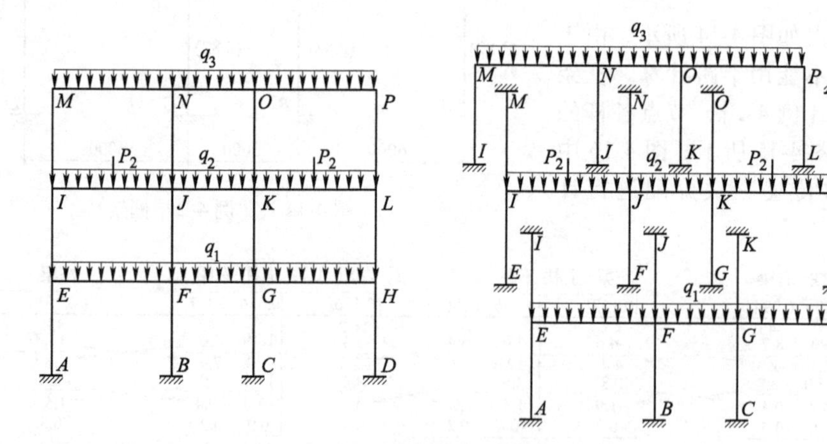

图 4-17 多层框架分层法计算简图

4. 计算方法

在各个分层框架中柱子的远端均假设为固定端。但实际上，只有底层柱底为固定端，而其余各柱端实际上是有转角的，应看作是弹性固定端。为反映这个特点，计算时进行以下修正：

1）除底层以外其他各层柱的线刚度均乘以折减系数 0.9。

2）除底层以外其他各层柱的弯矩传递系数取为 1/3，底层弯矩传递系数仍为 0.5。

在用弯矩分配法求得单层框架（开口框架结构）的弯矩以后，将相邻两框架中同层、同截面的柱弯矩叠加并作为原框架结构柱的弯矩。而分层计算所得各层梁的弯矩，即为原框架结构中相应楼层梁的弯矩。

由分层法计算所得框架节点处的各杆端弯矩之和常常不等于零，即节点弯矩不平衡。这是由于分层计算单元与实际结构不符带来的误差。若欲提高精度，可对节点不平衡力矩再进行一次弯矩分配，予以修正。

5. 计算步骤

1）求各杆线刚度，将上层各柱子线刚度乘以折减系数 0.9。

2）计算节点弯矩分配系数。

3）用弯矩分配法计算每个单层框架的弯矩，上层柱子的传递系数取为 1/3。

4）把每个单层框架的杆端对应位置弯矩相加。

【例 4-3】 已知图 4-18a 所示框架，参数同［例 4-1］，用分层法求框架弯矩并绘制弯矩图。

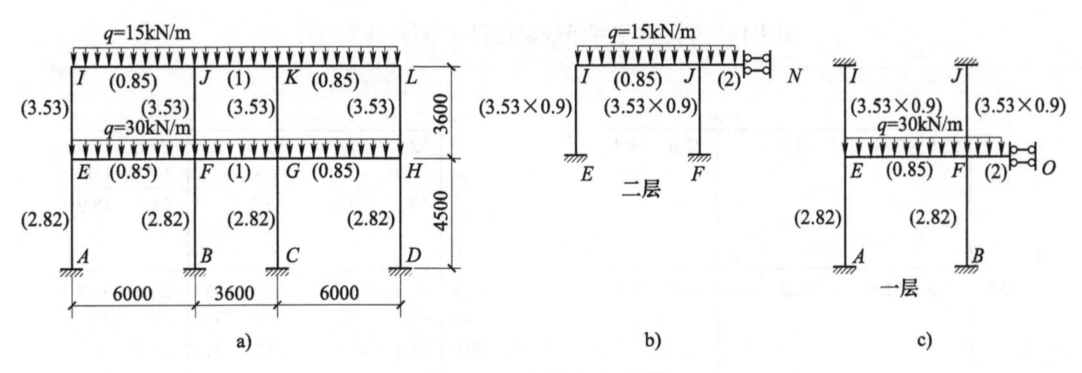

图 4-18　［例 4-3］框架

【解】 将二层框架分解为两个单层框架，并利用对称性质进行弯矩计算，分解框架如图 4-18b 和图 4-18c 所示。

1）固端弯矩同［例 4-1］。

2）将上层柱的线刚度乘以折减系数 0.9，再求各框架的节点分配系数。以二层半框架为例，分配系数为

节点 I：

$$\mu_{IJ} = \frac{i_{IJ}}{i_{IJ} + 0.9i_{IE}} = \frac{0.85}{0.85 + 3.53 \times 0.9} = 0.211$$

$$\mu_{IE} = \frac{0.9i_{IE}}{i_{IJ} + 0.9i_{IE}} = \frac{3.53 \times 0.9}{0.85 + 3.53 \times 0.9} = 0.789$$

节点 J：

$$\mu_{JI} = \frac{i_{IJ}}{i_{IJ} + 0.9i_{JF} + (i_{JK}/2)} = \frac{0.85}{0.85 + 0.9 \times 3.53 + (1/2)} = 0.188$$

$$\mu_{JF} = \frac{0.9i_{JF}}{i_{IJ} + 0.9i_{JF} + (i_{JK}/2)} = \frac{0.9 \times 3.53}{0.85 + 0.9 \times 3.53 + (1/2)} = 0.702$$

$$\mu_{JK} = \frac{i_{JK}/2}{i_{IJ} + 0.9i_{JF} + (i_{JK}/2)} = \frac{1/2}{0.85 + 0.9 \times 3.53 + (1/2)} = 0.110$$

3）单层框架弯矩分配过程如图 4-19 所示。

4）上层柱相应位置弯矩合并如图 4-20a 所示。如 IE 柱上、下端弯矩分别为：

$M_{IE} = 37.6\text{kN}\cdot\text{m} + 14.4\text{kN}\cdot\text{m} = 52.0\text{kN}\cdot\text{m}$；$M_{EI} = 43.3\text{kN}\cdot\text{m} + 12.5\text{kN}\cdot\text{m} = 55.8\text{kN}\cdot\text{m}$

5）单层框架弯矩叠加结果如图 4-20a 所示，由图 4-20a 可见各节点均存在不平衡弯矩，故需

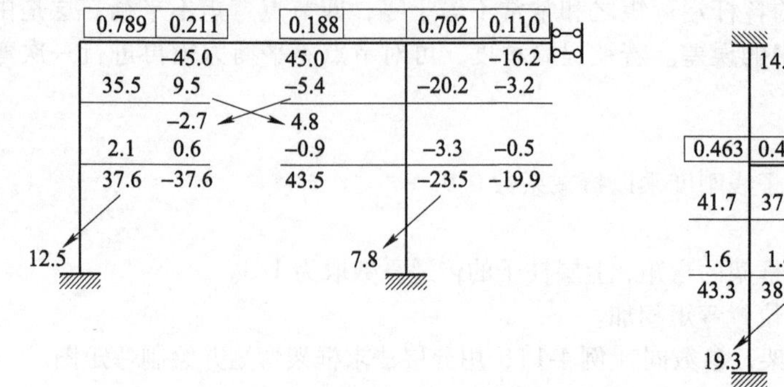

a) 二层

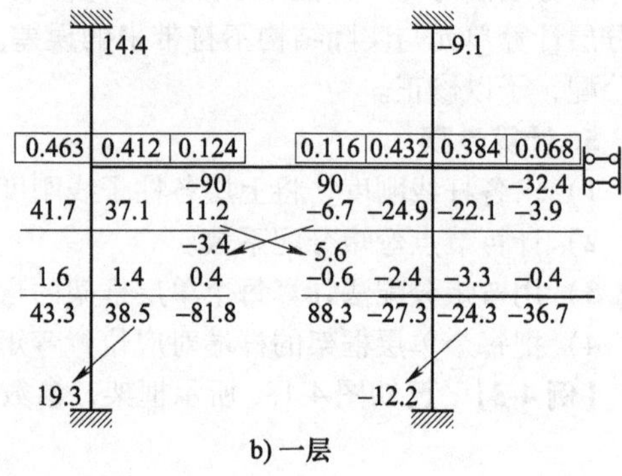

b) 一层

图 4-19 单层框架弯矩分配过程（单位：kN · m）

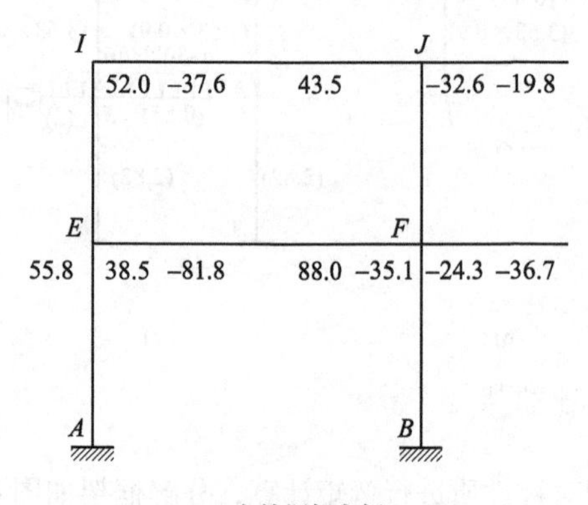

a) 合并框架弯矩

b) 分配不平衡弯矩

图 4-20 框架弯矩计算结果（单位：kN · m）

再进行一次分配，分配系数如图 4-19 所示，分配过程与结果如图 4-20b 所示，对一层柱底弯矩则按照分配后的柱上端弯矩计算结果乘以 0.5 得到。

6）弯矩图。该二层框架按照分层法计算的最终弯矩计算结果如图 4-21 所示。对比［例 4-1］的弯矩图图 4-13 可以看出，在对框架节点的不平衡弯矩再次进行分配后，计算结果与整体弯矩分配法计算的结果很接近。由于不平衡弯矩较大，故进一步的分配是很有必要的。

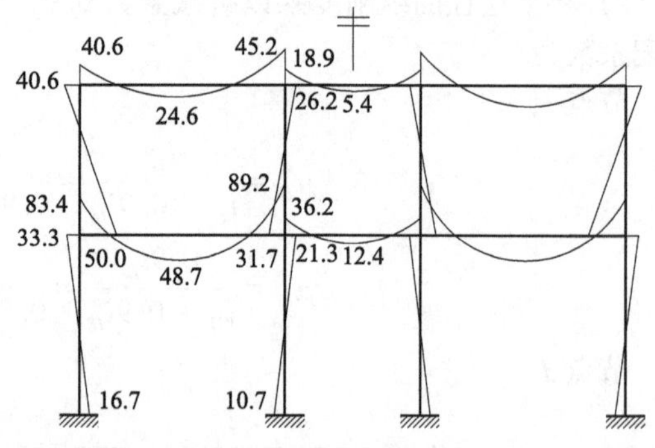

图 4-21 ［例 4-3］弯矩图（单位：kN · m）

4.3.3 竖向荷载作用下框架梁、柱的其他内力计算

1. 梁端剪力

梁端剪力可通过框架梁的弯剪平衡得到。设梁跨度为 l，从框架梁根部剖开将梁端弯矩暴露出来得隔离体如图 4-22 所示，其中 M_b^l 和 M_b^r 分别为框架梁左、右端弯矩，V_b^l 和 V_b^r 分别为框架梁左、右端剪力。

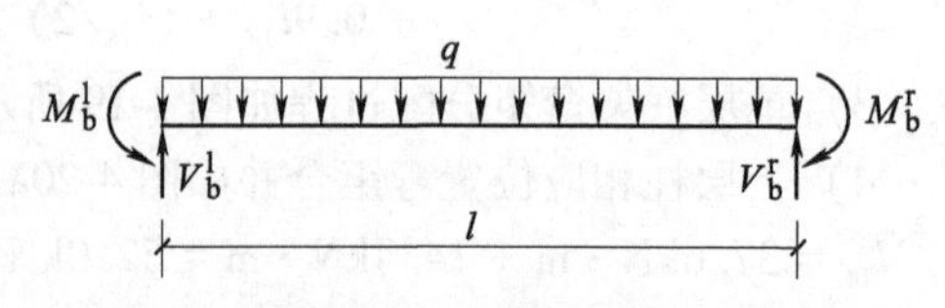

图 4-22 框架梁在竖向荷载作用下的隔离体

以受均布荷载的框架梁为例，根据图 4-22 所示的

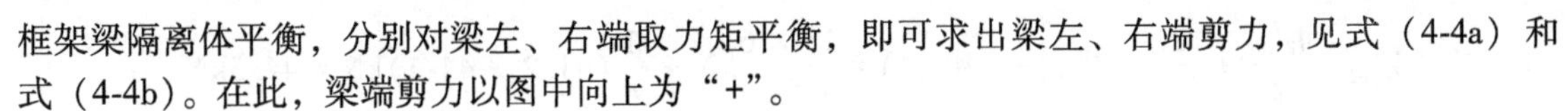

框架梁隔离体平衡，分别对梁左、右端取力矩平衡，即可求出梁左、右端剪力，见式（4-4a）和式（4-4b）。在此，梁端剪力以图中向上为“+”。

$$V_b^l=\frac{ql}{2}+\frac{1}{l}(|M_b^l|-|M_b^r|) \tag{4-4a}$$

$$V_b^r=\frac{ql}{2}-\frac{1}{l}(|M_b^l|-|M_b^r|) \tag{4-4b}$$

2. 框架柱轴力

以图4-23a所示框架为例，在柱两侧的梁端剖开得到框架柱的隔离体（图4-23b）。图中 P_{ij} 表示纵向框架梁传递到第 i 层第 j 柱的竖向荷载，G_{ij} 表示第 i 层第 j 柱的自重（含挂墙），$V_{bij,j+1}^{l,r}$ 表示第 i 层第 j~j+1 柱间框架梁左、右端剪力，以下简记为 $V_{bij}^{l,r}$。

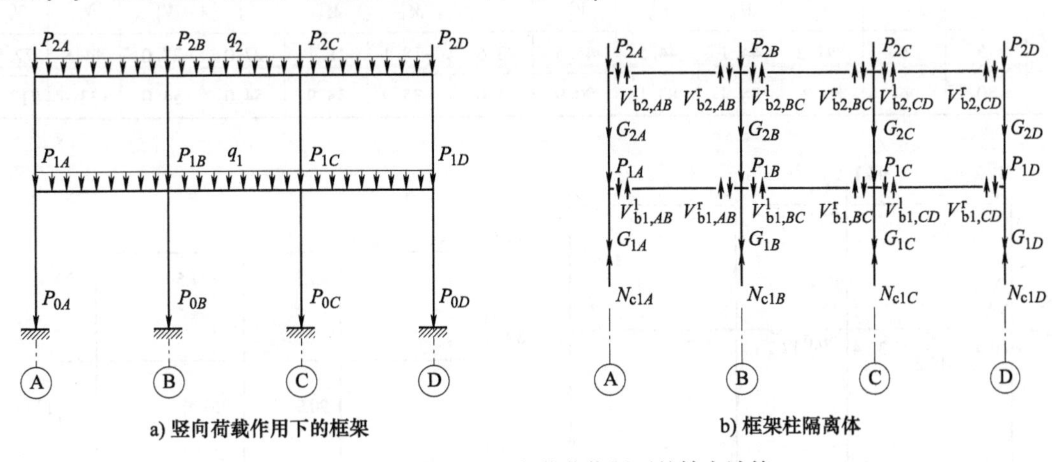

图4-23　框架柱在竖向荷载作用下的轴力计算

由框架柱的隔离体竖向力平衡可得到框架柱在任意楼层的轴力计算表达式：

边柱：

$$N_{ci1}^t=\sum_{i=i}^{n}(V_{bi1}^l+P_{i1})\quad N_{ci1}^b=\sum_{i=i}^{n}(V_{bi1}^l+G_{i1}+P_{i1}) \tag{4-5a}$$

$$N_{cim}^t=\sum_{i=i}^{n}(V_{bim}^r+P_{im})\quad N_{cim}^b=\sum_{i=i}^{n}(V_{bim}^r+G_{im}+P_{im}) \tag{4-5b}$$

中柱：

$$N_{cij}^t=\sum_{i=i}^{n}(V_{bi,j-1}^r+V_{bij}^l+P_{ij}) \tag{4-6a}$$

$$N_{cij}^b=\sum_{i=i}^{n}(V_{bi,j-1}^r+V_{bij}^l+G_{ij}+P_{ij}) \tag{4-6b}$$

式中　N_{cij}^t、N_{cij}^b——第 i 层第 j 根柱上、下端轴力，$i=1\sim n$，$j=2\sim m-1$，以压为正；

N_{ci1}^t、N_{ci1}^b、N_{cim}^t、N_{cim}^b——第 i 层第1、m 根柱上、下端轴力，$i=1\sim n$；

V_{bij}^l、$V_{bi,j-1}^r$——第 i 层第 j 根梁左、右端剪力，$i=1\sim n$，$j=1\sim m-1$；

G_{ij}——第 i 层第 j 根柱的自重，$i=1\sim n$，$j=1\sim m$；

P_{ij}——纵梁传递到第 i 层第 j 根柱上的荷载，$i=1\sim n$，$j=1\sim m$。

【例4-4】 已知框架同［例4-1］，二层梁所受均布荷载为 $q_2=15\text{kN/m}$，一层梁所受均布荷载为 $q_1=30\text{kN/m}$。边跨梁跨度为6m，中间跨度为3.6m。竖向荷载下的弯矩如图4-24所示。计算框架梁的剪力及框架柱轴力，设不考虑柱子自重及纵梁传递的荷载。

【解】

（1）求梁端剪力　由式（4-4a）和式（4-4b）求梁端剪力，结果见表4-2及图4-25。以二层 AB 梁为例，左、右端剪力分别为

$$V_{AB2}^{l}=\frac{q_2 l_{AB}}{2}+\frac{1}{l_{AB}}(|M_{AB2}^{l}|-|M_{AB2}^{r}|)=\frac{15\times6}{2}\text{kN}+\frac{1}{6}(41.2-44.1)\text{kN}=44.5\text{kN}$$

$$V_{AB2}^{r}=\frac{q_2 l_{AB}}{2}-\frac{1}{l_{AB}}(|M_{AB2}^{l}|-|M_{AB2}^{r}|)=\frac{15\times6}{2}\text{kN}-\frac{1}{6}(41.2-44.1)\text{kN}=45.5\text{kN}$$

（2）求柱子轴力　由式（4-5）和式（4-6）求柱子轴力。当不考虑本层自重时，上、下柱端轴力相同。框架梁的剪力以及框架柱轴力的计算结果见表 4-2 和图 4-25。

表 4-2 ［例 4-4］内力计算过程

层	q/(kN/m)	A～B(D～C)					B～C					柱子轴力/kN	
		l/m	梁端弯矩/kN·m		梁端剪力/kN		l/m	梁端弯矩/kN·m		梁端剪力/kN		A(D)	B(C)
			M_b^l	M_b^r	V_b^l	V_b^r		M_b^l	M_b^r	V_b^l	V_b^r	N_c	N_c
2	15	6	-41.2	44.1	44.5	45.5	3.6	-18.1	18.1	27.0	27.0	44.5	72.5
1	30	6	83.2	88.4	89.1	90.9	3.6	-35.9	35.9	54.0	54.0	133.6	217.4

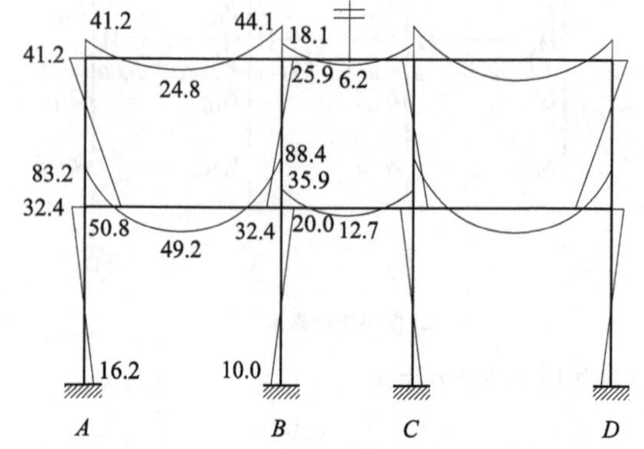

图 4-24　框架弯矩图（单位：kN·m）

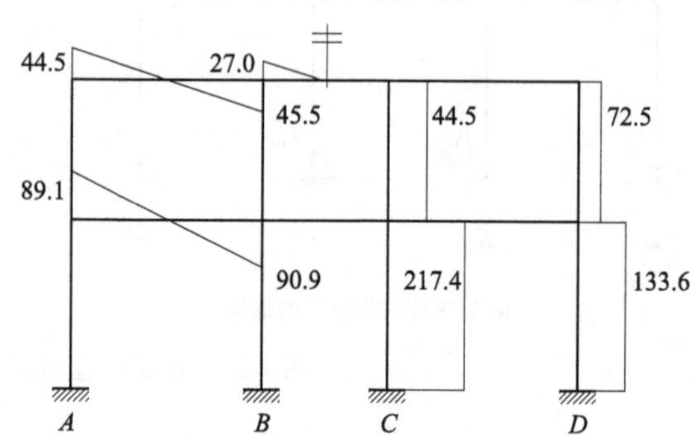

图 4-25　［例 4-4］框架梁的剪力及框架柱轴力计算结果（单位：kN）

4.4　框架在水平荷载作用下的内力及位移计算

多层框架是多次超静定结构，将精确方法用于手工计算是十分困难的，在工程结构计算中，常采用近似计算方法。本节介绍两种近似计算方法，即反弯点法和 D 值法。

建筑所受水平荷载通常有水平风荷载和水平地震作用。中低层建筑所受水平风荷载可以近似看成沿高度均匀分布的水平荷载；对于层数较多的高层建筑所受风荷载在下部（风荷载截断高度以下）可看作均布荷载，上部则会增加，可近似看作由均布荷载与倒三角形分布荷载的组合；对于出屋面的小房间的风荷载则可转换为作用于结构顶部的水平集中力。水平地震作用计算时，以底部剪力法为例，地震作用可看作倒三角形分布荷载，而在顶部由于考虑高振型影响的修正则作用有顶部集中力。因此，无论是风荷载还是地震作用，都可以看作是三种典型水平荷载的组合，即顶部集中力（图 4-26a）、均布荷载（图 4-26b）以及倒三角形分布荷载（图 4-26c）。在框架内力计算时，通常可以将沿高度分布的荷载简化为楼层集中力作用在每层框架梁、柱的节点处(图 4-26b、c)。

框架在楼层框架节点水平荷载作用下的弯矩如图 4-27 所示。它的特点是框架柱和框架梁所受弯矩均为直线形，且存在有反弯点，这个反弯点是由杆件变形相互约束引起的。在框架柱的反弯点处只有剪力，如图 4-27 所示框架二层各柱的剪力为 V_{21}、V_{22}、V_{23}，如能确定框架柱的反弯点位

置，则用剪力乘以反弯点到柱端的距离即可以得到柱端弯矩，进而可以由节点弯矩平衡求得梁端弯矩，并进一步得到其他内力。框架柱的剪力可以通过位移条件和平衡条件求得，求解水平力作用下框架的弯矩的关键在于确定反弯点的位置。

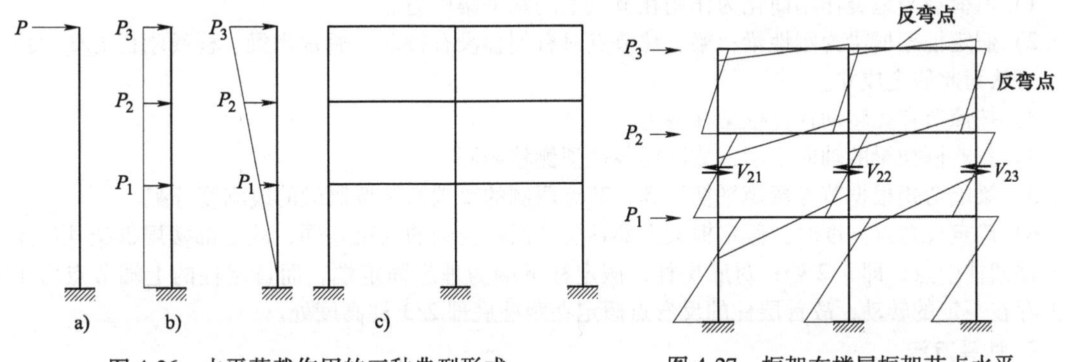

图 4-26　水平荷载作用的三种典型形式

图 4-27　框架在楼层框架节点水平荷载作用下的弯矩图

假设梁不产生轴向变形，则同层框架柱顶有相同的水平位移。框架在水平力作用下的柱顶侧移主要由梁的弯曲和柱子弯曲引起，当建筑层数不多时通常可不考虑柱子轴向变形引起的侧移。如图 4-28 所示的单层单跨框架，在柱顶水平力作用下柱顶侧移为 Δu，梁弯曲产生的梁端转角为 θ（即梁、柱节点的转角），柱子弯曲产生的转角为 α。通常柱子较粗且较短，线刚度相对于梁较大，故柱子弯曲产生的侧移较小，而梁弯曲产生的侧移较大，如图 4-28a 所示。框架柱的反弯点位置受梁的线刚度大小的影响，当框架梁的线刚度相对较大时可以忽略梁的弯曲变形，框架侧移仅由框架柱弯曲引起，使结构侧移大大减小，而柱子反弯点接近柱中点，如图 4-28b 所示。

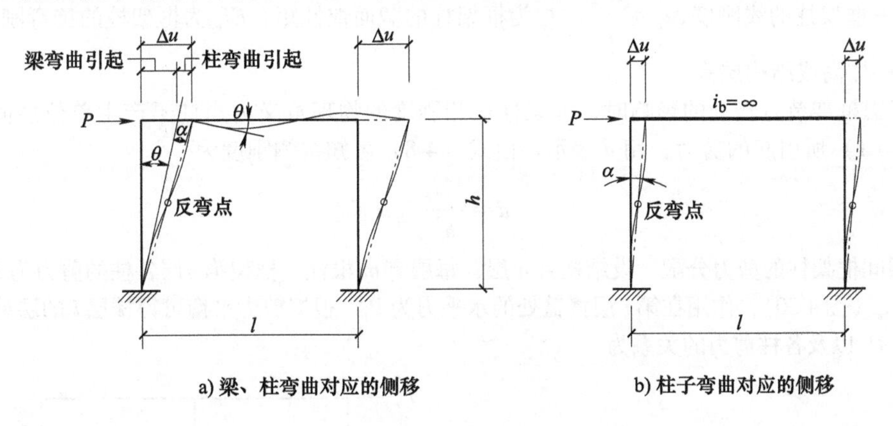

图 4-28　框架在水平荷载作用下的变形

4.4.1　水平荷载作用下框架内力计算的反弯点法

当计算上不考虑梁的弯曲（即忽略节点转角）影响时称为反弯点法。由上述单层框架的分析可知，当梁、柱节点有转角时，由于柱底的约束强，故框架柱的反弯点靠近框架梁。当框架梁的线刚度很大时，由于框架梁对柱子的约束作用很强，框架梁、柱节点将仅有侧移而没有转动，柱子的反弯点接近柱高的中部。当框架梁为理想刚性梁，即梁的线刚度无穷大（$i_b=\infty$）时，对于图 4-28b 所示的单层框架，可以假定柱子的反弯点在柱高中点处，从而使得计算过程大为简化。通常当梁、柱线刚度比（简称线刚比）i_b/i_c 大于 3 时，框架梁、柱节点的转角 θ 很小，忽略该转角对框架内力计算影响不大。

1. 反弯点法的基本假定

综上所述，反弯点法的基本假定是：

1）风荷载与地震作用简化为作用在节点上的水平集中力。

2）假定框架横梁为刚性梁；梁、柱节点只有侧移没有转动；通常当梁、柱线刚比 i_b/i_c 大于 3 时，可认为此假定成立。

3）按照节点无转动计算框架柱剪力。

4）忽略框架梁的轴向变形，故同层各柱顶侧移相同。

5）梁端弯矩根据节点弯矩平衡计算，节点两侧的梁端弯矩按照梁的线刚度分配。

6）确定反弯点高度时，假定框架上部各层柱两端受到的约束相同，故上部楼层框架柱的反弯点取框架柱中点，即 $h/2$ 处；对底层柱，假定柱下端为理想固定端，而首层柱的上端节点由于实际上存在一定的转动，故首层柱的反弯点假定在距柱底部 2/3 柱高度处。

2. 计算方法

（1）框架柱的抗侧刚度　设柱高为 h。由于假定剪力计算时不考虑节点转动，故柱子两端仅有相对侧移 Δu，如图 4-29a 所示。柱端弯矩为 M_c，由结构力学的位移转角方程可知柱端弯矩与侧移 Δu 的关系为：

$$M_c = -6i_c\frac{\Delta u}{h} \tag{4-7}$$

由框架柱的弯矩与剪力平衡可求出柱子剪力 V_c 和侧移的关系：

$$V_c = \frac{12i_c}{h^2}\Delta u \tag{4-8}$$

式中　i_c——框架柱的线刚度，$i_c = \frac{EI_c}{h}$，I_c 为框架柱的截面惯性矩，EI_c 为框架柱的抗弯刚度；

h——柱高或结构层高。

当不考虑框架节点转动的影响时，框架柱抗侧刚度的物理意义为当柱子产生单位层间相对位移时（$\Delta u = 1$）所引起的剪力，用 d 表示。由式（4-8）可知抗侧刚度为

$$d = \frac{12i_c}{h^2} \tag{4-9}$$

（2）层间框架柱的剪力分配　设结构有 n 层，每层有 m 根柱。框架第 i 层各柱的剪力为 V_{ci1}，…，V_{cij}，…，V_{cim}（图 4-30），作用在第 i 层楼盖处的水平力为 P_i。根据剪力平衡可得楼层 i 的层剪力 V_i 和楼层水平力 P_i 以及各柱剪力的关系为

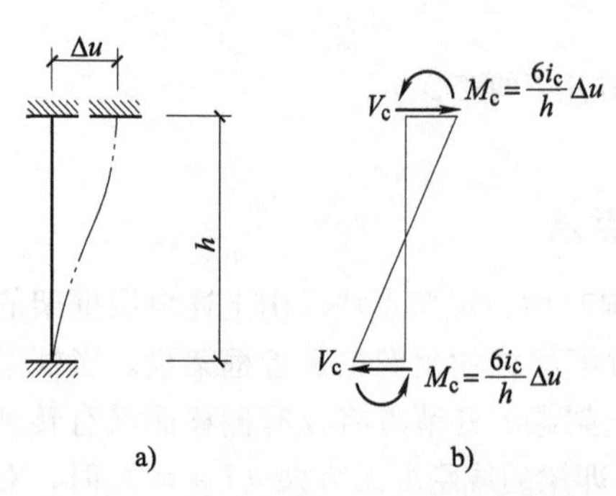

图 4-29　柱端弯矩、剪力与水平位移的关系

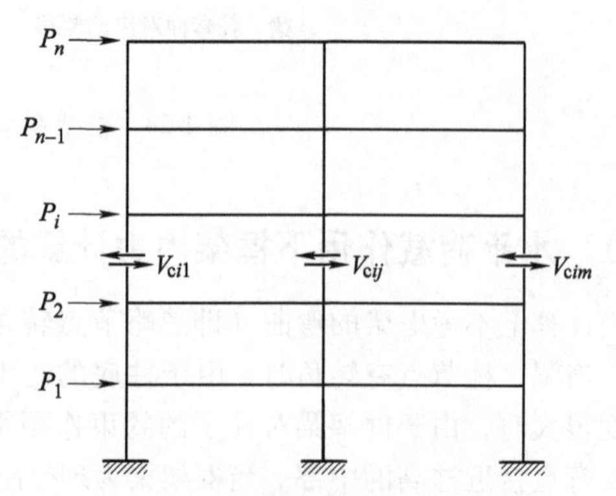

图 4-30　水平荷载作用下柱子剪力与外荷载的平衡关系

$$V_i = \sum_{i=i}^{n} P_i = V_{ci1} + V_{ci2} + \cdots + V_{cij} + \cdots + V_{cim} = \sum_{j=1}^{m} V_{cij} \tag{4-10}$$

设第 i 层第 j 根柱的抗侧刚度为 d_{ij}，则各柱的剪力与其柱顶侧移的物理关系为

$$V_{ci1} = d_{i1}\Delta u_{i1},\ V_{cij} = d_{ij}\Delta u_{ij},\ \cdots,\ V_{cim} = d_{im}\Delta u_{im} \tag{4-11}$$

由于忽略横梁轴向变形，故同层各柱上端水平位移相同，均为 Δu_i，则有

$$\Delta u_{i1} = \Delta u_{i2} = \Delta u_{ij} = \Delta u_{im} = \Delta u_i \tag{4-12}$$

将式（4-12）的变形条件以及式（4-11）的物理条件代入平衡关系式（4-10）得

$$V_i = \sum_{i=i}^{n} P_i = d_{i1}\Delta u_{i1} + d_{i2}\Delta u_{i2} + \cdots + d_{ij}\Delta u_{ij} + \cdots + d_{im}\Delta u_{im} = \Delta u_i \sum_{j=1}^{m} d_{ij} \tag{4-13}$$

由式（4-13）得到第 i 层的层间位移为

$$\Delta u_i = \frac{V_i}{\sum\limits_{j=1}^{m} d_{ij}} \tag{4-14}$$

将式（4-14）代入式（4-11）可得第 i 层第 j 柱的剪力为

$$V_{cij} = \frac{d_{ij}}{\sum\limits_{j=1}^{m} d_{ij}} V_i = \mu_{ij} V_i \tag{4-15}$$

式中　μ_{ij}——第 i 层第 j 根框架柱的剪力分配系数：

$$\mu_{ij} = \frac{d_{ij}}{\sum\limits_{j=1}^{m} d_{ij}} \tag{4-16}$$

（3）柱端弯矩计算　用各柱剪力对上、下柱端取矩，即可求出柱端弯矩。设柱上、下端弯矩为 M_c^t 和 M_c^b，则对首层和一般层柱分别为

首层柱的上、下端弯矩：

$$M_{c1j}^t = \frac{1}{3} h_1 V_{c1j},\ M_{c1j}^b = \frac{2}{3} h_1 V_{c1j} \tag{4-17a}$$

二层以上框架柱的上、下端弯矩：

$$M_{cij}^t = M_{cij}^b = \frac{1}{2} h_i V_{cij} \tag{4-17b}$$

（4）梁端弯矩计算　框架节点处框架柱与框架梁的弯矩平衡如图4-31所示。设梁端弯矩与其线刚度成正比，节点左、右框架梁的弯矩 M_b^l 和 M_b^r 分别按照其线刚度与节点左、右梁线刚度 i_b^l 和 i_b^r 之和的比分配节点上、下的柱端弯矩和：

$$M_b^l = \frac{i_b^l}{i_b^l + i_b^r}(M_c^b + M_c^t) \tag{4-18a}$$

$$M_b^r = \frac{i_b^r}{i_b^l + i_b^r}(M_c^b + M_c^t) \tag{4-18b}$$

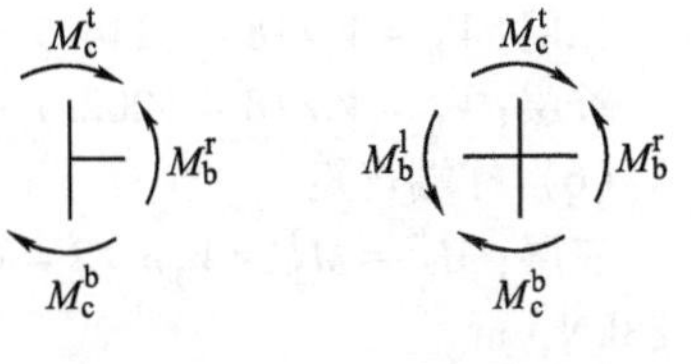

a) 边柱节点　　b) 中柱节点

图4-31　梁、柱节点弯矩平衡

（5）框架梁端剪力与框架柱轴力的计算　已知梁端弯矩后，可由框架梁的弯、剪平衡得到框架梁端剪力，而框架柱轴力则等于柱侧计算位置以上的梁端剪力和。

【例4-5】 已知框架平面布置如图4-32a所示，受横向水平风荷载作用。设框架柱截面宽度×高度为 bh=500mm×550mm，混凝土弹性模量 E=30000MPa。设建筑所在地的地面粗糙度为C类，基本风压为0.45kN/m^2。用反弯点法求水平风荷载作用下的梁、柱弯矩。

【解】（1）风荷载计算　本例建筑高宽比 H/B=11.8÷16=0.74 小于4，故对于本例矩形截面的体型系数可取 μ_s=1.3。由于建筑高度 H=11.8m<15m，故风压高度变化系数 μ_z=0.65。由于本

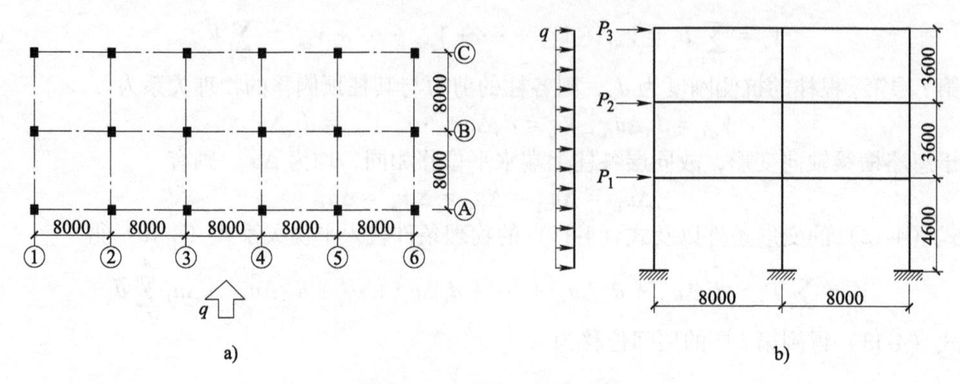

图 4-32 ［例 4-5］框架

例建筑高度小于 30m，建筑高宽比不大于 1.5，故不考虑风振系数。则建筑所受风荷载标准值为

$$w_k = \mu_z \mu_s w_0 = 0.65 \times 1.3 \times 0.45\text{kN/m}^2 = 0.38\text{kN/m}^2$$

建筑横向总风荷载设计值为

$$q = 1.4Lw_k = 1.4 \times 40 \times 0.38\text{kN/m}^2 = 21.28\text{kN/m}$$

（2）荷载简化　将楼层上、下各半层分布风荷载集中于楼层处，可将风荷载转化为作用在楼盖处的水平集中力。各力值分别为

$$P_3 = qh_3/2 = (21.28 \times 3.6 \div 2)\text{kN} = 38.3\text{kN}$$

$$P_2 = q(h_2/2 + h_3/2) = [21.28 \times (3.6 \div 2 + 3.6 \div 2)]\text{kN} = 76.6\text{kN}$$

$$P_1 = q(h_1/2 + h_2/2) = [21.28 \times (4.6 \div 2 + 3.6 \div 2)]\text{kN} = 87.2\text{kN}$$

（3）楼层剪力

$$V_3 = P_3 = 38.3\text{kN}$$

$$V_2 = P_3 + P_2 = 38.3\text{kN} + 76.6\text{kN} = 114.9\text{kN}$$

$$V_1 = P_3 + P_2 + P_1 = 38.3\text{kN} + 76.6\text{kN} + 87.2\text{kN} = 202.1\text{kN}$$

（4）求剪力分配系数　由于各柱的截面尺寸相同，各层共有 18 根柱，故各楼层柱的剪力分配系数均等于 1/18。

（5）求各楼层柱剪力　自上而下的各楼层柱子剪力分别为

三层：$V_{3j} = V_3/18 = (38.3 \div 18)\text{kN} = 2.13\text{kN}$

二层：$V_{2j} = V_2/18 = (114.9 \div 18)\text{kN} = 6.38\text{kN}$

首层：$V_{1j} = V_1/18 = (202.1 \div 18)\text{kN} = 11.23\text{kN}$

（6）柱端弯矩

三层：$M_{3j}^{上} = M_{3j}^{下} = V_{3j}h_3/2 = (2.13 \times 1.8)\text{kN} \cdot \text{m} = 3.83\text{kN} \cdot \text{m}$

二层：$M_{2j}^{上} = M_{2j}^{下} = V_{2j}h_2/2 = (6.38 \times 1.8)\text{kN} \cdot \text{m} = 11.48\text{kN} \cdot \text{m}$

首层：$M_{1j}^{上} = V_{1j}h_1/3 = (11.23 \times 4.6 \div 3)\text{kN} \cdot \text{m} = 17.22\text{kN} \cdot \text{m}$

$M_{1j}^{下} = V_{1j}h_1 \times 2/3 = (11.23 \times 4.6 \times 2 \div 3)\text{kN} \cdot \text{m} = 34.44\text{kN} \cdot \text{m}$

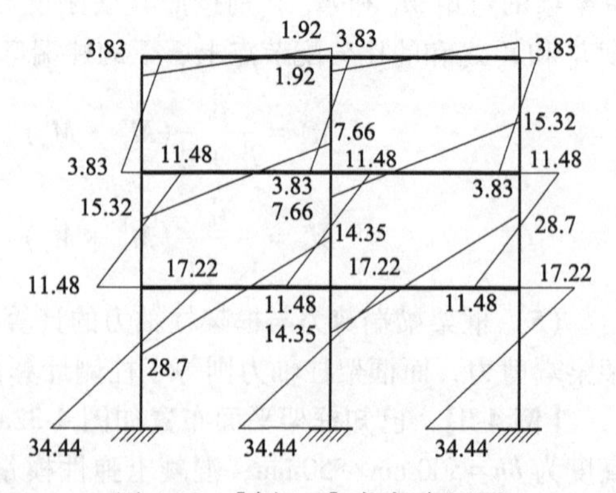

图 4-33 ［例 4-5］框架弯矩图

（7）梁端弯矩　根据各节点梁、柱的弯矩平衡，可以求出梁端弯矩。对于中间各节点，梁端弯矩按梁的线刚度比分配节点上、下的柱端弯矩和。由于梁的长度均为 8m，故对于中间节点，两侧梁的弯矩相等。梁、柱弯矩如图 4-33 所示。

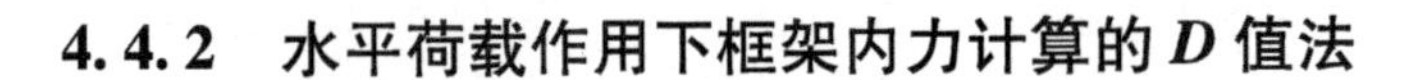

4.4.2　水平荷载作用下框架内力计算的 D 值法

1. 适用范围

多、高层框架结构的框架柱承受的轴力大，需要的柱子截面尺寸较大，且实际工程中柱子高度往往小于框架梁的跨度，使框架梁的线刚度相对于框架柱的线刚度往往并不大。因此，框架梁产生弯曲并使框架节点产生一定的转动，并引起较大侧移，如果仍假定横梁刚度无穷大以及框架节点无转角，就会使计算结果产生较大误差。也就是说，结构侧移以及框架内力不仅与层高以及框架柱的线刚度有关，也与框架梁的线刚度有关。这时，框架柱的抗侧刚度要在反弯点法的基础上考虑框架梁的线刚度予以修正，用 D 表示，这种计算方法也就称为"D 值法"或改进反弯点法。此外，框架柱的反弯点位置也受框架柱上下节点转动大小的影响，需要考虑框架梁柱线刚度等因素的影响。D 值法是考虑了框架节点转动对柱子抗侧刚度以及对柱子反弯点高度影响的计算方法，它计算简单，精确度比反弯点法高。

2. 考虑节点转动影响的框架柱抗侧刚度

（1）基本假定　为简化计算，在确定柱抗侧刚度 D 时假定框架为标准框架，即

1）框架各层层高相等，各梁跨长相等，各层柱线刚度相等。

2）同层柱侧移相同，上下各层的层间相对位移也相同，各层柱弦转角均为 ϕ。

3）各层梁、柱节点转角相等均为 θ。

（2）抗侧刚度 D　图 4-34a 所示为一个标准框架，现以中间层的中柱 AB 为例推导柱子的抗侧刚度。根据计算假定，各层柱的层间相对位移均为 Δu，设 AB 柱以及上下层柱的线刚度均为 i_c，与 AB 柱相交的框架梁线刚度分别为 i_1、i_2、i_3、i_4，如图 4-34b 所示。由位移转角方程可得到柱端及梁端弯矩如下：

节点 A 的柱端弯矩：

$$M_{AB}=M_{AC}=6i_c\theta-6i_c\frac{\Delta u}{h}=6i_c\theta-6i_c\phi$$

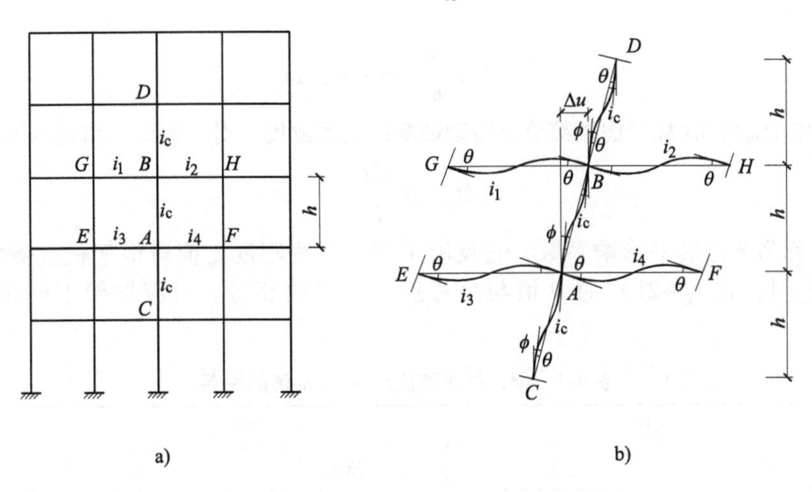

图 4-34　D 值法计算框架的基本假定

节点 B 的柱端弯矩：

$$M_{BA}=M_{BD}=6i_c\theta-6i_c\frac{\Delta u}{h}=6i_c\theta-6i_c\phi$$

节点 A 的梁端弯矩：$M_{AE}=6i_3\theta$ 和 $M_{AF}=6i_4\theta$

节点 B 的梁端弯矩：$M_{BG}=6i_1\theta$ 和 $M_{BH}=6i_2\theta$

由节点 A 和节点 B 的力矩平衡可得

$$\sum M_A = 0:\ 6(i_3 + i_4)\theta + 12i_c\theta - 12i_c\phi = 0$$

$$\sum M_B = 0:\ 6(i_1 + i_2)\theta + 12i_c\theta - 12i_c\phi = 0$$

将两式相加，整理得

$$\theta = \frac{2}{2 + \dfrac{i_1 + i_2 + i_3 + i_4}{2i_c}}\phi = \frac{2}{2 + K}\phi,\phi = \frac{\Delta u}{h} \tag{a}$$

$$K = \frac{\sum i}{2i_c} \tag{4-19}$$

式中 $\sum i$——$\sum i = i_1 + i_2 + i_3 + i_4$；

K——框架的梁、柱线刚度比；

ϕ——弦转角；

Δu——楼层相对位移。

由 AB 柱的弯、剪平衡可得到 AB 柱所受剪力为

$$V_{AB} = -\frac{M_{AB} + M_{BA}}{h_{AB}} = \frac{12i_c}{h}(\phi - \theta) \tag{b}$$

将式（a）代入式（b），得

$$V_{AB} = \frac{12i_c}{h}\left(\phi - \frac{2}{2 + K}\phi\right) = \frac{12i_c}{h^2}\frac{K}{2 + K}\Delta u \tag{c}$$

令

$$\alpha = \frac{K}{2 + K} \tag{4-20}$$

则有

$$V_{AB} = \alpha\frac{12i_c}{h^2}\Delta u = D_{AB}\Delta u \tag{d}$$

式（d）中 D_{AB} 为 AB 柱考虑端部节点转动影响的抗侧刚度。对一般框架结构的第 i 层第 j 柱有

$$D_{ij} = \alpha\frac{12i_{cij}}{h_i^2} \tag{4-21}$$

这里，α 称为节点转动影响系数，它反映了梁、柱线刚度比值对框架柱抗侧刚度的影响。当 $K = \infty$ 时 $\alpha = 1$，式（4-21）的 D 值与反弯点法的 d 值相等。对应框架不同位置的 K 和 α 见表 4-3。

表 4-3　梁、柱线刚度比 K 与 α 值的关系

楼层	边柱		中柱		α
	简图	K	简图	K	
一般层	i_2 i_c i_4	$K = \dfrac{i_2 + i_4}{2i_c}$	i_1 i_2 i_c i_3 i_4	$K = \dfrac{i_1 + i_2 + i_3 + i_4}{2i_c}$	$\alpha = \dfrac{K}{2 + K}$

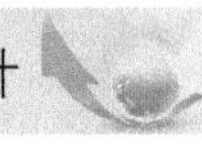

（续）

楼层	边柱		中柱		α
	简图	K	简图	K	
底层	i_2 i_c	$K=\dfrac{i_2}{i_c}$	i_1 i_2 i_c	$K=\dfrac{i_1+i_2}{i_c}$	$\alpha=\dfrac{0.5+K}{2+K}$

3. 水平力作用下框架柱的剪力计算

在求出框架柱的抗侧刚度 D 值后，设楼层有 m 根框架柱，根据同层柱侧移相同的条件，并由平衡关系和物理关系可以得到各柱的剪力：

$$V_{cij}=\frac{D_{ij}}{\sum\limits_{j=1}^{m}D_{ij}}V_i \tag{4-22}$$

式中　V_{cij}——第 i 层第 j 柱的水平剪力；

D_{ij}——第 i 层第 j 柱的抗侧刚度；

V_i——水平荷载在第 i 层产生的楼层总剪力。

式（4-22）说明，在 D 值法中，楼层剪力按照框架柱的抗侧刚度 D 与楼层各柱抗侧刚度和的比（柱的剪力分配系数）来进行分配。

4. 反弯点的位置

框架柱的反弯点位置与柱两端的约束或节点转角大小有关。当柱两端转动角度相同时，反弯点在柱高中间；两端转角不同时，反弯点移向转角大的一侧。影响柱两端转角大小的因素也就是影响柱反弯点的因素，包括：

1）水平荷载的形式；一般荷载可汇总为三种荷载形式（顶点集中力、均布荷载和倒三角形荷载）。

2）结构总层数及计算层所在位置。

3）梁、柱的线刚度比。

4）上、下层梁的线刚度比。

5）上、下层柱的高度比。

在标准框架假定中，由于假定同层各节点转角相等，故各横梁的反弯点在跨中，该点只有转动而没有竖向位移。因此一个多层多跨框架就可以改造为若干半框架，如图 4-35a 所示。将上述影响因素逐一改变，则可分别求出框架柱反弯点距柱底的距离，即反弯点高度，并编制成表格，供设计使用。

1）标准反弯点高度比 y_0。在标准框架的假定下确定的反弯点高度用 y_0h 表示（图 4-35a），也就是在假定各层层高、梁的跨度、梁柱线刚度都相同的情况下求出的反弯点高度。y_0称为标准反弯点高度比，可根据荷载形式、总层数 m、计算层位置和梁、柱线刚度比 K 查表 4-4~表 4-6，其中 m 为结构总层数，n 为计算层号，梁、柱线刚度比 K 的计算见表 4-3。

2）上、下梁线刚度比变化时的反弯点高度比修正值 y_1。当某层柱的上、下横梁线刚度不同时，该层柱的上、下节点转角将有所不同，反弯点将向梁线刚度小的一侧移动。这时应将反弯点高度比加以修正，修正值为 y_1（图 4-35b），其值可查表 4-7。对底层反弯点不考虑 y_1 修正。

① 当 $i_1+i_2<i_3+i_4$，令 $\alpha_1=\dfrac{i_1+i_2}{i_3+i_4}$，$\alpha_1<1$，$y_1$ 取正值，反弯点向上移。

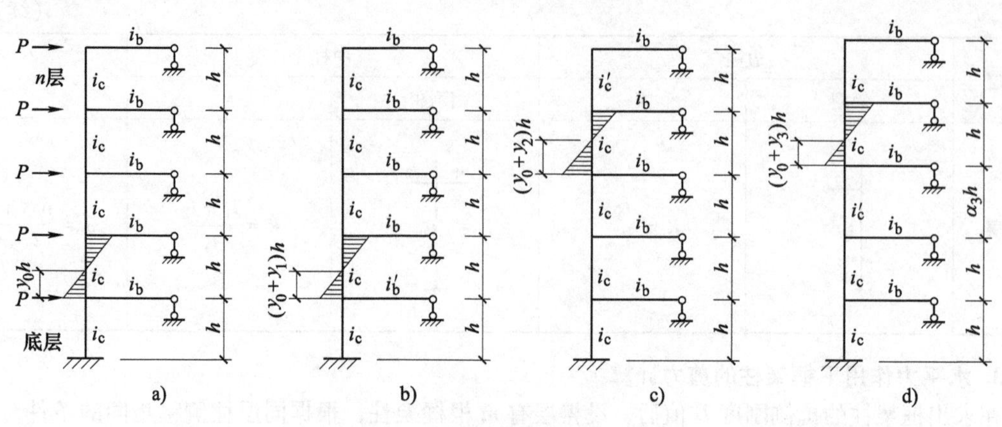

图 4-35　D 值法的框架反弯点高度

② 当 $i_1 + i_2 > i_3 + i_4$，令 $\alpha_1 = \dfrac{i_3 + i_4}{i_1 + i_2}$，$\alpha_1 < 1$，$y_1$ 取负值，反弯点向下移。

3）上、下层高度变化时的反弯点高度比修正值 y_2、y_3。当计算层柱的上、下层高度有变化时，反弯点高度也将产生变化。当上层层高变化时，反弯点的上移增量为 y_2h（图 4-35c），当下层层高变化时，反弯点的上移增量为 y_3h（图 4-35d）。y_2 和 y_3 可查表 4-8，y_2 和 y_3 为负值时，说明反弯点的移动和假设的向上方向相反，即向下移动。对顶层柱，不考虑 y_2 值，即取 $y_2=0$；对底层柱，不考虑 y_3 值，即取 $y_3=0$。

① 上层层高变化：取上层层高与本层高度比 $\alpha_2 = h_{上}/h$。当 $\alpha_2 > 1$ 时，y_2 为正，反弯点上移；当 $\alpha_2 < 1$ 时，y_2 为负，反弯点下移。对顶层柱不考虑 α_2。

② 下层层高变化：取下层层高与本层高度比 $\alpha_3 = h_{下}/h$，当 $\alpha_3 > 1$ 时，y_3 为负，反弯点下移；当 $\alpha_3 < 1$ 时，y_3 为正，反弯点上移。底层柱不考虑 α_3。

4）反弯点高度比 y　考虑上述各影响因素的反弯点高度比 y 为

$$y = y_0 + y_1 + y_2 + y_3 \tag{4-23}$$

反弯点距各层柱底截面的距离 yh 由下式计算：

$$yh = (y_0 + y_1 + y_2 + y_3)h \tag{4-24}$$

表 4-4　规则框架在水平均布荷载作用下的标准反弯点高度比 y_0 值

m	n	K													
		0.1	0.2	0.3	0.4	0.5	0.6	0.7	0.8	0.9	1.0	2.0	3.0	4.0	5.0
1	1	0.80	0.75	0.70	0.65	0.65	0.60	0.60	0.60	0.60	0.55	0.55	0.55	0.55	0.55
2	2	0.45	0.40	0.35	0.35	0.35	0.35	0.40	0.40	0.40	0.40	0.45	0.45	0.45	0.45
	1	0.95	0.80	0.75	0.70	0.65	0.65	0.65	0.60	0.60	0.60	0.55	0.55	0.55	0.50
3	3	0.15	0.20	0.20	0.25	0.30	0.30	0.30	0.35	0.35	0.35	0.40	0.45	0.45	0.45
	2	0.55	0.50	0.45	0.45	0.45	0.45	0.45	0.45	0.45	0.45	0.45	0.50	0.50	0.50
	1	1.00	0.85	0.80	0.75	0.70	0.70	0.65	0.65	0.65	0.60	0.55	0.55	0.55	0.55
4	4	-0.05	0.05	0.15	0.20	0.25	0.30	0.30	0.35	0.35	0.35	0.40	0.45	0.45	0.45
	3	0.25	0.30	0.30	0.35	0.35	0.40	0.40	0.40	0.40	0.45	0.45	0.50	0.50	0.50
	2	0.65	0.55	0.50	0.50	0.45	0.45	0.45	0.45	0.45	0.45	0.50	0.50	0.50	0.50
	1	1.10	0.90	0.80	0.75	0.70	0.70	0.65	0.65	0.65	0.60	0.55	0.55	0.55	0.55

（续）

m	n	K													
		0.1	0.2	0.3	0.4	0.5	0.6	0.7	0.8	0.9	1.0	2.0	3.0	4.0	5.0
5	5	-0.20	0.00	0.15	0.20	0.25	0.30	0.30	0.30	0.35	0.35	0.40	0.45	0.45	0.45
	4	0.10	0.20	0.25	0.30	0.35	0.35	0.40	0.40	0.40	0.40	0.45	0.45	0.50	0.50
	3	0.40	0.40	0.40	0.40	0.40	0.45	0.45	0.45	0.45	0.45	0.50	0.50	0.50	0.50
	2	0.65	0.55	0.50	0.50	0.50	0.50	0.50	0.50	0.50	0.50	0.50	0.50	0.50	0.50
	1	1.20	0.95	0.80	0.75	0.75	0.70	0.70	0.65	0.65	0.65	0.55	0.55	0.55	0.55
6	6	-0.30	0.00	0.10	0.20	0.25	0.25	0.30	0.30	0.35	0.35	0.40	0.45	0.45	0.45
	5	0.00	0.20	0.25	0.30	0.35	0.35	0.40	0.40	0.40	0.40	0.45	0.45	0.50	0.50
	4	0.20	0.30	0.35	0.35	0.40	0.40	0.40	0.45	0.45	0.45	0.45	0.50	0.50	0.50
	3	0.40	0.40	0.40	0.45	0.45	0.45	0.45	0.45	0.45	0.45	0.50	0.50	0.50	0.50
	2	0.70	0.60	0.55	0.50	0.50	0.50	0.50	0.50	0.50	0.50	0.50	0.50	0.50	0.50
	1	1.20	0.95	0.85	0.80	0.75	0.70	0.70	0.65	0.65	0.65	0.55	0.55	0.55	0.55
7	7	-0.35	-0.05	0.10	0.20	0.20	0.25	0.30	0.30	0.35	0.35	0.40	0.45	0.45	0.45
	6	-0.10	0.15	0.25	0.30	0.35	0.35	0.35	0.40	0.40	0.40	0.45	0.45	0.50	0.50
	5	0.10	0.25	0.30	0.35	0.40	0.40	0.40	0.45	0.45	0.45	0.45	0.50	0.50	0.50
	4	0.30	0.35	0.40	0.40	0.40	0.45	0.45	0.45	0.45	0.45	0.50	0.50	0.50	0.50
	3	0.50	0.45	0.45	0.45	0.45	0.45	0.45	0.45	0.45	0.45	0.50	0.50	0.50	0.50
	2	0.75	0.60	0.55	0.50	0.50	0.50	0.50	0.50	0.50	0.50	0.50	0.50	0.50	0.50
	1	1.20	0.95	0.85	0.80	0.75	0.70	0.70	0.65	0.65	0.65	0.55	0.55	0.55	0.55
8	8	-0.35	-0.15	0.10	0.15	0.25	0.25	0.30	0.30	0.35	0.35	0.40	0.45	0.45	0.45
	7	0.10	0.15	0.25	0.30	0.35	0.35	0.40	0.40	0.40	0.40	0.45	0.50	0.50	0.50
	6	0.05	0.25	0.30	0.35	0.40	0.40	0.40	0.45	0.45	0.45	0.45	0.50	0.50	0.50
	5	0.20	0.30	0.35	0.40	0.40	0.45	0.45	0.45	0.45	0.45	0.50	0.50	0.50	0.50
	4	0.35	0.40	0.40	0.45	0.45	0.45	0.45	0.45	0.45	0.45	0.50	0.50	0.50	0.50
	3	0.50	0.45	0.45	0.45	0.45	0.45	0.45	0.45	0.50	0.50	0.50	0.50	0.50	0.50
	2	0.75	0.60	0.55	0.55	0.50	0.50	0.50	0.50	0.50	0.50	0.50	0.50	0.50	0.50
	1	1.20	1.00	0.85	0.80	0.75	0.70	0.70	0.65	0.65	0.65	0.55	0.55	0.55	0.55
9	9	-0.40	-0.05	0.10	0.20	0.25	0.25	0.30	0.30	0.35	0.35	0.45	0.45	0.45	0.45
	8	-0.15	0.15	0.25	0.30	0.35	0.35	0.35	0.40	0.40	0.40	0.45	0.45	0.50	0.50
	7	0.05	0.25	0.30	0.35	0.40	0.40	0.40	0.45	0.45	0.45	0.45	0.50	0.50	0.50
	6	0.15	0.30	0.35	0.40	0.40	0.45	0.45	0.45	0.45	0.45	0.50	0.50	0.50	0.50
	5	0.25	0.35	0.40	0.40	0.45	0.45	0.45	0.45	0.45	0.45	0.50	0.50	0.50	0.50
	4	0.40	0.40	0.40	0.45	0.45	0.45	0.45	0.45	0.45	0.45	0.50	0.50	0.50	0.50
	3	0.55	0.45	0.45	0.45	0.45	0.45	0.45	0.45	0.45	0.45	0.50	0.50	0.50	0.50
	2	0.80	0.65	0.55	0.55	0.50	0.50	0.50	0.50	0.50	0.50	0.50	0.50	0.50	0.50
	1	1.20	1.00	0.85	0.80	0.75	0.70	0.70	0.65	0.65	0.65	0.55	0.55	0.55	0.55

（续）

m	n	K													
		0.1	0.2	0.3	0.4	0.5	0.6	0.7	0.8	0.9	1.0	2.0	3.0	4.0	5.0
10	10	-0.40	-0.05	0.10	0.20	0.25	0.30	0.30	0.30	0.35	0.35	0.40	0.45	0.45	0.45
	9	-0.15	0.15	0.25	0.30	0.35	0.35	0.40	0.40	0.40	0.40	0.45	0.45	0.50	0.50
	8	0.00	0.25	0.30	0.35	0.40	0.40	0.40	0.45	0.45	0.45	0.45	0.50	0.50	0.50
	7	0.10	0.30	0.35	0.40	0.40	0.45	0.45	0.45	0.45	0.45	0.50	0.50	0.50	0.50
	6	0.20	0.35	0.40	0.40	0.45	0.45	0.45	0.45	0.45	0.45	0.50	0.50	0.50	0.50
	5	0.30	0.40	0.40	0.45	0.45	0.45	0.45	0.45	0.45	0.45	0.50	0.50	0.50	0.50
	4	0.40	0.40	0.45	0.45	0.45	0.45	0.45	0.45	0.45	0.45	0.50	0.50	0.50	0.50
	3	0.55	0.50	0.45	0.45	0.45	0.50	0.50	0.50	0.50	0.50	0.50	0.50	0.50	0.50
	2	0.80	0.65	0.55	0.55	0.55	0.50	0.50	0.50	0.50	0.50	0.50	0.50	0.50	0.50
	1	1.30	1.00	0.85	0.80	0.75	0.70	0.70	0.65	0.65	0.65	0.60	0.55	0.55	0.55
11	11	-0.40	0.05	0.10	0.20	0.25	0.30	0.30	0.30	0.35	0.35	0.40	0.45	0.45	0.45
	10	-0.15	0.15	0.25	0.30	0.35	0.35	0.40	0.40	0.40	0.40	0.45	0.45	0.50	0.50
	9	0.00	0.25	0.30	0.35	0.40	0.40	0.40	0.45	0.45	0.45	0.45	0.50	0.50	0.50
	8	0.10	0.30	0.35	0.40	0.40	0.45	0.45	0.45	0.45	0.45	0.50	0.50	0.50	0.50
	7	0.20	0.35	0.40	0.45	0.45	0.45	0.45	0.45	0.45	0.45	0.50	0.50	0.50	0.50
	6	0.25	0.35	0.40	0.45	0.45	0.45	0.45	0.45	0.45	0.45	0.50	0.50	0.50	0.50
	5	0.35	0.40	0.40	0.45	0.45	0.45	0.45	0.45	0.45	0.50	0.50	0.50	0.50	0.50
	4	0.40	0.45	0.45	0.45	0.45	0.45	0.45	0.50	0.50	0.50	0.50	0.50	0.50	0.50
	3	0.55	0.50	0.50	0.50	0.50	0.50	0.50	0.50	0.50	0.50	0.50	0.50	0.50	0.50
	2	0.80	0.65	0.60	0.55	0.55	0.50	0.50	0.50	0.50	0.50	0.50	0.50	0.50	0.50
	1	1.30	1.00	0.85	0.80	0.75	0.70	0.70	0.65	0.65	0.65	0.60	0.55	0.55	0.55
12及12以上	1	-0.40	-0.05	0.10	0.20	0.25	0.30	0.30	0.30	0.35	0.35	0.40	0.45	0.45	0.45
	2	-0.15	0.15	0.25	0.30	0.35	0.35	0.40	0.40	0.40	0.40	0.45	0.45	0.50	0.50
	3	0.00	0.25	0.30	0.35	0.40	0.40	0.40	0.45	0.45	0.45	0.50	0.50	0.50	0.50
	4	0.10	0.30	0.35	0.40	0.40	0.45	0.45	0.45	0.45	0.45	0.50	0.50	0.50	0.50
	5	0.20	0.35	0.30	0.40	0.45	0.45	0.45	0.45	0.45	0.45	0.50	0.50	0.50	0.50
	6	0.25	0.35	0.30	0.45	0.45	0.45	0.45	0.45	0.45	0.45	0.50	0.50	0.50	0.50
	7	0.30	0.40	0.40	0.45	0.45	0.45	0.45	0.45	0.50	0.50	0.50	0.50	0.50	0.50
	8	0.35	0.40	0.45	0.45	0.45	0.45	0.45	0.50	0.50	0.50	0.50	0.50	0.50	0.50
	中间	0.40	0.40	0.45	0.45	0.45	0.45	0.50	0.50	0.50	0.50	0.50	0.50	0.50	0.50
	4	0.45	0.45	0.45	0.50	0.50	0.50	0.50	0.50	0.50	0.50	0.50	0.50	0.50	0.50
	3	0.60	0.50	0.50	0.50	0.50	0.50	0.50	0.50	0.50	0.50	0.50	0.50	0.50	0.50
	2	0.80	0.65	0.60	0.55	0.55	0.50	0.50	0.50	0.50	0.50	0.50	0.50	0.50	0.50
	1	1.30	1.00	1.85	0.80	0.75	0.70	0.70	0.65	0.65	0.55	0.55	0.55	0.55	0.55

表 4-5　规则框架在水平倒三角形荷载作用下的标准反弯点高度比 y_0 值

m	n	K													
		0.1	0.2	0.3	0.4	0.5	0.6	0.7	0.8	0.9	1.0	2.0	3.0	4.0	5.0
1	1	0.80	0.75	0.70	0.65	0.65	0.60	0.60	0.60	0.60	0.55	0.55	0.55	0.55	0.55
2	2	0.50	0.45	0.40	0.40	0.40	0.40	0.40	0.40	0.40	0.45	0.45	0.45	0.45	0.50
	1	1.00	0.85	0.75	0.70	0.70	0.65	0.65	0.65	0.60	0.60	0.55	0.55	0.55	0.55
3	3	0.25	0.25	0.25	0.30	0.30	0.35	0.35	0.35	0.40	0.40	0.45	0.45	0.45	0.50
	2	0.60	0.50	0.50	0.50	0.50	0.45	0.45	0.45	0.45	0.45	0.50	0.50	0.50	0.50
	1	1.15	0.90	0.80	0.75	0.75	0.70	0.70	0.65	0.65	0.65	0.60	0.55	0.55	0.55
4	4	0.10	0.15	0.20	0.25	0.30	0.30	0.35	0.35	0.35	0.40	0.45	0.45	0.45	0.45
	3	0.35	0.35	0.35	0.40	0.40	0.40	0.40	0.45	0.45	0.45	0.45	0.50	0.50	0.50
	2	0.70	0.60	0.55	0.50	0.50	0.50	0.50	0.50	0.50	0.50	0.50	0.50	0.50	0.50
	1	1.20	0.95	0.80	0.80	0.75	0.70	0.70	0.70	0.65	0.65	0.55	0.55	0.55	0.55
5	5	−0.05	0.10	0.20	0.25	0.30	0.35	0.35	0.35	0.35	0.35	0.40	0.45	0.45	0.45
	4	0.20	0.25	0.35	0.35	0.40	0.40	0.40	0.40	0.40	0.45	0.45	0.50	0.50	0.50
	3	0.45	0.40	0.45	0.45	0.45	0.45	0.45	0.45	0.45	0.45	0.50	0.50	0.50	0.50
	2	0.75	0.60	0.55	0.55	0.55	0.55	0.55	0.55	0.55	0.55	0.50	0.50	0.50	0.50
	1	1.30	1.00	0.85	0.80	0.75	0.70	0.70	0.65	0.65	0.65	0.65	0.55	0.55	0.55
6	6	−0.15	0.05	0.15	0.20	0.25	0.30	0.30	0.35	0.35	0.35	0.40	0.45	0.45	0.45
	5	0.10	0.25	0.30	0.35	0.40	0.40	0.40	0.40	0.45	0.45	0.45	0.50	0.50	0.50
	4	0.30	0.35	0.40	0.40	0.40	0.45	0.45	0.45	0.45	0.45	0.50	0.50	0.50	0.50
	3	0.50	0.45	0.45	0.45	0.45	0.45	0.45	0.45	0.45	0.50	0.50	0.50	0.50	0.50
	2	0.80	0.65	0.55	0.55	0.55	0.55	0.50	0.50	0.50	0.50	0.50	0.50	0.50	0.50
	1	1.30	1.00	0.85	0.80	0.75	0.70	0.70	0.65	0.65	0.65	0.60	0.55	0.55	0.55
7	7	−0.20	0.05	0.15	0.20	0.25	0.30	0.30	0.35	0.35	0.35	0.45	0.45	0.45	0.45
	6	0.05	0.20	0.30	0.35	0.35	0.40	0.40	0.40	0.40	0.40	0.45	0.50	0.50	0.50
	5	0.20	0.30	0.35	0.40	0.40	0.45	0.45	0.45	0.45	0.45	0.50	0.50	0.50	0.50
	4	0.35	0.40	0.40	0.45	0.45	0.45	0.45	0.45	0.45	0.45	0.50	0.50	0.50	0.50
	3	0.55	0.50	0.50	0.50	0.50	0.50	0.50	0.50	0.50	0.50	0.50	0.50	0.50	0.50
	2	0.80	0.65	0.60	0.55	0.55	0.55	0.50	0.50	0.50	0.50	0.50	0.50	0.50	0.50
	1	1.30	1.00	0.90	0.80	0.75	0.70	0.70	0.70	0.65	0.65	0.60	0.55	0.55	0.55
8	8	−0.20	0.05	0.15	0.20	0.25	0.30	0.30	0.35	0.35	0.35	0.45	0.45	0.45	0.45
	7	0.00	0.20	0.30	0.35	0.35	0.40	0.40	0.40	0.40	0.45	0.45	0.50	0.50	0.50
	6	0.15	0.30	0.35	0.40	0.40	0.45	0.45	0.45	0.45	0.45	0.50	0.50	0.50	0.50
	5	0.30	0.40	0.40	0.45	0.45	0.45	0.45	0.45	0.45	0.45	0.50	0.50	0.50	0.50
	4	0.40	0.45	0.45	0.45	0.45	0.45	0.45	0.50	0.50	0.50	0.50	0.50	0.50	0.50
	3	0.60	0.50	0.50	0.50	0.50	0.50	0.50	0.50	0.50	0.50	0.50	0.50	0.50	0.50
	2	0.85	0.65	0.60	0.55	0.55	0.55	0.50	0.50	0.50	0.50	0.50	0.50	0.50	0.50
	1	1.30	1.00	0.90	0.80	0.75	0.70	0.70	0.70	0.65	0.65	0.60	0.55	0.55	0.55

（续）

m	n	K													
		0.1	0.2	0.3	0.4	0.5	0.6	0.7	0.8	0.9	1.0	2.0	3.0	4.0	5.0
9	9	−0.25	0.00	0.15	0.20	0.25	0.30	0.30	0.35	0.35	0.40	0.45	0.45	0.45	0.45
	8	0.00	0.20	0.30	0.35	0.35	0.40	0.40	0.40	0.40	0.45	0.45	0.50	0.50	0.50
	7	0.15	0.30	0.35	0.40	0.40	0.45	0.45	0.45	0.45	0.45	0.50	0.50	0.50	0.50
	6	0.25	0.35	0.40	0.40	0.45	0.45	0.45	0.45	0.45	0.50	0.50	0.50	0.50	0.50
	5	0.35	0.40	0.45	0.45	0.45	0.45	0.45	0.45	0.50	0.50	0.50	0.50	0.50	0.50
	4	0.45	0.45	0.45	0.45	0.45	0.50	0.50	0.50	0.50	0.50	0.50	0.50	0.50	0.50
	3	0.60	0.50	0.50	0.50	0.50	0.50	0.50	0.50	0.50	0.50	0.50	0.50	0.50	0.50
	2	0.85	0.65	0.60	0.55	0.55	0.55	0.55	0.50	0.50	0.50	0.50	0.50	0.50	0.50
	1	1.35	1.00	0.90	0.80	0.75	0.75	0.70	0.70	0.65	0.65	0.60	0.55	0.55	0.55
10	10	−0.25	0.00	0.15	0.20	0.25	0.30	0.30	0.35	0.35	0.40	0.45	0.45	0.45	0.45
	9	−0.05	0.20	0.30	0.35	0.35	0.40	0.40	0.40	0.40	0.45	0.45	0.50	0.50	0.50
	8	0.10	0.30	0.35	0.40	0.40	0.40	0.45	0.45	0.45	0.45	0.50	0.50	0.50	0.50
	7	0.20	0.35	0.40	0.40	0.45	0.45	0.45	0.45	0.45	0.50	0.50	0.50	0.50	0.50
	6	0.30	0.40	0.40	0.45	0.45	0.45	0.45	0.45	0.45	0.50	0.50	0.50	0.50	0.50
	5	0.40	0.45	0.45	0.45	0.45	0.45	0.45	0.50	0.50	0.50	0.50	0.50	0.50	0.50
	4	0.50	0.45	0.45	0.45	0.50	0.50	0.50	0.50	0.50	0.50	0.50	0.50	0.50	0.50
	3	0.60	0.55	0.50	0.50	0.50	0.50	0.50	0.50	0.50	0.50	0.50	0.50	0.50	0.50
	2	0.85	0.65	0.60	0.55	0.55	0.55	0.55	0.50	0.50	0.50	0.50	0.50	0.50	0.50
	1	1.35	1.00	0.90	0.80	0.75	0.75	0.70	0.70	0.65	0.65	0.60	0.55	0.55	0.55
11	11	−0.25	0.00	0.15	0.20	0.25	0.30	0.30	0.30	0.35	0.35	0.45	0.45	0.45	0.45
	10	−0.05	0.20	0.25	0.30	0.35	0.40	0.40	0.40	0.40	0.45	0.45	0.50	0.50	0.50
	9	0.10	0.30	0.35	0.40	0.40	0.40	0.45	0.45	0.45	0.45	0.50	0.50	0.50	0.50
	8	0.20	0.35	0.40	0.40	0.45	0.45	0.45	0.45	0.45	0.45	0.50	0.50	0.50	0.50
	7	0.25	0.40	0.40	0.45	0.45	0.45	0.45	0.45	0.45	0.50	0.50	0.50	0.50	0.50
	6	0.35	0.40	0.45	0.45	0.45	0.45	0.45	0.50	0.50	0.50	0.50	0.50	0.50	0.50
	5	0.40	0.45	0.45	0.45	0.45	0.50	0.50	0.50	0.50	0.50	0.50	0.50	0.50	0.50
	4	0.50	0.50	0.50	0.50	0.50	0.50	0.50	0.50	0.50	0.50	0.50	0.50	0.50	0.50
	3	0.65	0.55	0.50	0.50	0.50	0.50	0.50	0.50	0.50	0.50	0.50	0.50	0.50	0.50
	2	0.85	0.65	0.60	0.55	0.55	0.55	0.55	0.50	0.50	0.50	0.50	0.50	0.50	0.50
	1	1.35	1.05	0.90	0.80	0.75	0.75	0.70	0.70	0.65	0.65	0.60	0.55	0.55	0.55

（续）

m	n	K													
		0.1	0.2	0.3	0.4	0.5	0.6	0.7	0.8	0.9	1.0	2.0	3.0	4.0	5.0
12及12以上	1	−0.30	0.00	0.15	0.20	0.25	0.30	0.30	0.30	0.35	0.35	0.40	0.45	0.45	0.45
	2	−0.10	0.20	0.25	0.30	0.35	0.40	0.40	0.40	0.40	0.40	0.45	0.45	0.45	0.50
	3	0.05	0.25	0.35	0.40	0.40	0.40	0.45	0.45	0.45	0.45	0.45	0.50	0.50	0.50
	4	0.15	0.30	0.40	0.40	0.45	0.45	0.45	0.45	0.45	0.45	0.45	0.50	0.50	0.50
	5	0.25	0.35	0.50	0.45	0.45	0.45	0.45	0.45	0.45	0.45	0.50	0.50	0.50	0.50
	6	0.30	0.40	0.50	0.45	0.45	0.45	0.45	0.50	0.50	0.50	0.50	0.50	0.50	0.50
	中间	0.35	0.40	0.55	0.45	0.45	0.45	0.50	0.50	0.50	0.50	0.50	0.50	0.50	0.50
	6	0.35	0.45	0.55	0.45	0.50	0.50	0.50	0.50	0.50	0.50	0.50	0.50	0.50	0.50
	5	0.45	0.45	0.55	0.45	0.50	0.50	0.50	0.50	0.50	0.50	0.50	0.50	0.50	0.50
	4	0.55	0.50	0.50	0.50	0.50	0.50	0.50	0.50	0.50	0.50	0.50	0.50	0.50	0.50
	3	0.65	0.55	0.50	0.50	0.50	0.50	0.50	0.50	0.50	0.50	0.50	0.50	0.50	0.50
	2	0.70	0.70	0.60	0.55	0.55	0.55	0.55	0.50	0.50	0.50	0.50	0.50	0.50	0.50
	1	1.35	1.05	0.90	0.80	0.75	0.70	0.70	0.70	0.65	0.65	0.60	0.55	0.55	0.55

表 4-6　规则框架在顶点水平集中力作用下的标准反弯点高度比 y_0 值

m	n	K													
		0.1	0.2	0.3	0.4	0.5	0.6	0.7	0.8	0.9	1.0	2.0	3.0	4.0	5.0
1	1	0.80	0.75	0.70	0.65	0.65	0.60	0.60	0.60	0.60	0.55	0.55	0.55	0.55	0.55
2	2	0.55	0.50	0.45	0.45	0.45	0.45	0.45	0.45	0.45	0.45	0.45	0.50	0.50	0.50
	1	1.15	0.95	0.85	0.80	0.75	0.70	0.70	0.65	0.65	0.65	0.60	0.55	0.55	0.55
3	3	0.40	0.40	0.40	0.40	0.40	0.40	0.40	0.45	0.45	0.45	0.45	0.50	0.50	0.50
	2	0.75	0.60	0.55	0.55	0.55	0.50	0.50	0.50	0.50	0.50	0.50	0.50	0.50	0.50
	1	1.30	1.00	0.90	0.80	0.75	0.70	0.70	0.70	0.65	0.65	0.60	0.55	0.55	0.55
4	4	0.35	0.35	0.35	0.40	0.40	0.40	0.40	0.45	0.45	0.45	0.45	0.50	0.50	0.50
	3	0.60	0.50	0.50	0.50	0.50	0.50	0.50	0.50	0.50	0.50	0.50	0.50	0.50	0.50
	2	0.85	0.65	0.60	0.55	0.55	0.55	0.55	0.55	0.50	0.50	0.50	0.50	0.50	0.50
	1	1.35	1.05	0.90	0.80	0.75	0.75	0.70	0.70	0.65	0.65	0.60	0.55	0.55	0.55
5	5	0.30	0.35	0.35	0.40	0.40	0.40	0.40	0.45	0.45	0.45	0.45	0.50	0.50	0.50
	4	0.50	0.45	0.45	0.50	0.50	0.50	0.50	0.50	0.50	0.50	0.50	0.50	0.50	0.50
	3	0.65	0.55	0.50	0.50	0.50	0.50	0.50	0.50	0.50	0.50	0.50	0.50	0.50	0.50
	2	0.90	0.70	0.60	0.55	0.55	0.55	0.55	0.55	0.55	0.50	0.50	0.50	0.50	0.50
	1	1.40	1.05	0.90	0.80	0.75	0.75	0.70	0.70	0.65	0.65	0.60	0.55	0.55	0.55

（续）

m	n	K													
		0.1	0.2	0.3	0.4	0.5	0.6	0.7	0.8	0.9	1.0	2.0	3.0	4.0	5.0
6	6	0.30	0.35	0.35	0.40	0.40	0.40	0.40	0.45	0.45	0.45	0.45	0.50	0.50	0.50
	5	0.45	0.45	0.45	0.45	0.50	0.50	0.50	0.50	0.50	0.50	0.50	0.50	0.50	0.50
	4	0.55	0.50	0.50	0.50	0.50	0.50	0.50	0.50	0.50	0.50	0.50	0.50	0.50	0.50
	3	0.65	0.55	0.55	0.50	0.50	0.50	0.50	0.50	0.50	0.50	0.50	0.50	0.50	0.50
	2	0.90	0.70	0.60	0.60	0.55	0.55	0.55	0.55	0.50	0.50	0.50	0.50	0.50	0.50
	1	1.40	1.05	0.90	0.80	0.75	0.75	0.70	0.70	0.65	0.65	0.60	0.55	0.55	0.55
7	7	0.30	0.35	0.35	0.40	0.40	0.40	0.40	0.45	0.45	0.45	0.45	0.50	0.50	0.50
	6	0.40	0.45	0.45	0.45	0.50	0.50	0.50	0.50	0.50	0.50	0.50	0.50	0.50	0.50
	5	0.50	0.50	0.50	0.50	0.50	0.50	0.50	0.50	0.50	0.50	0.50	0.50	0.50	0.50
	4	0.55	0.50	0.50	0.50	0.50	0.50	0.50	0.50	0.50	0.50	0.50	0.50	0.50	0.50
	3	0.70	0.55	0.55	0.50	0.50	0.50	0.50	0.50	0.50	0.50	0.50	0.50	0.50	0.50
	2	0.90	0.70	0.60	0.60	0.55	0.55	0.55	0.55	0.50	0.50	0.50	0.50	0.50	0.50
	1	1.40	1.05	0.90	0.80	0.75	0.75	0.70	0.70	0.65	0.65	0.60	0.55	0.55	0.55
8	8	0.30	0.35	0.35	0.40	0.40	0.40	0.40	0.45	0.45	0.45	0.45	0.50	0.50	0.50
	7	0.40	0.40	0.45	0.45	0.50	0.50	0.50	0.50	0.50	0.50	0.50	0.50	0.50	0.50
	6	0.45	0.50	0.50	0.50	0.50	0.50	0.50	0.50	0.50	0.50	0.50	0.50	0.50	0.50
	5	0.50	0.50	0.50	0.50	0.50	0.50	0.50	0.50	0.50	0.50	0.50	0.50	0.50	0.50
	4	0.60	0.50	0.50	0.50	0.50	0.50	0.50	0.50	0.50	0.50	0.50	0.50	0.50	0.50
	3	0.70	0.55	0.55	0.50	0.50	0.50	0.50	0.50	0.50	0.50	0.50	0.50	0.50	0.50
	2	0.90	0.70	0.60	0.60	0.55	0.55	0.55	0.55	0.50	0.50	0.50	0.50	0.50	0.50
	1	1.40	1.05	0.90	0.80	0.75	0.75	0.70	0.70	0.65	0.65	0.60	0.55	0.55	0.55
9	9	0.25	0.35	0.35	0.40	0.40	0.40	0.40	0.45	0.45	0.45	0.45	0.50	0.50	0.50
	8	0.40	0.45	0.45	0.45	0.50	0.50	0.50	0.50	0.50	0.50	0.50	0.50	0.50	0.50
	7	0.45	0.50	0.50	0.50	0.50	0.50	0.50	0.50	0.50	0.50	0.50	0.50	0.50	0.50
	6	0.50	0.50	0.50	0.50	0.50	0.50	0.50	0.50	0.50	0.50	0.50	0.50	0.50	0.50
	5	0.55	0.50	0.50	0.50	0.50	0.50	0.50	0.50	0.50	0.50	0.50	0.50	0.50	0.50
	4	0.60	0.50	0.50	0.50	0.50	0.50	0.50	0.50	0.50	0.50	0.50	0.50	0.50	0.50
	3	0.70	0.55	0.50	0.50	0.50	0.50	0.50	0.50	0.50	0.50	0.50	0.50	0.50	0.50
	2	0.90	0.70	0.60	0.60	0.50	0.50	0.50	0.50	0.50	0.50	0.50	0.50	0.50	0.50
	1	1.40	1.05	0.90	0.80	0.75	0.75	0.70	0.70	0.65	0.60	0.60	0.55	0.55	0.55

（续）

m	n	K													
		0.1	0.2	0.3	0.4	0.5	0.6	0.7	0.8	0.9	1.0	2.0	3.0	4.0	5.0
10	10	0.25	0.35	0.35	0.40	0.40	0.40	0.40	0.45	0.45	0.45	0.45	0.50	0.50	0.50
	9	0.40	0.45	0.45	0.45	0.50	0.50	0.50	0.50	0.50	0.50	0.50	0.50	0.50	0.50
	8	0.45	0.50	0.50	0.50	0.50	0.50	0.50	0.50	0.50	0.50	0.50	0.50	0.50	0.50
	7	0.50	0.50	0.50	0.50	0.50	0.50	0.50	0.50	0.50	0.50	0.50	0.50	0.50	0.50
	6	0.50	0.50	0.50	0.50	0.50	0.50	0.50	0.50	0.50	0.50	0.50	0.50	0.50	0.50
	5	0.55	0.50	0.50	0.50	0.50	0.50	0.50	0.50	0.50	0.50	0.50	0.50	0.50	0.50
	4	0.60	0.50	0.50	0.50	0.50	0.50	0.50	0.50	0.50	0.50	0.50	0.50	0.50	0.50
	3	0.70	0.55	0.55	0.50	0.50	0.50	0.50	0.50	0.50	0.50	0.50	0.50	0.50	0.50
	2	0.90	0.70	0.60	0.60	0.55	0.55	0.55	0.55	0.50	0.50	0.50	0.50	0.50	0.50
	1	1.40	1.05	0.90	0.80	0.75	0.75	0.70	0.70	0.65	0.65	0.60	0.55	0.55	0.50
11	11	0.25	0.35	0.35	0.40	0.40	0.40	0.45	0.45	0.45	0.45	0.45	0.50	0.50	0.50
	10	0.40	0.45	0.45	0.45	0.50	0.50	0.50	0.50	0.50	0.50	0.50	0.50	0.50	0.50
	9	0.45	0.50	0.50	0.50	0.50	0.50	0.50	0.50	0.50	0.50	0.50	0.50	0.50	0.50
	8	0.50	0.50	0.50	0.50	0.50	0.50	0.50	0.50	0.50	0.50	0.50	0.50	0.50	0.50
	7	0.50	0.50	0.50	0.50	0.50	0.50	0.50	0.50	0.50	0.50	0.50	0.50	0.50	0.50
	6	0.50	0.50	0.50	0.50	0.50	0.50	0.50	0.50	0.50	0.50	0.50	0.50	0.50	0.50
	5	0.55	0.50	0.50	0.50	0.50	0.50	0.50	0.50	0.50	0.50	0.50	0.50	0.50	0.50
	4	0.60	0.50	0.50	0.50	0.50	0.50	0.50	0.50	0.50	0.50	0.50	0.50	0.50	0.50
	3	0.70	0.55	0.55	0.50	0.50	0.50	0.50	0.50	0.50	0.50	0.50	0.50	0.50	0.50
	2	0.90	0.70	0.60	0.60	0.55	0.55	0.55	0.55	0.50	0.50	0.50	0.50	0.50	0.50
	1	1.40	1.05	0.90	0.80	0.75	0.75	0.70	0.70	0.65	0.65	0.60	0.55	0.55	0.55
12	12	0.25	0.35	0.35	0.40	0.40	0.40	0.40	0.45	0.45	0.45	0.45	0.50	0.50	0.50
	11	0.40	0.45	0.45	0.45	0.50	0.50	0.50	0.50	0.50	0.50	0.50	0.50	0.50	0.50
	10	0.45	0.50	0.50	0.50	0.50	0.50	0.50	0.50	0.50	0.50	0.50	0.50	0.50	0.50
	6~9	0.50	0.50	0.50	0.50	0.50	0.50	0.50	0.50	0.50	0.50	0.50	0.50	0.50	0.50
	5	0.55	0.50	0.50	0.50	0.50	0.50	0.50	0.50	0.50	0.50	0.50	0.50	0.50	0.50
	4	0.60	0.50	0.50	0.50	0.50	0.50	0.50	0.50	0.50	0.50	0.50	0.50	0.50	0.50
	3	0.70	0.55	0.50	0.50	0.50	0.50	0.50	0.50	0.50	0.50	0.50	0.50	0.50	0.50
	2	0.90	0.70	0.60	0.60	0.55	0.55	0.50	0.50	0.50	0.50	0.50	0.50	0.50	0.50
	1	1.40	1.05	0.90	0.80	0.75	0.75	0.70	0.65	0.65	0.65	0.60	0.55	0.55	0.55

表 4-7　上、下梁线刚度比变化时的反弯点高度比修正值 y_1

α_1	K													
	0.1	0.2	0.3	0.4	0.5	0.6	0.7	0.8	0.9	1.0	2.0	3.0	4.0	5.0
0.4	0.55	0.40	0.30	0.25	0.20	0.20	0.20	0.15	0.15	0.15	0.05	0.05	0.05	0.05
0.5	0.45	0.30	0.20	0.20	0.15	0.15	0.15	0.10	0.10	0.10	0.05	0.05	0.05	0.05

（续）

α_1	K													
	0.1	0.2	0.3	0.4	0.5	0.6	0.7	0.8	0.9	1.0	2.0	3.0	4.0	5.0
0.6	0.30	0.20	0.15	0.15	0.10	0.10	0.10	0.10	0.05	0.05	0.05	0.05	0	0
0.7	0.20	0.15	0.10	0.10	0.10	0.10	0.05	0.05	0.05	0.05	0.05	0	0	0
0.8	0.15	0.10	0.05	0.05	0.05	0.05	0.05	0.05	0.05	0	0	0	0	0
0.9	0.05	0.05	0.05	0.05	0	0	0	0	0	0	0	0	0	0

注：$\alpha_1=\dfrac{i_1+i_2}{i_3+i_4}$；当$i_1+i_2>i_3+i_4$时，$\alpha_1$取倒数，即$\alpha_1=\dfrac{i_3+i_4}{i_1+i_2}$，并且$y_1$值取负号，$K=\dfrac{i_1+i_2+i_3+i_4}{2i_c}$。

表4-8　上、下层高度变化时反弯点高度比修正值y_2、y_3

α_2	α_3	K													
		0.1	0.2	0.3	0.4	0.5	0.6	0.7	0.8	0.9	1.0	2.0	3.0	4.0	5.0
2.0		0.25	0.15	0.15	0.10	0.10	0.10	0.10	0.10	0.05	0.05	0.05	0.05	0.00	0.00
1.8		0.20	0.15	0.10	0.10	0.10	0.05	0.05	0.05	0.05	0.05	0.05	0.00	0.00	0.00
1.6	0.4	0.15	0.10	0.10	0.05	0.05	0.05	0.05	0.05	0.05	0.05	0.00	0.00	0.00	0.00
1.4	0.6	0.10	0.05	0.05	0.05	0.05	0.05	0.05	0.05	0.05	0.00	0.00	0.00	0.00	0.00
1.2	0.8	0.05	0.05	0.05	0.00	0.00	0.00	0.00	0.00	0.00	0.00	0.00	0.00	0.00	0.00
1.0	1.0	0.00	0.00	0.00	0.00	0.00	0.00	0.00	0.00	0.00	0.00	0.00	0.00	0.00	0.00
0.8	1.2	−0.05	−0.05	−0.05	0.00	0.00	0.00	0.00	0.00	0.00	0.00	0.00	0.00	0.00	0.00
0.6	1.4	−0.10	−0.05	−0.05	−0.05	−0.05	−0.05	−0.05	−0.05	−0.05	0.00	0.00	0.00	0.00	0.00
0.4	1.6	−0.15	−0.10	−0.10	−0.05	−0.05	−0.05	−0.05	−0.05	−0.05	−0.05	0.00	0.00	0.00	0.00
	1.8	−0.20	−0.15	−0.10	−0.10	−0.10	−0.05	−0.05	−0.05	−0.05	−0.05	−0.05	0.00	0.00	0.00
	2.0	−0.25	−0.15	−0.15	−0.10	−0.10	−0.10	−0.10	−0.10	−0.05	−0.05	−0.05	−0.05	0.00	0.00

注：y_2按照K及α_2求得，上层较高时为正值；y_3按照K及α_3求得。

5. 柱端弯矩

已知第i层第j根框架柱的剪力V_{cij}和反弯点距该层柱底的高度yh_i，h_i为层高，y为反弯点高度比，如图4-36所示，则框架柱上、下端截面的弯矩分别为

$$M_{cij}^{t}=(1-y)h_iV_{cij},\ M_{cij}^{b}=yh_iV_{cij} \tag{4-25}$$

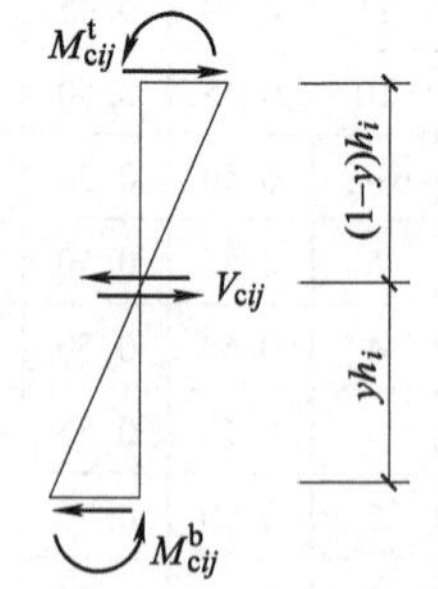

图4-36　柱端弯矩

6. 梁端弯矩计算

如前所述，可根据节点平衡求得柱两端弯矩和，再假设梁端弯矩与梁的线刚度成正比，即可求梁端弯矩，见式（4-18a）、式（4-18b）。

7. 梁端剪力

图4-37所示为左来水平力作用下的框架梁的隔离体，由隔离体弯矩平衡即可求出每根梁左、右端的剪力如下：

$$V_b^{l}=V_b^{r}=\frac{1}{l}(|M_b^{l}|+|M_b^{r}|) \tag{4-26}$$

8. 框架柱轴力

设框架有n层，每层有m根柱、$m-1$根梁，将框架在梁端切开（图4-38），由框架柱隔离体的竖向力平衡可得到柱子轴力：

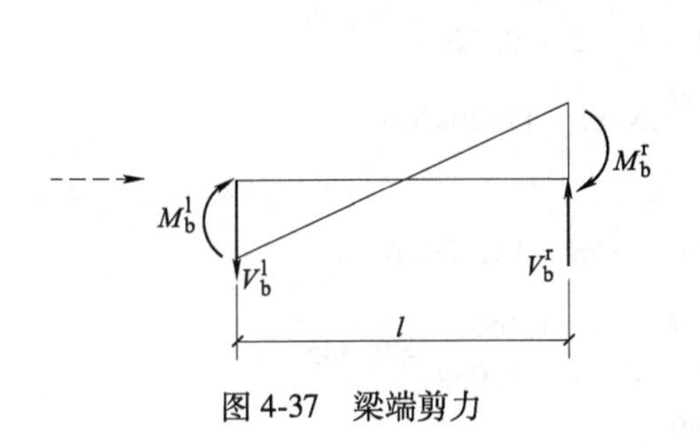

图 4-37　梁端剪力

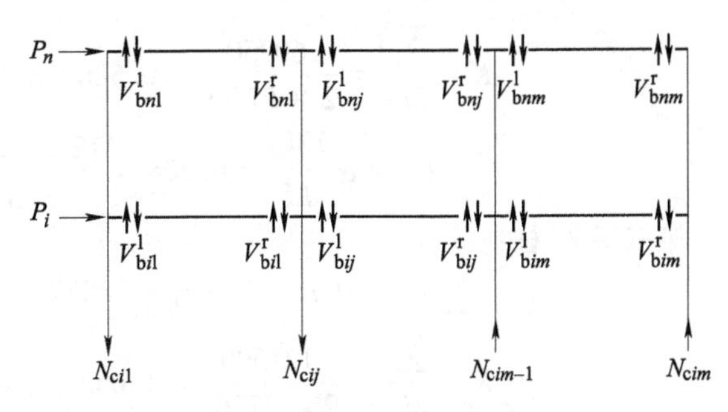

图 4-38　水平力作用下框架柱的轴力计算

边柱：
$$N_{\mathrm{ci1}(m)} = \pm \sum_{i=i}^{n} V_{\mathrm{bi1}(m)}^{\mathrm{l(r)}} \quad (\text{拉为}+) \tag{4-27a}$$

中柱：
$$N_{\mathrm{c}ij} = \pm \sum_{i=i}^{n} (V_{\mathrm{b}ij}^{\mathrm{l}} - V_{\mathrm{b}ij-1}^{\mathrm{r}}) \quad j = 2,3,\cdots,m \tag{4-27b}$$

【例 4-6】　已知同［例 4-5］，框架结构平立面如图 4-39 所示，框架梁截面宽度×高度为 $bh=0.3\text{m}\times0.6\text{m}$，框架柱截面宽度×高度为 $bh=0.5\text{m}\times0.55\text{m}$，梁、柱编号如图 4-39a 所示。楼盖为现浇混凝土结构，混凝土弹性模量 $E=3\times10^7\text{kN/m}^2$。框架受横向水平风荷载作用，设建筑所在地的地面粗糙度为 C 类，基本风压为 0.45kN/m^2。用 D 值法求水平风荷载作用下的梁、柱弯矩及框架柱轴力。

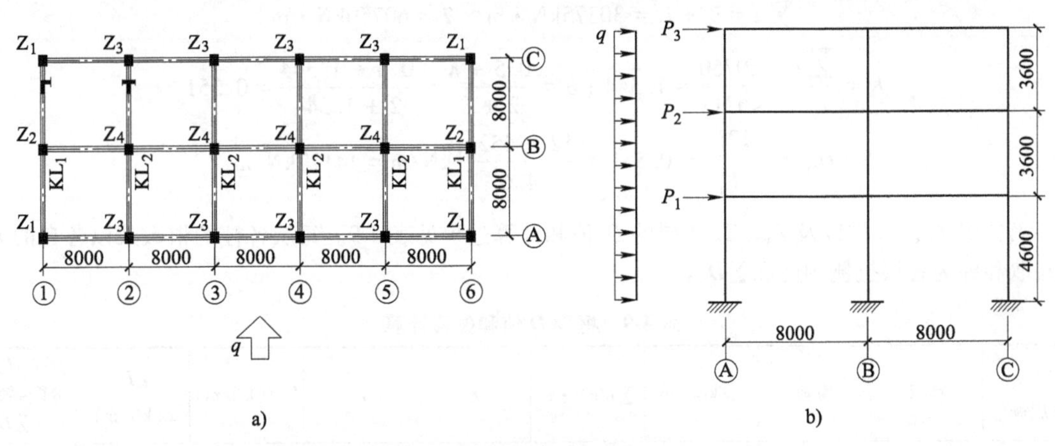

图 4-39　［例 4-6］框架结构平立面及梁、柱编号

【解】（1）框架柱线刚度计算　各层框架柱截面及材料均相同，只有层高变化。故线刚度为

首层：$i_{c1} = EI_c/h_1 = Ebh^3/12/h_1 = (3\times10^7\times0.5\times0.55^3\div12\div4.6)\text{kN}\cdot\text{m} = 45211\text{kN}\cdot\text{m}$

二、三层：$i_{c2} = i_{c3} = EI_c/h_2 = (3\times10^7\times0.5\times0.55^3\div12\div3.6)\text{kN}\cdot\text{m} = 57769\text{kN}\cdot\text{m}$

（2）框架梁线刚度　本例中，①和⑥轴为边框架（梁编号为 KL_1），楼板翼缘在一侧，故翼缘对惯性矩的增大系数取 1.5；②~⑤为中间框架（梁编号为 KL_2），梁的两侧均有楼板，故楼板对翼缘的增大系数取 2。

⑥ 轴 KL_1：$i_{b1} = EI_{b1}/l = E\times1.5\times bh^3/12/l = (3\times10^7\times1.5\times0.3\times0.6^3\div12\div8)\text{kN}\cdot\text{m} = 30375\text{kN}\cdot\text{m}$

②~⑤ 轴 KL_2：$i_{b2} = EI_{b2}/l = E\times2\times bh^3/12/l = (3\times10^7\times2\times0.3\times0.6^3\div12\div8)\text{kN}\cdot\text{m} = 40500\text{kN}\cdot\text{m}$

（3）框架柱 D 值　第三层 Z_1 柱：

$$\sum i = i_2 + i_4 = (30375+30375)\text{kN}\cdot\text{m} = 60750\text{kN}\cdot\text{m}$$

$$K=\frac{\sum i}{2i_{c3}}=\frac{60750}{2\times57769}=0.526\ ;\ \alpha=\frac{K}{2+K}=\frac{0.526}{2+0.526}=0.208$$

$$D_{31}=\alpha\frac{12i_{c3}}{h_3^2}=0.208\times\frac{12\times57769}{3.6^2}\text{kN/m}=11126\text{kN/m}$$

第三层 Z_2 柱：

$$\sum i=i_1+i_2+i_3+i_4=(30375\times4)\text{kN}\cdot\text{m}=121500\text{kN}\cdot\text{m}$$

$$K=\frac{\sum i}{2i_{c3}}=\frac{121500}{2\times57769}=1.052\ ;\ \alpha=\frac{K}{2+K}=\frac{1.052}{2+1.052}=0.345$$

$$D_{32}=\alpha\frac{12i_{c3}}{h_3^2}=0.345\times\frac{12\times57769}{3.6^2}\text{kN/m}=18454\text{kN/m}$$

第一层 Z_1 柱：

$$\sum i=i_2=30375\text{kN}\cdot\text{m}$$

$$K=\frac{\sum i}{i_{c1}}=\frac{30375}{45211}=0.672\ ;\ \alpha=\frac{0.5+K}{2+K}=\frac{0.5+0.672}{2+0.672}=0.439$$

$$D_{11}=\alpha\frac{12i_{c1}}{h_1^2}=0.439\times\frac{12\times45211}{4.6^2}\text{kN/m}=11256\text{kN/m}$$

第一层 Z_2 柱：

$$\sum i=i_1+i_2=30375\text{kN}\cdot\text{m}\times2=60750\text{kN}\cdot\text{m}$$

$$K=\frac{\sum i}{i_{c1}}=\frac{60750}{45211}=1.344\ ;\ \alpha=\frac{0.5+K}{2+K}=\frac{0.5+1.344}{2+1.344}=0.551$$

$$D_{11}=\alpha\frac{12i_{c1}}{h_1^2}=0.551\times\frac{12\times45211}{4.6^2}\text{kN/m}=14127\text{kN/m}$$

第二层 Z_1、Z_2 柱以及 Z_3、Z_4 各层的 D_{ij} 值和计算过程见表 4-9。每层各柱的根数乘以各自的 D_{ij} 值并取和即为各层抗侧刚度和 $\sum D_{ij}$。

表 4-9　框架 D 值和位移计算

层号/层高	柱号	根数	i_c/kN·m	$\sum i$/kN·m	K	α	D_{ij}/(kN/m)	$\sum D_{ij}$/(kN/m)	柱子剪力分配系数 $D_{ij}/\sum D_{ij}$
三/3.6m	Z_1	4	57769	60750	0.526	0.208	11126	280820	0.040
	Z_2	2		121500	1.052	0.345	18454		0.066
	Z_3	8		81000	0.701	0.260	13907		0.050
	Z_4	4		162000	1.402	0.412	22038		0.078
二/3.6m	Z_1	4	57769	60750	0.526	0.208	11126	280820	0.040
	Z_2	2		121500	1.052	0.345	18454		0.066
	Z_3	8		81000	0.701	0.260	13907		0.050
	Z_4	4		162000	1.402	0.412	22038		0.078
一/4.6m	Z_1	4	45211	30375	0.672	0.439	11256	234086	0.048
	Z_2	2		60750	1.344	0.551	14127		0.060
	Z_3	8		40500	0.896	0.482	12358		0.053
	Z_4	4		81000	1.792	0.604	15486		0.066

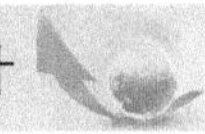

（4）楼层剪力分配　楼层剪力 V_i 同［例4-5］；各层各柱剪力 V_{cij} 按照 $D_{ij}/\sum D_{ij}$ 分配。如第三层 Z_1 柱：

$$V_{c31}=V_3D_{31}/\sum D_{3j}=(38.3\times11126\div280820)\text{kN}=1.52\text{kN}$$

（5）计算反弯点高度比 y　本例所受荷载为均布风荷载，故反弯点高度根据 K 值以及层数查表4-4。各柱反弯点高度比见表4-10。以 Z_1 柱为例计算过程如下：

第三层 Z_1 柱的 $K=0.526$，查表4-4得标准反弯点高度比 y_0 为0.30。

对于第二层，Z_1 柱的 $K=0.526$，查表4-4得标准反弯点高度比 y_0 为0.45；由于 $\alpha_3=4.6\div3.6=1.278$，故查表4-8得 $y_3=-0.02$。

对于首层，Z_1 柱的 $K=0.672$，查表4-4得标准反弯点高度比 y_0 为0.664；由于 $\alpha_2=3.6\div4.6=0.783$，故查表4-8得 $y_2=0.00$。

（6）计算柱端弯矩　计算结果见表4-10。以第三层 Z_1 柱为例，$yh_3=0.30\times3.6\text{m}=1.08\text{m}$，故 Z_1 柱上、下端弯矩：

$$M_{c31}^{t}=(1-y)h_3V_{c31}=[(1-0.3)\times3.6\times1.52]\text{kN}\cdot\text{m}=3.83\text{kN}\cdot\text{m};$$

$$M_{c31}^{b}=yh_3V_{c31}=(1.08\times1.52)\text{kN}\cdot\text{m}=1.64\text{kN}\cdot\text{m}。$$

表4-10　框架柱剪力、反弯点高度比及柱端弯矩的计算

层号	柱号	楼层剪力 V_i/kN	各柱剪力 V_{cij}/kN	反弯点高度比		反弯点高度 yh_i/m	柱端弯矩/kN·m	
				y_0	y_2，y_3		M_{cij}^{b}	M_{cij}^{t}
三	Z_1	38.3	1.52	0.300		1.080	1.64	3.83
	Z_2		2.52	0.350		1.260	3.18	5.90
	Z_3		1.90	0.300		1.080	2.05	4.79
	Z_4		3.01	0.370		1.332	4.01	6.83
二	Z_1	114.9	4.55	0.450	-0.02	1.548	7.04	9.34
	Z_2		7.55	0.450	-0.02	1.548	11.69	15.49
	Z_3		5.69	0.450	-0.02	1.548	8.81	11.68
	Z_4		9.02	0.450	-0.012	1.577	14.22	18.25
一	Z_1	202.1	9.72	0.664	0.00	3.054	29.68	15.02
	Z_2		12.20	0.583	0.00	2.682	32.72	23.40
	Z_3		10.67	0.650	0.00	2.990	31.90	17.18
	Z_4		13.37	0.560	0.00	2.576	34.44	27.06

（7）计算梁端弯矩、剪力和框架柱轴力　根据各节点梁、柱的弯矩平衡可以求得梁端弯矩。对于中间各节点，梁端弯矩按节点两侧梁的线刚度比分配上、下柱端弯矩和。由于梁的长度均为8m，故对于中间节点，两侧梁的弯矩相等。梁端剪力根据梁段的隔离体平衡计算。柱子轴力根据梁端剪力计算，由于结构对称，故中柱轴力为零。计算结果分边框架梁（KL_1）和柱（Z_1、Z_2）和中框架梁（KL_2）和柱（Z_3、Z_4），框架梁剪力和框架柱轴力计算结果见表4-11，框架弯矩图如图4-40所示。

表 4-11　框架梁端弯矩、剪力以及框架柱轴力

梁号	层号	梁端弯矩/kN·m		梁端剪力/kN		框架柱轴力 N_{cij}/kN	
		$M_{AB}^{l}=M_{BC}^{r}$	$M_{AB}^{r}=M_{BC}^{l}$	$V_{AB}^{l}=V_{AB}^{r}$	$V_{BC}^{l}=V_{BC}^{r}$	Z_1，Z_3	Z_2，Z_4
KL_1	三	3.83	2.95	0.85	0.85	0.85	0.00
	二	10.98	9.34	2.54	2.54	3.39	0.00
	一	22.06	17.55	4.95	4.95	8.34	0.00
KL_2	三	4.79	3.42	1.03	1.03	1.03	0.00
	二	11.68	11.13	2.85	2.85	3.88	0.00
	一	17.18	20.64	4.73	4.73	8.61	0.00

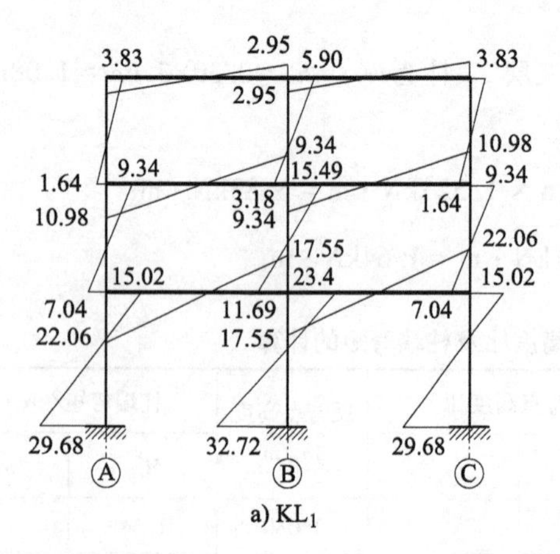

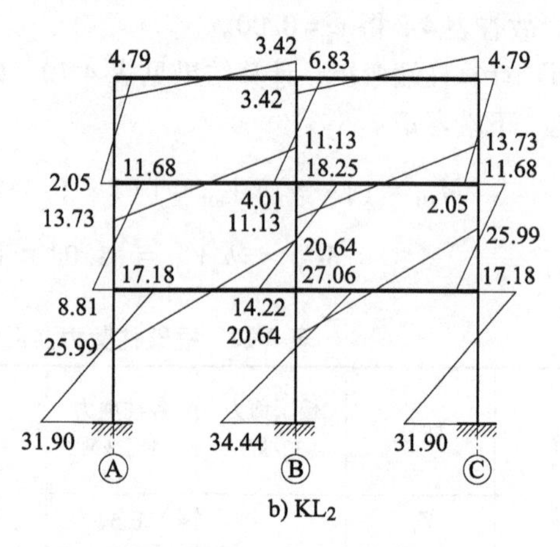

图 4-40　［例 4-6］框架弯矩图（单位：kN·m）

9. 有抽梁时框架柱的 *D* 值

在实际工程中，有时为了获得局部高大空间会把个别梁去掉，这样就会出现柱子高度不等的情况，如图 4-41 所示。

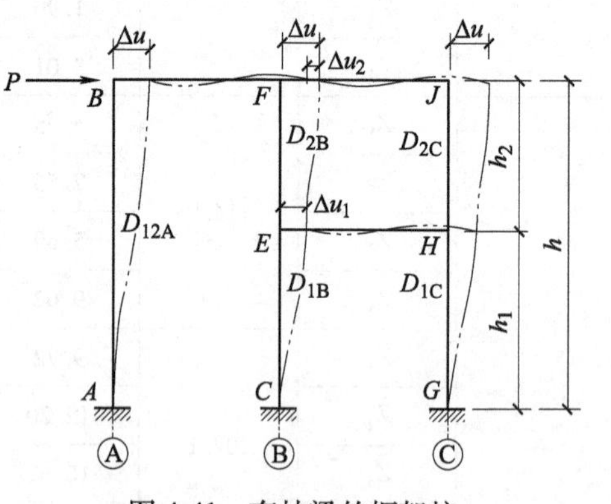

图 4-41　有抽梁的框架柱

各柱顶位移如图 4-41 所示，其中以层号和轴线号标注各柱刚度及剪力，由图 4-41 可见 A、B、C 各柱的柱顶侧移均为 Δu。设 A 柱的抗侧刚度为 D_{12A}，则侧移 Δu 与 A 柱的抗侧刚度 D_{12A} 及剪力 V_{12A} 的关系为

$$\Delta u=\frac{V_{12A}}{D_{12A}} \tag{4-28a}$$

设 B 柱和 C 柱在一层的柱顶侧移为 Δu_1，B 柱和 C 柱在二层的层间相对侧移为 Δu_2，B 柱和 C 柱在一层和二层的抗侧刚度分别为 D_{1B}、D_{1C}、D_{2B}、D_{2C}。根据物理关系及等比定理，各柱剪力与抗侧刚度及位移的关系为

$$\begin{cases}\Delta u_1=\dfrac{V_{1B}}{D_{1B}}=\dfrac{V_{1C}}{D_{1C}}=\dfrac{V_{1B}+V_{1C}}{D_{1B}+D_{1C}}=\dfrac{V_{1BC}}{D_{1B}+D_{1C}}\\ \Delta u_2=\dfrac{V_{2B}}{D_{2B}}=\dfrac{V_{2C}}{D_{2C}}=\dfrac{V_{2B}+V_{2C}}{D_{2B}+D_{2C}}=\dfrac{V_{2BC}}{D_{2B}+D_{2C}}\end{cases} \tag{4-28b}$$

设 B、C 柱在一层和二层的剪力和分别为 V_{1BC} 和 V_{2BC}，由剪力平衡可知：

$$V_{1BC}=V_{2BC}=P-V_{12A}=V_{12BC} \tag{4-29a}$$

式（4-29a）表示，可以把一、二层的B柱（CF）和C柱（GJ）看作是一个联合柱（$CFGJ$），该联合柱一层的剪力 $V_{1B}+V_{1C}=V_{1BC}$ 和二层的剪力 $V_{2B}+V_{2C}=V_{2BC}$ 相等，可用 V_{12BC} 表示，且联合柱与A柱一起承担外荷载，即

$$P=V_{12BC}+V_{12A} \tag{4-29b}$$

由几何关系可知 $\Delta u=\Delta u_1+\Delta u_2$，故由式（4-28a）、式（4-28b）得

$$\Delta u=\Delta u_1+\Delta u_2=\frac{V_{1BC}}{D_{1B}+D_{1C}}+\frac{V_{2BC}}{D_{2B}+D_{2C}}\Rightarrow\frac{V_{12A}}{D_{12A}}=\frac{V_{12BC}}{D_{12BC}} \tag{4-30}$$

式中 D_{12BC} 为联合柱（$CFGJ$）的抗侧刚度。可由式（4-30）得到联合柱的抗侧刚度为

$$D_{12BC}=\frac{(D_{1B}+D_{1C})(D_{2B}+D_{2C})}{D_{1B}+D_{1C}+D_{2B}+D_{2C}}=\frac{1}{\dfrac{1}{D_{1B}+D_{1C}}+\dfrac{1}{D_{2B}+D_{2C}}} \tag{4-31}$$

式（4-31）表明，在柱顶水平集中力作用下，联合柱（$CFGJ$）可以看成是由1层B柱与C柱（CE 与 GH）并联再与2层B柱与C柱（EF 与 HJ）的并联体串联，则由并联柱刚度取和、串联体柔度（刚度的倒数）取和的原理也可得到联合柱的抗侧刚度，见式（4-31）。由式（4-29）和式（4-30）可得A柱以及联合柱（$CFGJ$）的剪力分别为

$$V_{12A}=D_{12A}\Delta u=\frac{D_{12A}}{(D_{12A}+D_{12BC})}P \tag{4-32a}$$

$$V_{12BC}=D_{12BC}\Delta u=\frac{D_{12BC}}{(D_{12A}+D_{12BC})}P \tag{4-32b}$$

由式（4-32a）可得到位移 Δu：

$$\Delta u=\frac{P}{D_{12A}+D_{12BC}} \tag{4-32c}$$

再由式（4-28）和式（4-32b）可以得到侧移 Δu_1 和 Δu_2：

$$\Delta u_1=\frac{V_{1BC}}{D_{1B}+D_{1C}}=\frac{D_{12BC}}{(D_{1B}+D_{1C})(D_{12A}+D_{12BC})}P \tag{4-33a}$$

$$\Delta u_2=\frac{V_{2BC}}{D_{2B}+D_{2C}}=\frac{D_{12BC}}{(D_{2B}+D_{2C})(D_{12A}+D_{12BC})}P \tag{4-33b}$$

求出各柱顶侧移以后，即可由位移与各柱剪力的关系得到各柱剪力。如B柱的一层（CE）和二层（EF）的剪力：

$$\begin{cases}V_{1B}=\dfrac{D_{1B}}{D_{1B}+D_{1C}}V_{1BC}=\dfrac{D_{1B}}{D_{1B}+D_{1C}}V_{12BC}\\[2ex]V_{2B}=\dfrac{D_{2B}}{D_{2B}+D_{2C}}V_{2BC}=\dfrac{D_{2B}}{D_{2B}+D_{2C}}V_{12BC}\end{cases} \tag{4-34a}$$

将式（4-32b）代入式（4-34a）得

$$\begin{cases}V_{1B}=\dfrac{D_{1B}}{D_{1B}+D_{1C}}V_{12BC}=\dfrac{D_{1B}}{(D_{1B}+D_{1C})}\dfrac{D_{12BC}}{(D_{12A}+D_{12BC})}P\\[2ex]V_{2B}=\dfrac{D_{2B}}{D_{2B}+D_{2C}}V_{12BC}=\dfrac{D_{2B}}{(D_{2B}+D_{2C})}\dfrac{D_{12BC}}{(D_{12A}+D_{12BC})}P\end{cases} \tag{4-34b}$$

上面各式中，计算柱子侧移时的线刚度根据各柱的柱高求解。如 AB 柱高为 h，CE 和 EF 柱高

分别为 h_1 和 h_2，如图 4-41 所示。

【例 4-7】 某四层框架如图 4-42a 所示。框架边梁（AB 段和 CD 段）截面宽度×高度为 $bh=0.25\text{m}\times0.45\text{m}$，框架中梁（BC 段）截面宽度×高度为 $bh=0.25\text{m}\times0.35\text{m}$，框架柱截面宽度×高度为 $bh=0.4\text{m}\times0.4\text{m}$。楼盖为现浇混凝土结构，混凝土弹性模量 $E=3\times10^7\text{kN/m}^2$。框架受横向水平风荷载作用，设建筑所在地的地面粗糙度为 C 类，基本风压为 0.45kN/m^2，风荷载近似折合成作用于楼盖处的等值集中力，即 $P_1=P_2=P_3=P_4=15\text{kN}$。用 D 值法求水平力作用下的框架柱的剪力。

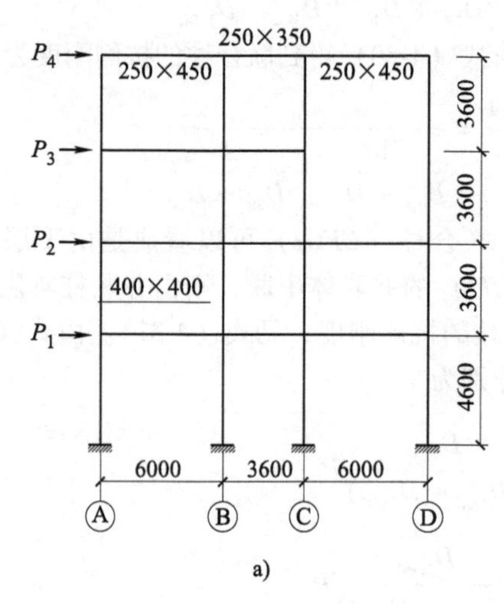

a)

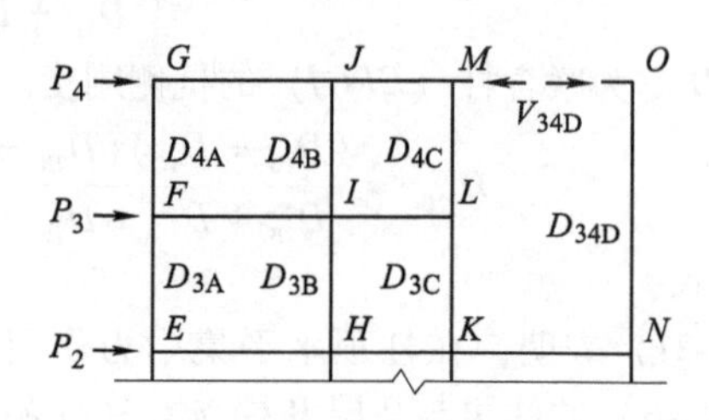

b)

图 4-42 ［例 4-7］图

【解】 梁的三、四层各柱端编号如图 4-42b 所示，联合柱取第三层和第四层的 A、B、C 柱即图中 *EGMK*。各单柱的 D 值按照层号和柱子轴线号标注，如四层的 A 柱用 D_{4A} 表示，*ON* 柱为两层高的柱子，其 D 值用 D_{34D} 表示，联合柱的 D 值则用 D_{34ABC} 表示。各单柱的剪力也按照层号和柱子轴线号标注，如四层的 A 柱水平剪力用 V_{4A} 表示，*ON* 柱为两层高的柱子，其剪力用 V_{34D} 表示，联合柱的剪力则用 V_{34ABC} 表示，如图 4-42b 所示。

本例一、二层的计算与通常框架相同。抽梁出现在第三层和第四层之间的 CD 梁段，联合柱出现在三、四层，故三、四层需按照特殊框架计算。该特殊框架受荷与图 4-39 略有不同，在顶点水平力 P_4 作用下第三层与第四层剪力相同，计算如“9. 有抽梁时框架柱的 D 值”所述，而在 P_3 作用下第三层与第四层剪力不同，此后单独展开说明。

（1）杆件线刚度计算　框架柱截面及材料均相同，柱高有三种，框架柱线刚度为

二层以上 3.6m 高柱子：$i_c=(3\times10^7\times0.4^4\div12\div3.6)\text{kN}\cdot\text{m}=17778\text{kN}\cdot\text{m}$

首层 4.6m 高柱子：$i_c=(3\times10^7\times0.4^4\div12\div4.6)\text{kN}\cdot\text{m}=13913\text{kN}\cdot\text{m}$

三、四层的 D 柱：$i_c=(3\times10^7\times0.4^4\div12\div7.2)\text{kN}\cdot\text{m}=8889\text{kN}\cdot\text{m}$

框架梁有两种截面尺寸，线刚度为

AB 和 CD 跨：$i_{b1}=EI_{b1}/l_{AB}=(3\times10^7\times0.25\times0.45^3\div12\div6)\text{kN}\cdot\text{m}=9492\text{kN}\cdot\text{m}$

BC 跨：$i_{b2}=EI_{b2}/l_{BC}=(3\times10^7\times0.25\times0.35^3\div12\div3.6)\text{kN}\cdot\text{m}=7444\text{kN}\cdot\text{m}$

（2）各柱 D 值计算　框架柱周边梁的线刚度以及各框架单柱的 D 值计算过程见表 4-12。其中，首层柱的梁、柱线刚比为 $K=\sum i_b/i_c$，上层柱为 $K=\sum i_b/2i_c$。与每根柱相连的框架梁数有所不同（图 4-42a），如 C 柱的第三层在顶部有一根梁、下部有两根梁约束，C 柱在第四层则相反，具体见表 4-12。节点转动影响系数对底层取 $\alpha=(0.5+K)/(2+K)$，对上层取 $\alpha=K/(2+K)$。框架柱 D 值计算为 $D=\alpha\times12i_c/h_i^2$。

表 4-12　框架柱的抗侧刚度计算

层	柱轴线	柱高 h_i/m	柱线刚度 i_c/kN·m	柱子上、下梁线刚度 i_b/kN·m					K	α	D_{ij}/(kN/m)	$\sum D_{ij}$/(kN/m)
				i_1	i_2	i_3	i_4	$\sum i$				
四	A	3.6	17778		9492		9492	18984	0.534	0.211	3469	12985
	B	3.6	17778	9492	7444	9492	7444	33872	0.953	0.323	5312	
	C	3.6	17778	7444	9492	7444		24380	0.686	0.255	4204	
三	A	3.6	17778		9492		9492	18984	0.534	0.211	3469	12985
	B	3.6	17778	9492	7444	9492	7444	33872	0.953	0.323	5312	
	C	3.6	17778	7444		7444	9492	24380	0.686	0.255	4204	
三至四	ABC 联合柱	7.2									6493	7209
	D	7.2	8889	9492		9492		18984	1.068	0.348	716	
二	A（D）	3.6	17778		9492		9492	18984	0.534	0.211	3469	17562
	B（C）	3.6	17778	9492	7444	9492	7444	33872	0.953	0.323	5312	
一	A（D）	4.6	13913		9492			9492	0.682	0.441	3477	15376
	B（C）	4.6	13913	9492	7444			16936	1.217	0.534	4211	

（3）在 P_4 单独作用下三、四层框架剪力计算　本例联合柱出现在三、四层的 ABC 三轴，在 P_4 单独作用下（图 4-43）同图 4-41 框架。各柱抗侧刚度 D 采用层号加轴线号标注，如图 4-43 所示。利用式（4-31）可得到三、四层 ABC 轴线联合柱的抗侧刚度为

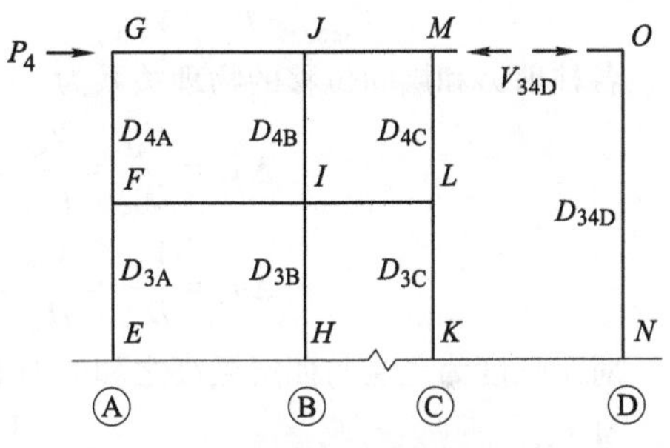

图 4-43　抽梁特殊框架在 P_4 单独作用下的分解计算

$$D_{34ABC}=\frac{(D_{3A}+D_{3B}+D_{3C})(D_{4A}+D_{4B}+D_{4C})}{D_{3A}+D_{3B}+D_{3C}+D_{4A}+D_{4B}+D_{4C}}$$

$$=\frac{1}{\dfrac{1}{D_{3A}+D_{3B}+D_{3C}}+\dfrac{1}{D_{4A}+D_{4B}+D_{4C}}}$$

由表 4-12 可知 D_{3A}、D_{3B}、D_{3C} 分别等于 3469kN/m、5312kN/m、4204kN/m，D_{4A}、D_{4B}、D_{4C} 分别等于 3469kN/m、5312kN/m、4204kN/m。又有 $D_{3A}=D_{4A}$、$D_{3B}=D_{4B}$、$D_{3C}=D_{4C}$，代入上式得 D_{34ABC} 等于 6493kN/m。

D 轴三、四层高的 NO 柱的抗侧刚度 D 计算结果见表 4-12。其线刚度为

$$i_{34D}=\frac{3\times 10^7\times 0.4^4/12}{7.2}\text{kN}\cdot\text{m}=8889\text{kN}\cdot\text{m}$$

梁、柱线刚比为

$$K=\frac{i_{4CD}+i_{2CD}}{2i_{34D}}=\frac{i_{b1}}{i_{34D}}=1.068$$

节点转动影响系数：

$$\alpha=K/(2+K)=1.068\div 3.068=0.348$$

NO 柱的抗侧刚度为

$$D=\alpha\times 12i_c/h_i^2=(0.348\times 12\times 8889\div 7.2^2)\text{kN/m}=716\text{kN/m}$$

故借鉴式（4-32b）得三、四层联合柱以及 D 轴柱的剪力分别为

$$V_{34ABC}=\frac{D_{34ABC}}{(D_{34D}+D_{34ABC})}P_4=\frac{6493}{6493+716}\times 15\text{kN}=13.51\text{kN}$$

$$V_{34D}=\frac{D_{34D}}{(D_{34D}+D_{34ABC})}P_4=\frac{716}{6493+716}\times 15\text{kN}=1.49\text{kN}$$

由式（4-34a）得

$$V_{3A}=V_{4A}=\frac{D_{3A}}{D_{3A}+D_{3B}+D_{3C}}V_{34ABC}=\frac{3469}{3469+5312+4204}\times 13.51\text{kN}=3.61\text{kN}$$

$$V_{3B}=V_{4B}=\frac{D_{3B}}{D_{3A}+D_{3B}+D_{3C}}V_{34ABC}=\frac{5312}{3469+5312+4204}\times 13.51\text{kN}=5.53\text{kN}$$

$$V_{3C}=V_{4C}=\frac{D_{3C}}{D_{3A}+D_{3B}+D_{3C}}V_{34ABC}=\frac{4204}{3469+5312+4204}\times 13.51\text{kN}=4.37\text{kN}$$

（4）在 P_3 单独作用下三、四层框架剪力计算　P_3 作用下的框架如图 4-44 所示。四层剪力平衡为

$$V_{4A}+V_{4B}+V_{4C}+V_{34D}=0$$

设 $V_{4A}+V_{4B}+V_{4C}=V_{4ABC}$，则有

$$V_{4ABC}=-V_{34D} \tag{a}$$

三层剪力平衡关系为

$$V_{3A}+V_{3B}+V_{3C}+V_{34D}=P_3$$

设 $V_{3A}+V_{3B}+V_{3C}=V_{3ABC}$，则有

$$V_{3ABC}=P_3-V_{34D} \tag{b}$$

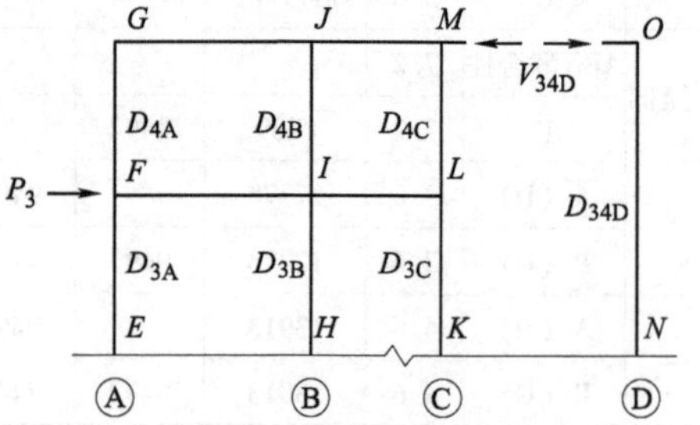

图 4-44　抽梁特殊框架在 P_3 单独作用下的分解计算

各柱剪力和层间位移的物理关系为

$$\Delta u_4=\frac{V_{4A}}{D_{4A}}=\frac{V_{4B}}{D_{4B}}=\frac{V_{4C}}{D_{4C}}=\frac{V_{4A}+V_{4B}+V_{4C}}{D_{4A}+D_{4B}+D_{4C}}=\frac{V_{4ABC}}{D_{4ABC}} \tag{c}$$

$$\Delta u_3=\frac{V_{3A}}{D_{3A}}=\frac{V_{3B}}{D_{3B}}=\frac{V_{3C}}{D_{3C}}=\frac{V_{3A}+V_{3B}+V_{3C}}{D_{3A}+D_{3B}+D_{3C}}=\frac{V_{3ABC}}{D_{3ABC}} \tag{d}$$

对于长度为三层与四层层高之和的 D 柱，其位移与剪力和刚度的关系为

$$\frac{V_{34D}}{D_{34D}}=\Delta u_3+\Delta u_4 \tag{e}$$

将式（c）、式（d）代入式（e）得

$$\frac{V_{34D}}{D_{34D}}=\Delta u_3+\Delta u_4=\frac{V_{3ABC}}{D_{3ABC}}+\frac{V_{4ABC}}{D_{4ABC}} \tag{f}$$

将式（a）、式（b）代入式（f）得

$$\frac{V_{34D}}{D_{34D}}=\frac{P_3-V_{34D}}{D_{3ABC}}+\frac{-V_{34D}}{D_{4ABC}} \tag{g}$$

得到

$$V_{34D}=P_3\frac{1}{1+D_{3ABC}\left(\frac{1}{D_{34D}}+\frac{1}{D_{4ABC}}\right)}=-V_{4ABC} \tag{h-1}$$

式（h-1）也可以进一步写为

$$V_{34D}=-V_{4ABC}=P_3\frac{\frac{1}{\left(\frac{1}{D_{34D}}+\frac{1}{D_{4ABC}}\right)}}{D_{3ABC}+\frac{1}{\left(\frac{1}{D_{34D}}+\frac{1}{D_{4ABC}}\right)}} \tag{h-2}$$

式（h-2）可以理解为四层的 A、B、C 柱并联后与三、四层的 D 柱串联，二者再与三层的 A、B、C 柱的并联体并联。由式（h-1）即可以得到 D 柱承担的剪力：

$$V_{34D}=P_3\frac{1}{1+D_{3ABC}\left(\dfrac{1}{D_{34D}}+\dfrac{1}{D_{4ABC}}\right)}=15\text{kN}\times\frac{1}{1+12985\times\left(\dfrac{1}{716}+\dfrac{1}{12985}\right)}=0.74\text{kN}$$

故有 $V_{4ABC}=-V_{34D}=-0.74\text{kN}$。再由式（c）可以得到

$$\frac{V_{4A}}{D_{4A}}=\frac{V_{4B}}{D_{4B}}=\frac{V_{4C}}{D_{4C}}=\frac{V_{4ABC}}{D_{4ABC}}\rightarrow\frac{V_{4A}}{3469}=\frac{V_{4B}}{5312}=\frac{V_{4C}}{4204}=-\frac{0.74}{12985}$$

故 $V_{4A}=-0.20\text{kN}$，$V_{4B}=-0.30\text{kN}$，$V_{4C}=-0.24\text{kN}$。

将式（h-1）、式（h-2）代入式（b）得

$$V_{3ABC}=P_3-V_{34D}=P_3\left[1-\frac{1}{1+D_{3ABC}\left(\dfrac{1}{D_{34D}}+\dfrac{1}{D_{4ABC}}\right)}\right]=P_3\left(\frac{D_{3ABC}}{D_{3ABC}+\dfrac{1}{\dfrac{1}{D_{34D}}+\dfrac{1}{D_{4ABC}}}}\right)$$

$$V_{3ABC}=15\times\frac{12985}{12985+\dfrac{1}{\dfrac{1}{716}+\dfrac{1}{12985}}}\text{kN}=14.26\text{kN}$$

由式（d）可得

$$V_{3A}=3469\times\frac{14.26}{12985}\text{kN}=3.81\text{kN},\quad V_{3B}=5312\times\frac{14.26}{12985}\text{kN}=5.83\text{kN},$$

$$V_{3C}=4204\times\frac{14.26}{12985}\text{kN}=4.62\text{kN}$$

（5）各柱剪力计算　汇总见表 4-13。

表 4-13　［例 4-7］框架柱的剪力与弯矩计算结果

层	柱轴线	P_i/kN	P_4 单独作用的剪力/kN		P_3 单独作用的剪力/kN		楼层剪力 V_i/kN	各柱剪力 V_{ij}/kN
			V_{iABC}	V_{ij}	V_{iABC}	V_{ij}		
四	A	15	13.51	3.61	-0.74	-0.20	15	3.41
	B			5.53		-0.30		5.23
	C			4.37		-0.24		4.13
	D			1.49		0.74		2.23
三	A	15	13.51	3.61	14.26	3.81	30	7.42
	B			5.53		5.83		11.36
	C			4.37		4.62		8.99
	D			1.49		0.74		2.23
二	A，D	15					45	8.89
	B，C							13.61
一	A，D	15					60	13.57
	B，C							16.43

4.4.3　水平荷载作用下框架侧移计算

框架在水平荷载作用下的侧移是由梁、柱弯曲变形（图 4-45a）和柱轴向变形（图 4-45b）所

引起侧移的叠加。框架结构任意楼层的水平力由该层柱子的抗剪能力抵抗。剪力使框架每层柱产生双曲率弯曲，上下柱弯曲引起的节点处弯矩由相邻梁承担，梁、柱的弯曲变形引起框架整体侧移，使各层产生水平位移，变形的凹面朝向水平力作用方向，最大倾角在基础顶面处，最小倾角在柱顶端。这种由梁、柱弯曲变形产生的侧移实质是由柱子剪力引起的，具有剪切型变形的特点，其特点是下部层间相对位移大而上部层间位移小。由于水平荷载产生的总弯矩主要由边柱轴向拉压力承受，柱子的拉、压变形引起结构产生整体弯曲变形，产生相应的水平位移；由于转角沿建筑高度累加，所以整体弯曲引起的层间位移随高度增加而增加。当框架层数不多时，柱子轴向变形引起的侧移不大，框架结构侧移主要以剪切变形为主。

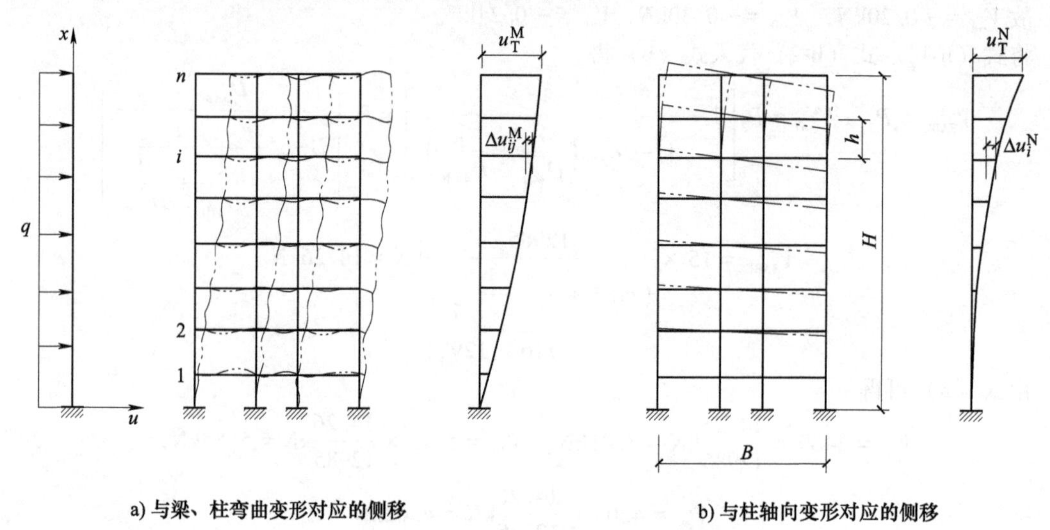

图 4-45　框架在水平荷载作用下的侧移

1. 由框架梁、柱的弯曲变形引起的侧移

从框架柱抗侧刚度的物理意义即可得出框架结构的侧移计算公式。计算分析表明，在侧移计算时如果不考虑框架梁的弯曲变形会产生较大的计算误差。为准确计算侧移，在侧移计算时框架柱的抗侧刚度需采用 D 值计算。设由梁、柱弯曲变形产生的第 i 层层间相对位移和绝对位移用 Δu_{Mi} 和 u_{Mi} 表示，通常可以简记为 Δu_i 和 u_i。

1）第 i 层层间相对位移

$$\Delta u_i = \frac{V_i}{\sum_{j=1}^{m} D_{ij}} \tag{4-35a}$$

2）楼层 i 的绝对位移

$$u_i = \sum_{i=1}^{i} \Delta u_i \tag{4-35b}$$

3）结构顶点侧移 u_T

$$u_T = \sum_{i=1}^{n} \Delta u_i \tag{4-35c}$$

2. 由框架柱轴向变形引起的侧移

（1）单位力法　在水平力作用下，框架受荷一侧柱产生轴向拉力，而另一侧柱产生轴向压力，内柱的轴力较小。为了简化计算，可忽略内柱轴力，只考虑边柱轴力。近似假定框架柱的反弯点在相同高度处并从反弯点处剖开框架（图 4-46），由外柱轴力和倾覆力矩平衡可以得到柱子轴力 N_x 与水平力产生的总弯矩 M_x 之间的关系：

$$N_x = \pm M_x / B \tag{4-36a}$$

式中　M_x——计算高度 x 以上的水平荷载对该高度处所产生的总弯矩；

B——外柱轴线间的距离。

由结构力学的单位力法，欲求 z 高度处的水平位移，则在此处施加单位水平力，纵向坐标轴为 x，0 点在底部，如图 4-46a 所示。设单位水平力作用下的柱轴力为 N_1，则任意高度 x 处由单位力产生的轴力 N_1 为

$$N_1 = \pm \frac{z-x}{B} \tag{4-36b}$$

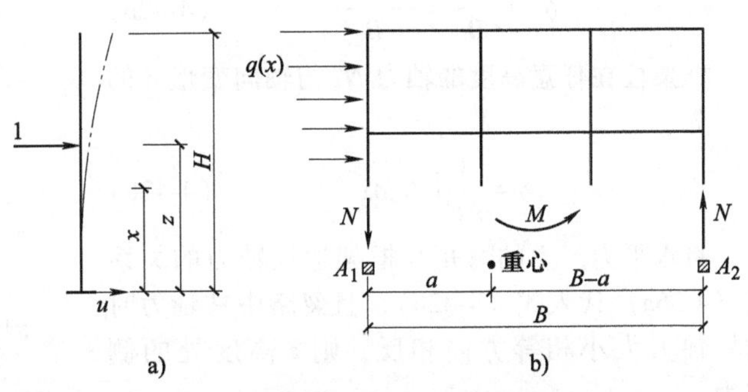

图 4-46　框架柱轴向变形引起的侧移计算

设边柱面积分别为 A_1 和 A_2，框架柱混凝土弹性模量为 E，则柱子轴向变形引起的 z 高度的水平位移（即侧移）u_z^{N} 为

$$u_z^{\mathrm{N}} = \int_0^z \frac{N_1 N_x}{EA_1} \mathrm{d}x + \int_0^z \frac{N_1 N_x}{EA_2} \mathrm{d}x = \frac{1}{EB^2}\left(\frac{1}{A_1} + \frac{1}{A_2}\right) \int_0^z (z-x) M_x \mathrm{d}x \tag{4-37}$$

将同高度处的左、右边柱视为整体组合截面，左柱截面形心到组合截面重心的距离为 a，右柱到形心的距离为 $B-a$。根据形心定理有：

$$a = \frac{A_2 B}{A_1 + A_2}, B - a = \frac{A_1 B}{A_1 + A_2} \tag{4-38}$$

设组合截面的惯性矩用 I_{N}表示，略去柱截面对自身形心轴的惯性矩，则 I_{N}为

$$I_{\mathrm{N}} = A_1 a^2 + A_2 (B-a)^2 = A_1 \left(\frac{A_2 B}{A_1 + A_2}\right)^2 + A_2 \left(\frac{A_1 B}{A_1 + A_2}\right)^2 = \frac{B^2}{\frac{1}{A_1} + \frac{1}{A_2}} \tag{4-39}$$

当柱子截面尺寸以及混凝土的弹性模量沿高度分段变化时，EI_{N}可取从基底到计算位置处沿高度的加权平均值计算：

$$EI_{\mathrm{N}i} = \frac{\sum_1^i EI_{\mathrm{N}i} h_i}{\sum_1^i h_i} \tag{4-40}$$

由式（4-39）和式（4-37），得到 z 高度处由框架柱轴向变形引起的侧移表达式：

$$u_z^{\mathrm{N}} = \frac{1}{EI_{\mathrm{N}}} \int_0^z (z-x) M_x \mathrm{d}x \tag{4-41a}$$

以均布荷载为例，将任意高度 x 处的弯矩 $M_x = q(H-x)^2/2$ 代入式（4-41a）得

$$u_z^{\mathrm{N}} = \frac{q}{2EI_{\mathrm{N}}} \int_0^z (z-x)(H-x)^2 \mathrm{d}x \tag{4-41b}$$

对式（4-41b）积分得到在水平均布荷载作用下 z 高度处的侧移为

$$u_z^{\mathrm{N}} = \frac{qH^4}{2EI_{\mathrm{N}}} \left[\frac{1}{2}\left(\frac{z}{H}\right)^2 - \frac{1}{3}\left(\frac{z}{H}\right)^3 + \frac{1}{12}\left(\frac{z}{H}\right)^4\right] \tag{4-41c}$$

（2）悬臂梁法　上述式（4-41c）的结果也可以采用悬臂梁法得出。由图 4-47 可见任意高度 z

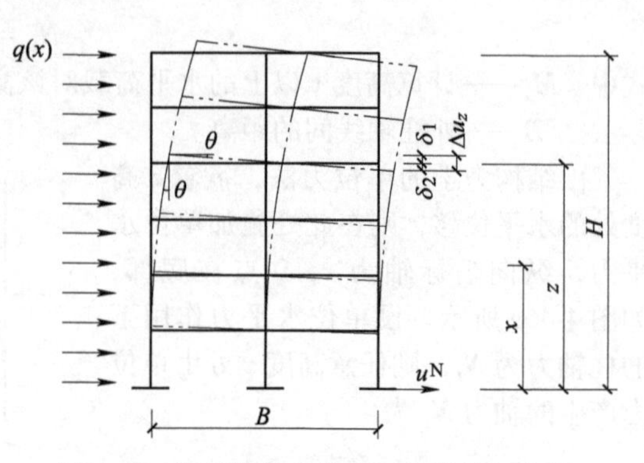

图 4-47　框架柱轴向位移引起的层间位移

处边柱之间的相对位移 Δu_z 由左柱伸长位移 δ_1 和右柱压缩位移 δ_2 组成，则 z 高度处的角位移 θ_z 为

$$\theta_z=\frac{\Delta u_z}{B}=\frac{\delta_1+\delta_2}{B} \tag{4-42a}$$

框架柱在任意高度的轴力 N_x 与轴向变形 δ 的关系为

$$\delta=\frac{1}{AE}\int_0^z N_x \mathrm{d}x \tag{4-42b}$$

将水平力产生的弯矩与框架边柱轴力的关系式（4-36a）代入式（4-42b），且忽略中柱轴力时边柱轴力大小相等方向相反，则 z 高度处的侧移为

$$u_z^{\mathrm{N}}=\int_0^z \theta_z \mathrm{d}x=\int_0^z \frac{\delta_1+\delta_2}{B}\mathrm{d}x=\frac{1}{BE}\left(\frac{1}{A_1}+\frac{1}{A_2}\right)\int_0^z\int_0^z N_x \mathrm{d}x=\frac{1}{B^2E}\left(\frac{1}{A_1}+\frac{1}{A_2}\right)\int_0^z\int_0^z M_x \mathrm{d}x \tag{4-43a}$$

将式（4-39）代入式（4-43a）得侧移计算公式：

$$u_z^{\mathrm{N}}=\frac{1}{EI_{\mathrm{N}}}\int_0^z\int_0^z M_x \mathrm{d}x \tag{4-43b}$$

在此仍然以均布荷载为例，将任意高度 x 处的弯矩 $M_x=q(H-x)^2/2$ 代入式（4-43b）得

$$u_z^{\mathrm{N}}=\frac{q}{2EI_{\mathrm{N}}}\int_0^z\int_0^z (H-x)^2 \mathrm{d}x \tag{4-43c}$$

求解式（4-43c）积分，则得到与式（4-41c）相同的结果。在三种典型水平荷载作用下，由框架柱轴向受力变形引起的框架侧移公式汇总于表 4-14。

表 4-14　三种典型水平荷载作用下框架柱轴向受力产生的侧移

荷载类型	任意高度处的弯矩	任意高度处的侧移	顶点水平位移（侧移）
（均布荷载 q）	$M_x=\frac{qH^2}{2}\left(1-\frac{x}{H}\right)^2$	$u_x^{\mathrm{N}}=\frac{qH^4}{2EI_{\mathrm{N}}}\left[\frac{1}{2}\left(\frac{x}{H}\right)^2-\frac{1}{3}\left(\frac{x}{H}\right)^3+\frac{1}{12}\left(\frac{x}{H}\right)^4\right]$	$u_{\mathrm{T}}=\frac{qH^4}{8EI_{\mathrm{N}}}$
（倒三角形荷载 q）	$M_x=\frac{qH^2}{2}\left[\frac{2}{3}-\frac{x}{H}+\frac{1}{3}\left(\frac{x}{H}\right)^3\right]$	$u_x^{\mathrm{N}}=\frac{qH^4}{6EI_{\mathrm{N}}}\left[\left(\frac{x}{H}\right)^2-\frac{1}{2}\left(\frac{x}{H}\right)^3+\frac{1}{20}\left(\frac{x}{H}\right)^5\right]$	$u_{\mathrm{T}}=\frac{11qH^4}{120EI_{\mathrm{N}}}$
（顶点集中荷载 P）	$M_x=PH\left(1-\frac{x}{H}\right)$	$u_x^{\mathrm{N}}=\frac{PH^3}{2EI_{\mathrm{N}}}\left[\left(\frac{x}{H}\right)^2-\frac{1}{3}\left(\frac{x}{H}\right)^3\right]$	$u_{\mathrm{T}}=\frac{PH^3}{3EI_{\mathrm{N}}}$

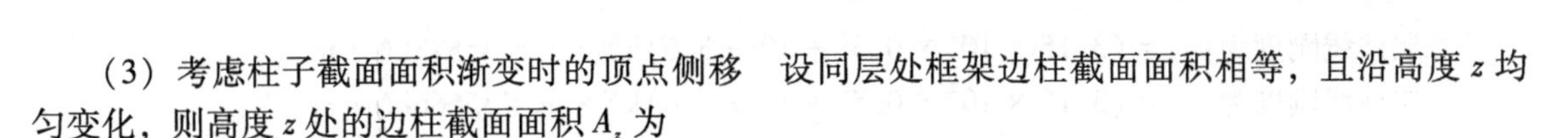

（3）考虑柱子截面面积渐变时的顶点侧移　设同层处框架边柱截面面积相等，且沿高度 z 均匀变化，则高度 z 处的边柱截面面积 A_z 为

$$A_z = A_0 - (A_0 - A_n)\frac{z}{H} = A_0\left(1 - \frac{1-n}{H}z\right), n = \frac{A_n}{A_0} \tag{4-44a}$$

式中　A_0、A_n——嵌固端和顶层柱的截面面积。

单位水平力以及外加水平力产生的柱子轴力见式（4-36a）和式（4-36b）。将 A_z 代入式（4-37），可得

$$u_z^{\mathrm{N}} = \frac{2}{EB^2A_z}\int_0^z (z-x)M_x\mathrm{d}x = \frac{2}{EB^2A_0\left(1-\frac{1-n}{H}z\right)}\int_0^z (z-x)M_x\mathrm{d}x \tag{4-44b}$$

对不同的荷载形式，$q(z)$ 有不同的表达式，经积分、化简可得顶点侧移的统一表达式为

$$u_z^{\mathrm{N}} = \frac{V_0H^3}{EB^2A_0}F_n \tag{4-44c}$$

式中　F_n——仅随 n 变化的参数，对不同荷载有不同表达式，如图 4-48 所示；

V_0——水平荷载产生的基底总剪力。

对高度≤50m 或高宽比 H/B ≤4 的结构，框架柱轴向变形引起的侧移与梁、柱弯曲变形对应的侧移之比不大，一般为 $u^{\mathrm{N}}/u^{\mathrm{M}}$ = 5%～11%，故 u^{N} 可忽略不计。

【例 4-8】　某五层框架如图 4-49 所示，框架边梁（AB 段和 CD 段）截面宽度×高度为 bh = 0.25m×0.45m，框架中梁（BC 段）截面宽度×高度为 bh = 0.25m×0.35m，框架柱截面尺寸 bh 三层以上为 0.4m×0.4m，一、二层为 0.5m×0.5m，如图 4-49 所示。楼盖为现浇混凝土结构，混凝土弹性模量 $E = 3.15\times10^7\mathrm{kN/m^2}$。框架受横向水平均布荷载 q = 5kN/m。求水平力作用下框架侧移。

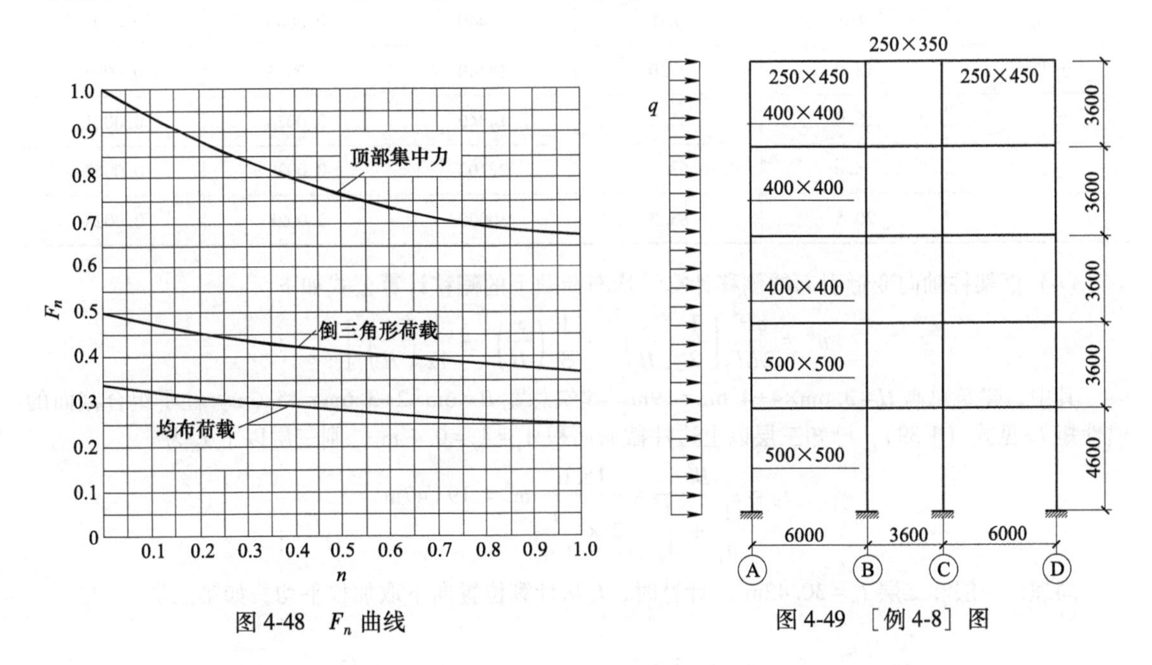

图 4-48　F_n 曲线

图 4-49　［例 4-8］图

【解】

（1）杆件线刚度　三至五层柱线刚度为：$i_c = (3.15\times10^7\times0.4^4\div12\div3.6)\mathrm{kN\cdot m} = 18667\mathrm{kN\cdot m}$

二层柱线刚度为：$i_c = (3.15\times10^7\times0.5^4\div12\div3.6)\text{kN}\cdot\text{m} = 45573\text{kN}\cdot\text{m}$

一层柱线刚度为：$i_c = (3.15\times10^7\times0.5^4\div12\div4.6)\text{kN}\cdot\text{m} = 35666\text{kN}\cdot\text{m}$

AB 跨和 CD 跨梁的线刚度：$i_{b1} = EI_{b1}/l_{AB} = (3.15\times10^7\times0.25\times0.45^3\div12\div6)\text{kN}\cdot\text{m} = 9967\text{kN}\cdot\text{m}$

BC 跨梁的线刚度：$i_{b2} = EI_{b2}/l_{BC} = (3.15\times10^7\times0.25\times0.35^3\div12\div3.6)\text{kN}\cdot\text{m} = 7816\text{kN}\cdot\text{m}$

（2）各柱抗侧刚度 D 计算　由于结构对称，故 A 柱、D 柱的 D 值相同，B 柱、C 柱的 D 值相同。D 值计算过程同［例 4-6］，不再赘述，计算参数和各柱 D 值见表 4-15。

表 4-15　框架柱的抗侧刚度计算

层	柱号	h_i/m	柱线刚度 i_c/kN·m	周边梁线刚度 i_b/kN·m					K	α	D_{ij} /(kN/m)	$D_i=\sum D_{ij}$ /(kN/m)
				i_1	i_2	i_3	i_4	$\sum i$				
三至五	A，D	3.6	18667		9967		9967	19934	0.534	0.211	3642	18440
	B，C	3.6	18667	9967	7816	9967	7816	35566	0.953	0.323	5578	
二	A，D	3.6	45573		9967		9967	19934	0.219	0.099	4165	22102
	B，C	3.6	45573	9967	7816	9967	7816	35566	0.390	0.163	6886	
一	A，D	4.6	35666		9967			9967	0.279	0.342	6914	30000
	B，C	4.6	35666	9967	7816			17783	0.499	0.400	8086	

（3）梁、柱弯曲对应的侧移计算　楼层水平集中力近似取上下各半层层高内的均布荷载之和，如第三层处，$P_3 = (h_4/2 + h_3/2)q$，计算结果见表 4-16。各层层间由梁柱弯曲产生的层间相对位移 $\Delta u_i = V_i/D_i$，计算结果见表 4-16。

表 4-16　框架结构由梁、柱弯曲产生的侧移

层号	P_i/kN	V_i/kN	$D_i=\sum D_{ij}$/(kN/m)	Δu_i/m	u_i/m
五	9.0	9.0	18440	0.0005	0.0101
四	18.0	27.0	18440	0.0015	0.0096
三	18.0	45.0	18440	0.0024	0.0081
二	18.0	63.0	22102	0.0029	0.0057
一	20.5	83.5	30000	0.0028	0.0028

（4）框架柱轴向变形引起的侧移计算　均布荷载下的侧移计算公式如下：

$$u_x^N = \frac{qH^4}{2EI_N}\left[\frac{1}{2}\left(\frac{x}{H}\right)^2 - \frac{1}{3}\left(\frac{x}{H}\right)^3 + \frac{1}{12}\left(\frac{x}{H}\right)^4\right]$$

其中，建筑总高 $H = 3.6\text{m}\times4 + 4.6\text{m} = 19\text{m}$，建筑总宽 $B = 6\text{m}\times2 + 3.6\text{m} = 15.6\text{m}$。柱子组合截面的惯性矩 I_N 见式（4-39），已知三层以上边柱截面面积 $A_1 = A_2 = 0.4^2\text{m}^2$，则三层以上 I_N 为

$$I_N = \frac{B^2}{\dfrac{1}{A_1}+\dfrac{1}{A_2}} = \frac{15.6^2}{2\times\dfrac{1}{0.4^2}}\text{m}^4 = 19.47\text{m}^4$$

同理，一层和二层 $I_N = 30.42\text{m}^4$。计算时，I_N 从计算位置向下取加权平均，如第三层：

$$I_{N3} = \frac{\sum_1^i I_{Ni}h_i}{\sum_1^i h_i} = \frac{3.6\times19.47 + 3.6\times30.42 + 4.6\times30.42}{3.6+3.6+4.6}\text{m}^4 = 27.08\text{m}^4$$

侧移计算结果及由框架柱轴向变形产生的侧移 u^N 与梁、柱弯曲变形对应的侧移 u^M 之比见表 4-17，

可以看出 u^N/u^M 在顶部为1.1%，在一层高处为0.3%。框架侧移以及层间相对侧移曲线如图4-50所示，两种侧移曲线可以看出明显不同，由框架柱轴向变形产生的层间变形值是上大下小，呈现弯曲型侧移曲线的特点，而梁、柱弯曲产生的侧移层间值为下大上小，呈现剪切型侧移曲线的特点。

表4-17　框架柱轴向变形对应的侧移

层号	x/H	端柱截面面积 $A_1=A_2/m^2$	框架截面惯性矩 I_N/m^4	I_{Ni} 加权$/m^4$	侧移 u_x^N/m	u^N/u^M
五	1	0.16	19.47	24.20	0.000107	0.011
四	0.811	0.16	19.47	25.30	0.000076	0.008
三	0.621	0.16	19.47	27.08	0.000048	0.006
二	0.432	0.25	30.42	30.42	0.000024	0.004
一	0.242	0.25	30.42	30.42	0.000008	0.003

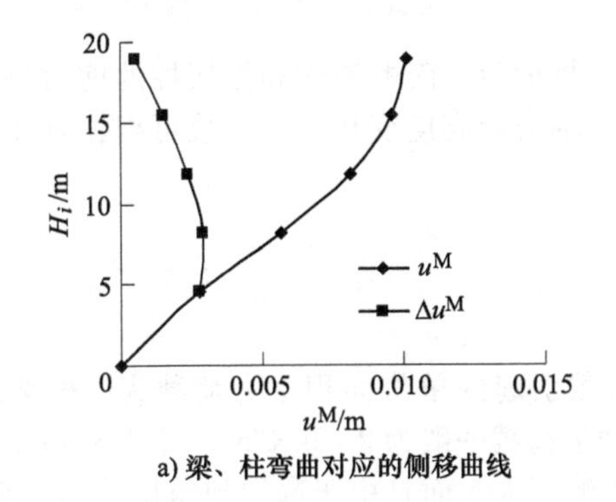

a) 梁、柱弯曲对应的侧移曲线

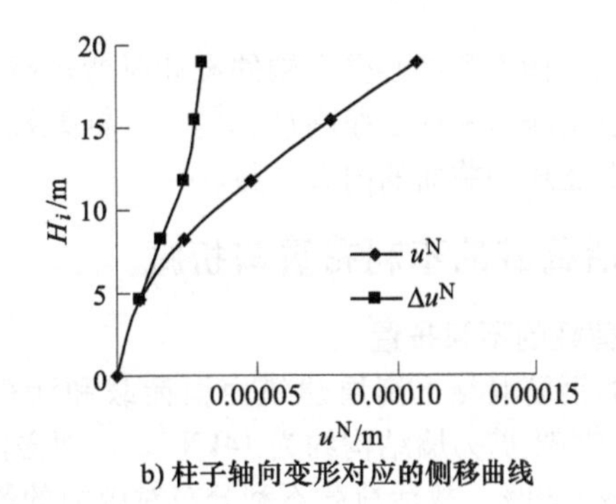

b) 柱子轴向变形对应的侧移曲线

图4-50　［例4-8］侧移曲线

4.5　框架的内力组合与设计控制内力

4.5.1　梁、柱的控制截面与内力调整

1. 框架梁的控制截面

对于框架梁，竖向荷载及水平荷载产生的弯矩在梁端有正负最大值，竖向荷载作用下的弯矩在跨中有最大正值，而框架梁的剪力则在梁端有最大值。所以，框架梁的内力控制截面分别为梁左、右端的柱边截面，以及梁跨中截面，如图4-51a所示。

2. 框架柱的控制截面

框架柱的弯矩、剪力和轴力沿柱高是线性变化的，弯矩最大值在柱端，剪力与轴力在同一楼层变化很小。所以，框架柱的控制截面分别为各层柱的上、下端截面，即梁顶和梁底处的截面，如图4-51b所示。

3. 控制截面的内力调整

由于框架内力计算是按照杆件轴线位置计算的，而框架梁端和柱端的控制截面并非在轴线处，故一般在荷载组合前，需要将竖向荷载以及水平荷载内力分别调整到柱边以及梁上、下高度处（图4-51a、b）再进行组合。为简便计算也可采用轴线处的内力值乘以0.9的折减系数作为计算截面内力。

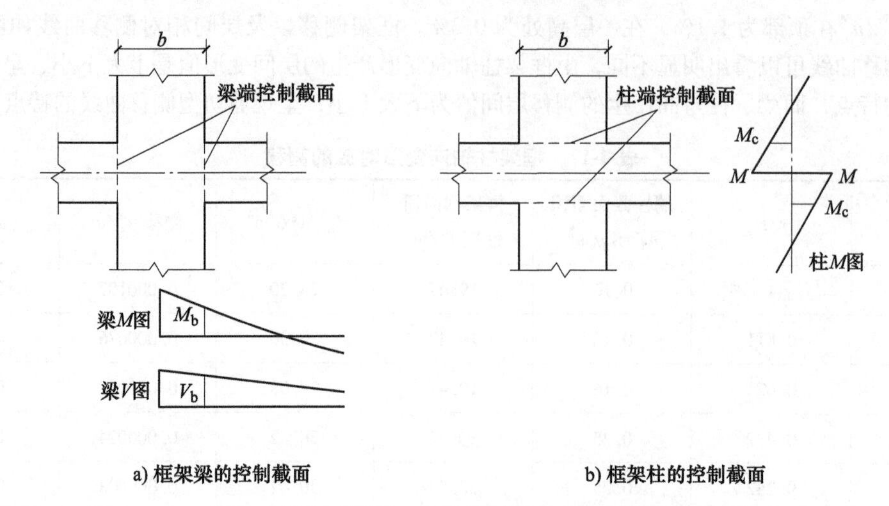

图 4-51 框架梁、柱的控制截面及内力调整

由于受弯构件和偏心受力构件设计时弯矩越大越危险，而框架梁和框架柱的剪力是根据实际设计弯矩按梁净跨和柱子净高计算的，且框架柱的轴力沿高度变化不大，故可根据具体情况决定是否进行上述控制截面的内力调整。

4.5.2 活荷载的不利布置与折减

1. 活荷载的不利布置

我国的钢筋混凝土高层建筑由恒荷载和活荷载引起的单位面积重力荷载为：框架结构约为 $12kN/m^2$，框架-剪力墙结构约为 $14kN/m^2$，而楼面活荷载一般为 $2\sim3kN/m^2$，活荷载占全部重力的比例为15%~20%，故活荷载不利分布对内力的影响不大。而且由于高层建筑层数多、平面复杂，活荷载在各层间的分布复杂，难以计算。所以，一般情况下可不考虑活荷载的不利分布，而将恒荷载和活荷载合并为竖向荷载按满跨布置荷载计算。

如果活荷载较大，其不利分布对梁弯矩的影响会比较明显，计算时应予以考虑。当楼面活荷载大于 $4kN/m^2$ 时，应考虑活荷载不利布置引起的结构内力增大。除进行活荷载不利分布的详细计算分析外，当整体计算中未考虑楼面活荷载不利布置时，也可将未考虑活荷载不利分布计算的框架梁弯矩乘以放大系数予以近似考虑，该放大系数通常可取为1.1~1.3，活荷载大时可选用较大数值。近似考虑活荷载不利分布影响时，梁正、负弯矩应同时予以放大。

2. 活荷载的折减

《荷载规范》考虑到各楼层或楼层较大面积上的活荷载不可能同时满载给出了活荷载折减的有关规定，见《荷载规范》以及第2.2节竖向荷载。由于活荷载在高层建筑的重力荷载中占比不大，故可以不考虑折减。当活荷载较大或需要考虑时，为简化计算，可在按照100%竖向活荷载计算内力后，再按照表2-2予以适当修正。

4.5.3 竖向荷载作用下框架梁的梁端弯矩调幅

在竖向荷载作用下，框架梁端负弯矩往往较大，配筋困难，不便于施工和保证施工质量。因此，允许考虑塑性变形内力重分布对竖向荷载作用下的梁端负弯矩进行适当调幅。这样可降低梁端钢筋的数量，方便施工和保证施工质量。

由于钢筋混凝土的塑性变形能力有限，调幅的幅度应该加以限制。梁端负弯矩调幅系数对现浇框架取0.8~0.9，对装配整体式框架取0.7~0.8。框架梁端负弯矩减小后，梁跨中弯矩应按平衡条件相应增大，即框架梁的跨中弯矩按调幅以后的支座弯矩计算，如图4-52所示。

内力计算时，应先对竖向荷载作用下框架梁的弯矩进行调幅，再与水平作用产生的框架梁弯矩进行组合。

在框架梁截面设计时，为保证跨中正截面的受弯承载力，要求梁的跨中正截面弯矩设计值不应低于竖向荷载作用下按简支梁计算的跨中弯矩设计值的50%。以均布荷载为例，其跨中正弯矩设计值应满足：

$$M_{中}=\frac{ql^2}{8}-\frac{1}{2}(|M_b^l|+|M_b^r|)\geqslant\frac{1}{2}\frac{ql^2}{8} \tag{4-45}$$

4.5.4　框架梁的内力组合

在多种荷载作用下，为保证结构设计的可靠性需要对各种荷载的内力按照其同时出现的可能性进行分析从而得出控制截面的最大设计内力。在框架梁的端部由竖向荷载产生最大负弯矩 $-M_{max}$，由水平荷载产生最大正负弯矩 $\pm M_{max}$；在框架梁的跨中则有最大正弯矩 $+M_{max}$。

1. 梁端最大负弯矩

框架在竖向荷载和水平荷载作用下均可产生梁端最大负弯矩。在非抗震设计时，梁端最大负弯矩由竖向荷载及水平风荷载组合产生。在抗震设计时，由于地震设计状况中参与组合的竖向内力是在重力荷载代表值作用下产生的，而竖向荷载单独作用时是按照100%竖向荷载作用计算内力，故在抗震设计时需要比较竖向荷载单独作用产生的弯矩以及竖向荷载与水平地震作用组合产生的弯矩，并取大值进行截面设计（图4-52、图4-53）。由于非抗震设计状况与地震设计状况的截面承载力验算表达式不同，见式（3-3）和式（3-4），截面所需抗力应按照 $\gamma_0 S_d$ 和 $\gamma_{RE} S_d$ 取大计算，故在抗震设计，不考虑竖向地震作用时，梁端负弯矩设计值应按下式计算取大：

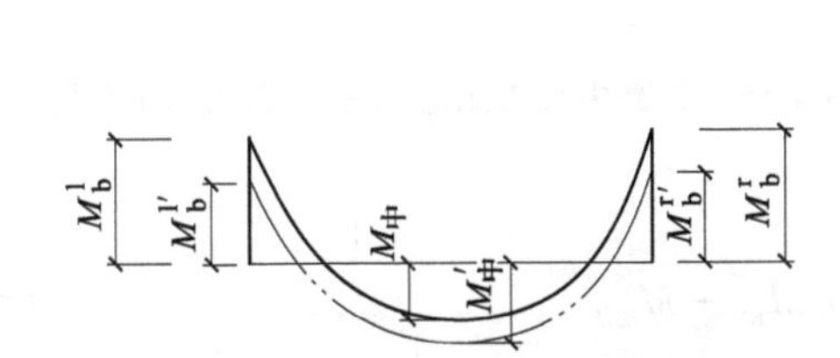

图4-52　竖向荷载作用下的梁端弯矩调幅

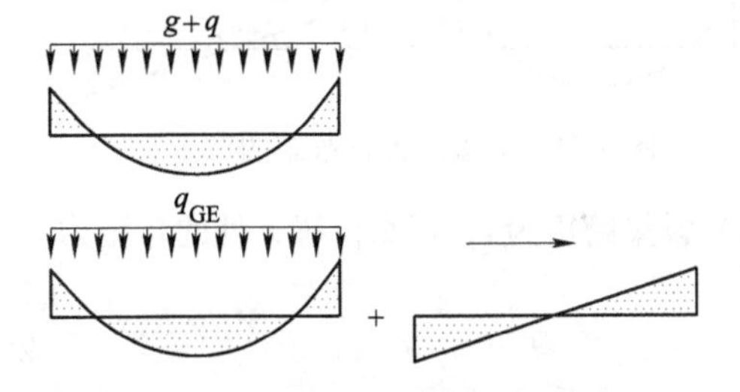

图4-53　梁端最大负弯矩的产生

$$\max\{-\gamma_{RE}M_{max}=-\gamma_{RE}(\gamma_G M_{GEk}+\gamma_{Eh}M_{Ek}),\ -M_{max}=\gamma_0(\gamma_G M_{Gk}+\gamma_Q M_{Qk})\} \tag{4-46}$$

式中　γ_0——结构重要性系数，见式（3-3）；

γ_{RE}——承载力抗震调整系数，受弯状态取0.75；

γ_G、γ_Q、γ_{Eh}——荷载分项系数，见表3-11；

M_{Ek}——计算方向水平地震作用产生的梁端负弯矩标准值；

M_{GEk}——重力荷载代表值产生的梁端负弯矩标准值；

M_{Gk}、M_{Qk}——恒荷载标准值、楼面活荷载标准值产生的梁端负弯矩标准值。

2. 梁端最大正弯矩

竖向荷载单独作用时不会产生最大梁端正弯矩。梁端最大正弯矩只有在竖向荷载与水平荷载作用组合的情况下才可能产生，如图4-54所示，在水平荷载左来的情况下有可能在梁的左端出现最大正弯矩，在水平荷载右来的情况下有可能在梁的右端出现最大正弯矩。故应分别考虑水平荷载左来和右来并与竖向荷载的弯矩组合。抗震设计不考虑竖向地震作用时梁端最大正弯矩的组合表达式如下：

$$M_{max}=\gamma_{Eh}M_{Ek}-1.0M_{GEk} \tag{4-47}$$

由于这种组合时，重力荷载代表值产生的弯矩 M_{GEk} 会减小组合梁端正弯矩，故其分项系数 γ_G

取1。

3. 跨中最大正弯矩

水平荷载作用使梁产生的弯矩为线性分布，而竖向荷载作用使梁产生的弯矩为抛物线形分布，跨中最大设计弯矩需按照100%竖向荷载单独作用以及竖向荷载与水平荷载作用组合两种情况比较取大。同上所述，抗震设计时，参与地震作用组合的是重力荷载代表值，且截面所需抗力应按照$\gamma_0 S_d$和$\gamma_{RE} S_d$取大计算，故框架梁跨内最大正弯矩的计算通式为

$$\max\{M_{\max}=-\gamma_0(\gamma_G M_{Gk}+\gamma_Q M_{Qk}),\gamma_{RE}M_{\max}=\gamma_{RE}(\gamma_G M_{GEk}+\gamma_{Eh}M_{Ek})\} \quad (4\text{-}48)$$

具体计算时可采用解析法和作图法求解跨中最大弯矩。

（1）用解析法计算跨中最大组合弯矩　图4-55所示为框架梁的隔离体，设梁受到均布荷载作用。在地震作用与重力荷载代表值的共同作用下，求解跨中组合弯矩。其中，M_{GEA}和M_{GEB}为框架梁左、右端由重力荷载代表值q_{GE}产生的端部负弯矩；M_{EA}和M_{EB}为框架梁左、右端由左来水平地震作用产生的端部弯矩，以顺时针为正；在图4-55中各梁端弯矩均为实际方向（若水平力右来则M_{EA}和M_{EB}反向即可）。R_A和R_B为框架梁左、右端的支反力。通过梁隔离体建立任意截面弯矩表达式，通过对跨中弯矩求导数确定最大弯矩位置，即可以求出跨内最大正弯矩。

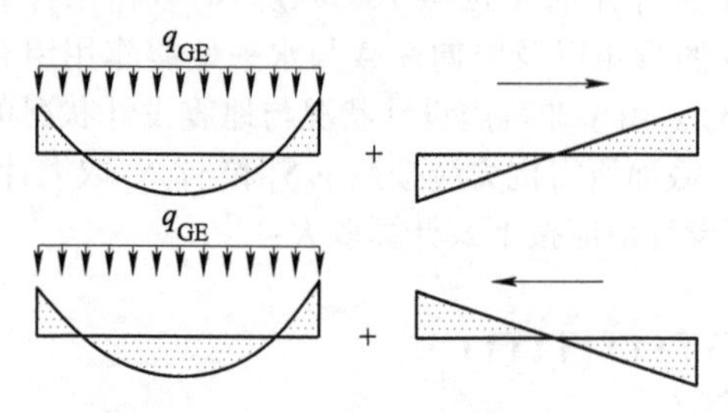

图4-54　梁端最大正弯矩的产生

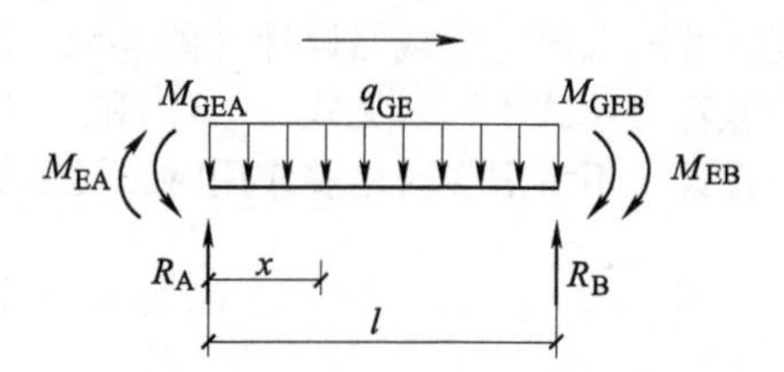

图4-55　梁跨中最大组合弯矩的隔离体示意图

1）设梁跨度为l，任意位置x处的弯矩为

$$M_x=R_A x-\frac{q_{GE}x^2}{2}+M_{EA}-M_{GEA} \quad (4\text{-}49)$$

2）通过对x求导$\frac{dM_x}{dx}=0$确定出最大弯矩截面所在位置为：$x=R_A/q_{GE}$。将x代入式（4-49）得

$$M_{\max}=\frac{R_A^2}{2q_{GE}}-M_{GEA}+M_{EA}=\frac{R_A^2}{2q_{GE}}+M_A \quad (4\text{-}50)$$

令

$$M_A=M_{EA}-M_{GEA},M_B=M_{EA}+M_{GEA} \quad (4\text{-}51)$$

对梁右端取矩得到左端支反力：

$$R_A=\frac{q_{GE}l}{2}-\frac{1}{l}(M_{GEB}-M_{GEA}+M_{EA}+M_{EB})=\frac{q_{GE}l}{2}-\frac{1}{l}(M_A+M_B) \quad (4\text{-}52)$$

将式（4-52）代入式（4-50）得梁跨中最大弯矩：

$$M_{\max}=M_A+\frac{\left[\frac{q_{GE}l}{2}-\frac{1}{l}(M_A+M_B)\right]^2}{2q_{GE}} \quad (4\text{-}53)$$

（2）用作图法求跨中最大正弯矩　如图4-56所示，将水平荷载作用产生的弯矩图（图4-56b）反向绘制并与重力荷载（q_{GE}）产生的弯矩图（图4-56a）叠画，最终弯矩值取两图重合的部分，弯矩曲线上某点的切线与弯矩图的基线平行时所对应的弯矩值即为跨内最大正弯矩（图4-56c）。

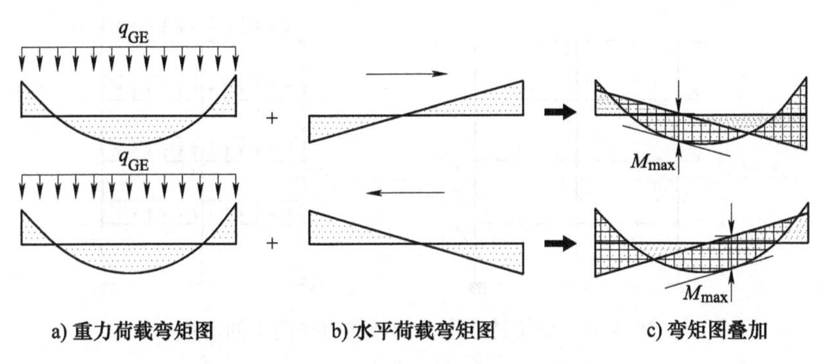

图 4-56　梁跨中最大组合弯矩作图法

4.5.5　框架柱的内力组合

1. 框架柱的内力组合目标

框架柱为压弯、拉弯构件。偏心受力构件的受弯承载力 M_u 与轴向承载力 N_u 相互关联，其相关关系如图 4-57 所示。曲线表示在截面尺寸一定、材料一定的情况下，构件承载力 M_u 与 N_u 一一相关，一组内力（M，N）如果落在曲线以里则该截面为安全，落在曲线之外则表示需要增加截面抗力。图中曲线转折处（b 点）为拉、压破坏界限状态，该点之上的 ab 段为受压破坏，即小偏心受力破坏；b 点之下为受拉破坏，其中 bc 段为大偏心受压破坏，cd 段为偏心受拉破坏。因此，对框架柱组合出的不同内力（M，N）后，可通过图 4-57 展示的不利内力确定原则根据相互关系选取最不利内力组合。

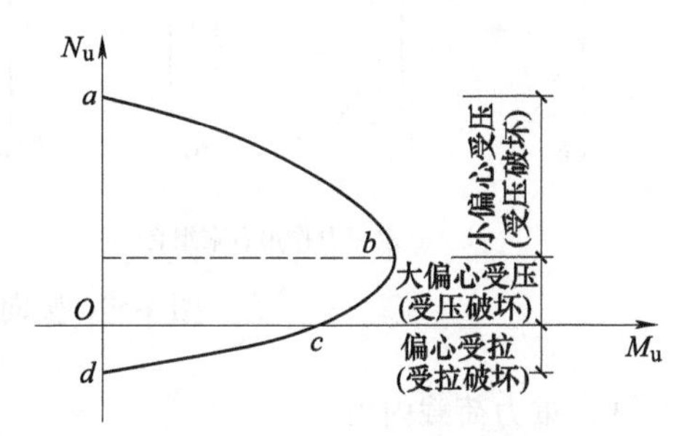

图 4-57　柱子 M_u-N_u 相关关系

通常无论受压破坏还是受拉破坏，都是弯矩 M 越大则越危险。在受压破坏范畴，轴力 N 越大越危险；在受拉破坏的大偏心受压范围，其他条件不变时轴向压力 N 越小则所需钢筋面积越大；而在受拉破坏的偏心受拉范围，轴向拉力 N 越大越危险。由于框架柱多采用对称配筋，则框架柱的内力组合目标有四种情况（设 N 以压为正）：

1）$|M|_{max}$ 及相应的 N。

2）$\pm N_{max}$及相应的 M(M 尽量取大)。

3）N_{min}及相应的 M(M 尽量取大)。

4）$|M|$ 较大，N 比较小或较大。

2. 框架柱的内力组合项目

框架柱在竖向及水平力作用下的弯矩 M 为线性分布，如图 4-58 所示；而轴力 N 沿层间变化不大，故控制截面在端部。通过改变水平力的作用方向总可以找到控制截面处弯矩 M 的叠加值，从而得到最大弯矩 $|M|_{max}$；而竖向荷载作用与水平力产生的轴力组合时，通过改变水平力作用方向可以得到轴力叠加与相减的情况从而得到最大或最小轴力，故框架柱的控制内力可能会由组合内力控制，如图 4-59 所示。

每根柱有两个控制截面，上、下端至少可得到四组目标内力。由于每根柱在同层应配置相同的受力钢筋，故可在这些组内力中根据上述原则选取最不利内力来进行正截面计算。框架柱的剪力则根据弯剪平衡取与最大端部弯矩和对应的剪力计算。

以抗震设计为例，在水平地震作用沿 x 方向作用时，框架柱内力组合的计算通式如下：

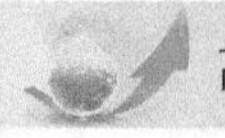

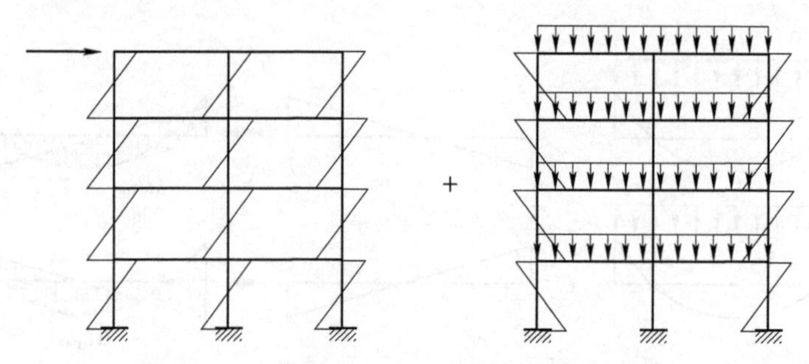

图 4-58　框架柱在水平及竖向力作用下的弯矩

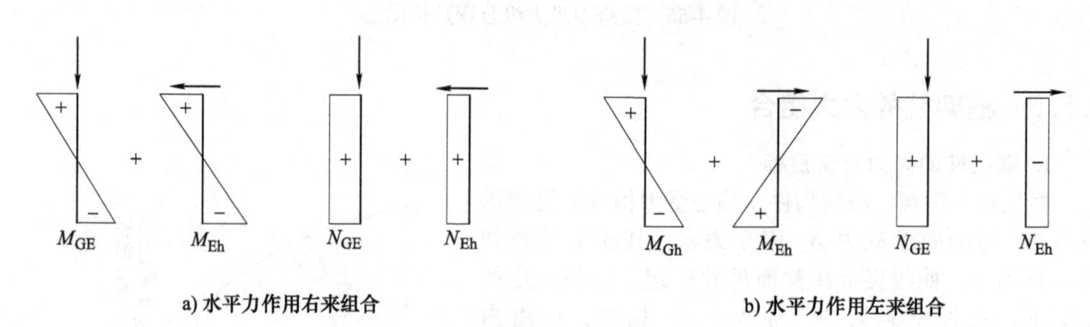

图 4-59　竖向荷载作用与水平力作用组合

1）重力荷载内力

$$\begin{cases} M_x = \gamma_0(\gamma_G M_{Gkx} + \gamma_Q M_{Qkx}) \\ M_y = \gamma_0(\gamma_G M_{Gky} + \gamma_Q M_{Qky}) \\ N = \gamma_0(\gamma_G N_{Gk} + \gamma_Q N_{Qk}) \end{cases} \tag{4-54}$$

2）水平作用组合内力

$$\begin{cases} \gamma_{RE} M_x = \gamma_{RE}(\gamma_G M_{GEkx} \pm \gamma_{Eh} M_{Ekx}) \\ \gamma_{RE} N_x = \gamma_{RE}(\gamma_G N_{GEk} \pm \gamma_{Eh} N_{Ekx}) \end{cases} \tag{4-55}$$

式中　γ_0——结构重要性系数，见式（3-3）；

γ_{RE}——承载力抗震调整系数，偏心受压取 0.75，偏心受拉取 0.85；水平风荷载作用取 0；

γ_G、γ_Q、γ_{Eh}——重力荷载、活荷载和水平地震作用分项系数；

M_x、M_y——重力荷载标准值产生的 x、y 方向柱端弯矩；

M_{Gkx}、M_{Qkx}——恒荷载、楼面活荷载标准值产生的 x 方向柱端弯矩；

M_{Gky}、M_{Qky}——恒荷载、楼面活荷载标准值产生的 y 方向柱端矩（如角柱）；

M_{Ekx}、N_{Ekx}——水平地震作用产生的柱端弯矩、轴力标准值；

M_{GEkx}、N_{GEk}——重力荷载代表值产生的柱端弯矩（x 方向）和轴力标准值。

4.6　延性框架的设计原则

4.6.1　延性

结构抗震设计的重点在于避免靠片面提高构件承载力来抵抗作用在建筑上的巨大地震作用。强震出现的概率在设计基准期内仅有 2%，而通过提高截面承载力抵抗强震作用会花费巨大的财力，而且显然也是不现实的。为此世界各国都提出了适度的抗震设防目标：建筑物应能抵抗较小的地震而无损坏；应能抵抗中等的地震而无结构性损伤（但可以有非结构损伤）；应能抵抗较大的地震而不倒塌。结构既要在小震下维持弹性状态，又要在大震时不倒塌，这就需要结构通过弹性后的变形吸收和耗散能量，从而应该把结构设计成具有良好非线性反应能力的延性结构而不能产生脆性破坏，因为脆性破坏是在强震中引起结构倒塌的根本原因（荷载-位移曲线见图 4-60）。

抗震延性是指结构在承受地震所产生的非线性变形的反复作用时能够维持一定承载力的基本属性，反映了结构、构件或材料抵抗非线性反应范围内大变形的能力以及靠滞回特性吸收地震能量的能力。

图 4-60 所示为单调加载的钢筋混凝土受弯构件荷载-位移曲线示意图，其中 Δ_y 为屈服位移，F_y 为屈服荷载，Δ_u 为极限位移，F_u 为极限荷载。从图 4-60 可以看出，从受拉钢筋屈服开始（受力为 F_y）至达到极限弯曲承载力（受力为 F_u），构件所受荷载增加不多，但有很大的非线性变形。钢筋屈服时的截面曲率在受弯破坏阶段会有很大增长，也就是形成了“塑性铰”，直到混凝土受压边缘压碎前，该截面将产生很大的转动，其转动能力越强，则非线性变形增量 $\Delta_u-\Delta_y$ 越大，也就是延性越大。延性的特征通常可以用屈服后任意瞬间结构（构件）总位移与屈服位移之比表示，即 $\Delta/\Delta_y(>1)$，延性能力可以用延性系数（延性比）$\mu_\Delta=\Delta_u/\Delta_y$ 来衡量。Δ 可以是应变、曲率或位移（挠度），对应的延性则称为应变延性、曲率延性、位移延性。应变延性取决于材料的最大应变；曲率延性则取决于正截面的转动能力，主要受混凝土极限压应变、轴向力、混凝土抗压强度以及钢筋的屈服强度等因素影响；建筑结构的位移延性通常可以用结构顶点的侧移衡量。如果近似取 $F_y=F_u$，且忽略屈服前的非线性影响，则荷载-位移 F-Δ 曲线也可以用双直线模式表达，如图 4-60 所示的理想变形曲线。曲线 F-Δ 的下包面积代表结构（构件）吸收的能量（势能），所以延性也代表了结构或构件承受荷载时吸收能量的能力。可以看出，构件获得延性的关键是塑性铰，即受拉钢筋屈服后构件仍然可以承担较大的非线性弯曲变形。

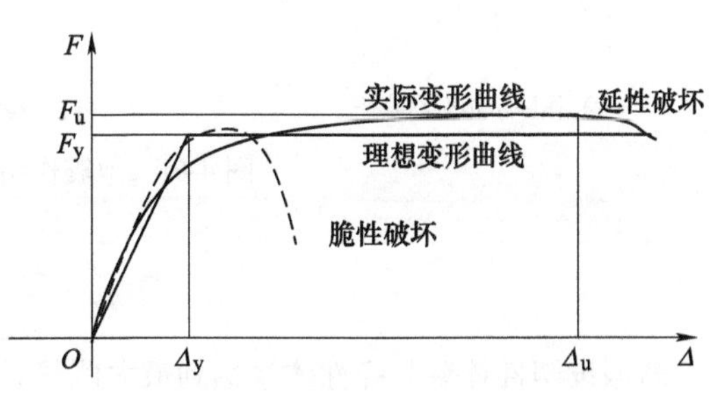

图 4-60　典型的荷载-位移曲线示意图

结构的抗震延性一般用结构顶点侧移对应的位移延性来反映，其意义可通过图 4-61 所示的单质点体系地震反应来观察。图 4-61a 所示为弹性结构的水平地震作用（惯性力）与侧移的关系，A 点为最大反应，F_e 为体系所受到的最大地震作用，面积 OAB 为体系发生最大侧移时储存的势能，当质量恢复到零位置时，该势能转化为动能。图 4-61b 所示为该体系的承载力不足以承担弹性反应的全部惯性作用 F_e 时，当达到惯性作用 F_y 时，结构就形成了一个塑性铰（图 4-61b 悬臂结构的基底处），该点对应的位移为 u_y，之后作用不再增加而非线性变形继续增长，当结构惯性反应达到最大时，体系储存的势能为面积 $OCDE$，当质量归零时，仅有三角形 DEH 对应的势能转化为动能，而面积 $OCDH$ 对应的势能则被塑性铰以其他不可恢复的变形消耗掉，这就是弹-塑性结构的反应特点。相比于弹性体在最大反应点对应的作用 F_e，弹-塑性体所受到的惯性作用 F_y 显著减小，但其需要承受变形的能力必须相应地显著增加（$u_u \gg u_e$）。反之，如果放低对体系位移延性的要求，则体系需要抵抗的惯性反应力则相应增加。

对框架结构而言，体系的位移延性系数为 $\mu=u_u/u_y$，其中 u_y 对于框架结构塑性铰开始出现时的结构顶点侧向位移，u_u 为塑性阶段末结构顶点的侧向位移。设 k 为弹-塑性体系水平地震作用 F_y 与弹性体系水平地震作用 F_e的比值，k 可以看成是按照延性原理设计时的地震作用折减系数。若假设塑性体与弹性体所达到的最大顶点侧移相同（$u_u=u_e$），则根据图 4-61c 的几何关系有可以得到延性系数与 k 的关系为

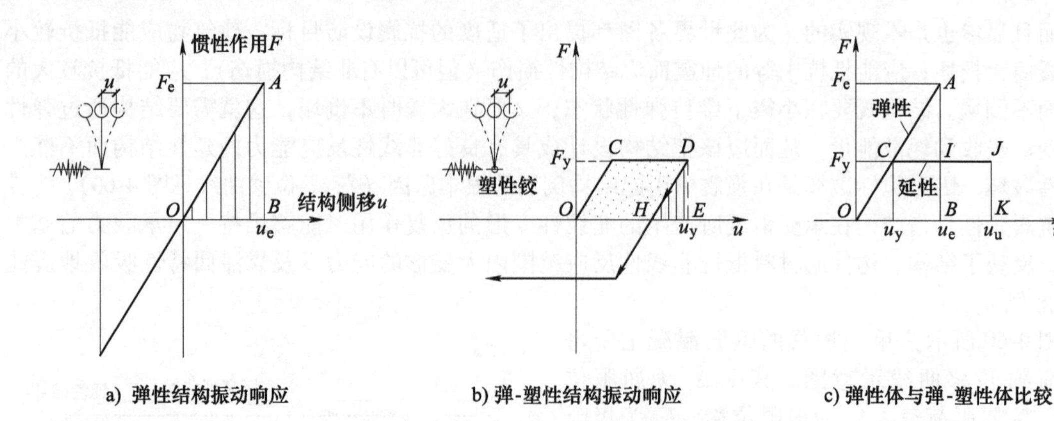

a) 弹性结构振动响应　　b) 弹-塑性结构振动响应　　c) 弹性体与弹-塑性体比较

图 4-61　地震作用下单质点体系的反应

$$\mu = \frac{u_u}{u_y} = \frac{F_e}{F_y} = \frac{1}{k} \tag{4-56a}$$

若假设塑性体系与弹性体系达到最大侧移时所吸收的势能相同，则根据图 4-61c 所示荷载位移曲线下包面积相等可以得到：

$$\mu = \frac{1}{2k^2} + \frac{1}{2} \tag{4-56b}$$

由式（4-56a）和式（4-56b）得到的位移延性系数如图 4-62 所示。从图 4-62 可以看出，地震作用折减系数越小则所需的位移延性系数越大；两个公式得到的延性系数在 $k \leqslant 0.3$ 时相差较大，由式（4-56a）得到的 μ 值为下限值。当折减系数 $k=0.5$ 时，位移延性系数为 2~2.5。研究表明，对于层数较多的高层建筑，式（4-56a）更接近实际情况。

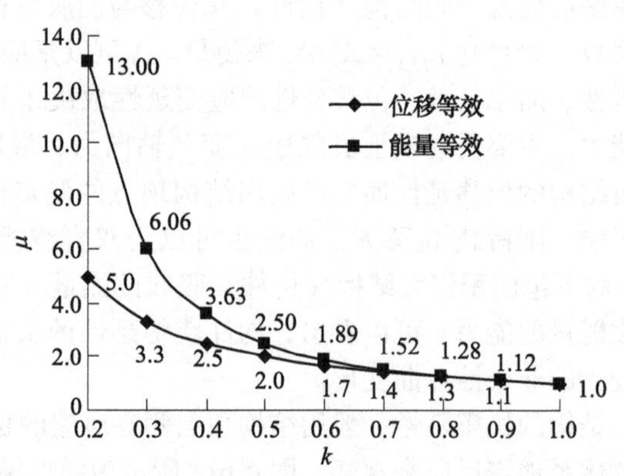

图 4-62　位移延性系数 μ 与地震作用折减系数 k 的关系

从上述分析可知，延性结构设计的要点是通过弯曲塑性铰消耗地震作用，并切实保证结构有承受大的非线性变形的能力，从而实现大震不倒。结构的位移延性系数可通过弹性体系的惯性力与规范规定的设计荷载比值 k 进行估算，k 越小则需要的 μ 越大，由于延性与塑性变形相关，较大的延性会伴随较大的结构性损伤，故位移延性的取值也和对结构利用的需求有关，典型值为 3~5。

4.6.2　延性框架设计的基本措施

为获得良好的抗震性能，实现大震不倒的关键是良好的延性设计。这就需要做到：

1）塑性铰是延性设计的关键技术，要选择适合于非线性变形集中且便于采取构造措施的位置；并确保塑性铰的转动能力，从而实现结构位移延性的要求。对于框架的耗能部位应选择在框架梁端部。

2）要采用适合非线性反应且拥有更大延性的结构形式；比如结构构件的变形应该以弯曲为主，剪切变形具有明显的脆性性质，会显著降低结构的耗能能力，这就通常需要控制构件的剪跨比不应小于 2，也就是构件跨高比一般不小于 4。

3）控制强度差，确保非线性变形不以不希望的模式出现；比如要做到强剪弱弯，也就是要求受剪承载力应高于按照弯剪平衡计算的剪力值。

总体来说，延性框架应该做到强柱弱梁；强剪弱弯；强节点强锚固；加强箍筋对混凝土的约束；适宜的截面尺寸，防止不良破坏形态。

4.6.3 延性框架设计的基本原则

1. 强柱弱梁

强柱弱梁的实质就是让塑性铰出现在梁端，避免在梁出现塑性铰之前在柱端出现塑性铰。塑性铰首先出现在柱端称为柱铰机制（图 4-63a），这是一种局部破坏机制，因为一旦在柱端出现塑性铰，就容易使塑性变形集中在该层，进而在该层其他柱端连续出现塑性铰，从而形成薄弱层进而引起倒塌。塑性铰出现在梁端称为梁铰机制（图 4-63b），与上述局部破坏机制相反，这是一种整体破坏机制。在强震中随着结构塑性变形的发展梁端塑性铰逐步出现，由于梁端塑性铰一般分散在各层，不会形成倒塌机制，且塑性铰数量多耗能分散，对转动能力要求低，而且梁作为受弯构件易于实现大的变形和耗能。在梁铰机制中，如果梁两端均可以按照预期目标实现塑性铰，最终柱子就会形成由二连杆相连的竖向悬臂构件，最后的塑性铰出现在柱根处，是结构设计的最后一道防线，设计上要予以加强。在结构设计中，要通过节点弯矩验算确保柱端弯矩和大于梁端弯矩，还要切实防止柱子在梁的塑性铰形成前出现剪切破坏，同时要注意加强构造措施约束柱子的混凝土并防止受压钢筋的压曲变形。

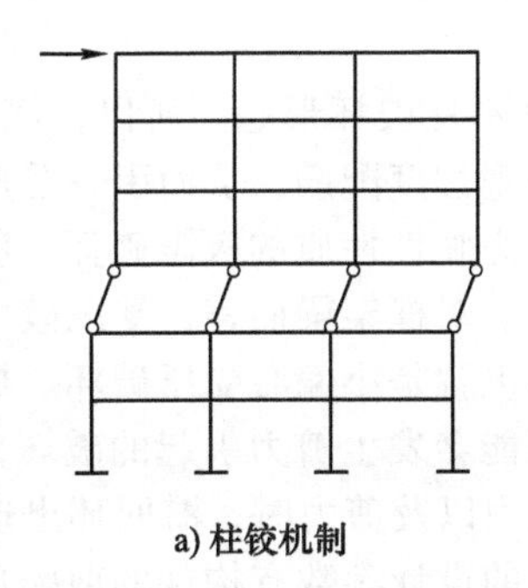

a) 柱铰机制

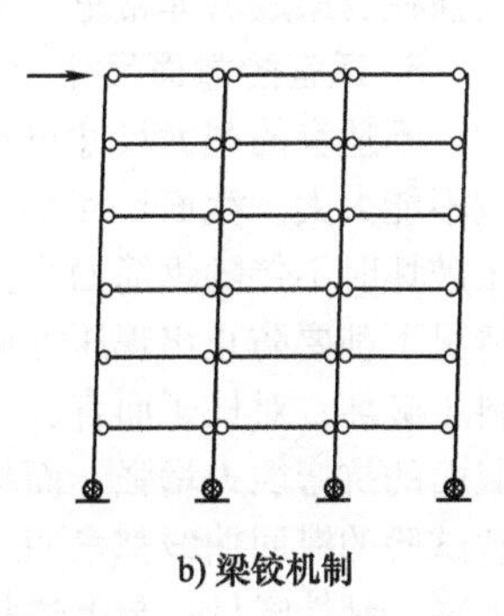

b) 梁铰机制

图 4-63 框架的塑性铰

2. 强剪弱弯

伴随梁端受拉钢筋屈服（形成塑性铰）的弯曲破坏为延性破坏，其滞回曲线饱满（图 4-64a），构件耗能能力大；剪切破坏是脆性破坏，力-位移滞回曲线捏拢严重（图 4-64b），构件耗能能力差，故梁、柱构件均应设计为强剪弱弯型破坏。如前所述，可通过控制强度差来避免塑性铰区产生剪切破坏。

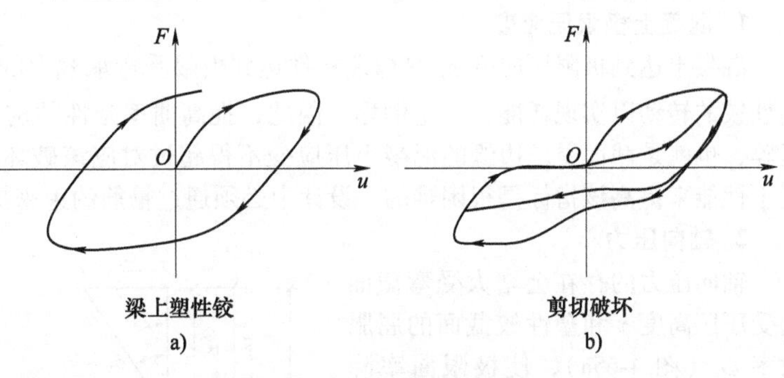

图 4-64 力-位移滞回曲线

在含有塑性铰的构件中，构件受剪承载力要超过与形成塑性铰对应的剪力值以阻止剪切破坏，防止塑性铰区出现不良破坏模式。对柱子而言，限制其剪跨比可防止出现剪切破坏形态。

3. 强节点强锚固

节点是影响框架性能的关键部位，其可靠性至关重要。由于框架梁、柱节点同时受到水平方向与竖直方向剪力的作用，其剪力值要远大于周边梁、柱，故必须进行专门设计以防止剪切破坏。此外，节点两侧梁端弯矩反向，意味着通过节点的梁主筋在梁的一侧受拉而另一侧受压，使得钢筋的应力梯度大，从而产生很大的锚固应力，容易产生黏结锚固破坏。在设计中既要避免框架节点的剪切破坏，并通过节点强于梁端而防止梁端塑性铰深入节点内，也要防止受拉钢筋的黏结锚固破坏，这既是为了防止结构损伤出现在不易修补的位置，也是实现延性框架耗能的需要。

4. 加强箍筋对混凝土的约束

塑性铰是实现延性框架的关键，塑性铰的转动能力至关重要。由于塑性铰的转动以防止混凝土达到极限变形能力为前提，故要通过塑性铰区的箍筋约束来提高混凝土的极限应变能力。此外，箍筋约束对提高柱子的抗压能力、防止纵向受压钢筋屈服、防止框架柱出现不良破坏形态从而实现强柱弱梁起着非常重要的作用。

5. 适宜的截面尺寸

不适宜的截面尺寸可能会引发不良破坏形态，所以，框架梁和框架柱截面尺寸既不能太小，也不能太大。截面尺寸小可能会出现过度配筋，从而引发受压破坏形态。由于混凝土构件发生受压破坏时不伴随钢筋的受拉屈服，为脆性性质的极限破坏，所以，混凝土构件的结构设计在任何情况下都要防止出现压坏破坏模式。对框架梁而言，受压破坏有正截面的超筋破坏以及斜截面的斜压破坏；对柱子而言，受压破坏也就是小偏心受压破坏。构件长度一定时，截面尺寸过大会使截面的抗弯能力增强，而构件有可能会发生剪力引起的破坏，从而显著降低构件的延性。反复加载试验的滞回曲线都表明，存在压力以及剪力时，滞回环出现“捏拢”现象，构件耗能能力显著下降，延性降低。与上述特性对应的设计参数有构件的剪跨比、剪压比以及柱子的轴压比，将在后续展开说明。

4.6.4 影响延性的因素

框架结构的位移延性主要来源于各塑性铰截面的曲率延性以及相应采取的构造措施。对钢筋混凝土构件而言，首先要防止出现脆性破坏，包括剪切破坏、压坏，各类超筋破坏都属于脆性破坏，必须加以限制；其次就是确实保证非线性变形在预期截面集中出现并形成铰，铰的转动能力越大，构件延性就越大。分析表明，当位移延性系数取 4 时，对梁塑性铰的曲率延性系数要求达到 17 左右。影响截面曲率延性的主要因素如下：

1. 混凝土极限压应变

混凝土达到极限压应变 ε_{cu} 是弯曲构件达到极限受弯承载力的标志。有效的延性设计需要维持塑性铰的转动以实现耗能，防止倒塌。因此，提高曲率延性的前提是要防止塑性铰截面的混凝土压碎，也就是截面受压边缘的混凝土压应变不得超过对应该破坏极限的极限压应变。仅靠改善混凝土性能来提高该指标是很困难的，设计中必须通过箍筋约束来提高混凝土的极限压应变值。

2. 轴向压力

轴向压力的存在会增大受弯截面的受压区高度 x 和塑性铰截面的屈服曲率 ϕ_y（图 4-65a），使极限曲率降低（图 4-65b），受弯构件第三阶段变形能力下降，故大大降低截面的曲率延性。由此也可看到，如果存在轴向拉力则对降低受压区高度是有益的，只要轴向拉力控制在不出现小偏心受拉的状态即可。

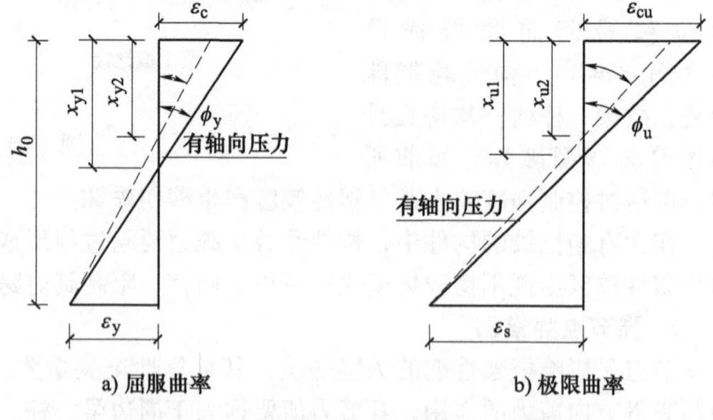

图 4-65　正截面受压区高度与曲率的关系

压弯构件反复加载试验的滞回曲线也表明，有轴向压力时，滞回曲线所包围的面积减小，即吸收的能量减小，耗能能力下降。

3. 材料强度

（1）混凝土的抗压强度　由受弯构件正截面的承载力平衡条件可知，提高混凝土的轴心抗压强度 f_c 有助于降低受压区高度。因而，适当提高 f_c 将使得截面的屈服曲率 ϕ_y 降低，而极限曲率提

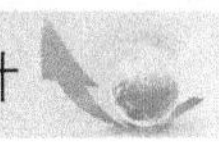

高，从而提高塑性铰截面的曲率延性。这与增加轴向压力的效果相反。

（2）受拉钢筋的屈服强度　提高钢筋的强度等级也就是提高钢筋的屈服强度将使得钢筋的屈服应变 ε_y 提高而使所需受拉钢筋面积减小，如果做等强代换，即 $A_s f_y$ 维持不变则不会引起受压区高度的改变，但是由于强度提高对钢筋弹性模量影响不大，故屈服应变 $\varepsilon_y = f_y/E_s$ 将会提高且屈服时混凝土受压应变增加，这就会使屈服曲率 ϕ_y 增大。同理，在极限状态下，由于混凝土边缘极限压应变是定值，而受压区高度在等强代换时不变，故钢筋强度等级提高将不会影响极限曲率 ϕ_u。ϕ_y 提高而 ϕ_u 不变，则曲率延性系数 $\mu_\phi = \phi_u/\phi_y$ 下降。

4. 纵向钢筋

（1）纵向受拉钢筋配筋率　纵向受拉钢筋配筋率与受压区高度一一对应。由单筋矩形截面梁受弯承载力极限状态的平衡条件可知，受拉钢筋配筋率 ρ 越大则受压区高度就越大，相对受压区高度 ξ 与 ρ 的关系见下式：

$$\xi = \frac{x}{h_0} = \frac{f_y}{f_c}\rho \tag{4-57a}$$

提高受拉钢筋配筋率会使正截面受压区高度提高，从而使屈服曲率 ϕ_y 提高，而极限曲率 ϕ_u 下降，故使曲率延性 $\mu_\phi = \phi_u/\phi_y$ 下降。图 4-66 所示为一组钢筋混凝土单筋矩形截面梁的弯矩与曲率（M-ϕ）的关系曲线。图 4-66 中，配筋率高的曲线在达到峰值后，随曲率增加弯矩很快下降，受拉钢筋配筋率越高，则曲线下降段越陡，截面延性越差；在低配筋率的情况下，弯矩-曲率关系曲线能保持有相当长的水平段，然后才缓慢地下降，说明截面延性良好。因此，在选定的塑性铰截面必须严格控制纵向受拉钢筋配筋率，从而控制受压区高度在一个严格的范围。

设受拉钢筋屈服时受压区混凝土维持弹性而受拉混凝土不参与工作，则可近似计算矩形截面梁的曲率延性，图 4-67 所示是基于 400 级钢筋和 C30 混凝土计算的矩形截面梁曲率延性与纵向受拉钢筋配筋率之间的理论关系。可以看到对单筋梁当 ρ 从 0.2%增加到 1.0%时曲率延性从 25.3 降到 4.2，变化很剧烈，ρ 等于 2.0%时 μ_ϕ 只有 1.9。

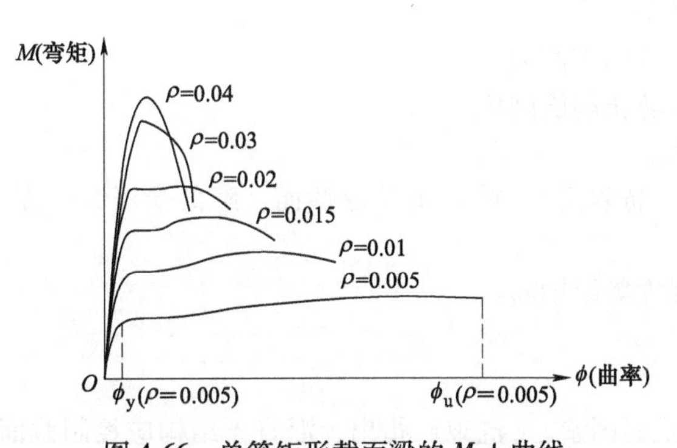

图 4-66　单筋矩形截面梁的 M-ϕ 曲线

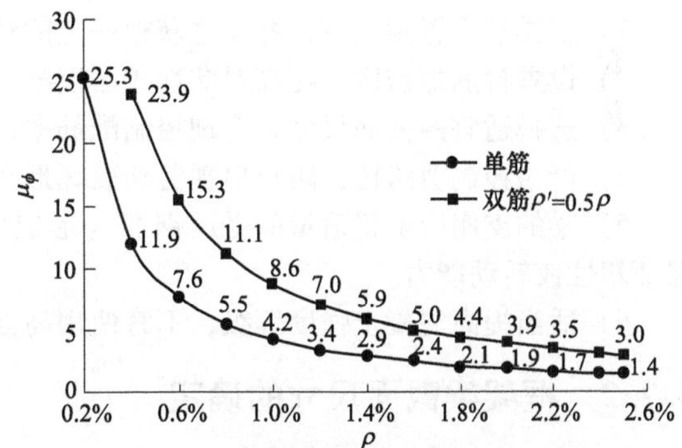

图 4-67　梁的截面曲率延性与纵向受拉钢筋配筋率的关系

（2）纵向受压钢筋配筋率　双筋矩形截面梁正截面受压区高度与受拉钢筋配筋率 ρ 及受压钢筋配筋率 ρ'的关系为

$$\frac{x}{h_0} = \frac{f_y}{f_c}(\rho - \rho') \tag{4-57b}$$

由式（4-57b）可知，受压钢筋配筋率越大，对降低受压区高度越有效，从而可以提高截面转动能力。因此形成双筋截面是提高截面曲率延性的有效措施。图 4-68 所示为双筋矩形截面梁的弯矩-曲率（M-ϕ）曲线。可以看出，在受拉钢筋配筋率 ρ 一定的情况下，受压钢筋配筋率 ρ'越高曲率延性越好；受拉钢筋配筋率 ρ=0.0125 配以同等受压钢筋配筋率时的延性最好；此外对单筋梁，受拉钢筋配筋率$\rho=0.0125$时的曲率延性比$\rho=0.0375$要好。

理论计算显示，当受压钢筋配筋率取受拉钢筋配筋率的0.5倍时，曲率延性大致增加1倍，如图4-68所示的双筋梁；而当受压钢筋配筋率取受拉钢筋配筋率的0.3倍时，曲率延性大致平均增加45%。

与受压钢筋作用类似的还有框架梁正截面的受压翼缘（受压区的现浇楼板可参与梁的受弯）。需要注意的是，在框架梁端部截面，翼缘在梁的上部，对于控制该截面的负弯矩来说，该翼缘位于受拉区对改善延性没有影响。

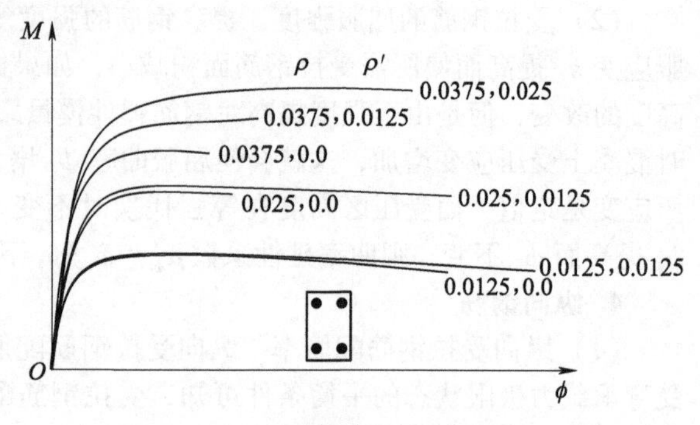

图4-68 双筋矩形截面梁的M-ϕ关系

5. 箍筋间距

在保证箍筋不被拉断的情况下，箍筋间距比较密时会对混凝土形成约束，从而提高混凝土的极限压应变值ε_{cu}。从图4-65可以看出，ε_{cu}的提高使截面的极限曲率ϕ_u提高，而ϕ_y不受影响，故曲率延性系数得以提高。这就可以有效增加塑性铰的转动能力，保证在强震中受压边缘混凝土不被压碎从而实现预定的耗能目标。

这些因素和原理以及关联概念应用在梁、柱的设计中具体落实，将在4.7节和4.8节中继续讨论。

4.7 框架梁的截面设计与构造要求

4.7.1 提高框架梁延性的措施

框架梁是延性框架设计中的重要耗能构件。对框架梁特别是塑性铰区采取措施切实保证框架梁的延性非常重要。抗震设计中，对框架梁采用的延性措施主要如下：

1）在梁端设置塑性铰，并使之获得一定的转动能力。

2）设置箍筋加密区，提高对塑性铰区混凝土的约束能力。

3）选择适宜的截面尺寸，合理控制配筋率，防止超筋破坏。

4）严格控制剪跨比，防止出现剪切破坏形态。

5）梁的支座应配置适量的受压钢筋（形成双筋截面），或采用T形截面，降低受压区高度，保证塑性铰转动能力。

6）适当提高混凝土强度等级，不宜使用高强度等级钢筋。

4.7.2 框架梁截面尺寸的确定

框架梁截面尺寸是影响其受力与变形性能的重要因素。《抗规》指出，混凝土结构应控制截面尺寸，防止剪切破坏先于弯曲破坏，防止混凝土压溃先于受拉钢筋屈服。参照《高规》等规定，框架梁选取截面尺寸一般可从以下几个方面来考虑：

1. 刚度要求

为了方便工程设计，梁正常使用的变形验算通常可以通过限制梁的高跨比h_b/l_0不宜太小来间接代替。《高规》规定对于框架梁的梁高可按照高跨比$h_b/l_0=(1/18\sim1/10)$来确定，当竖向荷载较大时可以选择高跨比的上限1/10，这里l_0为框架梁的计算跨度。也就是说梁高h_b不小于$l_0/18\sim l_0/10$。这样确定的框架梁截面高度为梁高的下限，如此梁高在一般情况下应可以满足挠度验算（也就是梁抗弯刚度）的要求。

为了降低层高或提高室内净空而选用较小梁高或采用扁梁时，如梁高小于$l_0/18$，一般应通过变形验算来满足刚度和裂缝宽度的有关要求。

2. 受力要求

为保证框架梁在承载能力极限状态下受弯曲破坏形态控制，梁的净跨与截面高度之比 l_n/h_b 不宜小于 4，也就是说梁高 h_b 宜不大于 $l_n/4$，这是梁高的上限。这是因为梁的跨高比 l_n/h_b 对梁的抗震性能有明显的影响，随着跨高比的减小，剪力的影响加大，剪切变形占全部位移的比例也加大。当 $h_b>l_n/4$ 时，在水平往复荷载作用下，交叉斜裂缝将沿梁的全跨发展，从而使梁的延性降低。试验结果表明，当梁高进一步增加到 $h_b>l_n/2$ 时，极易发生以斜裂缝为特征的剪切破坏形态，而一旦主斜裂缝形成，梁的承载力就会急剧下降，从而呈现出极差的延性性能。当梁的跨度较小，而梁的设计内力较大时，宜首先考虑加大梁的截面宽度，这样虽然会增加梁的纵向钢筋用量，但对提高梁的延性却是有利的。

3. 构造要求

《混凝土结构通用规范》（GB 55008—2021）4.4.4 条规定，矩形截面框架梁的截面宽度不小于 200mm。

《高规》规定梁的截面宽度 b_b 不宜小于 200mm，同时不宜小于截面高度的 1/4，即 $b_b \geqslant h_b/4$ 且 $b_b \geqslant 200\text{mm}$。因为在地震作用下，梁端塑性铰区的混凝土容易剥落，如果梁的截面宽度过小，会使截面承载力产生较大损失。如果 $b_b<h_b/4$ 则形成狭而高的梁截面，不利于对混凝土的约束。

此外，为了提高梁对节点核心区混凝土的约束，提高其受剪承载力，梁宽不宜小于柱宽的 1/2，即 $b_b \geqslant b_c/2$。

现浇梁板结构中，从受力合理的角度以及方便布置钢筋，框架梁的高度通常大于次梁的高度。当框架梁底部为单排纵向钢筋时，框架梁至少高出次梁 50mm，当采用双排纵向钢筋或在次梁处布置横向吊筋时，框架梁宜高出次梁不少于 100mm。

当梁的高度不大于 800mm 时，梁高通常取 50mm 的倍数；梁高大于 800mm 时，梁高取 100mm 的倍数；梁宽在 250mm 以上时，通常取 50mm 的倍数。

当采用扁梁时，楼板应现浇。扁梁高度 h_b 可按（1/22～1/16）l_b 确定，扁梁宽度 b_b 及高度 h_b 还应符合下式要求：

$$\begin{cases} b_b \leqslant 2b_c \\ b_b \leqslant b_c + h_b \\ h_b \geqslant 16d \end{cases} \tag{4-58}$$

式中　b_c——柱截面宽度；

b_b、h_b——梁截面宽度和高度；

d——框架柱的纵向钢筋直径。

4. 斜截面抗剪最小尺寸要求（剪压比要求）

受剪承载力验算时，框架梁截面尺寸不能过小，否则可能会因为箍筋超限而出现箍筋尚未达到屈服而混凝土被压碎的情况，也就是出现斜压破坏，这属于斜截面的超筋破坏，因此要限制截面最小尺寸或限制剪力最大值。较小的截面尺寸还可能造成在使用阶段截面平均剪应力 $[V/(bh_0)]$ 过大而使得斜裂缝宽度超限，因此要限制剪压比（截面平均剪应力与混凝土轴心抗压强度之比）。

《高规》规定，框架梁截面剪力设计值应满足下列要求：

1）持久、短暂设计状况：

$$V_b \leqslant 0.25\beta_c f_c b_b h_{b0} \tag{4-59a}$$

2）地震设计状况：

① 跨高比 $l_0/h_b>2.5$ 的梁：

$$V_b \leqslant \frac{1}{\gamma_{RE}} 0.2\beta_c f_c b_b h_{b0} \tag{4-59b}$$

② 跨高比 $l_0/h_b \leqslant 2.5$ 的梁：

$$V_b \leqslant \frac{1}{\gamma_{RE}} 0.15\beta_c f_c b_b h_{b0} \tag{4-59c}$$

式中　V_b——框架梁剪力设计值；

f_c——混凝土轴心抗压强度设计值；

b_b、h_{b0}——框架梁截面宽度和梁截面有效高度，b_b 对工字形截面、T 形截面取腹板宽度；

γ_{RE}——承载力抗震调整系数，受剪承载力计算取 0.85；

β_c——混凝土强度影响系数，当混凝土强度等级不大于 C50 时取 1.0，当混凝土强度等级为 C80 时取 0.8，当混凝土强度等级在 C50~C80 之间时按线性内插取用。

V_b/bh_0 为梁截面的平均剪应力或称“名义剪应力”，它与混凝土轴心抗压强度设计值 f_c 之比即为框架梁截面的剪压比。试验表明，高跨比 h_b/l_0 越大，梁端塑性铰区就越大。梁塑性铰区大的截面，剪压比对梁的延性、耗能能力有明显的影响。当剪压比大于 0.15 时，梁的强度和刚度有明显的退化现象，剪压比越大则混凝土退化越早越快，这时增加箍筋用量已不能发挥作用。因此必须限制截面剪压比。

5. 正截面受压区高度限制

（1）梁端受压区高度限制　前述曲率延性影响因素的分析中已指出，受拉钢筋配筋率的提高使屈服曲率增加而极限曲率降低，从而导致延性下降。受拉钢筋配筋率可通过限制截面受压区高度来控制。试验表明，当控制截面相对受压区高度 x/h_0 在 0.20~0.35 之间时，梁的位移延性系数可达 3~4。由于梁的塑性铰区是提高框架结构延性的关键，故抗震设计时，为保证框架梁梁端塑性铰的转动能力，要求计入受压钢筋作用的梁端截面混凝土受压区高度与有效高度的比值满足以下要求：

一级抗震等级的框架：

$$x/h_0 \leqslant 0.25 \tag{4-60a}$$

二、三级抗震等级的框架：

$$x/h_0 \leqslant 0.35 \tag{4-60b}$$

式中　h_0——截面有效高度。

当梁端塑性铰区的受压区高度超限时，可以考虑通过增加受压钢筋配筋率予以改善。

（2）梁跨中截面受压区高度限制　众所周知，当受弯构件的受拉钢筋配置过多时，将会发生受拉钢筋不屈服而混凝土压碎的脆性破坏形态，在结构设计中，任何情况下都应防止超筋破坏。故对框架梁的跨中截面，要求正截面相对受压区高度要满足下式要求：

$$x/h_{b0} \leqslant \xi_b \tag{4-61a}$$

$$\xi_b = \frac{\beta_1}{1 + \dfrac{f_y}{E_s \varepsilon_{cu}}} \tag{4-61b}$$

式中　ξ_b——界限相对受压区高度；

ε_{cu}——混凝土极限压应变，C50 以下取 0.0033，C50 以上取 $\varepsilon_{cu} = 0.0033 - (f_{cu,k} - 50) \times 10^{-5}$；

β_1——等效矩形应力图形系数，对 C50 及 C50 以下的中低强度等级混凝土，$\beta_1 = 0.8$，当混凝土强度等级为 C80 时，取 $\beta_1 = 0.74$，混凝土强度等级在 C50~C80 之间时，β_1 值由线性内插法确定。

梁的跨中截面如果不满足式（4-61）的要求，一般应加大截面尺寸。在对框架梁进行初步设计时，可以通过近似估算框架梁弯矩计算 x 并加以判断。

4.7.3　框架梁截面承载力验算

1. 框架梁正截面承载力计算

（1）弯矩设计值　框架梁正截面承载力验算时，弯矩设计值 M 采用4.5.4节中组合计算的结果，分别见式（4-46）~式（4-48）。跨中正截面的弯矩设计值不应低于竖向荷载作用下按简支梁计算的跨中弯矩设计值的50%。

（2）梁正截面承载力计算　对于矩形截面以及翼缘位于受拉区的倒T形截面，梁正截面承载力计算公式为

$$\alpha_1 f_c b_b x = f_y A_s - f'_y A'_s \tag{4-62a}$$

$$M \leqslant \alpha_1 f_c b_b x\left(h_0 - \frac{x}{2}\right) + f'_y A'_s (h_{b0} - a'_s) \tag{4-62b}$$

式中　A_s、A'_s——受拉区和受压区的纵向受力钢筋截面面积；

f_y、f'_y——受拉钢筋和受压钢筋的强度设计值；

x——截面受压区高度，对梁端和跨中截面需分别满足式（4-60）和式（4-61）的要求；

a'_s——受压钢筋合力点至受压边缘的距离；

α_1——受压区混凝土矩形等效应力图形的应力换算系数，对C50以下混凝土取 $\alpha_1=1$，C80混凝土取 $\alpha_1=0.94$，在C50~C80之间的混凝土，α_1 由线性内插法确定。

对于支座以及跨中正弯矩截面，当希望利用混凝土受压翼缘时，可按照《混规》6.2.11条的规定计算。当按照单筋截面计算时，式（4-62）中取 $A'_s=0$。

在框架梁正截面承载力设计时，梁端承受 $\pm M$，通常可分别用 $+M$ 和 $-M$ 按照单筋截面计算下部和上部纵向受力钢筋。也可将 $+M$ 对应的纵向受力钢筋作为 A'_s，按照已知受压钢筋 A'_s 求解上部钢筋 A_s，这种做法会更经济些。

（3）抗震设计对梁端截面纵向钢筋面积的要求　抗震设计时，梁端下部应配置一定数量的纵向钢筋，该钢筋有利于提高负弯矩时塑性铰的转动能力。梁端截面的底面和顶面纵向钢筋截面面积的比值（$A_s^{下}/A_s^{上}$），除按计算确定外，抗震设计等级为一级时不应小于0.5，二、三级抗震时不应小于0.3：

$$\frac{A_s^{下}}{A_s^{上}} \geqslant \begin{cases} 0.5 & 一级抗震 \\ 0.3 & 二、三级抗震 \end{cases} \tag{4-63}$$

2. 框架梁斜截面受剪承载力验算

（1）框架梁剪力设计值　框架结构抗震设计中应力求做到在地震作用下的框架呈现梁铰型延性机构。为减小梁端塑性铰区发生脆性剪切破坏的可能性，设计中规定框架梁梁端的斜截面受剪承载力应高于相应的正截面受弯承载力，即“强剪弱弯”。

抗震设计时，框架梁端部截面组合的剪力设计值 V_b，一、二、三级抗震等级的框架应按下列公式计算，四级可直接取考虑地震作用组合的剪力计算值。

1）一级框架结构及9度时的框架：

$$V_b = 1.1\frac{(M_{bua}^{l} + M_{bua}^{r})}{l_n} + V_{Gb} \tag{4-64a}$$

2）其他情况：

$$V_b = \eta_{vb}\frac{(M_b^{l} + M_b^{r})}{l_n} + V_{Gb} \tag{4-64b}$$

式中　η_{vb}——梁剪力增大系数，一、二、三级分别取1.3、1.2和1.1，四级取1.0；

l_n——梁的净跨；

V_{Gb}——梁在重力荷载代表值（9 度时还应包括竖向地震作用标准值）作用下，按简支梁分析的梁端截面剪力设计值；

M_b^l、M_b^r——梁左、右端逆时针或顺时针方向截面组合的弯矩设计值，当抗震等级为一级且梁两端弯矩均为负弯矩时，绝对值较小一端的弯矩应取零；

M_{bua}^l、M_{bua}^r——梁左、右端逆时针或顺时针方向实配的正截面抗震受弯承载力所对应的弯矩值，根据实配钢筋面积（计入受压钢筋，包括有效翼缘宽度范围内的楼板钢筋）和材料强度标准值并考虑承载力抗震调整系数 γ_{RE} 计算，可近似取：

$$M_{bua}=\frac{f_{yk}A_s(h_{b0}-a_s')}{\gamma_{RE}} \tag{4-65}$$

对于非抗震设计以及抗震设计时塑性铰区之外的截面，剪力设计值取弹性内力计算组合的结果。

（2）框架梁斜截面受剪承载力验算　抗震设计时，由于弯起钢筋的抗剪是单向的，故框架梁一般采用箍筋抗剪。框架梁斜截面受剪承载力按《混规》的有关规定进行计算。

1）考虑地震作用组合的矩形、T 形和工字形截面框架梁，斜截面受剪承载力验算：

$$V_b \leqslant \frac{1}{\gamma_{RE}}\left(0.6\alpha_{cv}f_t b_b h_{b0}+f_{yv}\frac{A_{sv}}{s}h_{b0}\right) \tag{4-66a}$$

2）无震组合时，仅配箍筋的矩形、T 形和工字形截面框架梁，斜截面受剪承载力验算：

$$V_b \leqslant \alpha_{cv}f_t b_b h_{b0}+f_{yv}\frac{A_{sv}}{s}h_{b0} \tag{4-66b}$$

式中　α_{cv}——截面混凝土受剪承载力系数，对一般受弯构件取 0.7，对集中荷载作用下（集中力产生的剪力占总剪力的 75% 以上）的独立梁取 $\alpha_{cv}=1.75/(\lambda+1)$，其中，$\lambda$ 为计算截面剪跨比，$\lambda=a/h_0$，λ 的取值范围为 1.5~3；

s——沿构件长度方向的箍筋间距；

A_{sv}——同一截面内箍筋各肢的全部截面面积，即 $A_{sv}=nA_{sv1}$，n 为箍筋肢数；

f_{yv}——箍筋的抗拉强度设计值；

f_t——混凝土轴心抗拉强度设计值；

b_b、h_{b0}——梁截面宽度和截面有效高度，需满足斜截面最小截面尺寸的要求，见式（4-59）。

4.7.4　框架梁纵向受力钢筋的构造要求

1. 框架梁纵向受拉钢筋的最小配筋率 ρ_{min}

少筋破坏为脆性破坏，应加以限制。梁纵向受拉钢筋配筋率不应小于表 4-18 规定的数值。

表 4-18　梁纵向受拉钢筋最小配筋率 ρ_{min}　（%）

抗震等级	位置	
	支座［取较大值］	跨中［取较大值］
一	0.40 和 $80f_t/f_y$	0.30 和 $65f_t/f_y$
二	0.30 和 $65f_t/f_y$	0.25 和 $55f_t/f_y$
三、四	0.25 和 $55f_t/f_y$	0.20 和 $45f_t/f_y$
非抗震	0.20 和 $45f_t/f_y$	0.20 和 $45f_t/f_y$

2. 梁端纵向受拉钢筋的最大配筋率

较大的受拉钢筋配筋率会显著降低梁的曲率延性，而受压钢筋可以使延性提高；如图 4-67 所示，ρ=2.5% 的单筋梁的曲率延性 μ_ϕ 大致为 1.4，而设置 50%ρ 的受压钢筋使 μ_ϕ 增加到 3.0，相当

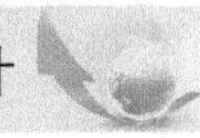

于$\rho=1.35\%$的单筋梁。

为提高延性和端部塑性铰转动能力并避免梁顶面纵向钢筋过密导致施工困难，规范规定，抗震设计时，梁端纵向受拉钢筋的配筋率不宜大于2.5%，不应大于2.75%；当梁端受拉钢筋的配筋率大于2.5%时，受压钢筋的配筋率不应小于受拉钢筋的50%。

3. 框架梁纵向受力钢筋的布置

1）纵向钢筋的要求。由于框架梁的反弯点的位置具有一定的不确定性，故要求沿框架梁全长顶面和底面最少配置两根纵向钢筋：

① 一、二级抗震设计时，钢筋直径应不小于14mm，且不小于梁两端顶面和底面纵向钢筋面积较大值的1/4。

② 三、四级抗震设计和非抗震设计时，钢筋直径应不小于12mm。

2）纵向钢筋直径的要求。为防止地震作用时，梁纵向钢筋出现滑移导致梁端塑性铰进入节点区，对一、二、三级抗震等级的框架梁内贯通中柱的每根纵向钢筋的直径，对矩形截面柱，不宜大于柱在该方向截面尺寸的1/20；对圆形截面柱，不宜大于纵向钢筋所在位置柱截面弦长的1/20。

3）梁跨中截面的上部钢筋可以不与支座钢筋连续，而另外配置。可以与支座钢筋采用搭接，搭接长度为l_{aE}，非抗震设计取l_a。$l_{a(E)}$按跨中上部钢筋直径计算。

4. 纵向受力钢筋的锚固要求

（1）纵向受力钢筋的锚固长度

1）非抗震设计纵向受拉钢筋的最小锚固长度应取l_a，详见《混规》8.3.1节。

2）抗震设计时纵向受拉钢筋的最小锚固长度应取l_{aE}，最小锚固长度应按下列各式采用：

一、二级抗震等级　　$l_{aE}=1.15l_a$

三级抗震等级　　$l_{aE}=1.05l_a$

四级抗震等级　　$l_{aE}=1.00l_a$

式中　l_{aE}——抗震设计时纵向受拉钢筋的最小锚固长度（mm）；

l_a——受拉钢筋的锚固长度（mm），见《混规》8.3.1条取值。

（2）框架梁纵向受力钢筋的锚固

1）非抗震设计时框架梁纵向钢筋的锚固如图4-69所示，具体要求如下：

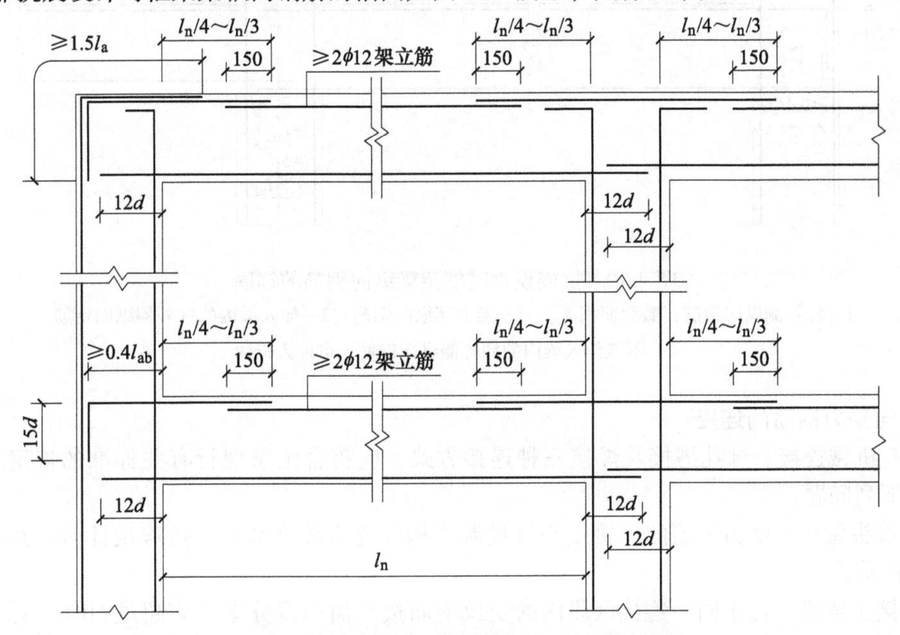

图4-69　非抗震设计时框架梁纵向钢筋的锚固

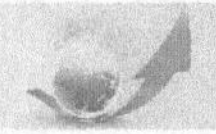

① 梁上部纵向钢筋伸入端节点的锚固长度，直线锚固时不应小于 l_a，且伸过柱中心线的长度不宜小于5d（d为梁纵向钢筋直径）；当柱截面尺寸不足时，梁上部纵向钢筋应伸至节点对边并向下弯折，弯折水平段的投影长度不应小于0.4l_{ab}（l_{ab}为受拉钢筋基本锚固长度），弯折后竖直投影长度不应小于15d。

② 当计算中不利用梁下部纵向钢筋的强度时，其伸入节点内的锚固长度应取不小于12d。当计算中充分利用梁下部钢筋的抗拉强度时，梁下部纵向钢筋可采用直线方式或向上90°弯折方式锚固于节点内，直线锚固时的锚固长度不应小于 l_a；弯折锚固时，弯折水平段的投影长度不应小于0.4l_{ab}，弯折后竖直投影长度不应小于15d。

2）抗震设计时框架梁纵向钢筋的锚固如图4-70所示，具体要求如下：

① 顶层端节点处，梁上部纵向钢筋可与柱外侧纵向钢筋搭接，搭接长度不应小于1.5l_{aE}

② 梁上部纵向钢筋伸入端节点的锚固长度，直线锚固时不应小于 l_{aE}，且伸过柱中心线的长度不应小于5d（d为梁纵向钢筋直径）；当柱截面尺寸不足时，梁上部纵向钢筋应伸至节点对边并向下弯折，锚固端弯折前的水平投影长度不应小于0.4l_{abE}，（l_{abE}为抗震时钢筋的基本锚固长度），一、二级取1.15l_{ab}，三、四级分别取1.05l_{ab}和1.0l_{ab}。弯折后的竖直投影长度应取15d。

③ 梁下部纵向钢筋的锚固与梁上部纵向钢筋相同，但采用90°弯折方式锚固时，竖直段应向上弯入节点内。

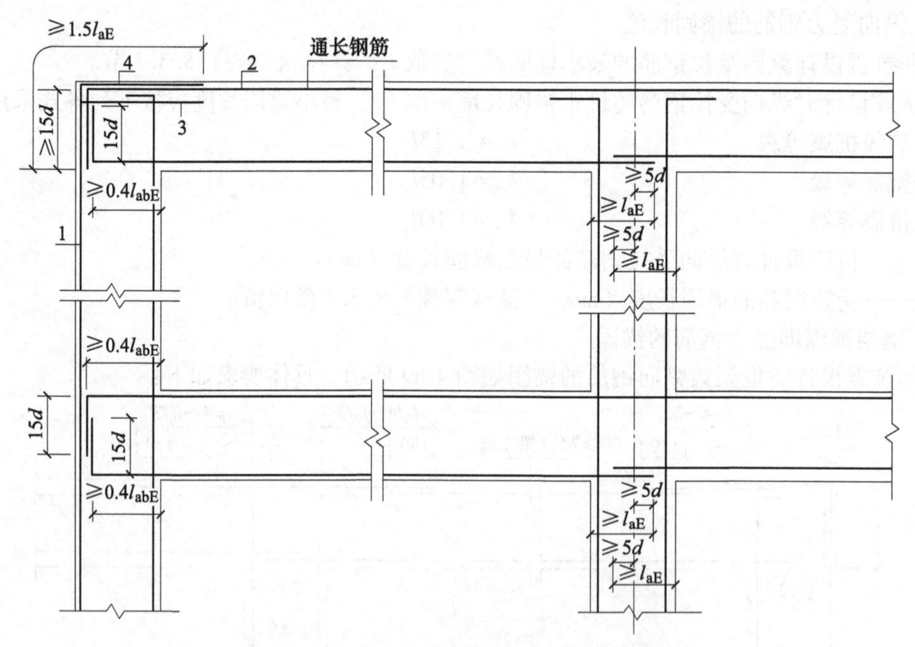

图4-70 抗震设计时框架梁纵向钢筋的锚固

1—柱外侧纵向钢筋，截面面积 A_{cs} 2—梁上部纵向钢筋 3—伸入梁内的柱外侧纵向钢筋

4—不能伸入梁内的柱外侧纵向钢筋，可伸入板内

5. 纵向受力钢筋的连接

钢筋有机械连接、绑扎搭接及焊接三种连接方式，应符合国家现行有关标准的规定。钢筋连接需注意下列问题：

（1）接头位置 受力钢筋的连接接头宜设置在构件受力较小部位，抗震设计时，宜避开梁端箍筋加密区范围。

（2）接头数量 位于同一连接区段内的受拉钢筋接头面积百分率不宜超过50%。对非抗震设计，采用搭接接头时允许在构件同一截面100%搭接，但搭接长度应适当加长。

（3）连接方法　钢筋连接可采用机械连接、绑扎搭接或焊接。因为焊接质量较难保证且接头脆性难以避免，对于结构的关键部位，钢筋的连接宜采用机械连接，不宜采用焊接。具体要求如下：

1）机械连接。

① 当接头位置无法避开梁端、柱端箍筋加密区等受力关键部位时，应采用机械连接接头，且钢筋接头面积百分率不应超过50%。

② 框支梁的纵向受力钢筋宜采用机械连接接头。

③ 一级抗震等级框架梁的纵向受力钢筋宜采用机械连接接头。

机械接头一般有等强与不等强两种（A级与B级），这两种接头在抗震设计中皆可应用。当接头必须设在构件受力较大部位（例如构件箍筋加密区）时，或必须在同一截面100%接头时，应选用等强接头。当接头可以避开受力较大部位，并能错开接头，一次只接50%时，可以选用不等强接头（如锥螺纹接头）。

2）绑扎搭接。绑扎搭接也是一种较好的钢筋接头方法，而且往往是比较省工的方法。从以往工程实践来看，只要注意选择正确的接头部位，有足够的搭接长度，搭接部位箍筋间距加密，有足够的混凝土强度，则绑扎搭接的质量是可以保证的。搭接的缺点如下：

① 在抗震构件的内力较大部位，承受反复荷载时，有滑动的可能。

② 在构件较密集部位，采用搭接方法将使浇捣混凝土很困难。

所以，在梁、柱节点处梁下部钢筋的搭接接头可以设在节点以外。搭接接头宜避开梁的箍筋加密区；对于柱子，搭接接头宜设置在柱中间1/3长度范围内。

搭接接头的相关规定如下：

① 受拉钢筋直径大于25mm、受压钢筋直径大于28mm时，不宜采用绑扎搭接接头。

② 抗震等级为二、三、四级时可采用绑扎搭接接头。

③ 绑扎搭接接头的搭接长度：

非抗震设计时搭接长度按下式计算且不小于300mm：

$$l_l = \zeta l_a \tag{4-67a}$$

抗震设计时搭接长度不应小于下式的计算值：

$$l_{lE} = \zeta l_{aE} \tag{4-67b}$$

式中　l_l——受拉钢筋的搭接长度（mm）；

l_{lE}——抗震设计时受拉钢筋的搭接长度（mm）；

ζ——纵向受拉钢筋搭接长度修正系数，见表4-19。

表4-19　纵向受拉钢筋搭接长度修正系数

同一连接区段内搭接钢筋面积百分率（%）	≤25	50	100
纵向受拉钢筋搭接长度修正系数ζ	1.2	1.4	1.6

在钢筋搭接长度范围内应配置箍筋，要求见4.7.5节。

3）焊接。过去对于构件的关键部位，钢筋的连接皆要求焊接，现在改为要求用机械连接。这是因为焊接质量较难保证，而机械连接技术已比较成熟，质量和性能比较稳定。

① 因为焊接时钢筋变脆，不利于抗震，故纵向钢筋不应与箍筋、拉结筋及预埋件等焊接。

② 二、三、四级可采用焊接接头。

4.7.5　框架梁箍筋的构造要求

1. 抗震设计的箍筋要求

1）箍筋加密区　抗震设计时，在塑性铰区配置足够的封闭式箍筋，可提高塑性铰区内混凝土的极限压应变，对提高塑性铰的转动能力十分有效；还可以防止梁的纵向受压钢筋过早压曲，并阻止斜裂缝开展。所以，在框架梁端塑性铰区范围内的箍筋必须加密；为了保证封闭箍筋的抗拉能力，箍筋直径不能太小；箍筋加密区的长度应能覆盖梁端塑性铰区的长度，如图4-71所示。

① 梁端箍筋的加密区长度、箍筋最大间距和最小直径应符合表4-20的要求；当梁端纵向钢筋配筋率大于2%时，表中箍筋最小直径应增大2mm。

表4-20　梁端箍筋的加密区长度、箍筋最大间距和最小直径

抗震等级	加密区长度（取大）/mm	箍筋最大间距（取小）/mm	箍筋最小直径/mm
一	$2.0h_b$，500	$h_b/4$，$6d$，100	10
二	$1.5h_b$，500	$h_b/4$，$8d$，100	8
三	$1.5h_b$，500	$h_b/4$，$8d$，150	8
四	$1.5h_b$，500	$h_b/4$，$8d$，150	6

注：1. d 为梁的纵向钢筋直径，h_b 为梁截面高度。

2. 一、二级抗震等级框架梁，当箍筋直径大于12mm、肢数不少于4肢且肢距不大于150mm时，箍筋加密区最大间距可适当放松，但不应大于150mm。

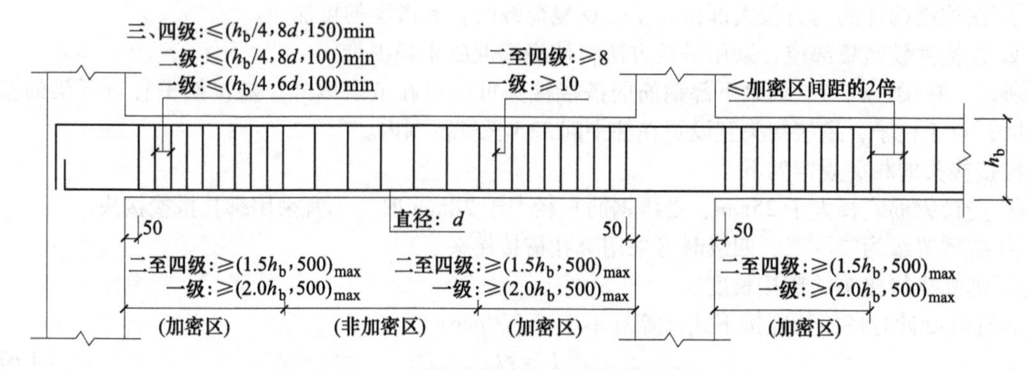

图4-71　一至四级抗震等级的框架梁箍筋加密区

② 箍筋加密区范围内的箍筋肢距：

a. 一级不宜大于200mm和20倍箍筋直径 d_{sv} 的较大值。

b. 二、三级不宜大于250mm和20倍箍筋直径 d_{sv} 的较大值。

c. 四级不宜大于300mm。

2）框架梁非加密区箍筋最大间距不宜大于加密区箍筋间距的2倍。

3）抗震设计时，箍筋末端应有135°弯钩，弯钩端头直段长度不应小于10倍的箍筋直径和75mm的较大值。

4）框架梁沿梁全长箍筋的面积配筋率 ρ_{sv} 应符合下列要求：

$$\begin{cases} \rho_{sv} \geqslant 0.3f_t/f_{yv} & \text{一级抗震} \\ \rho_{sv} \geqslant 0.28f_t/f_{yv} & \text{二级抗震} \\ \rho_{sv} \geqslant 0.26f_t/f_{yv} & \text{三、四级抗震} \end{cases} \tag{4-68}$$

2. 非抗震设计框架梁的箍筋要求

非抗震设计时，框架梁的箍筋尚应符合下列构造要求：

（1）箍筋位置　应沿梁全长设置箍筋，第一个箍筋应设置在距支座边缘50mm处。

（2）箍筋直径

1）梁高 h_b 大于800mm时，箍筋直径不宜小于8mm。

2）梁高 h_b 不大于800mm时，箍筋直径不应小于6mm。

3）在受力钢筋搭接长度范围内，箍筋直径不应小于搭接钢筋最大直径的1/4。

4）当梁中配有计算需要的纵向受压钢筋时，箍筋直径不应小于纵向受压钢筋最大直径的1/4。

（3）箍筋间距

1）框架梁的箍筋间距不应大于表4-21的规定。

表4-21　非抗震设计梁箍筋最大间距　（单位：mm）

h_b/mm	$V_b > 0.7f_t b_b h_{b0}$	$V_b \leqslant 0.7f_t b_b h_{b0}$
$h_b \leqslant 300$	150	200
$300 < h_b \leqslant 500$	200	300
$500 < h_b \leqslant 800$	250	350
$h_b > 800$	300	400

2）在纵向受拉钢筋的搭接长度范围内，箍筋间距尚不应大于搭接钢筋较小直径的5倍，且不应大于100mm；在纵向受压钢筋的搭接长度范围内，箍筋间距尚不应大于搭接钢筋较小直径的10倍，且不应大于200mm。

3）当梁中配有计算需要的纵向受压钢筋时，箍筋间距不应大于15d（d为纵向受压纵筋最小直径）且不应大于400mm；当一层内的受压钢筋多于5根且直径大于18mm时，箍筋间距不应大于10d。

（4）箍筋形式

1）当梁中配有计算需要的纵向受压钢筋时，箍筋应做成封闭式。

2）当梁截面宽度大于400mm且一层内的纵向受压钢筋多于3根时，或当梁截面宽度不大于400mm但一层内的纵向受压钢筋多于4根时，应设置复合箍筋。

（5）配箍率

1）承受弯矩和剪力的梁，当梁的剪力设计值$V_b > 0.7f_t b_b h_{b0}$时，箍筋的面积配筋率应符合下式规定：

$$\rho_{sv} \geqslant 0.24f_t/f_{yv} \tag{4-69a}$$

2）承受弯矩、剪力和扭矩的梁，当梁的剪力设计值$V_b > 0.7f_t b_b h_{b0}$时，箍筋的面积配筋率和受扭纵向钢筋的面积配筋率应符合下列公式规定：

$$\rho_{sv} \geqslant 0.28f_t/f_{yv} \tag{4-69b}$$

$$\rho_{tl} \geqslant 0.6\sqrt{\frac{T}{V_b b}}f_t/f_{yv} \tag{4-69c}$$

式中　T、V_b——扭矩、剪力设计值，当$T/V_b b$大于2.0时，取2.0；

ρ_{tl}、b——受扭纵向钢筋的面积配筋率、梁宽；

f_t、f_{yv}——混凝土的轴心抗拉强度设计值和箍筋的抗拉强度设计值。

4.7.6　梁上开洞的钢筋构造

框架梁上开洞时，洞口位置宜位于梁跨中1/3区段，洞口高度不应大于梁高的40%；开洞较大时应进行承载力验算。

梁上洞口周边应配置附加纵向钢筋和箍筋（图4-72），并应符合计算及构造要求。

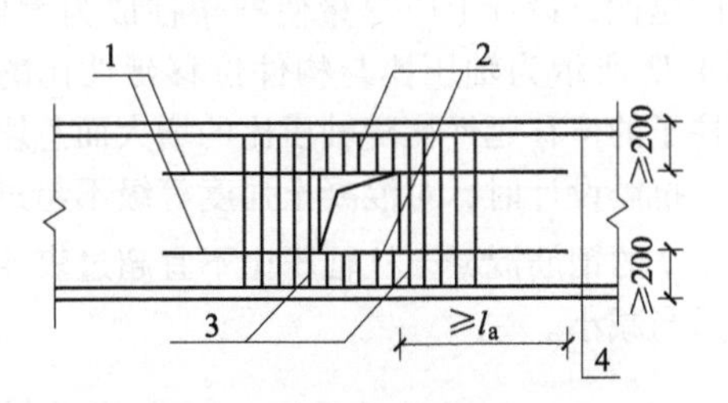

图4-72　梁上洞口周边配筋构造

1—洞口上、下附加纵向钢筋　2—洞口上、下附加箍筋

3—洞口两侧附加箍筋　4—梁纵向钢筋

l_a—受拉钢筋的锚固长度

4.8 框架柱的截面设计与构造要求

4.8.1 框架柱的延性措施

影响框架柱延性的主要指标有剪跨比、轴压比、剪压比。在设计中还要注意设计为大偏心受压构件；对柱端箍筋加密；采用复合箍筋加强对混凝土的约束，以及提高箍筋对混凝土的约束；提高柱子混凝土强度等级，采用双向纵向钢筋布置，采用中低级钢筋。

1. 控制剪跨比

构件剪跨比的定义为

$$\lambda = \frac{M_c}{V_c h_{c0}} \tag{4-70}$$

式中 M_c——柱端截面的组合弯矩设计值；可取上、下端的较大值；

V_c——柱端截面与组合弯矩计算值对应的组合剪力设计值；

h_{c0}——框架柱在计算方向的截面有效高度。

剪跨比反映了正应力与剪应力的相对大小，剪跨比越大，越容易发生弯曲型的破坏，从而避免剪切破坏的脆性降低梁的延性。框架柱的剪跨比宜大于2。当剪跨比 $\lambda \geqslant 2$ 时为长柱，柱子的破坏为压弯形态的延性破坏；当剪跨比 $1.5 \leqslant \lambda < 2$ 时为短柱，破坏以剪切为主；当剪跨比 $\lambda < 1.5$ 时为极短柱，柱的破坏形态为脆性的剪切斜拉破坏，此时柱子抗震性能差，一般设计中应当尽量避免。如无法避免，则要采取特殊措施以保证其斜截面承载力。

2. 控制轴压比

轴压比是指考虑地震作用组合的柱子轴向压力设计值 N 与柱子全截面面积 $b_c h_c$ 和混凝土轴心抗压强度设计值 f_c 乘积的比值，即

$$\mu_N = \frac{N}{f_c b_c h_c} \tag{4-71}$$

构件破坏时的轴压比实际上反映了偏心受压构件的破坏特征。当轴压比较小时，柱截面受压区高度 x 较小，构件的破坏接近受拉钢筋可屈服的受拉破坏形态（大偏心受压），破坏时有较大变形。轴压比较大时，柱截面受压区高度 x 较大，承载能力极限状态下受拉钢筋（或压应力较小侧的钢筋）并未达到受拉屈服状态而产生混凝土压碎，属于受压破坏形态（小偏心受压）。为了保证框架结构的延性，设计上应尽量使框架柱成为大偏心受力构件。图4-73所示为轴压比与构件位移延性比的关系，可以看出柱子的位移延性比随轴压比的增大而急剧下降。

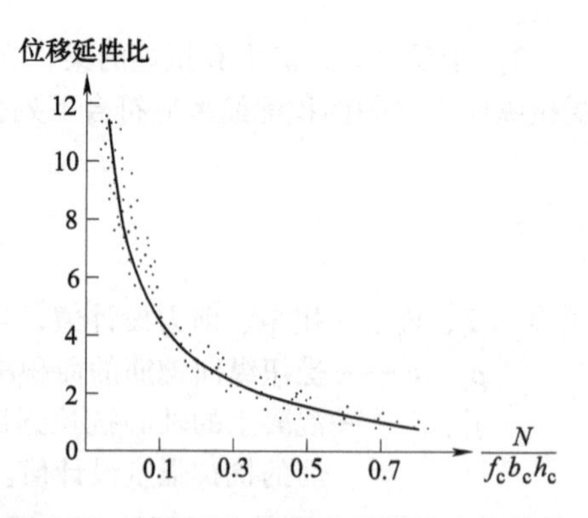

图4-73 轴压比与构件位移延性比的关系

抗震设计时，对混凝土强度等级不超过C60且剪跨比大于2的钢筋混凝土柱轴压比不宜超过表4-22的限值。Ⅳ类场地上较高的高层建筑，轴压比限值应适当减小。

表4-22 柱子的轴压比限值

结构类型	抗震等级			
	一	二	三	四
框架	0.65	0.75	0.85	—

（续）

结构类型	抗震等级			
	一	二	三	四
框架-剪力墙、板柱-剪力墙、框架-核心筒、筒中筒结构	0.75	0.85	0.90	0.95
部分框支剪力墙	0.60	0.70	—	

1）以下情况轴压比限值予以减小：

① 当混凝土强度等级为 C65～C70 时，轴压比限值应比表中数值降低 0.05。

② 当混凝土强度等级为 C75～C80 时，轴压比限值应比表中数值降低 0.10。

③ 剪跨比不大于 2 但不小于 1.5 的柱，其轴压比限值应比表中数值减小 0.05。

④ 剪跨比小于 1.5 的柱，其轴压比限值应专门研究并采取特殊构造措施。

2）以下情况轴压比限值予以增加：

① 当沿柱全高采用井字复合箍，箍筋间距不大于 100mm、肢距不大于 200mm、直径不小于 12mm 时，柱轴压比限值可增加 0.10。

② 当沿柱全高采用复合螺旋箍，箍筋螺距不大于 100mm、肢距不大于 200mm，直径不小于 12mm 时，柱轴压比限值可增加 0.10。

③ 当沿柱全高采用连续复合螺旋箍，且螺距不大于 80mm、肢距不大于 200mm、直径不小 10mm 时，轴压比限值可增加 0.10。

④ 当柱截面中部设置由附加纵向钢筋形成的芯柱，且附加纵向钢筋的截面面积不小于柱截面面积的 0.8%时，柱轴压比限值可增加 0.05。

3）调整后的柱轴压比限值不应大于 1.05。

3. 控制剪压比

框架柱的受剪截面应符合下列要求：

（1）持久、短暂设计状况

$$V_c \leqslant 0.25\beta_c f_c b_c h_{c0} \tag{4-72a}$$

（2）地震设计状况

剪跨比 λ 大于 2 的柱：

$$V_c \leqslant \frac{1}{\gamma_{RE}} 0.2\beta_c f_c b_c h_{c0} \tag{4-72b}$$

剪跨比 λ 不大于 2 的柱：

$$V_c \leqslant \frac{1}{\gamma_{RE}} 0.15\beta_c f_c b_c h_{c0} \tag{4-72c}$$

式中　V_c——柱端截面的剪力设计值；

β_c——混凝土强度影响系数；当混凝土强度等级不大于 C50 时取 1.0，当混凝土强度等级为 C80 时取 0.8，当混凝土强度等级在 C50～C80 之间时可按线性内插取用；

f_c——混凝土轴心抗压强度设计值；

b_c、h_{c0}——计算方向框架柱截面宽度和有效高度。

此规定用于限制柱受剪截面的最小截面尺寸，防止脆性破坏。

4. 箍筋约束

框架柱中箍筋的作用主要有三个：直接抗剪、约束受压钢筋以及约束混凝土。封闭箍筋约束受压钢筋防止其压曲是保证柱子承载力的前提，而箍筋对混凝土的约束可以提高混凝土的极限压应变，这直接关系到框架柱的延性和耗能能力。特别是在柱子延性指标不满足的情况下，采用箍筋加密约束混凝土是提高和改善延性的重要措施。

4.8.2 框架柱的截面尺寸

选择适当的截面尺寸是保证柱子具有良好工作性能的重要方面，宜从以下几方面确定：

1. 构造要求

《高规》6.4.1条规定，柱截面尺寸宜符合下列要求：

1）矩形截面柱的边长，非抗震设计时不宜小于250mm；抗震设计时，四级不宜小于300mm，一、二、三级时不宜小于400mm。

2）圆柱直径，非抗震和四级抗震设计时不宜小于350mm，一、二、三级时不宜小于450mm。

3）柱截面高宽比不宜大于3。从保证纵横方向均有足够的刚度的角度出发，高层框架柱截面高宽比控制在1.5以内更为合理。

《混凝土结构通用规范》（GB 55008—2021）4.4.4条规定，矩形截面框架柱的边长不小于300mm，圆形截面柱的直径不应小于350mm。

2. 剪跨比要求

在初步选择尺寸时，对剪跨比的要求可以通过以下方式近似转化为对截面尺寸的要求。

由于框架柱的弯矩以水平作用产生的弯矩为主，可近似取框架柱的反弯点在柱高的中点处，则框架柱的剪跨比可表达为

$$\lambda = M_c/(V_c h_{c0}) = \frac{V_c \dfrac{H_n}{2}}{V_c h_{c0}} = \frac{H_n}{2h_{c0}} \approx \frac{H_n}{2h_c} \tag{4-73}$$

式中 H_n——柱子净高，等于结构层高减去框架梁高；

h_c——框架柱在计算方向的截面边长。

《高规》要求柱剪跨比宜大于2，将这一要求代入式（4-73），则有 $H_n/h_c \geqslant 4$。也就是将剪跨比转换为柱长与截面长边尺寸之比。

通常将满足 $H_n/h_c \geqslant 4$ 的柱称为长柱；当 $3 \leqslant H_n/h_c < 4$ 称为短柱；而 $H_n/h_c < 3$ 的柱称为极短柱。

在初步设计阶段，短柱和极短柱会产生脆性剪切破坏，都是要尽量避免的，要尽量使柱子 H_n/h_c 不小于4，以保证使柱子设计为压弯延性构件。当然，一般情况下，满足此项规定而将柱子设计为长柱是有一定困难的，特别是在高层建筑中柱子截面较大并不易做到，当不满足剪跨比的要求时，可采用沿柱全高加密箍筋的办法来提高柱子的延性。

3. 满足剪压比要求

剪压比的意义如前所述，框架柱的剪压比应满足式（4-72）的要求。控制剪压比也就是控制剪切承载力验算时截面最小尺寸的限制，防止出现箍筋超过最大配箍率的情况，避免斜压破坏。

4. 轴压比要求

在4.8.1节中已讨论了轴压比对柱子延性的影响。由于柱子为压弯构件，其截面尺寸主要由轴力控制。在初步设计阶段确定结构的方案时，可以通过估算柱子轴力并使其满足轴压比的条件来确定柱子的截面尺寸，即

$$A_c = b_c h_c \geqslant \frac{N}{\mu_N f_c} \tag{4-74}$$

式中 μ_N——框架柱的轴压比，μ_N 不宜超过表4-22的限值；无震组合时取1；

f_c——混凝土轴心抗压强度设计值；

N——考虑地震作用的柱子轴向压力设计值。

在初步设计时，N 可按结构单位重力荷载对应的轴力并乘以水平力的增大作用近似估算：

$$N=\gamma_G \alpha SWn_s \tag{4-75}$$

式中 γ_G——重力荷载分项系数，可取1.3；

α——考虑地震作用的轴力放大系数，根据抗震设防烈度和柱子的位置可取1.05~1.2；

S——框架柱的楼面负荷面积；

W——单位建筑面积的竖向荷载，框架结构可取$12kN/m^2$；

n_s——柱子计算截面以上的楼层数。

4.8.3 框架柱正截面承载力计算

1. 强柱弱梁验算

由于框架柱的延性通常比梁的延性小，一旦框架柱形成塑性铰，就会产生较大的层间侧移并影响结构承受竖向荷载的能力，或者形成柱铰机制造成薄弱层破坏。因此，在框架柱的设计中，需要有目的地增大柱端弯矩设计值，体现“强柱弱梁”的设计概念。

抗震设计时，除顶层、柱轴压比小于0.15及框支梁、柱节点外，框架的梁、柱节点处考虑地震作用组合的柱端弯矩设计值应符合下列要求：

1）一级框架结构及9度时的框架：

$$\sum M_c = 1.2\sum M_{bua} \tag{4-76a}$$

2）其他情况：

$$\sum M_c = \eta_c \sum M_b \tag{4-76b}$$

式中 $\sum M_c$——节点上、下柱端截面顺时针或逆时针方向组合弯矩设计值之和。上、下柱端的弯矩设计值可按弹性分析的弯矩比例进行分配；

$\sum M_b$——节点左、右梁端截面逆时针或顺时针方向组合弯矩设计值之和。当抗震等级为一级且节点左、右梁端均为负弯矩时，绝对值较小的弯矩应取零；

$\sum M_{bua}$——节点左、右梁端逆时针或顺时针方向实配的正截面受弯承载力所对应的弯矩值之和，可根据实际配筋面积（计入受压钢筋和梁有效翼缘宽度范围内的楼板钢筋）和材料强度标准值并考虑承载力抗震调整系数计算；

η_c——柱端弯矩增大系数；对框架结构，二、三级分别取1.5和1.3；对其他结构中的框架，一、二、三、四级分别取1.4、1.2、1.1和1.1。

2. 抗震设计框架柱端弯矩调整

（1）底层柱脚弯矩调整　研究表明，框架结构的底层柱下端，在强震下不能避免出现塑性铰。为了提高抗震安全度，将框架结构底层柱下端弯矩设计值乘以增大系数，以加强底层柱下端的实际受弯承载力，推迟塑性铰的出现。抗震设计时，一、二、三级框架结构的底层柱底截面的弯矩设计值，应分别采用考虑地震作用组合的弯矩值与增大系数1.7、1.5和1.3的乘积。底层框架柱纵向钢筋应按上、下端的不利情况配置。

（2）角柱弯矩　抗震设计时，框架角柱应按双向偏心受力构件进行正截面承载力设计。考虑到框架角柱承受双向地震作用，扭转效应对内力影响较大，且受力复杂，在设计中应予以适当加强，因此对其弯矩设计值增大10%。具体做法是，对一、二、三、四级框架角柱经强柱弱梁及底层柱底调整后的弯矩应乘以不小于1.1的增大系数。

3. 框架柱正截面承载力验算

框架柱正截面承载力按《混规》的有关规定计算。考虑地震作用组合时，承载力应除以相应的承载力抗震调整系数γ_{RE}。

（1）框架柱的计算长度　梁、柱为刚接的框架结构，各层柱的计算长度l_0按表4-23取用。

表 4-23　框架结构各层柱的计算长度

楼盖类型	柱的类别	l_0
现浇楼盖	底层柱	$1.00H$
	其余各层柱	$1.25H$
装配式楼盖	底层柱	$1.25H$
	其余各层柱	$1.50H$

注：表中 H 为对底层柱从基础顶面到一层楼盖顶面的高度；对其余各层柱为上下两层楼盖顶面之间的距离。

（2）偏心受压框架柱的附加弯矩　对偏心受压柱，当满足以下条件时可不考虑附加弯矩影响：

$$l_0/i \leqslant 34 - 12\frac{M_1}{M_2} \tag{4-77}$$

式中　l_0——框架柱的计算长度，按表 4-23 选取；

i——偏心方向截面的回转半径，对矩形截面：

$$i = \sqrt{I/A} = \sqrt{h_c^2/12} \approx 3.5h_c \tag{4-78}$$

M_1、M_2——偏心受压柱上、下端顺时针或逆时针组合弯矩设计值，绝对值小者为 M_1，绝对值大者为 M_2，二者反号时以实际“+”“-”代入。

由于框架柱大部分组合弯矩呈现上下控制截面反号，即式（4-77）右侧式中“-”实为“+”，故式（4-77）右侧数值在 34~46 之间变化。将式（4-78）以及 $l_0=kH$ 代入式（4-77），则得到不考虑二阶弯矩的条件为：$H/h_c \leqslant 3.5\times(34\sim46)$。显然一般框架结构柱在偏心受压验算时，均不需考虑二阶效应。

（3）对称配筋矩形截面大偏心受压柱正截面承载力计算　矩形截面偏心受压柱正截面承载力计算见《混规》6.2.17。框架柱通常采用对称配筋方式，且通常应避免小偏心受力状态，故在此仅给出对称配筋大偏心受压构件承载力计算公式，即

$$x = \frac{N}{\alpha_1 f_c b_c h_{c0}} \tag{4-79a}$$

$$Ne \leqslant \alpha_1 f_c b x_c (h_{c0} - x/2) + f'_y A'_s (h_{c0} - a'_s) \tag{4-79b}$$

$$\left.\begin{aligned} e &= e_i + h_c/2 - a_s \\ e_i &= e_a + e_0 \end{aligned}\right. \tag{4-79c}$$

式中　N——框架柱组合轴力设计值，当考虑地震组合时以 $\gamma_{RE}N$ 代入，γ_{RE} 取 0.75；

x——截面受压区高度，对大偏心受力构件 $x \leqslant x_b h_{c0}$；

e——轴向压力作用点至受拉钢筋重心的距离；

e_i——初始偏心距；

e_0——轴向压力对截面重心的偏心距，取 M/N；

e_a——附加偏心距，$e_a = \max(20\text{mm}, h_c/30)$；

a_s——受拉钢筋重心到截面近边缘的距离；

b_c、h_{c0}——柱子截面宽度和截面有效高度；

A'_s——受压钢筋截面面积；

f_c——混凝土轴心抗压强度设计值；

f'_y——受压钢筋的强度设计值。

（4）对称配筋矩形截面大偏心受拉柱正截面承载力计算　根据《混规》规范建议，对称配筋

的大偏心受拉构件可不考虑混凝土受压区的影响，其承载力计算公式如下：

$$Ne' \leqslant f_y A_s (h_{c0} - a'_s) \tag{4-80a}$$

$$e' = e_0 - (h_c/2 - a'_s) \tag{4-80b}$$

式中　e'——轴向拉力作用点至受压钢筋重心的距离；

A_s——受拉钢筋截面面积；

f_y——受拉钢筋的强度设计值。

4.8.4　框架柱斜截面受剪承载力计算

1. 抗震设计框架柱剪力设计值

框架柱、框支柱设计时应满足“强剪弱弯”的要求。在设计中，需要有目的地增大柱子的剪力设计值。抗震设计的框架柱、框支柱端部截面的剪力设计值，一、二、三、四级时应按下列公式计算：

1）一级框架结构和9度时的框架：

$$V_c = 1.2(M^t_{cua} + M^b_{cua})/H_n \tag{4-81a}$$

2）其他情况：

$$V_c = \eta_{vc}(M^t_c + M^b_c)/H_n \tag{4-81b}$$

式中　M^t_c、M^b_c——柱上、下端顺时针或逆时针方向截面组合的弯矩设计值，应符合《高规》第6.2.1、6.2.2条的规定；

M^t_{cua}、M^b_{cua}——柱上、下端顺时针或逆时针方向实配的正截面抗震受弯承载力所对应的弯矩值，可根据实配钢筋面积、材料强度标准值和重力荷载代表值产生的轴向压力设计值并考虑承载力抗震调整系数计算；

H_n——柱的净高；

η_{vc}——柱端剪力增大系数，对框架结构，二、三级分别取1.3、1.2，对其他结构类型的框架，一、二级分别取1.4和1.2，三、四级均取1.1。

2. 框架柱斜截面受剪承载力验算

矩形截面偏心受压、偏心受拉框架柱，其斜截面受剪承载力应按下列公式计算：

1）持久、短暂设计状况：

$$\begin{cases} V_c \leqslant \dfrac{1.75}{\lambda + 1} f_t b_c h_{c0} + f_{yv} \dfrac{A_{sv}}{s} h_{c0} + 0.07N & \text{偏心受压} \\ V \leqslant \dfrac{1.75}{\lambda + 1} f_t b_c h_{c0} + f_{yv} \dfrac{A_{sv}}{s} h_{c0} - 0.2N & \text{偏心受拉} \end{cases} \tag{4-82a}$$

2）地震设计状况：

$$\begin{cases} V_c \leqslant \dfrac{1}{\gamma_{RE}}\left(\dfrac{1.05}{\lambda + 1} f_t b_c h_{c0} + f_{yv} \dfrac{A_{sv}}{s} h_{c0} + 0.056N\right) & \text{偏心受压} \\ V \leqslant \dfrac{1}{\gamma_{RE}}\left(\dfrac{1.05}{\lambda + 1} f_t b_c h_{c0} + f_{yv} \dfrac{A_{sv}}{s} h_{c0} - 0.2N\right) & \text{偏心受拉} \end{cases} \tag{4-82b}$$

式中　λ——框架柱的剪跨比；当 $\lambda < 1$ 时，取 $\lambda = 1$；当 $\lambda > 3$ 时，取 $\lambda = 3$；

γ_{RE}——承载力抗震调整系数，对剪切取0.85；

N——偏心受压时，取考虑风荷载或地震作用组合的框架柱轴向压力设计值，当 $N>0.3f_cA_c$ 时，取 $N=0.3f_cA_c$，偏心受拉时，取与剪力设计值 V_c 对应的轴向拉力设计值（绝对值），当式（4-82a）右端的计算值或式（4-82b）右端括号内的计算值小于 $f_{yv}A_{sv}h_{c0}/s$ 时，应取等于 $f_{yv}A_{sv}h_{c0}/s$，且 $f_{yv}A_{sv}h_{c0}/s$ 值不应小于 $0.36f_tb_ch_{c0}$。

4.8.5 框架柱的纵向钢筋构造

1. 框架柱的纵向钢筋布置

1）柱全部纵向钢筋的配筋率，不应小于表4-24的规定值；抗震设计时，对Ⅳ类场地上较高的高层建筑，表中数值应增加0.1。

2）柱截面每一侧纵向钢筋配筋率不应小于0.2%。

表4-24 柱纵向钢筋最小配筋率 （%）

柱类型	抗震等级				非抗震
	一	二	三	四	
中柱，边柱	0.9（1.0）	0.7（0.8）	0.6（0.7）	0.5（0.6）	0.5
角柱	1.1	0.9	0.8	0.7	0.5
框支柱	1.1	0.9	—	—	0.7

注：1. 采用335MPa级、400MPa级纵向受力钢筋时，应分别按表中数值增加0.1和0.05采用。
2. 当混凝土强度等级高于C60时，上述数值应增加0.1采用。
3. 表中括号内数值适用于框架结构。

3）柱的纵向钢筋配置，尚应满足下列要求：

① 抗震设计时，宜采用对称配筋。

② 截面尺寸大于400mm的柱，一、二、三级抗震设计时其纵向钢筋间距不宜大于200mm；抗震等级为四级和非抗震设计时，柱纵向钢筋间距不宜大于300mm；柱纵向钢筋净距均不应小于50mm。

③ 全部纵向钢筋的配筋率，非抗震设计时不宜大于5%、不应大于6%，抗震设计时不应大于5%。

④ 一级且剪跨比不大于2的柱，其单侧纵向受拉钢筋的配筋率不宜大于1.2%。

⑤ 边柱、角柱考虑地震作用组合产生小偏心受拉时，柱内纵向钢筋总截面面积应比计算值增加25%。

2. 框架柱纵向钢筋的接头及锚固

1）柱的纵向钢筋不应与箍筋、拉结筋及预埋件等焊接。

2）一、二级抗震等级及三级抗震等级的底层，宜采用机械连接接头，也可采用绑扎搭接或焊接接头；三级抗震等级的其他部位和四级抗震等级，可采用绑扎搭接或焊接接头。

3）接头无法避开柱端箍筋加密区时，应采用满足等强度要求的机械连接接头，且钢筋接头面积百分率不宜超过50%。

4）柱的纵向钢筋在框架节点区的锚固和搭接：

① 顶层的中节点柱纵向钢筋和边节点柱内侧纵向钢筋应伸至柱顶；当从梁底边计算的直线锚固长度不小于 $l_{a(E)}$ 时，可不必水平弯折，如图4-74所示；否则应向柱内或梁、板内水平弯折。

② 当充分利用柱纵向钢筋的抗拉强度时，其锚固段弯折前的竖直投影长度不应小于 $0.5l_{ab(E)}$，弯折后的水平投影长度不宜小于 $12d$（d 为柱纵向钢筋直径），如图4-74所示。此处，l_{ab} 为钢筋基本锚固长度，应符合《混规》的有关规定；l_{abE} 为抗震时钢筋的基本锚固长度，一、二级取 $1.15l_{ab}$，三、四级分别取 $1.05l_{ab}$ 和 $1.00l_{ab}$。

③ 顶层端节点处，在梁宽范围以内的柱外侧纵向钢筋可与梁上部纵向钢筋搭接，搭接长度不应小于1.5$l_{a(E)}$，且伸入梁内的柱外侧纵向钢筋截面面积不宜小于柱外侧全部纵向钢筋截面面积的65%；在梁宽范围以外的柱外侧纵向钢筋可伸入现浇板内，其伸入长度与伸入梁内的相同。当柱外侧纵向钢筋的配筋率大于1.2%时，伸入梁内的柱纵向钢筋宜分两批截断，其截断点之间的距离不宜小于20倍的柱纵向钢筋直径。

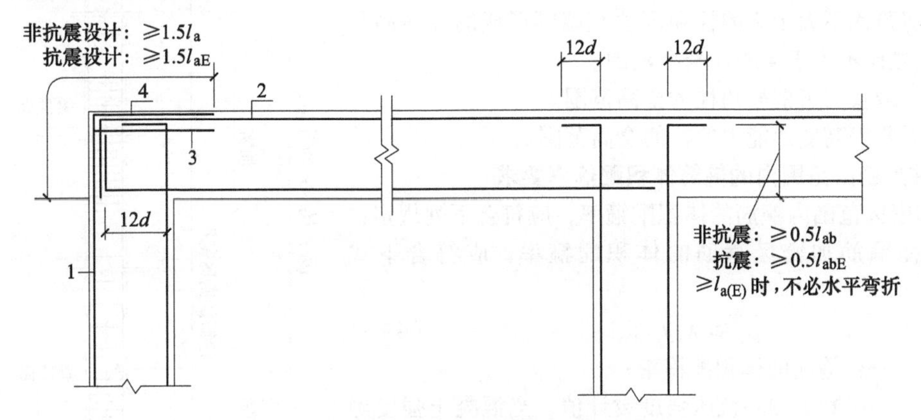

图4-74　框架柱的纵向钢筋连接锚固构造

1—柱外侧纵向钢筋　2—梁上部纵向钢筋　3—伸入梁内的柱外侧纵向钢筋，截面面积不小于0.65A_{cs}
4—不能伸入梁内的柱外侧纵向钢筋，可伸入板内

4.8.6　框架柱的箍筋布置

1. 加密区的箍筋间距和直径

《高规》规定抗震设计时，柱箍筋在规定的范围内应加密，加密区的箍筋间距和直径，应符合下列要求：

1）一般情况下，箍筋的最大间距和最小直径应按表4-25采用。

表4-25　加密区的箍筋间距和直径的要求

抗震等级	箍筋最大间距/mm	箍筋最小直径/mm
一	6d和100的较小值	10
二	8d和100的较小值	8
三	8d和150（柱根100）的较小值	8
四	8d和150（柱根100）的较小值	6（柱根8）/8*

注：1. d为柱纵向钢筋直径（mm）；柱根指框架柱嵌固部位。
　　2. 表中“*”为《混凝土结构通用规范》（GB 55008—2021）的规定。

2）一级框架柱的箍筋直径大于12mm且箍筋肢距不大于150mm及二级框架柱箍筋直径不小于10mm且肢距不大于200mm时，除柱根外最大间距应允许采用150mm。

3）三级框架柱的截面尺寸不大于400mm时，箍筋最小直径应允许采用6mm。

4）四级框架柱的剪跨比不大于2或柱中全部纵向钢筋的配筋率大于3%时，箍筋直径不应小于8mm。

5）剪跨比不大于2的柱，箍筋间距不应大于100mm。

2. 框架柱箍筋加密区的范围

抗震设计时，柱箍筋加密区的范围应符合下列要求（图4-75）：

1）底层柱的上端和其他各层柱的两端，应取矩形截面柱的长边尺寸（或圆形截面柱的直径）、柱净高的1/6和500mm三者的最大值范围。

2）底层柱刚性地面上、下各500mm的范围。

3）底层柱底以上1/3柱净高的范围。

4）剪跨比不大于2的柱和因填充墙等形成的柱净高与截面高度之比不大于4的柱全高范围。

5）一级及二级框架角柱的全高范围。

6）需要提高变形能力的柱的全高范围。

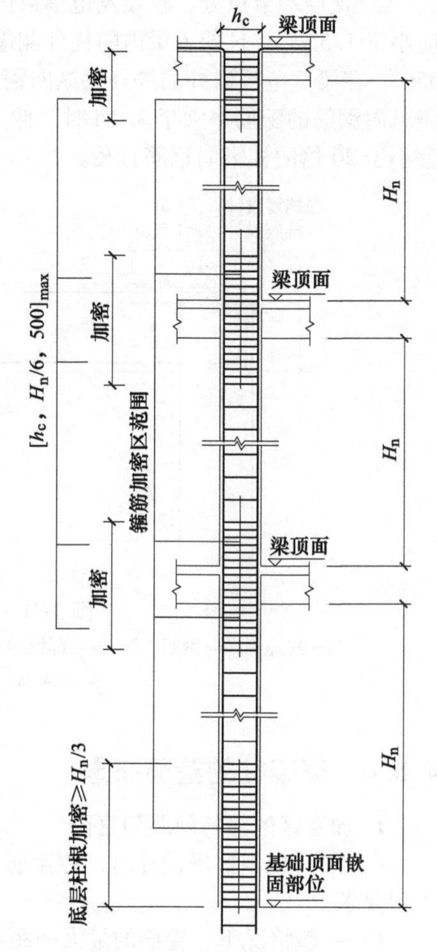

图4-75　框架柱的构造要求

3. 柱加密区范围内的箍筋体积配箍率要求

柱加密区范围内箍筋的体积配箍率，应符合下列规定：

1）柱箍筋加密区箍筋的体积配箍率，应符合下式要求：

$$\rho_v \geqslant \lambda_v f_c / f_{yv} \tag{4-83}$$

式中　ρ_v——柱箍筋的体积配箍率；

f_c——混凝土轴心抗压强度设计值，当混凝土强度等级低于C35时，按C35计算；

f_{yv}——柱箍筋或拉结筋的抗拉强度设计值；

λ_v——柱最小配箍特征值，宜按表4-26采用。

2）对一、二、三、四级框架柱，其箍筋加密区范围内箍筋的体积配箍率尚且分别不应小于0.8%、0.6%、0.4%和0.4%。

3）剪跨比不大于2的柱宜采用复合螺旋箍或井字复合箍，其体积配箍率不应小于1.2%；抗震设防烈度为9度时，不应小于1.5%。

4）计算复合箍筋的体积配箍率时，可不扣除重叠部分的箍筋体积；计算复合螺旋箍筋的体积配箍率时，其非螺旋箍筋的体积应乘以换算系数0.8。

表4-26　柱最小配箍特征值

抗震等级	箍筋形式	柱轴压比								
		≤0.3	0.4	0.5	0.6	0.7	0.8	0.9	1.0	1.05
一	普通箍、复合箍	0.10	0.11	0.13	0.15	0.17	0.20	0.23	—	—
	螺旋箍、复合或连续复合螺旋箍	0.08	0.09	0.11	0.13	0.15	0.18	0.21	—	—
二	普通箍、复合箍	0.08	0.09	0.11	0.13	0.15	0.17	0.19	0.22	0.24
	螺旋箍、复合或连续复合螺旋箍	0.06	0.07	0.09	0.11	0.13	0.15	0.17	0.20	0.22
三	普通箍、复合箍	0.06	0.07	0.09	0.11	0.13	0.15	0.17	0.20	0.22
	螺旋箍、复合或连续复合螺旋箍	0.05	0.06	0.07	0.09	0.11	0.13	0.15	0.18	0.20

注：普通箍是指单个矩形箍或单个圆形箍；螺旋箍是指单个连续螺旋箍筋；复合箍是指由矩形、多边形、圆形箍或拉结筋组成的箍筋；复合螺旋箍是指由螺旋箍与矩形、多边形、圆形箍或拉结筋组成的箍筋；连续复合螺旋箍是指全部螺旋箍是由同一根钢筋加工而成的箍筋。

4. 抗震设计时，柱箍筋设置的其他要求

抗震设计时，箍筋设置尚应符合下列规定：

1）箍筋应为封闭式，其末端应做成135°弯钩且弯钩末端平直段长度不应小于10倍的箍筋直径，且不应小于75mm。

2）箍筋加密区的箍筋肢距，一级不宜大于200mm，二、三级不宜大于250mm和20倍箍筋直径的较大值，四级不宜大于300mm。每隔一根纵向钢筋宜在两个方向有箍筋约束；采用拉结筋组合箍时，拉结筋宜紧靠纵向钢筋并勾住封闭箍。

3）柱非加密区的箍筋，其体积配箍率不宜小于加密区的一半；其箍筋间距，不应大于加密区箍筋间距的2倍，且一、二级不应大于10倍纵向钢筋直径，三、四级不应大于15倍纵向钢筋直径。

5. 非抗震设计时，柱子箍筋的要求

非抗震设计时，柱中箍筋应符合下列规定：

1）周边箍筋应为封闭式。

2）箍筋间距不应大于400mm，且不应大于构件截面的短边尺寸和最小纵向受力钢筋直径的15倍。

3）箍筋直径不应小于最大纵向钢筋直径的1/4，且不应小于6mm。

4）当柱中全部纵向受力钢筋的配筋率超过3%时，箍筋直径不应小于8mm，箍筋间距不应大于最小纵向钢筋直径的10倍，且不应大于200mm，箍筋末端应做成135°弯钩且弯钩末端平直段长度不应小于10倍箍筋直径。

5）当柱每边纵筋多于3根时，应设置复合箍筋。

6）柱内纵向钢筋采用搭接做法时，搭接长度范围内箍筋直径不应小于搭接钢筋较大直径的1/4；在纵向受拉钢筋的搭接长度范围内的箍筋间距不应大于搭接钢筋较小直径的5倍，且不应大于100mm；在纵向受压钢筋的搭接长度范围内的箍筋间距不应大于搭接钢筋较小直径的10倍，且不应大于200mm。当受压钢筋直径大于25mm时，尚应在搭接接头端面外100mm的范围内各设置两道箍筋。

6. 柱子箍筋的形式

图4-76所示为各种情况的箍筋形式。应该注意的是，规范中有关于柱箍筋肢距不大于200mm的规定，但如果将箍筋肢距一律按均匀分布且不大于200mm布置时，会使浇捣混凝土发生困难。

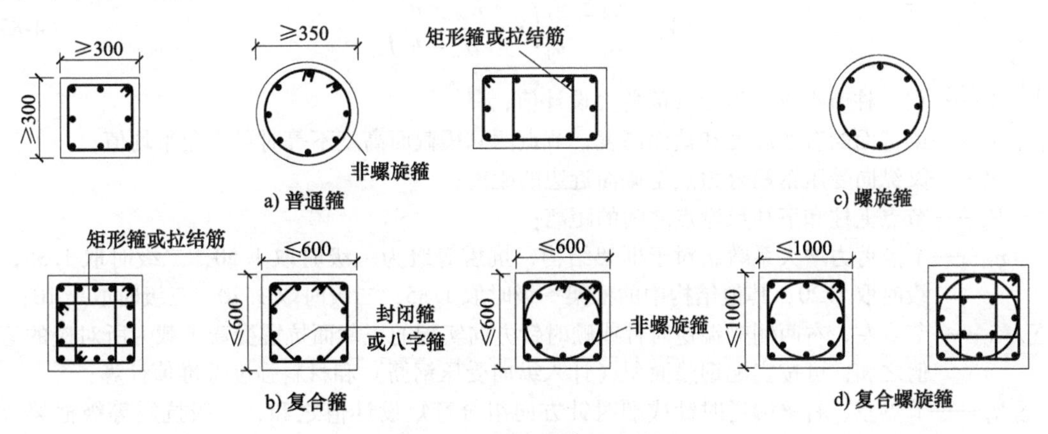

图4-76　柱子箍筋的形式

因为混凝土在浇捣时，不允许从高处直接坠落，必须先使用导管将混凝土引导至柱根部，然后逐渐向上浇灌，箍筋太密（图4-77a）将无法使用导管。国外设计单位的箍筋布置常如图4-77b所示，这样既便于施工，对柱纵向钢筋的拉结也符合要求。

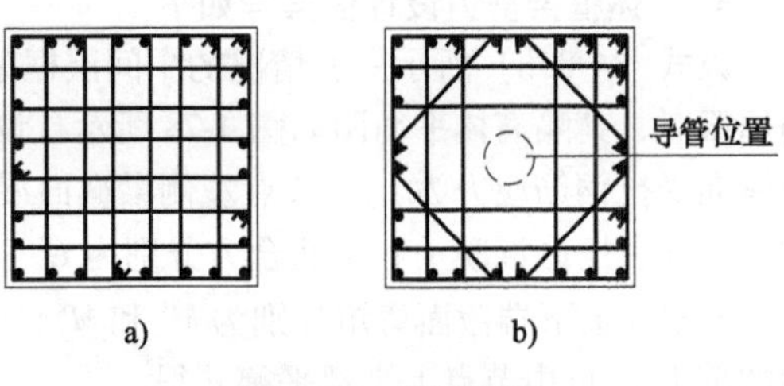

图4-77　柱子箍筋

4.9 框架梁、柱节点设计

抗震设计时，一、二、三级框架的节点核心区应进行抗震验算；四级框架节点可不进行抗震验算。各抗震等级的框架节点均应符合构造措施的要求。

框架梁、柱节点核心区截面抗震验算主要规定见《混规》。

4.9.1 一、二、三级框架梁、柱节点核心区的剪力设计值

1. 一级抗震等级的框架结构和抗震设防烈度为 9 度的框架结构，节点区剪力设计值

（1）顶层中间节点和端节点：

$$V_j = 1.15\frac{\sum M_{bua}}{h_{b0} - a'_s} \tag{4-84a}$$

（2）其他层中间节点和端节点：

$$V_j = \frac{1.15\sum M_{bua}}{h_{b0} - a'_s}\left(1 - \frac{h_{b0} - a'_s}{H_c - h_b}\right) \tag{4-84b}$$

2. 其他情况节点区剪力设计值

（1）顶层中间节点和端节点：

$$V_j = \frac{\eta_{jb}\sum M_b}{h_{b0} - a'_s} \tag{4-85a}$$

（2）其他层中间节点和端节点：

$$V_j = \frac{\eta_{jb}\sum M_b}{h_{b0} - a'_s}\left(1 - \frac{h_{b0} - a'_s}{H_c - h_b}\right) \tag{4-85b}$$

式中 V_j——梁、柱节点核心区组合的剪力设计值；

h_{b0}、h_b——梁截面的有效高度和截面高度，节点两侧梁截面高度不等时可采用平均值；

a'_s——梁纵向受压钢筋合力点至截面近边的距离；

H_c——节点上柱和下柱反弯点之间的距离；

η_{jb}——节点剪力增大系数，对于框架结构，抗震等级为一级时取 1.50，二级时取 1.35，三级时取 1.20；其他结构中的框架一级时取 1.35，二级时取 1.20，三级时取 1.10；

$\sum M_{bua}$——节点左、右两侧梁端逆时针或顺时针方向实配的正截面抗震受弯承载力所对应的弯矩值之和，可按实配钢筋面积（计入纵向受压钢筋）和材料强度标准值计算；

$\sum M_b$——节点左、右梁端逆时针或顺时针方向组合弯矩设计值之和，一级抗震等级框架节点左、右梁端弯矩均为负值时，绝对值较小的弯矩应取零。

3. 上述框架剪力设计值推导如下

以式（4-85b）所示一般情况的中间层框架节点剪力的推导为例，在梁端形成塑性铰即受拉钢筋屈服时，其隔离体平衡图如图 4-78 所示。设不考虑梁的轴力及直交梁对节点受力的影响。设梁的纵向受拉钢筋应力为 f_{yk}，节点左侧梁截面混凝土受压区合力为 C^l，受拉钢筋合力为 T^l，节点右侧梁截面受压区混凝土和钢筋合力分别为 C^r 和 T^r，梁左右端弯矩分别为 M_b^l 和 M_b^r，框架柱剪力为 V_c，框架柱上下端截面弯矩分别为 M_c^t 和 M_c^b，梁上下侧受拉钢筋面积分别为 M_s^t 和 M_s^b。节点水平截面的剪力 V_j 可由节点上半部平衡获得

$$V_j = C^l + T^r - V_c = f_{yk}A_s^b + f_{yk}A_s^t - V_c \tag{4-85c}$$

设柱高为 H_c，由框架柱的剪力与弯矩关系（图 4-78b）以及节点梁、柱的弯矩平衡关系（图 4-78a）可得

$$V_c = \frac{M_c^t + M_c^b}{H_c - h_b} = \frac{M_b^l + M_b^r}{H_c - h_b} = \frac{\sum M_b}{H_c - h_b} \tag{4-85d}$$

又可设梁端截面的弯矩平衡可用简化公式计算：

$$M_b = f_{yk}A_s(h_{b0} - a'_s) \tag{4-85e}$$

将式（4-85d）和式（4-85e）代入式（4-85c）有：

$$V_j = \frac{M_b^l}{(h_{b0} - a'_s)} + \frac{M_b^r}{(h_{b0} - a'_s)} - V_c = \frac{\sum M_b}{(h_{b0} - a'_s)} - \frac{\sum M_b}{H_c - h_b} = \frac{\sum M_b}{(h_{b0} - a'_s)}\left(1 - \frac{h_{b0} - a'_s}{H_c - h_b}\right) \tag{4-85f}$$

式（4-85f）右侧考虑剪力增大系数 η_{jb}，则可得到式（4-85b）。

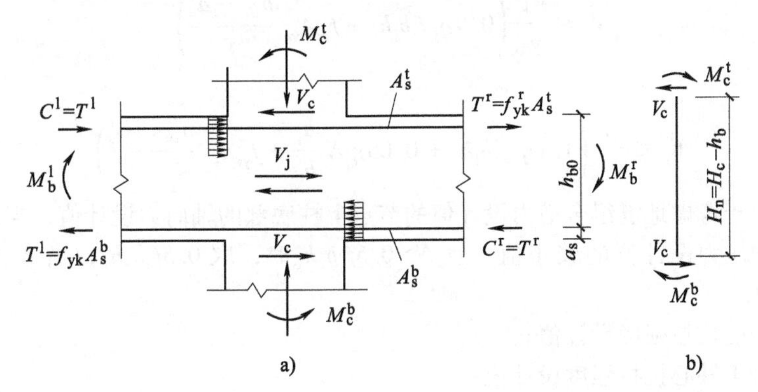

图 4-78　框架节点的受力平衡

4.9.2　框架梁、柱节点核心区的截面要求

1. 框架梁、柱节点核心区受剪水平截面的要求

为防止节点截面尺寸不足，核心区混凝土承受过大斜压应力以致使节点区混凝土先被压碎而破坏，框架节点受剪的水平截面应符合下列条件：

$$V_j \leqslant \frac{1}{\gamma_{RE}} 0.3\eta_j\beta_c f_c b_j h_j \tag{4-86}$$

式中　η_j——正交梁对节点的约束影响系数，当楼板为现浇、梁和柱中线重合、四侧各梁截面宽度不小于该侧柱截面宽度的 1/2，且正交方向梁高度不小于较高框架梁高度的 3/4 时，η_j 可取 1.50，9 度时 η_j 宜采用 1.25，其他情况应采用 1.00；

h_j——框架节点核心区的截面高度，可采用验算方向的柱截面高度 h_c；

b_j——框架节点核心区的截面有效验算宽度；

γ_{RE}——承载力抗震调整系数，可采用 0.85；

β_c——混凝土强度影响系数；

f_c——混凝土轴心受压强度设计值。

2. 框架节点核心区的截面有效验算宽度 b_j 的取值

1）当验算方向的梁截面宽度 b_b 不小于该侧柱截面宽度 b_c 的 1/2 时，可采用该侧柱截面宽度 b_c。

2）当 b_b 小于 $b_c/2$ 时，节点核心区的截面有效验算宽度 b_j 为

$$b_j = \min[b_b + 0.5h_c, b_c] \tag{4-87a}$$

3）当梁、柱的中线不重合且偏心距 e_0 不大于柱宽 b_c 的 1/4 时，可采用式（4-87a）和下式计算结果的较小值：

$$b_j = 0.5(b_b + b_c) + 0.25h_c - e_0 \tag{4-87b}$$

式中 e_0——梁与柱中线偏心距；

b_b——梁截面宽度；

h_c——验算方向的柱截面高度；

b_c——验算方向的柱截面宽度。

4.9.3 框架梁、柱节点核心区的抗震受剪承载力验算

1. 抗震设防烈度为 9 度的一级抗震等级框架

$$V_j \leqslant \frac{1}{\gamma_{RE}}\left(0.9\eta_j f_t b_j h_j + f_{yv}A_{svj}\frac{h_{b0} - a'_s}{s}\right) \tag{4-88a}$$

2. 其他情况

$$V_j \leqslant \frac{1}{\gamma_{RE}}\left(1.1\eta_j f_t b_j h_j + 0.05\eta_j N\frac{b_j}{b_c} + f_{yv}A_{svj}\frac{h_{b0} - a'_s}{s}\right) \tag{4-88b}$$

式中 N——对应于考虑地震组合剪力设计值的节点上柱底部的轴向力设计值，当 N 为压力时，取轴向压力设计值的较小值，且 $N>0.5f_cb_ch_c$ 时，取 $0.5f_cb_ch_c$，当 N 为拉力时，应取为 0；

f_{yv}——箍筋的抗拉强度设计值；

f_t——混凝土轴心抗拉强度设计值；

A_{svj}——核心区有效验算宽度范围内同一截面验算方向各肢箍筋的全部截面面积；

s——箍筋间距；

h_{b0}——框架梁截面的有效高度，节点两侧梁截面高度不等时可采用平均值。

4.9.4 框架节点的构造要求

节点设计是框架结构设计中极重要的一环。在非地震区，框架节点的承载能力一般通过采取适当的构造措施来保证。节点设计应保证整个框架结构安全可靠、经济合理且便于施工。对装配整体式框架的节点，还需保证结构的整体性，受力明确，构造简单，安装方便，又易于调整，在构件连接后能尽早地承受部分或全部设计荷载，使上部结构得以及时继续安装。

《高规》规定框架节点核心区应布置水平箍筋：

1）非抗震设计时，节点核心区箍筋配置可与柱中箍筋布置相同，但箍筋间距不宜大于250mm；对四边有梁与之相连的节点，可仅沿节点周边设置矩形箍筋。

2）抗震设计时，在满足节点受剪承载力的前提下，框架节点区箍筋的间距和直径尚应符合柱端箍筋加密区的构造要求。一、二、三级框架节点核心区配箍特征值分别不宜小于 0.12、0.10 和 0.08，且箍筋体积配箍率分别不宜小于 0.6%、0.5%和 0.4%。柱剪跨比不大于 2 的框架节点核心区的体积配箍率不宜小于核心区上、下柱端体积配箍率中的较大值。

节点核心区限制最小配箍率的目的是：使梁、柱纵向钢筋在节点内有较好的锚固，同时使节点的抗剪能力有所保证，对于节点核心区的混凝土应有良好的约束。

但是，由于节点核心区的钢筋很密集，设置较多的箍筋比较困难，因此，节点核心区的箍筋配筋率可以略少于柱端箍筋加密区的配筋率，为使施工方便，可以使用如图 4-79 所示的开口箍。

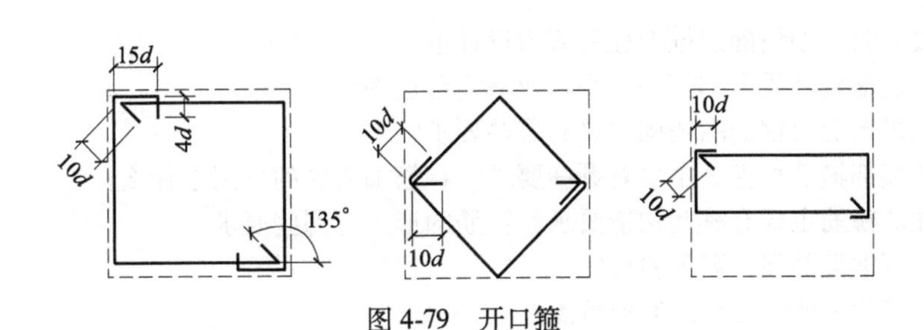

图 4-79　开口箍

思考题与习题

1. 框架平面布置时，梁、柱轴线为何宜重合？
2. 框架填充墙的布置应注意哪些问题？
3. 框架结构简化成平面框架时做了什么假定？
4. 建筑的结构层高如何确定？
5. 当采用现浇混凝土楼盖时，框架梁截面的惯性矩如何确定？
6. 竖向荷载作用下采用分层法计算时，弯矩传递系数和柱子线刚度需要做哪些调整？
7. 竖向荷载作用下，框架梁梁端弯矩调幅的原则是什么？
8. 框架梁设计时，对跨中弯矩有何要求？
9. 竖向荷载作用下，如何确定框架梁的剪力以及框架柱轴力？
10. 用反弯点法求框架在水平荷载作用下的内力时，有哪些计算假定？
11. 反弯点法的适用范围是什么？
12. 用反弯点法计算时，柱子的抗侧刚度怎样计算？
13. 用 D 值法求框架在水平荷载作用下的内力时，有哪些计算假定？
14. 反弯点法和 D 值法抗侧刚度 d 和 D 的物理意义各是什么？
15. 影响水平荷载作用下框架柱反弯点位置的主要因素是什么？框架顶层和底层柱反弯点位置与中部各层反弯点位置相比有何变化？
16. 框架在水平力作用下产生的侧移主要由哪两部分组成？侧移曲线有何特点？如何计算？
17. 框架梁设计的控制截面在什么位置？如何选取控制内力？
18. 竖向以及水平荷载作用下，如何用解析法求跨中最大组合弯矩？
19. 竖向以及水平荷载作用下，如何选取框架柱的组合内力？
20. 延性框架设计的原则是什么？梁和柱为什么要设计成强剪弱弯？如何设计才能实现？
21. 提高框架梁延性的措施有哪些？
22. 框架梁初步设计时，如何选择截面尺寸？
23. 抗震设计时，如何限制框架梁梁端受压区高度？为什么？
24. 抗震设计时，为什么框架梁梁端必须配置一定数量的下部钢筋？
25. 抗震设计时，如何确定框架梁的剪力设计值？
26. 如何限制框架梁纵向受拉钢筋的最小以及最大配筋率？为什么要限制配筋率？
27. 框架梁纵向受力钢筋的锚固主要有哪些要求？
28. 框架梁端部箍筋加密区主要有哪些要求？箍筋加密区的作用是什么？
29. 提高框架柱延性的措施有哪些？
30. 何谓框架柱的轴压比、剪跨比和剪压比？
31. 框架柱初步设计时，如何选择截面尺寸？

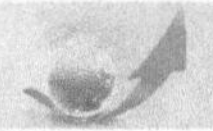

32. 抗震设计时，如何确定框架柱的剪力设计值？
33. 如何限制框架柱受力钢筋的最小以及最大配筋率？
34. 框架柱纵向受力钢筋的锚固主要有哪些要求？
35. 框架柱端部箍筋加密区主要有哪些要求？箍筋加密区的作用是什么？
36. 框架柱的箍筋主要有哪些构造要求？箍筋的形式有哪些要求？
37. 如何进行框架的强柱弱梁验算？
38. 框架节点的主要受力状态有何特点？
39. 用弯矩分配法和分层法求图 4-80 所示框架的 M 图。图中括号内数字表示每根杆线刚度 $i=EI/l$ 的相对值。

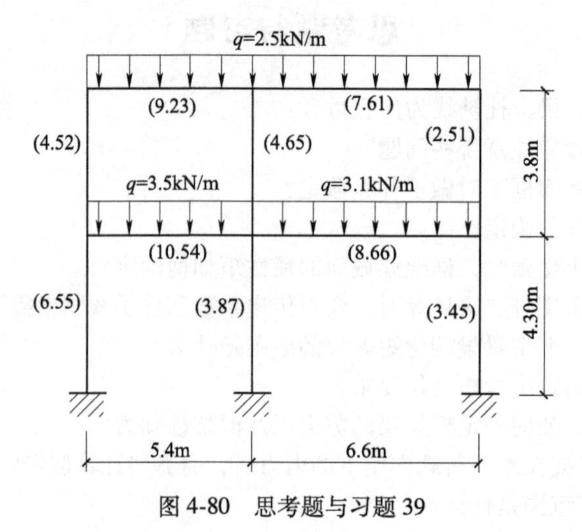

图 4-80　思考题与习题 39

40. 用反弯点法和 D 值法求图 4-81 所示三层框架的弯矩，并绘图。图中括号内数字表示每根杆线刚度 $i=EI/l$ 的相对值。

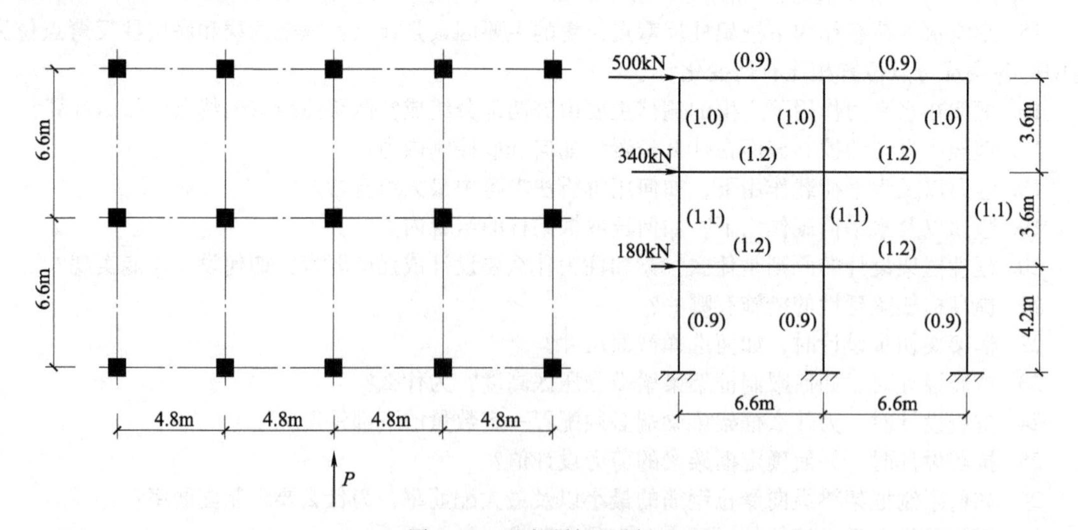

图 4-81　思考题与习题 40

41. 已知框架所受荷载及梁柱尺寸如图 4-82 所示，混凝土强度等级为 C30。用 D 值法求图示框架在水平力作用下的弯矩，及各层侧移。

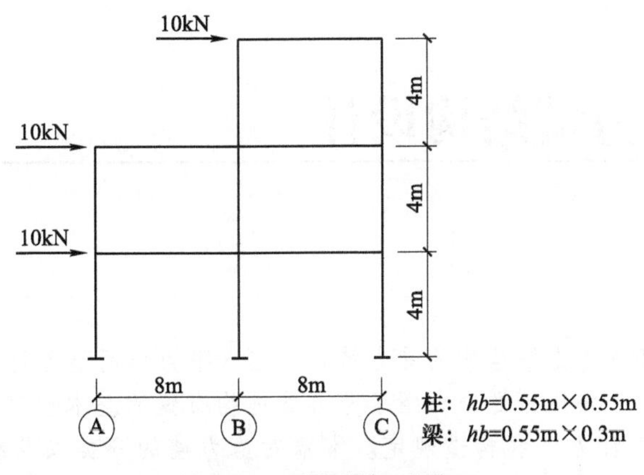

图 4-82　思考题与习题 41

参 考 文 献

［1］中华人民共和国住房和城乡建设部．高层建筑混凝土结构技术规程：JGJ 3—2010［S］. 北京：中国建筑工业出版社，2010.

［2］中华人民共和国住房和城乡建设部．建筑抗震设计规范（2016 年版）：GB 50011—2010［S］. 北京：中国建筑工业出版社，2016.

［3］中华人民共和国住房和城乡建设部．混凝土结构设计规范（2015 年版）：GB 50010—2010［S］. 北京：中国建筑工业出版社，2015.

［4］中华人民共和国住房和城乡建设部．建筑结构可靠性设计统一标准：GB 50068—2018［S］. 北京：中国建筑工业出版社，2018.

［5］李国胜．简明高层钢筋混凝土结构设计手册［M］. 2 版．北京：中国建筑工业出版社，2003.

［6］唐维新．高层建筑结构简化分析与实用设计［M］. 北京：中国建筑工业出版社，1991.

［7］包世华．新编高层建筑结构［M］. 北京：中国水利水电出版社，2001.

［8］李国胜．多高层钢筋混凝土梁结构设计优化与合理构造［M］. 北京：中国建筑工业出版社，2008.

［9］赵西安．钢筋混凝土高层建筑结构设计［M］. 北京：中国建筑工业出版社，1992.

［10］鲍雷，普利斯特利．钢筋混凝土和砌体结构的抗震设计［M］. 戴瑞同，等译．北京：中国建筑工业出版社，2011.

［11］帕克，波利．钢筋混凝土结构：上册［M］. 秦文钺，译．重庆：重庆大学出版社，1986.

［12］帕克，波利．钢筋混凝土结构：下册［M］. 秦文钺，译．重庆：重庆大学出版社，1986.

［13］周坚．高层建筑结构力学：高层建筑实用技术指南丛书［M］. 北京：机械工业出版社，2006.

［14］中华人民共和国住房和城乡建设部．混凝土结构通用规范：GB 55008—2021［S］. 北京：中国建筑工业出版社，2022.

第 5 章 剪力墙结构设计

【本章提要】

本章介绍了钢筋混凝土剪力墙结构的受力特点，在水平力作用下各类剪力墙结构内力及位移的简化计算方法，并给出了相应例题；介绍了剪力墙结构布置的基本规定、延性设计原则、剪力墙的墙肢及连梁的截面设计方法和构造规定。本章对剪力墙的分类以及给出的相关参数参照了《钢筋混凝土高层建筑结构设计与施工规程》(JGJ 3—1991)。

5.1 剪力墙结构的计算要点

5.1.1 概述

剪力墙结构是指由沿竖向分布的纵向和横向剪力墙以及水平楼盖组成的空间结构。剪力墙的特点是平面内抗弯刚度非常大，它能非常有效地抵抗风荷载和地震作用。当墙与框架柱同时存在时，绝大部分的水平剪力将由这些抗弯刚度很大的墙体承受，故称为剪力墙。实际上，虽然被称为剪力墙，但并不意味着这些墙体的力学特性受剪力控制，故也有些学者将剪力墙称为结构墙，《抗规》中称为抗震墙。

剪力墙有开洞和不开洞两种。为满足使用要求，剪力墙上常开有门、窗洞口。开洞的剪力墙，洞口两侧沿竖向连续的墙体称为墙肢，而洞口上、下连接洞口两侧墙肢的墙体称为连梁。

1. 连梁与框架梁

在剪力墙结构里，连梁两端与剪力墙在平面内相连。连梁连接其两侧的墙肢，并约束同平面的墙肢变形。跨高比小于 5 的连梁以承受水平荷载作用下产生的弯矩和剪力为主，受竖向荷载下弯矩的影响不大，但其对剪切变形十分敏感，容易出现剪切裂缝，应按《高规》剪力墙的有关规定进行设计。跨高比不小于 5 的连梁宜按框架梁设计，但其抗震等级与所连接的剪力墙的抗震等级相同。

2. 剪力墙的墙肢分类

1）一般剪力墙是指墙肢的水平截面高厚比 h_w/b_w 不小于 8 的剪力墙。

2）短肢剪力墙是指截面厚度不大于 300mm、墙肢的截面高厚比 h_w/b_w 大于 4 但不大于 8 的剪力墙。

3）当墙肢的截面高厚比 h_w/b_w 不大于 4 时，宜按框架柱进行截面设计。

因为剪力墙与柱都是压弯构件，其压弯破坏状态以及计算原理基本相同，但是二者的截面配筋构造以及截面配筋的计算方法各不相同。因此，需要设定按柱或按墙进行截面设计的分界点。由于剪力墙需设置边缘构件和分布钢筋，故要求剪力墙截面的高厚比 h_w/b_w 宜大于 4。

5.1.2 剪力墙的受力与变形特点

在高层建筑中，剪力墙的高度比起它的长度要大很多。同时为保证结构的延性，要尽量将剪力墙设计成高宽比 H/B 较大的细高体型。因此，设计良好的剪力墙在水平荷载作用下的主要受力特征是弯曲，变形主要为弯曲变形，破坏形态也是弯曲型的延性破坏。

剪力墙在水平力作用下产生弯曲，由于楼板和连梁对剪力墙墙肢变形的约束能力非常弱，故在剪力墙开洞不是很大的情况下，剪力墙沿高度的弯曲变形基本无反弯点或仅在个别楼层存在反弯点。通常可以将剪力墙看成底部嵌固的竖向悬臂构件，它在水平力作用下的变形如图 5-1 所示，这种弯曲变形的特点是上部层间位移大，下部层间位移小。

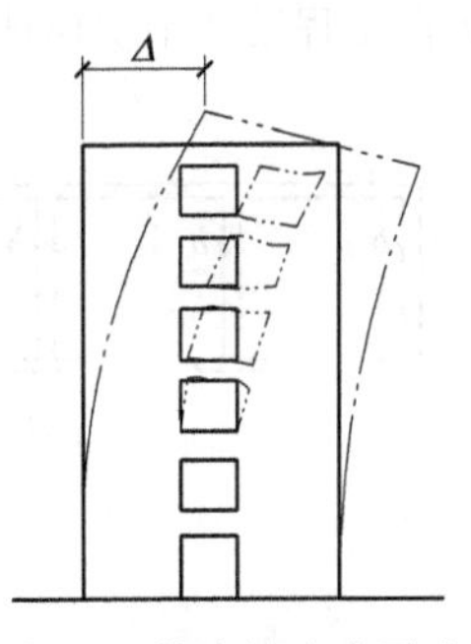

图 5-1　剪力墙在水平力作用下的变形

5.1.3　剪力墙在竖向荷载作用下的计算

剪力墙承受的竖向荷载包括墙自重以及楼板传递的楼板恒荷载和楼面使用荷载。楼板传递的竖向荷载可以按照墙肢负荷面积计算，也可以将楼面荷载按墙肢面积均匀分配到所有墙肢截面上。

这些竖向荷载一般情况下都是均匀分布、对称作用在剪力墙上的，在墙肢内主要产生轴向力。即使是楼面梁支承在墙上时，梁的支座集中荷载沿着 45°向下扩散到整个墙肢截面，也可以认为是均匀分布的。故剪力墙在竖向荷载作用下的受力形态主要为轴心受压。当剪力墙计算考虑另一方向墙体的翼缘作用时，截面的重心会存在明显偏移，故竖向内力计算以考虑弯矩为宜。此外，对于外墙还要考虑平面外弯曲问题。

因此，剪力墙竖向内力计算是简单的，本章将重点介绍剪力墙在水平力作用下的计算。

5.1.4　剪力墙在水平力作用下的计算假定

第 3 章已经介绍高层建筑结构的计算假定，包括弹性状态假定、楼板刚性假定、平面结构假定、水平力作用与计算方向假定。此处针对剪力墙结构做一些补充。

1. 平面结构假定

根据平面结构假定，空间剪力墙结构可以按照纵、横两个方向的平面抗侧力结构进行计算。由于剪力墙在平面内刚度无穷大，平面外刚度可以忽略，则每个方向的水平力仅由该方向的平面剪力墙承受，如图 5-2a 所示的剪力墙平面，横向以及纵向平面剪力墙分别如图 5-2b 和图 5-2c 所示。

2. 剪力墙的有效翼缘

计算内力和位移时，宜考虑纵、横墙体的共同工作。纵墙的一部分可以作为横墙的有效翼缘，横墙的一部分可以作为纵墙的有效翼缘。每侧的有效翼缘宽度可以取翼缘墙厚度的 6 倍或墙间净距一半的较小者，且不大于至洞口边的距离，见表 5-1。现浇剪力墙的有效翼缘宽度 b_f 可按照表 5-1 所列各项的最小值选用，装配整体式剪力墙的有效翼缘宽度可按照表 5-1 中数值折减后取用。

表 5-1　剪力墙有效翼缘宽度的取用

b_f　h_f　b_f　b　b　b　b　s_{01}　s_{02}　b_{01}　b_{02}

剪力墙有效翼缘宽度

翼缘考虑方式（取较小值）	截面形式	
	T(I) 形截面	Λ 形截面
按剪力墙的净距 s_0	$b+s_{01}/2+s_{02}/2$	$b+s_{02}/2$
按翼缘厚度 h_f	$b+12h_f$	$b+6h_f$
按洞口净跨 b_0	b_{01}	b_{02}

3. 扭转影响

在图 5-2 所示的结构平面中，剪力墙的分布对 x 轴对称而对 y 轴不对称。当水平荷载（风或地震作用）沿纵向 y 作用时，由于结构对 y 轴不对称（图 5-2c），使得结构的刚度中心与荷载作用的

中心线不一致，故结构平面不仅有沿 y 方向的平移，还伴有绕刚度中心的扭转。简化计算时，只要在工程设计中房屋体型规整，剪力墙的布置又尽可能对称时，可不考虑扭转对计算的影响。

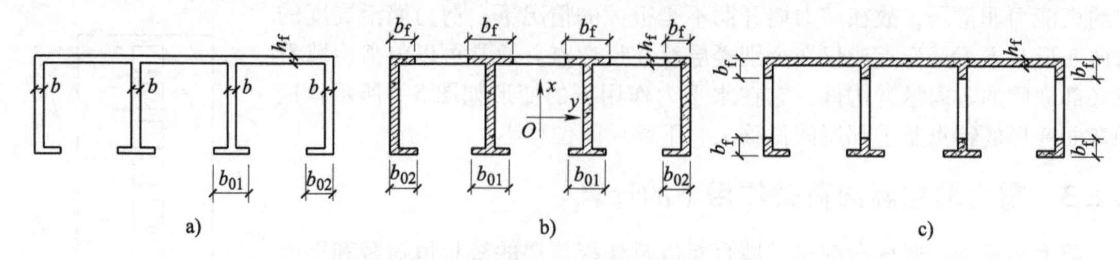

图 5-2　平面剪力墙及翼缘作用示意图

5.1.5　剪力墙的等效刚度与水平剪力分配

1. 等效刚度

水平力作用下的剪力墙以弯曲变形为主，但墙肢也有轴向变形和剪切变形，这些变形会加大剪力墙的侧向位移，降低剪力墙的抗侧刚度。由于高层建筑中剪力墙的高度较大且截面较长，在计算结构的抗侧刚度时宜考虑墙肢轴向变形以及剪切变形的影响，此时，剪力墙的抗侧刚度可以按照顶点位移相等的原则折算为竖向悬臂受弯构件的等效刚度，即将弯曲以及剪切和轴向变形产生的墙体顶点位移等于折算后只考虑墙体弯曲产生的墙顶位移，这种折算后的抗弯刚度称为剪力墙的等效刚度，或称等效抗弯刚度，用 E_cI_{eq} 表示。E_c 为混凝土弹性模量，以下简写为 E，等效刚度为 EI_{eq}。

2. 楼层剪力分配

各平面剪力墙通过楼板联系起来共同工作。根据高层建筑结构计算的楼板刚性假定，当结构平面对称且荷载也对称时，各剪力墙平面单元在相同楼层高度处只产生平动，即具有相同的侧向水平位移。根据这一位移条件和力与位移的物理关系可知，剪力墙结构在水平荷载作用下，可按各平面剪力墙的等效抗弯刚度分配楼层水平剪力。设楼层 i 的总剪力为 V_i，则第 j 片剪力墙分配的水平剪力 V_{ij} 为

$$V_{ij}=\frac{EI_{eqj}}{\sum\limits_{j=1}^{m}EI_{eqj}}V_i \qquad j=1,2,\cdots,m \tag{5-1}$$

5.1.6　剪力墙的计算分类与受力特点

剪力墙开洞的大小、位置和数量对剪力墙的受力与变形特性影响很大。在进行内力计算时，需根据每榀剪力墙的开洞情况以及开洞剪力墙的墙肢弯矩分布特点和截面应力分布特性将剪力墙划分为不同的类型并加以计算。每种剪力墙的受力与变形特点、计算简图与计算方法均有所不同。

1. 整体墙

没有门窗洞口的单肢实体墙（图 5-3a）或只有很小洞口并可以按照整截面计算的小洞口整截面墙（图 5-3b）为整体墙。这种剪力墙实际上相当于一个整体的竖向悬臂构件，平截面应变符合平面假定，水平截面正应力为直线分布，墙肢沿高度无反弯点。

2. 整体小开口墙

当剪力墙的洞口较多或开洞面积稍大时，在水平力作用下，墙肢随墙片一起产生整体弯曲的同时还伴随局部弯曲。墙肢截面的正应力由整体弯曲应力与局部弯曲应力叠加，故偏离了直线分布规律。当墙肢中的局部弯矩不大时（通常不超过总弯矩的 15%），局部弯曲应力不大，应力分布接近直线，即整个墙截面的变形大体上仍符合平面假定，墙肢沿高度基本无反弯点。这种剪力墙

称为整体小开口墙（图 5-3c）。

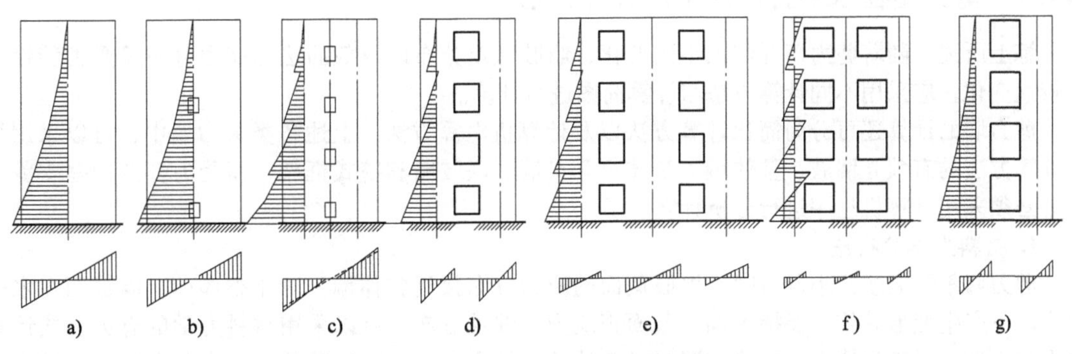

图 5-3 各类剪力墙在水平力作用下的墙肢弯矩和截面应力分布特点

3. 联肢剪力墙

联肢剪力墙（简称联肢墙）是墙体开有较大洞口形成的，由两榀及以上在同一平面或近似同一平面的墙肢及有一定刚性的连梁组成，有双肢和多肢剪力墙两种。当墙体开有一列较大洞口时称为双肢剪力墙（简称双肢墙，图 5-3d），当墙体开有多列较大洞口时称为多肢剪力墙（简称多肢墙，图 5-3e）。在水平力作用下，连梁跨中出现反弯点，墙肢局部弯曲明显，但墙肢沿高度方向在大部分楼层没有反弯点。由于洞口较大，联肢墙墙肢之间的整体性已经被破坏，墙肢中的正应力分布较直线分布规律差别较大，平截面假定不再成立。

4. 壁式框架

壁式框架属于大开口剪力墙。随着剪力墙上洞口的增大，墙肢的独立工作特性越发明显。当连梁刚度很大而墙肢刚度相对较弱时，在水平力作用下，墙肢几乎层层存在反弯点，墙肢的受力状态接近于普通框架柱，故称为壁式框架（图 5-3f）。

5. 独立墙肢

当剪力墙墙肢由较弱的连梁或楼板连接时，梁板的抗弯刚度很小可以忽略，而只能轴向传递水平相互作用力时，墙肢之间相当于由铰接链杆连接，外荷载倾覆力矩由墙肢弯矩平衡，每片墙肢的弯曲应力呈线性分布（图 5-3g）。这时，每一个由连梁相连的墙肢都相当于是独立墙肢，每个墙肢承担的弯矩按照墙肢等效抗弯刚度分配。

6. 框支剪力墙

当建筑底层因为需要大的空间而采用框架支承上部剪力墙时，就形成了框支剪力墙（图 5-4）。框支剪力墙在底部没有墙，所以特别适用于底部为商店、车库而上部为住宅和宾馆的高层建筑。其结构特点是上部抗侧刚度大而下部抗侧刚度小，抗侧刚度在底部楼层有突变，在水平力作用下容易在框支层的柱端出现破坏。因此规定，在剪力墙结构中，框支剪力墙应该和落地剪力墙配合使用。框支剪力墙受力复杂，通常采用专用计算程序计算。

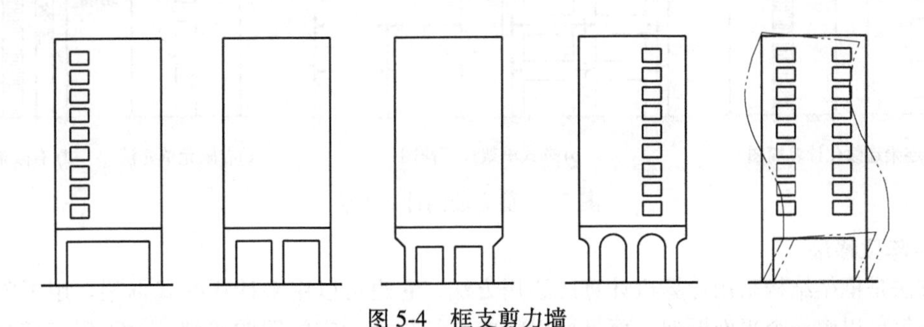

图 5-4 框支剪力墙

5.1.7 剪力墙在水平力作用下的计算方法

综上所述，随着剪力墙开洞大小的变化，墙肢弯矩分布以及截面法向应力分布等受力特性出现较大变化，应采用不同计算方法与计算简图进行计算。

剪力墙的计算还可分为简化计算方法以及计算机电算方法。上述各类剪力墙中，可以采用简化计算方法的有独立墙肢、整体墙、整体小开口墙、联肢墙和壁式框架，而受力复杂的框支剪力墙则必须采用计算机程序进行分析计算。

1. 材料力学分析法

剪力墙不开洞或开小洞口时，墙肢截面的应力分布接近整体墙。对于整体墙，墙截面在水平力作用下产生变形后依然保持平面，截面正应力呈线性分布，可以采用材料力学的有关公式计算内力与变形。对于整体小开口墙，洞口对墙的整体性影响不大，墙肢截面应力分布偏离直线分布不多，基本符合平面假定。故墙的内力与变形仍然可以按照材料力学公式计算，但需要加以修正。

2. 连梁连续化的分析方法

将结构进行某些简化，进而可以得到比较简单的解析法。此方法将每一个楼层的连梁假想为分布在整个楼层高度上的一系列连续连杆，借助于连杆的位移协调条件建立关于剪力墙基本未知量的微分方程，通过解微分方程求得基本未知力进而求解内力与变形的方法（图 5-5a)。这种方法可以得到解析解，通过试验验证，证明其结果的精确度可以。但是，由于其假定条件较多，使用范围受到限制。计算联肢墙的连续连杆法就属于这一类方法。

3. 壁式框架分析法

该方法将大开口的壁式框架剪力墙简化为一个等效多层框架。由于墙肢及连梁截面较宽，在墙肢与连梁相交处形成刚性区域（即刚域）。在刚域内，墙肢、连梁的刚度为无限大。因此，等效框架的杆件便成为带刚域的杆件（图 5-5b)，即壁式框架。手算计算时可以采用修正 D 值法计算，也可以采用矩阵位移法借助计算机进行求解。

4. 有限元单元法及有限条带法

将剪力墙结构作为平面问题（或空间问题)，采用网格划分为矩形或三角形单元（图 5-5c)，取节点位移作为未知量，建立各节点的平衡方程，用电子计算机求解；采用有限元单元法对于任意形状、尺寸的开孔及任意荷载或墙厚变化都能求解，精确度也较高。

对于剪力墙结构，由于其外形及边界较规整，也可将剪力墙结构划分为条带，即取条带为单元（图 5-5d)。条带与条带间以结线相连。每条带沿 y 方向的内力与位移变化用函数形式表示，在 x 方向则为离散值。以结线上的位移为未知量，考虑条带间结线上的平衡方程求解。由于采用条带为计算单元，未知量数目大大减少。

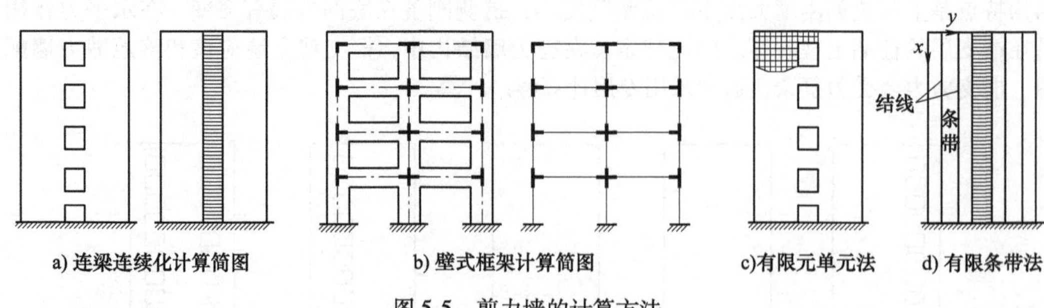

图 5-5　剪力墙的计算方法

5. 矩阵位移法

该方法是框架结构采用计算机计算的通用方法，它也可以用来计算壁式框架。用矩阵位移法求解，不仅可以解一个平面框架，而且可以将整个结构作为空间问题求解。由于假定较少，应用

范围较广，精确度也比较高，已成为用计算机计算的通用方法。

5.2　整体墙与整体小开口墙的内力及位移计算

5.2.1　整体墙的内力与位移计算

整体墙有两种情况。一种是没有洞口的单肢剪力墙，也称实体墙。这种墙的受力状态同竖向悬臂梁。在水平荷载作用下，墙体产生弯曲变形后截面仍然符合材料力学的平截面假定，截面上的应力呈线性分布。另一种是墙上有洞口，但剪力墙洞口面积不大于墙面面积的16%，且孔间净距及孔洞边至墙边距离大于孔洞长边尺寸的剪力墙。这种墙也可以作为整截面悬臂构件，按平面假定计算截面应力，但要考虑洞口对墙面面积及刚度的削弱。

整体墙内力及位移可按材料力学悬臂构件的公式计算。

1. 整体墙的几何参数

（1）整体墙的折算截面面积 A_w

$$A_w = \gamma_0 A = \left(1 - 1.25\sqrt{\frac{A_{op}}{A_f}}\right) A \tag{5-2}$$

式中　A——剪力墙截面毛面积；

γ_0——洞口削弱系数，$\gamma_0 = 1 - 1.25\sqrt{A_{op}/A_f}$；

A_{op}——墙面洞口面积；

A_f——墙面总面积。

（2）整体墙的惯性矩 I_w　无洞口墙截面惯性矩 I_w 按整截面面积计算。对有洞口墙宜考虑洞口影响取折算惯性矩，即有洞口与无洞口截面惯性矩沿墙高的加权平均值：

$$I_w = \frac{\sum_{i=1}^{n} I_i h_i}{H} \tag{5-3}$$

式中　I_i——剪力墙沿竖向各有洞口及无洞口截面的惯性矩，n 为段数；对有洞口截面按组合截面计算；

h_i——各段相应的高度（图5-6）；

H——剪力墙总高。

2. 荷载简化以及剪力墙的总弯矩和总剪力

剪力墙所受的水平作用可以概括为倒三角形分布荷载、均布荷载以及顶点集中荷载三种，如图5-7所示。整体墙在水平力作用下的内力计算如竖向悬臂梁，坐标 x 如图5-7所示。在三种典型水平力作用下的总弯矩及总剪力见表5-2。

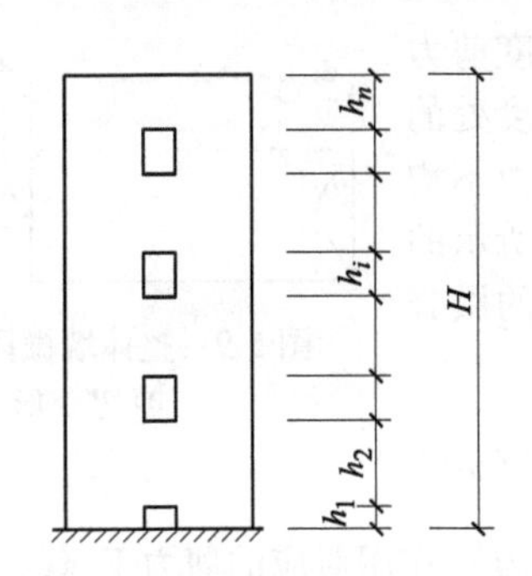

图5-6　整体墙惯性矩的计算

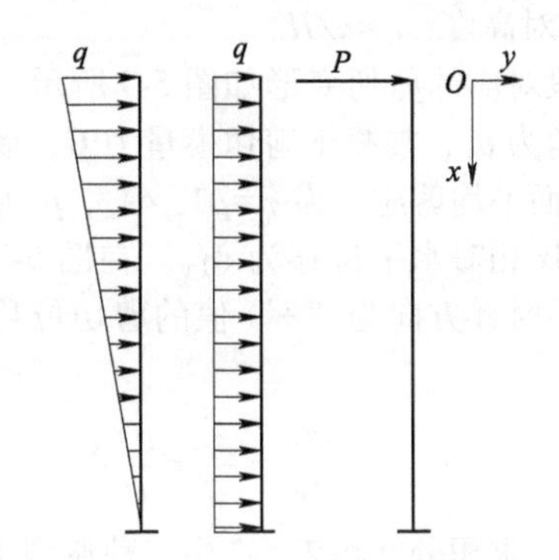

图5-7　剪力墙所受的三种典型水平力

表 5-2 三种典型水平力作用下，剪力墙的总弯矩及总剪力

水平荷载形式	剪力		弯矩	
	基底剪力 V_0	任意截面剪力 V_p	基底弯矩 M_0	任意截面弯矩 M_p
q	$\frac{1}{2}qH$	$\frac{1}{2}qx\left(2-\frac{x}{H}\right)$	$\frac{1}{3}qH^2=\frac{2}{3}V_0H$	$\frac{1}{2}qx^2\left(1-\frac{x}{3H}\right)$
q	qH	qx	$\frac{1}{2}qH^2=\frac{1}{2}V_0H$	$\frac{1}{2}qx^2$
P x H	P	P	$PH=V_0H$	Px

3. 整体墙在水平力作用下的位移

由于剪力墙截面比较宽，计算位移时，宜考虑剪切变形的影响。墙的侧移由弯曲变形对应的侧移和剪切变形对应的侧移组成，弯曲变形的侧移为 y_M，剪切变形的侧移为 y_V，墙的总侧移为 $y=y_M+y_V$，墙顶总侧移为 $u_T=u_M+u_V$，如图 5-8 所示。

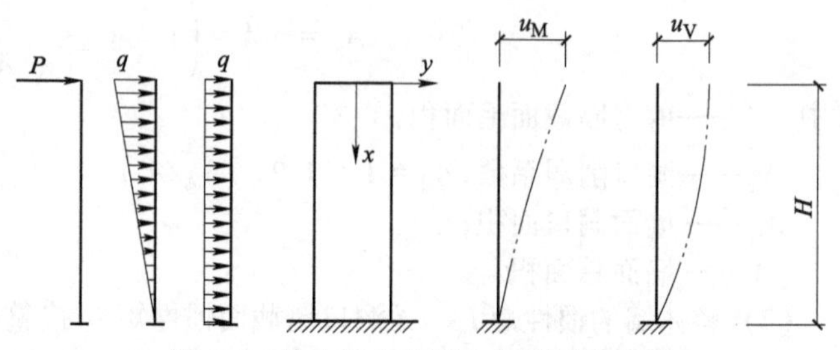

图 5-8 剪力墙在水平力作用下的变形

根据结构力学的位移法可以得到与整体墙弯曲变形对应的侧移为

$$y_M=\begin{cases}\dfrac{V_0H^3}{60EI_w}(11-15\xi+5\xi^4-\xi^5) & \text{倒三角分布荷载}\\ \dfrac{V_0H^3}{8EI_w}\left(1-\dfrac{4}{3}\xi+\dfrac{1}{3}\xi^4\right) & \text{均布荷载}\\ \dfrac{V_0H^3}{3EI_w}(1-1.5\xi+0.5\xi^3) & \text{顶点集中荷载}\end{cases} \tag{5-4}$$

式中 E——混凝土的弹性模量；

V_0——墙在基底（$x=H$）处的总剪力；

I_w——整体墙的折算惯性矩；

ξ——相对高度，$\xi=x/H$。

整体墙微段对应的剪切变形如图 5-9 所示。设单位高度剪力墙的剪切位移角为 θ_V，混凝土剪切模量为 G，墙肢任意高度处的剪力为 V_{px}，截面平均剪应力为 $\tau=\mu V_{px}/A_w$，μ 为截面剪应力不均匀系数，墙段 dx 相对水平位移为 dy_V。在图 5-7 和图 5-8 所示的坐标体系中，顺时针方向为“+”值的剪切位移角与 dy_V 的微分关系如下：

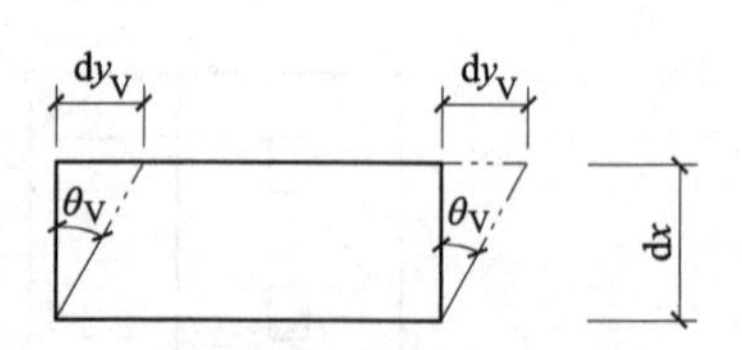

图 5-9 整体墙微段对应的剪切变形

$$\theta_V=-\frac{\mathrm{d}y_V}{\mathrm{d}x}=\frac{\tau}{G}=\frac{\mu V_{px}}{GA_w} \tag{5-5}$$

对式（5-5）求积分并将表 5-2 中三种典型水平荷载（力）作用对应的剪力 V_{px} 代入，得到墙剪切产生的侧移为

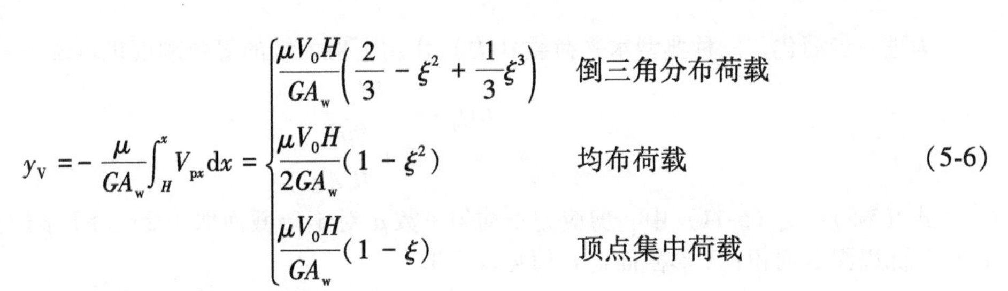

$$\gamma_{\mathrm{V}}=-\frac{\mu}{GA_{\mathrm{w}}}\int_{H}^{x}V_{\mathrm{px}}\mathrm{d}x=\begin{cases}\dfrac{\mu V_0 H}{GA_{\mathrm{w}}}\left(\dfrac{2}{3}-\xi^2+\dfrac{1}{3}\xi^3\right) & \text{倒三角分布荷载}\\ \dfrac{\mu V_0 H}{2GA_{\mathrm{w}}}(1-\xi^2) & \text{均布荷载}\\ \dfrac{\mu V_0 H}{GA_{\mathrm{w}}}(1-\xi) & \text{顶点集中荷载}\end{cases}\tag{5-6}$$

则整体墙在水平力作用下任意高度处的总侧移为

$$y=\begin{cases}\dfrac{11V_0H^3}{60EI_{\mathrm{w}}}\left(1-\dfrac{15}{11}\xi+\dfrac{5}{11}\xi^4-\dfrac{1}{11}\xi^5\right)+\dfrac{2\mu V_0H}{3GA_{\mathrm{w}}}\left(1-\dfrac{3}{2}\xi^2+\dfrac{1}{2}\xi^3\right) & \text{倒三角分布荷载}\\ \dfrac{V_0H^3}{8EI_{\mathrm{w}}}\left(1-\dfrac{4}{3}\xi+\dfrac{1}{3}\xi^4\right)+\dfrac{\mu V_0H}{2GA_{\mathrm{w}}}(1-\xi^2) & \text{均布荷载}\\ \dfrac{V_0H^3}{3EI_{\mathrm{w}}}(1-1.5\xi+0.5\xi^3)+\dfrac{\mu V_0H}{GA_{\mathrm{w}}}(1-\xi) & \text{顶点集中荷载}\end{cases}\tag{5-7}$$

整理式（5-7）得到：

$$y=\begin{cases}\dfrac{11V_0H^3}{60EI_{\mathrm{w}}}\left[\left(1-\dfrac{15}{11}\xi+\dfrac{5}{11}\xi^4-\dfrac{1}{11}\xi^5\right)+\dfrac{3.64\mu EI_{\mathrm{w}}}{H^2GA_{\mathrm{w}}}\left(1-\dfrac{3}{2}\xi^2+\dfrac{1}{2}\xi^3\right)\right] & \text{倒三角分布荷载}\\ \dfrac{V_0H^3}{8EI_{\mathrm{w}}}\left[\left(1-\dfrac{4}{3}\xi+\dfrac{1}{3}\xi^4\right)+\dfrac{4\mu EI_{\mathrm{w}}}{H^2GA_{\mathrm{w}}}(1-\xi^2)\right] & \text{均布荷载}\\ \dfrac{V_0H^3}{3EI_{\mathrm{w}}}\left[(1-1.5\xi+0.5\xi^3)+\dfrac{3\mu EI_{\mathrm{w}}}{H^2GA_{\mathrm{w}}}(1-\xi)\right] & \text{顶点集中荷载}\end{cases}\tag{5-8}$$

当 $\xi=0$ 时，由式（5-8）得到在三种典型水平荷载（力）作用下考虑弯曲和剪切变形后的整体墙顶点位移为

$$u_{\mathrm{T}}=\begin{cases}\dfrac{11}{60}\dfrac{V_0H^3}{EI_{\mathrm{eq}}}=\dfrac{11}{60}\dfrac{V_0H^3}{EI_{\mathrm{w}}}\left(1+\dfrac{3.64\mu EI_{\mathrm{w}}}{H^2GA_{\mathrm{w}}}\right) & \text{倒三角分布荷载}\\ \dfrac{1}{8}\dfrac{V_0H^3}{EI_{\mathrm{eq}}}=\dfrac{1}{8}\dfrac{V_0H^3}{EI_{\mathrm{w}}}\left(1+\dfrac{4\mu EI_{\mathrm{w}}}{H^2GA_{\mathrm{w}}}\right) & \text{均布荷载}\\ \dfrac{1}{3}\dfrac{V_0H^3}{EI_{\mathrm{eq}}}=\dfrac{1}{3}\dfrac{V_0H^3}{EI_{\mathrm{w}}}\left(1+\dfrac{3\mu EI_{\mathrm{w}}}{H^2GA_{\mathrm{w}}}\right) & \text{顶点集中荷载}\end{cases}\tag{5-9}$$

式（5-9）中的 EI_{eq} 为剪力墙抗弯刚度，在三种典型水平荷载（力）作用下剪力墙的等效抗弯刚度分别是

$$EI_{\mathrm{eq}}=\begin{cases}\dfrac{EI_{\mathrm{w}}}{1+\dfrac{3.64\mu EI_{\mathrm{w}}}{H^2GA_{\mathrm{w}}}} & \text{倒三角分布荷载}\\ \dfrac{EI_{\mathrm{w}}}{1+\dfrac{4\mu EI_{\mathrm{w}}}{H^2GA_{\mathrm{w}}}} & \text{均布荷载}\\ \dfrac{EI_{\mathrm{w}}}{1+\dfrac{3\mu EI_{\mathrm{w}}}{H^2GA_{\mathrm{w}}}} & \text{顶点集中荷载}\end{cases}\tag{5-10}$$

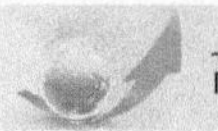

为进一步简化，三种典型水平荷载（力）作用下剪力墙的等效刚度也可统一采用下式计算：

$$EI_{eq}=\frac{EI_w}{1+\frac{9\mu I_w}{H^2A_w}} \tag{5-11}$$

式（5-5）~式（5-11）中，剪应力不均匀系数μ对矩形截面取1.2；对I字形截面μ等于全截面面积除以腹板面积；T形截面的μ值见表5-3。

表5-3　T形截面的剪应力不均匀系数

h/t	b_f/t					
	4	6	8	10	12	14
4	1.79	2.20	2.61	2.99	3.36	3.72
8	1.55	1.81	2.08	2.35	2.62	2.88
12	1.42	1.60	1.79	1.98	2.16	2.35
16	1.36	1.49	1.63	1.77	1.91	2.06
20	1.31	1.42	1.53	1.64	1.76	1.88
24	1.29	1.37	1.46	1.56	1.65	1.75
28	1.27	1.34	1.42	1.50	1.56	1.66
32	1.26	1.32	1.38	1.45	1.52	1.59
36	1.25	1.30	1.35	1.41	1.48	1.54
40	1.24	1.28	1.33	1.39	1.44	1.50
50	1.23	1.26	1.30	1.34	1.38	1.42

注：b_f为翼缘宽度，t为墙厚，h为墙的截面高度（腹板墙长度）。

【例5-1】　已知某高层剪力墙，层高3m，共12层，墙长B为8m，墙厚为0.3m，采用C40混凝土（$E=3.25\times10^7\text{kN/m}^2$，$G=0.425E$）。墙面开小洞口如图5-10所示。设剪力墙承受三角形分布水平荷载，$q_{max}=60\text{kN/m}$，求墙体所受内力及位移。

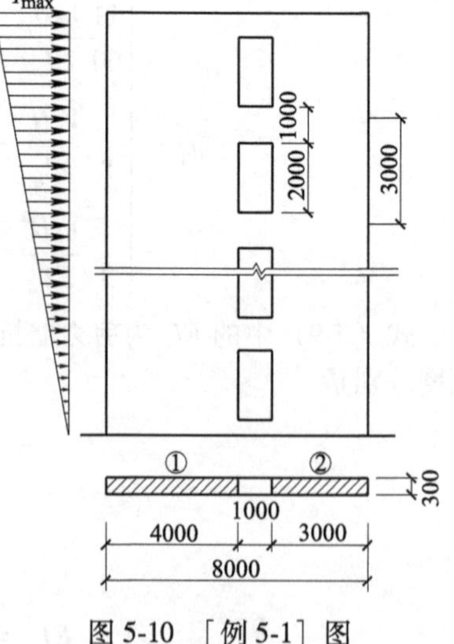

图5-10　［例5-1］图

【解】　(1) 判别墙体类型

由于剪力墙立面孔洞面积与墙面面积比$A_{op}/A_f=1\times2\div(8\times3)=8.3\%<16\%$，且洞口到墙边的最小距离3m大于洞口长边尺寸2m，故该墙为整体墙。

(2) 几何参数计算

折算截面面积：$A_w=\left(1-1.25\sqrt{\frac{A_{op}}{A_f}}\right)A=(1-1.25\times\sqrt{0.083})\times8\times0.3\text{m}^2=0.639\times2.40\text{m}^2=1.53\text{m}^2$

墙肢面积：$A_1=4\text{m}\times0.3\text{m}=1.2\text{m}^2$，$A_2=3\text{m}\times0.3\text{m}=0.9\text{m}^2$

墙肢惯性矩：$I_1=(4^3\times0.3\div12)\text{m}^4=1.6\text{m}^4$，$I_2=(3^3\times0.3\div12)\text{m}^4=0.675\text{m}^4$

截面形心到墙左端的距离：$y_{左}=\frac{A_1\times4\div2+A_2\times(4+1+3\div2)}{A_1+A_2}=\frac{1.2\times2+0.9\times6.5}{1.2+0.9}\text{m}=3.929\text{m}$

各墙肢形心距：$y_1 = 3.929\text{m} - 2\text{m} = 1.929\text{m}$，$y_2 = 4\text{m} + 1\text{m} + 3\text{m} \div 2 - 3.929\text{m} = 2.571\text{m}$

有洞口截面惯性矩：$I_{洞} = I_1 + I_2 + y_1^2 A_1 + y_2^2 A_2 = (1.6 + 0.675 + 1.929^2 \times 1.2 + 2.571^2 \times 0.9)\text{m}^4 = 12.689\text{m}^4$

无洞口截面惯性矩：$I = tB^3/12 = (0.3 \times 8^3 \div 12)\text{m}^4 = 12.8\text{m}^4$

折算惯性矩：$I_w = \dfrac{\sum_{i=1}^{n} I_i h_i}{H} = \dfrac{12 \times (12.8 \times 1 + 12.643 \times 2)}{12 \times 3}\text{m}^4 = 12.695\text{m}^4$

（3）墙体所受内力计算

墙体任意高度处的弯矩：$M_p = \dfrac{1}{2} q_{max} x^2 \left(1 - \dfrac{x}{3H}\right)$，基底处：$M_0 = \dfrac{q_{max} H^2}{3} = \dfrac{60 \times 36^2}{3}\text{kN} \cdot \text{m} = 25920\text{kN} \cdot \text{m}$

墙体任意高度处的剪力：$V_p = \dfrac{1}{2} q_{max} x \left(2 - \dfrac{x}{H}\right)$，基底处：$V_0 = \dfrac{q_{max} H}{2} = \dfrac{60 \times 36}{2}\text{kN} = 1080\text{kN}$

整体墙所受的总弯矩与总剪力沿墙高分布如图 5-11 所示。

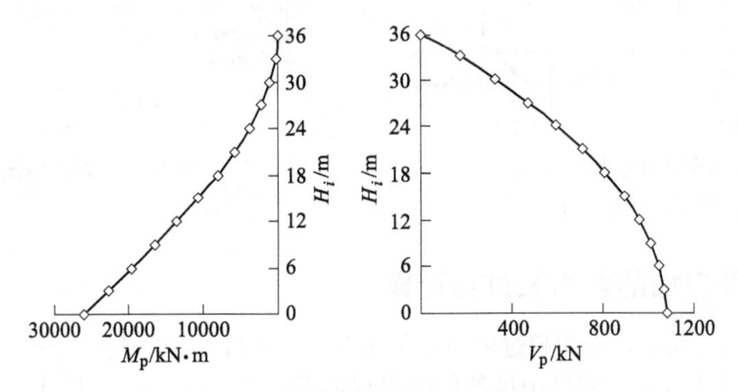

图 5-11　墙体所受总弯矩与总剪力

基底处墙肢截面应力可根据计算位置到带洞口截面形心的距离 y 计算：$\sigma = M_0 y / I_{洞}$，计算结果见表 5-4。

表 5-4　墙肢截面应力计算

位置	墙肢①左端	墙肢①中	墙肢①右端	墙肢②左端	墙肢②中	墙肢②右端
形心距 y/m	3.929	1.929	0.071	1.071	2.571	4.071
应力 σ/MPa	8026	3940	−145	−2188	−5252	−8316

注："−" 为压。

由于洞口边长超过 0.8m 不属于小洞口，墙肢端部纵向受力钢筋配置要考虑洞口，故需要计算墙肢弯矩和轴力。墙肢①和墙肢②可根据洞口截面的正应力得到墙肢轴力与弯矩，轴力等于墙肢中点正应力与墙肢面积的乘积，墙肢弯矩可根据墙肢边缘与墙肢中点的正应力差得到。以墙肢①为例：

轴力：$N_1 = \sigma_{1中} A_1 = 3940\text{MPa} \times 1.2\text{m}^2 = 4728\text{kN}$

弯矩：$M_1 = \dfrac{(\sigma_{1左} - \sigma_{1中}) I_1}{2} = \dfrac{(8026 - 3940) \times 1.6}{2}\text{kN} \cdot \text{m} = 3269\text{kN} \cdot \text{m}$

墙基底截面的墙肢正应力及墙肢弯矩、轴力如图 5-12 所示。

（4）墙体侧移计算　将折算惯性矩 I_w 以及折算面积 A_w 代入三角形荷载作用下剪力墙等效抗弯刚度计算式得

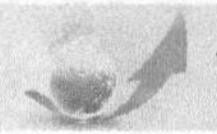

$$EI_{eq}=\frac{EI_w}{1+\frac{3.64\mu EI_w}{H^2GA_w}}=\frac{3.25\times10^7\times12.695}{1+\frac{3.64\times1.2\times12.695}{36^2\times0.425\times1.53}}\text{kN}\cdot\text{m}=387115094\text{kN}\cdot\text{m}^2$$

倒三角形荷载作用下的墙体总侧移计算见式（5-7），墙体弯曲对应的侧移见式（5-4），墙体剪切对应的侧移见式（5-6），将各参数代入计算得各点侧移，如图 5-13 所示。由侧移图形可以看出侧移沿高度呈现弯曲型分布的特点，且与墙肢剪切变形对应的侧移很小。

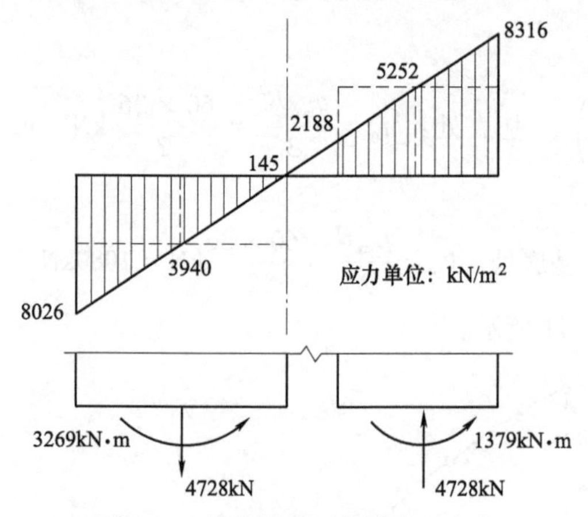

图 5-12　墙基底截面的墙肢正应力以及墙肢弯矩与轴力

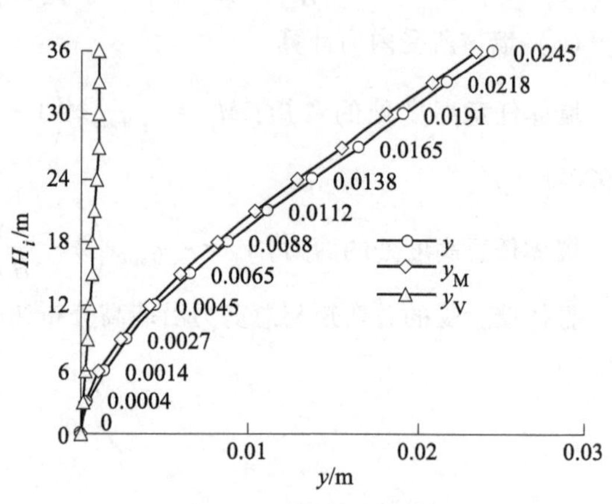

图 5-13　剪力墙侧移

5.2.2　整体小开口墙的内力及位移计算

整体小开口墙的墙面洞口面积超过墙面面积的 16%，当洞口尚没有破坏墙的整体性时，墙肢中虽然已经出现局部弯曲，但局部弯矩值不超过总弯矩的 15%，墙肢正应力以整体弯曲的应力为主，局部弯曲应力并没有使正应力分布较大偏离直线，墙截面变形大体上仍符合平面假定，这种情况属于整体小开口墙。整体小开口墙的受力特点与竖向悬臂构件近似，可按材料力学公式计算内力及变形，但需要加以适当的修正。

1. 整体小开口墙的几何参数

整体小开口墙的几何参数如图 5-14 所示。I_j、A_j 为第 j 列墙肢的截面惯性矩和截面面积，h_{bj} 为连梁高度，$2c_j$ 为第 j 列连梁两侧相邻墙肢的截面形心矩，$2a_{0j}$ 为第 j 列连梁的净跨，$2a_j$ 为第 j 列连梁的计算跨度，取

$$2a_j=2a_{0j}+\frac{h_{bj}}{2}\tag{5-12}$$

2. 整体小开口墙的判断

当剪力墙由成列洞口划分为若干墙肢，各列墙肢和连梁的刚度分布比较均匀，相关参数满足式（5-13）的要求时，可按照整体小开口墙计算。

$$\alpha\geqslant10$$
$$\frac{I_n}{I}\leqslant Z\tag{5-13}$$

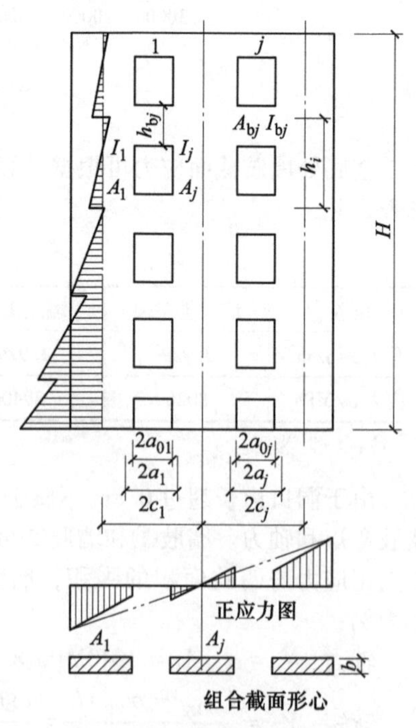

图 5-14　整体小开口墙的几何参数和受力特点

式中　α——整体系数，计算如下：

$$\alpha = H\sqrt{\frac{6I_b^0c^2}{h(I_1+I_2)a^3}\frac{I}{I_n}}\quad（单列洞口）\tag{5-14a}$$

$$\alpha = H\sqrt{\frac{6}{Th\sum_{j=1}^{k+1}I_j}\sum_{j=1}^{k}\frac{c_j^2I_{bj}^0}{a_j^3}}\quad（多列洞口）\tag{5-14b}$$

I——剪力墙对组合截面形心的惯性矩；

I_n——扣除墙肢惯性矩后的剪力墙惯性矩，设有 k 列连梁，则 $I_n = I - \sum_{j=1}^{k+1}I_j$；

H——剪力墙总高；

h——层高；

I_1、I_2、I_j——墙肢截面惯性矩；

c、c_j——单列洞口墙、多列洞口墙第 j 列连梁两侧墙肢间距离的一半；

I_b^0、I_{bj}^0——连梁折算惯性矩，按下式计算：

$$I_{bj}^0 = \frac{I_{bj}}{1+\frac{3\mu EI_{bj}}{A_{bj}Ga_j}} = \frac{I_{bj}}{1+\frac{7\mu I_{bj}}{A_{bj}a_j}}\tag{5-15}$$

E、G——混凝土的弹性模量和剪切模量，$G=0.425E$；

A_{bj}、I_{bj}——第 j 列连梁的截面面积和惯性矩；

a、a_j——单列洞口墙、多列洞口墙第 j 列连梁计算跨度的半跨长；

μ——剪应力不均匀系数，矩形截面取 1.2；

T——系数，单列洞口墙 $T=I_n/I$；墙肢分布均匀的 3~4 肢墙取 0.8，5~7 肢墙取 0.85，8 肢以上取 0.9；

Z——与 α 和层数有关的系数，见表 5-19。

3. 整体小开口墙的内力计算

图 5-15 所示为受水平均布荷载作用的具有一列洞口的整体小开口墙。在任意水平截面把墙肢剖开，墙肢 1 和墙肢 2 的弯矩、轴力、剪力分别为 M_1、N_1、V_1 和 M_2、N_2、V_2，两个墙肢的轴线距为 $2c$（图 5-15a）。墙肢弯矩沿高度的分布受连梁约束影响在楼层标高处有突变，上部个别层有反弯点（图 5-15b）。墙肢水平截面正应力可以看成是整体弯曲应力与连梁约束对应的局部弯曲应力的叠加（图 5-15c）。由于只有两个墙肢，故有 $N_1=N_2=N$。

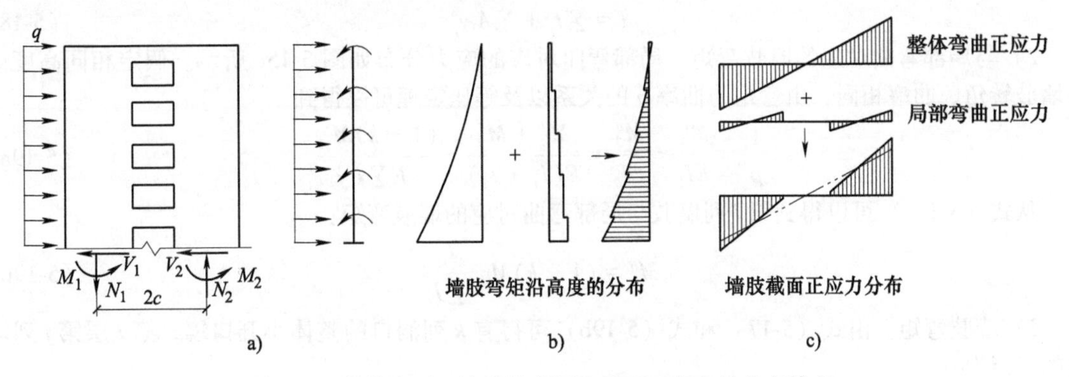

图 5-15　整体小开口墙墙肢弯矩和截面正应力的分布特点

（1）墙肢弯矩计算　任意高度处的墙肢 j 的弯矩由可以分解为整体弯曲对应的弯矩 M_j' 和与局

部弯曲对应的弯矩 M''_j，即 $M_j=M'_j+M''_j$。由弯矩的平衡关系，在任意高度由外荷载产生的总弯矩 M_{pi} 与墙肢弯矩和墙肢轴力形成的反力偶 $2cN$ 平衡。由任意高度的弯矩平衡得到

$$M_{pi}=2cN+\underbrace{M_1+M_2}_{\text{墙肢弯矩}}=\underbrace{2cN+M'_1+M'_2}_{\text{平衡整体弯矩}}+\underbrace{M''_1+M''_2}_{\text{局部弯矩}} \tag{5-16a}$$

设整体弯矩为 kM_{pi}，等于 $2cN+M'_1+M'_2$；局部弯矩为 $(1-k)M_{pi}$，等于 $M''_1+M''_2$。则总弯矩分解为

$$M_{pi}=M_{\text{整体}}+M_{\text{局部}}=kM_{pi}+(1-k)M_{pi} \tag{5-16b}$$

式中　k——整体弯矩系数，随墙整体性的增加而增大，与层数、连梁高厚比、连梁与墙肢的高厚比有关，可取 0.85。

1）与整体弯曲对应的墙肢弯矩。将墙肢截面在整体弯矩 kM_{pi} 作用下的正应力（图 5-16a）分解为均匀应力 σ_0 和不均匀应力 $\Delta\sigma$（图 5-16），由不均匀应力对墙肢形心轴取矩可得到对应的墙肢弯矩：

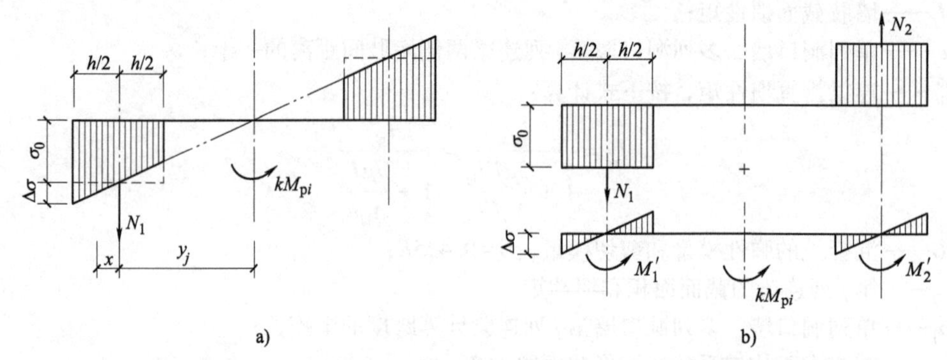

图 5-16　整体小开口墙截面在 kM_{pi} 作用下的正应力分布及墙肢弯矩和轴力

$$M'_j=\int_{-h_j/2}^{h_j/2}\Delta\sigma_x xt\mathrm{d}x=\int_{-h_j/2}^{h_j/2}\left[\frac{kM_{pi}}{I}(y_j+x)-\frac{kM_{pi}}{I}y_j\right]xt\mathrm{d}x=\int_{-h_j/2}^{h_j/2}\frac{kM_{pi}}{I}x^2t\mathrm{d}x=kM_{pi}\frac{I_j}{I} \tag{5-17}$$

式中　t——墙肢厚度；

y_j——墙肢 j 的形心至整截面形心的距离；

x——计算位置到墙肢形心的距离；

M_{pi}——任意高度处由荷载产生的总弯矩；

I_j——墙肢 j 的截面惯性矩；

I——整截面惯性矩，取有洞口截面，计算公式为

$$I=\sum I_j+\sum A_jy_j^2 \tag{5-18}$$

2）与局部弯曲对应的墙肢弯矩。局部弯曲对应的应力分布如图 5-15c 所示。假定相同高度处各墙肢转角、曲率相同，由弯矩与曲率 ρ 的关系以及等比定理可以得到

$$\frac{1}{\rho}=\frac{M''_1}{EI_1}=\frac{M''_2}{EI_2}=\frac{M''_1+M''_2}{E(I_1+I_2)}=\frac{(1-k)M_{pi}}{E\sum I_j} \tag{5-19a}$$

从式（5-19a）可以得到第 j 列墙肢与局部弯曲对应的墙肢弯矩：

$$M''_j=(1-k)M_{pi}\frac{I_j}{\sum I_j} \tag{5-19b}$$

3）墙肢弯矩。由式（5-17）和式（5-19b）可得有 k 列洞口的整体小开口墙，第 i 层第 j 列墙肢的弯矩为

$$M_j=0.85M_{pi}\frac{I_j}{I}+0.15M_{pi}\frac{I_j}{\sum_1^{k+1}I_j} \tag{5-20}$$

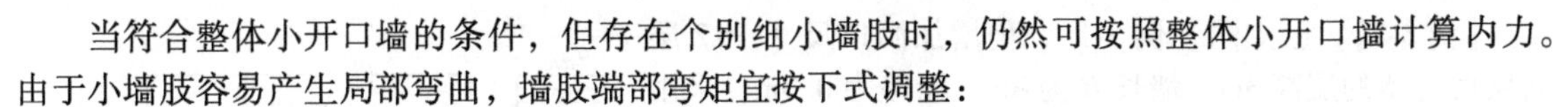

当符合整体小开口墙的条件，但存在个别细小墙肢时，仍然可按照整体小开口墙计算内力。由于小墙肢容易产生局部弯曲，墙肢端部弯矩宜按下式调整：

$$M_j = M_{j0} + \Delta M_j, \Delta M_j = V_j \frac{h_0}{2} \tag{5-21}$$

式中　M_{j0}——按整体小开口墙计算的墙肢弯矩；

ΔM_j——由于小墙肢局部弯矩增加的墙肢弯矩；

V_j——第 j 墙的墙肢剪力；

h_0——洞口高度。

（2）墙肢轴力计算　墙肢在整体弯矩作用下的应力分布如图 5-16a 所示，其中 σ_0 为与墙肢形心对应的应力，该应力的合力即为墙肢轴力（见图 5-16b），故第 i 层第 j 列墙肢的轴力为

$$N_j = \sigma_j^0 A_j = 0.85 M_{pi} \frac{y_j}{I} A_j \tag{5-22}$$

（3）墙肢剪力计算　一般楼层 i 处第 j 列墙肢的剪力 V_j 可按照考虑弯曲与剪切变形影响来分配总剪力 V_{pi}：

$$V_j = \frac{V_{pi}}{2}\left(\frac{A_j}{\sum A_j} + \frac{I_j}{\sum I_j}\right) \tag{5-23a}$$

式中　V_{pi}——外荷载在第 i 层产生的总剪力。

对底层可只考虑剪切变形影响按墙肢截面面积分配总剪力，故第 j 列墙肢的剪力为

$$V_j = V_0 \frac{A_j}{\sum A_j} \tag{5-23b}$$

式中　V_0——基底总剪力。

（4）连梁内力计算　剪力墙的连梁剪力可由墙肢上下层的轴力差计算，如图 5-17 所示。以边跨为例：

$$V_{bi} = N_{ij} - N_{i+1,j} \tag{5-24}$$

连梁弯矩可按连梁剪力乘以到计算位置的距离计算。如洞口边的连梁弯矩为

$$M_{bi} = V_{bi} a_0 \tag{5-25}$$

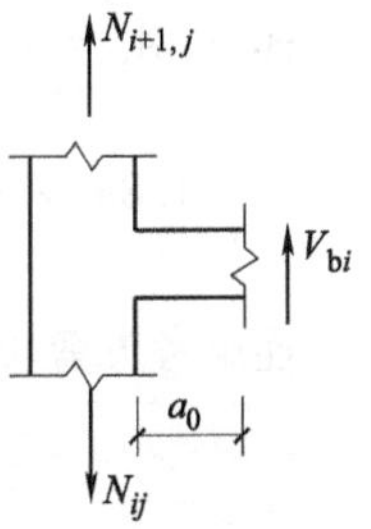

$N_{i+1,j}$　V_{bi}　a_0　N_{ij}

图 5-17　连梁剪力计算示意图

4. 整体小开口墙在水平力作用下的位移

考虑到洞口削弱的影响，整体小开口墙的顶点位移根据《高规》的建议可按整体墙位移的计算结果式（5-9）乘以增大系数 1.20 来取值，见下式：

$$u_T = 1.2 \times \begin{cases} \dfrac{11}{60}\dfrac{V_0H^3}{EI_w}\left[1 + \dfrac{3.64\mu EI_w}{H^2GA_w}\right] \\ \dfrac{1}{8}\dfrac{V_0H^3}{EI_w}\left[1 + \dfrac{4\mu EI_w}{H^2GA_w}\right] \\ \dfrac{1}{3}\dfrac{V_0H^3}{EI_w}\left[1 + \dfrac{3\mu EI_w}{H^2GA_w}\right] \end{cases} = \begin{cases} 1.2 \times \dfrac{11}{60}\dfrac{V_0H^3}{EI_{eq}} & \text{倒三角形分布荷载} \\ 1.2 \times \dfrac{1}{8}\dfrac{V_0H^3}{EI_{eq}} & \text{均布荷载} \\ 1.2 \times \dfrac{1}{3}\dfrac{V_0H^3}{EI_{eq}} & \text{顶点集中荷载} \end{cases} \tag{5-26}$$

式中　A_w——剪力墙有洞口截面的面积，$A_w = \sum A_i$；

I_w——剪力墙有洞口截面的惯性矩，取洞口截面的组合截面惯性矩，$I_w = I$，I 见式（5-18）。

根据《高规》4.1.6 条的建议，整体小开口墙的等效抗弯刚度可按照整体墙式（5-10）或式（5-11）计算，但考虑开洞影响可将式中的 I_w 取洞口截面的组合截面惯性矩的 80%，即 $I_w = 0.8I$，此系数不与式（5-26）的位移增大系数 1.2 一起采用。故整体小开口墙的位移也可按照折算以后的等效抗弯刚度进行计算。

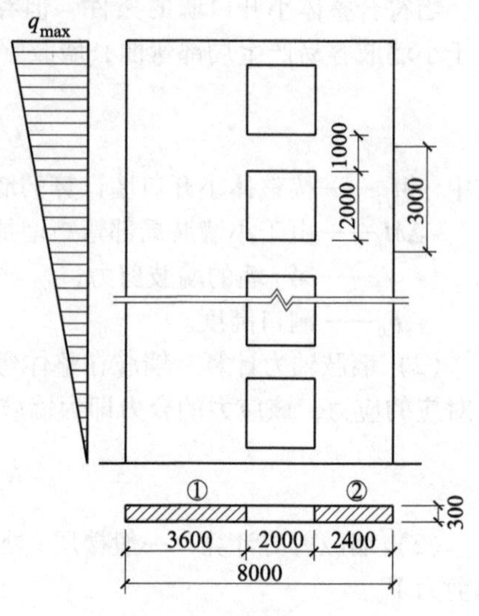

图 5-18 ［例 5-2］图

【例 5-2】 已知同［例 5-1］，但增加洞口尺寸。12 层高层剪力墙的层高 3m，墙长 B 为 8m，墙厚为 0.3m，采用 C40 混凝土（$E=3.25\times10^7\text{kN/m}^2$，$G=0.425E$）。墙面开洞口如图 5-18 所示。设承受三角形分布水平荷载，$q_{max}=60\text{kN/m}$，求墙体所受内力及位移。

【解】 由于剪力墙立面孔洞面积与墙面面积比 $A_{op}/A_f=2\times2\div(8\times3)=16.7\%>16\%$，故该墙不属于整体墙。

（1）几何参数

墙肢面积：$A_1=3.6\text{m}\times0.3\text{m}=1.08\text{m}^2$，$A_2=2.4\text{m}\times0.3\text{m}=0.72\text{m}^2$，$\sum A_j=1.8\text{m}^2$

墙肢惯性矩：$I_1=(3.6^3\times0.3\div12)\text{m}^4=1.166\text{m}^4$，$I_2=(2.4^3\times0.3\div12)\text{m}^4=0.346\text{m}^4$

截面形心到墙左端的距离：

$$y_{左}=\frac{A_1\times3.6\div2+A_2\times(3.6+2+2.4\div2)}{A_1+A_2}\text{m}=3.8\text{m}$$

各墙肢形心距：$y_1=3.8\text{m}-3.6\text{m}\div2=2\text{m}$，$y_2=3.6\text{m}+2\text{m}+2.4\text{m}\div2\text{m}-3.8\text{m}=3\text{m}$

有洞口截面惯性矩：$I_{洞}=I_1+I_2+y_1^2A_1+y_2^2A_2=(1.166+0.346+2^2\times1.08+3^2\times0.72)\text{m}^4=12.312\text{m}^4$

（2）判断类型

连梁：$A_b=0.3\text{m}\times1.0\text{m}=0.3\text{m}^2$，$I_b=\dfrac{1}{12}\times0.3\text{m}\times1.0^3\text{m}^3=0.025\text{m}^4$

$2c=1.8\text{m}+2\text{m}+1.2\text{m}=5.0\text{m}$，$a=\dfrac{1}{2}\times2.0\text{m}+\dfrac{1}{4}\times1.0\text{m}=1.25\text{m}$

连梁考虑剪切变形的折算惯性矩：$I_b^0=\dfrac{I_b}{1+\dfrac{7\mu I_b}{a^2A_b}}=\dfrac{0.025}{1+\dfrac{7\times1.2\times0.025}{1.25^2\times0.3}}\text{m}^4=0.0173\text{m}^4$

连梁刚度系数［见式（5-46）］：$D=\dfrac{c^2I_b^0}{a^3}=\dfrac{2.5^2\times0.0173}{1.25^3}\text{m}^3=0.055\text{m}^3$

$$T=\frac{I_n}{I}=\frac{I-\sum I_j}{I}=\frac{12.312-(1.166+0.346)}{12.312}=0.877$$

整体系数［见式（5-14a）］：$\alpha=\sqrt{\dfrac{6H^2D}{Th\sum I_j}}=\sqrt{\dfrac{6\times36^2\times0.055}{0.877\times3.0\times(1.166+0.346)}}=10.37>10$

查表 5-19，得到 $Z=0.955$，$\dfrac{I_n}{I}<Z$。

故按整体墙小开口计算［见式（5-13）］。

（3）墙体所受内力和位移计算 墙肢弯矩、剪力以及轴力计算结果见表 5-5 及图 5-19。其中：小开口墙肢弯矩可表达为 $M_j=k_1M_{pi}$，$k_1=\left(0.85\dfrac{I_j}{I}+0.15\dfrac{I_j}{\sum I_j}\right)$ 为弯矩系数，墙肢①、②的 k_1 分别为 0.196 和 0.058。计算结果如图 5-19a 所示。

小开口墙肢轴力可表达为 $N_j=k_2M_{pi}$，$k_2=0.85\dfrac{y_j}{I}A_j$ 为轴力系数，对墙肢①、②的 k_2 为 0.149。计算结果如图 5-19b 所示。

小开口墙肢剪力可表达为 $V_j = k_3 V_{pi}$，一般层 $k_3 = \dfrac{1}{2}\left(\dfrac{A_j}{\sum A_j} + \dfrac{I_j}{\sum I_j}\right)$ 为剪力系数，对墙肢①、②分别为0.686、0.314。计算结果如图5-19c所示。

表5-5　墙肢内力与位移

H_i/m	M_p/kN·m	V_p/kN	M_1/kN·m	M_2/kN·m	N/kN	V_1/kN	V_2/kN	V_b/kN	y/m	Δy/mm
36	0	0	0	0	0	0	0	0	0.0314	0.0035
33	260	172	51	15	39	118	54	39	0.0279	0.0034
30	1024	331	201	59	153	227	104	114	0.0245	0.0035
27	2228	473	437	129	332	324	148	179	0.0210	0.0033
24	3833	600	751	222	571	411	188	239	0.0177	0.0033
21	5821	713	1141	338	867	489	224	296	0.0144	0.0031
18	8100	810	1588	470	1207	556	254	340	0.0113	0.0030
15	10647	892	2087	618	1586	612	280	379	0.0083	0.0026
12	13452	960	2636	780	2004	659	302	418	0.0057	0.0022
9	16403	1013	3215	951	2444	695	318	440	0.0035	0.0018
6	19487	1050	3820	1130	2904	720	330	460	0.0017	0.0011
3	22700	1073	4449	1317	3382	736	337	479	0.0006	0.0006
0	25920	1080	5080	1503	3862	741	339	480	0.0000	—

以墙肢①为例，不反映楼层弯矩突变的墙肢弯矩和考虑连梁约束影响的墙肢弯矩如图5-19a所示。轴力 N 及剪力 V_1 如图5-19b和图5-19c所示（图中实线为用抗弯刚度比分配的 V_j）。

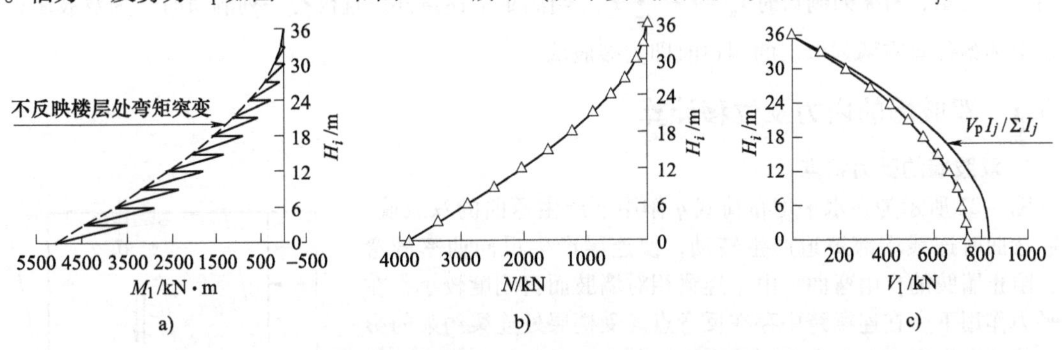

图5-19　墙肢①的弯矩、轴力和剪力图

连梁剪力等于墙肢轴力差，计算结果见表5-5和图5-20。通过连梁剪力可以计算连梁弯矩。实际上，墙肢在每层均有上、下两个截面，由于连梁弯矩在楼层处的约束作用，使得楼层处连梁下端的墙肢截面（每层上部墙肢截面）弯矩有突变，即墙肢第 i 层上部截面的墙肢 j 的弯矩为

$$M_{ij}^{上} = M_{i-1,j}^{下} + V_{bij} c_j$$

考虑墙肢惯性矩乘以折减系数0.8的墙的等效刚度为

$$EI_{eq} = \frac{EI_w}{\left(1 + \dfrac{3.64\mu EI_w}{H^2 GA_w}\right)} = \frac{3.25 \times 10^7 \times 0.8 \times 12.312}{1 + \dfrac{3.64 \times 1.2 \times 0.8 \times 12.312}{36^2 \times 0.425 \times 1.8}} \text{kN} \cdot \text{m}^2 = 306798624 \text{kN} \cdot \text{m}^2$$

用上述刚度计算的墙沿全高的位移 y 及墙肢相对位移 Δy 的计算结果见表5-5和图5-21，图中 y_M 为墙肢弯曲对应的侧移。由表5-5可知楼层相对位移最大值出现在顶层，与层高之比 $\Delta y/h = 1/857$，略大于1/1000（限值）。

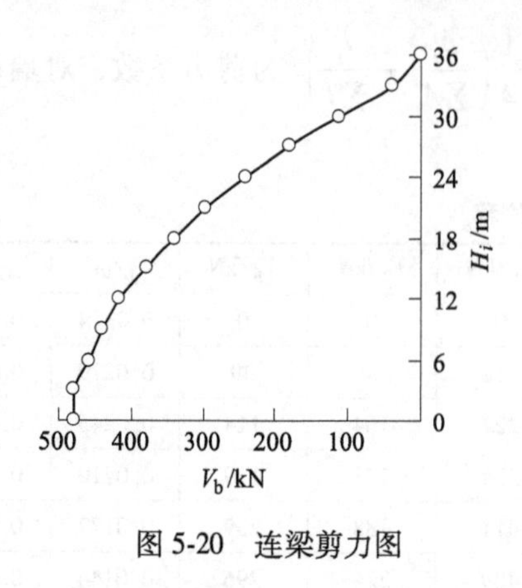

图 5-20　连梁剪力图

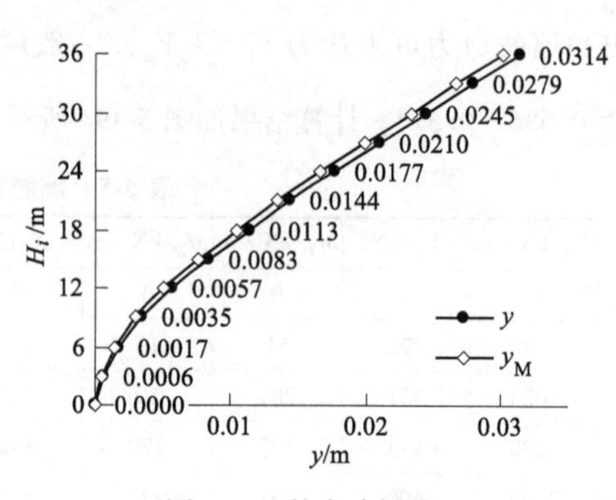

图 5-21　剪力墙侧移图

5.3　联肢墙的内力及位移计算

对于有较大洞口的剪力墙，当整体系数小于 10 且墙肢反弯点仅在个别层存在时即为联肢墙。联肢墙的整体性受到洞口较大影响，判别方法如下：

$$1 \leqslant \alpha < 10$$

$$\frac{I_n}{I} \leqslant Z \tag{5-27}$$

式中 α 的计算见式（5-14），I 为剪力墙对组合截面形心的惯性矩，I_n 为扣除墙肢惯性矩后的剪力墙惯性矩，有 k 列洞口时 $I_n = I - \sum_{j=1}^{k+1} I_j$。当满足上述条件，且仅有一列洞口时，为双肢墙；当满足上述条件且有两列以上的洞口时即为多肢墙。

5.3.1　双肢墙的内力及位移计算

1. 双肢墙的受力特点

图 5-22 所示为在水平均布荷载 q 作用下产生弯曲的双肢墙。墙肢弯曲时连梁端部被迫产生转动，使连梁产生反向曲率的弯曲，阻止墙肢的自由弯曲。由于连梁相对墙肢而言刚度较小，在水平力作用下，在连梁跨中存在反弯点。受楼层处连梁约束的影响，墙肢沿高度方向存在个别反弯点。各墙肢独立工作明显，截面局部弯曲产生的正应力较大，剪力墙截面的整体性已被破坏，平截面假定不再成立。连梁剪力在墙肢中引起轴力，连梁一侧的墙肢受拉，另一侧受压。水平力在任意高度处产生的倾覆弯矩由墙肢弯矩 M_1、M_2 以及墙肢轴力 N 形成的反向力偶平衡，即 $M_p = M_1 + M_2 + 2cN$，其中 $2c$ 为墙肢轴线之间的距离。连梁约束能力越大，N 就越大。当连梁抗弯刚度很小时，$2cN$ 等于零，使双肢墙转化为两个独立墙肢。连梁具有一定的抗弯刚度可以使一部分倾覆力矩转化为墙肢轴力，即使轴力 N 很小，但由于墙肢间距 $2c$ 较大，也可以形成较大的抵抗弯矩 $2cN$，从而提供墙体的抗弯能力。

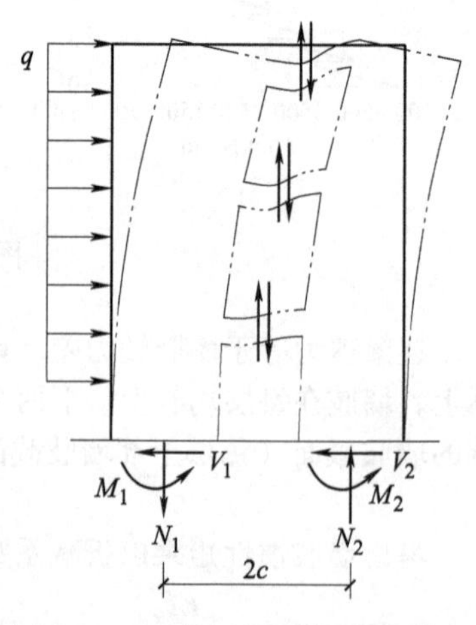

图 5-22　双肢墙的变形与受力特点

本节介绍的计算方法为连续连杆法或称剪力连续法，是一种近似的简化计算方法，当连梁沿高度分布均匀时，该方法具有较高的计算精度。该方法是通过将连梁沿高度连续化和进一步的假定，以连梁连续剪力为基本未知力建立基本力法微分方程进而求解墙肢内力的方法。

2. 双肢墙的计算假定

图5-23所示为典型双肢墙的计算简图，墙肢及连梁轴线取截面形心线。墙肢以及连梁几何参数如图5-23a所示，$2c$为墙肢轴线距（$2c=c_1+c_2$），$2a_0$为墙肢净距或洞口净宽。计算基本假定如下：

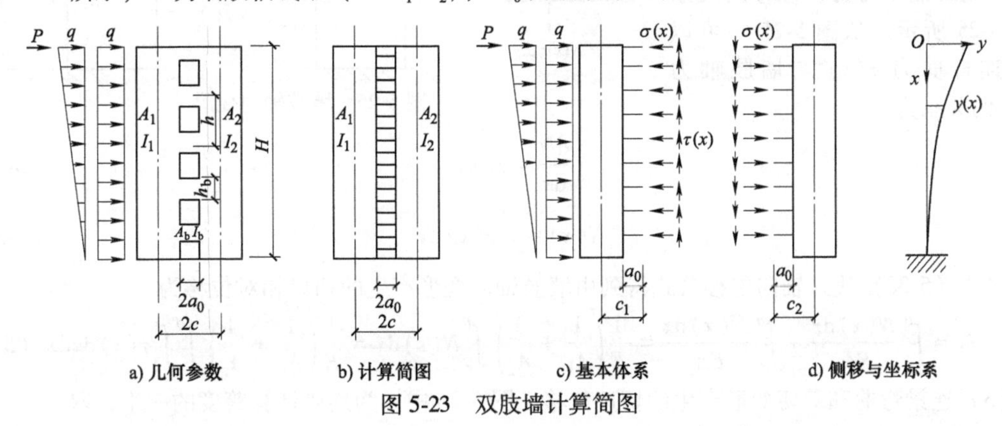

图5-23　双肢墙计算简图

（1）连梁连续化假定　将楼层处的连梁简化为均匀分布在整个楼层高度h上的连续连杆，即连梁的作用可以用沿高度均匀分布的弹性薄片来代替，如图5-23b所示。这一假定，是为了建立微分方程的需要而设的。

（2）连梁变形假定　忽略连梁的轴向变形，即两墙肢在同高度处的水平位移是相同的。

（3）墙肢变形假定　两个墙肢刚度相近，变形曲线相近。故相同标高处两墙肢的转角和曲率相等，连梁的反弯点在跨中。

（4）常参数假定　层高h和墙肢及连梁的惯性矩I_1、I_2、I_b和面积A_1、A_2、A_b等参数沿高度保持不变；这一假定是为了得到常系数微分方程，以便于得到解答而设的。当遇到截面尺寸或层高有少量变化的情况时，可取沿高度方向的加权平均值代入进行计算。

3. 建立微分方程及求解

应用力法原理，将双肢墙沿连梁的反弯点切开，成为两个静定的悬臂墙。切口处存在沿高度分布的剪力集度$\tau(x)$和轴向力集度$\sigma(x)$，基本体系如图5-23c所示。取连梁切口处的分布剪力$\tau(x)$即连杆剪力为多余未知力，连杆切口处沿未知力$\tau(x)$方向的相对位移等于零是变形连续条件。根据假定（2），连杆切口处的轴力$\sigma(x)$对$\tau(x)$的计算结果没有影响，无须列出切口轴向相对位移为零的变形条件。

根据基本体系在外荷载以及基本未知剪力$\tau(x)$作用下沿$\tau(x)$方向的位移应等于零的位移条件即可得到基本方程。

（1）墙肢弯曲产生的切口相对位移　墙肢弯曲产生的切口相对位移如图5-24所示。θ_{1M}、θ_{2M}为墙肢转角，由计算假定（3）有$\theta_{1M}=\theta_{2M}=\theta_M$。小变形情况下，转角的正切等于转角$\tan\theta_M=\theta_M$，所以得到墙肢弯曲对应的切口相对位移：

$$\delta_1=-(\theta_{1M}c_1+\theta_{2M}c_2)=-2c\theta_M \tag{5-28}$$

式中　$2c$——墙肢轴线之间的距离。

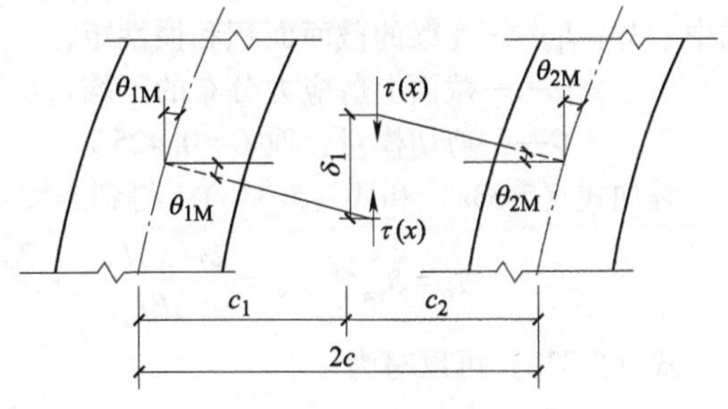

图5-24　墙肢转角变形图

式（5-28）中“−”号表示该缺口位移方向与基本未知力$\tau(x)$方向相反。由于转角θ_M以顺时针方向转动为“+”，而与图5-23d坐标对应的弯曲位移一阶导数$dy/dx<0$，故墙肢弯曲变形转角与对应侧移y_M的关系为

$$\theta_M=-\frac{dy_M}{dx} \tag{5-29}$$

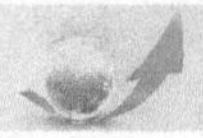

（2）墙肢轴向变形产生的切口相对位移　墙肢在距嵌固端任意高度 $H\text{-}x$ 处的轴力与切口位移的关系如图 5-25 所示。从图 5-25 中可以看出连杆剪力 $\tau(x)$ 与墙肢轴力 $N(x)$ 的关系为

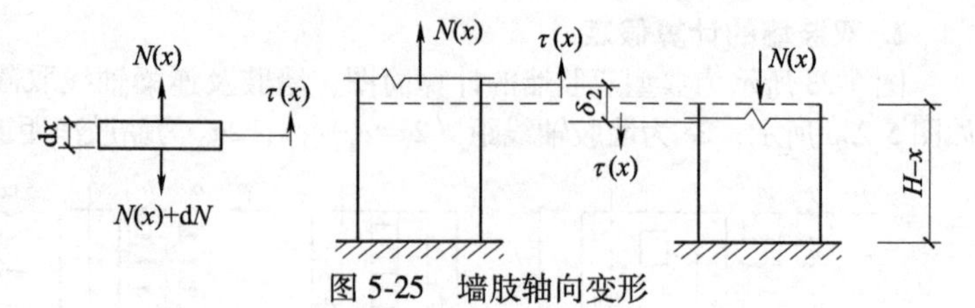

图 5-25　墙肢轴向变形

$$\frac{\mathrm{d}N}{\mathrm{d}x}=\tau(x) \tag{5-30a}$$

$$N(x)=\int_0^x \tau(x)\,\mathrm{d}x \tag{5-30b}$$

将式（5-30）代入轴向位移公式得到由墙肢轴向变形产生的切口相对位移为

$$\delta_2=\int_x^H \frac{N(x)\,\mathrm{d}x}{EA_1}+\int_x^H \frac{N(x)\,\mathrm{d}x}{EA_2}=\frac{1}{E}\left(\frac{1}{A_1}+\frac{1}{A_2}\right)\int_x^H N(x)\,\mathrm{d}x=\frac{1}{E}\left(\frac{1}{A_1}+\frac{1}{A_2}\right)\int_x^H\int_0^x \tau(x)\,\mathrm{d}x\mathrm{d}x \tag{5-31}$$

（3）连梁弯曲和剪切变形产生的切口位移　图 5-26 中 a 为连梁计算跨度的一半，取

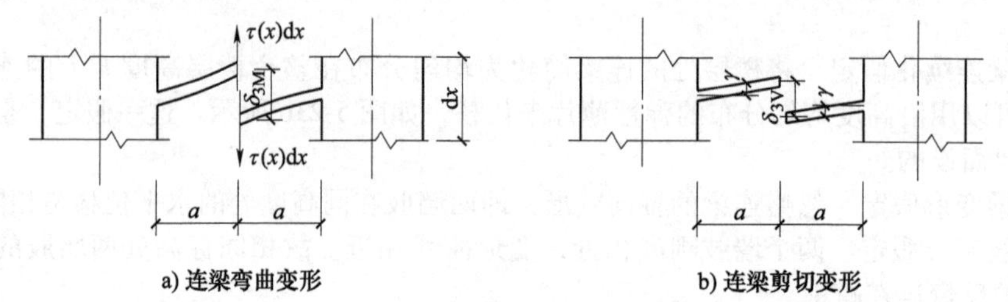

图 5-26　连梁弯曲及剪切变形

$$a=a_0+\frac{h_b}{4} \tag{5-32}$$

a_0 为连梁净跨度的一半，h_b 为连梁截面高度。由连梁弯曲变形产生的切口相对位移为

$$\delta_{3\mathrm{M}}=2\frac{\tau(x)ha^3}{3EI_b} \tag{5-33a}$$

连梁剪切变形产生的切口相对位移为

$$\delta_{3\mathrm{V}}=2\gamma a=2\frac{\mu\tau(x)ha}{A_bG} \tag{5-33b}$$

式中　A_b、I_b——连梁的截面面积和惯性矩；

μ——截面上剪应力分布的不均匀系数，对矩形截面 $\mu=1.2$；

G——剪切模量，取 $G=0.425E$。

叠加式（5-33a）和式（5-33b），得到连梁弯曲和剪切变形对应的切口位移为

$$\delta_3=\delta_{3\mathrm{M}}+\delta_{3\mathrm{V}}=\frac{2\tau(x)ha^3}{3EI_b}+\frac{2\mu\tau(x)ha}{A_bG}=\frac{2\tau(x)ha^3}{3EI_b}\left(1+\frac{3\mu EI_b}{A_bGa^2}\right) \tag{5-33c}$$

式（5-33c）可以写为

$$\delta_3=\frac{2\tau(x)ha^3}{3EI_b^0} \tag{5-33d}$$

式中　I_b^0——连梁考虑剪切变形影响后的截面折算惯性矩，公式如下：

$$I_b^0=\frac{I_b}{1+\dfrac{3\mu EI_b}{A_bGa^2}}\approx\frac{I_b}{1+\dfrac{7\mu I_b}{A_ba^2}} \tag{5-34}$$

式中，取混凝土剪切模量与弹性模量的关系为 $G=0.425E$，对矩形截面 $\mu=1.2$。

(4) 建立微分方程 基本体系在切口的竖向变形协调条件为

$$\delta_1 + \delta_2 + \delta_3 = 0 \tag{5-35}$$

将式(5-28)、式(5-31)和式(5-33d)代入式(5-35),可以得到基本体系在外荷载和基本未知力作用下,沿x方向的切口变形协调方程:

$$-2c\theta_M + \frac{1}{E}\left(\frac{1}{A_1} + \frac{1}{A_2}\right)\int_x^H\int_0^x \tau(x)\,dx\,dx + \frac{2\tau(x)ha^3}{3EI_b^0} = 0 \tag{5-36}$$

将式(5-36)两次对x求导得

$$-2c\theta''_M - \frac{1}{E}\left(\frac{1}{A_1} + \frac{1}{A_2}\right)\tau(x) + \frac{2ha^3}{3EI_b^0}\tau(x)'' = 0 \tag{5-37}$$

式(5-37)即为与切口变形协调条件对应的求解基本未知力$\tau(x)$的基本方程。

式中,θ''_M的解答如下:

在任意位置x处,剪力墙体系的平衡条件为

$$M_1 + M_2 = M_p - 2cN(x) = M_p - 2c\int_0^x \tau(x)\,dx \tag{5-38}$$

式中 M_1、M_2——墙肢1、2在x截面的弯矩;

M_p——外荷载在x截面产生的总弯矩。

设弯矩以墙左侧受拉为正,故在图5-23d所示的坐标系里,墙肢弯矩M与曲率κ的关系为

$$\kappa = \frac{d^2y_M}{dx^2} = \frac{M}{EI} \tag{5-39a}$$

将式(5-29)取导数并代入式(5-39a),则有

$$\theta'_M = -\frac{d^2y_M}{dx^2} = -\frac{M}{EI} \tag{5-39b}$$

故墙肢弯矩与墙肢水平位移之间的关系为

$$\begin{cases} EI_1\dfrac{d^2y_{1M}}{dx^2} = M_1 \\ EI_2\dfrac{d^2y_{2M}}{dx^2} = M_2 \end{cases} \tag{5-39c}$$

式中 y_{1M}、y_{2M}——墙肢1、2在x截面由弯曲产生的水平侧移。根据基本假定有$y_{1M}=y_{2M}=y_M$。

将式(5-39c)代入式(5-38)得

$$M_1 + M_2 = E(I_1 + I_2)\frac{d^2y_M}{dx^2} = M_p - 2c\int_0^x \tau(x)\,dx \tag{5-40}$$

由式(5-39b)和式(5-40)得

$$\theta'_M = -\frac{d^2y_M}{dx^2} = \frac{-1}{E(I_1 + I_2)}\left[M_p - \int_0^x 2c\tau(x)\,dx\right] \tag{5-41a}$$

式(5-41a)对x再求一次导得

$$\theta''_M = \frac{-1}{E(I_1 + I_2)}\left[\frac{dM_p(x)}{dx} - 2c\tau(x)\right] = \frac{-1}{E(I_1 + I_2)}[V_p(x) - 2c\tau(x)] \tag{5-41b}$$

式中 V_p——外荷载对x高度处的墙肢截面产生的总剪力。

设

$$m(x) = 2c\tau(x) \tag{5-42}$$

这里,$m(x)$表示连梁剪力集度对两侧墙肢形心线的约束弯矩集度和,或称为连梁对墙肢的约束弯矩集度。将式(5-41b)代入式(5-37)得

$$\frac{2c}{E(I_1+I_2)}[V_p(x)-2c\tau(x)]-\frac{1}{E}\left(\frac{1}{A_1}+\frac{1}{A_2}\right)\tau(x)+\frac{2ha^3}{3EI_b^0}\tau(x)''=0 \tag{5-43a}$$

再将式（5-42）代入式（5-43a），得到基本方程如下：

$$\frac{2c}{E(I_1+I_2)}[V_p(x)-m(x)]-\frac{m(x)}{2cE}\left(\frac{1}{A_1}+\frac{1}{A_2}\right)+\frac{ha^3}{3cEI_b^0}m(x)''=0 \tag{5-43b}$$

令

$$S=\frac{2cA_1A_2}{A_1+A_2} \tag{5-44a}$$

S 是反映轴向变形的参数。对双肢墙，S 也是带洞口截面对于形心的面积矩，即 $S=A_1c_1=A_2c_2$，且不难得到

$$2cS=A_1c_1^2+A_2c_2^2 \tag{5-44b}$$

因此可以得到带洞口截面的惯性矩 I 和 S 的关系：

$$I=\sum I_j+A_1c_1^2+A_2c_2^2=\sum I_j+2cS \tag{5-44c}$$

将 $I_1+I_2=\sum I_j$ 和式（5-44a）代入式（5-43b）并整理得

$$\frac{ha^3}{3cI_b^0}m(x)''-\frac{m(x)}{S}-\frac{2c}{\sum I_j}m(x)=-\frac{2c}{\sum I_j}V_p(x) \tag{5-45a}$$

对式（5-45a）进一步整理得到

$$m(x)''-\frac{3cI_b^0}{ha^3S}m(x)-\frac{6c^2I_b^0}{a^3h\sum I_j}m(x)=-\frac{6c^2I_b^0}{a^3h\sum I_j}V_p(x) \tag{5-45b}$$

令

$$D=\frac{c^2I_b^0}{a^3} \tag{5-46}$$

D 称为连梁刚度系数，代入式（5-45b），则基本方程为

$$m(x)''-\frac{3D}{hcS}m(x)-\frac{6D}{h\sum I_j}m(x)=-\frac{6D}{h\sum I_j}V_p(x) \tag{5-47a}$$

令 $\xi=x/H$，则有 $m(x)''=m(\xi)''/H^2$，代入式（5-47a）得

$$m(\xi)''-\frac{3DH^2}{hcS}m(\xi)-\frac{6DH^2}{h\sum I_j}m(\xi)=-\frac{6DH^2}{h\sum I_j}V_p(\xi) \tag{5-47b}$$

令

$$\alpha_1^2=\frac{6DH^2}{h\sum I_j} \tag{5-48}$$

α_1 称为未考虑墙肢轴向变形的整体系数，则基本方程写为

$$m(\xi)''-\frac{3DH^2}{hcS}m(\xi)-\alpha_1^2m(\xi)=-\alpha_1^2V_p(\xi) \tag{5-49}$$

令

$$\alpha^2=\alpha_1^2+\frac{3H^2D}{hcS} \tag{5-50a}$$

α 称为考虑墙肢轴向变形的整体系数。将式（5-48）代入式（5-50a）得

$$\alpha^2=\frac{6H^2D}{h\sum I_j}+\frac{3H^2D}{hcS}=\frac{6H^2D}{h\sum I_j}\left(1+\frac{\sum I_j}{2cS}\right)=\frac{6H^2D}{h\sum I_j}\left(\frac{2cS+\sum I_j}{2cS}\right)=\alpha_1^2\left(\frac{2cS+\sum I_j}{2cS}\right)=\frac{\alpha_1^2}{T} \tag{5-50b}$$

T 称为轴向变形影响系数，对于双肢墙：

$$T=\frac{\alpha_1^2}{\alpha^2}=\frac{2cS}{2cS+\sum I_j}=\frac{2cS}{I}=\frac{I-\sum I_j}{I}=\frac{I_n}{I} \tag{5-51}$$

将相关参数代入式（5-49）得

$$m''(\xi) - \alpha^2 m(\xi) = -\alpha_1^2 V_p(\xi) \tag{5-52}$$

令

$$m(\xi) = \phi(\xi) V_0 \frac{\alpha_1^2}{\alpha^2} = TV_0\phi(\xi) \tag{5-53}$$

再将式（5-53）代入式（5-52）得

$$\phi''(\xi) - \alpha^2\phi(\xi) = -\frac{\alpha_1^2}{T}\frac{V_p(\xi)}{V_0} = -\alpha^2\frac{V_p(\xi)}{V_0} \tag{5-54a}$$

式中　V_0——基底（$x=H$处）的总剪力；

V_p——外荷载对x高度处墙肢截面产生的总剪力，对于常用的三种外荷载，有：

$$\begin{cases} V_p(x) = V_0[1-(1-x/H)^2] & \text{倒三角形分布荷载} \\ V_p(x) = V_0\dfrac{x}{H} & \text{均布荷载} \\ V_p(x) = V_0 & \text{顶点集中荷载} \end{cases} \tag{5-54b}$$

将V_p代入式（5-54a）得到在三种荷载形式下的以$\phi(\xi)$函数表达的基本微分方程：

$$\phi''(\xi) - \alpha^2\phi(\xi) = \begin{cases} -\alpha^2[1-(1-\xi)^2] & \text{倒三角形分布荷载} \\ -\alpha^2\xi & \text{均布荷载} \\ -\alpha^2 & \text{顶点集中荷载} \end{cases} \tag{5-54c}$$

式（5-54c）即为求解双肢墙的基本方程。从前面推导过程可知，式（5-43a）为对应基本未知量$\tau(x)$的微分方程表达式，通过令$m(x)=2c\tau(x)$和引入相对高度坐标$\xi=x/H$并将未知量代换为$\phi(\xi)$，得到更为简单的基本方程表达式（5-54c）。通过解二阶常系数微分方程即可求出$\phi(\xi)$，从而得出基本体系的基本未知力$\tau(x)$。

（5）双肢墙计算的几何参数　上述推导过程中的墙肢几何参数有：I_1、I_2、A_1、A_2为双肢墙墙肢1、2的惯性矩和截面面积；I为双肢墙（带洞口截面）对组合截面形心的惯性矩，采用式（5-18）计算；I_n为扣除墙肢惯性矩后的剪力墙惯性矩，$I_n=2cS=I-\sum_{j=1}^{2}I_j$；$2c$为双肢墙墙肢形心之间的距离；$S$为双肢墙带洞口截面对于形心的面积矩，按式（5-44a）计算；H为墙总高。

上述参数计算中的连梁几何参数有：I_b为连梁的惯性矩；I_b^0为连梁折算惯性矩，见式（5-34）；D为连梁刚度系数，见式（5-46）；a_0为连梁净跨度的一半；a为连梁计算跨度的一半，取$a=a_0+h_b/4$；h_b为连梁高度（图5-23a）。

（6）微分方程的解　非齐次二阶常系数微分方程式（5-54c）的解由通解和特解两部分组成。齐次方程的一般解为

$$\phi_1(\xi) = C_1\text{ch}(\alpha\xi) + C_2\text{sh}(\alpha\xi) \tag{5-55}$$

非齐次方程的特解为

$$\phi_2(\xi) = \begin{cases} 1-(1-\xi)^2-2/\alpha^2 & \text{倒三角形分布荷载} \\ \xi & \text{均布荷载} \\ 1 & \text{顶点集中荷载} \end{cases} \tag{5-56}$$

故非齐次二阶常系数微分方程式（5-54c）的解为上述两部分叠加：

$$\phi(\xi) = C_1\text{ch}(\alpha\xi) + C_2\text{sh}(\alpha\xi) + \begin{cases} 1-(1-\xi)^2-2/\alpha^2 & \text{倒三角形分布荷载} \\ \xi & \text{均布荷载} \\ 1 & \text{顶点集中荷载} \end{cases} \tag{5-57}$$

式中，sh$x$、ch$x$为双曲函数：

$$
\text{sh}x = \frac{e^x - e^{-x}}{2}
$$
$$
\text{ch}x = \frac{e^x + e^{-x}}{2} \tag{5-58}
$$

式（5-57）中的任意常数 C_1、C_2 可由边界条件确定。双肢墙在水平荷载作用下的边界条件有：

1）当 $x=0$，即 $\xi=0$ 时，墙顶弯矩为 0，即 $\theta'_M|_{x=0}=0$；

2）当 $x=H$，即 $\xi=1$ 时，墙底弯曲变形的转角为 $\theta_M|_{x=H}=0$。

对式（5-36）求一次导得

$$
-2c\theta'_M - \frac{1}{E}\left(\frac{1}{A_1}+\frac{1}{A_2}\right)\int_0^x \tau(x)\,dx + \frac{2\tau(x)'ha^3}{3EI_b^0} = 0 \tag{5-59a}
$$

将边界条件 1）代入式（5-38）和式（5-59a），则有 $\tau'(x)|_{x=0}=0$。对式（5-57）求导得

$$
\phi'(\xi) = C_1\alpha\text{sh}(\alpha\xi) + C_2\alpha\text{ch}(\alpha\xi) + \begin{cases} 2(1-\xi) \\ 1 \\ 0 \end{cases} \tag{5-59b}
$$

将 $\xi=0$ 以及 sh0=0、ch0=1，代入式（5-59b）可求得系数 C_2：

$$
C_2 = \begin{cases} -2/\alpha & \text{倒三角形分布荷载} \\ -1/\alpha & \text{均布荷载} \\ 0 & \text{顶点集中荷载} \end{cases} \tag{5-59c}
$$

将边界条件 2）的 $\theta_M|_{x=H}=0$ 代入式（5-36）得 $\tau(x)|_{x=H}=0$。把 $\tau(\xi)|_{\xi=1}=0$ 代入式（5-53）得 $\phi(1)=0$，由式（5-57）有

$$
\phi(\xi)|_{\xi=1} = 0 = C_1\text{ch}\alpha + C_2\text{sh}\alpha + \begin{cases} 1-2/\alpha^2 & \text{倒三角形分布荷载} \\ 1 & \text{均布荷载} \\ 1 & \text{顶点集中荷载} \end{cases} \tag{5-60a}
$$

将 C_2 代入式（5-60a），得到

$$
C_1 = \begin{cases} -\dfrac{1}{\text{ch}\alpha}\left(1-\dfrac{2}{\alpha^2}-\dfrac{2}{\alpha}\text{sh}\alpha\right) & \text{倒三角形分布荷载} \\ -\dfrac{1}{\text{ch}\alpha}\left(1-\dfrac{1}{\alpha}\text{sh}\alpha\right) & \text{均布荷载} \\ -\dfrac{1}{\text{ch}\alpha} & \text{顶点集中荷载} \end{cases} \tag{5-60b}
$$

将系数 C_1 和 C_2 代入式（5-57）得到

$$
\phi(\xi) = \begin{cases} 1-(1-\xi)^2-\dfrac{2}{\alpha^2}+\dfrac{\text{ch}(\alpha\xi)}{\text{ch}\alpha}\left(\dfrac{2\text{sh}\alpha}{\alpha}-1+\dfrac{2}{\alpha^2}\right)-\dfrac{2}{\alpha}\text{sh}(\alpha\xi) & \text{倒三角形分布荷载} \\ \xi+\left(\dfrac{\text{sh}\alpha}{\alpha}-1\right)\dfrac{\text{ch}(\alpha\xi)}{\text{ch}\alpha}-\dfrac{\text{sh}(\alpha\xi)}{\alpha} & \text{均布荷载} \\ 1-\dfrac{\text{ch}(\alpha\xi)}{\text{ch}\alpha} & \text{顶点集中荷载} \end{cases} \tag{5-61}
$$

式（5-61）是基于顶墙处 $\xi=0$ 的坐标系建立的。当取墙顶的纵坐标为 $\xi=1$ 时，以 $1-\xi$ 代替式（5-61）中的 ξ 即可。函数 $\phi(\xi)$ 与 ξ 和 α 有关，其数值可由计算表 5-6~表 5-8 查得。至此，由式（5-42）及式（5-53）可以得双肢墙基本体系的基本未知量即连杆分布剪力 $\tau(\xi)$：

$$
\tau(\xi) = \frac{m(\xi)}{2c} = \frac{1}{2c}\phi(\xi)\,\frac{V_0\alpha_1^2}{\alpha^2} = \frac{1}{2c}TV_0\phi(\xi) \tag{5-62}
$$

表 5-6 倒三角形分布荷载下的 $\phi(\xi)$ 值

ξ	α																			
	1.0	1.5	2.0	2.5	3.0	3.5	4.0	4.5	5.0	5.5	6.0	6.5	7.0	7.5	8.0	8.5	9.0	9.5	10.0	10.5
0.00	0.171	0.271	0.331	0.358	0.364	0.357	0.343	0.326	0.308	0.290	0.273	0.257	0.243	0.230	0.218	0.207	0.197	0.188	0.180	0.172
0.05	0.171	0.271	0.333	0.361	0.368	0.362	0.349	0.333	0.316	0.300	0.284	0.269	0.256	0.244	0.233	0.223	0.214	0.206	0.199	0.192
0.10	0.172	0.273	0.336	0.368	0.377	0.375	0.365	0.352	0.339	0.325	0.312	0.300	0.289	0.279	0.270	0.262	0.255	0.249	0.243	0.238
0.15	0.172	0.275	0.342	0.377	0.392	0.393	0.389	0.380	0.370	0.360	0.351	0.342	0.334	0.327	0.320	0.315	0.310	0.306	0.302	0.299
0.20	0.172	0.277	0.348	0.388	0.408	0.416	0.416	0.413	0.408	0.402	0.396	0.391	0.386	0.381	0.378	0.374	0.371	0.369	0.367	0.365
0.25	0.172	0.279	0.354	0.400	0.426	0.440	0.446	0.449	0.449	0.447	0.445	0.443	0.441	0.439	0.438	0.436	0.435	0.434	0.433	0.433
0.30	0.171	0.280	0.359	0.410	0.443	0.464	0.477	0.485	0.490	0.493	0.495	0.496	0.497	0.497	0.498	0.498	0.498	0.499	0.499	0.499
0.35	0.169	0.279	0.362	0.420	0.459	0.487	0.506	0.520	0.530	0.538	0.543	0.548	0.551	0.554	0.556	0.558	0.560	0.561	0.562	0.563
0.40	0.166	0.277	0.363	0.427	0.473	0.507	0.532	0.552	0.567	0.579	0.589	0.596	0.602	0.607	0.611	0.614	0.617	0.619	0.621	0.623
0.45	0.162	0.273	0.362	0.430	0.482	0.523	0.555	0.580	0.600	0.616	0.629	0.640	0.648	0.655	0.661	0.666	0.670	0.673	0.676	0.678
0.50	0.156	0.266	0.357	0.430	0.487	0.533	0.571	0.602	0.627	0.647	0.664	0.678	0.689	0.698	0.706	0.712	0.717	0.721	0.725	0.728
0.55	0.149	0.257	0.349	0.424	0.486	0.537	0.580	0.616	0.645	0.670	0.691	0.708	0.722	0.733	0.743	0.751	0.757	0.763	0.767	0.771
0.60	0.141	0.244	0.335	0.412	0.478	0.533	0.580	0.621	0.655	0.684	0.708	0.728	0.745	0.759	0.771	0.781	0.790	0.797	0.803	0.807
0.65	0.130	0.229	0.317	0.394	0.461	0.520	0.570	0.614	0.652	0.685	0.713	0.737	0.757	0.774	0.789	0.801	0.812	0.821	0.828	0.835
0.70	0.118	0.209	0.293	0.369	0.436	0.495	0.548	0.595	0.636	0.672	0.703	0.730	0.754	0.774	0.792	0.807	0.820	0.832	0.841	0.850
0.75	0.104	0.186	0.263	0.334	0.399	0.458	0.511	0.559	0.602	0.641	0.675	0.705	0.731	0.755	0.776	0.794	0.810	0.825	0.837	0.848
0.80	0.088	0.158	0.227	0.291	0.351	0.406	0.458	0.505	0.548	0.587	0.622	0.655	0.684	0.710	0.734	0.755	0.774	0.792	0.807	0.822
0.85	0.069	0.126	0.183	0.237	0.288	0.337	0.384	0.427	0.467	0.505	0.540	0.572	0.602	0.629	0.655	0.678	0.700	0.720	0.739	0.756
0.90	0.049	0.089	0.131	0.171	0.211	0.249	0.286	0.321	0.355	0.387	0.417	0.446	0.473	0.499	0.524	0.547	0.569	0.590	0.609	0.628
0.95	0.025	0.047	0.070	0.093	0.115	0.138	0.160	0.181	0.202	0.223	0.243	0.262	0.281	0.299	0.317	0.334	0.351	0.367	0.383	0.399
1.00	0.000	0.000	0.000	0.000	0.000	0.000	0.000	0.000	0.000	0.000	0.000	0.000	0.000	0.000	0.000	0.000	0.000	0.000	0.000	0.000

（续）

ξ	α																			
	11.0	11.5	12.0	12.5	13.0	13.5	14.0	14.5	15.0	15.5	16.0	16.5	17.0	17.5	18.0	18.5	19.0	19.5	20.0	20.5
0.00	0.165	0.159	0.153	0.147	0.142	0.137	0.133	0.128	0.124	0.121	0.117	0.114	0.111	0.108	0.105	0.102	0.100	0.097	0.095	0.093
0.05	0.186	0.180	0.175	0.170	0.166	0.162	0.158	0.155	0.152	0.149	0.146	0.143	0.141	0.139	0.137	0.135	0.133	0.131	0.129	0.128
0.10	0.234	0.230	0.226	0.223	0.220	0.217	0.215	0.213	0.211	0.209	0.207	0.206	0.205	0.203	0.202	0.201	0.200	0.199	0.199	0.198
0.15	0.296	0.293	0.291	0.289	0.288	0.286	0.285	0.284	0.283	0.282	0.281	0.280	0.280	0.279	0.279	0.278	0.278	0.278	0.277	0.277
0.20	0.363	0.362	0.361	0.360	0.360	0.359	0.358	0.358	0.358	0.357	0.357	0.357	0.357	0.357	0.357	0.357	0.357	0.357	0.357	0.357
0.25	0.432	0.432	0.432	0.432	0.432	0.432	0.432	0.432	0.432	0.432	0.432	0.432	0.432	0.432	0.433	0.433	0.433	0.433	0.433	0.433
0.30	0.500	0.500	0.500	0.501	0.501	0.502	0.502	0.502	0.503	0.503	0.503	0.504	0.504	0.504	0.504	0.505	0.505	0.505	0.505	0.505
0.35	0.564	0.565	0.566	0.566	0.567	0.568	0.568	0.569	0.569	0.570	0.570	0.571	0.571	0.571	0.572	0.572	0.572	0.572	0.573	0.573
0.40	0.624	0.626	0.627	0.628	0.629	0.629	0.630	0.631	0.631	0.632	0.632	0.633	0.633	0.634	0.634	0.634	0.635	0.635	0.635	0.635
0.45	0.680	0.682	0.683	0.684	0.685	0.686	0.687	0.688	0.689	0.689	0.690	0.690	0.691	0.691	0.691	0.692	0.692	0.692	0.692	0.693
0.50	0.730	0.732	0.734	0.736	0.737	0.738	0.739	0.740	0.741	0.741	0.742	0.742	0.743	0.743	0.744	0.744	0.744	0.745	0.745	0.745
0.55	0.774	0.777	0.779	0.781	0.783	0.784	0.786	0.787	0.787	0.788	0.789	0.790	0.790	0.791	0.791	0.791	0.792	0.792	0.792	0.793
0.60	0.812	0.815	0.818	0.821	0.823	0.825	0.826	0.828	0.829	0.830	0.831	0.831	0.832	0.833	0.833	0.834	0.834	0.834	0.835	0.835
0.65	0.840	0.845	0.849	0.852	0.855	0.858	0.860	0.862	0.863	0.865	0.866	0.867	0.868	0.869	0.870	0.870	0.871	0.871	0.872	0.872
0.70	0.857	0.864	0.869	0.874	0.878	0.882	0.885	0.888	0.890	0.892	0.894	0.896	0.897	0.898	0.899	0.900	0.901	0.902	0.903	0.903
0.75	0.858	0.867	0.875	0.881	0.887	0.893	0.897	0.902	0.905	0.909	0.912	0.914	0.916	0.918	0.920	0.922	0.923	0.925	0.926	0.927
0.80	0.835	0.846	0.857	0.866	0.875	0.883	0.890	0.896	0.902	0.907	0.912	0.916	0.920	0.923	0.927	0.930	0.932	0.935	0.937	0.939
0.85	0.772	0.787	0.801	0.813	0.825	0.836	0.846	0.855	0.864	0.872	0.880	0.887	0.893	0.899	0.905	0.910	0.914	0.919	0.923	0.927
0.90	0.646	0.663	0.679	0.694	0.709	0.723	0.736	0.748	0.760	0.771	0.782	0.792	0.802	0.811	0.820	0.828	0.836	0.843	0.850	0.857
0.95	0.414	0.428	0.442	0.456	0.470	0.483	0.496	0.508	0.520	0.532	0.544	0.555	0.566	0.577	0.587	0.597	0.607	0.617	0.626	0.636
1.00	0.000	0.000	0.000	0.000	0.000	0.000	0.000	0.000	0.000	0.000	0.000	0.000	0.000	0.000	0.000	0.000	0.000	0.000	0.000	0.000

表 5-7　均布荷载下的 $\phi(\xi)$ 值

ξ	α																			
	1.0	1.5	2.0	2.5	3.0	3.5	4.0	4.5	5.0	5.5	6.0	6.5	7.0	7.5	8.0	8.5	9.0	9.5	10.0	10.5
0.00	0.114	0.178	0.216	0.232	0.232	0.225	0.213	0.200	0.187	0.174	0.162	0.151	0.141	0.132	0.124	0.117	0.111	0.105	0.100	0.095
0.05	0.114	0.179	0.217	0.233	0.235	0.228	0.217	0.205	0.192	0.180	0.168	0.158	0.149	0.140	0.133	0.126	0.121	0.115	0.111	0.106
0.10	0.114	0.180	0.220	0.238	0.241	0.237	0.228	0.217	0.206	0.195	0.186	0.177	0.169	0.162	0.155	0.150	0.145	0.140	0.137	0.133
0.15	0.114	0.182	0.224	0.245	0.251	0.250	0.244	0.236	0.227	0.219	0.211	0.203	0.197	0.191	0.186	0.182	0.178	0.175	0.172	0.170
0.20	0.114	0.183	0.228	0.253	0.263	0.265	0.263	0.258	0.253	0.247	0.241	0.236	0.231	0.227	0.224	0.220	0.218	0.215	0.213	0.211
0.25	0.114	0.185	0.233	0.262	0.277	0.283	0.285	0.284	0.282	0.279	0.276	0.272	0.269	0.267	0.264	0.262	0.261	0.259	0.258	0.257
0.30	0.114	0.186	0.238	0.271	0.291	0.302	0.309	0.312	0.313	0.313	0.312	0.311	0.310	0.309	0.308	0.307	0.306	0.305	0.304	0.303
0.35	0.113	0.187	0.242	0.280	0.305	0.321	0.333	0.340	0.345	0.348	0.350	0.351	0.352	0.352	0.352	0.352	0.352	0.352	0.352	0.351
0.40	0.112	0.187	0.245	0.287	0.318	0.340	0.356	0.368	0.376	0.383	0.388	0.391	0.394	0.396	0.397	0.398	0.399	0.399	0.399	0.400
0.45	0.110	0.186	0.247	0.293	0.329	0.356	0.377	0.394	0.406	0.416	0.424	0.430	0.435	0.438	0.441	0.443	0.445	0.446	0.447	0.448
0.50	0.107	0.183	0.246	0.297	0.337	0.369	0.395	0.417	0.434	0.447	0.458	0.467	0.474	0.480	0.484	0.487	0.490	0.492	0.494	0.495
0.55	0.103	0.178	0.243	0.297	0.341	0.379	0.410	0.435	0.457	0.474	0.489	0.501	0.510	0.518	0.524	0.529	0.533	0.537	0.539	0.541
0.60	0.098	0.171	0.237	0.293	0.341	0.383	0.418	0.448	0.474	0.496	0.514	0.529	0.541	0.552	0.560	0.567	0.573	0.578	0.582	0.585
0.65	0.092	0.162	0.227	0.285	0.335	0.380	0.420	0.454	0.483	0.509	0.531	0.549	0.565	0.579	0.590	0.599	0.607	0.614	0.620	0.625
0.70	0.084	0.150	0.213	0.270	0.322	0.369	0.412	0.449	0.482	0.512	0.537	0.559	0.579	0.595	0.610	0.622	0.633	0.642	0.650	0.657
0.75	0.075	0.135	0.194	0.249	0.301	0.348	0.392	0.432	0.468	0.500	0.529	0.554	0.577	0.597	0.615	0.631	0.645	0.657	0.668	0.678
0.80	0.064	0.117	0.169	0.220	0.269	0.315	0.358	0.398	0.435	0.469	0.500	0.528	0.554	0.577	0.598	0.617	0.635	0.650	0.665	0.678
0.85	0.051	0.094	0.139	0.183	0.225	0.267	0.307	0.344	0.380	0.413	0.444	0.473	0.500	0.526	0.549	0.571	0.591	0.610	0.627	0.643
0.90	0.036	0.068	0.101	0.134	0.168	0.201	0.233	0.265	0.295	0.324	0.352	0.378	0.404	0.428	0.451	0.473	0.493	0.513	0.532	0.550
0.95	0.019	0.036	0.055	0.074	0.094	0.113	0.133	0.153	0.172	0.191	0.209	0.228	0.245	0.263	0.280	0.296	0.312	0.328	0.343	0.358
1.00	0.000	0.000	0.000	0.000	0.000	0.000	0.000	0.000	0.000	0.000	0.000	0.000	0.000	0.000	0.000	0.000	0.000	0.000	0.000	0.000

（续）

ξ	α																			
	11.0	11.5	12.0	12.5	13.0	13.5	14.0	14.5	15.0	15.5	16.0	16.5	17.0	17.5	18.0	18.5	19.0	19.5	20.0	20.5
0.00	0.091	0.087	0.083	0.080	0.077	0.074	0.071	0.069	0.067	0.065	0.062	0.061	0.059	0.057	0.056	0.054	0.053	0.051	0.050	0.049
0.05	0.102	0.099	0.096	0.093	0.090	0.088	0.085	0.083	0.081	0.080	0.078	0.077	0.075	0.074	0.073	0.071	0.070	0.069	0.068	0.068
0.10	0.130	0.127	0.125	0.123	0.121	0.119	0.118	0.116	0.115	0.114	0.113	0.112	0.111	0.110	0.109	0.108	0.108	0.107	0.107	0.106
0.15	0.167	0.165	0.164	0.162	0.161	0.160	0.159	0.158	0.157	0.156	0.156	0.155	0.155	0.154	0.154	0.153	0.153	0.153	0.152	0.152
0.20	0.210	0.209	0.207	0.207	0.206	0.205	0.204	0.204	0.203	0.203	0.203	0.202	0.202	0.202	0.202	0.201	0.201	0.201	0.201	0.201
0.25	0.256	0.255	0.254	0.253	0.253	0.252	0.252	0.252	0.252	0.251	0.251	0.251	0.251	0.251	0.251	0.251	0.250	0.250	0.250	0.250
0.30	0.303	0.302	0.302	0.302	0.301	0.301	0.301	0.301	0.301	0.301	0.301	0.300	0.300	0.300	0.300	0.300	0.300	0.300	0.300	0.300
0.35	0.351	0.351	0.351	0.351	0.351	0.351	0.350	0.350	0.350	0.350	0.350	0.350	0.350	0.350	0.350	0.350	0.350	0.350	0.350	0.350
0.40	0.400	0.400	0.400	0.400	0.400	0.400	0.400	0.400	0.400	0.400	0.400	0.400	0.400	0.400	0.400	0.400	0.400	0.400	0.400	0.400
0.45	0.448	0.449	0.449	0.449	0.449	0.450	0.450	0.450	0.450	0.450	0.450	0.450	0.450	0.450	0.450	0.450	0.450	0.450	0.450	0.450
0.50	0.496	0.497	0.498	0.498	0.499	0.499	0.499	0.499	0.499	0.500	0.500	0.500	0.500	0.500	0.500	0.500	0.500	0.500	0.500	0.500
0.55	0.543	0.544	0.546	0.546	0.547	0.548	0.548	0.549	0.549	0.549	0.549	0.549	0.550	0.550	0.550	0.550	0.550	0.550	0.550	0.550
0.60	0.588	0.590	0.592	0.593	0.595	0.596	0.596	0.597	0.598	0.598	0.598	0.599	0.599	0.599	0.599	0.599	0.600	0.600	0.600	0.600
0.65	0.629	0.632	0.635	0.637	0.639	0.641	0.643	0.644	0.645	0.646	0.646	0.647	0.647	0.648	0.648	0.648	0.649	0.649	0.649	0.649
0.70	0.663	0.668	0.673	0.676	0.680	0.683	0.685	0.687	0.689	0.690	0.692	0.693	0.694	0.695	0.695	0.696	0.697	0.697	0.698	0.698
0.75	0.686	0.694	0.700	0.706	0.711	0.716	0.720	0.723	0.726	0.729	0.732	0.734	0.736	0.737	0.739	0.740	0.741	0.742	0.743	0.744
0.80	0.689	0.700	0.709	0.718	0.726	0.733	0.739	0.745	0.750	0.755	0.759	0.763	0.767	0.770	0.773	0.775	0.778	0.780	0.782	0.783
0.85	0.658	0.672	0.685	0.697	0.708	0.718	0.728	0.736	0.745	0.752	0.759	0.766	0.772	0.778	0.783	0.788	0.792	0.796	0.800	0.804
0.90	0.567	0.583	0.599	0.613	0.627	0.641	0.653	0.665	0.677	0.688	0.698	0.708	0.717	0.726	0.735	0.743	0.750	0.758	0.765	0.771
0.95	0.373	0.387	0.401	0.415	0.428	0.441	0.453	0.466	0.478	0.489	0.501	0.512	0.523	0.533	0.543	0.553	0.563	0.573	0.582	0.591
1.00	0.000	0.000	0.000	0.000	0.000	0.000	0.000	0.000	0.000	0.000	0.000	0.000	0.000	0.000	0.000	0.000	0.000	0.000	0.000	0.000

表 5-8　顶点集中荷载作用下的 $\phi(\xi)$ 值

ξ	α																			
	1. 0	1. 5	2. 0	2. 5	3. 0	3. 5	4. 0	4. 5	5. 0	5. 5	6. 0	6. 5	7. 0	7. 5	8. 0	8. 5	9. 0	9. 5	10. 0	10. 5
0. 00	0. 352	0. 575	0. 734	0. 837	0. 901	0. 940	0. 963	0. 978	0. 987	0. 992	0. 995	0. 997	0. 998	0. 999	0. 999	1. 000	1. 000	1. 000	1. 000	1. 000
0. 05	0. 351	0. 574	0. 733	0. 836	0. 900	0. 939	0. 963	0. 977	0. 986	0. 992	0. 995	0. 997	0. 998	0. 999	0. 999	1. 000	1. 000	1. 000	1. 000	1. 000
0. 10	0. 349	0. 570	0. 729	0. 832	0. 896	0. 936	0. 960	0. 975	0. 985	0. 991	0. 994	0. 996	0. 998	0. 999	0. 999	0. 999	1. 000	1. 000	1. 000	1. 000
0. 15	0. 345	0. 564	0. 722	0. 825	0. 890	0. 931	0. 957	0. 973	0. 983	0. 989	0. 993	0. 995	0. 997	0. 998	0. 999	0. 999	0. 999	1. 000	1. 000	1. 000
0. 20	0. 339	0. 556	0. 713	0. 816	0. 882	0. 924	0. 951	0. 968	0. 979	0. 986	0. 991	0. 994	0. 996	0. 997	0. 998	0. 999	0. 999	0. 999	1. 000	1. 000
0. 25	0. 332	0. 545	0. 700	0. 804	0. 871	0. 915	0. 943	0. 962	0. 975	0. 983	0. 988	0. 992	0. 995	0. 996	0. 997	0. 998	0. 999	0. 999	0. 999	1. 000
0. 30	0. 323	0. 531	0. 685	0. 789	0. 858	0. 903	0. 934	0. 954	0. 968	0. 978	0. 985	0. 989	0. 992	0. 995	0. 996	0. 997	0. 998	0. 999	0. 999	0. 999
0. 35	0. 312	0. 515	0. 666	0. 770	0. 841	0. 888	0. 921	0. 944	0. 960	0. 971	0. 979	0. 985	0. 989	0. 992	0. 994	0. 996	0. 997	0. 998	0. 998	0. 999
0. 40	0. 299	0. 496	0. 645	0. 748	0. 820	0. 870	0. 906	0. 931	0. 949	0. 963	0. 972	0. 980	0. 985	0. 989	0. 992	0. 994	0. 995	0. 997	0. 998	0. 998
0. 45	0. 285	0. 474	0. 619	0. 722	0. 796	0. 848	0. 886	0. 914	0. 935	0. 951	0. 963	0. 972	0. 979	0. 984	0. 988	0. 991	0. 993	0. 995	0. 996	0. 997
0. 50	0. 269	0. 450	0. 590	0. 692	0. 766	0. 821	0. 862	0. 893	0. 917	0. 936	0. 950	0. 961	0. 970	0. 976	0. 982	0. 986	0. 989	0. 991	0. 993	0. 995
0. 55	0. 251	0. 422	0. 557	0. 657	0. 732	0. 789	0. 833	0. 867	0. 894	0. 916	0. 933	0. 946	0. 957	0. 966	0. 973	0. 978	0. 983	0. 986	0. 989	0. 991
0. 60	0. 232	0. 391	0. 519	0. 616	0. 691	0. 750	0. 797	0. 834	0. 864	0. 889	0. 909	0. 926	0. 939	0. 950	0. 959	0. 967	0. 973	0. 978	0. 982	0. 985
0. 65	0. 210	0. 356	0. 476	0. 570	0. 644	0. 703	0. 752	0. 792	0. 826	0. 854	0. 877	0. 897	0. 914	0. 928	0. 939	0. 949	0. 957	0. 964	0. 970	0. 975
0. 70	0. 187	0. 318	0. 428	0. 517	0. 588	0. 648	0. 698	0. 740	0. 777	0. 808	0. 835	0. 858	0. 878	0. 895	0. 909	0. 922	0. 933	0. 942	0. 950	0. 957
0. 75	0. 161	0. 276	0. 375	0. 456	0. 524	0. 581	0. 631	0. 675	0. 713	0. 747	0. 777	0. 803	0. 826	0. 847	0. 865	0. 881	0. 895	0. 907	0. 918	0. 928
0. 80	0. 133	0. 230	0. 315	0. 386	0. 448	0. 502	0. 550	0. 593	0. 632	0. 667	0. 699	0. 727	0. 753	0. 777	0. 798	0. 817	0. 835	0. 850	0. 865	0. 878
0. 85	0. 103	0. 180	0. 248	0. 308	0. 360	0. 407	0. 451	0. 491	0. 528	0. 562	0. 593	0. 623	0. 650	0. 675	0. 699	0. 721	0. 741	0. 759	0. 777	0. 793
0. 90	0. 071	0. 125	0. 174	0. 218	0. 258	0. 295	0. 329	0. 362	0. 393	0. 423	0. 451	0. 478	0. 503	0. 528	0. 551	0. 573	0. 593	0. 613	0. 632	0. 650
0. 95	0. 037	0. 065	0. 092	0. 116	0. 139	0. 160	0. 181	0. 201	0. 221	0. 240	0. 259	0. 277	0. 295	0. 313	0. 330	0. 346	0. 362	0. 378	0. 393	0. 408
1. 00	0. 000	0. 000	0. 000	0. 000	0. 000	0. 000	0. 000	0. 000	0. 000	0. 000	0. 000	0. 000	0. 000	0. 000	0. 000	0. 000	0. 000	0. 000	0. 000	0. 000

（续）

ξ	α																			
	11.0	11.5	12.0	12.5	13.0	13.5	14.0	14.5	15.0	15.5	16.0	16.5	17.0	17.5	18.0	18.5	19.0	19.5	20.0	20.5
0.00	1.000	1.000	1.000	1.000	1.000	1.000	1.000	1.000	1.000	1.000	1.000	1.000	1.000	1.000	1.000	1.000	1.000	1.000	1.000	1.000
0.05	1.000	1.000	1.000	1.000	1.000	1.000	1.000	1.000	1.000	1.000	1.000	1.000	1.000	1.000	1.000	1.000	1.000	1.000	1.000	1.000
0.10	1.000	1.000	1.000	1.000	1.000	1.000	1.000	1.000	1.000	1.000	1.000	1.000	1.000	1.000	1.000	1.000	1.000	1.000	1.000	1.000
0.15	1.000	1.000	1.000	1.000	1.000	1.000	1.000	1.000	1.000	1.000	1.000	1.000	1.000	1.000	1.000	1.000	1.000	1.000	1.000	1.000
0.20	1.000	1.000	1.000	1.000	1.000	1.000	1.000	1.000	1.000	1.000	1.000	1.000	1.000	1.000	1.000	1.000	1.000	1.000	1.000	1.000
0.25	1.000	1.000	1.000	1.000	1.000	1.000	1.000	1.000	1.000	1.000	1.000	1.000	1.000	1.000	1.000	1.000	1.000	1.000	1.000	1.000
0.30	1.000	1.000	1.000	1.000	1.000	1.000	1.000	1.000	1.000	1.000	1.000	1.000	1.000	1.000	1.000	1.000	1.000	1.000	1.000	1.000
0.35	0.999	0.999	1.000	1.000	1.000	1.000	1.000	1.000	1.000	1.000	1.000	1.000	1.000	1.000	1.000	1.000	1.000	1.000	1.000	1.000
0.40	0.999	0.999	0.999	0.999	1.000	1.000	1.000	1.000	1.000	1.000	1.000	1.000	1.000	1.000	1.000	1.000	1.000	1.000	1.000	1.000
0.45	0.998	0.998	0.999	0.999	0.999	0.999	1.000	1.000	1.000	1.000	1.000	1.000	1.000	1.000	1.000	1.000	1.000	1.000	1.000	1.000
0.50	0.996	0.997	0.998	0.998	0.998	0.999	0.999	0.999	0.999	1.000	1.000	1.000	1.000	1.000	1.000	1.000	1.000	1.000	1.000	1.000
0.55	0.993	0.994	0.995	0.996	0.997	0.998	0.998	0.999	0.999	0.999	0.999	0.999	1.000	1.000	1.000	1.000	1.000	1.000	1.000	1.000
0.60	0.988	0.990	0.992	0.993	0.994	0.995	0.996	0.997	0.998	0.998	0.998	0.999	0.999	0.999	0.999	0.999	0.999	1.000	1.000	1.000
0.65	0.979	0.982	0.985	0.987	0.989	0.991	0.993	0.994	0.995	0.996	0.996	0.997	0.997	0.998	0.998	0.998	0.999	0.999	0.999	0.999
0.70	0.963	0.968	0.973	0.976	0.980	0.983	0.985	0.987	0.989	0.990	0.992	0.993	0.994	0.995	0.995	0.996	0.997	0.997	0.998	0.998
0.75	0.936	0.944	0.950	0.956	0.961	0.966	0.970	0.973	0.976	0.979	0.982	0.984	0.986	0.987	0.989	0.990	0.991	0.992	0.993	0.994
0.80	0.889	0.900	0.909	0.918	0.926	0.933	0.939	0.945	0.950	0.955	0.959	0.963	0.967	0.970	0.973	0.975	0.978	0.980	0.982	0.983
0.85	0.808	0.822	0.835	0.847	0.858	0.868	0.878	0.886	0.895	0.902	0.909	0.916	0.922	0.928	0.933	0.938	0.942	0.946	0.950	0.954
0.90	0.667	0.683	0.699	0.713	0.727	0.741	0.753	0.765	0.777	0.788	0.798	0.808	0.817	0.826	0.835	0.843	0.850	0.858	0.865	0.871
0.95	0.423	0.437	0.451	0.465	0.478	0.491	0.503	0.516	0.528	0.539	0.551	0.562	0.573	0.583	0.593	0.603	0.613	0.623	0.632	0.641
1.00	0.000	0.000	0.000	0.000	0.000	0.000	0.000	0.000	0.000	0.000	0.000	0.000	0.000	0.000	0.000	0.000	0.000	0.000	0.000	0.000

4. 双肢墙内力计算步骤

求出基本未知量 $\tau(\xi)$ 后，即可由平衡关系和基本假定逐一求出各项内力。

（1）双肢墙参数计算　双肢墙各参数定义和计算见5.3.1节的式（5-46）、式（5-48）~式（5-51）。

（2）连梁内力

1）连杆总约束弯矩集度：

$$m(\xi)=2c\tau(\xi)=\frac{\alpha_1^2}{\alpha^2}V_0\phi(\xi)=TV_0\phi(\xi) \tag{5-63}$$

2）第 i 层和顶层（n 层）的连梁总约束弯矩：

$$m_i=m(\xi)h,m_n=m(\xi)h/2 \tag{5-64}$$

3）第 i 层和顶层（n 层）的连梁剪力：

$$V_{bi}=\tau(\xi)h=\frac{m(\xi)}{2c}h=\frac{m_i}{2c};V_{bn}=\frac{m(\xi)}{2c}\frac{h}{2}=\frac{m_n}{2c} \tag{5-65}$$

4）第 i 层连梁端部弯矩（洞口边）：

$$M_{bi}=V_{bi}a_0 \tag{5-66}$$

（3）墙肢内力

1）第 i 层的墙肢轴力。墙肢轴力与其侧的连梁剪力平衡。第 i 层 j 墙肢的轴力为

$$N_{ij}=\pm\sum_{i=i}^{n}V_{bi}=\pm\frac{1}{2c}\sum_{i=i}^{n}m_i \tag{5-67}$$

2）第 i 层的墙肢剪力。根据连梁轴向刚度无穷大的假定，两个墙肢在相同高度处的侧移相等。故墙肢可按其刚度分配总剪力 V_{pi}。由于墙肢宽度较大，通常宜考虑墙肢剪切变形的影响，即按照折算刚度分配剪力。第 i 层 j 墙肢的剪力为

$$V_{ij}=\frac{I_j^0}{\sum\limits_{j=1}^{2}I_j^0}V_{pi} \tag{5-68}$$

式中　I_j^0——j 墙肢考虑剪切变形影响的折算惯性矩，按下式计算：

$$I_j^0=\frac{I_i}{1+\dfrac{12\mu EI_j}{GA_jh^2}} \tag{5-69}$$

h——层高；

I_j、A_j——j 墙肢的惯性矩和截面面积。

3）第 i 层的墙肢弯矩。设 M_{pi} 为第 i 层处外荷载产生的倾覆弯矩，由弯矩平衡关系式（5-38）可得墙肢弯矩和：

$$M_{1i}+M_{2i}=M_{pi}-2cN(x)=M_{pi}-\sum_{i=1}^{n}m_i \tag{5-70}$$

由两墙肢转角相同的假定和等比定理可得

$$\theta'_{1M}=\theta'_{2M}=\frac{M_1}{EI_1}=\frac{M_2}{EI_2}=\frac{M_1+M_2}{E(I_1+I_2)} \tag{5-71a}$$

所以第 i 层 j 墙肢的弯矩为

$$M_{ij}=\frac{I_j}{\sum\limits_{j=1}^{2}I_j}\sum_{j=1}^{2}M_{ij}=\frac{I_j}{\sum\limits_{j=1}^{2}I_j}(M_{pi}-\sum_{i=1}^{n}m_i) \tag{5-71b}$$

5. 双肢墙的位移计算

（1）墙肢弯曲及剪切变形产生的侧移　墙肢在水平力作用下的位移主要来源于墙肢弯曲对应的侧移 y_M，以及墙肢剪切变形对应的侧移 y_V。由式（5-40）可以得到 y_M 和基本体系未知量 $m(\xi)$ 的关系：

$$\frac{d^2y_M}{H^2d\xi^2}=\frac{1}{E(I_1+I_2)}\left[M_p(\xi)-H\int_0^{\xi}m(\xi)d\xi\right] \tag{5-72}$$

设墙肢剪切产生的侧移角为 θ_V，以顺时针转动为“+”，与坐标系（图 5-23d）对应的位移一阶导数为负，故双肢墙的剪切角与侧移的关系为

$$\theta_V=-\frac{dy_V}{Hd\xi}$$

$$\theta_V=-\frac{dy_V}{Hd\xi}=\frac{\mu V_p(\xi)}{G(A_1+A_2)} \tag{5-73}$$

由式（5-72）和式（5-73）可以得到墙肢弯曲及剪切变形引起的剪力墙侧移为

$$y_{MV}=y_M+y_V=\int_1^{\xi}\int_1^{\xi}\frac{d^2y_M}{d\xi^2}d\xi d\xi+\int_1^{\xi}\frac{dy_V}{d\xi}d\xi \tag{5-74a}$$

$$y_{MV}=y_M+y_V=\frac{H^2}{E\sum_1^2 I_j}\int_1^{\xi}\int_1^{\xi}M_p(\xi)d\xi d\xi-\frac{H^3}{E\sum_1^2 I_i}\int_1^{\xi}\int_1^{\xi}\int_0^{\xi}m(\xi)d\xi d\xi d\xi-\frac{\mu H}{G\sum_1^2 A_j}\int_1^{\xi}V_p(\xi)d\xi \tag{5-74b}$$

1）倒三角形分布荷载作用：

$$y_{MV}=\frac{V_0H^3}{60E\sum I_j}(1-T)(11-15\xi+5\xi^4-\xi^5)+\frac{\mu V_0H}{G\sum A_j}\left(\frac{2}{3}-\xi^2+\frac{1}{3}\xi^3\right)-\frac{V_0H^3T}{E\sum I_j}\left\{-\frac{1}{\alpha^3\text{ch}\alpha}\left(1-\frac{2}{\alpha^2}-\frac{2}{\alpha}\text{sh}\alpha\right)[\text{sh}(\alpha\xi)+(1-\xi)\alpha\text{ch}\alpha-\text{sh}\alpha]-\frac{1}{3\alpha^2}(2-3\xi+\xi^2)-\frac{2}{\alpha^4}\left[\text{ch}(\alpha\xi)+(1-\xi)\alpha\text{sh}\alpha-\text{ch}\alpha-\frac{1}{2}\alpha^2\xi^2+\alpha^2\xi-\frac{\alpha^2}{2}\right]\right\} \tag{5-75}$$

2）均布荷载作用：

$$y_{MV}=\frac{V_0H^3}{8E\sum I_j}(1-T)\left(1-\frac{4}{3}\xi+\frac{1}{3}\xi^4\right)+\frac{\mu V_0H}{2G\sum A_j}(1-\xi^2)-\frac{V_0H^3T}{E\sum I_j}\left\{-\frac{1}{\alpha^3\text{ch}\alpha}\left(1-\frac{1}{\alpha}\text{sh}\alpha\right)[\text{sh}(\alpha\xi)+(1-\xi)\alpha\text{ch}\alpha-\text{sh}\alpha]-\frac{1}{\alpha^4}\left[\text{ch}(\alpha\xi)+(1-\xi)\alpha\text{sh}\alpha-\text{ch}\alpha-\frac{1}{2}\alpha^2\xi^2+\alpha^2\xi-\frac{\alpha^2}{2}\right]\right\} \tag{5-76}$$

3）顶点集中荷载作用：

$$y_{MV}=\frac{V_0H^3}{3E\sum I_j}(1-T)\left(1-\frac{3}{2}\xi+\frac{1}{2}\xi^3\right)+\frac{\mu V_0H}{G\sum A_j}(1-\xi)+\frac{V_0H^3T}{E\sum I_j}\frac{1}{\alpha^3\text{ch}\alpha}[\text{sh}(\alpha\xi)+(1-\xi)\alpha\text{ch}\alpha-\text{sh}\alpha] \tag{5-77}$$

式中　T——轴向变形影响系数，见式（5-51）。

当 $x=0(\xi=0)$ 时由式（5-75）~式（5-77）得到与墙肢弯曲及剪切变形对应的墙顶位移为

$$u_T=\begin{cases}\dfrac{11}{60}\dfrac{V_0H^3}{E\sum I_j}[1-T+3.64\gamma^2+\psi_aT]=\dfrac{11}{60}\dfrac{V_0H^3}{EI_{eq}} & \text{倒三角分布荷载}\\[2ex] \dfrac{1}{8}\dfrac{V_0H^3}{E\sum I_j}[1-T+4\gamma^2+\psi_aT]=\dfrac{1}{8}\dfrac{V_0H^3}{EI_{eq}} & \text{均布荷载}\\[2ex] \dfrac{1}{3}\dfrac{V_0H^3}{E\sum I_j}[1-T+3\gamma^2+\psi_aT]=\dfrac{1}{3}\dfrac{V_0H^3}{EI_{eq}} & \text{顶点集中荷载}\end{cases} \tag{5-78}$$

$$EI_{\text{eq}}=\begin{cases}\dfrac{E\sum I_j}{1-T+3.64\gamma^2+\psi_{\text{a}}T} & \text{倒三角分布荷载}\\ \dfrac{E\sum I_j}{1-T+4\gamma^2+\psi_{\text{a}}T} & \text{均布荷载}\\ \dfrac{E\sum I_j}{1-T+3\gamma^2+\psi_{\text{a}}T} & \text{顶点集中荷载}\end{cases}\tag{5-79}$$

式中　EI_{eq}——墙肢等效抗弯刚度；

T——墙肢轴向变形影响系数，按式（5-51）计算；

ψ_{a}——与 α 有关的函数，可查表 5-9 或按式（5-81）计算；

γ——墙肢剪切变形影响系数，取

$$\gamma^2=\frac{\mu E\sum I_j}{H^2G\sum A_j}\tag{5-80a}$$

当墙肢截面形状不同时，墙肢的剪应力不均匀系数 μ 可能会有所不同，则 γ^2 取

$$\gamma^2=\frac{E\sum I_j}{H^2G\sum A_j/\mu_j}\tag{5-80b}$$

表 5-9　ψ_{a} 值表

α	倒三角形分布荷载	均布荷载	顶点集中荷载	α	倒三角形分布荷载	均布荷载	顶点集中荷载
1.0	0.720	0.722	0.715	11.0	0.026	0.027	0.022
1.5	0.537	0.540	0.532	11.5	0.023	0.025	0.200
2.0	0.399	0.403	0.388	12.0	0.022	0.023	0.019
2.5	0.302	0.306	0.290	12.5	0.020	0.021	0.017
3.0	0.234	0.238	0.222	13.0	0.019	0.020	0.016
3.5	0.186	0.190	0.175	13.5	0.017	0.018	0.015
4.0	0.151	0.155	0.140	14.0	0.016	0.017	0.014
4.5	0.125	0.128	0.115	14.5	0.015	0.016	0.013
5.0	0.105	0.108	0.096	15.0	0.014	0.015	0.012
5.5	0.089	0.092	0.081	15.5	0.013	0.014	0.011
6.0	0.077	0.080	0.069	16.0	0.012	0.013	0.010
6.5	0.067	0.070	0.060	16.5	0.012	0.013	0.010
7.0	0.058	0.061	0.052	17.0	0.011	0.012	0.009
7.5	0.052	0.054	0.046	17.5	0.010	0.011	0.009
8.0	0.046	0.048	0.041	18.0	0.010	0.011	0.008
8.5	0.041	0.043	0.036	18.5	0.009	0.010	0.008
9.0	0.037	0.039	0.032	19.0	0.009	0.009	0.007
9.5	0.034	0.035	0.029	19.5	0.008	0.009	0.007
10.0	0.031	0.032	0.027	20.0	0.008	0.009	0.007
10.5	0.028	0.030	0.024	20.5	0.008	0.008	0.006

$$\psi_{\text{a}}=\begin{cases}\dfrac{60}{11}\dfrac{1}{\alpha^2}\left(\dfrac{2}{3}+\dfrac{2\text{sh}\alpha}{\alpha^3\text{ch}\alpha}-\dfrac{2}{\alpha^2\text{ch}\alpha}-\dfrac{\text{sh}\alpha}{\alpha\text{ch}\alpha}\right) & \text{倒三角形分布荷载}\\ \dfrac{8}{\alpha^2}\left(\dfrac{1}{2}+\dfrac{1}{\alpha^2}-\dfrac{1}{\alpha^2\text{ch}\alpha}-\dfrac{\text{sh}\alpha}{\alpha\text{ch}\alpha}\right) & \text{均布荷载}\\ \dfrac{3}{\alpha^2}\left(1-\dfrac{\text{sh}\alpha}{\alpha\text{ch}\alpha}\right) & \text{顶点集中荷载}\end{cases}\tag{5-81}$$

（2）墙肢轴向变形产生的侧移　在水平力作用下，双肢墙的一个墙肢受拉另一个受压，墙肢一个伸长一个缩短使得原来的水平截面发生倾斜，故引起侧移，如图 5-27 所示。

与墙肢轴向变形对应的墙肢转角 θ_N（图 5-27）可由墙肢轴向位移差 Δ_N 除以墙肢轴线距 $2c$ 得到，即

$$\theta_N = \frac{\Delta_N}{2c} \tag{5-82a}$$

其中，墙肢轴向位移差为

$$\begin{aligned}\Delta_N &= \left(\frac{1}{EA_1}+\frac{1}{EA_2}\right)\int_x^H N(x)\,dx \\ &= \left(\frac{1}{EA_1}+\frac{1}{EA_2}\right)\int_x^H\int_0^x \tau(x)\,dx\,dx\end{aligned} \tag{5-82b}$$

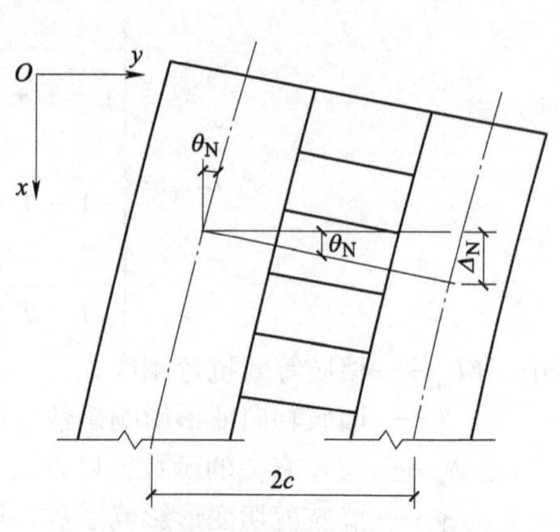

图 5-27　墙肢轴向变形产生的侧移

墙肢轴向变形引起的侧移 y_N 与转角的微分关系为

$$\theta_N = -\frac{dy_N}{dx} \tag{5-83}$$

故侧移 y_N 为

$$\begin{aligned}y_N &= -\int_H^x \theta_N dx = -\int_H^x \frac{\Delta_N}{2c}dx = -\frac{1}{2c}\left(\frac{1}{EA_1}+\frac{1}{EA_2}\right)\int_H^x\int_x^H N(x)\,dx \\ &= -\frac{1}{ES}\int_H^x\int_x^H\int_0^x \tau(x)\,dx\,dx\,dx = -\frac{1}{2cSE}\int_H^x\int_x^H\int_0^x m(x)\,dx\,dx\,dx\end{aligned} \tag{5-84}$$

式中　S——墙肢对洞口截面形心的面积矩，见式（5-44a）。

将 $x=\xi H$ 和 $m(\xi)=TV_0\phi(\xi)$ 代入式（5-84），得到

$$y_N = -\frac{H^3}{2cSE}\int_1^\xi\int_\xi^1\int_0^\xi m(\xi)\,d\xi d\xi d\xi = -\frac{V_0H^3T}{2cSE}\int_1^\xi\int_\xi^1\int_0^\xi \phi(\xi)\,d\xi d\xi d\xi \tag{5-85}$$

三种荷载作用下的侧移 y_N 分别为

$$\begin{cases} y_N^{三角}(\xi) = k\left[C_1\left(\frac{\xi ch\alpha}{\alpha^2}-\frac{sh(\alpha\xi)}{\alpha^3}-\frac{ch\alpha}{\alpha^2}+\frac{sh\alpha}{\alpha^3}\right)+\frac{\xi}{4}-\frac{\xi}{\alpha^2}+\frac{\xi^3}{3\alpha^2}-\frac{\xi^4}{12}+\frac{\xi^5}{60}-\frac{11}{60}+\frac{2}{3\alpha^2}\right]+ \\ \qquad C_2\left(\frac{\xi^2}{2\alpha}-\frac{\xi}{\alpha}+\frac{\xi sh\alpha}{\alpha^2}-\frac{ch(\alpha\xi)}{\alpha^3}+\frac{1}{2\alpha}-\frac{sh\alpha}{\alpha^2}+\frac{ch\alpha}{\alpha^3}\right) \\ y_N^{均布}(\xi) = k\left[C_1\left(\frac{\xi ch\alpha}{\alpha^2}-\frac{sh(\alpha\xi)}{\alpha^3}-\frac{ch\alpha}{\alpha^2}+\frac{sh\alpha}{\alpha^3}\right)+C_2\left(\frac{\xi sh\alpha}{\alpha^2}-\frac{ch(\alpha\xi)}{\alpha^3}-\frac{\xi}{\alpha}+\frac{\xi^2}{2\alpha}-\frac{sh\alpha}{\alpha^2}+\frac{ch\alpha}{\alpha^3}+\frac{1}{2\alpha}\right)+ \\ \qquad \frac{1}{6}\xi-\frac{\xi^4}{24}-\frac{1}{8}\right] \\ y_N^{集中}(\xi) = k\left[C_1\left(\frac{\xi ch\alpha}{\alpha^2}-\frac{sh(\alpha\xi)}{\alpha^3}-\frac{ch\alpha}{\alpha^2}+\frac{sh\alpha}{\alpha^3}\right)+\frac{\xi}{2}-\frac{\xi^3}{6}-\frac{1}{3}\right] \end{cases} \tag{5-86}$$

式中　k——系数，$k=-V_0H^3/(EI)$；

I——墙肢洞口截面的惯性矩；

C_1、C_2——系数，见式（5-60b）和式（5-59c）。

（3）连梁变形产生的墙体侧移 y_b　连梁和墙肢截面宽度均较大，在相交处形成一个结合区，这个结合区可以视作不产生变形的刚性区域，连梁和墙肢则均可以看作是带刚域的杆（图 5-28a）。墙肢受力发生转动时连梁提供反向约束，当连梁本身抗弯刚度并非无穷大时，连梁自身也会产生弯曲。左来力连梁的转动如图 5-28b 所示，设梁两端转角为 θ_b，则连梁两边刚域端的弯矩与梁端转角的关系为

$$M_{b1}+M_{b2}=(m_{21}+m_{12})\theta_b = 6ED\theta_b \tag{5-87}$$

其中，连梁两端转动刚度和 $m_{21}+m_{12}=6ED$；D 为连梁刚度系数，它反映了连梁约束墙肢转动能力的大小。D 越大，连梁的转动刚度越大，对墙肢的约束作用也越大。设连梁净跨长为 $2a_0$，计

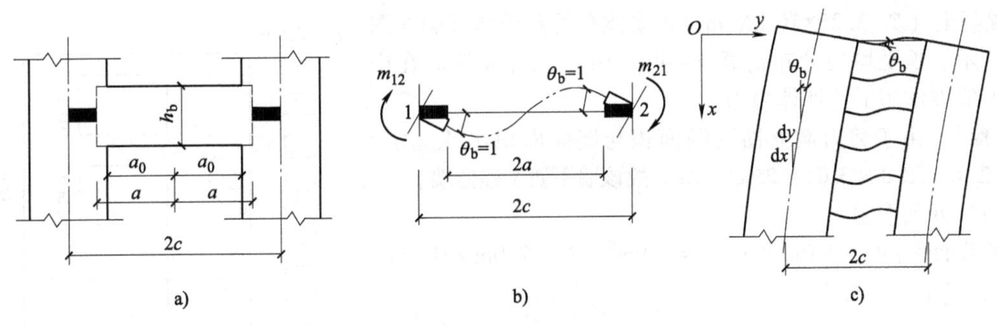

图 5-28 带刚域连梁的尺寸及弯曲

算跨度为 $2a$，连梁两侧墙肢的轴线距为 $2c$，则连梁刚度系数为

$$D=\frac{c^2 I_b}{a^3}\eta_v=\frac{c^2 I_b}{a^3}\frac{1}{1+\beta}=\frac{c^2 I_b^0}{a^3} \tag{5-88}$$

式中 β——考虑剪切变形影响的附加系数，由结构力学可知：

$$\beta=\frac{12\mu EI_b}{GA_b(2a)^2} \tag{5-89a}$$

η_v——剪切变形影响系数，按下式计算：

$$\eta_v=\frac{1}{1+\beta}=\frac{1}{1+\dfrac{12\mu EI_b}{GA_b(2a)^2}}=\frac{1}{1+\dfrac{3\mu EI_b}{GA_b a^2}} \tag{5-89b}$$

I_b——连梁惯性矩；

I_b^0——连梁考虑剪切变形影响的折算惯性矩，$I_b^0=I_b\eta_v$。

连梁两端的约束弯矩还可以用连梁剪力 $\tau(x)h$ 表示为

$$M_{b1}+M_{b2}=V_b\times 2c=\tau(x)h\times 2c=m(x)h \tag{5-90}$$

因此，由式（5-87）和式（5-90）可以得到连梁转角：

$$\theta_b=\frac{m(x)h}{6ED}=\frac{hTV_0}{6ED}\phi(x) \tag{5-91}$$

由图 5-28c 示意的几何关系可知连梁弯曲引起的侧移 y_b 为

$$y_b=-\int_H^x \theta_b \mathrm{d}x=-\int_H^x \frac{m(x)h}{6ED}\mathrm{d}x=-\frac{hTV_0H}{6ED}\int_1^\xi \phi(\xi)\mathrm{d}\xi \tag{5-92a}$$

式中，$\phi(\xi)$ 见式（5-61）。将 $\phi(\xi)$ 代入式（5-92a）可得三种荷载作用下由连梁弯曲引起的侧移，见式（5-92b）。其中，连梁剪切变形的影响反映在参数 D 中。

$$\begin{cases} y_b^{倒三角}=-\dfrac{hTV_0H}{6ED}\left[\left(-\dfrac{1}{\mathrm{ch}\alpha}+\dfrac{2}{\alpha^2\mathrm{ch}\alpha}+\dfrac{2\mathrm{sh}\alpha}{\alpha\mathrm{ch}\alpha}\right)\dfrac{\mathrm{sh}(\alpha\xi)}{\alpha}-\dfrac{2}{\alpha^2}\mathrm{ch}(\alpha\xi)-\right. \\ \qquad\left.\dfrac{2\xi}{\alpha^2}+\dfrac{\mathrm{sh}\alpha}{\alpha\mathrm{ch}\alpha}-\dfrac{2\mathrm{sh}\alpha}{\alpha^3\mathrm{ch}\alpha}+\dfrac{2}{\alpha^2\mathrm{ch}\alpha}+\xi^2-\dfrac{\xi^3}{3}-\dfrac{2}{3}+\dfrac{2}{\alpha^2}\right] \\ y_b^{均布}=-\dfrac{hTV_0H}{6ED}\left[\left(-\dfrac{1}{\mathrm{ch}\alpha}+\dfrac{\mathrm{sh}\alpha}{\alpha\mathrm{ch}\alpha}\right)\dfrac{\mathrm{sh}(\alpha\xi)}{\alpha}-\dfrac{1}{\alpha^2}\mathrm{ch}(\alpha\xi)+\dfrac{\xi^2}{2}+\dfrac{\mathrm{sh}\alpha}{\alpha\mathrm{ch}\alpha}+\dfrac{1}{\alpha^2\mathrm{ch}\alpha}-\dfrac{1}{2}\right] \\ y_b^{集中}=-\dfrac{hTV_0H}{6ED}\left[\xi-1-\dfrac{\mathrm{sh}(\alpha\xi)}{\alpha\mathrm{ch}\alpha}+\dfrac{\mathrm{sh}\alpha}{\alpha\mathrm{ch}\alpha}\right] \end{cases} \tag{5-92b}$$

【例 5-3】 某剪力墙结构共 12 层，层高 $h=3\mathrm{m}$，建筑总高 H 为 36.0m，墙体厚度 0.3m，采用

C40 混凝土（$E=3.25\times10^7\text{kN/m}^2$），墙体布置及横墙开洞如图5-29 所示。承受均匀分布荷载 $q=40\text{kN/m}$，试计算该墙在横向水平地震作用下的墙体内力。

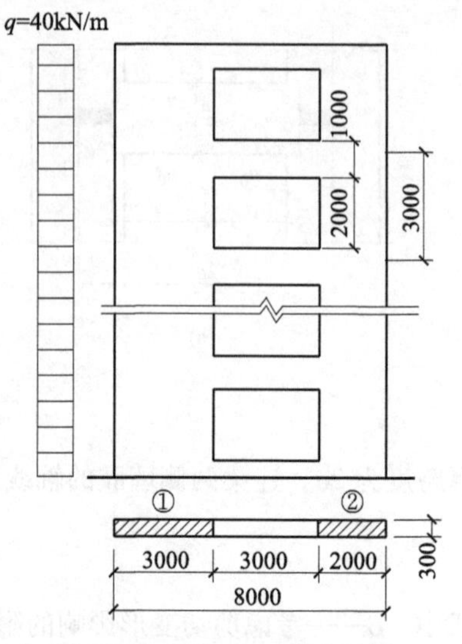

图 5-29 ［例 5-3］剪力墙图

【解】 由于剪力墙立面孔洞面积与墙面面积比 $A_{op}/A_f=3.0\times2.0\div(8.0\times3.0)=25\%>16\%$，故该墙不属于整体墙。

（1）几何参数

墙肢面积：$A_1=3.0\text{m}\times0.3\text{m}=0.9\text{m}^2$，$A_2=2.0\text{m}\times0.3\text{m}=0.6\text{m}^2$，$\sum A_j=1.5\text{m}^2$

墙肢惯性矩：$I_1=3.0^3\text{m}^3\times0.3\text{m}\div12=0.675\text{m}^4$，$I_2=2.0^3\text{m}^3\times0.3\text{m}\div12=0.2\text{m}^4$，$\sum I_j=0.875\text{m}^4$

截面形心到墙左端的距离：

$$y_{左}=\frac{A_1\times3.0\div2+A_2\times(3.0+3+2.0\div2)}{A_1+A_2}\text{m}=3.7\text{m}$$

各墙肢形心距：$y_1=3.7\text{m}-3.0\text{m}\div2=2.2\text{m}$，$y_2=3.0\text{m}+3\text{m}+2.0\text{m}\div2-3.7\text{m}=3.3\text{m}$

有洞口截面惯性矩：$I_{洞}=I_1+I_2+y_1^2A_1+y_2^2A_2=(0.875+2.2^2\times0.9+3.3^2\times0.6)\text{m}^4=11.77\text{m}^4$

（2）判断类型

连梁：$A_b=0.3\text{m}\times1.0\text{m}=0.3\text{m}^2$，$I_b=\frac{1}{12}\times0.3\text{m}\times1.0^3\text{m}^3=0.025\text{m}^4$

$2c=1.5\text{m}+3.0\text{m}+1.0\text{m}=5.5\text{m}$，$a=\frac{1}{2}\times3.0\text{m}+\frac{1}{4}\times1.0\text{m}=1.75\text{m}$

连梁考虑剪切变形的折算惯性矩：$I_b^0=\dfrac{I_b}{1+\dfrac{7\mu I_b}{a^2A_b}}=\dfrac{0.025}{1+\dfrac{7\times1.2\times0.025}{1.75^2\times0.3}}\text{m}^4=0.0203\text{m}^4$

连梁刚度系数：$D=\dfrac{c^2I_b^0}{a^3}=\dfrac{2.75^2\times0.0203}{1.75^3}\text{m}^3=0.0286\text{m}^3$

轴向变形影响系数： $T=\dfrac{I_n}{I}=\dfrac{I-\sum I_j}{I}=\dfrac{11.77-0.875}{11.77}=0.925$

整体系数：$\alpha=\sqrt{\dfrac{6H^2D}{Th\sum I_j}}=\sqrt{\dfrac{6\times36.0^2\times0.0286}{0.925\times3.0\times0.875}}=9.57<10$

查表 5-19 得到 $Z=0.959$，$\dfrac{I_n}{I}<Z$；故为双肢墙［见式（5-27）］。

（3）内力计算 查表 5-7 得到 $\phi(\xi)$，或根据式（5-61）（均布荷载）计算：

$$\phi(\xi)=\xi+\left(\frac{\text{sh}\alpha}{\alpha}-1\right)\frac{\text{ch}(\alpha\xi)}{\text{ch}\alpha}-\frac{\text{sh}(\alpha\xi)}{\alpha}$$

依据 $\phi(\xi)$ 依次计算连梁约束弯矩、连梁剪力、墙肢轴力和墙肢弯矩，计算结果见表 5-10（单位：m、kN、kN · m），表中层号对应各层上端截面。墙肢剪力按照考虑剪切变形影响的墙肢折算惯性矩计算。取 $G/E=0.425$，按式（5-69）计算墙肢折算惯性矩：

$$I_1^0=\frac{I_1}{1+\dfrac{12\mu EI_1}{GA_1h^2}}=\frac{0.675}{1+\dfrac{12\times1.2\times0.675}{0.425\times0.9\times3.0^2}}\text{m}^4=0.177\text{m}^4$$

$$I_2^0 = \frac{0.2}{1 + \dfrac{12 \times 1.2 \times 0.2}{0.425 \times 0.6 \times 3.0^2}} \mathrm{m}^4 = 0.089\mathrm{m}^4$$

均布荷载作用下任意高度的总剪力为 $V_p = qx$；基底处总剪力为 $V_0 = 40\mathrm{kN/m} \times 36\mathrm{m} = 1440\mathrm{kN}$；任意高度弯矩 $M_p = qx^2/2$。计算过程见表 5-10。其中墙肢弯矩 M_1 与 M_2 为每层上部截面（1—1）的数值，如果考虑连梁约束在墙肢节点处造成的突变，则楼层节点上、下高度处的墙肢弯矩在数值上相差一层连梁约束弯矩，如图 5-30 所示。

表 5-10 ［例 5-3］内力计算

层号	12	11	10	8	6	4	3	2	1	0
H_i/m	36	33	30	24	18	12	9	6	3	0
$\xi = (H - H_i)/H$	0.00	0.083	0.17	0.33	0.50	0.67	0.75	0.83	0.92	1.00
$\phi(\xi)$	0.104	0.130	0.188	0.336	0.493	0.626	0.659	0.630	0.466	0.000
$m(\xi) = TV_0\phi(\xi)$	138.6	173.20	250.48	447.67	656.8	834.0	878.0	839.4	620.9	0.00
$m_i = m(\xi)h$	207.8	519.61	751.44	1343.0	1970.5	2502.1	2634.0	2518.1	1862.6	0.00
$V_{bi} = m_i 2c$	37.8	94.47	136.63	244.18	358.3	454.9	478.9	457.8	338.7	0.00
$M_{bi} = V_{bi}a_0$	56.7	141.71	204.94	366.27	537.4	682.4	718.4	686.8	508.0	0.00
$N_i = \sum_i^n V_{bi}$	37.8	132.3	268.9	701.3	1361.2	2226.7	2705.6	3163.5	3502.1	3502.1
$M_{pi} = q(\xi H)^2/2$	0	180	720	2880	6480	11520	14580	18000	21780	25920
$\sum_i^n m_{bi}$	207.8	727	1479	3857	7486	12247	14881	17399	19262	19262
$\sum M_{ij} = M_{pi} - \sum_i^n M_{bi}$	−208	−547	−759	−977	−1006	−727	−301	601	2518	6658
$M_{i1} = \left(M_{pi} - \sum_i^n M_{bi}\right) I_1/\sum I_j$	−160	−422	−585.4	−754	−776	−561	−232	464	1943	5136
$M_{i2} = \left(M_{pi} - \sum_i^n M_{bi}\right) I_2/\sum I_j$	−48	−125	−173	−223	−230	−166	−69	137	576	1522
$V_p = q\xi H$	0	120	240	480	720	960	1080	1200	1320	1440
$V_{i1} = V_{pi}I_1^0/\sum I_j^0$	0	60	120	240	360	480	540	600	660	720
$V_{i1} = V_{pi}I_2^0/\sum I_j^0$	0	60	120	240	360	480	540	600	660	720

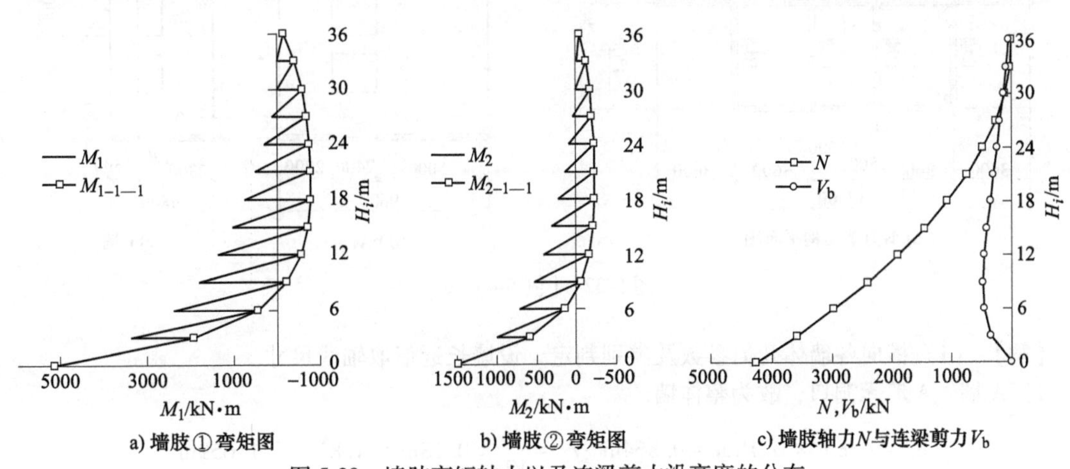

图 5-30　墙肢弯矩轴力以及连梁剪力沿高度的分布

（4）位移计算　墙肢剪切变形影响系数见式（5-80a）：

$$\gamma^2=\frac{2.35\mu\sum I_j}{H^2\sum A_j}=\frac{2.35\times1.2\times0.875}{36.0^2\times1.5}=0.0013$$

由 $\alpha=9.57$ 查表 5-9 得 $\psi_a=0.0355$。双肢墙的等效抗弯刚度见式（5-79）：

$$EI_{eq}=\frac{E\sum I_j}{1-T+T\psi_a+4\gamma^2}=\frac{3.25\times10^7\times0.875}{1-0.925+0.925\times0.0355+4\times0.0013}\text{kN}\cdot\text{m}^2=2.52\times10^8\text{kN}\cdot\text{m}^2$$

位移计算详见 5.3.1 节，墙肢弯曲、剪切和轴向变形对应的侧移 y_M、y_V、y_N 以及连梁变形引起的侧移 y_b 沿高度的分布如图 5-31a 所示，总位移 y 的层间相对位移 Δy 如图 5-31b 所示。由图 5-31 可见，墙肢弯曲是引起侧移的主要因素，墙肢轴向变形和连梁弯曲变形引起的侧移大于墙肢剪切变形引起的侧移。

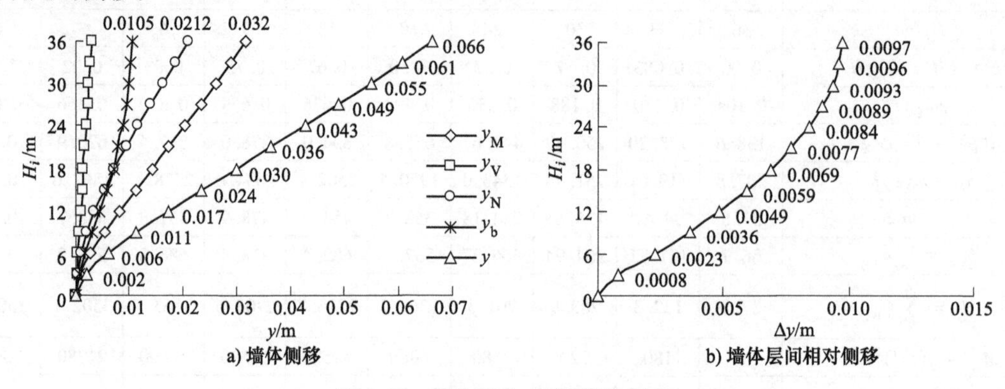

图 5-31 ［例 5-3］双肢墙的侧移

【例 5-4】 北京地区某剪力墙结构，共 12 层，层高 $h=3\text{m}$，建筑总高 H 为 36.0m，墙体厚度为 0.18m，采用 C30 混凝土（$E=3.0\times10^7\text{kN/m}^2$），墙体布置及横墙开洞如图 5-32 所示。建筑每平方米重力荷载代表值取 15kN/m²，建筑场地类别为Ⅱ类场地，试计算该建筑横向水平地震作用下的侧移和墙体内力。

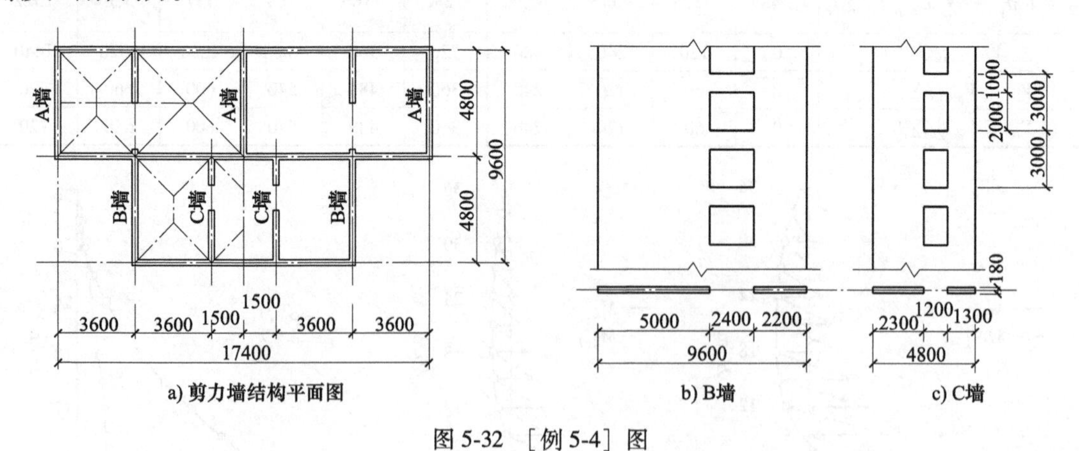

图 5-32 ［例 5-4］图

【解】 (1) 横向各墙体几何参数及类别判定 设墙长近似取轴线尺寸。

1) A 墙。A 墙无洞口，故为整体墙。

$$A_w=4.8\text{m}\times0.18\text{m}=0.864\text{m}^2;I_w=\frac{1}{12}\times0.18\text{m}\times4.8^3\text{m}^3=1.659\text{m}^4$$

2) B 墙。B 墙立面及横截面如图 5-32b 所示，墙总长 9.6m。

首先验算是否是整体墙。由于 $A_{op}/A_f=2.4\times2.0\div(3.0\times9.6)=16.7\%>16\%$，故排除整

体墙。

墙肢 1：$A_1 = 0.18\text{m} \times 5.0\text{m} = 0.9\text{m}^2$，$I_1 = \frac{1}{12}bh^3 = \frac{1}{12} \times 0.18\text{m} \times 5.0^3\text{m}^3 = 1.875\text{m}^4$

墙肢 2：$A_2 = 0.18\text{m} \times 2.2\text{m} = 0.396\text{m}^2$，$I_2 = \frac{1}{12} \times 0.18\text{m} \times 2.2^3\text{m}^3 = 0.160\text{m}^4$

组合截面形心距墙左端的距离：$x = \dfrac{0.9 \times \frac{5.0}{2} + 0.396 \times \left(5.0 + 2.4 + \frac{2.2}{2}\right)}{0.9 + 0.396}\text{m} = 4.33\text{m}$

各墙肢形心距：$y_1 = 4.33\text{m} - \frac{5.0}{2}\text{m} = 1.83\text{m}$，$y_2 = 5.0\text{m} + 2.4\text{m} + \frac{2.2}{2}\text{m} - 4.33\text{m} = 4.17\text{m}$

开洞截面的组合截面惯性矩：$I = (1.875 + 0.16 + 0.9 \times 1.83^2 + 0.396 \times 4.17^2)\text{m}^4 = 11.935\text{m}^4$

连梁：$A_\text{b} = 0.18\text{m} \times 1.0\text{m} = 0.18\text{m}^2$，$I_\text{b} = \frac{1}{12} \times 0.18\text{m} \times 1.0^3\text{m}^3 = 0.015\text{m}^4$

$$2c = (5 \div 2 + 2.4 + 2.2 \div 2)\text{m} = 6\text{m}, a = \frac{1}{2} \times 2.4\text{m} + \frac{1}{4} \times 1.0\text{m} = 1.45\text{m}$$

连梁考虑剪切变形的折算惯性矩：$I_\text{b}^0 = \dfrac{I_\text{b}}{1 + \dfrac{7\mu I_\text{b}}{a^2 A_\text{b}}} = \dfrac{0.015}{1 + \dfrac{7 \times 1.2 \times 0.015}{1.45^2 \times 0.18}}\text{m}^4 = 0.0113\text{m}^4$

连梁刚度系数：$D = \dfrac{c^2 I_\text{b}^0}{a^3} = \dfrac{3.0^2 \times 0.0113}{1.45^3}\text{m}^3 = 0.033\text{m}^3$

有两个墙肢，故轴向变形影响系数：$T = \dfrac{I_\text{n}}{I} = \dfrac{I - \sum I_j}{I} = \dfrac{11.935 - (1.875 + 0.160)}{11.935} = 0.829$

整体系数：$\alpha = \sqrt{\dfrac{6H^2 D}{Th\sum I_j}} = 36.0 \times \sqrt{\dfrac{6 \times 0.033}{0.829 \times 3.0 \times (1.875 + 0.160)}} = 7.12$

由于：$1 < \alpha = 7.12 < 10$，$\dfrac{I_\text{n}}{I} = 0.829 < Z = 1$ 故 B 墙按双肢墙计算。

3）C 墙。C 墙的几何尺寸如图 5-32c 所示，由于 $A_\text{op}/A_\text{f} = 1.2 \times 2.0 \div (3.0 \times 4.8) = 16.7\% > 16\%$，故不属于整体墙。

墙肢 1：$A_1 = 0.18\text{m} \times 2.3\text{m} = 0.414\text{m}^2$，$I_1 = 0.183\text{m}^4$

墙肢 2：$A_2 = 0.18\text{m} \times 1.3\text{m} = 0.234\text{m}^2$，$I_2 = 0.033\text{m}^4$

开洞截面形心距墙肢左侧：$x = 2.23\text{m}$

各墙肢的形心距 $y_1 = 1.08\text{m}$，$y_2 = 1.92\text{m}$

开洞截面的组合截面惯性矩：$I = 1.562\text{m}^4$

连梁：$A_\text{b} = 0.18\text{m}^2$，$I_\text{b} = 0.015\text{m}^4$

$2c = 4.2\text{m}$，$a = \frac{1}{2} \times 1.2\text{m} + \frac{1}{4} \times 1.0\text{m} = 0.85\text{m}$

连梁考虑剪切变形的折算惯性矩：$I_\text{b}^0 = 0.0076\text{m}^4$

连梁刚度系数：$D = 0.055\text{m}^3$

轴向变形影响系数：$T = \dfrac{I_\text{n}}{I} = \dfrac{I - (I_1 + I_2)}{I} = 0.862$

整体系数：$\alpha = 27.67 > 10$

查表 5-19 得系数 $Z = 0.89$，$\dfrac{I_\text{n}}{I} = 0.862 < Z$，因此为整体小开口墙。

（2）各横墙的等效刚度　C30 混凝土的弹性模量 $E=3.0\times10^7\text{kN/m}^2$。

1）A 墙：整体墙。A 墙属于无洞口整体墙，等效抗弯刚度按式（5-10）倒三角形分布荷载计算：

$$EI_{eq}=\frac{EI_w}{1+\dfrac{3.64\mu EI_w}{H^2GA_w}}=\frac{3.0\times10^7\times1.659}{1+\dfrac{3.64\times1.2\times1.659}{36.0^2\times0.425\times0.864}}\text{kN}\cdot\text{m}^2=49.02\times10^6\text{kN}\cdot\text{m}^2$$

2）B 墙：双肢墙。

$$\gamma^2=\frac{\mu E\sum I_j}{H^2G\sum A_j}=\frac{\mu\sum I_j}{0.425H^2\sum A_j}=\frac{1.2\times(1.875+0.16)}{0.425\times36.0^2\times(0.9+0.396)}=0.0034$$

由整体系数 $\alpha=7.12$ 查表 5-9 得：$\psi_a=0.0572$；等效刚度由式（5-79）倒三角形分布荷载计算

$$EI_{eq}=\frac{E\sum I_j}{1-T+T\psi_a+3.64\gamma^2}=\frac{3.0\times10^7\times(1.875+0.16)}{1-0.829+0.829\times0.0572+3.64\times0.0034}\text{kN}\cdot\text{m}^2$$

$$=264.52\times10^6\text{kN}\cdot\text{m}^2$$

3）C 墙：整体小开口墙。

惯性矩取带洞口截面的整体惯性矩的 80%：$I_w=0.8I=0.8\times1.562\text{m}^4=1.25\text{m}^4$

截面面积取有洞口截面：$A_w=A_1+A_2=0.414\text{m}^2+0.234\text{m}^2=0.648\text{m}^2$

等效抗弯刚度：

$$EI_{eq}=\frac{EI_w}{1+\dfrac{3.64\mu EI_w}{H^2GA_w}}=\frac{3.0\times10^7\times1.25}{1+\dfrac{3.64\times1.2\times1.25}{36.0^2\times0.425\times0.648}}\text{kN}\cdot\text{m}^2=36.93\times10^6\text{kN}\cdot\text{m}^2$$

结构横向共有 A 墙 3 道、B 墙 2 道和 C 墙 2 道，故结构总等效刚度为

$$\sum EI_{eq}=(3\times49.02+2\times264.52+2\times36.93)\times10^6\text{kN}\cdot\text{m}^2=749.96\times10^6\text{kN}\cdot\text{m}^2$$

（3）横向水平总地震作用计算　结构的基本自振周期按式（2-54）计算：

$$T_1=0.04+0.038\frac{H}{\sqrt[3]{B}}=\left(0.04+0.038\times\frac{36.0}{\sqrt[3]{9.6}}\right)\text{s}=0.68\text{s}$$

楼层建筑面积近似按轴线计算：$A=(4.8\times17.4+4.8\times10.2)\text{m}^2=132.48\text{m}^2$

结构等效总重力荷载代表值取：$G_{eq}=(0.85\times132.48\times12\times15)\text{kN}=20269.44\text{kN}$

取北京地区抗震设防裂度为 8 度，地震分组为第一组，$\alpha_{max}=0.16g$，$T_g=0.35\text{s}$，$\alpha_1=\left(\dfrac{T_g}{T_1}\right)^{0.9}\alpha_{max}=0.088$。

结构总地震荷载标准值：$F_{Ek}=\alpha_1G_{eq}=0.088\times20269.44\text{kN}=1783.7\text{kN}$

由于 $T_1>1.4T_g$，考虑顶部附加地震作用系数：$\delta_n=0.08T_1+0.07=0.08\times0.68+0.07=0.124$

顶点水平力为：$\Delta F_{nk}=\delta_nF_{Ek}=0.124\times1783.7\text{kN}=221.2\text{kN}$

楼层地震作用，取各层 G_i 相同，则

$$F_{ik}=\frac{G_iH_i}{\sum\limits_{i=1}^{n}G_iH_i}(1-\delta_n)F_{Ek}=\frac{H_i}{\sum\limits_{i=1}^{n}H_i}(1-\delta_n)F_{Ek}$$

计算结果见表 5-11。

表 5-11　楼层的地震作用计算

层号	H_i/m	F_{ik}/kN	$F_{ik}H_i$/kN·m
12	36	240.4	8654.4
11	33	220.4	7273.2
10	30	200.3	6009.0

（续）

层号	H_i/m	F_{ik}/kN	$F_{ik}H_i$/kN·m
9	27	180.3	4868.1
8	24	160.3	3847.2
7	21	140.2	2944.2
6	18	120.2	2163.6
5	15	100.2	1503.0
4	12	80.1	961.2
3	9	60.1	540.9
2	6	40.1	240.6
1	3	20.0	60.0
Σ		1562.6	39065.4

偏安全起见，将楼层集中力 F_i 按基底弯矩等效折算成倒三角形分布荷载，并考虑分项系数1.3：

$$q=\gamma_E q_k=\gamma_E\frac{3M_{0k}}{H^2}=\gamma_E\frac{3\sum F_{ik}H_i}{H^2}=1.3\times\frac{3\times 39065.4}{36.0^2}\text{kN/m}=1.3\times 90.4\text{kN/m}=117.5\text{kN/m}$$

基底剪力标准值：$V_{0k}=\dfrac{q_k H}{2}=\dfrac{90.4\times 36.0}{2}\text{kN}=1627.2\text{kN}$

基底剪力设计值：$V_0=\gamma_E V_{0k}=1627.2\text{kN}\times 1.3=2115.4\text{kN}$

（4）顶点水平位移计算

横墙的总等效刚度：$\sum EI_{eq}=749.96\times 10^6\text{kN}\cdot\text{m}^2$

地震作用分为倒三角形分布荷载与顶点集中荷载，计算位移时采用荷载标准值计算。结构顶点位移为

$$u_T=\frac{11}{60}\frac{V_{0k}H^3}{\sum EI_{eq}}+\frac{1}{3}\frac{\Delta F_{nk}H^3}{\sum EI_{eq}}=\frac{36.0^3}{749.96\times 10^6}\times\left(\frac{11}{60}\times 1627.2+\frac{1}{3}\times 221.2\right)\text{m}=0.0231\text{m}$$

（5）各片墙的水平地震剪力　由于假定楼盖在平面内刚度无穷大，故各片墙按 EI_{eq} 分配水平力。

对于倒三角形分布荷载，各片墙的底部剪力及相应的 q_{max} 为

$$V_{0j}^{三角}=\frac{EI_{eqj}}{\sum EI_{eqj}}V_0,\quad q_{jmax}=\frac{2V_{0j}}{H}$$

对于顶点集中荷载，各片墙分配到的荷载为

$$\Delta F_{nj}=\frac{EI_{eqj}}{\sum EI_{eqj}}\Delta F_n$$

各墙所受荷载的计算结果见表5-12。

表5-12　各片墙分担的地震作用计算

墙号	抗侧刚度比	倒三角形分布荷载		顶点集中荷载
	$EI_{eq}/\sum EI_{eq}$	底部剪力 $V_{0j}^{三角}$/kN	q_{jmax}/(kN/m)	ΔF_{nj}/kN
A	0.0654	138.35	7.69	18.81
B	0.3527	746.1	41.45	101.42
C	0.0492	104.08	5.78	14.15

（6）A墙的内力计算　A墙为整体墙，任意高度处的剪力由两部分组成，以基底为例：

基底总剪力：$V_{0A}=V_{0A}^{三角}+\Delta F_{nA}=138.35\text{kN}+18.81\text{kN}=157.16\text{kN}$

基底弯矩为：$M_{0A}=\dfrac{q_A H^2}{3}+H\Delta F_{nA}=\dfrac{7.69\times36.0^2}{3}\text{kN}\cdot\text{m}+36.0\times18.81\text{kN}\cdot\text{m}=3999.24\text{kN}\cdot\text{m}$

（7）B 墙的内力计算　取 $G/E=0.425$，墙肢折算惯性矩为

$$I_1^0=\frac{I_1}{1+\dfrac{12\mu EI_1}{GA_1h^2}}=\frac{1.875}{1+\dfrac{12\times1.2\times1.875}{0.425\times0.9\times3.0^2}}\text{m}^4=0.212\text{m}^4,I_2^0=\frac{0.16}{1+\dfrac{12\times1.2\times0.16}{0.425\times0.396\times3.0^2}}\text{m}^4=0.063\text{m}^4$$

B 墙在倒三角形分布荷载作用下的内力计算见表 5-13，在顶点集中荷载 ΔF_n 作用下的内力计算以及两部分内力叠加结果见表 5-14、表 5-15。

表 5-13　B 墙在倒三角形分布荷载作用下的内力计算

层号	12	10	8	6	4	2	0
H_i/m	36	30	24	18	12	6	0
$\xi=(H-H_i)/H$	0.000	0.167	0.333	0.500	0.667	0.833	1.000
$\phi(\xi)$	0.240	0.349	0.534	0.691	0.762	0.641	0
$m(\xi)=V_0T\phi(\xi)$/kN·m	144.44	215.86	330.29	427.40	471.31	396.47	0
$m_i=m(\xi)h$/kN·m	222.66	647.58	990.87	1282.20	1413.93	1189.41	0
$\sum m_i$/kN·m	222.66	1376.82	3186	5618.64	8409.39	10966.35	11749.38
$V_{bi}=\tau(\xi)h=m_i/2c$/kN	37.11	107.93	165.15	213.7	235.66	198.24	0
$N_{i1}=-N_{i2}=\sum_{i=i}^{n}V_{bi}$/kN	37.11	229.47	531.01	936.45	1401.58	1827.75	1958.26
$V_p=0.5qH\xi(2-\xi)$/kN	0	228.39	414.17	559.58	663.37	725.29	746.1
$V_{i1}=V_{pi}I_1^0/(I_1^0+I_2^0)$/kN	0	176.07	319.29	431.39	511.4	559.13	575.18
$V_{i2}=V_{pi}I_2^0/(I_1^0+I_2^0)$/kN	0	52.32	94.88	128.19	151.97	166.16	170.92
$M_p=0.5qH^2\xi^2(1-\xi/3)$/kN·m	0	707.39	2647.83	5595.75	9292.76	13462.55	17906.4
$M_p-\sum m_i$/kN·m	−222.66	59.81	838.65	1353.93	2260.19	3873.02	7533.84
$M_{i1}=(M_p-\sum m_i)I_1/(I_1+I_2)$/kN·m	−205.15	55.11	772.71	1247.48	2082.48	3568.51	6941.5
$M_{i2}=(M_p-\sum m_i)I_2/(I_1+I_2)$/kN·m	−17.51	4.7	65.94	106.45	177.71	304.45	592.34

表 5-14　B 墙在顶点集中荷载作用下的内力计算

层号	12	10	8	6	4	2	0
$\phi(\xi)$	1.0	1.0	0.99	0.97	0.91	0.7	0.0
$m(\xi)$/kN·m	83.9	83.8	83.3	81.7	76.3	58.5	0.0
$m_i=m(\xi)h$/kN·m	125.9	251.5	250.0	245.2	228.8	175.6	0.0
$\sum m_i$/kN·m	125.9	629.1	1130.0	1623.4	2091.5	2476.7	2589.2
$V_{bi}=\tau(\xi)h=m_i/2c$/kN	21.0	41.9	41.7	40.9	38.1	29.3	0.0
$N_{i1}=-N_{i2}=\sum_{i=i}^{n}V_{bi}$/kN	21.0	104.9	188.3	270.6	348.6	412.8	431.6
$V_p=\Delta F_n$/kN	101.4	101.4	101.4	101.4	101.4	101.4	101.4
$V_{i1}=V_{pi}I_1^0/(I_1^0+I_2^0)$/kN	78.2	78.2	78.2	78.2	78.2	78.2	78.2
$V_{i2}=V_{pi}I_2^0/(I_1^0+I_2^0)$/kN	23.2	23.2	23.2	23.2	23.2	23.2	23.2
$M_p=\Delta F_n(H-H_i)$/kN·m	0.0	609.7	1215.8	1825.6	2435.3	3041.4	3651.1
$M_p-\sum m_i$/kN·m	−125.9	−19.3	85.8	202.2	343.8	564.7	1062.0
$M_{i1}=(M_p-\sum m_i)I_1/(I_1+I_2)$/kN·m	−116.0	−17.8	79.1	186.3	316.8	520.3	978.5
$M_{i2}=(M_p-\sum m_i)I_2/(I_1+I_2)$/kN·m	−9.9	−1.5	6.8	15.9	27.0	44.4	83.5

表 5-15　B 墙内力集合

层号	12	10	8	6	4	2	0
V_{bi}/kN	58.09	149.84	206.81	254.56	273.79	227.5	0
$M_{bi}=V_{bi}a$/kN·m	84.23	217.27	299.88	369.12	397	329.88	0
$N_{i1}=N_{i2}$/kN	58.09	334.32	719.35	1207.02	1750.18	2240.55	2389.81
V_{i1}/kN	78.19	254.26	397.48	509.58	589.59	637.32	653.37
V_{i2}/kN	23.23	75.55	118.11	151.42	175.2	189.39	194.15
M_{i1}/kN·m	−321.12	37.31	851.78	1433.79	2399.25	4088.82	7919.96
M_{i2}/kN·m	−27.41	3.81	72.68	122.35	204.74	348.91	675.83

（8）C 墙的内力计算　C 墙为整体小开口墙，计算过程同［例 5-2］，计算结果见表 5-16。

表 5-16　C 墙内力计算

层号	12	10	8	6	4	2	0
H_i/m	36	30	24	18	12	6	0
N_i/kN	0	24.02	89.91	190	315.53	457.12	608.01
V_{i1}/kN	0	23.66	42.91	57.98	68.73	75.15	77.3
V_{i2}/kN	0	8.19	14.84	20.05	23.77	25.99	26.74
M_{i1}/kN·m	0	26.83	100.43	212.24	352.47	510.62	679.17
M_{i2}/kN·m	0	2.27	8.49	17.95	29.8	43.18	57.43

5.3.2　多肢墙内力及位移计算

多肢墙与双肢墙的计算区别是洞口不少于两列。有 k 列洞口（$k\geqslant 2$）的剪力墙共有 k+1 个墙肢，相关几何参数如图 5-33 所示。多肢墙取基本体系为在各列连梁的中点切开（图 5-34），设第 j 列连梁的切口未知力为 $\tau_j(x)$ 和 $\sigma_j(x)$，用前述方法就可得到 k 个微分方程。将这些方程叠加，取各列连梁切口未知力的和 $\sum_{j=1}^{K} m_j(x)=m(x)$ 为未知量，求解出 $m(x)$ 后，再按比例分到各列连梁上，然后可以分别求出各内力。

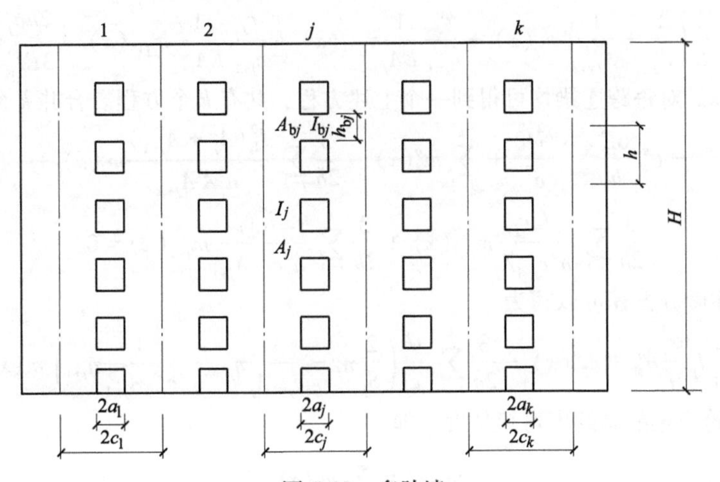

图 5-33　多肢墙

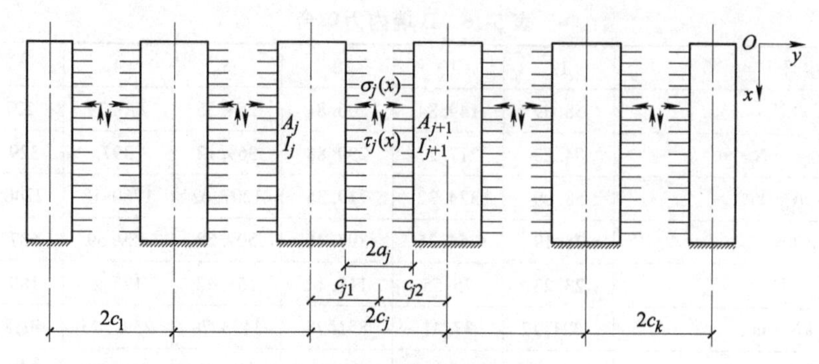

图 5-34　多肢墙计算简图

1. 多肢墙的微分方程及求解

多肢墙的基本假定同双肢墙。将第 j 列连梁在跨中切开，各种因素在切口处产生的位移如下：

（1）墙肢弯曲对应的切口相对位移　j 列连梁中点由墙肢弯曲产生的切口相对位移：

$$\delta_{1j} = -2c_j\theta_M \tag{5-93}$$

（2）墙肢轴向变形产生的切口位移　与双肢墙不同的是，第 j 列连梁两侧的墙肢相对位移还受到第 $j-1$ 列连梁切口未知力 $\tau_{j-1}(x)$ 和 $j+1$ 列连梁切口未知力 $\tau_{j+1}(x)$ 的影响，见下式：

$$\delta_{2j}(x) = \frac{1}{E}\left(\frac{1}{A_j}+\frac{1}{A_{j+1}}\right)\int_x^H\int_0^x \tau_j(x)\,dxdx - \frac{1}{EA_j}\int_x^H\int_0^x \tau_{j-1}(x)\,dxdx - \frac{1}{EA_{j+1}}\int_x^H\int_0^x \tau_{j+1}(x)\,dxdx \tag{5-94}$$

（3）连梁弯曲与剪切变形产生的切口位移　j 列连梁的弯曲与剪切变形产生的切口相对位移：

$$\delta_{3j} = \frac{2\tau_j(x)ha_j^3}{3EI_{bj}} + \frac{2\mu\tau_j(x)ha_j}{A_{bj}G} = \frac{2\tau_j(x)ha_j^3}{3EI_{bj}}\left(1+\frac{3\mu EI_{bj}}{A_{bj}Ga_j^2}\right) = \frac{2\tau_j(x)ha_j^3}{3EI_{bj}^0} \tag{5-95}$$

（4）多肢墙的基本微分方程及求解　第 j 列连梁切口的变形连续条件为 $\delta_{1j}+\delta_{2j}+\delta_{3j}=0$，所以有

$$-2c_j\theta_M + \frac{1}{E}\left(\frac{1}{A_j}+\frac{1}{A_{j+1}}\right)\int_x^H\int_0^x \tau_j(x)\,dxdx - \frac{1}{E}\frac{1}{A_j}\int_x^H\int_0^x \tau_{j-1}(x)\,dxdx - \frac{1}{E}\frac{1}{A_{j+1}}\int_x^H\int_0^x \tau_{j+1}(x)\,dxdx + \frac{2\tau_j(x)ha_j^3}{3EI_{bj}^0} \tag{5-96}$$

设第 j 列连梁的约束弯矩集度为 $m_j(x)=2c_j\tau_j(x)$，代入式（5-96）并微分两次可得到第 j 列连梁的微分方程：

$$-4c_j^2\theta''_M - \frac{1}{E}\left(\frac{1}{A_j}+\frac{1}{A_{j+1}}\right)m_j(x) + \frac{c_j}{c_{j-1}}\frac{1}{EA_j}m_{j-1}(x) + \frac{c_j}{c_{j+1}}\frac{1}{EA_{j+1}}m_{j+1}(x) + \frac{2ha_j^3}{3EI_{bj}^0}m''_j(x) = 0 \tag{5-97}$$

式中，$j=1,2,\cdots,k$。对每跨连梁均可得到一个上述方程，共有 k 个方程。合并 k 个方程，得到

$$-\theta''_M\frac{6E}{h}\sum_{j=1}^{k}\frac{c_j^2I_{bj}^0}{a_j^3} + \sum_{j=1}^{k}m''_j(x) - \frac{3}{2h}\sum_{j=1}^{k}\frac{I_{bj}^0(A_j+A_{j+1})}{a_j^3A_jA_{j+1}}m_j(x) + \frac{3}{2h}\sum_{j=1}^{k}\frac{I_{bj}^0c_j}{a_j^3c_{j-1}A_j}m_{j-1}(x) + \frac{3}{2h}\sum_{j=1}^{k}\frac{I_{bj}^0c_j}{a_j^3c_{j+1}A_{j+1}}m_{j+1}(x) = 0 \tag{5-98}$$

经整理，上述微分方程可以写为

$$-E\sum_{j=1}^{k}I_j\frac{\alpha_1^2}{H^2}\theta''_M + m''(x) - \frac{3}{2h}\sum_{j=1}^{k}\frac{D_j}{c_j}\left(\frac{2}{S_j}\eta_j - \frac{1}{c_{j-1}A_j}\eta_{j-1} - \frac{1}{c_{j+1}A_{j+1}}\eta_{j+1}\right)m(x) = 0 \tag{5-99}$$

式中，$m(x)$ 为各跨连梁的总约束弯矩集度，即

$$m(x) = \sum_{j=1}^{k}m_j(x) \tag{5-100}$$

与双肢墙式（5-41b）类似，多肢墙 θ''_M 的计算公式：

$$\theta''_{\mathrm{M}} = \frac{-1}{E\sum_{j=1}^{k} I_j}[V_{\mathrm{p}}(x) - m(x)] = \frac{-1}{E\sum_{j=1}^{k} I_j}\begin{cases} V_0\left[1-\left(1-\dfrac{x}{H}\right)^2 - m(x)\right] & \text{倒三角形分布荷载} \\ \left[V_0\dfrac{x}{H} - m(x)\right] & \text{均布荷载} \\ [V_0 - m(x)] & \text{顶点集中荷载} \end{cases} \tag{5-101}$$

将式（5-101）代入式（5-99），即可得到与双肢墙具有相同形式的基本微分方程表达式，见式（5-47）。多肢墙基本微分方程的解同双肢墙 $\phi(\xi)$[见式(5-61)]，但其中的参数有所不同。

2. 多肢墙的有关参数

（1）多肢墙未考虑墙肢轴向变形影响的整体系数 α_1

$$\alpha_1^2 = \frac{6H^2}{h\sum_{j=1}^{k+1} I_j}\sum_{j=1}^{k} D_j \tag{5-102}$$

（2）多肢墙考虑墙肢轴向变形影响的整体系数 α

$$\alpha^2 = \alpha_1^2 + \frac{3H^2}{2h}\sum\left[\frac{D_j}{c_j}\left(\frac{2\eta_j}{S_j} - \frac{\eta_{j-1}}{c_{j-1}A_j} - \frac{\eta_{j+1}}{c_{j+1}A_{j+1}}\right)\right] = \alpha_1^2/T \tag{5-103}$$

（3）多肢墙反映第 j 列连梁两侧墙肢轴向变形影响的参数 S_j　式（5-103）中的 S_j 为与墙肢轴向变形有关的参数，取

$$S_j = \frac{2c_jA_jA_{j+1}}{A_j + A_{j+1}} \tag{5-104}$$

（4）轴向变形影响系数 T　从前面分析可知，当取 $T=1$ 时，相当于忽略了墙肢轴向变形的贡献。由于系数 α^2 计算烦琐［见式（5-103）］，故多肢墙的 T 值可按表5-17近似取值，而整体系数 α 可以按照 $\alpha^2=\alpha_1^2/T$ 计算。

表 5-17　多肢墙轴向变形影响系数 T

墙肢数目	3~4	5~7	≥8
T	0.8	0.85	0.90

（5）多肢墙第 j 列连梁的刚度系数 D_j

$$D_j = \frac{c_j^2 I_{\mathrm{bj}}^0}{a_j^3} \tag{5-105}$$

（6）第 j 列连梁考虑剪切变形的折算惯性矩 I_{bj}^0

$$I_{\mathrm{bj}}^0 = \frac{I_{\mathrm{bj}}}{1+\dfrac{3\mu EI_{\mathrm{bj}}}{A_{\mathrm{bj}}Ga_j^2}} \approx \frac{I_{\mathrm{bj}}}{1+\dfrac{7\mu I_{\mathrm{bj}}}{A_{\mathrm{bj}}a_j^2}} \tag{5-106}$$

上面各式中　c_j——第 j 列连梁两侧墙肢轴线距离的一半；

a_j——第 j 列连梁计算跨度的一半：

$$a_j = a_{0j} + h_{\mathrm{bj}}/4 \tag{5-107}$$

a_{0j}——第 j 列连梁的净跨的一半；

h_{bj}——第 j 列连梁的梁高；

I_{bj}、A_{bj}——第 j 列连梁的惯性矩、截面面积；

h——结构层高；

H——剪力墙总高；

I_j——第 j 列墙肢惯性矩；

k——连梁总列数。

（7）第 j 列连梁约束弯矩分配系数 η_j　第 j 列连梁的约束弯矩分配系数 η_j 取等于第 j 列连梁约束弯矩集度与总约束弯矩集度的比：

$$\eta_j = \frac{m_j(x)}{m(x)} \tag{5-108}$$

按下式计算：

$$\eta_j = \frac{D_j \varphi_j}{\sum_{j=1}^{k} D_j \varphi_j} \tag{5-109}$$

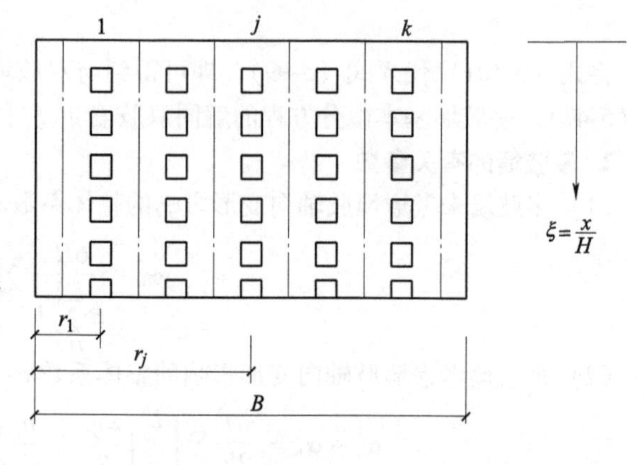

式中　φ_j——约束弯矩分布系数，第 j 列连梁跨中剪应力与平均值之比，计算式为

$$\varphi_j = \frac{1}{1+\frac{\alpha}{4}}\left[1 + 1.5\alpha\frac{r_j}{B}\left(1 - \frac{r_j}{B}\right)\right] \tag{5-110}$$

r_j——第 j 列连梁中点至墙边的距离；

B——墙总宽，如图 5-35 所示。

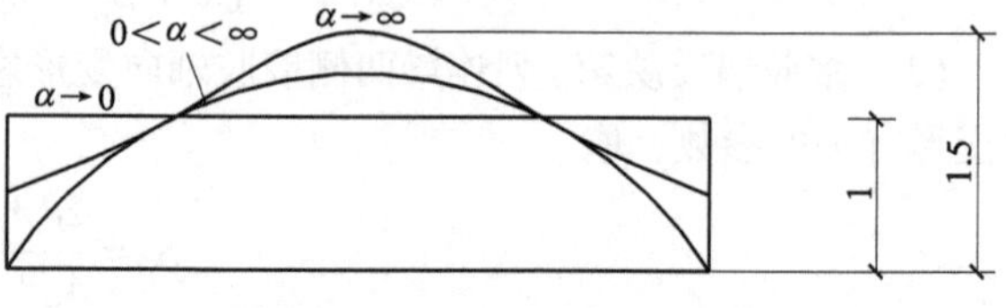

图 5-35　多肢墙连梁剪力分布

φ_j 可查表 5-18。随整体系数 α 的变化，各列连梁的剪力分布产生较大变化，整体系数越大，剪力 V_{bj} 在相同水平高度分布越不均匀，最大值出现在中间列上（图 5-35）。

表 5-18　φ_j 约束弯矩分布系数

α	r_1/B										
	0.00	0.05	0.10	0.15	0.20	0.25	0.30	0.35	0.40	0.45	0.50
	1.00	0.95	0.90	0.85	0.80	0.75	0.70	0.65	0.60	0.55	0.50
0.0	1.000	1.000	1.000	1.000	1.000	1.000	1.000	1.000	1.000	1.000	1.000
0.4	0.903	0.934	0.958	0.978	0.996	1.011	1.023	1.033	1.040	1.044	1.045
0.8	0.833	0.880	0.923	0.960	0.993	1.020	1.043	1.060	1.073	1.080	1.083
1.2	0.769	0.835	0.893	0.945	0.990	1.028	1.060	1.084	1.101	1.111	1.115
1.6	0.714	0.795	0.868	0.932	0.988	1.035	1.074	1.104	1.125	1.138	1.142
2.0	0.666	0.761	0.846	0.921	0.986	1.041	1.086	1.121	1.146	1.161	1.166
2.4	0.625	0.731	0.827	0.911	0.985	1.046	1.907	1.136	1.165	1.181	1.187
2.8	0.588	0.705	0.810	0.903	0.983	1.051	1.107	1.150	1.181	1.199	1.205
3.2	0.555	0.682	0.795	0.895	0.982	1.055	1.115	1.162	1.195	1.215	1.222
3.6	0.525	0.661	0.782	0.888	0.981	1.059	1.123	1.172	1.208	1.229	1.236
4.0	0.500	0.642	0.770	0.882	0.980	1.062	1.130	1.182	1.220	1.242	1.250
4.4	0.476	0.625	0.759	0.876	0.979	1.065	1.136	1.191	1.230	1.254	1.261
4.8	0.454	0.610	0.749	0.871	0.978	1.068	1.141	1.199	1.240	1.264	1.272
5.2	0.434	0.595	0.739	0.867	0.977	1.070	1.146	1.206	1.240	1.274	1.282

（续）

α	r_1/B										
	0.00	0.05	0.10	0.15	0.20	0.25	0.30	0.35	0.40	0.45	0.50
	1.00	0.95	0.90	0.85	0.80	0.75	0.70	0.65	0.60	0.55	0.50
5.6	0.416	0.582	0.731	0.862	0.976	1.072	1.151	1.212	1.256	1.282	1.291
6.0	0.400	0.571	0.724	0.859	0.975	1.075	1.156	1.219	1.264	1.291	1.300
6.4	0.384	0.560	0.716	0.855	0.975	1.076	1.160	1.224	1.270	1.298	1.307
6.8	0.370	0.549	0.710	0.852	0.974	1.078	1.163	1.229	1.277	1.305	1.314
7.2	0.357	0.540	0.701	0.848	0.974	1.080	1.167	1.234	1.282	1.311	1.321
7.6	0.344	0.531	0.698	0.846	0.973	1.081	1.170	1.239	1.288	1.317	1.327
8.0	0.333	0.523	0.693	0.843	0.973	1.083	1.173	1.243	1.293	1.323	1.333
12.0	0.250	0.463	0.655	0.823	0.969	1.093	1.195	1.273	1.330	1.363	1.375
16.0	0.200	0.428	0.632	0.811	0.967	1.100	1.208	1.292	1.352	1.388	1.400
20.0	0.166	0.404	0.616	0.804	0.966	1.104	1.216	1.304	1.366	1.404	1.416

3. 多肢墙的内力计算

计算多肢墙内力时，先求 $\phi(\xi)$［见式(5-61)］或查表 5-6~表 5-8。再由 $\phi(\xi)$ 计算连杆的总约束弯矩集度 $m(\xi)=\phi(\xi)V_0T$，将 $m(\xi)$ 乘以层高 h(顶层乘以 $h/2$) 即得到第 i 层连梁的总约束弯矩 m_i，再将 $m_i(\xi)$ 用约束弯矩分配系数 η_j 分配到每列连梁上，其他计算同双肢墙。

（1）连梁内力

1）连梁总约束弯矩集度：

$$m(\xi)=V_0T\phi(\xi) \tag{5-111}$$

式中 T——多肢墙轴向变形影响系数，见表 5-17。

2）第 i 层连梁总约束弯矩：

$$m_i=m(\xi)h=V_0T\phi(\xi)h \tag{5-112}$$

在顶层及基底处，层高 h 应以 $h/2$ 代入。

3）第 i 层第 j 列连梁约束弯矩：

$$m_{ij}=\eta_j m_i \tag{5-113}$$

式中 η_j——第 j 列连梁约束弯矩分配系数，按式（5-109）计算；其中，第 j 列连梁跨中剪应力与平均值之比 φ_j，按式（5-110）计算或查表 5-18。

4）第 i 层第 j 列连梁剪力：

$$V_{bij}=\frac{m_{ij}}{2c_j}=\frac{\eta_j}{2c_j}m_i \tag{5-114}$$

式中，$\eta_j/2c_j$ 可以看成是连梁剪力分配系数。

5）第 i 层第 j 列连梁端部（洞口边）弯矩：

$$M_{bij}=V_{bij}a_{0j} \tag{5-115}$$

（2）墙肢内力

1）墙肢轴力。第 i 层墙肢 1 的轴力：

$$N_{i1}=\sum_{i=i}^{n}V_{bi1}=\frac{1}{2c_1}\sum_{i=i}^{n}m_{i1} \tag{5-116}$$

第 i 层第 j 肢墙肢轴力：

$$N_{ij}=\sum_{i=i}^{n}(V_{bij}-V_{bij-1})=\sum_{i=i}^{n}\left(\frac{1}{2c_j}m_{ij}-\frac{1}{2c_{j-1}}m_{ij-1}\right)\quad(j=1,\cdots,k) \tag{5-117}$$

第 i 层第 $k+1$ 肢墙肢轴力：

$$N_{ik+1}=\sum_{i=i}^{n}V_{bik}=\frac{1}{2c_k}\sum_{i=i}^{n}m_{ik} \tag{5-118}$$

轴力以拉为正。

2）第 i 层第 j 肢墙肢弯矩：

$$M_{ij}=\frac{I_j}{\sum\limits_{j=1}^{k+1}I_j}\left(M_{pi}-\sum_{i=i}^{n}m_i\right) \tag{5-119}$$

3）第 i 层第 j 肢墙肢剪力：

$$V_{ij}=\frac{I_j^0}{\sum\limits_{j=1}^{k+1}I_j^0}V_{pi} \tag{5-120}$$

其中第 j 肢墙肢折算惯性矩：

$$I_j^0=\frac{I_j}{1+\dfrac{12\mu EI_j}{GA_jh_i^2}}$$

式中 h_i——层高。

4. 多肢墙位移计算

多肢墙在水平力作用下的位移计算公式同双肢墙，但有关参数计算需考虑多列洞口的影响按照多肢墙计算。在倒三角形分布荷载、均布荷载和顶点集中荷载下的侧移计算见式（5-75）~式（5-77），顶点侧移见式（5-78）。多肢墙的等效抗弯刚度的表达式同双肢墙［见式（5-79）］，但式中的墙肢惯性矩应取 $k+1$ 肢的和，即

$$EI_{eq}=\begin{cases}\dfrac{E\sum\limits_{1}^{k+1}I_j}{1-T+3.64\gamma^2+\psi_aT} & \text{倒三角形分布荷载}\\[2ex] \dfrac{E\sum\limits_{1}^{k+1}I_j}{1-T+4\gamma^2+\psi_aT} & \text{均布荷载}\\[2ex] \dfrac{E\sum\limits_{1}^{k+1}I_j}{1-T+3\gamma^2+\psi_aT} & \text{顶点集中荷载}\end{cases} \tag{5-121}$$

式中 γ——墙肢剪切变形影响参数，计算时需考虑 $k+1$ 列墙肢，按下式计算，式中，k 为连梁列数，对双肢墙取 $k=1$：

$$\gamma^2=\frac{E\sum\limits_{j=1}^{k+1}I_j}{H^2G\sum\limits_{j=1}^{k+1}\dfrac{A_j}{\mu_j}} \tag{5-122}$$

ψ_a——查表 5-9；

T——轴向变形影响系数，按表 5-17 近似取用；

G——剪切模量，与弹性模量的关系为 $G=0.425E$。

5.3.3 联肢墙的参数分析与剪力墙类型判别

1. 墙肢剪切变形的影响

反映墙肢剪切变形影响的参数为 γ，见式（5-80）。从［例 5-1］整体墙在水平力作用下的侧移图 5-13、［例 5-2］的图 5-21 以及［例 5-3］双肢墙的侧移图 5-31 可以看出，墙肢剪切变形对剪力

墙的侧移影响很小。由于高层建筑的剪力墙高度与截面长度的比值较大，剪切变形的影响随高宽比的增加而降低。以［例5-3］长度为8m的双肢墙墙体为例，当其他条件不变时，仅改变剪力墙的层数，墙体层数为10层时忽略剪切变形对墙顶位移计算的误差在6%左右，层数为20层时的误差在2%，而当层数为30层以上时误差不超过1%。在内力计算方面，忽略剪切变形的影响也是不大的，以［例5-2］的12层墙体为例，按照墙肢抗弯刚度分配水平剪力与按照墙肢抗弯刚度以及抗剪刚度分配剪力时的误差在12%左右。

2. 墙肢轴向变形的影响

$T=\alpha_1^2/\alpha^2$ 为墙肢轴向变形影响系数。从［例5-3］双肢墙的图5-31a可以看出，在水平力作用下，剪力墙侧向变形的主要来源是墙肢弯曲变形，其次是墙肢轴向变形，层数越多，轴向变形影响越大。以［例5-3］双肢墙为例，当其他条件不变仅改变剪力墙的层数时，10层时墙肢轴向变形产生的侧移占总侧移的28%，20层时为41%，50层时为48%。因此不考虑墙肢轴向变形影响时，侧移计算会产生较大误差。在内力计算方面，忽略轴向变形时对墙肢弯矩计算的影响较大，对墙肢轴力以及连梁剪力影响较小。

3. 连梁刚度系数

第 j 列连梁的刚度系数为 $D_j = c_j^2 I_{bj}^0 / a_j^3$，对双肢墙 $j=1$。D 的物理意义可由连梁的转动示意图（图5-28）和式（5-87）看出。带刚域连梁的转动刚度系数为 $6ED$，D 越大，连梁的转动刚度越大，对墙肢的约束作用也越大，联肢墙的刚度越大。由式（5-91）和式（5-92）可以看出，连梁端部的转角及连梁弯曲产生的侧移与 D 成反比。连梁转动引起的位移随层数增加呈现最大值下移的特点，当其他条件不变时，剪力墙的层数越多，连梁转动对顶点位移的影响越小。以［例5-3］双肢墙为例，对10层建筑连梁变形产生的顶点，侧移占总侧移的19%，20层时为8%，50层时为1.5%。

4. 整体系数与整体性

双肢墙和多肢墙的整体系数 α 见式（5-14）、式（5-50）、式（5-103），α_1 见式（5-48）和式（5-102）。考察整体系数 α_1 的计算式：

$$\alpha_1^2 = \frac{6H^2}{h\sum\limits_{j=1}^{k+1} I_j}\sum_{j=1}^{k} D_j = T\alpha^2$$

当取 $k=2$ 时即为双肢墙对应的整体系数。式中 $\sum I_j$ 是墙肢的惯性矩和，$E\sum I_j/H$ 可以看作是墙肢的抗弯线刚度和。$\sum D_j$ 为同层连梁的刚度系数，$6E\sum D_j$ 为同层连梁的抗弯线刚度和，H/h 为层数（也是沿高度的连梁数量），$6EH\sum D_j/h$ 反映了连梁的总约束能力。因此，$\alpha_1^2 = 6H^2\sum D_j/h\sum I_j$ 实际上反映了开洞墙的连梁与墙肢抗弯线刚度的比例关系，α_1 越大连梁对墙肢的约束作用越强，墙的整体性越大。

整体系数与层数（H/h）有关，实际上也是连梁沿高度上的数量对墙整体性的影响。由式（5-50）和式（5-103）可以看出，当其他条件不变时，α^2 随 H/h 的增加线性增长，层数越多则连梁越多，而墙肢的抗弯线刚度相对越小，所以连梁对墙肢的约束就越好，剪力墙的整体性就越好。

α 和 α_1 的区别是前者考虑了墙肢轴向变形的影响（$T\neq1$）。当洞口很大、连梁的刚度很小、墙肢的刚度又相对较大时，α 值较小。此时，连梁的约束作用很弱，墙肢的联系很差，在水平力作用下，联肢墙转化为由连梁铰接的独立悬臂墙。这时的墙肢轴力为零，水平荷载产生的倾覆弯矩由独立的悬臂墙承担，剪力墙的侧移变大。当洞口很小、连梁的刚度很大、墙肢的刚度又相对较小时，α 值较大，连梁的约束作用增强，墙的整体性很好，联肢墙可能转化为整体墙或整体小开口墙。这时，墙肢中的轴力抵抗了水平荷载产生的大部分弯矩，使得墙肢承受的弯矩变小。

整体系数的大小对连梁剪力有较大影响，由于 $\tau(\xi)=TV_0\phi(\xi)$，故连梁剪力分布可以从 $\phi(\xi)$ 曲线看出来。图5-36所示为倒三角形水平荷载作用下不同整体系数 α 时，$\phi(\xi)$ 沿高度的分布曲线。$\phi(\xi)$ 曲线反映出随整体系数 α 的增加，中下层连梁剪力增加且最大值逐步向下层移动，剪力墙的工作性能越发接近整体竖向悬臂构件。当 α 很小时，$\phi(\xi)$ 很小，相当于连梁约束弯矩 $m(\xi)$

很小，各墙肢类似于独立的竖向悬臂构件，整个剪力墙的整体性很差。

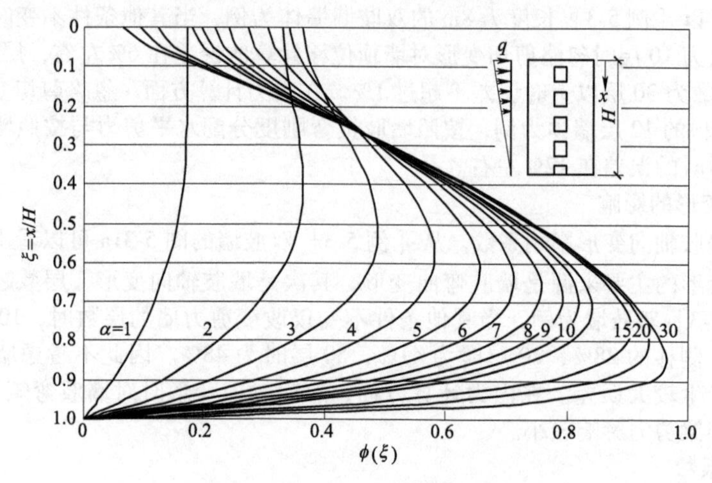

图 5-36 $\phi(\xi)$ 函数曲线

由于墙肢轴力取决于连梁剪力，故随 α 的增加墙肢轴力变大，由墙肢轴力平衡的倾覆弯矩也就越大，墙肢局部弯矩变小，开洞剪力墙的整体性提高。因此，α 的大小对开洞墙的墙肢弯矩分布有影响。对有洞口墙而言，外荷载的倾覆弯矩由墙肢弯矩与墙肢轴力平衡，任意高度处墙肢 j 的弯矩可以写为

$$M_j = \frac{I_j}{\sum I_j}[M_p - 2cN(x)] = \frac{I_j}{\sum I_j}\left[M_p - 2c\int_0^x \tau(x)\,dx\right] \tag{5-123a}$$

以双肢墙为例，将 $\tau(\xi) = TV_0\phi(\xi)$ 和 $T = I_n/I$ 代入式（5-123a），得

$$M_j = \frac{I_j}{\sum I_j}M_p - \frac{I_j}{\sum I_j}\frac{I_n}{I}V_0\int_0^x \phi(x)\,dx \tag{5-123b}$$

将 $I_n = I - \sum I_j$ 代入整理得

$$M_j = \frac{I_j}{\sum I_j}\left[M_p - V_0\int_0^x \phi(x)\,dx\right] + \frac{I_j}{I}V_0\int_0^x \phi(x)\,dx \tag{5-123c}$$

令

$$k = \frac{1}{M_p}V_0\int_0^x \phi(x)\,dx = \frac{V_0 H}{M_p}\int_0^\xi \phi(\xi)\,d\xi \tag{5-124}$$

得到

$$M_j = \frac{I_j}{\sum I_j}(1-k)M_p + \frac{I_j}{I}kM_p \tag{5-125}$$

从式（5-124）可以看出，k 是反映墙肢轴力（或连梁约束）大小的一个系数，k 越大墙肢轴力平衡的倾覆弯矩越大，墙的整体性越好，开洞墙的整体弯矩越大，故将 k 称为整体弯矩系数。将 $\phi(\xi)$［式(5-61)］和任意高度处的 M_p 代入式（5-125），可以得到在三种荷载作用下 k 的计算公式：

$$\begin{cases} k = \dfrac{3}{3\xi^2 - \xi^3}\left[\xi^2 - \dfrac{\xi^3}{3} - \dfrac{2}{\alpha^2}\xi + \dfrac{\mathrm{sh}(\alpha\xi)}{\alpha\mathrm{ch}\alpha}\left(\dfrac{2\mathrm{sh}\alpha}{\alpha} - 1 + \dfrac{2}{\alpha^2}\right) - \dfrac{2}{\alpha^2}\mathrm{ch}(\alpha\xi) + \dfrac{2}{\alpha^2}\right] & \text{倒三角形分布荷载} \\ k = \dfrac{2}{\xi^2}\left[\dfrac{\xi^2}{2} + \left(\dfrac{\mathrm{sh}\alpha}{\alpha} - 1\right)\dfrac{\mathrm{sh}(\alpha\xi)}{\alpha\mathrm{ch}\alpha} - \dfrac{\mathrm{ch}(\alpha\xi)}{\alpha^2} + \dfrac{1}{\alpha^2}\right] & \text{均布荷载} \\ k = \dfrac{V_0 H}{M_p}\left[\xi - \dfrac{\mathrm{sh}(\alpha\xi)}{\alpha\mathrm{ch}\alpha}\right] = \dfrac{1}{\xi}\left[\xi - \dfrac{\mathrm{sh}(\alpha\xi)}{\alpha\mathrm{ch}\alpha}\right] & \text{顶点集中荷载} \end{cases} \tag{5-126}$$

从式（5-126）可以看出 k 与整体系数 α 和相对高度 ξ 有关。图 5-37 所示给出了均布荷载作用下的 k 函数曲线。当 $\alpha<10$ 时，k 值随着 α 的增加而剧烈增加；当 $\alpha\geqslant10$ 时，大部分高度处 k 趋近于 1，基底（$\xi=1$）处，$0.8<k<1$，说明此时墙肢弯矩由整体弯曲控制。

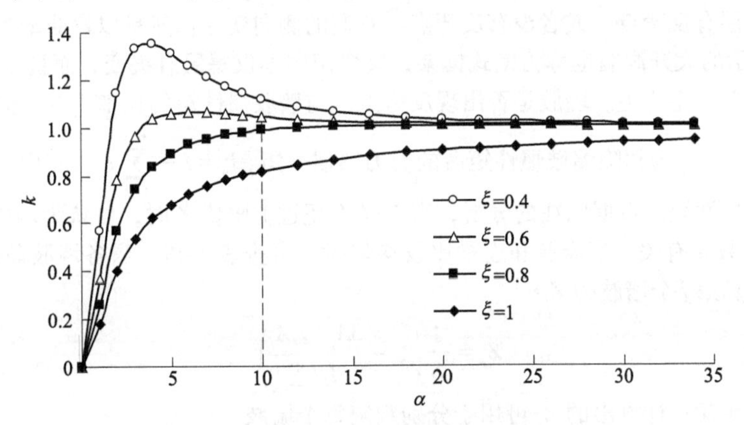

图 5-37　均布荷载作用下的 k 函数曲线

因此，可按照 α 的不同，划分剪力墙的受力性能。一般来说：

1）当 $\alpha\leqslant1$ 时，表示剪力墙的整体性差，可不考虑连梁对墙肢的约束作用。

2）当 $\alpha\geqslant10$ 时，可以认为连梁对墙肢的约束作用已经很强，剪力墙的整体性很好。

3）当 $1<\alpha<10$ 时，连梁对墙肢的约束作用一般，剪力墙的整体性一般。

整体系数 α 只反映整体性的好坏，对墙的类型判别还需要考虑墙肢弯矩的分布特点。

5. 墙肢惯性矩比 I_n/I

墙肢惯性矩比 I_n/I 也称为肢强系数，是反映墙肢受力性质的另一个重要参数。

前面主要是从整体系数 α 来分析整体性的，可以看出，当墙肢弱连梁变强时（如其他不变而洞口变矮，或增加楼层数），α 增加；当墙肢变强连梁相对变弱时（如墙肢变长而洞口尺寸不变，或墙肢长度不变而洞口边长），α 降低。当墙肢变弱且洞口变大时，例如剪力墙的墙长不变，但洞口宽度变大时，α 可能随之呈现非单调变化，即当洞口很大时也可能出现较大的 α 值。因此，仅由 α 还不足以完全概括剪力墙的特点。事实上，开洞很大的墙如同框架，当横梁刚度相对柱子较大时，算出的 α 也很大，这时结构的整体性也很强。但 α 值很大的大洞口墙与开洞很小的整体小开口墙，其墙肢弯矩图（图 5-38）的分布显然是完全不同的，因而相应的计算方法也不同。

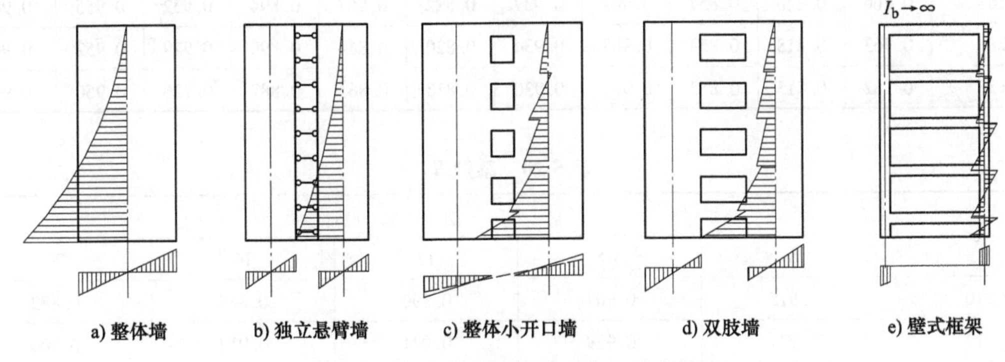

图 5-38　各类剪力墙的墙肢弯矩分布特点

图 5-38e 所示为 $\alpha>10$ 的大开洞剪力墙，墙肢几乎层层有反弯点，这与图 5-38c、d 所示的墙肢弯矩具有明显不同的弯矩分布特点，而这是整体系数 α 所不能反映的。

从墙肢弯矩图沿高度的变化规律来看，整体墙和独立悬臂墙在水平荷载作用下的结构反应如同竖向悬臂构件，墙肢弯矩图几乎没有反弯点，侧向变形以弯曲型为主。图 5-38c 所示的整体墙小开口墙和图 5-38d 所示的双肢墙，由于连梁约束弯矩的作用，墙肢弯矩图在梁约束处产生突变，墙肢或者在少数楼层有反弯点，或者没有反弯点，它们的侧向变形仍然是以弯曲型为主。

图 5-38e 所示的大开洞墙也称为壁式框架，其弯矩图不仅每层有突变，而且多数层中存在反弯点，侧向变形以剪切型为主。墙肢是否出现反弯点，与墙肢惯性矩的比值 I_n/I、整体系数 α、层数 n 等多种因素有关。I_n 为扣除墙肢惯性矩后的剪力墙惯性矩，$I_n = I - \sum_{j=1}^{k+1} I_j$，其中 I 为剪力墙有洞口截面的组合截面惯性矩。根据以往的分析，当 I_n/I 不超过上限值 Z 时，可认为墙中不出现反弯点。系数 Z 与 α 和层数 n 有关，当墙肢和连梁比较均匀时，可查表 5-19。当各墙肢截面尺寸相差较大时，可按下式计算第 j 个墙肢的 Z_j：

$$Z_j = \frac{1}{S}\left(1 - \frac{3A_j/\sum A_j}{2nI_j/\sum I_j}\right) \tag{5-127}$$

式中系数 S 查表 5-20；计算出的 Z_j 可用于分别判定每个墙肢。

表 5-19　系数 Z

荷载	均布荷载					倒三角形分布荷载					
α	层数					层数					
	8	10	12	16	20	8	10	12	16	20	≥30
6	0.883	0.956	1	1	1	0.934	1	1	1	1	
8	0.856	0.925	0.929	1	1	0.906	0.972	0.955	1	1	
10	0.832	0.897	0.945	1.000	1.000	0.886	0.948	0.975	1.000	1.000	1.000
12	0.810	0.874	0.926	0.978	1.000	0.866	0.924	0.950	0.994	1.000	1.000
14	0.797	0.858	0.901	0.957	0.993	0.853	0.908	0.934	0.978	1.000	1.000
16	0.788	0.847	0.888	0.943	0.977	0.844	0.896	0.923	0.964	0.988	1.000
18	0.781	0.838	0.879	0.932	0.965	0.836	0.888	0.914	0.952	0.978	1.000
20	0.775	0.832	0.871	0.923	0.956	0.831	0.880	0.906	0.945	0.970	1.000
22	0.771	0.827	0.864	0.917	0.948	0.827	0.871	0.901	0.940	0.965	1.000
24	0.768	0.823	0.861	0.911	0.943	0.824	0.867	0.897	0.936	0.960	0.989
26	0.766	0.820	0.857	0.907	0.937	0.822	0.867	0.894	0.932	0.955	0.985
28	0.763	0.818	0.854	0.903	0.934	0.820	0.864	0.890	0.929	0.952	0.982
≥30	0.762	0.815	0.853	0.900	0.930	0.818	0.861	0.887	0.926	0.950	0.979

表 5-20　系数 S

α	层　数				
	8	10	12	16	20
10	0.915	0.907	0.890	0.888	0.882
12	0.937	0.929	0.921	0.912	0.906
14	0.952	0.945	0.938	0.929	0.923
16	0.963	0.956	0.950	0.941	0.936
18	0.971	0.965	0.959	0.951	0.945

（续）

α	层　数				
	8	10	12	16	20
20	0.977	0.973	0.966	0.958	0.953
22	0.982	0.976	0.971	0.964	0.960
24	0.985	0.980	0.976	0.969	0.965
26	0.988	0.984	0.980	0.973	0.968
28	0.991	0.987	0.984	0.976	0.971
≥30	0.993	0.991	0.998	0.979	0.974

6. 开洞剪力墙计算类型的判别方法

综上所述，对有洞口剪力墙的计算类型判断需根据整体系数 α 及墙肢惯性矩比进行判断。划分条件为：

1）当满足 $\alpha \geqslant 10$ 且 $I_n/I \leqslant Z$ 的要求时，可按整体小开口墙算法计算。相应的物理概念为：整体性很强，墙肢不出现反弯点。

2）当满足 $\alpha<10$ 且 $I_n/I \leqslant Z$ 的要求时，按联肢墙算法计算。相应的物理概念为：整体性不是很强，墙肢不（或很少）出现反弯点。

3）当满足 $\alpha \geqslant 10$ 且 $I_n/I>Z$ 的要求时，按壁式框架算法计算。此时，墙的整体性很强，但墙肢多出现反弯点。

4）当 $\alpha<1$ 时，不考虑连梁，各墙肢按独立肢墙计算。

其中 Z 查表 5-19。此外，对小洞口剪力墙，当洞口立面面积不大于墙面面积的 16%，且孔间净距及孔洞边至墙边距离大于孔洞长边尺寸的剪力墙按整体墙计算。

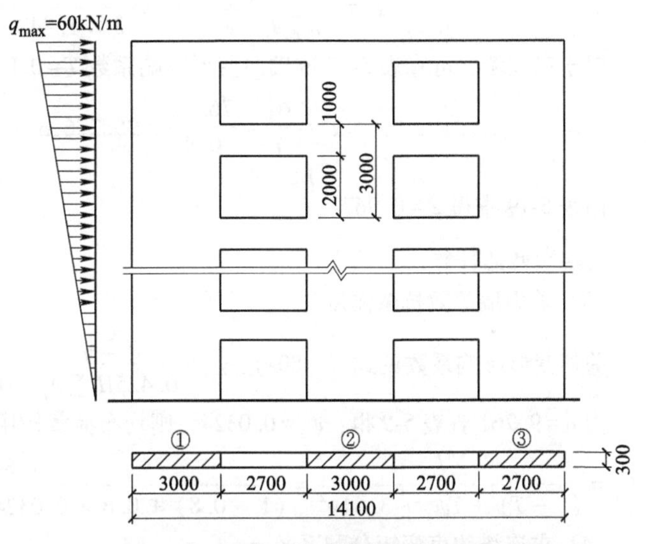

图 5-39 ［例 5-5］墙横截面及立面尺寸

【例 5-5】 求图 5-39 所示某 10 层三肢剪力墙的内力和位移。设混凝土强度等级为 C40，层高为 3m，墙厚 0.3m，洞口尺寸如图 5-39 所示，墙受水平倒三角形分布荷载 $q_{max}=60\text{kN/m}$ 作用。

【解】（1）计算几何参数

$$A_{op}/A_f=\frac{2.7\times2.0\times2}{14.1\times3.0}=25.53\%>16\%\text{，故排除整体墙}$$

墙肢①、②、③的面积：

$$A_1=A_1=3\text{m}\times0.3\text{m}=0.9\text{m}^2,\ A_3=2.7\text{m}\times0.3\text{m}=0.81\text{m}^2$$

墙肢①、②、③的惯性矩：

$$I_1=I_2=\frac{0.3\times3^3}{12}\text{m}^4=0.675\text{m}^4, I_3=\frac{0.3\times2.7^3}{12}\text{m}^4=0.492\text{m}^4, \sum I_j=1.842\text{m}^4$$

经过计算，墙带洞口组合截面形心位置距左侧 6.957m。墙肢①、②、③的形心距分别为 5.457m、0.243m 以及 5.793m。则由移轴公式可以求出墙肢组合截面惯性矩：

$$I=\sum I_j+\sum A_j y_j^2=(1.842+0.9\times5.457^2+0.9\times0.243^2+0.81\times5.793^2)\text{m}^4=55.879\text{m}^4$$

连梁半净跨：　　$a_{01}=a_{02}=1.35\text{m}$

连梁半跨计算跨度：　$a_1=a_2=a_0+h_b/4=1.35\text{m}+1.0\text{m}/4=1.6\text{m}$

连梁惯性矩（取$\mu=1.2$，$G=0.425E$）：$I_{b1}=I_{b2}=I_b=\dfrac{0.3\times1.0^3}{12}\text{m}^4=0.025\text{m}^4$

连梁折算惯性矩：$I_{b1}^0=I_{b2}^0=\dfrac{I_b}{1+\dfrac{3\mu EI_b}{a^2AG}}=\dfrac{0.025}{1+\dfrac{3\times1.2\times0.025}{1.35^2\times0.3\times1.0\times0.425}}\text{m}^4=0.02\text{m}^4$

墙肢轴线距离：　　$2c_1=5.7\text{m}$，$2c_2=5.55\text{m}$

连梁刚度系数：

$$D_1=\frac{c_1^2I_{b1}^0}{a_1^3}=\frac{2.85^2\times0.02}{1.6^3}\text{m}^4=0.04\text{m}^4,D_2=\frac{c_2^2I_{b2}^0}{a_2^3}=\frac{2.775^2\times0.02}{1.6^3}\text{m}^4=0.038\text{m}^4$$

（2）判断剪力墙类型

$$\frac{I_n}{I}=\frac{I-\sum I_j}{I}=1-\frac{1.842}{55.879}=0.967$$

$$\alpha_1^2=\frac{6H^2\sum D_j}{h\sum I_j}=\frac{6\times30^2\times(0.04+0.038)}{3\times1.842}=76.22$$

对于三肢墙，可查表5-17取轴向变形影响系数$T=0.8$；考虑轴向变形的整体系数：

$$\alpha^2=\frac{\alpha_1^2}{T}=\frac{76.22}{0.8}=95.276,\alpha=9.761<10$$

由表5-19查得$Z=0.967=\dfrac{I_n}{I}$

故按多肢墙计算。

（3）剪力墙等效抗弯刚度

剪切变形影响系数见式（5-80a）：$\gamma^2=\dfrac{\mu\sum I_j}{0.425H^2\sum A_j}=\dfrac{1.2\times1.842}{0.425\times30^2\times2.61}=2.214\times10^{-3}$

由$\alpha=9.761$查表5-9得：$\psi_a=0.0324$，则均布荷载作用下多肢墙的等效惯性矩：

$$I_{eq}=\frac{\sum I_j}{(1-T)+T\psi_a+3.64\gamma^2}=\frac{1.842}{(1-0.8)+0.8\times0.0324+3.64\times2.214\times10^{-3}}\text{m}^4=7.873\text{m}^4$$

（4）求连梁约束弯矩分配系数η_j

连梁约束弯矩分配系数：$\eta_j=\dfrac{D_j\varphi_j}{\sum\limits_{j=1}^{k}D_j\varphi_j}$

连梁剪应力与平均剪应力之比：$\varphi_j=\dfrac{1}{1+\dfrac{\alpha}{4}}\left[1+1.5\alpha\dfrac{r_j}{B}\left(1-\dfrac{r_j}{B}\right)\right]$

η_j和φ_j见表5-21。

表5-21　连梁约束弯矩分配系数

连梁号	r_j/m	φ_j	D_j/m³	$D_j\varphi_j$	连梁弯矩分配系数η_j	$2c_j$/m	连梁剪力分配系数$\eta_j/2c_j$
1	4.35	1.199	0.040	0.048	0.522	5.7	0.092
2	10.05	1.162	0.038	0.044	0.478	5.55	0.086
合计	—	—	0.078	0.092	1	—	—

(5) 连梁与墙肢内力

除顶层外各层连梁总约束弯矩：$m_i = hTV_0\phi(\xi) = 3 \times 0.8 \times 0.5 \times 60 \times 30 \times \phi(\xi) = 2880\phi(\xi)$

顶层总约束弯矩取 $h/2$ 代替上式中 h，式中 $\phi(\xi)$ 查表5-7或按式（5-61）计算。

第 i 层第 j 列连梁的剪力 $V_{bij} = m_j/2c_j = m_i\eta_j/2c_j$。连梁剪力分配系数 $\eta_j/2c_j$ 见表5-21。

第 i 层连梁 j 的梁端（洞口边）弯矩：$M_{bij} = V_{bij}a_{0j}$

任意高度外荷载产生的总弯矩与总剪力：$M_{pi} = V_0H\xi^2\left(1 - \dfrac{\xi}{3}\right)$，$V_{pi} = V_0\xi(2 - \xi)$

各层墙肢弯矩：$M_{ij} = \dfrac{I_j}{\sum I_j}\left(M_{pi} - \sum\limits_{i=1}^{n} m_i\right)$

各层墙肢剪力：$V_{ij} = \dfrac{I_j^0}{\sum I_j^0}V_{pi}$

其中，墙肢考虑剪切变形影响的折算惯性矩由式（5-69）计算（取 μ=1.2，G=0.425E）：

$$I_1^0 = I_2^0 = \frac{I_1}{1 + \dfrac{12\mu EI_1}{h^2A_1G}} = \frac{0.675}{1 + \dfrac{12 \times 1.2 \times 0.675}{3^2 \times 0.9 \times 0.425}}\text{m}^4 = 0.177\text{m}^4$$

$$I_3^0 = \frac{I_3}{1 + \dfrac{12\mu EI_3}{h^2A_3G}} = \frac{0.492}{1 + \dfrac{12 \times 1.2 \times 0.492}{3^2 \times 0.81 \times 0.425}}\text{m}^4 = 0.15\text{m}^4$$

各层墙肢轴力：$N_{i1} = \sum\limits_{i=1}^{n} V_{bi1}$，$N_{i2} = \sum\limits_{i=1}^{n}(V_{bi2} - V_{bi1})$，$N_{i3} = \sum\limits_{i=1}^{n} V_{bi2}$（轴力以拉为正）

以上各内力列表计算，计算结果见表5-22。

(6) 墙顶位移计算

$$u_T = \frac{11}{60} \times \frac{V_0H^3}{8EI_{eq}} = \frac{11}{60} \times \frac{0.5 \times 60 \times 30 \times 30^3}{8 \times 3.25 \times 10^7 \times 7.873}\text{m} = 0.017\text{m}$$

表5-22 连梁与墙肢内力计算结果

楼层	10	9	8	7	6	5	4	3	2	1	0
x/m	0	3	6	9	12	15	18	21	24	27	30
$\xi=x/H$	0.00	0.10	0.20	0.30	0.40	0.50	0.60	0.70	0.80	0.90	1.00
$\phi(\xi)$	0.184	0.246	0.368	0.499	0.62	0.723	0.8	0.837	0.8	0.6	0
m_i/kN·m	198.7	531.4	794.9	1077.8	1339.2	1561.7	1728	1807.9	1728	1296	0
$\sum m_i$/kN·m	198.7	730.1	1525.0	2602.8	3942	5503.7	7231.7	9039.6	10767.6	12063.6	12063.6
V_{bi1}/kN	18.3	48.9	73.1	99.2	123.2	143.7	159	166.3	159	119.2	0
V_{bi2}/kN	17.1	45.7	68.4	92.7	115.2	134.3	148.6	155.5	148.6	111.5	0
M_{bi1}/kN·m	24.7	66.0	98.7	133.9	166.3	194.0	214.7	224.5	214.7	160.9	0
M_{bi2}/kN·m	23.1	61.7	92.3	125.1	155.5	181.3	200.6	209.9	200.6	150.5	0
M_{pi}/kN·m	0	261	1008	2187	3744	5625	7776	10143	12672	15309	18000
$M_{pi}-\sum m_i$/kN·m	−198.7	−469.1	−517	−415.8	−198	121.3	544.3	1103.4	1904.4	3245.4	5936.4
V_{pi}/kN	0	171.0	324	459	576	675	756	819	864	891.0	900
M_{i1}/kN·m	−72.8	−171.9	−189.5	−152.4	−72.6	44.5	199.5	404.3	697.9	1189.3	2175.4
M_{i2}/kN·m	−72.8	−171.9	−189.5	−152.4	−72.6	44.5	199.5	404.3	697.9	1189.3	2175.4

（续）

楼层	10	9	8	7	6	5	4	3	2	1	0
M_{i3}/kN·m	-53.1	-125.3	-138.1	-111.1	-52.9	32.4	145.4	294.7	508.7	866.8	1585.6
V_{i1}/kN	0	60.1	113.8	161.2	202.3	237.1	265.5	287.6	303.4	312.9	316.1
V_{i2}/kN	0	60.1	113.8	161.2	202.3	237.1	265.5	287.6	303.4	312.9	316.1
V_{i3}/kN	0	50.9	96.4	136.6	171.4	200.9	225	243.8	257.1	265.2	267.9
N_{i1}/kN	18.3	67.2	140.3	239.5	362.7	506.4	665.4	831.7	990.7	1109.9	1109.9
N_{i2}/kN	-1.2	-4.4	-9.1	-15.6	-23.6	-33	-43.4	-54.2	-64.6	-72.3	-72.3
N_{i3}/kN	-17.1	-62.8	-131.2	-223.9	-339.1	-473.4	-622	-777.5	-926.1	-1037.6	-1037.6

5.4 壁式框架的内力及位移计算

5.4.1 计算简图及计算特点

当剪力墙洞口尺寸较大，且连梁的刚度大于或接近于墙肢的刚度时，剪力墙的受力特点接近框架。但这种大洞口墙形成的框架不同于普通框架，因为墙肢与连梁截面尺寸较大，在墙肢与连梁的结合区形成刚域，故称为壁式框架（图 5-40a）。壁式框架的判别方法详见 5.3.3 节，当整体系数 $\alpha>10$ 以及墙肢惯性矩比 $I_n/I>Z$ 时按照壁式框架计算。

壁式框架在水平力作用下的内力与位移计算可采用框架 D 值法的有关公式，其计算原理和步骤与普通框架是一样的。与一般框架的区别在于，壁式框架的梁、柱端部存在刚域，属于变截面杆，且杆件截面较宽，在计算时需要考虑剪切变形以及刚域的影响。因此，运用 D 值法计算时，基于上述两个特点需要要进行相应的修正。

壁式框架的计算轴线取壁梁（即连梁）和壁柱（即墙肢）截面的形心线。一般情况下，结构层高 h（结构板面至板面的距离）与壁梁间距 h_w（梁轴线间的距离）不一定完全一样，为简化起见，可视两者相等，即取楼板面为壁梁轴线，$h_w=h$，如图 5-40b 所示。

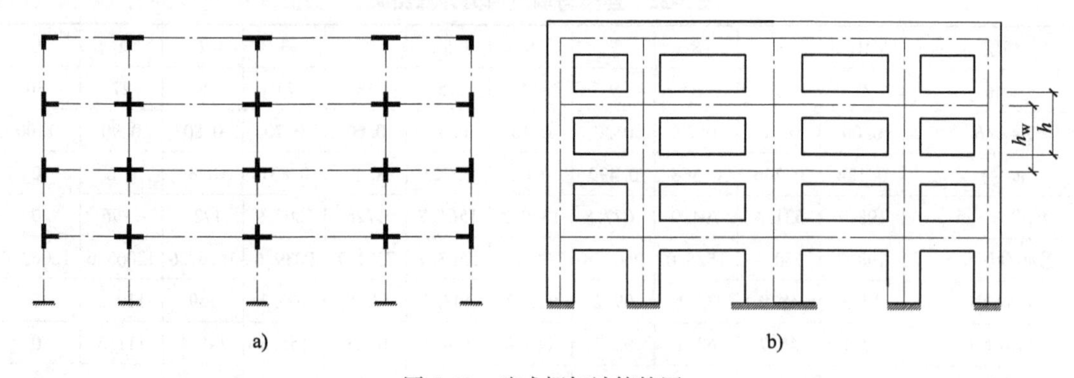

图 5-40　壁式框架计算简图

壁梁和壁柱在相交处形成一个结合区而不再是框架的一个普通节点，这个结合区可以视作不产生变形的刚域。因此，壁式框架的梁、柱实际上都是带刚域的杆件，而壁式框架可以视为变截面框架。

壁式框架梁的刚域尺寸与梁高 h_b 有关，进入结合区的长度取 $h_b/4$；壁式框架柱的刚域与柱宽 h_c 有关，进入结合区的长度取 $h_c/4$，如图 5-41a 所示。

壁式框架梁和柱刚域的计算长度（图 5-41b）分别为

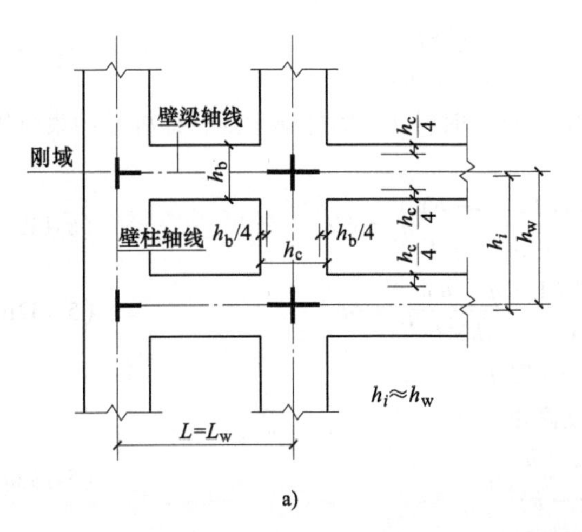

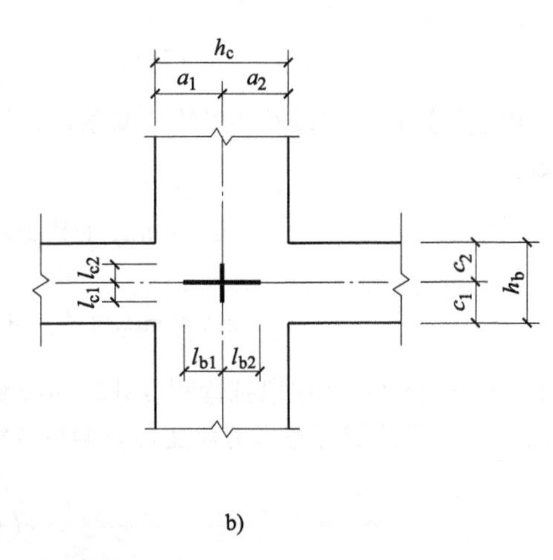

图 5-41　壁式框架梁、柱的刚域尺寸

$$l_{b1} = a_1 - 0.25h_b, l_{b2} = a_2 - 0.25h_b \tag{5-128}$$

$$l_{c1} = c_1 - 0.25h_c, l_{c2} = c_2 - 0.25h_c \tag{5-129}$$

5.4.2　带刚域杆考虑剪切变形影响的线刚度

图 5-42 所示是带刚域杆的转动示意图。设带刚域杆 1-2 总长为 l，杆左、右端刚域长度为 al 和 bl，中段等截面杆 1′-2′的长度为 l'。当 1-2 杆端转动 $\theta_1=\theta_2=1$ 时，由于刚域产生刚体转动，等截面杆 1′-2′的杆端也产生相同的转角 θ_1、θ_2（图 5-43），并伴有相对线位移$-(al+bl)$（以顺时针转动为正）。考虑剪切变形影响时，1′-2′杆的杆端弯矩为

$$\begin{cases} m_{1'2'} = \dfrac{4+\beta}{1+\beta}i'\theta_1 + \dfrac{2-\beta}{1+\beta}i'\theta_2 + \dfrac{6}{1+\beta}i'\dfrac{al+bl}{l'} \\ m_{2'1'} = \dfrac{2-\beta}{1+\beta}i'\theta_1 + \dfrac{4+\beta}{1+\beta}i'\theta_1 + \dfrac{6}{1+\beta}i'\dfrac{al+bl}{l'} \end{cases} \tag{5-130a}$$

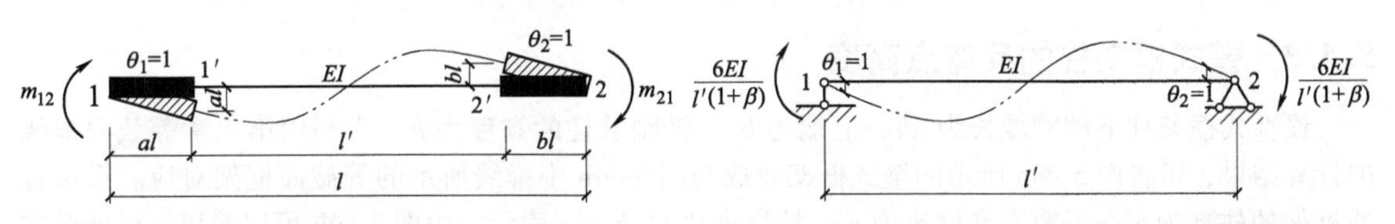

图 5-42　带刚域杆的转动示意图　　图 5-43　等截面杆考虑剪切变形的转动刚度

当 $\theta_1=\theta_2=1$ 时，有

$$m_{1'2'} = m_{2'1'} = \eta_v 6i'\frac{l}{l'} = \eta_v 6i'\frac{1}{1-a-b} = \frac{6EI}{l}\frac{1}{(1-a-b)^2}\eta_v \tag{5-130b}$$

式中　β——考虑剪切变形影响的附加系数：

$$\beta = \frac{12\mu EI}{GAl'^2} \tag{5-130c}$$

η_v——剪切变形影响系数：

$$\eta_v = \frac{1}{1+\beta} \tag{5-130d}$$

i'——1′-2′杆的线刚度，$i'=EI/l'$。

由杆 1′-2′的弯矩平衡可得杆端剪力为

$$V_{1'2'}=V_{2'1'}=\frac{m_{1'2'}+m_{2'1'}}{l'}=\frac{12EI}{(1-a-b)^3l^2}\eta_v \tag{5-131}$$

由刚性边段1-1′以及2-2′的平衡条件，可求出当$\theta=1$时杆1-2的杆端弯矩，即杆端约束弯矩系数：

$$m_{12}=m_{1'2'}+V_{1'2'}al=\frac{6EI(1+a-b)}{(1-a-b)^3l}\eta_v=6ic \tag{5-132a}$$

$$m_{21}=m_{2'1'}+V_{2'1'}bl=\frac{6EI(1-a+b)}{(1-a-b)^3l}\eta_v=6ic' \tag{5-132b}$$

式中 i——杆1-2按中段抗弯刚度计算的线刚度，$i=EI/l$；

c、c'——带刚域杆考虑剪切变形影响后的线刚度修正系数：

$$c=\frac{1+a-b}{(1-a-b)^3}\eta_v \tag{5-133a}$$

$$c'=\frac{1-a+b}{(1-a-b)^3}\eta_v \tag{5-133b}$$

令

$$\begin{aligned}m_{12}&=6ic=6K_{12}\\ m_{21}&=6ic'=6K_{21}\end{aligned} \tag{5-134}$$

式中 K_{12}、K_{21}——带刚域杆考虑剪切变形影响的线刚度。

带刚域梁与等截面梁的线刚度具有相同的形式，只需要将等截面杆的线刚度i乘以系数c、c'换算成K_i即可。在应用D值法计算壁式框架时，与壁柱相连的壁梁线刚度即取为$K_i=ic$。

对于壁式框架柱，上、下端的杆端弯矩系数和为

$$m=m_{12}+m_{21}=6i(c+c')=12i\frac{(c+c')}{2} \tag{5-135}$$

从式（5-135）可知，壁柱线刚度取柱两端修正线刚度的平均值：

$$K_c=\frac{c+c'}{2}i \tag{5-136}$$

5.4.3 壁式框架柱的反弯点高度

设壁式框架柱下端刚域长为ah、上端为bh，带刚域柱的高度为h。为利用第4章等截面框架的计算结果，可将图5-44a所示的壁式框架看成与图5-44b中虚线所示的等截面框架对应。设该普通框架的柱高为h'，反弯点高度比为y_0，柱高度比h'/h用s表示。由图5-44b可以看出，标准壁式框架柱的反弯点高度为$ah+y_0h'$。

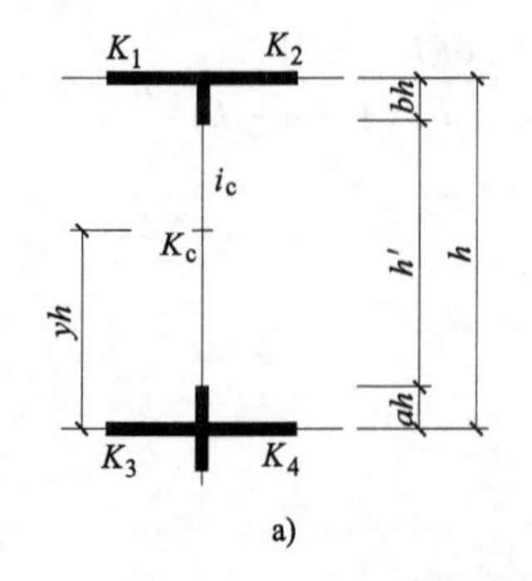

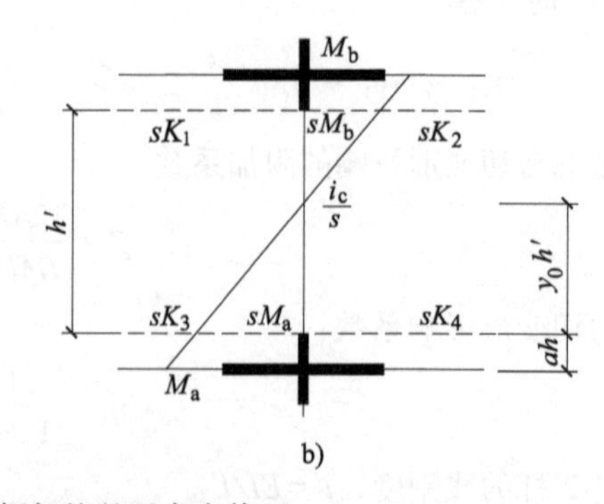

图5-44 壁式框架柱的反弯点修正

设壁式框架柱两端的弯矩为 M_a 和 M_b，根据框架柱弯矩图的线性比例关系，与壁式框架对应的普通框架的柱端弯矩可以取为 sM_a 和 sM_b，如图 5-44b 所示。由于等截面框架柱的端部弯矩为 sM_a 和 sM_b，由梁、柱的弯矩平衡关系，可以假想在等截面柱的端部（即壁柱刚段内侧）约束梁的线刚度为 sK_i。设高度为 h 的框架柱线刚度为 i_c，则高度为 $h'=sh$ 的框架柱线刚度为 i_c/s。在普通框架中，y_0 根据梁、柱平均线刚比 K（见表 4-3）查表 4-4～表 4-6；对壁式框架柱，则采用与壁式框架对应的等截面框架的梁、柱线刚度比 $\overline{K}$ 查表 4-4～表 4-6。这里 $\overline{K}$ 用等截面框架对应的梁线刚度 sK_i 和柱线刚度 i_c/s 计算（图 5-44b）。例如，对于中间层中柱 $\overline{K}$ 为

$$\overline{K}=\frac{sK_1+sK_2+sK_3+sK_4}{2i_c/s}=s^2\frac{K_1+K_2+K_3+K_4}{2i_c} \tag{5-137}$$

考虑层高变化以及框架梁线刚度变化的影响，壁式框架柱的反弯点高度为

$$yh=ah+(y_0+y_1+y_2+y_3)h' \tag{5-138a}$$

式两边同除壁柱轴线长度 h，得到壁式框架柱反弯点高度比：

$$y=a+s(y_0+y_1+y_2+y_3) \tag{5-138b}$$

式中 s——无刚域部分柱长与柱总高之比，$s=h'/h=1-a-b$；

a、b——壁柱下、上端刚域段的相对长度系数；

y_0——高度为 h' 的等截面框架柱的标准反弯点高度比，根据 $\overline{K}$ 查表 4-4～表 4-6；

y_1——上、下层梁刚度变化对 y_0 的修正值，由上、下壁梁刚度的比值 $\alpha_1=\dfrac{K_1+K_2}{K_3+K_4}$ 或 $\alpha_1=\dfrac{K_3+K_4}{K_1+K_2}$（刚度小者为分子）及 $\overline{K}$ 查表 4-7 得出；

y_2——上层层高变化对 y_0 的修正值，由上层层高与该层层高的比值 $h_{上}/h$ 及 $\overline{K}$ 查表 4-8 得出，对顶层不考虑；

y_3——下层层高变化对 y_0 的修正值，由下层层高与该层层高的比值 $h_{下}/h$ 及 $\overline{K}$ 查表 4-8 得到，对底层不考虑。

5.4.4 壁式框架柱的抗侧刚度 *D*

由式（5-136）得到带刚域杆考虑剪切变形影响后的柱子线刚度 K_c，就可以按等截面框架柱 D 值的计算办法求出壁式框架柱的 D 值：

$$D=\alpha\frac{12}{h^2}\frac{c+c'}{2}i=\alpha\frac{12}{h^2}K_c \tag{5-139}$$

式中 α——节点转动影响系数，按表 5-23 计算。

表 5-23 壁式框架柱的 *D* 值

楼层	壁梁、壁柱修正线刚度	α	梁、柱线刚度比 K
一般层	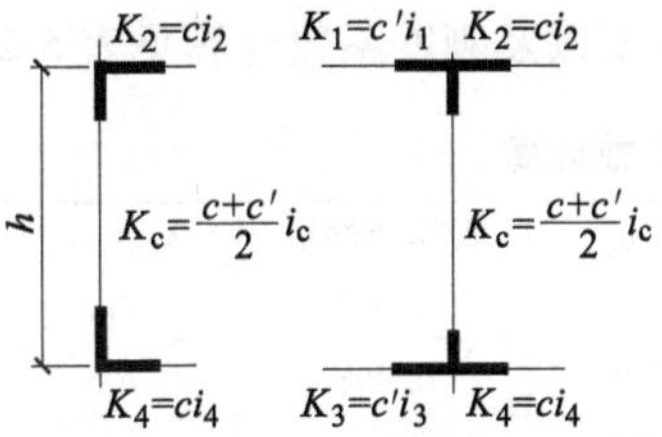 边柱：$K_2=ci_2$，$K_c=\frac{c+c'}{2}i_c$，$K_4=ci_4$，h；中柱：$K_1=c'i_1$，$K_2=ci_2$，$K_c=\frac{c+c'}{2}i_c$，$K_3=c'i_3$，$K_4=ci_4$	$\alpha=\dfrac{K}{2+K}$	边柱：$K=\dfrac{K_2+K_4}{2K_c}$ 中柱：$K=\dfrac{K_1+K_2+K_3+K_4}{2K_c}$

（续）

楼层	壁梁、壁柱修正线刚度	α	梁、柱线刚度比 K
底层	$K_2=ci_2$　$K_1=c'i_1$　$K_2=ci_2$ $K_c=\dfrac{c+c'}{2}i_c$　$K_c=\dfrac{c+c'}{2}i_c$ h	$\alpha=\dfrac{0.5+K}{2+K}$	边柱：$K=\dfrac{K_2}{K_c}$ 中柱：$K=\dfrac{K_1+K_2}{K_c}$

【例 5-6】 剪力墙的尺寸如图 5-45 所示。已知该墙首层层高 3.6m，洞口高度 2.4m；一般层层高 3m，洞口高 2m。共 10 层，墙厚 0.2m，$E=3.25\times10^7\text{kN/m}^2$，$G/E=0.425$。设墙承受水平均布荷载 $q=40\text{kN/m}$，求墙肢弯矩及剪力。

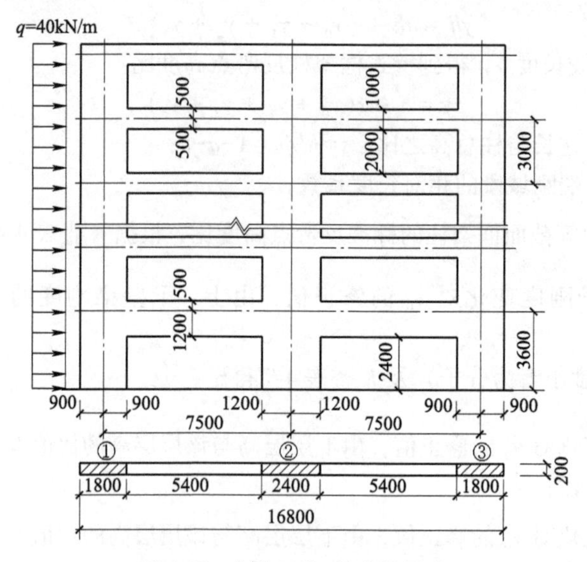

图 5-45 ［例 5-6］剪力墙尺寸

【解】（1）判断剪力墙类型　墙肢共 3 肢，墙肢截面面积以及惯性矩的计算见表 5-24。计算过程同前，略。

表 5-24　墙肢几何参数计算

墙肢	墙宽 h_w/m	墙肢截面面积 A_j/m²	墙肢截面惯性矩 I_j/m⁴	墙肢形心距 y_j/m	组合截面惯性矩 I/m⁴
①	1.8	0.36	0.097	7.5	$I=\sum I_j+\sum A_j y_j^2=40.924$
②	2.4	0.48	0.230	0	
③	1.8	0.36	0.097	7.5	
合计		$\sum A_j=1.2$	$\sum I_j=0.424$		

由于墙体对称，故两列连梁几何参数相同，几何性质以及刚度系数计算见表 5-25。

表 5-25　连梁几何参数计算

楼层	梁高 h_b/m	截面面积 A_b/m²	惯性矩 I_b/m⁴	$a_{01}=a_{02}$ /m	$a_1=a_2$ /m	折算惯性矩 I_b^0/m⁴	$2c_1=2c_2$ /m	$D_j=\dfrac{c_j^2 I_b^0}{a_j^3}$/m³
1	1.7	0.34	0.082	2.7	3.125	0.068	7.5	0.031
2~10	1.0	0.20	0.017	2.7	2.95	0.016	7.5	0.009

首层层高 3.6m，其他层 3m，墙总高 30.6m。层高沿高度加权平均：

$$h_{加权} = (3.6 \times 3.6 + 3 \times 9 \times 3)\text{m} \div 30.6 = 3.071\text{m}$$

连梁刚度系数 $\sum D$ 沿高度加权平均为：

$$\sum D_j = \frac{3.6\sum D_{1j} + 9 \times 3 \times \sum D_{2\sim10j}}{30.6} = \frac{3.6 \times 0.031 \times 2 + 9 \times 3 \times 0.009 \times 2}{30.6}\text{m}^3 = 0.0232\text{m}^3$$

三肢墙的轴向变形影响系数 T 取 0.8。剪力墙的整体系数：

$$\alpha = \sqrt{\frac{6H^2\sum D_j}{Th\sum I_j}} = \sqrt{\frac{6 \times 30.6^2 \times 0.0232}{0.8 \times 3.071 \times 0.424}} = 11.18 > 10$$

墙肢惯性矩比：

$$\frac{I_n}{I} = 1 - \frac{\sum I_j}{I} = 1 - \frac{0.424}{40.924} = 0.99 > Z = 0.934$$

Z 见表 5-19。故该剪力墙按壁式框架计算。

（2）壁梁和壁柱的刚域尺寸

标准层梁①②：$al = 900\text{mm} - 1000\text{mm} \div 4 = 650\text{mm}$，$bl = 1200\text{mm} - 1000\text{mm} \div 4 = 950\text{mm}$

底层梁①②：$al = 900\text{mm} - 1700\text{mm} \div 4 = 475\text{mm}$，$bl = 1200\text{mm} - 1700\text{mm} \div 4 = 775\text{mm}$

标准层柱①和③（下端刚域为 al，上端为 bl）：$al = bl = 500\text{mm} - 1800\text{mm} \div 4 = 50\text{mm}$

标准层柱②：$al = bl = 500\text{mm} - 2400\text{mm} \div 4 < 0$，取 0；

底层柱①和③（下端刚域为 al，上端为 bl）：$al = 0$，$bl = 1200\text{mm} - 1800\text{mm} \div 4 = 750\text{mm}$

标准层柱②：$al = 0$，$bl = 1200\text{mm} - 2400\text{mm} \div 4 = 600\text{mm}$

标准层及首层梁柱刚域尺寸分别如图 5-46a 和 b 所示。

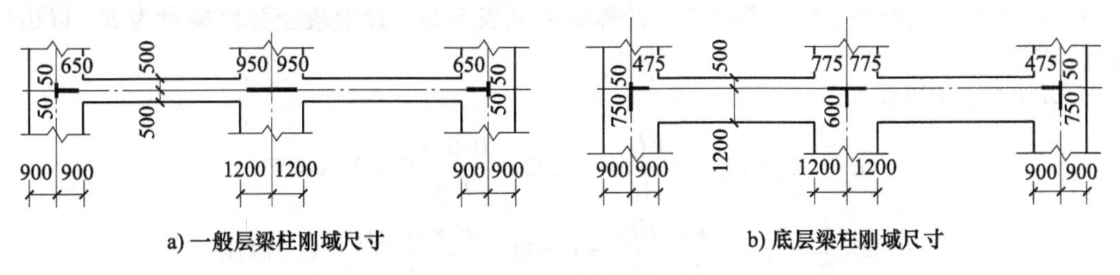

图 5-46　壁式框架尺寸

（3）壁柱的线刚度修正系数　计算结果见表 5-26。以底层边柱①为例：

表 5-26　壁柱线刚度修正系数计算

楼层	层高/m	柱号	al/m	bl/m	a	b	β	c	c'	$(c+c')/2$
1	3.6	①	0	0.75	0	0.2083	1.1240	0.751	1.146	0.949
		②	0	0.60	0	0.1667	1.8039	0.514	0.719	0.617
		③	0	0.75	0	0.2083	1.1240	0.751	1.146	0.949
2~10	3	①	0.05	0.05	0.0167	0.017	1.0855	0.531	0.531	0.531
		②	0	0	0.0000	0.000	1.8039	0.357	0.357	0.357
		③	0.05	0.05	0.0167	0.017	1.0855	0.531	0.531	0.531

$$a = \frac{0}{3600} = 0, b = \frac{750}{3600} = 0.2083$$

$$\beta = \frac{12\mu EI_{c1}}{GA_1 l'^2} = \frac{12 \times 1.2 \times 0.097}{0.425 \times 0.36 \times (3.6 - 0.75)^2} = 1.124$$

$$c=\frac{1+a-b}{(1-a-b)^3(1+\beta)}=\frac{1+0-0.2083}{(1-0-0.2083)^3\times(1+1.124)}=0.751$$

$$c'=\frac{1-a+b}{(1-a-b)^3(1+\beta)}=\frac{1-0+0.2083}{(1-0-0.2083)^3\times(1+1.124)}=1.146$$

$$\frac{c+c'}{2}=\frac{0.751+1.146}{2}=0.949$$

（4）壁梁的线刚度修正系数　两跨壁梁的参数相同，计算结果见表5-27。以底层梁①②为例：

$$a=\frac{475}{7500}=0.0633,b=\frac{775}{7500}=0.1033$$

$$\beta=\frac{12\mu EI_b}{GA_b l'^2}=\frac{12\times1.2\times0.082}{0.425\times0.34\times(7.5-0.475-0.775)^2}=0.2091$$

$$c=\frac{1+a-b}{(1-a-b)^3(1+\beta)}=\frac{1+0.0633-0.1033}{(1-0.0633-0.1033)^3\times(1+0.2091)}=1.372$$

$$c'=\frac{1-a+b}{(1-a-b)^3(1+\beta)}=\frac{1-0.0633+0.1033}{(1-0.0633-0.1033)^3\times(1+0.2091)}=1.486$$

表5-27　壁梁线刚度修正系数计算

楼层	l/m	al/m	bl/m	l'/m	a	b	β	c	c'
1	7.5	0.475	0.775	6.25	0.0633	0.1033	0.2091	1.372	1.486
2~10	7.5	0.65	0.95	5.90	0.0867	0.1267	0.0827	1.822	1.974

（5）柱子D值及剪力分配系数计算　计算结果见表5-28。设混凝土弹性模量为E，以边柱计算为例，计算如下：

第3~10层边柱①：

$$K_2=K_4=ci_b=c\frac{EI_b}{l}=1.822\times\frac{0.017}{7.5}E=0.0041E$$

$$K_c=\frac{c+c'}{2}i_{c1}=\frac{c+c'}{2}\frac{EI_{c1}}{h}=0.531\times\frac{E\times0.097}{3}=0.0172E$$

$$K=\frac{K_2+K_4}{2K_c}=\frac{2\times0.0041E}{2\times0.0172E}=0.238,\alpha=\frac{K}{2+K}=\frac{0.238}{2.238}=0.106$$

$$D_1=\alpha K_c\frac{12}{h^2}=0.106\times0.0172E\times\frac{12}{3^2}=0.0025E$$

第2层边柱①：　$K_2=0.0041E$，$K_4=0.015E$，$K_c=0.0172E$

$$K=\frac{0.0041E+0.015E}{2\times0.0172E}=0.555，\alpha=\frac{K}{2+K}=\frac{0.555}{2.555}=0.217$$

$$D_1=\alpha K_c\frac{12}{h^2}=0.217\times0.0172E\times\frac{12}{3^2}=0.0050E$$

底层边柱①：$K_2=0.015E$，$K_c=0.949\frac{EI_{c1}}{h_1}=0.949\times\frac{0.097E}{3.6}=0.0256E$

$$K=\frac{K_2}{K_c}=\frac{0.015E}{0.0256E}=0.586,\alpha=\frac{0.5+K}{2+K}=\frac{0.5+0.586}{2+0.586}=0.42$$

$$D_1=\alpha K_c\frac{12}{h_1^2}=0.42\times0.0256E\times\frac{12}{3.6^2}=0.01E$$

表 5-28　壁柱 D 值计算

楼层	h_i/m	柱号	约束梁修正线刚度 $K_i/(E/m^3)$					$K_c/(E/m^3)$	梁柱线刚比 $\overline{K}$	α	$D/(E/m^3)$
			K_1	K_2	K_3	K_4	$\sum K_i$				
1	3.6	①	—	0.015	—	—	0.0150	0.0256	0.350	0.420	0.0100
		②	0.0162	0.0162	—	—	0.0324	0.0394	0.352	0.468	0.0171
		③	0.015	—	—	—	0.0150	0.0256	0.350	0.420	0.0100
2	3	①	—	0.0041	—	0.015	0.0191	0.0172	0.276	0.217	0.0050
		②	0.0045	0.0045	0.0162	0.0162	0.0414	0.0274	0.270	0.274	0.0100
		③	0.0041	—	0.015	—	0.0191	0.0172	0.276	0.217	0.0050
3~10	3	①	—	0.0041	—	0.0041	0.0082	0.0172	0.119	0.106	0.0024
		②	0.0045	0.0045	0.0045	0.0045	0.0180	0.0274	0.117	0.141	0.0052
		③	0.0041	—	0.0041	—	0.0082	0.0172	0.119	0.109	0.0024

（6）反弯点高度　柱子标准反弯点高度比 y_0 及修正值可由 $\overline{K}$ 查表求得。

$$\overline{K}=s^2\frac{K_1+K_2+K_3+K_4}{2i_c},\text{其中 } i_c=\frac{EI_c}{h},s=\frac{h'}{h}=1-a-b$$

由表 5-26 的柱高（层高）以及刚域边段尺寸可算得 s：

首层边柱①、③的 $s=0.792$，中柱②的 $s=0.833$。

其他层边柱①、③的 $s=0.967$，中柱②的 $s=1.0$。

反弯点高度比 $y=a+sy_0+y_1+y_2+y_3$，计算见表 5-29。

第 2 层柱的上、下梁线刚度不相同，对于边柱①、③，$\alpha_1=\dfrac{K_2}{K_4}=\dfrac{0.0041}{0.015}=0.273$；对于中柱②，$\alpha_1=\dfrac{K_1+K_2}{K_3+K_4}=\dfrac{2\times0.0045}{2\times0.0162}=0.278$。由 α_1 查出 y_1 见表 5-29。

对第 2 层柱，下层层高与本层不相同，$\alpha_3=\dfrac{h_{下}}{h}=\dfrac{3.6}{3}=1.2$，查出 y_3 见表 5-29。

对于首层，上层层高与本层不一致，$\alpha_2=\dfrac{h_{上}}{h}=\dfrac{3}{3.6}=0.833$，查出 y_2 见表 5-29。

表 5-29　壁柱反弯点高度比

层	边柱①、③							中柱②						
	$\overline{K}$	a	s	y_0	y_1	y_2、y_3	y	$\overline{K}$	a	s	y_0	y_1	y_2、y_3	y
10	0.238	0.0167	0.967	−0.334	0	0	−0.306	0.328	0	1	−0.341	0	0	−0.341
9	0.238	0.0167	0.967	−0.093	0	0	−0.073	0.328	0	1	−0.099	0	0	−0.099
8	0.238	0.0167	0.967	0.048	0	0	0.063	0.328	0	1	0.043	0	0	0.043
7	0.238	0.0167	0.967	0.138	0	0	0.150	0.328	0	1	0.134	0	0	0.134
6	0.238	0.0167	0.967	0.229	0	0	0.238	0.328	0	1	0.226	0	0	0.226
5	0.238	0.0167	0.967	0.319	0	0	0.325	0.328	0	1	0.317	0	0	0.317
4	0.238	0.0167	0.967	0.400	0	0	0.404	0.328	0	1	0.400	0	0	0.400
3	0.238	0.0167	0.967	0.541	0	0	0.539	0.328	0	1	0.542	0	0	0.542
2	0.555	0.0167	0.967	0.574	0.2	0	0.77	0.755	0	1	0.55	0.2	0	0.75
1	0.586	0.0000	0.792	0.825	0	0	0.65	0.822	0	0.833	0.824	0	0	0.69

（7）柱弯矩计算　将沿高度分布的均布荷载乘以层高集中在楼层处，即

$$F_i = q\left(\frac{h_{i+1}}{2} + \frac{h_i}{2}\right)$$

楼层剪力：$V_i = \sum_{i}^{n} F_i$，剪力单位为 kN。

各壁柱剪力按照 D 值分配：

$$V_{ij} = \frac{D_{ij}}{\sum D_{ij}} V_i$$

根据反弯点位置可计算柱上、下端弯矩值，单位 kN · m。

$$M_{cij上} = V_{ij} h_i y, M_{cij下} = V_{ij} h_i (1 - y)$$

壁柱剪力与弯矩见表 5-30。

表 5-30　壁柱剪力与弯矩计算表

层	F_i/kN	V_i/kN	边柱 1、3				中柱 2			
			$D_{13}/\sum D$	V_{13}/kN	$M_{c上}$/kN · m	$M_{c下}$/kN · m	$D_2/\sum D$	V_2/kN	$M_{c上}$/kN · m	$M_{c下}$/kN · m
10	60	60	0. 240	14. 4	−13. 2	56. 4	0. 520	31. 2	−31. 9	125. 5
9	120	180	0. 240	43. 2	−9. 5	139. 1	0. 520	93. 6	−27. 8	308. 6
8	120	300	0. 240	72. 0	13. 5	202. 5	0. 520	156. 0	19. 9	448. 1
7	120	420	0. 240	100. 8	45. 4	257. 0	0. 520	218. 4	87. 8	567. 4
6	120	540	0. 240	129. 6	92. 4	296. 4	0. 520	280. 8	190. 0	652. 4
5	120	660	0. 240	158. 4	154. 5	320. 7	0. 520	343. 2	326. 4	703. 2
4	120	780	0. 240	187. 2	226. 6	335. 0	0. 520	405. 6	486. 7	730. 1
3	120	900	0. 240	216. 0	349. 5	298. 5	0. 520	468. 0	760. 3	643. 7
2	120	1020	0. 250	255. 0	590. 4	174. 6	0. 500	510. 0	1147. 5	382. 5
1	144	1164	0. 270	314. 3	739. 3	392. 1	0. 461	536. 6	1105. 0	605. 8

壁柱边柱及中柱的弯矩沿高度的分布如图 5-47 所示，从图中可见多数楼层的框架柱弯矩存在反弯点。

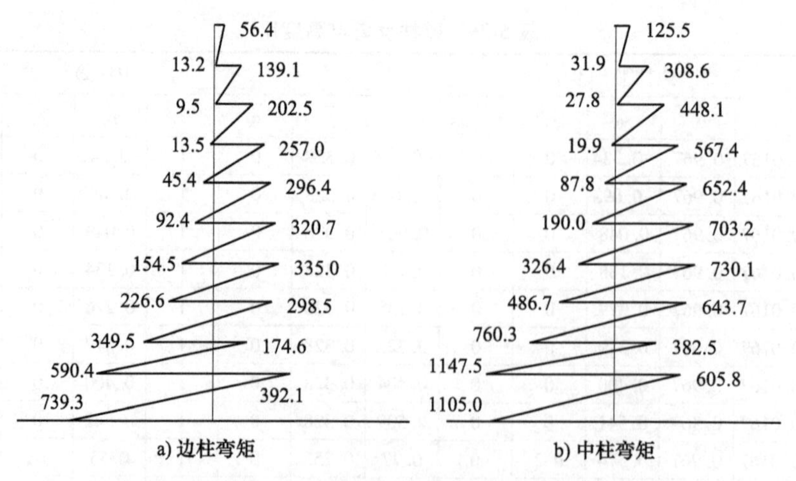

图 5-47　［例 5-6］壁柱弯矩分布图（单位：kN · m）

5.5　剪力墙的截面设计与构造要求

5.5.1　剪力墙的结构布置

1. 剪力墙结构的平面布置

剪力墙结构的平面布置方案通常有点式平面（图 5-48）和矩形平面两种。在长矩形平面时，经过合理设计还可以进一步改善短向的刚度，如图 5-49 所示的北京昆仑饭店结构平面。

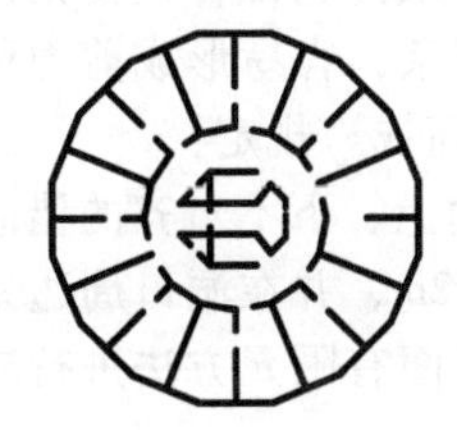
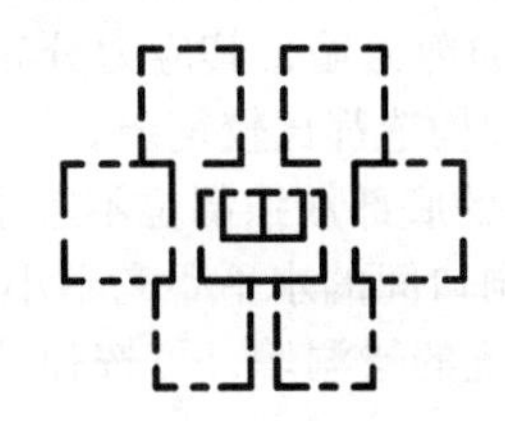
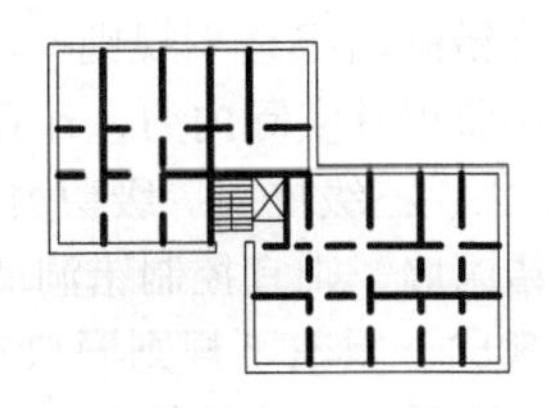
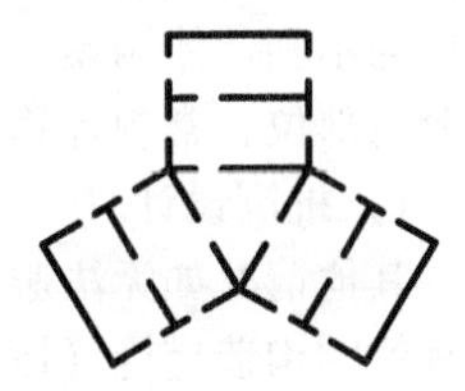

图 5-48　点式平面（塔楼）

为保证结构的受力性能，剪力墙结构的平面布置应符合以下规定：

（1）剪力墙结构应具有适宜的刚度　剪力墙平面内的抗侧刚度及承载力均较大，为充分利用剪力墙的能力，减轻结构自重，增加剪力墙结构的可利用空间，剪力墙的布置不宜太密，结构的抗侧刚度不宜过大。抗侧刚度过大时，会使结构所受的地震作用加大，对结构设计不利。

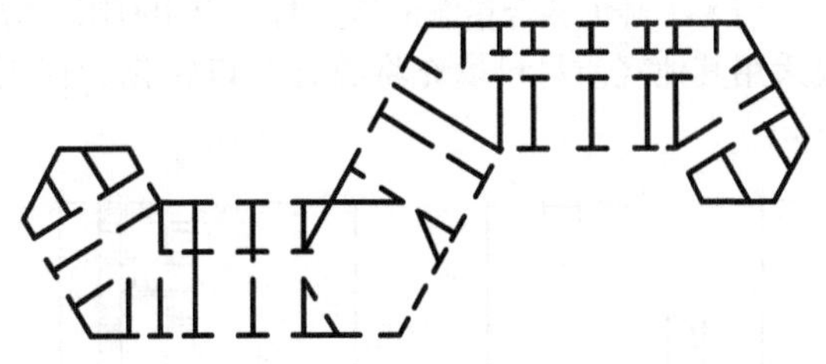

图 5-49　北京昆仑饭店的 Z 字形板式结构平面

（2）剪力墙宜沿两个主轴方向布置　高层建筑结构应有较好的空间工作性能，剪力墙应双向布置，形成空间结构。抗震设计的剪力墙结构，不应采用仅单向有剪力墙的结构布置形式，并宜使两个方向的抗侧刚度接近。

（3）剪力墙的平面布置宜简单、规则　剪力墙的洞口应左、右成行形成明确的连梁。洞口设置要尽量避免使墙肢刚度悬殊，过长的剪力墙会吸收过大的地震作用，容易首先遭到破坏，而小墙肢的安全储备不足，最终易造成各个击破，对结构极为不利。

（4）剪力墙的墙肢高宽比不宜小于3　在抗震结构中剪力墙应具有延性。为保证剪力墙结构的延性，每个墙段均应具有细高体型，墙段的总高度 H 与其截面高度之比（高宽比）不宜小于 3。高宽比大于 3 的细高剪力墙容易设计成弯曲破坏的延性剪力墙，从而避免产生脆性剪切破坏。

（5）单片剪力墙不宜过长　单片剪力墙的长度不宜过长。当墙肢截面高度较大时，受弯后会产生较大的裂缝宽度，墙体的配筋容易拉断，同时也不易满足墙段高宽比不小于 3 的要求。当墙肢较短时，弯曲裂缝宽度较小，有利于墙体的配筋较充分地发挥作用。较长的剪力墙可通过开设洞口，将其分成长度较小和均匀的若干墙段，墙段之间用约束弯矩较小的弱连梁（跨高比宜大于 6）连接形成联肢墙或独立墙段，每个墙段的长度不宜大于 8m。

2. 剪力墙结构的竖向布置

剪力墙的竖向布置要注意以下几点：

（1）剪力墙宜从下到上连续布置，避免刚度突变　剪力墙的抗侧刚度较大，如果在某一层或几层切断剪力墙，会形成结构刚度的突变，所以剪力墙宜沿高度从下到上连续布置。

由于结构自下而上对刚度的需求逐渐减小，结构设计时可以通过沿高度改变剪力墙的厚度和混凝土强度等级，或减少部分墙肢，使抗侧刚度逐渐减小。墙厚每次内收不宜大于 50mm，并宜两

侧同时收进，且混凝土强度等级与剪力墙厚度的变化不宜在同一楼层上，以避免刚度突变。

（2）剪力墙的门窗洞口　剪力墙的洞口布置会极大地影响剪力墙的力学性能。对剪力墙上的门、窗洞口应进行规则化处理，洞口宜上、下对齐成列，左、右对齐成行，形成明确的墙肢与连梁。规则开洞可以使应力分布比较规则，利于荷载的传递，又与当前普遍应用程序的计算简图较为符合，设计计算结果安全可靠。

（3）不宜采用错洞墙、叠合错洞墙　当剪力墙的洞口不对齐时容易形成错洞墙、叠合错洞墙。图 5-50a 表示的是错洞墙，它们的洞口错开，但洞口之间距离较大。图 5-50c、d 表示的是叠合错洞墙，其主要特点是洞口错开距离很小，甚至叠合，墙肢不规则，洞口之间形成薄弱部位，比错洞墙更为不利。错洞墙、叠合错洞墙都是不规则开洞的剪力墙，其应力分布复杂，容易形成剪力墙的薄弱部位，常规计算无法获得其实际内力，计算和构造都比较复杂。故《高规》规定：

1）抗震设计时，一、二、三级抗震等级剪力墙的底部加强部位不宜采用上、下不对齐的错洞墙。其他情况如无法避免错洞墙，则宜控制错洞墙洞口间的水平距离不小于 2m，并在洞口周边采取有效的构造措施（图 5-50b）。具有不规则洞口布置的错洞墙，可按弹性平面有限元方法进行应力分析，并按应力进行截面配筋设计或校核。

2）抗震设计时，一、二、三级抗震等级的剪力墙沿全高均不宜采用洞口局部重叠的叠合错洞墙。当无法避免叠合错洞的布置时，应用有限元方法计算分析并在洞口周边采取加强措施（图 5-50c）或采用其他轻质材料填充将叠合洞口转化为规则洞口（图 5-50d，其中阴影部分表示轻质填充墙体）。

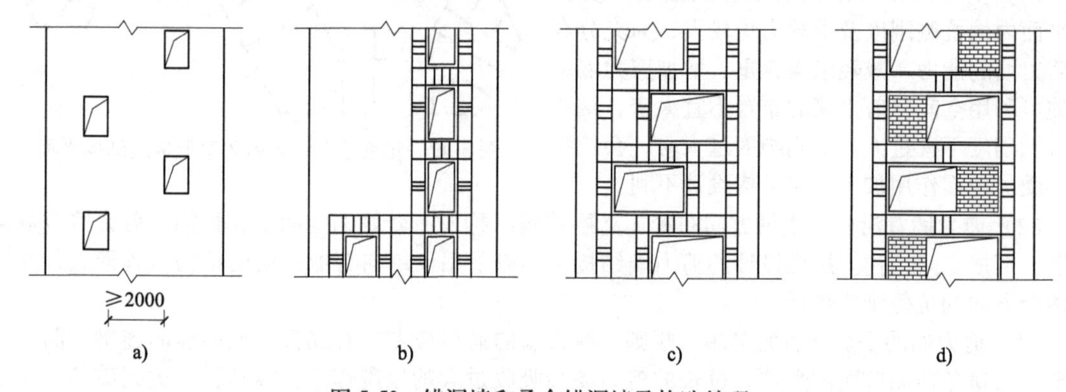

图 5-50　错洞墙和叠合错洞墙及构造处理

3. 控制剪力墙平面外弯矩的措施

剪力墙的特点是平面内刚度及承载力大，而平面外刚度及承载力都很小。因此，应注意剪力墙平面外受弯时的安全问题。引起剪力墙平面外弯曲的原因很多，例如楼面梁与剪力墙平面垂直相交或斜向相交、外墙在一侧楼板作用下以及地下室外墙在楼板以及土体侧压力作用下等。特别是楼面梁支撑在剪力墙上时，由于梁的弯曲刚度大于剪力墙以及荷载的局部作用，都会对剪力墙造成不利影响。为此《高规》规定：

（1）不宜将楼面主梁支承在剪力墙之间的连梁上　楼面梁支承在剪力墙之间的连梁上是目前许多设计中常见的通病，规程对此做了明确规定。由于剪力墙中的连梁更弱，故不宜将楼面主梁支承在墙肢之间的连梁上。一方面，连梁没有足够的抗扭刚度去抵抗平面外弯矩，主梁端部的约束达不到要求；另一方面，楼面梁支承在连梁上时使连梁产生扭转，扭矩以及连梁剪力产生的剪应力叠加使连梁剪切应变较大，更容易出现裂缝。因此设计上要尽量避免楼面主梁支承在连梁上，当楼板次梁支承在连梁或框架梁上时，次梁端部可按铰接处理。

（2）当梁支承在剪力墙平面外方向时，应采取措施减小梁端部弯矩对剪力墙的不利影响　当楼面梁的截面较大时，梁的弯矩可能引起墙开裂。在反复荷载作用下，还可能在梁两侧的墙上出

现裂缝，自梁向上、下延伸。一般情况下可不验算剪力墙平面外的刚度及承载力，而当梁高大于约2倍墙厚时，刚性大梁的梁端弯矩将使剪力墙平面外产生较大的弯矩，对墙肢安全不利。此时应当采取措施增加剪力墙抵抗平面外弯矩的能力，以保证剪力墙平面外的安全。这些措施包括：

1）加剪力墙：沿楼面梁的轴线方向设置与梁相连的剪力墙抵抗该墙肢平面外弯矩，墙的厚度不宜小于梁的截面宽度。

2）加扶壁柱：当不能设置与梁轴线方向相连的剪力墙时，宜在墙与梁相交处设置扶壁柱，其截面宽度不应小于梁宽，其截面高度可计入墙厚，并按计算确定配筋。

3）加暗柱：当不能设置扶壁柱时，应在墙与梁相交处设置暗柱，暗柱的截面高度可取墙的厚度，暗柱的截面宽度可取梁宽加2倍墙厚，并按计算确定配筋。

4）加型钢：必要时，剪力墙内可设置型钢。

可根据弯矩大小和墙肢厚度等具体情况选用上述措施，如图5-51所示。暗柱或扶壁柱的纵向钢筋（或型钢）应通过剪力墙平面外承载力验算计算确定，纵向钢筋的总配筋率不宜小于表5-31的规定，采用400MPa和335MPa级的钢筋时，表中数值增加0.05和0.1。

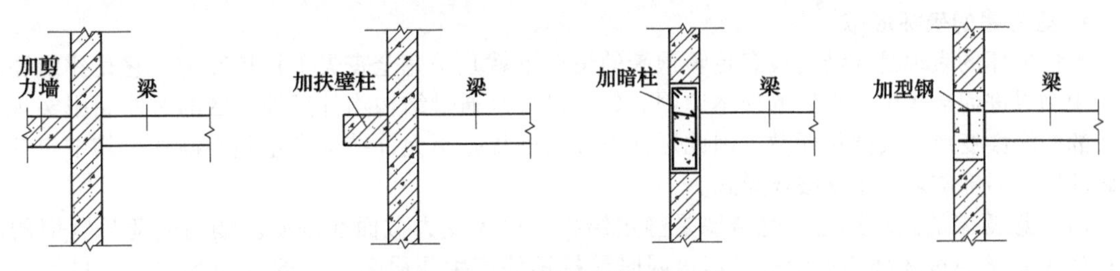

图5-51　梁搭墙的构造处理

表5-31　暗柱、扶壁柱纵向钢筋的构造配筋率

设计状况	抗震设计等级				非抗震设计
	一	二	三	四	
配筋率（%）	0.9	0.7	0.6	0.5	0.5

（3）楼面梁水平钢筋在墙内的锚固要求　梁与剪力墙无论在哪个方向连接，无论是大梁还是小梁，无论采取了哪种措施，钢筋都应满足锚固要求，因为可靠锚固是防止梁掉落的必要措施。当梁与墙在同一平面内时，多数为刚接，梁钢筋在墙内的锚固长度应与梁、柱连接时相同。当楼面梁与墙不在同一平面内连接时，连接方式多数为半刚接，此时，楼面梁的水平钢筋应伸入剪力墙或扶壁柱，伸入长度应符合规定的钢筋锚固要求。钢筋锚固段的水平投影长度，非抗震设计时不宜小于$0.4l_{ab}$，抗震设计时不宜小于$0.4l_{abE}$；当锚固段的水平投影长度不满足要求时，可将楼面梁伸出墙面形成梁头，梁的纵向钢筋伸入梁头后弯折锚固（图5-52），也可采取其他可靠的锚固措施。当墙截面厚度较小时，可适当减小梁钢筋锚固的水平段，但总长度应满足非抗震或抗震锚固长度要求。

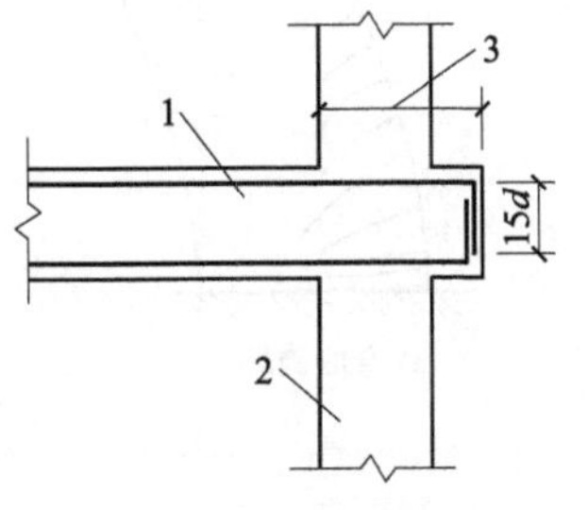

图5-52　楼面梁伸出墙面形成梁头
1—楼面梁　2—剪力墙
3—楼面梁钢筋锚固段水平投影长度

（4）暗柱或扶壁柱应设置箍筋　暗柱和扶壁柱的箍筋直径，一、二、三级时不应小于8mm，四级及非抗震时不应小于6mm，且均不应小于柱纵向钢筋直径的1/4；箍筋间距，一、二、三级时不应大于150mm，四级及非抗震时不应大于200mm。

（5）减小楼面梁端弯矩的措施　梁搭墙时，除了要加强剪力墙平面外的抗弯刚度和承载力以外，还可以通过采取具体措施来减小梁端弯矩。如减小梁端部截面可减小梁端弯矩；还可以通过梁端弯矩调幅将楼面梁与墙设计为铰接或半刚接，但此时应相应加大梁的跨中弯矩。通过调幅降低梁端部弯矩，可以使梁在达到其设计弯矩后先开裂，从而保证墙不开裂，但这种方法应在梁的裂缝不会引起其他不利影响的情况下采用。如果计算时假定梁与墙相交的节点为铰接，则无法控制梁端裂缝，是否能假定为铰接与墙梁截面相对刚度有关。

5.5.2 剪力墙的延性设计原则

为适应大地震所产生的变形，大多数结构需要延性。延性是指结构、构件或其材料，用来抵抗在非线性反应范围内变形的能力，它包括承受极大的变形和靠滞回特性吸收能量的能力。良好的延性设计，可以使结构在地震持续期内，能承受远超弹性范围的大变形而不使其抗侧移能力有明显降低，从而作为一个整体免于倒塌，并防止生命损失。

剪力墙结构为实现结构的刚度、承载力提供了最好的选择；然而，由于墙体形状的原因，剪力墙如果设计不当会产生剪切破坏，这是非常危险的脆性破坏。因此剪力墙的延性设计尤为重要。

1. 剪力墙的破坏形态

脆性破坏的表现是在结构没有足够预警的情况下就几乎完全丧失了抵抗能力，它是建筑物在地震中倒塌进而造成生命损失的根本原因。延性设计是通过结构构件塑性铰区的弯曲屈服实现对结构的非线性变形以及能量耗散，因此延性设计的前提是不允许结构产生脆性破坏，其中包括剪切破坏以及局部破坏等不良破坏模式。

（1）悬臂墙的破坏形态　悬臂墙是静定结构，最大受力截面在基底。侧向受荷悬臂墙的能量耗散主要是通过底部塑性铰在受弯极限时受拉钢筋产生屈服来进行的（图 5-53a）。设计时需要防止的破坏形态有：剪切斜拉破坏（图 5-53b）、剪切斜压破坏（图 5-53c）、压屈失稳、水平施工面的剪切滑移（图 5-53d）以及钢筋锚固破坏。高宽比小的矮墙，在受弯时必定产生较大的剪力，悬臂墙的剪力效应影响明显，能力耗散下降。高宽比小于 3 时，矮墙更容易产生斜拉和斜压破坏。

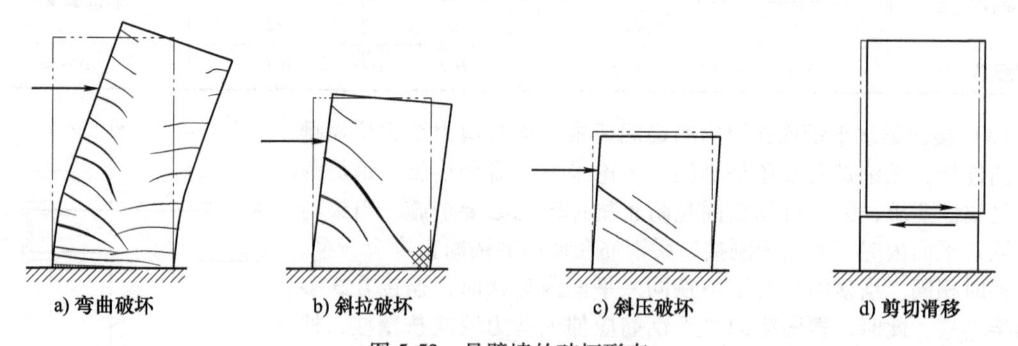

图 5-53　悬臂墙的破坏形态

（2）开洞墙的破坏形态　开洞墙的破坏形态与洞口大小及墙肢与连梁的相对强弱有关。开口不大的小开口墙，由墙肢轴力平衡大部分倾覆力矩。这时剪力墙的形态类似于整体悬臂墙，连梁刚度较大不会屈服，如能够有效防止墙肢剪切破坏，则最终在墙的底部出现塑性铰产生整体弯曲破坏形态，如图 5-54a 所示。开洞较大的联肢墙，其特点是连梁相对墙肢较弱，故墙肢的作用与性能接近悬臂结构，连梁可以有较大转动并产生屈服。合理的设计可以使连梁在全高范围形成塑性铰耗散地震能量，最终的塑性铰出现在墙肢底部，类似于强柱弱梁的框架整体破坏机制，如图 5-54b 所示。在中高层建筑中，若开洞不合理，会使连梁强于墙肢，出现不合理结构体系，如图 5-54c 所示。由于墙肢受荷大，而连梁仍为弹性状态，故出现层变形机制，墙肢在薄弱的窗洞间剪切破坏，这类似于强梁弱柱型的框架。

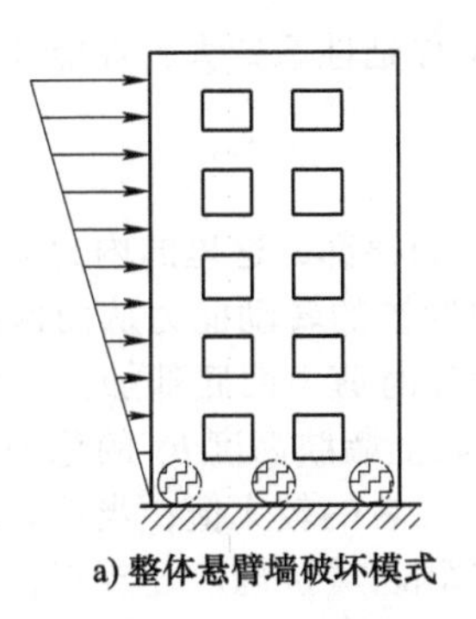

a) 整体悬臂墙破坏模式

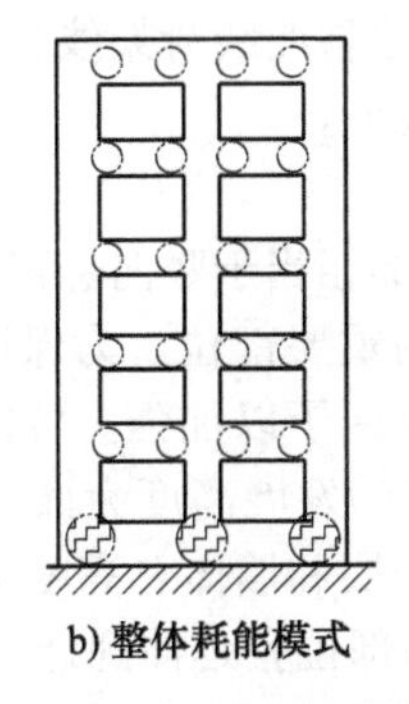

b) 整体耗能模式

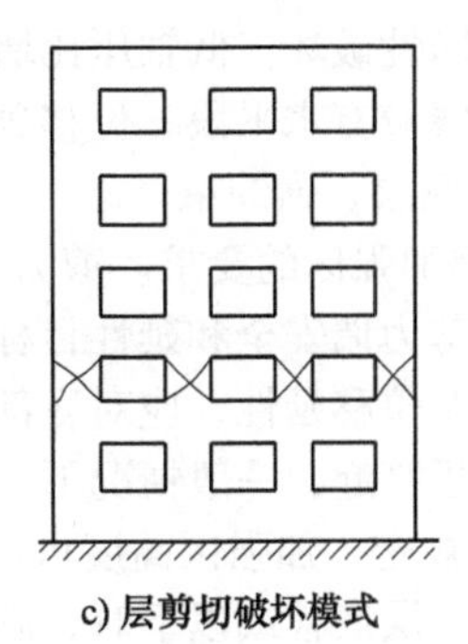

c) 层剪切破坏模式

图 5-54 开洞墙的破坏形态

2. 剪力墙的延性设计原则

（1）强剪弱弯 如前所述，延性设计的前提是防止出现脆性大的不良破坏模式。而剪切破坏无论是斜拉、斜压还是剪压都是脆性的，虽然剪压破坏在剪切破坏的模式中具有相对延性，但对比弯曲破坏也属于脆性性质的破坏。剪切斜拉破坏往往是抗剪钢筋不足引起的，可以通过最小箍筋配筋率限制；剪切斜压破坏与剪跨比及截面尺寸（配筋率）或剪压比有关，而强剪弱弯设计可避免剪压破坏；水平施工缝剪切滑移破坏可通过验算和设置抗滑移钢筋防止。特别是选定出现塑性铰的区域，务必要通过确保在塑性铰区产生不良破坏模式的承载力超过塑性铰的最大转动能力来加以阻止。在《高规》中，通过剪力增大系数来确保不出现剪切破坏。应尽量加强连梁构造措施避免连梁剪切破坏。对墙肢而言，应确保底部弯曲破坏，并通过墙肢构造措施保证墙肢的耗能能力和延性，避免倒塌。

（2）强墙弱梁 联肢墙的强墙肢弱连梁破坏形态是实现耗能和大震不倒的最理想的破坏形态。在开洞联肢墙中，应设计为连梁承载力相对小，而墙肢承载力大，使连梁梁端屈服先于墙肢底部塑性铰的形成。连梁的弯曲屈服可以很好地耗能，故设计中对连梁延性要求很高。实现强墙肢弱连梁可通过对弹性阶段计算的连梁刚度折减从而减小连梁内力设计值、降低连梁设计承载力，也可以对沿高度中部最大的几层连梁内力进行调幅（不超过 20%），并相应增加其他层的连梁内力。

（3）限制剪压比 剪压比即截面平均剪应力与混凝土轴心抗压强度的比值$[V/(b_w h_{w0})]/f_c$，此验算的目的是限制剪力墙截面的最大名义剪应力$V/(b_w h_{w0})$不要过大。剪压比$[V/(b_w h_{w0})]/f_c$超限会过早出现斜裂缝，且破坏形态受剪压比限制，即便增加横向钢筋和箍筋也不能够提高其抗剪承载力，抗剪钢筋不能充分发挥作用，使得在抗剪钢筋未屈服的情况下混凝土会发生斜压破坏，破坏具有极脆的性质。因此要限制剪压比$[V/(b_w h_{w0})]/f_c \leqslant k$，具体见式（5-159）。

（4）限制轴压比 剪力墙墙肢的轴压比是指在重力荷载代表值下墙肢所受的轴向压力设计值与墙肢的全截面面积以及混凝土轴心抗压强度设计值乘积的比值：$\mu_N = \gamma_G N_{GE}/f_c b_w h_w$。剪力墙墙肢轴压比不宜超过表 5-32 的要求。

表 5-32 剪力墙墙肢轴压比要求

抗震等级	一级（9 度）	一级（6 度、7 度、8 度）	二、三级
轴压比限制	0.4	0.5	0.6

结构高度以及开洞剪力墙的连梁刚度都会影响墙肢所受轴向力的大小。轴向压力会增加初始屈服以及极限状态时的墙肢截面受压区高度，增加了屈服曲率而降低了极限曲率，故极大地降低了塑性铰的曲率延性能力，对抗震不利。

低轴压比墙受拉开裂在前，混凝土压碎在后，受拉钢筋可以屈服，有较多斜裂缝，裂缝扩展充分；高轴压比墙会出现混凝土受压破坏，临近破坏才出现斜裂缝，但没有裂缝扩展，受拉钢筋不屈服，为脆性破坏。低轴压比墙的力-位移曲线骨架线长，位移延性系数大，耗能能力强；高轴压比墙骨架线没有水平段，位移延性系数小。

（5）强底层、强约束

1）底部加强区的要求。剪力墙的底部相当于竖向悬臂构件的根部，这里的内力大，是塑性铰出现及保证剪力墙安全和延性目标实现的重要部位。为保证塑性铰的转动能力从而保证剪力墙的曲率延性以及位移延性，应对底部塑性铰区予以加强。抗震设计时剪力墙底部加强部位的高度应从地下室顶板算起，一般情况下，塑性铰的发展高度为该部位以上墙肢高度 h_w 的范围，为安全起见《高规》规定，加强区高度可取底部两层和墙体总高度 1/10 二者的较大值；当剪力墙计算嵌固端位于地下一层底板或以下时，底部加强部位宜延伸到计算嵌固端。《抗规》还规定，房屋高度不大于 24m 时，底部加强部位可取底部一层。

2）设置约束边缘构件。在以弯曲塑性铰为基础的延性设计理论中，影响塑性铰转动能力的最根本因素是混凝土的极限压应变和受压区高度。在我国混凝土结构设计理论中，无约束混凝土极限压应变为 0.0033。无约束混凝土有限的最大应变能力会导致有限的弯曲延性。此外，结构中各剪力墙在弯曲极限状态下的受压区高度会有所不同，由于同高度处的墙肢要保持转动变形协调，从而可能会导致受压区高度较大的墙肢边缘部位承受的压应变超过无约束混凝土的最大应变值。这就需要对混凝土进行约束，因为在箍筋约束状态下，混凝土的极限压应变和抗压强度均会得到很大的提高。此外，为防止受压墙肢边缘受压钢筋出现压屈失稳的不良破坏形态，也需要相应的约束措施。《高规》对抗震设计的剪力墙要求设置约束边缘构件就是这一概念的体现。

（6）选取有利于延性的材料　只有组成材料本身是延性的，结构才具有延性。混凝土虽然是脆性材料，但通过与钢筋组合以及有效的约束则可以满足大震时产生的非线性变形要求。钢筋是弹性材料，但只有在受拉状态下才能够有效地进入屈服状态；而对于受压钢筋，必须对可能发生的受压屈曲做出限制。在选取材料时，强度是一个需要注意的问题。对混凝土而言，较高的强度等级有利于减小受压区高度，因而降低屈服曲率而提高极限曲率。所以提高混凝土强度是提高延性的有效方法，对截面曲率延性有一定的影响。对于钢筋而言，提高强度等级会使屈服曲率增加而极限曲率下降，导致延性下降。

5.5.3　剪力墙结构设计的一般规定与构造要求

1. 混凝土强度等级

《混规》提出各类结构用混凝土的强度等级均不应低于 C25。从耐久性方面考虑，《混规》3.5.3 条规定对二 b 环境类别的结构混凝土最低强度等级不低于 C30，剪力墙结构中的混凝土外墙为室外露天使用环境，应满足此项规定。《混规》3.5.5 条、3.5.6 条提出对一类环境、设计使用年限为 100 年的混凝土结构，混凝土强度等级不应低于 C30，其他环境设计使用 100 年的钢筋混凝土结构混凝土强度等级要专门规定。由于高层建筑的维修成本高，且容积率高的混凝土高层住宅建筑拆迁成本极高，故其设计使用年限宜向高限靠拢。无论从哪方面考虑，高层剪力墙结构的混凝土最低强度等级取为 C30 更为合理。

《高规》建议筒体结构的混凝土强度等级不宜低于 C30；抗震设计时，剪力墙的混凝土强度等级不宜高于 C60。

2. 确定剪力墙截面尺寸的因素

（1）确定剪力墙截面厚度的因素　剪力墙的刚度、截面承载力以及轴压比需求是确定墙厚的基本因素，平面外稳定以及配筋构造需求是选择截面厚度的重要因素，此外还需要兼顾减轻结构自重等因素。这些要求或者不用计算而是体现在构造要求中，或在选择截面尺寸时加以简单估算。

（2）剪力墙的最小截面厚度　出于安全和构造需要，剪力墙不宜太薄。非抗震设计时的剪力墙厚度不应小于 160mm。抗震设计时的剪力墙厚度应满足《高规》及《抗规》的有关规定，见表 5-33。

表 5-33　剪力墙最小截面厚度　　（单位：mm）

抗震等级	剪力墙部位	《高规》			《抗规》		
		一般情况	一字形独立墙	短肢墙	一般情况		无端柱或翼墙
一、二级	底部加强部位	200	220	200	200	$[h,L]_{min}/16$	$[h,L]_{min}/12$
	其他部位	160	180	180	160	$[h,L]_{min}/20$	$[h,L]_{min}/16$
三、四级	底部加强部位	160	180	200	160	$[h,L]_{min}/20$	$[h,L]_{min}/16$
	其他部位			180	140	$[h,L]_{min}/25$	$[h,L]_{min}/20$
非抗震	—	160			—		

表 5-33 给出的截面厚度是剪力墙应满足的最低要求，表中 h 为层高，L 为剪力墙的无支长度。剪力墙无支长度是指沿剪力墙长度方向平面外支撑横墙之间的距离。当墙的平面外有与其相交的剪力墙时，可视为剪力墙的支撑。剪力墙的层高与无支长度均影响剪力墙出平面的刚度和稳定性能，因而在确定墙厚时，也可以兼顾层高及无支长度的影响。当高层建筑的底层层高特别大时，用层高确定墙厚会使墙厚过大而不合理，此时选择无支长度确定墙厚同样可保证墙平面外的稳定。

剪力墙井筒中，分隔电梯井或管道井的墙肢截面厚度可适当减小，但不宜小于160mm。因为一般剪力墙井筒内分隔空间的墙数量多而长度不大，两端嵌固好，为了减轻结构自重和增加筒内使用面积，其墙厚可减小。

（3）剪力墙的稳定验算与墙厚　剪力墙的墙厚还应满足稳定要求：

$$q \leqslant \frac{E_c t^3}{10 l_0^2} = \frac{E_c t^3}{10\,(\beta h)^2} \tag{5-140}$$

式中　q——作用于墙顶组合的等效竖向均布荷载设计值；

E_c——剪力墙混凝土的弹性模量；

t——剪力墙墙肢截面墙厚；

h——墙肢所在层的层高；

l_0——剪力墙墙肢的计算长度，取 $l_0=\beta h$；

β——与墙的支撑条件有关的墙肢计算长度系数，β 按以下规定确定：

1）单片独立墙肢按两边支撑板计算，取 $\beta=1$。

2）T 形、L 形、槽形和工字形剪力墙的翼缘（图 5-55），采用三边支撑板按式（5-141a）计算，其中 b_f 为剪力墙单侧翼缘截面高度，取图 5-55 中 b_{fi} 的大值，β 计算结果小于 0.25 时取 0.25。

$$\beta = \frac{1}{\sqrt{1+\left(\dfrac{h}{2b_f}\right)^2}} \geqslant 0.25 \tag{5-141a}$$

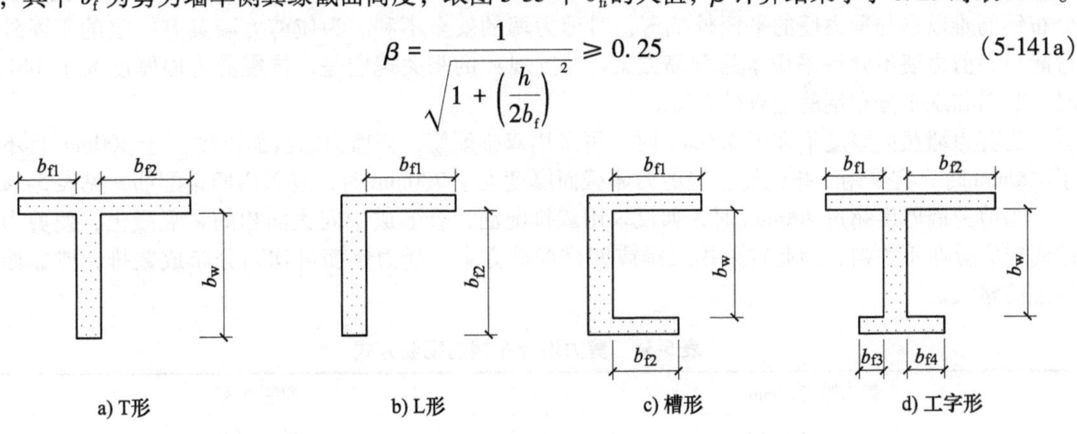

图 5-55　剪力墙腹板与翼缘截面高度示意

3）T 形剪力墙的腹板墙也按照三边支撑板计算，但式（5-141a）中的 b_f 用 b_w 代入；b_w 为 T

形截面的腹板高度。

4）槽形和工字形剪力墙的腹板采用四边支撑板按式（5-141b）计算，计算结果小于 0.20 时取 0.20。式中 b_w 为槽形和工字形剪力墙截面的腹板高度（图 5-55）。

$$\beta=\frac{1}{\sqrt{1+\left(\frac{3h}{2b_w}\right)^2}}\geqslant 0.20 \tag{5-141b}$$

5）当 T 形、L 形、槽形和工字形剪力墙的翼缘截面高度或 T 形、L 形剪力墙的腹板截面高度与翼缘截面厚度之和小于截面厚度的 2 倍和 800mm 时，宜按下式验算剪力墙的整体稳定性：

$$N\leqslant\frac{1.2E_cI}{h^2} \tag{5-141c}$$

式中 N——作用于墙顶面组合的竖向荷载设计值；

I——剪力墙整体截面的惯性矩，取两个方向的较小值。

（4）剪力墙墙肢的轴压比要求　确定剪力墙的截面厚度时，对抗震设计的剪力墙还需要满足轴压比的要求（见表 5-32），即墙肢截面尺寸不小于重力荷载代表值作用下墙肢所受轴向压力设计值除以混凝土轴心抗压强度设计值与规定最大轴压比的乘积，$b_wh_w\geqslant\gamma_GN_{GE}/f_c[\mu_N]$。墙肢长度 h_w 可能受建筑设计限制，而调整墙肢厚度 b_w 使之满足轴向压比要求会更为便捷。初步设计时，轴向压力设计值可以按照剪力墙的单位重力荷载（15~16kN²/m）和剪力墙的负荷面积近似计算，以便快速估算是否满足轴压比要求。

（5）剪力墙墙肢的剪压比要求　斜截面承载力验算时，要求剪力墙墙肢截面最大剪力设计值要满足式（5-161）的要求，即剪压比 $[V/(b_wh_{w0})]/f_c$ 不能超限。在混凝土轴心抗压强度 f_c 一定的情况下，如果此项要求不满足，一般可通过调整截面厚度 b_w 使墙肢受剪截面尺寸不至过小即可满足相关要求。

3. 剪力墙的分布钢筋

剪力墙的钢筋主要由端部和腹板两部分组成。端部钢筋包括竖向受力钢筋和箍筋，腹板钢筋则由竖向分布钢筋以及水平分布钢筋组成。分布钢筋参与提供极限承载力，也起着抗裂的重要作用。

（1）剪力墙分布钢筋的配筋方式　《高规》规定在高层建筑剪力墙中竖向与水平分布钢筋不应单排配置。一方面是因为高层建筑的剪力墙厚度大，单排配筋时对混凝土表面收缩的约束差，有可能出现收缩裂缝；另一方面是因为单排配筋时钢筋网处于剪力墙出平面的中性轴位置，竖向分布钢筋难以参与剪力墙的平面外抗弯，对剪力墙的安全不利。为使剪力墙具有一定的平面外抗弯能力，剪力墙不允许采用单排配筋方案。《抗规》的相关规定是，抗震剪力墙厚度大于 140mm 时，竖向和水平分布钢筋应双排布置。

当剪力墙截面厚度不大于 400mm 时，可采用双排配筋；当剪力墙截面厚度大于 400mm 且不大于 700mm 时，宜采用三排配筋；当剪力墙截面厚度大于 700mm 时，宜采用四排配筋，见表 5-34。

当剪力墙厚度超过 400mm 时，如仅采用双排配筋，会形成中间大面积的素混凝土，使剪力墙截面应力分布不均匀，因此宜采用三排或四排配筋方案，受力钢筋可均匀分布成数排，或靠墙面的配筋略大。

表 5-34　剪力墙分布钢筋配筋方式

截面厚度 t/mm	配筋方式
$160\leqslant t\leqslant 400$	双排钢筋网
$400<t\leqslant 700$	三排钢筋网
$t>700$	四排钢筋网

（2）剪力墙分布钢筋的最小配筋率　为了防止混凝土墙体在受弯裂缝出现后立即达到极限抗弯承载力，同时为了抵抗混凝土温度变形以及收缩与徐变，防止斜裂缝出现后发生脆性的剪切斜拉破坏，《高规》规定竖向分布钢筋和水平分布钢筋的配筋百分率不应小于表5-35的规定。其中，一、二、三级抗震等级剪力墙的分布钢筋配筋率不低于0.25%、四级以及非抗震不低于0.20%作为强制性条文，设计中必须遵守。

（3）分布钢筋直径与间距　剪力墙中的分布钢筋直径过大，容易产生墙面裂缝，一般宜采用直径小而间距较密的分布钢筋配置方案。为了保证分布钢筋具有可靠的混凝土握裹力，《高规》规定剪力墙竖向、水平分布钢筋的直径不宜大于墙肢截面厚度的1/10，如果需要的分布钢筋直径过大，则应加大墙肢截面厚度。钢筋直径过小可能会被拉断，所以《高规》规定剪力墙竖向、水平分布钢筋的直径不应小于8mm，《抗规》还规定竖向钢筋直径不宜小于10mm。为了保证对裂缝的控制，分布筋的最大间距一般情况不宜大于300mm，当分布钢筋直径比较小时，最大间距还要适当降低。具体规定见表5-35。实际工程中，竖向分布钢筋配置一般不小于水平分布钢筋，且由于钢筋直径一般不大，为保证对混凝土的约束，分布钢筋间距一般不超过200mm。

表5-35　剪力墙竖向分布钢筋配置要求

<table>
<tr><th>《高规》条款</th><th>情况</th><th colspan="2">抗震等级</th><th>最小配筋率</th><th>最大间距/mm</th><th>最小直径/mm</th><th>直径</th></tr>
<tr><td rowspan="2">7.2.17
7.2.18</td><td rowspan="2">一般剪力墙</td><td colspan="2">一、二、三级</td><td>0.25%</td><td>300</td><td>8</td><td rowspan="5">不宜大于墙厚度的1/10</td></tr>
<tr><td colspan="2">四级、非抗震</td><td>0.20%</td><td>300</td><td>8</td></tr>
<tr><td rowspan="2">3.10.5</td><td rowspan="2">B级高度剪力墙</td><td rowspan="2">特一级</td><td>一般部位</td><td>0.35%</td><td rowspan="2">300</td><td rowspan="2">8</td></tr>
<tr><td>底部加强部位</td><td>0.40%</td></tr>
<tr><td>7.2.19</td><td>房屋顶层
长矩形平面的楼电梯间
端开间纵向剪力墙端山墙</td><td colspan="2">抗震与非抗震</td><td>0.25%</td><td>200</td><td>—</td></tr>
</table>

（4）拉结筋　在各排分布钢筋之间应设拉结筋互相联系以加强对钢筋网片的约束，防止纵向钢筋失稳。拉结筋间距不应大于600mm，直径不应小于6mm。

（5）钢筋锚固和连接要求　非抗震设计时，剪力墙纵向钢筋最小锚固长度应取l_a（受拉钢筋的最小锚固长度）；抗震设计时，剪力墙纵向钢筋最小锚固长度应取l_{aE}；l_a、l_{aE}的取值应分别符合《高规》第6.5节的有关规定。

剪力墙竖向及水平分布钢筋的搭接连接要求如图5-56所示（非抗震设计时，图中l_{aE}为l_a）。抗震等级为一、二级的剪力墙的底部加强部位，接头位置应错开，每次连接的钢筋数量不宜超过总数量的50%，接头错开的净距不宜小于500mm；其他情况剪力墙的钢筋可在同一部位连接。非抗震设计时，分布钢筋的搭接长度不应小于$1.2l_a$；抗震设计时，不应小于$1.2l_{aE}$。

4. 剪力墙墙肢和连梁开洞时的构造要求

当洞口较小，在整体计算中不考虑其影响时，除了将切断的分布钢筋集中在洞口边缘补足外，还要有所加强，以抵抗洞口的应力集中。连梁是剪力墙中的薄弱部位，应重视连梁中开洞后的截面抗剪验算和加强措施。具体措施如下（图5-57）：

1）当剪力墙墙面开有非连续小洞口（其各边长度小于800mm），且在整体计算中不考虑其影响时，应在洞口上、下和左、右配置补强钢筋。具体做法是将洞口处被截断的水平与竖向分布钢筋分别集中配置在洞口上、下和左、右两边，且钢筋直径不应小于12mm。

2）穿过连梁的管道宜预埋套管，洞口上、下的有效高度不宜小于梁高的1/3，且不宜小于200mm，洞口处宜配置补强纵向钢筋和箍筋，纵向钢筋直径不小于12mm，被洞口削弱的截面应进行承载力验算。

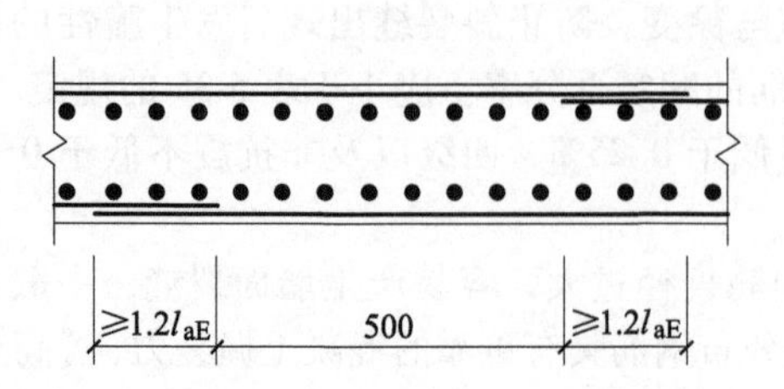
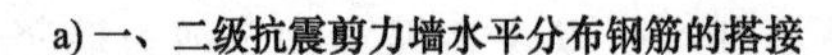

a) 一、二级抗震剪力墙水平分布钢筋的搭接

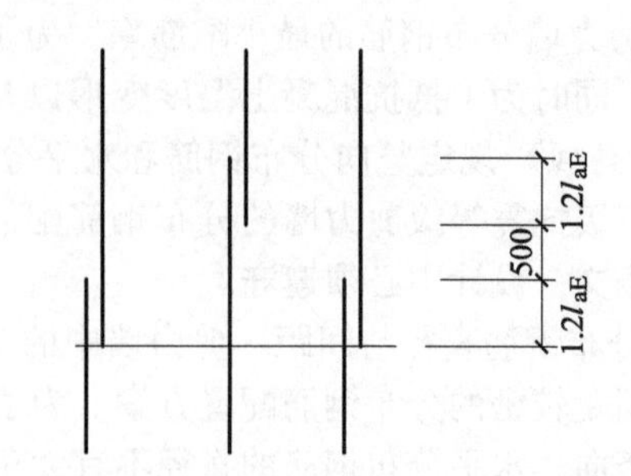

b) 一、二级抗震剪力墙竖向分布钢筋的搭接

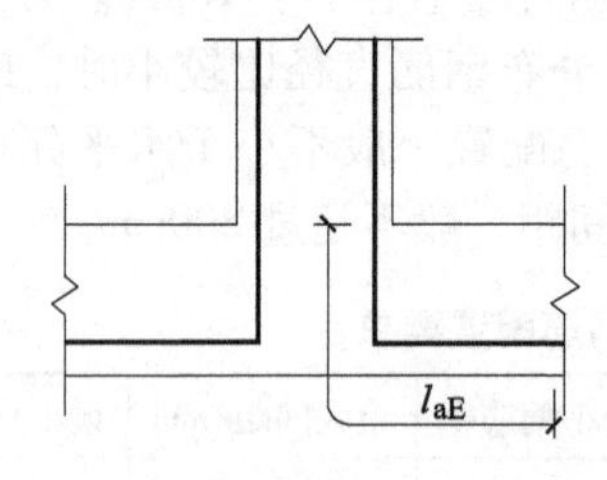

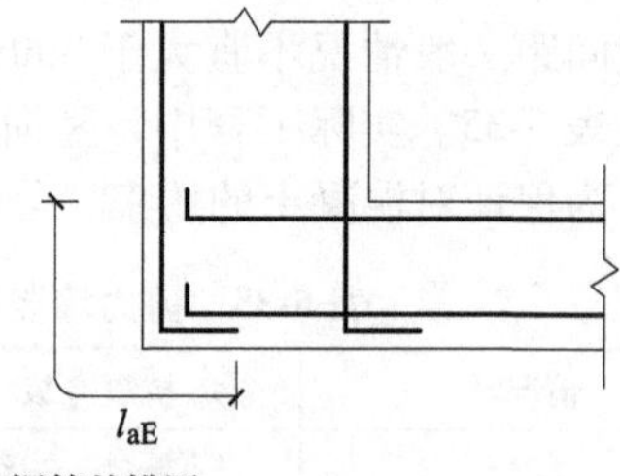

c) 拐角墙处水平分布钢筋的锚固

图 5-56　剪力墙竖向及水平分布钢筋的搭接连接

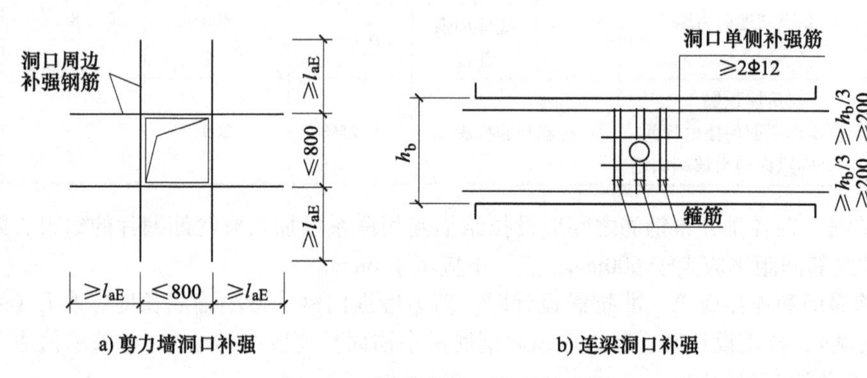

a) 剪力墙洞口补强　　b) 连梁洞口补强

图 5-57　剪力墙洞口补强筋示意图

5. 剪力墙墙肢的边缘构件设计

在剪力墙墙肢端部设置边缘构件是提高剪力墙变形能力和耗能能力、提高延性的重要措施。剪力墙的受力以压弯为主，其延性能力主要受正截面受压区高度和混凝土极限压应变控制。通过在剪力墙端部配置受力主筋并设暗柱、端柱或翼墙形成边缘构件，有利于降低受压区高度，同时在暗柱及明柱中将箍筋加密，形成边缘约束构件，可以形成对混凝土的约束提高混凝土极限压应变，并防止斜裂缝迅速贯通全墙。

（1）剪力墙边缘构件的设置要求　剪力墙两端和洞口两侧应设置边缘构件。边缘构件包括构造边缘构件和约束边缘构件，具体设置要求见表 5-36。轴压比低的剪力墙，即使不设约束边缘构件，在水平力作用下也能有比较大的塑性变形能力，《高规》可以不设约束边缘构件的剪力墙的最大轴压比见表 5-36。B 级高度的高层建筑，考虑到其高度比较高，为避免边缘构件配筋急剧减少的不利情况，宜在约束边缘构件层与构造边缘构件层之间设置 1~2 层过渡层，过渡层边缘构件的箍筋配置要求可低于约束边缘构件的要求，但应高于构造边缘构件的要求。

表 5-36　剪力墙边缘构件的设置要求

抗震等级	轴压比 μ_N			部位	边缘构件类型
	一级（9 度）	一级（6 度、7 度、8 度）	二、三级		
一、二、三级	>0.1	>0.2	>0.3	底部加强部位及相邻上一层	约束边缘构件
一、二、三级	≤0.1	≤0.2	≤0.3	所有部位	构造边缘构件
四级、非抗震	—			所有部位	构造边缘构件

（2）剪力墙约束边缘构件的设计要求

1）约束边缘构件的尺寸。剪力墙约束边缘构件可为暗柱、端柱和翼墙，约束边缘构件的具体设计要求如图 5-58 所示。约束边缘构件的主要设计参数包括沿墙肢方向的长度 l_c 和用于计算箍筋体积配箍率的箍筋配箍特征值 λ_v，《高规》的相关规定见表 5-37。其中，μ_N 为墙肢在重力荷载代表值作用下的轴压比，h_w 为墙肢的长度。

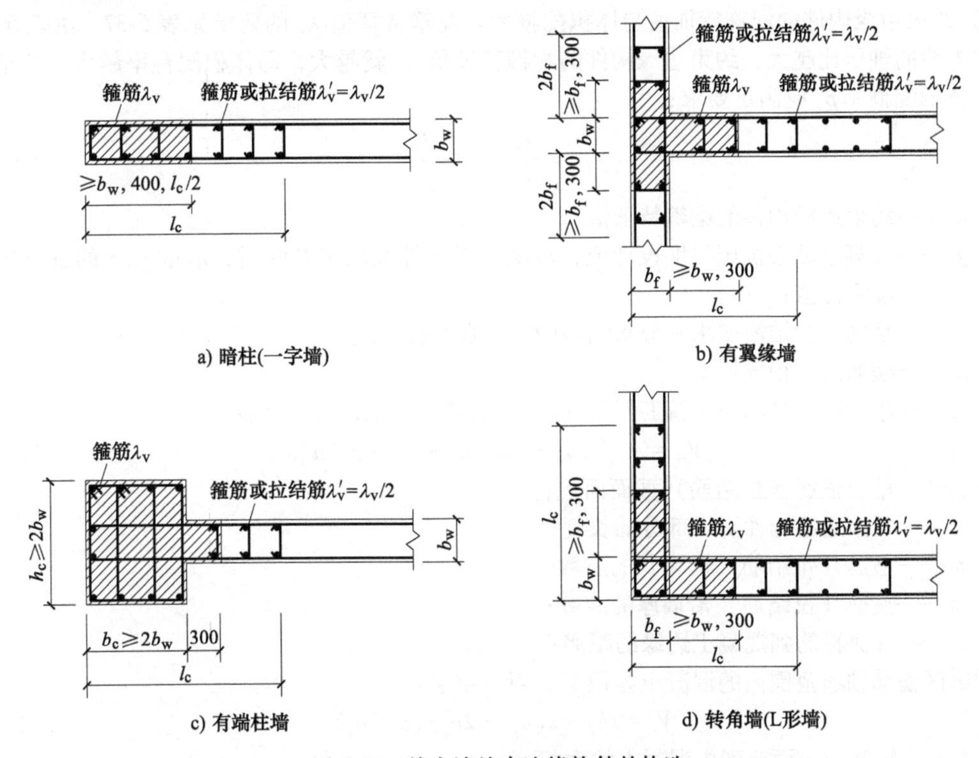

图 5-58　剪力墙约束边缘构件的构造

表 5-37　约束边缘构件沿墙肢的长度 l_c 及其配箍特征值 λ_v

项目	一级（9 度）		一级（6 度、7 度、8 度）		二、三级	
	$\mu_N\leqslant 0.2$	$\mu_N>0.2$	$\mu_N\leqslant 0.3$	$\mu_N>0.3$	$\mu_N\leqslant 0.4$	$\mu_N>0.4$
l_c（暗柱）	$0.20h_w$	$0.25h_w$	$0.15h_w$	$0.20h_w$	$0.15h_w$	$0.20h_w$
l_c（翼缘墙或端柱）	$0.15h_w$	$0.20h_w$	$0.10h_w$	$0.15h_w$	$0.10h_w$	$0.15h_w$
λ_v	0.12	0.20	0.12	0.2	0.12	0.2

约束边缘构件沿墙肢的长度 l_c 需要满足表 5-37 的规定。从表 5-37 可以看出，轴压比越大则约束区的长度 l_c 就要越长。这是因为轴压比越大的截面受压区高度就越大，截面转动能力越差，而

要提升截面转动能力所需要的约束就越大。一字墙端部约束区的长度 l_c 大于带翼柱以及带端柱截面的 l_c，这是因为在相同的轴向压力作用下，一字形截面剪力墙的受压区高度大于带翼缘或带端柱的剪力墙，其所需要的约束就更大。

表5-37中 h_w 为墙肢长度，按 h_w 计算的 l_c 是 l_c 的最低限度。此外，《广东省实施〈高层建筑混凝土结构设计规范〉（JGJ 3—2002）补充规定》（DBJ/T 15-46—2005）中6.0.7条规定，计算约束边缘构件长度时，h_w 应取整截面长度；6.0.11条规定 h_w 应取不考虑小开洞的整墙肢长度。在实际工程中，也有建议对整体性很强的剪力墙，或由跨高比不超过5的强连梁连接的剪力墙，h_w 取整截面长度计算。

暗柱（图5-58中阴影）长度：一字墙的暗柱长度不应小于 $l_c/2$、墙厚 b_w 和400mm的较大值（图5-58a）；有翼缘或端柱时，暗柱长度不应小于翼墙厚度或端柱沿墙肢方向截面高度加300mm。

剪力墙的翼缘长度小于翼缘厚度的3倍或端柱截面边长小于2倍墙厚时，按无翼墙、无端柱的情况按照图5-58a暗柱要求设计。

2）约束边缘构件的配箍特征值与体积配箍率。配箍特征值 λ_v 的要求见表5-37。由表5-37可见，剪力墙的轴压比越大，约束边缘构件的配箍特征值 λ_v 就越大，即体积配箍率越大。约束边缘构件的体积配箍率 ρ_v 应满足要求：

$$\rho_v = \frac{V_{sv}}{A_c s} \geqslant \lambda_v \frac{f_c}{f_{yv}} \tag{5-142a}$$

式中 λ_v——约束边缘构件的配箍特征值；

f_c——混凝土轴心抗压强度设计值，混凝土强度等级低于C35时，应取C35的轴心抗压强度设计值；

f_{yv}——箍筋、拉结筋或水平分布钢筋的抗拉强度设计值；

ρ_v——箍筋的体积配箍率；

V_{sv}——阴影区沿竖向一个箍筋间距（s）内的箍筋体积；对一字墙：

$$V_{sv} = A_{sv1}[(b_w - 2a_s)m + (c - a_s)n] \tag{5-142b}$$

A_{sv1}——单肢箍筋（拉结筋）截面面积；

c——约束边缘构件阴影部分的长度；

m——箍筋（拉结筋）沿墙长的肢数；

n——箍筋（拉结筋）沿墙厚的肢数；

a_s——外侧箍筋到混凝土边缘的距离；

阴影区箍筋轴线范围内的混凝土体积 V_c，对一字墙：

$$V_c = sA_c = s(b_w - 2a_s)(c - a_s) \tag{5-142c}$$

式中 A_c——箍筋内表面范围内混凝土的面积；

s——箍筋（拉结筋）沿竖向的间距。

以一字形墙的边缘构件为例。设约束边缘构件内箍筋沿墙长方向的肢距均为 a，墙厚方向的肢长为 b_a，$b_a = (b_w - 2a_s)$，如图5-59所示。则体积配箍率为

$$\rho_v = \frac{V_{sv}}{A_c s} = \frac{A_{sv1}[mb_a + n(m-1)a]}{b_a(m-1)as} \tag{5-142d}$$

计算箍筋的体积配箍率 ρ_v 时可计入箍筋、拉结筋或以及符合构造要求的水平分布钢筋，其中计入的水平分布钢筋的体积配箍率不超过总体积配箍率的30%。“符合构造要求的水平分布钢筋”一般是指水平分布钢筋伸入约束边缘构件，在墙端做90°弯折后延伸到另一排分布钢筋并勾住其竖向钢筋（图5-60），内、外排水平分布钢筋之间设置足够的拉结筋，从而形成复合箍，可以起到有效约束混凝土的作用。

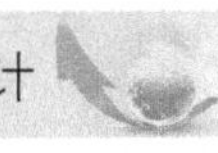

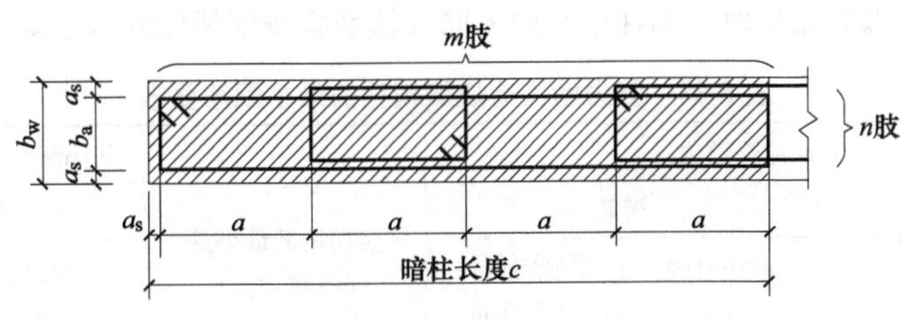

图 5-59 一字形墙肢约束边缘构件暗柱箍筋（拉结筋）

3）约束边缘构件的箍筋与拉结筋。剪力墙约束边缘构件分阴影区和非阴影区，如图 5-58 所示。阴影区的约束以箍筋为主，拉结筋肢数不应多于总肢数的 1/3，配箍特征值为 λ_v；阴影区之外也应设置封闭箍筋，非阴影区的配箍特征值为 $\lambda_v/2$。约束边缘构件内箍筋、拉结筋沿水平方向的肢距不宜大于 300mm，不应大于竖向钢筋间距的 2 倍。

为保证约束边缘构件的约束效果和发挥约束边缘构件的作用，约束边缘构件封闭箍筋的长边不宜大于短边的 3 倍，且相邻两个箍筋应至少相互搭接 1/3 长边的距离，如图 5-61 所示。

根据国家标准图集（14G330）建议，非阴影区的箍筋配置方式可采用外圈设置封闭箍筋与拉结筋组合的方式，该封闭箍筋并深入到阴影区内一个纵向钢筋间距并箍住该纵向钢筋，如图 5-61 所示。

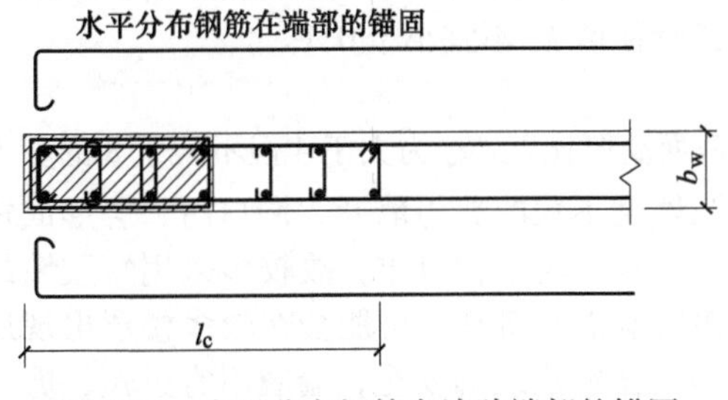

图 5-60 水平分布钢筋在墙肢端部的锚固

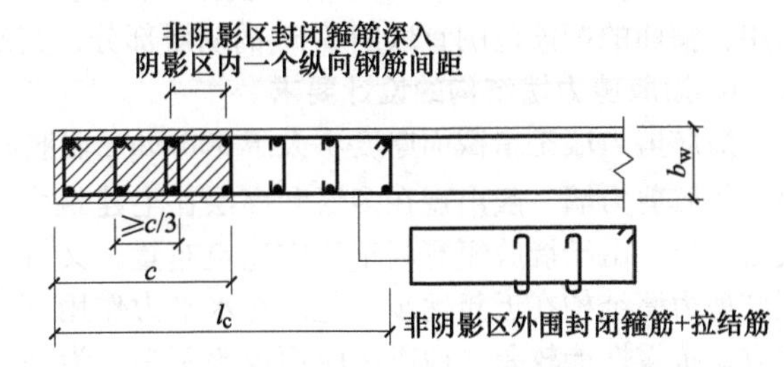

图 5-61 约束边缘构件非阴影区箍筋与拉结筋组合

约束边缘构件内箍筋或拉结筋沿竖向的间距，一级不宜大于 100mm，二、三级不宜大于 150mm。

4）约束边缘构件的竖向主筋。剪力墙墙肢的竖向主筋应放置在阴影部分内（图 5-58），其数量除应满足正截面偏心受压（受拉）承载力的计算要求外，还应满足构造要求。抗震等级为一、二、三级时其配筋率分别不应小于 1.2%、1.0% 和 1.0%，且竖向钢筋分别不应少于 8ϕ16、6ϕ16 和 6ϕ14，计算配筋率的面积采用图 5-58 所示的阴影面积。

（3）剪力墙构造边缘构件的设计要求 剪力墙构造边缘构件的设计要求见《高规》7.2.16 条。构造边缘构件的范围和计算竖向钢筋用量的截面面积 A_c 宜取图 5-62 中的阴影部分。

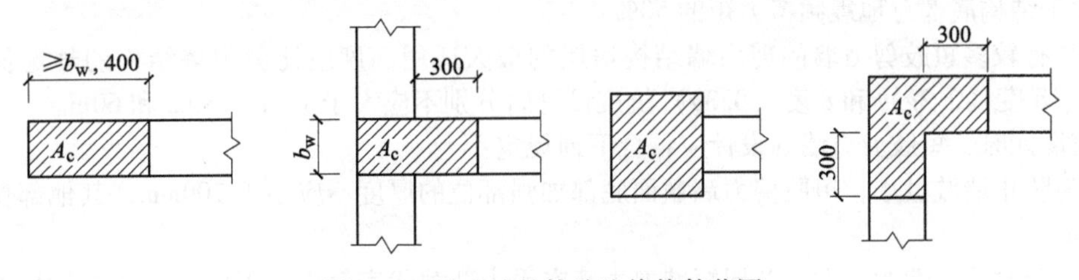

图 5-62 剪力墙的构造边缘构件范围

构造边缘构件的竖向钢筋应满足承载力以及构造要求。抗震设计时，构造边缘构件最小配筋应符合表 5-38 的规定；箍筋和拉结筋在水平方向的肢距不宜大于 300mm，不应大于竖向钢筋间距的2倍。当剪力墙端部有端柱时，端柱中竖向钢筋及箍筋宜按框架柱的构造要求配置。

表5-38 剪力墙构造边缘构件的最小配筋要求

抗震等级	底部加强部位			其他部位		
	竖向钢筋最小量（取较大值）	箍筋		竖向钢筋最小量（取较大值）	拉结筋、箍筋	
		最小直径/mm	沿竖向最大间距/mm		最小直径/mm	沿竖向最大间距/mm
一级	$0.010A_c$，$6\phi16$mm	8	100	$0.008A_c$，$6\phi14$mm	8	150
二级	$0.008A_c$，$6\phi14$mm	8	150	$0.006A_c$，$6\phi12$mm	8	200
三级	$0.006A_c$，$6\phi12$mm	6	150	$0.005A_c$，$4\phi12$mm	6	200
四级	$0.005A_c$，$4\phi12$mm	6	200	$0.004A_c$，$4\phi12$mm	6	250

表5-38中，A_c为构造边缘构件的截面面积（图5-62阴影面积）；符号ϕ表示钢筋直径；“其他部位”的转角处宜采用箍筋。

非抗震设计的剪力墙，剪力墙墙肢端部应配置不少于$4\phi12$mm的竖向钢筋，箍筋直径不应小于6mm、间距不宜大于250mm。

抗震设计时，对于复杂高层建筑结构、混合结构、框架-剪力墙结构、筒体结构以及B级高度的剪力墙结构中的剪力墙，其构造边缘构件的竖向钢筋最小配筋应比表5-38中的数值提高$0.001A_c$采用；箍筋的配筋范围宜取图5-62的阴影部分，其配箍特征值λ_v不宜小于0.1。

6. 短肢剪力墙结构的设计要求

短肢剪力墙是指截面厚度不大于300mm、墙肢的截面高厚比h_w/b_w为大于4但不大于8的剪力墙。短肢剪力墙一般出现在多层和高层住宅建筑中，当厚度不大的剪力墙开大洞口时，会形成短肢剪力墙。由于墙肢短有利于住宅建筑布置，又可以进一步减轻结构自重，故较多采用短肢墙的短肢剪力墙结构在近年逐步兴起。在水平力作用下，短肢墙沿建筑高度可能会在较多楼层出现反弯点，抗震性能较差，地震区应用经验不多。为保证高层住宅建筑的安全，墙肢不宜过短，剪力墙结构中h_w/b_w大于8的一般剪力墙不宜过少。抗震设计时，《高规》对短肢剪力墙的应用范围作了限制，并提出了一些加强措施。具体规定如下：

1）抗震设计时，高层建筑结构不应采用全部为短肢剪力墙的结构方案。

2）B级高度高层建筑和9度抗震设防的A级高度高层建筑不宜布置短肢剪力墙，不应采用具有较多短肢剪力墙的剪力墙结构。

3）短肢剪力墙承担的倾覆力矩不小于结构底部总倾覆力矩的30%时，称为具有较多短肢剪力墙的剪力墙结构。此时，在结构中应布置筒体或一般剪力墙，形成短肢剪力墙与筒体或一般剪力墙共同抵抗水平力的剪力墙结构。

4）具有较多短肢剪力墙的剪力墙结构在水平地震作用下，短肢剪力墙承受的底部地震倾覆力矩不宜大于结构底部总地震倾覆力矩的50%。

5）具有较多短肢剪力墙的剪力墙结构房屋的最大适用高度应比剪力墙结构的规定值适当降低，7度、8度（0.2g）和8度（0.3g）抗震设计时分别不应大于100m、80m和60m。

抗震设计时，短肢剪力墙的设计应符合下列规定：

1）为防止墙肢过小，短肢剪力墙截面底部加强部位的厚度不应小于200mm，其他部位不应小于180mm。

2）出于改善延性的考虑，各层短肢剪力墙在重力荷载代表值作用下的轴向压力设计值对应的轴压比，抗震等级为一、二、三级时分别不宜大于0.45、0.5和0.55；对于无翼缘或端柱的一字形截面短肢剪力墙，轴压比限值相应降低0.1。

3）为避免短肢剪力墙过早剪坏，抗震设计时，除底部加强部位应按《高规》第7.2.6条调整

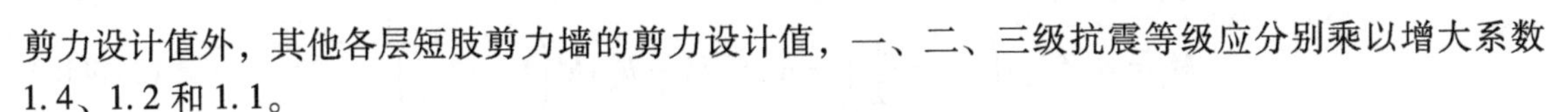

剪力设计值外，其他各层短肢剪力墙的剪力设计值，一、二、三级抗震等级应分别乘以增大系数1.4、1.2和1.1。

4）抗震设计的短肢剪力墙截面全部纵向钢筋的配筋率，底部加强部位一、二级不宜小于1.2%，三、四级不宜小于1.0%；其他部位一、二级不宜小于1.0%，三、四级不宜小于0.8%。

5）一字形剪力墙对延性及平面外稳定不利，故短肢剪力墙宜设置翼缘，且不宜在一字形短肢剪力墙平面外布置与之单侧相交的楼面梁。

5.5.4　剪力墙的墙肢设计

1. 墙肢正截面承载力验算

（1）弯矩设计值调整

1）抗震设计的双肢墙，墙肢不宜出现小偏心受拉；当任一墙肢为偏心受拉时，另一墙肢的弯矩及剪力应乘以增大系数1.25。因为双肢墙中小偏心受拉的墙肢会由于出现水平通缝而严重削弱其抗剪能力，抗侧刚度严重退化，荷载产生的剪力将转移到另一个墙肢而导致另一墙肢受剪承载力不足。因此，应尽可能避免出现墙肢小偏心受拉情况。当墙肢出现大偏心受拉时，墙肢极易出现裂缝，使其刚度退化，剪力将在墙肢中重分配，此时，需将另一受压墙肢按弹性计算的剪力设计值乘以增大系数1.25后计算水平钢筋，以提高其受剪承载力。由于水平地震作用和风荷载都是反复荷载，故当一个墙肢出现受拉时，实际上两个墙肢的弯矩和剪力设计值都要乘以增大系数。

2）抗震设计的剪力墙，应按照设计意图控制塑性铰出现在底部，在其他部位则应保证不出现塑性铰。对于一级抗震等级的剪力墙更应确保塑性铰出现在底部加强部位，故对加强区以上部位的弯矩设计值予以增加。《高规》对一级抗震等级剪力墙的设计弯矩包络线做了如下的规定：底部加强部位应按墙底截面组合弯矩设计值采用，其他部位按墙肢组合弯矩设计值的1.2倍采用，如图5-63所示。为了实现强剪弱弯设计要求，弯矩增大部位剪力墙的剪力设计值也应相应增大，剪力增大系数可取为1.3。

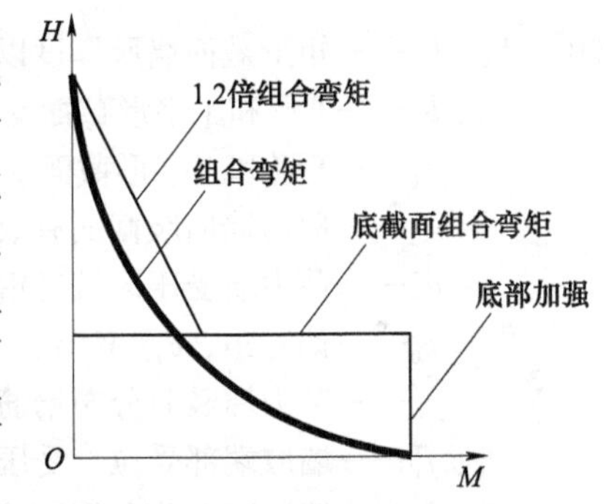

图5-63　一级抗震设计的剪力墙各截面弯矩设计值

（2）剪力墙墙肢偏心受压承载力计算方程　正截面计算假定有：不考虑受拉混凝土的作用，受压区混凝土按矩形等效应力图形计算；大偏心受压时受拉、受压端部钢筋都达到屈服，在1.5倍受压区范围之外，假定受拉区分布钢筋应力全部达到受拉屈服；小偏压时端部受压钢筋屈服，而受拉钢筋未达到受拉屈服极限，且忽略分布钢筋的作用。《高规》给出工字形截面偏心受压承载力的公式。计算时根据上述假定和截面形状以及中性轴的位置就可以得到不同情况的计算公式。持久和短暂设计状况时的工字形截面（图5-64）基本平衡方程见式（5-143）和式（5-144）。地震设计状况时，在计算公式右端乘以承载力抗震调整系数γ_{RE}，γ_{RE}取0.85。

$$\sum N=0:\quad N \leqslant A_s' f_y' - A_s\sigma_s - N_{sw} + N_c \tag{5-143a}$$

$$\sum M_{A_s}=0:\quad N\left(e_0 + h_{w0} - \frac{h_w}{2}\right) \leqslant A_s' f_y'(h_{w0} - a_s') - M_{sw} + M_c \tag{5-143b}$$

图5-64　截面尺寸

1）当$x>h_f'$时，中性轴在腹板中，基本公式中受压区混凝土的合力N_c以及受压区混凝土对受拉钢筋的弯矩M_c分别为

$$N_c = \alpha_1 f_c b_w x + \alpha_1 f_c (b_f' - b_w) h_f' \tag{5-144a}$$

$$M_c=\alpha_1 f_c b_w x\left(h_{w0}-\frac{x}{2}\right)+\alpha_1 f_c(b'_f-b_w)h'_f\left(h_{w0}-\frac{h'_f}{2}\right) \tag{5-144b}$$

2）当 $x\leqslant h'_f$ 时，中性轴在翼缘内，基本公式中 N_c、M_c 分别为

$$N_c=\alpha_1 f_c b'_f x \tag{5-144c}$$

$$M_c=\alpha_1 f_c b'_f x\left(h_{w0}-\frac{x}{2}\right) \tag{5-144d}$$

3）当 $x\leqslant\xi_b h_{w0}$ 时，为大偏心受压截面。此时受拉纵向主筋可以达到钢筋的抗拉强度设计值，即 $\sigma_s=f_y$。根据假定部分竖向分布钢筋参与受拉并可以达到受拉屈服极限 f_{yw}。设竖向分布钢筋的全截面面积为 A_{sw} 并分布在 h_{w0} 范围内，分布钢筋的配筋率为 $\rho_w=A_{sw}/b_w h_{w0}$，参与受拉的分布钢筋范围为 $h_{w0}-1.5x$，则分布钢筋的和拉力 N_{sw} 以及分布钢筋对受拉主筋的和弯矩 M_{sw} 分别为

$$N_{sw}=(h_{w0}-1.5x)b_w\rho_w f_{yw} \tag{5-145a}$$

$$M_{sw}=N_{sw}\frac{(h_{w0}-1.5x)}{2}=\frac{1}{2}(h_{w0}-1.5x)^2 b_w\rho_w f_{yw} \tag{5-145b}$$

4）当 $x>\xi_b h_{w0}$ 时，为小偏心受压墙肢。此时端部受压钢筋达到受压屈服，而端部受拉钢筋及分布钢筋均未达到受拉屈服，计算时不计入分布钢筋。故式（5-143a）和式（5-143b）中，分布钢筋的和拉力 $N_{sw}=0$，分布钢筋对受拉主筋的和弯矩 $M_{sw}=0$。端部受拉钢筋应力按下式计算：

$$\sigma_s=\frac{f_y}{\xi_b-\beta_1}\left(\frac{x}{h_{w0}}-\beta_1\right) \tag{5-146}$$

式中 b_w、h_w——矩形截面墙肢厚度以及T形与工字形截面的腹板厚度、截面高度；

b'_f——T形和工字形截面受压翼缘宽度；

h'_f——T形和工字形截面受压翼缘高度；

h_{w0}——剪力墙墙肢截面有效高度，$h_{w0}=h_w-a'_s$；

a'_s——剪力墙受压区端部钢筋合力点到受压区边缘的距离；

e_0——偏心距，$e_0=M/N$；

ρ_w——剪力墙竖向分布钢筋配筋率；

f_y、f'_y——墙肢端部受拉、受压钢筋强度设计值；

f_{yw}——墙肢竖向分布钢筋的抗拉强度设计值；

f_c——混凝土轴心抗压强度设计值；

α_1——受压区混凝土矩形应力图的应力与混凝土轴心抗压强度设计值的比值，混凝土强度等级不超过C50时取1，混凝土强度等级为C80时取0.94，强度等级在C50~C80之间时按线性插值取值；

x——等效矩形应力图的混凝土受压区高度；

ξ_b——界限相对受压区高度；

β_1——混凝土受压区矩形等效应力图的高度系数，随混凝土强度提高而逐渐降低。当混凝土强度等级不超过C50时取0.8，当混凝土强度等级为C80时取0.74，当混凝土强度等级在C50~C80之间时按线性内插取值。

（3）矩形截面大偏心受压正截面承载力的计算　大偏心受压状态下，计算受压区高度不大于界限状态计算受压区高度（$x\leqslant\xi_b h_{w0}$），此时截面主要的应力特征是受拉纵向主筋的拉应力为 $\sigma_s=f_y$。矩形截面大偏心受压墙肢承载力极限应力状态与隔离体平衡如图5-65所示。

对矩形截面，式（5-144）中取 $b'_f=b_w$、$h'_f=h_f=0$。由图5-65隔离体平衡关系，通过建立力的平衡以及弯矩平衡关系（对受拉钢筋合力点取矩）即可得矩形截面大偏心受压承载力计算方程：

$$N\leqslant A'_s f'_y+\alpha_1 f_c b_w x-A_s f_y-\rho_w(h_{w0}-1.5x)b_w f_{yw} \tag{5-147a}$$

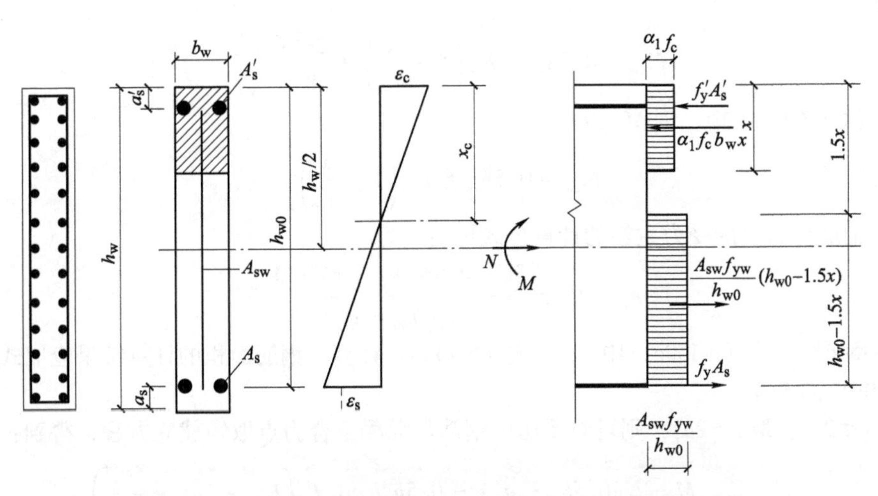

图 5-65　大偏心受压墙肢承载力极限应力状态与隔离体平衡

$$N\left(e_0 + h_{w0} - \frac{h_w}{2}\right) \leqslant A_s' f_y'(h_{w0} - a_s') + \alpha_1 f_c b_w x(h_{w0} - 0.5x) - \frac{1}{2}(h_{w0} - 1.5x)^2 b_w \rho_w f_{yw} \tag{5-147b}$$

其中，分布钢筋承受的轴力与弯矩见式（5-145a）和式（5-145b）。

（4）矩形截面对称配筋大偏心受压的计算方法　由于两个基本方程只能求解两个未知量，故必须补充条件。计算时一般先给定满足最小用量的竖向分布钢筋配筋率 ρ_w 及强度 f_{yw}，其面积为 $A_{sw}=\rho_w b_w h_{w0}$。对称配筋时式（5-147a）为

$$N \leqslant \alpha_1 f_c b_w x - \rho_w(h_{w0} - 1.5x) b_w f_{yw} \tag{5-148a}$$

由式（5-148a）可以得到受压区高度：

$$x = \frac{N + \rho_w b_w h_{w0} f_{yw}}{\alpha_1 f_c b_w + 1.5\rho_w b_w f_{yw}} = \frac{N + A_{sw} f_{yw}}{\alpha_1 f_c b_w + 1.5A_{sw} f_{yw}/h_{w0}} \tag{5-148b}$$

1）若 $x \leqslant \xi_b h_{w0}$ 则为大偏心受压，由式（5-147b）得

$$A_s = A_s' \geqslant \frac{M + N(0.5h_w - a_s) + 0.5(h_{w0} - 1.5x)^2 b_w f_{yw}\rho_w - \alpha_1 f_c b_w x(h_{w0} - 0.5x)}{f_y'(h_{w0} - a_s')} \tag{5-149a}$$

令

$$M_{sw} = 0.5\rho_w b_w f_{yw}(h_{w0} - 1.5x)^2 \tag{5-149b}$$

则式（5-149a）也可以写成：

$$A_s = A_s' \geqslant \frac{M + N(0.5h_w - a_s) + M_{sw} - \alpha_1 f_c b_w x(h_{w0} - 0.5x)}{f_y'(h_{w0} - a_s')} \tag{5-149c}$$

2）当 $x \leqslant \xi_b h_{w0}$ 时，也可以通过对受压区混凝土合力点取矩建立力矩平衡方程：

$$N\left(e_0 - \frac{h_w}{2} + \frac{x}{2}\right) = A_s f_y\left(h_{w0} - \frac{x}{2}\right) + A_s' f_y'\left(\frac{x}{2} - a_s'\right) + A_{sw} f_{yw}\frac{(h_{w0} - 1.5x)}{h_{w0}}\left(\frac{h_{w0}}{2} + \frac{x}{4}\right) \tag{5-150a}$$

对式（5-150a）取 $A_s'=A_s$、$f_y'=f_y$，$Ne_0=M$ 得

$$A_s = A_s' = \frac{M - 0.5N(h_w - x) - 0.5A_{sw} f_{yw}(h_{w0} - x) - \frac{3x^2}{8}\frac{A_{sw} f_{yw}}{h_{w0}}}{f_y(h_{w0} - a_s')} \tag{5-150b}$$

分布钢筋对受压区混凝土合力点的弯矩为

$$M_{sw} = 0.5A_{sw}f_{yw}h_{w0}\left(1 - \frac{x}{h_{w0}}\right) + \frac{3x^2}{8}\frac{A_{sw}f_{yw}}{h_{w0}} \tag{5-150c}$$

计算时如果忽略 x^2 项，则 M_{sw} 为

$$M_{sw} = 0.5A_{sw}f_{yw}h_{w0}\left(1 - \frac{x}{h_{w0}}\right) \tag{5-150d}$$

则对称配筋剪力墙的受力主筋的计算公式可表达为

$$A_s = A'_s \geqslant \frac{M - 0.5N(h_w - x) - M_{sw}}{f_y(h_{w0} - a'_s)} \tag{5-150e}$$

式（5-150c）与式（5-150e）中，x 按式（5-148b）计算。钢筋面积的计算结果应取式（5-149c）和式（5-150e）的大者。

3）若 $x \leqslant 2a'_s$，取 $x = 2a'_s$，则可对受压区钢筋与混凝土合力点取矩建立方程，得到：

$$A_s = A'_s \geqslant \frac{M - N(0.5h_w - a'_s) - 0.5b_w h_{w0}\rho_w f_{yw}\left(h_{w0} - 2a'_s + \frac{3{a'_s}^2}{h_{w0}}\right)}{f_y(h_{w0} - a'_s)} \tag{5-151a}$$

其中：

$$M_{sw} = 0.5b_w h_{w0}\rho_w f_{yw}\left(h_{w0} - 2a'_s + \frac{3{a'_s}^2}{h_{w0}}\right) \tag{5-151b}$$

忽略 ${a'_s}^2$ 项，则 M_{sw} 为

$$M_{sw} = 0.5b_w h_{w0}\rho_w f_{yw}(h_{w0} - 2a'_s) \tag{5-151c}$$

则

$$A_s = A'_s \geqslant \frac{M - N(0.5h_w - a'_s) - M_{sw}}{f_y(h_{w0} - a'_s)} \tag{5-151d}$$

（5）大偏心受压墙肢非对称配筋的计算方法　对这类问题一般仍先给定 $A_{sw} = \rho_w b_w h_{w0}$、$f_{yw}$，此外还要给定 A_s 或 A'_s。然后求 $\xi \leqslant \xi_b$ 及另一端配筋。当已知 A_s 时通过对受拉钢筋合力点取矩平衡求 A'_s。当已知 A'_s 时通过对受压钢筋合力点取矩平衡求 A_s。

（6）矩形截面小偏心受压承载力计算　如前假定，小偏压时端部受压钢筋屈服，而端部受拉钢筋未达受拉屈服，且忽略分布钢筋的作用。故，矩形截面小偏心受压的计算简图如图 5-66 所示。式（5-143）中取 $N_{sw} = 0$ 和 $M_{sw} = 0$。

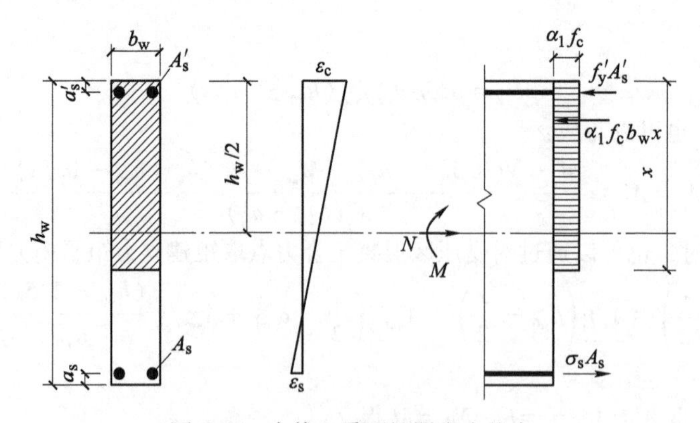

图 5-66　小偏心受压极限应力状态

矩形截面小偏心受压承载力计算方程：

$\sum N = 0$：

$$N \leqslant A'_s f'_y - A_s\sigma_s + \alpha_1 f_c b_w x \tag{5-152a}$$

$$\sum M_{A_s}=0: \qquad N\left(e_0+\frac{h_w}{2}-a_s\right)=\alpha_1 f_c b_w x\left(h_{w0}-\frac{x}{2}\right)+A'_s f'_y(h_{w0}-a'_s) \tag{5-152b}$$

σ_s 按式（5-146）计算，其中界限相对受压区高度为

$$\xi_b=\frac{\beta_1}{1+\dfrac{f_y}{E_s\varepsilon_{cu}}} \tag{5-152c}$$

式中　ε_{cu}——混凝土极限压应变，应按《混规》的有关规定采用；

E_s——钢筋弹性模量。

（7）矩形截面对称配筋小偏心受压　由式（5-152a），对称配筋时令 $A_s=A'_s$，忽略 x 的高阶项，得到相对受压区高度 $\xi=x/h_{w0}$的近似公式：

$$\xi=\frac{N-\xi_b\alpha_1 f_c b_w h_{w0}}{\dfrac{Ne-0.43\alpha_1 f_c b_w h_{w0}^2}{(\beta_1-\xi_b)(h_{w0}-a'_s)}+\alpha_1 f_c b_w h_{w0}}+\xi_b \tag{5-153a}$$

$$e=e_0+\frac{h_w}{2}-a_s \tag{5-153b}$$

受力主筋的面积为

$$A_s=A'_s=\frac{Ne-\xi(1-0.5\xi)\alpha_1 f_c b_w h_{w0}^2}{f_y(h_{w0}-a'_s)} \tag{5-153c}$$

（8）矩形截面非对称配筋小偏心受压　设计方法同柱，但剪力墙计算不考虑二阶弯矩影响。先按边缘构件的构造要求给出 A_s，再由基本方程求 ξ、A'_s。如果 $\xi\geqslant h_w/h_{w0}$，为全截面受压，此时取：

$$A'_s=\frac{Ne-\alpha_1 f_c b_w h_w(h_{w0}-h_w/2)}{f_y(h_{w0}-a'_s)} \tag{5-154}$$

（9）剪力墙正截面偏心受拉承载力验算　偏心受拉截面，当截面上存在混凝土受压区时为大偏心受拉。判别方法为：$e_0\geqslant\dfrac{h}{2}-a$ 时为大偏心；$e_0<\dfrac{h}{2}-a$ 时为小偏心。

1）矩形截面大偏心受拉承载力计算公式。大偏心受拉矩形截面的隔离体平衡及截面应力状态如图 5-67 所示。计算假定同大偏心受压，承载力极限状态公式与大偏心受压的公式（5-147）类似，只是将轴力 N 反号即可：

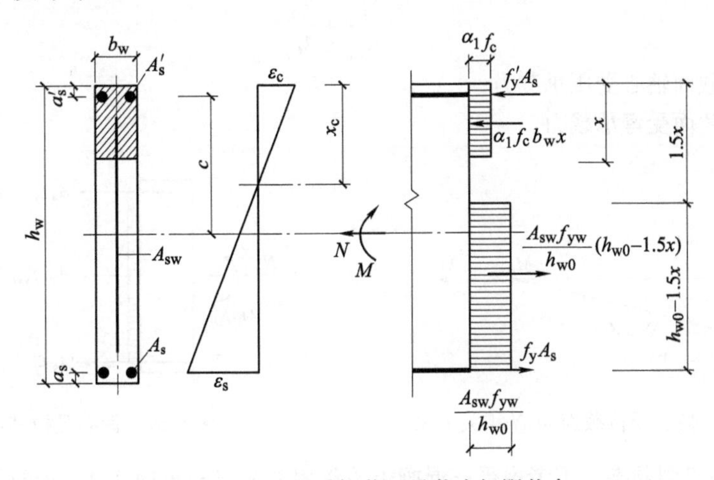

图 5-67　大偏心受拉截面承载力极限状态

$$\sum N = 0: -N \leqslant A'_s f'_y - A_s f_y - N_{sw} + \alpha_1 f_c b_w x \tag{5-155a}$$

$$\sum M_{A_s} = 0: -N\left(e_0 + h_{w0} - \frac{h_w}{2}\right) \leqslant A'_s f'_y (h_{w0} - a'_s) - M_s + \alpha_1 f_c b_w x (h_{w0} - 0.5x) \tag{5-155b}$$

$$N_{sw} = (h_{w0} - 1.5x) b_w \rho_w f_{yw} \tag{5-155c}$$

$$M_{sw} = \frac{1}{2}(h_{w0} - 1.5x)^2 b_w \rho_w f_{yw} \tag{5-155d}$$

计算时需先给定 A_{sw}、f_{yw}。非对称配筋时，尚需先给定端部受力主筋 A_s 或 A'_s。

2）对称配筋大偏心受拉承载力计算。可参照矩形截面大偏心墙肢对称配筋的计算方法，但取$-N$代入方程式（5-148b）得

$$x = \frac{-N + \rho_w b_w h_{w0} f_{yw}}{\alpha_1 f_c b_w + 1.5\rho_w b_w f_{yw}} \tag{5-156a}$$

钢筋面积计算公式可按照式（5-149c）和式（5-150e）以“$-N$”代替 N 获得：

$$A'_s = A_s \geqslant \frac{-N\left(e_0 + h_{w0} - \frac{h_w}{2}\right) + M_{sw} - \alpha_1 f_c b_w x (h_{w0} - 0.5x)}{f'_y (h_{w0} - a'_s)} \tag{5-156b}$$

$$A_s = A'_s = \frac{M + 0.5N(h_w - x) - 0.5A_{sw} f_{yw} (h_{w0} - x)}{f_y (h_{w0} - a'_s)} \tag{5-156c}$$

大偏心受拉的特点是截面存在受压区，由式（5-156a）可知应使 $\rho_w > N/f_{yw} b_w h_{w0}$ 才能保证 $x>0$。

3）对称配筋偏心受拉截面的统一建议公式。偏心受拉构件 M-N 相关关系见第 4 章图 4-57 的 cd 段曲线。设 M-N 的关系近似为直线，如图 5-68 所示。设 $N=aM+b$，当 $M=0$ 时，$N=b=N_{0u}$；当 $N=0$ 时，$M=-b/a=M_u$，则 $a=-N_{0u}/M_u$；故 M-N 关系为

$$N = -\frac{N_{0u}}{M_u} M + N_{0u} \tag{5-157a}$$

$$N\left(\frac{1}{N_{0u}} + \frac{e_0}{M_u}\right) = 1 \tag{5-157b}$$

对应于安全状态则有：

$$N \leqslant \frac{1}{\dfrac{1}{N_{0u}} + \dfrac{e_0}{M_u}} \tag{5-157c}$$

式中 N_{0u}——正截面轴心受压承载力；

M_u——正截面受弯承载力。

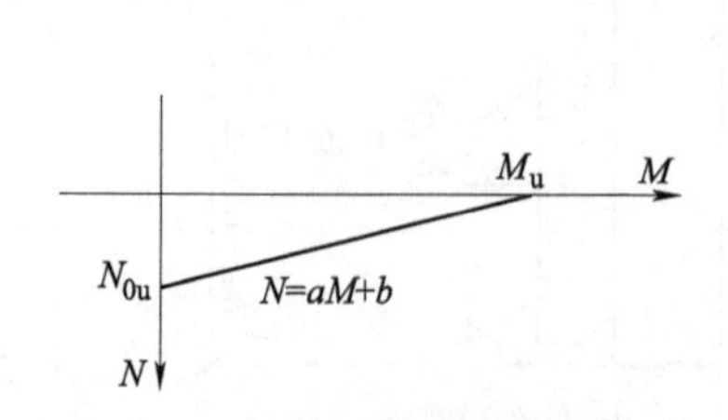

图 5-68 偏心受拉截面 M-N 相关关系

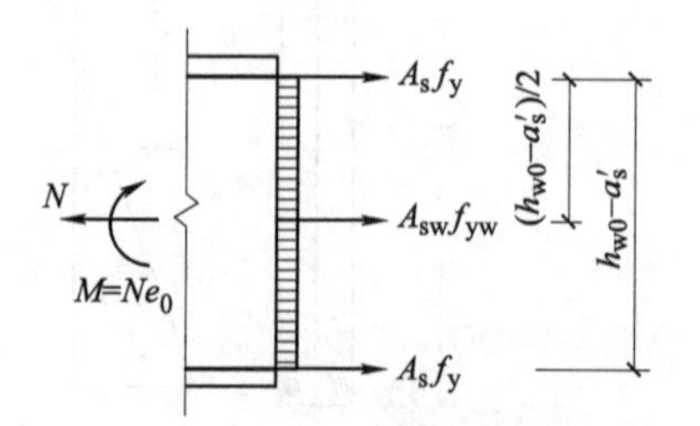

图 5-69 偏心受拉截面

设拉弯承载力极限状态，不考虑受压混凝土的作用，全部分布钢筋 A_{sw} 均可受拉屈服，且端部主筋均达到屈服强度（图 5-69）。故 N_{0u}、M_u分别为

$$N_{0u}=2A_s f_y+A_{sw}f_{yw} \tag{5-157d}$$

$$M_u=A_s f_y(h_{w0}-a'_s)+A_{sw}f_{yw}\frac{(h_{w0}-a'_s)}{2} \tag{5-157e}$$

抗震设计时，N 以 $N\gamma_{RE}$ 代入计算即可。

【例 5-7】 已知同［例 5-4］。北京地区某剪力墙住宅，共 12 层，层高 $h=3$m，建筑总高 H 为 36.0m，墙体厚度初定为 0.18m，采用 C30 混凝土和 HRB335 级钢筋，墙体布置及横墙开洞如图 5-70 所示。建筑重力荷载代表值近似取 15kN/m²，建筑场地类别为Ⅱ类场地，8 度区。地震（左来）作用下内力计算结果见［例 5-4］。试进行地震设计状态下底层墙肢正截面承载力设计。

【解】（1）确定抗震等级　根据《高规》3.9.3 条的规定，8 度区高度不超过 80m 的剪力墙结构抗震等级为二级。本例建筑高度为 36.0m，故抗震等级为二级。

（2）剪力墙的厚度　根据《高规》7.2.1 条的规定，一、二级抗震等级的剪力墙底部加强部位不应小于 200mm。本例原剪力墙厚度为 0.18m，故在此调整为 0.2m。

（3）竖向荷载作用下墙体所受内力计算　A、B、C 三道墙竖向荷载负荷范围如图 5-70 所示。有洞口的 B、C 墙各墙肢负荷以连梁中点划分，设各墙肢重力荷载作用在墙肢中心线上，即只有轴向压力 N_{GE}，忽略弯矩。各墙肢负荷面积及轴向压力计算结果见表 5-39。以 A 墙为例，①轴和④轴 A 墙墙底所受由重力荷载代表值产生的轴向压力分别为

$$A:N_{①⑦GE}=\left[(4.8-3.6+4.8)\times\frac{3.6}{4}\times15\times12\right]\text{kN}=(5.4\times15\times12)\text{kN}=972.0\text{kN}$$

$$A:N_{④GE}=\left(\frac{1}{2}\times4.8\times\frac{4.8}{2}\times2\times15\times12\right)\text{kN}=(11.52\times15\times12)\text{kN}=2073.6\text{kN}$$

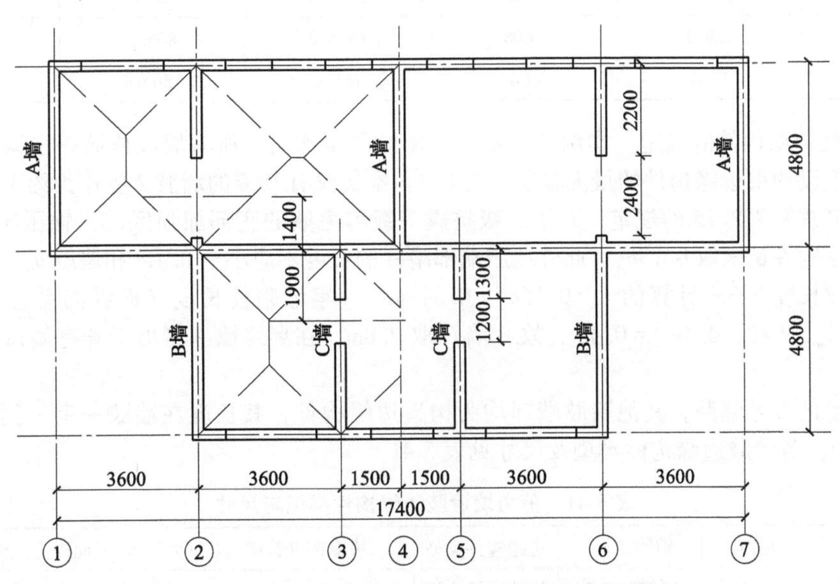

图 5-70 ［例 5-7］剪力墙平面与各道墙重力负荷范围

（4）轴压比验算　剪力墙的墙肢轴压比采用重力荷载代表值作用下墙肢所受的轴向压力设计值验算。剪力墙墙肢长度取到墙边缘，墙厚均为 0.2m。以①轴 A 墙为例，墙长 5m，墙厚 0.2m，则轴压比为

$$\mu_{N,A①}=\gamma_G N_{GE}/f_c b_w h_w=\frac{1.2\times972.0\times1000}{14.3\times200\times5000}=0.082<0.6$$

各墙肢的轴压比均满足二级抗震设计剪力墙轴压比不宜超过 0.6（表 5-32）的要求。

表 5-39　剪力墙底部重力荷载作用与轴压比验算

墙体	墙肢号	h_w/m	b_w/m	重力负荷面积/m^2	f_c/MPa	N_{GE}/kN	μ_N	μ_N 验算状态
A	①轴	5.0	0.2	5.4	14.3	972.0	0.082	<0.6
	④轴	5.0	0.2	11.52	14.3	2073.6	0.174	<0.6
B	1	5.1	0.2	7.36	14.3	1324.8	0.109	<0.6
	2	2.3	0.2	9.2	14.3	1656.0	0.302	<0.6
C	1	2.4	0.2	6.8	14.3	1228.5	0.215	<0.6
	2	1.4	0.2	3.5	14.3	634.5	0.190	<0.6

（5）墙肢正截面内力与组合　各墙肢弯矩与轴力设计值以及重力荷载代表值产生的轴向压力设计值见表 5-40。表中墙肢轴力以拉为“-”。左来水平地震作用时墙肢弯矩为逆时针，右来时为顺时针。

表 5-40　剪力墙墙肢底部的弯矩、轴力及组合

墙体	墙肢	→水平地震作用内力		重力荷载作用	水平地震作用与重力荷载轴力组合	
		M_E/kN·m	N_E/kN	$1.2N_{GE}$/kN	$\rightarrow N_E+1.2N_{GE}$	$\leftarrow N_E+1.2N_{GE}$
A	①轴	3999.2	0	1166.4	1166.4	1166.4
	④轴	3999.2	0	2488.3	2488.3	2488.3
B	1	7920	-2389	1589.8	-800	3979.6
	2	675.8	2389	1987.2	4377	-402
C	1	679.2	-608	1474.2	866.2	2082.2
	2	57.4	608	761.4	1369.4	153.4

（6）墙肢边缘构件的确定　本例计算不考虑墙肢翼缘作用，所有墙肢按照一字墙计算。本例二级剪力墙不设约束边缘构件的最大轴压比为 0.3，本例仅有 B 墙的墙肢 2 应作为约束边缘构件设计。根据《高规》7.2.15 的规定，对于二级抗震等级剪力墙的底部加强区，当轴压比不大于 0.4 时，约束边缘构件长度取 $0.15h_w$，此外墙肢端部暗柱的长度不应小于 0.4m 和墙厚 b_w。B 墙的 2 号墙肢按照墙肢长度 2.3m 计算的 $l_c=0.15h_w=0.345$m，一字墙暗柱长度（即纵向受力主筋配筋范围）取 $\max[b_w, l_c/2, 0.4\text{m}]=0.4$m，故 B 墙 l_c 取 0.8m。在翼缘墙一侧由于开有洞口，故不考虑翼缘。

除了 B 墙的 2 号墙肢，其他墙肢端部均为构造边缘构件，其长度在墙肢一字一侧取 $\max[b_w, 0.4\text{m}]=0.4$m。各墙肢边缘构件类型及尺寸见表 5-41。

表 5-41　剪力墙墙肢边缘构件类型与尺寸

墙体	墙肢号	h_w/m	轴压比 μ_N	边缘构件类型	边缘构件长度（l_c）/m	纵向受力主筋配筋范围/m
A	①轴	5.0	0.082<0.3	构造边缘构件	0.4/0.4	0.4
	④轴	5.0	0.174<0.3	构造边缘构件	0.4/0.4	0.4
B	1	5.1	0.109<0.3	构造边缘构件	0.4/0.4	0.4
	2	2.3	0.302>0.3	约束边缘构件	0.8/0.8	0.4
C	1	2.4	0.215<0.3	构造边缘构件	0.4/0.4	0.4
	2	1.4	0.19<0.3	构造边缘构件	0.4/0.4	0.4

（7）确定竖向分布钢筋　墙肢采用对称配筋。以下仅以左来水平地震作用组合内力为例进行

配筋计算。

按照《高规》的规定，一、二、三级抗震等级剪力墙的分布钢筋配筋率不低于0.25%，竖筋间距不大于300mm，直径不小于8mm且不大于200mm÷10=20mm。本例取竖向分布钢筋取双排ϕ10@200，则竖向分布钢筋的配筋率为

$$\rho_w=\frac{nA_{sv}}{b_w s}=\frac{2\times78.5}{200\times200}=0.393\%>0.25\%$$

故2ϕ10@200满足要求。

（8）墙肢正截面受压区高度计算　各墙肢均采用对称配筋截面。对偏心受压截面将竖向分布钢筋配筋率代入式（5-148b）计算受压区高度x，受拉墙肢以$-N$代入公式。对于地震设计状况，受压区高度计算公式需考虑承载力抗震调整系数γ_{RE}：

$$x=\frac{\gamma_{RE}N+\rho_w b_w h_{w0}f_{yw}}{\alpha_1 f_c b_w+1.5\rho_w b_w f_{yw}}$$

式中，对剪力墙γ_{RE}取0.85。墙肢有效长度$h_{w0}=h_w-a_s'$，其中$a_s'=a_s$取竖向受力主筋配筋范围长度的一半。B墙的约束边缘构件取$a_s'=a_s=\max[b_w/2，400\text{mm}/2，l_c/4]=200\text{mm}$，对构造边缘构件取$a_s'=a_s=0.5\times[b_w，0.4\text{m}]_{\max}=0.2\text{m}$。仅考虑地震作用左来有关参数见表5-42。

表5-42　剪力墙底部正截面计算参数

墙体	墙肢号	h_w/m	b_w/m	$a_s=a_s'$/m	h_{w0}/m	受压区高度x/mm	$\xi_b h_{w0}$/mm	截面性质	备注
A	①轴	5.0	0.2	0.2	4.8	660.7	2640	$x<\xi_b h_{w0}$大偏心受压	
	④轴	5.0	0.2	0.2	4.8	1010.3	2640	$x<\xi_b h_{w0}$大偏心受压	
B	1	5.1	0.2	0.2	4.9	147.9	2695	$x<\xi_b h_{w0}$大偏心受拉	$x<2a_s'$，取$x=0.4$m
	2	2.3	0.2	0.2	2.1	1311.8	1155	$x>\xi_b h_{w0}$小偏心受压	
C	1	2.4	0.2	0.2	2.2	390.5	1210	$x<\xi_b h_{w0}$大偏心受压	$x<2a_s'$，取$x=0.4$m
	2	1.4	0.2	0.2	1.2	450.2	660	$x<\xi_b h_{w0}$大偏心受压	

由于B_1为大偏心受拉，故B_2的设计弯矩应乘以1.25增大系数。

x计算举例：

①轴A墙受压区高度计算：

$h_{w0}=h_w-a_s'=5.0\text{m}-0.2\text{m}=4.8\text{m}$；$f_{yw}=300\text{MPa}$；$f_c=14.3\text{MPa}$；左来地震作用下弯矩设计值为3999.2kN·m，组合轴力设计值为1166.4kN。受压区高度为

$$x=\frac{\gamma_{RE}N+\rho_w b_w h_{w0}f_{yw}}{\alpha_1 f_c b_w+1.5\rho_w b_w f_{yw}}=\frac{0.85\times1166.4\times1000+0.00393\times0.2\times4.8\times10^6\times300}{14.3\times0.2\times1000+1.5\times0.00393\times0.2\times10^3\times300}\text{mm}=660.7\text{mm}$$

界限相对受压区高度为：

$$\xi_b=\frac{\beta_1}{1+\dfrac{f_y}{E_s\varepsilon_{cu}}}=\frac{0.8}{1+\dfrac{300}{2\times10^5\times0.0033}}=0.55$$

$x=660.7\text{mm}<0.55h_{w0}=0.55\times4800\text{mm}=2640\text{mm}$，为大偏心受压截面。

②轴B墙墙肢1受压区高度计算（⑥轴同）：

$h_{w0}=h_w-a_s'=5.1\text{m}-0.2\text{m}=4.9\text{m}$；$f_{yw}=300\text{MPa}$；$f_c=14.3\text{MPa}$；左来地震作用下弯矩设计值7725.6kN·m，组合轴力设计值-800kN（拉）。受压区高度为

$$x=\frac{\gamma_{RE}N+\rho_w b_w h_{w0}f_{yw}}{\alpha_1 f_c b_w+1.5\rho_w b_w f_{yw}}=\frac{-0.85\times800\times1000+0.00393\times0.2\times4.9\times10^6\times300}{14.3\times0.2\times1000+1.5\times0.00393\times0.2\times10^3\times300}\text{mm}=147.9\text{mm}$$

$x=147.9\text{mm}<0.55\times4900\text{mm}=2695\text{mm}$，为大偏心受拉截面。

$x=147.9\text{mm}<2a'_s=400\text{mm}$，故取 $x=400\text{mm}$ 计算。

（9）计算受力主筋　竖向分布钢筋已选定为 $2\phi10@200$，以下按照已知分布钢筋计算端部受力主筋。本例由表5-42可以看出本例题墙肢的正截面受力状态分为三种情况，即大偏心受压有3道墙，分别是A墙和C墙的2号墙肢，以及 $x<2a'_s$ 的C墙的1号墙肢；小偏心受压有1道，为B墙的2号墙肢；大偏心受拉有1道，为B墙的1号墙肢，以下分别计算。

1）大偏心受压墙肢 $2a'_s<x\leqslant\xi_b h_{w0}$。以①轴A墙为例：

$h_{w0}=4.8\text{m}$；$f_{yw}=300\text{MPa}$；$f_c=14.3\text{MPa}$；$M=3999.2\text{kN}\cdot\text{m}$，$N=1166.4\text{kN}$，$x=660.7\text{mm}$。由式（5-149b）计算分布钢筋的抵抗弯矩：

$$
\begin{aligned}
M_{sw} &= 0.5\rho_w b_w f_{yw}(h_{w0}-1.5x)^2\\
&= [0.5\times0.00393\times0.2\times1000\times300\times(4.8\times1000-1.5\times660.7)^2]\text{N}\cdot\text{m}\\
&= 1710.5\text{kN}\cdot\text{m}
\end{aligned}
$$

则由式（5-149c）有：

$$
A_s=A'_s\geqslant\frac{\gamma_{RE}M+\gamma_{RE}N(0.5h_w-a_s)+M_{sw}-\alpha_1 f_c b_w x(h_{w0}-0.5x)}{f'_y(h_{w0}-a'_s)}
$$

$$
A_s=A'_s\geqslant\frac{[0.85\times3999.2+0.85\times1166.4\times(0.5\times5.0-0.2)+1710.5]\times10^6-14.3\times200\times660.7\times(4800-0.5\times660.7)}{300\times(4800-200)}\text{mm}^2
$$

$$
=-765\text{mm}^2<0
$$

故按构造要求配筋。

2）大偏心受压墙肢 $x<2a'_s$。以C墙1号墙肢为例：

$h_w=2.4\text{m}$；$f_{yw}=300\text{MPa}$；$f_c=14.3\text{MPa}$；$M=679.2\text{kN}\cdot\text{m}$，$N=866.2\text{kN}$，$x=390.5\text{mm}<2a'_s=400\text{mm}$，取 $x=400\text{mm}$。对受压区合力点取矩，由式（5-151c）计算分布钢筋的抵抗弯矩：

$$
\begin{aligned}
M_{sw} &= 0.5b_w h_{w0}\rho_w f_{yw}(h_{w0}-2a'_s)=[0.5\times0.2\times2.2\times0.00393\times300\times(2.2-2\times0.2)\times10^9]\text{N}\cdot\text{m}\\
&= 467\text{kN}\cdot\text{m}
\end{aligned}
$$

由式（5-151d）有：

$$
A_s=A'_s\geqslant\frac{\gamma_{RE}M-\gamma_{RE}N(0.5h_w-a'_s)-M_{sw}}{f_y(h_{w0}-a'_s)}
$$

$$
A_s=A'_s\geqslant\frac{[0.85\times679.2-0.85\times866.2\times(0.5\times2.4-0.2)-467]\times10^6}{300\times(2.2-0.2)\times10^3}\text{mm}^2=-1043\text{mm}^2<0
$$

故按构造要求配筋。

3）大偏心受拉墙肢 $x<2a'_s$。以B墙1号墙肢为例：$h_w=5.1\text{m}$；$f_{yw}=300\text{MPa}$；$f_c=14.3\text{MPa}$；$M=7920\text{kN}\cdot\text{m}$，$N=-800\text{kN}$(拉)；

$x=147.9\text{mm}<2a'_s=400\text{mm}$，取 $x=400\text{mm}$。

由式（5-151c）有：

$$
\begin{aligned}
M_{sw} &= 0.5b_w h_{w0}\rho_w f_{yw}(h_{w0}-2a'_s)=[0.5\times0.2\times4.9\times0.00393\times300\times(4.9-2\times0.2)\times10^9]\text{N}\cdot\text{m}\\
&= 2600\text{kN}\cdot\text{m}
\end{aligned}
$$

将式（5-151d）其中的 N 以 $-N$ 代入，则

$$
\begin{aligned}
A_s=A'_s &\geqslant\frac{\gamma_{RE}M+\gamma_{RE}N(0.5h_w-a'_s)-M_{sw}}{f_y(h_{w0}-a'_s)}\\
&=\frac{[0.85\times7920+0.85\times800\times(0.5\times5.1-0.2)-2600]\times10^6}{300\times(4.9-0.2)\times10^3}\text{mm}^2=4064\text{mm}^2
\end{aligned}
$$

4）小偏心受压墙肢计算。B墙的墙肢2为小偏心受压墙肢。$h_w=2.3\text{m}$；$f_{yw}=300\text{MPa}$；$f_c=$

14.3MPa；$M=675.8\times1.25\mathrm{kN\cdot m}$，$N=4377\mathrm{kN}$(拉)；初步计算 $x=1311.8\mathrm{mm}>\xi_b h_{w0}=1155\mathrm{mm}$。按小偏心计算，由式（5-153a），截面相对受压区高度为

$$\xi=\frac{\gamma_{RE}N-\xi_b\alpha_1 f_c b_w h_{w0}}{\dfrac{\gamma_{RE}N(e_0+0.5h_w-a_s)-0.43\alpha_1 f_c b_w h_{w0}^2}{(\beta_1-\xi_b)(h_{w0}-a_s')}+\alpha_1 f_c b_w h_{w0}}+\xi_b$$

$$\xi=\frac{0.85\times4377\times10^3-0.55\times14.3\times0.2\times2.1\times10^6}{\dfrac{0.85\times[1.25\times675.8+4377\times(0.5\times2.3-0.2)]\times10^6-0.43\times14.3\times0.2\times2.1^2\times10^9}{(0.8-0.55)\times(2.1-0.2)\times10^3}+14.3\times0.2\times2.1\times10^6}+0.55$$

$=0.668$

受力主筋的面积为

$$A_s=A_s'=\frac{\gamma_{RE}N\left(e_0+\dfrac{h_w}{2}-a_s\right)-\xi(1-0.5\xi)\alpha_1 f_c b_w h_{w0}^2}{f_y(h_{w0}-a_s')}$$

$$A_s=A_s'=\frac{0.85\times1.25\times675.8\times10^6+0.85\times4377\times(2.3\div2-0.2)\times10^6-0.668\times(1-0.5\times0.668)\times14.3\times0.2\times2.1^2\times10^9}{300\times(2.1-0.2)\times10^3}\mathrm{mm^2}$$

$=-2384\mathrm{mm^2}<0$

故按构造要求配筋。

5）各墙肢端部受力主筋配置。墙肢端部受力主筋的配制需满足计算以及构造规定。各墙肢端部配筋范围的截面面积为 $A_c=400\mathrm{mm}\times200\mathrm{mm}$。二级抗震墙边缘构件的最小配筋为 $0.008A_c$，二级抗震的墙肢约束边缘构件的最小配筋为 $0.01A_c$(B 墙墙肢 2)。边缘构件的最小钢筋为 6ϕ14mm，二级抗震墙肢约束边缘构件的最小钢筋为 6ϕ16mm。各墙肢端部边缘构件对称配置的竖向钢筋计算结果汇总及构造配筋的相关规定见表 5-43。

表 5-43　剪力墙底部正截面受力主筋计算结果与配置

墙体	墙肢号	边缘构件类型	竖向分布钢筋	$A_s=A_s'$计算结果/mm^2	构造规定 $A_s=A_s'$最小面积	实配竖向受力钢筋
A	①轴	构造边缘构件	2ϕ10@200	<0	min[$0.008A_c$，6ϕ14]=924mm^2	6ϕ14
	④轴	构造边缘构件	2ϕ10@200	<0	min[$0.008A_c$，6ϕ14]=924mm^2	6ϕ14
B	1	构造边缘构件	2ϕ10@200	4064	min[$0.008A_c$，6ϕ14]=924mm^2	8ϕ25(3927mm^2)
	2	约束边缘构件	2ϕ10@200	<0	min[$0.01A_c$，6ϕ16]=1206mm^2	6ϕ16
C	1	构造边缘构件	2ϕ10@200	<0	min[$0.008A_c$，6ϕ14]=924mm^2	6ϕ14
	2	构造边缘构件	2ϕ10@200	<0	min[$0.008A_c$，6ϕ14]=924mm^2	6ϕ14

6）边缘构件的箍筋。

① 约束边缘构件。B 墙的墙肢 2 为约束边缘构件，轴压比为 0.302。二级抗震等级剪力墙的轴压比小于 0.4 时，端部暗柱的配箍特征值 $\lambda_v=0.12$。暗柱需要的最小箍筋体积配筋率：

$$\rho_v=\lambda_v\frac{f_c}{f_{yv}}=0.12\times\frac{14.3}{300}=0.0057$$

设箍筋竖向间距 $s=150\mathrm{mm}$，箍筋水平间距 $a=200\mathrm{mm}$，箍筋直径为 8mm；若混凝土保护层厚度按一类环境取 20mm，则取 $a_s=25\mathrm{mm}$，$b_a=(b_w-2a_s)=200\mathrm{mm}-50\mathrm{mm}=150\mathrm{mm}$；阴影区长度为 400mm，则取纵向箍筋肢数 $m=3$，取厚度方向箍筋肢数 $n=2$，则根据式（5-142b）有

$$\rho_v=\frac{V_{sv}}{A_c s}=\frac{A_{sv1}[mb_a+n(m-1)a]}{b_a(m-1)as}=\frac{50.3\times(3\times150+2\times2\times200)}{150\times2\times200\times150}=0.007>0.0057$$

故 B 墙的墙肢 2 约束边缘构件阴影内箍筋为双肢 2ϕ8@$_v$150，水平肢距@$_h$200，阴影外相同，

封闭箍筋套与阴影内搭200mm，拉结筋 $\phi8@_{v}150@_{h}200$。边缘构件外钢筋网片拉结筋 $\phi8@600$，如图5-71a所示。

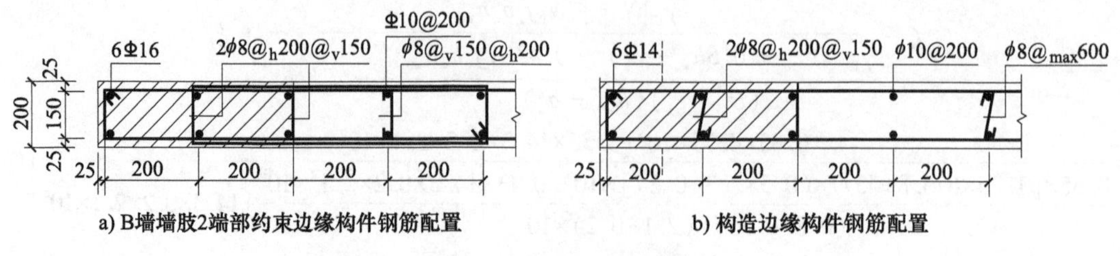

图5-71　墙肢边缘构件

②构造边缘构件。构造边缘构件的箍筋、拉结筋沿水平方向的肢距不宜大于300mm，不应大于竖向钢筋间距的2倍；二级剪力墙底部加强部位边缘构件箍筋不少于 $\phi8@150$。根据已选构造边缘构件配筋6Φ14，选择 $2\phi8@_{v}150$，水平肢距 $@_{h}200$，钢筋网片拉结筋 $\phi8@600$，如图5-71b所示。

2. 墙肢的受剪承载力设计

（1）剪力设计值调整

1）抗震设计时，为体现强剪弱弯的原则，剪力墙底部加强部位的剪力设计值要乘以增大系数，按一、二、三、四级的不同要求，采用不同的增大系数，四级抗震等级及无地震作用组合时可不调整。对一、二、三级抗震等级剪力墙底部加强部位的剪力设计值：

$$V = \eta_{vw} V_w \tag{5-158a}$$

式中　V——底部加强部位剪力墙截面的剪力设计值；

V_w——底部加强部位剪力墙面考虑地震作用组合的剪力计算值；

η_{vw}——剪力增大系数，一级为1.6，二级为1.4，三级为1.2。

2）在抗震设防烈度为9度时，剪力墙底部加强部位要求用实际配筋计算的受弯承载力反算其剪力增大系数，即9度抗震设计时尚应符合：

$$V = 1.1\frac{M_{wua}}{M_w}V_w \tag{5-158b}$$

式中　M_{wua}——剪力墙正截面抗震受弯承载力，应考虑承载力抗震调整系数 γ_{RE}、按实际配筋面积、材料强度标准值和组合轴向力设计值确定，有翼墙时应考虑墙两侧各一倍翼墙厚度范围内的纵向钢筋；

M_w——底部加强部位剪力墙底截面考虑地震作用组合的弯矩设计值。

3）如前5.5.4节所述，为做到切实保证底部加强区出现塑性铰，对一级抗震设计剪力墙底部加强区以上部位弯矩予以增加；为体现强剪弱弯设计要求，故在增大弯矩的同时，对剪力墙剪力设计值也应相应乘以剪力增大系数1.3。

（2）剪力墙墙肢截面的要求　在剪力墙设计时，应通过构造措施防止发生剪切斜拉破坏和斜压破坏。斜拉破坏通过最小分布钢筋配筋率以及控制最大间距加以限制；斜压破坏则通过限制最大剪力或最小截面尺寸实现：

1）永久、短暂设计状况：

$$V \leqslant 0.25\beta_c f_c b_w h_{w0} \tag{5-159a}$$

2）地震设计状况：

剪跨比 λ 大于2.5时

$$V \leqslant \frac{1}{\gamma_{RE}}0.2\beta_c f_c b_w h_{w0} \tag{5-159b}$$

剪跨比 λ 不大于2.5时

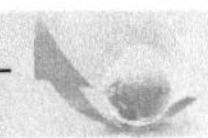

$$V \leqslant \frac{1}{\gamma_{RE}} 0.15\beta_c f_c b_w h_{w0} \tag{5-159c}$$

式中 V——剪力墙墙肢截面剪力设计值，应经过调整或增大；

b_w、h_{w0}——剪力墙截面宽度、截面有效高度；

β_c——混凝土强度影响系数，当混凝土强度等级不大于C50时取1，C80时取0.8，混凝土强度等级在C50~C80之间时，β_c在1~0.8之间线性插值确定。

计算截面处的剪跨比$\lambda = M_c/(V_c h_{w0})$。$M_c$、$V_c$应分别取同一组合的墙肢截面弯矩和剪力计算值。计算剪跨比时内力均不调整，以便反映剪力墙的实际情况。

（3）偏心受压剪力墙的斜截面受剪承载力计算　偏心受压构件中，一定的轴向压力有利于受剪承载力，故剪力墙墙肢截面受剪承载力验算时考虑轴向压力的有利影响。但由于压力增大到一定程度后，对抗剪的有利作用减小，因此要对轴力的取值加以限制。在此，通过计算确定墙体里的水平钢筋，防止出现剪压破坏。

1）永久、短暂设计状况：

$$V \leqslant \frac{1}{\lambda - 0.5}\left(0.5 f_t b_w h_{w0} + 0.13 N \frac{A_w}{A}\right) + f_{yh} \frac{A_{sh}}{s} h_{w0} \tag{5-160a}$$

2）地震设计状况：

$$V \leqslant \frac{1}{\gamma_{RE}}\left[\frac{1}{\lambda - 0.5}\left(0.4 f_t b_w h_{w0} + 0.1 N \frac{A_w}{A}\right) + 0.8 f_{yh} \frac{A_{sh}}{s} h_{w0}\right] \tag{5-160b}$$

式中 N——剪力墙截面轴向压力设计值（式中为绝对值），抗震设计时，应考虑地震作用效应组合，当N大于$0.2 f_c b_w h_w$时，应取$0.2 f_c b_w h_w$；

A——剪力墙截面面积；

A_w——T形或工字形截面剪力墙腹板的面积，矩形截面时应取A；

λ——计算截面处的剪跨比，计算时，当λ小于1.5时应取1.5，当λ大于2.2时应取2.2，当计算截面与墙底之间的距离小于$0.5h_{w0}$时，λ按距墙底$0.5h_{w0}$处的弯矩值与剪力值计算；

s——剪力墙水平分布钢筋间距；

A_{sh}——同一截面的水平分布钢筋面积；

f_{yh}——剪力墙水平分布钢筋的抗拉强度设计值；

f_t——混凝土抗拉强度设计值。

（4）偏心受拉剪力墙的斜截面受剪承载力验算　剪力墙偏心受拉时，斜截面受剪承载力计算应考虑轴向拉力的不利影响，按下式计算：

1）永久、短暂设计状况：

$$V \leqslant \frac{1}{\lambda - 0.5}\left(0.5 f_t b_w h_{w0} - 0.13 N \frac{A_w}{A}\right) + f_{yh} \frac{A_{sh}}{s} h_{w0} \tag{5-161a}$$

式（5-161a）右端的计算值小于$f_{yh}\frac{A_{sh}}{s}h_{w0}$时，取等于$f_{yh}\frac{A_{sh}}{s}h_{w0}$。

2）地震设计状况：

$$V \leqslant \frac{1}{\gamma_{RE}}\left[\frac{1}{\lambda - 0.5}\left(0.4 f_t b_w h_{w0} - 0.1 N \frac{A_w}{A}\right) + 0.8 f_{yh} \frac{A_{sh}}{s} h_{w0}\right] \tag{5-161b}$$

式（5-161b）右端的计算值小于$0.8 f_{yh}\frac{A_{sh}}{s}h_{w0}$时，取等于$0.8 f_{yh}\frac{A_{sh}}{s}h_{w0}$。

式中 N——剪力墙截面轴向拉力设计值（式中为绝对值），抗震设计时，应考虑地震作用效应组合。

（5）剪力墙施工缝的抗滑移验算　剪力墙要防止水平施工缝处发生滑移。考虑了轴向压力的有利影响后，通过验算水平施工缝的竖向钢筋是否足以抵抗水平剪力。已配置的端部和分布竖向钢筋不够时，可设置附加插筋，附加插筋在上、下层剪力墙中都要有足够的锚固长度。按一级抗震等级设计的剪力墙，水平施工缝的抗剪滑移要符合下列要求：

$$V_{wj} \leqslant \frac{1}{\gamma_{RE}}(0.6f_y A_s + 0.8N) \tag{5-162}$$

式中　V_{wj}——水平施工缝处考虑地震作用组合的剪力设计值；

A_s——水平施工缝处剪力墙腹板内竖向分布钢筋和边缘构件中的竖向钢筋总面积（不包括两侧翼墙），以及在墙体中有足够锚固长度的附加竖向插筋面积；

f_y——竖向钢筋抗拉强度设计值；

N——水平施工缝处考虑地震作用组合的轴向力设计值，压力取正值，拉力取负值。

【例 5-8】　已知和部分计算结果同［例 5-4］和［例 5-7］。北京地区某剪力墙住宅，共 12 层，层高 $h=3$m，建筑总高 H 为 36.0m，采用 C30 混凝土和 HRB335 级钢筋，墙体布置及横墙开洞如图 5-32 所示。建筑重力荷载代表值近似取 15kN/m²。试进行左来横向地震设计状态下底层墙肢斜截面承载力设计。

【解】　（1）每片剪力墙的设计内力　在水平地震作用下的墙肢剪力计算见［例 5-4］，弯矩设计值及组合轴力见［例 5-7］，墙体厚度同［例 5-7］。各墙肢尺寸及左来水平地震作用的墙肢组合内力见表 5-44。

根据《高规》7.2.6 条规定，二级剪力墙的底部加强区剪力设计按照组合剪力乘以剪力增大系数 $\eta_{vw}=1.4$ 予以调整。各截面设计内力以及剪跨比见表 5-44。

表 5-44　剪力墙墙肢底部弯矩、剪力与轴力设计值

墙体	墙肢	墙肢截面尺寸/m			→水平地震作用组合内力			剪力设计值/kN	剪跨比 λ
		h_w	b_w	h_{w0}	M/kN·m	V/kN	N/kN	$\eta_{vw}V$	
A	①轴	5.0	0.2	4.8	3999.2	157.2	1166.4	220.1	3.78>2.5
	④轴	5.0	0.2	4.8	3999.2	157.2	2488.3	220.1	3.78>2.5
B	1	5.1	0.2	4.9	7920	653.4	−800	914.8	1.77<2.5
	2	2.3	0.2	2.1	675.8	194.2	4377	271.9	1.18<2.5
C	1	2.4	0.2	2.2	679.2	77.3	866.2	108.2	2.85>2.5
	2	1.4	0.2	1.2	57.4	26.7	1369.4	37.4	1.28<2.5

（2）墙肢截面剪压比验算　该验算也是对截面尺寸或最大剪力设计值的要求。具体要求见式（5-159）：

以 A 墙为例，$\lambda=3.78>2.5$，故

$0.2\beta_c f_c b_w h_{w0} = (0.2\times1\times14.3\times0.2\times4.8\times10^3)\text{kN} = 2746\text{kN} > \gamma_{RE}V = 0.85\times228.8\text{kN} = 194.5\text{kN}$，满足要求

各截面均满足要求。

（3）墙肢斜截面受剪承载力验算

1）偏心受压墙肢计算。偏心受压墙肢受剪承载力计算见式（5-160b）：

$$V \leqslant \frac{1}{\gamma_{RE}}\left[\frac{1}{\lambda-0.5}\left(0.4f_t b_w h_{w0} + 0.1N\frac{A_w}{A}\right) + 0.8f_{yh}\frac{A_{sh}}{s}h_{w0}\right]$$

式中，λ 的取值范围为 1.5~2.2，N 取不大于 $0.2f_c b_w h_w$；$f_c=14.3$MPa，$f_t=1.43$MPa；$A_w=A=b_w h_w$。

由表 5-42 可以看到，除 B 墙 1 号墙肢以外均为偏心受压墙肢。考虑到 B_1 墙肢为大偏心受拉，

则 B_2 的设计剪力也需乘以 1.25。

由计算公式可见，当满足以下关系时，计算上仅由混凝土就可以提供足够的抗剪能力，而水平钢筋仅按照构造配置即可：

$$V \leqslant \frac{1}{\gamma_{RE}} \frac{1}{\lambda - 0.5}\left(0.4 f_t b_w h_{w0} + 0.1 N \frac{A_w}{A}\right)$$

以 B 墙 2 号墙肢为例：$\eta_{vw} V = 271.9\text{kN}$，$N = 4377\text{kN} > 0.2 f_c b_w h_w = 1316\text{kN}$，故公式中 N 以 $0.2 f_c b_w h_w = 1316\text{kN}$ 代入计算。$\lambda = 1.18 < 1.5$，故以 1.5 代入公式计算。

$$\begin{aligned}
&\frac{1}{\gamma_{RE}} \frac{1}{\lambda - 0.5}\left(0.4 f_t b_w h_{w0} + 0.1 N \frac{A_w}{A}\right) \\
&= \frac{1}{0.85} \times \frac{1}{1.5 - 0.5} \times (0.4 \times 1.43 \times 2.1 \times 0.2 \times 10^6 + 0.1 \times 1316 \times 1 \times 10^3)\text{N} \\
&= 437.4\text{kN} > 271.9 \times 1.25\text{kN} = 339.9
\end{aligned}$$

说明截面仅需构造配筋即可。计算结果见表 5-45，由表 5-45 可见五个墙肢均无须通过计算配置水平分布钢筋。本例，水平分布钢筋可取与竖向分布钢筋相同的配置 2⌀10@200。

表 5-45　剪力墙墙肢底部斜截面承载力计算（偏心变压墙肢）

墙体	墙肢	b_w /m	h_{w0} /m	h_w /m	N /kN	$0.2f_c b_w h_w$ /kN	$N^* = \min(N, 0.2f_c b_w h_w)$/kN	$\lambda = M(Vh_{w0})$	$\gamma_{RE}V$ /kN	$(0.4f_t b_w h_{w0} + 0.1N^*)/(\lambda - 0.5)$/kN
A	①轴	0.2	4.8	5	1166.4	2860	1166.4	3.78，取 2.2	187.1	391.6
	④轴	0.2	4.8	5	2488.3	2860	2488.3	3.78，取 2.2	187.1	469.4
B	2	0.2	2.1	2.3	4377	1316	1316	1.18，取 1.5	339.8	371.8
C	1	0.2	2.2	2.4	866.2	1373	866.2	2.85，取 2.2	92.0	198.4
	2	0.2	1.2	1.4	1369.4	801	801	1.28，取 1.5	31.8	217.4

2）偏心受拉墙肢计算。偏心受拉墙肢受剪承载力计算公式：

$$\gamma_{RE} V \leqslant \frac{1}{\lambda - 0.5}\left(0.4 f_t b_w h_{w0} - 0.1 N \frac{A_w}{A}\right) + 0.8 f_{yh} \frac{A_{sh}}{s} h_{w0}$$

右端的计算值小于 $0.8 f_{yh} \frac{A_{sh}}{s} h_{w0}$ 时，取等于 $0.8 f_{yh} \frac{A_{sh}}{s} h_{w0}$。

由计算公式可见，当满足以下关系时，计算上仅由混凝土就可以提供足够的抗剪能力，而水平钢筋仅按照构造配置即可：

$$\gamma_{RE} V \leqslant \frac{1}{\lambda - 0.5}\left(0.4 f_t b_w h_{w0} - 0.1 N \frac{A_w}{A}\right)$$

B 墙 1 号墙肢：

$$\begin{aligned}
\frac{1}{\lambda - 0.5}\left(0.4 f_t b_w h_{w0} - 0.1 N \frac{A_w}{A}\right) &= \frac{1}{1.77 - 0.5} \times (0.4 \times 1.43 \times 4.9 \times 0.2 \times 10^6 - \\
&\quad 0.1 \times 800 \times 1 \times 10^3)\text{N} = 378.4\text{kN} \\
&< \gamma_{RE} V = 0.85 \times 914.8\text{kN} = 777.6\text{kN}
\end{aligned}$$

故需要计算水平分布钢筋。

$$\begin{aligned}
\frac{A_{sh}}{s} &\geqslant \frac{\gamma_{RE} V - \frac{1}{\lambda - 0.5}\left(0.4 f_t b_w h_{w0} - 0.1 N \frac{A_w}{A}\right)}{0.8 f_{yh} h_{w0}} \\
&= \frac{0.85 \times 914.8 \times 10^3 - 378.4 \times 10^3}{0.8 \times 300 \times 4.9 \times 10^3}\text{m} = 0.342\text{m}
\end{aligned}$$

设水平分布钢筋采用间距也采用 200mm，则 $A_{sh}=0.342s=(0.342\times200)\text{mm}^2=68.4\text{mm}^2$。选用 2⌀8，$A_{sh}=2\times50.3\text{mm}^2=100.6\text{mm}^2$。故水平分布钢筋采用 2⌀8@200，配筋率为

$$\rho_{sh}=\frac{A_{sh}}{b_w s}=\frac{2\times50.3}{200\times200}=0.252\%>0.25\%(\text{满足要求})$$

5.5.5 连梁设计及配筋构造

连梁对于联肢墙的刚度、承载力、延性等都有十分重要的影响，也是实现剪力墙二道防线的重要构件。连梁设计的要求是：在小震和风荷载的作用下，连梁起着联系墙肢且加大剪力墙刚度的作用，在弯矩与剪力的作用下不能出现裂缝。在中震下连梁应首先出现弯曲屈服耗散地震能量；在大震作用下连梁的破坏不排除剪切破坏。连梁是剪力墙设计的重要环节，要加强概念设计。

1. 连梁设计特点

剪力墙开洞经常形成跨高比小于 5 的连梁。跨高比小于 5 的连梁在竖向荷载下的弯矩所占比例较小，水平荷载作用下与墙肢相互作用产生的约束弯矩和剪力较大，约束弯矩在两端反号，这种反弯作用对剪切变形十分敏感，容易出现剪切裂缝（图 5-72）。所以要严格控制连梁的剪压比，而跨高比小于 2.5 的连梁截面名义剪应力限制及斜截面抗剪验算都比跨高比大于 2.5 的连梁更加严格。《高规》7.1.3 条规定，对于跨高比小于 5 的连梁应按本节有关规定进行设计；当连梁跨高比不小于 5 时，宜按框架梁设计。连梁应与剪力墙取相同的抗震等级。

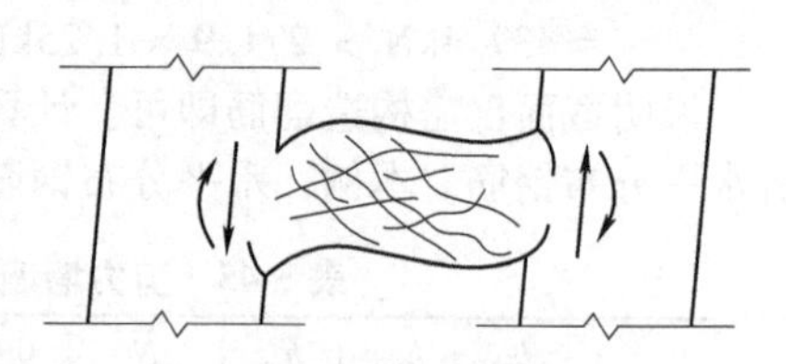
图 5-72 连梁的变形

2. 连梁正截面承载力验算

连梁截面验算应包括正截面受弯承载力及斜截面受剪承载力两部分。由于连梁一般都是上、下配相同数量钢筋，可按双筋截面验算。连梁受弯的受压区通常很小，故可采用受拉钢筋对受压钢筋合力点取矩得到受弯承载力。连梁正截面承载力验算公式近似取：

$$M=f_yA_s(h_{b0}-a_s') \tag{5-163}$$

3. 连梁斜截面承载力验算

（1）连梁剪力设计值　连梁剪力设计值考虑强剪弱弯的设计原则取值如下：

1）非抗震设计以及四级抗震等级的剪力墙，应分别取考虑水平风荷载或水平地震作用组合的剪力设计值。

2）一、二、三级抗震等级的剪力墙，连梁的梁端截面组合剪力设计值应按下式进行调整，并采用增大系数 η_{vb} 予以增大：

$$V=\eta_{vb}\frac{(M_b^l+M_b^r)}{l_n}+V_{Gb} \tag{5-164a}$$

3）9 度设防时一级抗震等级剪力墙的剪力设计值：

$$V=1.1\frac{(M_{bua}^l+M_{bua}^r)}{l_n}+V_{Gb} \tag{5-164b}$$

式中　M_b^l、M_b^r——梁左、右端逆时针或顺时针方向截面组合的弯矩设计值，当抗震等级为一级且梁两端弯矩均为负弯矩时，绝对值较小一端的弯矩应取零；

M_{bua}^l、M_{bua}^r——梁左、右端逆时针或顺时针方向实配抗震受弯承载力所对应的弯矩值，应根据实配钢筋面积（计入受压钢筋）和材料强度标准值并考虑承载力抗震调整系数计算；

η_{vb}——梁剪力增大系数，一、二、三级分别取 1.3、1.2 和 1.1；

l_n——梁的净跨；

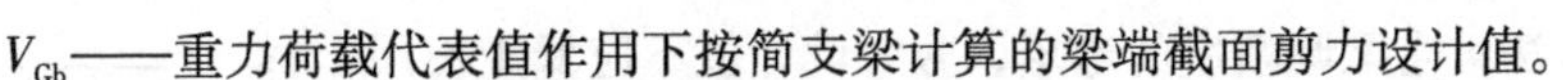

V_{Gb}——重力荷载代表值作用下按简支梁计算的梁端截面剪力设计值。

（2）连梁截面尺寸的要求　连梁是对剪力墙结构抗震性能影响较大的构件，根据有关试验研究，连梁截面内平均剪应力大小对连梁破坏性能影响较大，如果平均剪应力过大，在箍筋充分发挥作用之前，连梁就会发生剪切破坏，尤其是在小跨高比条件下。因此，对小跨高比连梁的截面平均剪应力及斜截面受剪承载力验算都提出更加严格的要求。

1）永久、短暂设计状况：

$$V \leqslant 0.25\beta_c f_c b_b h_{b0} \tag{5-165a}$$

2）地震设计状况：

跨高比大于2.5时

$$V \leqslant \frac{1}{\gamma_{RE}} 0.2\beta_c f_c b_b h_{b0} \tag{5-165b}$$

跨高比不大于2.5时

$$V \leqslant \frac{1}{\gamma_{RE}} 0.15\beta_c f_c b_b h_{b0} \tag{5-165c}$$

式中　V——连梁按照强剪弱弯调整增大后的剪力设计值；

b_b——连梁截面宽度；

h_{b0}——连梁截面有效高度；

β_c——混凝土强度影响系数。

（3）连梁抗剪承载力计算　跨高比大于5的连梁斜截面受剪承载力验算同框架梁。跨高比小于5的连梁斜截面受剪承载力验算公式如下：

1）永久、短暂设计状况：

$$V \leqslant 0.7f_t b_b h_{b0} + f_{yv}\frac{A_{sv}}{s}h_{b0} \tag{5-166}$$

2）地震设计状况：

跨高比大于2.5时：

$$V \leqslant \frac{1}{\gamma_{RE}}\left(0.42f_t b_b h_{b0} + f_{yv}\frac{A_{sv}}{s}h_{b0}\right) \tag{5-167a}$$

跨高比不大于2.5时：

$$V \leqslant \frac{1}{\gamma_{RE}}\left(0.38f_t b_b h_{b0} + 0.9f_{yv}\frac{A_{sv}}{s}h_{b0}\right) \tag{5-167b}$$

（4）连梁抗剪截面验算不够时可采取的措施　剪力墙连梁跨高比小，对剪切变形十分敏感，故其名义剪应力限制比较严，在很多情况下经常出现剪力设计值超限情况，不满足式（5-165a）~式（5-165c）的规定。对此，《高规》给出了如下一些处理方法：

1）减小连梁截面高度。连梁名义剪应力超过限制值时，理论上应加大截面高度，但这样会吸引更多剪力，对连梁更为不利。如采取减小截面高度或降低连梁刚度的做法可以降低连梁所受剪力，但一般很难实现。

2）连梁的塑性调幅。对抗震设计的剪力墙连梁的弯矩可进行塑性调幅，以降低其剪力设计值。连梁塑性调幅可采用两种方法：

① 在内力计算前将连梁刚度进行折减，折减系数不宜小于0.5。

② 在内力计算之后，将连梁弯矩和剪力组合值乘以折减系数。

两种方法的效果都是减小连梁内力和配筋。因此在内力计算时已经降低了刚度的连梁，其调幅范围应当限制或不再继续调幅。当部分连梁降低弯矩设计值后，其余部位连梁和墙肢的弯矩设计值应相应提高，如图5-73所示。

无论用什么方法，连梁调幅后的弯矩、剪力设计值不应低于使用状况下的内力值，也不宜低于比抗震设防烈度低 1 度的地震作用组合所得的弯矩设计值，其目的是避免在正常使用条件下或较小的地震作用下连梁上出现裂缝。因此一般情况下，可使调幅后的弯矩不小于调幅前弯矩（完全弹性）的 0.8 倍（抗震设防烈度 6~7 度）和 0.5 倍（抗震设防烈度 8~9 度），并不小于风荷载作用的连梁弯矩。

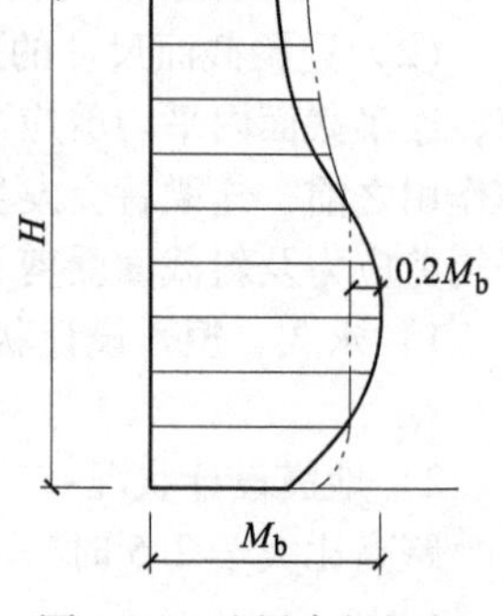

图 5-73　连梁弯矩调幅

3）当连梁破坏对承受竖向荷载无明显影响时，可考虑在大震作用下该连梁不参与工作，按独立墙肢进行第二次多遇地震作用下结构内力分析，墙肢应按两次计算所得的较大内力进行配筋设计。

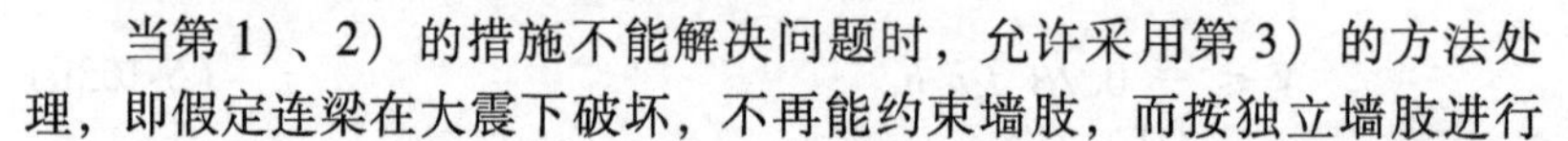

当第 1)、2) 的措施不能解决问题时，允许采用第 3) 的方法处理，即假定连梁在大震下破坏，不再能约束墙肢，而按独立墙肢进行第二次结构内力分析，这时就是剪力墙的第二道防线，此时，剪力墙的刚度降低，侧移允许值增大，这种情况往往应使墙肢的内力及配筋加大，以保证墙肢的安全。

4. 连梁配筋构造措施

（1）连梁纵向钢筋最小配筋率　跨高比不大于 1.5 的连梁纵向钢筋最小配筋率按照剪力墙连梁的设计要求。跨高比大于 1.5 的连梁，纵向钢筋最小配筋率按照框架梁的要求采用。各种情况下剪力墙连梁纵向钢筋最小配筋率见表 5-46。

表 5-46　剪力墙连梁纵向钢筋最小配筋率

连梁跨高比	设计状态	抗震等级	纵向钢筋最小配筋率（%）		规范条款
			支座（取大）	跨中（取大）	
$l/h_b \leq 1.5$	非抗震设计	—	0.20		《高规》7.2.24
	抗震设计 $l/h_b \leq 0.5$	一、二、三、四级	0.20，$45f_t/f_y$		
	抗震设计 $0.5<l/h_b \leq 1.5$		0.25，$55f_t/f_y$		
$l/h_b>1.5$	非抗震设计	—	0.20，$45f_t/f_y$		《高规》6.3.2
	抗震设计	一级	0.40，$80f_t/f_y$	0.30，$65f_t/f_y$	
		二级	0.30，$65f_t/f_y$	0.25，$55f_t/f_y$	
		三、四级	0.25，$55f_t/f_y$	0.20，$45f_t/f_y$	

（2）连梁纵向钢筋最大配筋率　非抗震设计以及抗震设计时，连梁顶面及底面单侧纵向钢筋最大配筋率不宜大于表 5-47 的要求。

表 5-47　剪力墙连梁纵向钢筋最大配筋率

设计状态	连梁跨高比	顶面或底面单侧最大配筋率（%）
非抗震设计	—	2.5
抗震设计	$l/h_b \leq 1.0$	0.6
	$1.0<l/h_b \leq 2.0$	1.2
	$2.0<l/h_b \leq 2.5$	1.5
	$l/h_b>2.5$	参照框架梁，但不宜超过 2.5%

（3）连梁纵向钢筋锚固　连梁顶面和底面纵向受力钢筋伸入墙内的锚固长度，抗震设计时不应小于 l_{aE}；非抗震设计时不应小于 l_a，且均不应小于 600mm，如图 5-74 所示。

（4）连梁腰筋　连梁高度范围内的墙肢水平分布钢筋应在连梁内拉通作为连梁的腰筋（图 5-75a）。

连梁截面高度大于700mm时，其两侧面腰筋的直径不应小于8mm，间距不应大于200mm（图5-75b）；跨高比不大于2.5的连梁，其两侧腰筋的总面积配筋率不应小于0.3%。

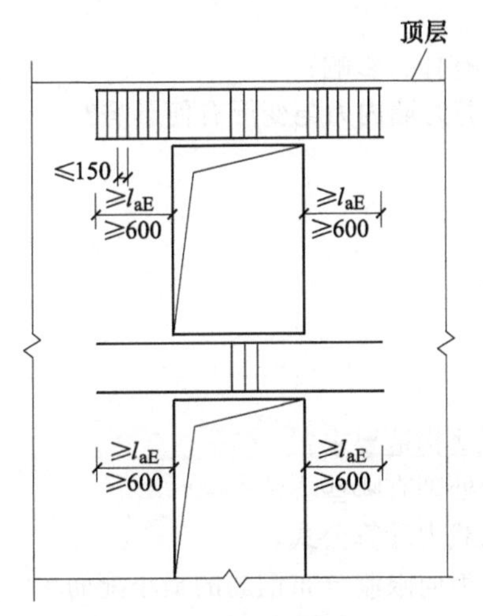

图5-74　连梁配筋构造

注：非抗震设计时图中 l_{aE} 取 l_a。

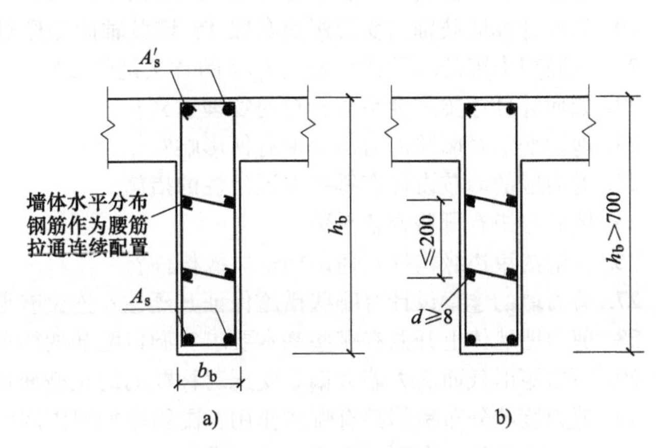

图5-75　连梁截面配筋

（5）连梁箍筋设置要求

1）抗震设计时，沿连梁全长箍筋的构造应按框架梁梁端加密区箍筋的构造要求采用；非抗震设计时，沿连梁全长的箍筋直径不应小于6mm，间距不应大于150mm。

2）顶层连梁纵向钢筋伸入墙体的长度范围内，应配置间距不宜大于150mm的箍筋，箍筋直径应与该连梁的箍筋直径相同。

思考题与习题

1. 剪力墙结构的平面及竖向布置有哪些基本要求？
2. 单片剪力墙的长度、高宽比有哪些限制？为什么？
3. 剪力墙的墙肢尺寸有哪些要求？何谓墙？何谓柱？何谓短肢剪力墙？
4. 剪力墙设置底部加强区有何意义？
5. 剪力墙的开洞有何要求？何谓错洞墙与叠合错洞墙？
6. 剪力墙的厚度有哪些要求？
7. 剪力墙结构在水平荷载作用下内力及变形的特点是什么？
8. 如何划分剪力墙的类型？各种类型墙计算方法的适用条件是什么？
9. 各类剪力墙墙肢的受力特点是什么？有何主要区别？
10. 为什么要区分整体墙、整体小开口墙、多肢墙和带刚域框架等计算方法？它们各自的特点是什么？
11. 整体小开口墙的内力有何特点？正应力分布有何特点？内应力如何计算？
12. 双肢墙的计算步骤是什么？
13. 连续连杆法的基本假定是什么？体系未知力 $\tau(x)$ 和 $m(x)$ 是什么？与函数 $\phi(\xi)$ 是什么关系？怎样利用 $\phi(\xi)$ 和图表求出连梁内力？
14. 多肢墙的墙肢以及连梁的内力分布有何特点？
15. 壁式框架与一般框架有何区别？如何确定壁式框架的轴线位置和刚域尺寸？
16. 带刚域杆转动刚度如何计算？壁式框架应用 D 值法计算要注意哪些问题？

17. 什么是剪力墙结构的等效抗弯刚度？整体墙、整体小开口墙、多肢墙中，等效抗弯刚度有何不同？怎样计算？

18. 影响剪力墙整体性的因素有哪些？

19. 整体系数 α 如何计算？α 对墙肢以及连梁的内力分布有什么影响？

20. 如何计算墙肢轴向变形影响参数 T？墙肢轴向变形对剪力墙内力与变形有何影响？

21. 双肢剪力墙的墙肢惯性矩比 I_A/I 的意义是什么？

22. 如何计算连梁刚度系数？有何物理意义？

23. 剪切变形对墙肢内力与变形有何影响？

24. 剪力墙的墙肢设计有哪些保证延性的措施？

25. 墙肢弯矩有哪些调整系数？

26. 何谓约束边缘构件？何谓构造边缘构件？

27. 剪力墙的连梁设计有哪些措施保证其延性？连梁有哪些构造要求？

28. 剪力墙墙体上开洞有哪些基本要求？洞口配筋的构造处理有哪些方法？

29. 写出矩形截面剪力墙大偏心受压对称配筋的正截面承载力计算公式。

30. 剪力墙的分布钢筋都有哪些作用？配筋率如何限制？为何限制分布钢筋的最小配筋率？

31. 剪力墙的配筋有哪些主要构造要求？

32. 求图 5-76 所示 3 层壁式框架墙肢和连梁的刚域尺寸。

33. 某 10 层开有一列洞口的剪力墙如图 5-77 所示。层高 $h=3.05\text{m}$，$\gamma_{RE}=1.0$。混凝土为 C40，纵向主筋采用 HRB335 级钢筋，竖向分布钢筋采用 HPB300 级钢筋，分布钢筋配筋率 $\rho_w=0.2\%$。试进行下列计算：

（1）判断该剪力墙类别。

（2）计算底层墙肢 2 的轴力 N_2 及弯矩 M_2。

（3）计算底层墙肢 2 的正截面配筋（对称配筋）。

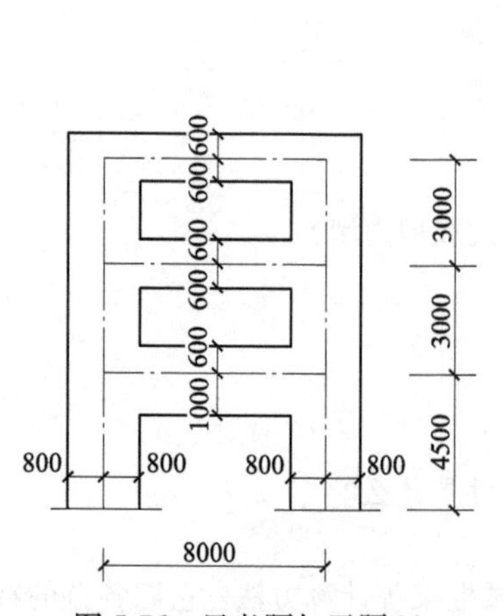

图 5-76　思考题与习题 32

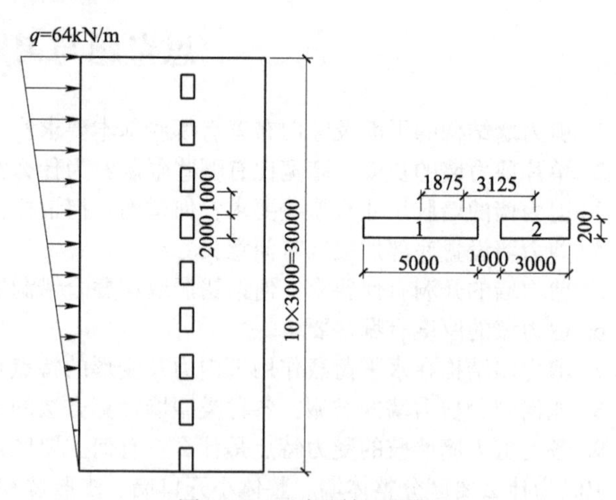

图 5-77　思考题与习题 33

34. 已知某 18 层剪力墙如图 5-78 所示，墙厚 0.3m，层高 2.9m，总高 $H=54\text{m}$。该墙受左来水平均布荷载设计值 $q=20\text{kN/m}$，求：

（1）判别墙体计算类型。

（2）各墙肢弯矩及轴力。

（3）剪力墙顶点位移。

35. 某 8 层剪力墙的立面及剖面如图 5-79 所示，承受水平均布荷载 $q=10\text{kN/m}$。已知混凝土采用 C30，$G=0.425E$，层高 3m，洞口及连梁尺寸如图 5-79 所示。试计算：

（1）判断墙的类型。

（2）①号墙肢在 8 层楼盖处的墙肢弯矩。

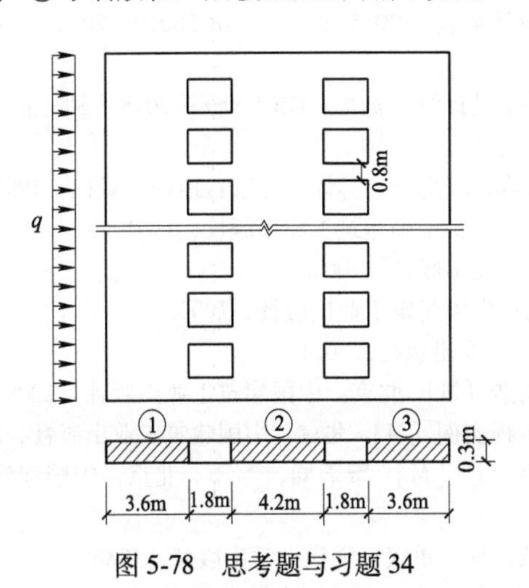

图 5-78　思考题与习题 34

图 5-79　思考题与习题 35

36. 已知某 12 层开洞剪力墙如图 5-80 所示，层高 3m。该墙受左来水平均布荷载 q，混凝土采用 C30。求：

（1）首层连梁的刚域尺寸。

（2）首层带刚域连梁的线刚度修正系数。

（3）首层连梁线刚度 K_{12} 和 K_{21}。

（4）判断剪力墙计算类型。

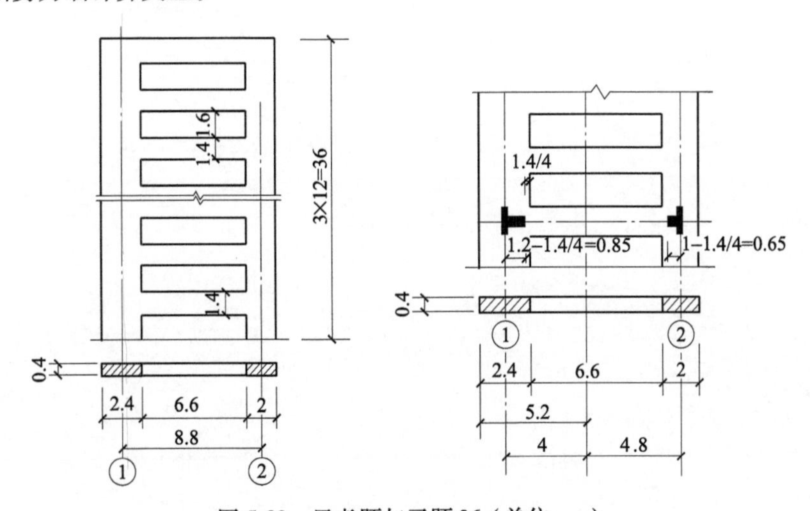

图 5-80　思考题与习题 36（单位：m）

参 考 文 献

［1］中华人民共和国住房和城乡建设部．高层建筑混凝土结构技术规程：JGJ 3—2010［S］．北京：中国建筑工业出版社，2010.

［2］中华人民共和国建设部．钢筋混凝土高层建筑结构设计与施工规程：JGJ 3—1991［S］．北京：中国建筑工业出版社，1991.

[3] 中华人民共和国住房和城乡建设部．建筑抗震设计规范（2016年版）：GB 50011—2010［S］．北京：中国建筑工业出版社，2016.
[4] 中华人民共和国住房和城乡建设部．混凝土结构设计规范（2015年版）：GB 50010—2010［S］．北京：中国建筑工业出版社，2015.
[5] 中华人民共和国住房和城乡建设部．建筑结构可靠性设计统一标准：GB 50068—2018［S］．北京：中国建筑工业出版社，2018.
[6] 史密斯，库尔．高层建筑结构分析与设计［M］．陈瑜，龚炳年，等译．北京：地震出版社，1993.
[7] 唐维新．高层建筑结构简化分析与实用设计［M］．北京：中国建筑工业出版社，1991.
[8] 郭继武．建筑抗震疑难释义［M］．北京：中国建筑工业出版社，2003.
[9] 赵西安．钢筋混凝土高层建筑结构设计［M］．北京：中国建筑工业出版社，1992.
[10] 包世华．新编高层建筑结构［M］．北京：中国水利水电出版社，2001.
[11] 李国胜．多高层钢筋混凝土结构设计优化与合理构造［M］．北京：中国建筑工业出版社，2008.
[12] 张维斌．多层及高层钢筋混凝土结构设计释疑及工程实例［M］．北京：中国建筑工业出版社，2005.
[13] 鲍雷，普利斯特利．钢筋混凝土和砌体结构的抗震设计［M］．戴瑞同，等译．北京：中国建筑工业出版社，2011.
[14] 帕克，波利．钢筋混凝土结构：上册［M］．秦文钺，译．重庆：重庆大学出版社，1986.
[15] 帕克，波利．钢筋混凝土结构：下册［M］．秦文钺，译．重庆：重庆大学出版社，1986.
[16] 中华人民共和国住房和城乡建设部．混凝土结构通用规范：GB 55008—2021［S］．北京：中国建筑工业出版社，2022.

第 6 章　框架-剪力墙结构设计

【本章提要】

本章介绍了钢筋混凝土框架-剪力墙结构的受力及变形特点，框架和剪力墙的协同工作原理，并详细介绍了钢筋混凝土框架-剪力墙结构按照铰接体系和刚接体系两种计算简图的总内力计算方法；通过例题比较了两种计算方法，并分析了框架和剪力墙的协同工作性能以及结构刚度特征值对计算结果的影响；介绍了框架-剪力墙结构构件布置的基本规定、设计方法以及构造规定。

6.1　概述

在建筑结构中，框架与剪力墙常常同时出现。在大部分支撑位置布置框架柱可以获得灵活的建筑空间布置。剪力墙的抗侧刚度大，可以很好地控制结构的侧移。剪力墙与框架柱组合可以避免纯框架结构抗侧刚度低且容易出现薄弱层的弊端。这种由框架和剪力墙共同承受竖向和水平作用的结构称为框架-剪力墙结构；当剪力墙布置成筒时，也可称为框架-筒体结构。由于筒体的承载能力、抗侧刚度和抗扭能力都较单片剪力墙大大提高，故框架-筒体结构可以用于更高的建筑。在结构布置上，将剪力墙围成筒是提高材料利用率的一种途径，在建筑布置上，则往往可利用筒体作为电梯间、楼梯间和竖向管道的通道，也是十分合理的。通常，当建筑层数为 10~20 层时，框架-剪力墙结构可利用单片剪力墙作为主要抗侧力单元，我国较早期的框架-剪力墙结构都属于这种类型，如北京饭店东楼。当采用剪力墙筒体主要抗侧力结构时，建筑高度可增大到 30~40 层。如果把筒体布置在框架-筒体结构平面的中心位置，则形成核心筒，外部柱子的布置可更灵活，可以形成体型多变的高层塔式建筑，这种结构称为框架-核心筒。框架-核心筒的结构布置要求见第 7 章，其简化计算方法可以参照框架-剪力墙的计算。

框架-剪力墙（筒体）结构中，剪力墙或筒体是抗侧力的主体，整个结构的抗侧刚度相对于框架结构大大提高；而框架则主要承担竖向荷载，并在结构上部对抗侧起主要作用。

6.2　框架-剪力墙结构的变形及受力特点

6.2.1　框架-剪力墙结构的变形特点

在水平力作用下纯框架的工作特点类似于竖向悬臂剪切梁，其变形呈现剪切变形模式（图 6-1a），楼层越高水平位移增长越慢。在纯框架结构中，所有结构单元变形类似，水平力按框架柱的抗侧刚度 D 分配。

水平力作用下的剪力墙是竖向悬臂弯曲结构，其变形曲线呈现弯曲型的变形特点（图 6-1b），楼层越高水平位移增长越快。纯剪力墙结构中，各抗侧力单元位移曲线特点相同，水平力在各剪力墙之间按墙的等效抗弯刚度 EI_{eq} 分配。

在框架-剪力墙结构中，框架与剪力墙这两种不同变形特点的结构单元通过平面内刚度无限大的楼板协同工作共同抵抗水平荷载，因此变形必须协调，即每层必须保持相同的侧向位移。这使得原有的变形模式发生变化，二者侧向位移协同的结果使结构变形呈反 S 形的侧移特点，结构上、

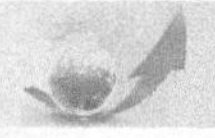

下各层层间变形趋于均匀，为弯剪型变形，如图 6-1c、d 所示。变形曲线的反弯点位置与剪力墙的抗侧刚度有关，剪力墙的抗侧刚度加大，则反弯点上移。

因此，框架-剪力墙结构在水平力作用下，水平位移是由楼层层间位移与层高之比 $\Delta u/h$（即层间位移角）控制，而不是由顶点水平位移控制。层间位移最大值一般发生在（0.4~0.8）H 高度的中部楼层，H 为建筑物总高度。由于框架-剪力墙结构比纯框架结构的刚度和承载能力都大大提高，在水平力作用下层间变形减小，因而也就减小了非结构构件（隔墙及外墙）的损坏。因此无论在非地震区还是地震区，这种结构形式都可用来建造较高的高层建筑，在我国得到了广泛的应用，特别是用于公共建筑。

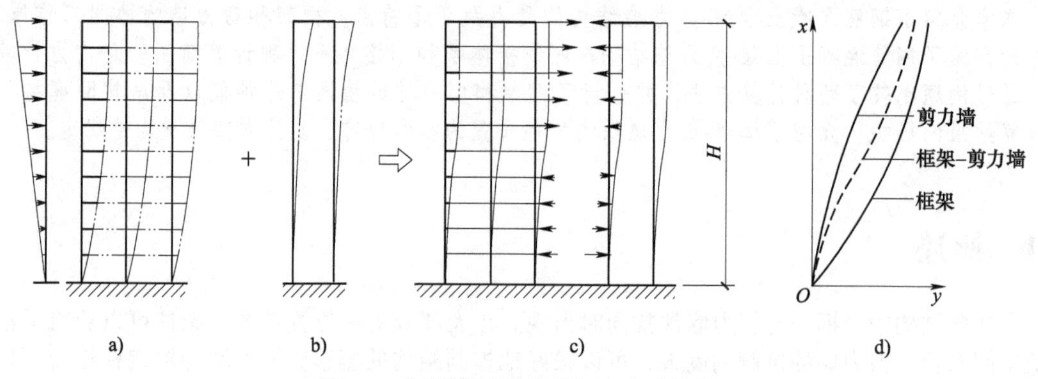

图 6-1　框架-剪力墙结构侧向变形特点

6.2.2　框架-剪力墙结构协同工作的受力特点

由于框架和剪力墙在水平力作用下具有各自不同的变形特点，而在刚度无限大的楼板连接作用下，框架和剪力墙受到约束，在同一楼层高度处变形必须一致，故二者之间必定存在相互作用力。

（1）附加水平力　在下部楼层，由于框架的层间侧移大，而剪力墙的位移小，剪力墙将阻止框架产生较大的水平位移并施加给框架与外力相反的附加作用。在上部楼层，剪力墙的层间变形大，框架阻止剪力墙的大变形并施加给剪力墙与外力相反的附加作用。在变形协调过程中，框架和剪力墙之间的这种相互作用力也称附加水平力，如图 6-1c 所示。

（2）剪力墙受力特点　在下部楼层，剪力墙承受大部分水平外力和框架作用给它的附加水平力。在上部楼层，由于剪力墙的弯曲位移呈外倒的趋势，剪力墙不承受外荷载产生的水平剪力，反而给框架一个附加推力，从而产生负剪力。剪力墙的剪力 V_w 沿高度的分布如图 6-2c 所示，其特点是下部大，中间接近零，上部为负。

（3）框架受力特点　在下部楼层，框架承受少部分外荷载产生的水平剪力。在上部楼层，框架除了承受水平力产生的剪力外还要承担剪力墙的附加水平推力，形成与剪力墙反向的剪力。故在结构上部框架的受力与纯框架有很大不同。框架剪力 V_f 沿高度的分布如图 6-2d 所示，呈现出中间大，在下部最小的特点，分布总体上趋于均匀。

（4）框架与剪力墙的剪力分布特点　由图 6-2 可见框架与剪力墙所分配的剪力比例沿高度并非定值，是随楼层所处高度而变化，与结构的刚度特征值 λ 直接相关。因此，框架和剪力墙之间的剪力不能简单地按照结构单元的抗侧刚度来分配，而必须按照位移协调的原则计算。

图 6-2 所示的框架剪力 V_f 在底部为零，这是由计算方法造成的。可以看出框架-剪力墙结构中的框架剪力控制截面在房屋高度的中部甚至是上部，而纯框架的最大剪力发生在底部。因此，对实际布置有少量剪力墙（楼梯间墙、电梯井墙、设备管道井墙等）的框架结构，必须按框架-剪力墙结构协同工作计算内力，不能简单地按纯框架分析，否则不能保证框架部分上部楼层构件的

安全。

框架-剪力墙结构在水平力作用下，框架上、下各楼层的剪力值比较接近，梁、柱的弯矩和剪力值变化小，使得梁、柱构件规格较小，有利于施工。

（5）框架与剪力墙的水平力分配　框架-剪力墙结构的水平外荷载由框架与剪力墙共同承担，图 6-3 所示为在水平均布荷载作用下框架和剪力墙各自承担水平力的情况。可以看出剪力墙承受的荷载 p_w 在下部大于外荷载，上部逐渐减小，顶部有负集中力。框架在下部为负荷载，上部为正荷载，顶部有正集中力。顶点集中力是框架和剪力墙变形协调所需要的，由于这个集中力的存在，框架和剪力墙在顶部的剪力不为零（图 6-2）。

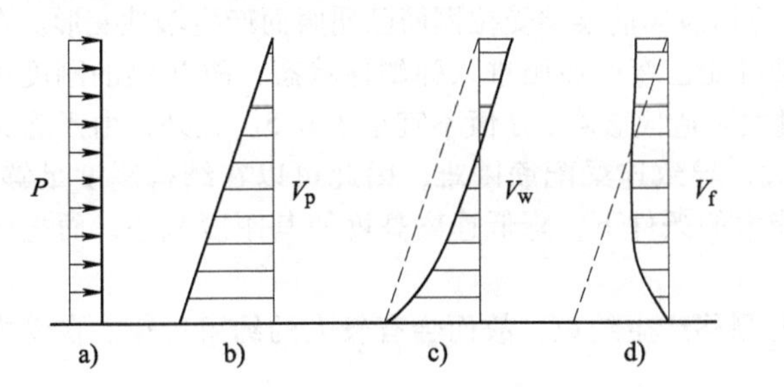

图 6-2　框架-剪力墙结构的剪力分布特点

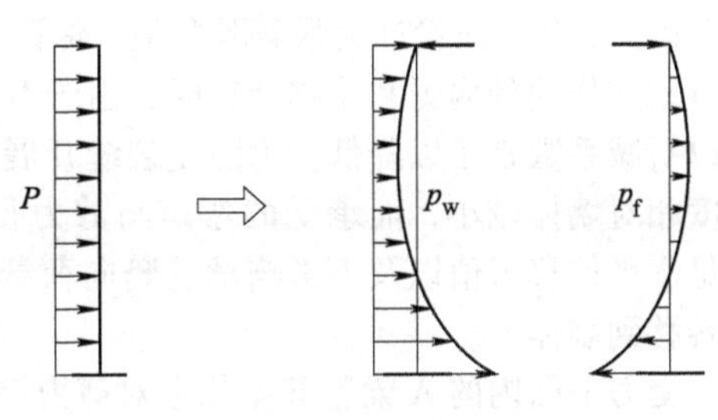

图 6-3　外荷载在框架与剪力墙之间的分配

6.3　框架-剪力墙结构的计算方法、计算假定与计算简图

框架-剪力墙结构的计算应考虑剪力墙与框架两种不同类型结构的不同受力特点，按协同工作条件进行内力、位移分析，不宜将楼层剪力简单地按照某一比例在框架与剪力墙之间分配。框架结构中设置了电梯井、楼梯井或其他剪力墙类型的抗侧力结构后，应按照框架-剪力墙结构计算。

框架-剪力墙结构协同工作的计算方法有计算机计算方法和手算计算方法。计算机计算方法应用于对结构平面和体型较规则的框架-剪力墙结构采用的平面抗侧力空间协同工作方法计算，以及对体型和平面较复杂的框架-剪力墙结构采用的三维空间分析方法。手算计算方法适用于简化计算，可采用连续连杆法或称侧移法对框架-剪力墙结构进行协同工作计算，见本章介绍。

6.3.1　平面简化计算的基本假定

1）结构单元内所有框架合并为总框架，所有连梁合并为总连梁，所有剪力墙合并为总剪力墙。总框架、总连梁、总剪力墙的刚度分别为各个单元刚度之和。

2）楼板在自身平面内的刚度无限大。这一假定是保证楼板将计算区段内的框架和剪力墙连成整体，在水平荷载作用下，使框架和剪力墙之间不产生相对位移，即总框架（包括总连梁）为竖向悬臂剪切构件，总剪力墙作为竖向悬臂弯曲构件，它们在同一楼层上水平位移相等。实际上，由于框架和剪力墙具有完全不同的变形特点，使得在结构设计上确保楼盖刚度对保证二者的协同工作具有十分重要的意义。

3）风荷载与水平地震作用由总框架（包括总连梁）和总剪力墙共同承担。

4）当结构体型规则、剪力墙布置比较对称均匀时，结构在水平荷载作用下不计扭转的影响；否则，应考虑扭转的影响。

5）不考虑剪力墙和框架柱的轴向变形及基础转动的影响。

6.3.2　框架-剪力墙结构中的梁

框架-剪力墙结构中的梁有 3 种，如图 6-4 所示，第一种是普通框架梁 C，即两端均与框架柱相

连的梁；第二种是剪力墙之间的连梁A，即两端均与墙肢相连的梁；第三种是一端与墙肢相连，另一端与框架柱相连的梁B。这几种梁是有区别的。其中，C梁按框架梁设计，A梁按双肢或多肢剪力墙的连梁设计，B梁也是连梁，但与A梁有所区别。B梁一端与平面内刚度很大的剪力墙相连，另一端与框架柱相连。B梁在水平力作用下，由于弯曲变形很大而承受很大的弯矩和剪力，从而首先开裂、屈服，进入弹塑性工作状态。因此，B梁应设计为强剪弱弯型，保证在剪切破坏前梁端受拉钢筋已屈服而产生塑性变形。在进行地震作用的内力和位移计算时，由于B梁可能已弯曲屈服进入弹塑性状态，故B梁的刚度可乘以折减系数β予以降低。为防止裂缝开展过大，造成破坏，β值不宜小于0.5。此外，由于连梁刚度相对墙体较小，而承受的弯矩与剪力很大，导致连梁配筋困难，因此可以在结构刚度足够、满足水平位移限值以及不影响承受竖向荷载能力的条件下，降低连梁高度使其刚度减小，而把内力转移到墙体上。

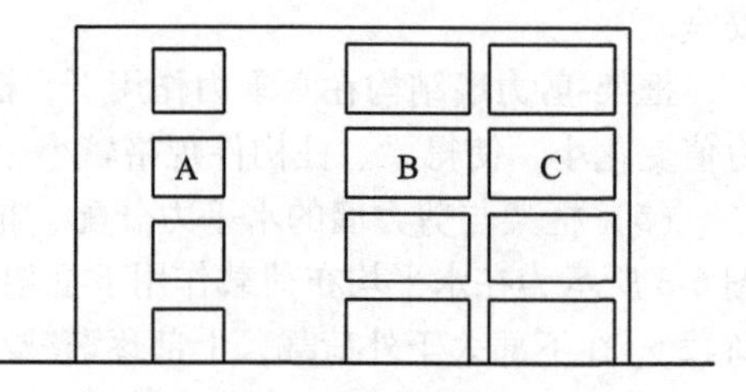

图6-4　框架-剪力墙结构中的梁

受力平面内的A梁和B梁均会对剪力墙的侧移产生约束，故而会有较大的约束弯矩。在受力分析时，这些约束宜予以考虑。

6.3.3　两种计算简图

1. 铰接体系

根据基本假定，计算区段内的结构（图6-5）在水平荷载作用下，处于同一楼面标高处的各片剪力墙及框架的水平位移相同。此时，可以把所有剪力墙综合在一起看成总剪力墙，将所有框架综合在一起看成总框架，如图6-6所示。楼板的作用是保证各片平面结构具有相同的水平位移，但楼面平面外刚度很小，它对各平面结构几乎不产生约束弯矩，故楼板可简化成总框架与总剪力墙之间的铰接连杆。当只有楼板连接框架和剪力墙时，铰接连杆、总框架、总剪力墙构成了对框架-剪力墙结构进行简化分析时的铰接体系。图6-5所示结构，剪力墙与框架之间不存在受力平面内的B梁，楼板仅起到保证各平面单元共同变形的作用，故其计算简图为图6-6所示的铰接体系。图6-6所示总剪力墙包含3片带洞口剪力墙，总框架包含4榀3柱框架（共12根柱）。

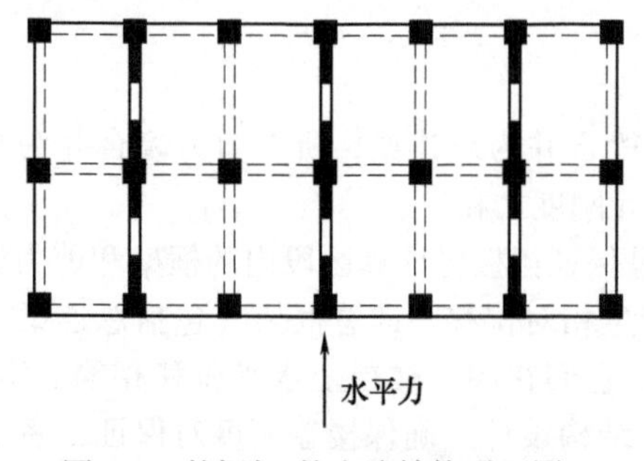

图6-5　某框架-剪力墙结构平面图1

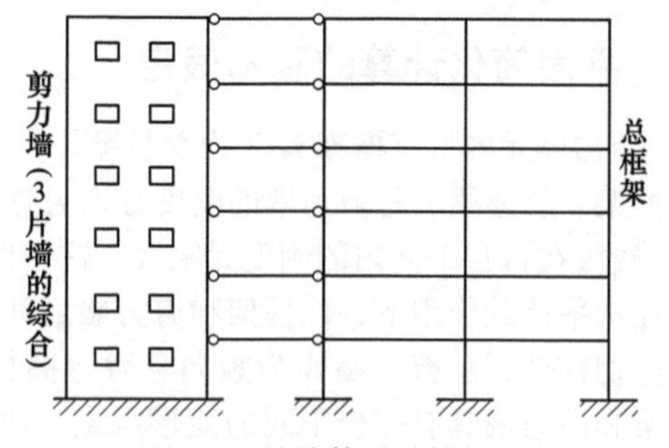

图6-6　铰接体系计算简图

2. 刚接体系

刚接体系由总剪力墙、总框架和总刚性连杆组成。此连杆实际为连接剪力墙和框架的连梁（前述B梁）或连接独立墙肢的连梁（前述A梁）合并而成，这些连梁对剪力墙有一定约束作用，计算时宜予以考虑，可视为与剪力墙刚接。B梁在框架一侧对框架柱弯曲也有约束，但这种约束作用已反映在柱的抗侧刚度D中，不应重复考虑。图6-7所示为某框架-剪力墙结构平面图，在图示水平力作用方向有两根A梁，由于连梁A对墙肢有约束作用，在结构横向计算考虑这种约束时，结构可视为刚接体系。图6-8为图6-7结构在横向计算时的刚接体系计算简图，其中总剪力墙包含4片无洞口带边框整体墙，总框架包含5榀4柱框架（共20根柱）。当把图6-7所示体系中的总剪力墙看成是两片双肢墙时，由于A梁的约束已在墙的刚度计算中计入，故结构又为铰接体系。

当对图6-7所示的结构进行纵向计算时，由于框架柱与平面内剪力墙之间存在B梁，计算时若考虑连梁约束则该结构在纵向按照刚接体系来计算（图6-8）。此时，总剪力墙由4片无洞口带边框剪力墙组成，总框架由20根柱组成，共有8根B梁，在剪力墙一侧共有8个梁端存在约束弯矩。

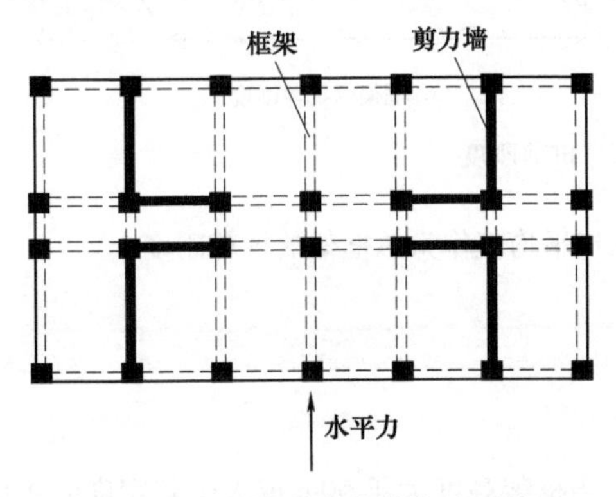

图6-7　某框架-剪力墙结构平面图2

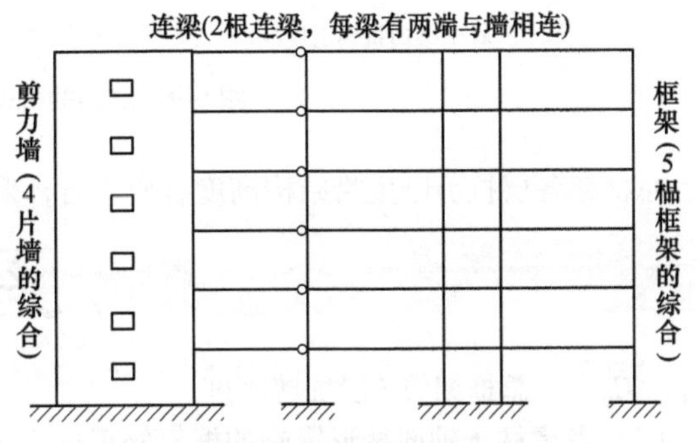

图6-8　刚接体系计算简图

在工程设计中，通常可根据总框架与总剪力墙平面内的连梁截面尺寸和约束大小来选用铰接体系或刚接体系计算。如果连梁（A、B）截面尺寸较小，其约束作用很弱，也可忽略它对墙肢的约束作用，把连梁处理成铰接连杆。实际上在水平地震反复作用下，连梁两端一般首先开裂，而失去了刚接作用，故按照铰接体系计算的误差不大。

3. 总剪力墙和总框架的刚度计算

（1）总剪力墙的刚度

$$EI_w = \sum_{j=1}^{m} EI_{eqj} \tag{6-1}$$

式中　m——同层中计算方向单片剪力墙的数量；

EI_{eqj}——单片剪力墙的等效抗弯刚度，根据剪力墙的开口大小和类型计算。

当各层剪力墙的 EI_w 不同时，取沿高度的加权平均值：

$$EI_w = \frac{\sum_{i=1}^{n} EI_{wi} h_i}{H} \tag{6-2}$$

式中　h_i——第 i 层层高；

H——结构总高，$H = \sum_{i=1}^{n} h_i$。

（2）总框架刚度计算　用 D 值法求框架结构内力时，引入了考虑节点转动影响的柱抗侧刚度 D。D 的物理意义是考虑柱两端转角后，使框架柱两端产生单位相对侧移时所需要的剪力（图6-9a），表达式为

$$D = \alpha \frac{12 i_c}{h_i^2} \tag{6-3}$$

对总框架来说，同一层内所有框架柱（k 根）的抗侧刚度之和为 D_i，即 $D_i = \sum_{j=1}^{k} D_{ij}$。设总框架在层间产生单位剪切变形（层间角位移）时所需要的水平剪力为总框架的抗剪刚度 C_f，如图6-9b所示。从图6-9可知第 i 层的 C_{fi} 与 D_i 的关系为

$$C_{fi}=h_iD_i=h_i\sum_{j=1}^{k}D_{ij} \tag{6-4}$$

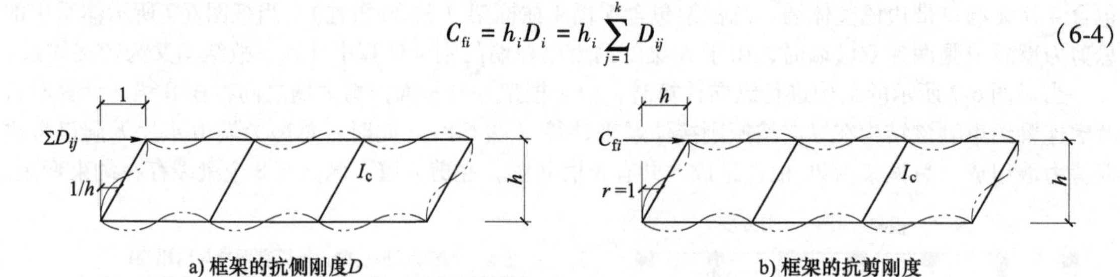

图 6-9　框架的抗侧刚度、抗剪刚度

总框架各层抗剪刚度沿结构高度有变化时，采用加权平均值作为总框架的抗剪刚度：

$$C_f=\frac{\sum_{i=1}^{n}C_{fi}h_i}{H} \tag{6-5}$$

式中　C_{fi}——总框架第 i 层抗剪刚度。

（3）考虑柱子轴向变形影响的框架修正抗剪刚度　当框架高度大于 50m 或大于其宽度的 4 倍时，宜考虑框架柱轴向变形对其内力及位移的影响。可使用考虑轴向变形影响的等效抗剪刚度 C_{f0}：

$$C_{f0}=\frac{\Delta_M}{\Delta_M+\Delta_N}C_f \tag{6-6}$$

式中　Δ_M、Δ_N——仅考虑梁柱弯曲变形和仅考虑柱子轴向变形时顶点侧移，可参考第 4 章近似计算。

6.4　框架-剪力墙结构按铰接体系的计算

如前所述，框架-剪力墙结构在水平荷载作用下剪力由框架和剪力墙共同承担，水平力在框架和剪力墙之间的分配由协同工作计算确定，协同工作计算采用连续连杆法。除前述基本假定以外，在连续化计算时，为建立微分方程，还需要提出连续化以及等参数假定：

1）框架与剪力墙沿高度分布均匀，各层框架总抗剪刚度相等。

2）框架与剪力墙在楼盖标高处的相互作用集中力转化为连续分布的力 $p_f(x)$。

3）地震作用为倒三角连续分布。

6.4.1　铰接体系与协同工作原理

图 6-10a 所示为框架-剪力墙结构铰接体系计算简图，在楼层集中力 P_i 作用下各楼层标高处框架和剪力墙之间的相互作用集中力为 P_{fi}（图 6-10b）。为采用连续化方法进行微分分析，将楼层集中力 P_i 转化为连续分布力 $p(x)$，并将连梁连续化，则相互作用集中力 P_{fi}转化连续分布的 $p_f(x)$，当层数较多时，集中力转化为分布力的计算误差不大。总剪力墙和总框架之间的相互作用就相当于墙与支撑它的弹性地基梁之间的相互作用，即总剪力墙相当于搁置于弹性地基上的梁，总框架相当于弹性地基。切开连梁，将地基梁的支反力 $p_f(x)$ 暴露出来，则总剪力墙承受外荷载 $p(x)$ 和“弹性地基”（总框架）的弹性反力 $p_f(x)$（图 6-10c），而总框架承受总剪力墙传递给它的作用力 $p_f(x)$（图 6-10d）。

6.4.2　铰接体系基本方程

将连杆切开，取总剪力墙为隔离体，则总剪力墙相当于一个静定的竖向悬臂受弯构件，受外

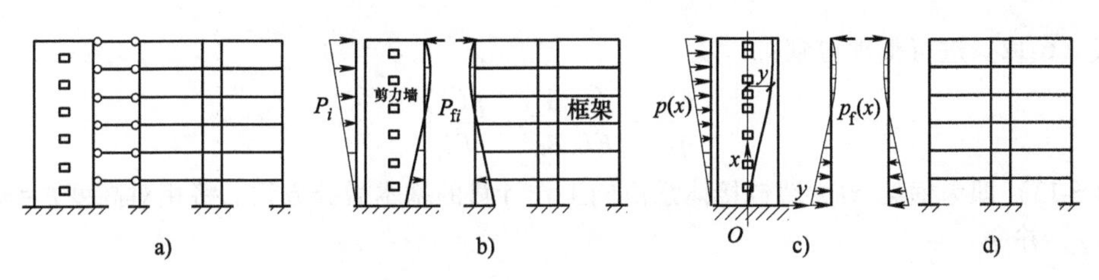

图 6-10　铰接体系的计算简图

荷载 $p(x)$ 和反力 $p_f(x)$ 的作用，计算简图如图 6-11 所示。设结构侧移为 y，任意高度为 x，基底位置处 $x=0$。剪力墙上任意截面的转角、弯矩及剪力的正负号仍采用悬臂梁通用的规定，图 6-11 所示方向均为正方向。

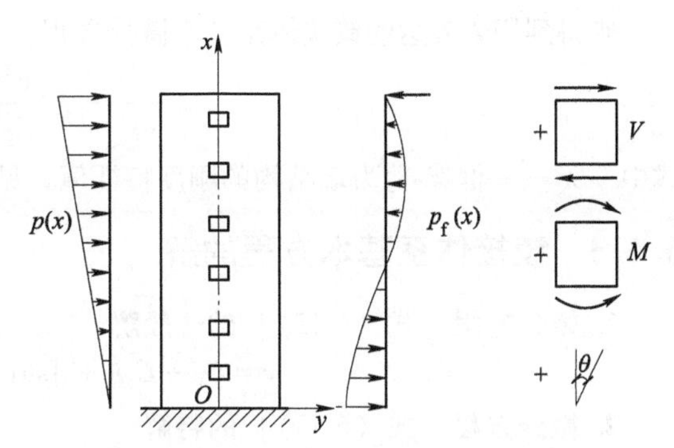

图 6-11　总剪力墙所受荷载及符号规则

由材料力学可知，总剪力墙的转角 θ 与位移 y 的微分关系为

$$\theta=\frac{\mathrm{d}y}{\mathrm{d}x} \tag{6-7a}$$

对式（6-7a）再求一次导数，并由弯矩与曲率（$M_w=\mathrm{d}\theta/\mathrm{d}x$）的关系，可得剪力墙的弯矩 M_w 与转角 θ 和侧移 y 的关系：

$$\frac{\mathrm{d}\theta}{\mathrm{d}x}=\frac{\mathrm{d}^2y}{\mathrm{d}x^2}=\frac{M_w}{EI_w} \tag{6-7b}$$

式中　EI_w——总剪力墙的抗弯刚度。

对式（6-7b）再求一次导数，并由弯矩与剪力的微分关系可得

$$\frac{\mathrm{d}^3y}{\mathrm{d}x^3}=\frac{1}{EI_w}\frac{\mathrm{d}M_w}{\mathrm{d}x}=-\frac{1}{EI_w}V_w \tag{6-7c}$$

对式（6-7c）再求一次导数，并由剪力与分布荷载的微分关系可得

$$\frac{\mathrm{d}^4y}{\mathrm{d}x^4}=-\frac{1}{EI_w}\frac{\mathrm{d}V_w}{\mathrm{d}x}=\frac{1}{EI_w}p_w \tag{6-7d}$$

由计算假定可知总剪力墙所受荷载 p_w 为

$$p_w(x)=p(x)-p_f(x) \tag{6-8}$$

故由式（6-7d）和式（6-8）得到总剪力墙的位移 y 与所受荷载 p_w 的微分关系为

$$EI_w\frac{\mathrm{d}^4y}{\mathrm{d}x^4}=p_w(x)=p(x)-p_f(x) \tag{6-9}$$

设总框架各层总剪力为 V_f，由总框架的抗剪刚度 C_f 的物理意义以及式（6-7a）可得 V_f 与层间角位移（转角）θ、位移 y 及 C_f 之间的关系为

$$V_f=C_f\theta=C_f\frac{\mathrm{d}y}{\mathrm{d}x} \tag{6-10}$$

对式（6-10）两边求一次导，得到总框架所受荷载 $p_f(x)$ 及 V_f 之间的关系为

$$-p_f(x)=\frac{\mathrm{d}V_f}{\mathrm{d}x}=C_f\frac{\mathrm{d}^2y}{\mathrm{d}x^2} \tag{6-11}$$

将式（6-11）代入式（6-9）得

$$EI_w\frac{\mathrm{d}^4y}{\mathrm{d}x^4}=p(x)+C_f\frac{\mathrm{d}^2y}{\mathrm{d}x^2} \tag{6-12}$$

对式（6-12）进行整理得到：

$$\frac{d^4y}{dx^4}-\frac{C_f}{EI_w}\frac{d^2y}{dx^2}=\frac{p(x)}{EI_w} \tag{6-13}$$

式（6-13）即为框架-剪力墙铰接体系协同工作计算的基本微分方程。将相对高度 $\xi = x/H$ 代入式（6-13），并令

$$\lambda = H\sqrt{\frac{C_f}{EI_w}} \tag{6-14}$$

则得到用 ξ 表达的铰接体系基本微分方程：

$$\frac{d^4y}{d\xi^4}-\lambda^2\frac{d^2y}{d\xi^2}=\frac{H^4}{EI_w}p(\xi) \tag{6-15}$$

式中　λ——框架-剪力墙结构的刚度特征值，见式（6-14），λ 的取值一般为 1.1~2.4。

6.4.3　铰接体系基本方程的解

1. 微分方程［式（6-15）］的一般解

$$y = C_1 + C_2\xi + A\mathrm{sh}(\lambda\xi) + B\mathrm{ch}(\lambda\xi) + y_1 \tag{6-16}$$

2. 微分方程［式（6-15）］的特解

对均布荷载、倒三角形分布荷载和顶点集中荷载作用分别有：

$$\begin{cases} y_1 = -\dfrac{qH^2}{2C_f}\xi^2\ (\text{均布荷载}) \\ y_1 = -\dfrac{qH^2}{6C_f}\xi^3\ (\text{倒三角形分布荷载}) \\ y_1 = 0\ (\text{顶点集中荷载}) \end{cases} \tag{6-17}$$

3. 边界条件

1）$x = 0$（即 $\xi = 0$）时，剪力墙底部嵌固端的转角为零，即 $dy/dx = 0$。由此可以得到系数 C_2：

$$C_2 = -\lambda A \tag{6-18}$$

2）$x=0$ 时，剪力墙底部位移为零，即 $y=0$。由此可以得到系数 C_1 和 B 的关系：

$$C_1 = -B \tag{6-19}$$

3）$x = H$（即 $\xi=1$）时，剪力墙顶部的弯矩为零，即 $M_w = 0$，即 $d^2y/dx^2 = 0$。故对式（6-16）求两次导数可以得到：

$$A\mathrm{sh}\lambda + B\mathrm{ch}\lambda + \frac{1}{\lambda^2}\frac{d^2y_1}{d\xi^2}\bigg|_{\xi=1} = 0 \tag{6-20}$$

4）$x = H$ 时，均布荷载和倒三角形分布荷载作用下结构顶部的总剪力为零，即 $V_p = V_w + V_f = 0$，故 $V_w = -V_f$。

① 对均布荷载与倒三角形分布荷载，由式（6-7c）有：

$$\frac{d^3y}{dx^3}=\frac{1}{EI_w}V_f \tag{6-21a}$$

代入式（6-10）得

$$\frac{EI_w}{H^3}\frac{d^3y}{d\xi^3}=\frac{C_f}{H}\frac{dy}{d\xi} \tag{6-21b}$$

整理式（6-21b）得到：

$$\frac{d^3y}{d\xi^3}-\lambda^2\frac{dy}{d\xi}=0 \tag{6-21c}$$

② 在顶部集中力 P 的作用下，对于顶点有 $V_p=V_w+V_f=P$，重复上述过程，故将 $V_w=P-V_f$ 和式（6-10）代入式（6-7c）得到：

$$\frac{C_f}{H}\frac{dy}{d\xi}-\frac{EI_w}{H^3}\frac{d^3y}{d\xi^3}=P \tag{6-21d}$$

③ 对均布荷载，对 y［式（6-16）］分别求一次导数和三次导数并代入式（6-21c）得到：

$$A=-\frac{qH^2}{\lambda C_f} \tag{6-22a}$$

将 A［式（6-22a）］以及 y［式（6-17）对应公式］的二次导数（$\xi=1$）代入式（6-20）得到：

$$B=\frac{qH^2}{C_f\lambda^2}\frac{\lambda\mathrm{sh}\lambda+1}{\mathrm{ch}\lambda} \tag{6-22b}$$

④ 对倒三角形分布荷载重复上述过程得到：

$$A=\frac{qH^2}{\lambda C_f}\left(\frac{1}{\lambda^2}-\frac{1}{2}\right),B=\frac{qH^2}{\lambda C_f\mathrm{ch}\lambda}\left(\frac{1}{\lambda}-\frac{\mathrm{sh}\lambda}{\lambda^2}+\frac{\mathrm{sh}\lambda}{2}\right) \tag{6-22c}$$

⑤ 同理，对顶点集中荷载可以得到：

$$A=-\frac{PH}{\lambda C_f},B=\frac{PH}{\lambda C_f}\frac{\mathrm{sh}\lambda}{\mathrm{ch}\lambda} \tag{6-22d}$$

4. 微分方程的解

将各种荷载作用下的系数和 y_1 代入方程式（6-16）可得结构在三种典型荷载下的侧移 y：

$$\begin{cases}y(\xi)=\dfrac{qH^4}{EI_w\lambda^4}\left\{\left[(\mathrm{ch}(\lambda\xi)-1)\dfrac{1+\lambda\mathrm{sh}\lambda}{\mathrm{ch}\lambda}-\lambda\mathrm{sh}(\lambda\xi)+\lambda^2\left(\xi-\dfrac{\xi^2}{2}\right)\right]\right\} & \text{（均布荷载）}\\ y(\xi)=\dfrac{qH^4}{EI_w\lambda^2}\left[\left(\dfrac{\mathrm{sh}\lambda}{2\lambda}-\dfrac{\mathrm{sh}\lambda}{\lambda^3}+\dfrac{1}{\lambda^2}\right)\dfrac{\mathrm{ch}(\lambda\xi)-1}{\mathrm{ch}\lambda}+\left(\xi-\dfrac{\mathrm{sh}(\lambda\xi)}{\lambda}\right)\left(\dfrac{1}{2}-\dfrac{1}{\lambda^2}\right)-\dfrac{\xi^3}{6}\right] & \text{（倒三角形分布荷载）}\\ y(\xi)=\dfrac{PH^3}{EI_w\lambda^3}\left[\dfrac{\mathrm{sh}\lambda}{\mathrm{ch}\lambda}(\mathrm{ch}(\lambda\xi)-1)-\mathrm{sh}(\lambda\xi)+\lambda\xi\right] & \text{（顶点集中荷载）}\end{cases} \tag{6-23}$$

6.4.4　铰接体系的内力计算

已知侧移 y，即可根据微分关系求出各相应内力。由弯矩与转角、位移的微分关系［式（6-7b）］，可以得到总剪力墙的弯矩：

$$M_w=EI_w\frac{d\theta}{dx}=EI_w\frac{d^2y}{dx^2}=\frac{EI_w}{H^2}\frac{d^2y}{d\xi^2} \tag{6-24}$$

由弯矩与剪力的微分关系可以得到总剪力墙的剪力：

$$V_w=-\frac{dM_w}{dx}=-\frac{EI_w}{H^3}\frac{d^3y}{d\xi^3} \tag{6-25}$$

将 y 的表达式代入上述各式即可求出总剪力墙的弯矩 M_w 与剪力 V_w。

由基本假定，总剪力由框架与剪力墙共同承担，故总框架的剪力为

$$V_f=V_p(\xi)-V_w(\xi)=C_f\theta=\frac{\lambda^2EI_w}{H^3}\frac{dy}{d\xi} \tag{6-26}$$

将侧移 y 代入式（6-26）即可以求出总框架的剪力 V_f。

6.4.5　位移与内力计算图表

为方便计算，将各种荷载作用下的位移 y 与剪力墙的弯矩 M_w 以及剪力 V_w 分别编制成内力与

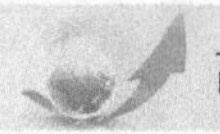

位移系数图表（图 6-12～图 6-21），以供查用。式（6-27）、式（6-30）、式（6-33）中 $y(\xi)/f_H$ 称为位移系数，f_H为剪力墙单独承受水平力时的顶点位移；式（6-28）、式（6-31）、式（6-34）中 $M_w(\xi)/M_0$ 称为弯矩系数，M_0为结构底部总弯矩；式（6-29）、式（6-32）、式（6-35）中 $V_w(\xi)/V_0$ 称为剪力系数，V_0为结构底部总剪力。计算时，根据计算位置的相对高度坐标 ξ 和结构刚度特征值 λ 查图表（图 6-12～图 6-21）得到各系数，并将位移系数、弯矩系数和剪力系数乘以 f_H、M_0 和 V_0 可以得到结构位移 $y(\xi)$ 以及剪力墙的弯矩 $M_w(\xi)$ 和剪力 $V_w(\xi)$，再根据 $V_w(\xi)$ 即可以得到 $V_f(\xi)$。

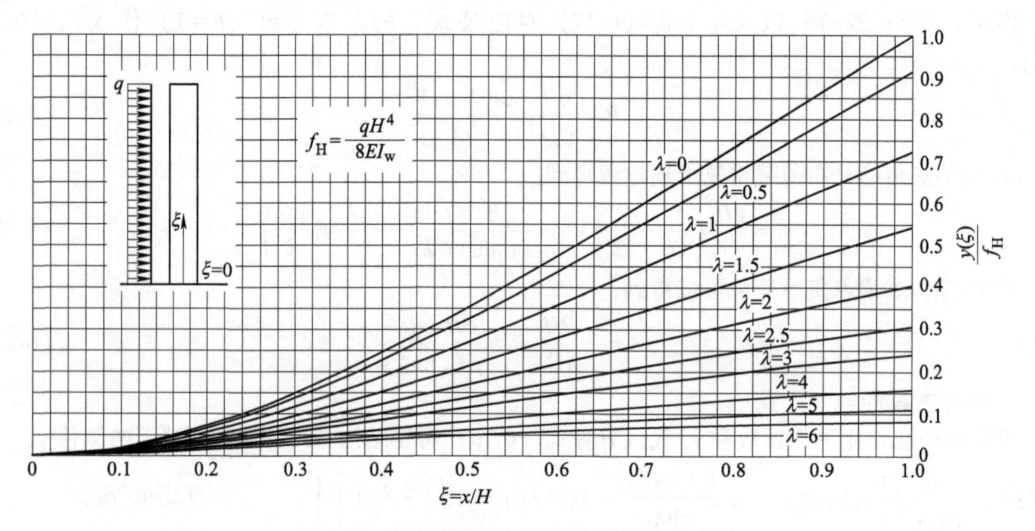

图 6-12　均布荷载作用下剪力墙的位移系数

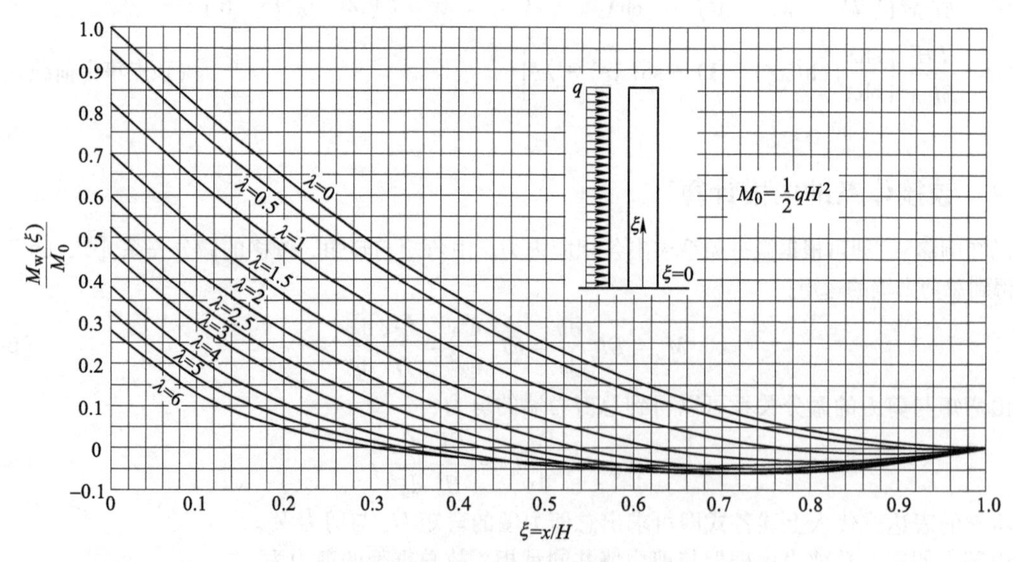

图 6-13　均布荷载下剪力墙的弯矩系数

（1）均布荷载作用

$$\frac{y(\xi)}{f_H}=\frac{8}{\lambda^4}\left\{\left[\mathrm{ch}(\lambda\xi)-1\right]\frac{1+\lambda\mathrm{sh}\lambda}{\mathrm{ch}\lambda}-\lambda\mathrm{sh}(\lambda\xi)+\lambda^2\left(\xi-\frac{\xi^2}{2}\right)\right\} \tag{6-27}$$

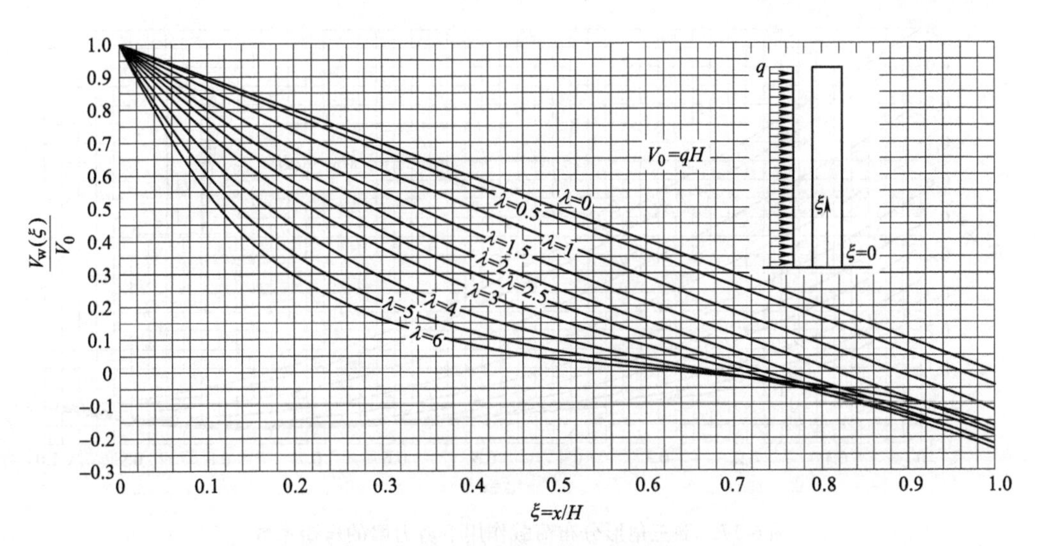

图 6-14　均布荷载作用下剪力墙的剪力系数

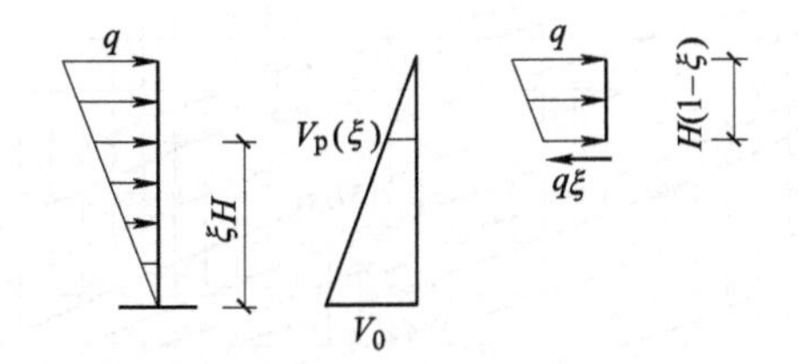

图 6-15　倒三角形分布荷载求 $V_p(\xi)$ 示意图

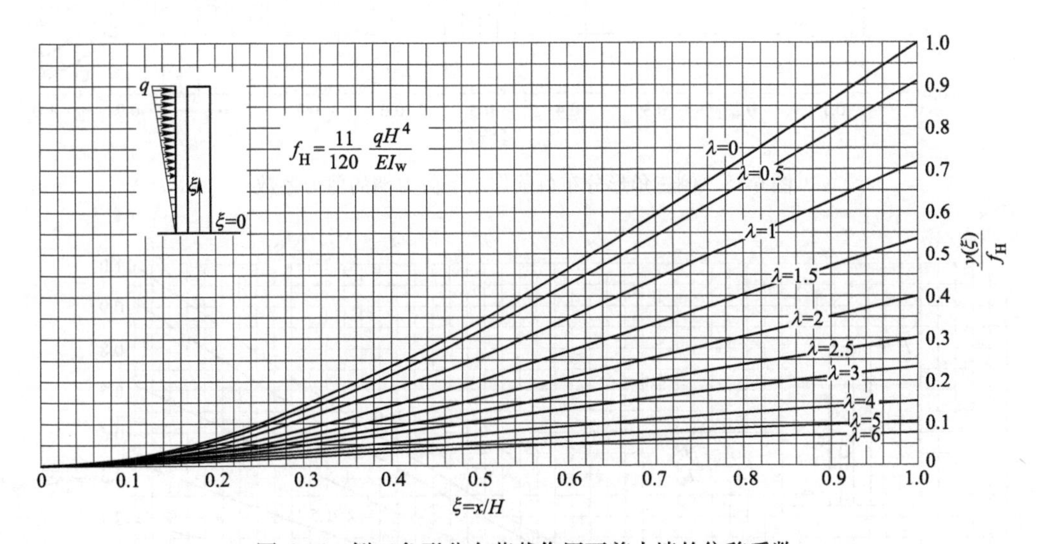

图 6-16　倒三角形分布荷载作用下剪力墙的位移系数

$$y(\xi)=f_H\left[\frac{y(\xi)}{f_H}\right],\ f_H=\frac{qH^4}{8EI_w}=\frac{V_0H^3}{8EI_w}$$

$$\frac{M_w(\xi)}{M_0}=\frac{2}{\lambda^2}\left[\operatorname{ch}(\lambda\xi)\left(\frac{1+\lambda\operatorname{sh}\lambda}{\operatorname{ch}\lambda}\right)-\lambda\operatorname{sh}(\lambda\xi)-1\right] \tag{6-28}$$

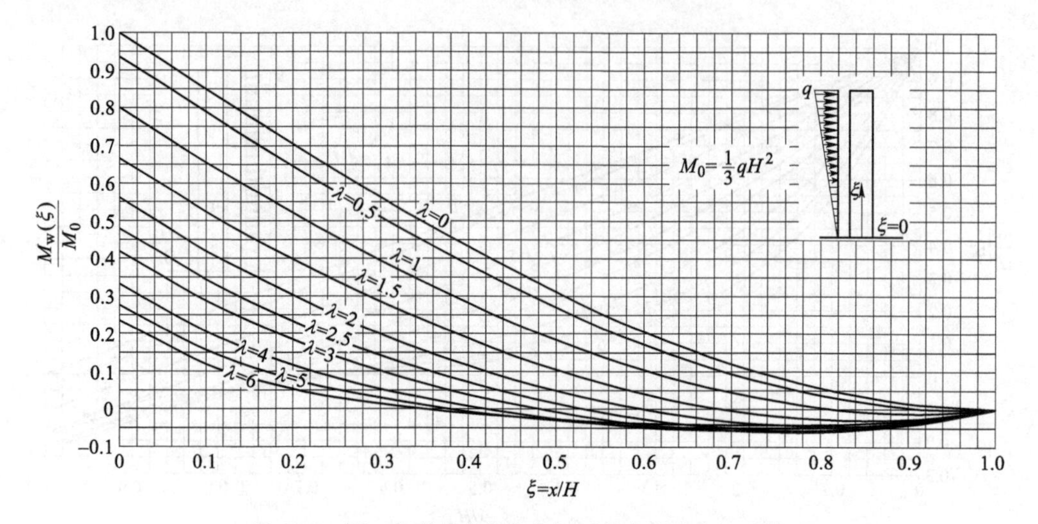

图 6-17　倒三角形分布荷载作用下剪力墙的弯矩系数

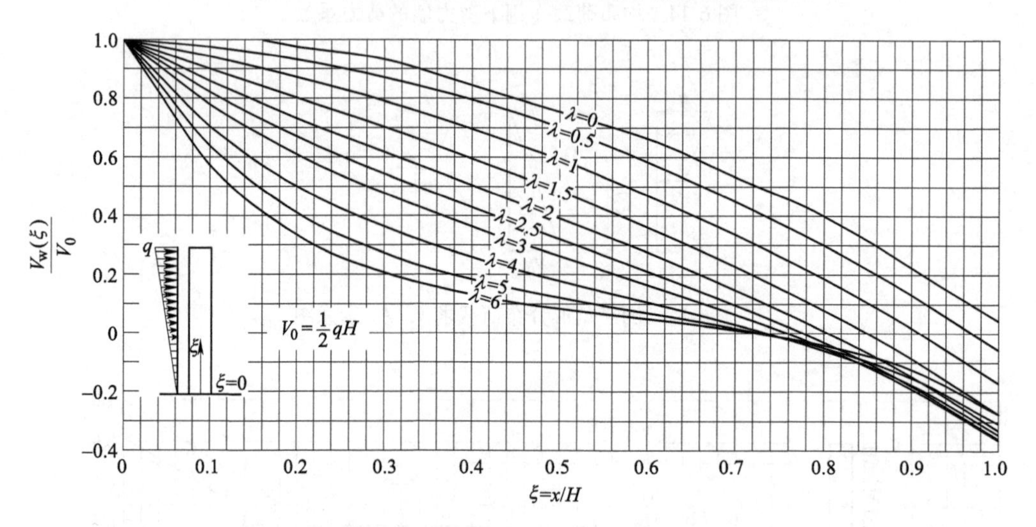

图 6-18　倒三角形分布荷载作用下剪力墙的剪力系数

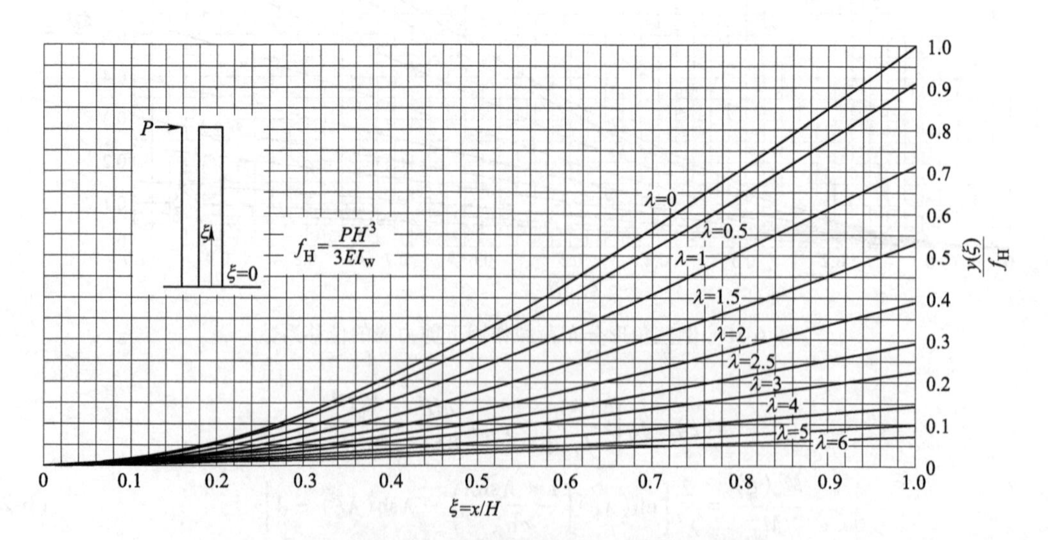

图 6-19　顶点集中荷载作用下剪力墙的位移系数

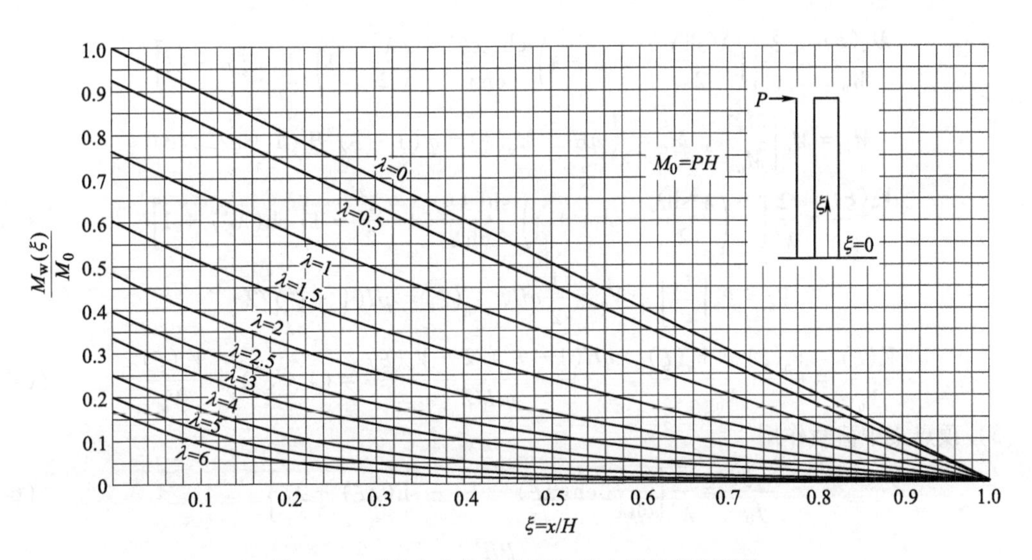

图 6-20　顶点集中荷载作用下剪力墙的弯矩系数

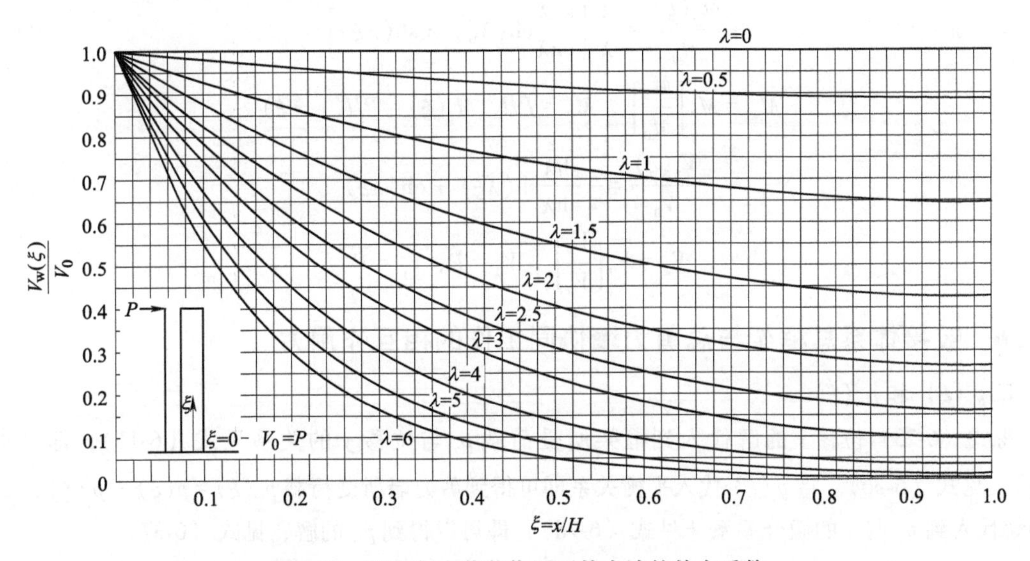

图 6-21　顶点集中荷载作用下剪力墙的剪力系数

$$M_w = M_0\left[\frac{M_w}{M_0}\right],\ M_0 = \frac{1}{2}qH^2,\ M_p(\xi) = qH^2(1-\xi)^2/2$$

$$\frac{V_w(\xi)}{V_0} = \frac{1}{\lambda}\left[-\left(\frac{1+\lambda\text{sh}\lambda}{\text{ch}\lambda}\right)\text{sh}(\lambda\xi)+\lambda\text{ch}(\lambda\xi)\right] \tag{6-29}$$

$$V_w = V_0\left[\frac{V_w}{V_0}\right],\ V_0 = qH,\ V_p(\xi) = qH(1-\xi)$$

（2）倒三角形分布荷载作用

$$\frac{y(\xi)}{f_H} = \frac{120}{11}\frac{1}{\lambda^2}\left[\left(\frac{\text{sh}\lambda}{2\lambda}-\frac{\text{sh}\lambda}{\lambda^3}+\frac{1}{\lambda^2}\right)\frac{\text{ch}(\lambda\xi)-1}{\text{ch}\lambda}+\left(\xi-\frac{\text{sh}(\lambda\xi)}{\lambda}\right)\left(\frac{1}{2}-\frac{1}{\lambda^2}\right)-\frac{\xi^3}{6}\right] \tag{6-30}$$

$$f_H = \frac{11}{120}\frac{qH^4}{EI_w} = \frac{11}{60}\frac{V_0H^3}{EI_w}$$

$$\frac{M_w(\xi)}{M_0}=\frac{3}{\lambda^3}\left[\left(\frac{\lambda^2\text{sh}\lambda}{2}-\text{sh}\lambda+\lambda\right)\frac{\text{ch}(\lambda\xi)}{\text{ch}\lambda}-\left(\frac{\lambda^2}{2}-1\right)\text{sh}(\lambda\xi)-\lambda\xi\right] \tag{6-31}$$

$$M_w=M_0\left[\frac{M_w}{M_0}\right],\ M_0=\frac{1}{3}qH^2,\ M_p(\xi)=q\,(1-\xi)^2H^2(1+\xi/2)/3$$

$$\frac{V_w(\xi)}{V_0}=\frac{2}{\lambda^2}\left[-\left(\frac{\lambda^2\text{sh}\lambda}{2}-\text{sh}\lambda+\lambda\right)\frac{\text{sh}(\lambda\xi)}{\text{ch}\lambda}+\left(\frac{\lambda^2}{2}-1\right)\text{ch}(\lambda\xi)+1\right] \tag{6-32a}$$

$$V_w=V_0\left[\frac{V_w}{V_0}\right],\ V_0=\frac{1}{2}qH,\ V_p(\xi)=qH(1-\xi^2)/2$$

$$\frac{V_f(\xi)}{V_0}=\frac{V_p(\xi)-V_w(\xi)}{V_0}=\frac{qH(1-\xi^2)/2-V_w(\xi)}{qH/2}=(1-\xi^2)-\frac{V_w(\xi)}{V_0} \tag{6-32b}$$

（3）顶点集中荷载作用

$$\frac{y(\xi)}{f_H}=\frac{3}{\lambda^3}\left\{\frac{\text{sh}\lambda}{\text{ch}\lambda}[\text{ch}(\lambda\xi)-1]-\text{sh}(\lambda\xi)+\lambda\xi\right\} \tag{6-33}$$

$$f_H=\frac{PH^3}{3EI_w}$$

$$\frac{M_w(\xi)}{M_0}=\frac{1}{\lambda}\left[\frac{\text{sh}\lambda}{\text{ch}\lambda}\text{ch}(\lambda\xi)-\text{sh}(\lambda\xi)\right] \tag{6-34}$$

$$M_w=M_0\left[\frac{M_w}{M_0}\right],\ M_0=PH,\ M_p(\xi)=PH(1-\xi)$$

$$\frac{V_w(\xi)}{V_0}=-\frac{\text{sh}\lambda}{\text{ch}\lambda}\text{sh}(\lambda\xi)+\text{ch}(\lambda\xi) \tag{6-35}$$

$$V_w=V_0\left[\frac{V_w}{V_0}\right],\ V_0=P,\ V_p=P$$

6.4.6 铰接体系总框架与总剪力墙协同工作的相互作用力

1. $p_f(\xi)$ 和 $p_w(\xi)$

将式（6-23）位移 y 的解代入到框架所受荷载 p_f 与位移 y 的关系见式（6-11），即可求到 $p_f(\xi)$，见式（6-36）。将 $p_f(\xi)$ 代入平衡关系即可得到剪力墙所受荷载 $p_w(\xi)=p(\xi)-p_f(\xi)$，或将 y 的解代入到 p_w 与 y 的微分关系［见式（6-7d）］即可以得到 p_w 的解，见式（6-37）。

$$\begin{cases}p_f(\xi)=q\left[1+\lambda\text{sh}(\lambda\xi)-\text{ch}(\lambda\xi)\dfrac{1+\lambda\text{sh}\lambda}{\text{ch}\lambda}\right] & \text{（均布荷载）}\\ p_f(\xi)=q\left[\xi+\left(\dfrac{\lambda}{2}-\dfrac{1}{\lambda}\right)\text{sh}(\lambda\xi)-\left(\dfrac{\lambda\text{sh}\lambda}{2}-\dfrac{\text{sh}\lambda}{\lambda}+1\right)\dfrac{\text{ch}(\lambda\xi)}{\text{ch}\lambda}\right] & \text{（倒三角形分布荷载）}\\ p_f(\xi)=\dfrac{P\lambda}{H}\left[\text{sh}(\lambda\xi)-\dfrac{\text{sh}\lambda}{\text{ch}\lambda}\text{ch}(\lambda\xi)\right] & \text{（顶点集中荷载）}\end{cases} \tag{6-36}$$

$$\begin{cases}p_w(\xi)=q\left[\text{ch}(\lambda\xi)\dfrac{1+\lambda\text{sh}\lambda}{\text{ch}\lambda}-\lambda\text{sh}(\lambda\xi)\right] & \text{（均布荷载）}\\ p_w(\xi)=q\left[-\left(\dfrac{\lambda\text{sh}\lambda}{2}-\dfrac{\text{sh}\lambda}{\lambda}+1\right)\dfrac{\text{ch}(\lambda\xi)}{\text{ch}\lambda}+\left(\dfrac{\lambda}{2}-\dfrac{1}{\lambda}\right)\text{sh}(\lambda\xi)\right] & \text{（倒三角形分布荷载）}\\ p_w(\xi)=\dfrac{P\lambda}{H}\left[\dfrac{\text{sh}\lambda}{\text{ch}\lambda}\text{ch}(\lambda\xi)-\text{sh}(\lambda\xi)\right] & \text{（顶点集中荷载）}\end{cases} \tag{6-37}$$

2. 顶部附加作用集中力

从总剪力墙剪力 V_w 与总框架剪力 V_f 的分布可知二者在顶部存在相互作用集中力。

对均布荷载以及倒三角形分布荷载，由于 V_w 与 V_f 在顶部不等于0，故必然存在顶部附加作用集中力，且大小相等、方向相反，其数值和方向可根据剪力大小判断。

对于顶点集中荷载作用的情况，顶部附加作用集中力可通过剪力关系 $V_w+V_f=P$ 以及框架和剪力墙各自总剪力的大小计算。

6.5　框架-剪力墙结构按刚接体系的计算

6.5.1　刚接体系的计算简图

将连梁从反弯点处切开，梁的剪力为 V_i，轴力为 P_{fi}。将 V_i 对总剪力墙轴线取矩，得到连梁在楼盖处对剪力墙的约束弯矩 M_i。把 M_i、P_{fi}连续化，得到刚接体系的计算简图，如图6-22所示。刚接体系与铰接体系的区别在于存在约束弯矩。

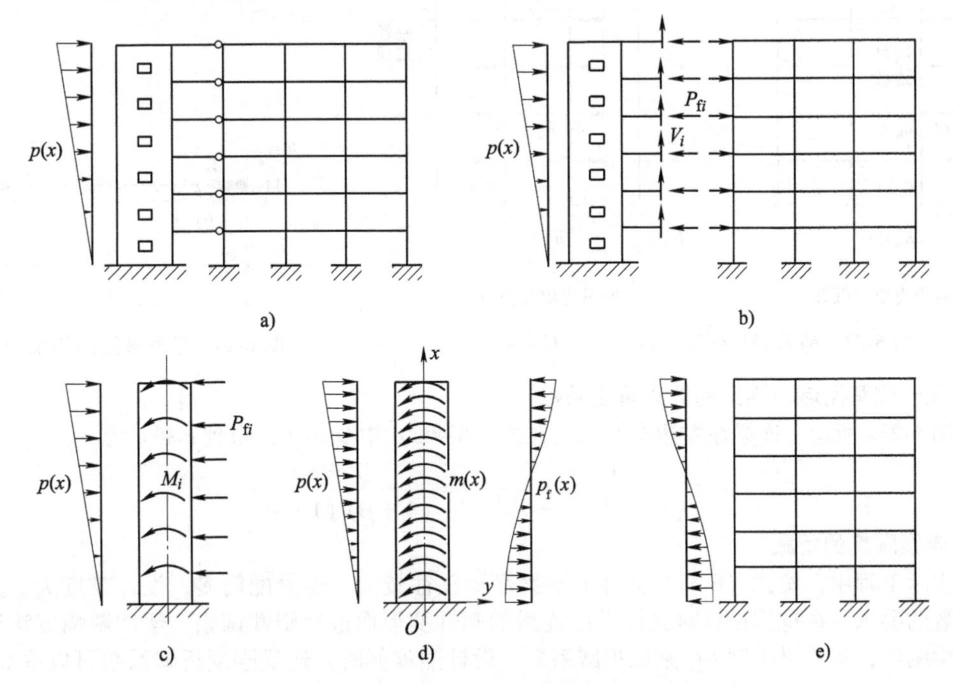

图6-22　框架-剪力墙刚接体系协同工作关系

6.5.2　刚接连梁的梁端约束弯矩

连梁进入剪力墙的一端刚度很大，可以将其看作梁的刚性边段，也称刚域（图6-23）。设连梁高为 h_b，墙肢宽为 h_w，连梁进入到墙肢内的长度为 $h_w/4$，且计算刚域时不考虑墙肢的翼缘，则连梁端部的刚域长度 al（图6-23a）为

$$al = h_w/2 - h_b/4 \tag{6-38}$$

1. 两端带刚域梁的约束弯矩系数

图6-23b所示为两端有刚域的连梁。设连梁两端（图6-24的杆1点和2点）产生单位转角时在梁端需施加的力矩即梁端约束弯矩系数为 m_{12}和 m_{21}，由式（5-132）可知计算如下：

$$m_{12}=\frac{(1+a-b)}{(1+\beta)(1-a-b)^3}\frac{6EI_b}{l}=6ci_b \tag{6-39a}$$

$$m_{21}=\frac{(1-a+b)}{(1+\beta)(1-a-b)^3}\frac{6EI_b}{l}=6c'i_b \tag{6-39b}$$

式中 EI_b——连梁（1′-2′）的抗弯刚度；

β——连梁剪切变形影响系数，$\beta=\frac{12\mu EI_b}{GAl'^2}$，当忽略剪切影响时，$l'$为连梁计算长度，$l'=l-al-bl$，$\beta=0$；

i_b——连梁按中段（1′-2′）刚度计算的线抗弯刚度，$i_b=EI_b/l$；

c、c'——带刚域连梁考虑剪切变形影响的线刚度修正系数：

$$c=\frac{1+a-b}{(1-a-b)^3}\frac{1}{1+\beta},\quad c'=\frac{1-a+b}{(1-a-b)^3}\frac{1}{1+\beta} \tag{6-40a}$$

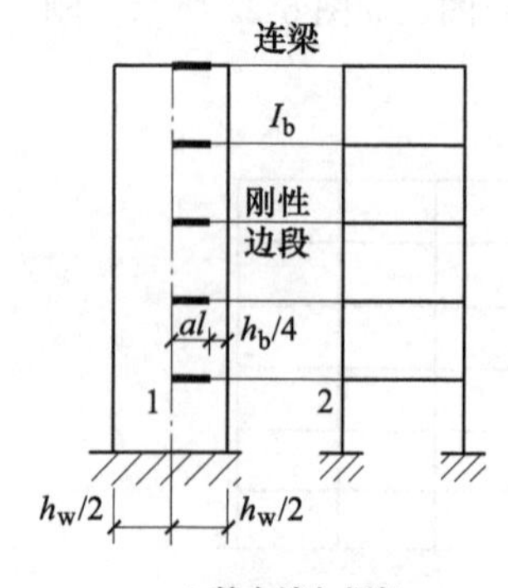

a) 剪力墙与框架

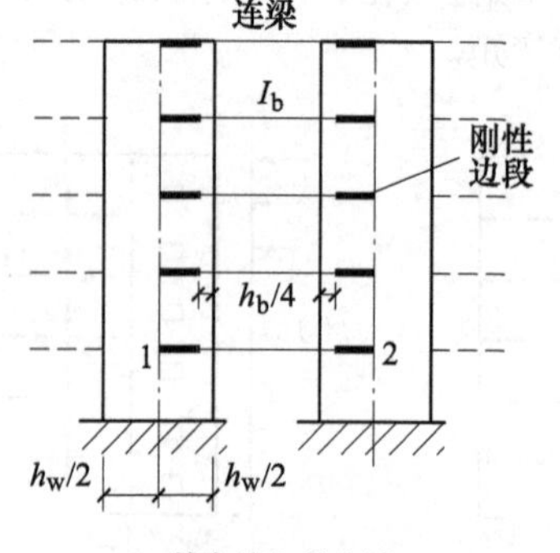

b) 剪力墙与剪力墙

图 6-23 剪力墙与框架、剪力墙与剪力墙

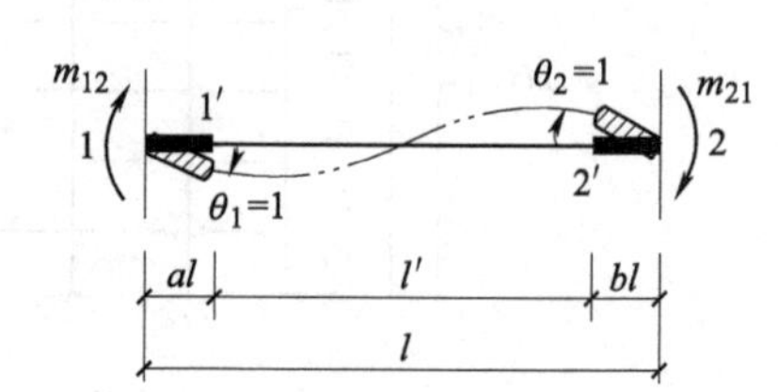

图 6-24 带刚域梁的约束弯矩系数

2. 仅一侧有刚域时连梁的约束弯矩系数

如图 6-23a 所示，连梁在左边有刚域。在式（6-40a）中令 $b=0$，得到 c 和 c'为

$$c=\frac{1+a}{(1+\beta)(1-a)^3},\quad c'=\frac{1-a}{(1+\beta)(1-a)^3} \tag{6-40b}$$

3. 连梁刚度的折减

在实际工程中，按式（6-39）计算的连梁弯矩往往较大，连梁配筋多，设计难度大。为满足设计参数的要求，在抗震设计时允许考虑连梁的塑性变形而进行塑性调幅。塑性调幅方法通常是降低连梁刚度，将连梁刚度 EI_b 乘以折减系数。设计烈度低时，连梁刚度折减系数可以取高一些，高烈度时连梁刚度折减系数可以低一些但不宜低于 0.5，以免造成使用阶段裂缝过大。对于一侧与框架相连、另一侧与剪力墙连接的连梁，以及跨高比大于 5 的连梁，连梁刚度折减较大时可能造成连梁在使用阶段开裂不易控制，宜谨慎考虑刚度折减。

4. 连梁端部约束弯矩

用梁端约束弯矩系数 m_{12} 和 m_{21} 乘以梁端转角 θ 即为梁端约束弯矩：

$$M_{12}=m_{12}\theta,\quad M_{21}=m_{21}\theta \tag{6-41a}$$

设框架-剪力墙结构中第 i 层第 j 个梁端约束弯矩为

$$M_{ij}=m_{ij}\theta \tag{6-41b}$$

为建立微分方程，需要将楼盖处的约束弯矩除以层高转化为沿层高均匀分布的线约束弯矩。设各层层高 h 为常值，则第 i 层第 j 个梁端线约束弯矩为

$$m_{ij}(x)=\frac{M_{ij}}{h}=\frac{m_{ij}}{h}\theta(x) \tag{6-42}$$

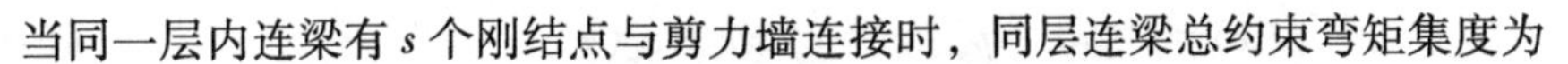

当同一层内连梁有 s 个刚结点与剪力墙连接时，同层连梁总约束弯矩集度为

$$m(x)=\sum_{j=1}^{s}\frac{m_{ij}}{h}\theta(x)=C_b\theta(x)=C_b\frac{dy}{dx} \tag{6-43}$$

式中　C_b——第 i 层总连梁线约束刚度，按下式计算：

$$C_b=\sum_{j=1}^{s}\frac{m_{ij}}{h} \tag{6-44a}$$

当各层 C_b 变化时，连梁线约束刚度 C_b 可取各层沿高度的加权平均值，设层数为 n，则

$$C_b=\frac{1}{H}\sum_{i=1}^{n}h_i\sum_{j=1}^{s}\frac{m_{ij}}{h_i}=\frac{1}{H}\sum_{i=1}^{n}\sum_{j=1}^{s}m_{ij} \tag{6-44b}$$

6.5.3　刚接体系的基本方程及其解

1. 等代剪力与等代荷载

为利用铰接体系的计算结果，需要把连梁端部的约束弯矩化为等代荷载，方法如下：

连梁约束弯矩（图 6-22d）在剪力墙截面的 x 高度处产生的弯矩为

$$M_m=-\int_x^H m(x)dx \tag{6-45}$$

与 M_m 相对应的剪力为

$$V_m=-\frac{dM_m}{dx}=-m(x)=-\sum_{j=1}^{s}\frac{m_{ij}}{h}\frac{dy}{dx}=-C_b\frac{dy}{dx} \tag{6-46}$$

与 M_m 相对应的荷载为

$$p_m=-\frac{dV_m}{dx}=\frac{dm(x)}{dx}=\sum_{j=1}^{s}\frac{m_{ij}}{h}\frac{d^2y}{dx^2}=C_b\frac{d^2y}{dx^2} \tag{6-47}$$

这里，V_m称为等代剪力，p_m称为等代荷载。其物理意义可以理解为由连梁约束弯矩所分担的剪力及荷载。

2. 刚接体系的基本方程

有了等代荷载的概念，即可以将连梁端部约束转化为沿高度分布的荷载 p_m，而等代剪力 V_m 可以看成是由荷载 p_m 产生的，这样就可以利用铰接体系的相关公式求解。铰接体系的总剪力墙弯矩 M_w 与侧移 y 的微分关系见式（6-7b），对式两边再求一次导数得到总剪力墙剪力 V_w、等代剪力 V_m 与弯矩 M_w 的关系为

$$EI_w\frac{d^3y}{dx^3}=\frac{dM_w}{dx}=-(V_w+V_m)=-V_w+m(x)=-V'_w \tag{6-48}$$

式中　V'_w——刚接体系总剪力墙的广义剪力：

$$V'_w=V_w-m(x) \tag{6-49}$$

对式（6-48）两边求导，并将式（6-47）代入，得侧移 y 与剪力墙所受荷载 $p_w(x)+p_m(x)$ 的微分关系：

$$EI_w\frac{d^4y}{dx^4}=-\frac{dV_w}{dx}+\frac{dm(x)}{dx}=p_w(x)+p_m(x)=p(x)-p_f(x)+p_m(x) \tag{6-50}$$

$p_f(x)$ 见式（6-11）和式（6-36），$p_m(x)$ 见式（6-47）。令

$$p'_w(x)=p_w(x)+p_m(x) \tag{6-51a}$$

$$p'_f(x)=p_f(x)-p_m(x) \tag{6-51b}$$

$p'_w(x)$、$p'_f(x)$ 可分别称为刚接体系总剪力墙和总框架的等代荷载，则刚接体系的荷载平衡关系可以写为

$$p(x)=p_f'(x)+p_w'(x)=p_f(x)+p_w(x) \tag{6-51c}$$

将式（6-11）和式（6-47）代入式（6-50），得

$$EI_w\frac{d^4y}{dx^4}=p(x)+C_f\frac{d^2y}{dx^2}+C_b\frac{d^2y}{dx^2} \tag{6-52a}$$

整理式（6-51）得到：

$$\frac{d^4y}{dx^4}-\frac{C_f+C_b}{EI_w}\frac{d^2y}{dx^2}=\frac{p(x)}{EI_w} \tag{6-52b}$$

式（6-52）即为框架-剪力墙结构按刚接体系计算的基本方程。

3. 刚接体系基本方程的解

刚接体系的刚度特征值 λ 取为

$$\lambda=H\sqrt{\frac{C_f+C_b}{EI_w}}=H\sqrt{\frac{C_m}{EI_w}} \tag{6-53}$$

式中，$C_m=C_f+C_b$ 可看作框架的广义抗剪刚度。将式（6-53）代入式（6-52），且令 $\xi=x/H$，则基本方程式（6-52）可写为

$$\frac{d^4y}{d\xi^4}-\lambda^2\frac{d^2y}{d\xi^2}=\frac{H^4}{EI_w}p(\xi) \tag{6-54}$$

刚接体系的基本方程式（6-54）的表达式与铰接体系基本方程式（6-15）完全相同。因此，铰接体系微分方程的解［式（6-23）］也适用于刚接体系，计算图表也适用。但刚接体系与铰接体系的刚度特征值 λ 的计算公式不同，两种体系的总剪力墙和总框架的剪力计算也不同。由式（6-48）可以看出，用图表（图 6-14、图 6-18 和图 6-21）得到的剪力系数为刚接体系的剪力系数［V_w'/V_0］，而 V_w' 为总剪力墙广义剪力，即

$$V_w'=V_w-m(\xi)=V_0\left[\frac{V_w'}{V_0}\right] \tag{6-55}$$

因此，刚接体系总剪力墙的剪力 V_w 为

$$V_w=V_w'+m(\xi) \tag{6-56}$$

式中　$m(\xi)$——总连梁的约束弯矩集度。

体系的总剪力由总框架与总剪力墙共同承受，且考虑式（6-56）的关系，得到：

$$V_p=V_w+V_f=V_w'+m(\xi)+V_f=V_w'+V_f' \tag{6-57}$$

式中　V_f'——刚接体系总框架的广义剪力，与总剪力墙广义剪力 V_w' 之间的关系为

$$V_f'=m(\xi)+V_f=V_p-V_w' \tag{6-58}$$

总框架承担的剪力 V_f 可以按框架抗剪刚度 C_f 与广义抗剪刚度 C_m 的比分配广义剪力 V_f' 得到：

$$V_f=\frac{C_f}{C_m}V_f'=\frac{C_f}{C_f+C_b}V_f'=\frac{C_f}{C_f+\sum m_{ij}/h}V_f' \tag{6-59}$$

连梁总约束弯矩集度为

$$m(\xi)=\frac{C_b}{C_f+C_b}V_f' \tag{6-60}$$

6.5.4　刚接体系的总框架与总剪力墙协同工作的相互作用力

由式（6-50）和式（6-47）可得到剪力墙所受荷载 p_w、侧移 y 及等代荷载 p_m 的关系为

$$p_w=EI_w\frac{d^4y}{dx^4}-p_m=\frac{EI_w}{H^4}\frac{d^4y}{d\xi^4}-\frac{C_b}{H^2}\frac{d^2y}{d\xi^2} \tag{6-61}$$

与铰接体系的区别是式（6-61）等号右边第二项，即

$$p_{\mathrm{m}}=\frac{C_{\mathrm{b}}}{H^{2}}\frac{\mathrm{d}^{2}y}{\mathrm{d}\xi^{2}} \tag{6-62}$$

由式（6-23）对 y 求二阶导数代入式（6-62）可得 p_{m}：

$$\begin{cases}p_{\mathrm{m}}=q\dfrac{C_{\mathrm{b}}}{C_{\mathrm{b}}+C_{\mathrm{f}}}\left[\mathrm{ch}(\lambda\xi)\dfrac{1+\lambda\mathrm{sh}\lambda}{\mathrm{ch}\lambda}-\lambda\mathrm{sh}(\lambda\xi)-\lambda^{2}\right] & \text{（均布荷载）}\\ p_{\mathrm{m}}=q\dfrac{C_{\mathrm{b}}}{C_{\mathrm{b}}+C_{\mathrm{f}}}\left[\left(\dfrac{\lambda\mathrm{sh}\lambda}{2}-\dfrac{\mathrm{sh}\lambda}{\lambda}+1\right)\dfrac{\mathrm{ch}(\lambda\xi)}{\mathrm{ch}\lambda}-\lambda\mathrm{sh}(\lambda\xi)\left(\dfrac{1}{2}-\dfrac{1}{\lambda^{2}}\right)-\xi\right] & \text{（倒三角形分布荷载）}\\ p_{\mathrm{m}}=\dfrac{P}{H}\dfrac{C_{\mathrm{b}}}{C_{\mathrm{b}}+C_{\mathrm{f}}}\left[\dfrac{\lambda\mathrm{sh}\lambda}{\mathrm{ch}\lambda}\mathrm{ch}(\lambda\xi)-\lambda\mathrm{sh}(\lambda\xi)\right] & \text{（顶点集中荷载）}\end{cases} \tag{6-63}$$

由铰接体系式（6-37）得到的 $p_{\mathrm{w}}(x)$ 可以看作刚接体系总剪力墙的等代荷载 p'_{w}，由式（6-51）可知 $p_{\mathrm{w}}=p'_{\mathrm{w}}-p_{\mathrm{m}}$，即由式（6-37）减去式（6-63）即为 p_{w}，再通过荷载平衡即可以得到 p_{f}。对均布荷载，$p_{\mathrm{f}}=q-p_{\mathrm{w}}$；对倒三角形分布荷载则有 $p_{\mathrm{f}}=q\xi-p_{\mathrm{w}}$；而顶点集中荷载作用下可由 $P=V_{\mathrm{f}}+V_{\mathrm{w}}$ 确定 p_{w}、p_{f}。p_{w}、p_{f} 是沿高度的分布荷载，与铰接体系同理。从总剪力墙剪力 V_{w} 与总框架剪力 V_{f} 的分布可得到二者在顶部的相互作用集中力。

6.5.5 铰接体系与刚接体系的计算汇总

铰接体系与刚接体系总内力计算和主要公式见表 6-1。

表 6-1 铰接体系与刚接体系总内力计算和主要公式

项目	铰接体系	刚接体系
刚度特征值	$\lambda=H\sqrt{\dfrac{C_{\mathrm{f}}}{EI_{\mathrm{w}}}}$	$\lambda=H\sqrt{\dfrac{C_{\mathrm{f}}+C_{\mathrm{b}}}{EI_{\mathrm{w}}}}=H\sqrt{\dfrac{C_{\mathrm{f}}+\sum_{1}^{s}\dfrac{m_{ij}}{h}}{EI_{\mathrm{w}}}}$
外力平衡	$p(x)=p_{\mathrm{w}}(x)+p_{\mathrm{f}}(x)$	$p(x)=p'_{\mathrm{f}}(x)+p'_{\mathrm{w}}(x)=p_{\mathrm{f}}(x)+p_{\mathrm{w}}(x)$
剪力平衡	$V_{\mathrm{p}}=V_{\mathrm{w}}+V_{\mathrm{f}}$	$V_{\mathrm{p}}=V_{\mathrm{w}}+V_{\mathrm{f}}=V'_{\mathrm{w}}+V'_{\mathrm{f}}$
总剪力墙的剪力	$V_{\mathrm{w}}=V_{0}\left[\dfrac{V_{\mathrm{w}}}{V_{0}}\right]$	$V'_{\mathrm{w}}=V_{0}\left[\dfrac{V'_{\mathrm{w}}}{V_{0}}\right]$，$V_{\mathrm{w}}=V'_{\mathrm{w}}+m=V_{0}\left[\dfrac{V'_{\mathrm{w}}}{V_{0}}\right]+m$
总框架的剪力	$V_{\mathrm{f}}=V_{\mathrm{p}}-V_{0}\left[\dfrac{V_{\mathrm{w}}}{V_{0}}\right]$	$V_{\mathrm{f}}=\dfrac{C_{\mathrm{f}}}{C_{\mathrm{f}}+C_{\mathrm{b}}}V'_{\mathrm{f}}=\dfrac{C_{\mathrm{f}}}{C_{\mathrm{f}}+\sum m_{ij}/h}V'_{\mathrm{f}}$ $V'_{\mathrm{f}}=V_{\mathrm{p}}-V'_{\mathrm{w}}$；$V_{\mathrm{f}}=V_{\mathrm{p}}-V_{\mathrm{w}}=V'_{\mathrm{f}}-m$
连梁的约束弯矩集度	0	$m=\dfrac{C_{\mathrm{b}}}{C_{\mathrm{f}}+C_{\mathrm{b}}}V'_{\mathrm{f}}=\dfrac{\sum m_{ij}/h}{C_{\mathrm{f}}+\sum m_{ij}/h}V'_{\mathrm{f}}$
总剪力墙的弯矩	$M_{\mathrm{w}}=M_{0}\left[\dfrac{M_{\mathrm{w}}}{M_{0}}\right]$	$M_{\mathrm{w}}=M_{0}\left[\dfrac{M_{\mathrm{w}}}{M_{0}}\right]$

6.6 框架、剪力墙与连梁的内力计算

在框架-剪力墙结构计算中应首先根据结构的刚度特征值求出总框架及总剪力墙内力，然后再

分别进行内力分解计算。

6.6.1 结构刚度计算

1. 总框架的抗剪刚度

设总框架每层由 k 根柱组成，每根柱的线刚度和抗侧刚度为 i_{cij}、D_{ij}，层高为 h_i，则第 i 层总框架的抗剪刚度为

$$C_{fi}=\sum_{j=1}^{k}D_{ij}h_i=\sum_{j=1}^{k}\alpha\frac{12i_{cij}}{h_i^2}h_i \tag{6-64}$$

计算结构刚度特征值时，对共有 n 层的框架-剪力墙结构，当各层总框架抗剪刚度有所不同时，取沿高度的加权平均：

$$C_f=\frac{\sum_{i=1}^{n}C_{fi}h_i}{H} \tag{6-65}$$

2. 总剪力墙刚度

设每层有 m 片剪力墙，则第 i 层总剪力墙的刚度取每片墙的等效抗弯刚度之和：

$$EI_{wi}=\sum_{j=1}^{m}EI_{eqij} \tag{6-66}$$

对共有 n 层的框架-剪力墙结构，当各层剪力墙的总刚度有所不同时，则取沿高度的加权平均：

$$EI_w=\frac{\sum_{i=1}^{n}EI_{wi}h_i}{H} \tag{6-67}$$

3. 剪力墙翼缘的取法

为避免由于刚度取值偏低使得地震作用计算值偏小，《抗规》6.2.13-3 规定：抗震墙（剪力墙）结构、部分框支抗震墙结构、框架-抗震墙结构、框架-核心筒结构、筒中筒结构、板柱-抗震墙结构计算内力和变形时，其抗震墙应计入端部翼墙的共同工作。翼墙的有效长度可参照有关规范的建议，如图 6-25 所示，设计算方向剪力墙轴线长为 L，翼缘方向剪力墙轴线长度为 b，剪力墙翼缘可取每侧由墙面算起相邻抗震墙净间距 s_n 的一半、至门窗洞口的墙长度 x 及抗震墙总高度 H 的 15%三者的最小值，即

$$x\leqslant\min\left[x,\frac{s_n}{2},0.15H\right] \tag{6-68}$$

式中 x——计算墙体的轴线至翼缘墙门窗洞口边的长度；

s_n——相邻墙体墙边到墙边的距离；

H——建筑总高。

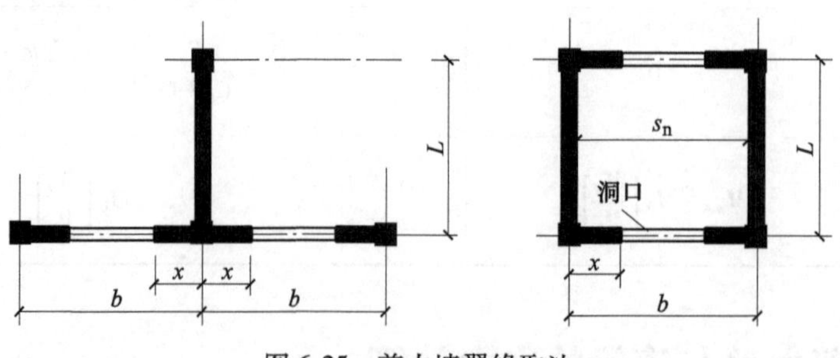

图 6-25 剪力墙翼缘取法

6.6.2　框架的总剪力调整与分配

1. 框架总剪力调整

（1）框架总剪力调整的原因　框架-剪力墙结构中，由于剪力墙抗侧刚度很大，故可以看作是水平楼盖的侧向支座。实际结构中，由于剪力墙间距可能较大，造成楼板出现平面的变形，这与计算假定楼板在平面内的刚度为无穷大有出入，使框架的水平位移可能大于按照假定计算的位移。此外，抗震设计时结构计算是按照第一水准也即小震弹性状态的弹性刚度分配内力的，由于剪力墙的刚度大，在水平力作用下承受大部分内力，而框架相对于剪力墙的刚度小，所以分配的剪力往往不大。在设防地震或罕遇地震作用下，剪力墙作为第一道防线会出现塑性变形或首先遭到破坏造成刚度下降，由此引起塑性内力重分布，部分地震作用转移至框架承担，使得框架实际受力大于按照弹性刚度分配的结果。因此，为保证作为第二道防线的框架具有一定的抗侧移能力，实现多道设防的设计要求，需要适当提高框架承担的剪力，保证结构计算的安全性。

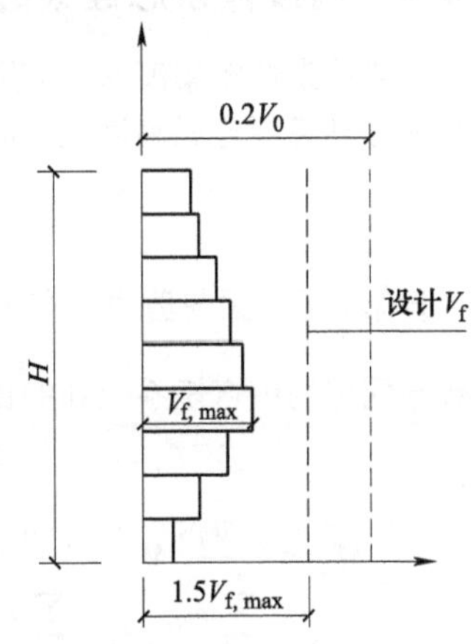

图 6-26　框架总剪力的调整

（2）调整方法　抗震设计时，框架-剪力墙结构对应于地震作用标准值的各层框架总剪力，对满足 $V_f \geqslant 0.2V_0$ 的楼层不必调整；对 $V_f < 0.2V_0$ 的楼层，框架总剪力按 $0.2V_0$和 $1.5V_{f,max}$的较小值采用（图 6-26），即

$$V_f = \min[1.5V_{f,max}, 0.2V_0] \tag{6-69}$$

式中　V_0——对框架柱数从上至下基本不变的规则结构，应取对应于地震作用标准值的结构底部总剪力，对框架柱数从上至下分段有规律变化的结构，应取每段最下一层结构对应于地震作用标准值的总剪力；

V_f——对应于地震作用标准值且未经调整的各层（或某段内各层）框架承担的地震总剪力；

$V_{f,max}$——对框架柱数从上至下基本不变的规则结构，应取对应于地震作用标准值且未经调整的各层框架承担的地震总剪力中的最大值；对框架柱数从上至下分段有规律变化的结构，应取每段中对应于地震作用标准值且未经调整的地震总剪力中的最大值。

各层框架承担的地震总剪力调整后，应按调整前、后总剪力的比值调整每根框架柱和与之相连框架梁的剪力及端部弯矩标准值，框架柱的轴力标准值可以不予调整。

2. 单根框架柱的剪力

在求出总框架的剪力后，再根据单根框架柱的抗侧刚度 D_{ij} 与同层框架柱的总抗侧刚度和 $D_i = \sum D_{ij}$ 的比分配总框架剪力给每根柱子。由于框架柱剪力计算位置为反弯点处，因此各柱计算时需对已求出的楼层标高处的总框架剪力 V_f 加以调整，V_f 近似取上、下两层的剪力平均值。故第 i 层第 j 柱的剪力为

$$V_{cij} = \frac{D_{ij}}{\sum_{1}^{k} D_{ij}} \frac{V_{fi-1} + V_{fi}}{2} \tag{6-70}$$

6.6.3　剪力墙的总剪力分配

求出总剪力墙内力后，各单片墙的内力按照每片墙的等效抗弯刚度 EI_{eq} 与该层总剪力墙的刚度之比分配。已知第 i 层总弯矩 M_{wi} 和总剪力 V_{wi} 时，则第 i 层第 j 墙肢的弯矩和剪力为

$$M_{wij} = \frac{EI_{eqij}}{\sum_{j=1}^{m} EI_{eqij}} M_{wi} \tag{6-71}$$

$$V_{wij} = \frac{EI_{eqij}}{\sum_{j=1}^{m} EI_{eqij}} V_{wi} \tag{6-72}$$

6.6.4 刚接体系总连梁的内力分配

连梁约束弯矩集度 $m(x)$ 见式（6-60），是沿高度分布的。需将 $m(x)$ 乘以上、下各半层层高将其还原到各层连梁高度处，故第 i 层连梁的总约束弯矩为

$$M_{bi} = m(x)\frac{h_i + h_{i+1}}{2} \tag{6-73}$$

设第 i 层连梁与剪力墙有 s 个刚结点，则每个约束结点处的连梁端部约束弯矩按梁端约束弯矩系数与同层约束弯矩系数和的比值 $\frac{m_{ij}}{\sum_{j=1}^{s} m_{ij}}$ 分配总约束弯矩得到：

$$M_{bij} = \frac{m_{ij}}{\sum_{j=1}^{s} m_{ij}} M_{bi} = \frac{m_{ij}}{\sum_{j=1}^{s} m_{ij}} m(x)\frac{h_i + h_{i+1}}{2} \tag{6-74}$$

连梁剪力可由与连梁端部的弯矩平衡（图 6-27）得到。例如，剪力墙轴线处的连梁剪力为

$$V_b = \frac{M_{12} + M_{21}}{l} \tag{6-75}$$

则连梁刚域内侧处的弯矩为

$$M_{2'1'} = M_{1'2'} = V_b \frac{l'}{2} \tag{6-76}$$

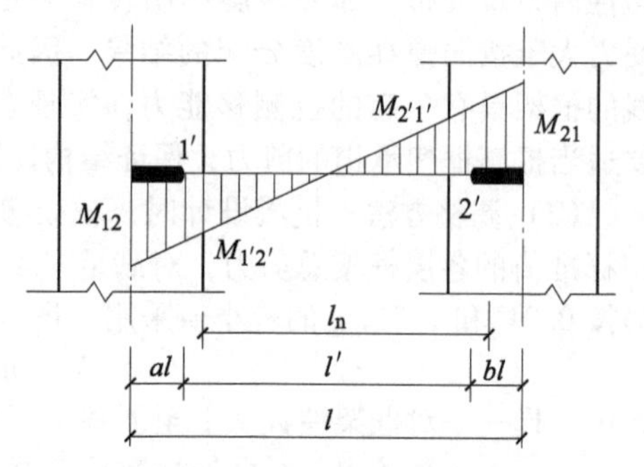

图 6-27　连梁与剪力墙边界处弯矩的计算

6.7 框架-剪力墙的结构设计与构造要求

6.7.1 框架-剪力墙结构设计的一般规定

1. 双向抗侧力体系要求

在框架-剪力墙结构中，剪力墙是主要抗侧力构件。在抗震设计时，应在两个主轴方向都布置剪力墙，形成双向抗侧力体系。这是因为如果仅在一个主轴方向布置剪力墙，将会造成两个主轴方向的抗侧刚度悬殊，无剪力墙的方向刚度不足且带有纯框架的性质，与有剪力墙的方向受力与变形极不协调，也容易造成结构整体扭转。《高规》8.1.5 条对此做了规定，且是强制性条文。此外，地震作用大小与建筑的重力荷载有关，因此抗震设计时也要尽量使结构各主轴方向的抗侧刚度接近。

2. 刚性连接及构件对中布置

框架-剪力墙结构中，主体结构构件间的连接（结点）应采用刚接，目的是保证整体结构的几何不变和刚度的发挥；同时，较多的赘余约束对结构在大震下的稳定性和实现耗能设计是有利的。当然，个别节点由于特殊需要（如为了调整个别梁的内力分布，为了避免由于沉降不均而产生过大内力等），也可以采用梁端与柱或剪力墙铰接的形式，但要注意保证结构的几何不变性，同时结构整体分析简图要与之相符。梁与柱或柱与剪力墙的中线宜重合，如有偏差，应参照第 4 章 4.1-4 节有关规定处理。

3. 剪力墙的布置

框架-剪力墙结构中，由于剪力墙的刚度较大，其数量和布置不同时对结构整体刚度和刚心位置影响很大，因此处理好剪力墙的布置是框架-剪力墙结构设计中的重要问题。

（1）基本原则　在结构平面中，剪力墙布置的一般原则是“均匀、分散、周边、对称”。由于剪力墙是结构主要的抗侧力单元，为避免剪力墙的数量太少而导致一旦破坏引起全局破坏，在设计上应体现多道设防的原则。在每个方向上不宜仅设置一道剪力墙，更不宜为了加大截面惯性矩而设置一道很长的墙，以免剪力墙受力过分集中，使该片剪力墙对刚心位置影响过大，且一旦破坏对整体结构不利，并加大其截面和基础设计的难度等。为此，《高规》规定每片剪力墙底部承担的水平剪力不宜超过结构底部总水平剪力的30%。妥当的办法是，均匀分散布置剪力墙，当布置单片墙时，每个方向不宜少于3片，且每片墙刚度宜接近。

单肢墙或多肢墙的墙肢长度不宜超过8m，除上述原因外，这样也可以避免墙的端部受力钢筋过早因变形过大而拉断，使得中部的分布钢筋难以发挥作用。剪力墙过长时，可通过设置弱连梁和在施工时留出结构洞将一片墙划分为联肢墙的墙肢（图6-28），洞口可在施工后期用块材填补封闭，使每个墙肢的高度与其长度之比不宜小于3。

剪力墙宜均匀布置在建筑物的周边，这样可以使它既发挥抗扭作用又可以减小建筑周边受室外温度变化的不利影响。

剪力墙应尽量对称布置，以使整体结构的刚心尽量与房屋质心重合，避免引起结构过大的扭转。

（2）剪力墙的形式　纵、横剪力墙宜组成“□”形、T形、L形等形式，如图6-29所示。把纵、横剪力墙组成工字形、L形等非一字形，或尽可能将两个方向的剪力墙做成筒体形状，可以更好地发挥剪力墙自身的刚度。

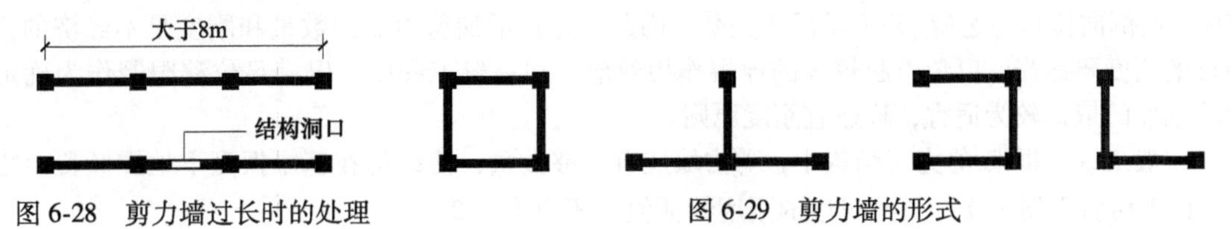

图6-28　剪力墙过长时的处理　　图6-29　剪力墙的形式

（3）剪力墙的位置　框架-剪力墙结构中，关于剪力墙的位置有以下规定：

1）剪力墙宜布置在建筑物的楼梯间、电梯间、平面形状变化大及恒荷载较大的部位。剪力墙布置在楼电梯间、平面形状变化和平面突出处是为了弥补结构平面的薄弱部位。

2）平面形状凹凸较大时，宜在突出部分的端部附近布置剪力墙，以承担由于平面变化带来的应力集中。

3）长矩形平面中布置的纵向剪力墙，不宜集中布置在平面的两尽端。原因是纵向剪力墙集中在两端时，房屋的两端被抗侧刚度较大的剪力墙“锁住”，中间部分的楼盖在混凝土收缩或温度变化时容易出现裂缝，这种现象工程中常常见到，应予以重视。

（4）剪力墙贯通　剪力墙宜贯通建筑物的全高，避免刚度突变。

（5）剪力墙开洞　剪力墙开洞时，洞口宜开在墙的中部，避免开在端部，洞口至柱边的距离不宜小于墙厚的2倍（图6-30），开洞面积不宜大于墙面积的1/6，洞口宜上、下对齐。上、下洞口间的距离不宜小于层高的1/5。

（6）楼电梯间处的剪力墙　剪力墙用于楼电梯间等竖井时，宜尽量与其靠近的抗侧力结构结合布置，使之形成连续、完整的抗侧力结构，如图6-31所示。

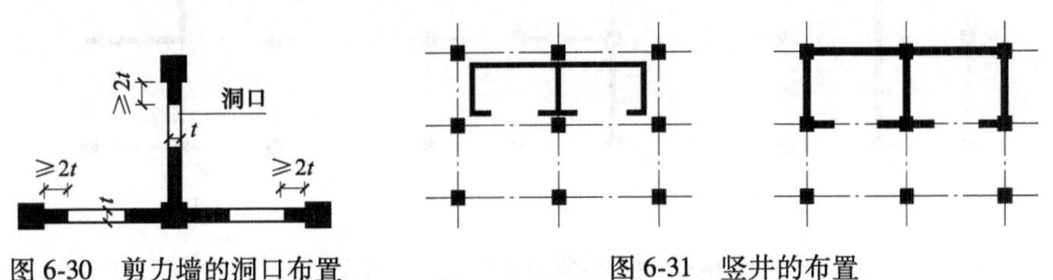

图6-30　剪力墙的洞口布置　　图6-31　竖井的布置

（7）剪力墙的间距　当建筑平面为长矩形或平面有一部分为长条形（平面长宽比较大）时，在该部位布置的剪力墙除应有足够的总体刚度外，各片横向剪力墙之间的距离不宜过大，宜满足表6-2的要求，表中B为剪力墙之间的楼盖宽度，对现浇层厚度大于60mm的叠合楼板可作为现浇板考虑。因为横墙间距过大时，两墙之间的楼盖易不能满足平面绝对刚性的要求，造成处于该区间的框架不能与邻近的剪力墙协同工作而增加负担。当两横墙之间的楼盖开有大洞口时，会使该段楼盖的平面内刚度更差，横墙的间距应再适当缩小。

表6-2　剪力墙间距　（单位：m）

楼面形式	非抗震（取较小值）	抗震设计		
		6度、7度（取较小值）	8度（取较小值）	9度（取较小值）
现浇	$5B$，60	$4B$，50	$3B$，40	$2B$，30
装配整体	$3.5B$，50	$3B$，40	$2.5B$，30	—

（8）剪力墙的刚度与合理数量　框架-剪力墙结构中，结构的抗侧能力主要由各片剪力墙的等效抗弯刚度之和$\sum EI_{eq}$决定，顶点位移和层间变形都会随剪力墙$\sum EI_{eq}$的增大而减小。但是，在地震作用下，刚度增大会使结构的地震作用随之增大，例如当$\sum EI_{eq}$增大1倍时，地震力可增大20%，而侧向位移与$\sum EI_{eq}$并不呈反比关系。因此，过多增加剪力墙的数量和刚度是不经济的，剪力墙的刚度要适当，以免引起较大的地震作用效应。在一般工程中，以满足位移限制作为确定剪力墙刚度的依据较为适宜，称适宜刚度原则。

一般来说，框架-剪力墙结构中，剪力墙应有足够数量，使结构在基本振型下地震倾覆力矩的50%以上由剪力墙承受，与此对应的刚度特征值λ不宜大于2。

6.7.2　框架-剪力墙结构的布置形式

框架-剪力墙结构由框架和剪力墙两种抗侧力结构单元组成，平面形式是多样、可变的，主要根据建筑平面布局和结构受力的需要灵活处理。一般可采用下列几种形式：

1）框架和剪力墙（包括单片墙、联肢墙、剪力墙小井筒）分开布置，各成比较独立的抗侧力单元（图6-32a）。

2）在框架的若干跨内嵌入剪力墙，框架相应跨的柱和梁成为该片墙的边框，形成带边框剪力墙（图6-32b）。

3）在单片抗侧力结构内连续分别布置框架和剪力墙（图6-32c）。

4）上述三种情况的组合，也不排除根据实际情况采用其他形式。

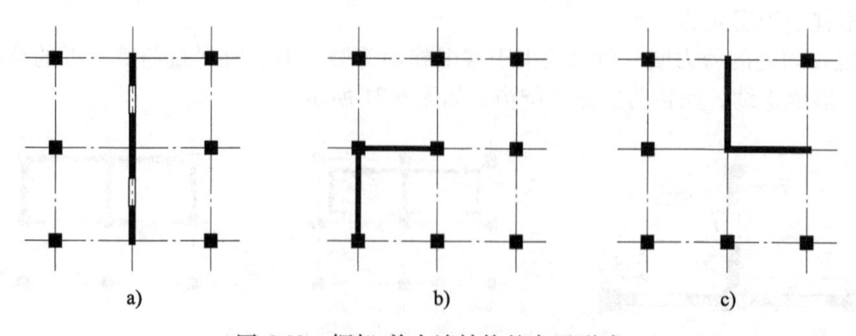

图6-32　框架-剪力墙结构的布置形式

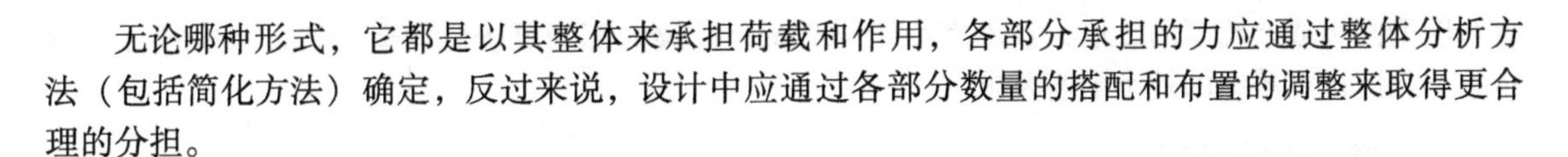

无论哪种形式，它都是以其整体来承担荷载和作用，各部分承担的力应通过整体分析方法（包括简化方法）确定，反过来说，设计中应通过各部分数量的搭配和布置的调整来取得更合理的分担。

6.7.3　框架-剪力墙结构的抗震设计方法

地震作用对房屋的倾覆力矩应由框架和剪力墙共同承担。抗震设计时，应根据在规定水平力作用下结构底层框架部分承受的地震倾覆力矩与结构总倾覆力矩的比值确定相应的设计方法，并应符合下列规定：

1）由框架承担的地震倾覆力矩不大于结构总地震倾覆力矩的10%时，按剪力墙结构进行设计，其中的框架部分应按框架-剪力墙结构的框架进行设计。

2）当框架承担的地震倾覆力矩大于结构总地震倾覆力矩的10%但不大于50%时，按框架-剪力墙结构进行设计。

3）当框架承担的地震倾覆力矩大于结构总地震倾覆力矩的50%但不大于80%时，按框架-剪力墙结构进行设计，其最大适用高度可比框架结构适当增加，框架部分的抗震等级和轴压比限值应按框架结构的规定采用。

4）当框架承担的地震倾覆力矩大于结构总地震倾覆力矩的80%时，按框架-剪力墙结构进行设计，但其最大适用高度宜按框架结构采用，框架部分的抗震等级和轴压比限值应按框架结构的规定采用。

从《高规》上述规定可以看出，由框架承担的倾覆力矩大于总倾覆力矩的50%以上时，说明框架部分居于较主要地位，应加强其抗震能力的储备，此时，应按纯框架结构的要求确定其抗震等级，轴压比也按纯框架结构的规定来限制。需要注意的是，如前所述，此时内力应按考虑剪力墙计算，但同时框架部分还宜满足不计入剪力墙时的承载力要求。适用高度和高宽比则可取框架结构和剪力墙结构两者之间的值，视框架部分承担总倾覆力矩的百分比而定，当框架部分承担的倾覆力矩百分比接近于零时取接近剪力墙结构的适用高度和高宽比，当框架部分承担的百分比接近于100%时取接近框架结构的适用高度和高宽比。

6.7.4　带边框剪力墙的处理及构造规定

框架-剪力墙结构中的剪力墙宜设计成带边框剪力墙，即端部的边框柱宜作为剪力墙的端柱。试验表明，取消边框柱后剪力墙的承载力将下降30%。带边框剪力墙的设计应使之能整体工作，剪力墙要设在梁、柱轴线平面内，保持对中。为保证框架柱对剪力墙的约束作用，剪力墙与端柱的偏心距不宜大于柱宽的1/4。

带边框剪力墙的截面厚度除应满足稳定要求以外，抗震设计时，一、二级剪力墙的底部加强部位均不应小于200mm，且不应小于层高或无支长度的1/16；其他情况下不应小于160mm，且不应小于层高或无支长度的1/20。

带边框剪力墙的混凝土强度等级宜与边框柱相同。剪力墙截面设计宜按工字形截面来考虑，因此墙的端部纵向受力钢筋应配置在边框柱截面内。而剪力墙边框柱又是框架的组成部分，故其构造应符合框架柱的构造要求，且剪力墙边框柱截面宜与该榀框架其他柱的截面相同。

剪力墙的水平钢筋应全部锚入边框柱内，锚固长度不应小于 l_a（非抗震设计）或 l_{aE}（抗震设计）。

剪力墙底部加强部位边框柱的箍筋宜沿全高加密；当带边框剪力墙上的洞口紧邻边框柱时，边框柱的箍筋宜沿全高加密。

位于楼层与剪力墙重合的框架梁宜保留，称边框梁。边框梁作为剪力墙的横向加劲肋，可提高墙的承载力，试验表明其影响在10%左右。如果无法设置明梁，也可以设置暗梁。暗梁的高度

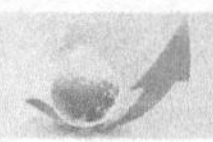

宜与明梁同高或取墙厚的 2 倍，且不宜小于 400mm。暗梁的配筋可按照构造配置，且应符合一般边框梁相应抗震等级的最小配筋要求。

6.7.5 剪力墙的配筋

框架-剪力墙结构中，抗震设计时剪力墙的竖向和水平分布钢筋配筋率均不应小于 0.25%，间距不宜大于 300mm。非抗震设计时，剪力墙的竖向和水平分布钢筋配筋率不应小于 0.20%。

竖向与水平分布钢筋应至少双排布置；各排分布钢筋间应设置拉结筋，拉结筋直径不应小于 6mm，间距不应大于 600mm。

【例 6-1】 某 10 层钢筋混凝土框架-剪力墙结构布置平面如图 6-33 所示。抗震设防烈度为 8 度，设计地震分组为第一组，场地类别为Ⅱ类。建筑首层高 5.6m，二层以上层高 3.6m，总高 H=38m。构件尺寸见表 6-3，剪力墙洞口居中布置，洞口宽×高的尺寸为一般层 2100mm×2800mm，首层 2100mm×4200mm。结构全部为现浇混凝土。按照铰接体系和刚接体系分别求结构在水平地震作用下的框架和剪力墙内力。

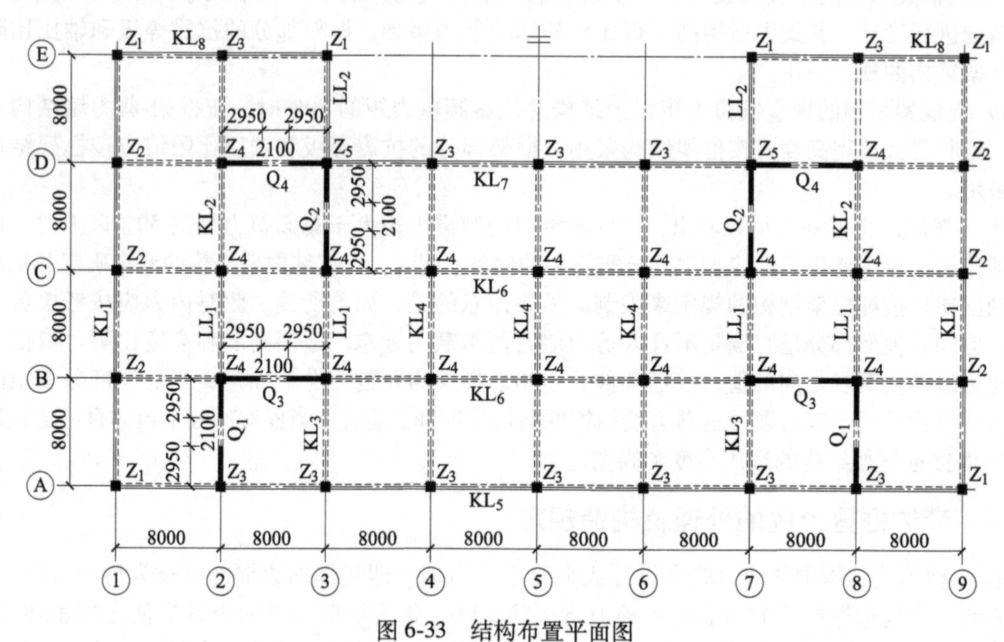

图 6-33 结构布置平面图

【解】 1. 构件截面尺寸与混凝土等级

初步设计时，框架柱截面尺寸可通过轴压比和剪跨比加以控制。对于 8 度抗震设防区内高度不超过 60m 的框架-剪力墙结构，其抗震等级框架为二级，剪力墙为一级。故框架柱的轴压比限值为 0.85，而剪跨比宜大于 2 的限制则满足柱子净高与柱子截面高度之比大于 4 即可。

以首层中柱 Z_4 为例，设结构重力荷载（标准值）按照 14kN/m² 考虑，中柱负荷面积为 8m×8m，重力荷载分项系数取 1.2，地震作用对竖向重力荷载的放大系数近似取 1.2，则底层柱底截面的轴力设计值可近似取（14×8×8×1.2×1.2×10）kN=12902kN。取混凝土强度等级为 C55，f_c=25.3N/mm²，柱子取为正方形截面，则所需要的最小截面边长为 $b_c=h_c=[N/(0.85f_c)]^{0.5}$=0.775m，故取截面边长为 0.8m。在满足轴压比限值的情况下，框架柱截面尺寸和混凝土等级由下到上分段逐步减小。

框架梁的截面尺寸可初步选取 $b_b h_b$=0.4m×0.6m，梁的跨高比=8m÷0.6m=13.3。则一般层框架柱净高为 3.6m−0.6m=3m，设 1~4 层柱子截面边长取 0.8m，则 2~4 层剪跨比 3÷0.8=3.75，其他层均大于 4。

选定的框架梁、柱、剪力墙截面及混凝土强度等级等见表 6-3。

表 6-3　结构布置一览表

层号	层高 h_i/m	楼面标高 H_i/m	墙厚 t /m	框架柱截面尺寸/m		墙、柱混凝土强度等级	中柱轴压比	框架柱 H_n/h_c	框架梁截面尺寸/m		梁混凝土强度等级
				b_c	h_c				b_b	h_b	
10	3.6	38.0	0.25	0.60	0.60	C40	0.188	5.00	0.4	0.6	C30
9	3.6	34.4	0.25	0.60	0.60	C40	0.375	5.00	0.4	0.6	C30
8	3.6	30.8	0.25	0.60	0.60	C40	0.563	5.00	0.4	0.6	C30
7	3.6	27.2	0.25	0.70	0.70	C45	0.499	4.29	0.4	0.6	C30
6	3.6	23.6	0.25	0.70	0.70	C45	0.624	4.29	0.4	0.6	C30
5	3.6	20.0	0.25	0.70	0.70	C45	0.749	4.29	0.4	0.6	C30
4	3.6	16.4	0.25	0.80	0.80	C50	0.611	3.75	0.4	0.6	C30
3	3.6	12.8	0.25	0.80	0.80	C50	0.698	3.75	0.4	0.6	C30
2	3.6	9.2	0.25	0.80	0.80	C50	0.785	3.75	0.4	0.6	C30
1	5.6	5.6	0.25	0.80	0.80	C55	0.797	6.25	0.4	0.6	C30

2. 结构横向刚度计算

（1）框架梁线刚度计算

1）边框架梁 KL_1。结构混凝土为现浇，边框架梁 KL_1 为一侧带翼缘，惯性矩取矩形截面惯性矩乘以 1.5 的楼面梁刚度增大系数。$b_b h_b = 0.4\text{m}\times0.6\text{m}$，轴距 8m，混凝土强度等级为 C30，弹性模量 $E=3.00\times10^7\text{kN/m}^2$。得

$$i_b = \frac{EI_b}{l_0} = \frac{E}{l_0} \times \frac{1.5b_b h_b^3}{12} = \frac{3\times10^7\times1.5\times0.4\times0.6^3}{8.0\times12}\text{kN}\cdot\text{m} = 40500\text{kN}\cdot\text{m}$$

2）中框架梁 KL_2～KL_4。

$$i_b = \frac{EI_b}{l_0} = \frac{E}{l_0} \times \frac{2b_b h_b^3}{12} = \frac{3\times10^7\times2\times0.4\times0.6^3}{8.0\times12}\text{kN}\cdot\text{m} = 54000\text{kN}\cdot\text{m}$$

（2）框架柱线刚度计算　框架柱线刚度见表 6-4。以首层柱 Z_1 为例：$b_c h_c = 0.8\text{m}\times0.8\text{m}$，层高 $h=3.6\text{m}$，混凝土强度等级为 C55，线刚度为

$$i_c = \frac{EI_c}{h} = \frac{3.55\times10^7\times0.8^4}{5.6\times12}\text{kN}\cdot\text{m} = 216381\text{kN}\cdot\text{m}$$

表 6-4　框架柱线刚度计算表

层号	柱截面尺寸/m		层高 h_i/m	弹性模量 E /(kN/m²)	柱线刚度 i_c /kN·m
	b_c	h_c			
8～10	0.6	0.6	3.6	3.25×10^7	97500
5～7	0.7	0.7	3.6	3.35×10^7	186189
2～4	0.8	0.8	3.6	3.45×10^7	327111
1	0.8	0.8	5.6	3.55×10^7	216381

（3）框架柱 D 值计算　由图 6-33 可见，平面中共 42 根框架柱，去除计算方向剪力墙边框柱共 8 根（如②轴与 A、B 轴线相交的柱），总框架一共 34 根框架柱。本题根据框架柱的位置和框架梁刚度的不同分成 4 种类型的柱进行计算，如图 6-33 中 Z_1、Z_2、Z_3、Z_4，分别为边框架边柱、边框

架中柱、中框架边柱以及中框架中柱。D 值计算过程见表 6-5。

其中梁、柱线刚比 K，标准层为 $K=\sum i_b/2i_c$，底层为 $K=\sum i_b/i_c$。

框架节点转动影响系数 α，标准层 $\alpha=K/(2+K)$，底层 $\alpha=(0.5+K)/(2+K)$。

表 6-5　框架柱 D 值计算表

层号	柱号	柱子根数	层高 h_i/m	i_c /kN·m	$i_{b1(3)}$ /kN·m	$i_{b2(4)}$ /kN·m	K	α	$D=\alpha\times12i_c/h^2$ /(kN/m)	$D_i=\sum D_{ij}$ /(kN/m)
8~10	Z_1	6	3.6	97500	—	40500	0.415	0.172	15528	833988
	Z_2	6			40500	40500	0.831	0.294	26542	
	Z_3	10			—	54000	0.554	0.217	19590	
	Z_4	12			54000	54000	1.108	0.356	32139	
5~7	Z_1	6	3.6	186189	—	40500	0.218	0.098	16895	970932
	Z_2	6			40500	40500	0.435	0.179	30859	
	Z_3	10			—	54000	0.290	0.127	21894	
	Z_4	12			54000	54000	0.580	0.225	38789	
2~4	Z_1	6	3.6	327111	—	40500	0.124	0.058	17567	1051602
	Z_2	6			40500	40500	0.248	0.110	33317	
	Z_3	10			—	54000	0.165	0.076	23019	
	Z_4	12			54000	54000	0.330	0.142	43009	
1	Z_1	6	5.6	216381	—	40500	0.374	0.368	30470	1236354
	Z_2	6			40500	40500	0.749	0.454	37591	
	Z_3	10			—	54000	0.499	0.400	33120	
	Z_4	12			54000	54000	0.998	0.500	41399	

（4）总框架抗剪刚度 C_f 计算　第 i 层框架抗剪刚度为 $C_{fi}=D_ih_i$，见表 6-6；由于各层 C_f 有所不同，计算刚度特征值时需用加权平均值：

$$C_f=\frac{\sum_{i=1}^{n}C_{fi}h_i}{H}=\frac{3002357\times3.6\times3+3495355\times3.6\times3+3785767\times3.6\times3+6923582\times5.6}{38}\text{kN}$$

$$=3942990\text{kN}$$

表 6-6　框架抗剪刚度 C_f 计算表

层号	层高 h_i/m	D_i/(kN/m)	C_{fi}/kN	加权平均值 C_f/kN
8~10	3.6	833988	3002357	3942990
5~7	3.6	970932	3495355	
2~4	3.6	1051602	3785767	
1	5.6	1236354	6923582	

（5）总剪力墙的几何参数计算与类型判别

1）考察是否为整截面墙。首先考察一下剪力墙的墙面开洞比例，设剪力墙边缘宽度取上、下平均为 8.7m，墙总高为 38m，墙面开洞如图 6-34 所示。单片剪力墙立面开洞面积 A_{0p} 与立面面积 A_f 之比为

$$A_{0p}/A_f = (2.1\times2.8\times9+2.1\times4.2)\div(8.7\times38)=61.74\div330.6=18.68\% > 16\%$$

故剪力墙不是整截面墙，需根据整体系数等加以判断类型。

2）求 $Q_1(Q_2)$ 各墙肢的形心位置。本例每层在计算方向（横向）共有4道剪力墙，均在中间位置开洞，立面图如图6-34所示。根据《抗规》的建议，剪力墙的刚度计算宜考虑翼缘作用，由式（6-68）的建议，此处 Q_1 和 Q_2 的翼缘长度均取至翼墙的洞口边，如图6-35所示。

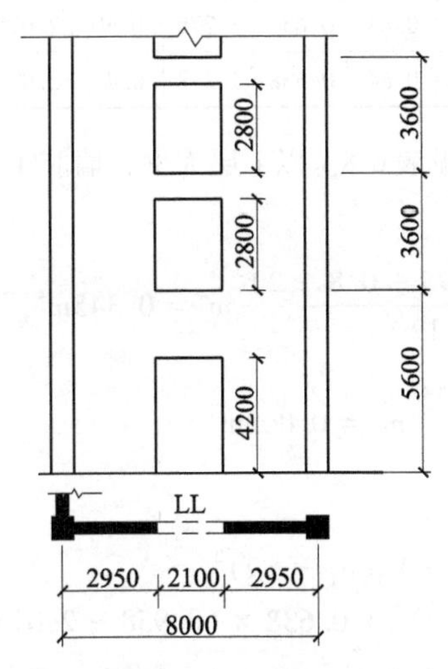

图6-34　横向剪力墙的几何尺寸

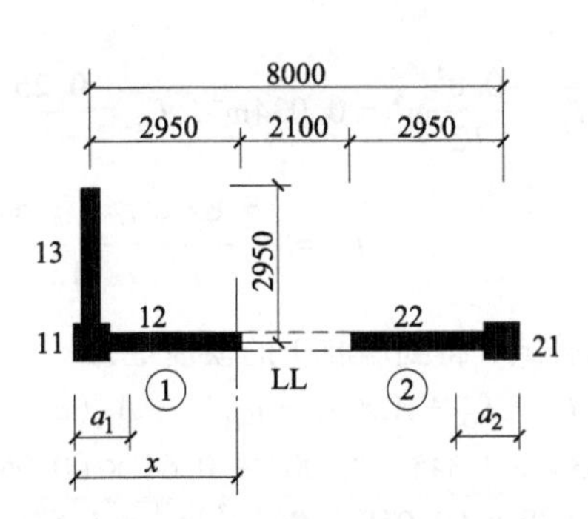

图6-35　剪力墙的形心位置

$Q_1(Q_2)$ 各有两个墙肢，设带有翼缘的墙肢为墙肢①，无翼缘的墙肢为墙肢②。墙肢①由三个矩形块组成，分别为端柱11、矩形12以及翼缘13组成；墙肢②由端柱21以及矩形22组成。设墙肢①、②的面积为 A_1、A_2，组合截面面积为 A。计算结果见表6-7，以首层为例：

$$A_1 = A_{11}+A_{12}+A_{13} = [0.8\times0.8+0.25\times(2.95-0.8\div2)+0.25\times(2.95-0.8\div2)]\text{m}^2$$
$$=(0.64+0.638\times2)\text{m}^2 = 1.916\text{m}^2$$
$$A_2 = A_{21}+A_{22} = [0.8\times0.8+0.25\times(2.95-0.8\div2)]\text{m}^2 = (0.64+0.638)\text{m}^2 = 1.278\text{m}^2$$
$$A = A_1 + A_2 = (1.916+1.278)\text{m}^2 = 3.194\text{m}^2$$

墙肢①各矩形块形心距端柱外边的距离（图6-35）分别为

$$a_{11} = 0.8\text{m}\div2 = 0.4\text{m},\quad a_{12} = [0.8+(2.95-0.8\div2)\div2]\text{m} = 2.075\text{m},\quad a_{13} = 0.8\text{m}\div2 = 0.4\text{m}$$

故 A_1 形心距端柱外边的距离（图6-35）为

$$a_1 = \frac{A_{11}a_{11}+A_{12}a_{12}+A_{13}a_{13}}{A_1} = \frac{0.64\times0.4+0.638\times2.075+0.638\times0.4}{1.916}\text{m} = 0.958\text{m}$$

墙肢②各矩形块形心距端柱外边的距离分别为

$$a_{11} = 0.8\text{m}\div2 = 0.4\text{m},\quad a_{12} = [0.8+(2.95-0.8\div2)\div2]\text{m} = 2.075\text{m}$$

故 A_2 形心距端柱外边的距离为

$$a_2 = \frac{A_{21}a_{21}+A_{22}a_{22}}{A_2} = \frac{0.64\times0.4+0.638\times2.075}{1.278}\text{m} = 1.236\text{m}$$

剪力墙 $Q_1(Q_2)$ 的组合截面形心位置 x（图6-35）为

$$x = \frac{A_1a_1+A_2a_2}{A} = \frac{1.916\times0.958+1.278\times(8+0.8-1.236)}{3.194}\text{m} = 3.601\text{m}$$

表 6-7　墙肢面积与形心计算表

层号	墙肢①面积/m²				墙肢①形心距/m				墙肢②面积/m²			墙肢②形心距/m			面积
	A_{11}	A_{12}	A_{13}	A_1	a_{11}	a_{12}	a_{13}	a_1	A_{21}	A_{22}	A_2	a_{21}	a_{22}	a_2	A/m^2
8~10	0.36	0.663	0.663	1.686	0.30	1.925	0.30	0.939	0.36	0.663	1.023	0.30	1.925	1.353	2.709
5~7	0.49	0.65	0.65	1.790	0.35	2.000	0.35	0.949	0.49	0.65	1.140	0.35	2.000	1.291	2.93
2~4	0.64	0.638	0.638	1.916	0.40	2.075	0.40	0.958	0.64	0.638	1.278	0.40	2.075	1.236	3.194
1	0.64	0.638	0.638	1.916	0.40	2.075	0.40	0.958	0.64	0.638	1.278	0.40	2.075	1.236	3.194

3）求剪力墙 $Q_1(Q_2)$ 各墙肢的惯性矩。计算过程见表6-8。以1层为例，墙肢①各矩形块的惯性矩：

$$I_{11}=\frac{0.8^4}{12}m^4=0.034m^4,\ I_{12}=\frac{0.25\times(2.95-0.8\div2)^3}{12}m^4=0.345m^4,$$

$$I_{13}=\frac{(2.95-0.8\div2)\times0.25^3}{12}m^4=0.003m^4$$

根据移轴公式，得到墙肢①的惯性矩为

$$\begin{aligned}I_1&=I_{11}+I_{12}+I_{13}+A_{11}(a_1-a_{11})^2+A_{12}(a_1-a_{12})^2+A_{13}(a_1-a_{12})^2\\&=[0.034+0.345+0.003+0.64\times(0.958-0.4)^2+0.638\times(0.958-2.075)^2\\&\quad+0.638\times(0.958-0.4)^2]m^4=1.576m^4\end{aligned}$$

同理可得首层墙肢②的惯性矩为

$$\begin{aligned}I_2&=I_{21}+I_{22}+A_{21}(a_2-a_{21})^2+A_{22}(a_2-a_{22})^2\\&=[0.034+0.345+0.64\times(1.236-0.4)^2+0.638\times(1.236-2.075)^2]m^4=1.275m^4\end{aligned}$$

4）求 $Q_1(Q_2)$ 组合截面惯性矩。

$$\begin{aligned}I&=I_1+I_2+A_1(a-a_1)^2+A_2(x-a_2)^2\\&=[1.576+1.275+1.916\times(3.061-0.958)^2+1.278\times(3.061-1.236)^2]m^4=36.307m^4\end{aligned}$$

表 6-8　剪力墙截面惯性矩计算表

层号	墙肢面积/m²			墙肢形心距/m			墙肢①、②惯性矩/m⁴						组合截面惯性矩
	A_1	A_2	A	a_1	a_2	x	$I_{11}=I_{21}$	$I_{12}=I_{22}$	I_{13}	I_1	I_2	ΣI_j	I/m^4
8~10	1.686	1.023	2.709	0.939	1.353	3.321	0.011	0.388	0.003	1.464	1.015	2.479	27.813
5~7	1.790	1.140	2.93	0.949	1.291	3.462	0.02	0.366	0.003	1.516	1.147	2.663	31.727
2~4	1.916	1.278	3.194	0.958	1.236	3.601	0.034	0.345	0.003	1.576	1.275	2.851	36.307
1	1.916	1.278	3.194	0.958	1.236	3.601	0.034	0.345	0.003	1.576	1.275	2.851	36.307

5）求墙肢惯性矩比 I_n/I。在组合截面惯性矩中扣除墙肢惯性矩后的剪力墙惯性矩 $I_n=I-(I_1+I_2)$，以底层为例：

$$I_n=I-(I_1+I_2)=[36.307-(1.576+1.275)]m^4=33.456m^4$$

则墙肢惯性矩比为

$$I_n/I=[I-(I_1+I_2)]/I=33.456\div36.307=0.9215$$

对于双肢墙，墙肢轴向变形影响参数 $T=I_n/I$，各层的计算结果见表6-9。在计算整体系数时，需要用到沿高度的加权平均值（见表6-9），计算方法同前 C_f，不再赘述。

表 6-9　剪力墙类型判别参数计算表

层号	h_i/m	(I_1+I_2)/m^4	I/m^4	$T=I_n/I$	$2c$/m	$2a_0$/m	a/m	h_b/m	I_b/m^4	I_b^0/m^4	D/m^3
8~10	3.60	2.479	27.813	0.9109	6.308	2.1	1.25	0.8	0.0107	0.0083	0.0423
5~7	3.60	2.663	31.727	0.9161	6.460	2.1	1.25	0.8	0.0107	0.0083	0.0443
2~4	3.60	2.851	36.307	0.9215	6.606	2.1	1.25	0.8	0.0107	0.0083	0.0464
1	5.60	2.851	36.307	0.9215	6.606	2.1	1.4	1.4	0.0572	0.0336	0.1336
加权平均值	3.895	2.692		0.917							0.0570

6）计算剪力墙连梁刚度系数 D。各层参数计算见表 6-9，计算过程以底层为例。

底层洞口两侧墙肢的形心距：

$$2c = 8\mathrm{m} + 0.8\mathrm{m} - a_1 - a_2 = 8.8\mathrm{m} - 0.958\mathrm{m} - 1.236\mathrm{m} = 6.606\mathrm{m}$$

底层连梁高度 $h_b=1.4\mathrm{m}$，连梁净跨长度 $2a_0=2.1\mathrm{m}$。连梁半计算跨度：

$$a = a_0 + \frac{h_b}{4} = \frac{2.1}{2}\mathrm{m} + \frac{1.4}{4}\mathrm{m} = 1.4\mathrm{m}$$

首层连梁（LL）的惯性矩：

$$I_b = \frac{b_b h_b^3}{12} = \frac{0.25 \times 1.4^3}{12}\mathrm{m}^4 = 0.0572\mathrm{m}^4$$

首层连梁（LL）的折算惯性矩：

$$I_b^0 = \frac{I_b}{1 + \dfrac{7\mu I_b}{a^2 A_b}} = \frac{I_b}{1 + \dfrac{0.7h_b^2}{a^2}} = \frac{0.0572}{1 + \dfrac{0.7 \times 1.4^2}{1.4^2}}\mathrm{m}^4 = 0.0336\mathrm{m}^4$$

首层连梁（LL）刚度系数：

$$D = \frac{c^2 I_b^0}{a^3} = \frac{(6.606 \div 2)^2 \times 0.0336}{1.4^3}\mathrm{m}^3 = 0.1336\mathrm{m}^3$$

7）剪力墙类型判别。在计算剪力墙整体系数 α 时，由于各层几何尺寸的变化，对计算所需各项参数如层高 h_i、连梁刚度系数 D、墙肢轴向变形影响参数 T 以及墙肢惯性矩和 I_1+I_2 均采用沿高度的加权平均值计算（见表 6-9），故求得 α 如下：

$$\alpha = \sqrt{\frac{6H^2 D}{Th(I_1 + I_2)}} = \sqrt{\frac{6 \times 38^2 \times 0.0570}{0.917 \times 3.895 \times 2.692}} = 7.167 < 10$$

墙肢惯性矩比 $I_n/I = 0.917 < Z \approx 0.988$（查表 5-19）。

故 Q_1 和 Q_2 均属于联肢墙（双肢墙）。

8）剪力墙等效抗弯刚度计算。计算过程与结果见表 6-10。以底层为例，剪力墙混凝土强度等级为 C55，弹性模量 $E=3.55\times10^7\mathrm{kN/m^2}$，剪切模量取 $G=0.425E$。Q_1、Q_2 为 T 形截面，剪应力不均匀系数 μ 按照表 5-3 确定，其中墙肢①墙长 h 取 $2.95\mathrm{m}+h_c/2=3.35\mathrm{m}$，翼缘墙长度 b_f 取 $2.95\mathrm{m}+b_c/2=3.35\mathrm{m}$，墙厚近似取腹板厚度 0.25m，故按照 $h/t=13.4$ 和 $b_f/t=13.4$ 查得剪应力不均匀系数 $\mu_1=2.196$，墙肢②近似按矩形截面取 $\mu_2=1.2$，故墙肢剪切变形影响系数采用式（5-80b）计算：

$$\gamma^2 = \frac{E\sum I_j}{H^2 G\sum A_j/\mu_j} = \frac{2.851}{38^2 \times 0.425 \times (1.916 \div 2.196 + 1.278 \div 1.2)} = 0.0024$$

各层 γ^2 的计算结果见表 6-10。由加权平均的整体系数 $\alpha=7.167$ 和荷载类型查表 5-9 或按照式（5-81）求 ψ_a。由于地震作用主要为倒三角形分布形式，有时要考虑顶点附加地震作用，而顶点位移法计算周期时要考虑到均布荷载形式，故 ψ_a 可取三种荷载形式的平均值。经计算，倒三角形分布荷载 $\psi_a=0.057$，均布荷载 $\psi_a=0.059$，顶点集中荷载 $\psi_a=0.050$，故平均值为 $\psi_a=0.055$。

双肢墙的墙肢抗弯刚度按照式（5-79）计算。同理，墙肢等效抗弯刚度也可取三种荷载的平均值，即式（5-79）中，γ^2 项前的系数取 3.64、4 和 3 的平均值为 3.55。故底层剪力墙：

$$EI_{eq}=\frac{E(I_1+I_2)}{1-T+3.55\gamma^2+\psi_a T}=\frac{3.55\times10^7\times(1.576+1.275)}{1-0.9215+3.55\times0.0024+0.055\times0.9215}\text{kN}\cdot\text{m}^2$$
$$=709541638\text{kN}\cdot\text{m}^2$$

各层单片剪力墙等效抗弯刚度计算见表 6-10。

表 6-10　剪力墙等效抗弯刚度计算

层号	弹性模量 $E/(\text{kN/m}^2)$	墙肢①			墙肢②			γ^2	$T=I_n/I$	$EI_{eq}/\text{kN}\cdot\text{m}^2$	$EI_w/\text{kN}\cdot\text{m}^2$
		A_1/m^2	μ_1	I_1/m^4	A_2/m^2	μ_2	I_2/m^4				
8~10	3.25×10^7	1.686	0.0054	1.464	1.023	1.2	1.015	0.0025	0.9109	544101111	2176404444
5~7	3.35×10^7	1.790	0.0054	1.516	1.14	1.2	1.147	0.0025	0.9161	623150240	2492600960
2~4	3.45×10^7	1.916	0.0053	1.576	1.278	1.2	1.275	0.0024	0.9215	714289864	2857159456
1	3.55×10^7	1.916	0.0053	1.576	1.278	1.2	1.275	0.0024	0.9215	734993918	2939975672

横向每层共 4 片剪力墙，总剪力墙刚度 $EI_w=4EI_{eq}$。计算刚度特征值时，EI_w 取沿高度的加权平均值，对各层 EI_w（见表 6-10）加权平均后得到总剪力墙等效抗弯刚度为

$$EI_w=[(2176404444+2492600960+2857159456)\times3.6\times3+2939975672\times5.6]\text{kN}\cdot\text{m}^2\div38$$
$$=2572274849\text{kN}\cdot\text{m}^2$$

（6）总连梁约束刚度计算　横向剪力墙 Q_1 和 Q_2 的尺寸相同，不同之处是 Q_1 为一侧有连梁 LL_1；Q_2 为两侧有连梁，其中一侧为 LL_1，另一侧为 LL_2，如图 6-36 所示。连梁 LL_1 和 LL_2 均为一侧是框架柱一侧是剪力墙的梁，尺寸与同榀框架梁相同。与 LL_1 相连的框架柱为 Z_4，与 LL_2 相连的框架柱为 Z_1。LL_1 双侧有楼板，LL_2 一侧有楼板。计算连梁刚域时，不考虑剪力墙翼缘（图 6-36）。每层共有 4 个 LL_1 的约束端，以及 2 个 LL_2 的约束端。

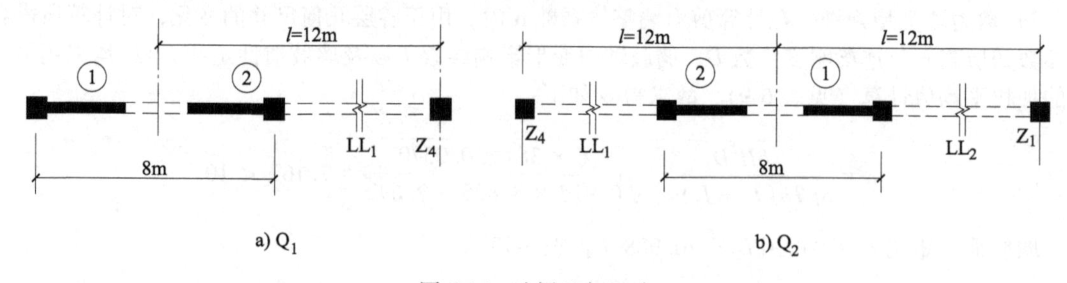

图 6-36　连梁几何尺寸

底层连梁梁端约束弯矩系数计算过程如下：

底层连梁 LL_1、LL_2 的刚域长度：

$$al=h_w/2-h_b/4=(8+0.8)\text{m}\div2-0.6\text{m}\div4=4.25\text{m}$$

LL_1 和 LL_2 梁侧柱子（Z_4）轴线到剪力墙形心线的距离为（各层相同）

$$l=8\text{m}+4\text{m}=12\text{m}$$

则底层梁端刚域系数：

$$a=al/l=4.25\div12=0.354$$

连梁 LL_1 和 LL_2 的截面面积（各层相同）：

$$A_b = b_b h_b = 0.4\text{m} \times 0.6\text{m} = 0.24\text{m}^2$$

LL_1 截面惯性矩（各层相同）：

$$I_b = 2b_b h_b^3/12 = 2 \times 0.4\text{m} \times 0.6^3\text{m}^3 \div 12 = 0.014\text{m}^4$$

LL_2 截面惯性矩（各层相同）：

$$I_b = 1.5b_b h_b^3/12 = 1.5 \times 0.4\text{m} \times 0.6^3\text{m}^3 \div 12 = 0.011\text{m}^4$$

LL_1、LL_2 的计算长度：

$$l' = 12\text{m} - 4.25\text{m} = 7.75\text{m}$$

底层连梁 LL_1 的剪切影响系数：

$$\beta = \frac{12E\mu I_b}{GA_b l'^2} = \frac{12 \times 1.2 \times 0.014}{0.425 \times 0.24 \times 7.75^2} = 0.033$$

底层连梁 LL_2 的剪切影响系数：

$$\beta = \frac{12E\mu I_b}{GA_b l'^2} = \frac{12 \times 1.2 \times 0.011}{0.425 \times 0.24 \times 7.75^2} = 0.026$$

β 很小，是因为梁的跨高比较大。事实上对于 $l_0/h_b>4$ 的梁，可取 $\beta=0$。

所有梁混凝土强度等级均为 C30，$E=3\times10^7\text{kN/m}^2$。故 LL_1 底层的梁端约束弯矩系数：

$$m_{1,12} = \frac{(1+a)}{(1+\beta)(1-a)^3}\frac{6EI_b}{l} = \frac{(1+0.354)}{(1+0.033)\times(1-0.354)^3} \times \frac{6\times3\times10^7\times0.014}{12}\text{kN}\cdot\text{m}$$
$$= 1021034\text{kN}\cdot\text{m}$$

LL_2 底层的梁端约束弯矩系数：

$$m_{2,12} = \frac{(1+a)}{(1+\beta)(1-a)^3}\frac{6EI_b}{l} = \frac{(1+0.354)}{(1+0.026)\times(1-0.354)^3} \times \frac{6\times3\times10^7\times0.011}{12}\text{kN}\cdot\text{m}$$
$$= 807714\text{kN}\cdot\text{m}$$

连梁 LL_1 及 LL_2 其他各层约束端的约束弯矩系数计算见表 6-11。

表 6-11　连梁梁端约束弯矩系数计算表

层号	$h_w/2$ /m	al/m	a	$l'=l-al$ /m	LL_1				LL_2				$\sum m_{j,12}$ /kN·m
					I_b/m^4	β	$m_{1,12}$ /kN·m	个数	I_b/m^4	β	$m_{2,12}$ /kN·m	个数	
8~10	4.30	4.15	0.346	7.85	0.014	0.032	979155	4	0.011	0.025	774590	2	5465800
5~7	4.35	4.2	0.350	7.80	0.014	0.032	1000307	4	0.011	0.026	790552	2	5582332
2~4	4.40	4.25	0.354	7.75	0.014	0.033	1021034	4	0.011	0.026	807714	2	5699564
1	4.40	4.25	0.354	7.75	0.014	0.033	1021034	4	0.011	0.026	807714	2	5699564

表 6-11 中，$\sum m_{j,12}$为同层约束弯矩系数之和。由于各层的$\sum m_{j,12}$不同以及层高不同，则总连梁的线约束刚度不同，需沿高度做加权平均，见式（6-44b）。故总连梁加权平均线约束刚度为

$$C_b = \frac{1}{H}\sum_{i=1}^{n}\sum_{j=1}^{6} m_{j,12} = \frac{1}{38} \times (5465800\times3 + 5582332\times3 + 5699564\times3 + 5699564)\text{kN} = 1472175\text{kN}$$

（7）结构的刚度特征值　铰接体系以及刚接体系的刚度特征值计算分别见式（6-14）和式（6-53）。

1）铰接体系。

$$\lambda_1 = H\sqrt{\frac{C_f}{EI_w}} = 38 \times \sqrt{\frac{3942990}{2572274849}} = 1.49$$

2）刚接体系。

$$\lambda_2 = H\sqrt{\frac{C_f + C_b}{EI_w}} = 38 \times \sqrt{\frac{3942990 + 1472175}{2572274849}} = 1.744$$

内力计算时，如果考虑对连梁内力调幅，可以引入刚度折减系数，则刚度特征值为

$$\lambda_3 = H\sqrt{\frac{C_f + 0.55C_b}{EI_w}} = 38 \times \sqrt{\frac{3942990 + 0.55 \times 1472175}{2572274849}} = 1.633$$

上述三种刚度特征值，λ_1 用于铰接体系计算，λ_2 用于计算刚接体系结构的基本周期和位移，λ_3 考虑了连梁的刚度折减系数 0.55，用于计算结构的内力。

3. 地震作用计算

（1）结构等效总重力荷载的近似计算　该结构为框架-剪力墙结构，根据国内经验，近似取重力荷载代表值为 14kN/m^2。楼层建筑面积近似按轴线计算，每层面积为：$(64\times32-32\times8)\text{m}^2=1792\text{m}^2$。

故楼层重力荷载为：$G_i = (14 \times 1792)\text{kN} = 25088\text{kN}$。

结构等效总重力荷载为：$G_{eq} = 0.85\sum G_i = (0.85 \times 25088 \times 10)\text{kN} = 213248\text{kN}$。

（2）顶点位移法求结构基本自振周期　结构基本自振周期 T_1 按下式计算：

$$T_1 = 1.7\psi_T\sqrt{u_T}$$

非承重墙对自振周期影响的折减系数 ψ_T 对于框架-剪力墙结构取 0.7~0.8，本例取 0.8。

结构假想顶点位移 u_T 计算时将各层楼面处的重力荷载 G_i 视作水平荷载，由于各楼层重力荷载接近，故按照均布荷载计算。框架-剪力墙结构计算为连续化方法，故需把重力荷载简化为水平均布荷载 q：

$$q = \frac{\sum_{i=1}^{n} G_i}{H} = \frac{25088 \times 10}{38}\text{kN/m} = 6602\text{kN/m}$$

均布荷载 q 作用下，根据刚度特征值 λ 用式（6-27）或图 6-12 得到结构顶点位移系数进而得到顶点位移为

铰接体系 $\lambda_1 = 1.49$：

$$u_T = \left[\frac{\gamma(1)}{f_H}\right]\frac{qH^4}{8EI_w} = 0.544 \times \frac{6602 \times 38^4}{8 \times 2572274849}\text{m} = 0.544 \times 0.669\text{m} = 0.364\text{m}$$

刚接体系 $\lambda_2 = 1.744$：

$$u_T = \left[\frac{\gamma(1)}{f_H}\right]\frac{qH^4}{8EI_w} = 0.468 \times \frac{6602 \times 38^4}{8 \times 2572274849}\text{m} = 0.468 \times 0.669\text{m} = 0.313\text{m}$$

故基本周期为

铰接体系：

$$T_1 = 1.7\psi_T\sqrt{u_T} = 1.7 \times 0.8 \times \sqrt{0.364}\text{s} = 0.82\text{s}$$

刚接体系：

$$T_1 = 1.7\psi_T\sqrt{u_T} = 1.7 \times 0.8 \times \sqrt{0.313}\text{s} = 0.77\text{s}$$

（3）水平地震影响系数 α 计算　本例属Ⅱ类场地，地震烈度 8 度，设计地震分组为第一组，由《高规》表 4.3.7 查得特征周期 $T_g = 0.35\text{s}$，水平地震影响系数最大值 $\alpha_{max} = 0.16$，$\eta_2 = 1.0$，$\gamma = 0.9$。

由《高规》4.3.8 条得对应于地震基本自振周期的地震影响系数：

铰接体系：

$$\alpha_1 = \left(\frac{T_g}{T_1}\right)^{\gamma}\eta_2\alpha_{\max} = \left(\frac{0.35}{0.82}\right)^{0.9} \times 1.0 \times 0.16 = 0.074$$

刚接体系：

$$\alpha_1 = \left(\frac{T_g}{T_1}\right)^{\gamma}\eta_2\alpha_{\max} = \left(\frac{0.35}{0.77}\right)^{0.9} \times 1.0 \times 0.16 = 0.079$$

（4）主体结构底部剪力标准值

铰接体系：

$$F_{Ek} = \alpha_1 G_{eq} = 0.074 \times 213248\text{kN} = 15780\text{kN}$$

刚接体系：

$$F_{Ek} = \alpha_1 G_{eq} = 0.079 \times 213248\text{kN} = 16847\text{kN}$$

（5）顶部附加地震作用系数　本例 $T_g=0.35\text{s}$，$T_1>1.4T_g=0.49$。由《高规》表 C.0.1 查得

铰接体系：

$$\delta_n = 0.08T_1 + 0.07 = 0.08 \times 0.83 + 0.07 = 0.1364$$

刚接体系：

$$\delta_n = 0.08T_1 + 0.07 = 0.08 \times 0.77 + 0.07 = 0.1316$$

（6）计算各层水平地震作用 F_i

楼层水平地震作用标准值为

$$F_{ik} = \frac{G_iH_i}{\sum_{i=1}^{n} G_iH_i}F_{Ek}(1 - \delta_n)$$

顶点附加地震作用标准值为

$$\Delta F_{nk} = F_{Ek}\delta_n$$

对铰接体系：$\Delta F_{nk} = 2147.7\text{kN}$；对刚接体系：$\Delta F_{nk} = 2213.7\text{kN}$。

结构楼层剪力标准值为

$$V_{ik} = \sum_{i=i+1}^{n} F_{ik}$$

与 $F_{Ek} - \Delta F_{nk}$ 对应的各层水平地震作用 F_{ik} 及剪力 V_{ik} 计算见表 6-12。

表 6-12　倒三角水平地震作用计算表

层号	H_i/m	G_iH_i/kN·m	铰接体系			刚接体系		
			F_{ik}/kN	$F_{ik}H_i$/kN·m	V_{ik}/kN	F_{ik}/kN	$F_{ik}H_i$/kN·m	V_{ik}/kN
10	38.0	953344	2376.3	90299.4	2376.3	2550.8	96930.4	2550.8
9	34.4	863027	2151.2	74001.3	4527.5	2309.1	79433.0	4859.9
8	30.8	772710	1926.0	59320.8	6453.5	2067.5	63679.0	6927.4
7	27.2	682394	1700.9	46264.5	8154.4	1825.8	49661.8	8753.2
6	23.6	592077	1475.8	34828.9	9630.2	1584.2	37387.1	10337.4
5	20.0	501760	1250.7	25014.0	10880.9	1342.5	26850.0	11679.9
4	16.4	411443	1025.6	16819.8	11906.5	1100.9	18054.8	12780.8
3	12.8	321126	800.4	10245.1	12706.9	859.2	10997.8	13640.0
2	9.2	230810	575.3	5292.8	13282.2	617.6	5681.9	14257.6
1	5.6	140493	350.2	1961.1	13632.4	375.9	2105.0	14633.5

（续）

层号	H_i/m	G_iH_i/kN·m	铰接体系			刚接体系		
			F_{ik}/kN	$F_{ik}H_i$/kN·m	V_{ik}/kN	F_{ik}/kN	$F_{ik}H_i$/kN·m	V_{ik}/kN
合计		5469184	14633.5	364047.7		13632.4	390780.8	
倒三角形分布地震作用（注：此为标准值）			$M_0=\sum F_{ik}H_i=364047.7\text{kN}\cdot\text{m}$ $q_{max}=\frac{3M_0}{H^2}=\frac{3\times364047.7}{38^2}\text{kN/m}=756.3\text{kN/m}$			$M_0=\sum F_{ik}H_i=390780.8\text{kN}\cdot\text{m}$ $q_{max}=\frac{3M_0}{H^2}=\frac{3\times390780.8}{38^2}\text{kN/m}=811.9\text{kN/m}$		

（7）建筑的水平地震作用效应　本例水平地震作用效应分为两部分。其一为顶点附加地震作用（集中力）：$P=\Delta F_{nk}$；其二为楼层地震作用折算的倒三角形分布地震作用，由 $q_{max}=\frac{3M_0}{H^2}=\frac{3}{H^2}\sum F_{ik}H_i$ 计算，见表 6-12。

由于 $\frac{V_0}{H}=\frac{1}{H}\sum F_{ik}<\frac{3M_0}{H^2}=\frac{3}{H^2}\sum F_{ik}H_i$，故 q_{max} 采用 M_0 计算；q_{max}、P 均为标准值。水平地震作用效应如图 6-37 所示。

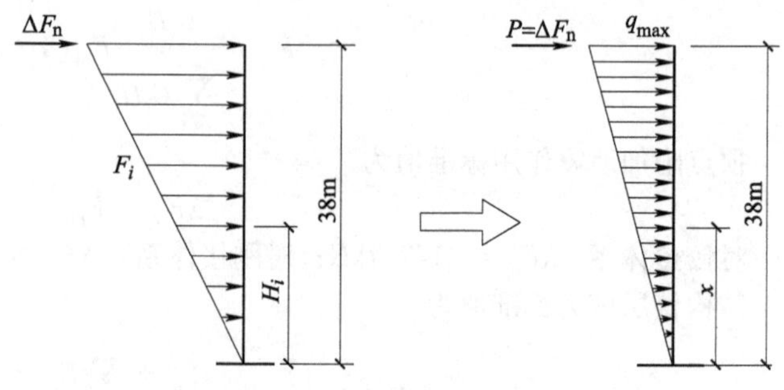

图 6-37　水平地震作用效应

4. 水平位移验算

剪力墙等效抗弯刚度 $EI_w=2572274849\text{kN}\cdot\text{m}^2$；分别求顶点集中荷载作用的位移 y_1 和倒三角形分布荷载作用的位移 y_2，再叠加即得到总位移 $y=y_1+y_2$。

（1）顶点附加地震作用下的位移

$$y_1=f_{H1}\left[\frac{y(\xi)}{f_H}\right]_1$$

其中，对铰接体系：$f_{H1}=\frac{PH^3}{3EI_w}=\frac{2147.7\times38^3}{3\times2572274849}\text{m}=0.015\text{m}$

对刚接体系：$f_{H1}=\frac{PH^3}{3EI_w}=\frac{2213.17\times38^3}{3\times2572274849}\text{m}=0.016\text{m}$

查询位移系数 $\left[\frac{y(\xi)}{f_H}\right]_1$ 时，对铰接体系用 $\lambda_1=1.49$，对刚接体系用 $\lambda_2=1.744$，并根据高度 $\xi=x/H$ 用式（6-33）计算或查图 6-19。

（2）倒三角形分布地震作用下的位移

$$y_2=f_{H2}\left[\frac{y(\xi)}{f_H}\right]_2$$

其中，对铰接体系：$f_{H2}=\frac{11}{120}\frac{qH^4}{EI_w}=\frac{11}{120}\times\frac{756.3\times38^4}{2572274849}\text{m}=0.056\text{m}$

对刚接体系：$f_{H2}=\frac{11}{120}\frac{qH^4}{EI_w}=\frac{11}{120}\times\frac{811.9\times38^4}{2572274849}\text{m}=0.061\text{m}$

查询位移系数 $\left[\frac{y(\xi)}{f_H}\right]_2$ 时，对铰接体系用 $\lambda_1=1.49$，对刚接体系用 $\lambda_2=1.744$，并根据高度 $\xi=x/H$ 用式（6-30）计算或查图 6-16。

（3）结构总水平侧移 铰接体系各层水平位移计算见表 6-13，各层层间最大位移与层高之比在上部不满足《高规》要求 1/800 的限制。铰接体系位移 y 以及层间相对位移 Δu_i 沿高度的分布如图 6-38a 所示。

刚接体系位移 y 以及层间相对位移 Δu_i 见表 6-14，各层层间最大位移与层高之比均满足《高规》1/800 的限制。刚接体系位移 y 以及层间相对位移 Δu_i 沿高度的分布如图 6-38b 所示。

由于铰接体系是相对于刚接体系的一种近似计算，故本例题位移满足规范要求。

表 6-13 铰接体系在水平地震作用下的位移计算表

层号	H_i/m	$\xi=x/H$	顶点附加地震作用		倒三角形分布地震作用		总位移 y_i/m	层间位移 $\Delta u_i=y_i-y_{i-1}$/m	$\Delta u_i/h_i$
			$\left[\frac{y(\xi)}{f_H}\right]_1$	y_1/m	$\left[\frac{y(\xi)}{f_H}\right]_2$	y_2/m			
10	38.0	1.000	0.5321	0.0080	0.5408	0.0303	0.0383	0.0046	1/783
9	34.4	0.905	0.4589	0.0069	0.4779	0.0268	0.0337	0.0047	1/766
8	30.8	0.811	0.3877	0.0058	0.4148	0.0232	0.0290	0.0046	1/783
7	27.2	0.716	0.3179	0.0048	0.3502	0.0196	0.0244	0.0046	1/783
6	23.6	0.621	0.2515	0.0038	0.2855	0.016	0.0198	0.0046	1/783
5	20.0	0.526	0.1897	0.0028	0.2218	0.0124	0.0152	0.0041	1/878
4	16.4	0.432	0.1345	0.002	0.1618	0.0091	0.0111	0.0038	1/947
3	12.8	0.337	0.0861	0.0013	0.1064	0.006	0.0073	0.0033	1/1091
2	9.2	0.242	0.0467	0.0007	0.0592	0.0033	0.0040	0.0024	1/1500
1	5.6	0.147	0.0181	0.0003	0.0235	0.0013	0.0016	0.0016	1/3500

表 6-14 刚接体系在水平地震作用下的侧移计算表

层号	H_i/m	$\xi=x/H$	顶点附加地震作用		倒三角形分布地震作用		总位移 y_i/m	层间位移 $\Delta u_i=y_i-y_{i-1}$/m	$\Delta u_i/h_i$
			$\left[\frac{y(\xi)}{f_H}\right]_1$	y_1/m	$\left[\frac{y(\xi)}{f_H}\right]_2$	y_2/m			
10	38.0	1.000	0.4543	0.0073	0.4642	0.0283	0.0356	0.0042	1/857.1
9	34.4	0.905	0.3926	0.0063	0.4121	0.0251	0.0314	0.0042	1/857.1
8	30.8	0.811	0.3323	0.0053	0.3595	0.0219	0.0272	0.0042	1/857.1
7	27.2	0.716	0.2732	0.0044	0.3053	0.0186	0.0230	0.0042	1/857.1
6	23.6	0.621	0.2168	0.0035	0.2503	0.0153	0.0188	0.0043	1/837.2
5	20.0	0.526	0.1641	0.0026	0.1957	0.0119	0.0145	0.0038	1/947.4
4	16.4	0.432	0.1168	0.0019	0.1435	0.0088	0.0107	0.0037	1/973.0
3	12.8	0.337	0.0751	0.0012	0.095	0.0058	0.0070	0.0031	1/1161.3
2	9.2	0.242	0.0409	0.0007	0.0532	0.0032	0.0039	0.0023	1/1565.2
1	5.6	0.147	0.016	0.0003	0.0213	0.0013	0.0016	0.0016	1/3500.0

5. 水平地震作用下按照铰接体系的内力计算

（1）铰接体系总剪力墙的弯矩 总剪力墙在顶点附加地震作用和倒三角形分布地震作用下总的弯矩为

$$M_w = M_{w1} + M_{w2} = M_{01}\left[\frac{M_w(\xi)}{M_{01}}\right]_1 + M_{02}\left[\frac{M_w(\xi)}{M_{02}}\right]_2$$

其中，$M_{01} = PH = (2147.7 \times 38)\text{kN} \cdot \text{m} = 81612.6\text{kN} \cdot \text{m}$，$M_{02} = q_{max}H^2/3 = (756.3 \times 38^2 \div 3)\text{kN} \cdot \text{m} = 364032.4\text{kN} \cdot \text{m}$。

顶点附加地震作用下，外荷载产生的弯矩为 M_{p1}，剪力墙的弯矩系数用 $\lambda_1 = 1.49$ 并根据相对高

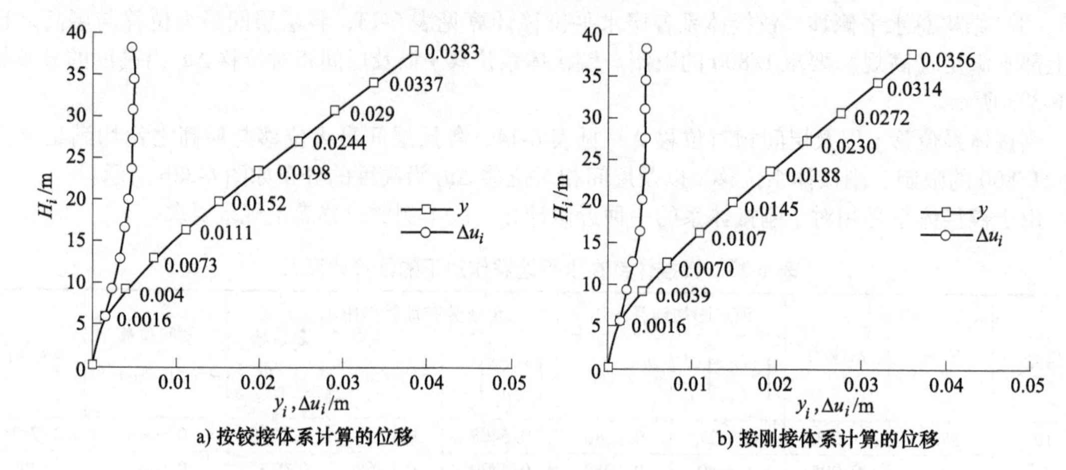

a) 按铰接体系计算的位移　　b) 按刚接体系计算的位移

图 6-38　水平地震作用下的结构位移

度 $\xi=x/H$ 用式（6-34）计算或查图 6-20。倒三角形分布地震作用下，外荷载产生的弯矩为 M_{p2} 剪力墙的弯矩系数用 $\lambda_1=1.49$ 并根据相对高度 $\xi=x/H$ 用式（6-31）计算或查图 6-17。

各层总剪力墙弯矩计算见表 6-15。其中总框架弯矩 M_f 等于总弯矩 M_p（$M_p=M_{p1}+M_{p2}$）减去剪力墙总弯矩 M_w，如图 6-39 所示。

表 6-15　铰接体系在水平地震作用下总剪力墙弯矩计算表

层号	H_i/m	$\xi=x/H$	顶点附加地震作用			倒三角形分布地震作用			地震作用总弯矩 M_p/kN·m	总剪力墙的总弯矩 M_w/kN·m	$(M_p-M_w)/M_p$
			$\left[\dfrac{M_w(\xi)}{M_{01}}\right]_1$	M_{w1} /kN·m	M_{p1} /kN·m	$\left[\dfrac{M_w(\xi)}{M_{02}}\right]_2$	M_{w2} /kN·m	M_{p2} /kN·m			
10	38.0	1.000	0	0	0	0	0	0	0	0.0	—
9	34.4	0.905	0.0409	3338	7731.7	−0.0253	−9210	4772	12503.7	−5872.0	1.470
8	30.8	0.811	0.0821	6700.4	15463.4	−0.0268	−9756.1	18276.6	33740	−3055.7	1.091
7	27.2	0.716	0.1255	10242.4	23195.2	−0.0069	−2511.8	39872.8	63068	7730.6	0.877
6	23.6	0.621	0.1714	13988.4	30926.9	0.0323	11758.2	68526	99452.9	25746.6	0.741
5	20.0	0.526	0.2207	18011.9	38658.6	0.089	32398.9	103299.9	141958.5	50410.8	0.645
4	16.4	0.432	0.2738	22345.5	46390.3	0.1609	58572.8	142813.8	189204.1	80918.3	0.572
3	12.8	0.337	0.333	27177	54122	0.2484	90425.6	186980.3	241102.3	117602.6	0.512
2	9.2	0.242	0.3988	32547.1	61853.8	0.35	127411.3	234468.3	296322.1	159958.4	0.460
1	5.6	0.147	0.4727	38578.3	69585.5	0.4653	169384.3	284341.4	353926.9	207962.6	0.412
0	0	0	0.6063	49481.7	81612.6	0.6698	243828.9	364032.4	445645	293310.6	0.342

在结构底部（$\xi=0$），由总框架承担的弯矩（M_0-M_w）与总弯矩 M_0之比：

$$\frac{M_f}{M_0}=\frac{M_0-M_w}{M_0}=\frac{445645-293310.6}{445645}=0.342<0.5$$

根据《高规》规定，当框架承担的地震倾覆力矩大于结构总地震倾覆力矩的10%但不大于50%时，结构按框架-剪力墙结构进行设计。

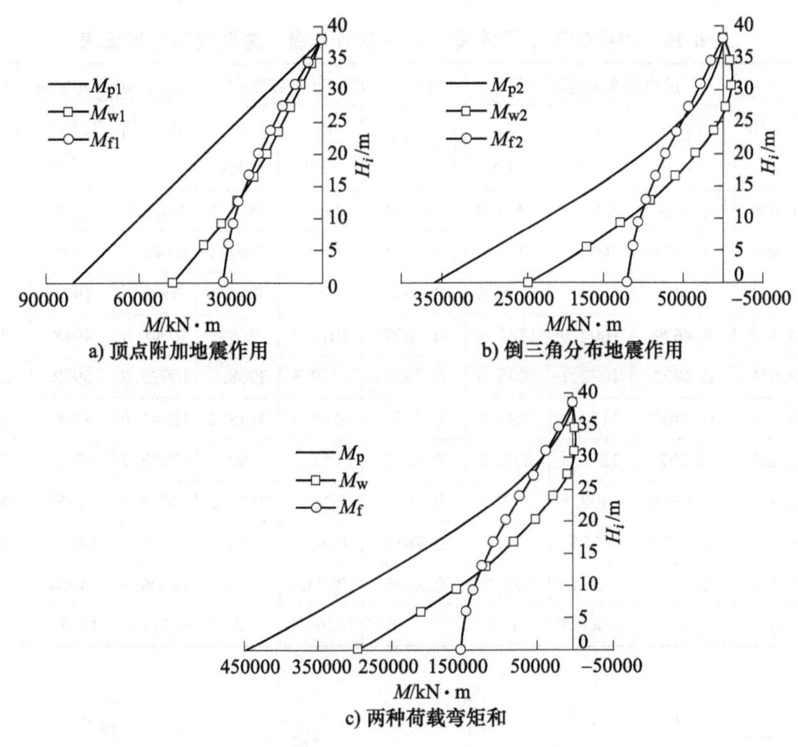

图6-39　铰接体系总剪力墙、总框架弯矩沿高度的分布

（2）铰接体系总剪力墙的剪力　总剪力墙在顶点附加地震作用和倒三角形分布地震作用下的总剪力为

$$V_w = V_{w1} + V_{w2} = V_{01}\left[\frac{V_w(\xi)}{V_{01}}\right]_1 + V_{02}\left[\frac{V_w(\xi)}{V_{02}}\right]_2$$

其中，$V_{01} = P = 2147.7\text{kN}$，$V_{02} = qH/2 = (756.3 \times 38 \div 2)\text{kN} = 14369.7\text{kN}$，$V_0 = V_{01} + V_02 = 16517.4\text{kN}$。

顶点附加地震作用下，剪力墙的剪力系数用$\lambda_1 = 1.49$并根据相对高度$\xi = x/H$用式（6-35）计算或查图6-21。

倒三角形分布地震作用下，总框架的剪力系数用式（6-32b）计算或在总剪力V_p中减去总剪力墙的剪力V_w得到，剪力墙的剪力系数查图6-18。

各层楼盖标高处的总剪力墙与总框架的剪力计算见表6-16以及图6-40。

（3）铰接体系总框架的剪力　总框架的剪力分配至各柱时应采用各层柱反弯点处的剪力，在此近似取上、下楼盖处的剪力平均值：

$$\overline{V}_f = \frac{1}{2}(V_{fi} + V_{fi-1})$$

根据《高规》8.1.4条的规定，抗震设计时，框架-剪力墙结构对应于地震作用标准值的各层框架总剪力$V_f < 0.2V_0$的楼层剪力要按$0.2V_0$和$1.5V_{f,max}$的较小值进行调整。本例，$0.2V_0 = 0.2\times16517.4\text{kN} = 3303.5\text{kN}$；从表6-16可见1、2层的$\overline{V}_f$均小于$0.2V_0$，故需调整。由于$1.5\overline{V}_{f,max} = 1.5\times5143\text{kN} = 7714.5\text{kN} > 0.2V_0$，故对1、2层的框架总剪力按照$0.2V_0$调整，取3303.5kN，见表6-16 $\overline{V}_f$列带“*”号者。

（4）剪力分配　各总剪力墙按照等效抗弯刚度分配 V_{wi} 和 M_{wi}，各柱按照抗侧刚度 D_{ij} 分配 $\overline{V}_f$，此处略。

表 6-16　铰接体系水平地震作用下总剪力墙、总框架剪力计算表

层号	H_i/m	$\xi=x/H$	顶点附加地震作用			倒三角形分布地震作用			地震作用总剪力 V_p/kN	总剪力墙的剪力 V_w/kN	总框架的剪力 V_f/kN	总框架层平均剪力 $\overline{V}_f$/kN
			$\left[\frac{V(\xi)}{V_0}\right]_1$	V_{w1}/kN	V_{f1}/kN	$\left[\frac{V(\xi)}{V_0}\right]_2$	V_{w2}/kN	V_{f2}/kN				
10	38.0	1.000	0.429	921.4	1226.3	−0.2691	−3866.9	3866.9	2147.7	−2946	5093	5103.7
9	34.4	0.905	0.4333	930.6	1217.1	−0.0902	−1296.1	3897.1	4748.3	−366	5114	5128.5
8	30.8	0.811	0.4461	958.1	1189.6	0.0672	965.6	3953.1	7066.1	1924	5143	5137.3
7	27.2	0.716	0.4679	1004.9	1142.8	0.2097	3013.3	3989	9150.7	4018	5132	5088.2
6	23.6	0.621	0.4992	1072.1	1075.6	0.3382	4859.8	3968.9	10975.9	5932	5045	4939.8
5	20.0	0.526	0.5405	1160.8	986.9	0.4555	6545.4	3848.2	12541.6	7706	4835	4656.2
4	16.4	0.432	0.592	1271.4	876.3	0.5628	8087.3	3601	13835.7	9359	4477	4202.6
3	12.8	0.337	0.6558	1408.5	739.2	0.6645	9548.7	3188.6	14885.4	10957	3928	3544
2	9.2	0.242	0.7329	1574	573.7	0.7614	10941.1	2586.5	15675.9	12515	3160	2651.5*
1	5.6	0.147	0.8246	1771	376.7	0.8555	12293.3	1766	16206.9	14064	2143	1071.4*
0	0	0	1	2147.7	0.0	1	14369.7	0	16517.4	16517	0	—

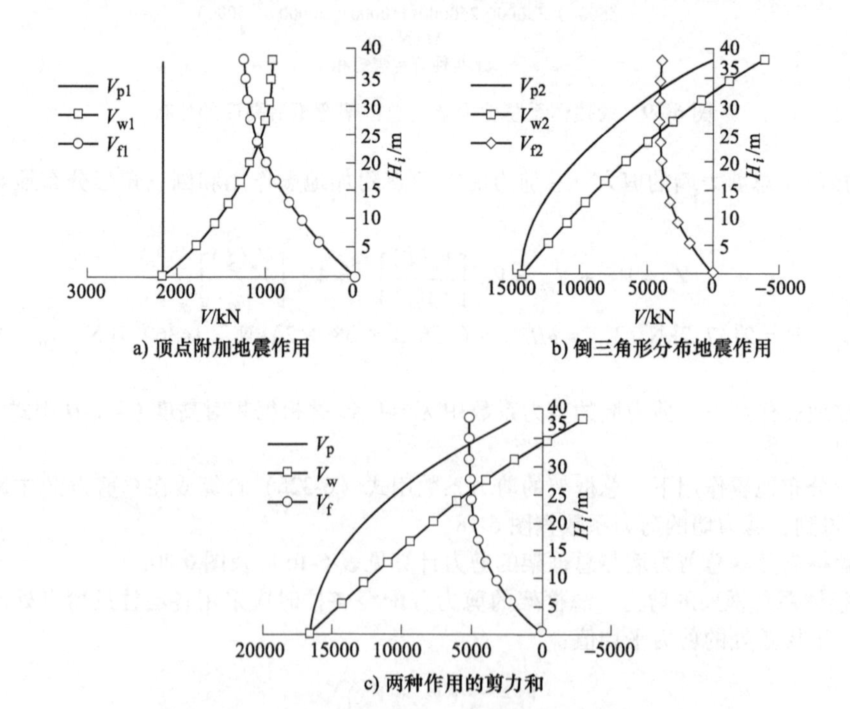

a) 顶点附加地震作用　　b) 倒三角形分布地震作用

c) 两种作用的剪力和

图 6-40　铰接体系总剪力墙、总框架剪力沿高度的分布

（5）铰接体系总剪力墙与总框架所受荷载　根据式（6-36b）和式（6-36c）可分别得到在倒三角形分布地震作用以及顶点附加地震作用下总框架和总剪力墙之间的相互作用 p_f，再通过式（6-37b）和式（6-37c）可得到 p_w。通过 $x=H$ 处的剪力 V_f 和 V_w 可以得到总框架和总剪力墙之间的顶点相互作用力，如图 6-41 所示。

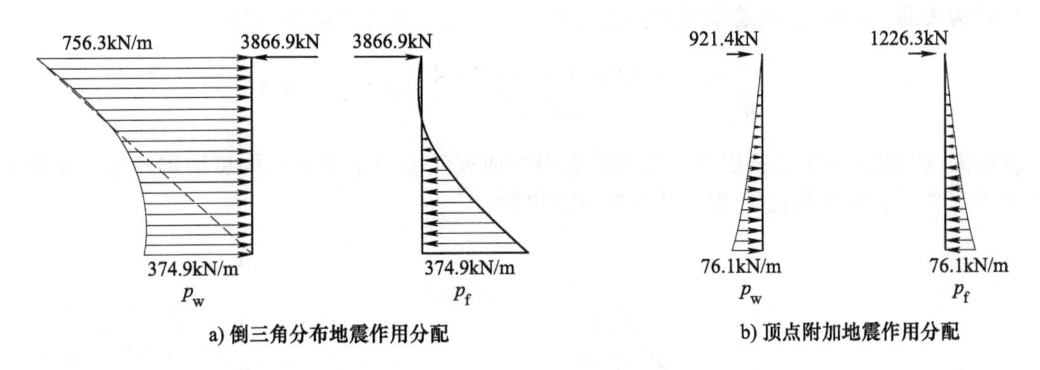

a) 倒三角分布地震作用分配　　b) 顶点附加地震作用分配

图 6-41　铰接体系总框架、总剪力墙协同工作荷载分配

6. 水平地震作用下按照刚接体系的内力计算

内力计算时，对刚接体系可以考虑对连梁乘以刚度折减系数 0.55，故取刚度特征值 λ_3 = 1.633。

（1）刚接体系总剪力墙的弯矩　刚接体系的弯矩计算方法同铰接体系，只是刚度特征值有所不同，在内力计算时按 $\lambda_3 = 1.633$ 计算内力系数。地震作用计算时取 $\lambda_2 = 1.744$，故地震水平作用与铰接体系不同。总剪力墙在顶点附加地震作用和倒三角形分布地震作用下总的弯矩为

$$M_w = M_{01}\left[\frac{M_w(\xi)}{M_{01}}\right]_1 + M_{02}\left[\frac{M_w(\xi)}{M_{02}}\right]_2$$

其中，$M_{01} = PH = (2213.7 \times 38)\text{kN}\cdot\text{m} = 84120.6\text{kN}\cdot\text{m}$，$M_{02} = qH^2/3 = (811.9 \times 38^2 \div 3)\text{kN}\cdot\text{m} = 390794.5\text{kN}\cdot\text{m}$，$M_0 = M_{01} + M_{02} = 474915.1\text{kN}$

计算过程略，计算结果见表 6-17 及图 6-42a。

表 6-17　水平地震作用下刚接体系总剪力墙弯矩计算

层号	H_i/m	$\xi=x/H$	顶点附加地震作用			倒三角形分布地震作用			地震作用总弯矩 M_p/kN·m	总剪力墙的总弯矩 M_w/kN·m	$(M_p-M_w)/M_p$
			$\left[\frac{M_w(\xi)}{M_{01}}\right]_1$	M_{w1} /kN·m	M_{p1} /kN·m	$\left[\frac{M_w(\xi)}{M_{02}}\right]_2$	M_{w2} /kN·m	M_{p2} /kN·m			
10	38.0	1.000	0	0	0	0	0	0	0	0.0	—
9	34.4	0.905	0.0359	3019.9	7969.3	−0.0284	−11098.60	5122.9	13092.2	−8078.7	1.617
8	30.8	0.811	0.0723	6081.9	15938.6	−0.0331	−12935.3	19620.2	35558.8	−6853.4	1.193
7	27.2	0.716	0.1107	9312.2	23908	−0.0167	−6526.3	42804.1	66712.1	2785.9	0.958
6	23.6	0.621	0.1519	12777.9	31877.3	0.0187	7307.9	73563.8	105441.1	20085.8	0.810
5	20.0	0.526	0.1967	16546.5	39846.6	0.0714	27902.7	110894.1	150740.7	44449.2	0.705
4	16.4	0.432	0.2457	20668.4	47815.9	0.1393	54437.7	153312.9	201128.8	75106.1	0.627
3	12.8	0.337	0.3012	25337.1	55785.2	0.2229	87108.1	200726.3	256511.5	112445.2	0.562
2	9.2	0.242	0.3639	30611.5	63754.6	0.3211	125484.1	251705.4	315460	156095.6	0.505
1	5.6	0.147	0.4354	36626.1	71723.9	0.4335	169409.4	305245	376968.9	206035.5	0.453
0	0	0	0.5674	47730	84120.6	0.6361	248584.4	390794.5	474915.1	296314.4	0.376

在结构底部（$\xi=0$），由总框架承担的弯矩（M_0-M_w）与总弯矩 M_0 之比：

$$\frac{M_0-M_w}{M_0}=\frac{474915.1-296314.4}{474915.1}=0.376<0.5$$

故根据《高规》8.1.3条规定，当框架承担的地震倾覆力矩大于结构总地震倾覆力矩的10%但不大于50%时，结构按框架-剪力墙结构进行设计。

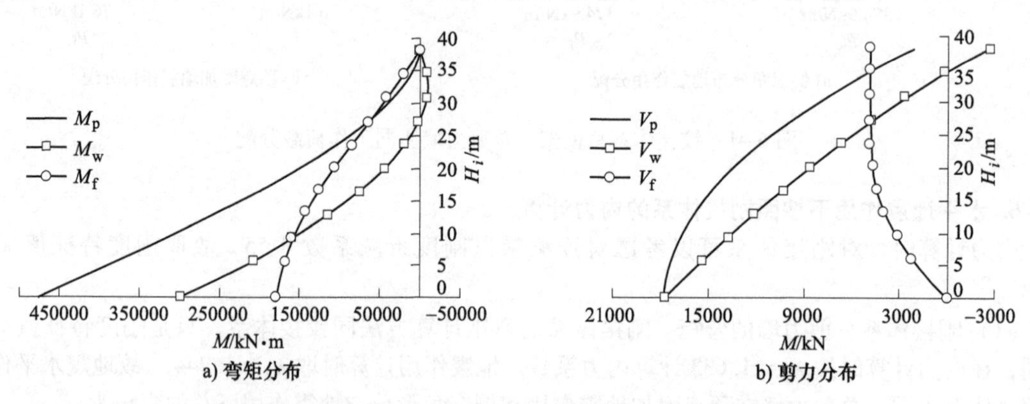

图 6-42 刚接体系总剪力墙、总框架弯矩与剪力沿高度的分布

（2）刚接体系总剪力墙、总框架的剪力　首先计算总剪力墙的广义剪力 V'_w。用 $\lambda_3=1.633$ 和相对高度 $\xi=x/H$ 用式（6-32）计算或查图6-14、图6-18、图6-21得到剪力系数，并乘以相应的底部剪力得到总剪力墙的广义剪力 V'_w：

$$V'_w=V_{01}\left[\frac{V'_w(\xi)}{V_{01}}\right]_1+V_{02}\left[\frac{V'_w(\xi)}{V_{02}}\right]_2$$

其中，$V_{01}=P=2213.7\text{kN}$，$V_{02}=qH/2=811.9\times38\div2\text{kN}=15426.1\text{kN}$。

总框架的广义剪力：

$$V'_f=V_p-V'_w,\ V_p=V_{p1}+V_{p2}$$

考虑折减后总连梁线约束刚度：

$$0.55C_b=0.55\frac{1}{H}\sum_{i=1}^{10}\sum_{j=1}^{6}m_{ij}=0.55\times1472175\text{kN}=809696\text{kN}$$

总连梁的约束弯矩集度：

$$m=\frac{0.55C_b}{C_f+0.55C_b}V'_f=\frac{809696}{3942990+809696}V'_f=0.17V'_f$$

总剪力墙的剪力为

$$V_w=V'_w+m=V'_w+0.17V'_f$$

总框架的剪力为

$$V_f=\frac{C_f}{C_f+0.55C_b}V'_f=\frac{3942990}{3942990+809696}V'_f=0.83V'_f$$

在顶点附加地震作用和倒三角形分布地震作用下，各层总剪力墙广义剪力 V'_w 和总框架的广义剪力 V'_f、总剪力墙剪力 V_w、总框架剪力 V_f 及总连梁线约束弯矩集度计算见表6-18。楼盖标高处的总剪力墙与总框架层剪力分布如图6-42b所示。

表 6-18　水平地震作用下刚接体系总剪力以及连梁线约束弯矩集度计算表

层号	H_i/m	$\xi=x/H$	顶点附加地震作用		倒三角形分布地震作用		总剪力 V_p/kN	广义剪力		总剪力墙剪力 V_w/kN	总框架剪力 V_f/kN	总连梁线约束弯矩集度 m/kN
			$\left[\dfrac{V'_w(\xi)}{V_{01}}\right]_1$	V'_{w1}/kN	$\left[\dfrac{V'_w(\xi)}{V_{0w}}\right]_2$	V'_{w2}/kN		V'_w/kN	V'_f/kN			
10	38.0	1.000	0.3763	833.0	-0.2906	-4482.8	2213.7	-3649.8	5863.5	-2653.0	4866.7	996.8
9	34.4	0.905	0.3809	843.2	-0.1124	-1733.9	5005.4	-890.7	5896.1	111.6	4893.8	1002.3
8	30.8	0.811	0.3944	873.1	0.0434	669.5	7493.7	1542.6	5951.1	2554.3	4939.4	1011.7
7	27.2	0.716	0.4175	924.2	0.184	2838.4	9731.5	3762.6	5968.9	4777.3	4954.2	1014.7
6	23.6	0.621	0.4507	997.7	0.311	4797.5	11690.9	5795.2	5895.7	6797.5	4893.4	1002.3
5	20.0	0.526	0.4948	1095.3	0.4273	6591.6	13371.8	7686.9	5684.9	8653.3	4718.5	966.4
4	16.4	0.432	0.5502	1218.0	0.5347	8248.3	14760.9	9466.3	5294.6	10366.4	4394.5	900.1
3	12.8	0.337	0.6193	1370.9	0.6382	9844.9	15887.9	11215.8	4672.1	12010.1	3877.8	794.3
2	9.2	0.242	0.7034	1557.1	0.7389	11398.3	16736.4	12955.4	3781.0	13598.2	3138.2	642.8
1	5.6	0.147	0.8044	1780.7	0.8394	12948.7	17306.5	14729.4	2577.1	15167.5	2139.0	438.1
0	0	0	1	2213.7	1	15426.1	17639.8	17639.8	0.0	17639.8	0.0	0.0

（3）刚接体系总剪力墙与总框架所受荷载　三角形荷载下，由式（6-37）得到 p'_w，再由式（6-63b）得到 p_m，则 $p_w=p'_w-p_m$，如图 6-43a 所示。

顶点附加地震作用下，由式（6-37）得到 p'_w，再由式（6-63c）得到 p_m，则 $p_w=p'_w-p_m$，如图 6-43b 所示。

顶点附加地震作用可由剪力获得。

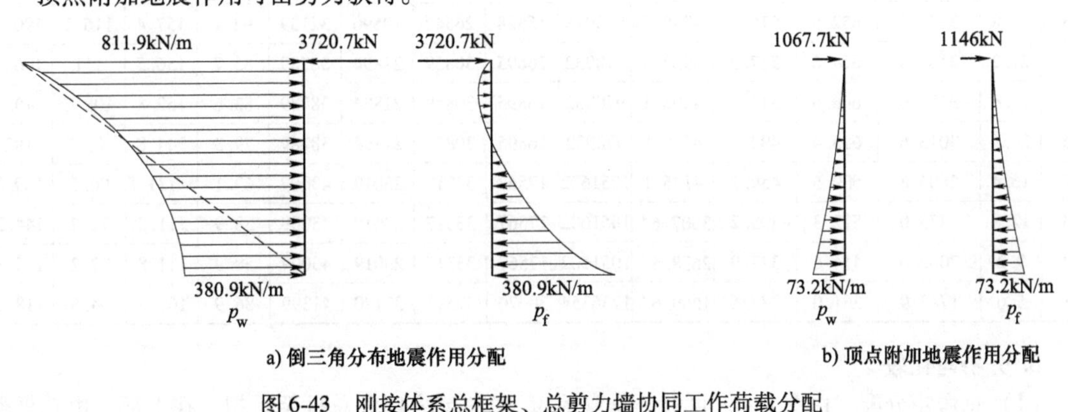

图 6-43　刚接体系总框架、总剪力墙协同工作荷载分配

7. 刚接体系内力分配

以下根据刚接体系总内力计算结果进行墙、柱、梁内力分配。

（1）总剪力墙的内力分配　各层共四片剪力墙，每道墙的等效抗弯刚度均相同，故每片墙的弯矩为总弯矩的 1/4，每片墙分配到的剪力为总剪力的 1/4。

（2）总连梁的约束弯矩分配　已得到各层顶板标高处总连梁的线约束弯矩 m 见表 6-18。连梁的总约束弯矩为将线约束弯矩集中在楼盖处，故第 i 层总约束弯矩为：$M_{bi}=m\left(\dfrac{h_j+h_{j+1}}{2}\right)$

每个连梁端部约束弯矩按梁端约束弯矩系数（见表 6-11）与同层连梁约束弯矩系数和的比值分配总约束弯矩得到，即 $M_{bij}=\frac{m_{ij}}{\sum_{j=1}^{6}m_{ij}}M_{bi}$。$LL_1$ 和 LL_2 梁端弯矩为 M_{b1} 和 M_{b2}，各层连梁弯矩分配结果见表 6-19。

（3）总框架的层剪力分配　总框架的剪力分配至各柱时应采用各层柱反弯点处的剪力，在此近似取上、下楼盖处的剪力平均值：

$$\overline{V}_f=\frac{1}{2}(V_{fi}+V_{fi-1})$$

刚接体系 $\overline{V}_f$ 的计算结果见表 6-19。结构在基底处的总剪力 V_0 见表 6-18。由于 $0.2V_0=0.2\times17639.8\text{kN}=3528\text{kN}$，1、2、3 层的 $\overline{V}_f$ 均小于 $0.2V_0$，故需调整。由于 $1.5\overline{V}_{f,max}=1.5\times4946.7\text{kN}=7420\text{kN}>0.2V_0$，故对 1、2、3 层的框架总剪力均按照 $0.2V_0$ 调整为 3528kN，见表 6-19 标注“*”者。

总框架剪力按照各框架柱的 D 值分配到各柱，D 值见表 6-19。

$$V_{cij}=\frac{D_{ij}}{\sum_{j=1}^{m}D_{ij}}\overline{V}_f=\frac{D_{ij}}{\sum_{j=1}^{m}D_{ij}}\frac{(V_{fi-1}+V_{fi})}{2}$$

表 6-19　水平地震作用下连梁约束弯矩、框架柱剪力计算

层号	H_i /m	总连梁约束弯矩 M_b/kN·m	M_{b1} /kN·m	M_{b2} /kN·m	总框架层平均剪力 $\overline{V}_f$ /kN	框架柱 D 值/(kN/m)					各柱剪力 V_{cij}/kN			
						ΣD_{ij}	D_{i1}	D_{i2}	D_{i3}	D_{i4}	Z_1	Z_2	Z_3	Z_4
10	38	1557.7	321.4	254.3	4880.4	833988	15528	26542	19590	32139	90.9	155.3	114.6	188.1
9	34.4	3132.4	646.4	511.4	4916.9	833988	15528	26542	19590	32139	91.5	156.5	115.5	189.5
8	30.8	3159.7	652.5	516.1	4946.7	833988	15528	26542	19590	32139	92.1	157.4	116.2	190.6
7	27.2	3167.3	654.6	517.3	4923.8	970932	16895	30859	21894	38789	85.7	156.5	111	196.7
6	23.6	3127.0	646.6	511.0	4806.1	970932	16895	30859	21894	38789	83.6	152.8	108.4	192
5	20.0	3013.6	623.4	492.7	4556.5	970932	16895	30859	21894	38789	79.3	144.8	102.7	182
4	16.4	2804.8	580.5	459.2	4136.1	1051602	17567	33317	23019	43009	69.1	131	90.5	169.2
3	12.8	2475.0	512.3	405.2	3507.6*	1051602	17567	33317	23019	43009	58.9	111.8	77.2	144.3
2	9.2	2002.0	414.6	327.9	2638.5*	1051602	17567	33317	23019	43009	58.9	111.8	77.2	144.3
1	5.6	1743.9	361.0	285.6	1069.6*	1236354	30470	37591	33120	41399	86.9	107.3	94.5	118.1

8. 分析与比较

（1）总弯矩分配　由图 6-42a 可知，总弯矩 M_p 由总剪力墙和总框架承担。在上部，由总框架承担的总弯矩 M_f 大于总剪力墙承担的弯矩 M_w，总剪力墙弯矩 M_w 甚至出现负值；在下部，由剪力墙承担大部分弯矩。

（2）总剪力分配　由图 6-42b 可知，总剪力 V_p 主要由剪力墙承担（V_w），但剪力墙在顶部 1~2 层出现负剪力。总框架在上部承担外荷载产生的剪力以及由剪力墙的负作用产生的剪力。总框架剪力 V_f 沿高度的分布比较均匀，类似于顶部集中荷载作用的结果。框架柱内力计算时，可考虑这一特点。

（3）刚度特征值影响　图 6-44 和图 6-45 为通过平面轴线尺寸变化或改变剪力墙数量来改变刚度特征值时，按铰接体系计算的总剪力墙与总框架的弯矩、剪力的分布比较。可以看出，随着 λ

从1.49（图6-39c）增加至2.23（图6-44a），框架承担的弯矩已成为主要部分；当$\lambda=3.8$时，M_w已经很小（图6-45a）。对剪力而言，无论λ大小如何，在底部均以剪力墙承担为主；随λ增加，V_f增加，且最大值$V_{f,max}$向下移动，如图6-44b、图6-45b所示。

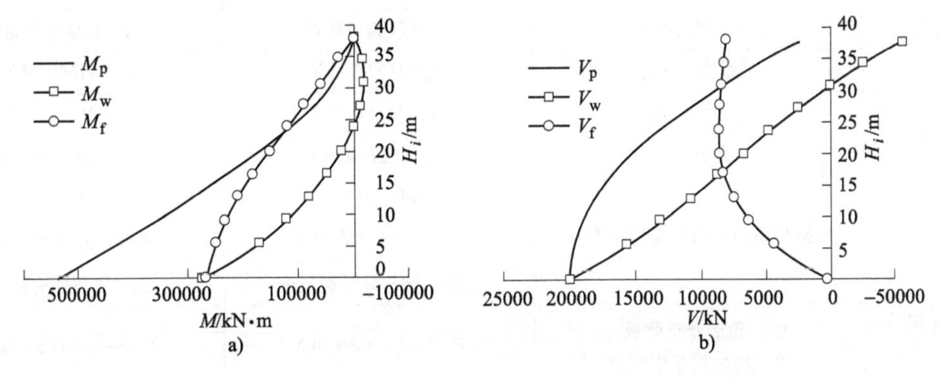

图6-44　$\lambda=2.23$时总剪力墙与总框架的弯矩与剪力分布

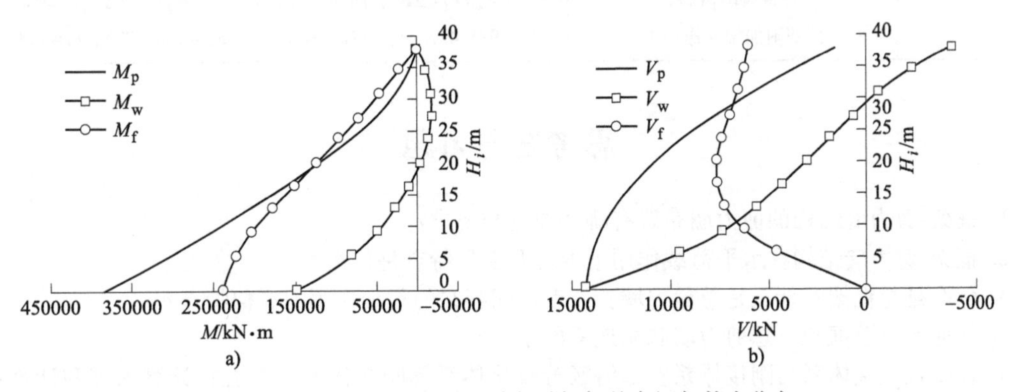

图6-45　$\lambda=3.8$时总剪力墙与总框架的弯矩与剪力分布

（4）铰接体系与刚接体系计算比较　本例按刚接体系计算的地震作用比铰接体系大6.8%左右，故刚接体系的内力也大，见表6-20。对总剪力墙的剪力V_w，按刚接体系计算比按照铰接体系计算大6.8%~32%，上部相差较多。对总框架的V_f按刚接体系计算的结果小于按照铰接体系计算的结果。

总框架与剪力墙的相互作用p_f在顶部有不一样的特点。倒三角形分布荷载作用下，p_f在顶部为0，在底部$p_f=p_w$。在顶点集中荷载作用下，由式（6-36）和式（6-37）可知，p_f与p_w大小相等方向相反，在顶部为0。

表6-20　铰接体系与刚接体系的计算比较

项目		铰接体系	刚接体系
地震作用	自振周期	$T_1=0.82$	$T_1=0.77$
	地震影响系数	$\alpha_1=0.074$	$\alpha_1=0.079$
	地震作用标准值	$F_{Ek}=15780$kN	$F_{Ek}=16847$kN
	顶点附加地震作用	$\Delta F_n=2147.7$kN	$\Delta F_n=2213.7$kN
	倒三角形分布地震作用底部弯矩	$M_0=364032.4$kN·m	$M_0=390794.5$kN·m
	倒三角形分布地震作用q_{max}	$q_{max}=756.3$kN	$q_{max}=811.9$kN
结构侧移	顶点侧移	$y=0.0383$m	$y=0.0356$m

（续）

项目		铰接体系	刚接体系
总剪力墙	基底弯矩 M_{w0}	$M_{w0}=293310.6\text{kN}\cdot\text{m}$	$M_{w0}=296314.4\text{kN}\cdot\text{m}$
	弯矩 M_w 特点	8、9层为负弯矩	7、8、9层为负弯矩
	底部剪力 V_{w0}	$V_w=16517.4\text{kN}$	$V_w=17639.8\text{kN}$
总框架	基底弯矩 M_{f0}	$M_{f0}/M_0=0.342$	$M_{f0}/M_0=0.376$
	剪力 V_f	V_{fmax} 出现在第8层	V_{fmax} 出现在第7层
相互作用	框架与剪力墙的相互作用力 p_f	顶部：$p_f=0$ 基底：$p_f=451.0\text{kN}$	顶部 $p_f=0$ 基底：$p_f=454.0\text{kN}$
		上部三层与外荷载反向	上部三层与外荷载反向
	倒三角形分布荷载： 顶部附加相互作用力	$F_w=-F_f=3866.9\text{kN}$	$F_w=-F_f=3720.7\text{kN}$
	顶点集中荷载： 顶部附加相互作用力	$F_w+F_f=\Delta F_n$，同向 $F_w=921.4\text{kN}$，$F_f=1226.3\text{kN}$	$F_w+F_f=\Delta F_n$，同向 $F_w=1067.7\text{kN}$，$F_f=1146\text{kN}$

思考题与习题

1. 框架-剪力墙结构的剪力墙布置有哪些原则与要求？

2. 框架-剪力墙结构在水平荷载作用下内力及变形特点是什么？

3. 什么是总框架？什么是总剪力墙？二者之间存在的附加作用力有何特点？

4. 如何计算总框架、总剪力墙和总连梁的刚度？

5. 什么是铰接体系与刚接体系？如何区分铰接体系和刚接体系？二者在计算内容和计算步骤上有什么不同？

6. 如何确定框架-剪力墙结构的计算方法？为什么？

7. 框架-剪力墙结构协同工作计算的目的是什么？总剪力在各榀抗侧力结构间的分配与纯剪力墙结构、纯框架结构有什么根本区别？

8. 什么是刚度特征值 λ？其物理意义是什么？当框架或剪力墙沿高度方向刚度变化时，怎样计算 λ 值？λ 对内力分配（V_f、V_w）、侧移变形有什么影响？

9. 框架承担的水平力 p_f 以及剪力墙承担的水平力 p_w 沿高度分布有何特点？

10. 水平力下，总框架的剪力 V_f 以及总剪力墙的剪力 V_w 沿高度分布有何特点？

11. 什么是框架-剪力墙结构刚接体系的等代剪力和等代荷载？

12. 框架的 D 值和 C_f 值物理意义有什么不同？它们有什么关系？

13. 如何计算总剪力墙的抗弯刚度？剪力墙刚度计算时如何确定翼缘？

14. 在框架-剪力墙结构设计中，总框架设计剪力值调整的目的是什么？

15. 框架-剪力墙结构中的剪力墙布置有哪些原则与要求？为什么剪力墙要均匀、分散、周边、对称布置？

16. 框架-剪力墙结构为何不宜单向布置剪力墙？

17. 为何要限制剪力墙的最大间距？

18. 若结构按纯框架结构设计计算后，为增大安全性，不经计算再加入一、两道剪力墙，是否允许？为什么？

19. 框架-剪力墙结构中的剪力墙，在设计和构造上有哪些要求？

20. 框架-剪力墙结构中的框架设计和构造与纯框架结构有哪些不同？

21. 剪力墙的弯矩系数、剪力系数和位移系数如何选取？如何计算相应的内力与变形？

22. 一栋高 15 层的框架-剪力墙结构，抗震设防烈度为 7 度，Ⅱ类场地，设计地震分组为第一组，经计算结构底部总水平地震作用标准值 $F_{Ek}=6300\text{kN}$，按协同工作简化计算法分析，某楼层分配的 $V_{f,max}=820\text{kN}$，框架楼层总剪力标准值下限为多少？

23. 框架-剪力墙结构的计算简图如图 6-46 所示，已知各横剪力墙等效抗弯刚度 $EI_{eq}=6\times10^6\text{kN/m}$，各层框架抗侧刚度均相同，每根中柱抗侧刚度 $D_1=15\times10^3\text{kN/m}$，每根边柱抗侧刚度 $D_2=9\times10^3\text{kN/m}$，各层层高均为3m，共 12 层，计算框架-剪力墙结构在横向的刚度特征值 λ。

24. 框架-剪力墙结构抗震设防烈度为 8 度，高度为 35m，乙类建筑，Ⅱ类场地，设计地震分组为一组。结构平面布置如图 6-47 所示。层高 3.5m，共 10 层，现浇楼盖，柱截面尺寸为 $b_c=500\text{mm}$、$h_c=500\text{mm}$，梁截面尺寸为 $b_b=250\text{mm}$、$h_b=550\text{mm}$，剪力墙厚 $b_w=180\text{mm}$，混凝土强度等级为 C30（$E_c=30000\text{N/mm}^2$）。假定结构为铰接体系，横向底部剪力 $V_0=(0.08\times15\times18\times35\times10)\text{kN}=7560\text{kN}$，倒三角形分布荷载，试计算：

（1）刚度特征值 λ；因纵向剪力墙上门洞距中柱较近，横向剪力墙可不考虑翼缘作用。

（2）首层底截面和顶截面 M_w、V_w、V_f。

（3）首层中柱底截面和顶截面的弯矩 M_c。

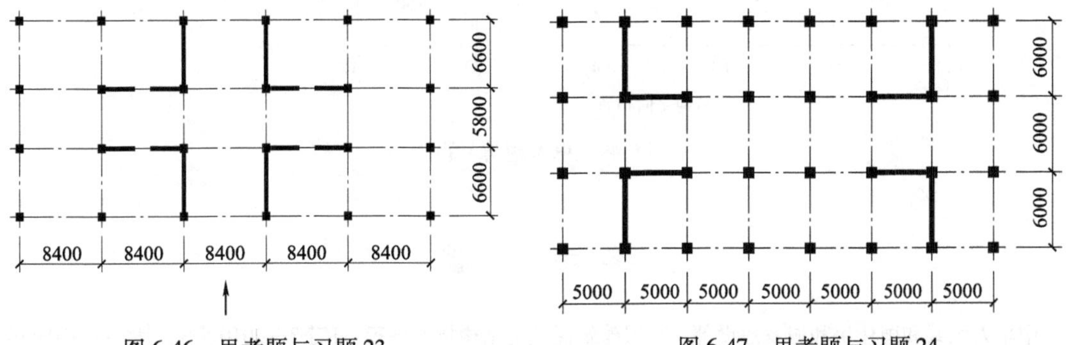

图 6-46　思考题与习题 23　　　　图 6-47　思考题与习题 24

25. 框架-剪力墙结构平面、剖面及剪力墙细部尺寸如图 6-48 所示，已知基底剪力 $V_0=6000\text{kN}$，求该结构中首层的墙及柱内力（M，N，V），并校核该顶点及层间位移是否满足要求，不考虑剪切及轴向变形。其中梁截面尺寸为 $b_bh_b=250\text{mm}\times600\text{mm}$，混凝土强度等级为 C25，柱截面尺寸为 $b_ch_c=600\text{mm}\times600\text{mm}$，墙柱混凝土强度等级为 C30。$I_b=1.2bh^3/12$。

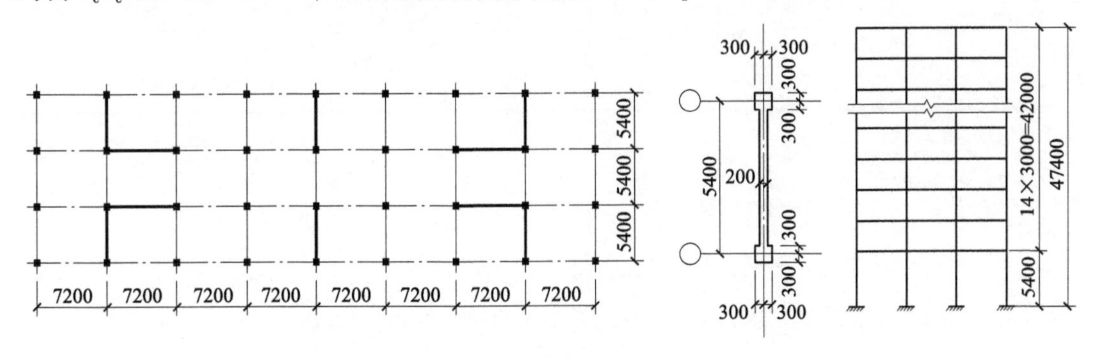

图 6-48　思考题与习题 25

26. 已知某 14 层钢筋混凝土框架-剪力墙结构平面如图 6-49 所示，建筑首层层高 4.5m，其他层层高 3.6m，总高 $H=51.3\text{m}$。横向 3 片剪力墙 Q_1 如图 6-49 所示。设结构横向承受水平均布荷载

设计值 $q=20\text{kN/m}$，混凝土采用 C40，$E_c=3.25\times10^7\text{kN/m}^2$。设不考虑剪力墙翼缘，求解：

（1）结构在横向的刚度特征值。

（2）第 4、8 层楼盖处各剪力墙的弯矩。

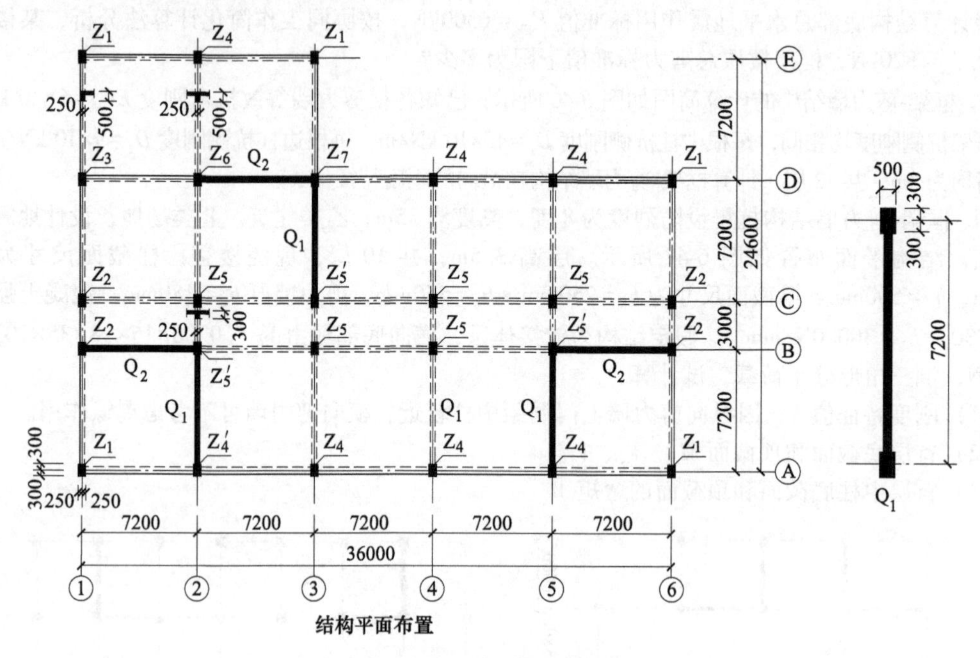

图 6-49　思考题与习题 26

参 考 文 献

[1] 中华人民共和国住房和城乡建设部．高层建筑混凝土结构技术规程：JGJ 3—2010［S］．北京：中国建筑工业出版社，2010.

[2] 中华人民共和国住房和城乡建设部．建筑抗震设计规范（2016 年版）：GB 50011—2010［S］．北京：中国建筑工业出版社，2016.

[3] 包世华．新编高层建筑结构［M］．北京：中国水利水电出版社，2001.

第 7 章 筒体结构

【本章提要】

本章介绍了筒体结构的受力与变形特点、结构设计的有关规定以及框筒剪力滞后的概念和影响因素，系统介绍了筒体结构在水平力作用下的计算方法，针对几种手算简化计算方法给出了例题。本章还介绍了伸臂工作的基本概念、内力和位移计算以及确定伸臂位置的方法。

7.1 概述

筒体结构是由一个或几个竖向筒体为主组成的承受竖向和水平作用的建筑结构。其中的筒体分为剪力墙围成的薄壁实腹筒和由密柱框架或壁式框架围成的框筒等。

当高层建筑结构层数多、高度大，抗震设防要求较高时，由平面抗侧力结构所构成的框架、剪力墙和框架-剪力墙结构已不易满足建筑和结构的受力要求；当建筑物高度超过 100~140m，层数超过 30~40 层时，采用剪力墙或框架-剪力墙结构体系已显得不合理、不经济，甚至是不可行的。这时可以采用空间受力性能更好的筒体结构体系来抵抗水平荷载，它具有更大的承载力、刚度和抗震能力。

7.2 混凝土高层建筑筒体的结构体系

筒体结构的种类很多，本书 1.4.4 节已详尽介绍了筒体的结构体系。高层混凝土建筑中，筒体结构的基本单元主要是实腹筒和框筒。实腹筒主要用于楼电梯井，框筒主要用于外墙，此外也有混凝土桁架筒应用在外墙的案例。以这三种筒体为单元，可以组合出很多筒体结构体系，如核心筒体系、框架-核心筒体系、框筒体系、筒中筒体系、束筒体系、多筒体系以及筒体和剪力墙组合的脊墙体系等。

核心筒结构为单筒结构，受力特点如同竖向悬臂构件，为静定结构。在地震区，由于没有多余约束而很容易遭到破坏。图 7-1 所示是一个应用实腹筒作为核心筒的单筒结构，它利用电梯井、楼梯间、管道井和服务间等形成一个中央筒体承担水平荷载，外围框架常常为铰接框架，仅承受竖向荷载。

图 7-2 所示是外墙应用框筒的案例，沿建筑物外围布置有间距不大的密柱，在上、下窗间用深梁连接密柱，由深梁密柱所形成的框架沿建筑物四周围成一个筒形，这便是外框筒结构。为了建筑外观和使用功能的需要，通常在下部楼层通过转换层将柱距变大。一些办公和通信建筑由于功能上的要求，不能设置内筒，这时可采用单一的框筒结构，如图 7-2 和图 7-3a 所示。

图 7-3b 所示为典型的筒中筒结构平面，它由中央内筒和周边外框筒组成，内筒集中布置在楼电梯间和服务性房间，构成一个剪力墙薄壁筒，外筒为深梁密柱（柱间距为 3m 以内）所组成的空间筒体，它有很大的刚度。

当建筑功能不希望在建筑外围采用密柱时，可采用大柱距框架加核心筒，这时便构成图 7-3c 所示的框架-筒体结构。

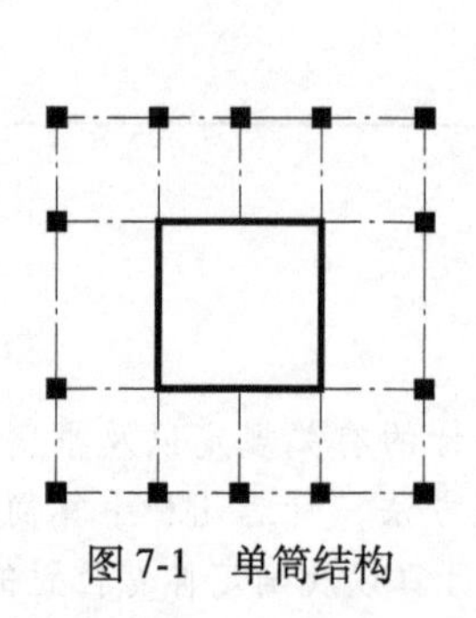

图 7-1　单筒结构

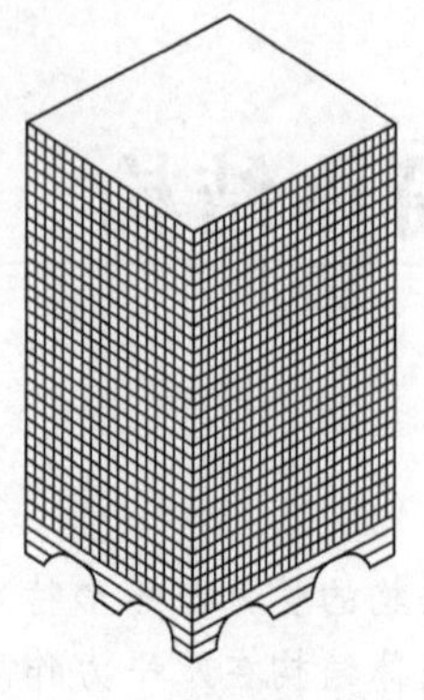

图 7-2　外框筒结构

当建筑物高度大，受到的水平荷载较大时，还可以采用组合筒结构。如在外框筒和内筒之间另加一组框筒或实腹筒形成多重筒（三重筒），如图 7-3d 所示；若干框筒并列组合成为束筒结构，如图 7-3e 所示；在建筑平面内还可以布置多个筒体，形成多筒体结构，如图 7-3f 所示。

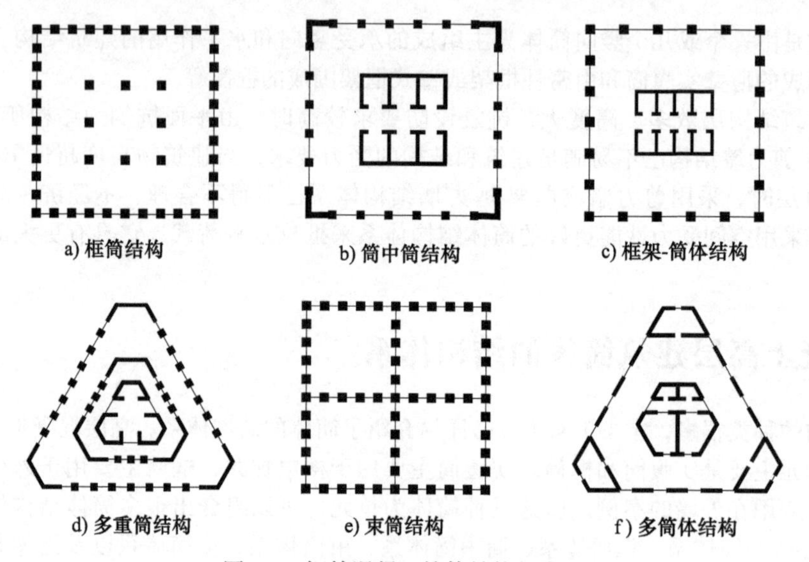

图 7-3　钢筋混凝土筒体结构的类型

7.3　筒体结构的受力性能

筒体结构的受力基本特征是：水平荷载主要是由一个或多个筒体承受的，受力呈空间性，在一个方向的水平荷载作用下，筒体的每个筒壁均可以参与抗力。

7.3.1　筒体结构的受力特点

筒体是典型的竖向悬臂结构，竖向受重力荷载作用，水平方向受风荷载和地震作用。竖向构件中所受轴向力的大小取决于所分配的楼板面积大小。水平力作用下，结构受剪力、弯矩，有时还有扭矩。结构在水平力作用下的反应比结构在重力作用下的反应复杂得多，正确认识水平荷载作用下的结构性能是结构分析的重要问题。

1. 实腹筒的受力特点

实腹筒在水平侧向力作用下，与侧向力平行的结构作为腹板参与工作，与侧向力垂直的结构作为翼缘参与工作，具有很好的空间性能。

图 7-4a 所示为一个箱形空腹悬挑梁受侧向力作用，这个箱形构件相当于一个倒放的筒体。由四片墙围合的筒在截面接近方形、开洞很小时，可称为实腹筒。由材料力学可知，实腹筒在侧向力作用下截面上的正应力分布如图 7-4a 所示。平行于力方向的筒壁板称为腹板，垂直于受力方向的板称为翼缘板。在垂直于梁长的水平力作用下，筒壁正应力在翼缘板上为矩形分布；在腹板上为线性分布，应力一侧为拉另一侧为压。弯曲变形发生后，原正截面仍然保持平面，即平截面假定成立，截面上的正应力和剪应力均可用材料力学公式计算，具有这样应力分布特点的筒体也称为理想筒体。

理想筒体在承受水平力时，两个方向的墙体（板）都参与受力，但参与程度不同。在侧向力作用下，整个截面围绕中和轴（图 7-4a）产生转动，由于翼缘板（墙）所处位置到整个截面中和轴的内力臂最大，故翼缘板（墙）的惯性矩 I_f 大于腹板的惯性矩 I_w。从翼缘正应力与腹板正应力的关系可以得出翼缘板（墙）与腹板承担的弯矩比 M_f/M_w 等于二者的惯性矩比 I_f/I_w，故翼缘板（墙）是提供抵抗弯矩的主要部分。对矩形以及正方形实腹筒，翼缘板（墙）承受的弯矩占总弯矩的 60%以上，当腹板短于翼缘板（墙）时，翼缘板（墙）承担的弯矩比例还要提高。在剪力分配方面，因为截面沿 y 方向的剪应力在腹板的中和轴处最大，在翼缘板外边缘为零，由于翼缘板很薄，故翼缘板承担的剪力显然远小于腹板所承担的剪力，所以通常可忽略翼缘板的抗剪作用。

如果实腹筒的截面为矩形，当翼缘板宽度较大时，截面的正应力分布与理想筒体的应力分布有一定区别，如图 7-4b 所示。正应力沿翼缘板宽度的分布并不均匀，呈现两边角部的正应力大而中间正应力小的非矩形分布状态。因此，箱形体在角部的轴向变形大，而在翼缘板中部的变形小，结构变形不再符合平截面假定。这种应力分布不再保持直线规律的现象称为“剪力滞后”。在这个示例中，腹板外边缘处的正应力通过翼缘板的剪应力传递给翼缘，由于翼缘板在剪应力作用下会产生剪切变形，使得翼缘板里侧的轴向变形减小，故正应力变小。

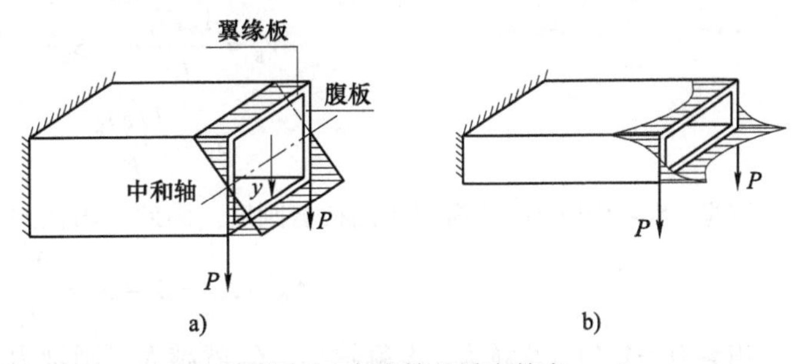

图 7-4　实腹筒的受力特点

2. 框筒的受力特点

（1）框筒的剪力滞后　由密柱和窗裙梁组成的框筒结构一般应用于建筑周边墙体。在水平侧向力作用下，框筒也有较大的空间工作性。由于筒壁开有一定的洞口，空间整体性受到一定破坏，故受力与理想筒体有所区别。在水平力作用下，腹板墙的角柱一侧受拉另一侧受压，产生较大的拉伸或压缩变形；翼缘墙方向，角柱产生较大的竖向变形，使与之相连的翼缘框架窗裙梁产生竖向剪力和剪切变形。窗洞较宽、洞口较高时，翼缘墙的窗裙梁抗剪切刚度不是很大，故梁两端产生一定的相对变形，使得翼缘框架各内柱的轴向变形向中心逐渐递减，柱子的轴力减小，故产生剪力滞后现象。由于窗裙梁的柔性，在剪力作用下产生弯曲变形，故框筒的腹板墙也存在剪力滞后现象，即中柱轴力比理想筒体的线性分布要小。图 7-5a 所示为框筒在水平力作用下柱子轴力（正应力）在四片墙中的分布，图中的虚线为理想筒体的轴力分布，实线为柱子的实际轴力分布，可以看出这些轴力呈现非线性分布特点。剪力滞后效应使得远离角柱的柱子受力小，材料抗力不能充分发挥，也使得楼板产生翘曲，设计时应采取措施控制。

（2）影响剪力滞后的因素　从上面分析可知，剪力滞后与翼缘框架窗裙梁两端的相对变形 Δ

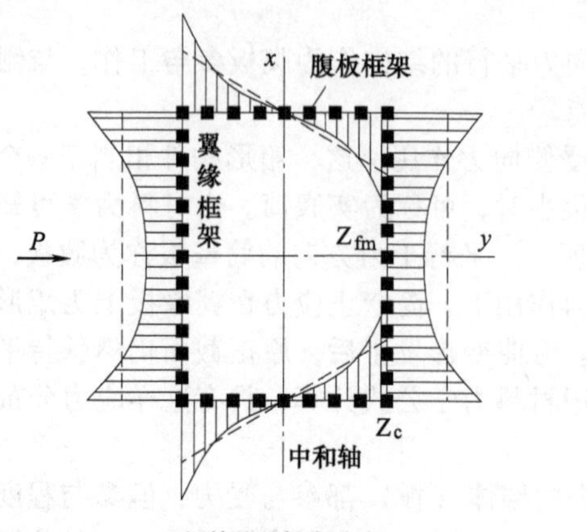

a) 框筒柱的轴力分布

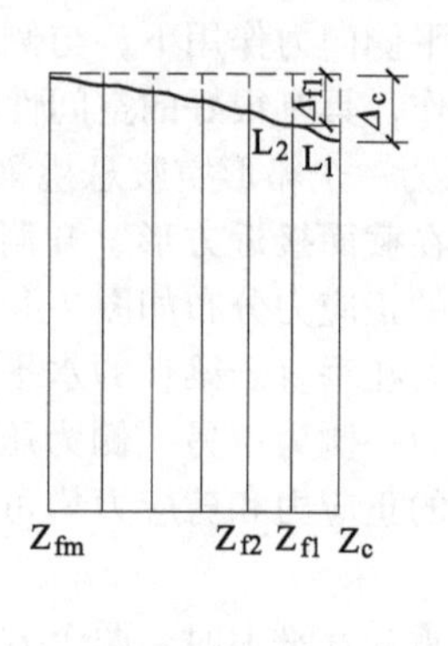

b) 翼缘框架柱轴向变形

图 7-5 框筒的受力特点

有关。以背向力一侧的翼缘框架为例，设边梁为 L_1（图 7-5b），L_1 外侧柱 Z_c（角柱）的压缩轴向变形为 Δ_c，L_1 两侧相对竖向位移为 Δ，梁内侧柱 Z_{f1}（翼缘中柱 Z_{fm}）的压缩轴向变形为 Δ_{f1}，则 $\Delta_{f1}=\Delta_c-\Delta$。显然有 $\Delta_{f1}<\Delta_c$，因此翼缘内侧柱的轴力小于角柱，即 $N_{f1}<N_c$，这就是剪力滞后。设窗裙梁的跨长为 l，抗弯刚度为 EI_b，则梁所受剪力与 Δ 的关系为

$$V_b=\frac{12EI_b}{l^3}\Delta=S_b\Delta \tag{7-1}$$

$$S_b=\frac{12EI_b}{l^3} \tag{7-2}$$

这里，$S_b=12EI_b/l^3$ 为窗裙梁的抗剪刚度。因此，内柱的轴向变形为

$$\Delta_{f1}=\Delta_c-\Delta=\Delta_c-\frac{V_b}{S_b} \tag{7-3}$$

当剪力一定时，S_b越大，Δ 就越小，Δ_{f1}就越大，则轴力 $N_f=EA_c\Delta_f$也就越大，剪力滞后越小。同样，L_2 的变形又会导致 Δ_{f2}减小，以此类推到中柱 Z_{fm}，S_b 越大，翼缘柱所受轴力与角柱差越小，结构空间作用越强。

增加翼缘墙梁的抗弯刚度 EI_b或减小梁的长度 l 以及增加柱子的轴向刚度 EA_c 都可以使变形 Δ 减小，从而增加中柱的变形 Δ_{fm}和轴力 N_{fm}，减小剪力滞后。当结构层高一定时，减小窗高即可增加窗裙梁高度，从而增加梁的抗弯刚度；柱宽一定时减小柱距或柱距一定时增加柱截面宽度都有助于减小梁的计算跨度，从而减小梁的变形。反之，如果柱距大、柱截面小、梁的截面高度较小，则剪力滞后现象将更加严重，结构的整体空间抗侧移能力将减低。所以，通常要求框筒结构具有密柱和深梁，以便减小剪力滞后，增大整体抗侧移的能力。此外，加大角柱的截面可以提高角柱轴向刚度从而提高结构整体刚度，也可以起到减小剪力滞后的作用。这些影响也反映在柱距、墙面开洞率，以及洞口高宽比、层高与柱距之比上，矩形平面框筒的柱距越接近层高、墙面开洞率越小、洞口高宽比与层高和柱距之比越接近，框筒的空间作用越强，剪力滞后越小。

剪力滞后还与框筒的平面形状有关。矩形平面翼缘越长，结构的空间刚度越弱，当长宽比大于 2 时，框筒的剪力滞后更突出，应尽量避免。对三角形平面，可以通过切角改善空间受力性质。

剪力滞后还与结构高度有关。在框筒底部，角柱轴力大（应力大），柱子轴向变形大，剪力滞后明显。而在框筒上部，角柱轴力变小，轴向变形相对较小，剪力滞后减小。由于开洞剪力墙的整体性随着建筑层数增加而增加，故增加层数可提高结构的空间刚度，减小剪力滞后。

由于外荷载产生的倾覆力矩主要由翼缘柱承受，翼缘中柱轴力减小（小于理想筒体）必然导

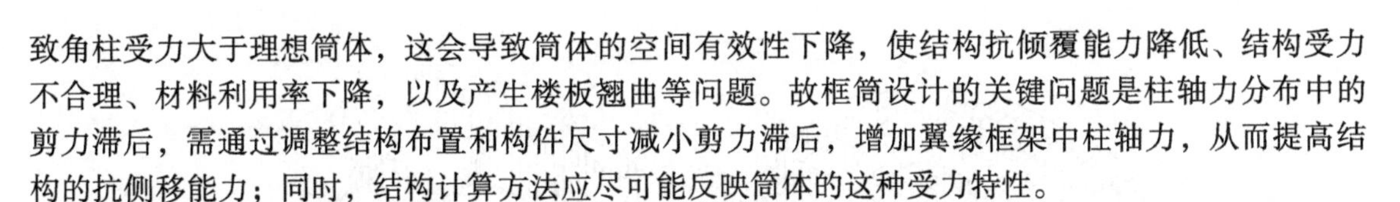

致角柱受力大于理想筒体，这会导致筒体的空间有效性下降，使结构抗倾覆能力降低、结构受力不合理、材料利用率下降，以及产生楼板翘曲等问题。故框筒设计的关键问题是柱轴力分布中的剪力滞后，需通过调整结构布置和构件尺寸减小剪力滞后，增加翼缘框架中柱轴力，从而提高结构的抗侧移能力；同时，结构计算方法应尽可能反映筒体的这种受力特性。

3. 框架-核心筒的受力特点

框架-核心筒结构是指周边稀柱框架与核心筒组成的结构。它利用楼电梯间墙体在建筑内部组成实腹筒，在内筒外布置梁柱框架，可以看成是剪力墙集中布置的框架-剪力墙结构。框架-核心筒结构的受力性能与框架-剪力墙类似，但由于结构布置的规则性与内部核心筒的空间受力有效性，其力学性能优于一般的框架-剪力墙结构。框架-核心筒结构中，外框架主要承受重力荷载，中央剪力墙核心筒为主要抗侧力构件，其承受剪力的比例可以达到80%以上，承受倾覆力矩达到75%。

在平板框架-筒体结构中，翼缘框架中柱的轴力不是通过梁板传递，而是通过角柱传递。可以通过设置连接外柱与内筒的大梁加大外框架中柱受力，从而提高外框架抗倾覆力矩的能力。

4. 筒中筒的受力特点

筒中筒结构是由核心筒与外围框筒组成的筒体结构。外筒由密柱和高度较大的窗裙梁所组成，具有很大的抗侧刚度和承载力，不仅增大了结构的抗侧刚度，还可使内、外筒协同工作。

剪力由外筒与内筒的腹板承担。剪力在内、外筒的分配与内、外筒的刚度比有关，内筒承受大部分（60%以上）的剪力。剪力分配也与高度有关，在不同的高度处，侧向力在内、外筒的分配是不同的，在结构下部水平剪力主要由内筒承担，外筒承受的剪力一般可达到层剪力的25%；而靠近顶部的水平剪力则多由外筒承担。侧向力产生的弯矩由外筒和内筒共同承担。由于外筒处于边缘位置，惯性矩大，故外筒柱轴向力平衡的倾覆力矩一般可达到60%以上。因此筒中筒结构也属于双重抗侧力体系。

筒中筒结构的空间受力性能与其平面形状和构件尺寸等因素有关，平面形状宜选圆形、正多边形、椭圆形或矩形等，圆形和正方形为最有利的平面形状，可减小外筒的剪力滞后，使结构更好地发挥空间作用。

5. 束筒结构的受力特点

束筒结构是由一个以上的框筒连成一体共同抵抗侧向作用的结构。相对于框筒单独作用的结构（图7-3a），束筒也可以看成框筒中加了一些框架隔板（图7-6a）。束筒结构的外框筒由于有内部双向隔墙或深梁密柱的框架支撑而得到加强，结构的整体受力性能非常好。平行于水平荷载的腹板墙或框架的抗剪能力很大，垂直于水平荷载的翼缘墙或框架抵抗弯矩的能力也很强。

束筒由若干筒体并联共同承受水平力，应力分布大体与整体筒体相似。图7-6b为由框筒组成的束筒各柱应力变化规律的示意图，虽然仍有多波形的剪力滞后，但束筒的剪力滞后现象比同样平面尺寸的单框筒结构受力要均匀。

7.3.2　筒体结构的变形特点

1. 实腹筒

实腹筒结构的侧移主要来源于翼缘框架的轴向变形，故为弯曲变形。

2. 框架-核心筒

框架-核心筒属于双重抗侧力体系。框架为剪切型侧移，核心筒为弯曲型侧移，框架与核心筒要通过楼盖协同工作，最终在侧向力作用下的变形呈现弯剪型的特点。

3. 框筒

框筒的腹板框架与一般框架类似，侧移为剪切型侧移；而翼缘框架柱一侧受拉另一侧受压，这种由轴向变形引起的侧移为弯曲型侧移。对于框筒的整体结构，侧移既有弯曲型成分，也有剪切型成分，整体上具有弯剪型的特点，但剪切变形成分大些。

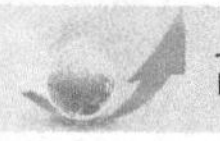

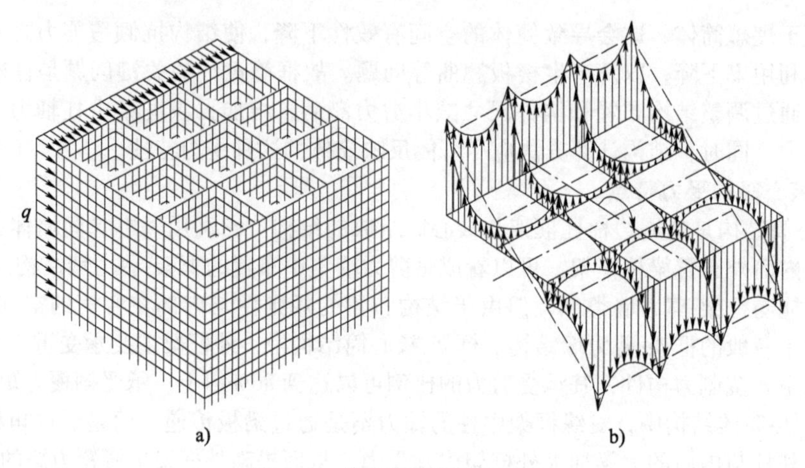

图 7-6　束筒结构的剪力滞后

4. 筒中筒

内筒以弯曲变形为主，外框筒的剪切变形成分较大，二者通过楼板协同工作抵抗水平荷载。内、外筒之间的协同工作与框架-剪力墙结构的协同工作类似。协同工作可使层间变形更加均匀，结构侧移具有弯剪变形的特点，结构为双重抗侧力体系。

7.4　筒体结构的计算方法

7.4.1　受力特性与计算方法

建筑结构中的每个构件都会与不在同一平面内的其他构件相连接，组成三维的空间体系。多数情况下，空间结构常常可以简化为平面结构分析计算，如前几章中介绍的框架、剪力墙、框架-剪力墙结构的计算方法都是建立在平面结构假定基础上的分析方法。这种简化为平面结构的计算方法是有条件的，当结构不能满足这些条件时就必须采用空间分析方法。

如图 7-7a 所示的框架结构，在各柱之间都有框架梁，形成 x、y 方向正交的框架空间体系。当结构在 x、y 方向分别作用水平力时，可分别在 x、y 方向按照 4 榀平面框架计算。当各框架尺寸基本相同时，各榀框架边缘柱的压缩或拉伸变形是接近的，与其正交方向的梁受力很小，采用平面分析带来的误差很小。如果这 4 榀框架尺寸不相同（如负荷范围不同或梁、柱截面尺寸变化等），边缘（x 方向的 A、D 轴，y 方向的①、②轴）各柱的压缩或拉伸会有所不同，当按照平面结构假定计算时，如不考虑出平面方向的竖向变形协调会带来一定误差，但误差不大。从力学上说，平面结构假定通常假定结构只在平面内具有刚度并受力，出平面的刚度为零，不产生出平面的内力，因此，杆件的每个节点只有平移 x、y 和转角 θ 三个自由度。

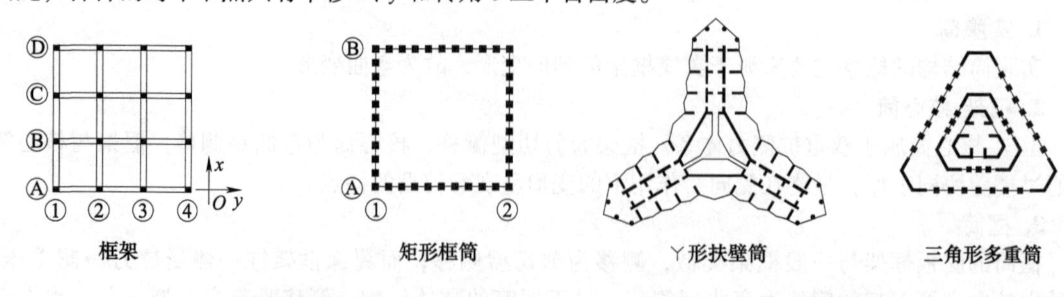

图 7-7　平面结构与空间结构

图 7-7b 所示为一些非矩形筒体平面，从这些平面布置中很难看出典型的平面方向，如果强行划分为平面结构会失去结构固有的空间特性，无法反映结构的真实受力状态。图 7-7a 所示的矩形框筒，虽然与 7-7a 所示的框架结构平面接近，但有本质不同，在 x、y 方向，仅有①和②以及 A 和 B 各两榀框架，其余内柱由于没有平面内的框架梁相连，显然不能形成平面框架。而在 x 或 y 方向水平力作用下，只要①和②轴或 A 和 B 轴的梁足够刚性，则 y 或 x 方向的柱必然会作为翼缘柱参与受力。这类结构中，必须同时考虑 x 和 y 方向的变形和受力，角柱要在两个方向变形协调。这种分析称为空间（三维）结构分析方法。

因此，高层筒体结构是典型的空间受力体系，计算方法应能反映剪力墙筒体和框筒的空间整体受力特点，考虑不同方向抗侧力结构的整体工作。

7.4.2 筒体计算方法概述

筒体结构计算方法较多，从计算原理上大致可分成空间计算方法、连续化方法、平面框架法和材料力学估算法，见表 7-1。

从计算手段上划分为计算机程序计算和手算计算两大类。在最终设计阶段，为满足计算精准度的要求，空间高层建筑结构通常需要用计算机通过程序来实现计算和设计。在初步设计以及方案选择阶段，为进行结构方案的选择比较，可以选取更为简单快速的计算方法来确定结构构件内力和变形。这些方法可以是具有一定精度的简单程序计算方法，也可以是粗略的适用于手算的计算方法。本章后续部分将对手算简化计算方法做主要介绍。

表 7-1 筒体结构的计算方法

种类	方法	空间性	计算手段	对象	精确程度
空间计算方法	空间杆件-薄壁杆系矩阵位移法	三维	机算	通用	精确
	空间组合单元矩阵位移法	三维	机算	通用	精确
平面框架法	展开平面法（翼缘展开法）	平面	机算	对称筒体	近似法，精确
连续化方法	有限条分析法	平面（降解）	机算	框筒，筒中筒	近似法，较精确
连续化方法	等效连续体法	平面	可手算	框筒，筒中筒	近似法，较精确
平面框架法	等效角柱法	平面	可手算	框筒	较精确
	内力系数调整法	平面	手算	框筒	近似
材料力学估算法	材料力学直接计算法	平面	手算	框筒，筒中筒	粗略
	双槽形截面法	平面	手算	框筒	粗略

7.4.3 筒体的计算机计算方法

计算机计算方法从原理上大体分为三种：第一种是将高层建筑离散为杆单元，再将杆单元集成结构的矩阵位移法，或称为杆件有限元法；第二种是将高层建筑结构离散为杆单元、平面或空间的墙、板单元，再将这些组合单元集成结构的组合结构法，或称为组合有限元法；第三种是将高层建筑结构离散为平面（或空间）的连续条元，再将这些条元集成结构的有限条分析法。这三种方法中，完全离散为杆单元的矩阵位移法是三种方法中最通用、用得最多的方法；第二种离散为杆单元和墙、板单元组合结构的组合结构法近年来应用也多起来。它们被认为是对高层建筑结构进行较精确计算的通用方法。

1. 空间杆件-薄壁杆系矩阵位移法

筒体结构为一组在角部相互连接在一起的刚性框架以及内腹板框架或芯筒组成的高次超静定结构。为准确反映结构内力及变形，筒体结构一般可以作为空间杆件体系（空间框架）采用矩阵

位移法计算。框筒的梁、柱离散为带刚域的空间杆单元，杆每端有6个自由度，分别是三个线位移 u_x、u_y、u_z和三个角位移 θ_x、θ_y、θ_z，相应的内力为 N_x、V_y、V_z以及弯矩；芯筒和芯墙离散为空间薄壁杆件，每端有7个自由度，除了三个线位移和三个角位移外，还多了一个反映扭转效应的翘曲角 θ'，对应产生双力矩 B，如图7-8所示。

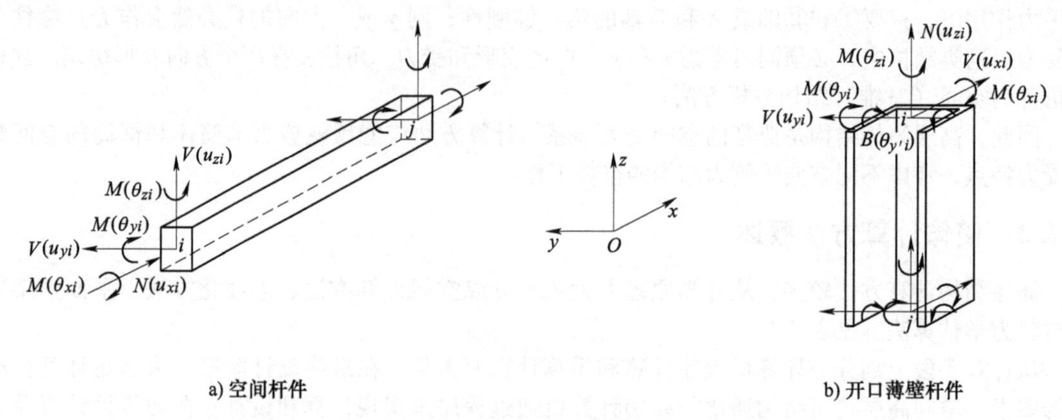

a) 空间杆件　　b) 开口薄壁杆件

图7-8　三维空间杆件-薄壁杆系矩阵位移法的两类杆件

筒中筒结构计算时，外筒与内筒通过楼板连接协同工作。为减少部分自由度，通常假定楼板为平面内无限刚性板，忽略其平面外刚度。楼板的作用只是保证内、外筒具有相同的水平位移，而楼板与筒之间无弯矩传递关系。

空间杆件-薄壁杆系矩阵位移法的基本原理和计算过程要点有：

1）取节点的位移为基本未知量。

2）将结构离散为单元（在杆件结构中，一般把每一杆取作一个单元），建立单元的刚度方程。

3）将单元集合成整体，使满足节点处的变形连续条件和平衡条件，建立结构的整体刚度方程，即位移法基本方程。

4）解得节点位移，从而可得杆端位移和各杆杆端力。

该方法简单明确，假定少，使用灵活，适用性广，国内高层设计软件TBSA和TAT都是采用这一模型的高层建筑结构计算程序软件。

2. 空间组合有限元分析系统（空间组合结构法）

在空间杆系的空间计算方法中，将剪力墙视为薄壁杆可以减少空间杆系的基本未知量并大大降低自由度，但对于开洞不规则的剪力墙及其组成的筒，薄壁杆模型可能产生不正确的结果，比如增加了墙体分配的力而使柱子受力减小。对于复杂的结构布置，需要更精确的计算模型。

空间组合结构法是将结构离散为空间杆单元、平面单元、板、壳单元和实体单元的组合体进行分析，是一种空间结构的通用程序。这类通用程序用于高层建筑时，由于前、后处理功能弱，对高层建筑结构如何选用不同维的单元使之匹配协调并非易事，所以在高层建筑墙结构计算和设计中用得并不多。

在高层建筑结构分析中，对剪力墙和楼板模型的假定是关键问题，有多种处理方法。其中有代表性的两种单元是SATWE等程序采用的壳元、墙元模型和我国TUS/ADBW程序采用的新型高精度带边框剪力墙单元计算模型。

空间组合有限元分析系统的计算模型更接近实际情况，但结构自由度大大增加，对计算机提出了更高的要求。

3. 有限条分析法

有限条分析法是一种半解析法，它通过分离变量，使三维空间结构的分析简化为二维问题，二维问题化为一维问题，结构总刚度矩阵大大降阶，使得求解高层建筑结构内力的计算在小型计

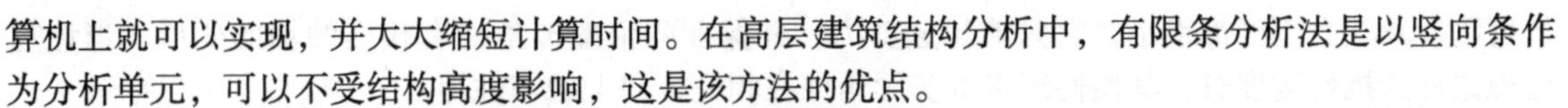

算机上就可以实现，并大大缩短计算时间。在高层建筑结构分析中，有限条分析法是以竖向条作为分析单元，可以不受结构高度影响，这是该方法的优点。

有限条分析法的第一步工作是连续化，即把框筒结构简化成等效弹性连续体。当楼盖刚接并要考虑楼盖结构的平面外刚度时，还须把楼盖结构在竖向连续化。连续化后，用假想的接线，把内、外筒壁和楼盖梁分成若干个底部嵌固、顶部自由的竖条，条带的应力分布用函数形式表示，条带连接线上的位移为未知函数，通过求解位移函数得到应力。

外筒与内筒通过无限刚性楼板连接协同工作。当楼盖结构与内、外筒之间为铰接或楼盖结构在其自身平面外的刚度可略去不计时，各榀平面结构都处于平面应力状态，这时的有限条元是平面应力有限条，各条元之间的关系，除了满足接线处位移协调外，还应满足楼盖结构在其自身平面内的刚度为无穷大的条件。这样就可利用平面应力有限条来分析空间筒体结构。

这种方法比平面有限元方法大大减少未知量，适合在较规则的高层建筑结构的空间分析中采用。

4. 展开平面法

展开平面法是一种在水平荷载作用下，针对矩形平面筒体结构的简化计算方法，是精确的近似计算方法。对称的矩形平面筒体，如框筒、筒中筒、束筒、框架-核心筒，都可以采用展开平面法计算。展开平面法应用于框筒时也称展开平面框架法或翼缘展开法。这种方法的特点是通过将框筒（实腹筒）的腹板框架与翼缘框架组成的三维空间受力体系展开成等效平面框架，利用平面框架的计算程序进行分析。

（1）矩形对称框筒的翼缘展开法　图 7-9 所示为对称矩形框筒展开为平面框架的说明。其受力特点如前所述，剪力由腹板承受，弯矩由翼缘柱的轴力与腹板柱的弯矩和轴力共同承受；由于翼缘框架的力臂大，轴力主要分配给翼缘框架柱；翼缘框架与腹板框架的空间作用是通过角柱向翼缘传递竖向剪力实现的。由于对称性，可取 1/4 框筒计算。将半跨翼缘框架（BC）旋转 90°在腹板框架平面（AB）展开，与半跨腹板框架在同一平面内构成一个等效平面框架体系。在结构的对称面上，计算图形的边界条件应根据原结构在此处的内力和位移状态确定。C 点位于翼缘框架的对称轴，水平位移（相对于腹板）为零，但竖向有位移，因而选用滚动支座；A 点在腹板框架的对称轴上，其竖向位移为零，弯曲为零，而只有水平位移，因而选用铰支撑节点。L 形角柱 B 应该展开成分属于正交平面框架的两根边柱（虚拟柱），角柱 B 的作用是将腹板柱的变形传递给翼缘框架，使翼缘框架参与空间工作，这个作用可以用连接虚拟柱的一个虚拟的刚性剪切梁代替，其

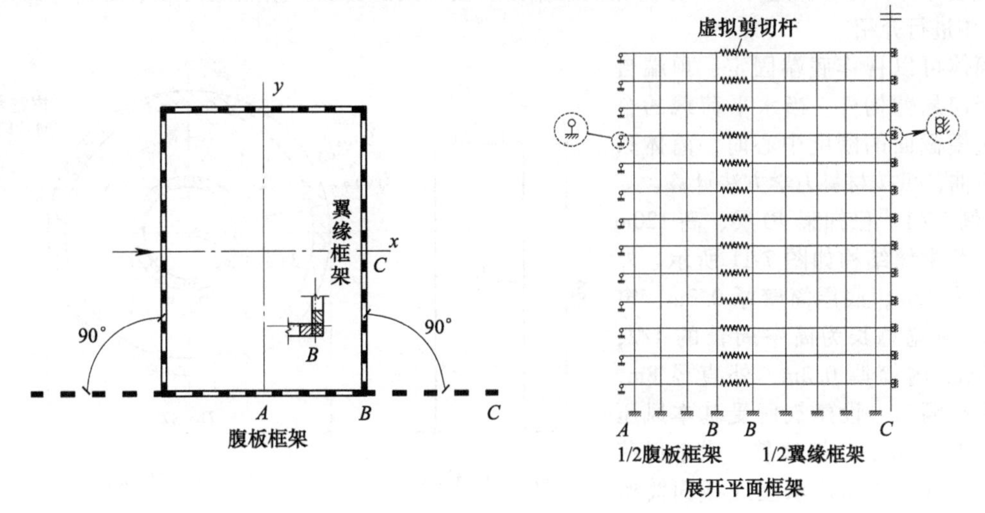

图 7-9　框筒结构的翼缘展开方法

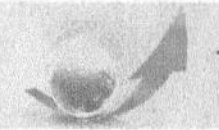

抗弯刚度及轴向刚度都很小，它只能传递剪力，并保证两个虚拟角柱有相同的轴向变形。当计算虚拟角柱的抗弯刚度时，其惯性矩可取实际角柱在相应方向上的惯性矩。

（2）筒中筒结构的翼缘展开法　筒中筒的展开等效平面如图7-10所示。由于对称结构在水平力作用下不发生扭转，且楼板出平面刚度很小，可以略去楼板对内、外筒变形的约束作用，故可进一步把内、外筒分别展开到同一平面内，展开成带刚域的平面壁式框架和带门窗洞口的墙体，并由楼盖连杆相联系协同工作。协同工作原理与框架-剪力墙结构相同，可利用具有平面结构假定的协同工作计算程序进行内力及位移分析，计算工作量可大为减少。由于大部分筒体都是在两个正交方向对称的，因此可以取1/4结构进行分析。内筒在腹板对称轴和翼缘对称轴上的物理状态与外筒相同，故也分别用铰支座和滑动支座约束。

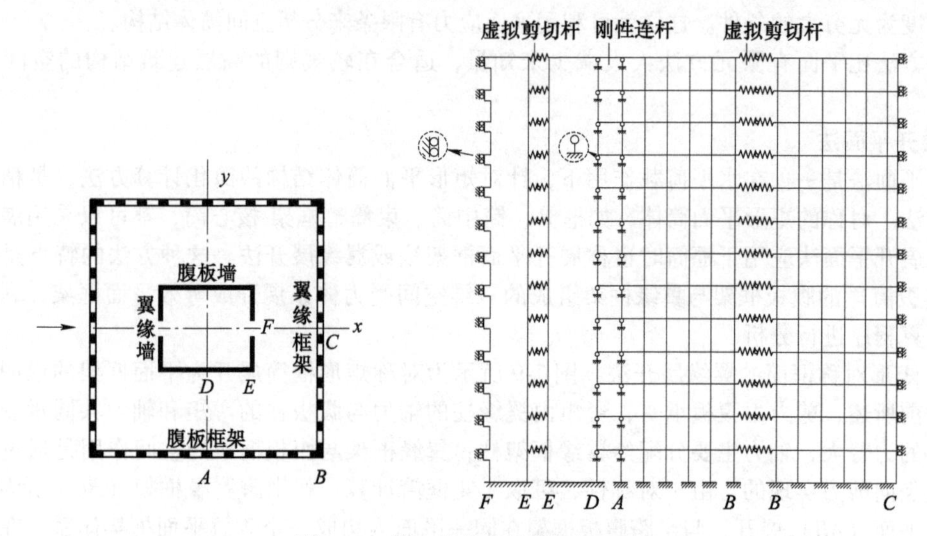

图7-10　筒中筒结构的翼缘展开法

7.4.4　材料力学直接计算法

初步设计时以及方案阶段选择截面时，可以采用材料力学方法进行估算。一种是用材料力学公式直接计算；另一种是将一部分翼缘框架作为腹板框架的翼缘，按照双槽形平面进行计算，在7.4.5中进行介绍。

筒体可以视作底端固定、顶端自由的竖向悬臂构件。当水平荷载的合力通过横截面的刚度中心时，筒体只产生弯曲，可按材料力学方法计算。

【例7-1】　已知某40层、高120m的圆形筒中筒结构如图7-11所示。外筒外径为32m，底层筒壁厚0.3m，窗高2m，窗宽总长为筒壁周长的1/2，层高3m。内筒厚0.3m，外直径8m，局部开小洞口。设建筑所受基本风压$w_0=0.45\text{kN/m}^2$，C类地貌，水平风荷载全部由外筒抵抗。求基底截面筒壁应力。

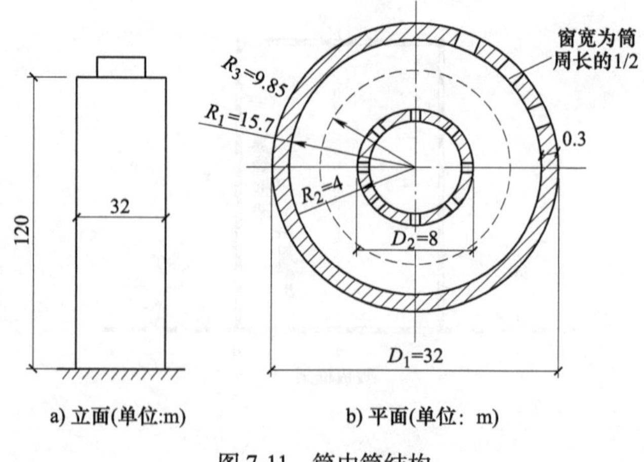

图7-11　筒中筒结构

【解】 **1. 筒截面惯性矩 I**

外筒正面洞口面积占比：

$$\frac{2\pi D_1/2}{\pi D_1\times 3}=1/3>16\%$$

故外筒不属于小洞口墙，惯性矩按照有洞口截面计算。外筒外径 $D_1=32\text{m}$，内径 $d_1=(32-0.3\times2)\text{m}=31.4\text{m}$，开洞总宽度占 50%，故外筒开洞截面的惯性矩为

$$I_1=\frac{1}{2}\frac{\pi(D_1^4-d_1^4)}{64}=\frac{1}{2}\times\frac{\pi(32^4-31.4^4)}{64}\text{m}^4=1876.6\text{m}^4$$

内筒无洞口，故惯性矩：

$$I_2=\frac{\pi(D_2^4-d_2^4)}{64}=\frac{\pi(8^4-7.4^4)}{64}\text{m}^4=53.9\text{m}^4$$

2. 风荷载计算

基本风压 $w_0=0.45\text{kN/m}^2$，圆形截面体型系数 $\mu_s=0.8$，迎风面宽度 $B=32\text{m}$，风荷载分项系数为 1.4。C 类地貌 z 高度处的风压高度变化系数取：

$$\mu_z=0.544\left(\frac{z}{10}\right)^{0.44}$$

由表 2-4 知，C 类地貌的截断高度为 15m，μ_z 最小值取 0.65，各高度的 μ_z 见表 7-2。

建筑高度 $H=120\text{m}>30\text{m}$，建筑高宽比 $H/B=120\div32=3.75>1.5$，故按照《建筑结构荷载规范》（GB 50009—2012）8.4.1 条的规定，需要考虑顺风向风振系数 β_z［见式（2-19）］：

$$\beta_z=1+\frac{\xi\nu\varphi_z}{\mu_z}$$

脉动影响系数 ν 查表 2-9，取 0.499。

振型系数 φ_z 按照式（2-16）计算，计算结果见表 7-2：

$$\varphi_z=\tan\left[\left(\frac{H_i}{H}\right)^{0.7}\times\frac{\pi}{4}\right]=\tan\left[\left(\frac{H_i}{120}\right)^{0.7}\times\frac{\pi}{4}\right]$$

H_i 为任意高度到基底的距离。脉动增大系数 ξ，根据基本风压和自振周期的平方积 $w_0T_1^2$ 查表 2-8。这里对筒体结构的自振周期近似取 $T_1=0.04n=(0.04\times40)\text{s}=1.6\text{s}$，则 $w_0T_1^2=0.45\times1.6^2\text{kN}\cdot\text{s}^2/\text{m}^2=1.152\text{kN}\cdot\text{s}^2/\text{m}^2$，查表得 $\xi=1.392$。故得到各高度处的 β_z 见表 7-2。

建筑沿高度分布的总风荷载设计值为

$$q=\gamma_w q_k=\gamma_w Bw_k=\gamma_w\times B\times\mu_s\beta_z\mu_z w_0=1.4\times32\times0.8\times0.45\times\beta_z\mu_z=16.128\beta_z\mu_z$$

q 的计算结果见表 7-2 和图 7-12。

表 7-2　总风荷载计算

H_i/m	μ_z	φ_z	β_z	w_k/(kN/m²)	$q=1.4q_k$/(kN/m)
120	1.623	1.0000	1.428	0.834	37.4
100	1.498	0.8275	1.384	0.746	33.4
80	1.358	0.6715	1.343	0.657	29.4
60	1.197	0.5250	1.305	0.562	25.2
40	1.001	0.3810	1.264	0.455	20.4
20	0.738	0.2279	1.215	0.323	14.5
15	0.65	0.1853	1.198	0.280	12.5
10	0.65	0.1388	1.148	0.269	12.1
0	0.65	0.0000	1	0.234	10.5

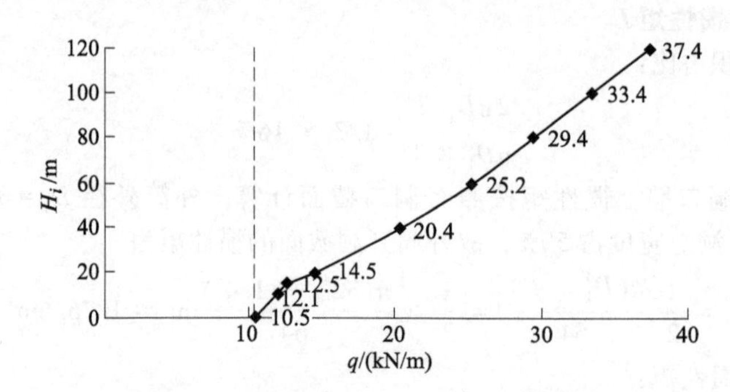

图 7-12　结构所受总风荷载沿高度的分布

由图 7-12 可见，风荷载沿高度的分布形状如同梯形，计算时可分解为矩形均布荷载和倒三角形分布荷载。水平总风荷载为

$$F_w = F_1 + F_2 = 10.5H + \frac{1}{2} \times (37.4 - 10.5)H = \left[10.5 \times 120 + \frac{1}{2} \times (37.4 - 10.5) \times 120\right] \text{kN}$$

$$= (1260 + 1614)\text{kN} = 2874\text{kN}$$

水平风荷载对底部嵌固端的力矩：

$$M_0 = F_1 \frac{H}{2} + F_2 \frac{2}{3} H = (1260 \times 60 + 1614 \times 80)\text{kN} \cdot \text{m} = 204720\text{kN} \cdot \text{m}$$

水平风荷载的合力距基底嵌固端的距离：

$$a = \frac{M_0}{F_w} = \frac{204720}{2874}\text{m} = 71.23\text{m}$$

3. 风荷载产生的筒壁应力

由于内筒惯性矩远小于外筒，故假定风荷载产生的弯矩全部由外筒承受，截面惯性矩近似等于外筒惯性矩。外筒在风荷载作用下的最大压应力（筒壁中点）为

$$\sigma_{1w} = \frac{M_0}{I_1} y = \left[\frac{204720}{1876.6} \times (16 - 0.15)\right] \text{kN/m}^2 = 1729.1\text{kN/m}^2$$

4. 竖向荷载产生的筒壁应力

设该建筑为办公建筑。该类建筑筒体结构的重力荷载标准值可近似取 15kN/m²。内筒和外筒按内、外筒距一半的范围分配竖向荷载（图 7-11 中虚线圆）。外筒和内筒的负荷面积分别为：

外筒负荷面积：

$$\frac{\pi[D_1^2 - (2R_3)^2]}{4} = \frac{\pi}{4} \times [32^2 - (2 \times 9.85)^2]\text{m}^2 = 499.4\text{m}^2$$

内筒负荷面积：

$$\frac{\pi(2R_3)^2}{4} = \frac{\pi}{4} \times (2 \times 9.85)^2\text{m}^2 = 304.8\text{m}^2$$

外筒分担竖向荷载的比例：

$$\frac{499.4}{499.4 + 304.8} = 62.1\%$$

内筒分担竖向荷载的比例：

$$\frac{304.8}{499.4 + 304.8} = 37.9\%$$

外筒筒壁面积（开洞率为 1/2）：

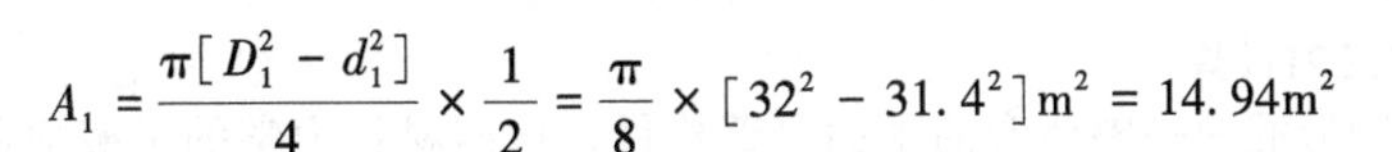

$$A_1=\frac{\pi[D_1^2-d_1^2]}{4}\times\frac{1}{2}=\frac{\pi}{8}\times[32^2-31.4^2]\text{m}^2=14.94\text{m}^2$$

内筒筒壁面积：

$$A_2=\frac{\pi[D_2^2-d_2^2]}{4}=\frac{\pi}{4}\times[8^2-7.4^2]\text{m}^2=7.26\text{m}^2$$

建筑总面积：

$$A=\frac{\pi D_1^2}{4}=\frac{\pi}{4}\times32^2\text{m}^2=804.24\text{m}^2$$

设重力荷载平均分项系数取1.35，筒体结构平均重力荷载为15kN/m²，建筑共40层，则底部洞口截面外筒筒壁压应力：

$$\sigma_{1G}=\frac{N_1}{A_1}=\frac{1.35\times15\times804.24\times40\times62.1\%}{14.94}\text{kN/m}^2=27077.7\text{kN/m}^2$$

内筒筒壁压应力：

$$\sigma_{2G}=\frac{N_2}{A_2}=\frac{1.35\times15\times(499.4+304.8)\times40\times37.9\%}{7.26}\text{kN/m}^2=34005.7\text{kN/m}^2$$

风荷载和竖向荷载组合后外筒底部窗间墙的组合应力最大值和最小值为

$$\sigma_{1\max}=\sigma_{1w}+\sigma_{1G}=(1729.1+27077.7)\text{kN/m}^2=28806.8\text{kN/m}^2$$

$$\sigma_{1\min}=-\sigma_{1w}+\sigma_{1G}=(-1729.1+27077.7)\text{kN/m}^2=25348.6\text{kN/m}^2$$

7.4.5　双槽形截面法

对于矩形平面的框筒，根据对称条件并考虑剪力滞后现象，可推导出一些简化的计算力法。如把垂直于受力方向的墙作为腹板墙的翼缘而按照腹板墙方向进行平面计算。这时，筒体的抗弯刚度 EI_w 可取平行于荷载方向的各片墙（柱）的刚度之和。对矩形平面的框筒，在计算方向有两道槽形墙，故这种计算方法也称为双槽形截面法。这种双槽形截面法计算简单，适用于手算计算，所得结果虽然较粗略，但初步设计时很方便。

1. 双槽形截面的取法

图7-13a所示的矩形平面框筒在水平侧向力作用下翼缘框架存在显著的剪力滞后现象，角柱轴力大，位于翼缘框架中部的柱子轴力较小。为了计算简单，可以不考虑翼缘中部某一宽度内柱子的作用，从而将图示框筒截面简化为两个槽形截面，如图7-13b所示。由于去掉一部分翼缘框架柱形成了两个带翼缘的平面框架（双槽形截面），因此可以采用平截面假定按材料力学实体悬臂构件的弯曲应力公式进行计算。

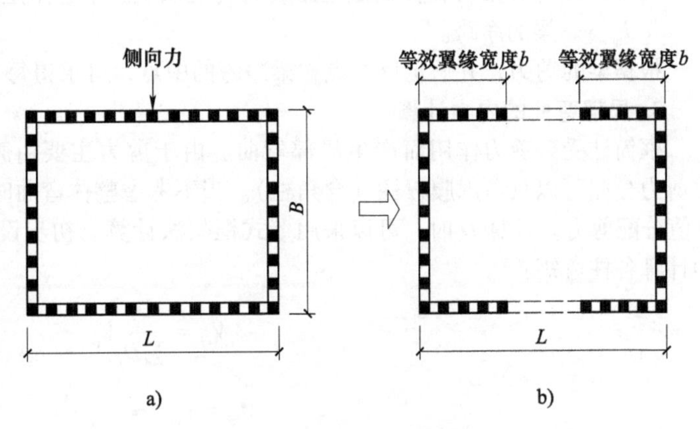

图7-13　等效双槽形截面

根据经验，等效双槽形截面的翼缘的有效宽度 b 可以取下列三个数值中的最小者：

1）腹板框架全宽 B 的1/2。

2）翼缘框架全宽 L 的1/3。

3）框筒总高 H 的1/10。

2. 整体弯曲的内力计算

把框筒作为双槽形截面的整体弯曲平面悬臂构件，按照材料力学的平截面假定可以得到其组合截面的惯性矩为

$$I_{\mathrm{w}} = \sum_{j=1}^{m} I_{cj} + \sum_{j=1}^{m} A_{cj} r_j^2 \tag{7-4}$$

式中 I_{cj}、A_{cj}——槽形截面各柱的惯性矩和截面面积；

r_j——柱中心至槽形截面形心的距离。

各框筒柱的轴力可近似用框筒柱形心处的正应力乘以框筒柱的截面面积得到：

$$N_{cj} = \frac{M_{\mathrm{pi}} r_j}{I_{\mathrm{w}}} A_{cj} \tag{7-5}$$

在整体弯曲时，弯曲平面内的窗裙梁剪力可通过与梁两端柱子轴力的平衡计算，也可采用梁高处的平均剪应力乘以层高和梁宽（墙厚）近似计算：

$$V_{\mathrm{b}j} = \tau_{\mathrm{b}} b_{\mathrm{w}} h = \frac{V_{\mathrm{pi}} S_j}{2 b_{\mathrm{w}} I_{\mathrm{w}}} b_{\mathrm{w}} h = \frac{V_{\mathrm{pi}} S_j}{2 I_{\mathrm{w}}} h \tag{7-6}$$

窗裙梁弯矩可以取梁剪力乘以净跨的一半计算：

$$M_{\mathrm{b}j} = \frac{l_{\mathrm{n}j}}{2} V_{\mathrm{b}j} \tag{7-7}$$

式中 N_{cj}——水平侧向力作用下整体弯曲引起的柱轴力；

$V_{\mathrm{b}j}$——窗裙梁的剪力；

$M_{\mathrm{b}j}$——窗裙梁的弯矩；

M_{pi}——计算高度处水平力引起的整体弯矩；

V_{pi}——计算高度处水平力引起的楼层剪力；

I_{w}——双槽形带洞口截面的惯性矩；

S_j——计算方向第 j 根（平面内）窗裙梁外侧各柱截面面积对截面中性轴的面积矩；

b_{w}——计算梁所在位置处，框筒在腹板方向的厚度；

h——计算梁所在位置处框筒层高（可取上、下各半层）；

$l_{\mathrm{n}j}$——梁的净跨。

根据梁的剪力，并假定反弯点在梁净跨的中点，可求得每个柱边处两端截面的弯矩。

3. 局部弯曲的内力计算

框筒柱受到剪力作用而产生局部弯曲。由于剪力主要由腹板承受，而翼缘柱受到的约束差，故剪力分配可以只考虑腹板柱（含角柱）。当不考虑整体弯曲时，腹板柱可全部按照各柱抗侧刚度 D 值分配剪力。计算 D 时，可以采用壁式框架法计算。初步设计时可近似采用假定柱反弯点在柱中计算各柱弯矩：

$$V_{cj} = \frac{D_j}{\sum D_j} V_{\mathrm{pi}} \tag{7-8}$$

$$M_{cj} = V_{cj} y \approx V_{cj} \frac{h}{2} \tag{7-9}$$

式中 V_{cj}——水平侧向力作用下柱子的剪力；

D_j——框筒柱的抗侧刚度；

y——框筒柱的反弯点高度。

4. 侧移计算

侧移计算可只考虑结构的弯曲变形，按照材料力学公式计算。三种典型荷载作用下的结构顶点侧移为

$$u_{\mathrm{T}}=\begin{cases}\dfrac{11}{60}\dfrac{V_0H^3}{EI_{\mathrm{w}}} & \text{倒三角形分布荷载}\\[2ex] \dfrac{1}{8}\dfrac{V_0H^3}{EI_{\mathrm{w}}} & \text{均布荷载}\\[2ex] \dfrac{1}{3}\dfrac{V_0H^3}{EI_{\mathrm{w}}} & \text{顶点集中荷载}\end{cases} \tag{7-10}$$

【例7-2】 设框筒结构30层，底层平面如图7-14所示，侧立面尺寸如图7-15所示。1、2层层高为4.5m，其余层层高为3.3m，总高H为101.4m（女儿墙高1.45m，建筑到女儿墙顶的高度为102.85m）。窗洞宽1.8m，窗高2m，首层梁高1.5m，中柱宽1.2m，墙厚0.8m，角柱平面如图7-14所示。设水平风荷载设计值沿高度为梯形分布，底部嵌固处为$q_1=11.6\text{kN/m}$，顶部为$q_2=50\text{kN/m}$（102.85m处），受力方向为横向如图7-15所示。计算底层筒壁内力。

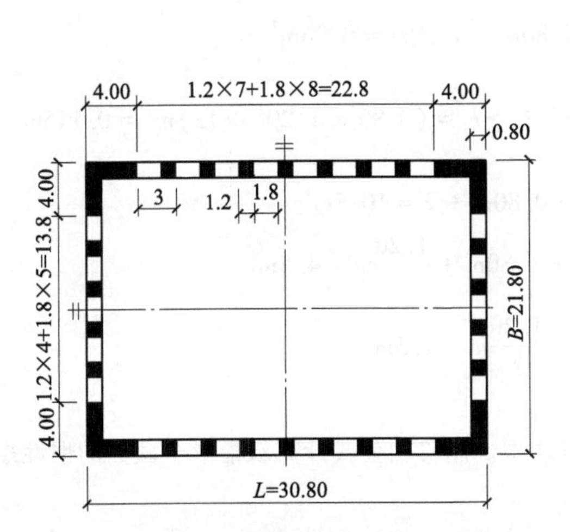

图7-14 ［例7-2］框筒底层平面图（单位：m）

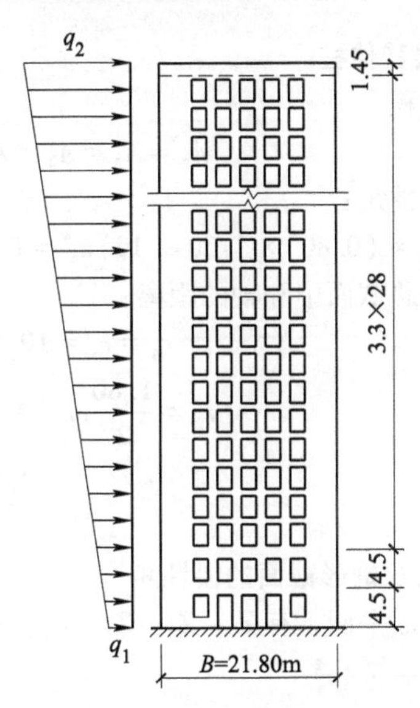

图7-15 ［例7-2］侧立面图（单位：m）

【解】 1. 等效双槽形截面尺寸

腹板框架全宽B的1/2：

$$B=21.80\text{m}, B/2=10.90\text{m}$$

翼缘框架全宽L的1/3：

$$L=30.80\text{m}, L/3=10.27\text{m}$$

框筒总高H的1/10：

$$H=(3.3\times28+4.5\times2)\text{m}$$
$$=101.4\text{m}, H/10=10.14\text{m}$$

有效翼缘宽度取上述小值，故$b=10.14\text{m}$。考虑到实际尺寸，实际取到翼缘柱Z_5内侧，等效双槽形截面如图7-16所示，每个槽形截面翼缘宽度b等于：

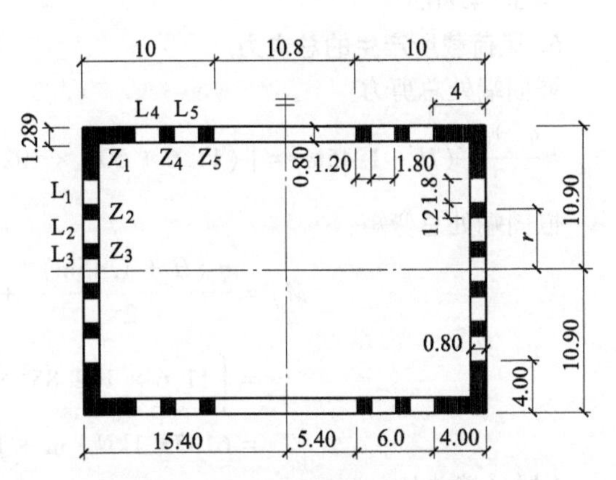

图7-16 等效双槽形截面（单位：m）

$$b=(4.00+1.80+1.20+1.80+1.20)\text{m}=10\text{m}$$

2. 底层角柱的截面几何性质

柱和梁的编号如图7-16左上部所示。按图示尺寸，视角柱Z_1为L形薄壁截面，算得截面面积：

$$A_1 = (4.00 + 3.20)\text{m} \times 0.80\text{m} = 5.76\text{m}^2$$

Z_1 形心距墙边的距离：

$$a_1 = \frac{4.00 \times 0.80 \times 0.40 + 3.20 \times 0.80 \times (0.80 + 3.20 \div 2)}{5.76}\text{m} = 1.289\text{m}$$

Z_1 形心距总截面形心轴的距离：

$$r_1 = 10.90\text{m} - 1.289\text{m} = 9.611\text{m}$$

Z_1 柱的惯性矩：

$$I_1 = \left[\frac{0.80 \times 4.00^3}{12} + \frac{3.20 \times 0.80^3}{12} + (1.289 - 4.00 \div 2)^2 \times 0.80 \times 4.00 + (1.289 - 0.80 \div 2)^2 \times 0.80 \times 3.20\right]\text{m}^4 = 8.04\text{m}^4$$

3. 底层其他柱

截面面积：

$$A_2 = A_3 = A_4 = A_5 = 0.80\text{m} \times 1.20\text{m} = 0.96\text{m}^2$$

各柱惯性矩：

$$I_4 = I_5 = (0.80^3 \times 1.20 \div 12)\text{m}^4 = 0.051\text{m}^4, I_2 = I_3 = (0.80 \times 1.20^3 \div 12)\text{m}^4 = 0.115\text{m}^4$$

各柱到总截面中和轴的距离：

$$r_4 = r_5 = 10.90\text{m} - 0.80\text{m} \div 2 = 10.5\text{m}^2$$

$$r_2 = \frac{1.80}{2}\text{m} + 1.20\text{m} + 1.80\text{m} + \frac{1.20}{2}\text{m} = 4.5\text{m}$$

$$r_3 = \frac{1.80}{2}\text{m} + \frac{1.20}{2}\text{m} = 1.5\text{m}$$

4. 等效双槽形截面的惯性矩

两个槽形平面，有 Z_1、Z_2、Z_3、Z_4、Z_5柱各 4 根。用移轴公式计算双槽形全截面的惯性矩：

$$\begin{aligned} I_w &= \sum I_j + \sum A_j r_j^2 \\ &= (33.504 + 0.96 \times 10.5^2 \times 8 + 5.76 \times 9.611^2 \times 4 + 0.96 \times 4.5^2 \times 4 + 0.96 \times 1.5^2 \times 4)\text{m}^4 \\ &= 3094.86\text{m}^4 \end{aligned}$$

5. 风荷载所产生的总内力

嵌固端处总剪力：

$$V_{p0} = \frac{q_1 + q_2}{2}(H + 1.45\text{m}) = [(11.6 + 50) \times 102.85 \div 2]\text{kN} = 1974.7\text{kN} + 1193.1\text{kN} = 3167.8\text{kN}$$

嵌固端处总弯矩：

$$\begin{aligned} M_{p0} &= \frac{q_1(H + 1.45\text{m})^2}{2} + (q_2 - q_1)\frac{(H + 1.45\text{m})^2}{3} \\ &= \left[11.6 \times 102.85^2 \times \frac{1}{2} + (50 - 11.6) \times 102.85^2 \times \frac{1}{3}\right]\text{kN} \cdot \text{m} \\ &= 61353.1\text{kN} \cdot \text{m} + 135400\text{kN} \cdot \text{m} = 196753.1\text{kN} \cdot \text{m} \end{aligned}$$

1 层（楼盖处）：

$$V_{p1} = 3111.8\text{kN}, M_{p1} = 182621.2\text{kN} \cdot \text{m}$$

6. 底层柱轴力

按式（7-5）可得一层底部各柱轴力：

Z_1：

$$N_{01}=\frac{M_{p0}r_1}{I_w}A_1=\left(\frac{196753.1\times9.611}{3094.86}\times5.76\right)\text{kN}=3519.4\text{kN}$$

Z_2：

$$N_{02}=\frac{M_{p0}r_2}{I_w}A_2=\left(\frac{196753.1\times4.5}{3094.86}\times0.96\right)\text{kN}=274.6\text{kN}$$

Z_3：

$$N_{03}=\frac{M_{p0}r_3}{I_w}A_2=\left(\frac{196753.1\times1.5}{3094.86}\times0.96\right)\text{kN}=91.5\text{kN}$$

Z_4、Z_5：

$$N_{04}=N_{05}=\frac{M_{p0}r_4}{I_w}A_4=\left(\frac{196753.1\times10.5}{3094.86}\times0.96\right)\text{kN}=640.8\text{kN}$$

7. 一层楼板高度处梁的剪力和弯矩

根据梯形分布的水平风荷载可以得到首层顶板高度处的楼层剪力：

$$V_{p1}=\left[50+11.6+(50-11.6)\times\frac{4.5}{102.85}\right]\times\frac{102.85-4.5}{2}\text{kN}=3111.8\text{kN}$$

（1）首层腹板框架窗裙梁剪力　由式（7-6）：

$$V_{b1j}=\frac{V_{p1}S_j}{2I_w}\left(\frac{h_1+h_2}{2}\right)=\frac{3111.8\times4.5}{2\times3094.86}S_j=2.262S_j$$

此处，计算方向窗裙梁 L_1 外侧各柱截面面积对截面中性轴的面积矩：

$$S_1=2\times(A_1r_1+A_4r_4+A_5r_5)=2\times(5.76\times9.611+0.96\times10.5\times2)\text{m}^3=2\times75.52\text{m}^3$$

腹板框架一层梁 L_1 的剪力和弯矩（洞口边）：

$$V_{b11}=\frac{V_{p1}S_1}{2I_w}\left(\frac{h_1+h_2}{2}\right)=2.262S_1=341.7\text{kN}$$

$$M_{b11}=341.7\times1.80\div2\text{kN}\cdot\text{m}=307.5\text{kN}\cdot\text{m}$$

腹板框架一层梁 L_2 的剪力和弯矩：

$$S_2=2(A_1r_1+A_2r_2+A_4r_4+A_5r_5)=S_1+2A_2r_2=2\times(75.52+0.96\times4.5)\text{m}^3=2\times79.84\text{m}^3$$

$$V_{b12}=2.262S_4=(2.262\times2\times79.84)\text{kN}=361.2\text{kN}$$

$$M_{b12}=361.2\times1.80\div2\text{kN}\cdot\text{m}=325.1\text{kN}\cdot\text{m}$$

腹板框架一层梁 L_3 的剪力和弯矩：

$$S_3=2(A_1r_1+A_2r_2+A_3r_3+A_4r_4+A_5r_5)=S_2+2A_3r_3=2\times(79.84+0.96\times1.5)\text{m}^3=2\times81.28\text{m}^3$$

$$V_{b13}=2.262S_3=(2.262\times2\times81.28)\text{kN}=367.7\text{kN}$$

$$M_{b13}=(367.7\times1.80/2)\text{kN}\cdot\text{m}=330.9\text{kN}\cdot\text{m}$$

（2）翼缘框架一层梁的剪力　根据隔离体平衡，L_5 的剪力 V_{b15} 与 Z_5 的上下轴力差平衡。一层楼盖处 Z_5 柱的轴力为

$$N_{15}=\frac{M_{p1}r_5}{I_w}A_5=\left(\frac{182621.2\times10.5}{3094.86}\times0.96\right)\text{kN}=594.8\text{kN}$$

则 L_5 的剪力：

$$V_{b15}=N_{05}-N_{15}=(640.8-594.8)\text{kN}=46\text{kN}$$

梁 L_4 的剪力可由与 Z_4、Z_5 的上下轴力差平衡计算。故

$$V_{b14}=N_{04}-N_{14}+N_{05}-N_{15}=(46\times2)\text{kN}=92\text{kN}$$

也可以根据角柱 Z_1 的轴力差与两侧连梁剪力平衡计算。

8. 底层腹板框架柱的剪力

在剪力分配时，由于翼缘框架承担的剪力很小，故忽略翼缘框架柱，框筒的总水平剪力由两

个腹板框架平均分担。每个腹板框架的基底剪力为

$$V_{w01} = V_{w02} = V_{p0}/2 = 3167.8\text{kN} \div 2 = 1583.9\text{kN}$$

一层楼盖处：

$$V_{w11} = V_{w12} = V_{p1}/2 = 3111.8\text{kN} \div 2 = 1555.9\text{kN}$$

计算柱子弯矩时，一层柱剪力近似取上、下端的平均值。

柱的抗剪刚度为 $12EI/h^3$，对角柱不考虑翼缘而按照 4.00m×0.80m 的矩形考虑。矩形截面柱的惯性矩为 $I_j=td^3/12$，对于同层厚度 t 相同的矩形截面柱，且各柱等高的楼层，抗剪刚度仅与各柱宽度在计算方向的边长 d 的三次方成正比。每个腹板框架各有角柱 2 个，中柱 4 个，故得腹板框架底层各柱的剪力分配系数为

角柱 Z_1：

$$v_1 = 4.00^3 \div (4.00^3 \times 2 + 1.20^3 \times 4) = 0.4744$$

中柱 Z_2、Z_3：

$$v_2 = v_3 = 1.20^3 \div (4.00^3 \times 2 + 1.20^3 \times 4) = 0.0128$$

底层腹板框架柱的剪力为

角柱 Z_1：

$$V_1 = v_1 \frac{V_{w01} + V_{w11}}{2} = 0.4744 \times \frac{1583.9 + 1555.9}{2}\text{kN} = 0.4744 \times 1569.9\text{kN} = 744.8\text{kN}$$

中柱 Z_2、Z_3：

$$V_2 = V_3 = 0.0128 \times 1569.9\text{kN} = 20.1\text{kN}$$

9. 一层腹板框架柱的弯矩

本例按照反弯点法求腹板框架柱弯矩的近似值。对普通的框架，常假定底层以上各柱反弯点在柱高 h 的中点，底层柱反弯点在柱脚以上 $2h/3$ 处。对于高层建筑框筒中的框架梁，常为深梁，底层柱反弯点位置应稍微偏下一些，本例取底层反弯点在柱底嵌固端上面 $0.6h$ 处。计算方向，中柱宽 1.2m，角柱宽 4m，底层柱高近似取净高（4.5m−1.5m÷2=3.75m）。角柱为 L 形截面，其形心不在腹板框架平面内。为简化计算，初步设计中可只考虑 L 形截面在腹板平面内的一个肢，作为矩形截面处理（即不考虑翼缘）。

底层腹板框架柱的剪力和弯矩：

Z_1 顶弯矩：

$$M_1^{上} = (744.8 \times 3.75 \times 0.4)\text{kN}\cdot\text{m} = 1117.2\text{kN}\cdot\text{m}$$

Z_1 底弯矩：

$$M_1^{下} = (744.8 \times 3.75 \times 0.6)\text{kN}\cdot\text{m} = 1675.8\text{kN}\cdot\text{m}$$

Z_2、Z_3 顶弯矩：

$$M_2^{上} = M_3^{上} = (20.1 \times 3.75 \times 0.4)\text{kN}\cdot\text{m} = 30.2\text{kN}\cdot\text{m}$$

Z_2、Z_3 底弯矩：

$$M_2^{下} = M_3^{下} = (20.1 \times 3.75 \times 0.6)\text{kN}\cdot\text{m} = 45.2\text{kN}\cdot\text{m}$$

7.4.6 等效角柱法

1. 计算方法概述

等效角柱法是首先把翼缘框架的作用集中到一个放大的角柱中，即用一根等效角柱来代替实际角柱与翼缘框架的作用，按照平面框架进行计算，然后再把角柱轴力还原到翼缘框架柱中的一种近似计算方法。

框筒在水平力作用下，腹板框架起主要受力作用，翼缘框架起辅助受力作用。由于剪力滞后的影响，翼缘框架中部柱子的轴力小于角柱，即 $N_1>N_2>N_3>\cdots$令参数 ξ_N 代表翼缘框架柱的有效程度：

$$\xi_N = \frac{\sum N - N_1}{\sum N} \tag{7-11}$$

$$\sum N = N_1 + N_2 + N_3 + \cdots + N_{中}$$

式中　$N_{中}$——翼缘框架中央柱（柱数为奇数时）的轴力或邻近中轴柱（柱数为偶数时）的轴力；

N_1——角柱的轴力；

$\sum N$——1/2 翼缘框架各柱轴力。

显然，ξ_N 越大，剪力滞后越小，除角柱之外的其他翼缘柱分担的轴力越大。

等效角柱法如图 7-17 所示。该方法的关键是找到每层恰当的等效角柱截面。选取等效角柱的原则是：等效后角柱变形与原角柱的轴向变形相等，等效角柱的轴力则为原角柱与翼缘框架柱承担的轴力之和。

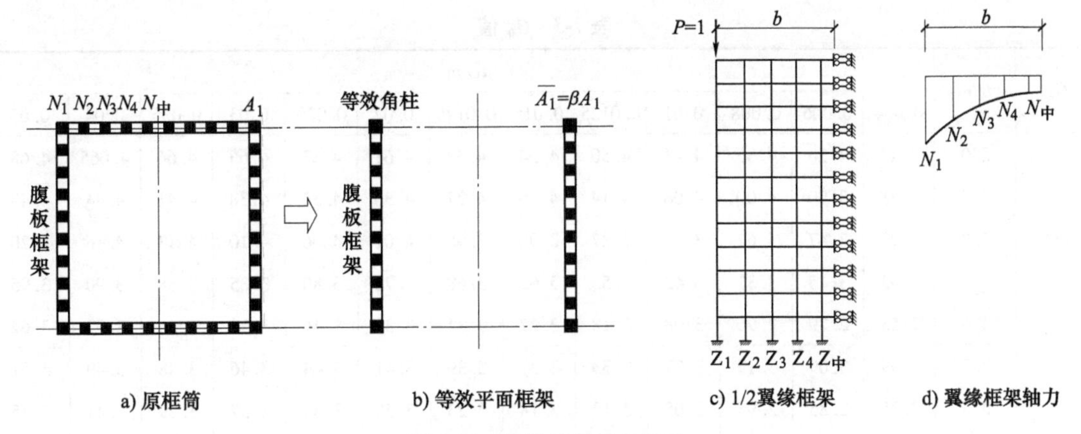

图 7-17　框筒的等效角柱法

设原角柱截面面积为 A_1，轴力为 N_1；等效角柱截面面积为 $\overline{A}_1$，轴力为 $\sum N$，则各自的轴向变形为

$$\delta_1 = \frac{hN_1}{EA_1} \tag{7-12}$$

$$\overline{\delta}_1 = \frac{h\sum N}{E\overline{A}_1}$$

式中　h——层高。

由位移相等 $\overline{\delta}_1 = \delta_1$ 可得等效角柱的截面面积为

$$\overline{A}_1 = \frac{\sum N}{N_1} A_1 = \beta A_1 \tag{7-13}$$

$$\beta = \frac{\sum N}{N_1}$$

式中　A_1——角柱截面面积；

β——等效系数，其值越大则框筒的空间性越好。

有了 β 即可计算等效角柱的截面面积 $\overline{A}_1$，并按平面框架计算等代腹板框架。将算得的端柱轴力作用在带有原角柱截面的翼缘框架上，可求出翼缘框架中各柱的内力。

影响 β 的因素很多，包括：角柱与翼缘框架其他柱的截面面积比（简称角柱比），翼缘框架梁的线刚度、层高、跨数、总宽度、层数（总高度），以及侧向荷载的分布形式等，但其中起主要作用的是角柱比和梁的线刚度。等效系数 β 不能通过结构的几何参数求得，只有在已知柱子的轴力后才能求出，β 可以通过图 7-17c 所示的 1/2 翼缘框架在角柱 Z_1 顶端作用竖向单位力的方法用平面

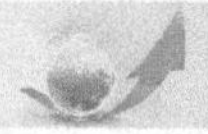

杆系有限元计算，如果可以计算出每层的β，则计算方法相当精确。为了实际应用方便，已对从电算取得的大量典型结构的计算结果进行回归分析，找到了β值与结构几何参数间的关系并绘制成图表，供近似计算查用。

2. 图表应用

（1）等效系数　通过取相当多的不同参数值进行回归分析，得出等效系数的计算公式：

$$\beta = \beta_0 + \Delta\beta \tag{7-14}$$

式中　β_0——系数，可通过表7-3或图7-18查用（i_b大于0.05时，可按i_b=0.05查用）；

$\Delta\beta$——β_0的层数修正系数，可查表7-4。由于β_0是按照层数25层、层高h等于3m制作的，故需要考虑层数修正。当h不等于3m时，需要按照总高H/3得到等效层数，再查表7-4的$\Delta\beta$。

表7-3　β_0值

C_n	L/m	i_b/m^3												
		0.004	0.006	0.008	0.01	0.0125	0.015	0.0175	0.02	0.025	0.03	0.035	0.04	0.05
1/1	2.0	4.17	4.26	4.35	4.44	4.50	4.54	4.58	4.61	4.63	4.65	4.66	4.665	4.68
	2.5	3.78	3.90	4.00	4.06	4.14	4.20	4.27	4.30	4.34	4.38	4.41	4.44	4.49
	3.0	3.27	3.47	3.61	3.72	3.82	3.90	3.96	4.01	4.06	4.10	4.13	4.16	4.20
	3.5	2.93	3.15	3.31	3.42	3.53	3.62	3.68	3.72	3.80	3.85	3.88	3.90	3.95
	4.0	2.55	2.79	2.96	3.08	3.18	3.27	3.34	3.39	3.46	3.50	3.54	3.57	3.62
1.5/1	2.0	2.99	3.09	3.19	3.27	3.33	3.37	3.39	3.41	3.44	3.46	3.48	3.49	3.51
	2.5	2.75	2.85	2.95	3.05	3.12	3.18	3.23	3.28	3.33	3.37	3.39	3.41	3.45
	3.0	2.52	2.62	2.72	2.82	2.92	2.99	3.05	3.09	3.15	3.21	3.25	3.28	3.33
	3.5	2.23	2.36	2.48	2.59	2.71	2.80	2.88	2.94	3.04	3.09	3.13	3.16	3.22
	4.0	2.03	2.17	2.30	2.42	2.52	2.61	2.69	2.74	2.84	2.91	2.96	3.00	3.08
2/1	2.0	2.54	2.61	2.67	2.70	2.74	2.76	2.77	2.78	2.79	2.80	2.805	2.81	2.82
	2.5	2.34	2.42	2.48	2.52	2.55	2.58	2.61	2.63	2.66	2.68	2.70	2.71	2.73
	3.0	2.12	2.20	2.28	2.33	2.38	2.43	2.46	2.49	2.52	2.55	2.57	2.58	2.61
	3.5	1.95	2.04	2.11	2.16	2.23	2.28	2.32	2.35	2.39	2.42	2.44	2.45	2.48
	4.0	1.78	1.88	1.96	2.03	2.08	2.13	2.17	2.21	2.27	2.31	2.33	2.34	2.37
3/1	2.0	1.95	2.02	2.07	2.10	2.13	2.14	2.16	2.17	2.18	2.19	2.195	2.20	2.21
	2.5	1.82	1.91	1.96	1.99	2.02	2.04	2.06	2.07	2.09	2.11	2.12	2.13	2.16
	3.0	1.70	1.77	1.83	1.86	1.90	1.92	1.94	1.95	1.98	2.01	2.03	2.04	2.07
	3.5	1.60	1.68	1.74	1.78	1.81	1.84	1.86	1.87	1.90	1.92	1.94	1.96	1.99
	4.0	1.50	1.58	1.64	1.69	1.73	1.75	1.77	1.79	1.82	1.84	1.85	1.86	1.88

注：C_n为角柱比，$C_n=A_1/A_2$，其中A_1、A_2为角柱、翼缘框架其他柱的截面面积；L、i_b为窗裙梁的跨度、相对线刚度，$i_b=I_b/L$。

表7-4　β_0的层数修正系数$\Delta\beta$

层数	15	20	25	30	35	40	45	50	55	60	65	70	75	80	85	90	95	100
$\Delta\beta$	-0.6	-0.32	0	0.24	0.33	0.39	0.43	0.47	0.48	0.51	0.52	0.525	0.53	0.535	0.538	0.541	0.543	0.545

（2）轴力系数　由上述分析可知，等效角柱的轴力相当于翼缘所有柱子的轴力之和的

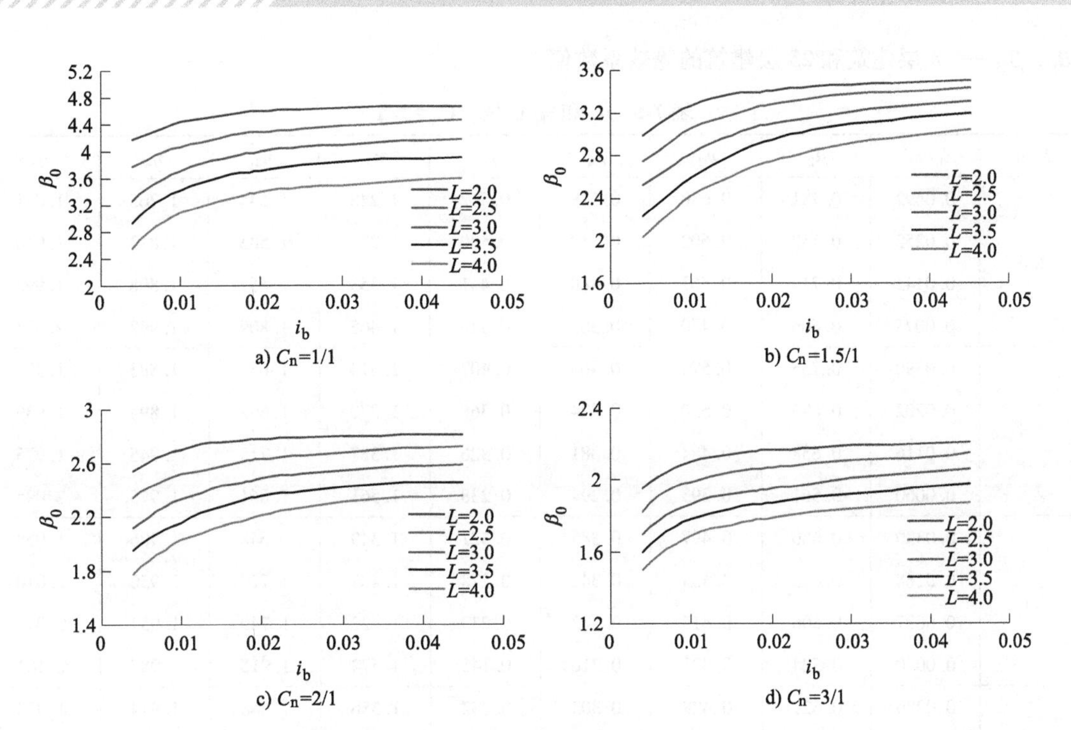

图 7-18　β_0 的数值

1/2（即 $N_f/2$）。设一榀翼缘框架的 1/2 共有 m 根柱，则

$$\overline{N}_1 = N_f/2 = 0.5\sum_{j=1}^{m} N_{fj} \tag{7-15a}$$

由平面框架分析得出等效角柱的轴力 $\overline{N}_1$ 后，要将 $\overline{N}_1$ 分配回翼缘框架的各柱。

角柱轴力：

$$N_1 = \overline{N}_1 \frac{1}{\zeta_1 + \zeta_2 + \zeta_3 + \cdots} \tag{7-15b}$$

翼缘框架其他各柱：

$$N_j = \zeta_j N_1 = \frac{\zeta_j}{\zeta_1 + \zeta_2 + \zeta_3 + \cdots}\overline{N}_1 \tag{7-16}$$

式中　ζ_j——各柱轴力与角柱轴力比（$\zeta_j = N_j/N_1$），即轴力分配系数。对于角柱，$\zeta_1 = 1$。

表 7-5~表 7-8 给出了轴力分配系数基本值 μ_j，该值是按照底层（$\xi=0$）编制的，上层的值会较大，应该修正。对 1/2 高（$\xi=0.5$）取修正系数 η_j，对于顶层（$\xi=1$）取修正系数 $2\eta_j-1$；其他层的修正系数可按线性插值取值，见式（7-17）。不是 25 层时，μ_j 还要考虑层数修正系数 $\left(\dfrac{\beta_n}{\beta_{25}}\right)^{j-1}$；故第 j 柱的分配系数 ζ_j 按下式计算：

$$\zeta_j = [1 + 2\xi(\eta_j - 1)]\mu_j\left(\frac{\beta_n}{\beta_{25}}\right)^{j-1}\quad (0 \leqslant \xi \leqslant 1) \tag{7-17}$$

式中　μ_j——基本分配系数，由表 7-5~表 7-8 查取；当 i_b 超过表中上限时，可近似按照上限使用；当 $j>5$ 时，可近似取 $\zeta_6 = 0.8\zeta_5$，$\zeta_7 = 0.75\zeta_6$；

η_j——分配系数的修正系数，由表 7-5~表 7-8 查取；当 i_b 超过表中上限时，可近似按照上限使用；

ξ——楼层相对标高，$\xi = H_i/H$；

β_n、β_{25}——n 层建筑和 25 层建筑的等效系数值。

表 7-5 μ_j 和 η_j 的值，$C_n=1/1$

L/m	i_b/m³	μ_2	μ_3	μ_4	μ_5	η_2	η_3	η_4	η_5
2.0	0.0492	0.781	0.630	0.548	0.512	1.248	1.544	1.765	1.871
	0.0252	0.752	0.602	0.518	0.480	1.279	1.585	1.813	1.910
	0.0145	0.714	0.567	0.480	0.441	1.353	1.651	1.898	1.993
	0.0075	0.606	0.470	0.380	0.349	1.465	1.809	1.962	2.071
2.5	0.0390	0.735	0.570	0.463	0.407	1.314	1.630	1.883	1.920
	0.0202	0.699	0.530	0.424	0.368	1.370	1.692	1.894	1.939
	0.0116	0.658	0.484	0.381	0.326	1.387	1.715	1.945	1.975
	0.0060	0.561	0.395	0.294	0.238	1.561	1.861	1.975	2.095
3.0	0.0330	0.680	0.497	0.385	0.321	1.349	1.648	1.906	1.954
	0.0168	0.645	0.454	0.342	0.278	1.408	1.720	1.950	2.010
	0.0097	0.606	0.415	0.303	0.233	1.422	1.749	1.957	2.015
	0.0050	0.524	0.321	0.216	0.145	1.574	1.915	1.987	2.101
3.5	0.0280	0.629	0.428	0.303	0.232	1.356	1.668	1.914	1.973
	0.0144	0.600	0.391	0.270	0.200	1.413	1.737	1.960	2.012
	0.0083	0.562	0.351	0.237	0.169	1.432	1.753	1.969	2.017
	0.0043	0.485	0.279	0.174	0.116	1.592	1.920	2.094	2.171
4.0	0.0250	0.581	0.368	0.250	0.179	1.364	1.694	1.922	1.985
	0.0121	0.556	0.339	0.224	0.155	1.422	1.760	1.965	2.014
	0.0073	0.521	0.301	0.188	0.125	1.443	1.780	1.971	2.020
	0.0038	0.450	0.237	0.135	0.084	1.603	1.928	2.133	2.188

表 7-6 μ_j 和 η_j 的值，$C_n=1.5/1$

L/m	i_b/m³	μ_2	μ_3	μ_4	μ_5	η_2	η_3	η_4	η_5
2.0	0.0492	0.526	0.435	0.388	0.366	1.208	1.477	1.668	1.758
	0.0252	0.508	0.413	0.362	0.338	1.246	1.542	1.741	1.801
	0.0145	0.493	0.394	0.337	0.309	1.316	1.590	1.795	1.867
	0.0075	0.463	0.359	0.299	0.260	1.387	1.703	1.831	1.907
2.5	0.0390	0.508	0.403	0.336	0.291	1.220	1.482	1.681	1.762
	0.0202	0.481	0.370	0.301	0.261	1.282	1.544	1.754	1.815
	0.0116	0.457	0.343	0.275	0.235	1.355	1.618	1.810	1.889
	0.0060	0.422	0.301	0.230	0.171	1.414	1.712	1.852	1.919
3.0	0.0330	0.483	0.335	0.282	0.239	1.252	1.518	1.691	1.765
	0.0168	0.452	0.321	0.243	0.198	1.316	1.571	1.770	1.828
	0.0097	0.422	0.291	0.214	0.166	1.370	1.620	1.823	1.901
	0.0050	0.385	0.239	0.164	0.109	1.462	1.732	1.865	1.931

（续）

L/m	i_b/m^3	μ_2	μ_3	μ_4	μ_5	η_2	η_3	η_4	η_5
3.5	0.0280	0.444	0.304	0.217	0.167	1.291	1.531	1.759	1.826
	0.0144	0.418	0.279	0.196	0.150	1.330	1.610	1.796	1.842
	0.0083	0.391	0.250	0.174	0.130	1.358	1.639	1.845	1.921
	0.0043	0.345	0.203	0.129	0.078	1.492	1.743	1.895	1.955
4.0	0.0250	0.435	0.282	0.189	0.138	1.292	1.550	1.763	1.845
	0.0121	0.405	0.253	0.166	0.119	1.341	1.635	1.803	1.892
	0.0073	0.364	0.215	0.136	0.093	1.371	1.683	1.861	1.932
	0.0038	0.313	0.178	0.100	0.064	1.505	1.768	1.936	1.971

表 7-7 μ_j 和 η_j 的值，$C_n=2/1$

L/m	i_b/m^3	μ_2	μ_3	μ_4	μ_5	η_2	η_3	η_4	η_5
2.0	0.0492	0.426	0.358	0.319	0.311	1.173	1.313	1.506	1.674
	0.0252	0.391	0.320	0.281	0.262	1.207	1.390	1.549	1.702
	0.0145	0.377	0.304	0.262	0.240	1.249	1.457	1.581	1.721
	0.0075	0.357	0.289	0.236	0.201	1.312	1.488	1.641	1.743
2.5	0.0390	0.383	0.316	0.245	0.229	1.201	1.418	1.553	1.691
	0.0202	0.368	0.285	0.232	0.205	1.245	1.459	1.582	1.716
	0.0116	0.351	0.266	0.213	0.183	1.279	1.471	1.615	1.738
	0.0060	0.332	0.249	0.182	0.145	1.328	1.498	1.682	1.754
3.0	0.0330	0.362	0.266	0.210	0.175	1.229	1.430	1.565	1.718
	0.0168	0.348	0.249	0.190	0.156	1.273	1.491	1.594	1.737
	0.0097	0.325	0.232	0.169	0.136	1.302	1.506	1.662	1.749
	0.0050	0.313	0.216	0.141	0.105	1.371	1.510	1.721	1.762
3.5	0.0280	0.341	0.235	0.171	0.132	1.243	1.503	1.595	1.736
	0.0144	0.328	0.220	0.157	0.121	1.285	1.509	1.621	1.751
	0.0083	0.311	0.194	0.134	0.099	1.319	1.512	1.653	1.760
	0.0043	0.274	0.178	0.109	0.064	1.408	1.520	1.761	1.776
4.0	0.0250	0.331	0.216	0.148	0.109	1.245	1.508	1.622	1.753
	0.0121	0.307	0.194	0.129	0.090	1.301	1.513	1.663	1.761
	0.0073	0.279	0.166	0.106	0.073	1.333	1.524	1.718	1.772
	0.0038	0.241	0.133	0.079	0.050	1.469	1.637	1.801	1.802

【例 7-3】 设框筒结构 30 层，底层平面如图 7-19 所示，侧立面尺寸如图 7-20 所示。1、2 层层高为 4.5m，其余层层高为 3.3m，总高 H 为 101.4m（含女儿墙的总高为 102.85m）。窗洞宽 1.8m，上部各层窗高 2m，下部两层窗高 3.2m。中柱宽 1.2m，墙厚 0.8m，角柱平面边长为 1.2m 的正方形，如图 7-19 所示。水平风荷载同［例 7-2］，梯形分布荷载 q_1 = 11.6kN/m，q_2 = 50kN/m（102.85m 处），受力方向如图 7-20 所示。采用等效角柱法计算一层屋盖高度处的筒壁内力。

表 7-8　μ_j 和 η_j 的值，$C_n=3/1$

L/m	i_b/m^3	μ_2	μ_3	μ_4	μ_5	η_2	η_3	η_4	η_5
2.0	0.0492	0.274	0.232	0.207	0.197	1.152	1.251	1.446	1.574
	0.0252	0.267	0.222	0.195	0.184	1.176	1.330	1.506	1.609
	0.0145	0.258	0.212	0.184	0.171	1.213	1.395	1.543	1.630
	0.0075	0.244	0.194	0.163	0.148	1.262	1.464	1.602	1.662
2.5	0.0390	0.261	0.206	0.170	0.153	1.157	1.317	1.510	1.580
	0.0202	0.251	0.196	0.161	0.144	1.187	1.393	1.544	1.619
	0.0116	0.239	0.183	0.147	0.128	1.226	1.426	1.581	1.641
	0.0060	0.222	0.161	0.125	0.103	1.306	1.531	1.648	1.680
3.0	0.0330	0.256	0.191	0.151	0.127	1.161	1.356	1.525	1.585
	0.0168	0.244	0.178	0.139	0.116	1.197	1.408	1.552	1.631
	0.0097	0.229	0.162	0.122	0.099	1.240	1.451	1.578	1.656
	0.0050	0.207	0.147	0.103	0.071	1.342	1.574	1.679	1.702
3.5	0.0280	0.238	0.165	0.123	0.098	1.176	1.375	1.533	1.592
	0.0144	0.223	0.150	0.110	0.086	1.242	1.433	1.573	1.651
	0.0083	0.216	0.134	0.094	0.070	1.267	1.470	1.585	1.672
	0.0043	0.182	0.111	0.074	0.051	1.386	1.604	1.711	1.718
4.0	0.0250	0.227	0.152	0.105	0.079	1.207	1.401	1.571	1.595
	0.0121	0.208	0.142	0.089	0.065	1.269	1.466	1.617	1.671
	0.0073	0.191	0.124	0.074	0.051	1.288	1.500	1.648	1.687
	0.0038	0.163	0.091	0.055	0.035	1.417	1.626	1.717	1.731

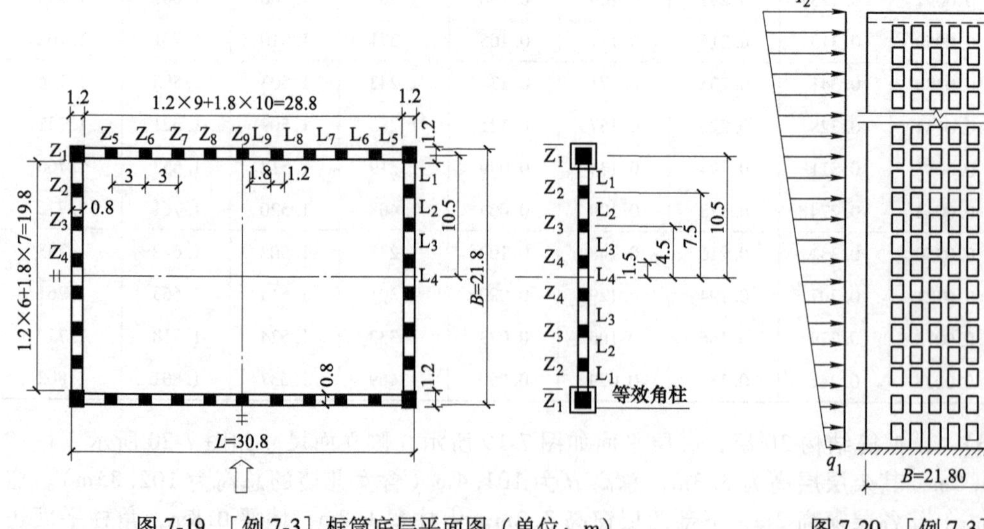

图 7-19　［例 7-3］框筒底层平面图（单位：m）

图 7-20　［例 7-3］框筒侧立面图（单位：m）

【解】　**1. 柱截面几何性质**

柱和梁的编号如图 7-19 所示。角柱 Z_1 的截面 $bh=1.2\text{m}\times1.2\text{m}$，腹板柱截面 $bh=0.8\text{m}\times1.2\text{m}$，

翼缘柱截面 $bh=1.2\text{m}\times0.8\text{m}$。各柱几何信息见表 7-9。

表 7-9　柱子几何信息

项目	腹板框架				翼缘框架
	Z_1	Z_2	Z_3	Z_4	$Z_5\sim Z_9$
面积 A_j/m^2	1.44	0.96	0.96	0.96	0.96
惯性矩 I_j/m^4	0.173	0.115	0.115	0.115	0.051
形心距 r_j/m	10.5	7.5	4.5	1.5	10.5

2. 等效系数与等效角柱面积

1）$C_n=A_1/A_2=1.44\div0.96=1.5/1$。

2）梁的几何性质。

惯性矩：$I_b=(0.8\times1.3^3\div12)\text{m}^4=0.146\text{m}^4$。

梁长：$L=3\text{m}$。

梁的线刚度：$i_b=I_b/L=(0.146\div3)\text{m}^3=0.049\text{m}^3$。

3）根据 C_n、i_b、L 查表 7-3，得 $\beta_0=3.324$。

4）等效层数：$H_n/3=101.4\div3=33.8$。

5）由等效层数查表 7-4 得 $\Delta\beta=0.308$。

6）由式（7-14）得等效角柱的等效系数为 $\beta=\beta_0+\Delta\beta=3.324+0.308=3.632$。

7）由式（7-13）得等效角柱面积 $\overline{A}_1=\beta A_1=3.632\times1.44\text{m}^2=5.23\text{m}^2$。

等效角柱边长 $=5.23^{0.5}\text{m}=2.287\text{m}$。

8）等效角柱惯性矩：$\overline{I}_1=bh^3/12=2.287^4\text{m}^4\div12=2.28\text{m}^4$

3. 等效腹板框架受力计算

两个矩形平面腹板框架，Z_1（等效）、Z_2、Z_3、Z_4柱各 4 根。等效腹板框架的全截面惯性矩为

$$\begin{aligned}\overline{I}_w &= \sum I_j+\sum A_j r_j^2\\ &=(2.28+0.115\times3)\text{m}^4\times4+(5.23\times10.5^2+0.96\times7.5^2+0.96\times4.5^2+0.96\times1.5^2)\text{m}^4\times4\\ &=2619.33\text{m}^4\end{aligned}$$

4. 风荷载所产生的总内力

1 层（屋盖处）剪力与弯矩，计算过程同例 7-2：

$$V_{p1}=3111.8\text{kN},\quad M_{p1}=182621.2\text{kN}\cdot\text{m}$$

5. 腹板框架底层（楼盖处）柱轴力

按式（7-5）可得一层顶板高度处各柱轴力：

等效柱 $\overline{Z}_1$ 的轴力：

$$\overline{N}_{11}=\frac{M_{p1}r_1}{\overline{I}_w}\overline{A}_1=\frac{182621.2\times10.5}{2619.33}\text{kN}\times5.23=3828.7\text{kN}$$

Z_2的轴力：

$$\overline{N}_{12}=\frac{M_{p1}r_2}{\overline{I}_w}\overline{A}_2=\left(\frac{182621.2\times7.5}{2619.33}\times0.96\right)\text{kN}=502.0\text{kN}$$

Z_3 的轴力：

$$N_3=301.2\text{kN}$$

Z_4 的轴力：

$$N_4=100.4\text{kN}$$

6. 等效角柱的轴力分配系数

一层屋盖处：$\xi=4.5\div101.4=0.044$，$\beta_{25}=\beta_0=3.324$，$\beta_n=3.632$。

轴力分配系数用式（7-17）计算：

$$\zeta_j=[1+2\xi(\eta_j-1)]\mu_j\left(\frac{\beta_n}{\beta_{25}}\right)^{j-1}$$

式中，$j=1\sim6$，基本分配系数μ_j和分配系数的调整系数η_j根据$C_n=1.5$、$i_b=0.049$、$L=3$查表7-6。[注：$i_b=0.049$大于表中i_b的上限0.0033，由于μ_j、η_j的曲线分布随着i_b的增加都具有收敛性质，故本例近似按照$i_b=0.0033$查用]

翼缘柱在1层顶板处的轴力分配系数ζ_j计算结果见表7-10。其中，Z_9柱的ζ_9取Z_8柱的ζ_8的0.8倍。

表7-10　翼缘框架柱轴力分配系数

柱号	Z_1	Z_5	Z_6	Z_7	Z_8	Z_9
μ_j	1	0.483	0.335	0.282	0.239	—
η_j	1	1.252	1.518	1.691	1.765	—
ζ_j	1	0.540	0.418	0.390	0.364	0.291

半框架翼缘柱的轴力分配系数之和为

$$\sum\zeta=\zeta_1+\zeta_5+\zeta_6+\zeta_7+\zeta_8+\zeta_9\div2=1+0.540+0.418+0.390+0.364+0.291\div2=2.858$$

7. 翼缘框架柱轴力

（1）角柱轴力

$$N_1=\overline{N}_1\frac{1}{\sum\zeta_j}=\frac{3828.7}{2.858}\text{kN}=1339.6\text{kN}$$

（2）翼缘框架其他各柱

$$N_j=\overline{N}_1\frac{\zeta_j}{\sum\zeta_j}=\zeta_jN_1$$

$N_5=0.540\times1339.6\text{kN}=723.4\text{kN}$，$N_6=560\text{kN}$，$N_7=522.4\text{kN}$，$N_8=487.6\text{kN}$，$N_9=389.8\text{kN}$。

同理可计算出各层的翼缘框架柱轴力分配系数和轴力，翼缘框架柱的轴向力分布如图7-21所示。可以看出结构下半部的剪力滞后明显高于结构上半部分。

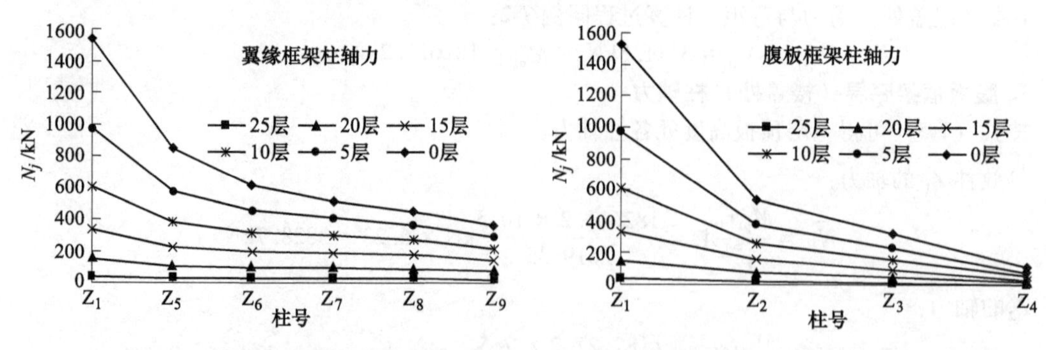

图7-21　各柱轴力在不同层的分布（Z_1为角柱，Z_4为腹板中柱，Z_9为翼缘中柱）

8. 一层楼板高度处梁的剪力和弯矩

计算过程同[例7-2]。根据梯形分布的水平风荷载可以得到首层顶板高度处的楼层剪力：

$$V_{p1}=\left[50+11.6+(50-11.6)\times\frac{4.5}{102.85}\right]\times\frac{(102.85-4.5)}{2}\text{kN}=3111.8\text{kN}$$

首层第 j 个裙梁剪力：

$$V_{\mathrm{b1}j}=\frac{V_{\mathrm{p1}}S_j}{2\,\overline{I}_{\mathrm{w}}}\left(\frac{h_1+h_2}{2}\right)=\frac{3111.8\times4.5}{2\times2619.33}S_j=2.673S_j$$

各梁编号如图 7-19 所示。腹板框架梁的剪力可按照式（7-6）计算。求腹板框架各梁剪应力时，面积矩取梁外侧柱子的面积矩和：

$$S_1=2\overline{A}_1r_1=2\times5.23\times10.5\mathrm{m}^3=2\times54.92\mathrm{m}^3$$

$$S_2=2(\overline{A}_{r1}+A_2r_2)=S_1+2A_2r_2=2\times(54.92+0.96\times7.5)\mathrm{m}^3=2\times62.12\mathrm{m}^3$$

$$S_3=2(\overline{A}_1r_1+A_2r_2+A_3r_3)=S_2+2A_3r_3=2\times(62.12+0.96\times4.5)\mathrm{m}^3=2\times66.44\mathrm{m}^3$$

$$S_4=2(\overline{A}_1r_1+A_2r_2+A_3r_3+A_4r_4)=S_3+2A_4r_4=2\times(66.44+0.96\times1.5)\mathrm{m}^3=2\times67.88\mathrm{m}^3$$

腹板框架一层（顶板）梁 L_1 的剪力为

$$V_{\mathrm{b11}}=\frac{V_{\mathrm{p1}}S_1}{2I_{\mathrm{w}}}\left(\frac{h_1+h_2}{2}\right)=2.673S_j=2.673\times2\times54.92\mathrm{kN}=293.6\mathrm{kN}$$

同理可得一层楼盖处 L_2、L_3、L_4 的剪力分别为 331.9kN、355.3kN、362.9kN。

9. 讨论

（1）弯矩平衡　轴力提供的抵抗力矩为

$$\begin{aligned}M_{Ni}&=N_{i\mathrm{f}}B_1+2N_{i2}B_2+2N_{i3}B_3+2N_{i4}B_4\\&=2(N_{i1}+N_{i5}+N_{i6}+N_{i7}+N_{i8}+N_{i9}/2)B_1+2N_{i2}B_2+2N_{i3}B_3+2N_{i4}B_4\end{aligned}$$

在一层楼盖处：

$$B_1=2r_1=21\mathrm{m},B_2=2r_2=15\mathrm{m},B_3=2r_3=9\mathrm{m},B_4=2r_4=3\mathrm{m}$$

$$N_{\mathrm{f1}}=2\times(1339.6+723.4+560+522.4+487.6+389.8\div2)\mathrm{kN}=7655.8\mathrm{kN}$$

$$M_{N1}=(7655.8\times21+2\times502.0\times15+2\times301.2\times9+2\times100.4\times3)\mathrm{kN\cdot m}=181855.8\mathrm{kN\cdot m}$$

H_i=4.5m 处总弯矩 M_{p1}=182621.2kN·m≈M_{N1}，说明外荷载产生的倾覆力矩主要由柱子轴力提供的抵抗力矩平衡。本例中，由翼缘框架柱提供的抵抗力矩 $N_{\mathrm{f1}}B_1$ 占总弯矩 M_{p1} 的 88%，其中 28.7%由角柱提供。

（2）腹板框架梁的剪力与柱子轴力的关系　梁剪力与柱子轴力平衡。从等效框架的平衡关系可知，腹板框架边梁 L_1 的剪力与等效柱的轴力差平衡，即每个边梁剪力与半个翼缘的柱子轴力平衡。已知一层顶板高度处等效柱轴力为 $\overline{N}_{11}$=3828.7kN。

二层顶板高度处等效柱的轴力：

$$\overline{N}_{21}=\frac{M_{\mathrm{p2}}r_1}{I_{\mathrm{w}}}\overline{A}_1=\frac{168758.2\times10.5}{2619.33}\times5.23\mathrm{kN}=3538.1\mathrm{kN}$$

等效柱在一层顶板处的上、下轴力差为

$$\Delta\overline{N}_{11}=(3828.7-3538.1)\mathrm{kN}=290.6\mathrm{kN}$$

腹板框架一层（顶板）梁 L_1 的剪力为 V_{b11}=293.6kN，约等于 $\Delta\overline{N}_{11}$。

同前述方法可得腹板框架柱在二层的轴力分别为 N_{21}=463.9kN，N_{23}=278.3kN，N_{24}=92.8kN；一、二层的轴力差为 ΔN_{21}=38.1kN，ΔN_{23}=22.9kN，ΔN_{24}=7.6kN。

图 7-22 所示的是受压一侧的翼缘框架柱轴力（等效角柱轴力）和腹板框架梁的剪力关系，以及腹板框架梁的剪力与柱子轴力的关系。

（3）翼缘框架梁的剪力与翼缘柱轴力的关系　翼缘框架柱的轴力可以看成是由于角柱变形沿翼缘传递产生的。角柱 Z_1 一侧的翼缘梁（本例为 L_5）产生剪切变形从而使得翼缘内柱受轴向力并依次传递。在计算出各翼缘柱的轴力后则可通过上下层的轴力差从翼缘中部一侧开始计算翼缘框架梁的剪力。图 7-23b 为从翼缘框架中部 Z_9 开始计算梁剪力的过程，从图中可见在角柱 Z_1 处，在

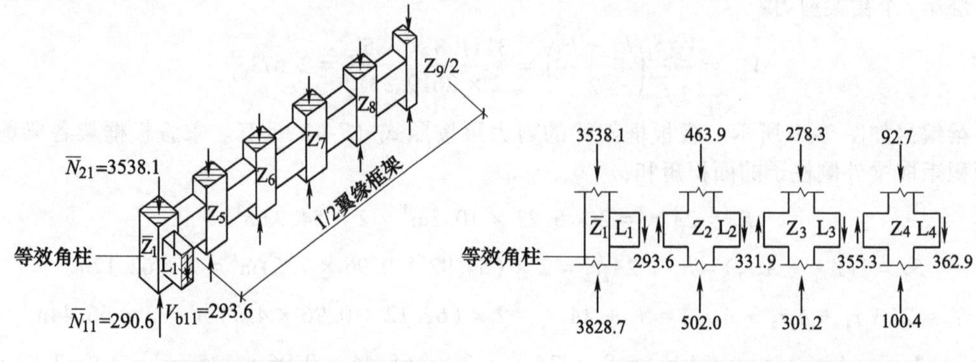

a) 1/2 翼缘框架柱轴力与L_1的剪力平衡　　b) 1/2腹板框架柱轴力与腹板梁的剪力关系

图 7-22 （一层顶板高度处）腹板框架梁的剪力与柱子的轴力平衡关系（单位：kN）

翼缘平面内柱子轴力与梁 L_5 的剪力是不平衡的，而必须考虑腹板平面的 L_1 剪力才可达到平衡（见图 7-23a，计算精度导致剪力有微小不闭合）。可以看出，在角柱边两个正交方向的梁端剪力不在一个平面内且方向相反。

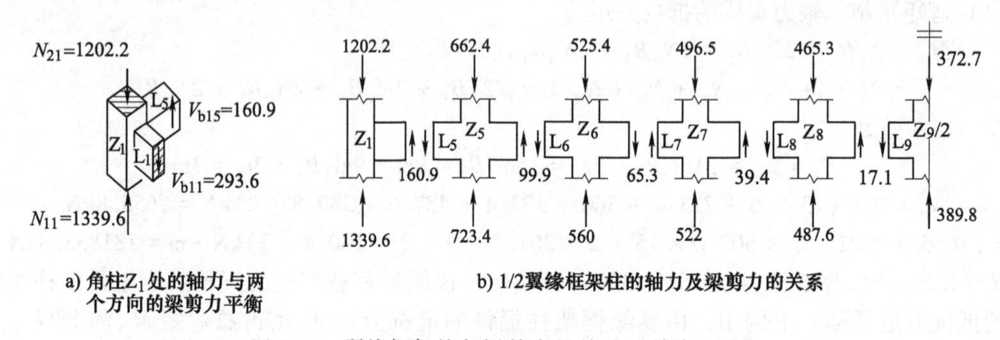

a) 角柱Z_1处的轴力与两个方向的梁剪力平衡　　b) 1/2翼缘框架柱的轴力及梁剪力的关系

图 7-23　翼缘框架柱与梁剪力的关系（单位：kN）

7.4.7　内力系数调整法

内力系数调整法是基于材料力学的计算结果参照翼缘展开法的计算机分析结果进行修正的一种方法。按照平截面假定计算的内力特点不能反映框筒剪力滞后的特点，在手算计算条件下或初步估算时，可以将按照材料力学计算的结果参照计算机的计算结果予以修正。图 7-24 和图 7-25 所示为利用计算机采用翼缘展开法求出的矩形平面框筒结构在水平荷载作用下底层柱子的轴力系数和梁的剪力系数曲线，可以利用它们修正框筒底层的柱轴力和腹板框架梁的剪力，供初步设计之需，即框筒内力等于按材料力学的粗算结果乘以图表中的内力系数。

1. 主要参数

（1）抗弯刚度

$$柱子:K_c=\frac{I_c}{h},\quad 梁:K_b=\frac{I_b}{l} \tag{7-18}$$

（2）梁的抗剪刚度

$$S_b=\frac{12EI_b}{l^3} \tag{7-19}$$

（3）柱子的轴向刚度

$$S_c = \frac{EA_c}{h} \tag{7-20}$$

（4）框筒的刚度参数

$$K_f = \frac{K_c}{K_b}, S_f = \frac{S_b}{S_c}\left(\frac{n}{10}\right)^2, R = \frac{L}{B} \tag{7-21}$$

式中　I_c、I_b——柱、梁截面惯性矩；

h、l——柱高、梁的有效跨度；

A_c——柱子的截面面积；

R——框筒平面的长宽比；

B、L——腹板框架长度、翼缘框架长度；

K_f——柱、梁线刚比；

S_f——反映梁抗剪刚度与柱子轴向刚度比的参数；

n——层数。

2. 轴力系数曲线

轴力系数曲线如图7-24所示，图中纵坐标代表轴力系数，横坐标代表柱子所在位置。

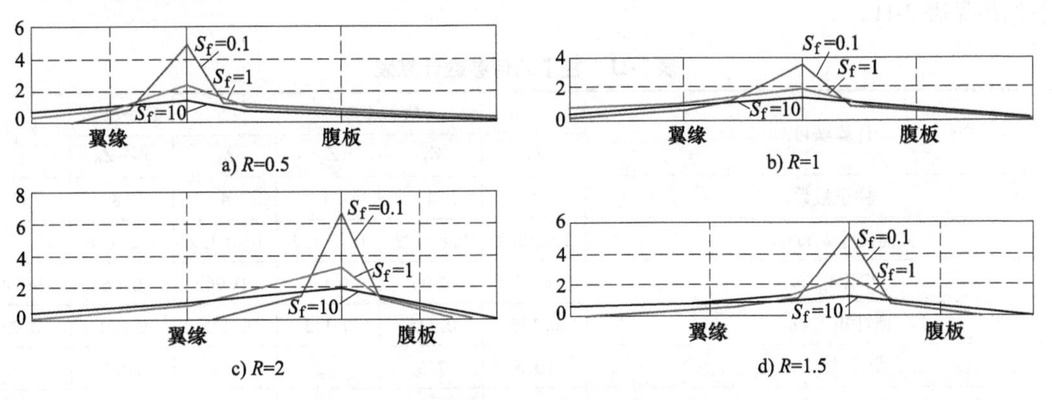

图7-24　底层柱轴力系数（K_f=0.5~0.75）

3. 剪力系数曲线

剪力系数曲线如图7-25所示，纵坐标代表剪力系数，水平轴为腹板框架的一半。

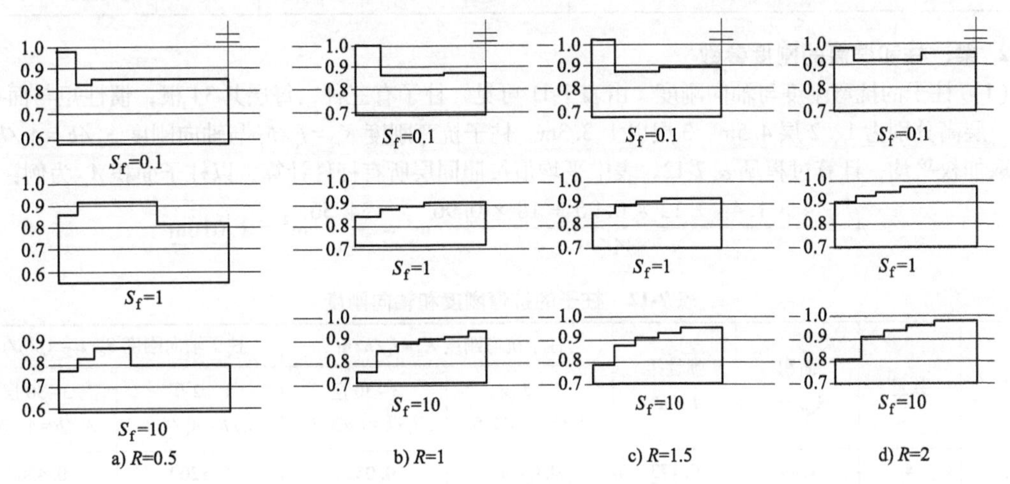

图7-25　1/2腹板框架梁的剪力系数

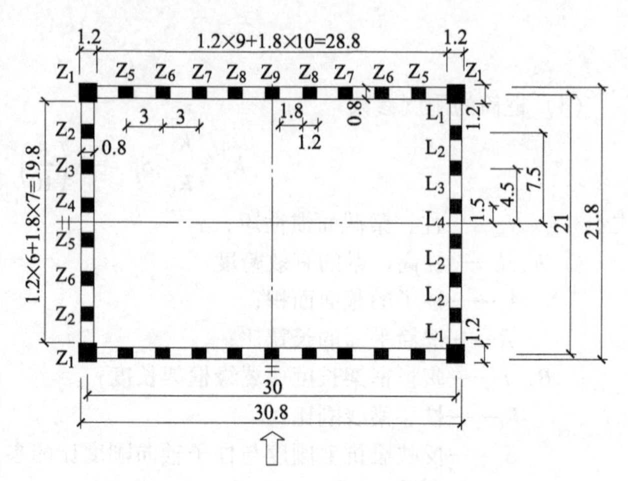

图 7-26 ［例 7-4］框筒平面图（单位：m）

【例 7-4】 框筒平面和立面及所受荷载同［例 7-3］，结构高度 H=101.4m。用内力系数调整法计算一层各柱内力，梁柱编号以及几何参数如图 7-26 所示。

【解】 1. 用材料力学法按全截面参与计算柱子轴力

已知角柱截面 bh=1.2m×1.2m，腹板柱截面 bh=0.8m×1.2m，翼缘柱截面 bh=1.2m×0.8m。各柱的几何信息见表 7-11。

1 层（顶板处）的总弯矩：

$$M_{p1} = 182621.2\text{kN}\cdot\text{m}$$

设全截面对组合截面形心的惯性矩为 I，各柱形心距为 r_j，则一层各柱截面形心的正应力和轴力为 $\sigma_j = \dfrac{M_{p1} r_j}{I}$，$N_j = \sigma_j A_{cj}$；计算结果见表 7-11。

表 7-11 柱子几何参数计算表

计算项目	腹板框架				翼缘框架	合计
	Z_1	Z_2	Z_3	Z_4	$Z_5 \sim Z_9$	
柱子根数	4	4	4	4	18	34
截面尺寸 b/m×h/m	1.2×1.2	0.8×1.2	0.8×1.2	0.8×1.2	1.2×0.8	—
面积 A_{cj}/m²	1.44	0.96	0.96	0.96	0.96	34.56
惯性矩 I_{cj}/m⁴	0.173	0.115	0.115	0.115	0.051	2.99
形心距 r_j/m	10.5	7.5	4.5	1.5	10.5	—
$r_j^2 A_j$/m⁴	158.76	54	19.44	2.16	105.84	2842.56
组合截面惯性矩 I/m⁴	—	—	—	—	—	2845.55
H_i=4.5m 处，柱截面形心正应力 σ_j/(kN/m²)	673.9	481.3	288.8	96.3	673.9	—
各柱轴力 $N_j = A_{cj}\sigma_j$/kN	970.4	462	277.2	92.4	646.9	—

2. 梁、柱和框筒的刚度参数

（1）柱子的抗弯刚度与轴向刚度 由表 7-11 可见，柱子有三种，每层共 34 根，惯性矩与面积均不同，层高分别为 1、2 层 4.5m，3 层以上 3.3m。柱子抗弯刚度 $K_{ci} = I_c / h_i$ 与轴向刚度 $S_{ci}/E = A_c / h_i$ 计算时取加权平均，计算过程见表 7-12。表中平均值按照同层所有杆件计算，以柱子面积 A_c 为例：

$$A_c = \frac{4 \times 1.44 + 12 \times 0.96 + 18 \times 0.96}{34}\text{m}^2 = \frac{34.56}{34}\text{m}^2 = 1.016\text{m}^2$$

表 7-12 柱子的抗弯刚度和轴向刚度

柱号	数量	面积 A_{cj}/m²	惯性矩 I_c/m⁴	柱子抗弯刚度 $K_c = I_c/h$/m³		柱子轴向刚度 $S_c/E = A_c/h$/m	
				1、2 层 $I_c/h = A_c/4.5$	3~30 层 $I_c/h = I_c/3.3$	1、2 层 $A_c/h = A_c/4.5$	3~30 层 $A_c/h = A_c/3.3$
Z_1	4	1.44	0.173	0.0384	0.0524	0.3200	0.4364
$Z_2 \sim Z_4$	12	0.96	0.115	0.0256	0.0348	0.2133	0.2909

（续）

柱号	数量	面积 A_{cj}/m^2	惯性矩 I_c/m^4	柱子弯曲刚度 $K_c=I_c/h/m^3$		柱子轴向刚度 $S_c/E=A_c/h/m$	
				1、2层 $I_c/h=I_c/4.5$	3~30层 $I_c/h=I_c/3.3$	1、2层 $A_c/h=A_c/4.5$	3~30层 $A_c/h=A_c/3.3$
$Z_5\sim Z_9$	18	0.96	0.051	0.0113	0.0155	0.2133	0.2909
Σ	34	34.56	2.99	0.6642	0.9062	7.679	10.473
平均值	—	1.016	0.088	0.0195	0.0267	0.2259	0.3080
加权平均	—	—	—	$K_c=(0.0195\times2\times4.5+0.0267\times28\times3.3)\div101.4=0.026$		$S_c/E=(0.2259\times2\times4.5+0.3080\times28\times3.3)\div101.4=0.3025$	

（2）梁的抗弯和抗剪刚度计算　各层梁高均为1.3m，梁宽0.8m，故

$$K_b=\frac{I_b}{l}=\frac{0.8\times1.3^3}{12}\times\frac{1}{3}m^3=\frac{0.146}{3}m^3=0.0487m^3$$

$$\frac{S_b}{E}=\frac{12I_b}{l^3}=\frac{12\times0.146}{3^3}m=0.0649m$$

（3）框筒的刚度参数

刚度比：

$$K_f=\frac{K_c}{K_b}=\frac{0.026}{0.0487}=0.534$$

$$S_f=\frac{S_b}{S_c}\left(\frac{n}{10}\right)^2=\frac{0.0649}{0.3025}\times3^2=1.93$$

长宽比：L、B均取轴线长，则

$$R=\frac{L}{B}=\frac{30}{21}=1.43$$

3. 柱子轴力调整系数

柱子轴力取$H_i=4.5m$高度处的数值，见表7-11。根据$R=1.43$和$S_f=1.93$查图7-24得到柱子的轴力系数（注：$K_f=0.534$在图形的参数范围内），见表7-13。

表7-13　柱子轴力系数和轴力计算表

计算项目		腹板框架				翼缘框架				
		Z_1	Z_2	Z_3	Z_4	Z_5	Z_6	Z_7	Z_8	Z_9
材料力学法计算的柱轴力 N_j/kN		970.4	462	277.2	92.4	646.9	646.9	646.9	646.9	646.9
轴力系数	$R=1$	1.5	0.8	0.5	0.2	1.2	0.9	0.8	0.7	0.6
	$R=1.43$	1.93	0.714	0.414	0.157	1.286	0.814	0.714	0.614	0.514
	$R=1.5$	2	0.7	0.4	0.15	1.3	0.8	0.7	0.6	0.5
调整后的柱子轴力 N_j/kN		1872.9	329.9	114.8	14.5	831.9	526.6	461.9	397.2	332.5

4. 腹板梁的剪力计算

1层（顶板处）的总剪力：

$$V_{p1}=3111.8kN$$

各梁编号如图7-26所示。翼缘框架不参与抗剪。求腹板框架各梁剪应力时，面积矩取梁外侧柱子的面积矩和：

$$S_1=2(A_{c1}+4.5\times A_{c5})r_1=[2\times(1.44+4.5\times0.96)\times10.5]m^3=2\times60.48m^3$$

$$S_2 = S_1 + 2A_{c2}r_2 = [2 \times (60.48 + 0.96 \times 7.5)]\text{m}^3 = 2 \times 67.68\text{m}^3$$

$$S_3 = S_2 + 2A_{c3}r_3 = [2 \times (67.68 + 0.96 \times 4.5)]\text{m}^3 = 2 \times 72\text{m}^3$$

$$S_4 = S_3 + 2A_{c4}r_4 = [2 \times (72 + 0.96 \times 1.5)]\text{m}^3 = 2 \times 73.44\text{m}^3$$

剪应力按照材料力学法计算，剪力则取剪应力乘以面积，见式（7-6）。层高取楼板上、下平均层高，则腹板框架一层顶板处梁 L_1 的剪力为

$$V_{b11} = \frac{V_{p1}S_1}{2I_w}\left(\frac{h_1 + h_2}{2}\right) = \left(\frac{3111.8 \times 60.48}{2845.55} \times 4.5\right)\text{kN} = 297.6\text{kN}$$

同理，L_2、L_3、L_4的剪力分别为 333.1kN、354.3kN、361.4kN。

根据 $R=1.43$ 和 $S_f=1.93$ 查图 7-25，近似得到腹板梁的剪力系数，将剪力系数乘以按材料力学法计算的梁剪力即为最终剪力，见表 7-14。

表 7-14　腹板梁剪力系数与剪力计算表

计算项目			腹板框架梁			
			L_1	L_2	L_3	L_4
按材料力学法计算的梁剪力 V_{b1j}/kN			297.6	333.1	354.3	361.4
剪力系数	$S_f=1$	$R=1$	0.86	0.89	0.91	0.91
		$R=1.43$	0.886	0.899	0.919	0.919
		$R=1.5$	0.89	0.9	0.92	0.92
	$S_f=10$	$R=1$	0.86	0.89	0.91	0.93
		$R=1.43$	0.877	0.907	0.919	0.947
		$R=1.5$	0.88	0.91	0.92	0.95
	$S_f=1.93$	$R=1.43$	0.885	0.900	0.919	0.922
调整后的梁剪力 V_{b1j}/kN			263.5	299.6	325.5	333.2

5. 计算方法比较

［例 7-3］、［例 7-4］分别用等效角柱法、内力系数调整法进行了计算举例，针对该题再采用双槽形截面法和材料力学法（见本例调整前的计算值）进行计算并加以比较，现将一层楼盖处轴力的计算结果绘制于图 7-27 中。

可以看出：

1）计算方法对于腹板中柱差异不大。

2）角柱（Z_1）的计算差异比较大，采用材料力学法算得的角柱轴力偏小，而内力系数调整法偏大，双槽形截面法计算的角柱轴力与等效角柱法接近。

3）材料力学算法和双槽形截面法计算得到的翼缘框架中柱轴力偏大；系数法和等效角柱法计算得到的翼缘框架中柱轴力接近。

4）腹板框架柱计算差异不大，但随着角柱计算轴力的增加而下降。

5）内力系数调整法计算得到的腹板框架梁剪力偏小，其他计算方法计算得到的腹板框架梁承担的剪力差异不大。

6）内力系数调整法相对资料少，计算结果仅适用于粗算。

7.4.8　等效连续体法

把高层建筑框筒作为杆件结构计算时，超静定次数很高，节点位移未知量也很多。为了避免形成和求解大量联立方程式，框筒结构可以用位移相等的原则转化为连续的竖向连续筒体，采用弹性力学等效连续体法或有限元法、有限条分析法计算。连续化后采用能量法计算时称为等效弹

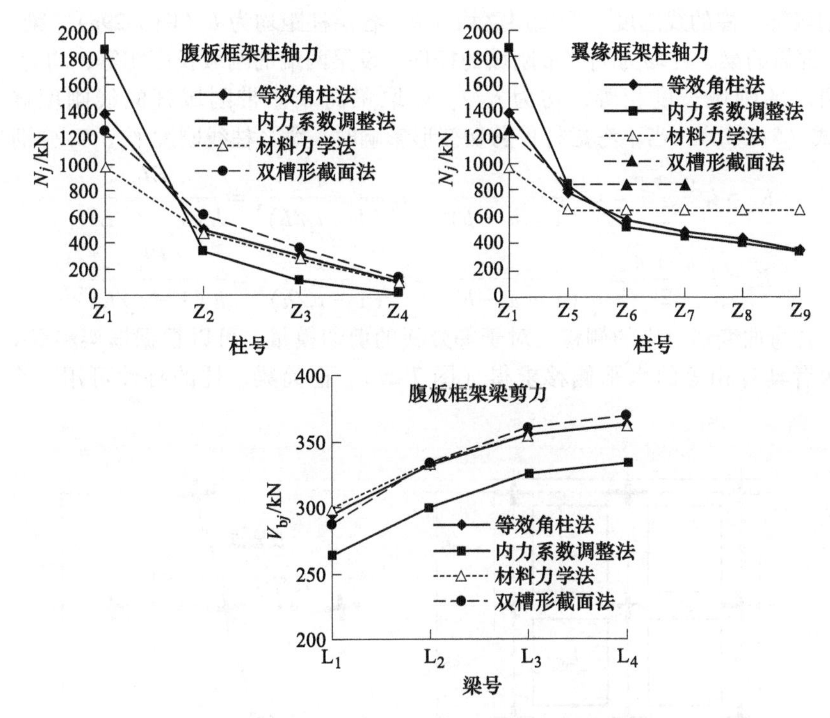

图 7-27　框筒简化计算方法梁、柱内力比较

性连续体能量法。

等效弹性连续体能量法是基于楼板在其平面内的刚度无限大和框筒的筒壁在其自身平面外的作用很小只考虑平面内的作用的基本假定，通过等效连续化的方法，把离散杆件组成的结构转化为由正交各向异性的弹性连续薄板所组成的结构，即将框筒的四榀框架用四片等效均匀的正交异性弹性板组成等效筒，求出平板内的双向应力后再恢复到梁、柱内力。

1. 等效筒的物理特性

用连续化方法计算框筒结构时，由四个等效均匀正交异性平板代替框筒的每一面便形成一个闭合的实体等效筒（图 7-28）。由于平面内的刚度很大，楼板能够约束壁板平面外变形，所以对每一面板只需考虑平面内的作用。正交异性等代板的物理特性为：其水平和竖直方向的弹性模量应能代表梁和柱的轴向刚度，其剪切模量应能代表框架的抗剪刚度。

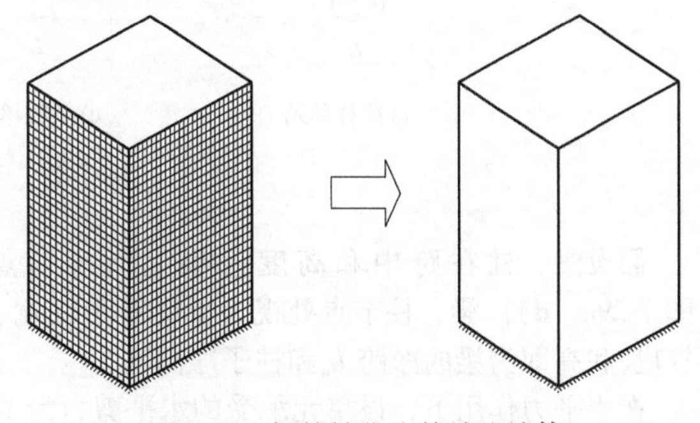

图 7-28　框筒转化为等效连续体

（1）等效板的弹性模量　设柱截面尺寸沿高度不变，等效板的竖向弹性模量 E_c 可按下式计算：

$$AE = LtE_c \tag{a}$$

式中　A——每根柱的截面面积；

E——材料的弹性模量；

L——柱距；

t——等效板厚。

若取等效板的截面面积 Lt 和柱子截面面积 A 相等，则

$$E_c = E \tag{b}$$

（2）带刚域梁、柱的线刚度　假设层高均为 h，各层柱距均为 L（图 7-29a），梁、柱截面尺寸沿高度不变。框筒的梁、柱均为端部带刚域的杆件，设梁两端的刚域长度相等，均为 $t_1/2$，t_1 取柱宽 h_c；设柱两端的刚域长度相等，均为 $t_2/2$，t_2 取梁高 h_b。带刚域杆的线刚度修正系数见式（5-133a）和式（5-133b），当不考虑杆件剪切变形影响时，梁、柱线刚度 K_b、K_c 分别为

$$K_b = i_b \frac{c' + c}{2} = i_b \frac{1}{(1 - a - b)^3} = i_b \frac{1}{(1 - t_1/L)^3} = \frac{EI_b}{L(1 - t_1/L)^3} \tag{7-22a}$$

$$K_c = i_c \frac{c' + c}{2} = i_c \frac{1}{(1 - a - b)^3} = i_c \frac{1}{(1 - t_2/h)^3} = \frac{EI_c}{h(1 - t_2/h)^3} \tag{7-22b}$$

（3）梁、柱弯曲变形对应的侧移　对于等效板的剪切模量，可以根据框架和等效板受到相同剪力 V 时，两者具有相等的水平侧移求得（图 7-29）。框筒梁、柱的特性可用一个梁柱单元来表示。

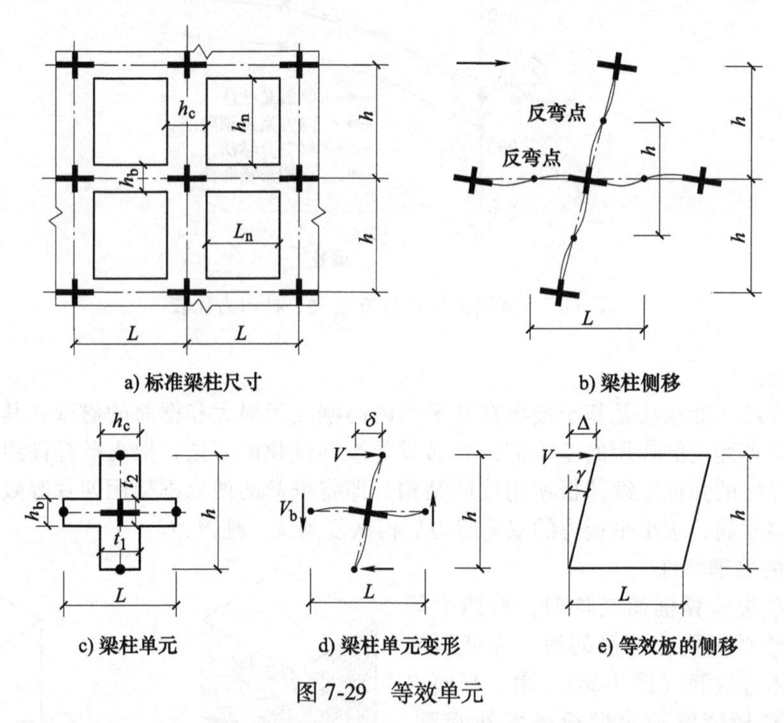

图 7-29　等效单元

假设梁、柱在跨中和高度一半处有反弯点（图 7-29b），从反弯点处截取出梁柱单元（图 7-29c、d）。梁、柱节点处视为宽度等于柱宽、高度等于梁高的刚域，刚域长分别为 t_1 和 t_2，洞口长和高即为梁的净跨 L_n 和柱子净高 h_n。

在水平力作用下，设单元承受的水平剪力为 V。设由梁弯曲变形产生的侧移为 δ_b，由柱子弯曲变形产生的侧移为 δ_c，梁柱框架单元的水平侧移为 $\delta=\delta_b+\delta_c$。δ_c 可由柱子的抗剪刚度与剪力及侧移之间的关系得到：

$$V = \frac{12K_c}{h^2}\delta_c \rightarrow \delta_c = \frac{Vh^2}{12K_c} \tag{7-23a}$$

设梁产生弯曲对应的梁端转角为 θ_b，则 $\delta_b = \theta_b h$。由 5.4.2 节的推导可知，带刚域梁梁端产生转角 θ_b 时，梁两端各所加弯矩为 $6K_b\theta_b$，对应的梁端剪力为

$$V_b = \frac{12K_b}{L}\theta_b = \frac{12K_b}{L}\frac{\delta_b}{h} \tag{7-23b}$$

由梁、柱（中柱）的弯曲平衡（图 7-29d）可知：

$$V_bL = Vh \tag{7-23c}$$

故由式（7-23b）和式（7-23c）得

$$V_b = \frac{12K_b}{Lh}\delta_b = \frac{Vh}{L} \tag{7-23d}$$

故 δ_b 为

$$\delta_b = \frac{Vh^2}{12K_b} \tag{7-23e}$$

因此，由梁柱弯曲变形产生的单元侧移为

$$\delta = \delta_c + \delta_b = \frac{Vh^2}{12K_c} + \frac{Vh^2}{12K_b} = \frac{Vh^2}{12K_c}\left(1 + \frac{K_c}{K_b}\right) \tag{7-23f}$$

（4）等效板的抗剪刚度　对于等效板的剪切模量，可以根据框架和等效板受到相同剪力 V 时，两者具有相等的水平侧移求得（图 7-29e）。等效板的侧移与剪力的关系为

$$\Delta = \gamma h = \frac{V}{AG}h \tag{7-24}$$

由等效板的层间侧移 Δ 与梁柱框架单元的水平侧移为 δ 相等可得

$$\frac{Vh^2}{12K_c}\left(1 + \frac{K_c}{K_b}\right) = \frac{V}{AG}h \tag{7-25a}$$

故可得中柱等效板的抗剪刚度为

$$AG = \frac{Vh}{\delta_c + \delta_b} = \frac{12K_c}{h\left(1 + \dfrac{K_c}{K_b}\right)} = \frac{12EI_c}{h^2\ (1 - t_2/h)^3\left(1 + \dfrac{L}{h}\dfrac{I_c}{I_b}\dfrac{(1 - t_1/L)^3}{(1 - t_2/h)^3}\right)} \tag{7-25b}$$

对于中柱整理得

$$AG = \frac{12EI_ch}{h_n^3\left(1 + \dfrac{I_c}{I_b}\dfrac{h^2}{L^2}\dfrac{L_n^3}{h_n^3}\right)} = \frac{12EI_c}{h_n^2}\frac{(1 + t_2/h_n)}{1 + \dfrac{I_c}{I_b}\dfrac{L_n}{h_n}\dfrac{(1 + t_2/h_n)^2}{(1 + t_1/L_n)^2}} \tag{7-25c}$$

对于边柱（角柱），式（7-23c）的梁、柱的平衡关系为 $V_bL/2 = Vh$，则边柱处等效板的抗剪刚度为

$$AG = \frac{12K_c}{h\left(1 + \dfrac{2K_c}{K_b}\right)} = \frac{12EI_c}{h_n^2}\frac{(1 + t_2/h_n)}{1 + \dfrac{2I_c}{I_b}\dfrac{L_n(1 + t_2/h_n)^2}{h_n(1 + t_1/L_n)^2}} \tag{7-25d}$$

当柱两侧梁不等跨时，中柱处等效板的抗剪刚度为

$$AG = \frac{12EI_c}{h_n^2}\frac{(1 + t_2/h_n)}{1 + \dfrac{2I_c\ (1 + t_2/h_n)^2}{h_n\left[\dfrac{I_{b1}}{L_{n1}}(1 + t_1/L_{n1})^2 + \dfrac{I_{b2}}{L_{n2}}(1 + t_1/L_{n2})^2\right]}} \tag{7-25e}$$

等效板的全部抗剪刚度等于各单独柱抗剪刚度值之和。

2. 内力计算

图 7-30 给出了等效筒坐标和应力系统。设结构通过竖直中心轴具有两个水平对称轴，则在图示荷载 P 作用下，两个侧面板（腹板）上的应力状态是相同的，而在垂直于荷载的两个面板上（翼缘板），应力相等而方向相反。

（1）平衡方程　根据平面应力问题的解可知翼缘板的平衡方程为

$$\begin{cases}\dfrac{\partial \sigma_y}{\partial y} + \dfrac{\partial \tau_{yz}}{\partial z} = 0 \\ \dfrac{\partial \tau_{yz}}{\partial y} + \dfrac{\partial \sigma_z}{\partial z} = 0\end{cases} \tag{7-26a}$$

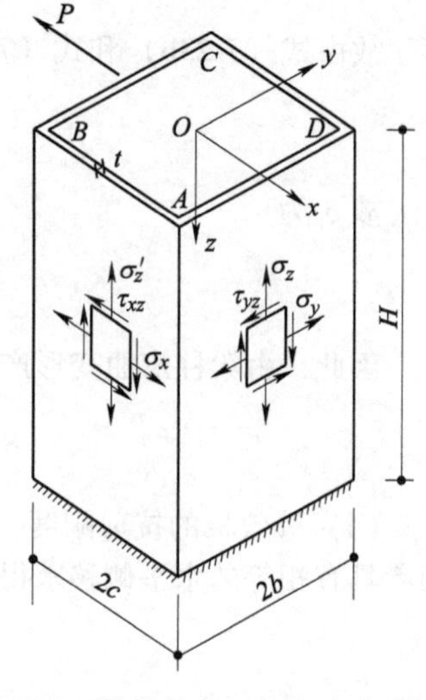

图 7-30　等效筒的坐标与应力系统

腹板的平衡方程为

$$\begin{cases}\dfrac{\partial \sigma_x}{\partial x} + \dfrac{\partial \tau_{xz}}{\partial z} = 0 \\ \dfrac{\partial \tau_{xz}}{\partial x} + \dfrac{\partial \sigma_z'}{\partial z} = 0\end{cases} \tag{7-26b}$$

两正交板的应力应变关系如下：

在翼缘面板上：

$$\begin{cases}\sigma_y = E_y\varepsilon_y + E_{yz}\varepsilon_z \\ \sigma_z = E_z\varepsilon_z + E_{yz}\varepsilon_y \\ \tau_{yz} = G_{yz}\gamma_{yz}\end{cases} \tag{7-27a}$$

在腹板上：

$$\begin{cases}\sigma_x = E_x\varepsilon_x + E_{xz}\varepsilon_z' \\ \sigma_z' = E_z'\varepsilon_z' + E_{xz}\varepsilon_x \\ \tau_{xz} = G_{xz}\gamma_{xz}\end{cases} \tag{7-27b}$$

在式（7-27a）、式（7-27b）中，交叉弹性项 E_{yz}和 E_{xz}可以忽略。梁和柱是均匀布置的，所以

$$E_z = E_z' = E, G_{xz} = G_{yz} = G \tag{7-27c}$$

（2）z 向正应力　在等效的翼缘板中，由于剪力滞后的影响，竖向应力 σ_z两头大中间小，假设可用下述对 y 对称的二次抛物线分布来表示 σ_z的分布：

$$\sigma_z = \frac{M}{I}c + S_0(z) + \left(\frac{y}{b}\right)^2 S(z) \tag{7-28}$$

式中　$S_0(z)$、$S(z)$——坐标 z 的函数，是对第一项按照弹性初等理论结果的修正；

I——等效筒体关于 y 轴的惯性矩，近似取

$$I = I_w + I_f + I_c \approx \frac{2t\,(2c)^3}{12} + 2 \times 2btc^2 + 4A_c c^2 = \frac{4}{3}tc^2(3b + c) + 4A_c c^2 \tag{7-29}$$

式中　A_c——角柱的加强截面面积，即角柱与中柱的截面面积差；

I_w、I_f、I_c——腹板、翼缘板、加强角柱对 y 轴的惯性矩。

腹板中的竖向应力 σ_z'是一个关于 y 轴的反对称函数，假设可用下述三次曲线来表示：

$$\sigma_z' = \frac{M}{I}x + \left(\frac{x}{c}\right)^3 S_1(z) \tag{7-30}$$

式中　$S_1(z)$——坐标 z 的函数，是对第一项按照弹性理论计算结果的修正。

由式（7-28）可得翼缘板角柱的轴向应力：

$$\sigma_c = \sigma_z\big|_{y=b} = \frac{M}{I}c + S_0 + S(z) \tag{7-31}$$

在任意高度处，总弯矩平衡条件为

$$M_{pz} = 2c\int_{-b}^{b}\sigma_z t\mathrm{d}y + 2\int_{-c}^{c}\sigma_z' tx\mathrm{d}x + 4cA_c\sigma_c \tag{7-32}$$

式中　σ_c——角柱中的轴向应力；

M_{pz}——水平荷载对任意高度处的总弯矩。

在角部，两正交面板的竖向应变应协调，即

$$\frac{\sigma_z}{E}(\pm b,z)=\frac{\sigma'_z}{E}(c,z)=\frac{\sigma_c}{E} \tag{7-33}$$

将式（7-28）和式（7-30）代入式（7-33），得

$$S_1(z)=S_0(z)+S(z) \tag{7-34a}$$

将式（7-28）、式（7-30）和式（7-34a）代入式（7-31）并积分，得：

$$S_0(z)=-\frac{1}{3}mS(z) \tag{7-34b}$$

式中　m——参数，计算如下：

$$m=\frac{5b+3c+15\dfrac{A_c}{t}}{5b+c+5\dfrac{A_c}{t}} \tag{7-34c}$$

将式（7-34a）和式（7-34b）代入式（7-28）和式（7-30），得到翼缘和腹板竖向应力 σ_z 和 σ'_z 的表达式：

$$\sigma_z=\frac{M}{I}c-\left[\frac{1}{3}m-\left(\frac{y}{b}\right)^2\right]S(z) \tag{7-35a}$$

$$\sigma'_z=\frac{M}{I}x+\left(1-\frac{1}{3}m\right)\left(\frac{x}{c}\right)^3S(z) \tag{7-35b}$$

将式（7-34a）和式（7-34b）代入式（7-31）得到角柱中的正应力为

$$\sigma_c=\sigma_z\big|_{y=b}=\frac{M}{I}c+\left[1-\frac{1}{3}m\right]S(z) \tag{7-35c}$$

（3）其他应力分量　将式（7-35a）和式（7-35b）代入平衡方程式（7-26a）和式（7-26b）并积分，可求得其余的应力分量为

$$\sigma_y=\frac{b^2c}{2I}\left[\left(\frac{y}{b}\right)^2-1\right]\frac{\mathrm{d}^2M_{pz}}{\mathrm{d}z^2}-\frac{b^2}{12}\left[2m\left(\frac{y}{b}\right)^2-\left(\frac{y}{b}\right)^4-(2m-1)\right]\frac{\mathrm{d}^2S(z)}{\mathrm{d}z^2} \tag{7-36a}$$

$$\sigma_x=-\frac{c^3}{2I}\left[2\left(\frac{1}{3}+\frac{b}{c}+\frac{A_c}{ct}\right)+\left(1+\frac{2b}{c}+\frac{2A_c}{ct}\right)\frac{x}{c}-\frac{1}{3}\left(\frac{x}{c}\right)^3\right]\frac{\mathrm{d}^2M_{pz}}{\mathrm{d}z^2}-$$

$$\left(1-\frac{1}{3}m\right)\frac{c^2}{20}\left[\left(\frac{x}{c}\right)-\left(\frac{x}{c}\right)^5\right]\frac{\mathrm{d}^2S(z)}{\mathrm{d}z^2} \tag{7-36b}$$

$$\tau_{yz}=-y\left\{\frac{c}{I}\frac{\mathrm{d}M_{pz}}{\mathrm{d}z}-\frac{1}{3}\left[m-\left(\frac{y}{b}\right)^2\right]\frac{\mathrm{d}S(z)}{\mathrm{d}z}\right\} \tag{7-37a}$$

$$\tau_{xz}=\frac{c^2}{2I}\left[1+2\frac{b}{c}+2\frac{A_c}{ct}-\left(\frac{x}{c}\right)^2\right]\frac{\mathrm{d}M_{pz}}{\mathrm{d}z}+\left(1-\frac{1}{3}m\right)\frac{c}{4}\left[\frac{1}{5}-\left(\frac{x}{c}\right)^4\right]\frac{\mathrm{d}S(z)}{\mathrm{d}z} \tag{7-37b}$$

（4）边界条件　积分常数利用下列边界条件求出：

当 $x=c$ 时：

$$\sigma_x=\frac{p}{2t}=-\frac{1}{2t}\frac{\mathrm{d}^2M_{pz}}{\mathrm{d}z^2} \tag{7-38a}$$

式中　p——单位高度上的侧向荷载。

当 $x=-c$ 时：

$$\sigma_x=0$$

当 $y=\pm b$ 时：

$$\sigma_y=0$$

角柱处的平衡方程式：

$$\tau_{xz}\big|_{x=c}+\tau_{yz}\big|_{y=b}=\frac{A_c}{t}\frac{\partial\sigma_z}{\partial z} \tag{7-38b}$$

此外，τ_{yz}对轴$y=0$呈反对称。由于对称，每一腹板框架将承受总剪力的一半，所以

$$t\int_{-c}^{c}\tau_{xz}\mathrm{d}x=\frac{V_{pz}}{2}=\frac{1}{2}\int_0^z p\mathrm{d}z=\frac{1}{2}\frac{\mathrm{d}M_{pz}}{\mathrm{d}z} \tag{7-38c}$$

式中　p——单位高度上的水平荷载；

V_{pz}——水平荷载产生的总剪力。

（5）由势能原理建立微分方程　结构中的总应变能为

$$U=t\int_0^H\left\{\int_{-b}^{b}\left(\frac{\sigma_z^2}{E}+\frac{\tau_{yz}^2}{G}\right)\mathrm{d}y+\int_{-c}^{c}\left(\frac{\sigma_z'^2}{E}+\frac{\tau_{xz}^2}{G}\right)\mathrm{d}x\right\}\mathrm{d}z+4\frac{A_c}{2E}\int_0^H\sigma_c^2\mathrm{d}z \tag{7-39a}$$

由于楼板在平面内刚度很大，可以忽略水平应变，因而水平方向的正应力σ_x和σ_y产生的应变能也可略去。将式（7-36）、式（7-37）代入式（7-39a），对x和y积分后，应变能U可表示为

$$U=\int_0^H f\left(z,S,\frac{\mathrm{d}S}{\mathrm{d}z}\right)\mathrm{d}z \tag{7-39b}$$

根据最小余能原理，使积分值为驻值，可得出下面的控制微分方程：

$$\frac{\mathrm{d}^2S(z)}{\mathrm{d}z^2}-\left(\frac{K}{H}\right)^2S(z)=\lambda^2\frac{\mathrm{d}^2\sigma_b}{\mathrm{d}z^2} \tag{7-40}$$

其中：

$$K^2=15\frac{G}{E}\frac{H^2}{b^2}\frac{\frac{1}{5}(5m^2-10m+9)+(3-m)^2\frac{c}{b}\left(\frac{1}{7}+\frac{A_c}{ct}\right)}{\frac{1}{7}(35m^2-42m+15)+\frac{1}{15}\left(\frac{c}{b}\right)^3(3-m)^2} \tag{7-41a}$$

$$\lambda^2=3\frac{(5m-3)-\frac{1}{7}\left(\frac{c}{b}\right)^3(3-m)}{\frac{1}{7}(35m^2-42m+15)+\frac{1}{15}\left(\frac{c}{b}\right)^3(3-m)^2} \tag{7-41b}$$

$$\sigma_b=\frac{Mc}{I} \tag{7-41c}$$

式中，m见式（7-34c）。

当角柱与中柱截面相同时，角柱已作为等效正交异性板的一部分包括在内，这时可认为加强面积$A_c=0$，由式（7-34c）可得

$$m=\frac{5b+3c}{5b+c} \tag{7-42a}$$

$$\frac{c}{b}=\frac{5(m-1)}{3-m} \tag{7-42b}$$

当$A_c=0$时，将式（7-42b）代入式（7-41a）和式（7-41b），则参数K^2和λ^2可简化为

$$K^2=9\frac{GH^2}{Eb^2}\frac{(3-m)(5m^2+15m-6)}{35m^3-42m^2+51m-20} \tag{7-43a}$$

$$\lambda^2=9\frac{(-45m^3+72m^2+33m-32)}{(3-m)(35m^3-42m^2+51m-20)} \tag{7-43b}$$

（6）求解微分方程

边界条件为，当$z=0$时：

$$S(z)=0$$

当 $z=H$ 时：

$$\frac{\mathrm{d}S(z)}{\mathrm{d}z}-\lambda^2\frac{\mathrm{d}\sigma_\mathrm{b}}{\mathrm{d}z}=0 \tag{7-44}$$

设相对坐标 $\xi=z/H$，则对于三种常用荷载，解微分方程式（7-40）则可得到 $S(\xi)$ 的解如下：

1）倒三角分布荷载的解：

$$S(\xi)=3\frac{\lambda^2}{K^2}\sigma_\mathrm{b}(H)\left[\frac{2K\mathrm{ch}(K(1-\xi))+(K^2-2)\mathrm{sh}(K\xi)}{2K\mathrm{ch}K}-(1-\xi)\right] \tag{7-45a}$$

其中：

$$\sigma_\mathrm{b}(H)=\frac{1}{3}\frac{pH^2}{I}c,\xi=\frac{z}{H}$$

2）均布荷载的解：

$$S(\xi)=\frac{2\lambda^2}{K^2}\sigma_\mathrm{b}(H)\left[\frac{\mathrm{ch}(K(1-\xi))+K\mathrm{sh}(K\xi)}{\mathrm{ch}K}-1\right] \tag{7-45b}$$

其中：

$$\sigma_\mathrm{b}(H)=\frac{qH^2}{2I}c$$

3）顶点集中力的解：

$$S(\xi)=\frac{\lambda^2}{K^2}\sigma_\mathrm{b}(H)\frac{\mathrm{sh}(K\xi)}{\mathrm{ch}K} \tag{7-45c}$$

其中：

$$\sigma_\mathrm{b}(H)=\frac{PH}{I}c$$

（7）轴向应力与剪应力的解　将应力函数 $S(\xi)$ 代入式（7-35）、式（7-36）就可以求出各应力分量。对于设计中比较重要的四个应力分量 σ_z、σ'_z、τ_{yz} 和 τ_{xz} 的计算公式可以写为如下形式：

$$\sigma_z=\sigma_\mathrm{b}-\left[\frac{1}{3}m-\left(\frac{y}{b}\right)^2\right]\sigma_\mathrm{b}(H)F_1F_2 \tag{7-46a}$$

$$\sigma'_z=\sigma_\mathrm{b}\frac{x}{c}+\left(1-\frac{1}{3}m\right)\left(\frac{x}{c}\right)^3\sigma_\mathrm{b}(H)F_1F_2 \tag{7-46b}$$

$$\tau_{yz}=-\frac{y}{H}\frac{\mathrm{d}\sigma_\mathrm{b}}{\mathrm{d}\xi}+\frac{y}{3H}\left[m-\left(\frac{y}{b}\right)^2\right]\sigma_\mathrm{b}(H)F_1F_3 \tag{7-47a}$$

$$\tau_{xz}=\frac{c}{2H}\left[1+2\frac{b}{c}+2\frac{A_\mathrm{c}}{ct}-\left(\frac{x}{c}\right)^2\right]\frac{\mathrm{d}\sigma_\mathrm{b}}{\mathrm{d}\xi}+\left(1-\frac{1}{3}m\right)\frac{c}{4H}\left[\frac{1}{5}-\left(\frac{x}{c}\right)^4\right]\sigma_\mathrm{b}(H)F_1F_3 \tag{7-47b}$$

（8）应力函数　式（7-46）和式（7-47）中，函数 σ_b、$\frac{\mathrm{d}\sigma_\mathrm{b}}{\mathrm{d}\xi}$、$F_1$、$F_2$ 和 F_3 对应的三种常用荷载的公式列于表 7-15 中。

表 7-15　应力函数

函数	倒三角形分布荷载	均布荷载	顶点集中荷载
$\sigma_\mathrm{b}(H)$	$\frac{pH^2c}{2I}\left(\xi^2-\frac{1}{3}\xi^3\right)$	$\frac{qH^2c}{2I}\xi^2$	$\frac{PHc}{I}\xi$
$\frac{\mathrm{d}\sigma_\mathrm{b}}{\mathrm{d}\xi}$	$\frac{pH^2c}{2I}(2\xi-\xi^2)$	$\frac{qH^2c}{I}\xi$	$\frac{PHc}{I}$

（续）

函数	倒三角形分布荷载	均布荷载	顶点集中荷载
F_1	λ^2	λ^2	λ^2
F_2	$\frac{3}{K^2}\left[\frac{2K\text{ch}(K(1-\xi))+(K^2-2)\text{sh}(K\xi)}{2K\text{ch}K}-(1-\xi)\right]$	$\frac{2}{K^2}\left[\frac{\text{ch}(K(1-\xi))+K\text{sh}(K\xi)}{\text{ch}K}-1\right]$	$\frac{\text{sh}(K\xi)}{K\text{ch}K}$
F_3	$\frac{3}{K^2}\left[\frac{(K^2-2)\text{ch}(K\xi)-2K\text{sh}(K(1-\xi))}{2\text{ch}K}+1\right]$	$\frac{2}{K}\left[\frac{K\text{ch}(K\xi)-\text{sh}(K(1-\xi))}{\text{ch}K}\right]$	$\frac{\text{ch}(K\xi)}{\text{ch}K}$

函数 F_1 等于 λ^2，是一个只和横截面形式以及角柱的相对尺寸有关的函数，由式（7-34c）的参数 m 确定，见式（7-41b）和式（7-43b）。

函数 F_2 和 F_3 由参数 K 和相对坐标 ξ 确定。由式（7-41a）和式（7-43a）的第一式知参数 K 本身又是 G/E、H/b 和 m 等参数的函数。

对于三种常用荷载的 F_1、F_2 和 F_3 函数的变化曲线，如图 7-31～图 7-34 所示。

计算时，先按式（b）和式（7-25）确定等效筒的有效弹性模量 E 和剪切模量 G。根据横截面尺寸 b、c 和角柱面积 A_c，根据式（7-34c）计算 m，根据式（7-41a）和式（7-43a）计算 K。函数 F_1 即 λ^2 可以根据式（7-41b）和式（7-43b）算出，也可从图 7-31 中查出。对于三种常用的荷载，函数 F_2 和 F_3 可根据已知的 K 值和需求的水平截面的位置 ξ，由图 7-32～图 7-34 查得。各应力分量可根据式（7-46）和式（7-47）求得。

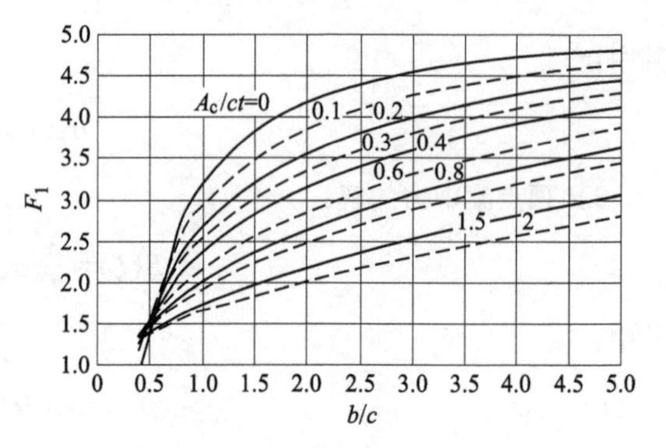

图 7-31　函数 F_1

最后，还要把从等效连续体中得到的应力，转换到不连续结构的梁和柱中去。这只要把式（7-46）和式（7-47）中的应力分量进行积分（或求和）即可实现。

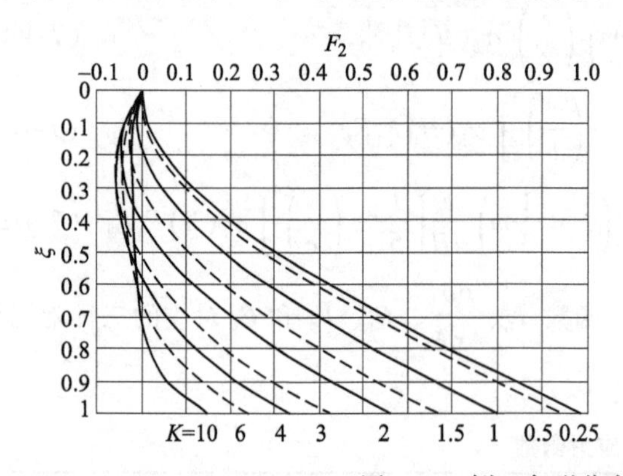

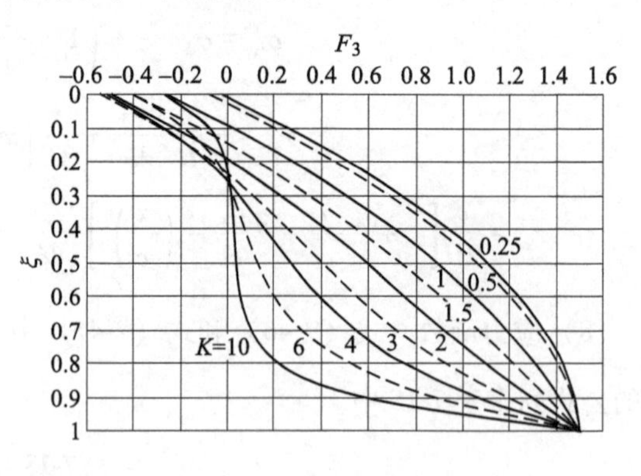

图 7-32　倒三角形分布荷载应力函数 F_2、F_3

（9）柱子轴力

1）翼缘框架位于 y_i 处柱子的轴力：

$$N_{fi}=t\int_{y_i-\frac{L}{2}}^{y_i+\frac{L}{2}}\sigma_z\mathrm{d}y=tL\left\{\sigma_b-\frac{1}{3}\left[m-\frac{1}{b^2}\left(3y_i^2+\frac{L^2}{4}\right)\right]S(z)\right\}\tag{7-48a}$$

$$S(z)=\sigma_b(H)F_1F_2\tag{7-48b}$$

式中　L——相邻柱的间距。

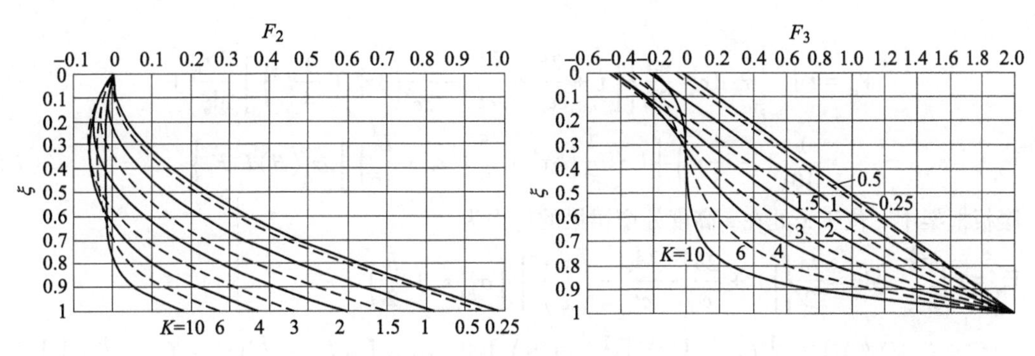

图 7-33　均布荷载应力函数 F_2、F_3

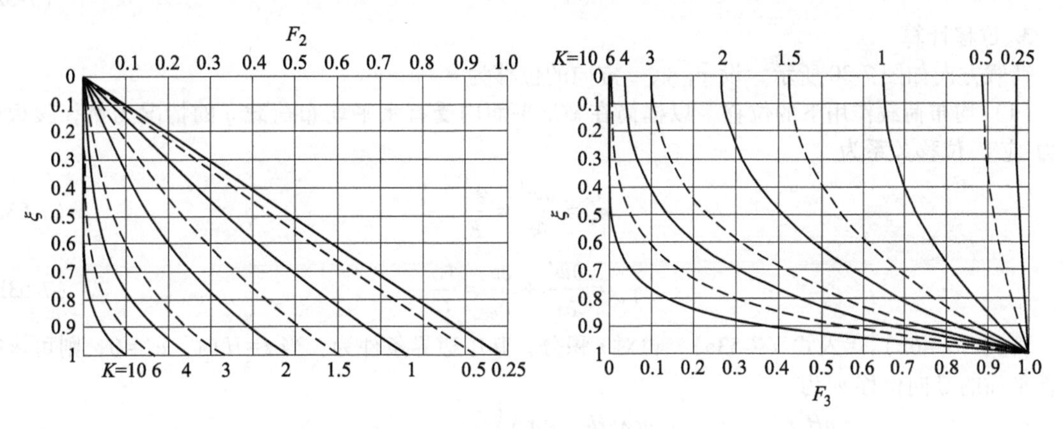

图 7-34　顶点荷载应力函数 F_2、F_3

2）腹板框架位于 x_i处的柱子轴力：

$$N_{wi} = t\int_{x_i-\frac{L}{2}}^{x_i+\frac{L}{2}} \sigma'_z \mathrm{d}x = \frac{tLx_i}{c}\left[\sigma_b + \left(1 - \frac{1}{3}m\right)\frac{1}{c^2}\left(x_i^2 + \frac{L^2}{4}\right)S(z)\right] \tag{7-49}$$

3）角柱轴力。角柱轴力分两种情况：

① 角柱与中柱截面相同时：

$$N_{b,c} = t\int_{b-\frac{L}{2}}^{b} \sigma_z \mathrm{d}y + t\int_{c-\frac{L}{2}}^{c} \sigma'_z \mathrm{d}x = tL[k_1\sigma_b - k_2 S(z)] \tag{7-50a}$$

$$k_1 = \frac{1}{2} + \frac{1}{2c}\left(c - \frac{L}{4}\right);\ k_2 = \frac{1}{6}m - \left(\frac{1}{2} - \frac{L}{4b} + \frac{L^2}{24b^2}\right) - \left(1 - \frac{1}{3}m\right)\left(\frac{1}{2} - \frac{3L}{8c} + \frac{L^2}{8c^2} - \frac{L^3}{64c^3}\right)$$

$$S(z) = \sigma_b(H)F_1F_2$$

其中：

$$m = \frac{5b + 3c}{5b + c}$$

② 角柱加强时：

$$N'_{b,c} = A_c\left[\sigma_b + \left(1 - \frac{1}{3}m\right)S(z)\right] + N_{b,c} \tag{7-50b}$$

式中，m 见式（7-34c）。

(10) 腹板框架梁、柱剪力　剪力由腹板框架承担。腹板框架中，位于 x_i 处在 z_i 高度柱子的剪力为

$$V_{ci}=t\int_{x_i-\frac{L}{2}}^{x_i+\frac{L}{2}}\tau_{xz}\mathrm{d}x=\frac{tcL}{2H}\left\{\left[1+\frac{2b}{c}+\frac{2A_c}{ct}-\frac{1}{3c^2}\left(3x_i^2+\frac{1}{4}L^2\right)\right]\frac{\mathrm{d}\sigma_b}{\mathrm{d}\xi}+\frac{1}{10}\left(1-\frac{1}{3}m\right)\left[1-\frac{1}{c^4}\left(5x_i^4+\frac{5}{2}L^2x_i^2+\frac{L^4}{16}\right)\right]\sigma_b(H)F_1F_3\right\}\tag{7-51}$$

腹板框架中，位于 x_i 处在 z_i 高度处窗裙梁的剪力为

$$V_{bi}=t\int_{z_i-\frac{h}{2}}^{z_i+\frac{h}{2}}\tau_{xz}\mathrm{d}x=\frac{tc}{2}\left\{\left[1+\frac{2b}{c}+\frac{2A_c}{ct}-\left(\frac{x_i}{c}\right)^2\right]\left[\sigma_b\left(z_i+\frac{h}{2}\right)-\sigma_b\left(z_i-\frac{h}{2}\right)\right]+\frac{1}{2}\left(1-\frac{1}{3}m\right)\left[\frac{1}{5}-\left(\frac{x_i}{c}\right)^4\right]\sigma_b(H)F_1\left[F_2\left(z_i+\frac{h}{2}\right)-F_2\left(z_i-\frac{h}{2}\right)\right]\right\}\tag{7-52}$$

3. 位移计算

荷载方向如图 7-30 所示，设 x、y、z 方向的位移为 u、v、w。

(1) 均布荷载作用下的位移　以框筒在 xOz 平面内受有水平均布荷载 q 的情况为例，腹板的应力-应变-位移关系为

$$\varepsilon_z'=\frac{\partial w'}{\partial z}=\frac{\sigma_z'}{E}\tag{7-53a}$$

$$\gamma_{xz}=\frac{\partial w'}{\partial x}+\frac{\partial u}{\partial z}=\frac{\tau_{xz}}{G}\tag{7-53b}$$

将式 (7-46b) 代入式 (7-53a)，再对 z 积分，其中边界条件为：当 $z=H$ 时，$w'=0$，则可求得腹板平面的竖向位移 w' 为

$$w'=\frac{qH^3x}{6EI}(\xi^3-1)+\frac{qc\lambda^2H^3}{K^3EI}\gamma\left(\frac{x}{c}\right)^3[\mathrm{sh}(K\xi)+K_1\mathrm{ch}(K\xi)-K\xi]\tag{7-54}$$

将式 (7-54) 和式 (7-47b) 代入式 (7-53b)，得 $\frac{\partial u}{\partial z}$，再对 z 积分，并考虑边界条件 $z=H$ 时 $u=0$，可求得正截面中和轴处 ($x=0$) 的水平位移为

$$u=-\frac{qH^4}{24EI}(3+\xi^4-4\xi)+\frac{qc^2H^2}{4GI}\left\{g_1(\xi^2-1)+\frac{\lambda^2\gamma}{5K^2}[f_1+K_1f_2]\right\}\tag{7-55a}$$

顶点 ($\xi=0$) 处水平位移为

$$u_n=-\frac{qH^4}{8EI}-\frac{qc^2H^2}{4GI}\left\{g_1-\frac{\lambda^2\gamma}{5K^2}[f_1(0)+K_1f_2(0)]\right\}\tag{7-55b}$$

对于翼缘面板，应力-应变-位移关系为

$$\varepsilon_z=\frac{\partial w}{\partial z}=\frac{1}{H}\frac{\partial w}{\partial \xi}=\frac{\sigma_z}{E}\tag{7-56}$$

将式 (7-46a) 代入式 (7-56)，对 z 积分，并考虑边界条件 $z=H$ 时 $w=0$，可求出翼缘板的竖向位移 w 为

$$w=-\frac{qcH^3}{EI}\left\{\frac{1}{6}(1-\xi^3)+\frac{\lambda^2}{K^3}\varphi[\mathrm{sh}(K\xi)+K_1\mathrm{ch}(K\xi)-K\xi]\right\}\tag{7-57a}$$

顶点 ($\xi=0$) 处竖向位移为

$$w_n=-\frac{qcH^3}{6EI}-\frac{qc\lambda^2H^3}{K^3EI}K_1\varphi\tag{7-57b}$$

各位移公式中的第一项为简单梁理论得到的位移值，其余的项是由剪力滞后产生的影响，

其中：

$$g_1 = 1 + \frac{2b}{c} + \frac{2A_c}{ct}, \gamma = 1 - \frac{1}{3}m, \varphi = \frac{1}{3}m - \left(\frac{y}{b}\right)^2 \tag{7-58a}$$

$$K_1 = \frac{K - \text{sh}K}{\text{ch}K}, K_2 = \frac{K^2 - 2 - 2K\text{sh}K}{2K^2\text{ch}K} \tag{7-58b}$$

$$f_1 = \text{ch}(K\xi) - \text{ch}K, f_2 = \text{sh}(K\xi) - \text{sh}K \tag{7-58c}$$

（2）倒三角形分布荷载作用下的位移

位移推导过程与均布荷载类似。设顶部分布最大水平荷载为 p，位移计算的结果如下：

$$w' = \frac{pH^3x}{24EI}(4\xi^3 - \xi^4 - 3) + \frac{pc\lambda^2H^3}{K^2EI}\gamma\left(\frac{x}{c}\right)^3\left[\frac{1}{K^2} + \frac{1}{K}\text{sh}(K\xi) + K_2\text{ch}(K\xi) - \xi + \frac{1}{2}\xi^2\right] \tag{7-59}$$

$$w = \frac{pcH^3}{EI}\left\{\frac{1}{24}(4\xi^3 - \xi^4 - 3) - \frac{\lambda^2\varphi}{K^2}\left[\frac{1}{K}\text{sh}(K\xi) - \xi + \frac{1}{2}\xi^2 + \frac{1}{K^2} + K_2\text{ch}(K\xi)\right]\right\} \tag{7-60}$$

$$u = -\frac{pH^4}{120EI}(5\xi^4 - \xi^5 - 15\xi + 11) + \frac{pc^2H^2}{4GI}\left\{\frac{1}{3}g_1(3\xi^2 - \xi^3 - 2) + \frac{\lambda^2\gamma}{5K^2}[f_1 + KK_2f_2 + (\xi - 1)]\right\} \tag{7-61}$$

顶点（$\xi=0$）处水平位移和竖向位移为

$$u_n = -\frac{11pH^4}{120EI} - \frac{pc^2H^2}{4GI}\left\{\frac{2}{3}g_1 - \frac{\lambda^2\gamma}{5K^2}[f_1(0) + KK_2f_2(0) - 1]\right\} \tag{7-62a}$$

$$w_n = -\frac{pcH^2}{8EI} - \frac{pc\lambda^2H^3}{K^2EI}\left(\frac{1}{K^2} + K_2\right)\varphi \tag{7-62b}$$

（3）顶点集中荷载作用下的位移

$$w' = \frac{PH^2x}{2EI}(\xi^2 - 1) + \frac{Pc\lambda^2H^2}{K^2EI}\gamma\left(\frac{x}{c}\right)^3\frac{f_1(0)}{\text{ch}K} \tag{7-63}$$

$$w = -\frac{PcH^2}{2EI}(1 - \xi^2) - \frac{Pc\lambda^2H^2}{K^2EI}\varphi\frac{f_1(0)}{\text{ch}K} \tag{7-64}$$

$$u = -\frac{PH^3}{6EI}(2 - 3\xi + \xi^3) + \frac{Pc^2H}{2GI}\left[g_1(\xi - 1) + \frac{\lambda^2\gamma}{10K}\frac{f_2(0)}{\text{ch}K}\right] \tag{7-65}$$

顶点（$\xi=0$）处水平位移和竖向位移为

$$u_n = -\frac{PH^3}{3EI} - \frac{Pc^2H}{2GI}\left[g_1 - \frac{\lambda^2\gamma}{10K}\frac{f_2(0)}{\text{ch}K}\right] \tag{7-66a}$$

$$w_n = -\frac{PcH^2}{2EI} - \frac{Pc\lambda^2H^2}{K^2EI}\varphi\frac{f_1(0)}{\text{ch}K} \tag{7-66b}$$

【例7-5】 用等效连续体能量法计算［例7-4］，有关几何参数如图7-35所示。1、2层层高为4.5m，其余层层高为3.3m，总高 H 为101.4m（含女儿墙顶高度102.85m）。窗洞宽1.8m，上部各层窗高2m，下部两层窗高3.2m。中柱宽1.2m，墙厚0.8m，角柱是边长为1.2m的正方形。水平风荷载同［例7-2］，梯形分布荷载 $q_1=11.6\text{kN/m}$，$q_2=50\text{kN/m}$（102.85m处），受力方向如图7-35所示。求各柱轴力、边跨梁剪力和顶部侧移。

【解】 1. 荷载

题目中的梯形荷载需转换成典型荷载的形式。本例中，梯形荷载可以转换为沿 H 的均布荷载 q_1 和倒三角形分布荷载，作用（$H=101.4\text{m}$）在女儿墙以上部分的水平荷载通过基底弯矩等效转变在倒三角形分布荷载部分中。

1）在沿全高102.85m分布的梯形分布荷载作用下的基底弯矩。

$$M_p = q_1 \frac{(H+1.45)^2}{2} + (q_2 - q_1)\frac{(H+1.45)^2}{3}$$

$$= \left[11.6\times\frac{102.85^2}{2} + (50-11.6)\times\frac{102.85^2}{3}\right]\text{kN}\cdot\text{m} = 196753.1\text{kN}\cdot\text{m}$$

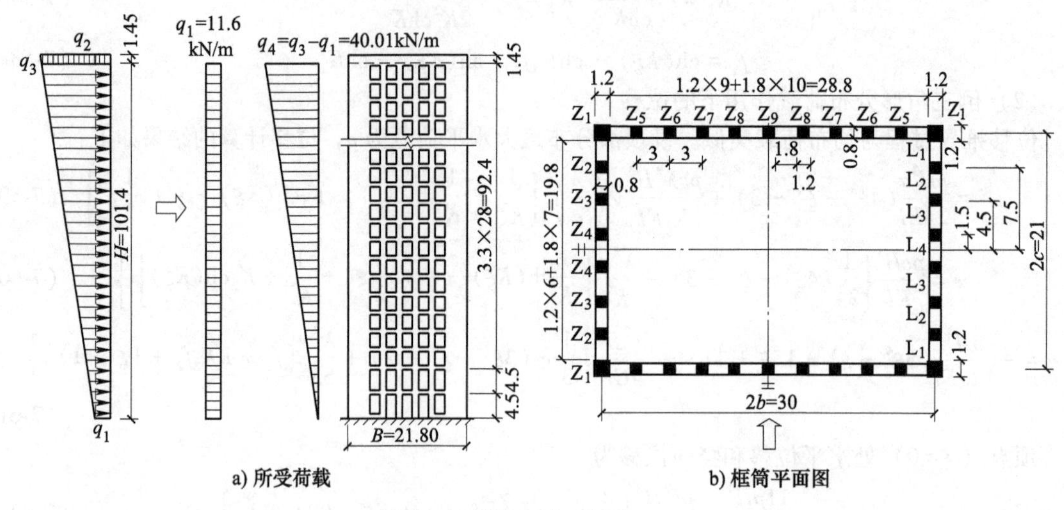

图 7-35 ［例 7-5］（单位：m）

2）设荷载为沿 $H=101.4\text{m}$ 的梯形分布荷载，基底处为 $q_1=11.6\text{kN/m}$，顶部为 q_3，由基底弯矩等效有：

$$q_1\frac{H^2}{2} + (q_3 - q_1)\frac{H^3}{3} = \left(11.6\times\frac{101.4^2}{2}\right)\text{kN}\cdot\text{m} + (q_3 - 11.6\text{kN/m})\times\frac{101.4^2}{3}\text{m}^2$$

$$= 196753.1\text{kN}\cdot\text{m} \rightarrow q_3 = 51.61\text{kN/m}$$

3）倒三角形分布荷载上部的 q 为 $q_4=q_3-q_2=51.61\text{kN/m}-11.6\text{kN/m}=40.01\text{kN/m}$，如图 7-35a 所示。

2. 等效体几何参数计算

等效板竖向弹性模量取为 $E=3.25\times10^7\text{kN/m}^2$；按等效板的截面面积 Lt 和（中柱）柱截面面积相等确定等效板厚度为

$$t = \frac{A}{L} = \frac{0.8\times1.2}{3.0}\text{m} = \frac{0.96}{3.0}\text{m} = 0.32\text{m}$$

角柱增大面积：

$$A_c = (1.2\times1.2 - 0.8\times1.2)\text{m}^2 = (1.44-0.96)\text{m}^2 = 0.48\text{m}^2$$

翼缘板宽取两个腹板框架轴线到轴线的距离：

$$2b = 30\text{m}, b = 15\text{m}$$

腹板宽取两个翼缘框架轴线到轴线的距离：

$$2c = 21\text{m}, c = 10.5\text{m}$$

由式（7-29）计算等效筒体的惯性矩：

$$I = \frac{4}{3}tc^2(3b+c) + 4A_c c^2$$

$$= \left[\frac{4}{3}\times0.32\times10.5^2\times(3\times15+10.5) + 4\times0.48\times10.5^2\right]\text{m}^4 = 2822.4\text{m}^4$$

层高加权平均：

$$h=\frac{3.3\times28\times3.3+4.5\times2\times4.5}{101.4}\mathrm{m}=3.407\mathrm{m}$$

洞口高加权平均：

$$h_n=\frac{2\times28\times3.3+3.2\times2\times4.5}{101.4}\mathrm{m}=2.107\mathrm{m}$$

折算梁高：$h_b=h-h_n=3.407\mathrm{m}-2.107\mathrm{m}=1.3\mathrm{m}$；梁宽 $b_b=0.8\mathrm{m}$。

柱截面高：$h_c=1.2\mathrm{m}$；柱截面宽：$b_c=0.8\mathrm{m}$。

中柱柱距：$L=3\mathrm{m}$；洞口净宽：$L_n=L-h_c=3\mathrm{m}-1.2\mathrm{m}=1.8\mathrm{m}$。

梁、柱刚域尺寸：$t_1=h_c=1.2\mathrm{m}$；$t_2=h_b=1.3\mathrm{m}$。

3. 梁、柱线刚度

由式（7-22b）计算带刚域中柱线刚度：

$$K_c=\frac{EI_c}{h(1-t_2/h)^3}=\frac{3.25\times10^7\times0.8\times1.2^3\div12}{3.407\times(1-1.3\div3.407)^3}\mathrm{kN\cdot m}=4646078\mathrm{kN\cdot m}$$

带刚域边柱的线刚度：

$$K_c=\frac{EI_c}{h(1-t_2/h)^3}=\frac{3.25\times10^7\times1.2\times1.2^3\div12}{3.407\times(1-1.3\div3.407)^3}\mathrm{kN\cdot m}=6969117\mathrm{kN\cdot m}$$

由式（7-22a）计算带刚域梁线刚度：

$$K_b=\frac{EI_b}{L(1-t_1/L)^3}=\frac{3.25\times10^7\times0.8\times1.3^3\div12}{3\times(1-1.2\div3)^3}\mathrm{kN\cdot m}=7345936\mathrm{kN\cdot m}$$

4. 等效板抗剪刚度、剪切模量

1）由式（7-25b）计算中柱处等效板的抗剪刚度：

$$AG=\frac{12K_c}{h\left(1+\dfrac{K_c}{K_b}\right)}=\frac{12\times4646078}{3.407\times\left(1+\dfrac{4646078}{7345936}\right)}\mathrm{kN}=10024221\mathrm{kN}$$

故等效板的剪切模量为

$$G=\frac{10024221}{0.96}\mathrm{kN/m^2}=10441897\mathrm{kN/m^2}$$

2）边柱处等效板的抗剪刚度：

$$AG=\frac{12K_c}{h\left(1+\dfrac{K_c}{K_b}\right)}=\frac{12\times6969117}{3.407\times\left(1+\dfrac{6969117}{7345936}\right)}\mathrm{kN}=12596244\mathrm{kN}$$

边柱处等效板的剪切模量为

$$G=\frac{12596244}{1.44}\mathrm{kN/m^2}=8747391\mathrm{kN/m^2}$$

3）为便于计算，等效板的剪切模量 G 取各柱的平均值，每个腹板框架有中柱 6 个和边柱 2 个，故

$$G=\frac{6\times10441897+2\times8747391}{6+2}\mathrm{kN/m^2}=10018270\mathrm{kN/m^2}$$

5. 求解 S 函数的有关参数

由式（7-34c）得

$$m=\frac{5b+3c+15\dfrac{A_c}{t}}{5b+c+5\dfrac{A_c}{t}}=\frac{5\times15+3\times10.5+15\times\dfrac{0.48}{0.32}}{5\times15+10.5+5\times\dfrac{0.48}{0.32}}=1.387$$

由式（7-41a）得

$$K^2=15\frac{GH^2}{Eb^2}\frac{\dfrac{1}{5}(5m^2-10m+9)+(3-m)^2\dfrac{c}{b}\left(\dfrac{1}{7}+\dfrac{A_c}{ct}\right)}{\dfrac{1}{7}(35m^2-42m+15)+\dfrac{1}{15}\left(\dfrac{c}{b}\right)^3(3-m)^2}$$

$$=15\times\frac{10018270}{3.25\times10^7}\times\frac{101.4^2}{15^2}\times\frac{\dfrac{1}{5}\times(5\times1.387^2-10\times1.387+9)+(3-1.387)^2\times\dfrac{10.5}{15}\times\left(\dfrac{1}{7}+\dfrac{0.48}{10.5\times0.32}\right)}{\dfrac{1}{7}\times(35\times1.387^2-42\times1.387+15)+\dfrac{1}{15}\times\left(\dfrac{10.5}{15}\right)^3\times(3-1.387)^2}$$

$=88.8$

故 $K=9.42$。

由式（7-41b）得

$$\lambda^2=3\frac{(5m-3)-\dfrac{1}{7}\left(\dfrac{c}{b}\right)^3(3-m)}{\dfrac{1}{7}(35m^2-42m+15)+\dfrac{1}{15}\left(\dfrac{c}{b}\right)^3(3-m)^2}=3.306=F_1$$

6. 柱子轴力计算

（1）均布荷载作用　对均布荷载作用的情形，各高度处的参数和函数值可按表 7-15 中的公式计算或在图 7-31、图 7-33 中查得。以一层柱、梁内力为例，计算如下：

$$\sigma_b(H)=\frac{q_1H^2c}{2I}=\frac{11.6\times101.4^2\times10.5}{2\times2822.4}\text{kN/m}^2=221.9\text{kN/m}^2$$

$$\xi_1=(H-H_1)/H=(101.4-4.5)\div101.4=0.956$$

$$F_2=\frac{2}{K^2}\left[\frac{\text{ch}(K(1-\xi_1))+K\text{sh}(K\xi_1)}{\text{ch}K}-1\right]=$$

$$\frac{2}{9.42^2}\times\left[\frac{\text{ch}(9.42\times0.044)+9.42\times\text{sh}(9.42\times0.956)}{\text{ch}9.42}-1\right]=0.118$$

$$S(\xi_1)=\sigma_b(H)F_1F_2=(221.9\times3.306\times0.118)\text{kN/m}^2=86.56\text{kN/m}^2$$

$$H_1=4.5\text{m};\xi_1=0.956\text{ 处},$$

$$\sigma_b(\xi_1)=\frac{q_1H^2c}{2I}\xi_1^2=\frac{11.6\times101.4^2\times10.5}{2\times2822.4}\times0.956^2\text{kN/m}^2=202.8\text{kN/m}^2$$

1）翼缘框架一层柱轴力。

$$N_{f1}=tL\left\{\sigma_b-\frac{1}{3}\left[m-\frac{1}{b^2}\left(3y_i^2+\frac{L^2}{4}\right)\right]S(\xi_1)\right\}$$

$$=0.32\times3\times\left\{202.8-\frac{1}{3}\times\left[1.387-\frac{1}{15^2}\left(3y_i^2+\frac{3^2}{4}\right)\right]\times86.56\right\}$$

2）腹板框架一层柱轴力。由式（7-49）求得侧向框架中底层柱轴力为

$$N_{wi}=\frac{tLx_i}{c}\left[\sigma_b+\left(1-\frac{1}{3}m\right)\frac{1}{c^2}\left(x_i^2+\frac{L^2}{4}\right)S(\xi_1)\right]$$

$$= \frac{0.32 \times 3x_i}{10.5} \times \left[202.8 + \left(1 - \frac{1.387}{3}\right) \times \frac{1}{10.5^2} \times \left(x_i^2 + \frac{3^2}{4}\right) \times 86.56\right]$$

3）角柱轴力。不考虑角柱加强时：

$$m = \frac{5b + 3c}{5b + c} = \frac{5 \times 15 + 3 \times 10.5}{5 \times 15 + 10.5} = 1.246$$

$$k_1 = \frac{1}{2} + \frac{1}{2c}\left(c - \frac{L}{4}\right) = 0.5 + 0.5 \times \left(1 - \frac{3}{4 \times 10.5}\right) = 0.9643$$

$$k_2 = \frac{1}{6}m - \left(\frac{1}{2} - \frac{L}{4b} + \frac{L^2}{24b^2}\right) - \left(1 - \frac{1}{3}m\right)\left(\frac{1}{2} - \frac{3L}{8c} + \frac{L^2}{8c^2} - \frac{L^3}{64c^3}\right)$$

$$= \frac{1.246}{6} - \left[0.5 - \frac{3}{4 \times 15} + \frac{1}{24} \times \left(\frac{3}{15}\right)^2\right] - \left(1 - \frac{1.246}{3}\right) \times$$

$$\left[0.5 - \frac{3 \times 3}{8 \times 10.5} + \frac{1}{8} \times \left(\frac{3}{10.5}\right)^2 - \frac{1}{64} \times \left(\frac{3}{10.5}\right)^3\right] = -0.4794$$

$$N_{11} = tL[k_1\sigma_b - k_2S(\xi_1)] = [0.32 \times 3 \times (0.9643 \times 202.8 + 0.4794 \times 86.56)]\text{kN} = 227.6\text{kN}$$

本例有角柱加强，故由式（7-50b）得到 $H_1=4.5\text{m}$ 处角柱（Z_1）的轴力为

$$N'_{11} = A_c\left[\sigma_b + \left(1 - \frac{1}{3}m\right)S(\xi_1)\right] + N_{11}$$

$$= 0.48 \times \left[202.8 + \left(1 - \frac{1.387}{3}\right) \times 86.56\right]\text{kN} + 227.6\text{kN} = 347.3\text{kN}$$

（2）倒三角形分布荷载作用　对倒三角形分布荷载作用的情形，各高度处的参数和函数值可按表7-15中的公式计算或在图7-31、图7-32中查得。以一层柱、梁内力为例，计算如下：

$$\sigma_b(H) = \frac{q_4H^2c}{2I}\left(\xi^2 - \frac{1}{3}\xi^3\right) = \frac{40.01 \times 101.4^2 \times 10.5}{2 \times 2822.4} \times \left(1 - \frac{1}{3}\right)\text{kN/m}^2 = 510.1\text{kN/m}^2$$

$$\xi_1 = (H - H_1)/H = (101.4 - 4.5) \div 101.4 = 0.956$$

$$F_2 = \frac{3}{K^2}\left[\frac{2K\text{ch}(K(1-\xi)) + (K^2-2)\text{sh}(K\xi)}{2K\text{ch}K} - (1-\xi)\right]$$

$$= \frac{3}{9.42^2} \times \left[\frac{9.42 \times \text{ch}(9.42 \times 0.044) + (9.42^2 - 2) \times \text{sh}(9.42 \times 0.956)}{2 \times 9.42 \times \text{ch}9.42} - (1 - 0.956)\right] = 0.101$$

$H_1 = 4.5\text{m}$：$\xi_1 = 0.956$ 处，

$$S(\xi_1) = \sigma_b(H)F_1F_2 = (510.1 \times 3.306 \times 0.101)\text{kN/m}^2 = 170.33\text{kN/m}^2$$

$$\sigma_b(\xi_1) = \frac{q_4H^2c}{2I}\left(\xi_1^2 - \frac{1}{3}\xi_1^3\right) = \frac{40.01 \times 101.4^2 \times 10.5}{2 \times 2822.4} \times (0.956^2 - 0.956^3 \div 3)\text{kN/m}^2 = 476.5\text{kN/m}^2$$

1）翼缘框架一层柱轴力。

$$N_{f1} = tL\left\{\sigma_b - \frac{1}{3}\left[m - \frac{1}{b^2}\left(3y_i^2 + \frac{L^2}{4}\right)\right]S(\xi_1)\right\} = 0.32 \times 3 \times$$

$$\left\{476.5 - \frac{1}{3} \times \left[1.387 - \frac{1}{15^2} \times \left(3y_i^2 + \frac{3^2}{4}\right)\right] \times 170.33\right\}$$

2）腹板框架一层柱轴力。

$$N_{wi} = \frac{tLx_i}{c}\left[\sigma_b + \left(1 - \frac{1}{3}m\right)\frac{1}{c^2}\left(x_i^2 + \frac{L^2}{4}\right)S(\xi_1)\right]$$

$$= \frac{0.32 \times 3x_i}{10.5} \times \left[476.5 + \left(1 - \frac{1.387}{3}\right) \times \frac{1}{10.5^2} \times \left(x_i^2 + \frac{3^2}{4}\right) \times 170.33\right]$$

3）角柱轴力。不考虑角柱加强时柱轴力为

$$N_{11}=tL[k_1\sigma_b-k_2S(\xi_1)]=[0.32\times3\times(0.9643\times476.5+0.4794\times170.33)]\text{kN}=519.5\text{kN}$$

本例有角柱加强，故由式（7-50b）得到 $H_1=4.5\text{m}$ 处角柱（Z_1）的轴力为

$$N'_{11}=A_c\left[\sigma_b+\left(1-\frac{1}{3}m\right)S(\xi_1)\right]+N_{11}$$

$$=0.48\times\left[476.5+\left(1-\frac{1.387}{3}\right)\times170.33\right]\text{kN}+519.5\text{kN}=792.2\text{kN}$$

（3）轴力计算结果　$N_1\sim N_9$见表7-16。

表7-16　$H_i=4.5\text{m}$ 处柱子轴力的计算结果　（单位：kN）

位置	腹板柱			角柱	翼缘柱				
柱号	Z_4	Z_3	Z_2	Z_1	Z_5	Z_6	Z_7	Z_8	Z_9
轴力 N_j/kN	N_4	N_3	N_2	N_1	N_5	N_6	N_7	N_8	N_9
x_i或y_i/m	1.5	4.5	7.5	10.5/15	12	9	6	3	0
均布荷载	29.1	90.6	161.8	347.3	209.7	186.5	169.8	159.9	156.5
倒三角形分布荷载	65.9	203.7	360.1	792.2	487.0	441.2	408.5	388.9	382.4
合计	95	294.3	521.9	1139.5	696.7	627.7	578.3	548.8	538.9

7. 柱子剪力计算

剪力由腹板框架承担。由式（7-51）可知腹板框架中，位于 x_i处在 z_i高度的柱子剪力为

$$V_{ci}=\frac{tcL}{2H}\left\{\left[1+\frac{2b}{c}+\frac{2A_c}{ct}-\frac{1}{3c^2}\left(3x_i^2+\frac{1}{4}L^2\right)\right]\frac{d\sigma_b}{d\xi}+\frac{1}{10}\left(1-\frac{1}{3}m\right)\right.$$
$$\left.\left[1-\frac{1}{c^4}\left(5x_i^4+\frac{5}{2}L^2x_i^2+\frac{L^4}{16}\right)\right]\sigma_b(H)F_1F_3\right\}$$

对 Z_1、Z_2、Z_3、Z_4 柱，x_i分别等于10.5m、7.5m、4.5m、1.5m，应力函数与荷载有关，计算如下：

（1）均布荷载作用

$$F_3=\frac{2}{K}\left[\frac{K\text{ch}(K\xi)-\text{sh}(K(1-\xi))}{\text{ch}K}\right]$$
$$=\frac{2}{9.42}\times\left[\frac{9.42\times\text{ch}(9.42\times0.956)-\text{sh}(9.42\times(1-0.956))}{\text{ch}9.42}\right]=1.321$$

$$F_1=3.306;\frac{d\sigma_b}{d\xi_1}=\frac{q_1H^2c}{I}\xi_1=\frac{11.6\times101.4^2\times10.5}{2822.4}\times0.956=424.2$$

$$\sigma_b(H)=\frac{q_1H^2c}{2I}\xi^2=\frac{11.6\times101.4^2\times10.5}{2\times2822.4}\times1\text{kN/m}^2=221.9\text{kN/m}^2$$

$$\sigma_b(H)F_1F_3=(221.9\times3.306\times1.321)\text{kN/m}^2=969.1\text{kN/m}^2$$

$$V_{ci}=\frac{0.32\times10.5\times3}{2\times101.4}\times\left\{\left[1+2\times\frac{15}{10.5}+2\times\frac{0.48}{10.5\times0.32}-\frac{1}{3\times10.5^2}\left(3x_i^2+\frac{3^2}{4}\right)\right]\times424.2+\right.$$
$$\left.\frac{1}{10}\times\left(1-\frac{1.387}{3}\right)\times\left[1-\frac{1}{10.5^4}\times\left(5x_i^4+\frac{5}{2}\times3^2\times x_i^2+\frac{3^4}{16}\right)\right]\times969.1\right\}$$

（2）倒三角荷载作用

$$F_3=\frac{3}{K^2}\left[\frac{(K^2-2)\text{ch}(K\xi)-2K\text{sh}(K(1-\xi))}{2\text{ch}K}+1\right]$$

$$=\frac{3}{9.42^2}\times\left[\frac{(9.42^2-2)\times\text{ch}(9.42\times0.956)-2\times9.42\text{sh}(9.42\times(1-0.956))}{2\times\text{ch}9.42}-1\right]=1.0$$

$$\frac{\mathrm{d}\sigma_b}{\mathrm{d}\xi_1}=\frac{q_4H^2c}{2I}(2\xi_1-\xi_1^2)=\frac{40.01\times101.4^2\times10.5}{2\times2822.4}\times(2\times0.956-0.956^2)=763.7$$

$$\sigma_b(H)=\frac{q_4H^2c}{2I}\left(\xi^2-\frac{1}{3}\xi^3\right)=\frac{40.01\times101.4^2\times10.5}{2\times2822.4}\times\left(1-\frac{1}{3}\right)\mathrm{kN/m^2}=510.1\mathrm{kN/m^2}$$

$$\sigma_b(H)F_1F_3=510.1\mathrm{kN/m^2}\times3.306\times1.0=1686.4\mathrm{kN/m^2}$$

$$V_{ci}=\frac{0.32\times10.5\times3}{2\times101.4}\times\left\{\left[1+2\times\frac{15}{10.5}+2\times\frac{0.48}{10.5\times0.32}-\frac{1}{3\times10.5^2}\times\left(3x_i^2+\frac{3^2}{4}\right)\right]\times763.7+\right.$$

$$\left.\frac{1}{10}\times\left(1-\frac{1.387}{3}\right)\times\left[1-\frac{1}{10.5^4}\times\left(5x_i^4+\frac{5}{2}3^2x_i^2+\frac{3^4}{16}\right)\right]\times1686.4\right\}$$

计算结果见表7-17。

8. 梁的剪力计算

由式（7-52）求得侧向框架中底层边跨梁剪力为

$$V_{bi}=\frac{tc}{2}\left\{\left[1+\frac{2b}{c}+\frac{2A_c}{ct}-\left(\frac{x_i}{c}\right)^2\right]\left[\sigma_b\left(z_i+\frac{h}{2}\right)-\right.\right.$$

$$\left.\left.\sigma_b\left(z_i-\frac{h}{2}\right)\right]+\frac{1}{2}\left(1-\frac{1}{3}m\right)\left[\frac{1}{5}-\left(\frac{x_i}{c}\right)^4\right]\sigma_b(H)F_1\left[F_2\left(z_i+\frac{h}{2}\right)-F_2\left(z_i-\frac{h}{2}\right)\right]\right\}$$

$H_i=4.5\mathrm{m}$ 处，$z_i+h/2=101.4-4.5+4.5\div2=99.15$，$\xi_{1.5}=\dfrac{99.15}{101.4}=0.9778$；$z_i-h/2=101.4-4.5-4.5\div2=94.65$，$\xi_{0..5}=\dfrac{94.65}{101.4}=0.9334$。

（1）均布荷载

$$F_2(\xi_{1.5})=\frac{2}{K^2}\left[\frac{\mathrm{ch}(K(1-\xi_{1.5}))+K\mathrm{sh}(K\xi_{1.5})}{\mathrm{ch}K}-1\right]$$

$$=\frac{2}{9.42^2}\times\left[\frac{\mathrm{ch}(9.42\times(1-0.9778))+9.42\times\mathrm{sh}(9.42\times0.9778)}{\mathrm{ch}9.42}-1\right]=0.15$$

$$F_2(\xi_{0.5})=\frac{2}{9.42^2}\times\left[\frac{\mathrm{ch}(9.42\times(1-0.9334))+9.42\times\mathrm{sh}(9.42\times0.9334)}{\mathrm{ch}9.42}-1\right]=0.091$$

$$\sigma_b\left(z_i+\frac{h}{2}\right)=\frac{q_1H^2c}{2I}\xi_{1.5}^2=\frac{11.6\times101.4^2\times10.5}{2\times2822.4}\mathrm{kN/m^2}\times0.9778^2=212.1\mathrm{kN/m^2}$$

$$\sigma_b\left(z_i-\frac{h}{2}\right)=\frac{q_1H^2c}{2I}\xi_{0.5}^2=\frac{11.6\times101.4^2\times10.5}{2\times2822.4}\mathrm{kN/m^2}\times0.9334^2=193.3\mathrm{kN/m^2}$$

$$V_{bi}=\frac{0.32\times10.5}{2}\times\left\{\left[1+2\times\frac{15}{10.5}+2\times\frac{0.48}{10.5\times0.32}-\left(\frac{x_i}{10.5}\right)^2\right]\times(212.1-193.3)+\right.$$

$$\left.\frac{1}{2}\times\left(1-\frac{1}{3}\times1.387\right)\times\left[\frac{1}{5}-\left(\frac{x_i}{10.5}\right)^4\right]\times221.9\times3.306\times(0.15-0.091)\right\}$$

（2）倒三角形分布荷载

$$F_2(\xi_{1.5})=\frac{3}{K^2}\left[\frac{2K\mathrm{ch}(K(1-\xi_{1.5}))+(K^2-2)\mathrm{sh}(K\xi_{1.5})}{2K\mathrm{ch}K}-(1-\xi_{1.5})\right]=\frac{3}{9.42^2}\times$$

$$\left[\frac{9.42\times\mathrm{ch}(9.42\times(1-0.9778))+(9.42^2-2)\times\mathrm{sh}(9.42\times0.9778)}{2\times9.42\times\mathrm{ch}9.42}-(1-0.9778)\right]=0.126$$

$$F_2(\xi_{0.5})=\frac{3}{9.42^2}\times$$

$$\left[\frac{9.42\times \mathrm{ch}(9.42\times (1-0.9334))+(9.42^2-2)\times \mathrm{sh}(9.42\times 0.9334)}{2\times 9.42\times \mathrm{ch}9.42}-(1-0.9334)\right]=0.081$$

$$\sigma_b(\xi_{1.5})=\frac{q_4H^2c}{2I}\left(\xi_{1.5}^2-\frac{1}{3}\xi_{1.5}^3\right)=\frac{40.01\times 101.4^2\times 10.5}{2\times 2822.4}\mathrm{kN/m^2}\times (0.9778^2-0.9778^3\div 3)=493.2\mathrm{kN/m^2}$$

$$\sigma_b(\xi_{0.5})=\frac{q_4H^2c}{2I}\left(\xi_{0.5}^2-\frac{1}{3}\xi_{0.5}^3\right)=\frac{40.01\times 101.4^2\times 10.5}{2\times 2822.4}\mathrm{kN/m^2}\times (0.9334^2-0.9334^3\div 3)=459.3\mathrm{kN/m^2}$$

$$V_{bi}=\frac{0.32\times 10.5}{2}\times\left\{\left[1+2\times\frac{15}{10.5}+2\times\frac{0.48}{10.5\times 0.32}-\left(\frac{x_i}{10.5}\right)^2\right]\times(493.2-459.3)+\frac{1}{2}\times\left(1-\frac{1}{3}\times 1.387\right)\times\left[\frac{1}{5}-\left(\frac{x_i}{10.5}\right)^4\right]\times 510.1\times 3.306\times(0.126-0.081)\right\}$$

计算结果见表 7-17 和图 7-36。梁柱轴力及剪力的计算方法比较如图 7-37 所示。

表 7-17　H_i=4.5m 处梁、柱剪力　（单位：kN）

位置	腹板柱剪力 V_c				腹板梁剪力 V_b			
柱号/梁号	Z_1	Z_2	Z_3	Z_4	L_1	L_2	L_3	L_4
剪力 V_j/kN	V_{c1}	V_{c2}	V_{c3}	V_{c4}	V_{b1}	V_{b2}	V_{b3}	V_{b4}
距中和轴的距离 x_i/m	10.5	7.5	4.5	1.5	9	6	3	0
均布荷载	55.2	75.4	85.4	89.3	101.0	122.4	132.0	134.8
倒三角形分布荷载	100.1	135.8	153.6	160.7	182.5	220.5	237.9	242.8
剪力合计	155.3	211.2	239.0	250.0	283.5	342.9	369.9	377.6

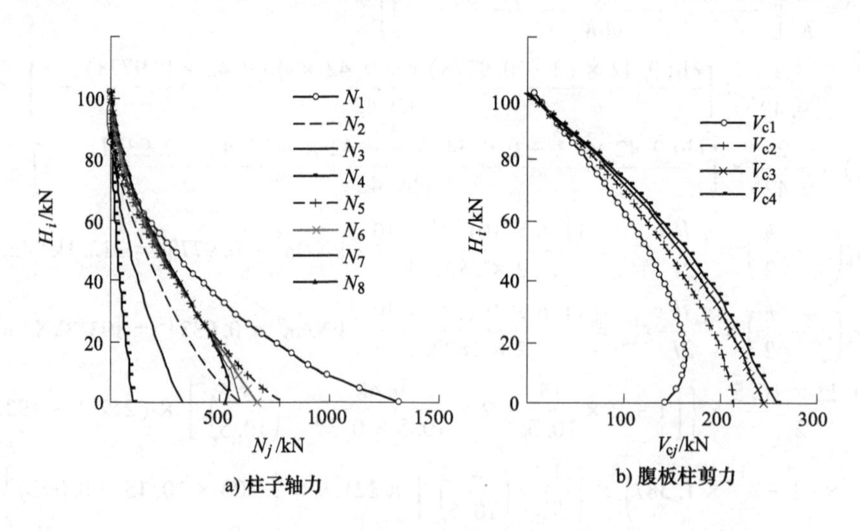

图 7-36　柱子轴力及剪力沿高度的分布

9. 位移计算

（1）x 方向位移　均布荷载作用下，中和轴处沿力作用方向的水平位移 u 见式（7-55a）：

$$u=-\frac{q_1H^4}{24EI}(3+\xi^4-4\xi)+\frac{q_1c^2H^2}{4GI}\left[g_1(\xi^2-1)+\frac{\lambda^2\gamma}{5K^2}(f_1+K_1f_2)\right]$$

倒三角形分布荷载作用下，中和轴处沿力作用方向的水平位移 u 见式（7-61）：

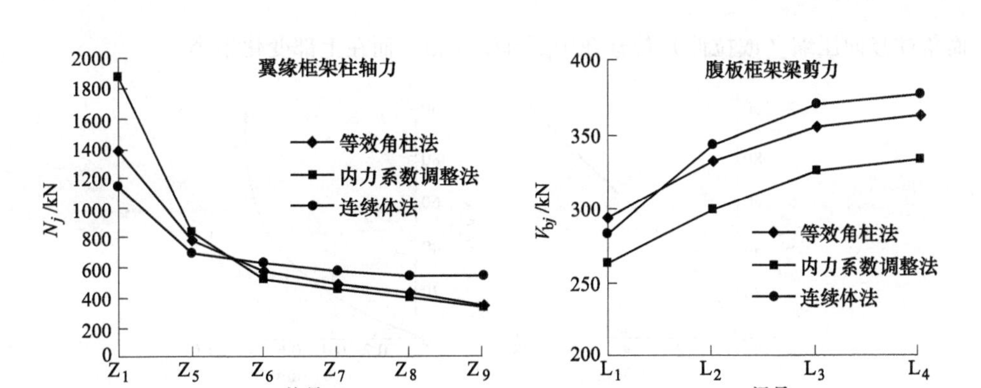

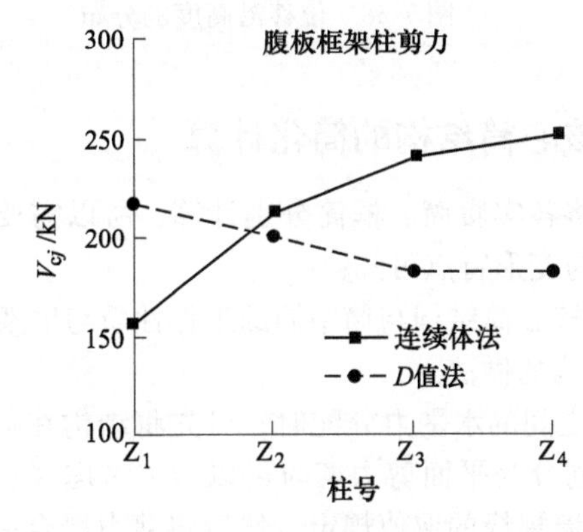

图 7-37　计算方法比较

$$u = -\frac{pH^4}{120EI}(5\xi^4 - \xi^5 - 15\xi + 11) + \frac{pc^2H^2}{4GI}\left\{\frac{1}{3}g_1(3\xi^2 - \xi^3 - 2) + \frac{\lambda^2\gamma}{5K^2}[f_1 + KK_2f_2 + (\xi - 1)]\right\}$$

其中：

$$g_1 = 1 + \frac{2b}{c} + \frac{2A_c}{ct} = 1 + 2\times\frac{15}{10.5} + 2\times\frac{0.48}{10.5\times0.32} = 4.143,\gamma = 1 - \frac{1}{3}m = 1 - \frac{1.387}{3} = 0.538$$

$$K_1 = \frac{K - \text{sh}K}{\text{ch}K} = \frac{9.42 - \text{sh}9.42}{\text{ch}9.42} = -0.9985,$$

$$K_2 = \frac{K^2 - 2 - 2K\text{sh}K}{2K^2\text{ch}K} = \frac{9.42^2 - 2 - 2\times9.42\times\text{sh}9.42}{29.42^2\times\text{ch}9.42} = -0.106$$

$$f_1 = \text{ch}(K\xi) - \text{ch}K,\ f_2 = \text{sh}(K\xi) - \text{sh}K$$

（2）竖向位移　均布荷载 q_1 作用下角柱竖向位移由式（7-57a）取 $y=b$ 有：

$$w = -\frac{q_1cH^3}{EI}\left\{\frac{1}{6}(1 - \xi^3) + \frac{\lambda^2}{K^3}\left(\frac{1}{3}m - 1\right)[\text{sh}(K\xi) + K_1\text{ch}(K\xi) - K\xi]\right\}$$

倒三角形分布荷载作用下由式（7-60）取 $y=b$ 有：

$$w = \frac{q_4cH^3}{EI}\left\{\frac{1}{24}(4\xi^3 - \xi^4 - 3) - \frac{\lambda^2}{K^2}\left(\frac{1}{3}m - 1\right)\left[\frac{1}{K}\text{sh}(K\xi) - \xi + \frac{1}{2}\xi^2 + \frac{1}{K^2} + K_2\text{ch}(K\xi)\right]\right\}$$

合并上述计算结果，结构位移（绝对值）如图 7-38 所示，可以看出，结构侧移呈现弯曲型的特点，而角柱竖向压缩（或拉伸）位移在中下部变化很大而在上部变化很小。

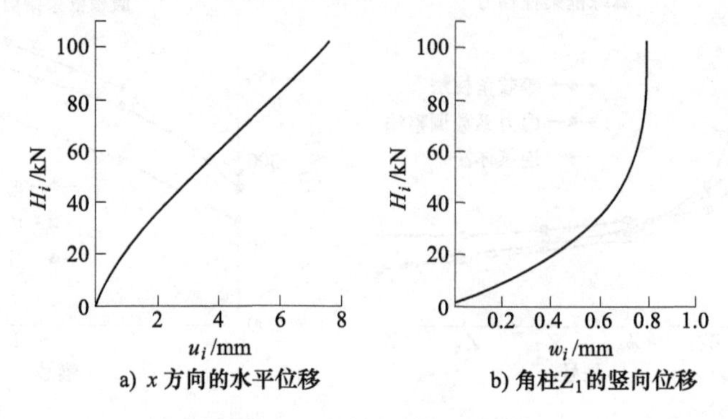

图 7-38　位移沿高度的分布

7.4.9　筒中筒、框架-核心筒结构的简化计算

近似分析计算时，一般将各实腹筒、框筒分别计算，所以需要先在内外筒体之间进行水平力的近似分配。由筒体的受力与变形特点可知：

在水平力作用下，框架-核心筒结构与筒中筒的工作性质与框架-剪力墙结构类似，故水平力的分配可以参照框架-剪力墙结构的做法。

在进行内外筒（框架）之间的水平力分配时，可先将结构在荷载或地震作用的方向上划分为若干片剪力墙或框架。筒体划分为平面剪力墙时可以与力考虑竖直方向的墙体作为翼缘，翼缘宽度同框架-剪力墙一章中剪力墙翼缘的取值规定。然后将剪力墙合并为总剪力墙，框架合并为总框架，框架与剪力墙的协同工作可参照铰接体系计算。

在水平力分配后，对框架-核心筒中的框架可以按照 D 值法进行内力计算。对于外框筒，由于有显著的空间工作特点，可以按照前述简化方法进行计算。

7.5　带伸臂加强层的筒体结构

7.5.1　基本概念

1. 伸臂

伸臂是从中央芯筒伸出的刚性水平悬臂构件。伸臂结构由中央芯筒、外框架柱或外框筒以及支撑框架或剪力墙组成，采用水平悬挑的“伸臂”连接芯筒和外柱（图 7-39a），是一种有效的结构体系。当结构受到水平荷载作用时，建筑的所有迎风面柱子受拉，背风面柱子受压，由于伸臂构件的作用使芯筒在竖向平面内交替地受到约束（图 7-39b），因此，增大了建筑的抗侧刚度，降低了芯筒的弯矩和侧向变形（图 7-39c、d）。这种结构的效果使建筑高度可以大大提高。伸臂结构迄今已被广泛用于 40~70 层的建筑，并可以用于更高的建筑。

一般情况下，伸臂可以使位移减小 15%~20%，有时更多，而筒中筒结构设置伸臂减小侧移的幅度不大，只有 5%~10%。原因是：伸臂的作用与框筒结构中深梁密柱的作用是重复的，深梁密柱已经使翼缘框架柱承受了较大的轴力，再用伸臂效果就不明显了。

2. 周边水平环带构件

为提高其他周边框架柱的参与度，通常还需要在伸臂层的建筑外边设置深梁（周边水平环带构件）。除与伸臂构件端部直接连接的柱外，其他所有周边外柱通过与周边水平环带构件和伸臂构件连接也能够参与伸臂作用。沿外围框架布置周边水平环带构件，虽然对减少结构侧移的作用不

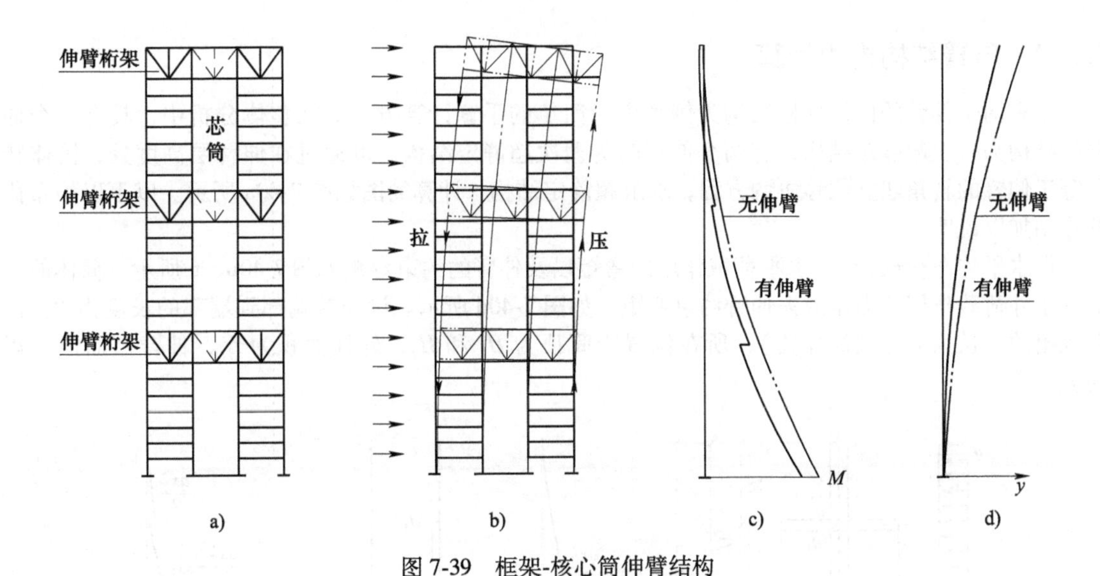

图 7-39　框架-核心筒伸臂结构

明显，但可有效提高翼缘框架中柱的抗弯作用，减少柱子的剪力滞后。

伸臂构件和水平环带构件很大，可采用斜腹杆桁架、实体梁、箱形梁、空腹桁架等形式，一般需要有两层楼高的高度。

3. 加强层的设计概念

加强层是伸臂、环带构件、腰桁架和帽桁架等加强构件所在层的总称，这些构件的功能不同，不一定同时设置，但如果设置，它们一般在同一层。凡是具有三者之一时，都可简称为加强层。伸臂主要应用于框架-核心筒结构中。

当框架-核心筒、筒中筒结构的抗侧刚度不能满足要求时，可利用建筑避难层、设备层空间设置适宜刚度的水平伸臂构件形成带加强层的高层建筑结构。加强层的水平伸臂构件宜布置在核心筒墙与外框架柱之间，并应在核心筒内连续贯通。

4. 框架-核心筒伸臂结构的受力和变形性能

设置伸臂加强层的框架-核心筒结构，可称为框架-核心筒伸臂结构（图 7-39a）。由于伸臂本身刚度较大，在结构侧移时，它使翼缘框架的中柱产生拉伸或压缩变形，增加了柱子承受的轴力，增大了外柱抵抗的倾覆力矩，提高了结构抗侧刚度；伸臂使内筒产生反向的约束弯矩，内筒弯矩减小（图 7-39c），结构位移减小（图 7-39d）

无论平板楼盖体系，还是有楼板大梁的楼盖，伸臂均可增大翼缘框架中间柱的轴力，但是增大的幅度不同，前者更为有效。

“平板+伸臂”结构的翼缘框架中间柱的大轴力是通过伸臂作用产生的。在增加柱轴力的作用方面，伸臂可以代替每层楼板中的梁，用于筒体-平板框架体系对提高结构抗侧移能力十分有效，还可以减小楼层高度或增加净空。

“梁板+伸臂”时，也可增大翼缘中间柱的轴力，但增大不多，因为伸臂和楼板大梁的作用类似，而原结构中的楼板大梁已经使中间柱的轴力增大了，伸臂的作用相对减小。

一般情况下，混凝土框架-核心筒结构的楼盖跨度较大，需要设置楼板梁，这时如果设置伸臂，则可以减小楼面梁的高度，有利于减小层高或增加净空。

伸臂对结构受力性能影响是多方面的，增大翼缘框架中间柱轴力、增加结构刚度、减小侧移、减小内筒弯矩是设置伸臂的主要目的。

伸臂也会对结构带来一些不利影响。它使伸臂所在层的上、下相邻层柱的弯矩、剪力均有突变，在抗震设计中需谨慎采用。

7.5.2 伸臂结构内力计算

以有两个伸臂的内筒外柱结构为例来说明简单的手算计算方法。在整体分析中，具有一个伸臂的结构为一次超静定结构，有两个伸臂时为两次超静定结构。可通过在伸臂层高度处，筒体转角等于伸臂的转角建立位移协调方程，求解超静定结构，计算简图如图 7-40a 所示。以下以均布荷载作用加以说明。

设水平均布荷载为 q，水平荷载作用的弯矩以及伸臂的约束弯矩如图 7-40b、c 所示，筒体的弯矩等于外荷载作用的力矩减去伸臂约束弯矩，如图 7-40d 所示。设伸臂端部到端部的长度为 B，伸臂挑出的净长为 a（到筒体边），所在位置距筒顶为 H_1 和 H_2，外柱面积为 A_c，伸臂截面惯性矩为 I_{out}。

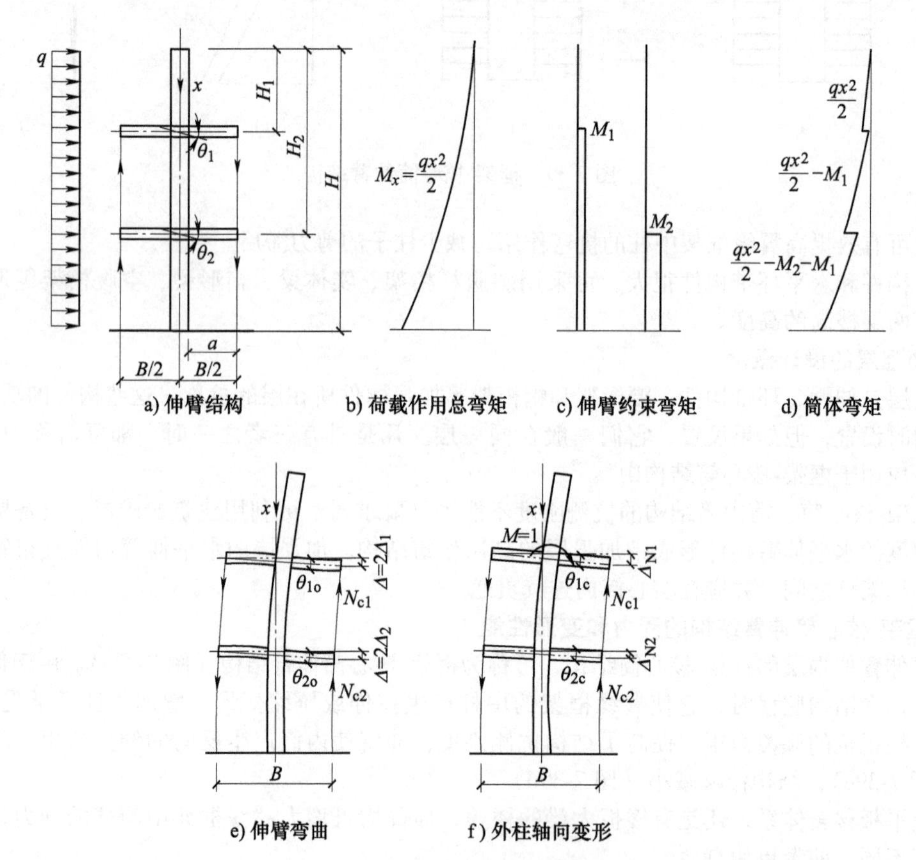

图 7-40 伸臂结构及所受弯矩

1. 伸臂的转角

伸臂转角由伸臂的弯曲变形和外围柱子的轴向变形引起，如图 7-40e、f 所示。

（1）伸臂弯曲变形对应的转角　伸臂外侧受端柱的拉（压）作用。伸臂从核心筒挑出，每侧挑出长度为 $B/2$，设端柱轴力为 N_c，则伸臂每侧由于端部集中力 N_c 作用产生弯曲引起的竖向变形为（图 7-40e）

$$\Delta_{out}=\frac{N_c\ (B/2)^3}{3EI_{out}}=\frac{N_cB^3}{24EI_{out}} \tag{7-67a}$$

伸臂约束弯矩 M_{out} 和外柱轴力 N_c 的关系为：$M_{out}=N_cB$，伸臂两侧弯曲引起的竖向相对位移为 $2\Delta_{out}$，则对应的转角为

$$\theta_{out}=\frac{2\Delta_{out}}{B}=\frac{2}{B}\frac{N_cB^3}{24EI_{out}}=\frac{MB}{12EI_{out}} \tag{7-67b}$$

其中，外柱轴力与伸臂弯矩的关系为

$$\begin{cases} H_1<x\leqslant H_2: N_{c1}=\dfrac{M_1}{B} \\ x>H_2: N_{c2}=\dfrac{M_1+M_2}{B} \end{cases} \tag{7-68}$$

在伸臂 1 和 2 处，将 Δ_{out}分别为 Δ_1 和 Δ_2 代入式（7-67），则

$$\theta_{1o}=\frac{2\Delta_1}{B}=\frac{2}{B}\frac{N_{c1}B^3}{24EI_{out}}=\frac{M_1B}{12EI_{out}} \tag{7-69a}$$

$$\theta_{2o}=\frac{2\Delta_2}{B}=\frac{2}{B}\frac{(N_{c2}-N_{c1})B^3}{24EI_{out}}=\frac{M_2B}{12EI_{out}} \tag{7-69b}$$

（2）柱子轴向变形引起的伸臂转角　外框架（框筒）的柱子一侧为拉伸，另一侧为压缩，相对竖向位移除以柱距 B 即为此对应的伸臂转角。根据单位力法，在所求转角位置施加单位弯矩，与之对应的轴力则等于 $1/B$，如图 7-40f 所示。在伸臂 1 处由柱子轴向变形产生的伸臂转角为

$$\theta_{1c}=\frac{2}{EA_c}\left[\int_0^{H-H_1}\frac{N_{c1}}{B}dx+\int_0^{H-H_2}\frac{N_{c2}}{B}dx\right]=\frac{2}{B^2EA_c}\left[\int_0^{H-H_1}M_1dx+\int_0^{H-H_2}M_2dx\right]$$

$$\theta_{1c}=\frac{2}{B^2EA_c}[M_1(H-H_1)+M_2(H-H_2)] \tag{7-70a}$$

同理，在伸臂 2 处由柱子轴向变形产生的伸臂转角为

$$\theta_{2c}=\frac{2}{B^2EA_c}\int_0^{H-H_2}(M_1+M_2)dx=\frac{2}{B^2EA_c}(M_1+M_2)(H-H_2) \tag{7-70b}$$

（3）伸臂转角　伸臂转角取上述两项的和，故伸臂 1 处和 2 处的伸臂转角分别为

$$\theta_1=\theta_{1c}+\theta_{1o}=\frac{2}{B^2EA_c}[M_1(H-H_1)+M_2(H-H_2)]+\frac{B}{12EI_{out}}M_1 \tag{7-71a}$$

$$\theta_2=\theta_{2c}+\theta_{2o}=\frac{2}{B^2EA_c}(H-H_2)(M_1+M_2)+\frac{B}{12EI_{out}}M_2 \tag{7-71b}$$

2. 核心筒的转角

设核心筒的抗弯刚度为 EI，则伸臂 1 和 2 处筒体的转角可以由转角 θ 与曲率 ϕ 以及筒体弯矩 M_{ct}与曲率的关系得到：

$$\theta_1=\int_{H_1}^{H_2}\phi_1dx+\int_{H_2}^{H}\phi_2dx=\int_{H_1}^{H_2}\frac{M_{ct1}}{EI}dx+\int_{H_2}^{H}\frac{M_{ct2}}{EI}dx=\frac{1}{EI}\left[\int_{H_1}^{H_2}\left(\frac{qx^2}{2}-M_1\right)dx+\int_{H_2}^{H}\left(\frac{qx^2}{2}-M_1-M_2\right)dx\right] \tag{7-72a}$$

$$\theta_2=\frac{1}{EI}\int_{H_2}^{H}\left(\frac{qx^2}{2}-M_1-M_2\right)dx \tag{7-72b}$$

3. 变形协调条件

由伸臂处筒体转角等于伸臂转角的条件可建立两个位移协调条件，伸臂 1、2 处：

$$\frac{1}{EI}\left[\int_{H_1}^{H_2}\left(\frac{qx^2}{2}-M_1\right)dx+\int_{H_2}^{H}\left(\frac{qx^2}{2}-M_1-M_2\right)dx\right]=\frac{2}{B^2EA_c}[M_1(H-H_1)+M_2(H-H_2)]+\frac{B}{12EI_{out}}M_1 \tag{7-73a}$$

$$\frac{1}{EI}\int_{H_2}^{H}\left(\frac{qx^2}{2}-M_1-M_2\right)dx=\frac{2}{B^2EA_c}(M_1+M_2)(H-H_2)+\frac{M_2B}{12EI_{out}} \tag{7-73b}$$

整理式（7-73a）可得

$$\frac{q}{6EI}(H^3-H_1^3)=\left(\frac{1}{EI}+\frac{2}{B^2EA_c}\right)M_1(H-H_1)+\frac{B}{12EI_{out}}M_1+\left(\frac{1}{EI}+\frac{2}{B^2EA_c}\right)(H-H_2)M_2 \tag{7-74a}$$

整理式（7-73b）可得

$$\frac{q}{6EI}(H^3-H_2^3)=\left(\frac{2}{B^2EA_c}+\frac{1}{EI}\right)(H-H_2)M_1+\left(\frac{2}{B^2EA_c}+\frac{1}{EI}\right)(H-H^2)M_2+\frac{B}{12EI_{out}}M_2 \tag{7-74b}$$

令

$$S=\left(\frac{2}{B^2EA_c}+\frac{1}{EI}\right)=\frac{EI+B^2EA_c/2}{EI\times B^2EA_c/2}=\frac{EI_t}{EI\times B^2EA_c/2} \tag{7-75a}$$

$$F=\frac{B}{12EI_{out}} \tag{7-75b}$$

式中　F——与伸臂线刚度有关的系数，伸臂刚度越大，F 越小；

S——与核心筒抗弯刚度 EI 以及外柱对整截面形心轴的抗弯刚度 $B^2EA_c/2$ 有关的参数；

EI_t——外柱（翼缘柱）与核心筒结构整体性分析时的整截面抗弯刚度；

$$EI_t=EI+B^2EA_c/2 \tag{7-75c}$$

有了参数 F、S，则式（7-74）可以简写为

$$\frac{q}{6EI}(H^3-H_1^3)=[S(H-H_1)+F]M_1+S(H-H_2)M_2 \tag{7-76a}$$

$$\frac{q}{6EI}(H^3-H_2^3)=S(H-H_2)M_1+[S(H-H_2)+F]M_2 \tag{7-76b}$$

4. 伸臂约束弯矩

由式（7-76a）、式（7-76b）可得在均布荷载作用下有两个伸臂时，伸臂的约束弯矩分别为

$$M_1=\frac{q}{6EI}\frac{F(H^3-H_1^3)+S(H-H_2)(H_2^3-H_1^3)}{F^2+FS(2H-H_1-H_2)+S^2(H-H_2)(H_2-H_1)} \tag{7-77a}$$

$$M_2=\frac{q}{6EI}\frac{S[(H_2-H_1)H^3+(H-H_2)H_1^3-(H-H_1)H_2^3]+F(H^3-H_2^3)}{F^2+FS(2H-H_1-H_2)+S^2(H-H_2)(H_2-H_1)} \tag{7-77b}$$

不难看出，下面伸臂的弯矩大于上面伸臂的弯矩。当只有一个伸臂时，M_2 为零，均布荷载作用下的 M_1 中取 $H_2=H$ 则得到伸臂的约束弯矩为

$$M_1=\frac{q}{6EI}\frac{(H^3-H_1^3)}{F+S(H-H_1)} \tag{7-77c}$$

5. 核心筒所受弯矩

如图 7-40d 所示，均布荷载作用下，核心筒所受弯矩为

$$\begin{cases} x\leqslant H_1:M_{ct}=\dfrac{qx^2}{2} \\ H_1<x\leqslant H_2:\ M_{ct}=\dfrac{qx^2}{2}-M_1 \\ x>H_2:M_{ct}=\dfrac{qx^2}{2}-M_1-M_2 \end{cases} \tag{7-78}$$

6. 外柱内力

已知伸臂弯矩后，外柱轴力计算见式（7-68）。

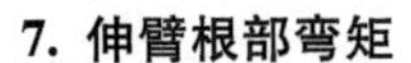

7. 伸臂根部弯矩

筒壁外侧即伸臂挑出端处的弯矩为

伸臂 1：

$$N_{c1}a = M_1 a/B$$

伸臂 2：

$$(N_{c2} - N_{c1})a = M_2 a/B$$

其中 a 为伸臂净挑出长度，如图 7-40a 所示。

7.5.3　带伸臂结构的侧移

1. 顶点侧移

均布荷载作用下，有两个伸臂时的结构顶点侧移可由单位力法求解。在结构顶点加单位水平力，则在 q 以及伸臂反向力矩 M_1 和 M_2 作用下有：

$$u_T = \frac{1}{EI}\left[\int_0^H x\frac{qx^2}{2}dx - \int_{H_1}^{H_2} xM_1 dx - \int_{H_2}^{H} x(M_1 + M_2)dx\right] \tag{7-79a}$$

$$u_T = \frac{qH^4}{8EI} - \frac{1}{2EI}[M_1(H^2 - H_1^2) + M_2(H^2 - H_2^2)] \tag{7-79b}$$

式中，M_1、M_2 项代表约束弯矩对应结构侧移。

均布荷载作用下，有 n 个伸臂时的结构顶点侧移为

$$u_T = \frac{qH^4}{8EI} - \frac{1}{2EI}\sum_{i=1}^{n} M_i(H^2 - H_i^2) \tag{7-79c}$$

2. 使侧移最小的伸臂位置计算

伸臂的最佳位置是使顶点侧移最小。因此，通过顶点侧移对高度 H_i 的导数等于零建立方程组，即可得到相关解答。

（1）均布荷载作用的分析　以均布荷载作用两个伸臂为例，对顶点侧移式（7-79a）分别取 $du_T/dH_1=0$ 和 $du_T/dH_2=0$ 得到：

$$\frac{dM_1}{dH_1}(H^2 - H_1^2) + \frac{dM_2}{dH_1}(H^2 - H_2^2) - 2H_1M_1 = 0 \tag{7-80a}$$

$$\frac{dM_1}{dH_2}(H^2 - H_1^2) + \frac{dM_2}{dH_2}(H^2 - H_2^2) - 2H_2M_2 = 0 \tag{7-80b}$$

将式（7-77）代入式（7-80），即可联立求解。设参数 ζ 为

$$\zeta = \frac{F}{SH} = \frac{1}{12}\frac{EI/H}{\left(1 + \dfrac{2EI}{B^2EA_c}\right)\dfrac{EI_{out}}{B}} \tag{7-81}$$

式中　F、S——刚度参数，见式（7-75）；

EI——核心筒的抗弯刚度；

EI_{out}——伸臂的抗弯刚度；

B^2EA_c——外柱的轴向刚度；

H——建筑的檐口高度；

B——伸臂端部到端部的距离。

以一个伸臂为例，此时伸臂弯矩见式（7-77c），设 $H_1/H=t$，则

$$M_1 = \frac{qH^2}{6EIS}\frac{(1 - t^3)}{\zeta + 1 - t} \tag{7-82a}$$

顶点侧移：

$$u_{\mathrm{T}}=\frac{qH^{4}}{8EI}-\frac{H^{2}}{2EI}\quad M_{1}(1-t^{2}) \tag{7-82b}$$

对顶点侧移求导并等于零：

$$\frac{\mathrm{d}M_{1}}{\mathrm{d}t}(1-t^{2})-2tM_{1}=0 \tag{7-82c}$$

进而可以得到：

$$\zeta(-2t-3t^{2}+5t^{4})+1-2t-2t^{2}+2t^{3}+5t^{4}-4t^{5}=0 \tag{7-82d}$$

两边除以（1-t）得到：

$$\zeta(-2t-5t^{2}-5t^{3})+1-t-3t^{2}-t^{3}+4t^{4}=0 \tag{7-82e}$$

由式（7-82d）可见，使顶点侧移最小的 $t=H_1/H$ 的解与参数 ζ 有关。一个伸臂时最佳 $t=H_1/H$ 的解如图 7-41 所示，同理可以得到两个、三个、四个伸臂的位置与 ζ 的关系。ζ 越大，伸臂放置的位置越靠上（注：$H_i/H=0$ 为顶部）。从式（7-81）可以看出，其他条件不变时，伸臂线刚度 $(EI)_{\mathrm{out}}/B$ 越大，ζ 则越小，伸臂就越靠下；外柱轴向刚度 EA_{c} 越大，ζ 越大，伸臂位置上移；核心筒线刚度 EI/H 越大，ζ 也会有所增加。

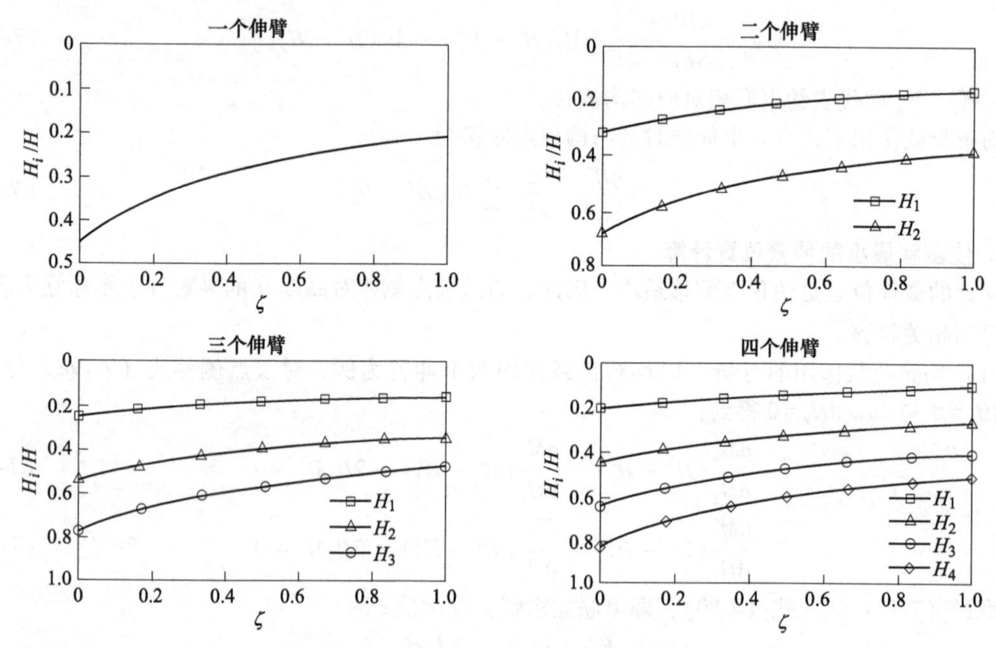

图 7-41　使顶点侧移最小时的伸臂位置（距顶部的距离为 H_i）

（2）伸臂位置

1）伸臂刚度无穷大时的伸臂位置。当式（7-81）的参数 $\zeta=0$，即伸臂刚度无穷大时，从图 7-41 可以看出伸臂的位置特点为：一个伸臂时 $H_1/H=0.45\approx0.5$；二个伸臂时，$H_1/H=0.3\approx1/3$，$H_2/H=0.67\approx2/3$；三个伸臂时，$H_1/H=0.25\approx1/4$，$H_2/H=0.52\approx1/2$；$H_3/H=0.77\approx3/4$；四个伸臂时，$H_1/H=0.20\approx1/5$，$H_2/H=0.42\approx2/5$；$H_3/H=0.62\approx3/5$；$H_4/H=0.82\approx4/5$。也就是说，在伸臂绝对刚性时，对有 n 个伸臂的结构，第 j 个伸臂放置在距顶部 $j/(n+1)$ 的位置上。

2）伸臂刚度不是无限刚性时的伸臂位置。从图 7-41 可以看出，当伸臂刚度变小（ζ 变大）时，伸臂的有效位置下移；当两个以上伸臂时，最上面的伸臂位置改变不大。

（3）使底部弯矩最小的伸臂位置　从式（7-82a）可知，H_1/H 越大伸臂弯矩就越大，对筒体底部弯矩减少得越多，这和减少侧移的最佳位置是不同的。

（4）其他荷载作用　分析表明，倒三角形分布荷载作用下，按照顶点侧移最小确定的最佳伸

臂位置比均布荷载作用时略高。顶点集中荷载作用下，按照顶点侧移最小确定的最佳伸臂位置比均布荷载作用时略低。地震荷载作用下，等效地震作用可以看作是倒三角形分布荷载与顶点集中荷载的组合；风荷载常常是梯形分布荷载，即均布荷载与倒三角形分布荷载的组合。故实际计算时，可以按照均布荷载近似确定伸臂位置。

7.5.4　伸臂的位置、数量和构造

伸臂结构的周边外柱与芯筒组合性能的程度依赖于伸臂层的数量和伸臂构件的刚度。有多个伸臂加强层的结构其抗弯能力明显超过单个伸臂层的结构。

应合理设计加强层的数量、刚度和设置位置。从结构设计角度来说，着重于概念和大体的优化位置，可综合如下：

1）当只设置一个伸臂加强层时，最佳位置在底部固定端以上（0.60~0.67）H 之间，H 为结构总高度，也就是说设置一个伸臂时，大约在结构的 2/3 高度处设置伸臂效果最好。

2）设置两个伸臂加强层的效果会优于一个伸臂，侧移会更小。当设置两道伸臂时，如果其中一个设置在 0.7H 以上（也可在顶层），则另一个设置在 0.5H 处，可以得到较好的效果。

3）设置多个伸臂加强层时，会进一步减小侧移，但侧移减小并不与伸臂数量成正比，设置伸臂多于四个时，减小侧移的效果基本稳定。当设置多个伸臂时，一般可沿高度从顶层向下均匀布置，靠近底部的加强层作用不大。

具体设计时，还必须综合考虑建筑使用、结构合理、经济美观等各方面要求，得到综合最优的方案。《高规》关于带加强层高层建筑结构设计的有关规定如下：

1）应合理设计加强层的数量、刚度和设置位置。当布置一个加强层时，可设置在 0.6 倍房屋高度附近；当布置两个加强层时，可分别设置在顶层和 0.5 倍房屋高度附近；当布置多个加强层时，宜沿竖向从上部向下均匀布置。

2）加强层水平伸臂构件宜贯通核心筒，其平面布置宜位于核心筒的转角、T 字节点处；水平伸臂构件与周边框架的连接宜采用铰接或半刚接；结构内力和位移计算中，设置水平伸臂桁架的楼层宜考虑楼板平面内的变形。

3）加强层及其相邻层的框架柱、核心筒应加强配筋构造。

4）加强层及其相邻层楼盖的刚度和配筋应加强。

5）在施工程序及连接构造上应采取减小结构竖向温度变形及轴向压缩差的措施，结构分析模型应能反映施工措施的影响。

7.6　筒体结构设计

7.6.1　一般规定

1. 楼板

筒体结构的楼板应采用现浇钢筋混凝土结构，可采用钢筋混凝土普通梁板、扁梁肋形板或密肋板，跨度大于 10m 的平板宜采用后张预应力楼板。

当采用梁板结构时，角部楼板梁的布置宜使角柱承受较大的竖向荷载，应避免或尽量减少角柱出现拉力。一般有如下几种布置方式：

1）如图 7-42a 所示，角区布置斜梁，两个方向的楼盖梁与斜梁相交，受力明确，但斜梁受力较大，梁截面过高，不便机电管道通行；楼盖梁的长短不一，种类较多。

2）如图 7-42b 所示，双向交叉梁布置，此种布置结构高度较小，有利降低层高。

3）如图 7-42c 所示，角区布置两根斜梁、外侧梁端支承在 L 形角墙的两端，内侧梁端支承在内筒角部。为了避免与筒体墙角部边缘钢筋交接过密影响混凝土浇筑质量，可把梁端边偏离 200 ~

250mm。当采用钢筋混凝土平板结构时，一般在角部沿一个方向设暗梁。

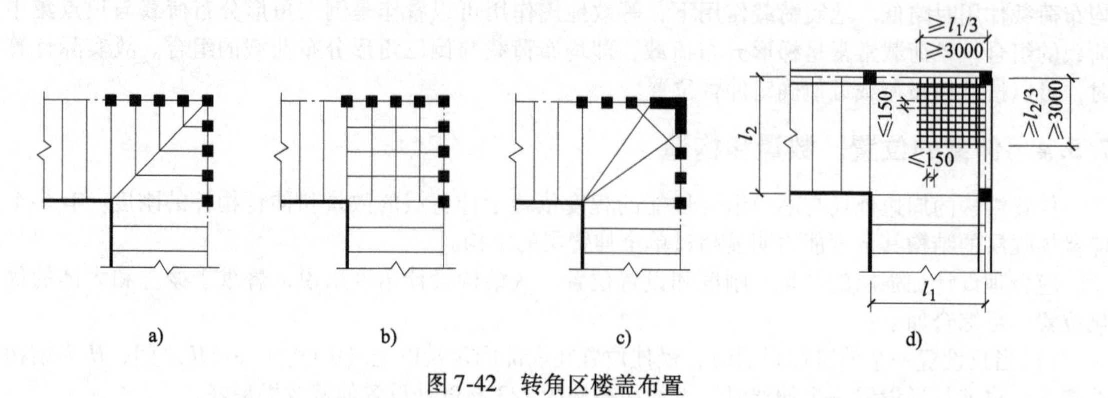

图 7-42　转角区楼盖布置

4）如图 7-42d 所示，筒体结构的楼盖外角宜设置双层双向钢筋，单层单向配筋率不宜小于 0.3%，钢筋的直径不应小于 8mm，间距不应大于 150mm，配筋范围不宜小于外框架（或外筒）至内筒外墙中距的 1/3 和 3m。

楼盖主梁不宜搁置在核心筒或内筒的连梁上。

2. 核心筒或内筒外墙与外框柱间的中距

核心筒或内筒的外墙与外框柱间的中距，非抗震设计大于 15m、抗震设计大于 12m 时，宜采取增设内柱等措施。

3. 核心筒或内筒剪力墙形状

核心筒或内筒中剪力墙截面形状宜简单；截面形状复杂的墙体可按应力进行截面设计校核。

4. 核心筒或内筒设计应符合的规定

1）墙肢宜均匀、对称布置。

2）筒体角部附近不宜开洞，当不可避免时，筒角内壁至洞口的距离不应小于 500mm 和开洞墙截面厚度的较大值。

3）筒体外墙厚度不应小于 200mm，内墙厚度不应小于 160mm。

4）筒体墙的水平、竖向配筋不应少于两排，其最小配筋率应符合《高规》的规定。

5）抗震设计时，核心筒、内筒的连梁宜配置对角斜向钢筋或交叉暗撑。

6）筒体墙的加强部位高度、轴压比限值、边缘构件设置以及截面设计，应符合《高规》第 7 章的有关规定。

5. 墙肢尺寸

核心筒或内筒的外墙不宜在水平方向连续开洞，洞间墙肢的截面高度不宜小于 1.2m；当洞间墙肢的截面高厚比小于 4 时，宜按框架柱进行截面设计。

6. 混凝土强度等级

筒体结构的混凝土强度等级不宜低于 C30。

7.6.2　框架-核心筒结构布置

1. 核心筒尺寸

核心筒是框架-核心筒结构的主要抗侧力结构，应尽量贯通建筑物全高。一般来讲，当核心筒的宽度不小于筒体总高度的 1/12 时，筒体结构的层间位移就能满足规定。也就是说，核心筒高宽比 H/B 不宜大于 12；此外，核心筒的边长不宜小于外框架（框筒）相应边长的 1/3；当筒体结构设置角筒、剪力墙或增强结构整体刚度的构件时，核心筒的宽度可适当减小。

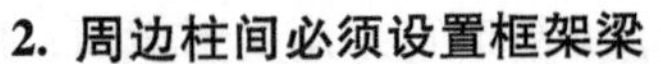

2. 周边柱间必须设置框架梁

由于框架-核心筒结构外周框架的柱距较大，为了保证其整体性，外周框架柱间必须要设置框架梁，形成周边框架。纯无梁楼盖会影响框架-核心筒结构的整体刚度和抗震性能，尤其是板柱节点的抗震性能较差。因此，在采用无梁楼盖时，更应在各层楼盖沿周边框架柱设置框架梁。

3. 核心筒与框架之间的楼盖宜采用梁板体系

外框、内筒间一般宜设框架梁。抗震设计时，核心筒与框架之间的楼盖宜采用梁板体系，部分楼层采用平板体系时应有加强措施。楼盖主梁不宜集中支承在核心筒的转角处的墙上，也不宜支承在洞口连梁上。不可避免时，宜采取可靠措施。框架梁、柱宜双向布置，梁、柱的中心线宜重合，当难以实现时，宜在梁端水平加腋，使梁端处中心线与柱中心线接近重合。

4. 内筒宜居中布置

当内筒偏置或结构长宽比大于2时，宜采用框架-双筒结构。当框架-双筒结构的双筒间楼板开洞时，其有效楼板宽度不宜小于楼板典型宽度的50%，洞口附近楼板应加厚，并应采用双层双向配筋，且每层单向配筋率不应小于0.25%；双筒间楼板应按弹性板进行细化分析。

5. 高度不超过60m的框架-核心筒的设计

对于高度不超过60m的框架-核心筒结构，可按框架-剪力墙结构设计。

6. 楼层地震剪力

抗震设计时，框架-筒体结构的框架部分按抗侧刚度分配的楼层地震剪力标准值应符合下列规定：

1）框架部分分配的楼层地震剪力标准值的最大值不宜小于结构底部总地震剪力标准值的10%。

2）当框架部分分配的地震剪力标准值的最大值小于结构底部总地震剪力标准值的10%时，各层框架部分承担的地震剪力标准值应增大到结构底部总地震剪力标准值的15%；此时，各层核心筒墙体的地震剪力标准值宜乘以增大系数1.1，但可不大于结构底部总地震剪力标准值，墙体的抗震构造措施应按抗震等级提高一级后采用，已为特一级的可不再提高。

3）当框架部分分配的地震剪力标准值小于结构底部总地震剪力标准值的20%，但其最大值不小于结构底部总地震剪力标准值的10%时，应按结构底部总地震剪力标准值的20%和框架部分楼层地震剪力标准值中最大值的1.5倍二者的较小值进行调整。

调整框架柱的地震剪力后，框架柱端弯矩及与之相连的框架梁端弯矩、剪力应进行相应调整。有加强层时，框架部分分配的楼层地震剪力标准值的最大值不应包括加强层及其上、下层的框架剪力。

7. 配筋构造

抗震设计时，核心筒墙体设计应符合下列规定：

1）底部加强部位主要墙体的水平和竖向分布钢筋的配筋率均不宜小于0.30%。

2）底部加强部位约束边缘构件沿墙肢的长度宜取墙肢截面高度的1/4，约束边缘构件范围内应主要采用箍筋。

3）底部加强部位以上宜按《高规》的规定设置约束边缘构件。

7.6.3　框筒结构布置

1. 矩形平面外框筒的柱距、开洞率

除平面形状外，外框筒的空间作用的大小还与柱距、墙面开洞率，以及洞口高宽比与层高和柱距之比等有关，矩形平面框筒的柱距越接近层高、墙面开洞率越小、洞口高宽比与层高和柱距之比越接近，外框筒的空间作用越强。矩形平面的柱距，以及墙面开洞率的最大限值应符合下列规定：

1）柱距不宜大于4m，框筒柱的截面长边应沿筒壁方向布置，必要时可采用T形截面；角柱可采用L形截面、十字形截面、正方形截面。

2）洞口面积不宜大于墙面面积的60%，洞口高宽比宜与层高和柱距的比值相近；当矩形筒的长宽比不大于2，且洞口面积不大于50%时，外框筒的柱距可适当放宽。

3）外框筒梁的截面高度可取柱净距的1/4左右。

某些资料显示，如果柱间距大于4m，只要窗裙梁有足够的刚度，也能够形成框筒的空间作用。例如，香港的中环大厦（78层），平面为切角三角形，柱距4.6m，柱截面（底部）为1m×1m。香港虽不考虑抗震，但风荷载很大，高层建筑的基底剪力比按抗震8度设防时还要大。

2. 框筒角柱截面尺寸

由于外框筒在侧向荷载作用下的"剪力滞后"现象，角柱的轴向力为邻柱的1~2倍，为了减小各层楼盖的翘曲，角柱的截面可适当放大，可取中柱的1~1.5倍，必要时可采用L形角墙或角筒。

3. 框筒柱和框架柱的轴压比限值

抗震设计时，框筒柱和框架柱的轴压比限值可按框架-剪力墙结构的规定采用。

7.6.4 筒中筒结构布置

1. 高宽比

筒中筒结构高宽比不宜小于3，其适用高度不宜低于80m。组成筒体结构的体型尺寸要符合一定条件才能出现筒体结构的典型受力特性。例如，矩形框筒的整体空间作用，是指翼缘框架和腹板框架的共同工作，即翼缘框架与腹板框架共同担负整体弯矩的作用。只有在筒体较高、弯矩较大的情况，空间作用才显著。如果筒体总高度很低，整体弯矩很小，翼缘框架与腹板框架的共同作用将十分微弱，水平荷载基本上由腹板框架承担。因此，常要求筒体的高宽比为$H/B \geqslant 3$。

2. 平面形状

筒中筒结构的空间受力性能与其平面形状和构件尺寸等因素有关，平面形状宜选圆形、正多边形、椭圆形或矩形等，以圆形和正方形为最有利的平面形状，可减小外框筒的"剪力滞后"现象，使结构更好地发挥空间作用。

矩形和三角形平面的"剪力滞后"现象相对较严重。矩形平面的长宽比不宜大于2，因为矩形平面的长宽比大于2时，外框筒的"剪力滞后"更突出，长边的剪力滞后十分严重，中间柱的轴力很小，其空间作用也将降低，应尽量避免。三角形平面宜切角，三角形平面切角后，空间受力性质会相应改善。外筒的切角长度不宜小于相应边长的1/8，其角部可设置刚度较大的角柱或角筒；内筒的切角长度不宜小于相应边长的1/10，切角处的筒壁宜适当加厚。

3. 内筒尺寸

内筒的宽度可为高度的1/15~1/12，当有另外的角筒或剪力墙时，内筒平面尺寸可适当减小。内筒宜贯通建筑物全高，竖向刚度宜均匀变化。

内筒的墙肢厚度不应小于160mm，且不宜小于楼层高度的1/20；底部加强部位及相邻上一层墙的厚度不应小于200mm，且不宜小于层高的1/16。

4. 连梁设计要求

1）外筒梁和内筒连梁的截面尺寸同剪力墙连梁。

2）外筒梁和内筒连梁的构造配筋应符合下列要求：

① 非抗震设计时，箍筋直径不应小于8mm；抗震设计时，箍筋直径不应小于10mm。

② 非抗震设计时，箍筋间距不应大于150mm；抗震设计时，箍筋间距沿梁长不变，且不应大于100mm，当梁内设置交叉暗撑时，箍筋间距不应大于200mm。

③ 框筒梁上、下纵向钢筋的直径均不应小于16mm，腰筋的直径不应小于10mm，腰筋间距不

应大于 200mm。

3）跨高比不大于 2 的框筒梁和内筒连梁宜设置水平缝形成双连梁和多连梁；截面宽度不小于 400mm 的连梁也可采用交叉暗柱。

4）跨高比不大于 2 的框筒梁和内筒连梁宜增配对角斜向钢筋。跨高比不大于 1 的框筒梁和内筒连梁宜采用交叉暗撑（图 7-43），且应符合下列规定：

① 梁的截面宽度不宜小于 400mm。

② 全部剪力应由暗撑承担，每根暗撑应由不少于 4 根纵向钢筋组成，纵向钢筋直径不应小于 14mm，抗震设计时其总面积，$A_s \geq \gamma_{RE} V_b / (2 f_y \sin\alpha)$，$\alpha$ 为暗撑与水平线的夹角，非抗震设计 $\gamma_{RE} = 0$。

③ 两个方向暗撑的纵向钢筋应采用矩形箍筋或螺旋箍筋，箍筋直径不小于 8mm，箍筋间距不应大于 150mm。

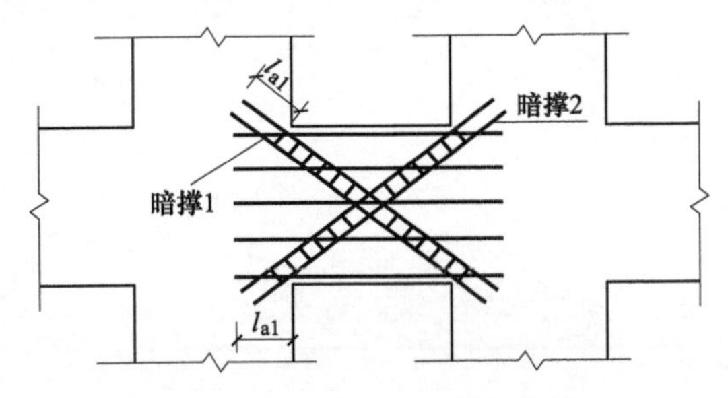

图 7-43　梁内交叉暗撑的配筋

④ 纵向钢筋伸入竖向构件的长度不小于 l_{a1}，非抗震设计 $l_{a1} = l_a$，抗震设计 $l_{a1} = 1.15 l_a$。

思考题与习题

1. 筒体结构有哪些类型？受力有何特点？
2. 带洞口的筒体与实腹筒在受力特点上有何不同？
3. 什么是非理想筒体的剪力滞后效应？
4. 框筒结构剪力滞后的影响因素有哪些？
5. 什么是筒体的腹板墙和翼缘墙？在水平力作用下，腹板墙和翼缘墙的内力有何特点？
6. 水平力作用下，框筒结构、筒中筒结构、框架-核心筒结构的侧移有何特点？
7. 简述伸臂的作用。

参 考 文 献

［1］赵西安．钢筋混凝土高层建筑结构设计［M］．北京：中国建筑工业出版社，1992.
［2］方鄂华．多层及高层建筑结构设计［M］．北京：地震出版社，1992.
［3］包世华．新编高层建筑结构［M］．北京：中国水利水电出版社，2001.
［4］史密斯，库尔．高层建筑结构分析与设计［M］．陈瑜，龚炳年，等译．北京：地震出版社，1993.
［5］住房和城乡建设部工程质量安全监管司．全国民用建筑工程设计技术措施：结构［M］．北京：中国计划出版社，2009.